HANDBOOK OF CHEMICAL PRODUCTS

化工产品手册 第六版

颜　料

崔春芳　项哲学　主编
朱良天　副主编

化学工业出版社
·北京·

本书系《化工产品手册》第六版分册之一，本书共收集无机颜料、偶氮类有机颜料、酞菁类有机颜料、杂环类有机颜料及蒽类三芳甲烷颜料和荧光颜料等共600多个产品的合成原理及工艺。每个品种包括中、英文名称，简介，结构式，物化性质，产品用途，配方及工艺路线，操作步骤与产品规格等。主要介绍了颜料国内现行工业化生产的各种产品、经鉴定的国内中试或试制的产品、具有国产化前景的国外产品以及具有市场前景且有可能中试和产业化的产品。

本书作者多年从事颜料的教学和研究开发；所选品种大部分工艺简单、原料易得、操作切实可行，适于中小型生产及应用企业需求；也可供从事颜料生产、教学、科研、开发及应用人员参考使用。

本书文字精练简明，内容覆盖面大，品种齐全，同时本书还为读者提供丰富、翔实的技术信息和市场信息。本书切合现状，反映当代前沿发展。

书末附有产品中、英文名称索引。

图书在版编目（CIP）数据

化工产品手册·颜料/崔春芳，项哲学主编 朱良天副主编. —6 版. —北京：化学工业出版社，2015.11(2023.4重印)
ISBN 978-7-122-25272-2

Ⅰ.①化… Ⅱ.①崔…②项…③朱… Ⅲ.①化工产品-手册②颜料-手册 Ⅳ.①TQ07-62②TQ62-62

中国版本图书馆 CIP 数据核字（2015）第 230738 号

责任编辑：夏叶清　　　　　　　　　　　文字编辑：孙凤英
责任校对：陈　静　　　　　　　　　　　装帧设计：尹琳琳

出版发行：化学工业出版社（北京市东城区青年湖南街 13 号　邮政编码 100011）
印　　装：涿州市般润文化传播有限公司
880mm×1230mm　1/32　印张 20¾　字数 988 千字　2023 年 4 月北京第 6 版第 7 次印刷

购书咨询：010-64518888　　　　　　　　售后服务：010-64518899
网　　址：http://www.cip.com.cn
凡购买本书，如有缺损质量问题，本社销售中心负责调换。

定　　价：78.00 元

编写人员名单

前言

《化工产品手册》已出 5 版。根据读者反馈和实际需求，第六版从内容及编排体例等方面做了部分调整，以适应化工产品的发展节奏。

颜料是一类非常重要的化工原料，广泛用于涂料、油墨、塑料、橡胶、皮革、纤维、造纸、陶瓷、家具、建筑、工艺美术、食品、医疗、化妆品等领域。

近年来，随着国内外印刷、涂料、塑料、纤维等行业的快速增长，大大促进了我国颜料工业的发展。据统计，2014 年我国颜料总产量约为 180 万吨，较 2013 年同比增长 6.2%，其中无机颜料产量约为 155 万吨，有机颜料产量约为 25 万吨。2014 年我国颜料进出口量、进出口贸易额及进出口均价等都比 2013 年有了不同程度的增长，其中尤以出口额增幅最大，使得我国颜料贸易由逆差转为顺差。因此，笔者深感有义务将本书修订得更好一些，以满足读者与社会对于有关树脂与塑料知识的需求。近年来，我国的化学工业又有了很大的发展，相应地在颜料技术、标准等方面也都有很大的提高和发展。为此，将近年来在颜料生产技术与产品中新的应用情况加以补充、改写为第六版再次发行。

在本分册中所有的颜料（无机颜料和有机颜料）品种中，我国虽然均有生产，但在合成工艺、新产品开发、颜料的商品化上，和先进国家相对还存在着较大的差距，有着较大的发展空间。

本颜料分册共收集白色、橙色、黄色、红色、紫色、蓝色、绿色、黑色无机和有机颜料的大部分主要品种及国内颜料与产品的合成原理、工艺。每个品种包括中、英文名称，简介，结构式，物化性质，产品用途，配方及工艺路线，操作步骤与产品规格等。主要介绍了颜料国内现行工业化生产的各种产品、经鉴定的国内中试或试制的产品、具有国产化前景的国外产品以及具有市场前景且有可能中试和产业化的产品。

本版共分为无机颜料、偶氮类有机颜料、酞菁类有机颜料、杂环类有机颜料及蒽类三芳甲烷颜料和荧光颜料等共 600 多个品种，除了减少重复过时的内容；新增加内容来自国内高科技企业科技成果转化的、第一线生产实践中应用的新型无机颜料和有机颜料的科技成果。

作为颜料的产品，直接为工业服务领域的生产服务，对于应用于其他行业的产品，我们会着重应用指导方面的内容，在标准、规格、名

称、安全性、用法上更加详细、具体，力求使应用部门在选择和应用过程中作为颜料行业技术性的说明，尽可能对读者与企业有指导意义。

本版对第五版除了个别字句修饰和文字修改以达到结构更为严谨外，主要作了如下重大修改和补充：例如，新增加第一篇总论中详细介绍了对颜料的定义，颜料的含义、无机颜料、有机颜料、颜料的应用、颜料的物理性质、颜料的改性、颜料的分散设备等概述。另外，对第二篇无机颜料，第三篇有机颜料的品种，内容都作了调整，增加及重点补充、收集部分新产品；所收的新产品一般以国内流通为主的，即国内现行生产的化工产品及部分国外的主流产品；资料信息收集到2014年10月为止。

目前，我国具规模的颜料企业和单位近千家，其中大部分属于中小型工业企业和单位。因此作者根据市场调研与市场需求分析以及化学工业的科研、开发、生产、应用实际需要编写了本手册，目的主要是更好地、有效地促进颜料技术的发展与应用。

本书文字精练简明，内容覆盖面大，品种齐全，同时本书还为读者提供丰富、翔实的技术信息和市场信息。本书切合现状，反映当代前沿。

全书的编写体例，基本上保持了第五版的风格。仍按国内现行工业化生产的产品与用途方法编排。为方便读者查阅，新增加的颜料产品都单独列为一类。

书末附有产品中、英文名索引。

在本手册编写过程中，承蒙各颜料生产厂，朱骥良、周学良、王大全、韩长日、宋小平、周春隆、项斌、高建荣、吴中年、张天永、冯守华、郭宝华等以及许多颜料界前辈和同仁热情支持和帮助，并提供有关资料，对手册的内容提出宝贵意见。刘晓瑜、刘嘉奇、冯亚生、黄雪艳、杨经伟、高洋、周雯、耿鑫、陈羽、杜高翔、丰云、蒋洁、王素丽、王辰、王月春、荣谦、范立红、韩文彬、周国栋、杨经涛、方芳、安凤英、来金梅、王秀凤、吴玉莲、周木生、沈永淦、杨飞华、赵国求、魏子佩、李力、付扬、梁仕宝、刘晖等同志为本书的资料收集、插图及计算机输入和编辑付出了大量精力，在此一并致谢！

由于编者的水平有限，书中难免存在疏漏或差错。为此，恳请读者能够给予批评与指正。

编者

2015.2

目 录

A 总 论

B 无机颜料产品

HANDBOOK OF
CHEMICAL PRODUCTS

C　偶氮颜料

D 酞菁颜料

E 杂环与稠环酮类颜料

F 其他类颜料

参考文献

产品名称中文索引

产品名称英文索引

A 总论

简单说来，颜料分为无机颜料和有机颜料。无机颜料主要包括炭黑及铁、钡、锌、镉、铅和钛等金属的氧化物和盐，有机颜料可以分为单偶氮、双偶氮、色淀、酞菁、喹吖啶酮及稠环颜料等。无机颜料耐晒、耐热性能好，遮盖力强，但色谱不十分齐全，着色力低，色光鲜艳度差，部分金属盐和氧化物毒性较大。而有机颜料结构多样，色谱齐全，色光鲜艳纯正，着色力强，但耐光、耐气候性和化学稳定性较差，价格较贵。由于无机颜料与有机颜料的不同特点，决定了它们应用领域上的差别。

1 颜料的定义

颜料是个心理物理量，它既与人的视觉特性有关，又与所观测的客观辐射有关。颜色是评定颜料产品质量的重要指标。

颜料的表达一般可分两类。一类是用颜料三个基本属性来表示，如将各种物体表色进行分类和标定的孟塞尔颜料系统，在这一系统中 H 表示色调，V 表示明度，C 表示彩度，写成 HV/C；另一类是以两组基本视觉数据为基础建立的一套颜料表示、测量和计算方法，即 CIE 标准色度学系统。

颜料的检验分两类：一类是颜料比较法，即与参比样品目视或仪器测试比较给出结果；另一类是直接测色法，即使用仪器或目视直接给出颜料的量值或样号。

2 颜色的含义

红色：代表热情、奔放、喜悦、庆典。象征血液，代表血气旺盛，喜欢红色的人工作及恋爱上均会全情投入，占有欲强凡事不易放弃。

黑色：代表严肃、夜晚、稳重。庄重，内敛，含蓄。

黄色：代表高贵、富有。富幽默感，象征人的精神领域，喜欢黄色的人，较聪明，分析能力强。

白色：代表纯洁、简单。纯洁无垢，令人想起婚纱，通常表里一致，不弄虚作假，适应能力高。

蓝色：代表智慧、天空、清爽。象征深海，沉着冷静，不易向人表达自己的真性情。

绿色：代表生命、生机。新鲜，刺激，和平。

灰色：代表深沉、阴暗、消极。敏感纤细，优越感重，冷静处事。

紫色：代表神秘、浪漫、爱情。

棕色：代表土地。

橙色：黑白分明，向上心强，社交能力强。

3 无机颜料

主要成分为无机物的颜料。几乎所有的无机颜料是化合物，常常还是复杂的混合物，其中，金属是分子中的一部分。

随着全球经济的复苏，国内外建筑建材、涂料、塑料、油墨等行业出现了快速增长，无机颜料的需求量也迅速增加。随着涂料行业快速发展，作为其主要原材料之一无机颜料得到了长足发展，其中以钛白粉、氧化铁所占比重最大。

国家"十二五"期间已在部分区域实施重金属等特征性污染物总量控制，随着国家环保法规的日益严格和下游领域对环保型无机颜料的需求的增长，"十二五"期间环保型无机颜料的研发、生产和应用已取得较大进展。目前，许多国家在严格的环保法规的约束下，无毒、可替代传统铅镉颜料的环保型无机颜料流行起来。国内也正在积极开发环保无机颜料，给下游产业应用带来了希望，产业前景可期。

提高无机颜料的环保安全水平，实现无铅化已经得到了业内企业的广泛认同，环保型无机颜料开发方向是大势所趋。

3.1 概述

无机颜料是有色金属的氧化物，或一些金属不溶性的金属盐。

颜料又分为天然无机颜料和人造无机颜料。

天然无机颜料是矿物颜料,它是以天然矿物或无机化合物制成的颜料。天然矿物颜料一般纯度较低,色泽较暗,但价格低廉。而合成无机颜料品种色谱齐全,色泽鲜艳、纯正,遮盖力强。

人类很早就使用无机颜料,史前时代烟黑、白垩、色土、天然氧化铁已被作为颜料使用。在公元前 3000~前 2000 年,就已掌握了铅白的生产方法。公元前 200 年左右,中国就用人工炼制银朱(HgS)作颜料。1704 年德国迪斯巴赫发明彩色颜料普鲁士蓝(一种深蓝色颜料,主要成分 $Fe_4[Fe(CN)_6]_3 \cdot xH_2O$)的制造法。1809 年法国 L. N. 沃克兰制成铬黄,1831 年法国 I. B. 吉梅在里昂附近建厂生产群青,1874 年英国奥氏锌白公司所属的威德尼斯工厂生产了锌钡白。1916 年钛复合颜料(含 TiO_2 25%),1923 年纯二氧化钛(钛白)投入生产,使颜料生产水平推进了一大步。目前,无机颜料的色谱,基本上已配套齐全。

3.2 特性

无机颜料耐晒,耐热,耐候,耐溶剂性好,遮盖力强,但色谱不十分齐全,着色力低,颜色鲜艳度差,部分金属盐和氧化物毒性大。

3.3 组成

无机颜料包括各种金属氧化物、铬酸盐、碳酸盐、硫酸盐和硫化物等,如铝粉、铜粉、炭黑、锌白和钛白等都属于无机颜料范畴。

3.4 内容

天然产物料,完全得自矿物资源,如天然产朱砂、红土、雄黄等。合成的如钛白、铬黄、铁蓝、镉红、镉黄、立德粉、炭黑、氧化铁红、氧化铁黄等。

3.5 作用机理

无机颜料的基本光学性能和颜料性能,主要由以下三方面来确定:

① 颜料与分散介质之间的折射率之差;

② 被固体吸收的光(包括固体中的杂质);

③ 粒径及粒径分布,其中粒径及粒径分布可以通过表面处理来改善。

在颜料生产过程中，无论被研磨多细的颜料粉末，总会含有一些聚集和絮凝粒子。颜料在运输、贮存过程中，由于挤压、受潮会进一步絮凝成大颗粒，而且颜料越细、表面积越大、表面能更高，更容易絮凝在一起。如果通过适当的表面活性剂处理后，这些絮凝的大颗粒，在使用时就很容易被分散开来，其分散机理主要如下。

(1) 润湿　无机颜料粉末在液体中的分散主要经过以下三个阶段：①粉末的湿润，液体不仅要湿润粉末的表面，还要把粉末粒子间的空气和水分置换出来；②通过湿润的粉末并置换出粒子间的空气和水分后，颜料粉末中的絮凝体和聚集体被破坏；③被湿润和被破坏的絮凝体和聚集体粉末在液体中保持稳定的分散状态。也就是说分散是润湿—分散—保持分散体稳定的过程。一般情况下，无机颜料在使用前是很少进行烘干处理的，颜料的表面除了夹杂着空气，还吸附一层水膜。颜料表面通常所吸附的水量，相当于固体表面上所形成单分子膜所需要的水量。例如每克 TiO_2 表面积为 $10m^2$，水分子吸附层厚度为 $10 \times 10^{-10}m$，单分子膜所需要的水量约为颜料重量的 0.3%，所以颜料中的水分含量也是影响其分散性能的主要因素之一。固体被湿润的好坏，可根据其接触角来判断，接触角为 $0°$ 表示完全湿润，液体完全展布在固体的表面；接触角为 $180°$ 表示完全不湿润，液体呈水珠状附着在固体的表面。

固体能否在液体中良好湿润，除了用接触角大小来判断外，还可测定其湿润热的大小来判断，一般亲水性粉末（如 TiO_2）在极性液体中湿润热大，在非极性液体中湿润热小，而疏水性粉末在极性和非极性液体中的湿润热大致上是一定的。

固体粉末在液体中的沉降速度和沉降容积的大小也可判断其湿润程度的好坏，像 TiO_2 这种极性大的固体在极性大的溶液中沉降容积小，在极性小的溶液中则大；而非极性固体粉末一般沉降容积都大。通过加入表面活性剂处理后，由于表面活性剂分子有力地定向吸附在固体的表面，有助于降低液体的表面张力，提高其湿润和分散性能。

(2) 电斥力（ξ 电位）　无机颜料在水溶液中的分散和分散稳定性，主要依赖其在水中的电斥力，即 ξ 电位的大小来决定。

电斥力就是利用电荷的排斥来保持分散稳定性的。

表面活性剂能在水溶液中电离出大量带负电（或正电）的离子，牢固地吸附在颜料粒子的表面，使这些粒子带有相同电荷，其他带相反电荷的离子则自由扩散到液体介质的周围，形成一个带电离子的扩散层（双电层）。自固体表面至扩散层最远处（即带相反电荷为 0 的地方）的两层离子间的电位差称为 ξ 电位。粒子间的静电斥力就是由此而来，这些带相同电荷的粒子一经接触就相互排斥，从而保持分散体系的稳定，即著名的 DLVO 理论。

在电斥力的情况下，表面活性剂必须具有高的电离性能，通常使用的是阴离子表面活性剂及一些无机电介质，如多磷酸三钾、焦磷酸钾、多磷酸钠、烷基芳基磺酸钠、亚甲基萘磺酸钠、聚羧酸钠等。

（3）空间位阻效应（或熵效应）　当颜料分散在非水介质中时，便大大排除了上述离子反应的可能性，非离子表面活性剂在水中不电离，在这种情况下，表面活性剂的作用称之为空间位阻效应或熵效应。因为表面活性剂能够定向地吸附在颜料粒子的表面，形成一种单分子吸附层，这种定向缓冲层能防止粒子间的相聚，从而保持分散体系的稳定（又称保护胶体或胶束）。

颜料表面的表面活性剂分子群，随着表面活性剂浓度的提高，其熵会降低，运动将受到限制，颜料粒子越靠近、越压缩，其熵会进一步降低，从而有利分散体系的稳定。

3.6　分类

根据颜色分类，无机着色颜料可分为消色颜料和彩色颜料两类。消色颜料包括从白色、灰色到黑色的一系列颜料，它们仅表现出反射光量的不同，即亮度的不同。彩色颜料则能对一定波长的光，有选择地加以吸收，把其余波长的光反射出来而呈现各种不同的色彩。

颜料从化学组成来分，可分为无机颜料和有机颜料两大类，就其来源又可分为天然颜料和合成颜料。天然颜料以矿物为来源，如：朱砂、红土、雄黄、孔雀绿以及重质碳酸钙民间彩绘颜料、硅灰石、重晶石粉、滑石粉、云母粉、高岭土等等。以生物为来源的，如来自动物的：胭脂虫红、天然鱼鳞粉等；来自植物的有：藤黄、茜素红、靛青等。合成颜料通过人工合成，如钛白、锌钡白、铅铬黄、铁蓝等无机颜料，以及大红粉、偶氮黄、酞菁蓝、喹吖啶酮等有机颜料。以颜料的功能来分类的如防锈颜料、磁性颜料、发光颜料、珠光颜料、导电颜料等。以颜色分类，则是方便而实用的方法。如此颜料可分为白色、黄色、红色、蓝色、绿色、棕色、紫色、黑色，而不顾其来源或化学组成。著名的《染料索引》（ColorIndex）是采用以颜色分类的方法：如将颜料分成颜料黄（PY）、颜料橘黄（PO）、颜料红（PR）、颜料紫（PV）、颜料蓝（PB）、颜料绿（PG）、颜料棕（PBr）、颜料黑（PBk）、颜料白（PW）、金属颜料（PM）等十大类，同样颜色的颜料依照次序编号排列，如钛白为 PW-6、锌钡白 PW-5、铅铬黄 PY-34、喹吖啶酮 PR-207、氧化铁红 PR-101、酞菁蓝 PB-15 等。为了查找化学组成，另有结构编号，如钛白 PW-6C. I. 77891、酞菁蓝是 PB-15C. I. 74160，就可使颜料的制造者和使用者能查明所列颜料的组成和化学结构了。因此在国际颜料进出口贸易业中均已广泛采用，国内的一些颜料生产厂家也使用了这种颜料的国际分类标准。中国的颜料国家标准 GB/T 3182—1995，也是采用颜色分类。每一种颜料的颜色有一标志，如白色为 BA、红色为 HO、黄色为 HU……再结合化学结构的代号和序号组成颜料的型号，如金红石型钛白 BA-01-03、中铬黄 HU-02-02、氧化铁红 HO-01-01、锌钡白 BA-11-01、甲苯胺红 HO-02-01、BGS 酞菁蓝 LA-61-02 等。

颜料可根据所含化合物的类别来分类：无机颜料可细分为氧化物、铬酸盐、硫酸盐、硅酸盐、硼酸盐、钼酸盐、磷酸盐、钒酸盐、铁氰酸盐、氢氧化物、硫化物、金属等；有机颜料可按化合物的化学结构分为偶氮颜料、酞菁颜料、蒽醌、靛族、喹吖啶酮、二噁嗪等多环颜料、芳甲烷系颜料等。

从生产制造角度来分类又可分为钛系颜料、铁系颜料、铬系颜料、铅系颜料、锌系颜料、金属颜料、有机合成颜料，这种分类方法有实用意义，往往一个系统就能代表一个颜料专业生产行业。

从应用角度来分类又可分成涂料用颜料、油墨用颜料、塑料用颜料、橡胶用颜料、陶瓷及搪瓷用颜料、医药化妆品用颜料、美术用颜料等。各种专用颜料均有一些独特的性能，以符合应用的要求。颜料生产厂又可有针对性的推荐给专业用户一系列的颜料产品。

3.7　无机颜料用途

主要用途：无机颜料广泛用于涂料、塑料、合成纤维、橡胶、建筑材料、文教用品、绘画颜料、油墨、纸张。其他用途：玻璃、搪瓷、陶瓷等工业生产部门。

3.8　无机颜料发展历史

20 世纪 80 年代初，世界无机颜料的年生产能力为 3.6Mt，其中：钛白占 74%，氧化铁系颜料占 14.6%，铬黄占 5.0%，防锈颜料占 4.6%，氧化铬绿占 1%，镉颜料占 0.2%，其他占 0.6%。

21 世纪前十年来，新颖的复合颜料，年生产能力也已上升至 12kt。中国无机颜料的生产企业超过 120 家，总产量在 280kt 以上。

3.9　无机颜料发展趋势

新型无机颜料近年来的研究开发方向主要是：①发展复合颜料，例如亮蓝（$CoO \cdot Cr_2O_3 \cdot Al_2O_3$）、钛镍黄（$TiO_2 \cdot NiO \cdot Sb_2O_3$）等。在镍、锑的钛酸盐中，添加铬、钴、铁、锌等氧化物，可制成黄色、绿色、蓝色、棕色等耐高温、耐久、耐化学药品的低毒至无毒的颜料，色泽鲜亮，性能优良，可用于有高耐久性要求的建筑材料、涂料、工程塑料的着色及配制绘画颜料等。② 开发颜料颗粒表面处理技术，以无机化合物或有机化合物在颜料颗粒表面形成一层色膜，可改变颜料颗粒表面性能，提高耐光、耐热、润湿等特性，扩大应用面，提高使用价值。③制造加工颜料，使用户可直接应用，节省大量研磨加工的费用。

4　有机颜料

以有色的有机化合物为原料制造的颜料称为有机颜料（Organic Pigment）。有机颜料指具有颜色和其他一系列颜料特性的、由有机化合物制成的一类颜料。颜料特性包括耐晒、耐水浸、耐酸、耐碱、耐有机溶剂、耐热、晶型稳定、分散性和遮盖力等。有机颜料与染料的差异在于它与被着色物体没有亲和力，只有通过胶黏剂或成膜物质将有机颜料附着在物体表面，或混在物体内部，使物体着色。其生产所需的中间体、生产设备以及合成过程均与染料的生产大同小异，因此往往将有机颜料在染料工业中组织生产。有机颜料与一般无机颜料相比，通常具有较高的着色力，颗粒容易研磨和分散、不易沉淀，色彩也较鲜艳，但耐晒、耐热、耐候性能较差。有机颜料普遍用于油墨、涂料、橡胶制品、塑料制品、文教用品和建筑材料等物料的着色。

4.1 概述

有机颜料以偶氮颜料和酞菁颜料为主，二者占总有机颜料的 90%以上。产地主要为西欧、美国和日本，我国生产的品种诸如苯胺黄 G、甲苯胺红、色淀红、酞菁等均有生产。

颜料的用途广泛。无机颜料是涂料的主要原材料，如建筑涂料，金属表面用涂料和木料涂料都离不开钛白、氧化铬、铬黄等。钛白、氧化铬黄、群青、钛黄等因耐热、耐光、耐酸碱、抗迁移而用作塑料的着色剂。颜料因其好的流动性和着色力也用于印刷油墨中。此外，颜料还用于橡胶、纸张、化纤、绘画、玻璃等其他方面。

由于颜料用途广泛，使其生产发展迅猛，其发展趋势有以下几个特征：①颜料由通用型向专用型发展；②提高质量、降低成本的工艺改进更加引起人们的关注；③加强环保意识，大力开发低毒颜料；④生产过程日益机械化、自动化和微机控制。

古代人们从胭脂虫、苏木、靛蓝中浸出有色液，加入黏土作吸附剂，制成色淀可作为天然有机颜料利用。然而其真正合成起源于 William Perkin 发明合成染料后。

第一个偶氮颜料——对位红出现于 1895 年，之后便有诸如立索尔红、立索尔宝红 BK 等的出现，1935 年具有全面优良性能的酞菁蓝的问世，这是有机颜料史上的一个里程碑。1939 年第一个酞菁颜料（酞菁绿 G）合成，以后性能更优良的其他现代高级颜料也陆续出现，如喹吖啶酮颜料、异吲哚啉酮颜料、苯并咪唑酮偶氮颜料、喹酞酮颜料等。目前有机颜料品种有几百种之多，按化学结构可分为偶氮颜料、酞菁颜料、缩合多环颜料和其他颜料。

4.2 特点

有机颜料应用广泛，需求量也日益增大，故人们致力于开发有机颜料。就其发展趋势来看有以下几个特点：①在改良老品系的同时（如引入不同的取代基），大力开发新品系；②采用新的颜料配比，改进现有品种，提高利用价值，扩大应用范围；③考虑到颜料的形态对载色体容易分散，以及为了防止粉尘飞扬，因此生产的商品剂型由粉状向浆状形态发展。

4.3 按结构分类

（1）偶氮颜料占 59%；

（2）酞菁颜料占 24%；

（3）三芳甲烷颜料占 8%；

（4）特殊颜料占 6%；

（5）多环颜料占 3%。

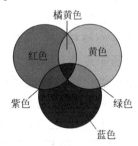

4.4 物理性质

有机颜料色彩鲜明，着色力强；密度小，无毒性，但部分品种的耐光、耐热、耐溶剂和耐迁移性往往不如无机颜料。颜色的品种变化无尽、绚丽多彩，但各种颜色之间存在一定的内在联系，每一种颜色都可用 3 个参数来确定，即色调、明度和饱和度。色调是彩色彼此相互区别的特征，决定于光源的色谱组成和物体表面所发射的各波长对人眼产生的感觉，可区别红色、黄色、绿色、蓝色、紫色等特征。明度，也称为亮度，是表示物体表面明暗程度变化的特征值；通过比较各种颜色的明度，颜色就有了明亮和深暗之分。饱和度，也称为彩度，是表示物体表面颜色浓淡的特征值，使色彩有了鲜艳与阴晦之别。色调、明度和饱和度构成了一个立体，用这三者建立标度，我们就能用数字来测量颜色。自然界的颜色千变万化，但最基本的是红、黄、蓝三种，称为原色。

4.5 常见品种

(1) 偶氮颜料 分子结构中含偶氮基（—N＝N—）的水不溶性的有机化合物，在有机颜料中是品种最多和产量最大的一类。偶氮颜料是由芳香胺或杂芳胺经重氮化制得的重氮组分再与乙酰芳胺、2-萘酚、吡唑啉酮、2-羟基-3-萘甲酸或 2-羟基-3-萘甲酰芳香胺等偶合组分经偶合，生成水不溶性沉淀，即一般的偶氮颜料。其合成方法与偶氮染料基本相同，但后者是水溶性的。常用的一般偶氮颜料为橙色、黄色、红色颜料，如：永固橙 RN（C.I. 颜料橙 5）、金光红（C.I. 颜料红 21）、联苯胺黄 G（C.I. 颜料黄 12）。为了提高耐晒、耐热、耐有机溶剂等颜料性能，可以通过芳香二胺将两个分子缩合成为大分子。这样制成的颜料称为大分子颜料或缩合偶氮颜料，如：大分子橙 4R（C.I. 颜料橙 31）、大分子红 R（C.I. 颜料红 166）。

(2) 色淀 水溶性染料（如酸性染料、直接染料、碱性染料等）经与沉淀剂作用生成的水不溶性的颜料。它的色光较艳，色谱较全，生产成本低，比原水溶性染料耐晒牢度高。沉淀剂主要为无机盐、酸、载体等。无机盐沉淀是将氯化钡、氯化钙、硫酸锰等作为沉淀剂与水溶性染料反应，生成水不溶性的钡、钙、锰等的盐类，如：永固红 F5R（C.I. 颜料红 48：2）、金光红 C（C.I. 颜料红 53：1）。酸沉淀是利用磷酸-钼酸、磷酸-钨酸、单宁酸等作为沉淀剂与水溶性碱性染料反应生成不溶性的色淀，如：耐晒玫瑰色淀（C.I. 颜料紫 1）、射光青莲（C.I. 颜料紫 3）。载体沉淀是将水溶性染料沉积在氢氧化铝、硫酸钡等载体表面上，形成水不溶性色淀，如：酸性金黄色淀（C.I. 颜料橙 17）、耐晒湖蓝色淀（C.I. 颜料蓝 17）。

(3) 酞菁颜料 分子中的主体是酞菁，结构式为：

酞菁

它们是水不溶性有机物，主要为蓝色和绿色的颜料。1934 年，英国卜内门化学工业公司和德国法本公司分别生产了第一个品种——酞菁蓝。绝大多数产品中含有二价金属，如铜、镍、铁、锰等，亦有将分子中的苯环换成吡咯环或其他环，在分子中也引入其他基团，不同的结构具有不同的性能和用途。酞菁颜料中主要的品种是含铜的酞菁蓝（C. I. 颜料蓝 15）。工业上主要生产方法是将邻苯二甲酸酐与尿素（也有直接采用邻苯二腈的）在钼酸铵催化剂存在下，与氯化亚铜反应，所得粗品俗称为"铜酞菁"。颜料后处理的方法不同，可得到不同的商品。如将粗品溶于浓硫酸中，然后在水中慢慢沉淀析出，可得 α 晶型，这是一种带红光的蓝色有机颜料；如将粗品溶于浓硫酸中，然后再通入少量氯气，使分子上带有 1～2 个氯原子，所得产品的色光比不带氯的绿一些；如将粗品与干燥的氯化钠在球磨机中研磨，可得到稳定的绿光 β 晶型产品。粗品在三氯化铝和氯化钠熔体中加热到 220℃左右，通入氯气，使分子中引入 14～16 个氯原子，则得到的产品为鲜艳的绿色颜料；如引入少量的溴，则所得产品色光更黄，更鲜艳。

（4）喹吖啶酮颜料　分子的基本结构为喹吖啶酮的颜料：

喹吖啶酮

1958 年由美国杜邦公司开始生产。其生产方法是由丁二酸二乙酯经过自身缩合，与苯胺缩合、闭环、精制、氧化即得 γ 晶型的喹吖啶酮颜料。由于其耐热、耐晒、鲜艳度等性能与酞菁系颜料相当，故商品称为酞菁红（C. I. 颜料紫 19），其实两者分子结构完全不同。如氧化时采用不同的条件，则得到色光更蓝的 β 晶型喹吖啶酮颜料，商品称为酞菁紫。

除以上所述品种外，还有一些性能优良的品种，如二噁嗪颜料，代表的品种为永固紫 RL（C. I. 颜料紫 23）；异吲哚啉酮颜料，代表的品种为颜料黄 2GLT（C. I. 颜料黄 109）；苯并咪唑酮颜料，代表的品种为永固橙 HSL（C. I. 颜料橙 36）。

目前，有机颜料工作者的研究重点是放在颜料后处理改进方面，如选择较好的晶型，制造较细而粒度分布又狭的颗粒，改进颜料的湿润性等，使有机颜料能发挥更大的效用。

无机颜料与有机颜料性能见表 A-1。

表 A-1　无机颜料与有机颜料性能比较

项目	种类	透明性	着色力	色相	遮盖力	耐候性	耐酸碱性	耐溶剂性	耐热性
有机颜料	多	好	强	鲜艳	小	多数差	较好	稍差	一般差
无机颜料	少	差	弱	稍差	大	好	差	较好	较好

4.6　有机颜料与染料、无机颜料的差别

（1）有机颜料与染料　有机颜料与染料的差异在于它与被着色物体没有亲和力，只有通过胶黏剂或成膜物质将有机颜料附着在物体表面，或混在物体内部，使物体着色。其生产所需的中间体、生产设备以及合成过程均与染料的生产大同小异，因此往往将有机颜料在染料工业中组织生产。

（2）有机颜料与无机颜料　有机颜料与一般无机颜料相比，通常具有较高的着色力，颗粒容易研磨和分散、不易沉淀，色彩也较鲜艳，但耐晒、耐热、耐候性能较差。

有机颜料普遍用于油墨、涂料、橡胶制品、塑料制品、文教用品和建筑材料等物料的着色。

4.7　有机颜料的发展与开发

高档有机颜料的研发、生产一直垄断在技术力量雄厚的欧美几大跨国公司手中，如巴斯夫、汽巴精化等，并形成了品牌优势。这些国际著名有机颜料生产企业在开发新产品的同时，致力于研究颜料的表面特性，赋予传统颜料品种超高性能，改进产品质量，拓展应用领域。从2014 年调查数据统计，目前高档有机颜料市场分配为：以美国为主的北美洲国家占 33%、欧洲占 33%、日本占 14%、南美洲占 7%、其他国家仅占 13%。由此可见，我国乃至整个亚洲的市场发展空间很大。

有机颜料特别是高档有机颜料的研发与生产在我国还处于发展阶段。据了解，目前我国已有 220 多家有机颜料生产企业，中低档有机颜料 2002 年产量达 9.57 万吨，占全球有机颜料总产量的 42%。2012 年（十年间）产量达 14.8 万吨，我国颜料工业虽有一定基础，近几年也获得了很大发展，但与发达国家相比，在技术水平、产品品种和质量等方

面仍存在较大差距。我国有机颜料粗颜料的合成技术基本可与世界接轨，但在颜料商品化方面技术还较落后，品牌极少。

目前国际上有机颜料的商品数已超过 2200 多个，商品数与化学结构数之比达 18：1，而我国有机颜料的商品数不到 260 个，商品数与化学结构数之比仅为 2.8：1，且以中低档颜料为主。产品品种主要为较低性能、较低相对分子质量的产品。而适用于高档汽车面漆料、高级工程塑料、树脂及纤维制品和高级印刷油墨的着色，必须由高性能、大分子的高档有机颜料来担当。因此，加快我国有机颜料的高档化、剂型化发展速度势在必行。

5 颜料的应用

颜料的应用主要包括涂料、油墨、塑料、橡胶、皮革涂饰、造纸、陶瓷、纺织、建筑、工艺美术、医疗及化妆品等。不同的应用领域对颜料性能有不同的要求，因此应选择不同类型和结构的颜料来满足使用需要。

5.1 涂料

目前的涂料常采用酚醛树脂、氨基树脂、醇酸树脂、环氧树脂、硝酸纤维素以及天然树脂作为成膜剂，在清漆中均匀地混入颜料即制成有色涂料。通常，涂料对颜料的要求是具有较高的遮盖力、耐光牢度和耐气候性，因此很多涂料中使用无机颜料。但对颜色鲜艳度要求较高的高级涂料，如汽车用漆等，也常采用有机颜料，特别是高档杂环类有机颜料，如喹吖啶酮、吡咯并吡咯颜料等，极性较强，耐气候、耐光牢度比较理想。

5.2 印墨

印墨是颜料的最大用途之一，以油性树脂作为黏结料者称为油性印墨，以水溶性树脂为黏结料者称为水性印墨。印墨要求颜料具有色泽鲜艳、着色力高、颗粒细小且粒度分布均匀、耐光性好、分散性和分散稳定性高以及吸油量低等特点。对于彩色套版印刷墨，还要求颜料具有良好的透明度。因此，印墨中使用的颜料大多是有机颜料，主要品种有偶氮颜料、色淀颜料、酞菁颜料和喹吖啶酮颜料等。为使颜料稳定、均匀地分散在油性或水性印墨的黏结料中，应对颜料采用不同的改性方法，以满足实际使用的要求。

5.3 塑料

塑料在人们日常生活中的使用量近年来迅速上升，涉及工艺美术、装潢、包装、家具、电线电缆、日常用品等。塑料的种类包括聚乙烯（PE）、聚丙烯（PP）、聚氯乙烯（PVC）、聚苯乙烯（PS）、聚甲基丙烯酸甲酯（PMMA）、聚碳酸酯（PC）、丙烯腈-丁二烯-苯乙烯共聚物（ABS）及酚醛树脂和氨基树脂等。塑料制品的加工成型温度一般为150～280℃，因此需要耐热性能良好的颜料。此外，用于塑料的颜料还应有较好的耐溶剂性和耐迁移性。

为得到色彩鲜艳的塑料制品，常常使用有机颜料作着色剂。蓝色和绿色颜料主要是酞菁蓝和酞菁绿。红色和黄色品种较多，但小分子的单偶氮颜料耐热、耐迁移性均不十分理想，而大分子量的缩合偶氮颜料和高档杂环颜料性能较好。

塑料着色时，颜料通常是按一定比例与分散剂、塑料树脂及其他助剂混合经挤出、混炼再加工成型的。为使制品着色均匀，颜料必须很好地分散在熔融的塑料树脂中。目前比较广泛采用的是色母粒。所谓色母粒是颜料或染料、熔点和熔融指数低于被着色聚合物的载体树脂以及分散剂、润湿剂等助剂组成，生产时先将这三种组分充分混合，然后采用挤出机混炼，经挤出、抽丝、冷却、切粒制成高颜料含量（一般为30%～70%）的预分散颜料。使用色母粒对塑料着色，由于颜料经过了预分散，载体树脂与被着色树脂有较好的相容性，所以提高了着色的均匀度。

5.4 纺织纤维

将颜料均匀地混合在熔融的高聚物中，经抽丝制得彩色的纺织纤维。使用的颜料主要是色泽鲜艳、着色力强、耐热性好、产品纯度高的有机颜料。为保持抽丝过程的稳定，不发生断丝和堵网现象，特别要求颜料要有良好的分散和分散稳定性，并且颜料颗粒细小，杂质少。在纺织纤维的原浆着色过程中，也常常使用色母粒作为着色剂。

颜料的应用性能与化学结构有密切的关系，如增加分子量、引入极性基团或提高分子的稠合程度，可以改善耐热、耐气候、耐溶剂和耐迁移等性质。

从上述主要用途可以看出，颜料在应用过程中以固体颗粒状态分散于使用介质中，因此颜料粒子的物理性能对应用性能的影响也是不容忽视的，例如着色强度，遮盖力、透明度和色光等在很大程度上依赖于粒子的物理状态。

6 颜料的物理性质

6.1 密度

有机颜料的密度为 $10\sim20g/cm^3$，无机颜料为 $18\sim88g/cm^3$，炭黑为 $18g/cm^3$。在使用比重瓶法测量密度时应使溶剂充分润湿颜料粒子表面，赶走空气。这一过程可以通过真空操作和超声波搅拌该分散体系来实现。对于部分溶解于溶剂的颜料可使用该颜料在溶剂中的饱和溶液来消除溶解带来的误差。

6.2 比表面积

测量颜料比表面积可以采用低温低压下氮气吸附法，这种方法是由 Brunauger、Emmett 和 Teller 三人最先提出的，因此称为 BET 法。通常炭黑比表面积为 $20\sim1000m^2/g$，有机颜料和无机颜料分别为 $10\sim100m^2/g$ 与 $5\sim50m^2/g$，在应用过程中，使用介质必须完全润湿，这样大的表面才能使颜料充分分散。

6.3 粒度

首先，颜料粒子的大小会影响其遮盖力和着色强度。颜料对光的反射作用与其自身同周围介质的折射率之差有关，折射率差别越大，反射作用越强，遮盖力越高。因此在一定范围内，随粒度的降低，颜料的遮盖力增加。同时粒子变小，比表面积增大，着色强度也随之提高。但粒子过于细小时会发生光的衍射现象，遮盖力反而降低，因此粒子的大小应控制在适当的范围内。

其次，粒度对颜料的色光有影响。通常，粒子粗大，粒度分布较宽，色光发暗；反之则色光鲜艳。例如，甲苯胺红的粒度增大时，其色光由黄光转为蓝光，这主要是由于对光的吸收和反射不同造成的。

此外，粒度还会影响颜料的耐光牢度。研究表明，粒子较大时，颜料受光照褪色速度与粒子直径的平方成反比；而粒子较小时，褪色速度与粒子直径的一次方成反比。可见，粒子较小时颜料的耐光牢度较差。其原因是由于粒子变小，比表面积增大后，吸收的光能增加，同时受空气、水蒸气以及氧化还性物质的破坏程度增加，因此褪色较快。

最后，粒度较小时受重力作用的影响较小，不易沉降，对分散有利。但另一方面，粒子小，比表面积增加，表面自由能较大，热力学稳定性差，粒子总有自动减小表面积的趋势，从而发生絮凝成为粒子粗大的聚集体，对分散不利，分散稳定性较差。

6.4　晶型

商品颜料大多以晶体状态存在，而且同质异晶现象非常普遍。例如喹吖啶酮主要有 α、β 和 γ 三种晶型，铜酞菁的晶型则多达十余种。由于颜料的晶型对其色光、稳定性等应用性能有很大影响，因此选择和制备适当的晶型的产品是颜料生产厂家和使用者应当注意的问题。例如铜酞菁的 α 晶型为红光蓝，稳定性差，在溶剂处理后会转化为稳定的 β 型，色光随之转变为绿光蓝。

在颜料的生产过程中，首先要形成颜料的晶核，然后晶核逐渐成长为晶体，产生晶核的过程受母相内均匀性的影响较大。母相内均匀性越低，成核时表面能位垒越低，有利于成核。因此在偶合时添加第二偶合组分可在一定程度内使体系的不均匀程度增加，促进晶核的产生，抑制晶体生长。

6.5　分散和分散稳定性

颜料是以固体状态高度分散于使用介质中的，分散程度的好坏和分散体系的稳定性直接影响油墨、涂料、塑料制品及纺织纤维等产品的性能。

颜料被使用介质润湿是获得良好分散状态的前提。根据颜料分子的化学结构和粒子的表面状态对其实施改性，可提高颜料与介质的相容性，使润湿容易发生。为使分散体稳定，可采用两种方式，它们是静电斥力和空间效应。

① 静电斥力　DLVO 理论认为，颜料粒子表面存在的电荷会产生静电斥力，使得粒子之间难以互相靠近而发生聚集，从而起到稳定分散体系的作用。对极性较弱的颜料采用离子型表面活性剂实施表面改性，活性剂疏水基吸附于粒子表面，离子型亲水基团朝外，这种定向排列可在粒子周围形成双电层，当粒子之间的距离达到一定范围内时，产生静电斥力，阻止其进一步靠近。

② 空间效应　粒子之间的空间效应来源于其表面吸附的高分子物质，这种具有一定厚度的吸附层在粒子相互靠近到一定程度时产生空间

障碍，阻止聚集的发生，而且吸附层越厚，空间效应越明显。但应当注意的是，吸附层物质分子的一部分应与粒子有较强的结合力，另一部分应与使用介质有良好的相容性并能在其中伸展。此外，为获得有效的空间障碍，还应防止吸附层物质发生高分子链的卷曲和相互缠连。

7　颜料的改性

除偶氮颜料可通过改进偶合方式、控制偶合 pH 值、温度、反应物浓度、搅拌效率、偶合速率、偶合悬浮液加热温度及添加改性助剂、调整干燥方式和干燥温度等方法，在合成过程中改善颜料的鲜艳度、色光、色力和流动性、分散性等性能外，其他颜料粗品均应经过不同程度的改性才能获得良好的应用性能。目前比较常用的改性方法主要包括以下几种。

7.1　溶剂处理法

溶剂处理法是将颜料粉末或膏状物在适当的溶剂和温度下搅拌一定时间，达到改善颜料晶型的目的。改性效果的好坏首先取决于溶剂的选择。筛选溶剂时应根据颜料本身的特点选择极性适宜的溶剂，如 N, N-二甲基甲酰胺、二甲基亚砜、N-甲基吡咯烷酮、吡啶、氯苯、甲苯或二甲苯等。此外，溶剂处理的时间和温度也会影响改性结果，时间越长，温度越高，晶体发育越完全，结晶度越高。溶剂处理法操作简单，易于控制，但消耗大量有机溶剂，而且溶剂易燃，毒性较大，生产中应注意安全。

7.2　研磨处理法

研磨处理如球磨、砂磨是靠机械力的作用将颜料聚集体打碎，并利用表面活性剂阻止细小的粒子再次聚集，以达到减小颜料粒径、提高着色力和鲜艳度的目的。研磨过程中使用的助磨剂、溶剂、表面活性剂以及研磨的温度、时间均会影响最终产品的性能。助磨剂往往是氯化钠、硫酸钠、氯化钙等无机盐，使用量为颜料的 2～10 倍，研磨结束后用水将其洗掉。添加适量的有机溶剂有助于颜料稳定晶型的生成。

7.3　松香及其衍生物处理

添加松香及其衍生物是一种传统的改性方法，早在 20 世纪 20 年代即开始使用，应用比较普遍，特别是在偶氮颜料的生产上。松香酸及其衍生物可以以游离酸的形式沉积在颜料表面，也可以加入碱土金属盐的水溶液，使其以盐的形式析出。

在颜料制备的初期加入松香，它可被生成的晶核吸附，阻止晶体成长，使颜料粒子细小，着色力和透明度提高。在制备后期加入，松香吸附于发育良好的晶体表面，起到隔离粒子、阻止粒子聚集，提高颜料润湿性和分散性的作用。此外，松香改性还可改善颜料质地，使粒子松散。

天然松香熔点低，对氧化作用十分敏感，这将对颜料的耐热性能和贮存稳定性产生不利影响。为此，高熔点、高抗氧性的松香衍生物越来越受到人们的关注，如二氢化松香、四氢化松香和二聚二氢化松香等。

7.4 有机胺处理

用于颜料改性的有机胺通常是带有 10～20 个碳原子的脂肪族一元胺、二元胺或多元胺、脂环胺及松香胺等，如月桂、N-硬脂基丙二胺、环己胺等。有机胺的氨基极性较高，对颜料晶体的极性表面有较大的亲和力，吸附在粒子表面。分子中的碳氢链具有亲油性，伸向使用介质中，易被油性介质润湿，同时起到空间或熵稳定作用，阻止颜料粒子的聚集。胺处理颜料通常在水介质中进行，它可以水溶性的盐溶液、游离胺的水分散体或乳液的形式加入颜料悬浮液中。胺盐需要在过滤前用碱使之转化为游离胺，也可用松香酸、长碳链脂肪酸转化为难溶盐，沉积于颜料粒子表面。

7.5 表面活性剂处理

表面活性剂可自溶液中被颜料粒子吸附，在其表面富集，形成定向排列的吸附层，起到降低颜料表面与使用介质之间的界面张力，改善其润湿性和分散稳定性的作用。

在偶合前的偶合组分中加入表面活性剂可使偶合组分充分分散，粒子细微，阻碍粒子聚集，提高反应效率。在偶氮化合物晶核生成时添加，表面活性剂迅速被吸附，阻碍晶核的成长，使产品颗粒细小。偶合后添加表面活性剂，因晶体已成长完全，它的作用主要是阻碍粒子聚集，提高其分散性。

用于颜料改性的表面溶性剂，主要是非离子型和阴离子型。

(1) 非离子表面活性剂 大多是亲水性和扩散性强的多分子环氧乙烷缩合物，如脂肪醇聚氧乙烯醚、烷基酚聚氧乙烯醚、斯潘、吐温等。

（2）阴离子表面活性剂　如 β-萘磺酸甲醛缩合物、β-甲基萘衍生物、十二烷基硫酸钠、月桂酸钠及磺化油等。

（3）阳离子和两性表面活性剂　它们可在颜料粒子表面形成一层包膜，使其具有良好的亲油性和易研磨性，提高粒子的柔软性。

7.6　超分散剂处理

所谓超分散剂实际是高分子分散剂，因具有十分突出的反絮凝和稳定作用而得名。它可以降低分散体系中颜料颗粒间的相互吸引作用，增加粒子在介质中的润湿性，提高分散体系的稳定性。使用超分散剂的分散体系，在较高的固含量下仍能保持良好的流动性，即使颜料含量提高两倍，分散体的黏度仍比常规分散工艺低，增加了研磨效率和设备产量。因此，不仅改善了分散体系的应用性能，还提高了生产效率，具有明显的经济效益。

超分散剂之所以具有高效分散作用，是因为它的结构由锚式基团和聚合物溶剂链两部分组成，从分子设计上克服了经典表面活性剂的不足。锚式基团的设计主要依据是颜料的分子结构，旨在提高分散剂与粒子的结合牢度。为此可采用两种方法，一是设计含有多个锚式基团的结构，与粒子形成多点式结合，这种方法对多核有机颜料和炭黑比较有效。另一种方法是使用颜料改性剂，在分散剂和颜料之间起架桥作用。颜料改性剂大都是颜料衍生物，因为它们一方面与颜料具有类似的物理、化学性质，容易吸附在颜料粒子表面。另一方面它们的分子中含有足够的极性基团，使颜料极性增强，与超分散剂的锚式基团通过物理吸附、氢键、离子作用等紧密结合，提高分散剂与粒子结合的牢固性。

聚合物溶剂链在颜料分散过程中起空间稳定作用，这就要求它与使用介质具有良好的相容性，在其中充分伸展，以提供足够的空间阻碍作用。

目前使用的超分散剂有天然和合成两大类，其中合成超分散剂可根据颜料的表面性质和使用介质的极性进行分子设计，使用效果更为理想，因此应用较多。主要品种如聚丙烯酸树脂、马来酸树脂、聚烯烃树脂、聚醚和聚酯等。它的用量一般为无机颜料的 1%～2%，有机颜料的 5%～15%。

7.7　颜料衍生物处理

用作颜料改性的衍生物，化学结构和颜色应能为被处理的颜料所接受，并能极好地吸附在颜料表面。颜料衍生物的极性取代基可通过氢键、离子键等与其他处理剂结合，使后者在粒子表面吸附牢固。此外，添加颜料衍生物具有调节产品色光、流动性，改善着色力、透明度和分散性的作用。目前此改性方法主要用于黄色偶氮颜料和酞菁颜料。

（1）乙酰乙酰芳胺衍生物　乙酰乙酰芳胺黄色偶氮颜料如 C. I. 颜料黄 12 用脂肪胺处理后，二者之间发生化学反应生成薛佛碱，即分子上引入长链烷基的颜料衍生物，也可以先将乙酰乙酰芳胺与脂肪胺反应，生成带有长链烷的偶合组分，然后再与重氮盐偶合。

（2）酞菁衍生物　文献中报道的酞菁颜料的衍生物较多，大多是在其分子中引入极性取代基，如—SO_3H、—SO_2Cl 等，也可将这些衍生物再与有机胺反应，得到酞菁颜料的衍生物。

另一类酞菁衍生物是先在颜料分子中引入三聚氯氰，再进一步与胺反应制得衍生物，例如它们用在喷射墨上颜料分散性和流动性均很理想。

7.8　颜料的颜料化处理

颜料的研究，一方面是改变其内部化学成分，如引入新的助色基团，创立新的发色体系颜料等。另一方面就是改变颜料的物理形态（晶型、粒径），以改变其适用性的应用技术研究。固然颜料分子的化学组成对其性能颜色起决定性作用，然而有时其物理形态对其颜料性能（色光、着色力、遮盖力、透明度）的影响比引入取代基的作用更为明显，表现在有些很老的品种，由于开展应用技术的研究，充分挖掘出品种的优良性能，扩大了品种的应用范围，提高了颜料的质量，所以对颜料的适用性研究在颜料发展中显得至关重要。

为何颜料的物理形态会影响性能呢？是由于有机颜料是以微细粒子被着色的介质进行充分的机械混合，使颜料粒子均匀地分散到被着色的介质中，以达到被着色的目的，故它是以不同的程度聚集起来的微晶粒子存在于使用介质中。对入射光具有折射或散射作用，故其晶性、微粒的大小、晶体形状对晶体的各项性能均有影响。尤其是晶体结构上变化，不仅影响颜料的光学性能，而且其表面性能、稳定性都可能发生变化。

颜料化是大部分颜料生产必不可少的步骤，经过一般生产工艺制成的颜料半成品，因不具备颜料的特殊性能，而不能作为颜料使用，必须加以改性处理，方能成为具有商品价值的颜料，如苯并咪唑酮系偶氮颜料由水溶液中偶合而得到的产品，晶型为 α 型，颜色暗，体质硬，着色力低，不能作为颜料使用。经过溶剂（如二甲基甲酰胺）加热处理，使晶型转化成 β 型后，颜料转亮，体质变软，着色力升高，成为优良品种。又如粗酞菁蓝必须进行颜料化以改变晶型和减小晶体的颗粒，提高纯度，使之色彩鲜明，有较高的着色力和应用适用性，才能成为有使用价值的酞菁蓝颜料。

(1) 颜料的物理状态对其性能影响

① 着色力、遮盖力、耐晒性与粒径的关系　着色力（尤其对白色颜料而言）一般随着颜料的粒径减小而加强，当超过一定极限后，其着色力也会随粒径的减小而减弱，由于粒子小到一定程度后发生衍射，而使着色力下降，当粒径很大时，由于比表面积减小，光的反射面减小，着色力也会变低。B. Honigmann 曾给出如下规则：当颗粒大小在 0.05～0.1μm 时，有机颜料表现出最优着色性能。蓝色颜料在靠近上述范围的低限时，表现最优特性，而红色颜料在靠近高限时有最优特性，在上述范围内，遮盖力和耐光牢度随颗粒增大而增大，而最终的着色力却随颗粒的减小而提高。红色和绿色颜料在小颗粒时带蓝光，而大颗粒时带黄光，蓝颜料在大颗粒时带绿光，而在小颗粒时带红光。

粒子较大时，相对来讲具有较好的耐晒性能，因为粒径大比表面积小，可将吸收的光能分散。有人认为，对于粒子较大的颜料，其褪色速率与粒子直径的平方成反比，而粒子较小的则褪色速率与粒子直径成反比，因而具有较大晶核的颜料显示出更高的光照稳定性。

② 颜料的晶型与性能关系　不同的晶型会带来不同的颜料性能，从晶体内部的微观结构到晶体宏观的几何形状，无论在哪一方面有所不同都会带来性能上的差别。如铜酞菁颜料，其 α 型是红光蓝，着色力高，但稳定性差，而 β 型是绿光蓝，稳定性好，但着色力稍差。颜料的晶型与耐热性有关，且加热可使晶型转变。

(2) 有机颜料的颜料化　有机颜料的颜料化，实质上是通过适当的工艺方法改变粒子的聚集状态或晶型，使之具有所需要的应用性能，如色光、着色力、透明度等。

有机颜料的颜料化方法常有以下几种。

① 酸处理法　常用的酸是硫酸，有时也可用磷酸、焦磷酸等。酸处

理法又分为酸溶法、酸胀法，主要用于酞菁颜料。

酸溶法：将粗酞菁蓝溶解于浓硫酸（＞98%）中，然后用水稀释，使酞菁蓝析出。

酸胀法：将粗酞菁蓝溶解于较低浓度的硫酸中（70%），粗酞菁蓝不溶解，只能生成细结晶的铜酞菁硫酸悬浮液，然后用水稀释，使酞菁蓝析出。

② 盐磨法　盐磨法又称机械研磨法，是用机械外力，将颜料粗品与无机盐一起研磨，使晶型发生改变，无机盐作为助磨剂。常用盐有食盐、无水硫酸钠、无水氯化钙。研磨时可加有机溶剂或极性物质，例如，将粗酞菁蓝用盐磨法，酞菁与无机盐（无水氯化钙）之比为 2：3，于 60～80℃下用立式搅拌球磨机研磨，研磨时加入有机溶剂（甲苯或二甲苯）则得 α 型酞菁蓝。如不加有机溶剂，而加极性物质（甲酸或醋酸），则为 β 型酞菁蓝。

③ 溶剂吸附法　溶剂吸附法是将粉状或膏状的半成品颜料加入到有机溶剂中，在一定温度下搅拌，使颜料粒子增大，晶型稳定，有利于提高耐热性、耐晒性和耐溶剂性，增大遮盖力。此法常用于偶氮颜料。常用的有机溶剂为喹啉、DMF、DMSO、N-甲基吡咯烷酮、甲苯、二甲苯等强极性溶剂，溶剂的选择及颜料化的条件决定于颜料的结构。

如分子中含苯并咪唑酮类偶氮颜料，其粗颜料颗粒坚硬，着色力低，不能加工成油墨，如颜料经过 DMF 颜料化后，性能明显提高。

④ 水-油转相法　粗颜料在干燥过程中总会有聚集固化而使颗粒变得粗大，影响分散性和着色力等，但如将分散在水中的细颗粒颜料在高速搅拌下，加入不溶于水的有机高分子物质（油相）。由于有机颜料的疏水亲油性，则颜料粒子会由水相进入油相，再加热去掉水相，即得油相膏状物，再高速搅拌，即达到作油墨或涂料的黏度的要求，这种处理法称挤水换相法。由于防止了干燥中的凝聚现象，有利于着色力、分散性、鲜艳度的提高。

此外，若得到粉状易分散颜料，则可用水-气换相法。它主要依气体对细小颜料的吸附，把细小颗粒吸附在气泡上，而使之与大颗粒颜料分离，再把细小颗粒颜料分离出来烘干，得到松软的颜料，故可称为气相挤水。

⑤ 颜料的表面处理　颜料的表面处理，就是在颜料一次粒子生成

后，就用表面活性剂将粒子包围起来，把易凝集的活性点钝化，这样就可以有效地防止颜料粒子的凝集和表面张力，增加颜料粒子的易润湿性，也改进了耐晒、耐候牢度。

常用方法有：

a. 以松香及松香衍生物的表面处理　常用水溶性的松香钠皂，再加入碱土金属盐，生成水溶性小的碱土金属松香皂。常用的碱土金属有钡、钙。经松香处理的颜料，其粒子外围形成一层松香膜，阻碍晶体的增大，使反应过程得到微小的晶体，因而提高分散性、透明度及着色力。

天然松香对氧化作用较敏感，熔点低，不耐贮存，为提高质量，常用松香衍生物代替松香，如氢化松香。松香皂及其衍生物处理主要用于偶氮色淀的表面处理。

b. 以胺类化合物的表面处理　因为胺类化合物被颜料表面吸附，胺类化合物的极性基团直接吸附颜料表面，而其碳氢基团的长链向外伸展，与展色剂有亲和性，可以使料从水相中转到油相介质中而减少同介质间的表面张力，有利于 FR 料分散性的提高。使用的胺类常有硬脂酸胺、1-环己亚丙基二胺和松香等。

c. 表面活性剂处理　用表面活性剂处理颜料不仅会使颜料表面的亲水性（或亲油性）改变，还可能会改变颜料粒子大小或晶型，故经处理，可提高颜料的遮盖力、耐晒性和流动性。

另外，应注意表面活性剂在处理过程中用量应控制在临界胶束浓度以下，否则会形成胶束不易过滤。

d. 有机颜料的衍生物　该法是将要加入的氨基团直接同颜料本身起反应，形成一种颜料衍生物，使其性能（如抗凝聚性、分散性）得以改进。如酞菁颜料分子极性小，易凝聚，如在其中加入—CH_2Cl 基团与不同的胺类反应，由于生成的衍生物容易吸附在颜料分子上，当它们分散到展色剂中时，可使颜料分子吸附展色剂分散到其表面上，形成了由展色剂分子所包覆的立体屏障，阻止了粒子间的相互接触，提高了稳定性。实际上，此法不属于颜料处理范围，但是由颜料表面处理工艺引申出来的一种方法。

(3) 无机颜料的颜料化　无机颜料的颜料化主要是用表面处理方式进行。如针对钛白的粉化，用氧化铝-二氧化硅的包膜处理可以克服。

氧化铁也能用季胺、硬醋酸等有机化合物处理而改性。无机颜料表面的改性大都采用表面的吸附、离子交换，形成共价键方式进行。

① 表面吸附方式改性 此法是采用颜料颗粒表面吸附酸、碱、盐类或有机化合物的方式，吸附方式有化学吸附、建立氢键。如碳酸钙以月桂酸钠盐溶液处理，在表面会吸附月桂酸阴离子及月桂酸钙而形成分子层包膜。

② 离子交换方式的改性 如膨润土的改性，是通过其表面钠离子同季铵盐类进行离子交换而形成一种易凝聚的物质——有机膨润土。它可用作涂料重要的添加剂。

③ 形成共价键方式的表面处理 此法利用无机颜料的氢氧基常能与表面处理剂形成共价键，这类处理剂有三种：硅烷、金属的烷氧化合物及络合物、有机缩合聚剂——环氧及异氰酸酯化合物。如用 $C_6 \sim C_{18}$ 脂肪族异氰酸酯处理二氧化硅、钛白，以 $100 \sim 160℃$ 进行热处理，可以形成憎水性的颜料。

总之，颜料化是某些颜料生产工艺中不可缺少的步骤，它可以大大提高颜料的某些特殊性能，扩大其应用范围。颜料化改性方法应大力推广，但由于改进工艺后，颜料价格上升，故有待于把经济性和优良的改进工艺结合起来考虑。

7.9 新型类型颜料

除偶氮颜料和酞菁颜料以外，其他缩合多环颜料的品种也较多，下面就主要品系作简要介绍。

(1) 喹吖啶酮类颜料 喹吖啶酮类颜料的色相由黄色到紫色，这类颜料由于其耐热、耐晒、鲜艳等性能与酞菁颜料相当，故商品称为酞菁红。用于工业上的喹吖啶系颜料，熔点在 400℃ 以上，几乎不溶于有机溶剂，耐晒性为最高级（8 级以上）。它的化学结构通式为：

(R为取代基)

喹吖啶酮系颜料具有和酞菁颜料相匹敌的优异牢度，可用于要求长期耐候性的领域，如户外涂料、汽车涂料、户外用的印刷油墨等。

例如：颜料红-122

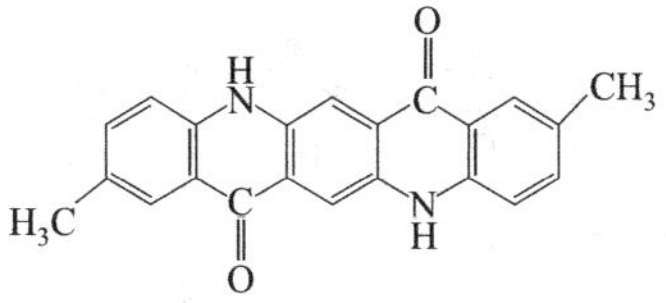

（2）二噁嗪类颜料　二噁嗪的化学结构通式为：

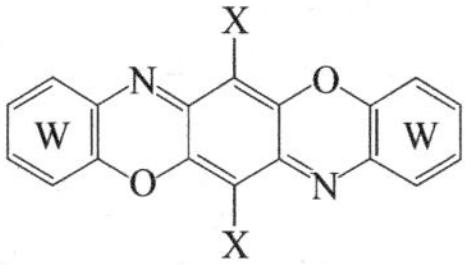

（X常为氯原子，W为具有取代的苯核）

二噁嗪中具有颜料适应性的较重要品种为咔唑二噁嗪，其化学结构式为：

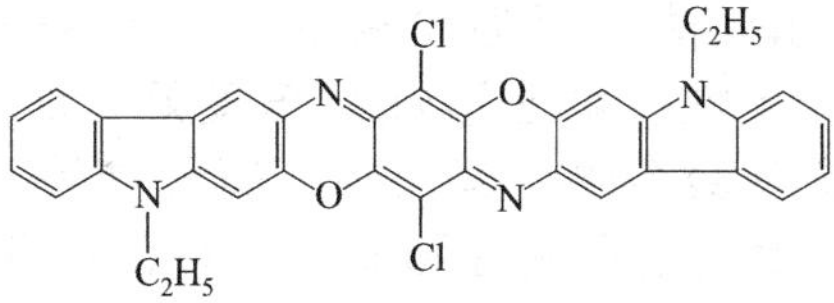

咔唑二噁嗪有两种晶型，色相近似紫色，熔点在 400℃，难溶于各种有机溶剂，耐溶剂性好，有突出的着色强度与光亮度以及优异的耐热、耐渗性和良好的耐晒牢度。它主要用于涂料、油墨、热塑性塑料、涂料印花浆和合成纤维的原浆着色等要求坚牢度高的领域。

（3）异吲哚啉酮系颜料　该系颜料中以四氯异吲哚啉酮较为重要，它具有很好的适应性，四氯异吲哚啉酮的一般化学结构通式为：

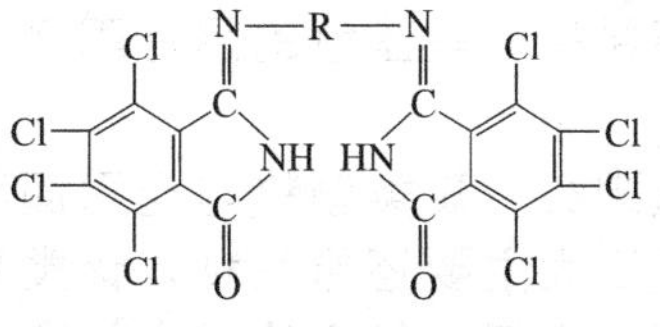

（R为取代基）

四氯异吲哚啉酮颜料由两个四氯异吲哚啉-1-酮基和一个二元氨基组成。这些颜料的色相由于这个 R 基的种类不同而由绿光黄色变到橙色、红色、褐色。这类颜料的耐光、耐热、耐候、耐溶剂等性能可与酞菁、喹吖啶酮，二噁嗪颜料相媲美。广泛用于要求耐候性好的汽车涂料、金属用印刷油墨、热塑性塑料、合成纤维及氯乙烯溶胶等。

例如：伊佳净黄 2GLT

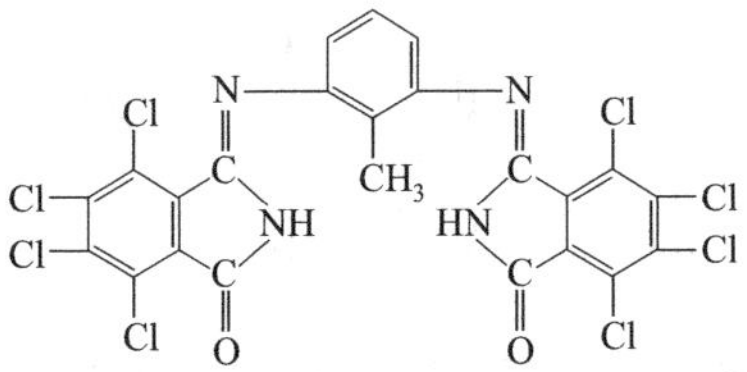

（4）茈系颜料　茈系颜料属还原颜料，它几乎全部是以 N,N-取代-3,4.9,10-四甲酰二亚胺为母体，其化学结构通式为：

(R为取代基)

茈系红颜料在还原颜料中有重要地位，是可与喹吖酮相媲美的现代高级颜料。红至褐色的颜料，尽管价格最高，但由于具有优异的耐化学品性、耐渗色性、耐候性、耐迁移性和牢度好，而广泛地用于塑料工业，特别适用于乙烯基聚合物、聚乙烯、聚丙烯等几乎所有的聚合物。近年来，还由于这些颜料的透明性和着色力好，在汽车用涂料中，特别是在闪金属光泽的涂料中的应用尤为引人重视。

（5）蒽醌型还原颜料　蒽醌颜料有很高的着色力、透明度，优异的耐候性，与展色料不反应，易分散，耐热，耐酸碱及在有机溶剂中无渗性等优良性能。

蒽醌型还原颜料的品种各具特色，应用各异。如靛蒽醌类对几乎所有的聚合物是适用的，最有价值的是用在含铝粉的汽车漆上。其主要品种有黄色的蒽嘧啶黄、靛蒽醌黄，呈橙色的皮蒽橙、蒽酰胺橙，呈红色的蒽醌红，呈棕色的还原棕，呈蓝色的阴丹酮深蓝，呈紫色的异紫蒽酮紫等。

（6）硫靛类和喹酞酮类　靛类颜料与茈系颜料、菲茈系颜料中的蒽醌均是还原颜料，且是三大主要还原品种，该类颜料色光鲜艳，着色力高，它的价格比其他两大类低，但它的耐溶剂渗性和耐光牢度均不佳。

其化学结构为：

例如：硫靛红

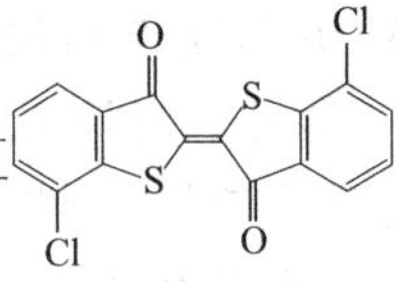

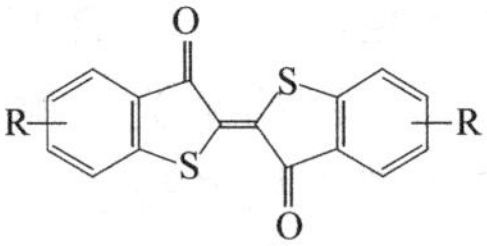

(R为取代基)

　　喹酞酮颜料也是一种较为重要的黄色颜料，与无机颜料中的镉黄很相似，它的结构类型也较为复杂。

　　还有芳甲烷系颜料，如碱性的芳甲烷的染料的色原和色淀，有耐久型和非耐久型的区别。

　　有以苯酚或萘酚的羟基邻位引入亚硝基的发色基团，具有媒染染料性质的亚硝基颜料。化学结构以氮甲川基—N═CH—架桥，具有较好的耐久性、耐热性的甲亚胺颜料和唯一的黑色有机颜料——苯胺黑等都是较为常见的有机颜料品种。

8　颜料的分散设备

　　一般无机/有机颜料产品所用的分散机也是很重要的。目前分散机的趋势是向最高产率、占空间小和能耗低的方向发展。对于许多通常的颜料，即易润湿的颜料而言，这样一些现代化的分散机通常是完全足够的。只是在必须分散不好分散的有机颜料才会出现一些问题。

　　下面是按照分散能排列的研磨设备：搅拌机＜分散机＜砂磨＜珠磨＜球磨＜立式球磨＜三辊磨。本节主要介绍典型的超声波颜料分散均质设备及 15kW 高速分散机。

　　(1) 超声波颜料分散均质设备　超声波技术作为一种物理手段和工具，能够在化学反应的介质中产生一系列接近于极端的条件，这种能量不仅能够激发或促进许多化学反应、加快化学反应速率，甚至还可以改变某些化学反应的方向，产生一些令人意想不到的效果和奇迹。这就是声化学。声化学可应用于几乎所有的化学反应，如萃取与分离、合成与降解、生物柴油生产、治理微生物、降解有毒有机污染物、生物降解处理、生物细胞粉碎、分散和凝聚等。

　　大功率超声波声化学处理系统由超声波振动部件、超声波专用驱动电源和反应釜三大部分构成。超声波振动部件主要包括大功率超声波换能器、变幅杆、工具头（发射头），用于产生超声波振动，并将此振动能量向液体中发射。换能器将输入的电能转换成机械能，即超声波。其表现形式是换能器在纵向作伸缩运动，振幅一般在几个微米。这样的振幅功率密度不够，是不能直接使用的。变幅杆按设计需要放大振幅，隔离反应溶液和换能器，同时也起到固定整个超声波振动系统的作用。工具头与变幅杆相连，变幅杆将超声波能量振动传递给工具头，再由工具头将超声波能量发射到化学反应液体中。

（2）15kW 高速分散机　高速分散机根据用途可分为实验室分散机、单轴分散机、双轴分散机。高速分散机采用无级调速，有电磁调速、变频调速（如用于水性涂料）及防爆变频调速（如用于油性涂料）等多种形式。无级调速功能能充分满足各工艺过程中不同的工艺要求，可以根据不同的工艺阶段选择不同的转速。

其工作原理：①使浆液呈滚动环状流，产生强漩涡，浆液表面粒子呈螺旋状下降到涡流底部；②在分散盘边缘 2.5～5mm 处形成湍流区，浆料及粒子受到强烈剪切及冲击；③区域外形成上下两个束流，浆料得到充分循环及翻动；④分散机的分散盘下方呈层流状态，不同流速的浆料层互相扩散，起到分散作用。高速分散机具有液压升降、360°回转、无级调速等多种功能，可同时配置 2～4 只容器，液压升降行程 1000mm，360°回转功能能更好地满足一机多用，能够在很短的时间内从一个缸变换到另一个缸进行作业，极大地提高了工作效率，同时也降低了人工劳动强度。

B 无机颜料产品

1 无机颜料

无机颜料是有色金属的氧化物，或一些金属不溶性的金属盐，无机颜料又分为天然无机颜料和人造无机颜料，天然无机颜料是矿物颜料。

无机颜料是一种微细粒状物，粒径一般在 $0.01 \sim 100\mu m$ 之间。这些微细粒状化合物不溶于它所分散的介质，且其物理性能和化学性能基本上不因分散介质的不同而发生变化。同时，由于颜料的加入，使含颜料介质具有颜料所带来的新的特征。

颜料是色漆生产中不可缺少的成分之一。色漆所用颜料通常为着色颜料、体质颜料和特定功能颜料。它们使涂料具有色彩的装饰性，同时，改善了涂料的物理化学性能，如力学性能、附着力、耐光性、耐候性、防腐蚀性能等。具有特定功能的可逆性变色示温颜料的加入，使涂膜能指示出被涂覆表面（如电动机）的温度变化，具有重要的实用价值。

无机颜料所表现出的颜色特征，通常用色调、明度和彩度（饱和度）进行评定。在工业生产中，则用主成分含量、与标样比较的颜色和消色力、吸油量以及由于使用目的不同所要求的特定性能如耐化学介质性、耐光性等进行评定。

近年来，由于对颜料分子和细微粒状物的晶型和粒子形状的不断改进，以及在颜料、粒子表面采用包覆技术，使其性能得以大幅度提高。无机颜料按颜色、特性和组成该颜料化合物类别进行分类。

1.1 分类

无机着色颜料可分为消色颜料和彩色颜料两类。消色颜料包括从白色、灰色到黑色的一系列颜料，它们仅表现出反射光量的不同，即亮度的不同。彩色颜料则能对一定波长的光，有选择地加以吸收，把其余波长的光反射出来而呈现各种不同的色彩。

（1）黑色颜料　仅次于白色颜料的重要颜料。主要品种是炭黑。颜料用炭黑的性能与橡胶加工用的不同。颜料炭黑的主要质量指标是黑度与色相。

（2）红色颜料　无机颜料中的红色颜料，主要是氧化铁红。氧化铁有各种不同的色泽，从黄色到红色、棕色直至黑色。氧化铁红是最常见的氧化铁系颜料。具有很好的遮盖力和着色力、耐化学性、保色性、分散性，价格较廉。氧化铁红用于生产地板漆、船舶漆，由于有显著的防锈性能，也是制作防锈漆和底漆的主要原料。将氧化铁红的颗粒磨细到$\leqslant 0.01\mu m$时，颜料在有机介质中的遮盖力显著下降，这种颜料称为透明氧化铁，用来制作透明色漆或金属闪光漆，比使用有机染料有更好的保色性。

（3）黄色颜料　主要有铅铬黄（铬酸铅）、锌铬黄（铬酸锌）、镉黄（硫化镉）和铁黄（水合氧化铁）等品种。其中以铅铬黄的用途最广泛，产量也最大。世界年产量约180kt，中国年产量约10kt。铅铬黄的遮盖力强，色泽鲜艳，易分散，但在日光照射下易变暗。锌铬黄的遮盖力和着色力均较铅铬黄差，但色浅，耐光性好。镉黄具有良好的耐热、耐光性，色泽鲜艳，但着色力和遮盖力不如铅铬黄，成本也较高，在应用上受到限制。铅铬黄和镉黄均含重金属，不能用于儿童玩具、文教用品和食品包装的着色。铁黄色泽较暗，但耐久性、分散性、遮盖力、耐热性、耐化学性、耐碱性都很好，而且价格低廉，因此广泛用于建筑材料的着色。

①　铅铬黄　将硝酸铅或醋酸铅与重铬酸钠（或重铬酸钾）、氢氧化钠、硫酸铝等多种原料，按不同配比，不同反应条件，可以制得各种色泽的铅铬黄。

②　锌铬黄　又称锌黄。将氧化锌悬浮在水中，然后加入重铬酸钾和铬酸，即得碱式铬酸锌钾$K_2CrO_4 \cdot 3ZnCrO_4 \cdot Zn(OH)_2$就是锌铬黄颜料。也有用硫酸或盐酸代替部分铬酸的，但生成的硫酸钾或氯化钾，必须在过滤、干燥前彻底洗去。碱式铬酸锌钾可作为柠檬黄颜料，也可同

氧化铁红配合制成底漆。另一种锌铬黄是用氧化锌同铬酸进行反应而制得的，又称为四盐基铬酸锌 $ZnCrO_4 \cdot 4Zn(OH)_2$，多用于制造磷化底漆。

③ 镉黄　镉黄有纯镉黄和用硫酸钡共沉淀的镉黄两种。向镉盐的水溶液中加入硫化钠或硫化钠和硒化钠的混合溶液，沉淀出硫化镉黄或硫化镉红，经洗涤、过滤，在转窑内经 $500 \sim 700℃$ 焙烧，即得从柠檬黄至橙红色的不同色泽的颜料镉黄或镉红。

④ 铁黄　天然氧化铁黄是一种含有各种杂质的水合氧化铁，所含杂质，主要是硅酸盐类。过去，制备氧化铁黄以硝基苯还原生产苯胺时的废料铁泥为原料。另一种生产方法是在铁和氧的存在下，将硫酸亚铁加热进行水合，即生成氧化铁黄。氧化铁黄的热稳定性差，加热到 $180℃$ 以上，即脱水而变成氧化铁红。

（4）绿色颜料　主要有氧化铬绿和铅铬绿两种。氧化铬绿的耐光、耐热、耐化学药品性优良，但色泽较暗，着色力、遮盖力均较差。铅铬绿的耐久性、耐热性均不及氧化铬绿，但色泽鲜艳，分散性好，易于加工，因含有毒的重金属，自从酞菁绿等有机颜料问世以后，用量已渐减少。

① 氧化铬绿　也称三氧化二铬，以铬酐、重铬酸钠（或钾、铵盐）与碳或硫黄经高温焙烧而成，颜色从亮绿色到深绿色。多用于冶金制品、水泥的着色。它的颗粒硬度较高，可作光学材料和金属研磨用的抛光剂；其光谱反射特性很接近叶绿素，所以能用于军事伪装漆。

② 铅铬绿　是铬黄和铁蓝的混合物，在铬黄制造过程中加入铁蓝湿浆而成，调节铁蓝加入量的多少，可获得从黄光绿（2%～3%铁蓝）到深绿（60%～65%铁蓝）的各种不同色泽的绿色颜料。铅铬绿可用于一般性涂料。另有一种铬黄和酞菁蓝（见有机颜料）的混合物也称铅铬绿，这种颜料色泽鲜艳，其他性能也较好。

（5）蓝色颜料　主要有铁蓝、钴蓝、群青等品种。其中群青产量较大，群青耐碱不耐酸，色泽鲜艳明亮，耐高温。铁蓝耐酸不耐碱，遮盖力、着色力高于群青，耐久性比群青差。自从酞菁蓝投入市场后，由于它的着色力比铁蓝高两倍，其他性能又好，因而铁蓝用量逐年下降。钴蓝耐高温，耐光性优良，但着色力和遮盖力稍差，价格高，用途受到限制。

铁蓝由硫酸亚铁、黄血盐（亚铁氰化钾）、硫酸铵反应生成白浆，再以氯酸盐氧化而成。青光铁蓝称为中国蓝（China blue），红光铁蓝称为米洛丽蓝（milori blue）。铁蓝为亲水性颜料，与油脂、树脂等介质的亲和力较差，以表面活性剂处理，可改善其亲油、易研磨性能，以铁蓝制成的深蓝色涂料，经曝晒后表面易产生铜光现象。主要用于制造油墨及文教用品。

1.2　其他分类

群青由陶土、硫黄、纯碱、芒硝、炭黑和石英粉按照不同配方混匀，装于陶罐中，在高温下焙烧，再经水洗等精制工序制成。产品可从浅蓝色至深蓝色。与氯化铵混合经热处理后，可制成粉红色、紫色颜料。用于绘画颜料、橡胶、塑料、涂料等。群青遇氢氧化钙变白，因此不能用于水泥着色。

本章除列出涂料用无机颜料外，还列出了几项涂料工业中常用的无机颜料，其性能要求与作为一般无机颜料用不尽相同。

2　无机复合颜料

无机复合颜料，又称环保复合无机颜料、混合金属氧化物颜料（MMO），由几种金属氧化物混合后经过高温煅烧制造而成。煅烧温度大多在 1000℃以上，所以首先它们具有很好的高温稳定性，另外无机复合颜料与树脂具有良好的相容性，在几乎所有的有机和无机溶剂中不渗色、不迁移，其耐光性、耐候性、耐高温性、耐酸耐碱性均达到最高级，即使在用白色颜料冲淡时也对光、热、气候和化学品也同样具有优良牢度。因而其特别适用于对耐光性、耐候性、耐温性等要求高的氟碳涂料等制品。

主要用途：工程塑料、户外塑料件、色母粒、粉末涂料、卷钢涂料、高温涂料、汽车涂料、伪装涂料、航空涂料、高性能工业涂料、户外建筑涂料、印刷油墨、绘画涂料等。

无机复合颜料可以分为氧化铁无机复合颜料和其他无机复合颜料。为什么要把无机复合氧化铁单独列出来呢？因为它是无机颜料中最大的一个组成部分。氧化铁无机复合颜料包括很多种类，如氧化铁蓝、氧化铁棕、酸洗铁红、氧化铁黄等，它不是一种单一的颜料。氧化铁颜料是无机颜料中使用范围最广泛的一种多种类颜料。但是无机颜料中也不止氧化铁这一种，下面来介绍一种无机复合环保型彩色混相无机颜料的特点与用途。

它具有卓越的耐候性、耐光性、耐高温性、耐酸碱性、耐化学品性，遮盖力强，环保无毒，不迁移、不渗色、易分散。而且在已知的无机颜料、有机颜料及染料中，彩色混相无机颜料的耐性是最高的，正是这些特点决定了它在超耐久型涂料和塑料制品等应用产品中的价值。此外，环保型彩色混相无机颜料大多具有优异的反射红外线功能，因此尤其适用于诸如建筑涂料等领域，具有优异的隔热降温、环保节能的效果；部分颜料具有仿叶绿素功能，可用于国防军事领域。

涂料：外墙涂料、氟碳涂料、工程机械涂料、航空涂料、船舶涂料、汽车涂料、军事伪装涂料、卷钢涂料、路标涂料；粉末涂料、油性涂料、水性涂料；耐晒、耐候、抗紫外线、耐高温涂料。

塑料：一般塑料、工程塑料、特种塑料、木塑复合材料、色母粒。

玻璃：工艺玻璃、彩色玻璃、灯具玻璃（体、表、花纸）。

搪瓷：日用搪瓷、工业搪瓷、建筑搪瓷、艺术搪瓷（色釉、花纸）。

陶瓷：工艺陶瓷、日用陶瓷、建筑陶瓷、工程陶瓷（色釉、花纸）。

油墨：彩色油墨、水印油墨、凹凸油墨。

建材：彩色砂石、混凝土、硅藻泥。

彩纸：不褪色、耐酸碱的环保彩色纸张。

绘画：岩体绘画颜料、各种高端水彩画颜料、油画颜料。

3 辅助颜料

无机颜料除了色料和载色剂外，根据不同色料的性能和颜料规格，在生产时要在颜料中加入一定比例的辅助材料如塑型剂、填充剂、稳定剂、催干剂和光泽剂等。

蜡、硬脂酸铝等加在颜料中可以使颜料保持稳定的稠度和增加可塑性。

体质颜料遮盖力低，着色力差，通常被用作填充剂加在一般的油画颜料中。虽然填充剂会降低色彩纯度，但对有些色料来说又可以借此改善颜料的性能如厚度、细度等，还可以调整色膜的硬度，使颜料性能更为稳定并降低成本。有些色料干燥速率慢，尽管可能选用干燥较快的干性油，但仍需要加入钴、锰、铅等催干剂。另一些色料则相反需要使用慢干的油和缓干剂来延缓颜料的干燥速率。有的油画颜料采用加入树脂的办法来使颜料增加光泽。

4　环保无机复合颜料举例

4.1　基本简介

环保无机复合颜料，顾名思义，一者是指该颜料不会污染环境；二者该颜料不会在接触过程中，破坏人体正常功能。环保无机复合颜料真正意义上有两种：一种是包膜机制的无机复合颜料；另一种是真正意义上的无机复合颜料。一般说来，环保复合颜料是相对的。它是按不同行业标准来评判是否环保复合颜料。一般是说颜料的有害成分即毒性，限定在一定的范围（符合某一特定标准），而不至于对人体健康构成威胁和对环境造成污染的颜料，就可以称为环保颜料。

4.2　背景资料

颜料分为无机颜料和有机颜料两种，有机颜料从植物中提取色素制成，不含对人体有害元素，属于环保颜料。而无机颜料从矿物质中提取色素，多含化学元素，如硒、镉、铬等元素，人体长期吸食，或长时间工作在这种环境下，硒、镉等元素容易通过呼吸道或皮肤等途径进入人体血液，造成人体机制缺失或功能衰竭。

之所以称无机颜料有毒，并不是真正意义上的有毒，正如上面所说，无机颜料部分含硒、镉、铬元素颜料能够影响人体正常功能，造成功能衰竭。所以人们习惯称为"有毒"。

4.3　包膜机制颜料

通过含硒、铬颜料的原有晶格结构（如四方晶格），通过一系列化学反应，将硒、镉等元素固定在晶格的中心，生成另一个稳定的包膜晶格结构。如同在一个密封的玻璃瓶里面放置一只有毒蜜蜂一样。在晶格结构不被破坏的前提下，硒、镉元素不会析出。含硒、镉元素颜料采用的就是这种包膜机制。大部分无机颜料是有毒的，如中铬黄、镉红等，但是随着有机硅包膜机制的实验成功，工程师们想到，如果也用包膜机制的原理，将硒、镉、铬等元素包裹固定在晶格结构里面，那么硒、铬、镉等有毒元素就不会析出来，通过呼吸道或皮肤渗入等途径进入人体皮肤的通道就被堵死了。随着这一思想的实践成功，镉红108、镉黄37等材料被成功开发出来。

目前采用的包膜机制有有机硅包膜和无机硅包膜。目前有机硅包膜的颜料有镉系颜料，无机硅包膜而成的是陶瓷包裹色料。此类采用包膜机制制成的，在颜料与人体表接触时，不析出硒、镉等有毒元素的颜料，称为环保无机颜料。

4.4　环保无机复合颜料

另一种环保无机复合颜料就是真正意义上的无毒颜料。以钛、铋、铁等为代表的无机颜料，在人体与颜料接触的过程中，钛、铋、铁等元素就算入口或进入人体血液，也不会影响到人体的正常功能。如某些含铋、含铁颜料现在也被用于医药行业中。这类颜料可回收利用，不会对环境造成污染，是真正意义上的环保无机颜料。

4.5　变价无机复合颜料

某些化学元素有多价位，如铜有二价的和三价的，铬也有三价和六价的。在这类颜料中，某些价位的颜料，是能够影响人体的功能，最具代表性的是含铬颜料，很多人会认为，含铬的都是有毒颜料，但实际上三价铬是无毒的，而六价铬却是剧毒的。像这一类颜料具体区分有毒还是没有毒，主要就靠平时积累了。

4.6　发展趋势

无毒的化学元素有钛、铋、三价铬、铁、三价铜等。尤其以钛、铋颜料近年来在分散性、着色力得到进一步提高，成为未来环保无机颜料的主打。随着环保口号的进一步提升，低碳经济逐渐成为人们生活的重要一部分。环保能源成为未来发展的趋势。

4.7 贮存方式

环保无机复合颜料为粉末状，应贮存于干燥、无腐蚀性气体的环境中。

5 彩色混相无机颜料举例

彩色混相无机颜料是一种最近几年才在国际、国内大量推广应用的高性能无机颜料，在国际上又称为 CICP 或 MMO 颜料，学术上常称呼为金属氧化物混相颜料。在各类无机彩色颜料中，该颜料因具有环保无毒、耐候耐光性极好、耐热性高、耐化学性优良、色谱范围也比较宽广等特点，在职业安全及环保法规日趋强化、制成品使用期要求越来越长的今天，深受涂料、塑料、色母粒、陶瓷、玻璃、建材等相关行业的欢迎。由于它的化学本质和制造方法的特殊性，对热、光、化学品非常稳定，而成为严酷环境中需要耐久性好的最佳选择。

5.1 彩色混相的结构

一般来说，混相无机颜料是金属氧化物，它含有两种或两种以上金属单一的特种晶体结构，而不是金属氧化物的物理混合。因而，彩色混相无机颜料有单一的化学特性——具有一定金属原子和氧原子的晶体排列，形成延伸的离子固体。许多矿物有此特性，我们可将彩色混相无机颜料看作合成的矿物。晶体中的过渡金属原子使彩色混相无机颜料产生颜色，特定金属的原子和它们在晶体中所处的四邻决定呈什么颜色，因此可制得各种颜色。形成哪种晶体结构取决于各金属的相对数量，金属上的离子数和金属离子的大小。这些因素导致金属原子和氧原子以特种方式排列，形成最稳定的晶体结构。晶体结构有许多可能，但有两种对彩色混相无机颜料特别重要。它们是尖晶石和金红石结构，这些结构是非常稳定。尖晶石结构的化学分子式可写为 AB_2O_4，意指每 4 个氧原子有一个金属原子"A"和两个金属原子"B"。"A"和"B"是两个带不同电荷的金属。晶体结构限定金属原子有两个可能的四邻，一种是四面体，一个金属原子周围有四个氧原子；另一种是八面体，一个金属原子周围有六个氧原子。金红石分子式为 MO_2，它的晶体结构是八面体，一个金属原子周围有六个氧原子。

纯矿物，尖晶石是铝酸镁（$MgAl_2O_4$），金红石是二氧化钛（TiO_2），都是无色的，但晶体中的一些过渡金属的金属原子，例如铬、锰、铁、钴、镍或铜替代某些金属原子可使之有色。例如，将尖晶石中的镁用钴替代，得到铝酸钴，有一个非常好认的"钴-蓝"色，其他重要的尖晶石颜料包括铬铁铜黑、钛钴绿、铝铬钴蓝绿和钛铁黄。在金红石二氧化钛中钛原子可用铬、镍或锰等替代。一些普通金红石颜料是钛铬浅黄，钛镍黄和钛锰棕。因此，只要选择一种或多种金属放入晶体结构中，调节配方就能得到这些晶体结构之一，许多不同颜色也就可制得。将产生颜色的几种金属放入晶格中，通过颜色的"混合"甚至可得到更多的颜色。

5.2 色混相无机颜料的制造特点

这类颜料的许多稳定性是与其制造方法有关。彩色混相无机颜料有许多种不同的制造方法，但常用的是将几个单一金属氧化物（或加热后产生氧化物的金属盐）放在一起，产生一个含有这几种金属的新的晶格金属氧化物。

第一步按比例混合反应性的细粉末状的单金属氧化物，为尽可能得到一个均匀混合物，原料氧化物良好地混合是非常重要的。投完料后加热，一般控温在 800～1400℃，这取决于晶种。在这高温下金属离子在固态中扩散在一起，产生一个新的晶体，将这种颜料研磨成所需的颗粒大小。彩色混相无机颜料细度 0.5～10μm，取决于产品和用途。固体状态下扩散金属离子需要大量能量，这就是为什么需要如此高温的原因。为完成这一反应，原料的细度和化学活性是必要的。

为什么彩色混相无机颜料如此稳定？通过了解这些颜料是如何制造的就可知道它的部分原因。因为在制造过程中颜料经历了极端热环境，它们非常耐热，故受温时将继续不变，除非温度接近制造点。另一个原因是在这样的制造高温下有足够的能量来克服许多化学障碍，其结果使在这些元素的存在下形成了最稳定的化学统一体。这意味着这些产品是非常惰性的，混合的金属氧化物就像天然的矿物一样惰性，它抗拒变化。改变这些扩散的离子结构需要大量能量。因此这些颜料对热、光、酸、碱、氧化剂、试剂和溶剂均无反应。

不同颜料有不同性质从而有不同的用途。一般说，彩色混相无机颜料性能适用于需要有极好的热、光和化学稳定性处，例如严酷环境彩色混相无机颜料的一些重要物理性是密度高、吸油量低，不溶解并有些磨蚀性，分散性从好到极佳。由于彩色混相无机颜料有很高的折射率，所以光学性包括从好到极佳的遮盖力，着色力从差到中，彩度从差到好。这些是由过度金属氧化物的颜色引起的。这种颜料显示出极佳的耐酸、碱、氧化剂和还原性。具有这些性能的颜料特别适用于严酷环境，它有优良的保色性和耐气候性。

5.3　彩色混相无机颜料的应用领域

由于彩色混相无机颜料的化学本质和制造方法，它具有抗拒变化的特性。正是由于这个特性它们在需要耐热，耐光、耐化学品性的场所，长久保持色彩稳定领域已用许多年，它们还将继续用于这些严酷的环境中。它应用于卷材涂料、聚氯乙烯墙板、屋顶、高温塑料、伪装涂料铬钴绿和其他需要极好耐热、耐久性的领域。

Ba   脂肪族烃类

黑色基本定义为没有任何可见光进入视觉范围，和白色正相反，白色是所有可见光光谱内的光都同时进入视觉范围内。如果吸收光谱内的所有可见光，不反射任何颜色的光，人眼的感觉就是黑色的。如果将三原色的颜料以恰当的比例混合，使其反射的色光降到最低，人眼也会感觉为黑色。所以黑色既可以是缺少光造成的（漆黑的夜晚），也可以是所有的色光被吸收造成的（黑色的瞳孔）。在文化意义层面，黑色比喻冷酷、阴暗、黑暗和不光明。

黑色颜料的主要品种有炭黑和铁黑。

炭黑的主要成分是碳，含有少量氧、氢和硫。炭黑的微观结构类似于石墨，组成为六边形平面结构。炭黑的种类较多，按用途习惯分为色素用炭黑和橡胶用炭黑。其粒子大小、微观结构和表面化学性质的不同决定了其性能不同。如用于涂料中的炭黑粒径越小，则黑度越高，着色力也有增大的趋势。

炭黑主要用于橡胶工业，其次也作着色剂，用于涂料、油墨中。

铁黑的组成为 Fe_3O_4 和 $Fe_2O_3 \cdot FeO$。学名为四氧化三铁。具有饱和的蓝墨光黑色。相对密度为 4.73，耐候性、遮盖力和着色力都很好，耐碱但不耐酸，耐热性和晶体稳定性欠佳。

铁黑主要用于制漆工业和建筑材料着色剂。

全球炭黑约有 70％用于轮胎的制造，20％用在其他橡胶，其余不到 10％则用于塑料添加剂、染料、印刷油墨等工业。

Ba001   炭黑

【英文名】 Carbon Black

【登记号】 CAS［1333-86-4］；C. I. 77266；C. I. 77268：I

【别名】 C. I. 颜料黑 6；C. I. 颜料黑 7；纯炭

【结构式】 C

【分子量】 12.01

【性质】 炭黑是一种黑色粉末状的无定形碳，炭黑是由平均直径为 2～3nm 的球状或链状粒子聚积而成的，内部是含有直径 3～500nm 的微结晶结构，可以和各种自由基反应。一般比表面积 130～160m^2/g。吸油量 0.95～1.95mL/g。炭黑是一种粒子最细、遮盖力和着色力最好的颜料。相对密度 1.8～2.1。耐热，耐碱，耐酸，对化学药品稳定。

【制法】 炭黑的生产一般采用固体、液体或气体的碳氢化合物为原料。供以适量空气，在约 1200℃ 下，进行不完全燃烧、裂解而制得。目前工业上一般以萘、乙炔、石油、动物油、植物油和天然气等作为原料。

（1）天然气槽法 以天然气为原料，用铁管送入燃烧室，燃烧室的形状长而矮，用铁板制成，室内有若干个燃烧嘴。天然气用适当压力，由燃嘴喷出，在空气不足的情况下燃烧，即生成光亮而有黑烟的火焰，使之冲至槽铁的下方，此时燃烧的温度自1000℃以上降至500℃左右，炭黑堆积于此，槽铁可向前后移动，生成的炭黑用固定的刮刀刮入漏斗，送至中央包装室处理。此种炭黑质地松软，加以筛选，除去粒子和垢片后，送入磨粉机研磨，使粗细更为均匀，但体质仍极轻而松胀，应震动使其稍结实，然后向炭黑加入少量水分，使其成浆状，并用小的旋转针头，在其中旋转，使其成极微小的丸粒，经干燥后即为成品。

（2）**喷雾法** 以纪页岩原油为原料，经预热喷入反应炉，与空气在炉内不完全燃烧，热分解为炭黑烟气。经冷却、分离、收集、风选、压缩而制得产品。空气与原料的配比为$3.1\sim3.3m^3/kg$，反应炉温为1000℃左右，炭黑在高温区的停留时间为$4\sim5s$。

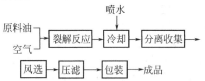

（3）**油炉法** 以重油、渣为原料，配比一定量空气（$3.0\sim3.3m^3/kg$重油）送入反应炉内，在1100℃左右进行不完全燃烧、裂解即产生炭黑。经急冷、收集、造粒等工序加工为成品。

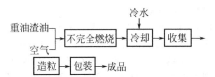

（4）**燃烧裂解法** 以防腐油、蒽油或二蒽油配入一定量的乙烯焦油为原料，经脱水、预热、雾水喷射到反应炉内，同时通入一定比例的煤气和空气，在1600℃左右进行不完全燃烧，再经裂解、冷却、分离收集、造粒、筛选、磁选后而得。

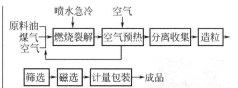

（5）**滚筒法** 以蒽油或防腐油为原料，气化后同预热过的煤气混合，经小孔喷出，在火房内同空气接触进行不完全燃烧，裂解。部分炭黑在滚筒表面上收集，另一部分炭黑在燃余气中，经冷却、收集、输送、造粒等工序加工为成品。

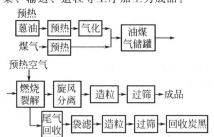

（6）**炉法** 炉法是目前炭黑生产的主要方法。其基本制造过程是将原料油（或气）和一定量的空气混合，通入密闭炉中进行燃烧裂解，生成的炭黑浮在燃余气中，经冷却后收集。以煤焦油系统或石油重油系统的油类为原料的称为油炉法；以天然气、油田气为原料的称为气炉法；原料以油为主，混以部分天然气或焦煤气的称为油气炉法。用不同的原料、不同的空气与原料的配比、不同的炉体结构及不同的操作条件则生产不同品种的炭黑。

一般以重油为主要原料、配入一定量的页岩油，经预热喷入反射炉，并与预热后的空气在炉内进行不完全燃烧，热分解为炭黑烟气，经冷却、分离、收集、造粒、筛选、磁选而得。

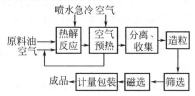

【质量标准】 (1) 质量指标

项　目	高色素		中色素		
	1号 GS-13	2号 GS-0-13	3号 ZS-22	4号 ZS-0-22	5号 ZSL-0-22
平均粒径/nm	9～17	9～17	18～27	18～27	18～27
比表面积/(m²/g)	≥200	≥400	≥150	≥250	≥250
水分含量/%	≤6.0	≤8.0	≤5.0	≤8.0	≤8.0
灰分含量/%	≤0.2	≤0.2	≤0.2	≤0.2	≤0.2
吸油值(粒状)/(mL/g)	≤1.8	≤1.8	≤1.3	≤1.3	≤1.3
挥发分含量/%		10.0		10.0	7.0
pH值	2～6	2～6	2～6	2～6	2～6
着色力/%	≥95	≥95	≥95	≥95	≥95
流动度(35℃)/mm	≥18	≥8	≥17	≥22	≥30

(2) 比表面积测定

① 原理　炭黑在 CTAB 水溶液中的吸附等温线具一个较长的单分子覆盖层的平段，通过机械振荡的方法使吸附很快达到平衡，用超滤法（微孔滤膜过滤）滤除胶溶炭黑，然后用十二烷基硫酸钠滴定二氯荧光黄终点，测定未被吸附的 CTAB 量。

② 试剂　十二烷基三甲烷溴化铵（CTAB）；十二烷基硫酸钠（SDS）；二氯荧光黄指示剂。

③ 测定　取适量的炭黑试样放在 (105 ± 2)℃恒温干燥箱中，干燥 1h 后将其取出后，放入干燥器中冷却至室温。称取干燥后的适量炭黑试样放入洁净、干燥的 150mL 锥形瓶中，同时加入 30mL CTAB 溶液，盖好瓶塞后，将其放在振荡机上振荡 40min，倒入砂芯过滤器（微孔滤膜）中，真空抽滤，重复两次，收集滤液摇匀，用吸管吸取 10mL CTAB 滤液放入 150mL 锥形烧瓶中，加入 6 滴二氯荧光黄指示剂后，用 SDS 滴定，使溶液由开始阶段的微黄色转为粉红色，随着滴定的进行，粉红色逐渐消失而趋向从橙红变到橙黄，最后变为黄色。这时要一滴一滴地加入滴定液进行滴定，并要激烈地摇动，直到混合物中出现明显的絮状聚沉物即为终点。记录饱和滴定所消耗的十二烷基硫酸钠的体积。

④ 计算

$$炭黑比表面积 = \frac{\alpha(V_0 - V)}{M}$$

式中，V 为滴定 10mL CTAB 滤液消耗的滴定液体积，mL；V_0 为实验校正系数，47.77；M 为试样质量，g；α 为实验校正系数，2.0268。

【用途】 炭黑主要作为橡胶增强剂使用，用于汽车轮胎的制造。其他还用作颜料（油墨、塑料、涂料用），干电池用导电剂，催化剂载体、超硬质合金材料。一般涂料工业用于制造黑色漆，橡胶工业用作补强剂和着色剂，文教和轻工业等行业用于生产中国墨、油墨、皮革涂饰剂等。

【生产单位】 天津炭黑厂，福建南平化工厂，上海焦化厂，上海安化化工有限公司，辽宁抚顺炭黑厂等。

Ba002　铁黑

【英文名】 Iron Oxide Black

【登记号】 CAS [12227-89-3]；C.I.77499

【别名】 C.I颜料黑11；氧化铁黑；铁氧黑；四氧化三铁

【结构式】

【化学式】 $Fe_2O_3 \cdot FeO$

【分子式】 Fe_3O_4

【分子量】 232.6

【性质】 氧化铁黑具有饱和的蓝墨光黑色，相对密度为 4.73，遮盖力、着色力均很强，对光和大气的作用十分稳定，不溶于碱，微溶于稀酸，在浓酸中则完全溶解，耐热性能差，在较高温度下易氧化，生成红色的氧化铁。带有很强的磁性。

【制法】

1. 生产原理

（1）由氧化亚铁和氧化铁混合复合得到。

$$FeO + Fe_2O_3 \longrightarrow Fe_3O_4$$

（2）用亚铁盐类与氢氧化钠作用生成氢氧化亚铁，再与氧化铁黄作用，可制得四氧化三铁，即为氧化铁黑。

这里介绍第二种方法。

2. 工艺流程

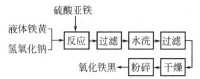

3. 技术配方（质量份）

硫酸(100%)	85
废铁(不含其他金属的钢材边角废料)	90
氢氧化钠(100%)	60
硝酸铵(工业品)	4

4. 生产工艺

硫酸亚铁的制备和液体铁黄的生产过程可参见后文《氧化铁黄——工艺流程、操作工艺》。

在制备氧化铁黑时，先把液体铁黄和硫酸亚铁投入反应锅中进行搅拌，同时通入蒸汽加热升温，随后加入 30%氢氧化钠使之与硫酸亚铁反应，并调 pH 值至 7，继续升温至 95～100℃，使其进行加成反应，经初步反应后放出澄清的母液后，再第二次、第三次投入硫酸亚铁和氢氧化钠，按照第一次条件继续进行反应，直到反应接近终点时，立即加入硝酸铵。当颜料色光接近标准样品时，可停止反应，准备出料。出料时必须进行过筛以除去杂质。然后经压滤、洗涤、干燥、粉碎后即得成品。

【质量标准】 （GB 1861）

（1）质量指标

指标名称	一级品	二级品
外观	黑色粉末	黑色粉末
色光(与标准品相比)	近似至微	稍
吸油量/%	≤15～25	≤15～25
细度(过 320 目筛余量)/%	≤0.3	≤1
水分含量(90℃干燥)/%	≤1.5	≤2.0
水萃取液 pH 值	5～7	5～7
水溶物含量/%	≤0.5	≤0.5
四氧化三铁含量(以干品计)/%	≥96	≥90

（2）四氧化三铁含量测定

① 试剂　6mol/L 盐酸溶液；0.5％二苯胺磺酸钠溶液；$\left(\dfrac{1}{6}\right) \times 0.1mol/L$ 重铬酸钾标准溶液；将 4.9035g（准确至 0.0001g）在 120℃烘至恒重的重铬酸钾（基准试剂）溶于 500mL 水中，并稀释至 10000mL，暗处保存；氯化亚锡溶液：将 10g 氯化亚锡（$SnCl_2 \cdot 2H_2O$）溶于 33.3mL 盐酸中，溶解后加水稀释至 100mL，需要新鲜配制；氯化高汞饱和溶液：用氯化高汞溶于水中成饱和状态；硫磷混液：取 150mL 浓硫酸及 150mL 浓磷酸注于 500mL 水中，并稀释至 10000mL（注意在配酸过程中放热，必须冷却）。

② 测定　称取样品 0.3g（准确至 0.0002g）置于 500mL 锥形瓶中，加

30mL6mol/L 盐酸，锥形瓶口上盖一小漏斗，防止瓶内溶液溅出，加热使其全部溶解，加 100mL 水冲洗漏斗及锥形瓶瓶口，加热至沸，然后将氯化亚锡溶液逐滴加入微沸液中至溶液黄色刚好褪尽，再多加一滴，加 100mL 水将溶液冷却至室温，加入 6mL 氯化高汞饱和溶液，用力振荡 3min，加 20mL 硫磷混合液及 5～7 滴二苯胺磺酸钠指示剂，用 $\left(\dfrac{1}{6}\right)\times 0.1 mol/L$ 重铬酸钾标准溶液滴定至紫色保持 30s 不褪，即为终点。四氧化三铁百分含量按下式计算：

$$W_{Fe_3O_4}=\dfrac{0.4631\times Vc}{G}\times 100\%$$

式中，G 为样品质量，g；V 为耗用重铬酸钾标准溶液的体积，mL；c 为重铬酸钾标准溶液的浓度，mol/L。

【用途】　用于涂料、油墨、橡胶、塑料的着色及电子、电信等工业，并在机器制造工业中用于探伤，还可用于生产氧化铁红。

【生产单位】　天津灯塔颜料责任有限公司，上海氧化铁颜料厂，江苏镇江涂料化工厂，广州市楚天颜料化工有限公司，福建三明市氧化铁颜料厂，天津油漆厂，河南洛阳五女化工厂，江苏常熟铁红厂等。

Ba003　C. I. 颜料黑 12

【英文名】　C. I. Pigment Black 12

【登记号】　CAS［68187-02-0］；C. I. 77543

【别名】　铁钛黑；铁钛棕；钛酸亚铁；Battleship Gray 6；Battleship Grey 6；Iron Titanate Brown Spinel；Pigment Black 12；Spinels，Iron Titanium Brown

【结构式】　Fe_2TiO_4

【分子量】　223.57

【性质】　棕黑色。是氧化铁和氧化钛的复合尖晶石型晶体。有一定的遮盖力，耐化学品性能优良，有很优越的耐候性、耐光

性和耐高温性能。密度 4.0～5.2g/cm³，吸油量 8％～20％。属无毒颜料。经常添加各种改性剂，如 Al_2O_3、Fe_2O_3、MnO 或 ZnO 等，以改善颜料的性能。

【制法】　以一定比例的氧化铁和二氧化钛在高温下煅烧而成，为了改善颜料的性能和调整色光，在配料中可加入少量的 Al_2O_3、CoO、Cr_2O_3、Fe_2O_3、MnO 或 ZnO 等金属氧化物。煅烧后的物料经过漂洗、过滤、干燥、研磨分级即为成品。

【用途】　用于塑料和涂料。虽其黑度差，着色力也很低，但因性能优越，在卷钢涂料、长效工业用漆以及耐热工程塑料中仍得到应用。

Ba004　C. I. 颜料黑 13

【英文名】　C. I. Pigment Black 13；Cobalt Oxide

【登记号】　CAS［1307-96-6］；C. I. 77322

【别名】　氧化钴；Cobalt Black；Cobalt Monooxide；Cobalt Monoxide；Cobalt（2＋）Oxide；Cobalt（Ⅱ）Oxide；Cobaltous Oxide；FCO 178；Zaffre

【结构式】　CoO

【分子量】　74.93

【性质】　桃红色立方晶系粉末。密度 6.45g/cm³。熔点 1795℃±20℃。溶于酸，不溶于水、醇、氨水。易被一氧化碳还原为金属钴。高温时易与二氧化硅、氧化铝或氧化锌反应生成多种颜料。

【制法】

1. 金属钴法

将金属钴加入盐酸中，视溶解情况适当加入硝酸，加热至 80℃进行反应，在生成的氯化钴溶液中加入双氧水净化除铁，沉淀、过滤后，加入碳酸钠进行置换反应生成碳酸钴，经洗涤、离心分离，把净制的碳酸钴经灼烧、过筛制得氧化钴。

$$Co+2HCl\longrightarrow CoCl_2+H_2$$

$$Co+Na_2CO_3\xrightarrow{HCl}CoCO_3+2Na^+$$

$$CoCO_3 \longrightarrow CoO + CO_2$$

2. 废料回收法

工艺与上述金属钴法基本相同，只是增加了用碳酸钠、烧碱除铁和用次氯酸钠除镍等除杂质工序。工艺流程参见金属钴法。

【质量标准】　参考标准

钴(Co)/%	≥72
铁(Fe)/%	≤0.07
镍(Ni)/%	≤1.0
硫酸根(SO₄²⁻)/%	≤0.05
碱及碱土金属/%	≤1.0
铜(Cu)/%	≤0.3
细度(100目筛余物)/%	≤1.0

【用途】　主要用作玻璃、搪瓷、陶瓷、磁性材料等的密着剂，天蓝色、钴蓝色、钴绿色等色彩的着色剂，催化剂，家畜营养剂。也用于钴盐的制备。

【生产单位】　上海冶炼化工厂，上海贵稀金属厂，山东临邑县化工厂，天津汉沽化工厂，大连民兴化工厂，大连汇达化工厂，浙江慈溪雁门化工厂。

Ba005　C. I. 颜料黑15

【英文名】　C. I. Pigment Black 15；Copper Oxide(CuO)

【登记号】　CAS［1317-38-0］；C. I. 77403

【别名】　氧化铜；BYK-LPX 20704；Banacobru OL；Black Copper Oxide；Coopers Permatrace Copper；Copacaps；Copper Brown；Copper Monooxide；Copper Monoxide；Copper Monoxide（CuO）；Copper Oxide；Copper Oxide（Cu₄O₄）；Copper（2＋）Oxide；Copper（Ⅱ）Oxide；Copper（Ⅱ）Oxide（CuO）；Copporal；Cupric Oxide；NSC 83537；Nano Active CuO；Nanotek CuO

【结构式】　CuO

【分子量】　79.55

【性质】　黑色单斜晶系或黑到棕黑色无定形结晶性粉末。密度 $6.3 \sim 6.49 g/cm^3$。

熔点 1326℃。不溶于水和醇，溶于稀酸、氯化铵、碳酸铵和氰化钾。高温下通入氢气或一氧化碳可还原为金属铜。

【制法】　以铜灰、铜渣为原料经焙烧，用煤气加热进行初步氧化，以除去原料中的水分和有机杂质。生成的初级氧化物自然冷却，粉碎后，进行二次氧化，得到粗品氧化铜。粗品氧化铜加入预先装好 1:1 硫酸的反应器中，在加热搅拌下反应至液体相对密度为原来的一倍，pH 值为 2～3 时即为反应终点，生成硫酸铜溶液，静置澄清后，在加热及搅拌的条件下，加入铁刨花，置换出铜，然后用热水洗涤无硫酸根和铁质。经离心分离、干燥，在 450℃ 下氧化焙烧 8h，冷却后，粉碎至 100 目，再在氧化炉中氧化，制得氧化铜粉末。

$$4Cu + O_2 \longrightarrow 2Cu_2O$$
$$2Cu_2O + 2O_2 \longrightarrow 4CuO$$
$$CuO + H_2SO_4 \longrightarrow CuSO_4 + H_2O$$
$$CuSO_4 + Fe \longrightarrow FeSO_4 + Cu$$
$$2Cu + O_2 \longrightarrow 2CuO$$

【质量标准】　GB/T 674—2003（化学试剂）

指标名称		分析纯	化学纯
氧化铜(CuO)/%	≥	99.0	98.0
盐酸不溶物/%	≤	0.02	0.05
氯化物(Cl)/%	≤	0.003	0.005
硫化合物(以 SO₄²⁻ 计)/%	≤	0.01	0.05
总氮量(N)/%	≤	0.002	0.005
碳化合物(以 CO₃²⁻ 计)/%	≤	0.025	0.10
铁(Fe)/%	≤	0.01	0.04
氧化亚铜(Cu₂O)/%	≤	0.05	0.10
硫化氢不沉淀物/%	≤	0.20	0.50

注：表中"%"为质量分数。

【用途】　用作玻璃、搪瓷、陶瓷工业的着色剂，涂料的防皱剂，光学玻璃的磨光剂。用于制造染料、有机催化剂载体以及铜化合物。还用于人造丝制造工业及作为油脂的脱硫剂。用作其他铜盐的制造原料，也是制人造宝石的原料。

【生产单位】　上海贵稀金属提炼厂，上海东海化工油脂厂，大连有机化工厂，重庆化学试剂厂，天津物质回收公司有色金属综合利用厂，沈阳市化工六厂，北京永外有色金属回收厂。

Ba006　C. I. 颜料黑26

【英文名】　C. I. Pigment Black 26

【登记号】　CAS［68186-94-7］；C. I. 77494

【别名】　锰铁黑；Daipyroxide Black 9550；Daipyroxide Color 9550；F 6331-2；Ferro Black F 6331；Geode F 6331-2；Manganese Ferrite Black Spinel；Pigment Black 26；SKL 601K；TM Black 9550

【结构式】　$(Fe，Mn)(Fe，Mn)_2O_2$

【性质】　黑色粉末。尖晶石型晶体。是铁和锰的氧化物，其实际组成随配比的不同而异。密度 $5.9～6.0g/cm^3$，吸油量46%。有优越的耐热、耐光和耐化学品的性能。其遮盖力和着色力在金属混相黑色颜料中是比较高的，但黑度尚不如铜铬黑。属无毒颜料。经常添加各种改性剂 Al_2O_3、CoO、CuO、NiO 或者 SiO_2 等。

【制法】　以氧化锰（二价和三价锰）和氧化铁（二价和三价铁）经过高温煅烧反应而得，配料中可加入少量的 Al_2O_3、CoO、CuO、NiO 或者 SiO_2 等，以调节颜料色光。

【用途】　用于塑料和涂料。可用于卷钢涂料、高性能的工业用漆以及耐热的工程塑料。还是一种优良的太阳能吸收剂，可用于配制太阳能收集器用的涂料。因含有锰，对橡胶有损害，故不能用于橡胶。同时因含锰和铁，对某些塑料有脆化作用。

【生产单位】　浙江神光材料科技有限公司，湖南湘潭华莹精化有限公司，南京培蒙特科技有限公司。

Ba007　C. I. 颜料黑28

【英文名】　C. I. Pigment Black 28

【登记号】　CAS［68186-91-4］；C. I. 77428

【别名】　铜铬黑；铬酸铜；铜铬铁黑；铜铬锰黑；Copper Chromite Black；Copper Chromite Black Spinel；Daipyroxide Black 9510；Daipyroxide Black 9568；Harshaw 7890；Jet Black 1；Pigment Black 28；Shepherd Black 1G；Shepherd Black 20C980；Shepherd Pigment Black 1

【结构式】　$CuCr_2O_4$

【分子量】　231.54

【性质】　黑色。密度高达 $5.3～5.6g/cm^3$，吸油量在18%～22%之间。化学性能非常稳定，具备耐热、耐光及耐化学品等极优越的性能。遮盖力相当好，但黑度不够，着色力也不高。在颜料中，铜、铬等金属离子已牢固地结合于晶格中，不再呈现金属为人体吸收后的毒性，因此可视为无毒的颜料。为了提高着色力，在颜料中经常渗有改性剂 Fe_2O_3 和 MnO。即在原料配比中，以铁部分地替代铜，得到铜铬铁黑 $CuFe_{0.5}Cr_{1.5}O_4$；或者以锰部分地替代铬，得到铜铬锰黑 $Cu(Cr，Mn)_2O_4$。

【制法】　生产铜铬黑的原料可以用纯度较高的固体碳酸铜 $CuCO_3·Cu(OH)_2$ 和固体重铬酸钠 $Na_2Cr_2O_7·2H_2O$，二者以一定比例配合，混合均匀后，磨成细粉，加入煅烧炉，在 $810～820℃$ 的温度下进行煅烧。高温煅烧可以在转窑中以连续方法进行，也可以用马弗炉以间歇方法分批进行。再经过漂洗、过滤、干燥、研磨而得成品。

或者用硫酸铜（$CuSO_4·5H_2O$）的水溶液和重铬酸钠（$Na_2Cr_2O_7·2H_2O$）的水溶液以一定比例进行共沉淀，沉淀物经过漂洗、过滤、干燥，再加入至煅烧炉中煅烧，也能制得产品。

铜和铬金属比例的调整，以及煅烧温度和时间的控制，可以获得不同质量的产品。此外，在配比中加入铁盐或锰盐，

可制成铜铬铁黑 $CuFe_{0.5}Cr_{1.5}O_4$ 或者铜铬锰黑 $Cu(Cr,Mn)_2O_4$ 等品种。

用于涂料的颜料还应进行后处理，如添加表面活性剂以及以金属氢氧化物例如氢氧化铝及四价金属氧化物进行包膜，以提高颜料的光泽和抗凝聚性能。

【用途】　用于陶瓷及搪瓷工业，也用于涂料和塑料工业。涂料及塑料用的铜铬黑要求颗粒较细、质地较软；陶瓷及搪瓷用的铜铬黑颗粒允许稍粗。涂料及塑料用的铜铬黑可用于室外用的卷钢涂料，也用于氟树脂、有机硅、聚酯等耐热、耐候的涂料系统中。该品种的原料成本高，着色力又不如炭黑或氧化铁黑。但因这种颜料有卓越的耐高温和耐候性能，还是可应用在长效涂料及工程塑料中。

【生产单位】　湖南湘潭巨发颜料化工有限公司，湘潭市华邦颜料化工有限公司，湖南湘潭华莹精化有限公司，南京培蒙特科技有限公司，浙江神光材料科技有限公司。

Ba008　C. I. 颜料黑 30

【英文名】　C. I. Pigment Black 30

【登记号】　CAS [71631-15-7]；C. I. 77504

【别名】　铬铁黑；Black 376A；Nickel Iron Chromite Black Spinel；PK 10456；Pigment Black PK 10456；Pigment Black PK 24-10204；Shepherd Black 376A

【结构式】　$xNiO \cdot yFe_2O_3 \cdot zCr_2O_3$

【性质】　是一种含铬铁镍带蓝相的黑色颜料。具有极好的着色力，具有极好的耐化学腐蚀性、户外耐候性、热稳定性、耐光性，并具有无渗透性，无迁移性。具有中等光反射性。与大多数热塑性、热固性塑料具有良好相容性。耐热性 1000℃，耐光性 8 级，耐候性 5 级，吸油量 $17cm^3/g$，pH 值 7.6。工业品中经常添加 CuO、MnO 或 Mn_2O_3 等改性剂，以改善颜料的性能。

【制法】　取一定比例的 NiO、Fe_2O_3 和

Cr_2O_3，混合后经过球磨机研磨至要求细度，加入到高温煅烧炉中，进行煅烧。冷却后粉碎，筛分，拼混，得制品。

【用途】　应用于 RPVC、聚烯烃、工程树脂、涂料和一般工业、卷钢业及挤压贴胶业用油漆等。

【生产单位】　南京培蒙特科技有限公司。

Ba009　云母氧化铁

【英文名】　Micaceous Iron Oxide

【别名】　天然云铁颜料；云母氧化铁颜料；云母赤铁矿

【结构式】　$\alpha\text{-}Fe_2O_3$

【分子量】　159.69

【性质】　黑紫色薄片状粉末。密度 $4.7\sim4.9g/cm^3$，化学稳定性好，对阳光反射性强，可以减缓漆膜老化，抗水渗透性好，是较好的防锈颜料，附着力强，无毒。

【制法】

1. 云母赤铁矿法。

精选云母赤铁矿石，用湿球磨机磨成精矿粉，脱水、干燥、冷却，粉碎至 325 目，过筛，制成云母氧化铁。

2. 人工合成法。

将 20g 氢氧化钠、50g 水和直径约为 $100\mu m$ 的 3g 铁粉加入内衬聚四氟乙烯并装有磁力搅拌器、容积为 300mL 的不锈钢高压釜中，用氮气置换空气，缓慢以 6℃/min 的速度加热，使达到饱和蒸汽压温度。此时向高压釜中通入高压氧气，使釜内氧气分压为 5MPa，反应期间氧气压力一直为 5MPa，同时以 1200r/min 搅拌，反应 2h，立即风冷高压釜。冷却后取出产品离心分离，产品用 $300\sim500cm^3$ 乙醇润洗，过滤后在 105℃烘干 12h，得到云母氧化铁。

【质量标准】　GB 6755—86（天然云母氧化铁）

指标名称		灰色	红褐色
铁含量(以 Fe_2O_3 计,105℃烘干)/%	≥	93.0	90.0

指标名称		灰色	红褐色
105℃挥发物/%	≤	0.5	0.5
水溶物/%	≤	0.1	0.3
吸油量/(g/100g)		9～12	9～14
二氧化硅/%	≤	3.0	3.2
筛余物/%			
45μm 筛孔	≤	—	1.0
63μm 筛孔	≤	1.0	—
水悬浮液 pH 值		6.0～8.0	5.5～5.7

【用途】 用作防锈漆颜料。制成防锈漆抗水性好，防锈性能优异，可取代红丹。

【生产单位】 江苏溧水县茅山铁矿厂，福建龙岩市金得利矿产开发有限公司，铜陵市钟鸣镜铁粉有限公司。

Ba010　氯化石蜡-42

【英文名】 Chlorinated Paraffin-42

【登记号】 CAS [106232-86-5]

【别名】 氯蜡-42；42 型氯化石蜡

指标名称		优等品	一等品	合格品
色度（碘）	≤	3	15	30
密度（ρ_{50}）/(g/cm³)		1.13～1.16	1.13～1.17	1.13～1.18
氯的质量分数/%		41～43	40～44	40～44
黏度（50℃）/mPa·s		140～450	≤500	≤650
折射率		1.500～1.508	1.500～1.508	
加热减量（130℃,2h）/%	≤	0.3	0.3	
热稳定系数（175℃×4h×氮气 10L/h）/%(HCl)	≥	0.20	0.20	0.30

【用途】 用作氯丁橡胶、丁腈橡胶、SBS 胶黏剂和密封剂的增塑剂。也用作中空玻璃聚硫密封胶的辅助增塑剂。还可用作阻燃剂。

【安全性】 190kg/桶，产品用密封容器包装，存放于避光、热、室温下的通风仓库中，远离火源，贮存期 12 个月。

【生产单位】 上海缘钛化工产品有限公司，浙江宁波泰佑化工有限公司。

Ba011　氯化石蜡-52

【英文名】 Chlorinated Paraffin-52

【分子式】 $C_{25}H_{46}Cl_7$

【分子量】 594.81

【性质】 淡黄色黏稠液体，相对密度 1.16～1.17。凝固点 -30℃。折射率 1.500～1.508。黏度（25℃）1900～2500mPa·s。氯含量 42%。溶于大部分有机溶剂和矿物油，如甲苯、氯代烃、丙酮、环己酮、醋酸乙酯等，不溶于水和乙醇。与天然橡胶、氯丁橡胶、聚酯等相容。加热 120℃以上自行缓慢分解，放出 HCl。铁和锌等金属化合物会促进分解，不燃、不爆、挥发性低。无毒。

【制法】 氯化石蜡是石蜡烃的氯化衍生物，用含氯量为 ≥99.5%，H_2O≤0.06 的氯气，及平均碳原子为 25～15 的正构液体石蜡，用间歇热氯化法精制而成。

【质量指标】 主要性能技术指标（HG 2091—91）

【登记号】 CAS [63449-39-8]

【别名】 氯蜡-52；52 型氯化石蜡

【性质】 淡黄色或琥珀色黏稠液体，相对密度（d_{25}）1.22～1.26，凝固点 <-20℃，黏度（25℃）0.7～1.5Pa·s，溶于苯、醚，微溶于醇。氯化石蜡广泛用作聚氯乙烯增塑剂，润滑油添加剂，塑料、橡胶及纺织品的阻燃剂，防腐涂料、油墨及皮革的加脂材料。氯含量是氯化石蜡质量的主要指标，通常以氯含量命名产品。

【质量指标】 主要性能技术指标（HG 2091—91）

项 目	指 标		
	优等品	一等品	合格品
色泽(铂-钴)/号 ≤	100	250	600
密度(50℃)/(g/cm³)	1.23~1.25	1.23~1.27	1.22~1.27
氯含量/%	51~53	50~54	50~54
黏度(50℃)/mPa·s	150~250	≤300	—
折射率(n_D^{25})	1.510~1.513	1.505~1.513	—

【用途】 氯化石蜡无臭无毒、无腐蚀性，阻燃，不爆炸，挥发性小，电绝缘性好，能溶于许多溶剂，如氯化脂肪族和芳香族烃、不同牌号的氯化石蜡可以互相混合，它与天然橡胶、合成橡胶聚酯及醋酸类树脂、醇酸树脂及含氯聚合物相溶，与二辛基或二丁基、邻基苯二甲酸酯及磷酸三甲酯等增塑剂可以混用，用作 PVC 塑料、橡胶等辅助增塑剂，不仅降低了生产成本，提高机械强度和使用寿命，而且使制品具有阻燃性、电绝缘性、憎水性、耐化学品性及抗氧化性能，提高对热和光的稳定性和对树脂的良好混溶性，广泛用于聚氯乙烯电缆料、PVC 地板料、软硬管、压延板材、人造革制品、鞋制品、氯化橡胶制品的增塑剂、增量剂、也可用于醇酸树脂、防水防火材料、润滑油增稠剂、石油制品的抗凝剂等领域。

【安全性】190kg/桶，产品用密封容器包装，存放于避光、热、室温下的通风仓库中，远离火源，贮存期 12 个月。

【生产单位】上海缘钛化工产品有限公司，浙江宁波泰佑化工有限公司。

Bb　蓝色颜料

蓝色颜料按其化学成分可分为有机颜料和无机颜料两大类。

目前，应用较多的无机类蓝色颜料有铁蓝、群青蓝和钴蓝，有机蓝色颜料主要是酞菁蓝。随着工业的发展，铁蓝和群青蓝正在不断被性能优异的酞菁蓝所取代，但酞菁蓝的耐高温性、耐候性能欠佳，不能够应用在对耐温、耐候性要求较高的环境中。而钴蓝类蓝色颜料因本身所具有的优异性能可以在此类环境中应用，并成为不可替代产品；其优异的性能主要表现在具有高的热稳定性（可达1200℃）和高的化学稳定性，还具有良好的耐候性、耐酸碱性，能耐受各种溶剂腐蚀等性能，在透明度、饱和度、色度、折射率等方面也都明显优于其他蓝色颜料。

（1）铁蓝的主要成分为亚铁氰化铁 $Fe_4[Fe(CN)_6]_3$。按制造方法可分为钾盐和铵盐，其化学式分别为 $FeK[Fe(CN)_6]$ 和 $Fe(NH_4)[Fe(CN)_6]$，其品种繁多，其色相从睛蓝到亮蓝变化。

铁蓝的化学成分及颗粒大小与色调、着色力、分散性和吸油量有关。一般铁蓝相对密度 $1.8 \sim 2.09$，不耐碱，耐热性差，在140℃就分解。铁蓝因比其性能更优的酞菁蓝的发展慢，使用受到影响，但因其价廉，因此在涂料，油墨绘画色，漆布中仍然使用。

（2）群青的结构很复杂，由硅酸、氧化铝、钠和硫组成。分子式可用 $Na_6Al_4Si_6S_4O_2$ 表示。但它有多种异构体，色相也不尽相同，可分为红相和蓝相两大类。我国只生产蓝色群青。

群青的相对密度为 $2.30 \sim 2.40$，折射率为 $1.50 \sim 1.54$。其色泽鲜艳，有优异的耐碱性、耐溶剂性、耐光性和耐候性。在250℃条件下是稳定的，在氮气中可耐900℃高温。有较好的亲水性，但易被酸的水溶液破坏，遮盖力欠佳。群青用于塑料、涂料、橡胶、绘画等行业。群青生产始于19世纪40年代。其生产方法有硫酸法和纯碱硫黄法，目前一般采用后者。

（3）钴蓝的主要组成是 CoO、Al_2O_3，其实际组成 Al_2O_3 含量为65%～70%，CoO 含量为30%～35%。钴蓝是带有尖晶石结晶的立方晶体。相对密度为 $3.8 \sim 4.54$，遮盖力很弱，仅 $75 \sim 80g/m^2$，吸油量31%～37%。钴蓝是一种带有绿光的蓝色颜料，有鲜明的色泽，有极优良的耐候性、耐酸碱性，能耐受各种溶剂，耐热可达1200℃，着色力较弱。属无毒颜料。

Bb001　钴蓝

【英文名】　Cobaltous Blue

【登记号】　CAS [1345-16-0]；C. I. 77346

【别名】　C. I. 颜料蓝28；铝酸钴；帝王蓝（King Blue）；Thenard 蓝和钴群青（Cobalt Ultramarine）

【结构式】　$CoO \cdot Al_2O_3$

【分子式】　$Co(AlO_2)_2$

【分子量】　176.89

【性质】　钴蓝的主要组成是 CoO、Al_2O_3，其实际组成 Al_2O_3 含量为65％～70％，CoO 含量为 30％～35％。钴蓝是带有尖晶石结晶的立方晶体。相对密度为3.8～4.54，遮盖力很弱，仅 $75\sim80g/m^2$，吸油量31％～37％。钴蓝是一种带有绿光的蓝色颜料，有鲜明的色泽，有极优良的耐候性、耐酸碱性，能耐受各种溶剂，耐热可达1200℃，着色力较弱。属无毒颜料。

【制法】　1. 生产原理

（1）**碳酸盐法**　硫酸钴和钾明矾一起加水溶解，然后加入碳酸钠溶液，生成碳酸钴和氢氧化铝沉淀，经洗涤、过滤、干燥，于1100～1200℃下进行煅烧，得到钴蓝。

$$CoSO_4 + Na_2CO_3 \longrightarrow$$
$$CoCO_3\downarrow + Na_2SO_4$$
$$2KAl(SO_4)_2 + 3Na_2CO_3 + 2H_2O \longrightarrow$$
$$K_2SO_4 + 3Na_2SO_4 + 3CO_2 + 2Al(OH)_3$$
$$CoCO_3 + 2Al(OH)_3 \xrightarrow{\triangle}$$
$$CoO \cdot Al_2O_3 + CO_2\uparrow + 3H_2O\uparrow$$

（2）**硫酸盐法**　钴的硫酸盐和铝的硫酸盐在少量硫酸锌和磷酸存在下，充分混合，在300～350℃进行脱水，然后在1100～1200℃高温进行煅烧生成钴蓝。

（3）**氧化钴法**　直接用氧化钴和 $Al(OH)_3$ 加入少量氧化锌，于1100～1200℃下煅烧，生成钴蓝。

$$CoO + 3Al(OH)_3 \xrightarrow[\triangle]{ZnO}$$
$$CoO \cdot Al_2O_3 + 3H_2O\uparrow$$

2. 工艺流程

3. 技术配方（质量份）

（1）配方一

硫酸钴（$CoSO_4 \cdot 7H_2O$）	18.6
钾明矾[$KAl(SO_4)_2 \cdot 12H_2O$]	100
碳酸钠（Na_2CO_3）	85
硫酸锌（$ZnSO_4 \cdot 7H_2O$）	1.2
磷酸氢二钠（$Na_2HPO_4 \cdot 12H_2O$）	4.2

（2）配方二

硫酸钴（$CoSO_4 \cdot 7H_2O$）	12.2
钾明矾[$KAl(SO_4)_2 \cdot 12H_2O$]	64.3
碳酸钠（Na_2CO_3）	35.1

（3）配方三

硫酸铝[$Al_2(SO_4)_3 \cdot 18H_2O$]	61.0
硫酸钴（$CoSO_4 \cdot 7H_2O$）	18.0

（4）配方四

硫酸铝[$Al_2(SO_4)_3 \cdot 18H_2O$]	134.0
硫酸钴（$CoSO_4 \cdot 7H_2O$）	37.2
硫酸锌（$ZnSO_4 \cdot 7H_2O$）	2.4
磷酸（H_3PO_4）	2.0

（5）配方五

氢氧化铝[$Al(OH)_3$]	144
四氧化三钴（Co_3O_4）	44
氧化锌（ZnO）	12

4. 生产原料规格

（1）**硫酸钴**　硫酸钴（$Co_3O_4 \cdot 7H_2O$）为带棕色的红色晶体，溶于水和甲醇，微溶于乙醇。质量指标如下：

指标名称	指标
外观	带棕色的红色晶体
硫酸钴含量（以 Co 计）/%	≥20
水不溶物含量/%	≤0.5

（2）**钾明矾**　钾明矾［$KAl(SO_4)_2 \cdot 12H_2O$］为无色透明呈立方八面体或单斜立方晶系块状、粒状晶体。密度为 $1.757g/cm^3$。无臭、味涩，有收敛性。在干燥空气中易风化失去结晶水。在潮湿空气中溶化淌水。92.5℃失去9个结晶水，在200℃时失去12个结晶水。溶于水、甘油和稀酸，不溶于醇和丙酮。水溶液呈酸性反应，水解后有氢氧化铝胶状物沉淀。受热时失去结晶水而成为白色粉

末。其质量指标如下：

指标名称	二级品
硫酸铝钾含量/%	≥94.88
氧化铝（Al_2O_3）含量/%	≥10.2
氧化铁（Fe_2O_3）含量/%	≤0.15
水不溶物含量/%	≤0.2

5. 生产工艺

将硫酸钴和钾明矾一起加水溶解成溶液，然后加入碳酸钠溶液，产生沉淀物。其中含有碳酸钴和氢氧化铝。沉淀物经过洗涤、过滤和干燥，在 1100～1200℃ 高温进行煅烧。煅烧 2～2.5h 后，有蓝色块状物生成即为终点。煅烧完毕后，降温，加水成浆，在磁性球磨机中研磨，至细度达到要求，再用真空抽滤、干燥、粉碎，即得成品。

【质量标准】

外观	天蓝色粉末
颜色	煅烧后与标准色接近
细度（过 200 目筛余量）/%	≤0.5
105℃挥发物含量/%	≤1
水溶物含量/%	≤0.5

【用途】　主要用于耐高温涂料、陶瓷、搪瓷、玻璃和塑料着色及耐高温的工程塑料着色，还作为美术颜料。

【生产单位】　湘潭市华邦颜料化工有限公司，湘潭巨发颜料化工有限公司，湖南湘潭华莹精化有限公司，湘潭市众兴科技有限公司，南京培蒙特科技有限公司。

Bb002　铁蓝

【英文名】　Iron Blue

【登记号】　CAS [12240-15-2]；C. I. 77510；C. I. 77520

【别名】　C. I. 颜料蓝 27；普鲁士蓝；华蓝；铁蔚蓝；密罗里蓝；巴黎蓝；亚铁氰化蓝

【分子式】　$Fe(MOl)_n(CN)_6 \cdot H_2O$，式中的（MOl）表示钾或铵。

【性质】　铁蓝是一种外观为深蓝色、细而分散度大的粉末，不溶于水及醇中。遇弱酸不发生化学变化，遇浓硫酸煮沸或遇碱分解。铁蓝在乙二酸和酒石酸、酒石酸铵和亚铁氰化盐的水溶液中都能生成胶体溶液。铁蓝具有很高的着色力，而且着色力越强，颜色越亮。铁蓝有相当高的耐光性，在铁蓝中含碱金属越多，它的耐光性越强。铁蓝是可燃的，在空气中于 140℃ 以上时，即可燃烧。

铁蓝分为钾铁蓝 A101 和铵铁蓝 A102 两类。

【质量标准】

指标名称	LA09-0-1
颜色（与标准品相比）	近似至微
冲淡后颜色（与标准品相比）	近似至微
着色力（与标准品相比）/%	≥95
60℃挥发物含量/%	≤4.0
水溶物含量/%	≤1
吸油量/（mL/100g）	≤50
水萃取液浓度/（mL/100g）	≤20
易分散程度/（cm/0.5h）	≤20

【制法】　1. 生产原理

稀硫酸和铁屑在 80℃ 下反应得到17% 硫酸亚铁溶液，经过滤除去杂质，再加热到 90℃，加入硫酸、硫酸铵溶液和亚铁氰化钠溶液，继续反应 1h，得到沉淀物，用水漂洗 3～4 次，除去水溶液性盐类，再用硫酸酸化，加入氯酸钠溶液在 85℃ 左右进行氧化反应，得到深蓝色的铁蓝。最后将铁蓝用水洗涤 4 次，使呈弱酸性，进行过滤，得到含水量为 50% 的湿料，在 75℃ 干燥得到含水量为 3%～4% 的铁蓝成品。

$$Na_4Fe(CN)_6 + (NH_4)_2SO_4 + FeSO_4 \longrightarrow$$
$$Fe(NH_4)_2Fe(CN)_6 \downarrow + 2Na_2SO_4$$
$$6Fe(NH_4)_2Fe(CN)_6 + NaClO_3 + 3H_2SO_4 \longrightarrow$$
$$6Fe(NH_4)Fe(CN)_6 + NaCl + 3H_2O + 3(NH_4)_2SO_4$$

2. 工艺流程

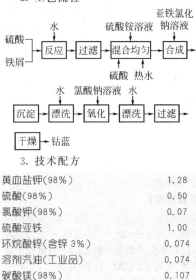

3. 技术配方

黄血盐钾(98%)	1.28
硫酸(98%)	0.50
氯酸钾(98%)	0.07
硫酸亚铁	1.00
环烷酸锌(含锌3%)	0.074
溶剂汽油(工业品)	0.074
碳酸镁(98%)	0.107

4. 生产原料规格

（1）黄血盐钾 黄血盐钾[K$_4$F$_6$(CN)$_6$·3H$_2$O]又称亚铁氰化钾，相对分子质量为422.41，是柠檬黄色单斜晶系柱状晶体粉末，有时有立方晶系的异晶态。密度为1.85g/cm^3。溶于水，不溶于乙醇、醚、乙酸甲酯和液氨中。加热至70℃失去结晶水。强烈灼烧时，黄血盐钾分解而放出氮气，并生成氰化钾和碳化铁。其水溶液遇光则分解为氢氧化铁。遇卤素、过氧化物则形成赤血盐钾。遇硝酸先形成赤血，继而形成K$_2$[Fe(CN)$_5$(NO)]。其质量指标如下：

指标名称	二级
外观	柠檬黄色粉末
黄血盐钾[K$_4$Fe(CN)$_6$·3H$_2$O] 含量/%	≥96
氯化物(KCl)含量/%	≤2.0
氰化物(CN$^-$)含量/%	≤0.03
水不溶物含量/%	≤0.20

（2）氯酸钾 氯酸钾（KClO$_3$）为无色透明单斜晶体。相对分子质量为122.55。难溶于乙醇和甘油，在水中的溶解度随温度升高而上升。不易潮解。约于400℃开始分解，加热约至610℃时放出所有的氧。有催化剂存在时，在较低温度下即分解并放出氧。密度为2.32g/cm^3。熔点是356℃。氯酸钾在酸性介质中是一种强氯化剂，与酸、硫、磷及有机物或可燃物混合受撞击时，易发生燃烧和爆炸。氯酸钾有毒性，误服2～3g可致命。其质量指标如下：

指标名称	二级
氯酸钾(KClO$_3$)含量/%	≥99.5
水分含量/%	≤0.10
水不溶物含量/%	≤0.10
氯化物(Cl$^-$)含量/%	≤0.025
硫酸盐(SO$_4^{2-}$)含量/%	≤0.03
溴酸盐(BrO$_3^-$)含量/%	≤0.07
铁含量/%	≤0.007
细度(过120目筛余量)/%	≤1.0

（3）环烷酸锌 环烷酸锌由环烷酸皂液与无机酸锌盐复合而成，是涂料制造中的辅助催干剂。其一般化学通式为：

$$\left[\begin{array}{c} CH_3-CH-(CH_2)_{\overline{n}}-COO \\ H_2C \\ CH_2-CH_2 \end{array} \right]_2 Zn$$

指标名称	指标
外观	棕黄色液体
锌含量/%	3.90～4.20
油溶性试验	无明显不溶物析出

5. 生产工艺

（1）配制原料 将铁与硫酸在硫酸亚铁制备锅内反应几天，当pH=5时，即成20%～30%的硫酸亚铁溶液。过滤除去杂质及除去高铁盐后，在硫酸亚铁贮料桶内稀释成10%左右的溶液。加硫酸调整pH值为1～2，在黄血盐溶解锅中，先将水升温至70～75℃，在不断搅拌下，逐步加入黄血盐钾，制成溶液。

在氯酸钾溶解锅中加水和氯酸钾，并用蒸汽加热至40℃，制成10%的氯酸钾溶液。

（2）铁蓝的合成　将黄血盐钾溶液用泵打入合成锅，充分搅拌，保持温度在 70～75℃，加入硫酸亚铁，并要求在 20min 内将规定量的溶液加完。然后加热至 95～98℃，热煮 50min，成为白浆。

在白浆中加硫酸，并保持在 95～98℃约 2.5h，然后用冷水降温至 80～85℃，再加氯酸钾并搅拌 2h，使亚铁氧化为高价铁，制成蓝浆。蓝浆反应完后，温度降至 60℃左右，慢慢滴加环烷酸锌溶液，搅拌 2.5h。环烷酸锌可防止铁蓝在干燥时粉粒凝聚变硬，不易研磨。

蓝浆生成后，送入铁蓝贮料桶中，然后泵入板框式压滤机中过滤，并用水洗，洗去其中硫酸盐等水溶性盐，即可放出滤饼。滤饼在干燥箱中。在 85℃ 以下进行干燥。干燥后的蓝块经检查无机械杂质后，即可粉碎得成品。

【用途】　主要用于磁漆、油性厚漆、硝基漆、号码漆、商标漆以及油墨、文教用品等着色。

【生产单位】　常州北美化学集团有限公司，江苏泰州化工厂，江苏南京东善化工厂，天津油漆厂，上海染料化工十二厂，安徽芜湖市染料化工厂，福建仙游县红星化工厂，江西进贤里渡镇化工厂，山东济南市油墨厂，广东广州染料化工厂，甘肃甘谷县油墨厂，重庆江南化工有限公司，石家庄市红卫颜料厂，沈阳油漆厂，吉林四平市第三化工厂。

Bb003　群青

【英文名】　Uitramarine Blue

【登记号】　CAS [57455-37-5]；C. I. 77007

【别名】　C. I. 颜料蓝29；云青；石头青；洋蓝；佛青；群青蓝

【分子式】　$Na_6 Al_4 Si_6 S_4 O_{20}$

【分子量】　862.558

【性质】　本品为蓝色粉末。折射率 1.50～1.54，密度 2.35～2.74g/cm³。不溶于水和有机溶剂。具有消除或减低白色涂料或其他白色材料中含有黄色色光的效能。耐碱、耐高温，在大气中对日晒和风雨极其稳定，但不耐酸，易受酸或空气作用而分解变色。遮盖力和着色力弱。

实际上，群青是含有多硫化钠的具有特殊结晶构造的铝硅酸盐。随着配方和操作的不同，有一系列化学成分和颜色不同的化合物。

【制法】

1. 生产原理

将高岭土、碳酸钠、硫黄、硫酸钠、木炭和石英进行混料后装入坩埚置入密闭窑内进行高温煅烧，出料后进行挑选、浸渍、研磨、压滤，滤饼进行干燥、粉碎、拼混而得成品。

2. 工艺流程

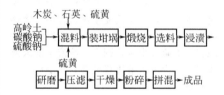

3. 技术配方（质量份）

原料名称	配方一	配方二
高岭土	100	34
硫黄	100	32
碳酸钠	80	28
石英砂	12～18	2
木炭	16	4

（配方一生产偏绿光的群青。）

4. 生产原料规格

高岭土又称陶土，是分子式为 $Al_2O_3 \cdot 2SiO_2 \cdot 2H_2O$ 的硅铝酸盐，大约含有 Al_2O_3 39.5%，SiO_2 46.5%，H_2O 14%。纯的高岭土中 SiO_2：Al_2O_3（物质的量比）为 2；不含显著的杂质，如 Fe_2O_3、CaO 和 MgO 等；含铁的氧化物不大于 1%。其质量指标如下：

指标名称	指标
外观	白色或略带其他浅色(淡黄或淡灰),无可见杂质
水分含量/%	88
细度(过250目筛余量)/%	≤0.5
白度/%	≥80.0
烧失量/%	≤18.00
Al_2O_3 含量/%	≥37.00
SiO_2 含量/%	≤48.00

5. 生产工艺

(1) 工艺一 将经研磨后的五种原料按配方混配均匀后,装入坩埚内压实;将装料坩埚加盖,最好用泥封口,放置于在坩埚炉内,封闭炉内,进行煅烧,即可烧制成群青粗制品。将烧制的粗制品经挑选分成等级,打成碎块,投入水洗设备中,用60℃左右热水洗去群青反应中的副产物——一硫酸钠、少量的硫代硫酸钠、硫化钠等。经过几次反复水洗,洗到水溶性盐达3%以下为止。粗品中,洗涤时若发现有游离硫黄出现,则在该溶液中加入亚硫酸钠的沸腾溶液进行处理,水洗后可除去硫黄。

经过水洗后的粗品群青,通过机械研磨使其粒径$40\mu m$以下,高质量群青应在$10\mu m$以下。当群青作为油相颜料使用时,为保持一定透明度,就必须使群青粒径小于$5\mu m$,其中$2\mu m$以下的占50%以上。

研细后的群青需二次水洗,洗至水溶性盐含量在1.5%以下。将洗净的群青经干燥、粉碎后拼色,即得成品。

(2) 工艺二 在炉料中,硫黄远远过量,留在群青中的至多不超过17%~20%,碳酸钠也较大过量。将硫黄以外的各种原料混合、磨细,加入硫黄后再磨细。放入坩埚中煅烧。坩埚盖必须密闭,以防硫黄穿过缝隙而被气化逸出。煅烧在返焰炉中进行。煅烧过程分为三个阶段:

第一阶段,生成硫化钠和硅酸铝。当煅烧多硫多硅炉料时,炉温要升高到大约750℃,时间为20~30h。要求炉内呈还原气氛。

第二阶段,硫化钠和硅酸铝反应,生成群青。炉温控制在730~780℃,时间为2~6h。此时炉内维持微氧化气氛,这种气氛可以加速群青的生成反应进行。当取出呈蓝绿色的样品以后,即可停止向炉内添加燃料,此阶段即可结束。

第三阶段,将蓝绿色群青氧化成蓝色,将过量的多硫化钠和硫代硫酸钠氧化成硫酸钠。炉温控制在500℃,炉内气体应保持2%~3%的氧。

将煅烧好的群青浸渍除去水溶性盐和过剩的硫化物,然后经磨细、干燥和过筛,得成品群青。

【质量标准】

(1) 质量指标

指标名称	一级	二级	三级
色光(与标准样品比)		符合标准色差	
着色力/%		符合标准品的 100±5	
水分含量/%	1	1	1
细度(过320目筛余量)/%	≤0.1	≤0.5	≤0.5
水溶性盐含量/%	≤0.7	≤1.3	≤1.6
游离硫含量/%	≤0.15	≤0.3	40.45
变色范围(160℃)		染色牢度褪色样卡三级色差	

(2) 着色力测定

① 试剂　4 号亚麻仁油聚合油：黏度 2.55～2.85Pa·s/35℃ 或 195s（涂-4 杯，25℃）；酸值小于或等于 8；颜色小于或等于 9 号铁钴比色。

② 测定　称取 0.500g 样品和 5.00g 锌钡白，置于研磨机下层磨砂玻璃上，加入 2mL 4 号亚麻仁聚合油（天热时改用 1.8mL），用调墨刀调成浆状，将色浆放在离中心 1/4 半径处，把上层磨砂玻璃面盖上，在杠杆支架上放 2.5kg 砝码，开动研磨机，每研磨 50 转，翻开上层磨砂玻璃面，将上下层磨砂玻璃面上的色浆用调墨刀调匀后，集中于下层磨砂玻璃面上中心 1/4 半径处，盖好上层磨砂玻璃面，如此继续研磨共六次，计 300 转。将标准样品也按同样方法制成色浆，用油量与样品一致。

将上述制备的色浆，分别用调墨刀挑取少许置于书写纸上，标准样品的色浆在右，样品色浆在左。两者平行间距约 15mm，用刮片垂直用力均匀刮下，刮至约全长的 2/3 处。把刮片轻轻放平，缓缓刮下，立即观察其色浆颜色的深浅，比较其着色力的强弱，样品的着色力应以标准样品的着色力为 100% 进行鉴定。当样品的着色力大于或等于标准样品的着色力时，应增减标准样品的用量（油与锌钡白的用量不变）。着色力按下式计算：

$$着色力 = (G_1/G) \times 100\%$$

式中，G_1 为标准样品质量，g；G 为样品质量，g。

【用途】　在着色方面，用于蓝色涂料、橡胶、塑料、油墨、油布、彩画和建筑等方面。在提白方面，用于造纸、肥皂、淀粉、浆纱、白色制品及民用刷墙等方面。

【生产单位】　上海玻搪化工厂、江西黎明化工厂、天津红星化工厂、浙江黄岩颜料化工厂、江西赣州化工厂、江西宜春化工厂、湖南湘潭市第二化工厂、广西南宁新城化工厂，天津灯塔颜料有限责任公司。

Bb004 C. I. 颜料蓝 30

【英文名】　C. I. Pigment Blue 30

【登记号】　CAS [1339-83-9]；C. I. 77420

【别名】　碱式碳酸铜；Basic Curic Carbonate；Blue Verditer；Pigment Blue 30

【结构式】　$CuCO_3 \cdot Cu(OH)_2$

【分子量】　221.12

【性质】　孔雀绿色细小无定形粉末。密度 $4.0g/cm^3$。是铜表面铜绿锈的主要成分。不溶于冷水和醇，在热水中分解，溶于酸而形成相应的铜盐。溶于氰化物、氨水、铵盐和碱金属碳酸盐水溶液中，形成铜的络合物。在碱金属碳酸盐溶液中煮沸时，形成褐色氧化铜。对硫化氢不稳定。加热至 200℃ 分解。碱式碳酸铜有十几种产品规格。按氧化铜、二氧化碳和水的比值不同而异。工业品含氧化铜为 71.94%，可在 66.16%～78.60% 范围。有毒。

【制法】

1. 硫酸铜法

将小苏打配成密度 $1.05g/cm^3$ 的溶液，先加入反应器中，于 50℃ 时，在搅拌下加入经精制的硫酸铜溶液，控制反应温度在 70～80℃，反应以沉淀变为孔雀绿色为度，pH 值保持在 8，反应后经静置、沉降，用 70～80℃ 水或去离子水洗涤至洗液无 SO_4^{2-} 为止，再经离心分离、干燥，制得碱式碳酸铜成品。

$$2CuSO_4 + 4NaHCO_3 \longrightarrow$$
$$CuCO_3 \cdot Cu(OH)_2 + 2Na_2SO_4 +$$
$$3CO_2 + H_2O$$

2. 硝酸铜法

电解铜与浓硝酸作用生成硝酸铜后，再与碳酸钠和碳酸氢钠的混合液反应生成碱式碳酸铜，沉淀经洗涤、分离脱水、干燥，制得碱式碳酸铜成品。

$$Cu + 4HNO_3 \longrightarrow$$
$$Cu(NO_3)_2 + 2NO_2 + 2H_2O$$

$$2Cu(NO_3)_2 + 2Na_2CO_3 + H_2O \longrightarrow$$
$$CuCO_3 \cdot Cu(OH)_2 + 4NaNO_3 + CO_2$$
$$2Cu(NO_3)_2 + 4NaHCO_3 \longrightarrow$$

$$CuCO_3 \cdot Cu(OH)_2 + 4NaNO_3 + 3CO_2 + H_2O$$

【质量标准】　参考标准

指标名称		1	2
外观		重质暗绿色粉末	轻质浅绿色粉末
铜(Cu)/%	≥	55.7	55.9
硫(S)/%	≤	0.22	0.19
铁(Fe)/%	≤	0.09	0.11
锌(Zn)/%	≤	0.02	0.01
镍(Ni)/%	≤	0.01	0.01
铅(Pb)/%	≤	0.005	0.005
锰(Mn)/%	≤	0.02	0.01
氯化物(Cl⁻)/%	≤	0.002	0.001
盐酸不溶物/%	≤		0.03
水分/%	≤		1.60
醋酸不溶物/%	≤		0.03
水溶性盐类/%	≤		1.65

【用途】　用于有机催化剂、烟火制造和颜料中。

【生产单位】　辽宁抚顺市化工四厂，上海贵稀金属提炼厂，上海之臻化工有限公司，上海绿源精细化工厂，吴江市绿艳化工厂，淮安市蓝天化工有限公司。

Bb005　C. I. 颜料蓝36

【英文名】　C. I. Pigment Blue 36
【登记号】　CAS [68187-11-1]；C. I. 77343
【别名】　Aluminum Chromium Cobalt Blue；Cobalt Chromite Blue Green Spinel；Daipyroxide Blue 9421；Ferro Turquoise PK 4044；Levanox Light Blue 100A；Light Blue 100；Pigment Blue 36；Shepherd Pigment Blue 9；Sicocer F Blue 2555；Sicopal Blue K 7210；Topaz Blue 9
【结构式】　$xAl_2O_3 \cdot yCr_2O_3 \cdot zCoO$
【性质】　一种绿相或蓝绿相钴铬蓝色颜料。良好的遮盖力、着色力、分散性。具有极好的耐化学腐蚀性、户外耐候性、热稳定性、耐光性，并具有无渗透性，无迁移性。对深蓝色或深蓝绿色具有较高的光反射性。与大多数热塑性、热固性塑料具有良好相容性。耐热性 1000℃，耐光性 8 级，耐候性 5 级，吸油量 22cm³/g，pH 值 7.3。工业口中经常添加 MgO、SiO_2、ZnO 或 ZrO_2 等氧化物作为改性剂，以改善颜料的性能。

【制法】　取一定比例的 Al_2O_3、CoO 和 Cr_2O_3，混合后经过球磨机研磨至要求细度，加入到高温煅烧炉中，进行煅烧。冷却后粉碎，筛分，拼混，得制品。

【用途】　应用于 RPVC、聚烯烃、工程树脂、涂料和一般工业、卷钢业及挤压贴胶业用油漆，以及石英粒子等。

【生产单位】　湖南湘潭华莹精化有限公司，南京培蒙特科技有限公司。

Bc 棕色颜料

大多数无机棕色颜料易分散，有良好的遮盖力和优异的耐光、耐候、耐热稳定性，耐化学品性好，无渗色和迁移；一般与大多数热塑性和热固性树脂相容，是一种国际上公认的无毒环保型颜料；传统的颜料，无论是有机的，还是无机的，都不具备以上全面功能，而此无机棕色颜料则适应于现代涂料和塑料等的高要求，其色谱从正黄直至红光黄。大多数无机棕色颜料适用于外墙涂料，氟碳涂料，建筑涂料，工程机械涂料，航空及船舶涂料，汽车涂料，卷钢涂料，道路标志涂料，岩体壁画涂料，绘画涂料；粉末涂料，油性涂料，水性涂料；耐晒涂料，耐候涂料，抗紫外线涂料，耐高温涂料等。无机棕色颜料还可用一般塑料、工程塑料、特种塑料、色母粒等。

Bc001 钛铬棕

【英文名】 Titanate Chrome Brown
【登记号】 CAS［68186-90-3］；C. I. 77310
【别名】 C. I. 颜料棕 24；铬锑钛棕
【结构式】 $Cr_2O_3 \cdot Sb_2O_3 \cdot 31TiO_2$
【性质】 铬/锑/钛氧化物（Cr/Sb/TiOxide），是一种国际上公认的无毒环保颜料。具有十分优良的耐光性、耐热稳定性、耐候性、耐化学品性、易分散、遮盖力强、不迁移、不渗色等特点，且能与大多数热塑性或热固性树脂相容，化学性能稳定；另外，钛铬棕具有红外反射功能，是现今国际市场新兴的冷颜料系列产品之一。

【特性】 钛铬棕的黄相较为明显，所以其经常作为黄色颜料使用。

钛铬棕中的铬和锑均已牢固地结合在二氧化钛的晶格结构上，无金属离子溶出，属于无毒颜料，不影响环境和人体健康。钛铬棕遮盖力较好，但着色力稍差。颜料颗粒的硬度较大，研磨分散时需注意对介质材料的影响。钛铬棕耐光性、耐候性、耐温性及化学稳定性都很好，可用于对各项性能要求较高的涂料或塑料制品中。钛铬棕与大多数热固性和热塑性树脂相容。具有红外反射功能，可用于制作隔热涂料或作其他特殊用途。钛铬棕可看作是钛镍黄的类似产品，亦属于金红石晶格结构的一种颜料，因其用铬替代镍，所以产品呈棕色，故其性能同钛镍黄十分相似。

备注：钛铬棕（Titanate Chrome Brown）PBR-524～PBR-533 颜色根据型号由浅渐深。

【制法】 取一定比例的氧化锌、氧化铁和三氧化二铬，粉末磨细后充分地混合均匀，加到煅烧炉中，于 800～1000℃进行煅烧。炉到冷却后再经磨研至颗粒 1.2～1.8μm。

【质量标准】

颜色	黄棕色
密度/(g/cm³)	4.7
pH 值	7.0

吸油量/(g/100g)	15
105℃挥发物/%	≤0.5
水溶物/%	≤0.5
筛余物(45μm 方孔筛)/%	≤0.1
耐热/℃	1000
耐光性	8
耐酸性	5
耐碱性	5
颜料索引号	棕 24 77310

【用途】 耐温涂料、高耐候涂料、氟碳涂料、粉末涂料、户外建筑涂料、户外塑料制品、玩具塑料、油墨、陶瓷、电子材料等行业，可用于制作热反射涂料或作其他特殊用途。

【生产单位】 浙江神光材料科技有限公司，湘潭市华邦颜料化工有限公司，湘潭巨发颜料化工有限公司，湖南湘潭华莹精化有限公司，湘潭市众兴科技有限公司，南京培蒙特科技有限公司，上海至鑫化工有限公司。

Bc002 **C. I. 颜料棕 6**

【英文名】 C. I. Pigment Brown 6

【登记号】 CAS [52357-70-7]；C. I. 77491；C. I. 77492

【别名】 哈巴粉；铁棕；氧化铁棕；C. I. 77499 Ariabel Umber 300403；Auric Brown；Brown Iron Oxide；Ferric Oxide；Iron Oxide Brown；Iron Oxide Brown 610；Pigment Brown 6；Sicotrans Red K 2915；Sicovit Brown 75E172；Synthetic Brown Iron Oxide Pigment

【结构式】 $(Fe_2O_3)_x \cdot (FeO)_y \cdot (H_2O)_z$

【性质】 棕色粉末。为氧化铁红与氧化亚铁的混合物。密度 $4.7g/cm^3$，吸油量 $26\% \sim 28\%$。不溶于水、醇、醚，溶于热强酸。着色力和遮盖力很高。耐光性、耐碱性好。无水渗性和油渗性。因含有氧化铁黄，耐热性稍差。色相随工艺和拼色颜料比例的不同，有黄棕、红棕等多种色光。无毒。

【制法】 商品氧化铁棕通常由氧化铁红、氧化铁黄、氧化铁黑拼色而成。各色颜料按配比用拼色机拼混均匀，并按标准样品的色光调整色差。有些品种还容许加 5% 以下的炭黑，以提高着色力。

化学合成法主要由硫酸亚铁氧化法得到。硫酸亚铁与纯碱反应，经水洗、过滤、干燥、粉碎、混配，制得氧化铁棕。

$$3FeSO_4 + 3Na_2CO_3 + nH_2O \longrightarrow$$
$$(Fe_2O_3 + FeO)(n-1)H_2O + 3Na_2SO_4 + 3CO_3^{2-}$$

【质量标准】 参考标准

指标名称		7601 氧化铁棕	7602 氧化铁棕	842 氧化铁棕(出口)
色光与标准样相比		近似	近似	
氧化铁含量(以 Fe_2O_3 干品计)/%	≥	85.0	90.0	80.0
水分/%	≤	1.0	1.0	1.0
水溶物/%	≤	0.5	0.5	1.0
筛余物(320 目湿筛)/%	≤	0.5	0.5	0.3
水萃取 pH 值		5~7		
吸油量/%		25~35		30

【用途】 无机棕色颜料。用于塑料的着色，其适用范围与氧化铁红类似，但用于聚氯乙烯时，应避免使用铅盐类热稳定剂。也用作油漆着色剂。也可用于医药和化妆品的着色。

【生产单位】 杭州凯丽化工有限公司，江苏六合县染料化工厂，上海氧化铁颜料厂，上海松江县南哈巴粉厂，宜兴市宇星颜料厂，安徽合肥五一化工厂，河南洛阳光明化工厂，湖南望城胜利化工厂，广州市楚天颜料化工有限公司，石家庄市彩虹颜料厂。

Bc003　C.I. 颜料棕 11

【英文名】　C. I. Pigment Brown 11

【登记号】　CAS［64294-89-9］；C. I. 77495

【别名】　铁酸镁

【结构式】　$MgO \cdot Fe_2O_3$

【分子量】　200.00

【性质】　棕色颜料。粒子呈针状，粒度为 $0.75\mu m$，吸油量为 $40g/100g$，密度为 $4.4g/cm^3$。热稳定性好、无毒。

【制法】　将氧化镁和氧化铁按摩尔比 1：0.95 充分混合，置于马弗炉或坩埚中，于 1050℃ 煅烧 2h。炉料冷却后进行湿磨、分级、烘干、粉碎，得制品。

【用途】　用作耐高温颜料，可替代铬酸盐和含铅的有毒颜料，用于防腐。但价格昂贵，主要用于需要高耐热性、无毒、惰性的场合，例如塑料、搪瓷、玩具等。

Bc004　C.I. 颜料棕 24

【英文名】　C. I. Pigment Brown 24

【登记号】　CAS［68186-90-3］；C. I. 77310

【别名】　铬锑钛棕；钛铬棕；42-118A；Chrome Antimony Titanate Buff；Chrome Antimony Titanium Buff Rutile；Chrome Titanium Yellow；Daipyroxide Yellow 9150；Daipyroxide Yellow 9151；Ferro Bright Golden Yellow V 9140；Honey Yellow 29；Irgacolor Yellow 10408；K 2107；K 2111；Light Yellow 3R；Light Yellow 5R；Light Yellow 62R；Light Yellow 6R；Meteor Yellow Buff；Pigment Brown 24；Shepherd Pigment Yellow 29；Sicotan Yellow K 2011；Sicotan Yellow K 2107；Sicotan Yellow K 2111；Sicotan Yellow K 2112；Sicotan Yellow L 1910；Sicotan Yellow L 1912

【结构式】　$Cr_2O_3 \cdot Sb_2O_3 \cdot 31TiO_2$

【性质】　棕色。属金红石型结构的一种晶格颜料。密度 $4.4 \sim 4.9g/cm^3$，吸油量 $11\% \sim 17\%$（$1\% = 1g/100g$），细度可达 $0.5 \sim 1.0\mu m$。有良好的遮盖力，能耐高温而不变色，易分散，无渗色和迁移，耐光性可达 8 级，耐候性 $7 \sim 8$ 级；能耐酸、碱、耐溶剂。并能忍受氧化还原作用而无变化。但色泽不够鲜明，着色力不高，颗粒稍硬。无毒。与大多数热塑性和热固性树脂相容。

【制法】　将三氧化二铬、三氧化二锑和二氧化钛以 Ti：Sb：Cr 为 0.90：0.05：0.05 的摩尔比配料，混合后经过球磨机研磨至要求细度，加入到高温煅烧炉中，逐步升温至 550℃ 进行煅烧。冷却后粉碎、筛分、拼混，得制品。

【用途】　可用于陶瓷、涂料及塑料的着色，如卷钢涂料、粉末涂料、工程塑料、一般塑料等。

【生产单位】　湘潭市华邦颜料化工有限公司，湘潭巨发颜料化工有限公司，湖南湘潭华莹精化有限公司，湘潭市众兴科技有限公司，南京培蒙特科技有限公司，上海至鑫化工有限公司。

Bc005　C.I. 颜料棕 33

【英文名】　C. I. Pigment Brown 33

【登记号】　CAS［68186-88-9］；C. I. 77503

【别名】　锌铁铬棕；铁铬棕；Cerdec Brown 10363；Cocoa Brown 157；Daipyroxide Brown 9220；Shepherd Brown 157；Zinc Iron Chromite Brown Spinel

【结构式】　$(ZnO)_x \cdot (Fe_2O_3)_y \cdot (Cr_2O_3)_z$

【性质】　属尖晶石结构。密度 $4.1 \sim 4.9g/cm^3$，吸油量 $17\% \sim 20\%$。可耐高温，并有优良的耐光性和耐候性，可达 $7 \sim 8$ 级，可耐酸、碱、耐溶剂。遮盖力尚可，着色力不高，质地较硬。商品中经常添加改性剂，如 Al_2O_3、NiO、Sb_2O_3、SiO_2、SnO_2 或 TiO_2 等，以改善颜料的性能。

【制法】　取一定比例的氧化锌、氧化铁和三氧化二铬，粉末磨细后充分地混合均匀，加到煅烧炉中，于 $800\sim1000℃$ 进行煅烧。炉料冷却后再经研磨至粒径达 $1.2\sim1.8\mu m$。

【用途】　主要用于涂料，如配制长效涂料，耐温涂料，卷材涂料等。

【生产单位】　湘潭市华邦颜料化工有限公司，湖南湘潭华莹精化有限公司，湘潭市众兴科技有限公司，南京培蒙特科技有限公司。

Bd 绿色颜料

无机颜料中的绿色颜料品种很少，无机-铬绿、锌绿、铬翠绿、氧化铬绿、镉绿、铅绿等。

一般用途最多的只有氧化铬绿和铅铬绿。氧化铬绿有很好的耐光、耐候和耐化学性，但色光暗、价格贵而且有毒，只能用在一些有特殊要求的场合；铅绿是用蓝色颜料和铅铬黄混配而成，它颜色比较鲜艳，但耐光、耐候性不好、耐碱性较差，在水性体系中应用性能不好，而且价格比较贵，也有一定的毒性。

随着经济的发展，人们生活水平不断提高，彩色建筑材料的使用量越来越大，对色谱的要求越来越全面，这就需要一种能在水性体系中使用的绿色着色剂，于是出现了复合铁绿。

复合铁绿颜色鲜艳，近似自然界的草绿色，有较好的耐光、耐候、耐酸、耐碱性，无毒，在水性体系中分散性极好，价格相对比较便宜，因此，能大量用于建筑材料，作为水泥、地砖、各种水性涂料的着色剂。现在城市普及彩色人行道，其中的绿色就是使用铁绿。

复合铁绿是用氧化铁黄和有机颜料酞菁蓝混配而成，它对铁黄的颜色要求不高，但酞菁蓝在水中极难分散，这就必须采用特殊的手段。先把酞菁蓝用助剂分散在水中制成水性色浆，然后再经过亲水处理的铁黄混合，之后干燥粉碎制得复合铁绿。

Bd001 氢氧化铬

【英文名】 Chromiam Hydroxide

【登记号】 CAS [1308-38-9]；C. I. 77288

【别名】 三价氢氧化铬

【分子式】 $Cr(OH)_3$

【性质】 本品为灰绿色或灰蓝粉末，在水溶液中沉淀时呈胶态状。不溶于水，初沉淀时溶于酸，但放置时间久了则不溶。能溶于氢氧化钠，成亚铬酸盐，因此与氢氧化铝一样具有两种性质。

【制法】

1. 生产原理

氢氧化钠与硫酸铬发生复分解反应制得。

$$Cr_2(SO_4)_3 + 6NaOH \longrightarrow 2Cr(OH)_3 + 3Na_2SO_4$$

2. 工艺流程

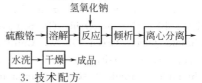

3. 技术配方

氢氧化钠(99%)	860
硫酸铬(98%)	1740

4. 生产工艺

在溶解锅中加入水和氢氧化钠，溶解制得氢氧化钠溶液，然后进行过滤。将硫酸铬晶体溶解在水中，然后过滤并送至反应器，反应器由碳钢制造，用不锈钢或耐酸瓷砖衬里，并装有搅拌器。氢氧化钠溶液在连续搅拌下缓慢加入盛有硫酸铬溶液的反应器中，反应完全后，沉淀物即氢氧化铬，是绿色凝胶状沉淀，将反应混合物静置 8～10h，然后除去其中的上层清液，将所得氢氧化铬浆料离心分离并用热水洗涤，直至将游离的硫酸洗净。最后干燥得氢氧化铬。

【质量标准】

外观	灰蓝或灰绿色粉末
氢氧化铬含量/%	$\geqslant 38$
水溶盐含量/%	$\leqslant 2$
硫酸根(SO_4^{2-})含量/%	$\leqslant 1$
铁(Fe)含量/%	$\leqslant 0.5$

【用途】 用作颜料，主要用于涂料及清漆的着色；还用于制作其他铬盐颜料及亚铬盐酸。

【生产单位】 天津灯塔颜料责任有限公司，天津油漆厂，江苏东善化工厂，广东江门化工厂。

Bd002 C. I. 颜料绿 17

【英文名】 C. I. Pigment Green 17；Chromium Oxide

【登记号】 CAS [1308-38-9]；C. I. 77288

【别名】 氧化铬；三氧化二铬；氧化铬绿；11661 Green；Amdry 6410；Amperit 704.0；Casalis Green；Chrome Green F 3；Chrome Green G 7；Chrome Oxide Green BX；Chrome Oxide Green GN；Chrome Oxide Green GN-M；Chrome Oxide Green GP；Chrome Green；Chromia；Chromic Oxide；Chromium Hemitrioxide；Chromium Oxide Green；Chromium Oxide Pigment；Chromium Oxide X1134；Chromium Oxide；Chromium Oxide ($Cr_{0.67}O$)；Chromium Oxide (Cr_8O_{12})；Chromium Sesquioxide；Chromium Trioxide；Chromium（3＋）Oxide；Dichromium Trioxide；Green Chrome Oxide；Green Oxide of Chromium；Green Chromic Oxide；Green Chromium Oxide；Green Cinnabar；Kromex U 1；Levanox Green GA；Metco A-F 15；Pure Chromium Oxide Green 59；Sicopal Green 9996

【结构式】 Cr_2O_3

【分子量】 151.99

【性质】 立方晶系或无定形绿色粉末。通常有两种色相：浅橄榄绿色和深橄榄绿色。有金属光泽。密度 $5.21g/cm^3$。熔点 $2435℃$。沸点 $4000℃$。有极优良的耐热性，可耐温 $1000℃$ 而不变色，耐酸、耐碱性也极佳。不溶于水，难溶于酸，可溶于热的碱金属溴酸盐溶液中。对光、大气及二氧化硫和硫化氢等腐蚀性气体均极稳定，有极好的耐候性。有很高的遮盖力，但着色力比不过酞菁绿，色调不够鲜亮，粒度较硬，制漆光泽度稍差。具有磁性。有毒。

【制法】 有以下三种生产方法。

1. 还原法。

将含量 99.5% 的重铬酸钾粉末和含量为 98% 硫黄粉末按 $7:1$ 的重量比混合后进行焙烧（$600～700℃$，$3～5h$），生成氧化铬和硫酸钾。反应后的炉料先经湿磨，然后放入带搅拌器的洗涤槽中用热水洗涤，去除可溶性硫酸盐。用压滤机将氧化铬滤出，得到含水量为 $30\%～35\%$ 的膏状滤饼，把滤饼在 $300℃$ 干燥，经冷却、粉碎，制得氧化铬绿成品。

$$K_2Cr_2O_7 + S \longrightarrow Cr_2O_3 + K_2SO_4$$

2. 铬酐热分解法。

将 99.5% 铬酸酐在约 $1400℃$ 温度下进行煅烧 $1～1.5h$，生成氧化铬。冷却后，用高速粉碎机研磨，制得氧化铬绿成品。

$$CrO_3 \longrightarrow Cr_2O_3 + O_2$$

3. 氢氧化铬热分解法。

在铬酸钠溶液中加入硫化钠溶液进行反应，生成氢氧化铬，经过滤得到氢氧化铬滤饼，经洗涤、干燥后，得到氢氧化铬。将氢氧化铬干粉中混入占其质量 5%

的氢氧化钠，放入马弗炉中煅烧，煅烧温度 900℃，1.5h。煅烧完毕后炉料中含有约 5％的铬酸钠，加入冷水中，并在转鼓过滤机中过滤，滤液中铬酸盐可回收。滤饼洗涤后，于 300℃ 干燥，再粉碎，得氧化铬成品。若用含三氧化二硼的硼砂或

硼酸代替 5％氢氧化钠，并把煅烧时间延长为 2h，则氧化铬色相带蓝相。

$$Na_2CrO_4 + Na_2S + H_2O \longrightarrow$$
$$Cr(OH)_3 + Na_2S_2O_3 + NaOH$$
$$2Cr(OH)_3 \longrightarrow Cr_2O_3 + 3H_2O$$

【质量标准】　GB/T 20785—2006

铬含量(质量分数)(以 Cr_2O_3 表示)/% ≥	99
可溶性铬含量(质量分数)/% ≥	0.03
105℃挥发物(质量分数)/% ≤	0.3
1000℃灼烧损失(质量分数)/% ≤	1
水溶物(质量分数)(热萃取法)/% ≤	0.4
筛余物(质量分数)(45μm)/%	
1 级 ≥	0.1
>	0.01
2 级 ≥	0.1
>	0.1
3 级 ≤	0.5
颜色	商定
相对着色力	商定
易分散程度	应不差于商定参照颜料
水悬浮液 pH 值	与商定参照颜料相差不大于 1pH 单位
吸油量	相差应不大于供需双方商定值的 15％
耐酸性和耐碱性	颜色变化应不大于商定参照颜料的变化

【用途】　可用于陶瓷和搪瓷的着色，橡胶着色，配制耐高温涂料，美术用颜料，供配制印刷纸币及有价证券的油墨。氧化铬绿的色泽近似于植物的叶绿素，可用于伪装漆，能使红外摄影时难以分辨。也大量用于冶金、制作耐火材料，研磨粉。还可用作有机合成催化剂，是高级绿色颜料。

【生产单位】　上海玻搪化工厂，天津同生化工厂，沈阳市胜利化工厂，上海南汇县花木化工厂，长沙盐盐厂铬绿分厂，甘肃酒泉长城化工厂，江苏常熟团结化工厂，天津油漆厂，天津灯塔颜料有限责任公司，江苏东善化工厂，广东江门化工厂。

Bd003　C. I. 颜料绿18

【英文名】　C. I. Pigment Green 18
【登记号】　CAS [12001-99-9]；C. I. 77289

【别名】　氧化铬翠绿；水合氧化铬绿；11958 Green；Chrome Green Lake；Chrome Oxide(Hydrated) Green；Chromium Hydroxide Green；Cosmetic Green Oxide；Guignet's Green；Hydrated Chromium Sesquioxide；LC 788；Leaf Green；Lime Green；Mittler's Green；Pannetier's Green；Pigment Green 18；Unipure LC 788；Veridian Green；Victoria Green (pigment)；Victoria Green Oxide；Viridian；Viridian 12；Viridian 3B

【结构式】　$Cr_2O_3 \cdot nH_2O$

【性质】　亮绿色粉末或深翠绿色粉末。是一种含有结晶水的三氧化二铬 $Cr_2O_3 \cdot nH_2O$，工业品中经常杂有部分 B_2O_3。其色泽较氧化铬绿略为鲜艳些，耐光、耐候等性能均甚佳，但耐热同氧化铬绿相差

甚多，在 200℃ 以上结晶水变可以失去。密度 $2.9 \sim 3.7 \mathrm{g/cm^3}$，吸油量 $40\% \sim 64\%$，耐热性 250℃。

【制法】 采用重铬酸钾和硼酸一起，在 600℃ 熔融 1h 得到，硼酸的量为重铬酸钾的量的 $2 \sim 3$ 倍。熔融炉料加水回收硼酸，经过滤、洗涤［使水溶性盐（换算成 H_3BO_3）不大于 0.5%］、在不超过 80℃ 下干燥（水分控制在 6% 以下）、粉碎得到成品。

$$K_2Cr_2O_7 + H_2B_4O_7 \longrightarrow$$
$$K_2B_4O_7 + 2CrO_3 \cdot H_2O$$
$$2CrO_3 \cdot H_2O \xrightarrow[\text{分解}]{H_2B_4O_7}$$
$$Cr_2O_3 \cdot nH_2O + 1.5O_2$$
$$Cr_2O_3 \cdot nH_2O \xrightarrow[\text{煅烧}]{H_2B_4O_7}$$
$$Cr_2O_3 \cdot H_2O + H_2B_4O_7 + B_2O_3 + H_2O$$

也可将 4 份 $800 \sim 900 \mathrm{g/L}$ 的重铬酸钠溶液和 1 份密度为 $1.39 \mathrm{g/cm^3}$ 的糖蜜溶液加到高压釜中，反应温度 $350 \sim 360℃$，压力 30.3MPa。反应完全后经漂洗和过滤、干燥而得制品。

【用途】 可用于涂料，同铝粉配合可制成带金属光泽的汽车漆，也可用于油墨，以及美术用颜料。

【生产单位】 莱宝康日化（上海）有限公司。

Bd004 C. I. 颜料绿 26

【英文名】 C. I. Pigment Green 26

【登记号】 CAS［68187-49-5］；C. I. 77344

【别名】 钴绿；钴铬绿；Cerdec Green 10405；Cobalt Chromite Green Spinel；Pigment Chrome-Cobalt Green-Blue；Pigment Green 26

【结构式】 $CoO \cdot Cr_2O_3$

【分子量】 226.92

【性质】 蓝相绿色粉末。密度 $4.71 \sim 5.52 \mathrm{g/cm^3}$，吸油量 $12\% \sim 29\%$，含钴量

25.99%。其耐光、耐候、耐热和耐酸、碱等性能均非常突出，并有高的红外反射率，不过质地嫌硬，色泽也不太鲜明，着色力和遮盖力均属一般。耐光性 8 级，耐候性 5 级。工业品中经常添加有改性剂 Al_2O_3、MgO、SiO_2、TiO_2、ZnO 或 ZrO_2 等，以改善其性能。

【制法】 以氧化钴 CoO 和三氧化二铬 Cr_2O_3 为原料，经过粉碎至要求细度，以摩尔比配合，充分混合，将物料加入旋转窑或马弗炉中，在 $1000 \sim 1300℃$ 的高温煅烧。炉料冷却后进行研磨粉碎，得到制品。

【用途】 耐高温颜料。用于工程塑料的着色，在卷材涂料、汽车涂料及军用的伪装涂料等方面也有应用。也可用于陶瓷着色。

【生产单位】 湖南湘潭华莹精化有限公司，上海至鑫化工有限公司，淄博锦桥陶瓷颜料有限公司。

Bd005 C. I. 颜料绿 50

【英文名】 C. I. Pigment Green 50

【登记号】 CAS［68186-85-6］；C. I. 77377

【别名】 钴钛绿；Cobalt Titanite Green Spinel；Daipyroxide 9320；Daipyroxide Green 9320；Fairway Green 260；Ferro Green PK 5045；Light Green 5G；Meteor 9530；Meteor Plus Teal Blue；Meteor Plus Teal Blue 9530；Pigment Green 50；Shepherd Pigment Green 5；Sherwood Green 5；V 11633

【结构式】 $2CoO \cdot TiO_2$

【分子量】 229.74

【性质】 绿至灰绿色粉末。密度 $4.01 \sim 5.01 \mathrm{g/cm^3}$，吸油量 $16\% \sim 20\%$，含钴量 51.32%。其耐光、耐候、耐热和耐酸、碱等性能均非常突出，并有高的红外反射率，不过质地嫌硬，色泽也不太鲜明，着色力和遮盖力均属一般。耐光性 8 级，耐

候性 5 级。工业品中经常添加有改性剂 CaO、Li_2O、MgO、Fe_2O_3、NiO 或 ZnO 等，以改善其性能。如添加镍和锌的化合物，制成化学式为 $(Co, Ni, Zn)_2 TiO_4$，组成大致为 $NiCo_{0.5} Zn_{0.5} TiO_4$ 的颜料，其色泽可以达到较为鲜明的绿色。

【制法】　以氧化钴 CoO 和二氧化钛 TiO_2 为原料，经过粉碎至要求细度，以摩尔比配合，充分混合，将物料加入旋转窑或马弗炉中，在 $1000 \sim 1300℃$ 的高温煅烧。炉料冷却后进行研磨粉碎，得到制品。

【用途】　属耐高温颜料。用于工程塑料的着色，在卷材涂料、汽车涂料及军用的伪装涂料等方面也有应用。也可用于陶瓷着色。

【生产单位】　湘潭市华邦颜料化工有限公司，湖南湘潭华莹精化有限公司，南京培蒙特科技有限公司。

Bd006　铅铬绿

【英文名】　Chrome Green

【别名】　美术绿；翠铬绿

【性质】　铅铬绿并不是一种单独的颜料，而是由铬黄和铁蓝或酞菁蓝所组成的混合拼色颜料。铅铬绿的颜色依赖于铬黄和铁蓝的比例。铅铬绿中的含铁蓝百分比可自 $2\% \sim 3\%$（浅绿）直至含 $60\% \sim 65\%$（深绿），含蓝颜料的比例越高，颜色就越深。铅铬绿的色泽，又受所组成的铅铬黄和铁蓝本身色泽的影响，如同一比例以柠檬铬黄或中铬黄同铁蓝配色，两者的色相差距很大。

铅铬绿的性能，受所组成的两种颜料所支配，如铁蓝的耐碱性很差，所以铅铬绿的耐碱性也很差，铬黄耐光性如果不好，铅铬绿在曝晒时就也有变暗的倾向。铬黄的密度较高，在 5.4 左右，铁蓝的密度为 $1.7 \sim 1.9 g/cm^3$，所以铅铬绿的相对密度随含铁蓝的百分比增大而减少。铁蓝的吸油量在 $40\% \sim 53\%$ 之间，铅铬黄的

吸油量较低，在 $10\% \sim 30\%$ 之间，因此铅铬绿的吸油量也随所含的铁蓝百分比增大而增大。

铅铬绿的耐酸、耐碱性差，遮盖力强，耐溶剂性佳。其中典型铅铬绿的铁蓝含量（%）、密度（g/cm^3）和吸油量（%）分别为 8.0、5.4、12（特浅绿色）、13.0、5.21、13（浅绿色），22.0、4.92、16（中绿色），37.0、4.42、22（深绿色），47.0、4.10、24（特深绿）。

铬黄同酞菁蓝也能配成铅铬绿，色泽比用铁蓝配制的鲜艳得多，也可以由不同的组成比例及不同色泽的铬黄配制成一系列的绿色颜料，性能比用铁蓝配制的要优越得多。酞菁蓝的磺化衍生物——锡利翠蓝是水溶性的染料，同铬黄一起沉淀时，加入氯化钡作沉淀剂，使染料的磺酸基团反应成钡盐而同铬黄生成翠绿色颜料。这种颜料的外观色泽很鲜艳，称翠铬绿或美术绿，但耐晒的性能比以酞菁蓝所组成的差。这个品种也有一定的生产量及用途。

【制法】　由于铅铬绿是拼色的颜料，生产的工艺主要是黄色和蓝色颜料的拼和，有以下三种生产方法。

1. 以铅镉黄同铁蓝或酞菁蓝或锡利翠蓝的共沉淀法

以此法所制得的颜料色泽较好，制漆是不易浮色分层。铁蓝应事先制成后，漂洗至微酸性，只含极少量的可溶性盐，加入至铅盐溶液中，随后依照制作铅铬黄的方法向铅盐溶液和铁蓝的混合物中加入重铬酸钠等溶液，以后可以漂洗、过滤、干燥和粉碎，生产流程和设备同生产铅铬黄的过程大致相似。铁蓝不耐碱，注意在反应过程中保持微酸性或中性。黄色和蓝色两种颜料的配比按照所需要的铅铬绿色泽而定。

酞菁蓝耐酸碱性良好，可以直接与铬黄原料一起反应共同沉淀，选用的酞菁蓝颜料应是细颗粒，加水打浆以后加入到铅

盐溶液中,其余操作同铁蓝的一样。锡利翠蓝能溶于水中,加温溶解后,可加入到铅盐溶液中,再滴加铬酸盐溶液,生成铬黄和染料溶液的混合物后,再滴加氯化钡溶液,使染料完全沉淀成不溶性的钡盐,终点控制可在滤纸上做渗圈试验,终点时应无蓝色染料渗出。其余洗涤、过滤、干燥、粉碎过程同上述品种相同。

2. 以铅铬黄颜料水浆同铁蓝或酞菁蓝颜料水浆以一定比例混合后,再经过滤和干燥的方法

铅铬黄和铁蓝均分别配制,洗涤除去水溶性盐,再按成品色泽要求按比例拼色。为了防止浮色粉分层,可加入少量表面活性剂或分散剂,使混合均匀。

3. 干拼色法

这是最简单的方法,配色很灵活,但铅铬黄和蓝色颜料如铁蓝或酞菁蓝均应有一定细度才能混合均匀,混合后一般不宜再粉碎,可避免自燃的可能性。锡利翠蓝具有水溶性,不能直接用于干拼法。

【质量标准】 参考标准

指标名称	指标
总铅(以 PbCrO$_4$ 计)/%	≥70
水溶物/%	≤1.0
挥发物/%	≤4.0
筛余物(325目筛)/%	≤1.0

【用途】 铅铬绿是涂料工业主要的着色颜料,绝大部分的绿色漆都是以这种颜料配制的。此外,也用于油漆及塑料。其应用范围同铅铬黄非常相似。因组成中含有铬黄,应用时注意其含铅的毒性。铅铬绿中含有铁蓝,并含有氧化剂铬酸铅,所以当粉尘遇上火星有自燃的可能,在干燥、粉碎时不可不慎。燃烧后的铅铬绿完全丧失绿颜料的特性,转变为深棕黄色的物质。此外,在制作硝基漆时,轧片工艺不直接用铅铬绿轧制,而以铅铬绿研浆后调入的工艺,以防在轧片时燃烧。

【生产单位】 邵阳市湘之彩化工有限责任公司,天津灯塔颜料有限责任公司。

Bd007 氧化铬绿

【英文名】 Chromic Oxide

【登记号】 CAS [12001-99-9];C. I. 77289

【别名】 C. I. 颜料18;搪瓷铬绿

【结构式】 Cr$_2$O$_3$ · nH$_2$O

【分子式】 Cr$_2$O$_3$

【分子量】 151.99

【性质】 氧化铬绿为六方晶系或无定形深绿色粉末,有金属光泽。密度为 5.21g/cm^3,熔点(2266±25)℃。沸点4000℃。不溶于水和酸,可溶于热的碱金属溴酸盐溶液中。对光、大气、高温及腐蚀性气体(SO$_2$、H$_2$S 等)极稳定。耐酸、耐碱。具有磁性,但色泽不光亮。

【制法】

1. 生产原理

(1)还原法 将重铬酸盐与还原剂共同煅烧。还原剂是硫、木炭、淀粉或氯化铵等。

$$K_2Cr_2O_7 + S \longrightarrow K_2SO_4 + Cr_2O_3$$

然后,用热水洗涤、过滤、干燥、研磨和过筛。另外,也可以把铬酸酐还原,制取氧化铬绿,其化学反应式如下:

$$4CrO_3 + 3C \longrightarrow 2Cr_2O_3 + 3CO_2$$

(2)热分解法 把氢氧化铬在650~700℃下进行煅烧,或是把硫酸铬在750~800℃下进行煅烧,均可制得三氧化二铬。

$$2Cr(OH)_3 \longrightarrow Cr_2O_3 + 3H_2O$$

$$Cr_2(SO_4)_3 \longrightarrow Cr_2O_3 + 3SO_3$$

煅烧温度过高,氧化铬绿便结成块状,并且颜色变暗。另外,要注意与空气隔绝,以免被空气中的氧所氧化而生成铬酸盐。

2. 工艺流程

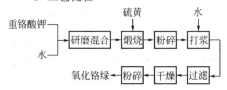

3. 技术配方

重铬酸钾($K_2Cr_2O_7$,99%)	1.94
硫黄(S,98%)	0.28

4. 生产工艺

（1）硫黄还原法　硫黄及重铬酸钾经研磨很细后混合在温度为 $600\sim700℃$ 的煅烧炉中煅烧 $3\sim5h$。煅烧物料先经球磨，再加水打浆，以倾析法在容器中洗涤，直至可溶性硫酸盐洗净为止。所得到的沉淀物可以用压滤法得到滤饼，再进行干燥，粉碎而得成品。

（2）分解法　将等质量并经粉碎的氯化铵和重铬酸钾混匀，加热到 $260℃$ 以上，使之反应完全。反应后的混合物用水充分洗涤，得到黑绿色氧化铬。

将干燥的重铬酸铵加热，分解反应剧烈进行，得到绿色松散棉絮状的三氧化二铬。

【用途】　主要用于冶炼金属铬和碳化铬。也用于搪瓷和瓷器的彩绘、人造革、建筑材料等作着色剂。还用于制造耐晒涂料和研磨材料、绿色抛光膏及印刷钞票的专用油墨。用作有机合成的铬催化剂。

【生产单位】　莱宝康日化有限公司。

Bd008　钨酸钴

【英文名】　Cobalt Tungstate

【登记号】　CAS [12640-47-0]

【分子式】　$CoWO_4$

【分子量】　306.78

【性质】　无水盐为暗绿色晶体，粉末状呈紫色，单斜晶体。相对密度 $7.76\sim8.42$。二水盐为紫色晶体，不溶于水及冷硝酸，稍溶于乙二酸，可溶于磷酸、乙酸。

【制法】　1. 生产原理

（1）干法　氧化钨与三氧化钨或钨酸钠、氯化钴、氯化钠的混合物在高温下反应制得。

（2）湿法　钨酸钠溶液与硫酸钴反应，生成钨酸钴沉淀。

$$Na_2WO_4+CoSO_4 \longrightarrow CoWO_4 \downarrow +Na_2SO_4$$

2. 工艺流程

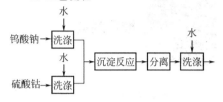

3. 技术配方

钨酸钠(99%)	1080
硫酸钴(95.5%)	960

4. 生产工艺

将钨酸钠溶解在水中并过滤；另将硫酸钴加入水中溶解，然后过滤并送至反应器。该反应器用碳钢制造，并用不锈钢或瓷砖衬里。将纯净的钨酸钠溶液在连续搅拌下加入盛有钨酸钴溶液的反应器中，反应完成后钨酸钴生成物应是一种柑橙色沉淀。反应混合物静置 $8\sim10h$，以促其沉降。将溶液上层清液倾析，钨酸钴浆料经离心分离，并用热水洗涤至无硫酸盐。钨酸钴沉淀再于 $90\sim95℃$ 下干燥为成品。

【质量标准】

钨酸钠含量/%	≥98
硫酸盐(SO_4^{2-})含量%	≤0.02
水溶物含量/%	≤0.01
重金属含量(以 Pb 计)/%	≤0.02
铁(Fe)含量/%	≤0.02

【用途】　用作颜料，用于搪瓷、油墨、涂料着色，也用作催干剂及抗震剂。

【生产单位】　湖北巨胜科技有限公司，湘潭市华邦颜料化工行有限公司，湖南湘潭华莹精化有限公司，湘潭市众兴科技有限公司，南京培蒙特科技有限公司。

Be　橙色颜料

一般橙色颜料是一种低着色力的合成颜料。它可以各种比例与着色颜料并用，以提高整个涂层的防锈性能。如碱性硅铬酸铅橙色颜料的防锈作用可能是由于铬酸根离子的渗出和铅皂的形成（如果用高酸价的油改性树脂为基料）。这种颜料可在许多类型的涂料基料中使用，对涂料的流动特性和贮藏稳定性没有什么有害的影响。虽然它们的化学组成中也含有铅，但它的毒性要比红丹小。

Be001　C. I. 颜料橙 21

【英文名】　C.I.Pigment Orange 21

【登记号】　CAS［1344-38-3］；C.I.77601

【别名】　橘铬黄；Austrian Cinnabar；Basic Lead Chromate Orange；C.P. Chrome Orange Dark 2030；C. P. Chrome Orange Extra Dark 2040；C. P. Chrome Orange Light 2010；C.P.Chrome Orange Medium 2020；Chinese Red；Chrome Orange；Chrome Orange 54；Chrome Orange 56；Chrome Orange 57；Chrome Orange 58；Chrome Orange 5R；Chrome Orange Dark；Chrome Orange Extra Light；Chrome Orange G；Chrome Orange Medium；Chrome Orange NC 22；Chrome Orange R；Chrome Orange RF；Chrome Orange XL；Dainichi Chrome Orange 5R；Dainichi Chrome Orange R；Genuine Acetate Orange Chrome；Genuine Orange Chrome；International Orange 2221；Irgachrome Orange OS；Light Orange Chrome；No. 156 Orange Chrome；Orange Chrome；Orange Nitrate Chrome；Pale Orange Chrome；Pigment Orange 21；Pure Orange Chrome M；Pure Orange Chrome Y；Vynamon Orange CR

【结构式】　$PbCrO_4 \cdot PbO$

【分子量】　546.39

【性质】　为 C.I.颜料黄 34 中的一种。橘黄色。正方晶系晶体。碱性铬酸铅，$PbCrO_4$ 含量不低于 55%。密度 $6.62 \sim 7.07g/cm^3$，吸油量 $9\% \sim 15\%$。耐光性良好，可达 $7 \sim 8$ 级。耐热性为 $150℃$。耐候性 $3 \sim 4$ 级。水渗性、油渗性为 1 级。耐酸性、耐碱性为 3 级。

【制法】　和 C.I.颜料黄 34 相同，以各种铅盐为原料生产：

$$Pb(CH_3CO_2)_2 \cdot Pb(OH)_2 + Na_2CrO_4 \longrightarrow$$
$$PbCrO_4 \cdot PbO + 2CH_3CO_2Na + H_2O$$
$$2Pb(NO_3)_2 + Na_2CrO_4 + 2NaOH \longrightarrow$$
$$PbCrO_4 \cdot PbO + 4NaNO_3 + H_2O$$
$$2PbCrO_4 + 2NaOH \longrightarrow$$
$$PbCrO_4 \cdot PbO + Na_2CrO_4 + H_2O$$

改变碱度可以改变色泽，碱度高可制成橘红色泽的颜料，碱度低可制成橘黄色的颜料。

【质量标准】　GB/T 3184—93

【生产单位】　苏州工业园区创一颜料厂，无锡市联友化工商贸有限公司，上海铬黄颜料厂苏州市分厂。

Be002　碱式硅铬酸铅

【英文名】　Basic Lead Silico Chromate

【别名】　Oncor M50；Oncor F31；Oncor CXC；Permox EC

【结构式】　$PbSiO_3 \cdot 3PbO \cdot PbCrO_4 \cdot PbO \cdot SiO_2$

【性质】　橙色粉末，它是二氧化硅表面包碱式硅铬酸铅和 γ-三碱式硅酸铅、一元碱式铬酸铅的复合物。可吸收可见光，耐紫外线性能好。具有中铬黄颜料的物性，比其他铅盐颜料的密度低，化学稳定性好。可代替中铬黄应用，对各种漆料适应性好，可减少涂料用量，降低成本。

【制法】　首先将二氧化硅（石英砂）在球磨机中湿磨 24h，然后将二氧化硅浆状物送入带搅拌的反应器中，加入少量醋酸催化剂和黄丹，充分搅拌混合后，再慢慢加入铬酸酐溶液，在蒸汽加入下进行反应，然后经过滤、分离、干燥，再将干燥物在砖窑中于 500～650℃ 煅烧 2～3h，再经粉碎得产品。

$$PbO + CrO_3 \longrightarrow PbCrO_4 \cdot PbO$$
$$PbCrO_4 \cdot PbO + PbO \longrightarrow PbCrO_4 \cdot 4PbO$$
$$(PbCrO_4 \cdot 4PbO) + SiO_2 \longrightarrow$$
$$(PbCrO_4 \cdot PbO) + 3(SiO_2 \cdot 4PbO)$$

【质量标准】　企业标准

氧化铅(PbO)含量/%	46.0～49.0
三氧化铬(CrO₃)含量/%	5.1～5.7
二氧化硅(SiO₂)含量/%	45.5～48.5
水分及其他挥发物/%	≤0.5
水萃取液值	6.5～8.5
吸油量/%	10～18
筛余物(325目筛)/%	≤0.3
水溶物/%	≤0.5

【用途】　主要用于各种金属防锈漆底漆，也适用于涂层、面漆、路标涂料等。

【生产单位】　上海喜润化学工业有限公司，重庆中顺化工有限公司。

Be003　碱式硅铬酸铅（Ⅰ、Ⅱ型）

【英文名】　Basic Lead Silico Chromate（Ⅰ、Ⅱ型）

【别名】　Oncor M50

【分子式】　$PbO \cdot CrO_3 \cdot SiO_2$

【性质】　碱式硅铬酸铅是一种松软的橙色粉末，具有优异的防锈性能，对二氧化硫作用有极高稳定性、良好的耐光性以及较差的遮盖力和较弱的着色力。该颜料不溶于水和醇等各种有机介质，和其他铅颜料比较具有较小的密度，其值为 3.95～4.1g/cm³。化学性质稳定，对各种漆料的适应性好，制作的涂料防锈性、耐水性和耐候性都十分优良。含铅量少，毒性低。

碱式硅铬酸铅主要物化指标：

指标名称	Ⅰ型	Ⅱ型
密度/(g/cm³)	4.1	3.95
吸油量/%	10～18	13～19
水萃取液 pH 值	8.3～8.6	8.3～8.6
水溶物含量/%	0.08	0.21
比表面积/(m²/cm³)	1.3	3.3
平均粒度/μm	7	4
饱和溶液比电阻/(kΩ/cm²)	120	61
细度(过 325 目筛余量)/%	≤0.3	≤0.1

碱式硅铬酸铅是在微细的二氧化硅微粒表面包覆一层碱式铅盐，铅盐的包覆层包括 γ-三碱式硅酸铅和一元碱式铬酸铅。它的化学式可近似表示为：核心 SiO_2，包膜 $PbSiO_3 \cdot 3PbO/PbCrO_4 \cdot PbO$。

【质量标准】

外观	松软的橙色粉末
氧化铅(PbO)含量/%	46.0～49.0
三氧化铬(CrO₃)含量/%	5.1～5.7
二氧化硅(SiO₂)含量/%	45.5～48.5
水分及其他挥发物含量/%	≤0.5
水萃取液 pH 值	6.5～8.5
吸油量/%	10～18

【制法】

1. 生产原理

在黄丹与二氧化硅的浆料中加入催化剂乙酸，乙酸使浆料中形成部分可溶性的碱式乙酸铅盐，再加入铬酸酐溶液，浆料中形成复合物 $PbCrO_4 \cdot PbO$，此复合物在高温煅烧下与过剩黄丹反应生成四元碱式铬酸铅，继续升高温度，二氧化硅与四元碱式铬酸铅反应生成一元碱式铬酸铅和 γ-三碱式硅酸铅的复合物，即碱式硅铬酸铅。

$$2PbO + CrO_3 \longrightarrow PbCrO_4 \cdot PbO$$

$$PbCrO_4 \cdot PbO + 3PbO \longrightarrow PbCrO_4 \cdot 4PbO$$

$$4(PbCrO_4 \cdot 4PbO) + 3SiO_2 \longrightarrow 4(PbCrO_4 \cdot PbO) + 3(SiO_2 \cdot 4PbO)$$

2. 工艺流程

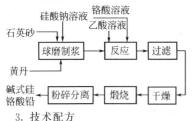

3. 技术配方

石英砂(SiO_2)	49.0
黄丹(PbO)	49.0
铬酸酐(CrO_3)	5.4
冰醋酸(CH_3COOH)	0.7

4. 生产工艺

将二氧化硅含量高达 99% 以上的天然石英砂在球磨机中研磨精细，使之与黄丹在水的作用下形成浆料。在浆料中先加入乙酸溶液，再缓慢加入铬酸溶液。不断搅拌，用蒸汽直接加热浆料。待浆料变稠后进行过滤，分离，干燥。干燥的块状物在煅烧炉中煅烧 2～3h，温度控制在 500～650℃。煅烧结束后，从炉中取出块状物送至粉碎机中进行粉碎，即得成品。

【用途】 主要用于涂料工业，用于制备各种类型的钢铁防锈涂料，可与各种颜料配合使用，几乎能与所有漆料结合，包括溶剂型油漆和水性漆。

【生产单位】 苏州工业园区创一颜料厂，无锡市联友化工商贸有限公司，上海铬黄颜料厂苏州市分厂。

Be004　硫化镉(镉橙/硒硫化镉)

【英文名】 CadMium Sulfide

【登记号】 CAS [1306-23-6]

【化学组成】 $CdS \cdot CdSe/CdS \cdot HgS/CdS \cdot CdSe \cdot BaSO_4/CdS \cdot HgS \cdot BaSO_4$

【性质】 镉橙颜料着色力强，色泽鲜艳，具有良好的耐光性，耐候性，优异的遮盖力，不迁移。其颜色非常鲜明而饱和，色谱范围从黄光橙至红光橙。

一般的橙色粉状物质，无臭无味，不溶于水、有机溶剂、油类和碱性溶剂，微溶于弱酸，溶于强酸并放出有毒气体 H_2Se 和 H_2S。该产品非易燃品，无腐蚀性，无爆炸危险性。

质量标准

耐光性/级	7
耐候性/级	5
400 目筛余物/%	≤0.1
吸油量/(g/100g)	16～23
密度/(g/m³)	4.7～5.1
水溶性盐分/%	≤0.2
水分/%	≤0.2

【制法】 将 500 份的离子水中加入还原艳橙 GR 湿滤饼 100 份，加入 500 份玻璃珠，砂磨 8h 后，经振动筛过滤，滤液中加入 10 份转晶剂，在温度 60℃ 时反应 4h，压滤，用 1000 份离子水洗涤，出料，低温干燥，粉碎包装，得到颜料橙 43。本法采用还原艳橙废弃的滤饼作为原料进行化学反应，节省了制备成本；利用砂磨和转品的制造方法，操作简单，耗费材料少，提高了生产效率。本工艺操作简单，省时省力，降低了生产成本，提高了经济

效益。

【用途】 镉橙广泛用于塑料、色母粒、橡胶、皮革、艺术凹版油墨、高档烤漆、釉、陶瓷、彩色砂石建筑材料、电子材料等行业。

【生产单位】 天津灯塔颜料责任有限公司，天津油漆厂，江苏东善化工厂，广东江门化工厂，上海喜润化学工业有限公司，重庆中顺化工有限公司。

Bf　红色颜料

一般红色颜料，由铁红、镉红、钼红等组成。

（1）铁红为红色粉末，其主要成分为 Fe_2O_3。由红黄到红紫之间变动，一般将铁红分为三类：特号（Fe_2O_3 98.5％以上），1 号（Fe_2O_3 96％以上），2 号（Fe_2O_3 80％以上）。

铁红有 a 型和 ζ 型两种晶型，一般用作颜料的为 a 型，ζ 型为磁性材料。铁红的粒子大小粒度分布除影响色相外，对其着色力、遮盖力、吸油量以及用途都有影响。粒径一般在 $0.1\sim0.6\mu m$ 之间，着色力、吸油量会随粒子大小在此范围由小变大而依次减弱。但粒径太小、太大都会降低遮盖力。铁红不但价廉而且耐碱、耐稀酸、耐溶剂、耐热性、耐候性、耐光性、遮盖力和着色力也很好。铁红用途广泛，用于作彩色建筑材料、合成树脂、透明薄膜、橡胶的着色剂和油漆工业。铁红的制法较多，可分干法和湿法两大类。

（2）镉红也称硒红，它有硫化镉和硒化镉的固溶体系及硫化镉的硫化汞的固溶体系两类。镉红的颜色非常饱和而鲜明。色相随着硒化镉、硫化汞含量增加，从橙色经红色变为绛紫色。

镉红的晶体有高温稳定的 α 型和低温稳定的 β 型。相对密度 4.8～5.2。遮盖力为镉黄的 7～10 倍，含硒镉红主要为六方晶型，也有立方晶型，耐候性和耐蚀性均好，遮盖力强，且不溶于水、有机溶剂、油类及碱，溶于酸。含汞镉红为六方晶体，用 HgS 代替 CdSe，价格较前者便宜，分散性好，但耐热性和耐候性匀欠佳，且增大了毒性。与其他无机颜料一样，镉红用于搪瓷、陶瓷、涂料、塑料、印刷油墨等，值得一提的是它还适用于除聚碳酸酯外所有的树脂和塑料，如 ABS 塑料、尼龙、天然橡胶等。镉红的生产始于 20 世纪 20 年代末。生产镉红主要有煅烧法、沉淀-煅烧法和水热法三种。

（3）钼红又称钼铬红，其化学组成中含 $PbCrO_4$、$PbMoO_4$、$PbSO_4$，是三者的混晶。其色相由橙红色到红色。钼红为正方晶系。其着色力非常好，比铬黄的着色力高 7～8 倍，而且遮盖力高 4～5 倍，吸油量小，因此是较好的涂料。但其晶型易变，影响色相，不耐碱，耐光性、耐热性也不好。这一切都可加之表面处理，性能有所提高，适用范围也扩大。如可作户外用的油漆和树脂着色剂等。

Bf001　氢氧化钴

【英文名】　Cobalt Hydroxide

【登记号】　CAS [21041-93-0]

【结构式】　玫瑰红色单斜或四方晶系结晶体。溶于酸及铵盐溶液，不溶于水和碱。与一些有机酸反应生成相应的钴皂。

【分子式】　$Co(OH)_2$

【分子量】　93.95

【性质】　浅青色或浅红色粉末，其颜色与粒度大小有关，微细粉末为浅青色，变为六方晶系时为砖红色。不溶于水、乙醇，溶于浓酸。相对密度（15℃）为 3.597。

【质量标准】

外观	浅青色至浅红色粉末
氢氧化钴含量/%	≥90
铁含量/%	≤0.35
盐酸不溶物含量/%	≤0.1

【制法】

1. 生产原理

① 硝酸钴与氢氧化钠反应，生成氢氧化钴。

$$Co(NO_3)_2 + 2NaOH \longrightarrow$$
$$Co(OH)_2 \downarrow + 2NaNO_3$$

② 硫酸钴与氢氧化钠发生沉淀反应，生成氢氧化钴。

$$CoSO_4 + 2NaOH \longrightarrow$$
$$Co(OH)_2 \downarrow + Na_2SO_4$$

2. 工艺流程

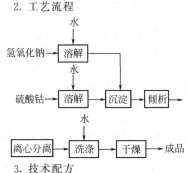

3. 技术配方

硫酸钴(96%)	≥302.5
氢氧化钠(98%)	≥86

4. 生产工艺

将固体氢氧化钠溶于水制成溶液并进行过滤。另将硫酸钴晶体溶解在水中，经过滤后送至反应器。该反应器由碳钢制造，用不锈钢衬里（或以瓷砖衬里），并备有搅拌器。在连续搅拌下将纯净的氢氧化钠溶液加入反应器中与硫酸钴反应。反应完成后，将溶液送至沉降器中静置一段时间。然后将其中的上层清液倾除，氢氧化钴浆料再经离心分离，并用热水洗涤至无硫酸盐。最后将氢氧化钴沉淀经 90～

95℃干燥即成品。

【用途】 用作颜料、涂料着色及清漆的催干剂，还用作钴盐原料。化工生产中用于制造钴盐，含钴催化剂及电解法生产双氧水分解剂。涂料工业用作油漆催干剂。玻搪工业用作着色剂等。

【生产单位】 上海喜润化学工业有限公司，江西黎明化工厂，天津红星化工厂，浙江黄岩颜料化工厂，江西赣州化工厂，重庆中顺化工有限公司。

Bf002 C.I.颜料红101

【英文名】 C.I.Pigment Red 101；Iron Oxide

【登记号】 CAS [1309-37-1]；C.I.77491

【别名】 透明铁红；透明氧化铁红；Transparent Red Iron Oxide；Iron Oxide Red Transparent 288 VN

【结构式】 $\alpha\text{-}Fe_2O_3$

【分子量】 159.69

【性质】 三方晶系红色透明粉末。粒子细，粒径为 $0.01\sim0.05\mu m$，比表面积大（为普通氧化铁红的 10 倍），具有强烈的吸收紫外线性能，耐光、耐大气性能优良。当光线投射到含有透明氧化铁红颜料的漆膜或塑料时，呈透明状态。密度 $5.7g/cm^3$，熔点 1396℃。是铁系颜料中具有独特性能的新品种。

【制法】 采用中和沉淀法。先制得氧化铁黑，再高温灼烧制得透明氧化铁红。将 0.5mol/L 浓度的 $FeCl_3 \cdot 6H_2O$ 溶液加热沸腾水解至红棕色胶粒出现为止（溶液1）。取与溶液 1 等体积的 0.25mol/L 的 $FeCl_2$ 溶液（由金属铁与盐酸作用制得），用稀氨水调至白色沉淀不再消失为止（溶液2）。将溶液 1 和溶液 2 合并，搅拌，并加入适量的羟基羧酸络合剂和缓冲剂，维持恒温 80℃。随反应的进行，不断有黑色 Fe_3O_4 生成。反应结束，将 Fe_3O_4 结晶转移至 pH=8、含有 Fe_3O_4（质量分数）为 10%～20% 的油酸钠溶液中进行表面处理，搅拌悬浊液，恒温 80℃，0.5h 后将悬浊液用稀盐酸（1∶3）调 pH＝6～6.5，将 Fe_3O_4 油酸吸附包覆物（黑色絮凝体）抽滤，热水搅洗数次，50～60℃ 真空烘干，制得疏松的粉体 Fe_3O_4。将上述油酸包覆的 Fe_3O_4 慢速升温至 550～600℃ 焙烧 0.5h，得到均匀分散的透明铁红 α-Fe_2O_3 微粒子。

【质量标准】　参考标准

色光	与标准品相似
氧化铁含量(以 Fe_2O_3 计)/%	≥95
游离水含量/%	≤3.5
水可溶物/%	≤0.5
吸油量/%	35～45
水浸 pH 值	3～5
筛余物(325 目)	通过
目测透明度	透明清晰

【用途】　无机红色颜料。主要用于硬币的透明着色，也用于油漆、油墨和塑料的着色。

【生产单位】　江苏镇江涂料化工厂，上海氧化铁颜料厂，佛山市南海区平洲平西固得涂料厂，天津灯塔颜料有限责任公司，广州市沪安化工有限公司，浙江联合颜料有限公司。

Bf003　C.I.颜料红 102

【英文名】　C.I.Pigment Red 102
【登记号】　CAS [1332-25-8]
【别名】　天然铁红；红土粉；Bole，Armenian(8CI)；Pigment Red 102；Red Bole；Red Soil Powder；Red Ochre；Turkey Red
【性质】　浅红棕色粉末。为天然黏土与红色氧化铁的混合物。附着力强，对日光和大气作用稳定。
【制法】　将矾红土和黄赫土混合后，经干燥、粉碎、过筛而得。
【质量标准】　（企业标准）　色光与标准品近似；细度：80 目筛全部通过。
【用途】　无机颜料。广泛用于木器、木船等的着色打底。也可用作水泥磨石地板、玻璃制品等的着色剂。
【生产单位】　上海铬黄颜料厂，邵阳市双清区天虹化工厂，四川阿坝皓村实业公司，白山市天然铁红厂，白山市赤龙天然铁红有限责任公，临江市花山天然铁红厂，辉渠华夏颜料厂，邵阳市双清区天虹化工厂。

Bf004　C.I.颜料红 104

【英文名】　C.I.Pigment Red 104
【登记号】　CAS [12656-85-8]；C.I.77605
【别名】　钼铬红；Chrome Vermilion；Horna Molybdate Orange MLH 84SQ；Krolor Orange KO 906D；Krolor Orange RKO 786D；Lead Chromate Molybdate Sulfate Red；Mineral Fire Red 5DDS；Mineral Fire Red 5GGS；Mineral Fire Red 5GS；Molybdate Orange；Molybdate Orange Y 786D；Molybdate Orange YE 421D；Molybdate Orange YE 698D；Molybdate Red；Molybdate Red AA 3；Molybden Red；Molybdenm Chromium Red；Molybdenum Red；Molybdenum Orange；Pigment Red 104；Renol Molybdate Red RGS；Vynamon Scarlet BY；Vynamon Scarlet Y
【结构式】　$xPbCrO_4 \cdot yPbSO_4 \cdot zPbMoO_4$
【性质】　钼铬红是一种含钼酸铅和铬酸铅、硫酸铅的无机颜料，可以有橘红色至红色的各类品种。钼铬红的工业产品中含铬酸铅（$PbCrO_4$）15%～85%，钼酸铅（$PbMoO_4$）10%～15%，硫酸铅（$PbSO_4$）3%～10%。钼铬红的分子式大约在 $25PbCrO_4 \cdot 4PbMoO_4 \cdot PbSO_4$ 和 $7PbCrO_4 \cdot PbMoO_4 \cdot PbSO_4$ 之间，变动 $PbCrO_4$、$PbMoO_4$ 及 $PbSO_4$ 三者的分子比，可能得到不同品种的颜料，为了达到一定的色调和着色力，$PbCrO_4$ 和 $PbMoO_4$ 的分子比常保持在一定范围之内。

钼铬红的颜色鲜明，着色力高于橘铬黄，遮盖力及各种主要耐性指标均甚优良。密度为 $5.41\sim6.34g/cm^3$，吸油量为 $15.8\%\sim40.0\%$，颗粒直径为 $0.1\sim1.0\mu m$，遮盖力强，耐水性优，耐石蜡性优，耐溶剂性优，耐酸、耐碱性一般。

【制法】 钼铬红颜料的典型配方中硝酸铅 $[Pb(NO_3)_2]$：重铬酸钠（$Na_2Cr_2O_7\cdot2H_2O$）：钼酸钠（$Na_2MoO_4\cdot2H_2O$）：钼酸铵$[(NH_4)_2MoO_4]$：硫酸钠（Na_2SO_4）：氢氧化钠（$NaOH$）：氨水（NH_3）：硫酸铝$[Al_2(SO_4)_3\cdot18H_2O]$ 分别为 331：120：0：17：14.8：0：5.4：（23～40）或 347：116：28：0：17：32：0：44。将氢氧化钠溶液加入到重铬酸钠溶液中进行中和，再加入硫酸钠和钼酸钠充分搅拌混合，然后加入到硝酸铅溶液中于 $15\sim20℃$ 共沉淀，共沉淀时加入硝酸酸化，控制 $pH=2.5\sim3$，继续搅拌 $15\sim30min$，得到鲜红沉淀时，为防止晶型转变，加入稳定剂（如硫酸铝），并用纯碱或氢氧化钠调 pH 值，使终点 pH 值在 $6.5\sim7.5$ 之间。然后经过滤，于 $100℃$ 干燥，拼色得产品。

$$18Pb(NO_3)_2+7Na_2Cr_2O_7+14NaOH+2Na_2SO_4+2Na_2MoO_4\longrightarrow2(7PbCrO_4\cdot PbMoO_4\cdot PbSO_4)+36NaNO_3+7H_2O$$

【质量标准】 DB/3700G 54007—88

色光（与协议标准品比）	近似
着色力（为协议标准的）/%	≥95
遮盖力/(g/m²)	≤40
水分/%	≤2
吸油量/%	≤
筛余物/%	≤5
铬酸铅含量/%	≥55

【用途】 钼铬红在涂料中得到广泛的应用，如可制成橘红色的涂料。也可以同白色防锈颜料配合制成类似红丹外观的钼铬红防锈漆。钼铬红也常同耐晒性能好的有机颜料拼色，可得到耐溶剂、不泛金光、耐烘烤温度的大红色烘漆。用于塑料着色，钼铬红也常同耐热性能较好的有机颜料配成鲜艳的耐热大红色，同炭黑可配成咖啡色。在油墨使用方面，钼铬红是同铬黄应用性能相似的一种橘红色颜料。钼铬红在实际应用中反映有类似铅镉黄的种种缺点，如晶型易变化，使色泽要改变，耐光性和耐候性也不十分理想，在 1944 年开始就有以氢氧化铝、钛、铈等氧化物进行表面处理的品种，耐光性、耐候性及晶体稳定性有所提高，以后又出现以锑及硅化合物表面处理的措施，目前经过改进的制品，其耐光、耐候性等指标均已大有所提高。

【生产单位】 山东蓬莱新光颜料化工公司，上海铬黄颜料厂，上海安化化工有限公司，石家庄市佳彩化工有限责任公司，广东肇庆市化工颜料厂，浙江杭州市江南颜料化工厂，临海市百色得精细颜料化工有限公司，杭州红妍颜料化工有限公司，杭州佳彩化工有限公司，泰州中建实业有限公司。

Bf005　C.I.颜料红 105

【英文名】 C. I. Pigment Red 105；Lead Oxide

【登记号】 CAS [1314-41-6]；C.I.77578

【别名】 红丹；铅丹；光明粉；光明丹；樟丹；红色氧化铅；Azarcon；Entan；Flowsperse R 12；Gold Satinobre；Heuconin 5；Lead Orthoplumbate；Lead Oxide；Lead Oxide（3：4）；Lead Oxide Red；Lead Red；Lead Tetraoxide；Lead Tetroxide；Mennige；Mineral Orange；Mineral Red；Minium；Minium(Pb_3O_4)；Minium Non-Setting RL 95；Minium Red；

Orange Lead；Paris Red；Pigment Red 105；Red Lead；Red Lead(pigment)；Red Lead Oxide；Red Lead Oxide（Pb_3O_4）；Sandix；Saturn Red；Trilead Tetraoxide；Trilead Tetroxide

【结构式】 Pb_3O_4

【分子量】 685.66

【性质】 橙红至红色粉末。由原高铅酸铅（Pb_3O_4）及一氧化铅（PbO）所组成。密度 $8.6g/cm^3$。不溶于水和醇，溶于硝酸（过氧化氢存在下）、冰醋酸、热盐酸和热碱液。具有高的抗腐蚀防锈性能和耐高热性能，但不耐酸。在油脂中扩散性大，遮盖力强。属碱性颜料，能与漆基中游离脂肪酸形成铅皂，制漆后具有较强的遮盖力和附着力。与硫化氢作用生成黑色硫化铅（PbS）。暴露在空气中因生成碳酸铅而变成白色。加热至 500℃ 时分解为一氧化铅和氧。有氧化作用。有毒。

红丹分为涂料工业用和其他工业用两类。涂料工业用红丹分为不凝结型红丹（高百分含量红丹）与高分散性红丹两种类型。不凝结型红丹与亚麻仁油混合时，不引起过度增稠。其他工业主要指玻璃、陶瓷工业。

【制法】 将符合 GB 469—64 的一号铅或二号铅加热熔融后，制成 $30mm \times 30mm$ 的铅粒，在 $170 \sim 210℃$ 进行球磨粉碎，经在 $300℃$ 低温焙烧后粉碎至 $0.5 \sim 1.5\mu m$，再在 $480 \sim 500℃$ 下进行高温焙烧氧化、粉碎，制得四氧化三铅。

$$6PbO + O_2 \longrightarrow 2Pb_3O_4$$

【质量标准】 HG/T 3850—2006

指标名称		涂料工业用		其他工业用	
		不凝结性	高分散性	一级	二级
二氧化铅/%	≥	33.9	33.9	33.9	33.2
原高铅酸铅/%	≥	97	97	97	95
原高铅酸铅及游离一氧化铅总量/%	≥	99		—	
105℃挥发物/%	≤	0.2		0.2	
水溶物/%	≤	0.1			
吸油量/(g/100g)	≤	6			
筛余物(63μm)/%	≤	0.75	0.3	0.75	
沉降容积/mL	≥	—	30		
硝酸不溶物/%	≤	0.1		0.1	
氧化铁/%	≤	—		0.005	
氧化铜/%	≤	—		0.002	
不凝结性		制漆后在空气中露置 14 天，能搅匀，易涂刷			

注：1. 所有百分含量以原样为基准计算。
2. 不凝结性在生产正常时每季度抽样测定一次。

【用途】 无机红色颜料。涂料工业用于制造防锈漆、钢铁保护涂料，防锈性能良好。玻搪工业用于搪瓷和光学玻璃的制造。陶瓷工业用于制造陶釉。电子工业用于制造压电元件。电池工业用于蓄电池的生产。机械工业用于金属研磨。有机化学工业用于制造染料及其他有机合成氧化剂。可用于橡胶着色。医药工业用于制造软膏、硬膏等。

【生产单位】 南京金陵化工厂有限责任公司，河南新乡县化工厂，广东佛山化工厂，哈尔滨颜料厂，沈阳油漆厂，湖南湘潭市冶金化工厂，衡阳市第五化工厂，云南个旧乍甸化工厂，上海崇明竖河油漆厂，上海安化化工有限公司，浙江温州颜料厂，安徽芜湖造漆厂，温州试剂化工厂，广西全州县化工一厂，湖北大冶县红丹厂，兰州化工颜料厂，西安市西江化工厂，包头市化工颜料厂，齐齐哈尔市油漆化工总厂，上海开林造漆厂，天津灯塔颜料有限责任公司，吉林集安县化工厂，黑龙江鸡西市化工二厂，江西吉安县化工厂，山东淄川二里化工厂，山东青岛城南化工厂，河南临颍县化工厂，湖南衡阳有机合成化工厂，广东汕头市实验化工厂，广西岭溪县化工厂，四川大邑县西山化工厂，重庆油漆厂。

Bf006 C.I.颜料红106

【英文名】 C.I.Pigment Red 106；Mercury Sulfide

【登记号】 CAS[1344-48-5]；C.I.77766

【别名】 银朱；银砾；朱砂；辰砂；硫化汞；Mecuric Sulfide；β-Mercuric Sulfide；Almaden；Chinese Vermilion；Ethiops Mineral；Mercuric Sulfide，Black；Mercuric Sulfide；Mercuric Sulfide Red；Mercury Monosulfide；Mercury Sulfide；Mercury Sulphide；Mercury(2＋)Sulfide；Mercury(Ⅱ)Sulfide；Monomercury Sulfide；Orange Vermilion；Pigment Red 106；Pure English(Quicksilver)Vermilion；Red Cinnabar；Red Mercury Sulphide；Red Mercuric Sulfide；Scarlet Vermilion；Syu；Vermilion；Vermilion(HgS)；Vermillion

【结构式】 HgS

【分子量】 232.65

【性质】 硫化汞有两种结晶状态。α-硫化汞为红色六方晶系结晶或粉末，称为红色硫化汞（辰砂），密度 $8.10g/cm^3$，583.5℃升华，难溶于水，溶于硫化钠浓溶液，不溶于醇和硝酸。β-硫化汞为深灰黑色立方晶体或无定形粉末，称为黑色硫化汞，密度 $7.67g/cm^3$，446℃升华，不溶于水、醇和硝酸，能溶于碱金属和碱土金属硫化物的浓溶液。在隔绝空气下，将这两种不同形态的硫化汞升华，均可得到六方晶系的红色硫化汞产物。

红色硫化汞为中性化合物，化学性质稳定，不溶于一般稀酸、烧碱、乙醇、水，微溶于煮沸的浓盐酸，甚易溶于王水中。

具有一定颜料性能的硫化汞叫银朱。根据不同工艺条件，可制成暗红、鲜红、亮红等多种色调的品种，这主要与颜料粒子大小及转变为硫化汞的条件有关。粒子直径越大，色调越接近暗红色；粒子直径越小，色调越接近亮红色，甚至带上黄色的色调。银朱有很高的遮盖力和着色力，但其耐光性较差，长期在阳光照射下，其六方晶系缓慢转变为四方晶系而使其颜色变暗。

【制法】 有干法（升华法）和湿法两种生产工艺。

1. 干法（升华法）

汞与按反应式计算过量15％～20％的硫黄粉在140～160℃熔融反应，生成黑色硫化汞，反应时适当搅拌，将物料翻起，增加汞与硫的接触面积。硫与汞的化合是放热反应，因此在反应过程中要及时降温，以免硫自燃。

在隔绝空气时，于600～650℃时，黑色的硫化汞可升华为红色硫化汞。将升华的红色硫化汞取出后破碎到80～100目细度后，加入适量水在石磨或球磨机中研磨成颜料浆。

利用重力沉降原理，把颜料浆内粒径悬殊的原理粒子进行分离，收集一定粒径范围内的颜料粒子。分离时加入干物料重量1～1.2倍的水和0.5％～0.7％的水溶性表面活性剂，充分搅拌使其分散成为悬浊液。静置 1~1.5h 后，比银朱粒径大的粗粒受到重力作用很快沉降下来，银朱和比银朱粒径更小的粒子由于受到表面活性剂的吸附作用成为悬浮状态，沉降速度就慢得多。保持每一次相同的沉降时间就能收集到相同粒径范围的粒子，使各批次产品色调达到一致。沉降分离后，将上层悬浮液送去漂洗池漂洗，沉在分离池底的粗颗粒吸干水分后与经破碎后的红色硫化汞混合均匀返回研磨。返磨的粗颗粒约占研磨物料重量的 55%~60%。漂洗时加入 1.2~1.5 倍体积的水，充分搅拌后经 24h 沉降，由于表面活性剂稀释后作用减弱，银朱颜料在漂洗池沉降下来，放去漂洗水，取出银朱在 90~100℃ 烘干、粉碎便得成品。制得的银朱粒径在 5~15μm 范围内。

2. 湿法

汞与 Na_2S_x 在 45~60℃ 下长时间反应生成黑色硫化汞后，同时又在 $Na_2S_{(x-1)}$ 中溶解，生成 $Na_2[HgS_2]\cdot 5H_2O$。当溶解达饱和后，$Na_2[HgS_2]\cdot 5H_2O$ 在 S^{2-} 的影响下，晶格重新排列转变成红色硫化汞。

$$Hg + Na_2S_x \longrightarrow$$
$$Na_2S_{(x-1)} + HgS(黑) \quad (x>3)$$
$$HgS(黑) \longrightarrow HgS(红)$$

【质量标准】　GB 3631—83(湿法)

指标名称		一级品	二级品
硫化汞/%	≥	99.00	98.00
杂质			
Se/%	≤	0.050	0.100
Fe/%	≤	0.10	0.10

【用途】　鲜艳的红色颜料，主要用于室内涂料。也用作生漆、印泥、印油和绘画等的红色颜料。天然硫化汞是制造汞的主要原料。也用于彩色封蜡、塑料、橡胶和医药及防腐剂等方面。

【生产单位】　广东佛山化工厂，广州立新化工厂，湖南省三新特产实业发展有限公司，中美合资郑州天马美术颜料有限公司，贵州省万山特区矿产公司，贵州易诚矿产有限公司，上海邦成化工有限公司。

【英文名】　C.I.Pigment Red 107；Antimony Sulfide

【登记号】　CAS [1345-04-6]；C.I.77060

【别名】　硫化锑；三硫化二锑；Antimony Sulfide；Antimony Orange；Antimony Vermilion；Antimony Sesquisulfide；Antimony Sulfide (Sb_4S_6)；Antimony Trisulfide；Antimony (3+) Sulfide；Antimony(Ⅲ) Sulfide；Crimson Antimony Sulphide；Diantimony Trisulfide；Needle Antimony

【结构式】　Sb_2S_3

【分子量】　339.68

【性质】　黄红色无定形粉末。密度 4.12g/cm^3。熔点 550℃。不溶于水、醋酸。溶于浓盐酸、醇、硫氢化铵(NH_4HS)、硫化钾溶液。

【制法】　制备方法有三种：天然矿加工法、锑白转化法和直接化合法。

1. 天然矿加工法

天然辉锑矿经筛选、粉碎等加工而制得硫化锑成品。

2. 锑白转化法

将 Sb_2O_3 1.80kg、$Ca(OH)_2$ 0.6kg、H_2O 6kg 混合后，在 80℃ 加热 1h。将 2.41kg 60% Na_2S 溶解在 3L 水中配成 Na_2S 溶液，在搅拌下，于 80℃ 下，在 30min 内将此 Na_2S 溶液加入上述混合物中，再维持搅拌 30min。然后用 30% 的 HCl 在 3h 内酸化至 pH 值为 0.4。升温至 95℃，再搅拌 3h，降温、过滤、洗涤、干燥，制得 Sb_2S_3 颜料。

$$Sb_2O_3 + 4Na_2S + Ca(OH)_2 + 3H_2O \longrightarrow$$
$$Sb_2S_3 + 8NaOH + CaS$$

3. 直接化合法

将金属锑高温熔化后，向其中通入硫蒸气，直接化合生成三硫化二锑。硫的用量为化学计量的 $103\%\sim115\%$，搅拌反应 $0.3\sim1h$，反应温度维持在 $650\sim850℃$。

$$3S+2Sb \longrightarrow Sb_2S_3$$

【质量标准】　GB 5236—85

指标名称	Sb₂S₃-0	Sb₂S₃-1	Sb₂S₃-2
外观	为深灰色的真状晶体,不应含有肉眼可见的夹杂物		
锑总量/%	71.00～72.50	70.00～73.00	69.00～73.00
化合硫/%	25.50～28.00	25.00～28.30	25.00～28.30
杂质/%			
王水不溶物　≤	0.20	0.30	0.50
游离硫　　　≤	0.05	0.07	0.30
三硫化二砷　≤	0.20	0.30	0.30

【用途】　主要用于制造火柴和烟火，各种锑盐和有色玻璃。橡胶工业用作硫化剂及军工用等。

【生产单位】　湖南冷水滩市锡矿山，天津恒兴实业有限公司，东莞市华昌锑业有限公司，天津恒兴实业有限公司，上海沪雅化工有限公司，湖南虎山锑锌制品有限公司。

Bf008　氧化铁红

【英文名】　Iron Oxide Red

【登记号】　CAS [1307-37-1]；C. I. 77491

【别名】　颜料红 101；铁红；铁氧红；氧化铁；铁红粉；氧化高铁；铁丹；巴黎红；三氧化铁；赤色氧化铁

【分子式】　Fe_2O_3

【分子量】　159.69

【性质】　氧化铁红为红色或深红色无定形粉末，密度为 $5.24g/cm^3$。熔点为 $1565℃$，同时分解。不溶于水，溶于盐酸、硫酸，微溶于硝酸。灼烧时放出氧，能被氢和一氧化碳还原为铁。着色力强，无油渗性和水渗性，在大气和日光中较稳定，耐高温、耐酸、耐碱，在浓酸中加热才能溶解。

氧化铁红是一种最经济而耐光性耐热性好的红色颜料。遮盖力达 $8\sim10g/m^2$，在所有颜料中，它的遮盖力仅次于炭黑。缺点是不能耐强酸，颜色红中带黑，不够鲜艳。

【制法】

1. 生产原理

① 用硫酸亚铁（绿矾）煅烧以制造氧化铁红。将 $FeSO_4 \cdot 7H_2O$ 加热，以脱去全部或部分结晶水，经过脱水的硫酸亚铁在球磨机中细研，然后在马弗炉或返焰炉中于 $700\sim800℃$ 进行煅烧。经后处理得氧化铁红。

$$2FeSO_4 \longrightarrow Fe_2O_3+SO_2+SO_3$$

② 用氧化铁黄煅烧以制造氧化铁红。在 $700\sim800℃$ 温度下进行煅烧：

$$Fe_2O_3 \cdot H_2O \longrightarrow Fe_3O_4+H_2O$$

经煅烧后，将颜料通过破碎机和球磨机，然后过筛。该法所制得的氧化铁红颜色鲜明。

③ 用氧化铁黑的煅烧以制造氧化铁红。在 $600\sim700℃$ 温度下进行煅烧：

$$2(FeO \cdot Fe_2O_3)+\frac{1}{2}O_2 \longrightarrow 3Fe_2O_3$$

④ 废铁与稀硝酸制成晶核，将废铁、硝酸亚铁、硫酸亚铁和晶核一起加热，并通空气氧化制得氧化铁红。

这里介绍第四种方法。

2. 工艺流程

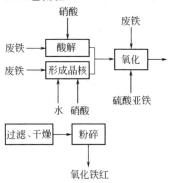

硝酸

废铁 → 酸解

废铁 → 形成晶核

水 硝酸

废铁 → 氧化

硫酸亚铁

过滤、干燥 → 粉碎

氧化铁红

3. 技术配方

硝酸(100%)	35
硫酸(98%)	8
废铁	90

4. 生产工艺

将废铁和水放入硝酸亚铁反应锅中，然后渐渐注入已经稀释的硝酸，使废铁溶解成硝酸亚铁。

将水和废铁加入晶核反应锅，并加入蒸汽进行加热，然后将稀释好的硝酸渐渐注入晶核反应锅中进行反应，直到析出橘红色胶体时为止。

将晶核注入氧化锅，同时加入废铁和硝酸亚铁，并通入蒸汽加热到80℃左右，通入空气进行氧化。在氧化过程中要测定硝酸亚铁的含量保持在1%～1.5%，不足时要随时补足。适当时补加硫酸亚铁液，直至产品的色泽与标准品色泽相同时，停止氧化。

将氧化结束的产品用筛布过滤，除去未反应的铁屑，成品液料进入贮槽，然后用回转式真空抽滤机过滤和淋洗，所得的滤饼经过干燥，即得氧化铁红。然后经粉碎、过筛而得成品。

质量标准 (GB 1863)

项目	H101		H102		H103	
	一级品	二级品	一级品	二级品	一级品	二级品
色光(与标准相比)	近似至微	稍	近似至微	稍	近似至微	稍
吸油量/%	15～25	15～30	15～25	15～30	15～20	13～20
水分含量/%	≤1.0	≤1.5	≤1.0	≤1.5	≤1.0	≤1.5
细度(过320目筛余量)/%	≤0.2	≤0.5	≤0.2	≤0.5	≤0.2	≤0.5
水萃取液 pH 值	5～7	5～7	5～7	5～7	5～7	5～7
遮盖力/(g/m²)	≤10	≤10	≤10	≤10	≤10	≤10
水溶物含量/%	≤0.3	≤0.5	≤0.3	≤0.3	≤1.0	≤2.0
氧化铁含量/%	≥95.0	≥90.0	≥94.0	≥88.0	≥75.0	≥65.0

【用途】 广泛用作建筑、橡胶、塑料、油漆等的着色剂。也是高级精磨材料，使用于精密的五金器材的抛光和光学玻璃、玉石等的磨光。高纯度铁红是粉末冶金的主要基料，另外，可用来冶炼各种磁性合金和其他高级合金钢。还用作人造革、皮革搪光浆着色剂。

【生产单位】 科勒颜料有限公司，湖南省坪塘氧化铁颜料厂，山东淄博颜料厂，天津海洋化工厂，武昌氧化铁红厂，湖南益阳市上游化工厂，广东江门化工厂，陕西西安泰州机械厂，云南昆明氧化铁红厂，河北霸州市锦华实业公司化工厂，广州市楚天颜料化工有限公司。

Bf009 红丹

【英文名】 Red Lead

【别名】 颜料红 105；红铅；高铅酸亚铅；铅丹；光明丹；冬丹；铅红；红色氧化铅；樟丹

【分子式】 Pb_3O_4 或 $2PbO \cdot PbO_2$

【分子量】 685.57

【性质】　红丹为鲜红至橘红色重质四方晶系晶体或粉末，有毒。密度为 $9.1g/cm^3$。溶于热碱溶液、盐酸、硫酸、硝酸、浓磷酸、浓硝酸、过量的冰醋酸中，而不溶于水或醇中。红丹被加热时颜色首先变得更鲜艳，当温度至 500℃ 以上时则分解为一氧化铅和氧气。红丹有良好的抗腐蚀性、耐候性、耐光性、耐高温性、耐污浊气体性，遮盖力和附着力很好，但耐酸性能差。

【质量标准】
（1）质量指标

质量指标	涂料工业用		其他工业用	
指标名称	一级	二级	一级	二级
二氧化铅含量/%	≥3.9	≥33.9	≥33.9	≥33.2
四氧化三铅含量/%	≥97	≥97	≥97	≥95
原高铅酸及游离含量/%	≥99	≥99	—	—
一氧化铅的总量(105℃)挥发物含量/%	≤0.2	≤0.2	≤0.2	≤0.2
水溶物含量/%	≤0.1	≤0.1		
细度(过 200 目筛余量)/%	≤0.75	≤0.30	≤0.75	≤0.75
吸油量/(g/100g)	≤6	≤6	≤6	≤6
沉降容积/mL		≥30		
不凝结性	制漆后在空气中露置14h,能搅匀,易涂刷	—	—	—
硝酸不溶物含量/%	≤0.1	≤0.1	≤0.1	≤0.1
氧化铁含量/%			≤0.005	≤0.005
氧化铜含量/%			≤0.002	≤0.002

（2）四氧化三铅含量测定

① 试剂　乙酸和乙酸钠饱和溶液：取 5mL 冰醋酸，加入 95mL 饱和乙酸钠溶液中制得；碘化钾；0.1mol/L 硫代硫酸钠标准溶液；淀粉指示剂。

② 测定　在 500mL 磨口锥形瓶中加入 1g 样品（准确至 0.0002g），加数十粒玻璃球，用少许水湿润，然后加入 60mL 乙酸和饱和乙酸钠溶液，充分摇匀，使其溶解，再加入 1.5g 碘化钾，盖好瓶盖，摇匀。当溶液呈深棕色透明后，用水冲洗瓶塞及瓶壁，立刻用硫化硫酸钠快速滴定（每秒滴 1mL）至淡黄色，加 2mL 淀粉指示剂，再缓慢滴至无色透明为终点（反应在 20℃ 进行），四氧化三铅的含量按下式计算：

$$W_{Pb_3O_4} = \frac{cV \times 0.3428}{G} \times 100\%$$

式中，G 为样品质量，g；c 为硫代硫酸钠的浓度，mol/L；V 为耗用硫代硫酸钠标准溶液的体积，mL。

【制法】

1. 生产原理

（1）液铅氧化法　先将铅熔化成液体，液体铅表面很快和空气中的氧结合，生成一氧化铅。

$$Pb + \frac{1}{2}O_2 \longrightarrow PbO$$

反应温度为 500～550℃。一氧化铅又称密陀僧或黄丹。然后，将一氧化铅在 450℃ 左右的高温下和氧反应，生成四氧化三铅。当温度超过 500℃ 时，红丹会发生分解。其生成和分解反应式如下：

$$3Pb + 2O_2 \xrightarrow[>500℃]{450℃} Pb_3O_4$$

（2）高压氧化法　在低于 3.03MPa 压力下，将一氧化铅氧化成红丹。

（3）铅粉法　把铅粉氧化成棕色的一

氧化铅，然后进一步氧化成红丹。

2. 工艺流程

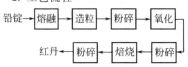

铅锭 → 熔融 → 造粒 → 粉碎 → 氧化

红丹 ← 粉碎 ← 焙烧 ← 粉碎

3. 生产工艺

（1）熔融、造粒　将铅锭放入化铅锅中，直接加热至400℃左右，待铅锭呈熔融状态后，取出至条形冷却盘内，用水冷却成条形。将铅条切成30nm×30nm的小铅粒。将铅粒送入铅粉机内。预先送入空气，并使铅粉机内外同时加热升温，在将铅粒磨成粉末同时被氧化成黑色的氧化亚铅。氧化亚铅粉末被空气带出铅粉机，先后经过旋风分离器及脉冲布袋过滤器分离出粉末，落入螺旋输送机送入贮槽。净化后的空气排空。

（2）低温氧化、粉碎　将氧化亚铅粉置于氧化室内，铺成40cm厚一层。用火点燃氧化亚铅粉末，让其在低温下氧化燃烧。每隔0.5h轻轻翻动一次，每隔4～8h大翻一次。直至物料自动熄火而变成棕色半成品为止。用粉碎机粉碎，经分离器、捕集器得到半成品粉末。

（3）焙烧　将半成品送入焙烧炉中，以直接火进行焙烧。当炉内温度升到300℃左右，投入氧化亚铅粉碎，0.5h搅拌1次。焙烧3h以后，则每隔1h搅拌1次。8h以后，将炉温度升至450℃，维持该温度焙烧15～25h，待完全氧化至物料变成红色的红丹为止，即可出料。再经粉碎，分离即得成品。

【用途】　主要用于防锈漆及光学玻璃、陶瓷、搪瓷和电子工业的压电元件；可作铁器的保护面层，对钢铁表面防锈能力很好。

【生产单位】　吉林吉安县化工厂，黑龙江鸡西市化工二厂，江西吉安县化工厂，山东淄川二里化工厂，山东青岛城南化工厂，河南临颖县化工厂，湖南衡阳有机合

成化工厂，广东汕头市实验化工厂，广西岭溪县化工厂，四川大邑县西山化工厂，重庆油漆厂。

Bf010　钼铬红

【英文名】　Molybdenium Chromium Red

【登记号】　CAS［58339-34-7］；C. I. 77202

【别名】　颜料红107；3710钼酸红；107钼铬红；3710钼铬红

【分子式】　$6PbCrO_4 \cdot 2.5PbSO_4 \cdot PbMoO_4 \cdot AlPO_4 \cdot Al(OH)_3$

【性质】　207钼铬红主要成分是铬酸铅、硫酸铅、钼酸铅；107钼铬红除与207钼铬红相同的主要成分外还有少量氢氧化铝、磷酸铝。钼铬红的颜色可以有橘红色至红色。它具有较高的着色力及很好的耐光性和耐热性，能耐溶剂，无水渗性和油渗性，但耐酸性、耐碱性差，遇硫化氢气体变黑，可与有机颜料混合应用。

【质量标准】

指标名称	107	207
外观	红色粉末	红色粉末
色光（与标准品相比）	近似至微	近似至稍
着色力（与标准品相比）/%	100±5	100±5
水分含量/%	≤2	≤2
水溶物含量/%	≤1	≤1
水萃取液 pH 值	4～7	4～7
吸油量/%	≤22	≤22
铬酸铅含量/%	≤50	≤70
耐光性（与标准品相比）	近似至稍	
细度（过 80 目筛余量）/%	≤5	≤5
耐晒性/级	3	3
耐热性/℃	140	140
耐酸性/级	1	1
耐碱性/级	1	1
水渗透性/级	5	5
油渗透性/级	5	5
石蜡渗透性/级	5	5
乙醇渗透性/级	5	5

【制法】

1. 生产原理

钼铬红是由硝酸铅、重铬酸钠、钼酸钠、硫酸钠根据配比以水溶液相互反应沉淀，再经过酸化，使晶型转型而制得。

2. 技术配方

硝酸铅[$Pb(NO_3)_2$]	347
重铬酸钠($Na_2Cr_2O_7 \cdot 2H_2O$)	115
氢氧化钠($NaOH$)	32
硫酸铝[$Al_2(SO_4)_3 \cdot 18H_2O$]	44
钼酸钠($Na_2MoO_4 \cdot 2H_2O$)	28
硫酸钠(Na_2SO_4)	17
硝酸(HNO_3)	调节 pH 值

3. 生产原料规格

(1) 硝酸铅　硝酸铅 [$Pb(NO_3)_2$] 为白色立方或单斜晶体。相对分子质量为 331.20，密度是 $4.53g/cm^3$。407℃分解。易溶于水、液氨、联氨，微溶于乙醇，不溶于浓硝酸。在空气中稳定。往水溶液中加浓硝酸，产生硝酸铅沉淀。干燥的硝酸铅于 205～223℃分解为氧化铅、NO_2 和 O_2，潮湿的硝酸铅于 100℃开始分解，先形成碱式硝酸铅，继续加热则转化为氧化铅。硝酸铅易与碱金属硝酸盐及硝酸银形成络合物。有毒。

硝酸铅有毒，为强氧化剂，与有机物接触能促其燃烧。浸透了碱性硝酸铅的纸，干燥后能自燃。其质量指标如下：

指标名称	指标
硝酸铅[$Pb(NO_3)_2$]含量/%	≥98
铁(Fe)含量/%	≤0.005
铜(Cu)含量/%	≤0.005
游离酸(HNO_3)含量/%	≤0.1
水不溶物含量/%	≤0.05

(2) 钼酸钠　钼酸钠（$Na_2MoO_4 \cdot 2H_2O$）为白色或略有色泽的晶体粉末。相对分子质量为 241.95，密度为 $3.28g/cm^3$。熔点为 687℃。微溶于水，不溶于丙酮。100℃时失去结晶水而成无水物。有毒！其质量指标如下：

指标名称	指标
钼酸钠（$Na_2MoO_4 \cdot 2H_2O$）含量/%	≥98

(3) 十水硫酸钠　十水硫酸钠（$Na_2SO_4 \cdot 10H_2O$）为无色单斜晶体。相对分子质量为 322.19，密度为 $1.464g/cm^3$。熔点为 32.38℃。有苦咸味。在 32.4℃时溶于其结晶水中，在 100℃时失去结晶水，在空气中迅速风化而成无水白色粉末。溶于甘油而不溶于乙醇。其质量指标如下：

指标名称	指标
硫酸钠（Na_2SO_4）含量/%	≥40
硫酸镁（$MgSO_4$）含量/%	≤3

4. 工艺流程

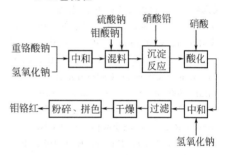

5. 生产工艺

在重铬酸钠溶液中加入氢氧化钠溶液中和，再加入硫酸钠和钼酸钠，不断搅拌，此混合溶液加入硝酸铅溶液中，控制反应温度为 15～20℃，得到浅黄色沉淀。此时溶液的 pH 值应为 4.0～5.0，反应液的浓度应在 0.1mol/L 左右，同时其中应有过剩少量铅离子存在。再加入硝酸溶液进行酸化，酸化 pH 值控制在 2.5～3，继续搅拌 15～30min，待晶体变成四方晶系，颜色转到最红时加入硫酸铝，用氢氧化钠调节 pH 值，生成氢氧化铝的沉淀物，阻止晶型继续转变，合适的终点 pH 值应是 6.5～7.5。溶液的 pH 值调整好后，将反应液过滤，用清水洗涤滤饼数次，将洗净的滤饼在干燥箱中 100℃ 左右干燥，经过适当粉碎，拼色后，即得成品。

【用途】 主要用于涂料、油墨、橡胶等着色。

【生产单位】 辽宁海城县化工厂，河北辛集化工厂山东青岛红星化工厂，山东胶县铺集化工厂，云南昆明市太和化工厂，广西三江县钡盐厂，山东安丘县第二化工厂，河南嵩县化肥厂，湖北襄樊市青山化工厂，湖南衡南县三塘化工厂，河北邢台县化学试剂厂。

Bf011 镉红

【英文名】 Cadmium Red

【登记号】 CAS [58339-34-7]；C. I. 77202

【别名】 颜料红 108；硒硫化镉；硒硫化镉红；大红色素；镉红；钡镉红；Pigment Red 108；Cadmium Red；Cadmium Red Conc X 2948；Cadmium Red Light；Cadmium Red Orange；Cadmium Red；Cadmium Selenide Sulfide；Cadmium Sulfoselenide Red；Cadmoput Orange 5RS；Cadmopur Red BS；Cadmopur Red GS；Medium Red 1560；PigmentRed 108；Red Light 6300；Red Middle 7480

【分子式】 nCdS・CdSe 或 Cd$(S_x Se_{1-x})$

【性质】 镉红是最牢固的红颜料，颜色非常饱和而鲜明，色谱范围可从黄光红，经红色直至紫酱色。镉红中 CdSe 含量越高，红光越强，颜色越深。镉红颗粒形态基本上为球形，其晶体结构主要为六方晶型，也有立方晶型。镉红耐热性在 600℃ 左右。镉红在热分解时，固溶体变为 CdS 与 CdSe 的混合物，在高温下与氧作用，CdSe 可氧化成 CdO 和 SeO$_2$。镉红的耐候性和耐蚀性优良，遮盖力强，不溶于水、有机溶剂、油类和碱性溶剂，微溶于弱酸，溶解于强酸并放出有毒气体 H$_2$Se 和 H$_2$S。

【制法】

1. 生产原理

（1）湿法 金属镉与盐酸或硝酸反应制成镉盐，用碳酸钠中和成碳酸镉。硒和硫化钠制成硒硫化钠溶液。碳酸镉和硒硫化钠反应，即生成镉红。

$$CdCl_2 + Na_2CO_3 \longrightarrow CdCO_3 \downarrow + 2NaCl$$
$$2CdCO_3 + Na_2S \cdot Na_2Se \longrightarrow$$
$$CdS \cdot CdSe + 2Na_2CO_3$$

（2）干法 利用煅烧碳酸镉或乙二酸镉和硫与硒的混合物制造镉红。

2. 工艺流程

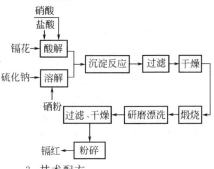

3. 技术配方

碳酸镉	100 份
硫	25 份
硒	15 份

4. 生产工艺

用泵分别将计量好的盐酸和硝酸从贮槽打入酸解锅中，同时投入金属镉花，控制加料速率并保持反应温度为 80～90℃。生成的氯化镉溶液经泵抽至贮槽备用。调氯化镉浓度为 25%，用泵送至合成锅。将碳酸钠溶于水，用泵从溶解锅送至高位槽，再往配制锅中加水调浓度为 12% 左右。开动搅拌，缓慢地加入碳酸钠溶液，与氯化镉反应立即生成白色碳酸镉沉淀。当 pH＝8～9 时，停止加料，约 0.5h 反应结束，排水得碳酸镉料浆。经提纯的硫化钠浓度调节至 25%，用泵从贮槽吸入高位计量槽，再加至硒粉溶解锅内。加入计量的硒粉，搅拌并升温至 70～80℃，反应至硒全部溶解为止。用泵将溶液抽至合成锅，升温至 70～80℃，使之与碳酸镉反应，生成硫硒化镉共沉淀，沉淀物经漂洗送至压滤机过滤，进入干燥箱干燥后，再送至高温转化炉煅烧 1h 左右。煅烧温度控制在 550～600℃。取样与标准色比较合格后，即出料，急冷。然后将煅烧产物送至球磨机加水研磨。6～10h 后，放出料浆，用泵将料浆打入漂洗锅内经清

水洗去可溶性盐类。取样检查合格后，送入过滤器中过滤。滤饼在电热式干燥箱内干燥后，经粉碎机粉碎，再进入旋风分离器，镉红产品从分离器下部进入包装锅。粉尘经顶部除尘系统处理。含镉废水与含碱废水可用沉淀法及离子交换处理等，必须使工业废水达到国家排放标准。

【质量标准】

（1）质量指标

指标名称	优级品	一级品	合格品
总量[镉(Cd)+锌(Zn)+硒(Se)+硫(S)]/%	≥98	≥95	≥90
易分散程度/(mm/30mm)	≤20	≤20	≤20
吸油量/(g/100g)	15～20	15～20	15～20
热稳定性(与标准颜料相比较)	颜色不应有较大的变化		
在 105℃挥发物含量/%	≤0.5	≤0.5	≤0.5
水溶物(冷萃取法)含量/%	≤0.3	≤0.3	≤0.3
在 0.07mol/L 盐酸中	≤0.05	≤0.1	≤0.1
砷(As)含量/%	≤0.01	≤0.01	≤0.01
钡(Ba)含量/%	≤0.01	≤0.05	≤0.1
镉(Cd)含量/%	≤0.1	≤0.3	≤0.8
铬(Cr)含量/%	≤0.1	≤0.1	≤0.1
铅(Pb)含量/%	≤0.1	≤0.02	≤0.02
硒(Se)含量/%	≤0.01	≤0.01	≤0.01
水悬浮液 pH 值	5～8	5～8	5～8
细度(过 350 目筛余量)/%	≤0.1	≤0.3	≤0.5
颜色(与标准颜料相比)	近似微稍		
着色力(与标准颜料相比)/%	≥100	≥95	≥90

（2）吸油量测定

① 应用试剂　调墨油（纯亚麻仁油制）：黏度 0.14～0.16Pa·s（25℃）；酸值不大于 7mgKOH/g。

② 测定　称取 1～2g 样品放于玻璃板上，滴加调墨油，在加油过程中用调墨刀充分研压，应使油与全部样品颗粒接触，开始时可加 3～5 滴，近终点时应逐滴加入。当加最后一滴时，样品与油黏结成团，用调墨刀铲起不散，即为终点，全部操作应在 15～20min 内完成。

吸油量＝$(G_1/G) \times 100\%$

式中，G_1 为耗用调墨油的质量，g；

G 为样品质量，g。

【用途】　镉红广泛用于搪瓷、陶瓷、玻璃、涂料、塑料、美术颜料、印刷油墨、造纸、皮革、彩色沙石建筑材料和电子材料等行业。

【生产单位】　科勒颜料有限公司，宜兴市铜峰硅酸色素有限公司，郑州大鹏陶瓷原料有限公司，宜兴市天光色釉料有限公司，邵阳县彩鑫制釉有限公司。

Bf012　铬锡红

【英文名】　Chrom-Tin-Pink Stannite Pigment

【结构式】　$CaO \cdot SnO_2 \cdot SiO_2 (Cr_2O_3)$

【性质】　浅红色微细粉末，榍石型颜料，属单斜晶系。它的主体成分为锡榍石（$CaO \cdot SnO_2 \cdot SiO_2$），铬离子分散在锡榍石晶格中而呈红色。碱金属氧化物和还原气氛对铬锡红在釉中呈现的粉红色调有不利影响。主体成分中灰锡石（$CaO \cdot SnO_2$）的存在有利于提高颜料耐温性和对还原气氛的适应性。

【制法】　湿磨法。按氧化锡 50%、碳酸钙 25%、石英 18%、硼砂 4%、重铬酸钾 3%的配方准确称量后，将物料放入球磨机（硼砂和重铬酸钾用热水溶解后加入），加适量水细磨，然后放入石膏模或浅钵中使其干燥，干燥后再磨碎并在过筛的情况下放入坩埚或匣钵中，在环形窑或隧道窑中，于 $1160 \sim 1180\,°C$ 温度下高温煅烧 $4 \sim 6h$，煅烧必须在氧化焰中进行。煅烧后的色料硬块送到石质轮碾机上粗碎，然后再在圆筒球磨机中湿磨，最后经过筛（325 目）、水洗、过滤、干燥即得色料铬锡红。

【质量标准】　企业标准

色泽	与标准色相当
细度(325 目筛余)/%	≤0.5
水溶盐/%	≤0.5
水分/%	≤0.5

【用途】　主要用作釉下颜料。也可用于制作色釉或釉上颜料。

【生产单位】　邵阳县彩鑫制釉有限公司，宜兴市科绿陶瓷化工色釉厂，宜兴市铜峰硅酸色素有限公司，湖南省醴陵市南方陶瓷颜料厂，郑州大鹏陶瓷原料有限公司，宜兴市天光色釉料有限公司。

Bg 紫色颜料

一般无机复合颜料，如钴紫具有高耐候、遮盖力好、不迁移等特性。钴紫不溶于乙醇丙酮，易溶于酸，钴紫可作为亮紫色颜料，具有良好的热稳定性，易分散，用途广泛。主要用于油画颜料；钴紫和钴蓝的特性相同，属于同一类性质的颜料。

Bg001 C.I.颜料紫14

【英文名】 C.I.Pigment Violet 14

【登记号】 CAS [10101-56-1]；C.I.77360

【别名】 磷酸钴紫；Phosphoric Acid，Cobalt（2＋）Salt（2∶3），Hydrate（8CI，9CI）；Cobalt Phosphate Hydrate；Pigment Violet 14

【结构式】 $Co_3(PO_4)_2 \cdot xH_2O$

【性质】 蓝相紫色。可耐热和耐化学药品。耐热性450℃，耐光性8级，耐候性5级。吸油量24.1cm^3/g。

【制法】 将硫酸钴 $CoSO_4 \cdot 7H_2O$ 配成250g/L 水溶液，40℃；磷酸氢二钠 $Na_2HPO_4 \cdot 12H_2O$ 配成200～250g/L 水溶液，50℃；硫酸钴∶磷酸氢二钠＝1∶1.7。将硫酸钴溶液加到磷酸氢二钠溶液中，终点的 pH 值为8～8.5，用50℃热水漂洗、过滤、干燥、粉碎。所得的八水合磷酸钴加到马弗炉中，在800℃煅烧3h。冷却后经过湿磨、过滤、干燥、粉碎，得制品。每制造100kg 磷酸钴紫约需170kg 七水合硫酸钴。

$$3CoSO_4 + 4Na_2HPO_4 + 8H_2O \longrightarrow$$
$$Co_3(PO_4)_2 \cdot 8H_2O + 2NaH_2PO_4 +$$
$$3Na_2SO_4$$
$$Co_3(PO_4)_2 \cdot 8H_2O \xrightarrow{800℃}$$
$$Co_3(PO_4)_2 + 8H_2O$$

【用途】 可用于美术颜料及供其他着色选用。

【生产单位】 湖南湘潭华莹精化有限公司。

Bg002 C.I.颜料紫16

【英文名】 C.I.Pigment Violet 16

【登记号】 CAS [10101-66-3]；C.I.77742

【别名】 锰紫；Diphosphoric Acid，Ammonium Manganese（3＋）Salt（1∶1∶1）；Pyrophosphoric Acid，Ammonium Manganese(3＋)Salt(1∶1∶1)（8CI）；Ammonium Manganese Pyrophosphate；Ammonium Manganese（3＋）Diphosphate；Manganese Violet；Mango Violet；Mineral Violet；Nuremberg Violet

【结构式】 $(NH_4)MnP_2O_7$

【分子量】 246.92

【性质】 紫红色粉末。密度2.6～3.0g/cm^3，吸油量20％～30％。可耐酸，但不耐碱，耐光可达7～8级，可以耐塑料注塑时的高温。10％的颜料水浆呈微紫性，pH 值在2.4～4.2之间。着色力和遮盖力不高。在配比中添加微量的铁化合物，可使颜料色调微带蓝相。无毒。

【制法】 在不锈钢反应锅中，加入60kg磷酸，加热至150℃，再加入180kg 磷酸氢二铵，再徐徐加入 48kg 二氧化锰，升温至 320℃，脱除水分，反应剧烈进行，此时物料迅速变稠，转变为紫色的浆状物，保持 1h，使反应至终点。将物料放出快速投入到冷水中，所得到的紫色沉淀物经过脱水过滤、漂洗、干燥、粉碎，得到 90kg 制品。

【用途】　主要用于化妆品，如制作眼圈影、眉毛油、唇膏等。

【生产单位】　湖南长沙恒昌化工有限公司，湖州新星工艺品有限公司，昆山市中星染料化工有限公司，上海沪菱颜料化工有限公司，广州同一化学有限公司，武汉永恒化工材料有限公司，常州市隆彩染料有限公司。

Bg003　C.I.颜料紫 47

【英文名】　C.I.Pigment Violet 47

【登记号】　CAS［68610-13-9］；C.I.77363；

【别名】　磷酸锂钴；Cobalt Lithium Violet Phosphate

【结构式】　$CoLiPO_4$

【性质】　紫色粉末。可耐热和耐化学药品。耐热性 450℃，耐光性 8 级，耐候性 5 级。吸油量 $23.9cm^3/g$。

【制法】　在磷酸钴紫的制备中，以部分锂化合物替代钴化合物，即可制得磷酸锂钴。

【用途】　可用于美术颜料及供其他着色选用。

【生产单位】　湖南湘潭华莹精化有限公司。

Bg004　C.I.颜料紫 48

【英文名】　C.I.Pigment Violet 48

【登记号】　CAS［68608-93-5］；C.I.77352；

【别名】　硼酸镁钴；Cobalt Magnesium Red-Blue Borate；Pigment Violet 48

【结构式】　$(CoMg)_2B_2O_5$

【性质】　紫色粉末。可耐热和耐化学药品。耐热性 450℃，耐光性 8 级，耐候性 5 级。吸油量 $23.8cm^3/g$。

【制法】　在磷酸钴紫的制备中，以硼酸盐替代磷酸盐，即可制得硼酸镁钴。

【用途】　可用于美术颜料及供其他着色选用。

【生产单位】　湖南湘潭华莹精化有限公司。

Bg005　C.I.颜料紫 49

【英文名】　C.I.Pigment Violet 49

【登记号】　CAS［16827-96-6］；C.I.77362；

【别名】　磷酸铵钴紫；Phosphoric Acid，Ammonium Cobalt（2＋）Salt（1∶1∶1），Monohydrate（8CI，9CI）；Ammonium Cobalt Phosphate（NH_4CoPO_4）Mono-hydrate；Ammonium Cobalt Phosphate Hydrate；Ammonium Cobalt（2＋）Phos-phate，Monohydrate；Cobalt Violet Light；Cobalt Violet Reddish；Cobalt Ammonium Phosphate Monohydrate

【结构式】　$(NH_4)CoPO_4 \cdot H_2O$

【分子量】　189.96

【性质】　可耐光和溶剂，但不耐酸碱，不耐热。着色力不高。密度 $2.4 \sim 2.9g/cm^3$，吸油量 12％～16％。

【制法】　以硫酸钴 $CoSO_4$ 和磷酸铵 $(NH_4)_3PO_4 \cdot 3H_2O$ 的水溶液，相互沉淀。沉淀物再经漂洗、过滤、干燥、粉碎制得制品。

$$CoSO_4 + (NH_4)_2HPO_4 + NH_4OH \longrightarrow CoNH_4PO_4 \cdot H_2O + (NH_4)_2SO_4$$

【用途】　可用于美术颜料及供其他着色选用。

Bg006　钨酸钴

【英文名】　Cobalt Tungstate

【登记号】　CAS［12640-47-0］

【别名】　12-磷钨酸

【分子式】　$CoWO_4$

【分子量】 306.78

【性质】 无水盐为暗绿色晶体，粉末状呈紫色，单斜晶体。相对密度 7.76～8.42。二水盐为紫色晶体，不溶于水及冷硝酸，稍溶于乙二酸，可溶于磷酸、乙酸。

【制法】

1. 生产原理

（1）干法 氧化钨与三氧化钨或钨酸钠、氯化钴、氯化钠的混合物在高温下反应制得。

（2）湿法 钨酸钠溶液与硫酸钴反应，生成钨酸钴沉淀。

$$Na_2WO_4 + CoSO_4 \longrightarrow$$
$$CoWO_4 \downarrow + Na_2SO_4$$

2. 工艺流程

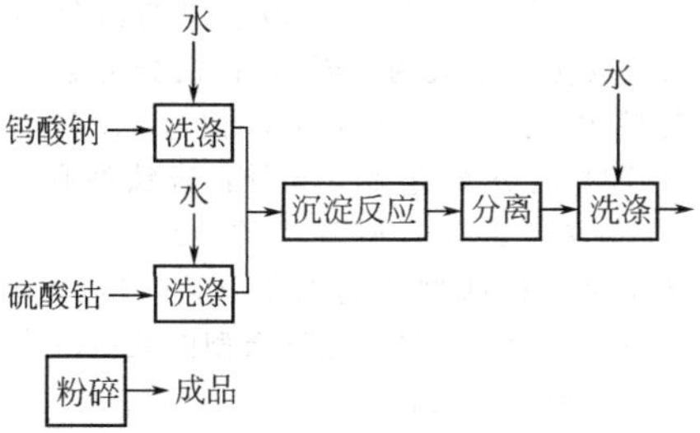

```
              水            水
              ↓             ↓
钨酸钠 → 洗涤
              水
              ↓
          沉淀反应 → 分离 → 洗涤
硫酸钴 → 洗涤

粉碎 → 成品
```

3. 技术配方

钨酸钠（99%）	1080
硫酸钴（95.5%）	960

4. 生产工艺

将钨酸钠溶解在水中并过滤；另将硫酸钴加入水中溶解，然后过滤并送至反应器。该反应器用碳钢制造，并用不锈钢或瓷砖衬里。将纯净的钨酸钠溶液在连续搅拌下加入盛有钨酸钴溶液的反应器中，反应完成后钨酸钴生成物应是一种柑橙色沉淀。反应混合物静置 8～10h，以促其沉降。将溶液上层清液倾析，钨酸钴浆料经离心分离，并用热水洗涤至无硫酸盐。钨酸钴沉淀再于 90～95℃下干燥为成品。

【质量标准】

钨酸钠含量/%	≥98
硫酸盐（SO_4^{2-}）含量/%	≤0.02
水溶物含量/%	≤0.01
重金属含量（以 Pb 计）/%	≤0.02
铁（Fe）含量/%	≤0.02

【用途】 用作颜料，用于搪瓷、油墨、涂料着色，也用作催干剂及抗震剂。

【生产单位】 江苏常熟铁红厂，天津灯塔颜料责任有限公司，天津油漆厂，江苏东善化工厂，广东江门化工厂，上海喜润化学工业有限公司，重庆中顺化工有限公司。

Bh   白色颜料

白色无机颜料是一类很重要的颜料，它相对有机颜料而言具有较高的耐光、耐候、耐热、耐溶剂性、耐化学腐蚀性和耐升华性，而且价廉。

白色无机颜料按其功能分着色颜料和体质颜料。白色着色颜料是用在涂料、塑料、绘画颜料、色笔等进行着色加工，强调颜料的颜色的遮盖力。而体质颜料具有较低的遮盖力和着色力，一方面由于价格较低；它的加入可以降低制品的成本，更重要的是可以增加制品机械强度、耐久性、耐磨性、耐水性和稳定性等，主要用于改善涂料、印刷油墨、橡胶、塑料等的加工性能和物理性能。

常用的白色着色颜料是钛白、立德粉、氧化锌、铅白和锑白。体质颜料主要是碳酸钙和硫酸钡。

白色无机颜料广泛地用于涂料、印刷油墨、塑料、橡胶、绘画颜料及色笔、原浆着色剂、造纸、化妆品、陶瓷工业等方面。另外，白色无机颜料的产量大，是有机颜料产量的几十倍。

1. 着色颜料

（1）钛白   钛白是最重要的白色颜料，其化学组成为 TiO_2，钛白分为金红石型和锐钛型两大类，按 JISK-5116（1973）的分类有如下 6 种：锐钛型有 1 类、2 类，金红石型有 1 类、2 类、3 类和 4 类。锐钛型在高温下（700℃以上）能转化为金红石型。金红石型的颜料性能较好，但成本也高。

钛白的折射率大，其着色力和遮盖力都较其他的白色颜料好，见表 Bh-1。

表 Bh-1   几种白色颜料的物理性能比较

项　目	二氧化钛（锐钛型）	二氧化钛（金红石型）	锌钡白	氧化锌
相对密度	3.9	4.2	—	5.5～5.7
折射率	2.52	2.17	—	2.03
遮盖力（PVC20%）	333	414	118	87
着色力	1300	1700	260	300
紫外吸收/%	67	90	18	93
反射率/%	88～90	47～50	90	80～82

钛白的化学稳定性优于其他的白色颜料，见表 Bh-2。

钛白因其极性大，故在乙醇或水等极性介质中，润湿热高，呈现稳定的分散性。相反在低极性介质中，因润湿热小而

发生凝聚，为使钛白在介质中有较好的分散性，均要经过表面处理。

钛白广泛用于涂料、塑料、造纸、油墨、橡胶、化学纤维、钛质电容器的陶瓷器皿，其中涂料用量占 40%。钛白的生

产方法——硫酸法是 1912 年由 Jebsen 和 Farup 确立,后来 1917 年在挪威、美国工业化生产。后来又有了氯化法的工艺。

表 Bh-2　几种白色颜料的化学稳定性比较

白色颜料	盐酸	硝酸	氢氧化钠
二氧化钛（锐钛型）	−	−	−
二氧化钛（金红石型）	−	−	−
氧化锌	+	+	+
铅白	+	+	+
硫化锌	+	+	+

（2）立德粉　立德粉由硫化锌和硫化钡共沉淀混合组成,故又称锌钡白。立德粉是取自 Lithopone 一词的音译。标准产品的化学组成为 $BaSO_4 \cdot ZnS$,还有其他品种,一如含 ZnS 为 60％的银印。

立德粉为白色晶体粉末,标准品的相对密度为 4.3,折射率 1.70～2.25,硬度（莫氏）为 4。其遮盖力和着色力均大于锌白,但遮盖力仅为钛白的 1/4 左右。它不溶于水,但遇稀酸则分解放出硫化氢气体,耐光性虽好,但光照可使组分中硫化锌分解变黑,将其移到暗处又变白。为提高耐光性,可在其中加入钴盐。

立德粉在涂料方面应用,如作水性涂料;由于具有较高的遮盖力和流动性而作调合漆用底漆以及各种纤维素漆,也可用于作漆布的调色颜料和电泳涂料等。在油墨中因其粒细、色白而成为很好的颜料配料。在橡胶塑料工业中,它主要是用以增白,提高制品强度。此外立德粉还用于作建筑涂料、纸张的填料、绘画的颜料。

立德粉生产始于 19 世纪,制法为沉淀-焙烧法。

（3）氧化锌　氧化锌为白色粉末,其化学组成分子式为 ZnO,故可称锌白或锌氧粉。

氧化锌有无定形和晶体两种。用间接法生产的产品为无定形,直接法生产的为针状晶体。

密度为 $5.6g/cm^3$,平均折射率为 2.01,熔点（1975 ± 25）℃,硬度 4＋,着色力因其产品级别不同而异。但一般因其吸收紫外线能力强,比二氧化钛、铅白、立德粉的着色力均高。氧化锌与酸、碱反应,故耐酸碱性差,不溶于水和有机溶剂,其遮盖力较其他白色颜料差,但针状晶体的遮盖力也较好。

氧化锌在涂料中作着色剂,同时兼起某些特殊作用,如防霉、防粉化、提高耐久性和防锈效果。应用于橡胶方面,为轮胎着色,并增强耐磨性。用于陶瓷中增加其抗热、抗振效果,用于玻璃中有助于发光显色。氧化锌的工业生产始于 20 世纪 20 年代初,工业生产一般有干法（高温冶金法）和湿法两种。

（4）铅白　铅白是一种历史悠久的白色颜料,但近年来,由于其某些性能欠佳以及其有毒而使用受到限制。尔后逐渐被钛白和立德粉等性能优良的白色颜料取代。

铅白的化学组成是碳酸铅和氢氧化铅。其具体组成较为复杂。常见的有：$2PbCO_3$、$Pb(OH)_2$、$4PbCO_3 \cdot 2Pb(OH)_2$ PbO、$5PbCO_3 \cdot 2Pb(OH)_2 \cdot PbO$ 等。

铅白呈无定形或团块状,折射率 1.94～2.09,相对密度 6.4～6.8。铅白为碱性颜料,它的性能因组成中含 CO_2 的不同而不同,CO_2 的含量少于 11.35％的产品的颜料性能较好,铅白不耐酸和硫化氢,耐热性也不好,长期暴露在空气中会失水呈中性,此外铅白还有毒性。它主要用于涂料工业。

铅白的生产可以追溯到公元前四世纪。目前生产铅白的方法有如英国法、荷兰法、电化学法和沉淀法等。一般用沉淀法工业生产。

（5）锑白 锑白又称锑氧，是一种白色粉末，化学组成分为三氧化二锑。

锑白有斜方和正方两种晶型。在570℃时正方晶型可转化为斜方晶型。其密度 $5.3\sim5.7g/cm^3$，折射率为 $2.00\sim2.09$，熔点656℃，吸油量11％～14％。锑白耐稀酸，不耐碱，合适的粒径有优良的遮盖力和白度。

锑白可用于涂料、搪瓷、橡胶、塑料的着色，也可用作防火剂、填充剂、催化剂。

2. 体质颜料

体质颜料不是着色之用，因遮盖力很弱，主要在加入涂料中起骨架填充作用。同时也降低成本，且体质颜料的加入不会使涂料质量显著降低。所以体质颜料似乎失去了颜料的着色功能涵义。

体质颜料主要有碳酸钙、硫酸钡、二氧化硅、高岭土等。

（1）碳酸钙 碳酸钙有轻质碳酸钙和重质碳酸钙之分。轻质碳酸钙指化学方法生产的沉淀碳酸钙，其比表面积为 $5m^2/g$ 左右，白度为90％左右，相对密度2.6。重质碳酸钙是将天然的方解石、石灰石研磨加工而成，故重质碳酸钙纯度不好且较粗糙。

碳酸钙晶体结构有方解石型和霰石型两种。霰石型为斜方晶系，相对密度2.71。二者在825℃分解，溶于酸，硬度（莫氏）为3，折射率为 $1.48\sim1.680$。

碳酸钙价廉无毒，色白，性质较稳定。主要在涂料中作填充剂，如作涂料的底漆。在厚漆中，碳酸钙可以使涂料增稠、加厚，起填充和补平作用。碳酸钙在墙壁涂料中目前用量极大。在新型的树脂中要求碳酸钙作活化处理，以改进其亲油性。

（2）硫酸钡 硫酸钡有天然重晶石粉和沉淀硫酸钡之分。天然重晶石是将天然重晶石粉碎而成，沉淀硫酸钡是用化学法沉淀硫酸钡而得到的。

天然重晶石粉为斜方晶系，在1150℃可转变为单斜晶系，相对密度4.59，熔点1580℃，折射率1.63。沉淀硫酸钡没有结晶性能，为无定形，质地细软，相对密度4.3，吸油量和遮盖力都比天然重晶石粉高。硫酸钡耐碱和一般的酸，不溶于水，对空气和热的稳定性均好，且遇硫化氢和有毒气体也不变色。

硫酸钡用作颜料、涂料、油墨、橡胶的原料及填充剂。

Bh001 C.I.颜料白1

【英文名】 C.I.Pigment White 1
【登记号】 CAS［1319-46-6］；C.I.77597
【别名】 铅白；白铅粉；碱式碳酸铅；Lead, Bis［carbonato（2－）］ di-hydroxytri-oxide；Lead Carbonate（6CI）；Lead Carbonate Hydroxide（7CI）；Lead, Bis（carbonato）dihydroxytri-（8CI）；Almex；Basic Carbonate White Lead；Basic Lead Carbonate；Berlin White；Carbonic Acid, Lead Salt, Basic；Dutch White Lead；Enpaku；Flake White；Krems White；Lead Carbonate Hydroxide；Lead Carbonate Oxide, Monohydrate；Lead Hydroxide Carbonate；$2PbCO_3 \cdot Pb(OH)_2$；Lead Subcarbonate；Lead White；Novade；Rolite Lead；Silver White；Slate White；Stabilisator 5012NS；Venetian White；White Lead Wartburg；White Lead

【结构式】 $2PbCO_3 \cdot Pb(OH)_2$
【分子量】 775.63
【性质】 白色粉末，六方晶体。由碳酸铅和氢氧化铅组成。纯品含碳酸铅68.9％，工业品含碳酸铅62％～80％。通常有如下几种形式：$5PbCO_3 \cdot 2Pb(OH)_2 \cdot PbO$，$2PbCO_3 \cdot Pb(OH)_2$，$4PbCO_3 \cdot$

$2Pb(OH)_2 \cdot PbO$ 和 $PbCO_3$。通常使用的铅白是指分子式为 $2PbCO_3 \cdot Pb(OH)_2$ 的化合物，在此化合物中 CO_2 理论上占 11.35%。CO_2 量小于 11.35% 的产品颜料，性能更好；若 CO_2 量大于 11.35%（如 16.47%），则颜料性能最差。工业品由于含有 $PbCO_3$，CO_2 含量会在一定范围内波动。密度 $6.4 \sim 6.8 g/cm^3$。折射率 $1.94 \sim 2.09$。不溶于水及乙醇，可溶于醋酸、硝酸。铅白是碱性颜料，能与高级脂肪酸形成铅皂。有良好的耐气候性。加热至 $220 ℃（4h）$，有 9% 的二氧化碳分解，其中 95% 转变为 $PbCO_3 \cdot PbO$。$400 ℃$ 时分解为氧化铅并放出二氧化碳。与硫化氢接触时，逐渐变黑，形成 $4PbCO_3 \cdot PbS \cdot Pb(OH)_2$。温度在 $85 \sim 90 ℃$ 时，化合物中含硫量由 2.07% 增至 5.06%，其中碱式部分可完全变成硫化铅；碳酸盐部分，只有 6.8% 起变化。遇硫酸锌时，易形成 $ZnCO_3 \cdot Zn(OH)_2 \cdot 3Pb(OH)_2$；遇硫酸钡时，易形成 $3BaSO_4 \cdot Pb(OH)_2$。

【制法】

1. 沉淀法

将水、冰醋酸加入反应器中，配成 $6.0\% \sim 6.5\%$（质量分数）的醋酸溶液，加热至 $50 \sim 60 ℃$，强烈搅拌下加入黄丹配成总浓度 $200 \sim 240 g PbO/L$ 及碱度 $105 \sim 125 g PbO/L$ 的碱式醋酸铅溶液，在 $90 ℃$ 反应 $3h$，使生成碱式醋酸铅。经澄清后的清液取出，通入净化的二氧化碳碳化，二氧化碳压力 $20 \sim 40 kPa$，碳化速度为 $15 \sim 20 g PbO/(L \cdot h)$。当碱式醋酸铅中有 85% 氢氧化铅被碳化时，即达到反应终点。经沉淀、压滤、水洗合格后，于 $120 ℃$ 干燥，粉碎制得碱式碳酸铅成品。

$$2PbO + 2CH_3CO_2H \longrightarrow$$
$$Pb(CH_3CO_2)_2 \cdot Pb(OH)_2$$
$$3[Pb(CH_3CO_2)_2 \cdot Pb(OH)_2] + 2CO_2$$
$$\longrightarrow 3Pb(CH_3CO_2)_2 + 2PbCO_3 \cdot$$
$$Pb(OH)_2 + 2H_2O$$

2. 化学法

将醋酸铅、氧化铅、无离子水配成反应液，通以二氧化碳、去离子水进行反应，然后经沉淀、加入硝化棉浆制浆，析出结晶，再经离心脱水、酒精洗涤、干燥制得碱式碳酸铅。酒精废液经处理回收。

$$Pb(CH_3CO_2)_2 + PbO + H_2O \longrightarrow$$
$$Pb(CH_3CO_2)_2 \cdot Pb(OH)_2$$
$$Pb(CH_3CO_2)_2 \cdot Pb(OH)_2 + 2CO_2$$
$$\longrightarrow Pb(CH_3CO_2)_2 + PbCO_3 + Pb(OH)_2$$
$$+ H_2O$$

【质量标准】 参考标准

外观	疏松白色粉末
碱式碳酸铅[以 $2PbCO_3 \cdot$ $Pb(OH)_2$ 计]/%	$\geqslant 98.5$
水分含量/%	$\leqslant 1$
醋酸不溶物/%	$\leqslant 0.5$
吸油量/%	$8 \sim 12$

【用途】 用铅白生产的涂料漆膜坚牢，具有优良的耐候性和防锈性。涂料工业上作为生产原漆、防锈漆和户外用漆的白色颜料。也是制陶瓷彩釉、绘画涂料和化妆品的原料。用作聚氯乙烯塑料稳定剂。用于制珠光塑料、珠光漆料等。由于在生产及应用过程中有铅中毒的可能，并且用铅白制成的涂料易增稠，与硫化氢接触白度下降等缺点，使其应用受限制。

【安全性】 碱式碳酸铅在水中分散 $120h$ 以上时，对钢铁有腐蚀作用。长期暴露于空气中，铅白吸收空气中的二氧化碳，逐渐变为中性碳酸铅。有毒。

【生产单位】 江苏苏州安利化工厂，江苏常州有机化工厂，上海亮江钛白化工制品有限公司，广西全州县化工一厂，广州东方化工厂，汕头市实验工厂，北京三江化学工业有限公司徐州第二化工厂，江苏吴江市合成化工厂。

Bh002 **C.I.颜料白2**

【英文名】 C.I.Pigment White 2

【登记号】 CAS［1344-42-9］；C.I.77633

【别名】 三碱式硫酸铅；三盐基硫酸铅；Bartlet White Lead；Basic Sulfate White Lead；Lead Oxide Sulfate Monohydrate；Lewis White Lead；Sublimed White Lead；Tribasic Lead Sulfate；White Lead Sulfate

【结构式】 $3PbO \cdot PbSO_4 \cdot H_2O$

【分子量】 990.84

【性质】 白色或带有微黄色的白色粉末。味甜。密度 $6.9g/cm^3$。熔点 $820℃$。极微溶于水，不溶于乙醇，能溶于硝酸、热浓盐酸、醋酸铵、醋酸钠溶液，部分溶于醋酸。阳光下可变黄，潮湿时更易变黄。遇硫化物生成黑色硫化铅。易吸潮。不稳定。有毒。

指标名称	优等品	一等品	合格品
外观	白色粉末	白色粉末	白色或微黄色粉末
铅(以PbO计)/%	88.0～90.0	88.0～90.0	87.5～90.5
三氧化硫(SO₃)/%	7.5～8.5	7.5～8.5	7.0～9.0
加热减量/%	≤0.30	≤0.40	≤0.60
筛余物(75μm筛)/%	≤0.30	≤0.40	≤0.80

【用途】 主要用作聚氯乙烯塑料不透明或半透明制品的稳定剂，并具有白色颜料的性能，覆盖力大，耐候性亦可。

【生产单位】 重庆长江化工厂，天津市红星化工厂，河南新乡化工四厂，上海东方氧化铅化工厂，浙江温州颜料化工厂，福建福州化工原料厂，济南清河化工厂，沈阳助剂厂，黄石市江南化工厂，蚌埠新兴化工厂，广东汕头市实验化工厂，云南昆明冶炼厂，黑龙江鸡西化工厂，浙江萧山曙光化工厂，辽宁丹东浪头化工厂，贵州遵义地区桐梓化工厂，江苏南京金陵化工厂有限责任公司，南京有机化工厂，重庆助剂厂，湖南湘潭冶金化工厂，西安市曲江化工厂，内蒙古扎鲁特旗助剂厂。

Bh003 C.I.颜料白3

【英文名】 C.I.Pigment White 3

【登记号】 CAS［7446-14-2］；C.I.77630；

【制法】 在 2L 烧杯中加入 1175.0mL 氧化铅悬浮液（78g/L，pH 值 9.9）和 0.47g 硫酸羟胺，pH 值为 9.6。搅拌下升温至 $70℃$。在 10s 内加入 26.22mL（3.86mol/L）硫酸，在起始阶段 pH 值为 6.2，混合物在 65～70℃ 加热 60min 转化，得到三碱式硫酸铅（pH=8.3）。

在 200mL 烧杯中加入硬脂酸 2.08mL 氨水（0.736mol/L）和 50mL 水，在 $90℃$ 加热，强烈搅拌乳化形成铵皂。将形成的铵皂加入上述三碱式硫酸铅中，在 65～70℃ 搅拌 60min，过滤，$90℃$ 干燥，粉碎得白度很高的三碱式硫酸铅。

$$PbO + H_2SO_4 \longrightarrow PbO \cdot PbSO_4 \cdot H_2O$$

【质量标准】 HG 2340—92

【别名】 铅矾；硫酸铅；Sulfuric Acid，Lead(2+) Salt(1：1)；Anglislite；Fast White；Freemans White Lead；HB 2000；Lead Bottoms；Lead Monosulfate；Lead Sulfate；Lead Sulfate（1：1）；Lead Sulfate（PbSO₄）；Lead（2＋）Sulfate；Lead(Ⅱ) Sulfate；Milk White；Mulhouse White；PbSO₄；Pigment White 3；TS 100；TS 100(sulfate)；TS-E

【结构式】 $PbSO_4$

【分子量】 303.26

【性质】 白色单斜或斜方晶系结晶。密度 $6.2g/cm^3$。熔点 $1170℃$。不溶于酸，难溶于水（溶解度：25℃ 时 0.00025g/100mL 水，40℃ 时 0.0056g/100mL 水），微溶于热水、浓硫酸，溶于铵盐。有毒。

【制法】 将氧化铅用水调成浆，然后加入补充水和少量醋酸，在搅拌下加入硫酸反应，经洗涤、干燥、粉碎，制得硫酸铅成品。

$$PbO + H_2SO_4 \longrightarrow PbSO_4 + H_2O$$

【质量标准】 （参考标准）外观白色粉末；硫酸铅（$PbSO_4$）≥98%。

【用途】 用于调制白油漆。

【生产单位】 上海铁合金厂，武汉宗关化工厂，天津杨庄子化工厂，哈尔滨化工试剂厂，黑龙江鸡西市化工二厂。

Bh004　氧化锌

【英文名】 Zine Oxide

【登记号】 CAS［91315-44-5］；C. I. 77947

【别名】 C.I颜料白4；锌白粉；锌氧粉；锌华；亚铅华；锌白（Zinc White）

【分子式】 ZnO

【分子量】 81.37

【性质】 氧化锌为白色粉末，无臭、无味、无砂性。受热变成黄色，冷却后又恢复白色。密度为 5.606g/cm³。熔点 1975℃。遇到硫化氢不变色。溶于酸、碱、氯化铵和氨水中，不溶于水和醇。吸收空气中二氧化碳时性质发生变化，变为碱式碳酸锌，也能被一氧化碳还原为金属锌。

【制法】 1. 生产原理

（1）直接法　将优质锌焙烧矿粉与无烟煤混合，加入一部分胶黏剂后压成团块，放在高温反射炉内加热，放出锌蒸气，再与空气中的氧、二氧化碳等化合成氧化锌。

$$ZnO + C \longrightarrow Zn(蒸气) + CO$$
$$CO + ZnO \longrightarrow Zn(蒸气) + CO_2$$
$$Zn(蒸气) + CO + O_2 \longrightarrow ZnO + CO_2$$

（2）间接法　将用电解法制得的锌锭，在 600～700℃ 温度下熔融后，置于耐高温坩埚内，使其在 1250～1300℃ 高温下蒸发成锌蒸气，再用热空气进行氧化而生成氧化锌。经冷却、分离、捕集后即得成品。

$$2Zn（蒸气）+ O_2 \longrightarrow 2ZnO$$

2. 工艺流程

（1）直接法

锌焙烧矿粉 无烟煤煤粉 → 混合 → 压制成团

还原 → 氧化 → 冷却 → 成品

（2）间接法

锌锭 → 熔融 → 坩埚蒸发 →

氧化 → 冷却分离 → 捕集 → 成品

3. 技术配方

原料名称	直接法	间接法
锌焙烧矿粉(含量50%)	1700	—
锌锭	—	810

4. 生产工艺

（1）直接法　将硫化锌精矿在 950℃ 下经氧化焙烧，获得焙砂。将焙砂与煤粉和石灰混合，压制成团块，自然风干，使它具有一定强度，将团块在 1300℃ 下缓烧，还原出锌蒸气。锌蒸气在通道中与空气中的氧混合并氧化生成氧化锌。经冷却、分离、捕集后得成品。

（2）间接法　将锌锭放入石墨坩埚，加热到 550～650℃，熔化成液体，再将液体锌灌入陶土坩埚中，继续加热到 1200～1300℃ 的高温中汽化，锌蒸气从坩埚上口喷出，在氧化室遇自然空气进行氧化，生成氧化锌粉末。热氧化锌粉末经过冷却管道进入捕集器，最后分级收集。

【质量标准】 （GB 3185）

（1）质量指标

项目	B201			B202		
	一级品	二级品	三级品	一级品	二级品	三级品
颜色（与标准品相比）	不低于标准品	不低于标准品	不低于标准品	不低于标准品	不低于标准品	不低于标准品

项目	B201			B202		
	一级品	二级品	三级品	一级品	二级品	三级品
氧化锌含量(以干品计)/%	≥99.70	≥99.50	≥99.40	≥99.70	≥99.50	≥99.40
金属物含量(以 Zn 计)/%	无	无	≤0.08	无	无	≤0.008
氧化铅含量(以 Pb 计)/%	≤0.037	≤0.056	≤0.014	—	—	—
锰的氧化物含量(以 Mn 计)/%	0.0001	0.0001	0.0003	—	—	—
氧化铜含量(以 Cu 计)/%	≤0.0001	≤0.0001	≤0.0005	—	—	—
盐酸不溶物含量/%	≤0.006	≤0.008	≤0.05	—	—	—
灼烧减量含量/%	≤0.2	≤0.2	≤0.2	—	—	—
细度(过 320 目筛余物)/%	≤0.10	≤0.15	≤0.20	≤0.10	≤0.15	≤0.20
水溶物含量/%	≤0.10	≤0.10	≤0.15	≤0.10	≤0.10	≤0.15
水分含量/%	—	—	—	≤0.3	≤0.4	≤0.4
遮盖力/(g/m²)	—	—	—	≤120	≤120	≤120
吸油量/%	—	—	—	≤14	≤14	≤14
着色力/%	—	—	—	≥100	≥95	≥95

（2）氧化锌含量测定

① 原理   在 pH≈10 的氨-氯化铵缓冲溶液中，Zn^{2+} 与 EDTA-Na（乙二胺四乙酸二钠）生成稳定的络合物，以铬黑 T 作指示剂，用乙二胺四乙酸二钠标准溶液滴定。

② 试剂   盐酸 1：1 溶液；铬黑 T 指示剂：0.5% 溶液；氨-氯化铵缓冲溶液（pH＝10）；氨水（1：1）；乙二胺四乙酸二钠溶液：0.5mol/L 标准溶液。

配制：称取 19g 乙二胺四乙酸二钠溶解于 1000mL 热水中，冷却后过滤，用精锌标定。

标定：称取 0.12g 经过表面处理干净的精锌（准确至 0.0002g），置于 500mL 锥形烧杯中，加少量水湿润，加 3mL 1：1 盐酸加热溶解，冷却后加水至 200mL，用 1：1 氨水中和至 pH 值 7～8，再加 10mL 缓冲溶液、5 滴铬黑 T 指示剂，用乙二胺四乙酸二钠标准溶液滴定至溶液由葡萄紫色变为蓝色即为终点。

计算：$T = G/V$

式中，T 为乙二胺四乙酸二钠对金属锌的滴定度，g/mL；V 为滴定耗用乙二胺四乙酸二钠标准溶液的体积，mL；G 为金属锌质量，g。

③ 测定   称取 0.13～0.15g 烘去水分的样品（准确至 0.0002g），置于 400mL 锥形烧杯中，加少量水润湿，加 3mL 1：1 盐酸，加热溶解完全后，加水至 200mL 用 1：1 氨水中和至 pH 值 7～8，再加 10mL 缓冲液和 5 滴铬黑 T 指示剂用乙二胺四乙酸二钠标准溶液滴定至溶液由葡萄紫色变为蓝色即为终点。

$$W_{ZnO} = \frac{VT \times 1.2447}{G} \times 100\%$$

式中，T 为乙二胺四乙酸二钠对 Zn 的滴定度，g/mL；V 为滴定耗用乙二胺四乙酸二钠标准溶液的体积，mL；G 为样品质量，g；1.2447 为 Zn 换算成 ZnO 的系数。

【用途】   氧化锌在橡胶硫化过程中，可与有机促进剂、硬脂酸等发生反应生成硬脂酸锌，从而能增强橡胶硫化时的物理性能，同时能增强促进剂的活性，缩短硫化时间以及改进橡胶耐候性和拉伸性能，其次用作补强剂和着色剂（白色）也可用作氯丁橡胶硫化剂及增强导热性能的配合剂。

在涂料工业上，主要应用其着色力、遮盖力以及防腐、发光等作用，常可用作生产白色油漆和磁漆，因为氧化锌略带碱性，能与微量游离脂肪酸作用生成锌皂，使漆膜柔韧、坚固而不透水，以及阻止金属的锈蚀，氧化锌是白色着色力较好和不会粉化的颜料，它的遮盖力小于钛白粉和锌钡白，但它和钛白粉、立德粉等配合使用，能改善粉化情况和提高漆膜的牢固度，增强防锈能力，适宜作室外用漆，在油彩及水彩颜料工业中因氧化锌对皮肤无刺激作用，大量用于生产锌白品种的油彩和水彩颜料。

另外，氧化锌在印染工业、玻璃工业、医药工业、陶瓷工业、皮革工业中都有着广泛的应用。

【生产单位】 上海钛白粉厂，上海安化化工有限公司，上海东山金属厂，江苏镇江钛白粉厂，江苏南京油脂化工厂，天津同生化工厂，辽宁大连油漆厂，辽宁辽阳市冶建化工厂，浙江杭州硫酸厂，温州市白色得精细颜料化工有限公司，临海市白色得精细颜料化工有限公司，山东济宁第二化工厂，湖南株洲化工厂。

Bh005　立德粉

【英文名】 Lithopone

【登记号】 CAS [1345-05-7]；C. I. 77115

【别名】 C. I. 颜料白5；锌钡白；立东粉

【结构式】 $ZnS \cdot BaSO_4$

【分子式】 $BaSO_4 \cdot ZnS$

【分子量】 330.80

【性质】 立德粉是白色的晶状物质，由硫化锌和硫酸钡两种组分组成的混合物，含有少量的氧化锌杂质。密度 $4.3g/cm^3$，平均粒径为 $0.3 \sim 0.5\mu m$。具有良好的化学稳定性和耐酸性，遇酸类则使其分解而放出硫化氢。经长期日晒会变色，但放置于暗处仍可恢复原色。

【制法】

1. 生产原理

重晶石用碳或一氧化碳还原为硫化钡，当硫化钡与硫酸锌混合反应时，即得立德粉。

$$BaSO_4 + 2C \longrightarrow BaS + 2CO_2$$
$$BaS + ZnSO_4 \longrightarrow ZnS + BaSO_4$$

2. 工艺流程

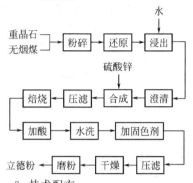

3. 技术配方

| 重晶石($BaSO_4 > 95\%$，$SiO_2 < 3\%$) | 1000 |
| 煤粉(320目) | 3000 |

4. 生产原料规格

重晶石粉是白色或灰白色粉末。主要化学成分是硫酸钡（$BaSO_4$），相对分子质量为 233.40。密度为 $4.5g/cm^3$，熔点 $1580℃$，硬度 $2.5 \sim 3.5$。性脆。不溶于水和酸，具有玻璃光泽。其质量指标如下：

指标名称	指标
硫酸钡含量/%	$\geqslant 95$
细度(250~320目/cm)	全通过

5. 生产工艺

（1）硫酸锌制备　生产硫酸锌的原料是硫酸与各种含锌材料。这些含锌材料可应用煅烧过的锌精矿砂，或各种含锌废料等。例如，硫酸与氧化锌或锌反应生成硫酸锌。

$$ZnO + H_2SO_4 \longrightarrow ZnSO_4 + H_2O$$
$$Zn + H_2SO_4 \longrightarrow ZnSO_4 + H_2 \uparrow$$

在硫酸锌溶液中加入氧化剂（漂白粉、空气或高锰酸钾等），使二价铁氧化成三价铁沉淀出来。pH 值维持在 5.0～

5.5。然后在硫酸锌的溶液内加入锌粉或合金锌粉和少量硫酸铜,除铜、镉、镍和钴。最后在溶液内加入少许氧化剂,将残余的铁清除。

(2) 立德粉的制备　将含硫酸钡大于95%的天然重晶石与无烟煤以 3:1 投料,经粉碎到 2cm 以下进入还原炉,控制炉温前段为 1000~1200℃,后段为 500~600℃,还原炉转速为每转 80s,反应转化率为 80%~90%,得到硫化钡含量为

70%,再进入澄清桶,澄清后加入硫酸锌反应,控制硫酸锌含量大于 28%,pH 值为 8~9,得到硫酸钡和硫化锌混合物。

反应液经板框过滤,得到的滤饼即浆状立德粉,含水量不大于 45%,进入干燥焙烧以改变立德粉晶格,然后在 80℃温度下用硫酸酸洗。最后经水洗,加固色剂,压滤、干燥和磨粉得立德粉。

【质量标准】　(HG 1-1059)

指标名称	B-301		B-302	
	一级品	二级品	一级品	二级品
白度(与标准品相比)	不低于标准品	不低于标准品	不低于标准品	不低于标准品
着色力(与标准品相比)/%	≥100	≥95	≥105	≥100
吸油量/%	≤14	≤16	≤11	≤13
总锌量(以 ZnS 计)/%	≥28.0	≥28.0	≥28.0	≥28.0
溶于乙酸的锌化合物含量(以 ZnO 计)/%	≤0.70	≤1.25	≤0.40	≤0.60
水溶物含量/%	≤0.40	≤0.50	≤0.40	≤0.40
细度(通过 32 目筛筛余物)/%	≤0.30	≤0.50	≤0.20	≤0.30
水萃取液 pH 值	6.8~8.0	6.8~8.0	6.8~7.5	6.8~7.5
遮盖力/(g/m²)	≤100	—	≤90	≤100
耐光性(200W 汞灯 200~220V,距离 50cm,照 10min)	不变	—	不变	不变
水分含量/%	≤0.30	≤0.30	≤0.30	≤0.30

【用途】　锌钡白被广泛用作室内涂料,由于产品本身对于大气作用不稳定,所以不适合用来制室外涂料。该产品除在涂料中应用外,在橡胶、油墨、造纸、水彩、油画颜料、漆布、油布、皮革和搪瓷等行业中也广泛使用。

【生产单位】　山东淄博胜利化工厂,山东济南化学试剂厂,河南宜阳县化工厂,湖北老河口市化工二厂,湖北襄樊青山化工厂,湖北大冶五星化工厂,湖南衡东县化工厂,湖南衡阳市城北化工厂,湖南安乡县化工厂,广东汕头立德粉厂,广东广州立德粉厂,广西金州县化工三厂,广西柳州锌品厂,广西梧州第一化工厂,云南昆明管庄化工厂。

Bh006　钛白

【英文名】　Titanium Dioxide
【登记号】　CAS [13463-67-7];C. I. 77891
【别名】　C. I. 颜料白 6;钛白粉;钛酸酐;二氧化钛
【分子式】　TiO_2
【分子量】　79.90
【质量标准】

(1) 金红石型钛白粉(颜料用,沪 Q/HG 11-105)

项目	上海钛白粉厂	南京油脂化工厂	
	R201 一级品	一级品	二级品
外观	白色粉末(微黄)		

项目	上海钛白粉厂	南京油脂化工厂	
	R201 一级品	一级品	二级品
白度(与标准品相比)	相似	不低于标准品	不低于标准品
二氧化钛含量/%	≥94	≥95	≥94
着色力	≥90(与 R820 比)	≥90(与 R820 比)	≥85(与 R820 比)
吸油量/%	≤26	≤30	≤30
水溶物含量/%	—	0.5	0.5
水萃取液 pH 值	6.5～7.5	6.5～7.5	6.5～7.5
细度(过 320 目筛余量)/%	≤0.1	≤0.1	≤0.1
水分含量/%		≤0.5	≤0.5

（2）B101、B102 锐钛型钛白粉（颜料用，GB 1706）

指标名称	B101 一级	B101 二级	B102
白度(与标准样品相比)	不低于标准品	无明显差异	不低于标准品
二氧化钛含量/%	>97	97	95
着色力(与标准样品相比)/%	>100	90	95
吸油量/%	30	35	25
细度[过 320 目筛(孔径 49μm)筛余物]/%	<0.3	0.5	0.1
水溶物含量/%	<0.4	0.6	0.5
水萃取液 pH 值	6.0～8.0	6.0～8.0	6.0～7.5
水分含量/%	<0.5	0.5	0.5

（3）二氧化钛测定

① 原理 将样品用硫酸溶解，加入盐酸及金属铝，在隔绝空气的情况下使四价钛还原成三价钛，以硫氰酸钾作指示剂，用硫酸铁铵滴定。

② 试剂 硫酸、盐酸、硫酸铵、硫氰酸铵 10% 溶液、金属铝箔（纯度99.5% 以上）、碳酸氢钠饱和溶液、二苯磺酸钠指示剂。0.5% 溶液、重铬酸钾 $1/6×0.1000$mol/L 标准溶液、硫酸铁铵0.1mol/L 标准溶液、硫酸混合酸［硫酸:磷酸:冰为1:1:5（体积比）］的混合液。

③ 测定 准确称取 100℃ 干燥的试样0.2～0.3g（准确至 0.0002g），放入500mL 锥形烧瓶中，加 10g 硫酸铵、20mL 硫酸，振荡使其充分混合。开始徐徐加热，约 5min 后，再加强热至试样全部溶解成澄清溶液，取下冷却后，加50mL 水、25mL 盐酸，摇匀，再加 2.5g

金属铝箔，装入液封管，管口用胶塞塞紧，并在试管中加碳酸氢钠饱和溶液至该溶液体积 2/3 左右，小火加热，充分除去反应物中氢气，直至溶液变为透明清晰紫色为止。在流水中冷却至室温。在此过程中，应随时补充碳酸氢钠饱和溶液（注意不能让其吸入空气）。冷却后，除去锥形烧瓶上的液封管，将管内碳酸氢钠饱和溶液慢慢倒入锥形瓶中，立即以 0.1mol/L硫酸铁铵标准溶液滴定，初滴时速度要快，不能摇动烧瓶，至液面气泡消失后才能摇动，继续快速滴定至紫色褪去，加入5mL 10% 硫氰酸钾溶液，缓慢滴定至试液呈微橙色为止。必须注意在除去锥形烧瓶上的液封管前，应先将滴定管内标准溶液校正至零点，以便除去液封管时迅速滴定。

$$W_{CO_2} = \frac{Vc×0.0799}{G}×100\%$$

式中，V 为滴定耗用硫酸铁铵标准溶

液体积，mL；c 为硫酸铁铵溶液的浓度，mol/L；G 为样品质量，g。

【性质】 钛白是白色颜料中最好的颜料之一，白度高，具有较高的着色力和遮盖力。相对密度 3.9～4.2。能耐光、耐热、耐稀酸、耐碱。对大气中的氧、硫化氢、氨等都很稳定。钛白有两种结晶形态：一种是锐钛型，相对密度 3.84，折射率 2.55，耐光性差，容易泛黄，制品容易粉化，但白度较好；另一种是金红石型，相对密度 4.26，折射率 2.72，具有耐水性和不易变黄的特点，且不会粉化，但白度稍差。钛白是一种惰性物质，可与任何胶黏剂混合使用。

【制法】 1. 生产原理

用浓硫酸将钛铁矿分解为可溶性钛盐和硫酸铁，用铁屑使硫酸铁还原为硫酸亚铁。分离除掉溶液中的硫酸亚铁，可溶性钛盐溶液经过水解变为偏钛酸，偏钛酸经煅烧分解制得钛白。

2. 工艺流程

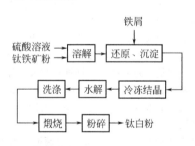

3. 技术配方

钛铁矿（50%）	2800
硫酸（98%）	4600

4. 生产工艺

（1）工艺一 将研磨好的通过 325 目筛的钛铁矿粉用 92.5% 硫酸在酸解锅内进行酸解。用蒸汽直接加热溶液至 110℃，反应一段时间后，再升至 200℃，待反应完毕后成为多孔状的固体产物，冷却 3h 后分出酸浸出液。将浸出的溶液导入还原锅中，加入铁屑，使硫酸铁还原为硫酸亚铁。其中一部分四价钛还原为三价的硫酸盐，而使溶液呈紫色。还原结束后，让溶液澄清，澄清后经过滤，将滤液送往冷冻锅去结晶，冷却至 0℃，使硫酸亚铁析出，至铁与二氧化钛之比为 0.2 时，将溶液取出，用离心机分离使硫酸亚铁的结晶与母液分开。将硫酸钛的母液在水解前取出 1%～3%，注入氢氧化钛，直到获得 pH 值为 1.5～3 时为止。在不加热的条件下加入原溶液，搅拌后汴入已盛有同体积煮沸水的反应锅中，加热煮沸，不断析出偏钛酸，吸去废酸再经过滤，得到偏钛酸。将偏钛酸反复冲洗至水溶液中无铁离子为止。将滤干的偏钛酸，在煅烧炉中于 900℃ 温度下，得二氧化钛，经过磨粉，即得成品。

（2）工艺二 在衬铅的反应锅中加入浓硫酸，用蒸汽加热到 120℃ 左右，停止加蒸汽，慢慢加入磨细的矿砂，用压缩空气不断搅拌。剧烈的反应自此开始，温度逐渐上升，最后达到 200℃ 左右。反应排出大量的三氧化硫酸雾，并产生很多泡沫，体积膨胀很大，因此分解锅的利用率不能超过 50%，以防止溢出事故，剧烈反应在 5～15min 结束，全部反应在 1.5～2h 内完成，分解率达到 95%。反应完成后，当温度降到约 60℃ 时，用水将反应物稀释，并在用空气搅拌的情况下进行浸出。溶液的最终浓度以含 TiO_2 100～120g/L 为标准。分解所得的溶液中含有杂质，其固体残渣用过滤的方法除去。其溶解态的三价铁，则用加入铁屑的办法，使其还原为二价铁，然后使其以 $FeSO_4 \cdot 7H_2O$（绿矾）结晶析出而除去。铁屑的加入量应比理论计算需要量（使 Fe^{3+} 全部还原为 Fe^{2+}）略多一些。用离心机把绿矾与母液分开。

目前工业上通常采用两种水解方法，即稀释法和晶种法。下面介绍稀释法。此法将溶液加热到接近沸腾，以 1:1 的热水放到锅内，加热到接近沸腾，保温 2～3h，再冷却到 70℃，硫酸钛就成为偏钛酸沉淀出来。

过滤、洗涤和漂白：在鼓式真空过滤机上进行过滤，在过滤机上用水洗涤沉淀，最后一次洗涤用 5%～10% 的稀硫酸，以除去可能在洗涤时氧化生成的高价铁，再用清水洗一次。

漂白的目的是使所含痕量铬和钒及部分铁还原，使成品具有洁白的颜色与优良的遮盖力和着色力。漂白处理首先是用锌粉作还原剂，把其中所含的 Fe^{3+} 还原为 Fe^{2+}。把偏钛酸放在搅拌槽内加水打成浆状，加入浓硫酸使混合物含硫酸 50～80g/L，加热至 80～90℃，慢慢加入锌粉，其用量约为二氧化钛质量的 0.5%，还原后进行过滤与洗涤。其次，再用碳酸钾与磷酸来处理，碳酸钾的作用是中和存在的硫酸，而磷酸与铁化合生成纯白的磷酸铁。这样，在煅烧后就不会生成黄色的氧化铁红。处理时，将偏钛酸打浆，加入为 TiO_2 质量 1% 的碳酸钾溶液，充分搅拌后再加入为 TiO_2 质量 0.5%～1% 的磷酸，继续搅拌均匀，再进行过滤。

煅烧：煅烧是从沉淀中排除水和 SO_3 并获得必要的颜料性质，经过煅烧得到锐钛型的 TiO_2，这种 TiO_2 加热至 850～900℃ 时才转化为金红石型。一般情况下，在 900℃ 以上煅烧时，遮盖力及着色力大大增加，这可能是由于转化成金红石型。由于盐处理及煅烧温度不同，以及处理工序中采用不同的后处理工艺和添加剂，可分别制得金红石型和锐钛型等不同规格的品种，以适应工业部门的需要。

【用途】 在涂料工业上，用来制造油性色漆、磁漆硝化纤维漆和醇酸漆，但作为室外涂料时有强烈的白垩化现象。在化纤工化中用于纺制人造丝前，将纯净的钛白粉加到胶黏丝溶液中，所以对人造丝起消减光泽作用。在造纸工业上，钛白粉加到纸浆内，使纸具有不透明性，可在印刷中使用更薄的纸张，在橡胶工业中，用钛白粉可使橡胶和硬橡胶着白色，但存在锰、铬、铁等杂质，会产生不良影响。纯净的钛白粉无毒性，可用作制香粉、雪花膏、牙粉和香皂等化妆品。搪瓷工业中，钛白粉可使瓷釉的表面光滑，耐酸性增强，可作乳浊剂，使搪瓷制品具有强乳浊度和不透明性。此外，电容器级钛白粉是制造无线电、陶瓷材料的主要原料，具有高介电系数和良好的介电性能，还用于生产油墨、水彩、油彩的颜料等。

【生产单位】 上海钛白粉厂，上海安化化工有限公司，上海东山金属厂，江苏镇江钛白粉厂，江苏南京油脂化工厂，天津同生化工厂，辽宁大连油漆厂，辽宁辽阳市冶建化工厂，浙江杭州硫酸厂，温州市白色得精细颜料化工有限公司，临海市白色得精细颜料化工有限公司，山东济宁第二化工厂，湖南株洲化工厂。

Bh007　C.I.颜料白 10

【英文名】 C. I. Pigment White 10；Carbonic Acid，Barium Salt（1:1）

【登记号】 CAS [513-77-9]；C.I.77099

【别名】 碳酸钡；沉淀碳酸钡；Barium Carbonate(6CI, 7CI)；Barium Carbonate（1:1）；Barium Carbonate（BaCO₃）；Barium Carbonate Precipitated；Barium Monocarbonate；Pigment White 10

【结构式】 $BaCO_3$

【分子量】 197.34

【性质】 有 α、β、γ 三种结晶状态。工业品为白色粉末。密度 4.43g/cm³。α-型熔点 1740℃（90.9kPa），982℃ 时 β-型转化为 α-型，811℃ 时 γ-型转化为 β-型。几乎不溶于水，不溶于酒精，可溶于酸及氯化铵溶液。1450℃ 时分解而成氧化钡和二氧化碳。遇酸分解,与硫酸作用生成白色硫酸钡沉淀。微有吸湿性。有毒。

【制法】

1. 碳化法

将 1L 含硫化钡 180g/L 的水溶液与二氧化碳在 70℃ 反应,生成沉淀碳酸钡。沉淀用 10mL 25% 的氨水混合,在 60℃ 脱硫 20min。过滤、干燥后得沉淀碳酸钡,产品中含硫 0.46%。

$$BaS + CO_2 \xrightarrow{H_2O} BaCO_3 + H_2S$$

2. 复分解法

在 30℃,将 23.6L 含碳酸氢铵 56.1g/L 的水溶液与 1.36L 氨水在 50L 釜中混合,然后在 50℃、在 2h 内滴加 21.6L 200.3g/L 的氯化钡溶液,在 40℃ 搅拌 30min。过滤,在 140℃ 干燥,粉碎,

得碳酸钡平均粒径为 0.8μm,纯度 99.8%。

$$BaCl_2 + NH_4HCO_3 + NH_4OH \longrightarrow BaCO_3 + 2NH_4Cl + H_2O$$

3. 毒重石法

将 100g 80% 的毒重石粉(120 目)与 60g 氯化铵混匀,迅速放入 650℃ 马弗炉中反应 3min。冷却后水浸、过滤、除渣,得氯化钡溶液,加入 36g 碳酸铵,沉淀出碳酸钡,过滤、干燥、粉碎,转化率 91%。

$$BaCO_3 + 2NH_4Cl \longrightarrow BaCl_2 + 2NH_3 + H_2O + CO_2$$

$$BaCl_2 + (NH_4)_2CO_3 \longrightarrow BaCO_3 + 2NH_4Cl$$

【质量标准】 GB/T 1614—1999

指标名称		优等品	一等品	合格品
主含量(以 $BaCO_3$ 计)/%	≥	99.2	99.0	98.5
水分/%	≤	0.30	0.30	0.30
盐酸不溶物灼烧残渣含量/%	≤	0.15	0.25	0.50
总硫(以 SO_4^{2-} 计)含量/%	≤	0.25	0.35	0.45
氯化物(以 Cl^- 计)含量/%	≤	0.01	—	—
铁(Fe)含量/%	≤	0.004	0.004	0.008
细度/%				
粉状 125μm 试验筛余物	≤	0.20	0.30	0.50
粉状 850μm 试验筛余物	≤	1	1	1
粉状 150μm 试验筛余物	≥	85	85	85

注:1. 对陶瓷电容器用的粉状 45μm 试验筛余物≤1%;
2. 对湿法造粒产品盐酸不溶物灼烧残渣含量指标参数供需双方议定。

Bh008 C.I.颜料白 11

【英文名】 C.I.Pigment White 11

【登记号】 CAS [1309-64-4];C.I.77052

【别名】 锑白;锑华;锑氧;氧化亚锑;亚锑酸酐;三氧化二锑;Antimony Oxide;Antimonious Oxide;Antimony Bloom 100A;Antimony Bloom 500A; Antimony Sesquioxide;Antimony Trioxide;Antimony White;Antimony(3+)Oxide;Antox;Atox B;Atox F;Atox R;Atox S;Bluestar RG;Bluestar Z;Chemetron Fire Shield;Dechlorane A-O;Diantimony Trioxide;Exitelite;Fire Shield H;Fire Shield LS-FR;Fire Shield

FSPO 405；Flame Cut 610；Flame Cut 610R；Flameguard VF 59；Flowers of Antimony；Microfine AO 3；Microfine AO 5；Nyacol A 1510LP；Nyacol A 1530；Octoguard FR 10；Patox A；Patox C；Patox H；Patox HS；Patox L；Patox M；Patox MK；Patox P；Patox S；Patox U；Performax 401；Poliflam HT 3；Polysafe 100T；Polysafe 60；Pyroguard AN 700；Pyroguard AN 800；Pyroguard AN 800T；Pyroguard AN 900；Sanka Anchimonzol C；Senarmontite；Stibiox MS；Stibital；Thermoguard B；Thermoguard L；Thermoguard S；Timonox；Timonox RT；Timonox Red Star；Timonox White Star；Trutin 40；Ultrafine Ⅱ；Valentinite；White Star；White Star N

【结构式】 Sb_2O_3

【分子量】 291.50

【性质】 白色或灰色斜方晶系或等轴晶系结晶性粉末。受热后变为黄色，冷却后重新变为白色或灰色。密度 5.22～5.33g/cm^3，熔点 656℃，沸点 1550℃（升华），557℃以下为稳定的斜方晶系，557℃以上为稳定的等轴晶系。不溶于水、醇、稀硫酸，溶于盐酸、氢氧化钠、硫化钠、酒石酸、醋酸、浓硫酸、浓硝酸。属两性氧化物。在低温下被固体碳或一氧化碳、氢气等气体还原为金属锑。

【制法】

1. 干法

（1）金属锑法　700kg 99.8％金属锑（含 29×10^{-6} 的硫）在石墨炉中加热至 1200℃，以 0.3m^3/min 通空气 5min，直至排气中二氧化硫含量≤5×10^{-6}，冷却至 786℃，以 2m^3/min 速度鼓空气 12h，得锑白收率为 92.1％。

$$Sb + O_2 \longrightarrow Sb_2O_3$$

（2）辉锑矿法　选择高品位辉锑矿含 Sb 50％～60％，As 0.1％，Pb 0.007％，Fe 0.16％，S 11.42％，Al_2O_3 0.66％，CaO 4.75％，MgO＜0.5％，SiO_2 8.65％，HgO 0.0026％。将此精矿与占锑精矿量 10％的铁矿（Fe 50.17％）和 2％石灰石（CaO＞50％）混合，按一定速度加入烟化炉液渣熔池，鼓入空气、煤粉混合物以调节液渣的温度和炉内气氛，使温度保持在 1250℃左右，炉内气相中 CO_2/CO 为 4.78，加入炉料不断熔化，锑主要以 Sb_2O_3、少量以硫化物形态不断烟化进入气相，在净化烟气时，经烟道及燃烧室吸风燃烧，把硫化物转化为 Sb_2O_3，烟气中的氧化物随后在各段收尘设备中分别收集。其中烟道旋涡收集的为锑氧，电收尘器收集的烟尘纯度较高，可作为锑白使用，收尘尾气经吸收二氧化硫后排空。加完给定炉料后，鼓入风煤继续熔化及烟化约1h，烟气中基本无白色挥发物时，则过程结束，放出 2/3 炉渣。

$$2Sb_2S_3 + 9O_2 \longrightarrow 2Sb_2O_3 + 6SO_2$$
$$Sb_2O_3 + 3C \longrightarrow 2Sb + 3CO$$
$$4Sb + O_2 \longrightarrow 2Sb_2O_3$$

2. 湿法

（1）酸浸法　取含 Sb60.07％，Pb0.9％，60 目以下的硫化锑矿 600kg，陆续加入耐酸浸出桶，浸出液成分为 HCl 1.0mol/L，Fe^{2+} 70g/L（加入 $FeCl_2$），Sb^{3+} 4.2g/L，浸出液：固体＝2：1，蒸汽加热至 80℃，在机械搅拌下，通入氯气浸出 6h。过滤、净化，得含 Sb 283g/L 浸出液，常温水解，氯氧锑经清水多次洗涤，在用氨水中和 30min，pH＝8～9，再洗至 pH＝7，过滤后烘干，得锑白粉 406kg，其中含 $Sb_2O_3$99.80％，粒度 325 目以下，白度 97％。

$$Sb_2S_3 + 6HCl \longrightarrow 2SbCl_3 + 3H_2S$$
$$SbCl_3 + H_2O \longrightarrow SbOCl + 2HCl$$
$$SbOCl + NH_4OH \longrightarrow Sb_2O_3 + NH_4Cl + H_2O$$

（2）锑盐分解法　将金属锑与氯气反应生成三氯化锑，经蒸馏、水解、氨解、洗涤、离心分离、干燥，制得三氧化二锑成品。

$$2Sb + 3Cl_2 \longrightarrow 2SbCl_3$$
$$SbCl_3 + H_2O \longrightarrow SbOCl + 2HCl$$

$$4SbOCl + H_2O \longrightarrow Sb_2O_3 \cdot 2SbOCl + 2HCl$$
$$Sb_2O_3 \cdot 2SbOCl + 2NH_4OH \longrightarrow 2Sb_2O_3 + 2NH_4Cl + H_2O$$

【质量标准】　GB/T 4062—1998

指标名称		Sb_2O_3 99.80	Sb_2O_3 99.50	Sb_2O_3 99.00
Sb_2O_3/%	$\geqslant$	99.80	99.50	99.00
杂质/%				
As_2O_3	$\leqslant$	0.05	0.06	0.12
PbO	$\leqslant$	0.08	0.10	0.20
Fe_2O_3	$\leqslant$	0.05	0.06	—
CuO	$\leqslant$	0.002	0.002	—
Se	$\leqslant$	0.004	0.005	—
白度	$\geqslant$	93	93	93
平均粒度/μm		0.3~0.9	0.3~0.9	
		0.9~1.6	0.9~1.6	
		1.6~2.5	1.6~2.5	

【用途】　优良的无机白色颜料，主要用于油漆的着色。

【生产单位】　湖南沅江县化工厂，湖南益阳锑白厂，上海试剂四厂，上海松江县张泽恒星化工厂，益阳市恒昌锑白厂，广西广田冶炼有限公司，深圳市超利锑白加工厂，湖南省长沙市子石化工厂，湖南金马锑业有限公司，贵州省独山县星火锑白厂，深圳市金属材料公司锑白加工厂，天津市永昌盛化工有限公司，广西广田冶炼有限公司。

Bh009　C.I.颜料白12

【英文名】　C.I.Pigment White 12；Zirconium Oxide（ZrO_2）

【登记号】　CAS [1314-23-4]；C.I.77990

【别名】　二氧化锆；锆白；Aerosil VPH；BR 90G；Bacote 20T2；CF Super HM；Digest T 90；Dynazircon F 5Y；Nanotek Zr；Nanotek ZrO_2；Nissan Zirconia Sol NZS 20A；Norton 9839；Nyacol ZR 10/20；Nyacol Zr（Acetate）；Nyacol Zr 100/20；Nyacol Zr 50/20；OOSS 008；Pigment White 12；Prozyr；Torayceram Sol ZS-OA；Zirbeads；Zircoa 5027；Zirconia；Zirconia NZ-A；Zirconic Anhydride；Zirconium White；Zirconium Dioxide；Zirconium Oxide；Zirconium（Ⅳ）Oxide；Zirconotrast；Zircopel SS；Zircosol NZS 30A；Zirox 180；Zirox 250；Zirox Zt 35

【结构式】　ZrO_2

【分子量】　123.22

【性质】　无定形的白色粉末。其晶型有多种变体，白色粉末至微肉桂色为单斜晶系，黄色粉末为立方晶系。无臭、无味。立方晶系密度 5.6g/cm^3；单斜晶系相对密度 5.85。熔点 2715℃。不溶于水，溶于热浓氢氟酸、硫酸。与碱共熔可生成相应的锆酸盐。化学性质稳定。

【制法】

1. 氯氧化锆热解法

取锆英石精矿：钙质石灰＝1：(1.6～1.3)，每批投料锆石英100kg、钙质石灰160kg混合得260kg，于1150℃焙烧5h，得焙砂。将其用不同浓度的循环预浸液三段逆流浸出，第一次用含 Ca^{2+} 35～40g/L、$[Cl^-]_T$ 2～2.3mol/L的第三段预浸液调节矿浆浓度为30%～35%，常温下浸出0.5h。第二次和第三次用下面洗锆后的母液配成含 Ca^{2+} 25～30g/L、$[Cl^-]_T$ 3～3.2mol/L的溶液，调节矿浆浓度为30%，常温下浸出1～1.5h，浸出终点酸度0.2～0.3mol/L。将所得浸出渣用含 Ca^{2+} 15～20g/L、$[Cl^-]_T$ 9.5～10mol/L溶液，以固液比分别为1：(3.5～4)和1.3～3.2，温度为95℃的条件下，逆流浸出1h，然后将溶液与残渣分离。加入用晶体净化过程副产的盐酸洗涤液和煅烧过程收集的冷凝液，直接沉淀出碱式氯氧化锆。沉淀条件为：酸度盐酸5.0～8.5mol/L，常温，0.5～8h。净化系将沉淀析出的氯氧化锆晶体与母液分离，用纯盐酸充分洗涤，至氯氧化锆含铁小于0.0005%。再放入煅烧炉中煅烧，条件800～950℃，2.5～3h。

$$ZrSiO_4 + 2Ca(OH)_2 \longrightarrow CaSiO_3 + CaZrO_3 + 2H_2O$$

$$CaZrO_3 + 4HCl + 6H_2O \longrightarrow ZrOCl_2 \cdot 8H_2O + CaCl_2$$

$$ZrOCl_2 \cdot 8H_2O \longrightarrow ZrO_2 + 2HCl + 7H_2O$$

2. 碳酸锆分解法

配制初始溶液：$ZrOCl_2$ 0.01mol/L、$CO(NH_2)_2$ 0.50mol/L、甘油2.5%、pH值(2.5±0.1)，调整pH值后溶液应无沉淀产生。将此溶液放入(85±1)℃的油浴中陈化，约30min后溶液开始混浊，然后逐渐加重，继续陈化至5h。陈化期结束后用流动的冷水(15℃以下)或冰水将陈化液迅速冷却至15℃以下，得到碱式碳酸锆溶胶。从碱式碳酸锆溶胶中离心分离出沉淀物，用水洗涤，离心，反复5次。将洗净的沉淀物放入高温炉中加热至850℃(升温速率约10℃/min)，在此温度下保温2h，降温，冷却后取出，即得二氧化锆颗粒。

$$ZrOCl_2 + CO(NH_2)_2 + 7H_2O \longrightarrow Zr(OH)_2CO_3 \cdot 4H_2O + 2NH_4Cl$$

$$Zr(OH)_2CO_3 \cdot 4H_2O \longrightarrow ZrO_2 + CO_2 + H_2O$$

【质量标准】 HG/T 2773—2004 白色无定形颗粒

指标	Ⅰ类		Ⅱ类	Ⅲ类Ⅰ型		Ⅲ类Ⅱ型	
	粉体	颗粒		优等品	一等品	一等品	合格品
锆铪合量(以 ZrO_2)/% ≥	99.5	99.5	99.5	99.5	99.0	98.0	97.0
氧化铁(Fe_2O_3)/% ≤	0.01	0.01	0.005	0.02	0.05	0.10	0.10
二氧化硅(SiO_2)/% ≤	0.02	0.02		0.05	0.10	1.0	2.0
氧化铝(Al_2O_3)/% ≤	0.01			0.001		0.8	0.8
二氧化钛(TiO_2)/% ≤	0.01	0.01	0.005	0.10	0.10	0.22	0.25
氧化钙(CaO)/% ≤				0.03	0.05		
氧化镁(MgO)/% ≤							
氧化钠(Na_2O)/% ≤	0.01	0.30	0.30	0.50	0.50		
灼烧减量质量分数/% ≤	0.40	0.30	0.30	0.50	0.50		
五氧化二磷(P_2O_5)/% ≤				0.15	0.20		

指标	I类		II类	III类I型		III类II型	
	粉体	颗粒		优等品	一等品	一等品	合格品
氯化物(以Cl计)/% ≤	0.10						
水分/% ≤	0.10	0.30					

注：粒径（D_{50}）、堆积密度、比表面积在用户有要求时按本标准方案测定，其指标应符合用户要求。

I类为电子工业用；II类为光学玻璃用；III类中I型为一般工业用，II型为耐火材料和陶瓷色料用。

【用途】　主要用于压电陶瓷制品、日用陶瓷、耐火材料及贵重金属熔炼用的锆砖、锆管、坩埚等。也用于生产钢及有色金属、光学玻璃和二氧化锆纤维。还用于陶瓷颜料、静电涂料及烤漆。用于环氧树脂中可增加耐热盐水的腐蚀。也可用于油墨、涂料。

【生产单位】　河南焦作市化工总厂，上海川沙县五一化工厂，江苏宜兴县化工厂，山东淄博环拓化工有限公司，山东淄博亚煌制釉有限公司，山东淄博星火制釉有限公司，山东淄博金明制釉有限公司，广东佛山市大陆制釉有限公司，广东佛山市森信陶瓷原料厂，广东佛山市万川陶瓷原料有限公司。

Bh010　C.I.颜料白16

【英文名】　C.I.Pigment White 16；Silicic Acid（H_4SiO_4），Lead（2+）Salt（2：3）

【登记号】　CAS〔124826-86-4〕

【别名】　硅酸铅；Basic Silicate White Lead；Lead Silica；Pigment White 16

【结构式】　$3PbO \cdot 2SiO_2$

【分子量】　789.76

【性质】　浅黄色至金黄色重质玻璃晶粒。密度6.2g/cm³。软化点750℃。不溶于水和乙醇，微溶于强酸。化学性质稳定，为无定形晶体。有毒。

【制法】　将氧化铅（PbO）与二氧化硅（SiO_2）的粉末以质量比85：15混合均匀后，在950℃煅烧熔化，然后加入水中快速冷却，湿磨，过滤，干燥后可得3～4μm颜料。

$$3PbO + 2SiO_2 \longrightarrow 3PbO \cdot 2SiO_2$$

【质量标准】

1. HG/T 3248—2000

外观	柠檬黄色玻璃状颗粒
一氧化铅(PbO)含量/%	≥84.5～85.5
二氧化硅(SiO₂)含量/%	≤14.3～15.3
氧化铁(Fe₂O₃)含量/% ≤	0.015
氧化铝(Al₂O₃)含量/% ≤	0.10
水分/% ≤	0.1
粒度/%	
2.24mm试验筛余物	0
2.00～0.106mm ≥	95.0

2. 专业标准 ZB/T 12007—88

指标		优等品	一等品
一氧化铅(PbO)/%		84.0～86.0	84.0～86.0
二氧化硅(SiO₂)/%	≤	13.8～15.8	13.8～15.8
铁(以Fe₂O₃计)/%	≤	0.015	0.02
铝(以Al₂O₃计)/%	≤	0.25	—
水分/%	≤	0.5	0.5
粒度(2.36～106μm)/%	≥	95.0	95.0

【用途】　防锈颜料。加入聚合物中可作耐磨材料。可作为聚合物的热稳定剂，也用

于制造光学玻璃、显像管、光导纤维、日用器皿以及用于低熔点焊接等。

【生产单位】 南京金陵化工厂有限责任公司，上海东方化工厂，江苏天鹏化工集团有限公司张家港市氧化铅厂，沧州红星化工有限公司，丹阳市晓星氧化铅厂，上海金高化工有限公司，湖南省水口山宏兴化工有限责任公司，河南省新乡扬远化工有限责任公司。

Bh011 C.I.颜料白18

【英文名】 C.I.Pigment White 18
【登记号】 CAS [471-34-1]；C.I.77220
【别名】 沉淀碳酸钙；白垩粉；大白粉；轻质碳酸钙；碳酸钙；Carbonic Acid Calcium Salt（1：1）；Calcium Carbonate（$CaCO_3$）（6CI）；Actiford 700；Adcal；Aeromatt；Akadama；Albacar；Albacar 5970；Cal-light 3A；Cal-light A 7；Cal-light AS；Calcene NC；Calcene TM；Calcicell 30；Calcichew；Calcicoll；Calcicoll W 12；Calcium Factor；Calcium Carbonate；Calcium Carbonate（1：1）；Calcium Carbonate Light；Calcium Carbonate Precipitated；Calcium Monocarbonate；Calcium（2＋）Carbonate；Calessen A；Calofil 1000；Calofil 400；Calofort S；Calofort T；Calopake High Opacity；Calopake PC；Calpin Y；Calseeds；Calseeds P；Calshitec Vigot 15；Caltec；Caltex 5；Caltex 7；Caltrate；Camel-Cal；Carbilux；Carbital 110；Carbital 115S；Carbital 50；Carbium MM；Carusis P；Chem Q 325；Chemcarb；Children's Mylanta Upset Stomach Relief；Chooz；Clarcal 9125；Clefnon；Collocalso EX；Colloid 5000；Coral Brite FD；Corocalso WS；CoverCarb 60；Crystic Prefil S；Cube 03BHS；Dacote；Destab 95 AHD Ultra 250；Docal U 1S2-526；Du-

ramite；Durcal 5；Enifant 15；Escalon 100；Gama-Sperse 80；Georgia Marble 9；Hakuenka A；Hubercarb CS 40；Inducarb 0000；Juraweiss Gelpsiegel；Kalcimat KO-M 1；Kalfain 100；Kemipuron A；Kotamite；Kotcal H；Kreda Technical；Lighton 22S；Mallinckrodt 4052；Mamakaruso；Marblemite；Marblend；Micromic CR 16；Microna 3；Microna 7；Nanocoat S 23；Neolite SA 300；Nitorex 23PS；Nordkalk FC；Novelight A；Omyacal 4AZ；Omyacoat 80；Omyafilm 2SST-FL；Oyster Shell White；Royal White Light；Shell Lime HPC；Shipron A；Specialize S；SpheriCarb；Tama Pearl FCC；Turboplex；Ulmerweiss WL；Vicron 15-15；Whiscal AS 3；Whiton B；Winnofil SPT；Witcarb Regular

【结构式】 $CaCO_3$
【分子量】 100.09
【性质】 白色粉末，无味、无臭。有无定形和结晶型两种形态。结晶型中又可分为斜方晶系和六方晶系，呈柱状或菱形。密度 $2.71g/cm^3$。825～896.6℃分解，熔点 1339℃，熔点 1289℃（10.7MPa）。难溶于水和醇。溶于酸，同时放出二氧化碳，呈放热反应。也溶于氯化铵溶液。在空气中稳定，有轻微的吸潮能力。有较好的遮盖力。
【制法】 将精选过的石灰石破碎至50～150mm，无烟（白）煤的粒度为38～50mm。煤与石灰石以（1：8）～（1：11）比例放入炉内，在900～1100℃煅烧，使石灰石在高温下分解为生石灰及二氧化碳。用3～5倍水，在90℃将生石灰消化溶解1.5～2h，得石灰乳密度为1.075～1.143g/cm³，经过滤除杂质进行碳化。二氧化碳经洗涤净化后送入碳化塔，浓度为30％～40％，碳化温度60～70℃，碳化压力为0.078MPa，碳化终点控制 pH

值为 7。碳酸钙料浆经离心脱水（含水率 32%～42%）。干燥（含水率在 0.3% 以下），再经冷却、粉碎过筛，制得轻质碳酸钙产品。

$$CaCO_3 \longrightarrow CO_2 + CaO$$

$$CaO + H_2O \longrightarrow Ca(OH)_2$$
$$Ca(OH)_2 + CO_2 \longrightarrow CaCO_3 + H_2O$$

【质量标准】

1. HG/T 2226—2000

指标名称		优等品	一等品	合格品
外观		白色粉末	白色粉末	白色粉末
碳酸钙($CaCO_3$)含量(干基计)/%	≥	98.0	97.0	96.0
pH 值(10%悬浮液)		9.0～10.0	9.0～10.5	9.0～11.0
105℃下挥发物含量/%	≤	0.40	0.70	1.00
盐酸不溶物含量/%	≤	0.10	0.20	0.30
沉降体积/(mL/g)	≥	2.8	2.6	2.4
铁(Fe)含量/%	≥	0.08	0.10	0.12
锰(Mn)含量/%	≤	0.006	0.008	0.010
筛余物/%				
125μm 试验筛	≤	0.005	0.010	0.015
45μm 试验筛	≤	0.30	0.40	0.50
白度/度	≥	90.0	90.0	—
水溶物/%	≤	0.2		

2. GB 1898—1996(食品级)；GB 8257—87(饲料级)

指标名称		食品级	饲料级
碳酸钙($CaCO_3$,以干基计)/%		98.0～102.0	≥98.0
碳酸钙(以 Ca 计,以干基计)/%	≥	—	39.2
干燥减量/%	≤	2.0	—
水分/%	≤	—	1.0
盐酸不溶物含量/%	≤	0.20	0.2
游离碱含量/%		合格	—
重金属(以 Pb 计)含量/%	≤	0.002	0.003
碱金属及镁含量/%	≤	1.0	—
砷(As)含量/%	≤	0.0003	0.0002
钡(以 Ba 计)含量/%	≤	0.030	0.05

【用途】 可用作橡胶、塑料、造纸、腻子、底漆、涂料和油墨等行业的填料。广泛用于有机合成、冶金、玻璃和石棉等生产中。也可用作工业废水的中和剂、胃与十二指肠溃疡病的制酸剂、酸中毒的解毒剂、含二氧化硫废气中的二氧化硫消除剂、乳牛饲料添加剂和油毛毡的防粘剂等。还可用作牙粉、牙膏及其他化妆品的原料。

【生产单位】 北京建材化工厂，河北唐山东矿化工厂，辽宁本溪石灰化学厂，山东张店湖田化工厂，上海大中华橡胶厂碳酸钙分厂，上海新江化工厂，江苏宜兴石灰厂，浙江湖州菱湖化学厂，安徽安庆化工原料厂，重庆松山化工厂，贵州安顺玻璃化工厂，云南昆明化工厂，甘肃兰州白银区化工厂，河南焦作化工三厂，湖南衡阳第三化工厂，四川绵竹碳酸钙厂，陕西汉中石灰厂，乌鲁木齐市钙盐材料厂，湖北黄石市化工厂，湖南株洲市碳酸钙厂，广西临桂县化工厂，广州嘉邦化工厂，江苏昆山化工厂，浙江建德轻质碳酸钙厂，安徽宣城市新河化工原料厂，福建上杭县古田碳酸钙厂，厦门第四化工厂，江西景德镇市碳酸钙厂，南昌市化工原料厂，青岛石灰厂，山东济宁市加祥化工厂，河北涉县碳酸钙厂，山西寿阳县化工厂，牡丹江化工三厂。

Bh012　C.I.颜料白 18：1

【英文名】　C. I. Pigment White 18：1；Carbonic Acid，Calcium Magnesium Salt（2：1：1）

【登记号】　CAS [7000-29-5]；C.I.77220：1

【别名】　白云岩；白云石；白云石粉；Calcium Magnesium Carbonate（6CI，7CI）；Calcium Magnesium Carbonate [$CaMg(CO_3)_2$]；Calcium Magnesium Dicarbonate；Dolomite；Dolomitite；Dolostone；Pigment White 18：1；Snowhite 20

【结构式】　$MgCO_3 \cdot CaCO_3$

【分子量】　184.4

【性质】　白云岩是一种以白云石为主要矿物组分的碳酸盐岩，颜色为白色或浅灰白色。常混入方解石、黏土矿物、菱镁矿、石膏等杂质。矿石一般呈细粒或中粒结构，呈层状、块状、角砾状或砾状构造。白云石属三方晶系，晶体常呈马鞍状菱面体，集合体常为粒状或块状。颜色为无色、白色或浅褐色至深褐色。玻璃光泽。硬度 3.5～4，密度 2.8～2.9g/cm³。不溶于水。煅烧至 700～900℃时失去二氧化碳，成为氧化钙和氧化镁的混合物，称为苛性白云石；当煅烧温度达到 1500℃时，氧化镁变为方镁石，氧化钙变为 α-CaO。

【制法】　将白云石矿经选矿、粗碎、中碎、磨粉、分级、包装，制得白云石粉。

【质量标准】　制钙镁磷肥用的白云岩矿产品质量要求

320 目过筛率	99%
含 MgO	>20%
CaO	>30%
SiO_2	少量
Fe_2O_3	少量
Al_2O_3	少量

【用途】　白云石粉在涂料中用量有限，局限于作填充剂，主要起白色颜料作用。但由于粒子粗，折射率与涂料的溶剂相似，遮盖力弱，在应用中没有一定的特殊作用，只是作体质颜料填充涂料。白云岩在化学工业中用以制造硫酸镁、钙镁磷肥、轻质碳酸镁、粒状化肥、用作橡胶和医药的填料、土壤酸度的中和剂。还可作为冶金熔剂、建筑石料、耐火材料以及陶瓷、玻璃的配料。亦可提炼金属镁。

【生产单位】　江苏省南京市白云石矿，河北省玉田县白云石矿，三河县白云石矿，安徽省宿县白云石矿，肥东县双山白云石矿，江西省萍乡县东镇白云石矿，新疆维吾尔自治区哈密农厂白云石矿，广西壮族自治区桂林市象山区二塘白云石矿，甘肃省清水县李湾村白云石矿，辽宁省海城县大石桥镁矿。

Bh013　C.I.颜料白 19

【英文名】　C.I.Pigment White 19

【登记号】　CAS [8047-76-5]；C. I.77004；C.I.77005

【别名】　高岭土；白土；瓷土；陶土粉；Diapone P；Dutch Pink；Kaolin；Kaolinite；Levitex P；Necophyl P；Neuberg Chalk；SS Clay；Snowcel；Varon A；Wilkinite

【结构式】　$Al_2O_3 \cdot 2SiO_2 \cdot 2H_2O$

【分子量】　261.96

【性质】　灰白色粉末，质地松软、洁白。密度 2.54～2.60mg/cm³。熔点约 1785℃。耐光性好，对稀酸、稀碱的作用十分稳定。

高岭土产品按工业用途分为造纸工业用高岭土、搪瓷工业用高岭土、橡胶工业用高岭土和陶瓷工业用高岭土四类。

产品类别、代号及主要用途如下。

产品代号	类别	等级	主　要　用　途
ZT-0A	造纸工业用	优级高岭土	高级加工纸涂料
ZT-0B			
ZT-1		一级高岭土	加工纸涂料
ZT-2		二级高岭土	
ZT-3		三级高岭土	一般加工纸涂料
TT-0	搪瓷工业用	优级高岭土	釉料
TT-1		一级高岭土	
TT-2		二级高岭土	
XT-0	橡胶工业用	优级高岭土粉	白色或浅色橡胶制品半补强填料
XT-1		一级高岭土粉	
XT-2		二级高岭土粉	一般橡胶制品半补强填料
TC-0	陶瓷工业用	优级高岭土	电子元件、电瓷及陶瓷釉料等
TC-1		一级高岭土	电子元件、光学玻璃坩埚、砂轮、电瓷及陶瓷釉料等
TC-2		二级高岭土	电瓷、日用陶瓷、建筑卫生瓷坯料及高级钛料等
TC-3		三级高岭土	

【制法】 将结晶岩、花岗岩、片麻岩经选矿、粉碎、水洗、烘干，再次粉碎、过筛而得。

【质量标准】 GB/T 14563—93

1. 各级产品外观质量要求

产品代号	外观质量要求
ZT-0A	白色、无可见杂质
ZT-0B	
ZT-1	
ZT-2	
ZT-3	白色、稍带淡黄色、淡灰色及其他浅色,无可见杂质
TT-0	白色、无可见杂质
TT-1	
TT-2	白色、稍带淡黄色、淡灰色及其他浅色,无可见杂质
XT-0	白色
XT-1	灰白色、微黄色及其他浅色
XT-2	米黄色、浅灰等色
TC-0	1300℃煅烧为白色,无明显斑点
TC-1	1300℃煅烧为白色,稍带其他浅色
TC-2	1300℃煅烧呈米黄色、浅灰色或带其他浅色
TC-3	

2. 造纸工业用高岭土

产品代号	白度	小于2μm含量	45μm筛余量	分散沉降物	pH值	固含量	Al₂O₃	Fe₂O₃	SiO₂	烧失量
	/%					/%				
	≥	≥	≤	≥		≥	≤			
ZT-0A	90.0	90.0	0.02	0.02		68.0	37.00	0.60	48.00	15.00
ZT-0B	87.0	85.0	0.04	0.05		66.0	37.00	0.60	48.00	15.00
ZT-1	85.0	80.0	0.04	0.10	4.0	65.0	36.00	0.70	49.00	15.00
ZT-2	82.0	75.0	0.05	0.10		65.0	35.00	0.80	50.00	15.00
ZT-3	80.0	70.0	0.05	0.50		—	35.00	1.00	50.00	15.00

3. 搪瓷工业用高岭土

产品代号	Al₂O₃ /%	Fe₂O₃ /%	SO₃ /%	白度 /%	45μm筛余量 /%	悬浮度 /mL
	≥	≤		≥	≤	
TT-0	37.00	0.60		80.0	0.07	40
TT-1	36.00	0.80	1.50	78.0	0.07	60
TT-2	35.00	1.00		75.0	0.10	80

4. 橡胶工业用高岭土

产品代号	二苯胍吸着率 /%	pH值	沉降体积 /(mL/g)	125μm筛余量 /%	Cu /%	Mn /%	水分 /%	SiO₂+Al₂O₃	白度 /%
			≥	≤	≤	≤	≤	≤	≥
XT-0	6.0~10.0	5.0~8.0	4.0	0.02	0.005	0.01	1.50	1.5	78.0
XT-1	6.0~10.0	5.0~8.0	3.0	0.02	0.005	0.01	1.50	1.5	65.0
XT-2	4.0~10.0	5.0~8.0	—	0.05	0.005	0.01	1.50	1.8	—

5. 陶瓷工业用高岭土

产品代号	Al₂O₃/% ≥	Fe₂O₃/% ≤	TiO₂/% ≤	SO₃/% ≤	63μm筛余量/% ≤
TC-0	36.00	0.50	0.20	0.30	0.50
TC-1	35.00	0.80	0.20	0.30	0.50
TC-2	32.00	1.20	0.40	0.80	0.50
TC-3	28.00	1.80	0.60	1.00	0.50

6. 各类产品水分要求

产品形态	水分要求/% ≤
膏状	35
块状	18
粉状	15
喷雾干燥	2

【用途】 无机颜料。主要用于制造群青颜料。

【生产单位】 上海安化化工有限公司，浙江富阳磁土矿，湖南邵阳市碳素厂，山东淄博市临淄际坤化工厂，株洲市物资建材有限责任公司，郑州可利尔新型材料有限公司，浙江省缙云县华石矿业有限公司。

Bh014　C.I.颜料白21

【英文名】 C.I.Pigment White 21；Sulfuric Acid，Barium Salt（1：1）

【登记号】 CAS［7727-43-7］；C.I.77120

【别名】 硫酸钡；沉淀硫酸钡；C.I.颜料白22；C.I.Pigment White 22；Bakontal；Bariace B 30；Bariace B 34；Bariace B 54；Baridol；Barifine BF 1；Barifine BF 10；Barifine BF 1L；Barifine BF 20；Barifine BF 21；Barifine BF 21F；Barifine BF 40；Barita W 2；Barite BA；Barite BC；Barite BD；Barite BNW；Baritogen Deluxe；Baritop；Baritop P；Barium 100；Barium Sulfate；Barium Sulfate（1：1）；Barium Sulfate Precipitated；Barium Sulphate；Barium White；Barosperse；Barotrast；Baryta White；Baryte R 2；Barytes 22；Barytes 290；Bb-Micro SP；Bianco Fisso；Blanc Fix；Blanc Fixe；Blanc Fixe F；Blanc Fixe FX；Blanc Fixe HD 80；Blanc Fixe K 3；Blanc Fixe Micro；Blanc Fixe N；Blanc Fixe XR-HN；Blanc Fixe XR-HX；Blanfix；Cherokee Baryte 290；Citobaryum；Diamelia 16；E-Z-Paque；Enamel White；Eweiss；F 8660；Finemeal；Huberbrite；Huberbrite 1；Huberbrite 10；Huberbrite 7；Lactobaryt；Liquibarine；Microbar 139；Micropaque；Mikabarium B；Mikabarium F；Mixobar；Neobalgin；Neobar；Permanent White；Pigment White 21；Pigment White 22；Precipitated Barium Sulfate；Precipitated Barium Sulfate 300；Prontobario；Sachtleben Micro；Sachtoperse HP；Sachtoperse HU；Sachtoperse HU-N；Sachtoperse HU-N Spezial；Solbar；Sparmite；Sparwite W 5HB；Spezialsorte AI；Supramike；Umbrasol A；Unibaryt

【结构式】 $BaSO_4$

【分子量】 233.39

【性质】 无色斜方晶系晶体或白色无定形粉末。密度 $4.50g/cm^3$（15℃）。熔点 1580℃。在 1150℃左右发生多晶转变。在约 1400℃开始显著分解。化学性质稳定。几乎不溶于水、乙醇和酸。溶于热浓硫酸中。干燥时易结块。600℃时用碳可还原为硫化钡。

【制法】

1. 芒硝-黑灰法

将重晶石与煤粉反应生成的黑灰浸出液澄清后，配成浓度为 14%～17% 的硫化钡原料并加热至 80℃。除去钙、镁后的芒硝溶液，配成浓度为22%～25%并加热至 90℃。搅拌下将配制好的硫化钡溶液加入芒硝中进行反应，维持温度在 90℃，生成硫酸钡沉淀。反应终点应掌握在使两种溶液为等当点。沉淀物经抽滤、水洗和酸洗后，用硫酸调 pH 值为 5～6，再经过滤、干燥、粉碎，即得沉淀硫酸钡产品。

$$BaSO_4 + 4C \longrightarrow BaS + 4CO$$
$$BaS + Na_2SO_4 \longrightarrow BaSO_4 + Na_2S$$

2. 盐卤综合利用法

将钡黄卤与芒硝反应，再经酸煮、水

洗、分离脱水、干燥，得到硫酸钡成品。

$$BaCl_2 + Na_2SO_4 \longrightarrow BaSO_4 + 2NaCl$$

【质量标准】 GB/T 2899—1996

指标名称		I 类			II 类
		优等品	一等品	合格品	
外观		无定形白色粉末或白色膏状			
硫酸钡($BaSO_4$)含量(以干基计)/%	≥	98.0	97.0	95.0	98.0
105℃挥发物/%	≤	0.30	0.30	0.50	28.0
水溶物含量/%	≤	0.30	0.30	0.50	0.20
铁(Fe)含量/%	≤	0.004	0.006		0.004
白度/%	≥	94	92	88	94
吸油量/(g/100g)		15～30	10～30	—	—
pH 值(100g/L 悬浮液)		6.5～9.0	5.5～9.5	5.5～9.5	6.5～9.0
细度(45μm 试验筛筛余物)/%	≤	0.2	0.2	0.5	0.1
粒径分布/%					
<10μm	≥	80	—	—	90
<5μm	≥	60	—	—	70
<2μm	≥	25	—	—	50

注：I 类为粉状，用于颜料、油墨、橡胶、蓄电池、塑料等行业；II 类为膏状，主要适用于铜版纸等行业。

【用途】 用作颜料、涂料、油墨、塑料、橡胶及蓄电池的原料或填充剂，印相纸及铜版纸的表面涂布剂，纺织工业用的上浆剂。玻璃制品中用作澄清剂，能起消泡和增加光泽的作用。可作为防放射线用的防护壁材。还适用于陶瓷、搪瓷、香料和颜料等行业。用作阴极板的膨胀剂和消化道 X 射线造影剂。也是制造其他钡盐的原料。

【生产单位】 河北辛集化工厂，河北邢台县化工三厂，山东青岛红星化工集团公司东风化工厂，四川蓬莱盐厂，重庆北碚化工厂，云南昆明市太和化工厂，上海安化化工有限公司，上海文珺化工有限公司，云南昆明大板桥冶炼化工厂，陕西渭南地区富平化工厂，贵州织金县化工厂，新疆哈密地区红星化学厂，河南安阳化学厂，湖北襄樊市无机化工总厂，湖南衡东县新塘化工厂，江苏昆山钡盐化工厂，广东阳山钡盐厂，广州立德粉厂，广西蒙山县化工厂，山西运城市解州化工厂，辽宁兴城化工厂，河南宜阳县第二化工厂，贵州湄潭县化工厂，山东临沭县化工厂。

Bh015 C.I.颜料白24

【英文名】 C.I.Pigment White 24

【登记号】 CAS [8011-94-7]；C.I.77002

【别名】 氧化铝白；Alumina White；Pigment White 24

【结构式】 $3Al_2O_3 \cdot SO_3 \cdot 9H_2O$ 含有可变量碱式硫酸铝的氢氧化铝，以 SO_3 计含8%～10%的硫酸盐。

【性质】 氧化铝白是由铝化合物构成的透明性白色颜料的总称，没有固定的化学组成。一般指氢氧化铝 $[Al(OH)_3]$、氧化铝水合物（$Al_2O_3 \cdot xH_2O$）或水不溶性碱式硫酸铝 $[Al_2(SO_4)(OH)_4]$ 等。也有报道指出是由水不溶性四碱式硫酸铝、二氢氧化铝聚合物 $[Al_2(SO_4)(OH)_4 \cdot xH_2O \cdot 2Al(OH)_3]_n$ 构成的。折射率 1.47～1.56。与亚麻子油混炼呈透明状。

【制法】 在硫酸铝溶液中，在搅拌下添加碱溶液，生成沉淀经洗涤、过滤、低温干燥后，经粉碎制得成品。也可将脱水后的糊状物直接作为产品。制备中溶液的浓度、温度、反应温度控制、干燥温度等影响产品质量。

【用途】 作为用于制备透明印墨的高品质色淀的填充料。也用作印墨、涂料（填料及增稠剂）、橡胶（填料）的颜料。也用于皮革及纸张的表面处理剂。也用于绘画颜料、蜡笔。

Bh016 C.I.颜料白25

【英文名】 C.I.Pigment White 25
【登记号】 CAS［91315-45-6］；C.I.77231
【别名】 生石膏；石膏；二水硫酸钙；Calcium Sulfate，Dihydrate；Gypsum；Pigment White 25；Plaster Stone
【结构式】 $CaSO_4 \cdot 2H_2O$
【分子量】 172.17
【性质】 无色单斜晶系结晶型粉末。密度 $2.32g/cm^3$。$128℃$ 时失去 $1.5H_2O$ 而成半水物，加热至 $163℃$ 失去全部结晶水而成无水物。难溶于水（$0.241g/100mL$ 水），溶于酸、铵盐、硫代硫酸钠和甘油。
【制法】
① 将天然石膏矿除净杂质、泥土经煅烧磨粉而成。
② 氨碱法制碱的副产物（氯化钙）中加入硫酸钠，反应物经精制而得二水硫酸钙。
③ 制造有机酸时的副产物。例如：制造草酸时副产物草酸钙用硫酸分解，再经精制而得二水硫酸钙。
【质量标准】 GB 1892—80（食用级）

外观	白色粉末
含量($CaSO_4$)/%	≥95.0
重金属(以 Pb 计)/%	≤0.001
砷(As)/%	≤0.0002
氟化物(以 F 计)/%	≤0.005

【用途】 制造水泥、半水硫酸钙及硫酸的原料。油漆和造纸工业中用作填充剂。农

业上用作化肥，能降低土壤碱度、改善土壤性能。食用级可用作营养增补剂（钙质强化）、凝固剂、酵母食料、面团调节剂、螯合剂，还用作番茄、土豆罐头中的组织强化剂、酿造用水的硬化剂、酒的风味增强剂等。
【生产单位】 上海市硫酸钙厂，湖北应城石膏矿，上海青浦县赵屯制药厂，宁夏磷肥厂，上海太平洋化工（集团）公司总厂钛白粉厂，湘潭县龙口乡新宇石膏粉厂。

Bh017 C.I.颜料白28

【英文名】 C.I.Pigment White 28
【登记号】 CAS［10101-39-0］；C.I.77230
【别名】 硅灰石；偏硅酸钙；Silicic Acid（H_2SiO_3），Calcium Salt（1：1）；β-Calcium Silicate；Baysical K；Calcium Metasilicate；Calcium Silicate；Calcium Silicon Oxide；Casiflux A 25；Denacup 325-1100；Florite；Kemolit ASB 8K；Nyad M 400；Pigment White 28；Wollastokup；Wollastonite
【结构式】 $CaSiO_3$
【分子量】 116.4
【性质】 钙质偏硅酸盐矿物。三斜晶系，细板状晶体，集合体呈放射状或纤维状。颜色呈白色，有时带浅灰、浅红色调。玻璃光泽，解理面呈珍珠光泽。硬度 $4.5\sim5.5$，密度 $2.75\sim3.10g/cm^3$。热膨胀系数 $6.5\times10^{-6}/℃$，熔点 $1540℃$，折射率 1.62。完全溶于浓盐酸。一般情况下耐酸、耐碱、耐化学腐蚀。吸湿性小于 4%。吸油性低、电导率低、绝缘性较好。硅灰石是一种典型的变质矿物，主要产于酸性岩与石灰岩的接触带，与符山石、石榴子石共生。还见于深变质的钙质结晶片岩、火山喷出物及某些碱性岩石中。
【制法】 国内硅灰石已开发利用的矿山皆为露天开采。选矿方法随其产出特征和矿石类型的不同而有所不同，广泛应用的方

法有手选、光电检选、磁选、浮选、电选、重选等。

【质量标准】　JC/T 535—94

指　　标		优等品	一级品	二级品	合格品
硅灰石含量/%	≥	90	80	70	60
二氧化硅含量/%		48～52	46～54	44～56	41～59
氧化钙含量/%		45～48	42～50	40～50	38～50
氧化铁含量/%	≤	0.2	0.4	0.8	1.5
烧失量/%	≤	2.5	4.0	6.0	9.0
白度/%	≥	90	85	75	—
水萃取碱度		46	46	46	
105℃挥发物含量/%	≤	0.5	0.5	0.5	0.5
细度/%					
块粒,普通粉筛余量	≤	0.5	0.5	0.5	0.5
细粉,超细粉大于粒径含量	≤	10.0	10.0	10.0	10.0
吸油量/%		18～30(粒径小于5μm,18～35)			—

注：1. 水萃取碱度为46时，用精密试纸测试 pH 值约为9。

2. 产品外观质量要求：块状硅灰石产品中不允许夹杂木屑、铁屑、杂草等，不被其他杂物污染。粉状硅灰石产品中不得有肉眼可见的杂物。

3. 硅灰石产品按粒径分为五类：

	块粒	普通粉	细粉	超细粉	针状粉
粒径	1～250mm	38～100μm	10～38μm	0～10μm	长径比 10：1
		(不包括100μm)	(不包括38μm)	(不包括10μm)	

【用途】　硅灰石在涂料工业中可以作为体质颜料兼增量剂使用。因为它能增加白色涂料的明亮色调，并能长时间保持这种色调。硅灰石的针状结晶使它可以作为涂料良好的流平剂，并可以改善涂料的流平性。硅灰石的粒子形状使它可以作为涂料良好的悬浮剂，使色漆的沉淀柔软易于分散。可以在自清洁型涂料中作为增强剂。硅灰石粉碱性大，非常适用于聚醋酸乙烯涂料，使着色颜料分散均匀。硅灰石还具有改进金属漆防腐蚀能力。除用于水性涂料外，还可用于底漆、中间涂层、油性漆、路标涂料等，在沥青涂料中可取代石棉。在乳胶漆中能部分取代钛白粉，同时不使白度和遮盖力下降。也可用于冶金、陶瓷、电焊条、塑料、橡胶等行业。

【生产单位】　吉林省梨树（县）硅灰石矿业公司，磐石县长崴子硅灰石矿，龙井县硅灰石矿，四平市硅灰石矿，湖北省大冶（县）非金属矿公司，阳新县李家湾硅灰石矿，阳新县丰山洞铜矿，浙江省长兴（县）硅灰石公司，河南省方城县矿业公司硅灰石矿，江西省上高县蒙山乡硅灰石矿，新疆维吾尔自治区哈密（市）硅灰石矿。

Bh018　磷酸锌

【英文名】　Zinc Phosphate

【别名】　磷锌白

【分子式】　$Zn_3(PO_4)_2 \cdot 2H_2O$

【分子量】　422.08

【质量标准】

外观	白色粉末
锌(Zn)含量/%	≥44
水分含量/%	≤1
吸油量/%	≤40

【性质】 磷酸锌为白色粉末或斜方晶体。密度为 $3.0 \sim 3.9 g/cm^3$，水溶液的 pH 值为 $6.5 \sim 8.0$。溶于无机酸、氨水和铵盐溶液。不溶于水和醇。在 $100℃$ 时失去结晶水而成无水物。有潮解性、腐蚀性。无毒。吸油量为 $15 \sim 50 g/100g$。具有较好的稳定性、耐水性和防蚀性。

【制法】 1. 生产原理

（1）磷酸、硫酸锌法 在强碱存在下，用磷酸与硫酸锌作用，生成磷酸锌。该工艺的缺点是收率低。

（2）硫酸锌与磷酸氢二钠法 硫酸锌与磷酸氢二钠反应，同时加入氢氧化钠，借以中和磷酸氢二钠，可制得磷酸锌。如果加入适量的氢氧化钠，收率可接近 100%。

（3）氧化锌法 氧化锌与磷酸反应生成磷酸锌。

$$3ZnO + 2H_3PO_4 \longrightarrow Zn_3(PO_4)_2 + 3H_2O$$

2. 工艺流程

3. 技术配方

磷酸(H_3PO_4,85%)	560
氧化锌(ZnO,98%)	615

4. 生产原料规格

磷酸（H_3PO_4）：市售的 85% 磷酸是无色透明糖浆状稠厚液体，密度为 $1.70 g/cm^3$。纯品磷酸为无色斜方晶体，密度为 $1.834 g/cm^3$（$18℃$）。熔点 $42.35℃$。沸点 $213℃$（失去 $1/2H_2O$）。富潮解性。溶于水和乙醇。其酸性较硫酸、盐酸和硝酸等强酸为弱。但较乙酸、硼酸为强。能刺激皮肤引起发炎及破坏肌体组织。其质量指标如下：

指标名称	二级
磷酸(H_3PO_4)含量/%	≥85
氧化物(Cl^-)含量/%	≤0.005

指标名称	二级
硝酸盐(NO_3^-)含量/%	≤0.005
硫酸盐(SO_4^{2-})含量/%	≤0.02
色度/%	≤30

5. 生产工艺

将工业磷酸打入母液贮槽中，与母液配制成 $15\% \sim 20\%$ 浓度的磷酸溶液。再打入磷酸高位槽中。将工业氧化锌打入预先装有水的带有夹套的不锈钢合成锅中。夹套通入蒸汽，开动搅拌打浆，使温度升至 $50 \sim 80℃$。磷酸溶液由高位槽缓慢加入合成锅中，可用 pH 试纸控制投料终点使之呈微酸性（pH＝4），夹套通入蒸汽可升温 $30 \sim 60℃$。反应 $1.5 \sim 2h$（在搅拌情况下），将料浆放入真空抽滤机中。料浆经分离，水洗终用 pH 试纸控制为中性。分离出的母液打入母液贮槽中，滤饼经干燥，即得成品。

【用途】 新型防锈颜料，用于涂料工业。

【生产单位】 上海铬黄颜料厂苏州市分厂，江苏镇江钛白粉厂，江苏南京油脂化工厂，天津同生化工厂，辽宁大连油漆厂，辽宁辽阳市冶建化工厂，浙江杭州硫酸厂。

Bh019 改性偏硼酸钡

【英文名】 Modified Barium Metaborate

【分子式】 $Ba(BO_2)_2 \cdot H_2O$

【分子量】 241.0

【质量标准】

指标名称	指标
氧化钡含量/%	54～61
三氧化二硼含量/%	21～28
二氧化硅含量/%	4～9
水不溶物含量/(g/100mL)	≤0.3
水悬浮液 pH 值	9～10.5
细度(过 320 目筛余量)/%	≤0.50
吸油量/(g/100g)	≤30
挥发物含量/%	≤1.0

【性质】 改性偏硼酸钡是用无定形水合二

氧化硅将偏硼酸钡包覆后而制得的白色粉末。改性偏硼酸钡含有一定量的二氧化硅和结晶水。平均粒度约为 $8\mu m$，有效粒度为 $3\mu m$。改性偏硼酸钡微溶于水，易溶于盐酸。受热时易脱去结晶水。

【制法】 1. 生产原理

制备偏硼酸钠常用的钡盐有硫化钡、氢氧化钡、氯化钡、碳酸钡和硝酸钡。常用的硼化合物有硼酸、硼砂等。一般工艺有固相混合熔融法和液相沉淀法。

改性偏硼酸钠主要原料是重晶石、硫化钡和硼砂。

通常将硫化钡和硼砂溶液，在有硅酸钠存在的条件下，进行沉淀反应。即用聚合、无定形水合二氧化硅（同时含有 Si—O—Si 及 Si—OH 键），加入水合偏硼酸钡中而生成改性偏硼酸钡。其中主要化学方程式为

$$2BaS + Na_2B_4O_7 + H_2O \longrightarrow$$
$$2BaB_2O_4 + 2NaSH$$

2. 工艺流程

3. 生产原料规格

（1）硼砂 硼砂（$Na_2B_4O_7 \cdot 10H_2O$）化学名称为十水四硼酸钠，相对分子质量为 381.37。硼砂为无色半透明晶体或白色晶体粉末。无臭、味咸。密度为 $1.73g/cm^3$。320℃时失去全部结晶水。易溶于水、甘油中，微溶于乙醇。水溶液呈弱碱性。硼砂在空气中可缓慢风化。熔融时成无色玻璃状物质。硼砂有杀菌作用，口服对人有害。其质量指标如下：

指标名称	指标
十水四硼酸钠（$Na_2B_4O_7 \cdot 10H_2O$）含量/%	$\geqslant 95.0$
水不溶物含量/%	$\leqslant 0.04$
碳酸钠（Na_2CO_3）含量/%	$\leqslant 0.40$
硫酸钠（Na_2SO_4）含量/%	$\leqslant 0.20$
氯化钠（$NaCl$）含量/%	$\leqslant 0.10$
铁（Fe）含量/%	$\leqslant 0.002$

（2）硫化钡 硫化钡（BaS）的相对分子质量为 169.40。硫化钡为白色等轴晶系立方晶体。灰白色粉末，工业品是浅棕黑色粉末，亦有块状。密度为 $4.25g/cm^3$（15℃），熔点为 1200℃。溶于水而分解成氢氧化钡及硫氢化钡。水溶液呈强碱性，具有腐蚀性。遇酸类放出硫化氢，与浓酸一起加热分解出硫化氢和硫黄。在潮湿空气中氧化。有毒！其质量指标如下：

指标名称	指标
熔体硫化钡(BaS)含量/%	>65
澄清硫化钡液(BaS)浓度/(g/L)	200（自用）

（3）硅酸钠 硅酸钠（Na_2SiO_3）俗称水玻璃、泡花碱，相对分子质量为 122.06。硅酸钠为透明的无色或淡黄色、青灰色的黏稠液体。密度为 $2.4g/cm^3$，熔点为 1088℃。能溶于水，遇酸则分解而析出硅酸的胶质沉淀，其无水物为无定形的玻璃状物质。适合于本产品用的硅酸钠质量指标如下：

指标名称	1	2
氧化钠（Na_2O）含量/%	$6.8\sim7.7$	$8.5\sim9.3$
二氧化硅（SiO_2）含量/%	$23.7\sim26.7$	$27.0\sim29.1$
模数（$SiO_2:NaO$，物质的量比值）	$3.5\sim3.7$	$3.4\sim3.7$
铁（Fe）含量/%	$\leqslant 0.04$	$\leqslant 0.04$

4. 生产工艺

将硫化钡配制成浓度 $14\sim16g/L$，温度 $55\sim70℃$ 的溶液；硼砂配制成浓度 $0.22\sim0.28g/L$，温度 $70\sim85℃$ 的溶液。

将物料硼砂、硫化钡并流加到预先加到装有硅酸钠的合成锅中，使物料间分布得尽量均匀。投料后升温，使物料在 110～140℃温度下反应 1～6h，反应后冷却至70～80℃。将反应液打入加压过滤器中，滤液及洗水通向氧化塔进行空气氧化，抽样符合国家排放标准即可。滤饼送到旋转干燥炉进行干燥，经过适当粉碎后即制得成品。

【用途】　改性偏硼酸钡主要用于涂料工业，在涂料中具有防锈、防霉、防菌、防污染、抗粉化、防止变色、阻燃等作用，是多功能的防锈颜料。

【生产单位】　山东蓬莱新光颜料化工公司，上海铬黄颜料厂，上海安化化工有限公司，石家庄市佳彩化工有限责任公司，广东肇庆市化工颜料厂，浙江杭州市江南颜料化工厂，临海市百色得精细颜料化工有限公司，杭州红妍颜料化工有限公司，杭州佳彩化工有限公司，泰州中建实业有限公司。

Bh020　硼酸锌

【英文名】　Zinc Borate

【分子式】　$x\text{ZnO} \cdot y\text{B}_2\text{O}_3 \cdot z\text{H}_2\text{O}$

【质量标准】　（参考指标）

外观	白色细微粉末
密度/(g/cm³)	2.8
折射率	1.58
吸油量/(g/100g)	45
细度（平均粒度）/μm	2～10
熔点/℃	980

【性质】　硼酸锌为白色细微粉末，平均粒径 2～10μm，密度为 2.8g/cm³，熔点为980℃。吸油量是 45g/100g。不易吸潮，易分散。

硼酸锌为膨胀型阻燃颜料，具有无毒防锈、防霉、防污特性。当今已发展成有多种性能的化工材料。

【制法】　1. 生产原理

硫酸锌或碳酸锌（氧化锌）与硼砂反

应生成硼酸锌。

$$2\text{ZnSO}_4 + 2\text{Na}_2\text{B}_4\text{O}_7 + 6.5\text{H}_2\text{O} \longrightarrow 2\text{ZnO} \cdot 3\text{B}_2\text{O}_3 \cdot 3.5\text{H}_2\text{O} + 2\text{Na}_2\text{SO}_4 + 2\text{H}_3\text{BO}_3$$

$$1.5\text{ZnSO}_4 + 1.5\text{Na}_2\text{B}_4\text{O}_7 + 0.5\text{H}_2\text{O} + 3.5\text{H}_2\text{O} \longrightarrow 2\text{ZnO} \cdot 3\text{B}_2\text{O}_3 \cdot 3.5\text{H}_2\text{O} + 1.5\text{Na}_2\text{SO}_4$$

$$2\text{ZnSO}_4 + 1.5\text{Na}_2\text{B}_4\text{O}_7 + \text{NaOH} + 3\text{H}_2\text{O} \longrightarrow 2\text{ZnO} \cdot 3\text{B}_2\text{O}_3 \cdot 3.5\text{H}_2\text{O} + 2\text{Na}_2\text{SO}_4$$

$$2\text{ZnCl}_2 + 2\text{Na}_2\text{B}_4\text{O}_7 + 6.5\text{H}_2\text{O} \longrightarrow 2\text{ZnO} \cdot 3\text{B}_2\text{O}_3 \cdot 3.5\text{H}_2\text{O} + 4\text{NaCl} + 2\text{H}_3\text{BO}_3$$

碱式碳酸锌与硼酸的饱和溶液作用得到结构为 $\text{ZnO} \cdot 2\text{B}_2\text{O}_3 \cdot 4\text{H}_2\text{O}$ 的硼酸锌。

这里主要介绍硫酸锌、氧化锌、硼砂工艺。

2. 生产原料规格

（1）硫酸锌　硫酸锌（$\text{ZnSO}_4 \cdot 7\text{H}_2\text{O}$）为无色针状晶体或粉状晶体。相对分子质量为 287.54。密度是 1.957g/cm³。熔点 100℃。易溶于水，微溶于乙醇和甘油。干燥空气中逐渐风化。39℃时，失去 1 个结晶水。在 280℃时，则脱水为无水物。加热至 767℃时，则分解为 ZnO 和 SO_3。其质量指标如下：

指标名称	二级
硫酸锌($\text{ZnSO}_4 \cdot 7\text{H}_2\text{O}$)含量/%	≥98
游离酸(H_2SO_4)含量/%	≤0.1
水不溶物含量/%	≤0.05
氯化物(Cl^-)含量/%	≤0.2
铁(Fe)含量/%	≤0.01
重金属(Pb)含量/%	≤0.05
锰(Mn)含量/%	—

（2）氧化锌　氧化锌分子式 ZnO。白色粉末。无臭、无味、无砂性。受热变成黄色，冷却后又恢复白色。相对密度 5.606。熔点 1975℃。遮盖力比铅白小。不溶于水和乙醇，溶于酸、碱、氯化铵和

氨水中。一级品质量指标如下：

氧化锌含量/%	≥99.5
锌含量/%	—
氧化铝含量/%	≤0.06
盐酸不溶物含量/%	≤0.08
灼烧减量/%	≤0.2
细度(过200目筛余量)/%	≤0.1
遮盖力/(g/m²)	≤100
吸油量/%	≤20

3. 工艺流程

4. 生产工艺

将硫酸锌配制成规定的浓度，按所需的量由计量高位槽加入反应锅中，然后投入规定的硼砂及氧化锌的需要量进行升温加热反应，随时记录反应温度、控制一定的固液比，直到中途抽样检验控制分析合格才终止反应。固体物料经压滤、漂洗、干燥、粉碎，即得成品。在生产过程中产生的含锌废水采用碱中和、结晶浓缩等方法进行治理。

【用途】 硼酸锌广泛应用到高分子材料中。在化工、钢铁、煤炭等行业中主要用于制作各种耐燃胶带（管）、耐燃电缆等。同时硼酸锌又是一种良好的无毒防锈颜料。

【生产单位】 杭州红妍颜料化工有限公司，杭州佳彩化工有限公司，山东蓬莱新光颜料化工公司，上海安化化工有限公司，石家庄市佳彩化工有限责任公司，广东肇庆市化工颜料厂，浙江杭州市江南颜料化工厂，临海市百色得精细颜料化工有限公司，泰州中建实业有限公司。

Bh021　铝银粉

【英文名】 Aluminium Silver Powder

【登记号】 CAS [7429-90-5]

【别名】 银粉；铝粉

【分子式】 Al

【分子量】 26.98

【质量标准】 （1）质量指标

外观	银白色鳞片状粉末
铝含量/%	96～98
细度(过250目筛余量)/%	≤1.5

（2）铝含量测定

① 仪器有柄蒸发皿；100W 封闭电炉；烘箱。

② 测定在已恒重的蒸发皿中，加入5g 样品（准确至 0.01g），放在密闭电炉上加热至不冒烟为止，取下放入（105±2）℃烘箱中烘 1h，冷却称量（准确至 0.0002g），再继续烘至恒量。铝的百分含量按下式计算：

$$W_{Al} = [(G_1 - G_2)/G] \times 100\%$$

式中，G_1 为烘后有柄蒸发皿和样品的质量，g；G_2 为有柄蒸发皿的质量，g；G 为样品质量，g。

【性质】 本品为银白色鳞片状粉末。遮盖力极强。耐气候性良好，耐含硫气体，但易受空气氧化而失光。铝粉质轻，易在空气中飞扬，遇火星易发生爆炸。为了防止爆炸，常加入溶剂油。铝粉遇酸能慢慢发生氢气，因而要防止铝粉与酸接触。

【制法】

1. 生产原理

将铝锭熔化后喷成细雾，再经球磨机研细而成。或者用铝片经机械压延成铝箔，再经球磨机冲击而制成细小鳞片状。

2. 工艺流程

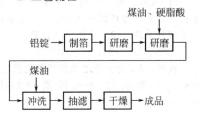

3. 生产工艺

将铝锭熔化后喷雾成粉末，或将铝箔经球磨机研磨后，加入硬脂酸和煤油再进行研磨，用煤油冲洗，抽滤，干燥而得成品。

【用途】 用于配制锤纹漆、底面两用漆及美术漆等。

【生产单位】 辽宁营口市金属颜料厂，天津市友恒化工厂，常州市金阳洋铝银粉有限公司，湖北黄石市银粉厂，四川自贡试剂厂，无锡市锡州金粉厂，常州新区飞逸颜料有限公司，上海烫金材料厂，上海市化轻公司染料供应部经销。

Bh022　铝银浆

【英文名】 Aluminium Silver Paste

【登记号】 CAS [7429-90-5]

【别名】 银粉浆；银浆；闪光浆

【质量标准】 （1）质量指标

指标名称	101	102	101-1
外观	银白色的鳞片浆状		
含固量/%	≥64～66	≥66	≥6±2
漂浮力/%	≥75	≥80	—
细度(过320目筛余量)/%	≤2	—	≤2

注：101为铝银浆；102为优质浮型铝银浆；101-1为非浮型铝银浆。

（2）漂浮力测定

① 试剂及仪器　松节油（CP级）；古马隆树脂，25%古马隆松节油溶液：将250g古马隆树脂溶于750g松节油中加热溶解、冷却过滤而得；表面光滑，长80～200mm、宽10mm、厚1mm的钢匙；0～200mm钢板尺；配有软木塞，塞上有一钢丝钩的100mL量筒，直径18～20mm，高约150mm的试管。

② 测定　于50mL烧杯中，加入3g样品（准确至0.1g）和25mL古马隆松节油溶液，用调墨刀搅拌至均匀溶液，迅速将上述溶液倒入试管中，将钢匙插入试管的底部轻轻做90°旋转约10s，再以每秒不低于3cm的速度垂直提出钢匙（从钢匙滴下的试液不多于3～4滴），不得碰试管壁，否则重做，立即垂直悬挂在量筒内，待6min后测量试液长度和钢匙上漂起长度（量至弯月面底部为准）以亮膜连续出现处为准。漂浮力按下式计算：

$$漂浮力 = -(L_1/L_2) \times 100\%$$

式中，L_1 为上浮之光亮部分的长度，mm；L_2 为钢匙浸入试液内的长度，mm。

【性质】 本品为银白色鳞片浆状，通常有101铝银浆、102优质浮型铝银浆和101-1非浮型铝银浆三种。

【制法】

1. 生产原理

铝锭熔化后喷成细粉，加入溶剂调成浆状得产品。

2. 工艺流程

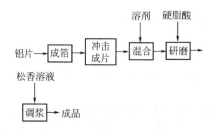

3. 生产工艺

将铝锭熔化后喷成细粉，经球磨机研磨（或将铝片经机械研磨成铝箔，再冲击）成细小鳞片状。

为了消除爆炸，加入溶剂；为减少摩擦及粉碎失光，常加入硬脂酸或石蜡作润滑剂研磨；为避免铝粉飞扬加入3%松香溶液调成浆状而得成品。

【用途】　用于造漆、装潢及防腐。

【生产单位】　上海申裕化工厂，山东济南金属颜料厂，辽宁营口市金属颜料厂，陕西岐山县落星化工厂，河南沈丘县金属颜料厂，辽宁盖县涂剂总厂，安徽马鞍山市金粉厂，上海烫金材料厂，河南长垣县凡相金属化工厂。

Bh023　碳酸铅

【英文名】　Lead Carbonate

【分子式】　$PbCO_3$

【分子量】　267.21

【质量标准】　（参考指标）

外观	白色粉末
碳酸铅含量/%	≥98
水分含量/%	≤2

【性质】　本品为白色斜方晶系。折射率2.0763。相对密度6.6。加热时分解成氧化铅和二氧化碳。溶解度（水20℃）：0.000111g/100mL。热水中能缓慢水解生成羟基碳酸铅，可溶于稀酸，放出二氧化碳。容易和硫化氢、硫化碳反应生成硫化铅。不溶于氨水和液氨，可溶于碱，易溶于柠檬酸水溶液。

【制法】

　　1. 生产原理

　　硝酸铅与碳酸钠发生复分解反应，生成碳酸铅。

　　2. 工艺流程

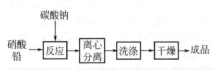

　　3. 技术配方

碳酸钠（98%）	560
硝酸铅（98%）	1080

　　4. 生产工艺

　　将碳酸钠溶解在水中制备碳酸钠溶液，过滤备用。再将硝酸铅晶体溶解在水中，过滤并转入反应器中。该反应器由碳钢制造，用不锈钢衬里（或衬以瓷砖），并装有搅拌器在不断搅拌下将纯净的碳酸钠溶液缓缓加入盛有硝酸铅的反应器中，得碳酸铅白色沉淀。将反应混合物静置8～10h，然后虹吸除溶液上层清液，将碳酸铅浆料离心分离并用热水洗至无硝酸盐为止。碳酸铅沉淀物在70～75℃干燥得成品。

【用途】　用作颜料、涂料、化学助剂和橡胶填充增强着色剂，也用作玻璃及玻璃纤维的着色剂、脱色剂以及起泡剂等。

【生产单位】　上海谱振生物科技有限公司，杭州红妍颜料化工有限公司，杭州佳彩化工有限公司，山东济南金属颜料厂，辽宁营口市金属颜料厂，陕西岐山县落星化工厂，河南沈丘县金属颜料厂，湘潭市华邦颜料化工行有限公司，湖南湘潭华莹精化有限公司，湘潭市众兴科技有限公司，南京培蒙特科技有限公司。

Bh024　碱式碳酸镁

【英文名】　Magnesium Carbonate

【别名】　轻质碳酸镁

【分子式】　$x MgCO_3 \cdot y Mg(OH)_2 \cdot z H_2O$

【质量标准】

质量指标	优级品	一等品	合格品
外观		白色粉末	
水分/%	≤2.0	≤3.0	≤4.0
盐酸不溶物含量/%	≤0.10	≤0.15	≤0.20
氧化钙(CaO)含量/%	≤0.43	≤0.70	≤1.0
氧化镁(MgO)含量/%	≥41.0	≥40.0	≥38.0
灼烧失量/%	54～58	54～58	≥52.0

质量指标	优级品	一等品	合格品
外观		白色粉末	
氯化物含量(以 Cl^- 计)/%	≤0.10	≤0.15	≤0.30
铁(Fe)含量/%	≤0.02	≤0.05	≤0.08
锰(Mn)含量/%	≤0.004	≤0.004	
硫酸盐含量(以 SO_4^{2-} 计)/%	≤0.10	≤0.15	≤0.30
筛余量(筛孔尺寸 $150\mu m$)/%	≤0.025	≤0.03	≤0.05
筛余量(筛孔尺寸 $75\mu m$)/%	≤1.0	—	
表观密度/(g/mL)	≤0.12	≤0.14	—

【性质】 碱式碳酸镁为白色粉末，无味、无毒。在空气中稳定，300℃以上即分解。微溶于水，能使水呈弱碱性，易溶于酸。

【制法】

1. 生产原理

（1）纯碱法　将苦卤与纯碱反应，经真空过滤、洗涤、破碎、干燥、粉碎得成品。

$$5MgCl_2 + 5Na_2CO_3 + 5H_2O \longrightarrow$$
$$4MgCO_3 \cdot Mg(OH)_2 \cdot 4H_2O +$$
$$CO_2 + 10NaCl$$

（2）白云石法　将含 17% MgO 的白云石与煤粉碎后，于高温下煅烧，然后加水化灰，再碳化、压滤，用直接蒸汽热解后，再压滤、干燥、粉碎得轻质碳酸镁。

$$MgCO_3 \cdot CaCO_3 \longrightarrow$$
$$MgO \cdot CaO + 2CO_2$$
$$MgO \cdot CaO + 2H_2O \longrightarrow$$
$$Mg(OH)_2 \cdot Ca(OH)_2$$
$$Mg(OH)_2 + Ca(OH)_2 + 3CO_2 \longrightarrow$$
$$Mg(HCO_3)_2 + CaCO_3 + H_2O$$
$$a Mg(HCO_3)_2 + b H_2O \longrightarrow$$
$$x MgCO_3 \cdot y Mg(OH)_2 \cdot z H_2O + e CO_2$$

2. 工艺流程

这里介绍纯碱法。

3. 技术配方

（1）白云石法

白云石(MgO≥17%)	5500
煤	4000

（2）纯碱法

苦卤($MgCl_2$，450g/L)	4500
纯碱(98%)	1500

4. 生产原料规格

（1）苦卤　苦卤（$MgCl_2 \cdot 6H_2O$）化学名称为六水氯化镁，为单斜结晶，无色。工业品常带黄褐色。含氯化镁45%～50%，并含有少量的硫酸镁、氯化钠等杂质。有苦味。密度为 $1.56g/cm^3$，易溶于水与乙醇。在 100℃ 时开始失去结晶水，在 116～118℃ 时失去全部结晶水，同时释放氯化氢。易潮解。其质量指标如下：

指标名称	指标
六水氯化镁含量/%	85～98

（2）纯碱　纯碱（Na_2CO_3）化学名称为碳酸钠，为白色粉末或细粒状晶体。密度为 $2.532g/cm^3$，相对分子质量为 105.99，熔点 851℃。味涩。能溶于水，尤其能溶于热水中，水溶液呈碱性。微溶于无水乙醇，不溶于丙酮。与酸类发生中和作用生成盐类，也能与许多盐类起复分解作用。在空气中能渐渐吸收水分及二氧化碳，生成碳酸氢钠而结成硬块。其质量指标如下：

指标名称	二级品
总碱度(换算为 Na_2CO_3 含量)/%	≥98.0
氯化钠含量/%	≤1.2

指标名称	二级品
铁含量(换算为 Fe_2O_3 含量)/%	≤0.020
水不溶物含量/%	≤0.20
灼烧失量/%	≤0.7

5. 生产工艺

将纯碱在温水中溶化澄清后，加水稀释至10%。将苦卤（不含有 $CaCl_2$，Fe含量在 15mg/kg 以下）加水稀释成16%～19%，温度控制在 40～50℃。将配好的两种溶液立即等量地加入反应锅中，同时缓慢搅拌反应液，使反应液由流动性较好，变成豆腐般黏滞，再恢复流动性时，即停止搅拌。将反应液经两次真空过滤后，将沉淀加冷的软水，充分搅拌进行洗涤，水洗数次，直至滤液中氯化物含量与洗涤水的氯化物的含量相似为止。将洗好的沉淀放入热水处理缸中，加水，用蒸汽加热至 80～90℃，并保持 15～20min。热水处理时沉淀膨胀，体积增加。热水处理后，用离心机脱水，送烘房干燥，干燥温度为80℃左右，不宜太高。干燥后进行粉碎，细度须 99% 以上通过200目筛孔，即得成品。

【用途】 用作橡胶制品的填充剂和增强剂，防火保温材料；也用于制造镁盐、氧化镁、化妆品、牙膏、医药及颜料等。

【生产单位】 温州市东升化工试剂厂，上海喜润化学工业有限公司，重庆中顺化工有限公司。

Bh025 三聚磷酸二氢铝

【英文名】 Triphosphoric Acid, Aluminum salt（1∶1），Dihydrate

【登记号】 CAS [17375-35-8]

【别名】 Aluminum Dihydrogen Tripolyphosphate；Aluminum Dihydrogen Tripolyphosphate Dihydrate；Aluminum Phosphate Dihydrate；Aluminum Triphosphate Dihydrate；Monoaluminum Triphosphate Dihydrate

【结构式】 $AlH_2P_3O_{10} \cdot 2H_2O$

【分子量】 317.94

【性质】 白色微晶粉末，无毒、无臭。斜方晶系结晶。密度 $2.31g/cm^3$。难溶于水，微溶于醇。长时间在空气中放置则部分水解。对酸比较稳定。贮存稳定性和耐候性良好。

【制法】 将 α-氧化铝与磷酸按摩尔比 $R=0.5～0.2$ 进行混合。用微火加热至100～200℃脱水，生成第一次生成物。将此生成物在 300～350℃的电炉中在水蒸气压高的气氛下加热 3～24h，进行聚合反应，生成三聚磷酸二氢铝。冷却，制得三聚磷酸二氢铝成品。

$$Al_2O_3 + 6H_3PO_4 \longrightarrow 2AlH_2P_3O_{10} + 7H_2O$$

【质量标准】 参考标准

外观	白色粉末
总磷(以 P_2O_5 计)/%	≥65.0
氧化铝(Al_2O_3)/%	≥17.0
铁(Fe)/%	≤0.1
细度/目	100～200

【用途】 是一种无公害白色防锈优良的颜料。广泛用于输油管道、桥梁、铁路、船舶、车辆、化工设备以及建筑行业的内外墙涂料等。在用于电冰箱底漆及建筑用乳胶漆等方面效果良好。也用作催化剂、水玻璃硬化剂、吸附脱臭剂。

【生产单位】 天津东风化工厂，石家庄市新东化工有限公司，石家庄市东阳化工有限公司，石家庄市鑫盛化工有限公司，保定市满城龙源化工厂，青岛市海大化工有限公司，陕西宝嘉应用化学有限责任公司，成都化工研究设计院实验厂。

Bh026 钼酸锌

【英文名】 Molybdenum Zinc Oxide

【登记号】 CAS [13767-32-3]

【别名】 Molybdenum Zinc Oxide；Molybdic Acid，Zinc Salt(1∶1)（8CI）；Zinc Molybdate(Ⅵ)（6CI，7CI）；Zinc Molybdate；Zinc Molybdenum Oxide

【结构式】 $ZnMoO_4$

【分子量】 225.32

【性质】 白色粉末。纯品虽然也可以作为防锈颜料使用，但价格太高，难以推广使用。市场上商品颜料中以钼酸锌或碱式钼酸锌（$ZnO \cdot ZnMoO_4$）为主，加入一些碳酸钙或沉淀硫酸钡、滑石粉、二氧化硅，制成复合型防锈颜料，称为白色钼酸盐颜料，其中主要成分除钼酸锌以外，也有可能含有钼酸钙或钼酸锶，一般均含有75％的填料。毒性小，使用安全，所制成的底漆可以呈白色，使白色面漆的遮盖力可以降低，从而节约制造白漆所用钛白粉的用量。此外，它本身也有一些遮盖力，可以替代部分遮盖力强的颜料。价格适中，可以替代含铅、含铬的有毒防锈颜料，而不大影响制漆成本。有时，还同磷酸盐防锈颜料配合使用，如钼酸离子同磷酸离子的比例以 7∶3 混合，可得到较好防锈效果。

【制法】 先将粒度在 $0.2 \sim 10\mu m$ 的滑石粉填料在水中打浆，填料量占总颜料的 80％，再加入规定量的三氧化钼。将氧化锌粉在 70℃ 时加水打浆，总用水量为颜料总量的 33％。氧化锌打浆后，以浆状物加入到上述含有三氧化钼的滑石粉浆料中，氧化锌与三氧化钼的摩尔比以 1∶1 到 2∶1 为宜。加完后搅拌 1h，用压滤机过滤，滤饼在 110℃ 烘干，并磨细，再送入煅烧炉在 550℃ 煅烧 8h，煅烧后的物料冷却后进行粉碎、包装。所用填料可依品种作多种改变，如改用碳酸钙，则生产方式相似。

$$ZnO + MoO_3 \longrightarrow ZnMoO_4$$

【质量标准】 企业标准 沪 Q/HG 14-744—81

外观	白色粉末
水分/%	≤1
水溶物/%	≤2
吸油量/%	≤32
氯化物/%	≤0.1

【用途】 白色无毒防锈颜料。广泛用于底漆、面漆以及地面结合的漆，其中包括水性漆。

【生产单位】 上海铬黄颜料厂，广东中山宝嘉钼业有限公司，天津恒兴实业有限公司，黄山红枫叶高新材料有限公司。

Bh027 锌铝浆

【英文名】 Zinc Aluminum Paste

【别名】 金属浆

【性质】 灰色浆液。防锈性好，反光性强，耐日光、耐气候性优良，并具有阴极保护作用。

【制法】 将锌粉、雾化铝粉与润滑剂、有机溶剂等混合，经研磨、磁选除铁、离心除溶剂后而得。

【质量标准】 企业标准

外观	灰色浆液
固含量/%	≥60
铁含量/%	≤4
遮盖力/(g/m²)	≤3
细度(325 目筛余量)/%	≤4

【用途】 无机颜料。主要用于配制灰铝锌醇酸磁漆，专用于涂饰各种大型桥梁、铁塔等室外钢铁构件。

【生产单位】 辽宁营口市金属颜料厂，吉林省磐石市多彩涂料有限责任公司，湖北黄石银粉厂，四川自贡试剂厂。

Bh028 白炭黑

【英文名】 Silica

【登记号】 CAS [7631-86-9]

【别名】 沉淀二氧化硅；沉淀白炭黑；Admafine SC 1500SQ；Admatechs SO-E 2；Aerosil 200D；Amorphous Silica；Apasil；

Aquafil；Britesorb C 200；Carplex FPX；Cleanascite HC；Crystalite VXSR；Degussa 530；Esquartz M 2008；Goresil C 325；Highlink OG 502-30；Ketjensil SM 604；Levasil 200S；Mesopure；Meyco 610；Micloid；Micloid ML 253；Mizukasorb C 1；Mizupearl S 500；Monospher 100；Nalcoag 2326；Nipsil ES；Nucleosil Si 300；Oscal IPA-ST；Quartron PL 30IPA；Seahostar KE-P 150；Silica；Silica Precipitated；Silicadol 40G120；Sipernat 22；Snowtex MP 3040；Sorbosil AC 33；Sunlovely LFS-HB 20；Sylosphere C 1504；Sylysia 370；Tokusil V；White Carbon Black；Zeosil 1100V

【结构式】 $SiO_2 \cdot nH_2O$

【性质】 白色无定形粉末，质轻。原始粒径 0.3μm 以下。密度 2.319～2.653g/cm^3。熔点 1750℃。吸潮后形成聚合细颗粒。有很高的绝缘性。不溶于水与酸；溶于氢氧化钠和氢氟酸。高温不分解。有吸水性。对基质和活性成分及添加剂显示出化学惰性。对维生素、激素、氟化物、抗生素、酶制剂及化妆品中常用的许多活性成分都有良好的相容性。由于具有多孔性极大的比表面积，在生胶中有较大的分散力。填充于橡胶中显示出高的补强性。

【制法】

1. 盐酸分解法

先将密度为 1.100g/cm^3 的水玻璃溶液 [其中 Na_2O 与 SiO_2 质量比在 (1∶2.4)～(1∶3.4)，浓度在 4%～10% 为宜] 和密度为 1.060g/cm^3 的氯化钠水溶液进行盐析，再用 31% 的盐酸（也可用硫酸，则称硫酸分解法）分解，控制 pH=6～9.5，沉淀出微粒硅胶，经水漂洗、脱水、干燥、粉碎、过筛，制得沉淀二氧化硅。

$$Na_2O \cdot xSiO_2 + HCl + H_2O \longrightarrow$$
$$SiO_2 \cdot nH_2O + NaCl$$

2. 碳化法

由硅砂与纯碱高温熔融，将熔融物溶解，通入二氧化碳气（含 CO_2 30%～35%）进行碳化中和 6～8h，用水洗涤，加入硫酸调节至 pH 值为6～8 进行第二次洗涤，脱水，干燥至含水量≤6%，粉碎至 200～350 目得沉淀二氧化硅成品。

3. 稻壳法

将稻壳在严格控制温度的条件下炭化，以除去稻壳中的有机物，并使稻壳中的水合二氧化硅不被破坏。炭化后的稻壳在一定浓度的碳酸钠水溶液中，在常压一定温度下溶煮，使炭化后稻壳中水合二氧化硅溶出，溶出率可达90%，溶出的水合二氧化硅经过滤、洗涤、喷雾干燥，得到沉淀二氧化硅成品。

【质量标准】 GB 10517—89

二氧化硅/%	≥90
颜色	优于或等于标样
筛余物(45μm)/%	≤0.5
加热减量/%	4.0～8.0
灼烧减量/%	≤7.0
pH 值	5.0～8.0
总含铜量/(mg/kg)	≤30
总含铁量/(mg/kg)	≤1000
总含锰量/(mg/kg)	≤50
DBP吸收值/(cm^3/g)	≤2.00～3.50

【用途】 白炭黑约70%用作天然橡胶和合成橡胶的补强填料，其他用于合成树脂的填料、油墨增稠剂、涂料中颜料的防沉淀剂、消光剂、车辆及金属软质抛光剂以及乳化剂中的防沉降剂。还可用作农药载体和轻量新闻纸的填料。由于白炭黑电绝缘性好、生热低、制品颜色浅和不污染等优点，也广泛用于胶管、胶带、耐热垫片、胶辊和医疗制品中。

【生产单位】 南昌化工原料厂，苏州东吴化工厂，通化市第二化工厂，内蒙古乌海化工厂，广州人民化工厂，青岛泡花碱厂，青岛海洋化工厂，上海沪东化工厂，江苏扬中县联合化工厂，广东台山磷肥厂，安徽马鞍山市化工厂，湖北襄樊市襄阳化工厂，四川自贡化工研究院，浙江萧山石英化工厂，福建泰宁县化工二厂，河北黄骅市化工二厂，湖北远安精细化工厂，湖南娄底地区湘中化工厂。

Bh029 滑石粉

【英文名】 Talc

【别名】 滑石；含水硅酸镁；Talk；Talcum Powder

【结构式】 $3MgO \cdot 4SiO_2 \cdot H_2O$

【分子量】 379.22

【性质】 滑石是一种富镁质层状的含水硅酸盐矿物。单斜晶系，通常呈叶片状、鳞片状、粒状、纤维状集合体或致密块体。颜色为白色、浅绿色、浅灰色、浅黄色、浅褐色或粉红色等。有时被杂质染成绿色、黑色或深灰色。玻璃光泽或油脂光泽，解理面呈珍珠光泽。硬度 1～1.5，是硬度最低的矿物，密度 2.7～2.8g/cm^3。具有滑腻感和润滑性。在紫外线照射下发白色荧光。有较高的电绝缘性和绝热性，耐火度高达 1490～1510℃。有亲油疏水性和吸附性，不溶于水，化学性质稳定。纯净的滑石与强酸强碱通常都不起反应。由富含镁的基性岩碳酸盐经热液交代和超基性岩蚀变而成。

【制法】 中国滑石矿床有露天开采也有地下开采。地下开采以平硐为主，采矿方法多用自然崩落法、无底柱分层崩落法。选矿普遍采用手选、干磨空气分级。

【质量标准】 塑料级、橡胶级、化妆品级、医药-食品级滑石粉产品质量应符合国家标准 GB 15342—94。

1. 塑料级滑石粉

指 标 名 称		优等品	一等品	合格品
白度/%	≥	90.0	85.0	80.0
细度(45μm 通过率)/%	≥	99.0	98.0	95.0
粒度分布累计含量/%				
<20μm	≥	80.0	72.0	60.0
<10μm	≥	50.0	36.0	26.0
<5μm	≥	30.0	16.0	12.0
二氧化硅/%	≥	61.0	58.0	55.0
氧化镁/%	≥	31.0	29.0	27.0
氧化钙/%	≤	0.50	1.50	4.50
氧化铝/%	≤	1.00	2.00	3.00
氧化铁/%	≤	0.50	1.00	1.50
水分/%	≤	0.50	0.50	1.00
烧失量(1000℃)/%	≤	6.00	8.00	9.00
体积密度/(g/cm³)				
松密度	≤	0.45	0.55	0.65
紧密度	≤	0.90	0.95	1.00

2. 橡胶级滑石粉

指 标 名 称		优等品	一等品	合格品
细度(75μm 通过率)/%	≥	99.9	99.5	99.0
水分/%	≤	0.5	0.7	1.0

续表

指 标 名 称		优 等 品	一 等 品	合 格 品
烧失量(1000℃)/%	≤	7.00	9.00	24.00
pH 值		8.0～10.0	8.0～10.0	8.0～10.0
酸溶物/%	≤	6.0	15.0	20.0
酸溶铁(以 Fe_2O_3 计)/%	≤	1.00	2.00	3.00
可溶铜/%	≤	0.005	0.005	0.005
可溶锰/%	≤	0.05	0.05	0.05

3. 化妆品级滑石粉

指 标 名 称		优 等 品	一 等 品	合 格 品
白度/%	≥	90.0	85.0	80.0
细度/%				
75μm 通过率	≥	98.0	98.0	98.0
45μm 通过率	≥	98.0	98.0	98.0
水分/%	≤	0.5	0.5	1.0
烧失量(1000℃)/%	≤	5.50	6.50	7.00
水溶物/%	≤	0.1	0.1	0.1
酸溶物/%	≤	1.5	2.0	4.0
砷/%	≤	3×10^{-4}		
铅/%	≤	20×10^{-4}		
铁盐		不即时显蓝色		
闪石类石棉矿物		X 射线衍射分析不得发现		
细菌(总数)/(个/g)	≤	500		
霉菌/(个/g)	≤	100		
致病菌(主要是指大肠杆菌、葡萄球菌、绿脓杆菌)	≤	不得检出		

4. 医药、食品级滑石粉

指 标 名 称		优 等 品	一 等 品	合 格 品
性状		无臭、无味、无砂性颗粒,有润滑感		
白度/%	≥	90.0	85.0	80.0
细度/%				
75μm 通过率	≥	98.0	98.0	98.0
45μm 通过率	≥	98.0	98.0	98.0
水分/%	≤	0.5	0.5	1.0
烧失量(1000℃)/%	≤	6.00	6.50	6.50
水溶物/%	≤	0.1	0.1	0.1
酸溶物/%	≤	1.5	1.5	1.5
砷/%	≤	3×10^{-4}		
铅/%	≤	10×10^{-4}		
重金属/%	≤	40×10^{-4}		
铁盐		不即时显蓝色		
酸碱性		石蕊试纸呈中性反应		
细菌(总数)/(个/g)	≤	500		
霉菌/(个/g)	≤	100		
致病菌(主要是指大肠杆菌、葡萄球菌、绿脓杆菌)	≤	不得检出		

5. 涂料级滑石粉

指　标　名　称		优 等 品	一 等 品	合 格 品
白度/%	≥	80.0	75.0	70.0
细度,45μm 通过率/%	≥	99.0	98.0	97.0
粒度分布累积含量/%				
＜20μm	≥	95	80	70
＜10μm	≥	70	50	40
＜5μm	≥	40	30	20
水分/%	≤	0.5～1.0		
吸油量/%		20.0～50.0		
烧失量(1000℃)/%	≤	7.00	8.00	28.00
水溶物/%	≤	0.5		
pH 值		8.0～10.0		

6. 造纸级滑石粉

指　标　名　称		优等品	一等品	低碳酸盐滑石 合格品	高碳酸盐滑石 合格品
白度/%	≥	90.0	85.0	80.0	80.0
尘埃/(mm/g)	≤	0.4	0.6	0.8	1.0
碳酸钙/%	≤	2.5	3.0	3.5	4.0
酸溶铁(以 Fe_2O_3 计)/%	≤	0.80	1.00	1.50	1.00
pH 值		8.0～9.0			8.0～10.0
水分/%		0.5		1.0	
烧失量(800℃)/%	≤	6.00	8.00	12.00	22.00
磨耗度(铜网)/mg	≤	80.0	100.0	—	—
细度,45μm 通过率/%	≥	98.0	96.0	95.0	
吸油量/%		20.0～50.0			

7. GB 15341—94(化妆品块滑石)

指　标　名　称		优 等 品	一 等 品	合 格 品
白度/%	≥	90.0	85.0	80.0
烧失量(1000℃)/%	≤	5.50	6.00	6.50
水溶物/%	≤	0.1	0.1	0.1
酸溶物/%				
化妆品用块	≤	1.5	2.0	4.0
医药-食品用块	≤	1.5	1.5	1.5
二氧化硅/%	≥	61.0	59.0	58.0
氧化镁/%	≥	31.0	30.0	29.0
氧化钙/%	≤	0.50	1.00	1.50
氧化铝/%	≤	1.00	1.50	2.00

续表

指 标 名 称		优等品	一等品	合格品
氧化铁/%	≤	0.50	1.00	1.30
砷/%	≤	3×10^{-4}	3×10^{-4}	3×10^{-4}
铅/%	≤	10×10^{-4}	10×10^{-4}	10×10^{-4}
铁盐		不即时显蓝色		
闪石类石棉矿物		X射线衍射分析不得发现		

8. GB 15341—94 工业滑石

指标名称		大块和中块滑石			小粒滑石 1号	小粒滑石 2号	小粒滑石 3号
		优等品	一等品	合格品			
白度/%	≥	90.0	85.0	80.0	80.0	75.0	60.0
烧失量(1000℃)/%	≤	6.00	8.00	12.00	—	—	—
二氧化硅/%	≥	61.0	58.0	53.0	54.0	48.0	35.0
氧化镁/%	≥	31.0	29.0	27.0	29.0	27.0	25.0
氧化钙/%	≤	0.50	1.20	2.50	2.50	5.00	—
氧化铝/%	≤	1.00	1.50	2.00	2.00	3.00	—
氧化铁/%	≤	0.50	1.00	1.50	1.50	2.50	—

【用途】　滑石在化学工业中用作塑料、橡胶、涂料、印墨、油彩、化妆品的填料及化肥、农药、医药的载体。还广泛用于冶金、造纸、军工、油毡、电缆、陶瓷、纺织、食品、建材、工艺雕刻等部门。

【生产单位】　上海安化化工有限公司，上海文珺化工有限公司，辽宁省海城市马凤镇海城滑石矿，本溪县滑石矿，海城市水泉滑石矿，宽甸县甫子沟滑石矿，宽甸县滑石矿，广西壮族自治区龙胜县三门乡广西滑石矿，龙胜县瓢里大桥头龙胜县滑石矿，山东省海阳县滑石矿，栖霞县滑石矿，掖县滑石矿，陕西省地矿局矿物应用研究所，山西省平度县滑石矿，上海矿产原料厂，陕西西安石膏厂。

Bh030　锌粉

【英文名】　Zinc；Zinc Powder

【别名】　AsarcoL 15；Blue Powder；Ecka 4；Rheinzink；Stapa TE Zinc AT；Zinc Dust 3；Zinc Flakes GTT；Zincsalt GTT

【结构式】　Zn

【分子量】　65.38

【性质】　锌为蓝白色金属（紧密堆积六方晶系）。熔点419.58℃，沸点907℃。密度7.14g/cm³。锌颜料的粒子结构有粒状及鳞片状两种，鳞片状锌粉有较大的遮盖力。在大气中有相当高的耐蚀性，但在酸式盐和碱式盐中不耐蚀。溶于无机酸、碱、醋酸，不溶于水。

【制法】

1. 雾化法

在反射炉或转炉中，将牌号为Zn-4，纯度为99.5%的金属锌锭加热至400～600℃熔融。锌熔化后移入耐火材料坩埚内，在加热保温条件下雾化，压缩空气工作压力为0.3～0.6MPa。雾化冷却后的锌粉在锌粉集尘器中收集，再进入多层振动筛，通过筛体振动，不同网目的筛面将锌粉筛分成不同细度的制品移入包装桶。

2. 湿式球磨法

湿式球磨法可制造鳞片状锌粉浆。将雾化锌粉与脂肪烃溶剂、少量的润滑剂置于球磨机内研磨，达到要求细度并形成鳞片锌粉时排出料浆进行过滤，形成含量为90％以上的滤饼，滤饼经过混合后即为涂料用锌粉浆，锌粉浆的金属含量在90％以上。

【质量标准】　GB/T 6890—2000

① 按化学成分分为一级、二级、三级、四级四个等级。按粒度分为FZn30、FZn45、FZn90、FZn125四种规格。

② 化学成分应符合下列规定。

等　级	化学成分/％					
	主品位不少于		杂质不大于			
	全锌	金属锌	Pb	Fe	Cd	酸不溶物
一级	98	96	0.1	0.05	0.1	0.2
二级	98	94	0.2	0.2	0.2	0.2
三级	96	92	0.3	—	—	0.2
四级	92	88	—	—	—	0.2

注：以含锌物料为原料生产的四级锌粉，其含硫量应不大于0.5％。

③ 粒度应符合下列规定。

规　格	筛余物不大于		粒度分布/％≥	
	最大粒径/μm	含量/％	30μm以下	10μm以下
FZn30	45	—	99.5	80
FZn45	90	0.3	—	—
FZn90	125	0.1	—	—
FZn125	200	1.0	—	—

④ 锌粉用作与饮用水接触的涂料时，杂质铅和镉的含量应分别不大于0.01％。

⑤ 生产立德粉用的锌粉，铅含量可不做规定；生产保险粉用的锌粉，除金属锌和筛余物外，其他成分可不规定。

⑥ 需方如对化学成分或粒度有特殊要求时，由供需双方商定。

⑦ 外观呈灰色，锌粉内不应混入外来夹杂物。

【用途】　主要用于防腐涂料。此外，也用于染料、冶金、化工及制药等工业。

【生产单位】　葫芦岛锌厂，吉化公司染料厂，上海硫酸厂，湖南湘潭市电石厂，江苏无锡市大众化工厂，贵阳化工原料厂，兰州化工原料厂，石家庄恒源锌业有限公司公司，天津市大港区盛达锌品有限公司，扬州盛丰锌业有限公司。

Bi　黄色颜料

黄色无机颜料也是一类很重要的无机颜料，主要有铬黄、镉黄、钛黄、氧化铁黄、透明铁黄等。

(1) 铬黄　铬黄的化学成分是 $PbCrO_4$，$PbSO_4$，$PbCrO_4 \cdot PbO$。色相由带绿的黄色到橙色。铬黄的品种繁多，按色泽和组成分为 5 类即柠檬铬黄、浅铬黄、中铬黄、深铬黄和桔铬黄。铬黄的相对密度 5.6～6.6（对水），折射率 2.10～2.70。有较好的耐溶剂性、分散性、耐光性、耐候性、遮盖力，但耐碱性欠佳。铬黄作为一种色彩鲜艳的黄色颜料，广泛用于涂料和油墨中，也可作塑料和橡胶的着色剂、绘画的颜料，但因其具有毒性，使用受到限制。铬黄于 19 世纪 20 年代初开始工业化生产，它主要是以醋酸铅或硝酸铅为原料，用湿法制得。

(2) 镉黄　镉黄是一种古老的黄色颜料，其基本化学成分为硫化镉或硫化镉和硫化锌的固溶体。其色相范围可从淡黄经正黄，直至红光黄。一般只含着色成分的产品为纯正品，以硫酸钡为体质颜料，含量为 60% 的产品叫镉钡黄型。依硫化镉的组成不同，其色相可分为淡镉黄、亮镉黄、中镉黄和橙镉黄等几种。镉黄的晶型有两类，一类是高温稳定的 α 型，属六方晶型，另一类为低温稳定的 β 型，属立方晶型。在常温至 500℃ 范围时，两种晶型都可以共存。镉黄相对密度为 4.38～4.58，浅黄的密度较深黄小，β 型较 α 型亲油性强。镉黄耐碱，但不耐稀酸，它不溶于水和有机溶剂，不与 H_2S 反应，着色力较强，遮盖力好，耐光、耐候性优良，不迁移，不渗色；但耐磨性欠佳。镉黄成本较低而且性能优良，故广泛用于塑料制品的着色，此外也用于搪瓷、玻璃的着色，但其为有毒颜料，使用受到限制。镉黄的制法有湿法和干法两种，目前主要以湿法生产。

(3) 钛黄　钛黄为黄色粉末，化学组成为 TiO_2-NiO-Sb_2O_3 三成分体系，故称钛镍黄。钛黄的固溶体是由发色元素镍和锑在 1000℃ 左右高温通过热扩散方式进入 TiO_2 的晶格中，从而产生鲜艳的黄色，而且化学性质也稳定，其晶型与金红石型 TiO_2 相同。

钛黄的最大特点为耐热性极佳，可达 1000℃ 高温而不发生变化。它在酸、碱、氧化剂、还原剂及硫化物中都很稳定。它有优异的耐候性及耐久性，甚至胜过金红石型钛白。钛黄缺点是色浅、着色力低、粒粗，故分散性欠佳，但其遮盖力强，毒性极小。钛黄主要用作卷钢涂料、车辆涂料、航空涂料，也用于玩具涂料、塑料着色、印刷油墨及其他要求耐酸碱腐蚀的设备、墙壁涂料。钛黄的生产是将钛铁矿用硫酸进行酸解，把所得的溶液水解，生成水合 TiO_2，再加入氧化镍和氧化锑，煅烧粉碎而成。

除以上三种黄色颜料外，还有氧化铁黄、透明铁黄等，化学分子式为 $Fe_2O_3 \cdot H_2O$。它具有优良的着色力、遮盖力、耐光性，不溶于碱，微溶于酸，但热稳定性差，主要用于建筑工业的墙面粉饰，大理石及水泥制品的着色。其次也用作油墨、橡胶着色和造纸工业等。

Bi001 钡铬黄

【英文名】 Baryta Yellow

【登记号】 CAS［10294-40-3］；C. I. 77103

【别名】 C. I. 颜料黄31；钡黄；铬酸钡

【分子式】 $BaK_2(CrO_4)_2$ 或 $BaCrO_4 \cdot K_2CrO_4$

【性质】 钡铬黄中铬酸钡是一种奶黄色的粉末，着色力极低。其中 BaO 含量不低于 56%，CrO_3 含量不低于 36.5%。铬酸钡钾是柠檬黄色粉末，密度为 3.65g/cm^3，折射率是 1.9，吸油量 11.6%，有一定的水溶性。钡铬黄是有毒的颜料。

钡铬黄有两种，一种主要成分是铬酸钡（$BaCrO_4$），另一种主要成分是铬酸钡钾，是铬酸钡同铬酸钾的复盐。

【制法】

1. 生产原理

氯化钡与铬酸钠发生复分解反应，得到铬酸钡。

$$BaCl_2 + Na_2CrO_4 \longrightarrow BaCrO_4 \downarrow + 2NaCl$$

铬酸钡钾一般采用干法。碳酸钡粉末与重铬酸钾粉末混匀后煅烧，于 650～700℃下生成铬酸钡钾。

$$BaCO_3 + K_2Cr_2O_7 \longrightarrow$$
$$BaCrO_4 + K_2CrO_4 + CO_2 \uparrow$$

$$BaCrO_4 + K_2CrO_4 \longrightarrow Ba \begin{array}{c} O \\ \| \\ O-Cr-O-K \\ \| \\ O \\ O \\ \| \\ O-Cr-O-K \\ \| \\ O \end{array}$$

2. 工艺流程

（1）铬酸钡制法

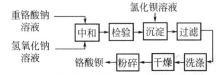

（2）铬酸钡钾制法

3. 技术配方

（1）铬酸钡制法

二水合氯化钡	122
二水合重铬酸钠	124.5
氢氧化钠	20

（2）铬酸钡钾制法

| 重铬酸钾 | 120 |
| 碳酸钡 | 172 |

4. 生产原料规格

氯化钡（$BaCl_2 \cdot 2H_2O$）是白色单斜晶体。相对分子质量为 224.28，密度为 3.097g/cm^3。在 113℃时失去结晶水成白色粉末。氯化钡易溶于水，微溶于盐酸和硝酸，几乎不溶于醇也不溶于丙酮，其水溶液有苦味。氯化钡对人畜均有害。其质量指标如下：

指标名称	二级
氯化钡($BaCl_2 \cdot 2H_2O$)含量/%	≥95.0
铁(Fe)含量/%	≤0.06
水不溶物含量/%	≤0.50

5. 生产工艺

将配制好的重铬酸钠溶液加入反应锅中，再加入恰好能中和重铬酸钠酸度的适量氢氧化钠溶液，搅拌后，将铬酸钠溶液稀释到相对密度为 1.11。取少量反应液，检验其中是否有硫酸根存在，若有硫酸根存在，则在反应液中加入少剂量的氯化钡溶液，使之生成硫酸钡沉淀，再将沉淀过滤去除。在澄清的反应液中加入反应量的氯化钡溶液，迅速不断搅拌，生成铬酸钡沉淀。一直到沉淀的滤液呈清水色，加入氯化钡溶液不产生沉淀为止，这时将沉淀洗净。所得颜料浆用压滤机过滤，并用水洗涤至洗水中仅含微量氯离子为止。将滤饼干燥、粉碎，即得成品。

【质量标准】

(1) 质量指标

外观	黄色粉末
色光	与标准品近似至微
着色力/%	为标准品的 100±5
吸油量/%	15~25
遮盖力/(g/m²)	≤145
水分及挥发物含量/%	≤1
细度(过 320 目筛余量)/%	≤3
钡含量(以 2BaO 计)/%	≥52
铬含量(以 CrO₃ 计)/%	≥32
水溶性氯离子(Cl⁻)含量/%	≤0.5
水溶性硝酸根(NO₃⁻)含量/%	≤0.5
水溶性铬化合物含量/(g/100mL)	≤0.1

(2) 遮盖力测定

① 试剂及仪器　6 号调墨油由纯亚麻仁油制，黏度在 25℃ 时为 0.14~0.16Pa·s 或涂-4 杯 38~42s，酸值不大于 7mgKOH/g，色泽铁钴比色不大于 7；黑白格玻璃板，包括磨砂玻璃、挡光板、灯源开关及 15W 日光灯。

② 颜料与油配料　颜料吸油量为 10%~20%，则颜料∶油＝1∶1.2；颜料吸油量为 20%~30%，则颜料∶油＝1∶2.5；颜料吸油量为 30%~40%，则颜料∶油＝1∶4；颜料吸油量为 45%，则颜料∶油＝1∶5（以 g 为单位）。

③ 测定　根据钡铬黄品种称取颜料与油的配比量。柠檬铬黄：颜料 2g，调墨油 5g；淡铬黄：颜料 2g，调墨油 5g；中铬黄：颜料 2g，调墨油 5g；深铬黄：颜料 5g，调墨油 6g；橘铬黄：颜料 5g，调墨油 6g。将上述配料置于平磨机磨砂玻璃板上，加入调墨油 1/3~1/2 置于同

一块玻璃板上，用调墨刀调匀，加 4.5kg 砝码（德国研磨机加 2.5kg 砝码）进行研磨，每研磨 25 转调和一次，共计 100 转。将颜料色浆放入容器，加入剩余的油，用调墨刀调匀，备用。然后在天平上称取黑白格质量，用漆刷蘸取颜料色浆均匀纵横交错地涂于黑白格上，涂刷时不允许颜料色浆在板的边缘黏附，在暗箱内距离磨砂玻璃 150~200mm，视线与板面倾斜成 30°角，在两支 15W 日光灯照射下观察，黑白格恰好被颜料色浆遮盖即为终点。将涂有颜料色浆的黑白格板称量。遮盖力可通过计算而得。

【用途】　用作防锈颜料。

【生产单位】　天津灯塔颜料有限责任公司，上海安化化工有限公司，上海文琚化工有限公司，山东蓬莱新光颜料化工公司，上海铬黄颜料厂，重庆江南化工有限公司，温州市百色得精细颜料化工有限公司，临海市百色得精细颜料化工有限公司，江苏双乐化工颜料公司，杭州百合颜料公司，山东蓬莱新光颜料化工公司，河南新乡海伦颜料公司，湖南邵东铬黄厂，上海骏马颜料厂，上海安化化工有限公司，江苏泰州中建实业公司，青岛城阳化工厂，西安油漆厂，河南新乡化工总厂，广州颜料化工厂，广东肇庆颜料厂，江苏泰州市化工厂，天津油漆总厂，天津灯塔颜料有限责任公司，济南油墨厂，沈阳油漆厂，哈尔滨颜料厂，包头化工颜料厂，昆明油漆厂，安徽芜湖造漆厂，江西萍乡市湘东铬黄厂，辽宁沈阳胜利化工厂，吉林安图县化工厂，黑龙江鸡西市化工二厂，福建漳州市化工厂，湖南新化县化工厂，广东海口市化工一厂，广西玉林镇颜料化工厂，云南嵩林县杨村化工厂，河北省故城县瑞祥化学工业公司。

Bi002　铬酸铅

【英文名】　Lead Chromate

【登记号】 CAS［1344-37-2］；C.I. 77600

【别名】 C.I. 颜料黄 34；铬黄（Chrome Yellow）；巴黎黄；可龙黄；铅铬黄

【分子式】 $PbCrO_4$

【分子量】 323.22

【性质】 本品为亮黄色单斜晶系结晶体。密度 $6.12g/cm^3$，熔点 844℃。折射率 2.42。不溶于水和油，溶于强碱类和无机强酸类。受热时分解放出氧气。着色力强，遮盖力高，耐水性和耐溶剂性优良，但耐碱性差、耐光性和耐热性中等。在大气中不会粉化、遇硫化氢变成黑色，长期受日光作用颜色变暗。其色光随原料配比和制造条件不同而异，通常有柠檬黄、浅铬黄、中铬黄、深铬黄和橘铬黄五种。

【制法】

1. 生产原理

将硝酸与一氧化铅反应生成硝酸铅，将硝酸铅与重铬酸钠、明矾和碳酸钠等反应生成铬酸铅沉淀，经压滤、干燥、粉碎而得成品。

$$PbO + 2HNO_3 \longrightarrow Pb(NO_3)_2 + H_2O$$
$$2Pb(NO_3)_2 \cdot Na_2Cr_2O_7 + H_2O \longrightarrow$$
$$2PbCrO_4 + 2NaNO_3 + 2HNO_3$$

2. 工艺流程

3. 技术配方

（1）氧化铅法

一氧化铅（99%）	690
重铬酸钠（$Na_2Cr_2O_7 \cdot 2H_2O$，98%）	450
硝酸（98%）	450

（2）硝酸铅法

硝酸铅（93%）	≥1100
碳酸钠（98.5%）	≥340
重铬酸钠（98%）	≥1000

4. 生产工艺

在溶解锅中加入水，再加入重铬酸钠并添加碳酸钠，制得铬酸钠溶液。另将硝酸铅溶于水中，过滤，硝酸铅溶液转入反应器中。反应器用碳钢制造，用不锈钢衬里（或衬以瓷砖），反应器装有搅拌器，搅拌下将重铬酸钠溶液加入反应器中的硝酸铅溶液中，发生复分解反应生成铬酸铅沉淀。静置 8～10h，倾去上清液。铬酸铅浆料离心分离，用水洗涤除尽可溶硝酸盐。沉淀物于 100℃下干燥，研磨过筛得铬酸铅。

【质量标准】

（1）GB/T 3184—93 质量规格

指标名称	柠檬铅黄	浅铬黄	中铬黄	深铬黄	橘铬黄
外观	柠檬色粉末	浅黄色粉末	中黄色粉末	深黄色粉末	橘黄色粉末
色光（与标准品相比）	近似至微	近似至微	近似至微	近似至微	近似至微
铬酸铅含量/%	≥50	≥60	≥90	≥85	≥55
水溶物含量/%	≤1.00	≤1.00	≤1.00	≤1.00	≤1.00
水萃取液 pH 值	4.0～7.0	4.0～7.0	5.0～8.0	5.0～8.0	5.0～8.0
水分含量/%	≤3.00	≤2.00	≤1.00	≤1.00	≤1.00
遮盖力/(g/m²)	≤95	≤75	≤55	≤45	≤40
着色力/%	≥95	≥95	≥95	≥95	≥95
吸油量/%	≤30	≤30	≤22	≤20	≤15

（2）铬酸铅测定

① 应用试剂   0.1mol/L硫代硫酸钠标准溶液；0.5%可溶性淀粉水溶液；碘化钾；盐酸-氯化钠混合液：在100mL氯化钠饱和溶液中，加150mL水、100mL盐酸混合。

② 测定   在碘量瓶中加入0.3～0.5g试样（准确至0.000 2g），加75mL盐酸-氯化钠混合液，加热溶解，然后稀释至150～200mL，冷却后加碘化钾2g，加10mL浓盐酸放置暗处5～10min，用0.1mol/L硫代硫酸钠滴定至溶液呈黄绿色，加淀粉指示剂3mL，继续滴定至溶液呈绿色即为终点。铬酸铅含量（W）按下式计算：

$$W = \frac{0.1077MV}{G} \times 100\%$$

式中，G为样品质量，g；V为耗用硫代硫酸钠标准溶液的体积，mL；M为硫代硫酸钠标准溶液的物质的量浓度。

【用途】   用作黄色颜料，广泛用于油漆、油墨、塑料、橡胶及文教用品着色，也用作氧化剂和制造火柴的原料。

【生产单位】   山东蓬莱新光颜料化工公司，上海铬黄颜料厂，上海安化化工有限公司，石家庄市佳彩化工有限责任公司，广东肇庆市化工颜料厂，浙江杭州市江南颜料化工厂，临海市百色得精细颜料化工有限公司，杭州红妍颜料化工有限公司，杭州佳彩化工有限公司，泰州中建实业有限公司。吉林伊通县第一化工厂，辽宁金县氧化铁颜料厂，重庆市新华化工厂，湖北武汉氧化铁厂，杭州市红卫化工厂，安徽合肥氧化铁颜料厂，福建三明市氧化铁颜料厂，河南新乡第二化工厂，湖南省坪塘氧化铁颜料厂，广州市楚天颜料化工有限公司。

Bi003 锌铬黄

【英文名】   Zine Chromat Yellow

【登记号】   CAS [37300-23-5]；C. I. 77955

【别名】   C. I. 颜料黄36；铬黄；铬酸锌；锌黄

【结构式】 $4ZnO \cdot CrO_3 \cdot 3H_2O \sim 4ZnO \cdot 4CrO_3 \cdot K_2O \cdot 3H_2O$

【性质】   锌铬黄为黄色粉末。其相对密度为3.36～3.97。微溶于水，吸油量为28%～46%，耐酸性一般，耐碱性较差，遮盖力、着色力很弱。毒性为LD_{50}为0.6～1.8g/kg。

锌铬黄分子式为$4ZnO \cdot xCrO_3 \cdot x/\alpha K_2O \cdot 3H_2O$。其主要成分是铬酸锌（$ZnCrO_4$），习惯上常以三氧化铬的含量（%）作为主要指标。一般锌铬黄含量为35%～45%。另一种碱式锌铬黄，不含铬酸钾，三氧化铬的含量在17%左右，分子式为$5ZnO \cdot CrO_3 \cdot 4H_2O$，又称四盐基锌铬黄。

由于原料配比的制法的差异，可以制得不同化学成分的锌铬黄。锌铬黄可以有一系列不同的化学组成，成分变动于$4ZnO \cdot CrO_3 \cdot 3H_2O$与$4ZnO \cdot 4CrO_3 \cdot K_2O \cdot 3H_2O$之间。

近似化学式	ZnO/%	CrO$_3$/%	K$_2$O/%	H$_2$O/%
$4ZnO \cdot 4CrO_3 \cdot K_2O \cdot 3H_2O$	37.5	45.2	11.2	5.8
$4ZnO \cdot 1.12CrO_3 \cdot 0.115K_2O \cdot 3H_2O$	64.2	22.1	2.1	11.0
$5ZnO \cdot CrO_3 \cdot 4H_2O$	70.28	17.27	—	12.43
$4ZnO \cdot CrO_3 \cdot 3H_2O$	65.2	19.7	—	12.0

【制法】

1. 生产原理

氢氧化锌与重铬酸钾反应制得锌铬黄。

$$4Zn(OH)_2 + 4K_2Cr_2O_7 + 4H_2O \longrightarrow 4ZnO \cdot 4CrO_3 \cdot K_2O \cdot 3H_2O +$$

$3K_2CrO_4 + H_2CrO_4 + 4H_2O$

工业上一般用氧化锌与重铬酸钾、硫酸作用，得到锌铬黄。

$4ZnO + H_2SO_4 + 2K_2Cr_2O_7 + 2H_2O \longrightarrow$

$4ZnO \cdot 4CrO_3 \cdot K_2O \cdot 3H_2O + K_2O$

2. 工艺流程

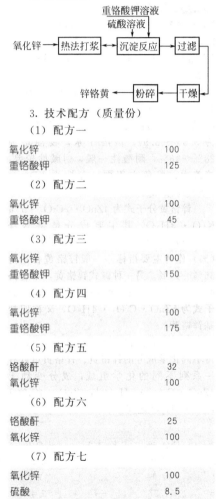

3. 技术配方（质量份）

（1）配方一

氧化锌	100
重铬酸钾	125

（2）配方二

氧化锌	100
重铬酸钾	45

（3）配方三

氧化锌	100
重铬酸钾	150

（4）配方四

氧化锌	100
重铬酸钾	175

（5）配方五

铬酸酐	32
氧化锌	100

（6）配方六

铬酸酐	25
氧化锌	100

（7）配方七

氧化锌	100
硫酸	8.5
铬酸酐	38

4. 生产原料规格

（1）氧化锌　氧化锌（ZnO）为白色粉末。相对分子质量为 81.37，密度是

$5.606g/cm^3$。无臭、无味、无砂性。受热变成黄色，冷却后又恢复白色。溶于酸、碱、氯化铵和氨水中，不溶于水和醇。不与硫化氢反应，吸收空气中的二氧化碳性质发生变化。其质量指标如下：

指标名称	二级	三级
氧化锌含量（以干品计）/%	≥99.4	≥98
锌含量/%		≤无	一
氧化铅含量/%		≤0.15	一
锰含量/%		≤0.0003	一
氧化铜含量/%		≤0.0005	一
盐酸不溶物含量/%		≤0.05	一
灼烧减量/%		≤0.2	一
细度（过325目筛余量）/%		一	全通
细度（过200目筛余量）/%		≤0.12	一
水溶物含量/%		≤0.15	一
遮盖力（以干颜料计）/(g/m²)		≤100	一
吸油量/%		≤20	一
着色力/%		≤95	一

（2）重铬酸钾　重铬酸钾（$K_2Cr_2O_7$）为橙红色三斜晶系晶体。相对分子质量为 294.19，密度为 $2.676g/cm^3$，熔点为 398℃。在 500℃分解。溶于水，不溶于乙醇，其水溶液呈酸性。重铬酸钾为强氧化剂，与有机物接触摩擦、撞击能引起燃烧。有毒。其质量指标如下：

指标名称	二级
外观	橙红色三斜晶系晶体
重铬酸钾（$K_2Cr_2O_7$）含量/%	≥99.0
氯化物（Cl⁻）含量/%	≤0.08
水不溶物含量/%	≤0.05

5. 生产工艺

将氧化锌颗粒均匀地分散到已装有一定量 80～90℃热水的反应锅中，不断搅拌，使浆液逐渐变稠。此时应严格控制反应锅中的加水量，水量太少，会因发稠而无法搅拌，水量太多则影响反应正常进行，母液中的铬酸盐溶解量也将会增多。待浆液冷却后，在 1h 内慢慢加入已配制

好的浓度为 $150\sim250g/L$ 的重铬酸钾溶液和硫酸溶液。加料完毕后，控制反应温度不超过 $40℃$，继续搅拌 $2\sim3h$，使反应完全。反应结束后，将反应液经压滤机过滤，用少量水漂洗滤饼，然后将滤饼送至干燥箱中干燥，再经适当粉碎后即得成品。生产过程中的含铬废水必须经处理达 Cr^{6+} 浓度 $\leqslant0.5mg/L$ 才能排放。

【质量标准】

（1）质量指标

指标名称	1号	2号	3号	4号
外观		柠檬黄色至淡黄色粉末		
色光（与标准品相比）	—	—	—	相似
着色力（与标准品相比）/%	—	—	—	100 ± 5
水分含量/%	$\leqslant1.0$	$\leqslant1.0$	$\leqslant1.0$	$\leqslant1.5$
吸油量/%	$\leqslant40$	$\leqslant40$	$\leqslant40$	$\leqslant30$
遮盖力（以干颜料计）/(g/m^2)	—	—	—	$\leqslant110$
三氧化铬含量/%	$\geqslant17$	$\geqslant35\sim45$	$\geqslant19\sim22$	$\geqslant40$
氧化锌含量/%	$68.5\sim72$	$35\sim45$	$61\sim65$	$39\sim43$
氯化物含量/%	$\leqslant0.1$	$\leqslant0.1$	$\leqslant0.1$	

注：1号、2号、3号为防锈锌铬黄，4号为普通锌铬黄。

（2）着色力测定

① 试剂 4号调墨油（纯亚麻仁油制）：$25℃$ 时黏度为 $2.6\sim2.8Pa\cdot s$，色泽不大于8号铁钴比色，酸值不大于 $8mgKOH/g$；颜料 $0.1g$；锌钡白 $2.0g$；调墨油 $0.8mL$；冲淡倍数20倍。

② 测定 称取试样和标准样各 $0.1g$（准确至 $0.0002g$），锌钡白各 $2g$（准确至 $0.0002g$），分别置于描图纸折成的槽内。将标准样品放在平磨机磨砂玻璃上，再将 $2g$ 锌钡白放在同一磨砂玻璃上，用注射器抽取 $0.8mL$ 调墨油，放入上述标准品中，然后用调墨刀将颜料、锌钡白、调墨油调匀。分四点放在离玻璃中心边缘 $1/4$ 处，加 $4.5kg$ 砝码（德国研磨机加 $2.5kg$ 砝码）进行研磨，每研磨50转调和一次，共四次，计200转，研磨完毕，将色浆刮入描图纸内。试样色浆的制备方法与标准品相同。然后将研磨的色浆，用调墨刀挑取少许于画板印刷纸上，标准品放在右边。试样放在右边，两个色浆顶端的平行间距约为 $15mm$，用刮片均匀地刮下，在散射光线下，立即观察墨色的深浅，以比较着色力的强弱，当试样色力大于或小于标准品的着色力时，应增减标准品的用量（调墨油和锌钡白的用量不变）再研磨后比较。则着色力（x_1）按下式计算：

$$x_1=(G_1/G)\times100\%$$

式中，G_1 为标准品的质量，g；G 为试样的质量，g。

注：按国家标准抽取调墨油温度为 $(25\pm2)℃$，恒温条件操作。

【用途】 主要用于配制各类防锈漆。锌铬黄是重要的军用涂料的防锈颜料。

【生产单位】 临海市百色得精细颜料化工有限公司，江苏双乐化工颜料公司，杭州百合颜料公司，山东蓬莱新光颜料化工公司，河南新乡海伦颜料公司，湖南邵东铬黄厂，上海骏马颜料厂，上海安化化工有限公司，江苏泰州中建实业公司，青岛城阳化工厂，西安油漆厂，河南新乡化工总厂，广州颜料化工厂，广东肇庆颜料厂，江苏泰州市化工厂，天津油漆总厂，天津灯塔颜料有限责任公司，济南油墨厂，沈阳油漆厂，哈尔滨颜料厂，包头化工颜料厂，昆明油漆厂，安徽芜湖造漆厂，江西萍乡市湘东铬黄厂，辽宁沈阳胜利化工厂，吉林安图县化工厂，黑龙江鸡西市化工二厂，福建漳州市化工厂，湖南新化县化工厂，广东海口市化工一厂，广西玉林镇颜料化工厂，云南嵩林县杨村化工厂，河北省故城县瑞祥化学工业公司。

Bi004　氧化铁黄

【英文名】　Yellow Iron Oxide

【登记号】　CAS [51274-00-1]；C. I. 77492

【别名】　C. I. 颜料黄42；铁黄G301；铁黄羟基铁；含水氧化铁；氧化氢氧化铁

【结构式】　$\alpha\text{-}Fe_2O_3 \cdot H_2O$

【分子式】　$Fe_2O_3 \cdot H_2O$ 或 $Fe_2O_3 \cdot nH_2O$

【分子量】　177.72

【质量标准】　(GB 1862)

(1) 产品规格

指标名称	一级品	二级品
外观	黄色粉末	黄色粉末
色光(与标准品相比)	近似至微似	稍似
吸油量/%	25~35	25~35
水分含量/%	≤15	≤15
细度(过320目筛余量)/%	≤0.5	≤1
水萃取液pH值	3.5~7	3~7
水溶物含量/%	≤0.5	≤1
氧化铁(干品)含量/%	≥86.0	≥80.0

(2) 氧化铁黄含量测定

① 应用试剂　6mol/L 盐酸溶液；0.5%二苯胺磺酸钠溶液；1/6×0.1mol/L 重铬酸钾标准溶液：用 4.9035g（准确至 0.0001g）在 120℃烘至恒重，将重铬酸钾（基准试剂）溶于 500mL 蒸馏水中，稀释至 1000mL，暗处保存；氧化亚锡溶液：10g 氯化亚锡溶于 33.3mL 盐酸中，加水稀释至 100mL，需要新鲜配制；氯化高汞饱和溶液：用氯化高汞溶于水成饱和状态；硫磷混合液：取 150mL 浓硫酸及 150mL 浓磷酸溶于 500mL 水中，并稀释至 1000mL（配制过程，酸稀释时放热，必须冷却）。

② 测定　在 500mL 锥形瓶中，加入 0.3g 样品，加入 6mol/L 盐酸，锥形瓶口上盖一小漏斗，以防止瓶内溶液溅出。加热使其全部溶解后加 100mL 水冲洗漏斗及锥形瓶口，加热至微沸，然后将氯化亚锡溶液逐滴加入微沸液中至溶液黄色刚好褪尽，再多加一滴。加入 100mL 水，将溶液冷却至室温，加 6mL 氯化高汞饱和溶液，用力摇荡 3min，加 20mL 硫磷混合液及 5~7 滴二苯胺磺酸钠指示剂，用 (1/6)×0.1mol/L 重铬酸钾标准溶液滴定至紫色，保持 30s 不褪色即为终点。则氧化铁的含量（W）按下式计算：

$$W = \frac{0.07985 \times 6MV}{G} \times 100\%$$

式中，G 为样品质量，g；M 为重铬酸钾标准溶液物质的量浓度，mol/L；V 为耗用重铬酸钾标准溶液的体积，mL。

【性质】　氧化铁黄呈黄色粉末状。色泽带有鲜明而纯洁的赭黄色，并有从柠檬色到橙色一系列色光。当氧化铁黄被加热至 150℃以上时开始脱水变色，逐渐形成氧化铁红。氧化铁黄的遮盖力及着色力都很强，具有优良的耐光性、耐候性、耐碱性及耐污浊气体的性能。但不耐高温、不耐酸，易被热的浓强酸溶解。

【制法】

1. 生产原理

以废铁与硫酸作用生成硫酸亚铁，再与氢氧化钠作用制成晶核，在晶核悬浮液中加入硫酸亚铁溶液与铁屑，经加热氧化而生成氧化铁黄。

操作采用装有多孔板的木桶，加入废铁屑、氢氧化铁和硫酸亚铁溶液，从木桶底部通入压缩空气，通过分布板小孔均匀冒出进行氧化反应。氧化反应温度控制在 40℃（通过水蒸气调节），反应时间 41h，氢氧化亚铁浓度为 8%。氧化反应结束得到淡黄色氧化铁黄，调节酸度使氧化铁黄沉淀，经分离除去杂质，最后经干燥得成品。

$$4H_2SO_4 + 4Fe + 28H_2O \longrightarrow$$
$$4H_2\uparrow + 4FeSO_4 \cdot 7H_2O$$
$$4FeSO_4 \cdot 7H_2O + O_2 \longrightarrow$$
$$2Fe_2O_3 \cdot H_2O\downarrow + 4H_2SO_4 + 22H_2O$$

2. 工艺流程

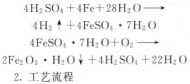

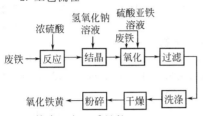

3. 技术配方（质量份）

废铁(不含其他金属杂质)	1100
硫酸(100%)	250
氢氧化钠(98%)	35

4. 生产原料规格

废铁：废铁即钢铁的边角废料，如铁屑、废铁片、废铁丝等。废铁上的油污应清洗掉，中间夹有的锌、铅等其他金属及非金属杂物应选出弃去。

铁的元素符号为Fe，为银白色金属，密度为7.86g/cm³。纯铁熔点1535℃，沸点3000℃。含有杂质的铁在潮湿空气中逐渐生锈。铁溶于硫酸、盐酸、稀硝酸中。

5. 生产工艺

（1）工艺一　将废铁和水放入硫酸亚铁反应锅中，然后渐渐注入浓硫酸，使废铁溶解成硫酸亚铁。

将反应好的硫酸亚铁注入计量槽内，然后用泵打入晶核反应锅中，与加入的氢氧化钠溶液作用生成绿色的氢氧化亚铁。然后在常温下通入空气进行氧化，溶液逐渐转变为淡土黄色时，反应结束，停止通入空气，制成晶核悬浮液。将晶体核悬浮液注入成品反应锅（氧化锅），同时加入废铁和硫酸亚铁，通入蒸汽加热，在70～75范围内通入空气进行氧化，此时空气中的氧将亚铁离子氧化，生成氧化铁的一

水物，并以晶核为核心，包裹在外层，颜料粒子逐渐增大，色泽由浅到深，直到其颜色和标准样品相同时，即可停止氧化。反应中生成的硫酸又与铁屑作用生成硫酸亚铁。硫酸亚铁又继续被氧化为氧化铁黄。

将氧化结束的成品过滤，去掉反应的铁屑，成品液料进入贮槽，然后用回转式真空抽滤机将含有硫酸亚铁的母液滤去。再用水洗，直到洗涤水中的可溶性盐下降到规定的指标。将漂洗干净的氧化铁黄送入喷雾干燥器干燥，即得氧化铁黄。然后经粉碎，过筛即得成品。

（2）工艺二　将铁屑放置在反应器的花板上，随即加入硫酸亚铁溶液，溶液浓度以含6%～10%硫酸亚铁为合适。加入氢氧化铁晶体核。把溶液加热到60～80℃。然后通过空气管输入空气。金属铁的氧化立刻开始。经过48h左右，然后观察产品的色光及沉降速度而确定氧化是否已经完成。氧化完成的产品呈淡黄色或所需要的颜色。酸度控制在氧化铁黄可以沉淀，而其他杂质如锌、锰及低价铁盐等不能沉淀，这样可以将氧化铁黄与杂质分开。用压滤机把沉淀物分开。然后进行洗涤，直至洗液中不再有铁盐存在为止，再经干燥、研磨、过筛。硫酸亚铁溶液在过程中循环使用。

【用途】　为廉价的黄色颜料，广泛使用于建筑、涂料、橡胶、塑料和文教用品的着色，以及作为氧化铁系颜料的中间体（制造氧化铁红和氧化铁黑等）。

【生产单位】　上海氧化铁颜料厂，上海高桥氧化铁厂，杭州凯丽化工有限公司，江苏常熟铁红厂，江苏如皋氧化铁颜料厂，宜兴市宇星颜料厂，广州染料化工厂，山东蓬莱县颜料厂，天津油漆厂，天津灯塔颜料有限责任公司，广西柳州跃进化工厂，山西阳泉氧化铁厂，黑龙江哈尔滨颜料厂，吉林伊通县第一化工厂，辽宁金县

氧化铁颜料厂，北京矿物局林场铁红厂，重庆市新华化工厂，湖北武汉氧化铁厂，杭州市红卫化工厂，安徽合肥氧化铁颜料厂，福建三明市氧化铁颜料厂，河南新乡第二化工厂，湖南省坪塘氧化铁颜料厂，广州市楚天颜料化工有限公司。

Bi005　C.I.颜料黄 32

【英文名】　C.I.Pigment Yellow 32

【登记号】　CAS［7789-06-2］；C.I.77839

【别名】　铬酸锶；锶黄；801 柠檬锶铬黄；801 永固柠檬黄；柠檬锶铬黄；锶铬黄；Chromic Acid, Strontium Salt（1∶1）；Strontium Chromate（Ⅵ）（6CI, 7CI）；Chromium Strontium Oxide(CrSrO₄)；Deep Lemon Yellow；Lemon Strontium Chrome Yellow；Pigment Yellow 32；Strontium Chromate；Strontium Chromate（1∶1）；Strontium Chromate（SrCrO₄）；Strontium Chromate 12170；Strontium Chrome Yellow；Strontium Yellow；Sutokuro T

【结构式】　$SrCrO_4$

【分子量】　203.61

【性质】　淡黄色结晶或粉末。密度 3.67～3.77g/cm³。耐光性 4～5 级，油渗性为 1 级，耐酸耐碱为 3 级。耐有机溶剂，对高温作用稳定，在 550℃下煅烧 1h 色光不变，并具有较好的防锈性能，无油渗性。耐光性较铅铬黄、锌铬黄均强，但耐酸和耐碱性略差，遮盖力和着色力也较低。遇碱分解，在无机酸中能完全溶解。有毒。

【制法】

①　将 26.2g（0.1mol）重铬酸钠溶于 150mL 水中配成重铬酸钠水溶液。另将 10.6g（0.1mol）碳酸钠溶于 100mL 水中配成水溶液。搅拌下将上述两种溶液混合反应，生成铬酸钠溶液。称取 31.8g（0.2mol）氯化锶溶于 160mL 水中配成氯化锶溶液，然后在搅拌下将其加入制备好

的铬酸钠溶液中，升温至 45～50℃，搅拌 20min，过滤、水洗、干燥、粉碎。

$$Na_2Cr_2O_7 + Na_2CO_3 \longrightarrow 2Na_2CrO_4 + CO_2$$
$$Na_2CrO_4 + SrCl_2 \longrightarrow SrCrO_4 + 2NaCl$$

②　将 29.5g（0.2mol）SrCO₃ 粉末与 15.2g（0.1mol）Cr₂O₃ 粉末混匀后，置于高温炉中，通氧气，在 800℃煅烧 20h 制得铬酸锶。

$$4SrCO_3 + 2Cr_2O_3 + 3O_2 \longrightarrow 4SrCrO_4 + 4CO_2$$

【质量标准】　企业标准。津 Q/HG 1-1689—81

外观	柠檬黄色粉末
锶（以 SrO 计）/%	≥43
铬（以 CrO 计）/%	≥41
氯化物（以 Cl⁻ 计）/%	≤0.1
硫酸盐（以 SO₄²⁻ 计）/%	≤0.2
水分及挥发物/%	≤1.0
吸油量/%	20～35
遮盖力/(g/m²)	150
萃取液中的铬含量（CrO₃/100mL）/%	≤0.1
筛余物（通过 325 目）/%	≤3

【用途】　无机黄色颜料，主要用于制造高温涂料，有色金属的防锈底漆，也用于塑料、橡胶的着色以及各种拼色，也可用于玻璃、陶瓷、油墨工业。由于热稳定性高，用于航空工业，在剧烈的气候变化和较高的表面温度下，能获得良好的阻蚀效果。

【生产单位】　上海铬黄颜料厂，上海铬黄颜料厂苏州市分厂，上海天梱化工有限公司，上海品奥涂料有限公司，天津油漆总厂，天津灯塔颜料有限责任公司，北京市庆盛达化工技术有限公司，重庆中顺化工有限公司，重庆鑫港精细化工有限公司，重庆华南化工有限公司，广东光华化学厂有限公司。

Bi006　C.I.颜料黄 37

【英文名】　C.I.Pigment Yellow 37

【登记号】 CAS [68859-25-6]；C.I.77199

【别名】 镉黄；钡镉黄；柠檬镉黄；中镉黄；Cadmium Lemon Yellow 1470-01；Cadmium Yellow；Cadmium Yellow 2240；Cadmium Yellow Dark；Cadmium Yellow X 2822；Cadmopur Yellow GS；Dark Cadmium Yellow；Light Cadmium Yellow；Pigment Yellow 37

【结构式】 $CdS \cdot ZnS$ 或 CdS

【性质】 纯镉黄的化学组成为硫化镉或硫化镉与硫化锌的固溶体。镉黄的颜色鲜艳而饱满（饱和度可达 80%～90%），其色谱范围可从淡黄、经正黄直至红光黄。含 ZnS 的镉黄，其黄色度随 ZnS 固溶量的增加而变浅，直至淡黄。工业生产的镉黄有浅黄（樱草黄）、亮黄（柠檬黄）、正黄（中黄）、深黄（金黄）和橘黄等几种。硫化镉亦可与碳酸镉组成混合物的橘黄，但不是固溶体。镉黄的颜色取决于同颜料胶态聚集体有关的二次因素，很大程度上取决于有凝结作用的阴离子化合价。镉黄粒子形态为球形或其聚集体。典型镉黄粒径为 $0.04～0.4\mu m$，孔半径 20～200nm，比表面积 $7～8m^2/g$。

CdS 的常温稳定形态有两种：一种是 β-CdS，属立方晶型；另一种是 α-CdS，属六方晶型。前者称为低温稳定型，耐热性 $\leq 500℃$；后者称为高温稳定型，熔点 $1405℃$，耐热性 $\geq 600℃$。在常温和 $500℃$ 范围内，两种晶型的镉黄可以稳定型共存。立方晶的单个晶粒粒径 $\leq 100nm$，而六方晶的单晶晶粒在 100～280nm。硫化镉黄在 $700℃$ 以上变为褐色，在 $980℃$ 氮气氛中升华但不分解，如有空气存在则完全氧化为 $CdSO_4$ 和 CdO。在潮湿与空气共同作用下，镉黄可氧化为有毒的硫酸镉。

镉黄不溶于水、碱、有机溶剂和油类，微溶于 5% 稀盐酸，溶于浓酸、稀硝酸及沸腾的稀硫酸（1：5）。镉黄不受硫化氢的影响。镉黄密度为 $4.5～5.9g/cm^3$，浅黄的密度比深黄的小。β-型比 α-型的亲油性强。镉黄研磨性好，易与胶黏剂研和，但耐磨性差。在干燥状态长久研磨颜色变暗，热处理可使变色的镉黄恢复原状。

镉黄色泽鲜明，有较强的着色力，耐光、耐候性优良，不迁移、不渗色，是一种性能优越的黄色无机颜料。镉黄因其不溶性在着色制品中是安全的，但它仍属有毒颜料。

【制法】 工业生产一般采用煅烧法或沉淀煅烧法。各种专用镉黄则采用合适的方法加工。

1. 煅烧法

煅烧时生成的氧化镉处于活化状态，立即与硫反应生成硫化镉。释放出的二氧化碳可阻止空气中的氧所引起的硫过早燃烧。但仍有部分硫被氧化为二氧化硫，因此炉料中的硫应比理论计算的过量，如每摩尔碳酸镉配以 1.2～1.5mol 的硫。煅烧法制镉黄的炉料配比碳酸镉：氧化锌：硫为 100：15：50（浅黄），100：5：47（正黄），100：0：50（深黄）。煅烧前将炉料置于球磨机内混合均匀。

煅烧温度一般为 $500～600℃$，煅烧时间为 1～2h。温度过高或时间过长，已生成的硫化镉有可能被氧化为硫酸镉。温度或时间不足，则会有红褐色或黑色的氧化镉存在。煅烧宜采用传热均匀的转炉或马弗炉，并随时取样观察，以控制颜料色泽。煅烧后，用水漂洗颜料，除去硫酸镉或硫酸锌杂质，然后过滤，在 $250℃$ 以下干燥得镉黄产品。煅烧法不适于大规模生产。

$$CdCO_3 \longrightarrow CdO + CO_2$$
$$2CdO + S \longrightarrow SO_2 + Cd$$
$$Cd + S \longrightarrow CdS$$
$$ZnO + S \longrightarrow ZnS + SO_2$$
$$CdS + ZnS \longrightarrow CdS \cdot ZnS$$

2. 沉淀-煅烧法

按起始原料不同，又可分为碳酸镉法和硫酸镉法。

(1) 碳酸镉法　工业硫化钠通过重结晶法除去其中的杂质。经提纯的硫化钠用蒸汽溶解后，调密度为 $1.134 \sim 1.143 \mathrm{g/cm^3}$，用泵吸入硫化钠槽内备用。将硫化钠溶液经计量后送至装有盘管加热的合成釜内，同时开动搅拌并加入配制好的碳酸镉料浆，升温至 $70 \sim 80 ℃$。反应 1h 后，得到黄色硫化镉沉淀物。沉淀物用水漂洗除去可溶性盐类，用试纸测得为中性，送压滤机过滤。滤渣送干燥箱在 $120 ℃$ 以下干燥 24h。水分小于 0.4% 时出料，包装即为成品。这种未经煅烧的镉黄可用作搪瓷或玻璃色素，因为玻璃制品着色时仍需高温烧成，煅烧温度在 $450 \sim 600 ℃$。

$$CdCO_3 + Na_2S \longrightarrow CdS + Na_2CO_3$$

(2) 硫酸镉法　硫酸镉为水溶性盐，以它为起始原料生产镉黄通常有两种。一种是硫酸镉与硫化钠反应得到。

$$CdSO_4 + Na_2S \longrightarrow CdS + Na_2SO_4$$

另一种是硫酸镉与硫代硫酸钠反应。亦称为硫代硫酸钠法。生产中为阻止硫酸的生成而产生复盐（$CdS \cdot nCdSO_4$），需加入适量的中和剂（如碳酸钠），并严格控制 pH 值：

$$CdSO_4 + Na_2S_2O_3 + Na_2CO_3 \longrightarrow CdS +$$

$$2Na_2SO_4 + CO_2$$

如要制浅色镉黄，则往反应混合物中加入氧化锌。在此情况下，反应中产生的硫酸与锌作用生成盐，因此不必加入中和剂：

$$CdSO_4 + Na_2S_2O_3 + H_2O \longrightarrow CdS + Na_2SO_4 + H_2SO_4$$

$$ZnO + H_2SO_4 \longrightarrow ZnSO_4 + H_2O$$

$$ZnSO_4 + Na_2S_2O_3 + H_2O \longrightarrow ZnS + Na_2SO_4 + H_2SO_4$$

成品中，镉和锌对硫的总摩尔比以 $1 : (0.98 \sim 0.99)$ 为佳。制备不同镉黄产品时硫代硫酸钠（$Na_2S_2O_3 \cdot 5H_2O$）、硫酸镉（$CdSO_4 \cdot 8/3H_2O$）、氧化锌（ZnO）和碳酸钠（Na_2CO_3）的配比分别为 $150 : 100 : 18 : 0$（柠檬黄）、$150 : 100 : 12 : 0$（浅黄）、$150 : 100 : 0 : 21$（正黄）。

硫酸镉法的工艺过程类似于碳酸镉法。首先将硫酸镉溶液（浓度为 $200 \mathrm{g/L}$）送至合成釜内，加热至 $70 \sim 80 ℃$，再加入碳酸钠或锌白（ZnO）。然后在搅拌下加入晶体硫代硫酸钠。生成的沉淀物经过滤、干燥后，煅烧 $1 \sim 2h$。柠檬黄和浅黄的煅烧温度为 $550 \sim 600 ℃$，正黄为 $400 \sim 500 ℃$。煅烧通常是在还原或惰性气氛中。

【质量标准】　参考标准

指标名称	樱草黄	柠檬黄	金黄	深金黄
硫化镉(CdS)含量/%	79.5	90.5	93.5	98.1
硫化锌(ZnS)含量/%	20.5	9.1	6.6	1.9
105℃挥发分/% ≤	0.5	0.5	0.5	0.5
水溶物/% ≤	0.3~0.5	0.3~0.5	0.3~0.5	0.3~0.5
水悬浮液 pH 值	5~8	5~8	5~8	5~8
筛余物/% ≤	0.1	0.1	0.1	0.1

【用途】　镉黄广泛用于搪瓷、玻璃和陶瓷的着色。也用于涂料、塑料行业，还用作电子荧光材料、用于配制耐高温的涂料。镉黄几乎适用于所有树脂的着色，在塑料中呈半透明性。含硫化锌的浅色类镉黄用于聚乙烯中，应尽量缩短成型加工时间，因为硫化锌会促进聚乙烯塑料分解而呈绿色。镉黄在室外的稳定性不如镉红，多用于室内塑料制品。镉黄不宜与含铜或铜盐的颜料拼用，以免生成黑色的硫化铜或绿

色的硫酸铜。镉黄和钴蓝可配制成耐高温的镉钴绿。钡镉黄含镉量较镉黄低，成本也有所降低，密度及吸油量也较低，可用于塑料、搪瓷着色以及配制涂料。

【生产单位】　湘潭市华邦颜料化工有限公司，湘潭巨发颜料化工有限公司，湖南金环颜料有限公司，湘潭市冠宇化工实业有限公司，上海碧泉化工实业有限公司，河北省故城县瑞祥化学工业公司，姜堰市喜鹊湖金属材料厂，湘潭市岳塘区玻陶颜料化工厂，湘潭时代科技有限公司，上海苏科化工有限公司是，上海翔悦实业有限公司，湘潭市冠宇化工实业有限公司，湖南台阳冶炼化工企业有限公司。

Bi007　C.I.颜料黄43

【英文名】　C.I.Pigment Yellow 43
【登记号】　CAS [64294-91-3]；C.I.77492
【别名】　透明铁黄；透明氧化铁黄；Brown Ochre；Chinese Yellow；Disperse Yellow SD 4002；Iron Oxide；Mars Transparent Yellow；Transparent Yellow Iron Oxide；Odo；Oxide Yellow 3920；Pigment Yellow 43；Raw Sienna；Terra di Siena；Yellow Ochre
【结构式】　$\alpha\text{-}Fe_2O_3 \cdot H_2O$
【分子量】　186.69
【性质】　透明黄色粉末。密度 $3.5g/cm^3$，粒度为 $0.01 \sim 0.02\mu m$。粒子微细，比表面积大，为普通氧化铁的 10 倍，能强烈吸收紫外线，耐光、耐大气性能良好。当光线投射到含有透明氧化铁颜料的漆膜或塑料膜时，呈透明状态。
【制法】　采用硫酸盐氧化法。

将硫酸和铁反应生产硫酸亚铁，再加入浓硫酸和氯酸钠进行亚铁氧化，将生产的硫酸铁用氢氧化钠中和沉淀，在加入硫酸亚铁和铁屑进行转化，经水洗、表面处理、过滤、干燥、粉碎。

$$Fe + H_2SO_4 \longrightarrow FeSO_4 + H_2$$

$$6FeSO_4 + 2NaClO_3 + 3H_2SO_4 \longrightarrow$$
$$3Fe_2(SO_4)_3 + 2NaCl + H_2O$$
$$4Fe(OH)_2 + O_2 \longrightarrow 4FeOOH + 2H_2O$$
$$Fe_2(SO_4)_3 + 6NaOH \longrightarrow$$
$$2Fe(OH)_3 + 3Na_2SO_4$$
$$3Fe(OH)_3 \longrightarrow Fe_2O_3 \cdot H_2O + 2H_2O$$

【质量标准】　企业标准

氧化铁含量/%	≥83
水分含量/%	≤3.5
水萃取液 pH 值	4
吸油量/%	35~40
细度（320 目筛余量）/%	≤0.5

【用途】　无机颜料。用于制造醇酸漆、氨基醇酸漆、丙烯酸涂料等。也用于配制透明黄、透明红等颜料，涂于反光的底材如铝箔、电镀料等，使涂物具有假镀金之感，从而广泛用于硬币、灯具、自行车、缝纫机、钢家具、仪器、仪表、汽车等。此外，还用于制造罐头内外壁涂料和油墨等。

【生产单位】　江苏镇江涂料化工厂，上海氧化铁颜料厂，河北新乡县第二化工厂，天津灯塔颜料有限责任公司。

Bi008　C.I.颜料黄46

【英文名】　C.I.Pigment Yellow 46；Lead Oxide（PbO）
【登记号】　CAS [1317-36-8]；C.I.77577
【别名】　黄丹；密陀僧；一氧化铅；Lead Monooxide；Lead Monoxide；Lead Oxide；Lead Oxide Yellow；Lead Protoxide；Lead（2＋）Oxide；Lead（Ⅱ）Oxide；Litharge；Litharge S；Litharge Yellow L 28；Massicot；Litharge；Pigment Yellow 46；Plumbous Oxide；Yellow Lead Ocher；Yellow Lead Oxide
【结构式】　PbO
【分子量】　223.20
【性质】　黄色四方晶系粉末。密度 $9.53g/cm^3$。熔点 885℃。沸点 1470℃。

加热至 300～450℃ 时变为四氧化三铅，继续升温又变为一氧化铅。不溶于水和乙醇，溶于丙酮、硝酸、液碱、氯化铵。能与甘油发生硬化反应。有毒。

【制法】 将铅加热熔融，制成铅粒，然后在 170～210℃ 进行磨粉，于 600℃ 以上高温焙烧氧化，再经粉碎，得一氧化铅。

$$2Pb+O_2 \longrightarrow 2PbO$$

【质量标准】 GB 3677—83

指标名称		其他工业用		玻璃工业用
		一级品	二级品	
氧化铅(以 PbO 计)/%	≥	99.3	99	99
金属铅(以 Pb 计)/%	≤	0.1	0.2	0.2
过氧化铅(以 PbO$_2$ 计)/%	≤	0.05	0.1	0.1
硝酸不溶物/%	≤	0.1	0.2	0.2
水分/%	≤	0.2	0.2	0.2
氧化铁(以 Fe$_2$O$_3$ 计)/%	≤			0.005
氧化铜(以 CuO 计)/%	≤			0.002
细度(180 目筛余物)/%	≤	0.2	0.5	0.5

【用途】 用于制造聚氯乙烯塑料稳定剂。是其他铅盐的原料。在涂料工业中与油制成铅皂，用作涂料中的催干剂。用于制造高折射率光学玻璃、陶瓷瓷釉、精密机床的平面研磨剂，是医用原料、橡胶着色剂。还用于蓄电池极板制造及石油精制等。

【生产单位】 上海东方化工厂，南京金陵化工厂有限责任公司，北京化工八厂，天津红星化工厂，河南新乡县化工厂，青岛城阳化工厂，广东佛山化工厂，广西全州县化工一厂，重庆油漆厂，沈阳油漆厂。

Bi009 C. I. 颜料黄 53

【英文名】 C.I.Pigment Yellow 53

【登记号】 CAS [8007-18-9]；C.I.77788

【别名】 钛镍黄；Antimony Nickel Titanium Oxide Yellow；Cerdec Yellow 10401；Daipyroxide Yellow 9121；Ferro Yellow V 9400；Irgacolor Yellow 10401；Levanox Light Yellow 100A；Light Yellow 7G；Light Yellow 8G；NV 9112S；Nickel Titanate；Nickel Titanate Yellow V 9400；Nickel Antimony Titanate Yellow；Nickel Antimony Titanium Yellow Rutile；Pigment Yellow 53；Sicotan Yellow K 1011；Sicotan Yellow L 1010；Tipaque Yellow TY 70S；Titanate Yellow

【结构式】 NiO・Sb$_2$O$_5$・20TiO$_2$

【性质】 钛镍黄的晶型和金红石型 TiO$_2$ 相同，其颜色的产生是由于在金红石型 TiO$_2$ 的晶体结构中，位于配位中心的钛部分地被发色元素镍取代(和钛一样，镍的配位数也是 6)，从而产生了鲜明的黄色。由于 Ni、Sb 引入于 TiO$_2$ 晶格，其平均价为 4，从而改变了 TiO$_2$ 的颜色，使呈柠檬黄或浅黄色，但色光不及铅铬黄鲜明。它耐光、耐候、耐酸碱、耐高温，是一种性能优秀的颜料。密度4.6～5.0g/cm^3，吸油量 12%～20%，有良好的遮盖力，但着色力不高。

钛镍黄是一种固溶体，镍和锑是在1000℃ 左右的高温下，通过热扩散的方式进入 TiO$_2$ 的晶格中的，在化学上十分稳定。把钛镍黄在盐酸和硫酸中煮沸，它既不分解出镍成分，也不分解出锑成分，颜色也不发生任何变化。钛镍黄在水中煮沸时，镍和锑的萃取量极微，通常在 2×10^{-6} 以下。

钛镍黄颜料在化学上是相当稳定的，

它不仅对酸或碱有良好的稳定性，而且对氧化剂和还原剂以及硫化物都有优异的稳定性。一般来说，铅、铬、砷、锑和镉等重金属都是有毒的，但在钛镍黄颜料中，含有相当大量的氧化锑，但因为它已经和氧化钛和氧化镍形成共晶的固溶体，所以在化学上十分稳定。它在各种使用条件下都不会分解出锑、镍成分，所以钛镍黄颜料是无毒的。钛镍黄对各种动物进行的药物试验也证明它是无毒的。各种天然曝晒和人工加速耐候试验证明，钛镍黄的耐久性和耐候性都胜过金红石型钛白。钛镍黄是在 1000℃ 以上的高温下生产出来的，其耐热性能极好。在通常情况下，不仅钛镍黄本身不发生变化，也不会引起与它一起使用的其他颜料或介质发生变化。

【制法】 钛镍黄的生产过程和硫酸法钛白完全相同，是硫酸法钛白厂的系列产品。将硫酸法钛白生产中的水合二氧化钛充分洗涤后，送入打浆罐中，并按一定比例加入具有足够活性的含镍和锑的化合物，以及可促进煅烧时晶型转化的处理剂后，按一定浓度混合均匀，经过滤后，将滤饼送入回转窑，在 1000℃ 左右的温度下煅烧完成晶格转化。煅烧温度过高，会发生物料烧结而影响成品性能。煅烧后再经后处理、粉碎制得成品。后处理的目的是改进成品颜料的表面性能，故可根据不同用途作不同处理。

【质量标准】 企业标准

晶型	金红石型
颜色	柠檬黄色
二氧化钛含量/%	78~80
325 目筛余量/%	<0.01
水溶性盐/%	<0.5
灼烧失量(1000℃,30min)/%	<0.1
pH 值	7~9
吸油量/%	11~17

【用途】 钛镍黄的耐候性及耐久性胜过金红石型钛白，可用于卷钢涂料、汽车涂料、车辆和航空涂料，亦用于标牌、路标用的涂料和塑料等。利用钛镍黄优异的稳定性，可用于在高温下应用的耐高温涂料，在高温下注塑的塑料和其他耐热涂料。钛镍黄化学稳定性好，可用于化工厂的设备和墙壁涂料、水泥涂料、乳胶涂料和酸固化氨基树脂涂料。钛镍黄无毒，可在玩具涂料和玩具塑料、食品包装塑料和食品罐的印刷油墨等方面应用。钛镍黄的主要缺点是色浅，着色力低，粒度远较钛白粉为粗，分散性差，不宜单独作为黄颜料，多用于作为黄基和其他有机黄色颜料配合使用，用于浅色耐候性外用涂料。

【生产单位】 湘潭市华邦颜料化工有限公司，湘潭巨发颜料化工有限公司，湖南湘潭华莹精化有限公司，湘潭市众兴科技有限公司，南京培蒙特科技有限公司。

Bi010 C. I. 颜料黄 162

【英文名】 C.I.Pigment Yellow 162
【登记号】 CAS [68611-42-7]；C. I. 77896
【别名】 钛铌黄；Chrome Niobium Titanium Buff Rutile
【结构式】 $x\mathrm{Cr_2O_3} \cdot y\mathrm{Nb_2O_5} \cdot z\mathrm{Ti_2O_3}$
【性质】 一种不含锑的高着色力具有红相铬铌黄色颜料。颜色与颜料棕 24 相似，具有极好的耐化学腐蚀性，户外耐候性，热稳定性，耐光性，并具有无渗透性，无迁移性。与大多数热塑性、热固性塑料具有良好相容性。耐热性 1000℃，耐光性 8 级，耐候性 5 级，吸油量 $18\mathrm{cm^3/g}$，pH＝7.0。工业口中经常添加 NiO 或 SrO 等氧化物，以改善颜料的性能。
【制法】 取一定比例的 $\mathrm{Nb_2O_5}$、$\mathrm{Ti_2O_3}$ 和 $\mathrm{Cr_2O_3}$，混合后经过球磨机研磨至要求细度，加入到高温煅烧炉中，进行煅烧。冷却后粉碎，筛分，拼混，得制品。
【用途】 应用于 RPVC、聚烯烃、工程树脂、涂料和一般工业、卷钢业及挤压贴胶业用油漆等。

【生产单位】 湖南湘潭华莹精化有限公司，南京培蒙特科技有限公司。

Bi011　C. I. 颜料黄 163

【英文名】 C.I.Pigment Yellow 163

【登记号】 CAS [68186-92-5]；C. I. 77897

【别名】 钛钽黄；Chrome Tungsten Titanium Buff Rutile；Pigment Yellow 163

【结构式】 $x\,TiO_2 \cdot y\,Cr_2O_3 \cdot z\,WO_2$

【性质】 一种不含铁的高着色力铬钨钛棕色颜料。有良好的遮盖力、着色力、分散性。具有极好的耐化学腐蚀性，户外耐候性、热稳定性、耐光性，并具有无渗透性、无迁移性。与大多数热塑性、热固性塑料具有良好相容性。耐热性 1000℃，耐光性 8 级，耐候性 5 级，吸油量 $17cm^3/g$，pH＝7.1。工业口中经常添加有 NiO 等氧化物作为改性剂，以改善颜料的性能。

【制法】 取一定比例的 TiO_2、WO_2 和 Cr_2O_3，混合后经过球磨机研磨至要求细度，加入到高温煅烧炉中，进行煅烧。冷却后粉碎、筛分、拼混，得制品。

【用途】 应用于 PVC、聚烯烃、工程树脂、涂料，以及一般工业、卷钢业及挤压贴胶业用油漆等。

【生产单位】 湖南湘潭华莹精化有限公司，南京培蒙特科技有限公司。

Bi012　C. I. 颜料黄 164

【英文名】 C.I.Pigment Yellow 164

【登记号】 CAS [68412-38-4]；C.I.77899

【别名】 锰锑钛棕；Cerdec Brown 10364；Ferro Brown PK 6086；Igacolor Brown 10364；Manganese Antimony Titanium Buff Rutile；Pigment Yellow 164；Sicotan Brown K 2711

【结构式】 $(MnO)_x \cdot (Sb_2O_3)_y \cdot (TiO_2)_z$

【性质】 属金红石型结构的晶格颜料，色泽带有黄棕相。密度 $4.5 \sim 4.9\ g/cm^3$，吸油量 $14\% \sim 20\%$。可耐高温、耐酸、碱、耐溶剂、耐光、耐候。其色泽较为鲜亮，遮盖力良好，但着色力不高。商品颜料中常添加改性剂，如 Al_2O_3、Cr_2O_3、WO_3 或 ZnO 等，以改善其性能。

【制法】 取碳酸锰、三氧化二锑和二氧化钛，按一定的配比混合均匀，并磨细至要求细度，加到煅烧炉中，于 1000℃ 左右煅烧。炉料经冷却后，再研磨至粒径达 $0.6 \sim 0.9\mu m$。

【用途】 主要用于塑料着色，也用于配制长效涂料、卷材涂料等。乙烯类的塑料用该颜料着色后，不易因聚合物早期降解而老化。

【生产单位】 湖南湘潭华莹精化有限公司，南京培蒙特科技有限公司。

Bi013　C. I. 颜料黄 184

【英文名】 C.I.Pigment Yellow 184；Bismuth Vanadium Oxide（$BiVO_4$）

【登记号】 CAS [14059-33-7]；C.I.771740

【别名】 钒酸铋-钼酸铋黄；铋钒钼酸；铋黄；Bismuth Vanadate（V）（$BiVO_4$）（7CI）；Vanadic Acid（H_3VO_4），Bismuth（3 ＋）Salt（1 ∶ 1）（8CI）；3GLM；Bismuth Vanadate（$BiVO_4$）；Bismuth Vanadate Yellow；Irgacolor 3GLM；Irgacolor Yellow 3GLM；Irgacolor Yellow 14247（涂料用）；Irgacolor Yellow 10601（塑料用）；PY 184；Pigment Yellow 184；Sicopal Yellow L 1100；Sicopal Yellow L 1110；Sicopal Yellow L 1120

【结构式】 $BiVO_4$

【性质】 铋黄是一种两相的颜料，为鲜亮的柠檬黄色粉末。化学式为 $4BiVO_4 \cdot 3Bi_2MoO_6$，钒酸铋属于四方晶结构，钼酸铋属于方斜晶结构。商品铋黄中的钼酸铋的含量是有变动的，在 $BiVO_4 \cdot$

$n\mathrm{Bi}_2\mathrm{MoO}_4$ 中，n 一般在 0.2～2 之间变动，含量增大可使色泽更趋向柠檬黄色。

铋黄的着色力比钛镍黄大 4 倍，有相似于钛白的遮盖力，可以耐各种溶剂。密度 7.69g/cm³，颗粒直径 0.25μm，比表面积（BET 法）5.00m²/g。

铋黄的色光接近于铬黄或镉黄，比钛镍黄或氧化铁黄要鲜亮得多。有非常优良的耐候性，可达 4～5 级；在老化褪色仪曝晒 44h 失光仅 11%；耐酸可达 4～5 级（10%硫酸液或 2%盐酸液）；耐碱可达 5 级（10% 氢氧化钠液）。耐热达 200℃，30min，4～5 级。毒性也很低，$\mathrm{LD}_{50}>50\mathrm{mg/kg}$。

【制法】 取硝酸铋 [$\mathrm{Bi(NO_3)_3 \cdot 5H_2O}$]、钒酸钠（$\mathrm{Na_3VO_4 \cdot 4H_2O}$）和钼酸钠（$\mathrm{Na_2MoO_4 \cdot 2H_2O}$）的水溶液，在硝酸介质中置于反应锅中，在剧烈搅拌下，滴加氢氧化钠溶液，终点 pH 值为 1.5～2.0，使生成铋和钒的氧化物和氢氧化物的细微颗粒，pH 值可调整为 3.6，沉淀物经过漂洗、干燥，再放置于煅烧炉中以 600℃高温煅烧 0.4～3h，炉料经过湿磨、过滤、干燥而得成品。

$$\mathrm{Bi(NO_3)_3 + NaVO_3 + Na_2MoO_4}$$
$$\xrightarrow[\mathrm{H_2O}]{\mathrm{NaOH}} \mathrm{Bi_2O_3 \cdot V_2O_3 \cdot MoO_3 \cdot}\, x\mathrm{H_2O}$$
$$\xrightarrow{600℃} \mathrm{BiVO_4 \cdot Bi_2MoO_6 + H_2O}$$

【用途】 用于配制无铅涂料，也用于要求耐候性良好的汽车涂料、工业涂料。也适用于水性涂料、粉末涂料、卷钢涂料等。同时也能和高级有机颜料拼混得到性能良好的橙色或红色。也可用于塑料工业。

【生产单位】 湘潭市华邦颜料化工有限公司，湖南湘潭华莹精化有限公司，崇阳鑫发钒业有限公司。

Bi014 高地板黄

【英文名】 High Floor Yellow

【性质】 土黄色粉末。不溶于水和一般有机溶剂。颗粒细，分散性好。耐光、耐热性优良。

【制法】 将黄土粉、中铬黄、氧化铁红等按一定比例混合后，经干燥、粉碎、过筛而得。

【质量标准】 企业标准

外观	土黄色粉末
色光	与标准品近似
着色力/%	为标准品的 100±5
细度(200 目筛余量)/%	≤5

【用途】 无机颜料。主要用于木器家具的着色打底，水磨石及墙壁的着色。

【生产单位】 上海铬黄颜料厂，石家庄神彩美术颜料厂，石家庄光明氧化铁颜料厂，石家庄光明氧化铁颜料厂，河北省鹿泉市光明氧化铁颜料一厂。

Bi015 涂料黄

【英文名】 Pigment Yellow

【别名】 石黄

【性质】 黄色粉末。色泽鲜艳。不溶于水和一般有机溶剂。吸油量低，分散性好。

【制法】 将铅铬黄、重质碳酸钙等混合后，经干燥、粉碎、过筛而得。

【质量标准】 企业标准

外观	黄色粉末
色光	与标准品近似
着色力/%	为标准品的 100±5
细度(200 目筛余量)/%	≤1

【用途】 无机颜料。主要用于木器家具的着色打底，油布、鞋粉的着色。

【生产单位】 上海铬黄颜料厂，栾城县福利颜料厂，石家庄市彩虹颜料厂，石家庄神彩美术颜料厂，石家庄光明氧化铁颜料厂。

Bi016 错黄

【英文名】 Praseodymium-Zircon Yellow

【结构式】 $\mathrm{ZrSiO_4\text{-}Pr}$

【性质】 深黄色微细粉末，锆英石型颜

料，属四方晶型。主成分为锆英石，锆离子以四价形式夹杂在 $ZrSiO_4$ 大晶格中而呈鲜艳、纯正的柠檬黄色。不溶于水，也不溶于酸或碱溶液中，着色力强，应用温度范围广，对釉料的适应性也较强。在弱还原气氛中较钒黄稳定，但还原气氛稍强，则能褪色。

【制法】 采用干混法。配料时各物料的配方范围如下：二氧化锆 47%～60%；石英 26%～30%；氧化镨（Pr_6O_{11}）2%～6%；氯化钠 0%～7%；氯化铵 3%～5%；氟化钠 2%～5%。按色料配方，将过 325 目筛的二氧化锆、石英（200 目也可）、氯化钠、氯化铵和氟化钠送入圆筒球磨机中充分混磨，混好后的物料装入坩埚或研钵，在环形窑或隧道窑中于 900～1000℃下高温煅烧 4～6h，煅烧气氛为氧化焰。煅烧物冷却后送到石质轮碾机上粗碎，然后再在圆筒球磨机中湿磨，最后经过筛（325 目）、水洗、过滤、干燥即得色料镨黄。

【质量标准】 企业标准

色泽	与标准色相当
细度（325 目筛余）/%	≤0.5
水溶盐/%	≤0.5
水分/%	≤0.5

【用途】 镨黄用于色釉和釉下彩，也可用于釉上彩。与钒锆蓝、铁锆红（考拉尔红）、铬铝红、锰红、钴蓝等颜料混配使用，可配制多种新颖色调的颜料。

【生产单位】 淄博嘉通陶瓷颜料有限公司，佛山市三水金鹰无机材料有限公司，宜兴市中汇化工色釉有限公司，湖南立发颜料化工有限公司，佛山市金格釉料有限公司，福建省南安市丰联陶瓷色釉有限责任公司，潮州市枫溪长美色釉厂，禹州超强陶瓷颜料有限公司，湘潭市金环颜料化工实业有限公司，潮州市枫溪兄弟陶瓷原料厂，潮州市铭盛陶瓷釉料实业有限公司，淄博永坤陶瓷色料有限

公司。

Bi017　锶钙黄

【英文名】 (Strontium-Calcium) Chrome Yellow

【别名】 铬酸锶钙

【结构式】 [Sr-Ca] Cr_2O_4

【性质】 锶钙黄是一种将钙离子定量掺入铬酸锶晶格中的晶格掺杂颜料。其外观是呈浅柠檬黄色的松软粉末。微溶于水，溶于盐酸、硝酸、乙酸和氨水。耐热性好，达 600℃以上。耐光性中等，着色力、遮盖力较低，防锈性能优异。不易燃、无味、有毒。

【制法】 将一定摩尔比的碳酸锶与碳酸钙投入已加好底水（或母液）的合成釜内搅拌，升温至沸腾，加入热铬酸，立即产生淡黄色沉淀。随反应的进行，反应液的颜色从淡黄→浅黄→正黄→橘黄色。反应过程中注意控制 pH 值在 5～6，反应到达终点 pH 值迅速下降，立即停止加酸并加水冷却后经过滤、水洗，将滤饼于 120℃烘干后，送至 600℃ 砖窑或反射炉内煅烧 1～2h，出炉放冷，再经表面处理粉碎制得产品。生产原料用碳酸锶与碳酸钙的摩尔比可控制在（20：1）～（10：1）之间，但反应中钙离子能否真正掺杂到铬酸锶晶格中，必须严格控制反应速度及结晶条件。合成母液中含大量六价铬离子，可以循环使用，可用之配酸也可直接打入合成釜作底水。母液循环几十次以后，其中累计杂质过多而影响产品质量时，可打入母液处理罐加还原剂（如硫化钠、亚硫酸钠等）将六价铬离子还原后，加烧碱中和并回收氧化铬，母液达标排放。

$$mSrCO_3 + nCaCO_3 + (m + n)H_2CrO_4 \longrightarrow (mSr \cdot nCa)CrO_4 + (m+n)CO_2$$

式中，$m：n =$（20：1）～（10：1），$m+n=1$。

【质量标准】 企业标准

外观	淡黄色疏松粉末
锶钙黄(以 SrO + CaO 计)/%	50±1
CrO₃/%	47.5±0.5
密度/(g/cm³)	3.8±0.5
堆积密度/(g/cm³)	1.2±0.10
自身溶解度/%	0.3~0.4
粒度/μm	≤10

【用途】 可用作各种金属表面的防腐涂料。用于钢铁表面时只加入涂料总固体分的1%~3%即可使涂膜防锈性能成倍提高。经后处理的锶钙黄用于铝及铝合金表面的电泳漆,不仅可使电泳涂膜的防锈性能提高一倍以上,还可以提高泳涂力。也用于粉末涂料,取得重防腐效果。

Bi018　中铬黄

【英文名】 Medium Chrome Yellow; Pigment Yellow 34

【登记号】 CAS [1344-37-2]

【别名】 C. I. 颜料黄34;铬黄;巴黎黄;可龙黄;铅铬黄;铬酸铅;C. I. 77603;C. I. Pigment Yellow 34;C. I. 77600;Light Chrome Yellow;Medium Chrome Yellow

【分子式】 PbCrO₄

【质量标准】

色光	与标准品近似
铬酸铅含量/%	≥90
水溶性盐含量/%	≤1
水浸反应 pH 值	6~8
水分含量/%	≤1
遮盖力(以干颜料计)/(g/m²)	≤55
着色力/%	≥95

【性质】 中铬黄主要成分为铬酸铅,并含有其他铅盐或氢氧化铝等。呈鲜明中黄色,具有一定的遮盖力和着色力。不溶于水和醇、溶于强酸或强碱。经日光暴晒,色泽变暗。遇硫化氢转为黑色。其化学组成为PbCrO₄,含量为 90%~94%,外观

为浅红黄色粉末,为单斜晶型,密度为 $5.1~6.0g/cm^3$,吸油量为 $13~27g/100g$,抗色渗性极好,遮盖力居于浅铬黄和深铬黄之间,明度与浅铬黄相等,优于深铬黄,耐酸性与浅铬黄相等,优于深铬黄,耐碱性差,分散性好。

【制法】 1. 生产原理

中铬黄为铬酸铅与其他铅盐等的混合物。由水溶性铅盐(采用乙酸铅或硝酸铅均可)与红矾钠反应而成。同时加入明矾和碳酸钠,生成少量硫酸铅、碳酸铅和氢氧化铝等,对产品进行改性。根据产品用途需要而添加不同的量。

$$Pb(CH_3COO)_2 \cdot Pb(OH)_2 +$$
(碱式乙酸铅)
$$Na_2Cr_2O_7 \longrightarrow 2PbCrO_4 + 2CH_3COONa$$
(红矾钠)
$$+ H_2O$$

$$KAl(SO_4)_2 + 2Pb(CH_3COO)_2 +$$
$$3H_2O \longrightarrow Al(OH)_3 + 2PbSO_4 +$$
$$CH_3COOK + 3CH_3COOH$$

2. 工艺流程

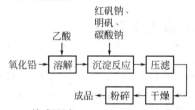

3. 技术配方

氧化铅(99.45%)	700
明矾(98%)	65
红矾钠(98%)	455
碳酸钠(98%)	66
冰醋酸(98%)	216

4. 生产工艺

(1) 配制铅液　将定量的水置于铅液桶中,开动搅拌机,加入乙酸,搅拌均匀。然后分次少量地加入氧化铅,使其反应生成碱式乙酸铅溶液,经澄清或过滤后备用。

(2) 中铬黄的合成　将上述铅液置于

反应锅中。加水稀释，在搅拌下，加入红矾钠液，加毕，再加明矾溶液和碳酸钠溶液，制得中黄色颜料浆，用泵打入贮槽，然后送往水漂压滤机，经水洗涤后，将滤饼进行干燥，粉碎即得成品。

【用途】　主要用于油漆、油墨、塑料及橡胶制品的着色。

【生产单位】　新乡市天彩颜料有限公司，上海氧化铁颜料厂，上海高桥氧化铁厂，杭州凯丽化工有限公司，江苏常熟铁红厂，江苏如皋氧化铁颜料厂，宜兴市宇星颜料厂，广州染料化工厂，山东蓬莱县颜料厂，天津油漆厂，天津灯塔颜料有限责任公司，广西柳州跃进化工厂，山西阳泉氧化铁厂，黑龙江哈尔滨颜料厂，吉林伊通县第一化工厂，辽宁金县氧化铁颜料厂，北京矿物局林场铁红厂，重庆市新华化工厂，湖北武汉氧化铁厂，杭州市红卫化工厂，安徽合肥氧化铁颜料厂，福建三明市氧化铁颜料厂，河南新乡第二化工厂，湖南省坪塘氧化铁颜料厂，广州市楚天颜料化工有限公司。

Bi019　钙铬黄

【英文名】　Calcium Chromate（Metals Basis）

【登记号】　CAS［13765-19-0］；C. I. 77492

【别名】　C. I. 颜料黄42；钙黄；铬酸钙

【分子式】　$CaCrO_4$

【分子量】　156.07

【性质】　本品为柠檬黄色粉末。理论上三氧化铬含量为64.1%。产品中三氧化铬含量接近60%。有较好的防锈能力，毒性较大。水中溶解度17g/L。

【质量标准】

（1）质量指标

外观	柠檬黄色粉末
水分含量/%	≤1
吸油量/%	≤55
二氧化铬含量/%	≥57

（2）吸油量测定

① 试剂　6号调墨油：用纯亚麻仁油制，黏度在25℃时为0.14～0.16Pa·s或涂-4杯38～42s，色泽铁钴比色不大于7，酸值不大于7mgKOH/g。

② 测定　称取1～2g样品（准确至0.0002g）放于玻璃板上，另用小滴瓶1支，内装调墨油准确称量，在加油过程中用调墨刀充分仔细研压，应使油与全部颜料颗粒接触，开始时加3～5滴，近终点时应逐滴加入。当一滴油加后试样与油黏成团，用调墨刀铲起不散，即为终点，再将滴瓶称量，标出耗用调墨油质量数，全部操作应在15～20min内完成。吸油量按下式计算：

$$吸油量＝(G_1/G)×100\%$$

式中，G_1为耗用调墨油的质量，g；G为样品质量，g。

注：平行测定相对误差不大于5%，取其平均值。

【用途】　用于防锈底漆着色。由于水溶解度较大，易引起漆膜抗水性下降，所以应选用抗水性良好的树脂作为基料，如过氯乙烯底漆、氯化橡胶底漆、环氧酯底漆。也可与锌铬黄、锶铬黄、钡铬黄等配合使用，产生互补效果。

【制法】

1. 生产原理

碳酸钙与铬酸酐在高温下反应得到钙铬黄。

$$CaCO_3＋CrO_3 \longrightarrow CaCrO_4＋CO_2\uparrow$$

也可由熟石灰与铬酸酐反应制得：

$$Ca(OH)_2＋CrO_3 \longrightarrow CaCrO_4＋H_2O$$

2. 工艺流程

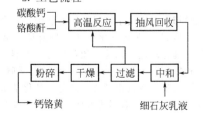

3. 技术配方

铬酸酐	31
碳酸钙	30
石灰乳	适量

4. 生产原料规格

铬酸酐（CrO_3）为暗红色斜方晶体。相对分子质量为 99.99。晶体密度为 $2.7g/cm^3$，熔融物密度为 $2.8g/cm^3$。熔点 196℃。凝固点 170～172℃。遇臭氧生成过氧化物。遇过氧化氢生成过氧化铬酸。易溶于水、醇、硫酸及乙醚。易潮解，应密封贮存。是强氧化剂，与有机物接触摩擦能引起燃烧。遇乙醇、苯即能发生燃烧或爆炸。

5. 生产工艺

将碳酸钙及铬酸酐投入反应锅中，在高温蒸汽作用下，使之混合反应达 2h 以上，反应温度控制在反应液沸腾时为宜。用有抽风的回收装置回收产生的二氧化碳气体中夹带的铬酸雾粒。待二氧化碳基本上放尽后即为反应终点，此时用细石灰乳液中和反应液至 pH 值为 8。再将反应液过滤，母液可在配料时循环使用，滤饼洗净后，经干燥、粉碎，即得成品。

【生产单位】 东营诚和化工有限公司，淄博嘉通陶瓷颜料有限公司，佛山市三水金鹰无机材料有限公司，宜兴市中汇化工色釉有限公司，湖南立发颜料化工有限公司，佛山市金格釉料有限公司，福建省南安市丰联陶瓷色釉有限责任公司，潮州市枫溪长美色釉厂，禹州超强陶瓷颜料有限公司，湘潭市金环颜料化工实业有限公司，潮州市枫溪兄弟陶瓷原料厂，潮州市铭盛陶瓷釉料实业有限公司，淄博永坤陶瓷色料有限公司。

Bi020 铅铬黄

【英文名】 Lead Chrome Yellow

【登记号】 CAS [13765-19-0]；C.I.77492

【别名】 铅铬黄；中黄

【分子式】 $PbCrO_4$

【分子量】 323.22

【性质】 铅铬黄颜料的色泽可自柠檬黄色起至橘黄色为止，形成连续的一段黄色色谱。它是含铅的化合物，通常含铅在 $53\% \sim 64\%$，含铬在 $10\% \sim 16\%$，具有铬酸铅和硫酸铅的物理化学性质。铅铬黄溶于强碱液和无机强酸类，不溶于水和油，有毒。着色力高，遮盖力强，在大气中不会粉化。受日光作用时颜色变暗。对硫化氢气体敏感，遇到硫化氢容易变黑。色光随原料配比和制造条件的不同而异。

铅铬黄（Lead Chrome Yellow）颜料的化学成分是铬酸铅（$PbCrO_4$）、硫酸铅（$PbSO_4$）及碱式铬酸铅（$PbCrO_4 \cdot PbO$）。铅铬黄的分子式：柠檬铬黄以 $3.2PbCrO_4 \cdot PbSO_4$ 表示，浅铬黄以 $2.5PbCrO_4 \cdot PbSO_4$ 表示，中铬黄以 $Pb\text{-}CrO_4$ 表示，橘铅黄以 $PbO \cdot PbCrO_4$ 表示。

【制法】

1. 生产原理

由硝酸铅与重铬酸钠及硫酸反应；或氧化铅与乙酸反应生成乙酸铅，再与重铬酸钠和硫酸反应。

$$12PbO + 8CH_3COOH \longrightarrow 4[Pb\text{-}(CH_3COO)_2 \cdot 2PbO \cdot H_2O]$$

$$4[Pb(CH_3COO)_2 \cdot 2PbO \cdot H_2O] + 3Na_2Cr_2O_7 + 6H_2SO_4 \longrightarrow 6(PbCrO_4 \cdot PbSO_4) + 6CH_3COONa + 2CH_3COOH + 9H_2O$$

2. 工艺流程

（1）硝酸铅法

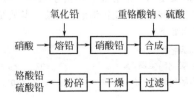

（2）乙酸铅法

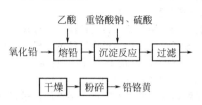

3. 技术配方

氧化铅（100%）	100
乙酸	18
重铬酸钠（$Na_2Cr_2O_7 \cdot 2H_2O$,100%）	30
硫酸（98%）	22

4. 生产原料规格

（1）重铬酸钠　重铬酸钠（$Na_2Cr_2O_7 \cdot 2H_2O$）为橙红色单斜核状或细状晶体。相对分子质量为298.00，密度为2.52g/cm^3（13℃）。熔点为356.7℃（无水物）。于84.6℃时失去结晶水形成铜褐色无水物，400℃时分解放出氧。在水中的溶解度，20℃时为73.18%，100℃时为91.48%，不溶于醇，其水溶液呈酸性，吸湿性大，易潮解。为强氧化剂，与有机物接触摩擦撞击时能引起燃烧，有毒性及腐蚀性。其质量指标如下：

指标名称	二级
重铬酸钠（$Na_2Cr_2O_7 \cdot 2H_2O$）含量/%	≥98
硫酸盐（SO_4^{2-}）含量/%	≤0.40
氯化物（Cl^-）含量/%	≤0.20
水不溶物含量/%	≤0.20

（2）一氧化铅　一氧化铅（PbO）为浅黄色或土黄色粉末。密度为9.53g/cm^3，熔点为888℃。沸点1470℃，加热300~500℃时变为四氧化三铅，温度再升高时又变为一氧化铅，不溶于水和乙醇，溶于硝酸和氢氧化钠溶液。有毒，其质量指标如下：

指标名称	二级	三级
一氧化铅含量/%	≥97	≥95
金属铅含量/%	≤0.3	≤0.5

指标名称	二级	三级
过氧化铅含量/%	≤0.5	—
硝酸不溶物/%	≤0.5	—
筛余量（通过4900孔/cm^2）/%	≤0.5	—

5. 生产工艺

（1）硝酸铅法　用氧化铅为原料，与硝酸在配料锅中反应制得铅盐，再在15~17min内快速加入规定量的重铬酸钠，使其与铅盐进行沉淀反应。

在生产柠檬黄及浅铬黄时，沉淀反应的温度应略高于室温，同时为了防止沉淀晶体迅速转型、颗粒长大、色泽深等现象，沉淀反应中应保持一定数量的过量铅。pH值应严格控制在4~7，当沉淀反应完毕后，常加入含有硫酸根的铝盐，过量铅可以转化为硫酸铅，使沉淀母液中不再含有可溶性铅盐。

在生产中铬黄及深铬黄时，沉淀反应过程中，总是要求在终点铬酸盐过量而不是铅盐过量，有时为使此过程一直能保持铬酸盐过量而采用逆式加料，即将铅盐液加入铬酸盐溶液中。终点的pH值应控制在7~8。同时为了使反应完全，颗粒适当地长大一些，使着色力提高，在沉淀反应完成后，将反应液温度提高至80℃或者更高一些，再将反应物料冷却，进行过滤、洗涤。

在生产橘铬黄时，要求终点时铬酸盐过量较多，反应温度控制在80~90℃，反应液的pH值可高达12。在沉淀反应完毕后，再将反应液的pH值下降至8左右。

在上述三种工艺中，为了更好地控制颜料的晶型变化，常在配方中加入少量沉淀稳定剂，如锌皂、磷酸铝、氢氧化铝，可以使颗粒控制在需要的尺寸范围。

铬黄颜料的后处理工序包括洗涤、过滤、干燥、粉碎、拼色、包装等。铬黄在沉淀反应结束后，将反应液投入可漂洗的压滤机，在滤除母液后，以清水洗涤滤饼，至可溶性盐在颜料中含量小于 1% 时为止。再将滤饼干燥，不加稳定剂的柠檬铬黄只能在 60～80℃ 通风条件下干燥；其余铬黄可在 100℃ 下干燥，干燥后的铬黄在粉碎机中研磨至细度达 325 目，再通过拼色即可得成品。

对生产过程中得到的铬黄母液要采取一定的净化处理，使溶液中 Cr^{6+} 浓度 $\leqslant$ 0.5mg/L，Pb 浓度 $\leqslant$ 1.0mg/L 后才能排放。

（2）乙酸铅法（制柠檬铬黄） 将水和乙酸倾入桶中，使乙酸浓度为 5%～7%，然后在不断搅拌下加入一氧化铅，温度控制在 70～80℃，反应时间为 2～3h，产物为碱式乙酸铅。

将重铬酸盐溶在热水（50～60℃）中，然后慢慢倒入硫酸。重铬酸盐浓度应该在 150～250g/L 的范围内。

将碱式乙酸铅溶液移到反应器中，然后在搅拌下慢慢地加入重铬酸盐和硫酸的混合溶液，便可生成柠檬铬黄沉淀，反应很迅速，约在 20min 内完成，待沉淀完毕后抽去母液，漂洗数次，洗清水溶盐，在 60～70℃ 下干燥，经球磨机磨细、过筛、包装，即成产品。

在沉淀反应过程中加入明矾，明矾中的硫酸根可起到与硫酸同样的作用，铝离子则转变成氢氧化铝，成为颜料的成分之一，可以改变颜料的品质。此时，柠檬铬黄的分子式则为：

$$6PbCrO_4 \cdot 5PbSO_4 \cdot Al(OH)_3$$

使用硝酸铅溶液与重铬酸钠和硫酸钠溶液反应，同样可以制得柠檬铬黄。

柠檬铬黄在大气中不会粉化，但在光的作用下颜色会变暗，遇酸溶解，遇硫化氢会变成黑色的硫化铅，有毒性，在生产与使用时要加强劳动保护。

【质量标准】 （HG 14-706）

指标名称	柠檬铬黄	浅铬黄	中铬黄	深铬黄	橘铬黄
色光（与标准品相比）			近似～微		
铬酸铅含量/%	≥50	≥64	≥90	≥90	≥65
水溶性盐含量/%	≤1	≤1	≤1	≤1	≤1
水浸反应 pH 值	5～7	5～7	6～8	6～8	7～8
水分含量/%	≤3	≤2	≤1	≤1	≤1
遮盖力（干颜料计）/(g/cm²)	≤95	≤75	≤55	≤45	≤40
着色力/%	≥95	≥95	≥95	≥95	≥95

【用途】 用于制造油漆、油墨、水彩、油彩、颜料，还用于色纸、橡胶、塑料制品的着色。

【生产单位】 新乡海伦颜料有限公司。

Bi021 锶铬黄

【英文名】 Strontium Chrome Yellow 801
【别名】 801 永固柠檬黄；柠檬锶铬黄；锶黄
【分子式】 $SrCrO_4$
【分子量】 203.61
【性质】 本品为黄色晶体或粉末，溶于盐酸、硝酸、乙酸和氨水，微溶于水，有氧化性，有毒，耐温可达 400℃，具有较好的耐光性，质地松软，制漆易于研磨，但着色力弱，遮盖力在 70～100g/m² 的范围之间。

【质量标准】

外观	黄色粉末
锶含量（以 SrO 计）/%	≥43
铬含量（以 CrO_3 计）/%	≤41
氯离子含量（Cl^- 计）/%	≤0.1
硫酸盐含量（SO_4^{2-} 计）/%	≤0.2
水分及挥发物含量/%	≤1.0
吸油量/%	20～35
萃取液中铬含量（CrO_3/100mL）/%	≤0.1

细度(过325目筛余量)/%	≤3
耐热性/℃	400
耐酸性/级	3
耐碱性/级	3
油渗透性/级	1

【制法】 1. 生产原理

铬酸钠溶液加热到沸腾，在搅拌下慢慢加入硝酸锶的热溶液，生成铬酸锶的絮状沉淀物。

$$Sr(NO_3)_2 + Na_2CrO_4 \longrightarrow SrCrO_4 + 2NaNO_3$$

2. 工艺流程

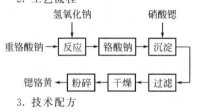

3. 技术配方

硝酸锶	83
氢氧化钠	33
重铬酸钠	92

4. 生产原料规格

硝酸锶[$Sr(NO_3)_2$]为白色或淡黄色立方晶体，密度为 $2.986g/cm^3$。熔点为570℃。易溶于水或液氨，微溶于乙醇和丙酮，不溶于硝酸和稀乙醇中。在空气中不潮解。硝酸锶为氧化剂，与有机物接触、摩擦、碰撞或遇光时能引起燃烧和爆炸，发出深红色火焰。其质量指标为：

硝酸锶[$Sr(NO_3)_2$]含量/%	≥99
硝酸钙[$Ca(NO_3)_2$]含量/%	≤0.2
氯化物(Cl^-)含量/%	≤0.01
重金属(Pb)含量/%	≤0.01
铁(Fe)含量/%	≤0.02
水分含量/%	≤0.5
水不溶物含量/%	≤0.2
外观	白色或淡黄色晶体

5. 生产工艺

在盛有重铬酸钠溶液的配制桶中加入适量氢氧化钠溶液，使之生成铬酸钠溶液，将铬酸钠溶液调整至浓度为 $150\sim200g/L$ 时，将其加入硝酸锶溶液中，不断搅拌，保持反应温度为 $80\sim90℃$。加完料液后继续搅拌 $2\sim3h$，得到柠檬黄色沉淀。反应液经过滤后，滤饼用少量清水冲洗，送至干燥箱中在高于100℃时干燥，干燥后的滤饼经粉碎后即得成品。

【用途】 用于制造耐高温涂料、防锈底漆及塑料、橡胶制品的着色，也用作氧化剂及玻璃、陶瓷工业等。

【生产单位】 邵阳市中星颜料厂，新乡海伦颜料有限公司，广州染料化工厂，山东蓬莱县颜料厂，天津油漆厂，天津灯塔颜料有限责任公司，广西柳州跃进化工厂，山西阳泉氧化铁厂，黑龙江哈尔滨颜料厂，吉林伊通县第一化工厂，辽宁金县氧化铁颜料厂，北京矿物局林场铁红厂，重庆市新华化工厂。

Bj 珠光颜料

珠光颜料（又称珠光材料）是由数种金属氧化物薄层包覆云母构成的。改变金属氧化物薄层，就能产生不同的珠光效果。珠光颜料与其他颜料相比，其特有的柔和的珍珠光泽有着无可比拟的效果。特殊的表面结构，高折射率和良好的透明度使其在透明的介质中，创造出与珍珠光泽相同的效果。

珠光颜料优良的化学、热和力学性能提供了它在油漆、油墨、塑料和多种领域中广泛应用的可能性。它们为这些产品提供一个全新的颜色品质。珠光颜料对人体无毒无害。因而可用于食品包装和儿童玩具。稀酸和碱不能侵蚀珠光颜料。

珠光颜料对于环境无害，因为它们实际不溶于水，且不含任何重金属，属于对水质无害的等级。珠光颜料不能燃烧、也不自燃、不导电、能耐受800℃的高温。珠光颜料也可用于辐射固化体系（电子束固化、光固化）的反应型涂料中。珠光颜料的化学结构使其有优良的分散性能，能适用于水性涂料。

1. 珠光颜料的主要分类

（1）珠光粉 珠光粉又分为普通粉状珠光材料和使用软树脂分散的珠光球，颜色主要有银色、亮金色、金属色、彩虹干扰色以及变色龙系列等，其中珠光粉又根据使用方向和使用效果有不同粒径的区分，粒径越小，珠光粉遮盖力越强；粒径越大，珠光粉光泽度越强；在印刷行业粒径有比较严格的要求，小粒径可以用于胶版印刷，较大的粒径可以用于柔印和凹印，并有更好的效果。

（2）珠光浆 珠光浆是一种高黏度珠光材料，比较适合与胶印油墨混合，具有极好的遮盖力和较好的光泽度，适合于胶版印刷。

2. 珠光颜料的主要特性

① 密度，约 $3g/cm^3$；② 耐化学性，耐水、稀酸、碱、有机溶剂；③ 耐热性，温度 800℃无变化、颜料不自燃；④ 磁性能，不导磁；⑤ 耐光性，极好；⑥ 毒性，通过政府权威机构检查证明无毒；⑦ 吸油量 $(90\pm20)g/100g$。

3. 珠光颜料的典型配方

树脂（以树脂总固量为基准）

丙烯酸树脂	50%～70%	主要成分
聚酯树脂/氨基酸树脂	5%～15%	柔韧性
三聚氰胺	25%～35%	交联,刚性
CAB	0～10%	流平,防下垂

颜料（以颜料总质量为基准）

（1）蓝色，绿色 P/B=15%～25%

珠光颜料	50%～80%	光泽
酞菁蓝	10%～30%	主色
酞菁绿	10%～30%	主色
炭黑	0～5%	色度,遮盖性

（2）银色 P/B=15%～25%

珠光颜料		光泽
铝粉		金属质感,遮盖性
有机颜料		色度
炭黑		色度,遮盖性

（3）红色 P/B＝25％～35％

珠光颜料	50％～70％	光泽
红色	20％～40％	主色
铝粉	0～5％	金属质感，遮盖性
氧化铁	0～10％	色度，遮盖性
炭黑	0～3％	色度，遮盖性

溶剂（以溶剂总质量为准）

丁醇	5％～10％	包装稳定性
甲苯	0～5％	主溶剂
丁基乙酸	0～10％	溶解性，相容性
芳香酸	10％～20％	流平性

助剂（以树脂总质量为准）

酸催化剂	加速固化
紫外线稳定剂	增加耐候性
其他	按需要定

推荐的珠光颜料

中间颜色	139Z、239Z、439Z、639Z、839Z
银色	139F、139V、139Z
蓝色	139Z、539Z、639Z、7289Z
绿色	139Z、639Z、839Z、8329Z、7289Z
红色	259Z、359Z、469Z、559Z
金色/褐色	239Z、2329Z

Bj001　TC-2 无毒云母钛珠光颜料

【英文名】　Mica Titanium Dioxide Pearlescent Pigment

【别名】　云母钛；珠光粉

【性质】　该颜料是在云母片表面包覆透明的二氧化钛膜，形成的片状粉体，对光线具有衍射和折射等特性。耐酸碱、耐热达800℃，不自燃和助燃，不导电，耐高弧，对光线稳定，不溶于水，无毒。该颜料依色相及粒径大小有许多不同的产品，粒径大，对光线的反射性强，亮度高，具有金属光泽，粒径小的显示出柔和如丝绸般的光泽。分散性好，避免用高剪切的分散机械，防止降低珠光效果。

【制法】　云母钛珠光颜料的制备方法如下：

云母粉→研磨→分级→脱水→合成→

洗涤→干燥→煅烧→表面处理→干燥→包装→成品

【质量标准】　银白类 TC-2 企业标准

外观	银白、粉状体
白度	＞80
水分/%	0.5
水溶物/%	0.8
水浸后 pH 值	＞5
吸油量/(g/100g)	60～70

【用途】　无机颜料。可用于圆网或凹版壁纸生产线。用于涂料的氨基或丙烯酸类烘漆；加量 2％～8％。涂装于汽车、摩托车、自行车、家具等。用于印刷油墨方面，用在包装纸、名片、塑胶布、纺织品等。

【生产单位】　化工部常州涂料化工研究院，江苏常州华珠颜料公司，广东汕头龙华珠光颜料厂，江苏无锡市珠光颜料厂。

Bj002　银白珠光颜料

【英文名】　Silverwhite Pearlescent Pigment；Silverwhite Pigment

【别名】　珠白；鱼肚白

【结构式】　$x\mathrm{TiO_2}/[\mathrm{KAl_2(AlSi_3O_{10})}$-$\mathrm{(OH)_2}]$

【性质】　反身光为白色复合光，主反射色相为银白。$\mathrm{TiO_2}$ 覆盖率为 8％～28％，光学厚度通常仅 220～1220nm。

【制法】　其制备过程为：第一步，将 10～30phr（质量份，下同）含 30％钛化物的溶液加入 100phr 水中，加热至 50～90℃，搅拌均匀，制得水合氧化钛胶体悬浮液备用。第二步，将 30～60phr 的云母粉分散于 150phr 水中，制得云母悬浮液，并用氨水调整其 pH 值为 10～11。第三步将上述两种悬浮液缓慢地混合均匀，在 50～90℃ 的温度范围内反应适当时间。然后，再向该混合液中加入 100～400phr 浓度为 30％ 的钛化物水溶液。加入过程应在搅拌状态下进行，并应注意控制加料速度、pH值的调整（0.5～2.2）和保持适当的温度范围。最后，过滤得到固态物，水洗后在105～110℃烘干，即制得白色云母钛珠光颜料。

【质量标准】 HG/T 3744—2004

外观	珍珠白色粉状
亮度（与参比样比）	近似～优于
颜色（与参比样比）	近似～微
粒度分布（与参比样比）	基本一致
杂质含量（质量分数）/%	≤0.10
105℃挥发物（质量分数）/%	≤0.5
吸油量	商定
水悬浮液电导率	商定
水悬浮液 pH 值	商定

【用途】 用于塑料、涂料、油漆、橡胶、纸张、化妆品、陶瓷等的着色。

【生产单位】 河南南阳凌宝珠光颜料有限公司，浙江瑞成珠光颜料有限公司，江阴市启邦珠光材料有限公司，上海一品颜料有限公司，江苏贝丽得珠光颜料有限公司，杭州东株珠光颜料制造有限公司，浙江瑞成珠光颜料有限公司，温州华克珠光颜料有限公司，四会市维诺珠光颜料有限公司，山东亿纳珠光颜料有限公司。

Bj003 幻彩黄金黄

【英文名】 Interference Gold Yellow

【别名】 缎金；珍珠白金；干涉黄；Interference Gold；Rainbow Gold Yellow；Magic Gold Yellow

【结构式】 $x\mathrm{TiO_2}/[\mathrm{KAl_2(AlSi_3O_{10})\text{-}(OH)_2}]$

【性质】 黄金黄色，$\mathrm{TiO_2}$ 覆盖率、粒径等的不同，有不同的效果。反射色相为金黄色，光泽明亮而柔和。当 $\mathrm{TiO_2}$ 覆盖率为57%，粒径为 5～25μm 时，透过色相为淡紫色，产品色相为纯金珍珠色相；当 $\mathrm{TiO_2}$ 覆盖率为 43%，粒径为 10～60μm 时，透过色相为紫色，产品色相为白金珍

珠色相。

【制法】 将云母薄片和去离子水调配成悬浮液，加入一定量的钛溶液，再加入一定量的碱金属溶液和缓冲剂，在 pH 值 0.5～1.5 范围内于 80℃反应一定时间后，得幻彩黄金黄珠光颜料。

【质量标准】 HG/T 3744—2004

外观	灰色白色粉状
亮度（与参比样比）	近似～优于
颜色（与参比样比）	近似～微
粒度分布（与参比样比）	基本一致
杂质含量（质量分数）/%	≤0.10
105℃挥发物（质量分数）/%	≤0.5
吸油量	商定
水悬浮液电导率	商定
水悬浮液 pH 值	商定

【用途】 用于塑料、涂料、油漆、橡胶、纸张、化妆品、陶瓷等的着色。

【生产单位】 河南珠光颜料有限公司，河南南阳凌宝珠光颜料有限公司，浙江瑞成珠光颜料有限公司，江苏贝丽得珠光颜料有限公司，江阴市启邦珠光材料有限公司，上海一品颜料有限公司，浙江瑞成珠光颜料有限公司，四会市维诺珠光颜料有限公司。

Bj004 幻彩金紫红

【英文名】 Interference Gold Mauve

【别名】 幻彩红；珍珠红；干涉红；Interference Red；Rainbow Gold Mauve；Magic Gold Mauve

【结构式】 $x\mathrm{TiO_2}/[\mathrm{KAl_2(AlSi_3O_{10})\text{-}(OH)_2}]$

【性质】 淡红紫铜色或红色。透过色相根据制备工艺的不同，显示不同的色相，为绿色、淡绿色、红色、玫瑰色等，光泽明亮而柔和。$\mathrm{TiO_2}$ 覆盖率为47%，粒径为10～60μm。

【制法】 将云母薄片和去离子水调配成悬浮液，加入一定量的钛溶液，再加入一定

量的碱金属溶液和缓冲剂，在 pH 值 0.5～1.5 范围内于 85～90℃反应一定时间后，得幻彩金紫红珠光颜料。

【质量标准】 HG/T 3744—2004

指标名称	指标
外观	灰色白色粉状
亮度(与参比样比)	近似～优于
颜色(与参比样比)	近似～微
粒度分布(与参比样比)	基本一致
杂质含量(质量分数)/%	≤0.10
105℃挥发物(质量分数)/%	≤0.5
吸油量	商定
水悬浮液电导率	商定
水悬浮液 pH 值	商定

【用途】 用于塑料、涂料、油漆、橡胶、纸张、化妆品、陶瓷等的着色。

【生产单位】 河南南阳凌宝珠光颜料有限公司，江阴市启邦珠光材料有限公司，江苏贝丽得珠光颜料有限公司，上海一品颜料有限公司，浙江瑞成珠光颜料有限公司，四会市维诺珠光颜料有限公司。

Bj005　幻彩茄色紫

【英文名】 Interference Eggplant Purple

【别名】 幻彩葡萄紫；珍珠紫；干涉紫；Interference Purple；Rainbow Eggplant Purple

【结构式】 $x\text{TiO}_2/[\text{KAl}_2(\text{AlSi}_3\text{O}_{10})\text{-}(\text{OH})_2]$

【性质】 紫色，透过色色相为淡黄绿色，光泽明亮而柔和。TiO_2 成分为 $49\%\sim53\%$，粒径为 $10\sim60\mu m$。

【制法】 将云母薄片和去离子水调配成悬浮液，加入一定量的钛溶液，再加入一定量的碱金属溶液和缓冲剂，在 pH 值 0.5～1.5 范围内于 90～100℃反应一定时间后，得幻彩茄色紫珠光颜料。

【质量标准】 HG/T 3744—2004

外观	灰色白色粉状
亮度(与参比样比)	近似～优于

颜色(与参比样比)	近似～微
粒度分布(与参比样比)	基本一致
杂质含量(质量分数)/%	≤0.10
105℃挥发物(质量分数)/%	≤0.5
吸油量	商定
水悬浮液电导率	商定
水悬浮液 pH 值	商定

【用途】 用于塑料、涂料、油漆、橡胶、纸张、化妆品、陶瓷等的着色。

【生产单位】 上海一品颜料有限公司，河南南阳凌宝珠光颜料有限公司，江苏贝丽得珠光颜料有限公司，江阴市启邦珠光材料有限公司，浙江瑞成珠光颜料有限公司，四会市维诺珠光颜料有限公司。

Bj006　幻彩宝石蓝

【英文名】 Interference Gem Blue

【别名】 珍珠蓝；干涉蓝；Interference Blue；Rainbow Gem Blue

【结构式】 $x\text{TiO}_2/[\text{KAl}_2(\text{AlSi}_3\text{O}_{10})\text{-}(\text{OH})_2]$

【性质】 蓝色，透过色色相为淡橙色，光泽明亮而柔和。TiO_2 成分为 $48\%\sim53\%$，粒径为 $10\sim60\mu m$。

【制法】 将云母薄片和去离子水调配成悬浮液，加入一定量的钛溶液，再加入一定量的碱金属溶液和缓冲剂，在 pH 值 0.5～1.5 范围内于 100～110℃反应一定时间后，得幻彩宝石蓝珠光颜料。

【质量标准】 HG/T 3744—2004

外观	灰色白色粉状
亮度(与参比样比)	近似～优于
颜色(与参比样比)	近似～微
粒度分布(与参比样比)	基本一致
杂质含量(质量分数)/%	≤0.10
105℃挥发物(质量分数)/%	≤0.5
吸油量	商定
水悬浮液电导率	商定
水悬浮液 pH 值	商定

【用途】 用于塑料、涂料、油漆、橡胶、

纸张、化妆品、陶瓷等的着色。

【生产单位】 江苏贝丽得珠光颜料有限公司，江阴市启邦珠光材料有限公司，河南南阳凌宝珠光颜料有限公司，上海一品颜料有限公司，浙江瑞成珠光颜料有限公司，四会市维诺珠光颜料有限公司。

Bj007 幻彩橄榄绿

【英文名】 Interference Olive Green

【别名】 珍珠绿；干涉绿；Interference Green；Rainbow Olive Green

【结构式】 $x\mathrm{TiO_2}/[\mathrm{KAl_2(AlSi_3O_{10})(OH)_2}]$

【性质】 绿色，透过色色相为淡红色，光泽明亮而柔和。$\mathrm{TiO_2}$ 成分为 $52\%\sim56\%$，粒径为 $10\sim60\mu m$。

【制法】 将云母薄片和去离子水调配成悬浮液，加入一定量的钛溶液，再加入一定量的碱金属溶液和缓冲剂，在 pH 值 0.5 $\sim$1.5 范围内于 $110\sim120$°C反应一定时间后，得幻彩橄榄绿珠光颜料。

【质量标准】 HG/T 3744—2004

外观	灰色白色粉状
亮度（与参比样比）	近似~优于
颜色（与参比样比）	近似~微
粒度分布（与参比样比）	基本一致
杂质含量（质量分数）/%	≤0.10
105°C挥发物（质量分数）/%	≤0.5
吸油量	商定
水悬浮液电导率	商定
水悬浮液 pH 值	商定

【用途】 用于塑料、涂料、油漆、橡胶、纸张、化妆品、陶瓷等的着色。

【生产单位】 上海一品颜料有限公司，江阴市启邦珠光材料有限公司，江苏贝丽得珠光颜料有限公司，河南南阳凌宝珠光颜料有限公司，浙江瑞成珠光颜料有限公司，四会市维诺珠光颜料有限公司。

Bj008 着色黄金黄

【英文名】 Colour Gold Yellow

【别名】 Pigmentation Gold Yellow

【结构式】 $x\mathrm{Fe_2O_3}/y\mathrm{TiO_2}/[\mathrm{KAl_2(AlSi_3O_{10})(OH)_2}]$

【性质】 黄金黄色相，金光闪烁，有明亮的黄色色效果。如果制备工艺、$\mathrm{Fe_2O_3}$ 和 $\mathrm{TiO_2}$ 的覆盖率不同，可以得到不同效果的珠光颜料。

【制法】 将 7kg、400 目云母薄片和去离子水混合，配成 1：（3.5~4）的悬浮液，加入计算量的硫酸氧钛或四氯化钛溶液，并同时加入适当的缓冲剂（以维持 pH 为 2.2~2.5），搅拌混合均匀。加热升温至 72~78°C，保持 3.25h，得到幻彩黄金黄珠光颜料。然后，继续加入 20%氢氧化钠溶液，使 pH 升至 8.0，同时加入氨-氯化铵缓冲剂，使 pH 维持在 8.0。加入少量脲沉淀剂和氧化剂（如硝酸钠），维持温度在 72~78°C。采用滴注方式加入 2.5L 浓度为 15%的硫酸亚铁（$\mathrm{FeSO_4 \cdot 7H_2O}$）溶液，反应 1h。此时反应体系中的云母薄片悬浮液中将有墨绿色沉淀析出，覆盖中止，便可得到含 4.8% α-FeOOH 的闪闪发光的黄金黄着色珠光颜料。再在 72~78°C继续反应 1h。将反应物放出，贮存在放有冷却水的沉淀池中，放置一晚。然后经酸洗，去离子水洗，用离心机甩干。130°C下烘干，950°C高温下煅烧 30min，得产品。

【质量标准】 HG/T 3744—2004

外观	金黄~棕黄色粉状
亮度（与参比样比）	近似~优于
颜色（与参比样比）	近似~微
粒度分布（与参比样比）	基本一致
杂质含量（质量分数）/%	≤0.10
105°C挥发物（质量分数）/%	≤0.5
吸油量	商定

水悬浮液电导率　　　　　　商定
水悬浮液 pH 值　　　　　　商定

【用途】　用于塑料、涂料、油漆、橡胶、纸张、化妆品、陶瓷等的着色。

【生产单位】　上海一品颜料有限公司，温州华克珠光颜料有限公司，江阴市启邦珠光材料有限公司。

Bj009　银白色

【英文名】　Silvery of Iriodin/Afflair

【登记号】　CAS［1227-61-8］

【别名】　珍珠包裹颜料

【结构式】　$CH_2=CH-Si(OCH_3)_3$

【分子量】　204.37

【性质】　珠光颜料是依据物理光学原理产生出类似于自然界珍珠、贝壳、蝴蝶、飞禽及金属所具有的优雅光泽和颜色。由表面平整的天然云母薄片，包覆透明的高折射率的二氧化钛、氧化铁组成的夹芯式晶片，依靠对光线的折射、透射来创造色相和光泽。使其在透明的介质中创造出深厚的层次感及特殊的珍珠光泽效果。

【质量标准】

①产品指标　无毒、无味、耐高温、耐酸碱、耐光照、不迁移、不导电、易分散等优点。

②产品颜色　银白、虹彩干涉、金色、金属彩光、幻彩、双色效果等。

③产品规格　1200 目、1000 目、800 目、600 目、400 目、325 目、200目、150 目、100 目、80 目、50 目。

【用途】　最常用的品种的用途，由锐钛型或金红石型二氧化钛包覆云母薄片构成。表现由细腻柔和到晶莹闪烁的多种银白光泽。一般在涂料、油墨、塑胶、皮革、印刷、纸业、建材、陶瓷、工艺品、化妆品等。

【生产单位】　广州坤彩颜料有限公司，天津灯塔颜料责任有限公司，天津油漆厂，江苏东善化工厂，广东江门化工厂，深圳市帝强化工有限公司。

Bj010　金色系列

【英文名】　Golden of Iriodin/Afflair

【性质】　由氧化钛和二氧化钛复合包裹云母构成，不同的产品具有多种色相的金色光泽。与铅金粉相比有良好的透明性，并且色泽柔和、立体感强。有不同颗粒度的产品可供使用。一般说来，珠光颜料用于表达光泽效果的比重大些，颜色的比重少些。另外珠光颜料的优势还在于其良好的物化特性，这是由它的物质组成决定的。无机性：稳定，对温度、强光和酸碱环境的耐抗性好；非金属性：不含重金属，化学惰性，对环境和人体没有危害。

下面以德国默克公司（Merck）的 Iriodin/Afflair 颜料为例，介绍一下珠光颜料的主要性能指标。

供货形态	100%干粉
密度	3g/cm³
颗粒度	3～150μm
化学耐抗性	耐水、酸、碱、有机溶剂
耐高温性	最高 800℃
导电性	不导电
导磁性	不导磁
光学稳定性	好
毒性	无毒；对人体皮肤和黏膜无刺激，不引起过敏反应

由上述可见，珠光颜料是一种品质优良的特种颜料，为我们的生活提供了更为宽广的色彩应用空间，以及创新的可能性。

【用途】　一般在涂料、油墨、塑胶、皮革、印刷、纸业、建材、陶瓷、工艺品、化妆品等。

【生产单位】　杭州卡特化工有限公司，温州卡丽特效果颜料有限公司，天津灯塔颜料责任有限公司，天津油漆厂，江苏东善化工厂，广东江门化工厂。

Bj011 默克珠光浆

【英文名】 Pearl Concentrate

【别名】 L-300 珠光浆

【主要成分】 硬脂酸乙二醇酯、烷基醚硫酸盐和烷醇酰胺等。

【性质】 喷涂、浸珠、油漆珠光浆，俗称珍珠膏，其产生的光泽与珍珠效果相同，有含铅和不含铅之分。

【质量标准】

产品粒径	$11\mu m$
固含量	25%
颜色	白
载体	硝基

【用途】 一种主要用于不饱和聚酯树脂，可添加在不饱和聚酯树脂体系中，通俗的叫法是"灌浆"。如用在纽扣板材、棒材及工艺品中可制成衬衫珠光扣等。

另一种主要用途用于表面处理，通俗的叫法是"彩绘"。如用在浸染喷珍珠、工艺品、金属、塑胶、玻璃、皮革等产品的表面处理，使其产生柔和的珍珠光泽。另外，还可用于涂料中，制成珠光漆。

【生产单位】 泉州松达化工（福建）有限公司。

Bj012 硬脂酸乙二醇双酯、乙二醇双硬脂酸酯（珠光片）

【英文名】 Ethylene Glycol Distearate (Glycol Distearate)（简称：EGDS）

【登记号】 CAS [627-83-8]

【别名】 珠光剂；珠光片；珠光片双酯

【结构式】 $CH_3(CH_2)_{16}COOCH_2CH_2-OOC(CH_2)_{16}CH_3$

【分子量】 594.97

【性质】 乙二醇硬脂酸酯在表面活性剂复合物中加热后溶解或乳化，降温过程中会析出镜片状结晶，因而产生珠光光泽。在液体洗涤产品中使用可产生明显的珠光效果，并能增加产品的黏度，还具有滋润皮肤、养发护发和抗静电作用。与其他类型的表面活性剂相容性好，且能体现其稳定的珠光效果及增稠调理功能。对皮肤无刺激，对毛发无损伤。相比之下乙二醇双硬脂酸酯产生的珠光较强烈。

【质量标准】

指标项目	技术规格	检测方法
性状	白色片状	CBTM001
熔点	58.0~64.0℃	CBTM006
酸值	<2.0mgKOH/g	CBTM013
皂化值	192.0~208.0mgKOH/g	CBTM014
羟值	<30.0mgKOH/g	CBTM015
碘值	<3.0g/100g	CBTM017
灼烧残余量	<1.0%	

【用途】 用于香波、浴液、润肤膏及高档液体洗涤剂等。也可作为药品生产中珠光分散剂、增溶剂、润滑剂及金属加工洗涤剂和纤维加工领域。产品采用冷配时需将珠光片提前配制成珠光浆。

【生产单位】 湖北大兴银河化工有限公司。

Bj013 硬脂酸乙二醇单酯、乙二醇单硬脂酸酯（珠光片）

【英文名】 Glycol Mono Stearate (Glycol Stearate)（简称：EGMS）

【登记号】 CAS [111-60-4]

【别名】 珠光剂；珠光片；珠光片单酯

【结构式】 $CH_3(CH_2)_{16}COOCH_2CH_2OH$

【分子量】 328.52

【性质】 乙二醇硬脂酸酯在表面活性剂复合物中加热后溶解或乳化，降温过程中会析出镜片状结晶，因而产生珠光光泽。在液体洗涤产品中使用可产生明显的珠光效果，并能增加产品的黏度，还具有滋润皮肤、养发护发和抗静电作用。与其他类型的表面活性剂相容性好，且能体现其稳定的珠光效果及增稠调理功能。对皮肤无刺激，对毛发无损伤。相比之下乙二醇单硬脂酸酯产生的珠光较细腻。

【用途】 用于香波、浴液、润肤膏及高档液体洗涤剂等。配制香波、浴液、润肤膏及高档液体洗涤剂，可产生明显的珠光效果。也可作为药品生产中珠光分散剂、增溶剂、润滑剂及金属加工洗涤剂和纤维加工领域。产品采用冷配时需将珠光片提前

配制成珠光浆。

【生产单位】　湖北大兴银河化工有限公司。

C

偶氮颜料

HANDBOOK OF
CHEMICAL PRODUCTS

　　以有色的有机化合物为原料制造的颜料称为有机颜料。一般按结构分类：①偶氮颜料占 59%；②酞菁颜料占 24%；③三芳甲烷颜料占 8%；④特殊颜料占 6%；⑤多环颜料占 3%。

　　偶氮颜料是有机颜料中品种最多的、最主要的大类，其色谱分布较广，有黄、橙、红、棕、蓝等色。偶氮颜料的产量也是有机颜料中最大的，约占 60%。

　　按照化学结构分，偶氮颜料可分为单偶氮颜料和双偶氮颜料两类；又可细划分为不溶性偶氮颜料、偶氮染料色淀和缩合型偶氮颜料三类。依据所用特征中间体又可分成以下几类。

　　① 乙酰乙酰芳胺类颜料——即汉系列黄色颜料，其偶合组分是乙酰乙酰芳胺衍生物，一般为单偶氮。色谱范围从强的绿光黄色至红光黄色。该类颜料分子较小，结构简单，易发生结晶、迁移和油渗现象，因此不适用于对塑料的着色，已经逐渐被其他性能优良的颜料所代替。但由于其生产工艺简单，成本较低，因此产量仍然较大。

　　② 联苯胺类颜料——由联苯胺衍生物组成的双偶氮颜料，主要包括两类。一类是联苯胺衍生物作为重氮组分，和乙酰乙酰芳胺偶合得到的双偶氮颜料。联苯胺衍生物多为 3,3′-二氯联苯胺和 3,3′-二甲氧基联苯胺，还可以是 3,3′-二甲基联苯胺、2,2′,5,5′-四氯联苯胺、2,2′-二氯-5,5′-二甲氧基联苯胺等。还有一类是以双乙酰乙酰联苯胺衍生物作为偶合组分，芳胺作为重氮组分，反应得到。该类中的联苯胺衍生物多为 3,3′-二甲基联苯胺。联苯胺类颜料的色谱范围主要是黄色和橙色，其应用性能远远超过单偶氮颜料，大量应用于涂料、塑料、橡胶、文具及涂料印花等方面，产量很大。但由于联苯胺衍生物有强的致癌性，世界各国纷纷限制了该类颜料的使用范围，并着力于这些颜料的替代品的开发。

③ 偶氮缩合类颜料——其结构中有—CONH—键相连的芳二胺衍生物，其 N 上连接的一般是乙酰乙酰基和 2-羟基-3-萘甲酰基，但中间也可以插入其他片断。该类颜料的制备可以通过芳胺重氮盐和该芳二胺衍生物直接偶合得到，也可通过已经偶合的产物和芳二胺缩合得到。由于分子量的增大，改善了颜料的耐迁移性、耐晒、耐热性等各项性能指标。

④ 2-萘酚类颜料——以 2-萘酚为偶合组分，和芳胺重氮盐反应得到的颜料，是早期较为重要的颜料品种，大多数为红色，少数为橙色。其色谱范围为橙色、红色、蓝光红色，直到紫红色。

⑤ 2-萘酚类色淀颜料—— 以 2-萘酚为偶合组分与含有磺酸基及少数羧酸基的芳胺重氮盐反应，生成色原，再用金属盐、松香处理，得到的色淀颜料，多为红色和橙色，红色多为黄光红色至红色。

⑥ 色酚 AS 类颜料——以各种色酚为偶合组分，和芳胺重氮盐反应得到，大多是单偶氮颜料，也有双偶氮颜料。该类颜料色谱有橙色、红色、棕色、紫色、蓝色等，但以红色为主，红色的品种也较为重要，红色的色谱范围从黄光红色至蓝光红色、洋红或品红色。该类颜料一般具有较好的牢度性能，特别是耐碱性尤为优越。

⑦ 2,3-酸类及其色淀颜料——以 2,3-酸作为偶合组分得到的色原，再和金属盐作用生成的色淀颜料。大多是单偶氮颜料，也有缩合偶氮型颜料。其色谱范围以洋红（蓝光红）为主。

⑧ 吡唑啉酮类颜料——以芳基吡唑啉酮为偶合组分反应得到的颜料，有单偶氮和双偶氮颜料，其色谱范围由黄色至橙色。

⑨ 苯并咪唑酮类颜料——在偶合组分的侧链带有苯并咪唑酮的单、双偶氮颜料。其分子中含有环状酰氨基、甲酰氨基等，并由于氢键的存在，增加了颜料分子的极性，因而该类颜料具有十分优异的耐热、耐光和耐溶剂等性能。

⑩ 萘酚磺酸类颜料——以 2-萘酚-6-磺酸、2-萘酚-3,6-二磺酸作为偶合组分，和芳胺重氮盐反应，再经色淀化处理，得到的色淀颜料，是单偶氮红色色淀颜料。但该类颜料着色力较低，耐光性不高，已逐步被其他品种所代替。

⑪ 吡唑并喹唑啉酮类颜料——以吡唑并喹唑啉酮为偶合组分得到的

单偶氮颜料，有优良的耐晒、耐气候牢度。广泛应用于印墨、汽车用的涂料。其色谱一般为橙色和红色。

⑫ 其他偶氮颜料　人类使用有机颜料已有很长的历史，最早是利用天然植物或动物资源如胭脂虫、苏木、茜草、靛草等的浸出液，加入黏土类物质进行吸附制成色淀（天然有机颜料）。1874 年出现第一个合成有机颜料（颜料红 1，对位红）。我国 2005 年有机颜料的总产量为 15.7 万吨，2010 年为 22.4 万吨，2013 年为 25 万吨，"十二五"期间，我国有机颜料产量将保持在 25 万～28 万吨，占同期世界总产量的 42% 左右。目前世界上每年消耗有机颜料约 18 万吨，按结构分为：a. 偶氮颜料，占 59.5%；b. 酞菁颜料，占 23.5%；c. 三芳甲烷颜料，占 8%；d. 特殊颜料，占 6%；e. 多环颜料，占 3%。

消耗最多有机颜料的是油墨工业（占 45%～50%），涂料工业使用量占 20%～25%，塑料和树脂中使用量占 10%～15%。

有机颜料品种多样，色谱广泛，色彩鲜艳，色调明亮，着色力强，无毒或低毒，高档品具有优良的耐热、耐酸碱、耐晒牢度及耐气候性，价格较无机颜料高。

按照分子结构中的发色基团或官能团划分，有机颜料分为偶氮颜料、酞菁类颜料、杂环与稠环酮类颜料以及其他类型颜料。

偶氮颜料是指颜料分子中含有偶氮基（—N＝N—）的有机颜料。其色谱分布广泛，可获得红、橙、黄、紫、蓝、绿等颜色。广泛使用于油墨、涂料、造纸、塑料、橡胶、涂料印花色浆中。

偶氮颜料品种的发展从化学结构上分析主要有两个方面：一是增大分子量和相应增加酰胺基团，以提高耐光、耐热、耐溶剂和耐迁移性能；二是在分子中引入杂环基团，特别是环状酰胺基团以改进上述性能，其中典型的品种是苯并咪唑酮系偶氮颜料。

偶氮颜料的基本生产方法包括重氮化反应和偶合反应。下面简要介绍工业生产中的两类反应。

1　工业生产中的重氮化反应

在工业生产中实施重氮化反应，必须对原料进行测试分析，选择合适的反应条件，并有效地分离产物。这里主要介绍反应条件的选择和产物的分离。

(1) 重氮化反应条件的选择　由芳香族伯胺（重氮组分）与亚硝酸在低温下反应，生成重氮化合物的反应称为重氮化反应。由于亚硝酸极易分解，在反应中通常用亚硝酸钠与无机酸或有机酸作用，生成的亚硝酸再与芳香伯胺反应。其反应通式可表示为

$$Ar—NH_2 + 2HX + NaNO_2 \longrightarrow Ar—N\text{\Large$\equiv$}N^{\oplus}X^{\ominus} + NaX + 2H_2O$$

式中，Ar—芳基；X = Cl、Br、HSO_4 等。

重氮化合物有多种结构形式，随着 pH 值不同而变化。在酸性溶液中以重氮盐形式存在，而且能够电离：

$$Ar—N\text{\Large$\equiv$}\overset{+}{N}Cl^- \Longleftrightarrow Ar—N\text{\Large$\equiv$}\overset{+}{N} + Cl^-$$

随着 pH 值升高，重氮盐转变成重氮酸和重氮酸盐：

$$Ar—\overset{+}{N}\text{\Large$\equiv$}NCl^- \underset{H^+}{\overset{NaOH}{\Longleftrightarrow}} Ar—N\text{\Large$\equiv$}N—OH \underset{H^+}{\overset{NaOH}{\Longleftrightarrow}} Ar—N\text{\Large$\equiv$}N—ONa$$

$$\text{重氮盐} \qquad\qquad\qquad \text{重氮酸} \qquad\qquad\qquad \text{重氮酸盐}$$

重氮盐在受热或光照下容易分解放出氮气，分解速率随着温度的升高而加快。干燥的重氮化合物非常危险，遇到冲击、摩擦或高温极易爆炸。

根据重氮化反应的特点、重氮盐的性质和芳胺的化学结构，在选择反应条件时必须注意以下几个方面。

① 酸的品种和用量　工业生产中常用的有盐酸和硫酸，其中使用较多的是盐酸。这是因为芳胺的盐酸盐在水中溶解度比芳胺硫酸盐大，易于配制成溶液；另外一个原因是重氮化反应速率用盐酸比稀硫酸快。浓硫酸只使用于用亚硝酰硫酸作重氮化剂的场合中。酸的用量和浓度与芳胺的结构有关。按照反应方程式计量，重氮化反应时酸的理论用量是芳胺：酸 = 1：2（物质的量比），但实际生产上在芳胺碱性较强的情况下，成盐容易，而且酸的用量一般为芳胺：酸 = 1：（2.25～2.5）（物质的量比）或更高。过量的盐酸可加速重氮化反应速率，有利于反应的完成，又能使重氮化合物保持重氮盐形式不易分解，还可防止重氮氨基化合物的生成。当酸量不足时，部分已重氮化的芳胺和尚未重氮化的芳胺之间会发生自身偶合，形成不溶于水的淡黄色重氮氨基化合物，使重氮

盐溶液中混有副产物，其反应方程式为：

该自身偶合反应为不可逆反应。

但重氮化时，必须注意盐酸浓度一般不能大于20%，否则会产生氯气而破坏重氮化反应：

$$2HCl + 2HNO_2 \longrightarrow Cl_2\uparrow + 2H_2O + 2NO\uparrow$$

② 反应温度　升高温度能加快重氮化反应速率，但也能加快产物重氮化合物的分解。一般碱性较强的芳胺，所生成的重氮盐易于分解。因此，重氮化反应宜在低温下进行，如0～10℃。碱性较弱的芳胺和芳胺磺酸盐，其重氮盐较稳定，重氮化反应温度可略高，如10～20℃。弱碱性芳胺的重氮化反应温度可达25～35℃。

③ 亚硝酸盐用量及加入速度　在重氮化反应过程中，亚硝酸盐要保持稍过量，亚硝酸盐用量不足也会引起自身偶合。一般工业生产中用量为亚硝酸钠∶芳胺＝1∶(1.01～1.05)（物质的量比）。亚硝酸钠一般配成30%的水溶液，从反应液面下加至反应体系中。这是因为亚硝酸钠遇到酸立即生成亚硝酸，而亚硝酸容易分解生成三氧化二氮（N_2O_3），从液面下加入可以防止一部分亚硝酸在未反应前直接分解逸出，这种现象在温度稍高情况下进行重氮化反应时，尤为明显。

亚硝酸钠溶液加入的速度因芳胺的结构不同而有显著差异。一般加入速度以保持重氮盐溶液中有稍微过量的亚硝酸为宜。也就是亚硝酸钠加入速度必须大于重氮化反应消耗亚硝酸的速度。在碱性较强的芳胺重氮化时，由于重氮化反应速率较慢，故亚硝酸钠加入速度不宜过快，否则重氮液中亚硝酸来不及参加反应而积聚，使亚硝酸浓度增加而导致分解。对碱性较弱的芳胺，其重氮化反应速率较快且偶合能力又强，故亚硝酸钠加入速度要快；否则容易形成重氮组分的自身偶合副反应。

那么，如何控制亚硝酸钠稍过量呢？要使重氮化反应顺利进行，在反应中必须随时监测。亚硝酸可用淀粉碘化钾试纸测出，一般亚硝酸微过量时呈浅蓝色，随着亚硝酸浓度增加而使蓝色加深，其反应如下。

$$2HNO_2 + 2KI + 2HCl \longrightarrow I_2\uparrow + 2KCl + 2NO\uparrow + 2H_2O$$

必须注意的是，检查程序应该是在保持反应液能使刚果红试纸呈蓝色（pH<4）的前提下。如果酸量不足，往往无法查到过量的亚硝酸（而可能是以亚硝酸钠形式存在）。当重氮液滴于淀粉碘化钾试纸上时（亚硝酸将碘化钾中的碘离子氧化为单质碘，单质碘与淀粉形成的化合物呈蓝色），瞬时出现蓝色色圈是亚硝酸过量的指示，而间隔1～2min以后出现蓝色色圈是由于空气在酸性条件使碘离子氧化而呈现正反应。在酸性较浓时，两种色圈出现的间隔时间更短。两者的区别在于亚硝酸生成的蓝色色圈瞬时出现，位置在试纸润圈的中部，直径较小。由酸性条件下空气氧化生成的蓝色色圈出现稍晚，位置在试纸润圈外部，直径较大。

有时也采用10% 4,4′-二氨基二苯甲烷-2,2′-砜的稀盐酸溶液作为测试试剂代替淀粉碘化钾试纸用于监测亚硝酸。测试时先滴上述试剂在滤纸上，然后加一滴重氮液，如有亚硝酸存在，呈蓝色反应。该试剂灵敏度较淀粉碘化钾试纸略低，但在酸较浓时比较实用。

$$H_2N - \bigcirc - CH_2 - \bigcirc - NH_2$$
$$SO_2$$

在适宜的重氮化反应条件下，过量的亚硝酸钠维持5～10min不变，也就是淀粉碘化钾试纸所呈的蓝色色圈在5～10min内不变浅，便可认为是重氮化反应到达终点。

④ 反应浓度　反应浓度越高，重氮化反应速率越快。在工业生产时，常用的重氮化浓度范围为0.1～0.4mol/L。重氮化反应多数在低温下进行，要用大量冰直接冷却，而冰的用量同气温有密切联系。为了恒定重氮化反应浓度，不受季节气温变化影响，在重氮化前，配制芳胺盐酸盐溶液（或悬浮体）时，要调整至恒温、恒定体积，然后加入亚硝酸盐进行重氮化反应。最佳的重氮化浓度条件不一定适合最佳偶合浓度的条件，因此，重氮化反应完成后，应当再次调整体积和温度，以使下一步偶合反应顺利进行。

⑤ 搅拌强度　易溶于稀酸的芳胺（如苯胺）具有中等搅拌强度，符合液相反应要求。某些芳胺盐酸盐需要析出形成糊状细颗粒（如甲萘胺、对硝基苯胺），其重氮化反应在悬浮状态下进行，所以不论析出或重氮化反应都需要在较强烈的搅拌下，才能使反应分子间充分接触碰

撞，使反应迅速完成。

（2）重氮化产物的分离　重氮化反应结束后，如果下一步偶合反应是在碱性介质中进行，过量的亚硝酸与碱反应生成亚硝酸盐，对整个反应无妨碍。如果偶合反应在酸性介质中进行，则过量的亚硝酸必须清除，这是因为过量的亚硝酸会伴随产生亚硝化的副反应，从而降低产品质量。例如，颜料甲苯胺红的合成，其偶合反应为：

偶合在酸性条件下进行，如果有过量的亚硝酸存在，则生成亚硝基萘酚副产物。

清除过量的亚硝酸，可加入尿素或氨基磺酸进行破坏，亚硝酸与尿素作用放出氮气，与氨基磺酸同样是通过氧化还原反应放出氮气。

氨基磺酸与亚硝酸的反应比尿素快，但价格较贵，工业上常使用尿素。在工业生产中，有时也采用加入少量芳胺盐酸盐的酸性溶液（或悬浮体）来平衡过量的亚硝酸。根据生产上的习惯，将经过分析投料的芳胺（加酸和水溶解或酸析成糊状），在重氮化以前先取出一小部分（1%～2%）作为平衡用料，另外贮放。然后向釜内加入亚硝酸钠进行重氮化，反应将结束时，再加入贮放的平衡用料以平衡多余的亚硝酸，这样操作比较简便。

在工业生产中，由于芳胺纯度不高或贮存过程中被空气部分氧化，重氮化反应后的料液颜色较深，或有不溶物导致溶液浑浊。此时可加入1%～5%的活性炭，搅拌脱色，过滤，提高重氮盐的质量和纯度。

2 工业生产中的偶合反应

芳香族重氮盐和酚类、芳胺作用，生成偶氮化合物的反应称为偶合反应。反应通式如下：

$$Ar{-}N{=\!\!=}N{-}Cl + Ar'{-}ONa \longrightarrow Ar{-}N{=\!\!=}N{-}Ar'OH + NaCl$$

$$Ar{-}N{=\!\!=}N{-}Cl + Ar''NR_2 \longrightarrow Ar{-}N{=\!\!=}N{-}Ar''NR_2 + HCl$$

这里的酚类和芳胺常称为偶合组分。苯酚类化合物偶合时，偶氮基进入羟基的对位，如对位已被其他基团取代，则进入羟基的邻位。萘酚类化合物偶合时，羟基在萘环的 1 位时偶氮基进入 4 位，如 4 位已被其他基团占领，则进入 2 位。羟基在 2 位时，偶氮基进入 1 位。苯胺与萘胺偶合时，偶氮基进入的位置与酚类相同。氨基萘酚磺酸进行偶合时，偶氮基进入的位置与 pH 值有关。在酸性时，偶氮基进入氨基邻位；在碱性时，偶氮基进入羟基的邻位。如

在偶氮颜料中，常用的偶合组分有 2-萘酚、2-羟基-3-萘甲酸、色酚 AS 及其同系物、乙酰基乙酰芳胺、1-芳基-3-甲基-5-吡唑啉酮等。

（1）影响偶合反应的因素　当重氮盐和苯酚（或其他酚类）在碱性介质中偶合时，偶合速率与重氮盐正离子浓度和酚的负离子浓度成正比：

$$v = k[ArN_2^+][Ar'O^-]$$

在酸性介质中偶合时，偶合速率与重氮盐正离子浓度和游离芳胺浓度成正比：

$$v = k'[ArN_2^+][Ar'{-}NH_2]$$

除了有效的反应浓度外，影响偶合反应的主要因素还有重氮盐结构、偶合组分结构、反应介质的 pH 值、反应温度等。

① 重氮盐结构　重氮盐的芳环上含有吸电子基如硝基、磺酸基、卤素时，能增大偶合能力。反之，供电子基团如甲氧基、甲基等使偶合能力降低。取代基团越多，影响越大。不同的对位取代苯胺重氮盐，在偶合时的偶合速率相对值如下：

对位取代基	NO$_2$	SO$_3$H	Br	H	CH$_3$	OCH$_3$
相对偶合速率	1300	13	13	1	0.4	0.1

② 偶合组分结构　偶合组分的结构中含有吸电子基使偶合速率减慢，供电子基团则加快偶合速率。一般情况下，酚类比芳胺偶合速率快，而萘酚及其衍生物比苯酚及其衍生物偶合速率更快。

③ 反应介质的 pH 值　当酚类作为偶合组分时，随着 pH 值升高，偶合速率增大，pH 值到 9 左右，偶合速率达到最大值，如果 pH 值继续升高，则偶合速率反而降低。酚类的偶合常在弱碱性介质（pH 值为 9～10）中进行。芳胺在强酸性介质中，氨基变成氨基正离子，成为一个吸电基团降低了芳环上的电子云密度，不利于重氮盐的进攻；随着介质pH 值的升高，增加了游离胺的浓度，偶合速率增大。当 pH 值为 5 左右时，介质中已有足够的游离胺与重氮盐进行偶合。此时偶合速率和 pH 值关系不大。当 pH 值大于 9 时，由于活泼的重氮盐转变为不活泼的反式重氮酸盐，偶合速率下降。所以芳胺的偶合应在弱酸性介质（pH 值为 3.5～7）中进行。

④ 反应温度　升高反应温度，可加快偶合速率，每增加 10℃，偶合速率增加 2～2.4 倍。

(2) 偶合组分溶液（或悬浮体）的配制　制造偶氮颜料常用的偶合组分是萘酚及其衍生物和活泼的亚甲基化合物。在碱性介质偶合时，通常是将偶合组分溶解于碱中配制成溶液，碱的用量和品种根据偶合组分性质和反应介质而定。值得注意的是某些偶合组分，如色酚 AS 在溶解时，若处理不当，会产生分解，导致偶合时产生副产物。

溶解色酚 AS 的合适条件是温度不宜太高，一般 65～75℃，搅拌要强烈，用碱量要少，冷却要快，可以防止分解。为了使色酚 AS 易于溶解，有时可以加少量乙醇、扩散剂等。但使用的助剂品种、数量，必须经过筛选，否则会造成严重的质量问题。例如，在制造金光红时，若在溶解色酚 AS 时，加入土耳其红油，所得到的成品带黄色且无红光。尽管颜料的化学结构没有变化，但改变了偶合条件，从而影响了颜料的物理性能。偶合反应如果在酸性介质中进行，一般将偶合组分用碱溶解后，再加酸析出形成均匀的细颗粒，才能使偶合完全。此时，酸析的浓度、温度、搅拌速度和 pH 值必须严格控制。应该强调的是：偶合组分溶解或酸析的最佳条件，绝不是偶合反应的最佳条件。因此，在偶合组分溶解或酸析以后，还需要选择最佳条件以适合偶合反应条件的要求。

（3）偶合反应条件的选择

① 偶合方法　用间歇方法制造偶合染料时，多使用顺偶合方法，即偶合时将重氮液加至偶合组分中。随着反应的进行，重氮液加入量的增加，一部分偶合反应逐步完成，偶合组分的浓度相应降低，介质的 pH 值和偶合温度也随之下降。倒偶合法是将偶合组分加入重氮液中，随着偶合反应的进行，重氮液的浓度逐渐降低，介质的 pH 值和偶合温度逐渐升高。两种偶合方式中，偶合反应时的浓度、温度和 pH 值都不是一个定值，而是在一定范围内变化。这些因素的变化都会影响偶合反应的产物——偶氮颜料的晶型、粒子大小、形态等物理构型的变化，最终表现在颜色的色光、着色力、坚牢度、吸油量等性能方面的不同。

② 介质的 pH 值　偶合反应时，介质的 pH 值会影响偶合反应的速率、偶合反应完成的程度、重氮盐的分解以及其他副反应的产生。当酚类作为偶合组分时，pH 值升高，偶合速率增大，这是因为在碱性条件下酚以活泼的酚负离子形式参与偶合。当芳胺作为偶合组分时，pH 值升高，偶合速率也会加快，这是因为溶解的游离芳胺浓度增大。但当 pH 值大于 7 以后，随着碱性的增加，重氮盐分解加快，活泼的重氮盐（特别是带有供电子基的芳胺重氮盐）会转变为不活泼的反式重氮酸盐，所以在偶合反应中，pH＞9 时，偶合速率反而会下降。

偶合时，介质的 pH 值与重氮盐的偶合能力也有密切关系。当同一偶合组分与不同结构的重氮盐偶合时，碱性较强的芳胺重氮盐，偶合能力较弱，因此需要较高的 pH 值；而碱性较弱的芳胺重氮盐，其偶合能力较强，在较低的 pH 值就能使偶合完成。

在间歇式制造偶氮颜料时，不管是顺偶合还是倒偶合，偶合时介质的 pH 值都是变值。而介质 pH 值对偶合反应的影响又非常敏感，因此，在工业生产中常采用加入缓冲剂的方法来控制 pH 值，力求将 pH 值控制在较小范围内变化。在酸性介质偶合时，常用的缓冲剂有甲酸钠和乙酸钠；碱性介质偶合时，常用碳酸钠和氯化铵作为缓冲剂。

在整个偶氮颜料生产控制中，为了提高产品纯度和收率，通常在保证反应完全的前提下，尽可能控制较低的 pH 值。

③ 反应温度　提高偶合反应温度，能加快反应速率。但随着温度升高，重氮盐的分解速率加快。工业上制造偶氮颜料时，主要使用的偶合组分是萘酚及其衍生物和活泼的亚甲基化合物，在碱性介质中，偶合能力较强，一般可采用较低的偶合温度（5～15℃），以防重氮盐的分解及其他副反应。在酸性介质偶合时，偶合能力有所减弱，但重氮盐比较稳定，因此，可采用略高的偶合温度（如 15～35℃），以加速偶合反应的完成。

④ 反应浓度　偶合反应的速率与反应物的浓度（或其离子浓度）成正比。但过高的浓度会使偶合时物料变稠，搅拌困难，导致偶合不完全。过高的浓度也会造成颜料粒子凝聚程度增加，使质量变劣。工业上制造偶氮颜料常用偶合组分的浓度为 0.1～0.25mol/L。

⑤ 加料速度　不论是重氮液还是偶合组分溶液，其加料速度与偶合速率相关。一般偶合速率进行较快时，加料速度也可相应加快，工业生产上加料时间一般 10～30min。在酸性介质中进行偶合时，其偶合速率减慢，加料速度也相应减慢，工业生产中加料长达 1～3h。

偶合反应自始至终保持强烈搅拌，以尽快分散加入的料液，防止局部浓度过高、pH 值偏高或偏低，有利于偶合反应完全。一般加料后还应该继续搅拌 0.5～1h。

⑥ 偶合反应终点的控制　加料完毕，并不意味着达到反应终点。整个偶合过程应随时取样检测。检测方法是取样滴于滤纸上，在其润圈边缘一侧，用 H 酸溶液检查，如果有红色或紫色色带，表示重氮盐尚未反应完毕。在润圈另一侧边缘滴一滴对硝基苯胺重氮盐液，有红色或黄色

色带，表示有未反应的偶合组分。两种组分同时存在说明偶合尚未完全，应当继续搅拌一段时间。润圈试验的色带逐渐变浅，说明偶合反应逐步趋向完全。一般以重氮盐组分耗尽，偶合组分的微过量作为反应终点。在偶氮颜料生产中，不允许任一组分的大量过量，这是因为某一组分大量过量会导致颜料着色力大幅度下降，同时导致收率下降。这时必须补加另一组分来加以补救。

在酸性介质中进行偶合时，偶尔会遇到两种组分同时并存，长期不褪，这说明偶合条件选择不当，反应缓慢。一般可采用加入稀碱液、乙酸钠、氧化镁或其他弱碱溶液来提高 pH 值，以促使反应完成。

（4）偶氮颜料的热处理和溶剂处理　由偶合反应生成的特定结构的偶氮化合物，如果不含极性基团（如磺酸基），便是不溶性偶氮颜料，也称颜料型染料。这类颜料通过偶合反应后的过滤、洗涤（洗去无机盐）、干燥、粉碎、标准化后便为商品颜料。有时为了提高产品质量和色光，某些产品需经过热处理，以改变颜料的晶型或粒度。加热处理一般在偶合反应完成后（必要时加入少量表面活性剂），于常压下加热至75～100℃，在搅拌下保温数小时。例如，将滤饼用水和有机溶剂混合物加热至100℃来处理永固黄 HR，则可使该颜料粒子增大，比表面积下降，遮盖力增大，耐光牢度提高。热处理根据不同结构的颜料，选用不同的有机溶剂和处理温度，以获得最佳的处理效果。

（5）转化为色淀　偶氮染料中如果有磺酸或羧酸盐基，在水中有溶解倾向，则必须转化为不溶于水的钡、钙、锰等盐，才能成为颜料。这类染料称为色淀染料。其转化过程一般在偶合反应完成后进行，加入氯化钡、氯化钙或其他盐的水溶液、助剂，然后搅拌，加热。转化温度85～100℃，时间 0.5～2h。转化过程中，使用松香皂作为助剂具有重要的意义。松香皂由松香用碱液皂化制成，在转化过程中松香钠同时转变为松香钡或钙盐，混合于偶氮染料色淀中，其用量为 15%～30%。它的大量掺入，不但没有降低着色力，相反可以增加色淀的色彩、增强光泽，着色力也大为提高。

同偶合反应一样，转变为色淀时的条件如助剂的品种及用量、金属盐的配比、升温速度、pH 值及处理时间都会影响产品的色光和性能。

3 主要生产设备

(1) 酸、碱和亚稍酸溶液计量槽　计量槽的材质根据物料而定，碱液、浓硫酸和亚硝酸钠溶液一般用碳钢；盐酸用玻璃钢或钢内衬橡胶，也可采用硬质聚氯乙烯。液体原料一般贮存于地下槽内，用泵压入车间计量槽内。

(2) 溶解锅、重氮化反应锅和偶合锅　溶解锅、重氮化反应锅和偶合锅一般是立式圆柱形容器，内装浆式或框式搅拌器，由电动机通过减速机驱动。锅一般采用碳钢、钢衬瓷砖、钢衬橡胶或塑料等制成。

(3) 过滤设备　传统使用的过滤装置为可洗式板框机或厢式压滤机，用机械或油泵液压装置铰紧，人工卸料。酸性介质的过滤多用木质板框，碱式过滤时采用铸铁板框。目前已逐步被塑料板框代替。板框规格为 800mm×800mm×40mm（外缘尺寸：宽×高×厚），每台装有30～40 副板框，相当于过滤面积 25～34m²，容量 500～675L，操作压力为 6Pa。现代化车间使用自动卸料压滤机。

(4) 干燥设备

① 厢式干燥器　该设备装有热风强制循环的厢式干燥器，每批干燥时间 18～24h，每台日干燥量 150～300kg。其劳动强度大、热效率低，但易于小批量多品种的生产。

② 带式干燥机　带式干燥机有一段式和多段式，后者适用于干燥时间长和安装场所狭小时使用。操作时，滤饼经成型机轧制成条状或粒状，落在干燥带上向前运行。输送带由金属丝编织而成或是多孔金属平板，送风机将空气压至热交热器加热，由垂直方向吹向物料。整个干燥机分成多个区段，每一区段都可以调整干燥温度和风速，一般滤饼刚进时含水多，温度可稍高，随着干燥带向前运行，吹入的热风的温度相应降低，接近卸料点的温度，一般吹入室温空气以冷却物料。宽 1.5m、长 7m 的带式干燥机日处理量为 500kg，干燥时间约 1h。

③ 喷雾干燥机　喷雾干燥机有多种设计流程，视生产需要选用。

(5) 粉碎机　ϕ400mm 万能粉碎机，或 ϕ800mm 双转子粉碎机。粉末细度一般 40～100 目。

（6）混合设备锥形混合机　单螺杆或双螺杆，容量 2～10m³，螺杆转速 70～140r/min，公转转速 2～3.5r/min，容量 6m³ 的锥形混合机，每批可混 800kg，每批混合时间 8～40min。

（7）自动包装机　自动包装机对粉状、粒状物料能自动充料、计量，由过程控制系统操纵，装料启闭操作由气动阀门完成，计量由电脑控制。称量范围 10～50kg。

4. 偶氮颜料的主要类型

偶氮颜料可分为不溶性偶氮颜料、偶氮染料色淀和缩合型偶氮颜料。

不溶性偶氮颜料又分为单偶氮颜料和双偶氮颜料：

不溶性偶氮颜料
- 单偶氮颜料
  - 乙酰基乙酰芳胺系，如耐晒黄G
  - 芳基吡唑啉酮系，如Hansa Yellow R
  - 乙萘酚系，如银朱R、甲苯胺红
  - 2-羟基-3-萘甲酰芳胺系，如永固桃红FB
  - 苯并咪唑酮系，如永固橙HSL
- 双偶氮颜料
  - 乙酰基乙酰芳胺系，如联苯胺黄G
  - 芳基吡唑啉酮系，如永固橘黄G
  - 乙酰乙酰芳胺系，如永固黄H4G

偶氮染料色淀可分为 2-羟基-3-萘甲酸系（如永固红 2B、立索尔宝红 BK、橡胶大红 LG），2-羟基-3-萘甲酰芳胺系（又称色酚 AS 系，如 PV Red BL）、乙酰基乙酰芳胺系（如 Lionol Yellow K-5G）、乙萘酚系（如金光红 C、酸性金黄色淀）和萘酚磺酸系（如 Pigment Scarlet 3B）。

缩合型偶氮颜料一般含有 2～4 个酰胺基团，几乎包含两个单偶氮颜料分子。缩合型颜料有黄、橙、红、棕等色谱。它的主要特点是浅色，仍能保持优良的耐晒牢度，耐热性优良、耐迁移性优良且无毒。

Ca 乙酰芳胺类颜料

Ca001 耐晒黄 G

【英文名】 Hansa Yellow G

【登记号】 CAS [2512-29-0]；C. I. 11680

【别名】 C. I. 颜料黄 1；颜料黄 G；1001 汉沙黄 G；1125 耐晒黄 G

【结构式】

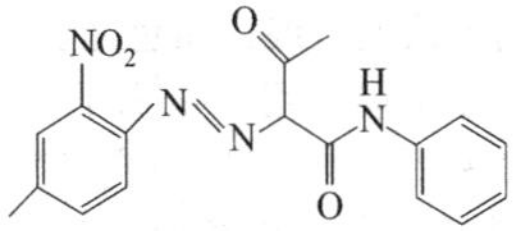

【分子式】 $C_{17}H_{16}O_4N_4$

【分子量】 340.33

【性质】 本品为黄色、疏松而细腻的粉末。微溶于乙醇、丙酮、苯。熔点 256℃。遇浓硫酸为金黄色，稀释后为黄色沉淀，遇浓硝酸无变化，遇盐酸为红色溶液，遇稀氢氧化钠无变化。着色力约为铬黄的 3 倍，耐光坚牢度较好，耐晒性和耐热性颇佳，对酸碱有抵抗力，不受硫化氢的影响。高温下颜色有偏红倾向，油渗性好，但耐溶剂性差，用于塑料着色力有迁移性。色泽鲜艳，着色力强。

【制法】

1. 生产原理

红色基 GL（2-硝基-4-甲基苯胺）重氮化后，与乙酰乙酰苯胺偶合。

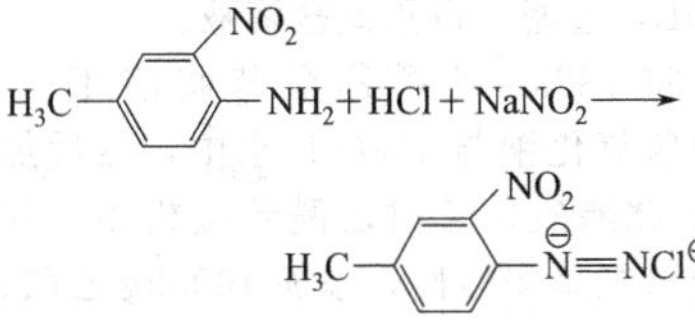

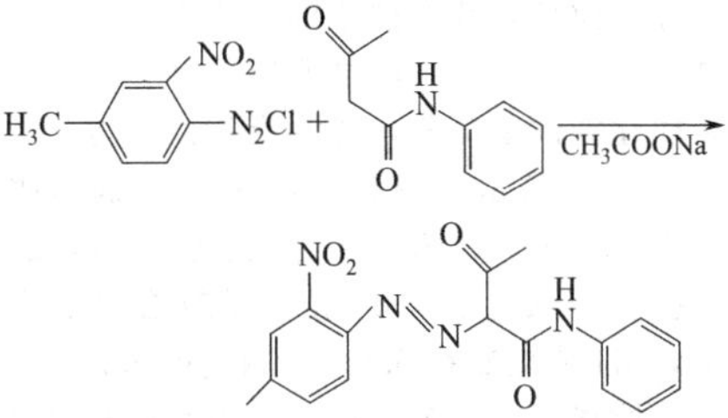

2. 工艺流程

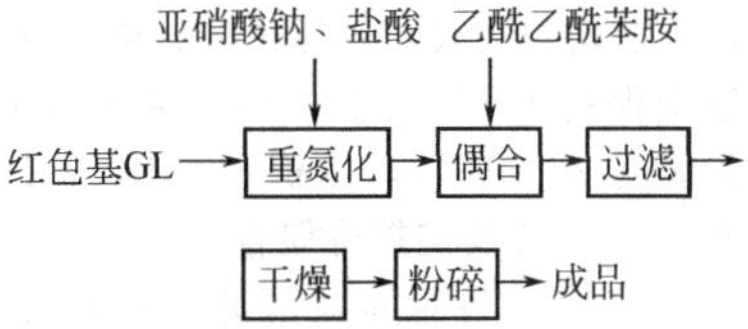

3. 技术配方/kg

红色基 GL(100%计)	450
乙酰乙酰苯胺(100%计)	520
冰醋酸	300
活性炭	20
亚硝酸钠	200
碳酸钠(98%)	309
盐酸(30%)	825
土耳其红油	31

4. 生产设备

重氮化反应锅，偶合锅，打浆锅，压滤机，高位槽，干燥箱，粉碎机。

5. 生产工艺

（1）工艺一

① 重氮液的制备　在重氮化反应锅内，加入 600L 冰水和 88kg 红色基 GL，搅拌 10min，然后按计算量加入 144.5kg

30％盐酸，搅拌打浆 3h，加冰降温到 0℃，缓缓加入 40kg 亚硝酸钠配成的 30％溶液，进行重氮化反应，约需 1h。反应过程中需不断测试反应情况，应保持亚硝酸微过量，淀粉碘化钾试纸微蓝，若试纸显深蓝，需继续搅拌或补加红色基 GL，调至微蓝。重氮化反应完成。

重氮化反应完成后，加入 5kg 活性炭，搅匀。加入 1kg 土耳其红油，搅匀后可停止搅拌，放入抽滤桶中抽滤。此时总体积 3000～3500L，温度应保持 0℃，淀粉碘化钾试纸微蓝，滤液清亮、待偶合。

② 偶合组分溶液的制备 偶合锅内放入水 1600L，加入 30％氢氧化钠 144kg，搅拌下加入乙酸 63.3kg，配制乙酸钠溶液，pH 值控制在 6.5～7，搅拌 5min。

搅拌下，将 100.4kg 乙酰乙酰苯胺加入乙酸钠溶液中，继续搅拌，使乙酰乙酰苯胺分散均匀为浆状悬浮体，打浆搅拌时间最少保持 0.5h 以上，然后加入冰水，调整温度 14～15℃，体积 5000L，pH 值为 6.5～7。持续搅拌待偶合。

③ 偶合 将重氮盐清滤液在搅拌下慢慢加入偶合液中，加入速度以重氮组分不过量为准。此过程中不断做渗圈试验，用 H 酸检查控制重氮组分不得过量。重氮液全部加入时间 1.5～2h。重氮液全部加完后，再检查重氮组分不得过量。然后用重氮盐溶液检查偶合组分应微过量，pH 值为 2～3 时偶合完毕，继续搅拌 0.5h。根据色力情况偶合完成后可升温 90℃，保温 0.5～1.5h，以保证质量要求。

④ 后处理 用泵或压缩空气将色浆打入板框式压滤机后，母液水压滤除去后，用 80℃热水冲洗，总热水量约 7000L，然后用自来水冲洗 0.5h，用硝酸银检查氯离子，与自来水近似即冲洗完毕。

从压滤机上卸下滤饼后，装盘，在干燥箱中干燥，温度 75℃左右。根据检验色块颜色的色光与着色力，达到合格后冷却，拼混达到产品标准后，粉碎即得成品。

（2）工艺二（混合偶合工艺） 将 905kg 2-硝基-4-甲基苯胺与 10kg 间硝基对甲氧基苯胺加至 2000L 水及 3400L 5mol/L 盐酸中，搅拌过夜，次日加入 3000kg 冰，再由液面下加入 792L 40％亚硝酸钠进行重氮化，温度为 0℃，总体积 11000L，加 4kg 活性炭，过滤，得重氮盐溶液。

将 1098kg 乙酰乙酰苯胺在 25℃下于 1000L 水中悬浮，加入 510kg 轻质碳酸钙，稀释至总体积为 25000L，温度为 33℃。在偶合之前，加入 72～144L 33％氢氧化钠可改变最终产品色光。

重氮液从偶合组分液面下于 4h 内加入，偶合温度 30～33℃，搅拌 0.5h，再加入 200L 5mol/L 盐酸使反应物对刚果红试纸呈微酸性，过滤，水洗，在 65～70℃下干燥，得耐晒黄 G200 2kg，颜料中混合组成比为

（3）工艺三 将 608kg 2-硝基-4-甲基苯胺加至 4000L 水中搅拌过夜，次日再加入 2400L 5mol/L 盐酸及冰使温度降至 0℃，在 15～20min 内加入 526L 40％亚硝酸钠进行重氮化，稀释至总体积为 8000L，过滤，得重氮盐溶液。

将 732kg 乙酰乙酰苯胺溶于 390L 33％氢氧化钠与 10000L 水中，然后加入 300L 冰醋酸使乙酰乙酰苯胺析出，并对石蕊试纸呈弱酸性，添加 1000kg 乙酸钠，

再加入 6000kg 冰水混合物，使总体积为 28000L，在 0～3℃下保存待用。

在 2～2.5h 内自偶合组分液面下加入重氮液，则立即发生偶合反应，产品过滤水洗，将滤饼悬浮在 10000L 水中，搅拌过夜。次日，加入冰水混合物使总体积为 30000L。为得到高着色力的产品，需长时间搅拌后加热至 50℃保持 1h，过滤，得到含固量为 30%的 4400kg 耐晒黄 G 膏状物。

质量标准（GB 3679）

外观	黄色粉末
色光	与标准品近似至微
着色力/%	为标准品的 100±5
细度(过 80 目筛余量)/%	≤5
耐热性/℃	160
耐晒性/级	6～7
油渗透性/级	4
吸油量/%	40±5
水分含量/%	≤2.5
水溶物含量/%	<1.5
水渗透性/级	4
耐酸碱性/级	5
乙醇渗透性/级	4～5

【用途】 主要用于油漆和油墨工业，也用于涂料印花、塑料制品、橡胶、文具、彩色颜料、蜡笔和黏胶原液着色。

【生产单位】 杭州映山花颜料化工有限公司，杭州红妍颜料化工有限公司，杭州新层颜料有限公司，上虞市东海精细化工厂，浙江胜达祥伟化工有限公司，Hangzhou Union pigment Corporation，浙江瑞安化工厂，浙江瑞安化工二厂，浙江萧山颜料化工厂，浙江杭州力禾颜料有限公司，浙江萧山江南颜料化工厂，浙江萧山前进颜料厂，浙江瑞安太平洋化工厂，浙江杭州颜化厂，浙江上虞舜联化工公司，天津市东鹏工贸有限公司，天津东洋油墨股份有限公司，天津津西环宇染化厂，天津大港振兴化工总公司，天津大港新颖有机颜料厂，天津津联化工厂，天津光明颜料厂，天津东湖化工厂，天津海河化工厂，天津万新化工厂，天津东洋油墨股份有限公司，常州北美化学集团有限公司，江苏无锡新光化工公司，江苏宜兴茗岭精细化工厂，江苏吴江精细化工厂，江苏句容染化厂，江苏扬中颜料化工厂，江苏邗江精细化工厂，江苏太仓新唐化工厂，江苏武进寨桥化工厂，江苏常熟树脂厂，南通新盈化工有限公司，石家庄市力友化工有限公司，安徽宁国县化工厂，山东龙口太行颜料有限公司，山东龙口太行油墨公司，山东蓬莱新光颜料化工公司，山东蓬莱颜料厂，山东蓬莱化工厂，山东龙口化工颜料厂，河北安平县化工二厂，河北深州化工厂，甘肃甘谷油墨厂，上海染化一厂，上海嘉定华亭化工厂，上海山东龙口太行颜化有限公司等。

Ca002　C. I. 颜料橙 1

【英文名】 C. I. Pigment Orange 1

【登记号】 CAS [6371-96-6]；C. I. 11725

【别名】 颜料黄 3R；永固黄 3R；汉沙黄 3R；Butanamide, 2-[2-(4-Methoxy-2-nitrophenyl) Diazenyl]-N-(2-methylphenyl)-3-oxo-；Ext D and C Orange No. 1；Fanchon Orange；Fanchon Orange WD 225；Fanchon Orange YH 5；Fastona Orange 3R；Fenalac Yellow 3R；Permanent Yellow 3R (Mult)；Hansa Orange；Hansa Yellow 3R；Hansa Yellow 3RA；Japan Orange 401；Lutetia Fast Yellow 7R；Mono Fast Orange；Monolite Fast Orange 3G；NSC 17265；Pigment Orange 1；Pigment Yellow 3R(Pol)

【结构式】

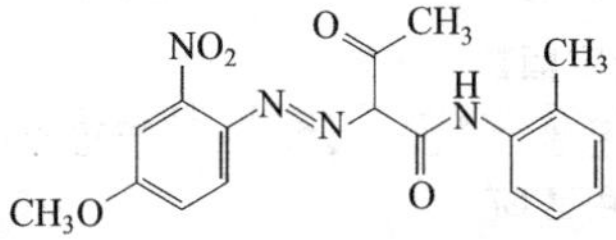

【分子式】　$C_{18}H_{18}N_4O_5$

【分子量】　370.36

【性质】　黄光橙色。熔点210℃。溶于浓硫酸为橙色，稀释后析出橙色沉淀，溶于浓硝酸为深橙色，在浓盐酸和稀氢氧化钠溶液中不变色。耐晒牢度6级，耐水4～5级，耐5%碳酸钠5级，耐盐酸4级，耐酯类或乙醇为1～2级。

【制法】　将672kg 3-硝基-4-甲氧基苯胺（枣红色基GP）加到2000L水中，加入2000L 5mol/L盐酸，并搅拌过夜。次日加入2500kg冰，降温至0℃，并在20min内加入526L 40%亚硝酸钠溶液，重氮化完毕后加入10kg活性炭，过滤备用。

反应釜放10000L水，加入764kg邻甲基乙酰乙酰苯胺和354L 33%氢氧化钠溶液，后加入20000L水并调整体积及pH值。于3.0～3.5h内，在液面下加入重氮液，并加入适量盐酸调整pH值至弱酸性。过滤，水洗至中性得1418kg产品。

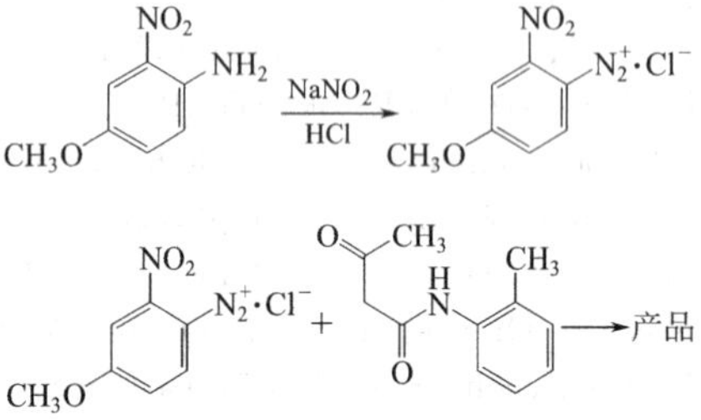

【质量标准】　参考标准

指标名称	指标
外观	橙色粉末
色光	与标准品近似
着色力/%	为标准品的100±5
细度（通过80目筛后残余物含量）/%	≤5
耐热性/℃	140

【消耗定额】

原料名称	单耗/(kg/t)
枣红色基GP	473

原料名称	单耗/(kg/t)
邻甲基乙酰乙酰苯胺	540

【用途】　用于印刷油墨，也用于肥皂、墙壁纸和包装物的着色，还用于橡胶、塑料、印刷品和油布的着色。

Ca003　汉沙黄 GR

【英文名】　Hansa Yellow GR

【登记号】　CAS［6486-26-6］；C.I.11730

【别名】　C.I.颜料黄2；颜料黄FG

【分子式】　$C_{18}H_{17}ClN_4O_4$

【分子量】　388.1

【结构式】

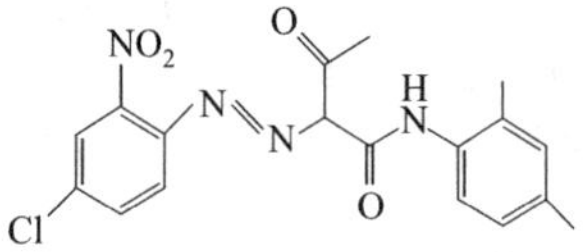

【性质】　本品为亮黄色粉末。微溶于乙醇、丙醇。耐晒性、耐旋光性优良，耐热性、耐酸碱性较好，但耐溶剂及耐迁移性差。

【制法】

1. 生产原理

红色基3GL（4-氯-2-硝基苯胺）重氮化后与2,4-二甲基乙酰乙酰苯胺偶合，经后处理得汉沙黄GR。

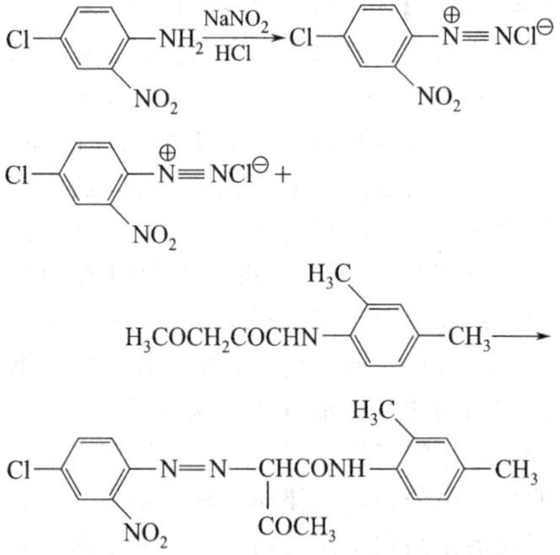

2. 工艺流程

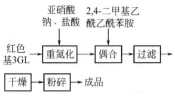

3. 技术配方

红色基 3GL(100％)	172.5
亚硝酸钠(98％)	71.0
2,4-二甲基乙酰乙酰苯胺(100％)	205
盐酸(31％)	275
碳酸钙	115

4. 生产工艺

(1) 重氮化　将 517.5kg 红色基 3GL 加至 1000L 水中，再加入 900L 5mol/L 盐酸，搅拌过夜，次日再加入 900L 5mol/L 酸，冷却至 0℃，在 20min 内加入 394L 40％亚硝酸钠进行重氮化，全部过程应保持在 0℃，最终体积为 5500L，过滤，得重氮盐溶液。

(2) 偶合　将 615kg 2,4-二甲基乙酰乙酰苯胺与 345kg 碳酸钙加至 10000L 水中，温度为 28℃，总体积稀释至 25000L，得偶合组分。

把过滤的重氮液在 2.5h 内加入偶合液中，向偶合物中加入 150L 5mol/L 盐酸使其对刚果红试纸呈弱酸性，再过滤、水洗，在 50℃ 下干燥，得 1133kg 汉沙黄 GR。

如果最终产品透明度不高，则应加快偶合速率，即把重氮液在 1.5h 内加完。

【质量标准】

外光	黄色粉末
着色力/％	为标准品的 100±5
耐水渗透性/级	1～2
色光	与标准品近似
耐晒性/级	5～6
细度(过 80 目筛余量)/％	≤5

【用途】　主要用于油漆、涂料及油墨着色。

【生产单位】　天津市东鹏工贸有限公司，天津光明颜料厂，天津东洋油墨股份有限公司，天津东湖化工厂，天津大港新颖有机颜料厂，天津大港振兴化工总公司，天津海河化工厂，天津万新化工厂，上虞市东海精细化工厂，杭州红妍颜料化工有限公司，杭州新晨颜料有限公司，杭州映山花颜料化工有限公司，浙江瑞安化工二厂，浙江萧山颜化二厂，浙江萧山前进颜料厂，浙江杭州颜化厂，浙江上虞舜联化工公司，常州北美化学集团有限公司，江苏扬中颜化厂，江苏邗江精化厂，江苏宜兴茗岭精细化工厂，江苏武进寨桥化工厂，江苏无锡前洲第二化工厂，江苏吴江精细化工厂，南通新盈化工有限公司，无锡新光化工有限公司，浙江胜达祥伟化工有限公司，石家庄市力友化工有限公司，上海染化一厂，上海嘉定华亭化工厂，甘肃甘谷油墨厂，山东龙口太行油墨公司，山东龙口太行颜料有限公司，山东蓬莱新光颜料化工公司，山东蓬莱化工厂，山东龙口太行颜化有限公司，山东新泰染化厂，山东龙口化工颜料厂，河北恒安化工公司，河北深州化工厂，甘肃甘谷油墨厂等。

Ca004　耐晒黄 10G

【英文名】　Hansa Yellow 10G；Segnale Light Yellow 10G

【登记号】　CAS [6486-23-3]；C. I. 11710

【别名】　C. I. 颜料黄 3；1104 耐晒黄 10G；颜料黄 10G；1002 汉沙黄 10G

【分子式】　$C_{16}H_{12}Cl_2N_4O_4$

【分子量】　395.20

【结构式】

【质量标准】（GB 3680）

外观	黄色粉末
水分含量/%	≤2.0
吸油量/%	50±5
水溶物含量/%	<1.5
细度(过 80 目筛余量)/%	≤5
着色力/%	为标准品的 100±5
色光	与标准品近似
耐晒性/级	5～6
耐热性/℃	180
耐酸性/级	4～5
耐碱性/级	4～5
水渗透性/级	4～5
油渗透性/级	4～5
石蜡渗透性/级	4
乙醇渗透性/级	5

【性质】 本品为绿光淡黄色粉末。色泽鲜艳，耐晒、耐热性好，熔点 258℃、微溶于乙醇、苯和丙酮。在浓硫酸中为黄色，稀释后为淡黄色；在浓硝酸、浓盐酸和稀氢氧化钠中均无变化。

【制法】

1. 生产原理

红色基 3GL 重氮化后与邻氯乙酰乙酰苯胺偶合得产品。

$$Cl-\underset{\overset{|}{NO_2}}{\underset{|}{\bigcirc}}-NH_2 + H_2SO_4 + NaNO_2 \xrightarrow{0\sim2℃}$$

（反应结构式）

2. 工艺流程

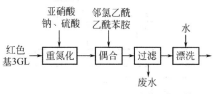

3. 技术配方

红色基 3GL(100%)	440
邻氯乙酰乙酰苯胺(100%)	520
盐酸(31%)	765
亚硝酸钠(98%)	184
冰醋酸(工业品)	309
活性炭(工业品)	8
土耳其红油	36
碳酸钠(98%)	285

4. 生产设备

重氮化反应锅，偶合锅，漂洗锅，贮槽，干燥箱，粉碎机。

5. 生产工艺

（1）工艺一 在耐酸反应锅中加入 98%硫酸 315kg 和红色基 3GL220kg，搅拌，加热溶解，制得红色基 3GL 硫酸盐备用。重氮化反应锅中加入水 2000kg，搅拌下加入红色基 3GL硫酸盐，再加入氨基三乙酸 3kg，加入冰块降温，然后分批加入 30%亚硝酸钠溶液 307kg 进行重氮化反应。亚硝酸钠溶液加料时间控制在 1h，重氮化反应时间 1.5h，反应温度 3℃。反应结束，加入活性炭 4kg，40%土耳其红油 18kg，进行脱色、过滤，制得红色基 3GL 重氮盐溶液。在偶合反应锅中加入水 3500kg，搅拌下加入 30%氢氧化钠溶液 390kg、邻氯乙酰乙酰苯胺 260kg，经搅拌溶解后加入 18%乙酸 1030kg，进行酸析，使物料 pH 值为 7.5，然后加入 58%乙酸钠 431kg，经混合均匀后，分批加入红色基 3GL 重氮盐溶液进行偶合反应。重氮盐溶液加料时间控制在

22h，偶合反应温度13℃，反应时间2h，物料pH值为3.7。反应结束，将物料过滤，滤饼经水漂洗、烘干后研磨得耐晒黄10G。

（2）工艺二　将2000L水加入重氮化反应锅中，再加入1035kg红色基3GL（1005s）搅拌数小时，再加入1800L 5mol/L盐酸，并在20min内加入788L40％亚硝酸钠，温度为0℃，搅拌2.5h，总体积为11000L，过滤得重氮盐溶液。

将新研磨的436kg邻氯乙酰乙酰苯胺加至25℃的10000L水中，搅拌2h，然后加入2340kg乙酸钠和40L冰醋酸，总体积为29000L，温度为25℃偶合组分溶液。

重氮液从偶合组分液面下加至偶合液中，偶合加料时间为4h，温度25℃，再搅拌0.5h，过滤水洗，在50～55℃下干燥，得2250kg耐晒黄10G。

（3）工艺三　将3000L水加入重氮化反应锅中，再加入600L5mol/L盐酸和345kg红色基3GL，搅拌过夜，次日再加600L5mol/L盐酸及1000kg冰，温度为0℃。在20min内由液面下加入264L40％亚硝酸钠，温度维持在0℃，且亚硝酸微过量，总体积为8000L，过滤，得重氮盐溶液。

将新研磨的436kg邻氯乙酰乙酰苯胺溶于196L33％氢氧化钠和10000L水中，温度为25℃，体积为27000L，再用150L冰醋酸和800L水的乙酸溶液酸化析出沉淀，加入500kg乙酸钠，总体积为29000L，温度为25℃，得偶合组分溶液。

在3h内由偶合组分液面下加入重氮液，偶合温度25℃，在整个偶合过程中保持偶合组分过量，完毕再搅拌0.5h，过滤、水洗，得膏状物产品3000kg。

【用途】　主要用于涂料、涂料印花、油墨、彩色颜料、文教用品和塑料制品着色。

【生产单位】　天津市东鹏工贸有限公司，天津光明颜料厂，天津东洋油墨股份有限公司，天津东湖化工厂，天津大港新颖有机颜料厂，天津大港振兴化工总公司，天津海河化工厂，天津万新化工厂，上虞市东海精细化工厂，杭州红妍颜料化工有限公司，杭州新晨颜料有限公司，杭州映山花颜料化工有限公司，浙江瑞安化工二厂，浙江萧山颜化二厂，浙江萧山前进颜料厂，浙江杭州颜料厂，浙江上虞舜联化工公司，常州北美化学集团有限公司，江苏扬中颜化工厂，江苏邗江精化厂，江苏宜兴茗岭精细化工厂，江苏武进寨桥化工厂，江苏无锡前洲第二化工厂，江苏吴江精细化工厂，南通新盈化工有限公司，无锡新光化工有限公司，浙江胜达祥伟化工有限公司，石家庄市力友化工有限公司，上海染化一厂，上海嘉定华亭化工厂，甘肃甘谷油墨厂，山东龙口太行油墨公司，山东龙口太行颜料有限公司，山东蓬莱新光颜料化工公司，山东蓬莱化工厂，山东龙口太行颜化有限公司，山东新泰染化厂，山东龙口化工颜料厂，河北恒安化工公司，河北深州化工厂，甘肃甘谷油墨厂等。

Ca005　C. I. 颜料黄 4

【英文名】　C. I. Pigment Yellow 4

【登记号】　CAS [1657-16-5]；C.I.11665

【别名】　颜料黄13G；汉沙黄13G；Butanamide, 2-[2-(4-Nitrophenyl) Diazenyl]-3-oxo-N-phenyl-; Hansa Yellow 13G; Carnelio Yellow 5G; Corfast Yellow 5G-O(EURC); Eljon Yellow 5G (EURC); Fanchon Yellow (13G) YH-3; Fast Yellow I3G (CNC); Fast Yellow 11J; Hansa Yellow 13G; Hansa Yellow Toner 13G Ya-8260; Irgalite Yellow 5G; Irgalite Yellow 5GL; Kromon Primrose Yellow; NSC 521321; No. 8 Forthfast

Yellow 5G；No. 8/10 Forthfast Yellow 5G；Pigment Yellow 4；Pigment Yellow 5G；Pigment Yellow 13G；Process Yellow 10GS；Recolite Yellow 5G

【结构式】

O
‖
CH₃

（结构式图）

【分子式】 $C_{16}H_{14}N_4O_4$

【分子量】 326.31

【性质】 黄色粉末，着色后为艳绿光黄色。熔点217℃，不溶于水。

【制法】 对硝基苯胺经重氮化后，再和乙酰基乙酰苯胺偶合，再经处理即得颜料产品。

（反应式图）

$$O_2N-\langle\rangle-NH_2 \xrightarrow[HCl]{NaNO_2} O_2N-\langle\rangle-N_2^+\cdot Cl^-$$

（反应式图产品）

【质量标准】 参考标准

外观	黄色粉末
色光	与标准品近似
着色力/%	为标准品的 100±5
细度（通过80目筛后残余物含量）/%	≤5
耐热性/℃	130
耐酸性/级	4
耐碱性/级	3

【用途】 主要用于油墨，有时也用于涂料、漆类、橡胶和涂料印花的着色，对碱牢度差，热处理时较为敏感。

Ca006 汉沙黄 5G

【英文名】 Hansa Yellow 5G

【登记号】 CAS [4106-67-6]；C. I. 11660

【别名】 颜料黄 5G；耐晒黄 5G；Butana-

mide，2-[2-（2-Nitrophenyl）Diazenyl]-3-oxo-N-phenyl-；Hansa Yellow 5G；Fast Yellow 5J；Fastona Yellow 5G；Irgalite Fast Yellow P 5G；Light Fast Yellow 5G；Lithol Fast Yellow Y；Lithosol Fast Yellow Y；Lutetia Fast Yellow 5J；Pigment Fast Yellow 5G（New）；Pigment Fast Yellow 5GC；Pigment Lightfast Yellow Z；

【分子式】 $C_{16}H_{14}N_4O_4$

【分子量】 326.31

【结构式】

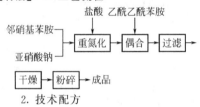

【制法】 1. 工艺流程

（工艺流程图）
盐酸 乙酰乙酰苯胺
邻硝基苯胺 → 重氮化 → 偶合 → 过滤
亚硝酸钠
干燥 → 粉碎 → 成品

2. 技术配方

邻硝基苯胺(100%)	140
亚硝酸钠(98%)	71
乙酰乙酰苯胺(100%)	177

3. 生产工艺

（1）混合偶合工艺

① 重氮化 将442kg邻硝基苯胺与122kg邻硝基对甲苯胺在水中搅拌过夜，然后与1440kg30%盐酸与冰在0℃混合，并用705kg 40%亚硝酸钠重氮化，使亚硝酸微过量，反应完毕，过滤，得重氮盐溶液。

② 偶合 将732kg乙酰乙酰苯胺加至含有147kg 33%氢氧化钠的溶液中，温度为34℃，然后加入422kg轻质碳酸钙，得偶合组分。

将澄清的重氮液于34℃加至偶合液中，搅拌0.5h，加入30%盐酸100kg，使反应液对刚果红试纸呈弱酸性。20min后，压滤，滤饼用水洗至中性，滤饼在50～55℃下干燥，得汉沙黄 5G 1300kg。

（2）单组分偶合工艺　在水中，先加入盐酸，然后加入邻硝基苯胺，用冰降温至0℃，加入30％亚硝酸钠重氮化。反应终点亚硝酸钠微过量。过滤，得重氮盐溶液。

在溶解锅中加入氢氧化钠溶液，然后加入乙酰乙酰苯胺，得偶合组分溶液。于34℃下，将重氮盐溶液加入偶合组分溶液中，搅拌0.5h，加入30％盐酸，使偶合反应液对刚果红试纸呈弱酸性。20min后，压滤，水洗至中性，干燥后得汉沙黄 5G。

【质量标准】

外观	艳绿光黄色粉末
色光	与标准品近似
着色力/%	为标准品的 100±3
细度(过 80 目筛余量)/%	≤5
耐晒性/级	4～6
遮盖力	尚好

【用途】　用于油墨、油漆、橡胶、塑料及文教用品着色。

【生产单位】　高邮化贝化工有限公司，杭州亚美精细化工厂有限公司，天津光明颜料厂。

Ca007　汉沙黄 3G

【英文名】　Hansa Yellow 3G

【登记号】　CAS [4106-76-7]；C. I. 11670

【别名】　C. I. 颜料黄 6；颜料黄 3G；耐晒黄 3G；Dainichi Fast Yellow 3G；Sanyo Fast Yellow 3G

【分子式】　$C_{16}H_{13}ClN_4O_4$

【分子量】　360.75

【结构式】

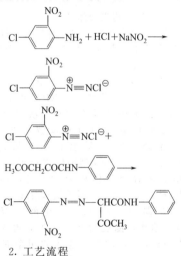

【质量标准】

外观	淡黄色粉末
色光	与标准品近似
着色力/%	为标准品的 100±3
耐晒性/级	5～6
耐热性	差

【性质】　本品为淡黄色粉末。熔点250℃。微溶于乙醇、丙酮。遇浓硫酸为深黄色，稀释后呈黄色沉淀，遇浓硝酸、浓盐酸、稀氢氧化钠溶液均无变化。

【制法】

1. 生产原理

将红色基 3GL 重氮化后与乙酰乙酰苯胺偶合，得到汉沙黄 3G。

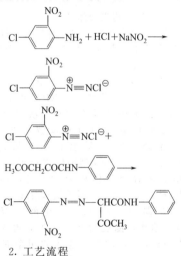

2. 工艺流程

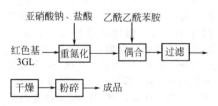

3. 技术配方

红色基 3GL	495
乙酰乙酰苯胺	487
亚硝酸钠(98%)	203

4. 生产工艺

(1) 工艺一

① 重氮化　将 342kg 红色基 3GL 先溶于硫酸中，再于水中析出，水洗至无游离酸，加至 700L 水及 1100L 5mol/L 盐酸中，再加入 600kg 冰，搅拌过夜，次日加冰降温至 0℃，再加入 263L 40％亚硝酸钠溶液，0.5h 内重氮化完毕，稀释至总体积为 8000L，过滤，得重氮液。

② 偶合　将 366kg 乙酰乙酰苯胺溶于 197L 33％氢氧化钠与 8000L 水中，再加入 500kg 乙酸钠及 12000L 水，然后添加含 150kg 冰醋酸的 1200L 稀乙酸溶液，乙酰乙酰苯胺析出沉淀，悬浮体对石蕊试纸显弱酸性，稀释至总体积为 24000L，温度为 30℃，得偶合组分。

在 2h 内从液面下加入重氮液，搅拌 0.5h 后过滤，水洗，在 50～55℃ 干燥，得产品 698kg。

(2) 工艺二（混合偶合工艺）

① 重氮化　将红色基 3GL 1026kg 加入 1500L 水中，搅拌过夜。次日加入 10.5kg 间硝基对甲氧基苯胺与 3600L 5mol/L 盐酸，加冰降温至 0℃，从液面下加入 788L 40％亚硝酸钠进行重氮化，反应后稀释至总体积为 12000L，加入 15kg 硅藻土，过滤，得重氮盐溶液。

② 偶合　将 1120kg 甲酸钠溶于 2500L 水中，温度为 25～30℃，再加入 10kg 硅藻土，过滤。过滤的甲酸钠与 260L 5mol/L 盐酸加入 700L 水中显强酸性，温度 25℃，搅拌 45min，稀释至总体积为 27000L，温度仍维持 25℃，加入 1100kg 乙酰乙酰苯胺，搅拌 0.5h，得偶合组分，在 3～3.5h 内，从偶合组分液面下加入重氮液，搅拌 0.5h 后过滤，水洗，在 50～55℃ 干燥，得 2150kg 汉沙黄 3G。

产品组成及结构如下：

【用途】　用于油漆、油墨着色，也可用于橡胶、塑料的着色。

【生产单位】　常州北美化学集团有限公司，上海 BASF 颜料股份公司，上海嘉定华亭化工厂，天津市东鹏工贸有限公司，杭州亚美精细化工有限公司，南通新盈化工有限公司，江苏邗江精化厂等，石家庄市佳彩化工有限责任公司。

Ca008　颜料黄 NCR

【英文名】　Permanent Yellow NCR

【登记号】　CAS [6407-81-4]；C. I. 12780

【别名】　C. I. 颜料黄 7

【结构式】

【质量标准】

外观	黄色粉末
色光	与标准品近似
着色力/%	为标准品的 100±3
吸油量/%	45±5
细度(过 80 目筛余量)/%	≤5

【制法】

1. 生产原理

邻硝基苯胺与亚硝酸钠、盐酸重氮化后，与 2,4-二羟基喹啉偶合得颜料黄 NCR。

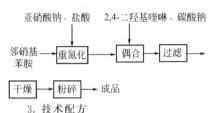

2. 工艺流程

亚硝酸钠、盐酸　2,4-二羟基喹啉、碳酸钠

邻硝基
苯胺 → 重氮化 → 偶合 → 过滤 →

干燥 → 粉碎 → 成品

3. 技术配方

邻硝基苯胺	168
亚硝酸钠(98%)	86
2,4-二羟基喹啉(100%)	218

4. 生产工艺

（1）重氮化　将 84kg 100%的邻硝基苯胺与 800L 水、330L 盐酸（1.08g/cm³）搅拌过夜，用 800kg 冰冷却至 0℃，然后将 181L 23%亚硝酸钠溶液（用 40kg 亚硝酸钠配制）尽快地加入，进行重氮化，搅拌 2h，过量的亚硝酸可用邻硝基苯胺悬浮体除去，过滤，得重氮化液。

（2）偶合　将 100% 109kg 二羟基喹啉单钠盐于 50～60℃ 300L 水中，冷却搅拌过滤，次日加入 2000L 冷水，再加入碳酸钠溶液（由 72kg 碳酸钠溶于 800L 水中制成）与 2400L 饱和氯化钠溶液，然后加入 2000kg 冰，冷却至 0℃，得偶合组分。

0～3℃下在 1h 内从偶合组分液面下加入重氮液、搅拌过夜，稀释至体积为 25000L，过滤，滤饼重 1300～1350kg，在 45～50℃ 下干燥，得 213kg 颜料黄 NCR。

【用途】　用于油漆、油墨、橡胶及塑料制品着色。

【生产单位】　天津市东鹏工贸有限公司，杭州亚美精细化工有限公司，南通新盈化工有限公司。

Ca009　C.I.颜料黄 9

【英文名】　C.I.Pigment Yellow 9

【登记号】　CAS〔6486-24-4〕；C.I.11720

【别名】　颜料黄 GRL；颜料坚固黄 GRL；Butanamide, 2-〔（4-Methyl-2-Nitrophenyl）azo〕-N-（2-Methylphenyl）-3-oxo-；Pigment Fast Yellow GRL；Pigment Yellow GRL；Conc. Pigment Fast Yellow GRL New

【结构式】

【分子式】　$C_{18}H_{18}N_4O_4$

【分子量】　354.37

【性质】　黄色粉末。本品耐晒牢度很好，熔点 235℃，耐热稳定性好。不溶于水，也不溶于油酸和亚油酸。

【制法】　邻硝基对甲基苯胺经重氮化后，再和乙酰基乙酰邻甲苯胺偶合，经处理即得颜料产品。

【质量标准】　参考标准

外观	黄色粉末
色光	与标准品近似
着色力/%	为标准品的 100±5
细度（通过 80 目筛后残余物含量）/%	≤5

【英文名】　Hansa Yellow R

【登记号】　CAS〔6407-75-6〕；C. I. 12710

【别名】　C. I. 颜料黄 10

【分子式】　$C_{16}H_{12}Cl_2N_4O$

【分子量】　347.20

【结构式】

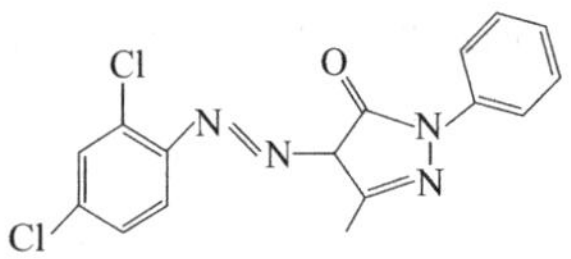

【质量标准】

外观	黄色粉末
色光	与标准品近似
着色力/%	标准品的 100±3
细度(过 80 目筛余量)/%	≤5

【性质】　本品为红光黄色粉末。耐旋光性、耐热性、耐酸性和耐碱性较好。

【制法】

1. 生产原理

2,5-二氯苯胺（大红色基 GG）重氮化后与 1-苯基 3-甲基-5-吡唑酮偶合，得汉沙黄 R。

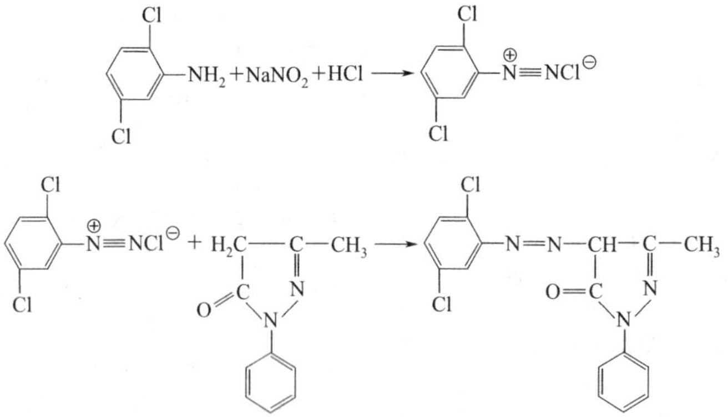

2. 工艺流程

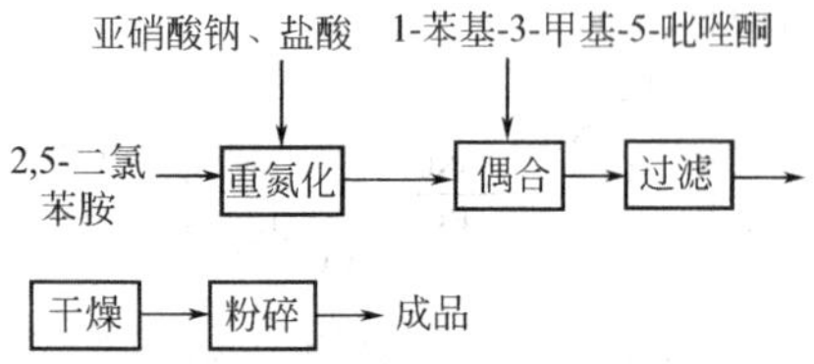

亚硝酸钠、盐酸　1-苯基-3-甲基-5-吡唑酮

3. 技术配方

2,5-二氯苯胺(98%)	243
1-苯基-3-甲基-5-吡唑酮	266
亚硝酸钠(98%)	118
乙酸钠(98%)	225

4. 生产工艺

（1）重氮化　将 486kg 2,5-二氯苯胺加入 2400L 5mol/L 盐酸中，搅拌过夜。次日加入 2000kg 冰与 4500L 水，从液面下加入 393L 40% 亚硝酸钠，温度为 0℃，稀释至总体积为 10000L，过滤，得重氮盐溶液。

（2）偶合　将 532kg 1-苯基-3-甲基-5-吡唑酮溶于 294L 33% 氢氧化钠与 6000L 水中，温度为 45℃，全溶后，稀释至体积为 28000L，温度为 28℃，加入轻质碳酸钙 300kg 及乙酸钠 450kg，得偶合组分。

在 4h 内，自偶合组分液面下加入重氮液，偶合温度 23～26℃，加入 700L 5mol/L 盐酸，使反应物对刚果红试纸显酸性，搅拌 0.5h，过滤，水洗至中性，在 50～55℃下干燥，得 1012kg 汉沙黄 R。

【用途】　用于油漆、油墨及文教用品的着色。

【生产单位】　江苏句容有机化工厂，江苏句容染化厂，江苏邗江精化厂，江苏吴江通顺化工厂，江苏常熟市树脂厂，石家庄市力友化工有限公司，杭州映山花颜料化工有限公司，Hangzhou Union pigment Corporation，杭州红妍颜料化工有限公司，浙江百合化工控股集团，杭州力禾颜料有限公司，浙江杭州力禾颜料有限公司，浙江萧山江南颜料厂，浙江萧山颜料化工厂，浙江萧山前进颜料厂，浙江上虞舜联化工公司，武汉恒辉化工颜料有限公司，甘肃甘谷油墨厂，山东龙口大行颜化公司。

Ca011　醇溶耐晒黄 CGG

【英文名】　Alcohol Soluble Light Resistant Yellow CGG

【别名】　C. I. 酸性黄 11；411 醇溶耐晒黄 CGG；1940 醇溶耐晒黄 CGG；醇溶黄 CGG

【染料索引号】　(18820)

【分子式】　$C_{29}H_{27}N_7O_4S$

【分子量】　569.64

【结构式】

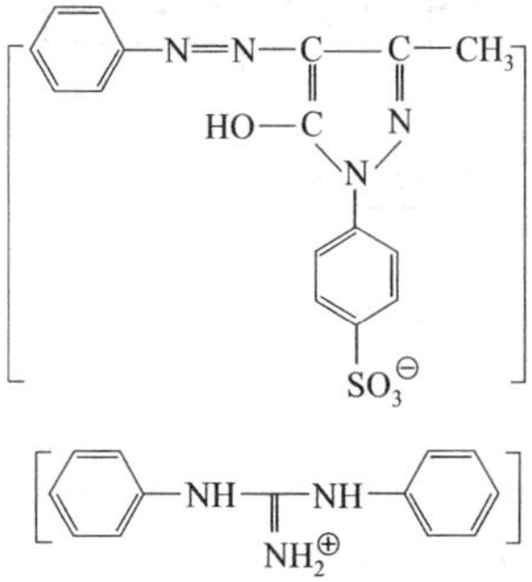

【性质】　本品为深黄色粉末。溶于乙醇、丙醇，微溶于苯，不溶于水和其他有机溶剂。耐酸性好，耐热性较差。

【制法】

1. 生产原理

二苯胍（促进剂 D）与酸性嫩黄 G 在酸性条件下发生沉淀化反应，得到醇溶耐晒黄 CGG。

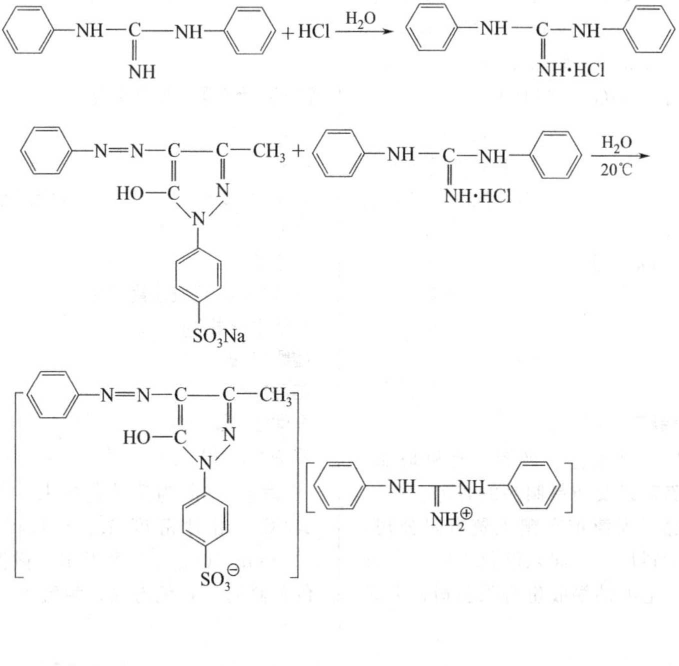

2. 工艺流程

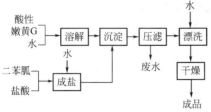

3. 技术配方

二苯脲	385kg/t
盐酸(30%)	257kg/t
酸性嫩黄(G100%)	653kg/t

4. 生产工艺

在溶解锅中加入 77kg 二苯脲，400L 60℃热水和 51.4kg 30%盐酸，搅拌使其溶解，加冰水调整体积并维持物料温度为 20℃，pH 值为 2.8，制得二苯脲盐酸溶液。反应锅内加入 800L 80℃热水，再加入 130.6kg 酸性嫩黄 G 使之全部溶解，趁热过滤，滤液冷却至 20℃左右，缓缓加入二苯脲盐酸溶液，使之沉淀，控制加料时间为 1.5h，加毕继续反应 3h，使溶液 pH 值为 4.3，经压滤、滤饼漂洗，于 55℃干燥，得醇溶耐晒黄 CGG 约 200kg。

【质量标准】　（HG 15-1119）

外观	黄色粉末
色光	与标准品近似
着色力/%	为标准品的 100±5
挥发物含量/%	≤5.0
细度(过 80 目筛余量)/%	≤5.0
耐旋光性/级	4～5
耐热性/℃	160
耐酸性/级	4～5
耐碱性/级	2～3
95%乙醇溶解度/(g/L)	11

【用途】　用于透明漆、橡胶、有机玻璃、铝箔、赛璐珞以及塑料制品的着色。

【生产单位】　天津市东鹏工贸有限公司，天津光明颜料厂，天津东湖化工厂，上海染化一厂，上海油墨股份有限公司，上海嘉定华亭化工厂，常州北美化学集团有限公司，南通新盈化工有限公司，昆山市中星染料化工有限公司，无锡新光化工有限公司，江苏句容染化厂，甘肃甘谷油墨厂，山东龙口太行颜料有限公司，山东龙口化工颜料厂，山东蓬莱新光颜料化工公司，山东蓬莱颜料厂，山东蓬莱化工厂，河北衡水津深联营颜料厂，河北深州化工厂。

Ca012　永固黄 AAMX

【英文名】　Diarylide Yellow AAMX

【分子式】　$C_{36}H_{34}Cl_2N_6O_4$

【分子量】　686

【结构式】

$$\text{H}_3\text{C}\overset{CH_3}{\underset{}{\bigcirc}}\text{—NHCOCH—N=N—}\overset{Cl}{\underset{}{\bigcirc}}\text{—}$$
$$\underset{COCH_3}{|}$$

$$\overset{Cl}{\bigcirc}\text{—N=N—CHCONH—}\overset{CH_3}{\underset{}{\bigcirc}}\text{—CH}_3$$
$$\underset{COCH_3}{|}$$

【质量标准】（参考指标）

外观	淡黄色粉末
色光	与标准品近似
着色力/%	为标准品的 100±3
水分含量/%	≤2
吸油量/%	50±5
细度(过 80 目筛余量)/%	≤5
水溶物含量/%	≤1.5
耐晒性/级	5～6
耐热性/℃	180
耐酸性/级	1～2
水渗透性/级	1～2

【性质】　本品为淡黄色粉末。熔点 338～344℃。相对密度 1.2～1.45。吸油量 30～89g/100g。不溶于水，微溶于乙醇。色彩鲜明，着色力强，耐硫化。

【制法】

1. 生产原理

3,3′-二氯联苯胺重氮化后，与两分子2,4-二甲基乙酰乙酰苯胺偶合，得永固黄 AAMX。

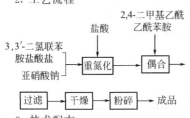

2. 工艺流程

```
盐酸        2,4-二甲基乙酰
              乙酰苯胺
3,3′-二氯联苯
胺盐酸盐  →  重氮化  →  偶合
亚硝酸钠

过滤  →  干燥  →  粉碎  →  成品
```

3. 技术配方

3,3′-二氯联苯胺盐酸盐(100%)	151.8
亚硝酸钠(98%)	86.0
2,4-二甲基乙酰乙酰苯胺	258.0

4. 生产工艺

（1）工艺一（生产透明型）

① 重氮化　在 900mL 水和 100mL 盐酸中加入 110g 3,3′-二氯联苯胺盐酸盐，搅拌打浆过夜。次日冷却至 0℃以下，快速加入由 50g 亚硝酸钠配成的 20%溶液，低于 0℃下搅拌 1h（同时检验反应液，对淀粉碘化钾试纸呈微蓝色），加入少许活性炭，搅拌 10min，再加入少量土耳其红油，搅拌 10min，过滤，得重氮盐溶液。

② 偶合　750mL 水中加入 35g 氢氧化钠并使其溶解，升温至 40℃，加入 138g 98% 2,4-二甲基乙酰乙酰苯胺，搅拌溶解至透明，加入 40mL 1%非离子表面活性剂溶液。12℃下，在 15min 内滴加由 47mL 冰醋酸配成的稀乙酸溶液，搅拌 10min，加入 51g 乙酸钠，得偶合组分。

25℃下，在 10～15min 内将上述重氮盐加至偶合液中，搅拌 10min，加入由 10g 松香配制的松香皂溶液，搅拌 50min，再升温至 80℃，搅拌 0.5h，调介质为碱性，搅拌 0.5h，冷却至 50～60℃，过滤，打浆，水洗至中性，70℃下干燥得永固黄 AAMX。

（2）工艺二

① 重氮化　将 151.8kg 100% 3,3′-二氯联苯胺盐酸盐加入 2000L 水中，搅拌过夜。次日加入 500L 5mol/L 盐酸，用水冷却至 −3℃，快速加入 157L 40% 亚硝酸钠溶液，温度为 0℃，重氮化开始时溶液呈绿色，在到达终点时呈黄光棕色，加入 10kg 硅藻土，稀释至体积为 10000L，过滤，得重氮盐溶液。

② 偶合　将 258kg 2,4-二甲基乙酰乙酰苯胺溶于 133L 33%氢氧化钠及 4000L 水中，加入 150L 5mol/L 盐酸，部分偶合组分析出沉淀，然后加入 60kg 甲酸钠及 90kg 轻质碳酸钙，稀释至体积为 8000L，温度为 25℃，得偶合组分。

在 2.5h 内自液面下加入重氮液，搅

拌 0.5h，加入 200L 5mol/L 盐酸使其对刚果红试纸显弱酸性，再搅拌 0.5h，加热至 100℃ 保持 1h，加水冷却至 70℃，保持 3h 之后压滤与洗涤，在 60～65℃ 下干燥，得 381kg 永固黄 AAMX。

【用途】 用于油墨、油漆及涂料印花，还用于橡胶、塑料制品的着色。

【生产单位】 浙江瑞安太平洋化工厂，Hangzhou Union pigment Corporation，杭州红妍颜料化工有限公司，上虞舜联化工有限公司，石家庄市力友化工有限公司，武汉恒辉化工颜料有限公司，杭州力禾颜料有限公司，甘肃甘谷油墨厂，河北深县化工厂，常州北美化学集团有限公司，江苏宜兴茗岭精细化工厂，江苏句容染化厂，山东蓬莱新光颜料化工公司，山东龙口太行颜料有限公司，山东龙口太行颜料化工厂，江苏武进寨桥化工厂，河北深州

化工厂，江苏邗江精细化工厂，河北深州津深联营颜料厂。

Ca013　永固黄 G

【英文名】 Permanent Yellow G

【别名】 1114 永固黄 2GS，Acramin Yellow 2GN；Benzidine Yellow YB-2；YB5698；YB5702；Benzidine Yellow G；GGT；Diarylide Yellow 45-25555；FenalacYellow BA；BAN；Graphtol Yellow CL-GL；Irgalite Yellow BRM；Lutetia Yellow 3TR-ST；Segnale Yellow 2GR；Vulcafor Yellow 2G；Vulcan Fast Yellow G

【分子式】 $C_{34}H_{30}Cl_2N_6O_4$

【分子量】 657.56

【结构式】

【质量标准】

外观	黄色粉末
色光	与标准品近似
着色力/%	为标准品的 100±5
水分含量/%	≤2.5
吸油量/%	45±5
水溶物含量/%	≤2.5
细度（过 80 目筛余量）/%	≤5
耐晒性/级	6
耐热性/℃	150
耐酸性/级	5
耐碱性/级	5
乙醇渗透性/级	5
石蜡渗透性/级	5

【性质】 本品为绿光黄色粉末。相对密度 1.35～1.64。熔点 336℃。不溶于水，微溶于甲苯。遇浓硫酸呈艳红光橙色，在稀硫酸中为绿光黄色沉淀。色光鲜艳，着色力强。

【制法】

1. 生产原理

邻氯硝基苯在碱性条件下用锌还原偶合得到 2,2′-二氯二苯肼，进一步重排得 3,3′-二氯联苯胺。3,3′-二氯联苯胺发生双重氮化后，与邻甲基乙酰乙酰苯胺偶合，经后处理得永固黄 G。

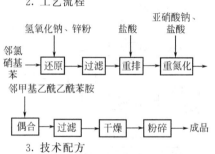

2. 工艺流程

氢氧化钠、锌粉　　盐酸　　亚硝酸钠、盐酸

邻氯硝基苯 → 还原 → 过滤 → 重排 → 重氮化

邻甲基乙酰乙酰苯胺 → 偶合 → 过滤 → 干燥 → 粉碎 → 成品

3. 技术配方

3,3′-二氯联苯盐酸盐(工业品)	253
亚硝酸钠(98%)	105
邻甲基乙酰乙酰苯胺	393
乙酸(工业品)	131
乙酸钠	300

4. 生产工艺

(1) 还原　将熔融的邻氯硝基苯加入还原锅中，加热到 75℃，在搅拌下加入 50%～51%氢氧化钠溶液，于 84～90℃ 分批交替地加入 50%～51%氢氧化钠溶液和锌粉。然后在 95～97℃保温 1.5h，加水，再于 80～85℃分批加入锌粉和水，并保温 1h。加水，降温到 40℃，加入亚硫酸氢钠，降温到 0℃。在 0～5℃，3.5～4h 中，经喷雾装置先快后慢地加入 40%硫酸，中和 pH 值至 5.5～5.8，过

滤。滤饼洗涤至中性，从滤液回收锌盐，滤饼即 2,2′-二氯二苯肼。

(2) 重排　在锅中加入工业盐酸，降温到 10℃，在 10～25℃，2h 内加入 2,2′-二氯二苯肼。然后，于 15～25℃搅拌 20h，加水，并在 2h 内升温至 95℃（在 60℃时加入硅藻土和活性炭），保温 1h，静置 1h，于 90～95℃过滤，弃去残渣，将滤液加入盐析锅，在 65℃左右，15min 内加入精盐。降温到 37℃，过滤。滤饼用盐水洗涤，抽干得 3,3′-二氯联苯胺盐酸盐。

(3) 重氮化　将 253kg 3,3′-二氯联苯盐酸盐溶解于 1200L 5mol/L 盐酸中，搅拌冷却至 0℃，并从液面下加入 262.5L 40%亚硝酸钠溶液进行重氮化，稀释至体积 8000L，得重氮盐溶液。

(4) 偶合　将 160L 37.5%氢氧化钠溶于水，加水调整体积至 6000L，然后加入 393kg 邻甲基乙酰乙酰苯胺，将该溶液经纱网筛加至含冰水混合物的偶合锅中，调整体积为 11000L，温度 5℃，然后加入 131kg 乙酸、900L 水及 300kg 乙酸钠得偶合组分。将重氮液在 1～1.5h 内从液面下加入，温度 5～12℃，偶合后加热至沸腾并保持 1h，过滤，水洗，在 40～50℃

干燥，得永固黄 G。

【用途】 主要用于油墨、橡胶、脲醛、酚醛、聚氯乙烯、聚苯乙烯、聚乙烯塑料和纺织品的着色，也用于涂料和纸张的着色。

【生产单位】 山东蓬莱新光颜料化工公司，天津市东鹏工贸有限公司，瑞基化工有限公司，常州北美化学集团有限公司，南通新盈化工有限公司，昆山市中星染料化工有限公司，无锡新光化工有限公司，浙江胜达祥伟化工有限公司，Hangzhou Union pigment Corporation，杭州红妍颜料化工有限公司，石家庄市力友化工有限公司，武汉恒辉化工颜料有限公司，上海染化一厂。

Ca014　油溶黄

【英文名】 Oil Yellow

【别名】 1904 油溶黄；油溶性橘黄；油溶性橘黄 G 9320；Sico-styren Orange 22-005

【分子式】 $C_{16}H_{12}N_2O$

【分子量】 248.28

【结构式】

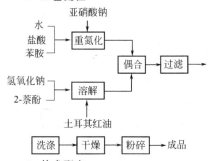

【质量标准】 （沪 Q/HG 15-1141）

外观	橘黄色带黏性粗粉粒
色光	与标准品近似
着色力/%	为标准品的 100±5
耐旋光性/级	1
醇溶性	微溶
熔点/℃	134

【性质】 本品为黄色粉末。熔点 134℃。易溶于苯、丙酮、油脂和矿物油，不溶于水，微溶于乙醇。色泽鲜艳，耐晒牢度差。溶于乙醇呈橙红色，遇浓硫酸为品红色，稀释后呈橙黄色沉淀，遇浓盐酸加热

呈红色溶液，冷却呈深绿色盐酸结晶。

【制法】

1. 生产原理

苯胺重氮化后与 2-萘酚偶合即得油溶黄。

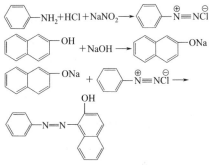

2. 工艺流程

```
                    亚硝酸钠
          水
          盐酸 ──→ ┌──────┐
          苯胺      │ 重氮化│ ──────┐
                   └──────┘        │
                              ┌──────┐   ┌──────┐
                              │ 偶合  │──→│ 过滤  │──→
                              └──────┘   └──────┘
          氢氧化钠 ──→ ┌──────┐           │
          2-萘酚 ───→  │ 溶解  │──────────┘
                       └──────┘
                    土耳其红油
    ┌──────┐   ┌──────┐   ┌──────┐
    │ 洗涤  │──→│ 干燥  │──→│ 粉碎  │──→成品
    └──────┘   └──────┘   └──────┘
```

3. 技术配方

苯胺(工业品)	378
盐酸(30%)	1154
2-萘酚(工业品)	567
亚硝酸钠(工业品)	227
氢氧化钠(100%)	250
土耳其红油(工业品)	45

4. 生产设备

重氮化反应锅，溶解锅，偶合锅，贮槽，压滤机，干燥箱，粉碎机。

5. 生产工艺

在重氮化锅中加入 1800L 水、525kg 30% 盐酸，搅拌下加入 172kg 苯胺，降温到 3.5℃ 左右，将 30% 亚硝酸钠（由 103.2kg 亚硝酸钠配制而成）分批加入进

行重氮化反应，控制加料时间为 0.5h，继续反应 20～30min 制得重氮盐。在溶解锅内加入 1500L 水、379kg 3000 氢氧化钠和 20.5kg 土耳其红油，搅拌下于 65℃加入 258kg 2-萘酚使之完全溶解，制得 2-萘酚钠盐后转入偶合锅中。将上述制备好的重氮盐在 20℃下分批加入偶合锅中，控制加料时间为 0.5h，继续反应 1h，终点溶液 pH 值为 8.9～9.1（2-萘酚微过量），然后升温到 60℃，经过滤水漂洗，滤饼于 65～75℃下干燥，最后经粉碎得到油溶黄。

【用途】　用于皮鞋油、地板蜡及各种油脂的着色，还用于有机玻璃的着色，也用于礼花焰火和透明漆的制造。

【生产单位】　天津光明颜料厂，天津大港新颖有机颜料厂，天津东湖化工厂，天津万新化工厂，瑞基化工有限公司，常州北美化学集团有限公司，南通新盈化工有限公司，无锡新光化工有限公司，江苏无锡新光化工公司，江苏东台颜料厂，江苏武进寨桥化工厂，江苏宜兴茗岭精细化工厂，石家庄市力友化工有限公司，武汉恒辉化工颜料有限公司，山东蓬莱新光颜料化工公司，山东龙口太行颜料有限公司，山东龙口太行颜料化工公司，河北四通化工有限公司。

Ca015　永固黄 NCG

【英文名】　Permanent Yellow NCG

【别名】　耐晒黄 NCG；Irgalite Yellow CG；Sanyo Pigment Yellow B205；Vulcanosol Yellow 1260

【分子式】　$C_{34}H_{28}Cl_4N_6O_4$

【分子量】　726.44

【结构式】

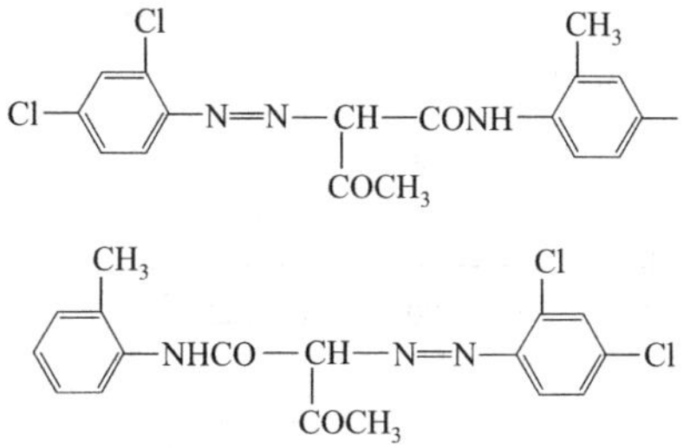

【质量标准】

外观	黄色粉末
色光	与标准品近似
着色力/%	为标准品的 100 ± 5
水分含量/%	$\leqslant2.0$
吸油量/%	45 ± 5
细度（过 80 目筛余量）/%	$\leqslant5$
耐晒性/级	6～7
耐热性/℃	160
耐酸性/级	1
耐碱性/级	1
水渗透性/级	2
油渗透性/级	1

【性质】　本品为黄色粉末。熔点 320～328℃。相对密度 1.35～1.45。吸油量 59～69g/100g。耐晒性和耐热性优良。不溶于水。

【制法】

1. 生产原理

2,4-二氯苯胺重氮化后，与色酚 AS-G（双乙酰乙酰 3,3′-二甲基苯胺）偶合，经后处理得永固黄 NCG。

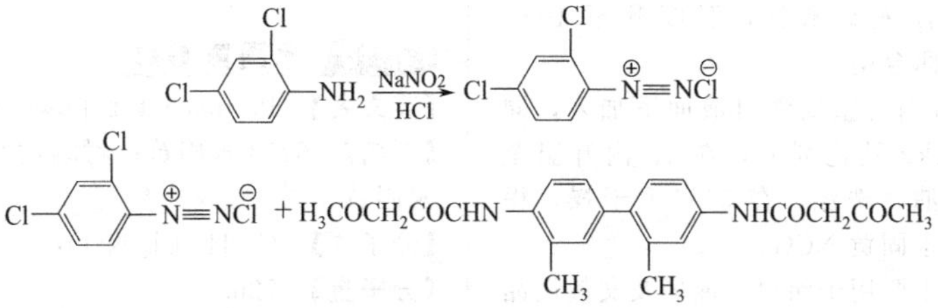

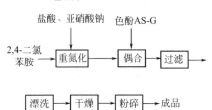

2. 工艺流程

盐酸、亚硝酸钠　　色酚AS-G

2,4-二氯苯胺 → 重氮化 → 偶合 → 过滤

漂洗 → 干燥 → 粉碎 → 成品

3. 技术配方

2,4-二氯苯胺(工业品)	322
盐酸(30%)	1040
亚硝酸钠(98%)	139
活性炭	10
色酚 AS-G(工业品)	400
乳化剂 FM	50
乳化剂 O	25

4. 生产工艺

(1) 重氮化　将322kg 2,4-二氯苯胺加至 1000L 水和 1700L 5mol/L 盐酸中，搅拌加热至 80℃，过夜。次日加冰冷却至 0℃，在液面下先快后慢地加入 262L 40%亚硝酸钠溶液，稀释至总体积为 7000L，加入 10kg 活性炭，过滤，得重氮盐溶液。

(2) 偶合　将 400kg 色酚 AS-G 加至 340L 33%氢氧化钠溶液和 5000L 水中，稀释至总体积为 18000L，温度7℃。然后加入 50kg 乳化剂 FM 与 355L 30%氢氧化钠溶液，再快速地加入 580L 冰醋酸析出沉淀，悬浮液显酸性，温度升至 10～11℃，备偶合用。

在 2h 内将重氮液自液面下加入，同时加入 25kg 乳化剂 O，在 1h 内升温至 40℃，压滤，洗涤，在 55℃下干燥，得到 800kg 永固黄 NCG。

【用途】　主要用于涂料、油墨及文教用品

的着色。

【生产单位】　四川重庆新华化工厂，山东蓬莱颜料厂，山东蓬莱化工厂，浙江萧山颜化二厂，吉林油漆厂，湖南长沙颜料厂，天津大港协力化工厂，甘肃甘谷油墨厂，河南巩义第三化工厂，河北廊坊有机化工总厂，北京通州染化厂，湖北武汉长江颜料厂，陕西西安解放化工厂，河南巩义小关化工厂，杭州映山花颜料化工有限公司，杭州力禾颜料有限公司，江苏太仓新盾化工厂，江苏句容有机化工厂，江苏东台颜料化工厂，江苏吴江平望长滨化工厂，上虞舜联化工有限公司，浙江龙游有机化工厂，浙江杭州力禾颜料有限公司，浙江萧山颜化厂，浙江萧山江南颜料厂，浙江萧山前进颜料厂，山西交城化工染料厂，广东潮州化工二厂，广东广州磁性材料化工厂，黑龙江哈尔滨长虹颜料厂，山东龙口化工颜料厂，云南昆明油漆厂分厂，江苏武进寨桥化工厂，江苏邗江精化厂，江苏宜兴茗岭精细化工厂，江苏无锡红旗染化厂，江苏海门颜料厂，江苏吴江精细化工厂，江苏常熟树脂化工厂，江苏常熟颜料厂，江苏金坛庙桥乡合成化工厂，江苏镇江前进化工厂，上海染化一厂，上海染化十二厂，上海华亭化工厂，天津光明颜料厂，天津河西务颜料厂，天津染化八厂。

Ca016 永固黄 GR

【英文名】　Permanent Yellow GR

【别名】　6203 永固黄；耐晒黄 GR；1137 永固黄

【分子式】　$C_{34}H_{28}Cl_4N_6O_4$

【分子量】　726.45

【结构式】

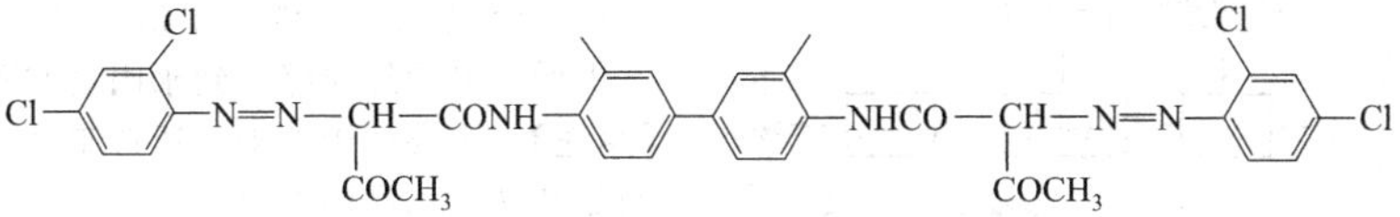

【质量标准】 （参考指标）

外观	黄色粉末
水分含量/%	＜2
吸油量/%	45±5
色光	与标准品近似
细度(过 80 目筛余量)/%	＜5
着色力/%	为标准品的 100±5
耐晒性/级	6～7
耐热性/℃	200
耐酸性/级	1
耐碱性/级	1
水渗透性/级	2
油渗透性/级	1
石蜡渗透性/级	1

【分子量】 685.60

【分子式】 $C_{36}H_{34}Cl_2N_6O_4$

【性质】 本品为黄色粉末。熔点 325℃。耐晒性和耐热性良好。

色光：红光黄；吸油量（mL/100g）：30～89；pH 值：6.5～7.5。

【制法】

1. 生产原理

2,4-二氯苯胺重氮化后，再与色酚 AS-G 偶合，经后处理得永固黄 GR。

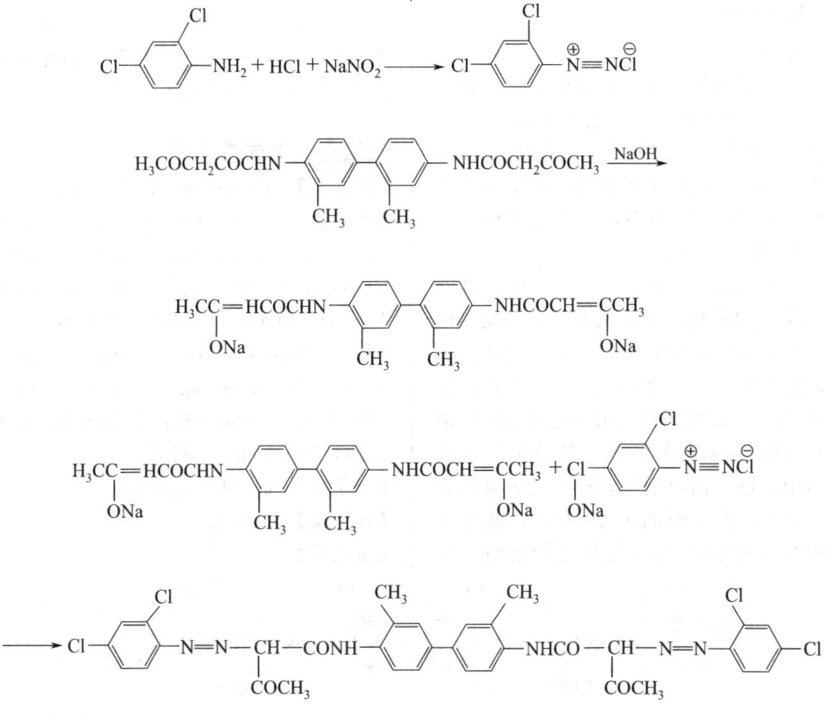

2. 工艺流程

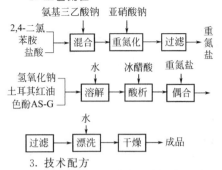

3. 技术配方

2,4-二氯苯胺(100%)	460
色酚 AS-G(100%)	540
亚硝酸钠(98%)	198
盐酸(30%)	100
氨基三乙酸钠(工业品)	40
活性炭(工业品)	50
氢氧化钠(30%)	1500
土耳其红油(工业品)	100
冰醋酸(97%)	620

4. 生产工艺

（1）重氮化 在重氮化反应锅内加入水、2,4-二氯苯胺、30%盐酸和氨基三乙酸钠，经搅拌后，于0℃下分批加入30%亚硝酸钠溶液进行重氮化反应，反应结束后加入活性炭和土耳其红油进行脱色，过滤，即制得重氮盐。

（2）偶合 将水加入偶合锅中，再加入30%氢氧化钠、土耳其红油及色酚AS-G，经搅拌溶解后加入98%冰醋酸进行酸析，维持反应液 pH 值为 10.5 左右，温度为 50℃，即制得偶合液（色酚 AS-G 钠盐）。将上述制备好的重氮盐分批加入偶合锅中，进行偶合反应，控制反应温度为40~45℃，反应时间为 2h 左右，偶合反应同时分批加入 30%氢氧化钠溶液，以

维持反应液终点 pH 值为 4~4.5，反应结束，经过滤、漂洗，滤饼于 75~85℃下干燥，最后经粉碎即得到永固黄 GR。

【用途】 主要用于油墨、塑料制品、橡胶制品和文教用品的着色。

【生产单位】 杭州映山花颜料化工有限公司，上虞市东海精细化工厂，杭州新晨颜料有限公司，浙江胜达祥伟化工有限公司，杭州红妍颜料化工有限公司，浙江百合化工控股集团，杭州力禾颜料有限公司，浙江上虞舜联化工公司，天津市东鹏工贸有限公司，天津光明颜料厂，瑞基化工有限公司，常州北美化学集团有限公司，南通新盈化工有限公司，昆山市中星染料化工有限公司，江苏海门颜料化工厂，江苏武进寨桥化工厂，无锡新光化工有限公司，镇江市金阳颜料化工有限公司，上海雅联颜料化工有限公司，石家庄市力友化工有限公司，山东龙口佳源颜料有限公司，上海染化一厂，上海油墨股份有限公司，山东龙口太行颜料有限公司，山东蓬莱新光颜料化工公司。

Ca017 永固黄 GG

【英文名】 Permanent Yellow GG

【别名】 永固黄 2G；1137 永固黄；Diarylide Yellow BAS-25；Graphtol Yellow Cl-4GN；Irgalite Yellow 2GBO；Irgalite Yellow 2GO；Irgalite Yellow 2GP；Lionol Yellow FG1700；Sanyo Pigment Yellow 1705；Shangdament Fast Yellow GG 1124；Symuler Fast Yellow 8GF；Symuler Fast Yellow 8GTF

【分子式】 $C_{34}H_{30}Cl_2N_6O_6$

【分子量】 689.54

【结构式】

$$\text{CH}_3\text{OC} \quad \text{NHCOCH-N=N} \quad \overset{Cl}{\diamond} \quad \overset{Cl}{\diamond} \quad \text{N=N-CHCONH} \quad \text{OCH}_3$$

【质量标准】

外观	黄色粉末
水分含量/%	≤2.5
吸油量/%	50±5
细度(过80目筛余量)/%	≤5
着色力/%	为标准品的100±5
色光	与标准品近似
耐晒性/级	6~7
耐热性/℃	180
耐酸性/级	5
耐碱性/级	5
水渗透性/级	4~5
油渗透性/级	4

【性质】 本品为黄色粉末。熔点341℃。相对密度1.30~1.55。吸油量40~77g/100g色泽鲜艳。在塑料中有荧光。溶于丁醇、二甲苯等有机溶剂，不溶于水和亚麻仁油。耐晒性和耐热性均好，但迁移性较差。

【制法】

1. 生产原理

3,3′-二氯联苯胺发生双重氮化后，与邻甲氧基乙酰乙酰苯胺偶合，经过滤及后处理得永固黄GG。

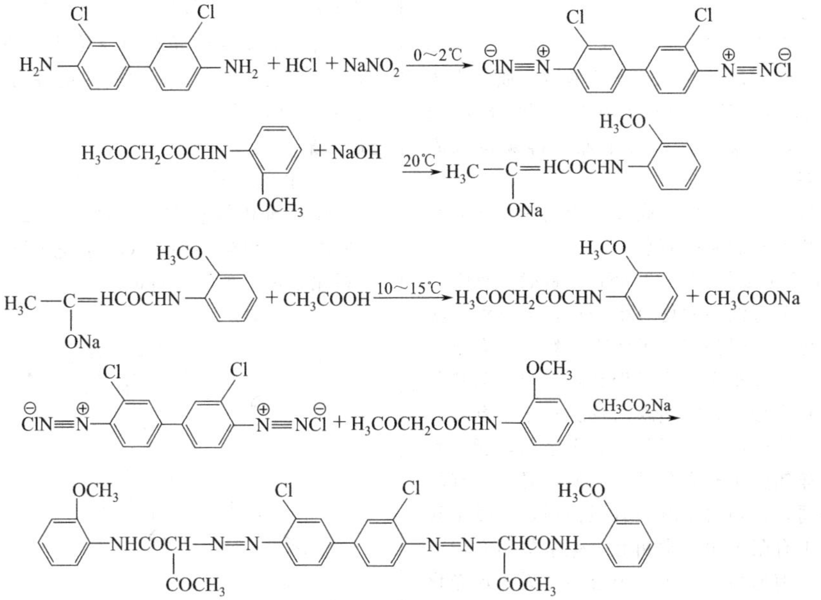

2. 工艺流程

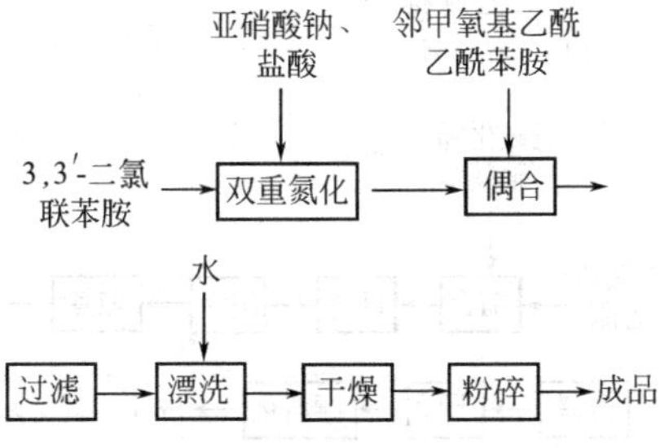

3. 技术配方

邻甲氧基乙酰乙酰苯胺(100%)	538
3,3′-二氯联苯胺(100%)	318
盐酸(30%)	380
亚硝酸钠(100%)	176
氢氧化钠(30%)	710
活性炭(工业品)	30
乙酸钠(工业品)	800
土耳其红油(工业品)	5
冰醋酸	330

4. 生产工艺

在重氮化反应锅中加入 7000L 水，再加入 350kg 3，3′-二氯联苯胺和 600kg34％盐酸，搅拌使其溶解，降温至 0～5℃，快速加入 198kg 98％亚硝酸钠配成的 30％溶液进行重氮化，搅拌 1～1.5h，再添加活性炭及土耳其红油，脱色后过滤得重氮液。

将 650kg 邻甲氧基乙酰乙酰苯胺溶于 5500L 水及 562kg 30％氢氧化钠溶液中，调整体积至 11000L，加入 320L 80％乙酸进行酸化至 pH 值为 5，得偶合组分。

在 15～20℃下加入上述重氮液，偶合 10min 后加入 300kg 乙酸钠，偶合完毕升温至 95℃，保温 0.5h，再降温至 70℃，过滤，于 70℃干燥，得颜料永固黄 GG。

【用途】　主要用于高级透明油墨及玻璃纤维和塑料制品的着色。

【生产单位】　上海 BASF 颜料股份有限公司，上海油墨股份有限公司，上海雅联颜料化工有限公司，天津市东鹏工贸有限公司，天津东洋油墨股份有限公司，瑞基化工有限公司，杭州映山花颜料化工有限公司，杭州红妍颜料化工有限公司，浙江胜达祥伟化工有限公司，杭州新晨颜料有限公司，杭州力禾颜料有限公司，上虞舜联化工有限公司，常州北美化学集团有限公司，南通新盈化工有限公司，无锡新光化工有限公司，昆山市中星染料化工有限公司，石家庄市力友化工有限公司，山东龙口太行颜料有限公司，山东蓬莱新光颜料化工公司。

Ca018　蒽酮颜料黄

【英文名】　Flavanthrone Yellow

【分子式】　$C_{28}H_{12}N_2O_2$

【分子量】　408.41

【结构式】

【质量标准】　（参考指标）

外观	红光黄色(橙色)粉末
色光	与标准品近似
着色力/%	为标准品的 $100±5$
水分含量/%	$\leqslant 2$
细度(过 80 目筛余量)/%	$\leqslant 5$

【性质】　本品为红光黄色（橙色）粉末。耐光坚牢度优良，并有很好的耐溶剂和耐迁移性，属高级颜料。

【制法】

1. 生产原理

在五氯化锑存在下，两分子 2-氨基蒽醌缩合，得到还原黄 G（黄蒽酮），经颜料化处理得蒽酮颜料黄。

2. 工艺流程

（1）缩合法

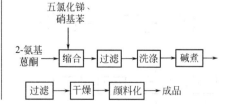

（2）酰化法

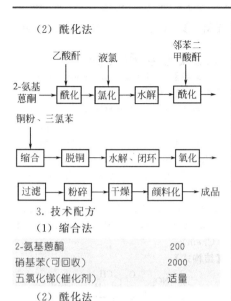

3. 技术配方

（1）缩合法

2-氨基蒽酮	200
硝基苯（可回收）	2000
五氯化锑（催化剂）	适量

（2）酰化法

2-氨基蒽酮	1770
邻苯二甲酸酐（96%）	850
乙酸酐（92%）	1050
铜粉	550

4. 生产工艺

（1）缩合法

① 缩合 将 1kg 干燥的硝基苯及催化剂五氯化锑混合加热至 70℃，在搅拌下于 0.5h 内分批地加入 100g 2-氨基蒽醌，然后将反应物加热至 200℃，并保温反应 1.5h，反应完毕冷至室温，析出紫色晶体，过滤，用 1L 硝基苯洗涤，再用甲醇洗涤。产物用 10%盐酸煮沸 0.5h，得 60g 粗产物。将粗产物与浓硫酸（质量比 1：8）加热搅拌至溶解，并在 1.5L 水中析出，过滤、水洗除去游离酸，再用 1.5L10%氢氧化钠溶液加热煮沸 0.5h，过滤、水洗，干燥得产物还原黄 G（黄蒽酮）。

② 颜料化

a. 酸溶法：400mL 浓度为 98%的硫酸加至圆底烧瓶中，加入 80g 工业用二甲苯，搅拌加热至 65～70℃保持 1.5h，然后将 40g 的粗品黄蒽酮加入，搅拌 2.5h，

冷却至室温，用 2000mL 水浸泡，加入足够量的冰使温度降至 0～5℃，再搅拌 0.5h，将悬浮物加热至 95℃处理 3h，然后过滤、水洗除去游离酸，将膏状物加入水及 240mL 次氯酸钠溶液中，在 95～100℃下加热 1h，过滤、水洗、干燥得到 38g 蒽酮颜料黄。

b. 球磨-溶剂处理法：将粗品黄蒽酮在特定的球磨机中添加助磨剂，研磨 7h，研磨基料粒子粒径≤0.1μm；将 20g 研磨物与 200g 氯代正丁烷于压热釜中 180℃下处理 6h，然后蒸出溶剂，冷却，制得高收率、细分散的蒽酮颜料黄。

（2）酰化法 将 2-氨基蒽醌和乙酸酐加入乙酰化、氯化锅中，先进行酰化反应，反应过程中及时除去反应生成的水。酰化完毕，向酰化反应物料中通入氯气进行氯化反应，制得 2-氨基-1-氯蒽醌。

将 170L 三氯苯加入酰化缩合锅中，再加入 210kg 2-氨基-1-氯蒽醌，132kg 邻苯二甲酸酐和 4.4kg 三氯化铁。加热升温至 215～230℃，压入氧气鼓泡，带出水分和溶剂，待蒸出 100kg 馏分后，于 230℃下保温反应 5h，制得酰化产物。向反应物料中补加溶剂三氯苯，继续蒸馏排尽水。然后加入铜粉 80kg，加热回流，进行脱氢、缩合反应。反应完毕，加入新鲜的三氯苯，待物料冷却至 13℃，析出沉淀，过滤，用热的三氯苯洗涤滤饼，得到联蒽醌衍生物。将滤饼投入盛有 420kg 30%盐酸、33kg 氯酸钠和 10000L 的水解釜中，加热至 90℃，保温反应 3h，水解脱去酰基。再于 3500L 水、620kg 40%氢氧化钠溶液中加热回流，经过滤、后处理得到黄蒽酮。

黄蒽酮经颜料化处理（采用酸溶法或球磨-溶剂处理法，具体参见缩合法）得到蒽酮颜料黄。

【用途】 主要用于涂料、油墨的着色。

【生产单位】 山东蓬莱新光颜料化工公

司，天津市东鹏工贸有限公司，瑞基化工有限公司，常州北美化学集团有限公司，南通新盈化工有限公司，昆山市中星染料化工有限公司，无锡新光化工有限公司，浙江胜达祥伟化工有限公司，Hangzhou Union pigment Corporation，杭州红妍颜料化工有限公司，石家庄市力友化工有限公司，武汉恒辉化工颜料有限公司，上海染化一厂。

Ca019　C.I.颜料黄 49

【英文名】 C.I.Pigment Yellow 49

【登记号】 CAS［2904-04-3］；C.I.11765

【别名】 颜料黄 3GL；Butanamide，N-（4-Chloro-2,5-dimethoxyphenyl）-2-［2-（4-chloro-2-methylphenyl）Diazenyl］-3-oxo-；Graphtol Yellow-CI-3GL(Clariant)；Monolite Fast Yellow CV；Monolite Fast Yellow CVSA；Pigment Yellow 49；Pigment Yellow 3GL；Spinning Yellow GGV

【结构式】

【分子式】 $C_{19}H_{19}N_3O_4Cl_2$

【分子量】 424.28

【性质】 绿光黄色粉末，不溶于水。

【制法】 0.5 份 2-甲基-4-氯苯胺重氮盐和 0.6 份 4-氯-2,5-二甲氧基乙酰基乙酰苯胺偶合，得到产品。

【用途】 主要用于黏胶纤维的原浆着色。

Ca020　C. I. 颜料黄 61

【英文名】 C. I. Pigment Yellow 61

【登记号】 CAS［12286-65-6］

【别名】 颜料黄 WSC；Benzenesulfonic acid，3-Nitro-4-［2-［2-oxo-1-［（phenyl-amino）Carbonyl］Propyl］Diazenyl］-,Calcium Salt（2∶1）；Graphtol Yellow 3GL；Helio Fast Yellow Toner 6B；Irgalite Yellow WSC（CGY）；Irgalite Yellow WSG；Irgaplast Yellow GL；Pigment Yellow WSC；Versal Yellow 2GL（Chem）

【结构式】

【分子式】 $C_{16}H_{13}N_4O_7S \cdot 1/2$ Ca

【分子量】 425.4

【性质】 黄色粉末。印花时耐晒牢度可选 6～7 级，在黏胶织物上可达 7～8 级。耐二甲苯的牢度很好。

【制法】 109 份 2-硝基苯胺-4-磺酸和 650 份水混合，在 80℃搅拌溶解，再加入 160 份 23%亚硝酸钠溶液。加入 600 份冰和 400 份浓盐酸的混合液，并用冰保持反应液在温度在 0～3℃。加毕，在 0～3℃搅拌 1h。加入 2 份氨磺酸。最后加入 91 份乙酰基乙酰苯胺、1000 份水和 240 份无水醋酸钠，在此过程中，温度会升至 12～13℃，pH 值至 5。再搅拌 2h，加热至 90℃，加入 70 份无水氯化钙（溶于 150 份水中），再在 90℃搅拌 3h。再加入 1000 份水，过滤，水洗，得 200 份产品，含 0.12%的钠盐。

【质量标准】 参考标准

指标名称	指标
外观	黄色粉末
色光	与标准品近似
着色力/%	为标准品的 100±5
细度(通过 80 目筛后残余物含量)/%	≤5
耐热性/℃	180

【用途】 用于橡胶和聚氯乙烯的着色。纤维素织物印花时的色浆、黏胶纤维的原浆着色。用尿醛树脂整理后的印花织物色光不变。

Ca021 **C. I. 颜料黄 61 : 1**

【英文名】 C. I. Pigment Yellow 61 : 1；Benzenesulfonic Acid, 3-Nitro-4-[2-[2-oxo-1-[(phenylamino)Carbonyl]Propyl]Diazenyl]-, Barium Salt (2 : 1)；Graphthol Yellow 3GL-PV；Irgaplast Yellow GL；Pigment Yellow 61 : 1

【登记号】 CAS [5280-69-3]；C. I. 13880 : 1

【结构式】

【分子式】 $C_{16}H_{13}N_4O_7S \cdot 1/2Ba$

【分子量】 474.03

【性质】 黄色粉末。

【制法】 其制法和 C. I. Pigment Yellow

---

61 相似，将氯化钙换成氯化钡即可。

【用途】 主要用于涂料、油墨、塑料和橡胶制品的着色。

Ca022 **C. I. 颜料黄 62**

【英文名】 C. I. Pigment Yellow 62

【登记号】 CAS [12286-66-7]；C. I. 13940

【别名】 颜料黄 WSR；Benzenesulfonic Acid，4-[2-[1-[[(2-Methylphenyl)amino]Carbonyl]-2-oxopropyl]Diazenyl]-3-nitro-，Calcium Salt (2 : 1)；Graphtol Yellow RL；Irgafiner Yellow E 2；Irgalite Yellow WSR (CGY)；Irgaplast Yellow R；Irgaplast Yellow RS；Seikafast Yellow 1982-5G (CNS)；Pigment Yellow 62；Pigment Yellow WSR

【结构式】

【分子式】 $C_{17}H_{15}N_4O_7S \cdot 1/2Ca$

【分子量】 439.43

【性质】 绿光黄色粉末。用本品印花的织物耐晒牢度可达 7～8 级。

【制法】 109 份 2-硝基苯胺-4-磺酸和 650 份水混合，在 80℃搅拌溶解，再加入 160 份 23%亚硝酸钠溶液。加入 600 份冰和 400 份浓盐酸的混合液，并用冰保持反应液在温度在 0～3℃。加毕，在 0～3℃搅拌 1h。加入 2 份氨磺酸。最后加入 91 份乙酰基乙酰邻甲苯胺、1000 份水和 240 份无水醋酸钠，在此过程中，温度会升至 12～13℃，pH 值至 5。再搅拌 2h，加热至 90℃，加入 70 份无水氯化钙（溶于 150 份水中），再在 90℃搅拌 3h。再加入 1000 份水，过滤，水洗，得 200 份产品，含 0.12%的钠盐。

【质量标准】 参考标准

外观	黄色粉末
色光	与标准品近似
着色力/%	为标准品的 100±5
细度（通过 80 目筛后	≤5
残余物含量)/%	
耐热性/℃	180

【用途】 用于橡胶和聚氯乙烯的着色。也用于纤维素织物印花时的色浆和黏胶纤维的原浆着色。用尿醛树脂处理后，印花织物色光不变。

【生产单位】 山东蓬莱新光颜料化工公司，南通新盈化工有限公司，无锡新光化工有限公司，镇江市金阳颜料化工有限公司，杭州亚美精细化工有限公司，浙江胜达祥伟化工有限公司，石家庄市力友化工有限公司，利丰颜料（深圳）有限公司。

Ca023 **C. I. 颜料黄 62：1**

【英文名】 C. I. Pigment Yellow 62：1

【别名】 Benzenesulfonic Acid 4-[[1-[[（2-Methylphenyl）Amino]Carbonyl]-2-oxopropyl]azo]-3-nitro-，Bariumsalt（2：1）；Graphthol Yellow RL-PV；Pigment Yellow 62：1

【登记号】 CAS [5280-70-6]；C. I. 13940：1

【结构式】

【分子式】 $C_{17}H_{15}N_4O_7S \cdot 1/2Ba$

【分子量】 488.06

【性质】 黄色粉末。

【制法】 其制法参照 C. I. Pigment Yellow 62，将氯化钙换成氯化钡即可。

【用途】 主要用于涂料、油墨、塑料和橡胶制品的着色。

【生产单位】 天津市东鹏工贸有限公司，杭州亚美精细化工有限公司。

Ca024 **汉沙黄 RN**

【英文名】 Hansa Yellow RN

【登记号】 CAS [6528-34-3]；C. I. 11740

【别名】 C. I. 颜料黄65；永固黄 RN；颜料黄 RN；1134 颜料黄 RN；Arylide Yellow 3RA

【分子式】 $C_{18}H_{18}N_4O_6$

【分子量】 386.36

【结构式】

【质量标准】

外观	黄色粉末
色光	与标准品近似
着色力/%	为标准品的 100±5
水分含量/%	≤2
吸油量/%	45±5
细度（过 80 目筛余量)/%	≤5
水溶物含量/%	≤1.5

【性质】 本品为黄色粉末。微溶于乙醇、丙酮和苯。色光鲜艳，耐晒性好，耐热性优良。相对密度 1.10～1.49。吸油量 26～62g/100g。

【制法】 1. 生产原理

间硝基对甲氧基苯胺重氮化后，与邻甲氧基乙酰乙酰苯胺偶合，得到汉沙黄 RN。

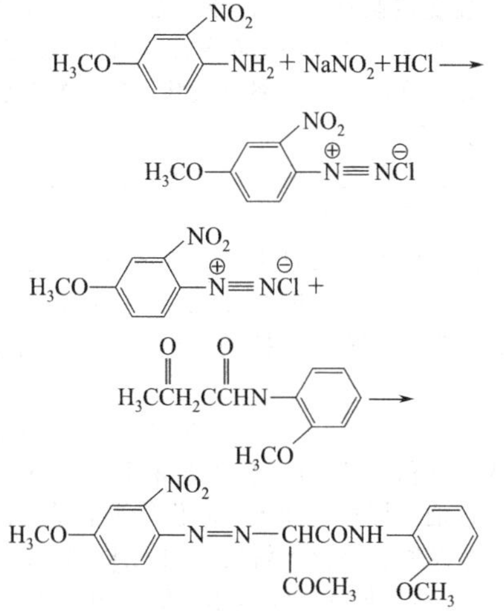

2. 工艺流程

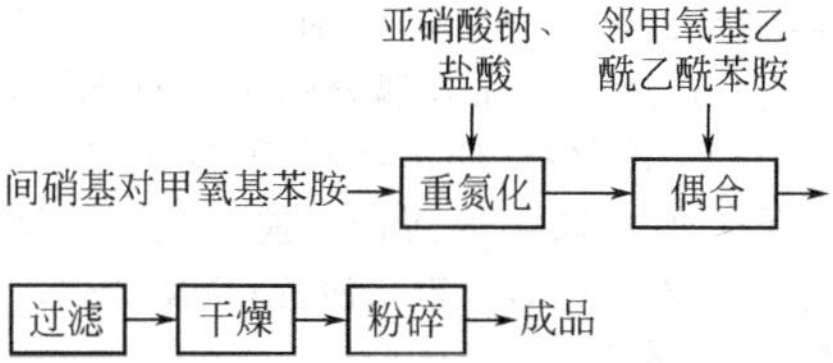

3. 技术配方

间硝基对甲氧基苯胺(100%计)	84
亚硝酸钠(98%)	3
盐酸(31%)	146
邻甲氧基乙酰乙酰苯胺(100%计)	103

4. 生产工艺

（1）重氮化　在重氮化反应锅中，将 67.2kg 间硝基对甲氧基苯胺加至 230L 5mol/L 盐酸与 800L 水中，搅拌过夜。次日，加冰降温至 0℃，加入 52.6L 40%（质量分数）亚硝酸钠溶液进行重氮化，反应完毕，稀释至总体积为 1400L，并加入 4kg 活性炭，过滤，得重氮盐溶液。

（2）偶合　将 85kg 邻甲氧基乙酰乙酰苯胺溶于 55kg 33%（质量分数）氢氧化钠溶液及 1000L 水中，加入 72kg 乙酸钠，然后慢慢加入 26L 用 300L 水稀释冰醋酸的稀溶液，再将悬浮物稀释至体积为 3200L，得偶合组分。将偶合组分在 1.5h 内从液面下加入重氮液，偶合温度 20℃，再搅拌 0.5h，过滤，水洗，在 50～55℃ 下干燥，得汉沙黄 RN137.5kg。

【用途】　用于涂料、涂料印花、油墨、彩色颜料、文教用品和塑料制品的着色。

【生产单位】　天津市东鹏工贸有限公司、天津光明颜料厂、石家庄市力友化工有限公司、常州北美化学集团有限公司、南通新盈化工有限公司、无锡新光化工有限公司、杭州红妍颜料化工有限公司、浙江上虞舜联化工有限公司、杭州映山花颜料化工有限公司、杭州力禾颜料有限公司、山东龙口佳源颜料有限公司、山东龙口太行颜料有限公司、山东蓬莱新光颜料化工公司。

Ca025　汉沙黄 GXX-2846

【英文名】　Hansa Yellow GXX-2846

【登记号】　CAS [13515-40-7]；C. I. 11738

【别名】　C. I. 颜料黄 73；颜料黄 4GX；汉沙艳黄 4GX；坚固金黄 GRN；Fanchon Yellow YH-5770；Monolite Fast Yellow EYA；Sunglow Yellow 1225

【分子式】　$C_{17}H_{15}ClN_4O_5$

【分子量】　390.79

【结构式】

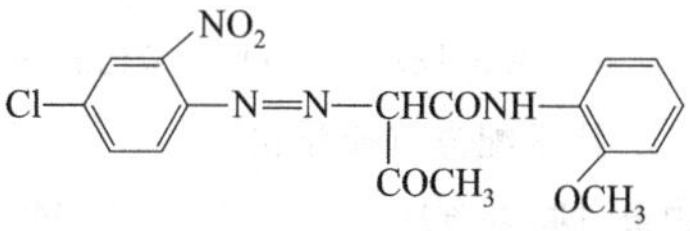

【性质】　本品为红光黄色粉末。不溶于水。熔点 264～268℃，相对密度 1.49～1.51。具有优异的耐晒性、耐碱性和分散性，色泽鲜艳、着色力好。

【制法】

1. 生产原理

双乙烯酮与邻甲氧基苯胺反应生成邻

甲氧基乙酰乙酰苯胺。红色基 3GL 重氮化后，与邻甲氧基乙酰乙酰苯胺缩合，得到汉沙黄 GXX-2846。

2. 工艺流程

3. 技术配方（质量份）

红色基 3GL（98%）	449
亚硝酸钠（98%）	180
邻甲氧基乙酰乙酰苯胺（99%）	530
浓硫酸（98%）	650

4. 生产工艺

在加成反应锅中，加入 500 份水，在强烈搅拌下加入 0.1 份 N,N-二甲苯胺和 0.02 份三苯膦。然后在 45min 内，用两条插入溶液中的管子分别加入 90 份 95.6% 双乙烯酮和 123 份邻甲氧基苯胺，加入速度控制在同时加完等物质的量。反应温度控制在 20℃ 以下。加料完毕搅拌 1h。得到的浆状产品冷却至 10℃ 过滤，干燥得到约 192 份邻甲氧基乙酰乙酰苯胺（纯度 99.5%）。

在重氮化反应锅中，加入 2000 份水，搅拌下将溶解好的 110 份红色基 3GL 和 159 份 98% 硫酸打浆 50～60min，降温至 0～2℃，于 0.5h 内加入 30% 亚硝酸钠 150 份，搅拌 2h，控制温度为 5℃，抽滤后备用。

在偶合锅中加入 2000 份水，然后加入 240 份 30% 氢氧化钠溶液和 4 份土耳其红油。搅拌下加入 130 份邻甲氧基乙酰乙酰苯胺。完全溶解后，加入冰块降温至 5℃，然后加入 120 份冰醋酸（用 1000 份水稀释）。控温 1℃，终点 pH 值为 7.0，再加入 280 份 58% 乙酸钠。将上述重氮盐于 1h 内徐徐加入偶合锅中进行偶合，于 15℃ 下搅拌 1h，然后升温至 75～80℃，加入氯化钡溶液，搅拌过滤，洗涤，于 80℃ 干燥，得汉沙黄 GXX-2846。

【质量标准】

色光	与标准品近似
着色力/%	为标准品
	的 100±5
水分含量/%	≤2
吸油量/%	34～38
耐晒性/级	5～6
耐热性/℃	180
细度（过 80 目筛余量）/%	≤5

【用途】
用于涂料、印刷油墨和橡胶原液的着色。

【生产单位】
天津市东鹏工贸有限公司，天津光明颜料厂，杭州亚美精细化工有限公司，常州北美化学集团有限公司，南通新盈化工有限公司，金华双宏化工有限公司。

Ca026 耐晒黄 5GX

【英文名】 Pigment Yellow 5GX

【别名】 颜料黄 5GX；C. I. 颜料黄 74

【登记号】 CAS [6358-31-2]；C. I. 11741

【分子式】 $C_{18}H_{18}N_4O_6$

【分子量】 386.36

【结构式】

【质量标准】

外观	黄色粉末
色光	与标准品近似
着色力/%	为标准品的 100 ± 5
水分含量/%	$\leqslant 2.5$
吸油量/%	45 ± 5
水溶物含量/%	$\leqslant 1.5$
细度(过 80 目筛余量)/%	$\leqslant 5$
耐晒性/级	$7 \sim 8$
耐热性/℃	140

【性质】 本品为黄色粉末，微溶于乙醇、苯和丙酮。色光鲜艳，着色力强。

【制法】

1. 生产原理

2-甲氧基-4-硝基苯胺（红色基 B）重氮化后，与邻甲氧基乙酰乙酰苯胺偶合，经后处理得耐晒黄 5GX。

2. 工艺流程

3. 技术配方

2-甲氧基-4-硝基苯胺(100%计)	168
亚硝酸钠(98%)	70
邻甲氧基乙酰乙酰苯胺	207
盐酸(30%)	290

4. 生产工艺

将 168kg 2-甲氧基-4-硝基苯胺加入 500L 水中，再加入盐酸，搅拌过夜。次日，冷却至 0℃，在 20min 内加入 70kg 亚硝酸钠配制成的 30% 水溶液，于 5℃ 下进行重氮化，过滤，得重氮盐溶液。

将 207kg 邻甲氧基乙酰乙酰苯胺和 100kg 轻质碳酸钙加至 5000L 水中，溶解，稀释至 8000L，得偶合组分。将上述重氮盐溶液在 2h 内加入偶合组分中进行偶合。在偶合物中，加入浓度为 5mol/L 的盐酸，使其对刚果红试纸呈弱酸性，过滤，水洗，于 50℃ 下干燥，粉碎，得耐晒黄 5GX。

【用途】 用于涂料、油墨、彩色颜料、涂料印花、文教用品等着色。

【生产单位】 杭州映山花颜料化工有限公司，浙江胜达祥伟化工有限公司，杭州红妍颜料化工有限公司，浙江上虞舜联化工公司，浙江百合化工控股集团，杭州力禾颜料有限公司，天津市东鹏工贸有限公司，瑞基化工有限公司，常州北美化学集团有限公司，南通新盈化工有限公司，无锡新光化工有限公司，石家庄市力友化工有限公司，上海雅联颜料化工有限公司，上海染化一厂，山东龙口太行颜料有限公司。

Ca027 C. I. 颜料黄 75

【英文名】 C. I. Pigment Yellow 75

【登记号】 CAS [52320-66-8]；C. I. 11770

【别名】 颜料黄 XT；汉沙黄 XT；永固黄 RX；Butanamide，2-[2-(4-Chloro-2-nitrophenyl) Diazenyl]-N-(4-ethoxyphenyl)-3-oxo-；Hansa Yellow XT(Dystar)；Empress Yellow RX-2910；Suimei Fast Yellow LR(KKK)；Sunbrite Yellow 75(SNA)；Pigment Yellow 75；Pigment Yellow XT

【结构式】

【分子式】 $C_{18}H_{17}N_4O_5Cl$

【分子量】 404.81

【性质】 黄色粉末。不溶于水，日晒牢度很好。于150℃升华。

【制法】 将 17.25 份 2-硝基-4-氯苯胺溶于盐酸中，添加亚硝酸钠溶液于 0～5℃进行重氮化得重氮液。

在 35～40℃，将 23.25 份 4-乙氧基乙酰基乙酰苯胺、4 份氢氧化钠和 250 份水混合，搅拌至溶解。加水调至 1500 份，加入 17 份醋酸钠，再用 10.6 份 70% 醋酸酸化析出沉淀，得悬浮的偶合液。

在 30min 内将重氮液加到偶合液中，并调 pH 值为 7.2～7.5，加热至沸，保持 10min。过滤，水洗，在 80℃下干燥，得产品。

【质量标准】 参考标准

外观	黄色粉末
色光	与标准品近似
着色力/%	为标准品的 100±5
细度(通过 80 目筛后残余物含量)/%	≤5
耐热性/℃	140

【用途】 用于涂料，印刷油墨的着色，也可用于艺术品的着色。

【生产单位】 天津市东鹏工贸有限公司，杭州亚美精细化工有限公司，金华双宏化工有限公司，杭州力禾颜料有限公司，常州北美化学集团有限公司，南通新盈化工有限公司，上海雅联颜料化工有限公司，上海雅联颜料化工有限公司，山东龙口太行颜料有限公司，山东蓬莱新光颜料化工公司。

Ca028 C. I. 颜料黄 97

【英文名】 C. I. Pigment Yellow 97

【登记号】 CAS [12225-18-2]

【别名】 颜料黄 FGL；永固黄 FGL；永固黄 SD-FGL；耐晒黄 FGL；Butanamide，N-(4-Chloro-2,5-dimethoxyphenyl)-2-[2-[2,5-dimethoxy-4-[(phenylamino) Sulfonyl] Phenyl] Diazenyl]-3-oxo-；Colanyl Yellow FGL 30；Fast Yellow FGL；Graphtol Yellow-CIWL (Clariant)；Novoperm Yellow FGL (Dystar)；Novoperm Yellow FGL；Permanent Yellow FGL；Pigment Yellow 97；Pigment Yellow FGL；SM 9819

【结构式】

【分子式】 $C_{26}H_{27}N_4O_8ClS$

【分子量】 591.04

【性质】 黄色粉末。用于印刷油墨，日晒牢度可达 7 级；用于烤漆可达 8 级。耐酯类牢度 4 级，耐乙醇牢度 4～5 级，耐甲苯 3～4 级，耐丙酮 3 级，耐环己烷 3 级，耐水 5 级，耐亚油酸 4 级。

【制法】 150mL 水和 30mL 密度为 1.160 的盐酸混合，在 30min 内加入 30.8g N-(4-氨基-2,5-二甲氧基苯磺酰基) 苯胺。在 30min 内滴加 7g 亚硝酸钠在 30mL 水的溶液，加毕再搅拌 1h，控制温度为 10℃，得重氮液。

28.5g 4-氯-2,5-二甲氧基乙酰乙酰苯胺、100mL 水和 13mL 密度为 1.331 的氢氧化钠溶液混合，在室温搅拌至溶解。滴加到由 400mL 水、400mL 乙醇、2g 分散剂、10mL 醋酸和 125g 冰的混合液中，再加入 50mL 密度为 1.125 的醋酸钠溶液，加热至 35℃。在此温度和 1h 内，滴加重氮液，保持 pH 值为 5。偶合完毕后，过滤，用水或者乙醇水溶液洗涤，在 60～80℃ 干燥，得产品。

【质量标准】 参考标准

外观	黄色粉末
色光	与标准品近似
着色力/%	为标准品的 100±5
细度（通过 80 目筛后残余物含量）/%	≤5
热稳定性/℃	200

【用途】 用于印刷油墨、烤漆和塑料。

【生产单位】 浙江胜达祥伟化工有限公司，杭州力禾颜料有限公司。

Ca029 **C. I. 颜料黄 98**

【英文名】 C. I. Pigment Yellow 98

【登记号】 CAS [32432-45-4]；C. I. 11727

【别名】 耐晒艳黄 10GX；Butanamide, N-(4-Chloro-2-methylphenyl)-2-[2-(4-chloro-2-nitrophenyl) Diazenyl]-3-oxo-；Hansa Brilliant Yellow 10GX；汉沙艳黄 10GX；耐晒嫩黄 10GC；Fast Yellow 10GX；Pigment Yellow 98；Segnale Light Yellow 10GX；TB 110 Yellow 2G；TB 117 Yellow

【结构式】

【分子式】 $C_{17}H_{14}N_4O_4Cl_2$

【分子量】 409.23

【性质】 绿光黄色粉末。色泽鲜艳。着色力高。有好的耐溶剂性能，耐乙醇 4～5 级，耐丙酮 3～4 级，耐环己烷 3 级，耐甲苯 3 级。

【制法】 172.5 份 2-硝基-4-氯苯胺、700 份（体积）水和 600 份（体积）5mol/L 盐酸混合，用冰冷却至 0℃，用 131 份（体积）40%（质量分数）亚硝酸钠溶液重氮化，得重氮液。

234 份 2-甲基-4-氯乙酰基乙酰苯胺、5000 份水和 53 份氢氧化钠混合，加入 12

份 10%（质量分数）的含烷基磺酰胺基乙酸钠的乳化液，再加入 175 份醋酸和 175 份水，最后加入 160 份醋酸钠。在 15℃和 1.5～2h 内，滴加重氮液。偶合完毕后，过滤，水洗至中性，干燥，得产品。

【质量标准】 参考标准

外观	绿光黄色粉末
色光	与标准品近似
着色力/%	为标准品的 100±5
耐热性/℃	180
耐酸性/级	5
耐碱性/级	5
耐晒性/级	7
水渗性/级	4～5
油渗性/级	4～5

【用途】 用于胶印墨、涂料印花色浆等的着色。

【生产单位】 上海泗联颜料厂，上海谊昌颜料化工合作公司，上海油墨股份有限公司。

Ca030　C. I. 颜料黄 105

【英文名】 C. I. Pigment Yellow 105

【登记号】 CAS [12236-75-8]；C. I. 11743

【别名】 Pigment Yellow 105；Monolite Fast Yellow 6G；Vynamon Yellow 8G；Butanamide, 2-[(7-Chloro-1, 2-dihydro-4-methyl-2-oxo-6-quinolinyl) azo] -N-(2-methoxyphenyl)-3-oxo-

【结构式】

【分子式】 $C_{21}H_{19}N_4O_4Cl$

【分子量】 426.86

【性质】 黄色粉末。

【制法】 6-氨基-7-氯-1,2-二氢-4-甲基-2-氧-喹啉经重氮化后，再和 2-甲氧基乙酰乙酰苯胺偶合，经干燥，粉碎，即得产品。

【用途】 主要用于涂料和油墨的着色。

Ca031　C. I. 颜料黄 111

【英文名】 C. I. Pigment Yellow 111

【登记号】 CAS [15993-42-7]；C. I. 11745

【别名】 颜料艳黄 7GX；汉沙艳黄 7GX；Butanamide，N-(5-Chloro-2-methoxyphenyl)-2-[2-(2-methoxy-4-nitrophenyl) Diazenyl] -3-oxo-；Hansa Brilliant Yellow 7GX（Dystar）；Irgalite Yellow F4G（CGY）；Vnisperse Yellow F4G-PI（CGY）；Pigment Brilliant Yellow 7GX；Pigment Yellow 111

【结构式】

【分子式】 $C_{18}H_{17}N_4O_6Cl$

【分子量】 420.81

【性质】 绿光黄色粉末。着色力强。有很好的耐光性。

【制法】 168g 2-甲氧基-4-硝基苯胺磨成细粉，在搅拌下加到 300mL 10mol/L 盐酸和 1200mL 水的混合液中，所成的悬浮液搅拌过夜。次日，加入 1200g 碎冰，在 0~5℃、10min 内，加入 207g 33.3% 亚硝酸钠水溶液，加毕再搅拌 1h。过滤，得重氮液。

在 20℃，将 256g 2-甲氧基-5-氯乙酰基乙酰苯胺溶于 4500mL 水和 200g 30% 氢氧化钠溶液。将得到的溶液和由 85g 醋酸钠、25g 乳化剂（1mol 山梨醇和 20mol 环氧乙环反应得到）在 250mL 水的溶液混合。加入 2000g 冰，在搅拌、0~5℃ 和 10min 内，加入 135g 80% 醋酸。在搅拌、30min 内，加入重氮液，并用加入冰的方式控制温度低于 10℃。加毕，在 2h 内，通过通入蒸汽的方式加热至 40℃。如果还能检测到重氮组分，再加入少量溶于稀氢氧化钠溶液的偶合组分，直至检测不到重氮组分为止。过滤，水洗至中性，在 60℃ 干燥，粉碎，得产品。

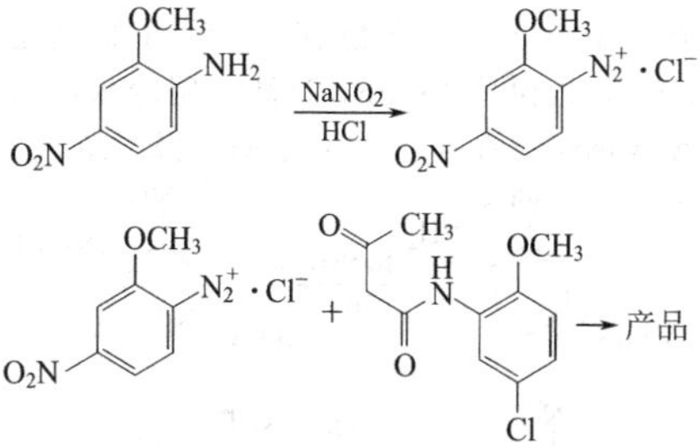

【质量标准】 参考标准

外观	黄色粉末
色光	与标准品近似
着色力/%	为标准品的 100±5
细度（通过 80 目筛后残余物含量）/%	≤5

耐热性/级	4
耐水性/级	5
耐碱性/级	5

【用途】 用于油墨。

Ca032 **C.I.颜料黄 116**

【英文名】 C.I. Pigment Yellow 116; Benzamide, 4-[1-[1-[[[4-(Acetylamino)phenyl]amino]carbonyl]-2-oxopropyl]diazenyl]-3-chloro-; Helio Fast Yellow ER; Pigment Yellow 116

【登记号】 CAS [61968-84-1]; C.I. 11790

【结构式】

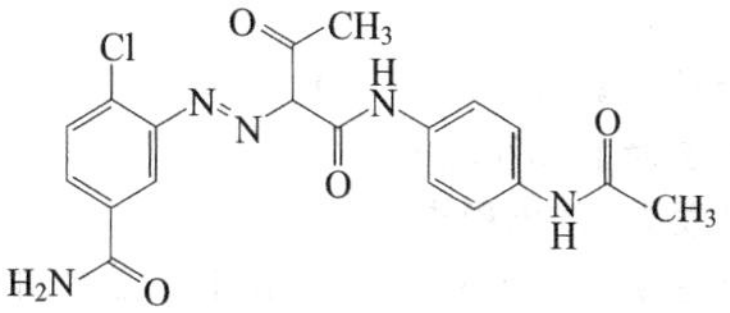

【分子式】 $C_{19}H_{18}N_5O_4Cl$

【分子量】 415.84

【性质】 黄色粉末。

【制法】 3-氨基-4-氯苯甲酰胺经重氮化后，再和对乙酰胺基乙酰乙酰苯胺偶合，经处理后即得产品。

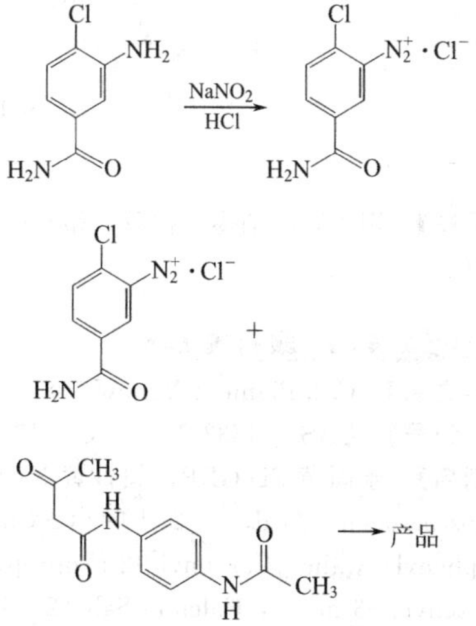

【用途】 可用于塑料的着色。

Ca033 C. I. 颜料黄 167

【英文名】 C. I. Pigment Yellow 167；Butanamide，2-[2-(2,3-Dihydro-1,3-dioxo-1H-isoindol-5-yl) diazenyl]-N-(2,4-dimethylphenyl)-3-oxo-；Pigment Yellow 167；Seikafast Yellow A 3

【登记号】 CAS [38489-24-6]；C. I. 11737

【结构式】

【分子式】 $C_{20}H_{18}N_4O_4$

【分子量】 378.39

【性质】 黄色粉末。

【制法】 5-氨基-2,3-二氢-1,3-二氧-1H-异吲哚经重氮化后，再和 2,4-二甲基乙酰乙酰苯胺偶合，经处理即得产品。

——→ 产品

【用途】 用于印刷油墨、橡胶、塑料等的着色。

Ca034 C. I. 颜料黄 168

【英文名】 C. I. Pigment Yellow 168

【登记号】 CAS [71832-85-4]；C. I. 13960

【别名】 永固黄 SD-GRP；颜料黄 K-5G；Benzenesulfonic Acid，4-[2-[1-[[(2-Chlorophenyl) Amino] Carbonyl]-2-oxopropyl] diazenyl]-3-nitro-，Calcium Salt (2：1)；

Irgalite Yellow WGP；Pigment Yellow 168；Lionol Yellow K-5G（TOYO）；Pigment Permanent Yellow SD-GRP

【结构式】

【分子式】 $C_{16}H_{12}N_4O_7SCl \cdot 1/2Ca$

【分子量】 459.85

【性质】 有较好的耐热、耐光、耐迁移性能。pH 值 6～8，相对密度 1.6。吸油量 ≤55%。耐光性 7 级，耐热性 210℃，耐水性 5 级，耐油性 5 级，耐酸性 5 级，耐碱性 5 级，耐醇性 4 级。

【制法】 在 60℃，将 7.8 份 2-硝基苯胺-4-磺酸的铵盐溶于 75 份水中，加入 10.6 份浓盐酸。冷却至 0℃，加入 2.5 份亚硝酸钠在 4 份水的溶液，加毕，在 0～5℃搅拌 30min，得到重氮液。

100 份水和 1.9 份氢氧化钠混合，加入 8.0 份邻氯乙酰基乙酰苯胺，再加入 1.5 份醋酸钠和 2.25 份白垩，用醋酸水溶液（醋酸：水＝1：2）调 pH 值为 7.0。在 1h 内，加入重氮液，pH 值降至 4～5。在 pH 值 4～5 下搅拌 1h 后再加热至 80℃，再保持 15min。过滤，用冷水洗至无氯离子，在 50～60℃干燥，得产品。

【用途】 可用于聚氯乙烯、聚乙烯等塑料的着色，也可用于橡胶、涂料、织物的着色。

【生产单位】 杭州亚美精细化工有限公司，浙江胜达祥伟化工有限公司，杭州力禾颜料有限公司。

Ca035 颜料黄 129

【英文名】 C. I. Pigment Yellow129

【登记号】 CAS [15680-42-9]；C. I. 48042

【别名】 C. I. 永固黄 129；亚甲胺颜料黄

【结构式】

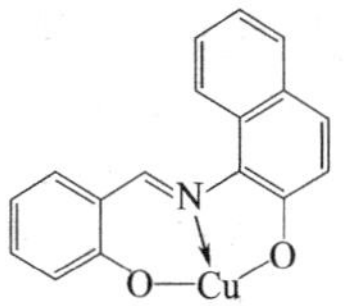

【分子式】 $C_{17}H_{11}NO_2Cu$

【分子量】 324.83

【性质】 黄色粉末，有较好的耐久性，耐热性。

【制法】

1. 生产原理

由 2-萘酚甲酰化制得 2-羟基-1-萘甲醛，然后与邻氨基苯酚缩合得到的缩合物与乙酸铜络合得到亚甲胺黄。

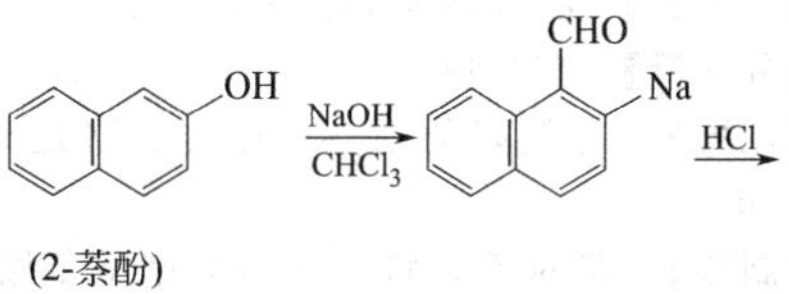

(2-萘酚)

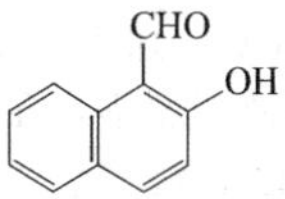

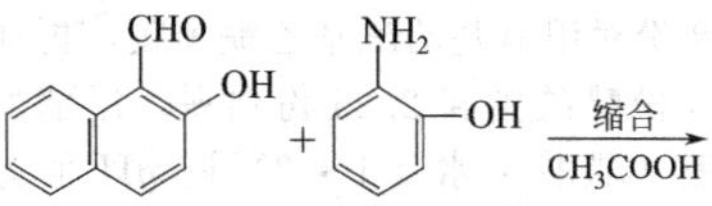

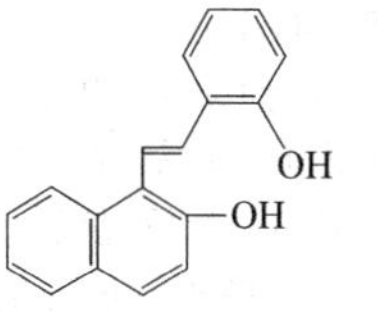

(缩合物)

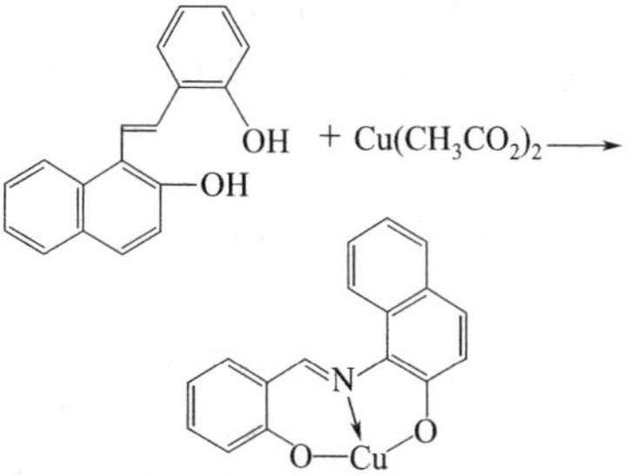

2. 工艺流程

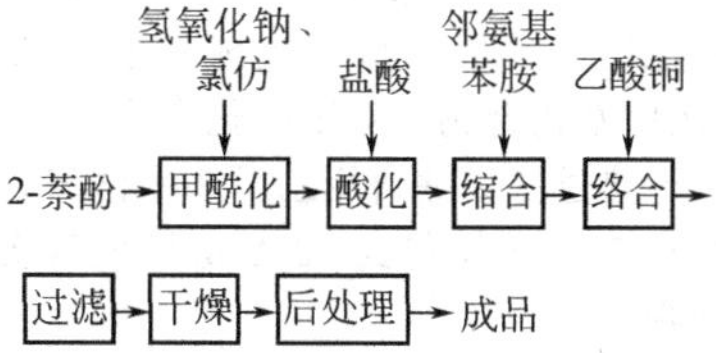

3. 技术配方（质量份）

2-萘酚(100%)	67.76
乙醇(>95%)	194.4
氯仿(≥95%)	83.2
氢氧化钠(34%)	400
盐酸(30%)	52
冰醋酸(密度 1.049g/cm³)	629
邻氨基苯酚	23
N,N-二甲基甲酰胺(DMF)	344
2-甘醇-2-甲基醚	360
乙酸铜	60

4. 生产工艺

（1）甲酰化 在反应锅内加入 19.44份乙醇，搅拌下加入 2-萘酚 6.776 份，加热至 40℃，搅拌 30~60min 加 34% 的氢氧化钠 40 份，逐步升温到 70℃，停止加热，开始滴加氯仿 8.32 份，在 70~75℃下 1.5~2.0h 滴完，滴完后保温反应 1.5h。

（2）蒸馏　将上述反应物在常压下缓慢升温到 90℃，使之蒸出乙醇和氯仿（蒸出量约 17 份）。蒸完后，将物料冷却至 30℃以下，静置 6h 后过滤。

（3）后处理　将物料过滤的滤饼，加至有 32 份水的洗槽中，加热至 60℃，慢慢加入盐酸中和到 pH 值 2～3，然后再冷却至室温，物料呈小粒状析出。进行过滤，水洗合格后，滤饼于 60℃下干燥，得（纯度 70％以上的）2-羟基-1-萘甲醛 45 份。若低于 70％，应用乙醇进行重结晶。

（4）缩合　在装有回流冷凝器的反应锅内加入 62.9 份冰醋酸、4.5 份 76％ 2-羟基-1-萘甲醛和 23 份邻氨基苯酚，搅拌形成悬浮物，然后加热至沸腾，回流保温 3h，反应终了后，物料生成橙色沉淀物（氮次甲基化合物、亚甲胺化合物）。将物料进行热过滤，滤饼用乙醇和水洗涤，抽滤后在 70℃干燥得到 52.2 份橙色氮次甲基合物。

（5）络合　将得到的氮次甲基化合物 52.2 份投入反应锅中，加入 N,N-二甲基甲酰胺 344 份、2-甘醇-2-甲基醚 360 份和乙酸铜 60 份，搅拌溶解后加热至 100℃反应 3h，反应完毕进行热过滤。滤饼用乙醇和水洗涤后，在 70℃下干燥得到 58.8 份亚甲胺颜料黄。

【质量标准】

外观	黄橙色色均匀粉末
色光	与标准品近似
着色力/%	为标准品的 100±5
水分含量/%	≤2.0
水溶物含量/%	≤1.0
细度（过 80 目筛余量）/%	≤5.0
吸油量/%	40±5

【用途】　主要用于油墨、涂料、塑料制品着色。

【生产单位】　无锡新光化工有限公司，常州北美化学集团有限公司，江苏句容着色

剂厂，江苏武进寨桥化工厂，江苏句容染化厂，江苏句容有机化工厂，江苏宜兴茗岭精化厂，江苏吴江精化厂，杭州映山花颜料化工有限公司，浙江胜达祥伟化工有限公司，Hangzhou Unionpigment Corporation，杭州红妍颜料化工有限公司，浙江萧山颜料化工厂，浙江杭州力禾颜料有限公司，浙江萧山前进颜料厂，浙江萧山江南颜料厂，石家庄市力友化工有限公司，武汉恒辉化工颜料有限公司，山东蓬莱新光颜料化工公司，山东蓬莱化工厂，山东龙口化工颜料厂。

Ca036 **C. I. 颜料黄 169**

【英文名】　C. I. Pigment Yellow 169；Benzenesulfonic Acid, 4-[2-[1-[[(4-Methoxyphenyl) Amino] Carbonyl]-2-oxopropyl] diazenyl]-3-nitro-, Calcium Salt（2：1）；Pigment Yellow 169；Lionol Yellow K-2R（TOYO）

【登记号】　CAS [73385-03-2]；C. I. 13955

【结构式】

【分子式】　$C_{17}H_{15}N_4O_8S \cdot 1/2Ca$

【分子量】　455.43

【性质】　有较好的耐热、耐光、耐迁移性能。

【制法】　在 60℃，将 7.8 份 2-硝基苯胺-4-磺酸的铵盐溶于 75 份水，加入 10.6 份浓盐酸。冷却至 0℃，加入 2.5 份亚硝酸钠在 4 份水的溶液，加毕，在 0～5℃搅拌 30min，得到重氮液。

100 份水和 1.9 份氢氧化钠混合，加入 7.8 份对甲氧基乙酰基乙酰苯胺，再加入 1.5 份醋酸钠和 2.25 份白垩，用醋酸水溶液（醋酸：水＝1：2）调 pH 值为

7.0。在 1h 内，加入重氮液，pH 值降至 4～5。在 pH 值 4～5 下搅拌 1h 后再加热至 80℃，再保持 15min。过滤，用冷水洗至无氯离子，在 50～60℃干燥，得产品。

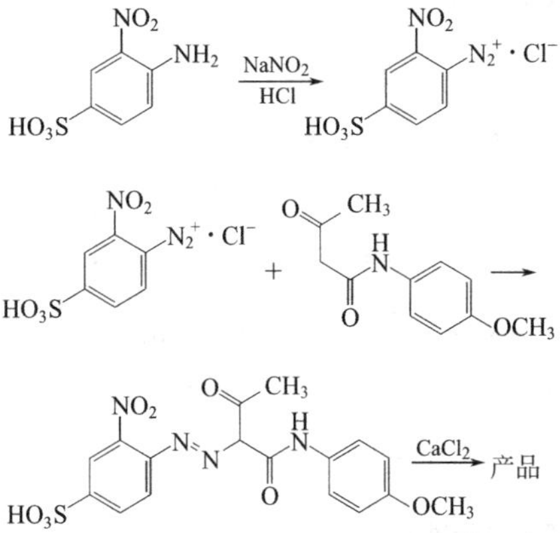

【用途】 可用于聚氯乙烯、聚乙烯等塑料的着色，也可用于橡胶、涂料。

【生产单位】 杭州亚美精细化工有限公司。

Ca037 C. I. 颜料黄 213

【英文名】 C. I. Pigment Yellow 213；1,4-Benzenedicarboxylic Acid，2-[[2-Oxo-1-[[(1,2,3,4-tetrahydro-7-methoxy-2,3-dioxo-6-quinoxalinyl）Amino] Carbonyl] propyl] azo]-，Dimethyl Ester；Hostaperm Yellow H 5G；Hostaperm Yellow H 5G-VP2295；Pigment Yellow 213

【登记号】 CAS [220198-21-0]；C. I. 117875

【结构式】

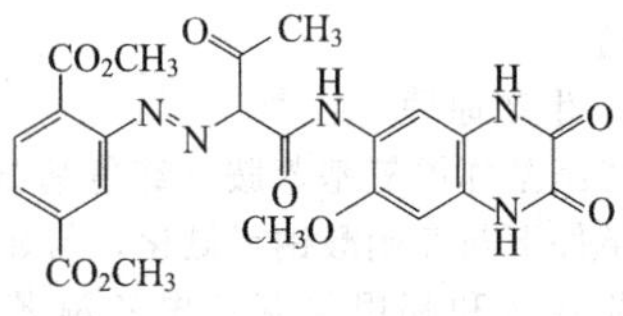

【分子式】 $C_{23}H_{21}N_5O_9$

【分子量】 511.45

【性质】 强绿光黄色。由于分子内存在羰基与亚氨基，可以形成分子内的氢键，因而具有优良的耐热与耐光牢度。

【制法】 将 0.1mol 氨基对苯二甲酸二甲酯加到 80mL 水和 30mL 31%盐酸中，在 0～10℃用 18.1g 亚硝酸钠（40%）溶液进行重氮化。搅拌 1h 后，加入氨磺酸以破坏过量的亚硝酸，过滤，得到重氮液。在室温和 1h 内，表面活性剂如 ® LUTENSOLAT25 存在下，将得到的澄清的重氮液滴加到醋酸盐缓冲的 0.1mol N-乙酰乙酰基-6-甲基基-7-氨基喹喔啉-2,3-二酮的悬浮液中。偶合完毕后，加热至 96℃。过滤，水洗至无盐。将湿的滤饼悬浮于 N-甲基吡咯烷酮中，蒸馏除去水分，再缓慢从 100℃加热到 170℃。冷却到 70℃，过滤，干燥，粉碎，得 51g 颜料产品。

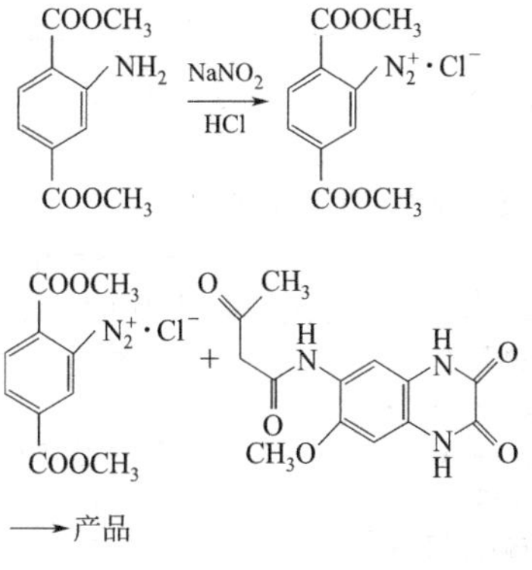

【用途】 用于汽车原装漆和修补漆、卷钢涂料、工业漆、粉末涂料等。

Ca038 耐晒艳黄 10GX

【英文名】 Light Fast Brilliant Yellow 10GX

【别名】 C. I. Pigment Yellow 98(参照)；Hansa Brilliant Yellow 10GX（Dystar）；Lionol Yellow 5G 0501(TOYO)；Predisol Yellow 10GS-C(KVK)

【结构式】

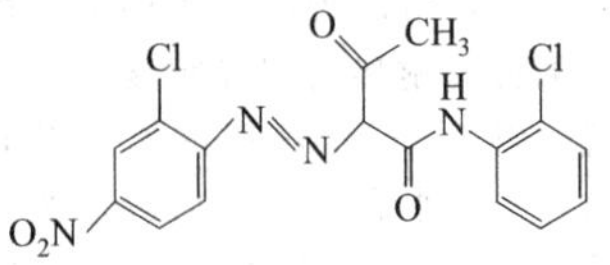

【分子式】 $C_{16}H_{12}N_4O_4Cl_2$

【分子量】 395.20

【性质】 绿光黄色粉末。色泽鲜艳，着色力高，各项性能良好。

【制法】 2-氯-4-硝基苯胺经重氮化后，再和2-氯乙酰乙酰苯胺偶合，经干燥，粉碎，即得产品。

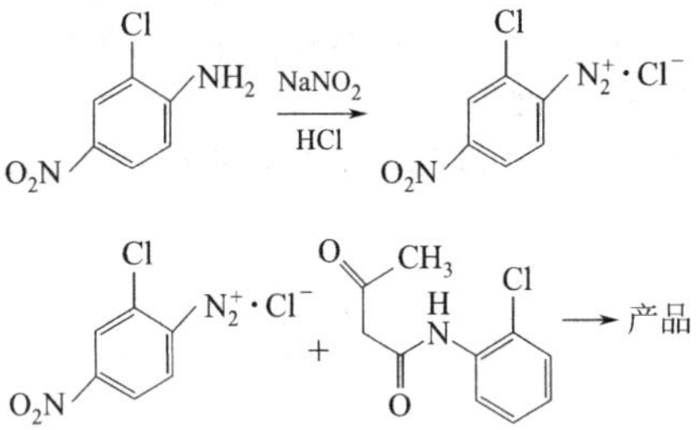

【质量标准】 参考标准

外观	绿光黄色粉末
色光	与标准品近似
着色力/%	为标准品的 100 ± 5
耐晒性/级	7
耐热性/℃	稳定到180
耐酸性/级	5
耐碱性/级	5
油渗性/级	4~5
水渗性/级	4~5

【安全性】 20kg、30kg 纸板桶和铁桶包装，内衬塑料袋。

【用途】 主要用于涂料和油墨的着色。

【生产单位】 上海油墨股份有限公司。

Ca039 有机柠檬黄

【英文名】 Organic Lemon Yellow

【别名】 7501柠檬黄；1151有机柠檬黄；

复合耐晒黄 10G

【分子式】 $[C_{18}H_{18}N_4O_6 + C_{17}H_{15}ClN_4O_5] \cdot ZnO \cdot BaSO_4$

【分子量】 1076.0

【结构式】

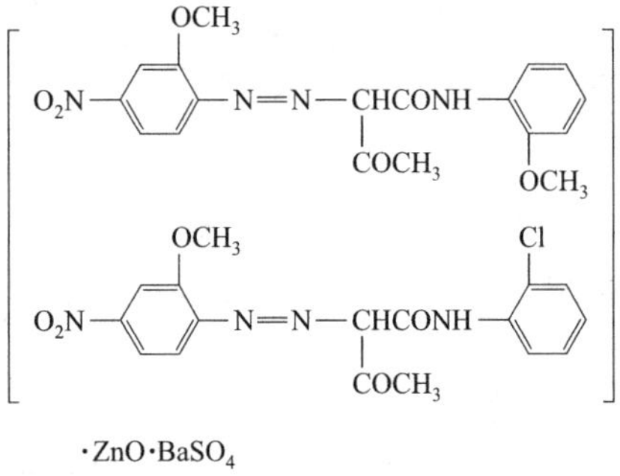

$\cdot ZnO \cdot BaSO_4$

【质量标准】

外观	黄色粉末
色光	与标准品近似
着色力/%	为标准品的 100 ± 5
水分含量/%	≤2.5
水溶物含量/%	≤1.5
吸油量/%	≤20.0
细度(过80目筛余量)/%	≤5.0
耐晒光性/级	6~7
耐热性/℃	140
水渗透性/级	4~5
油渗透性/级	4~5
耐酸性/级	5
耐碱性/级	5
石蜡渗透性/级	2

【性质】 本品为柠檬黄色粉末，着色力强。耐晒性、耐酸性和耐碱性优良。

【制法】

1. 生产原理

对硝基邻甲氧基苯胺（红色基 B）在酸性条件下与亚硝酸钠重氮化，与邻氯乙酰乙酰苯胺和邻甲氧基乙酰乙酰苯胺偶合，偶合产物与锌钡白反应得到有机柠檬黄。

$$O_2N-\underset{OCH_3}{C_6H_3}-NH_2 + HCl + NaNO_2 \longrightarrow O_2N-\underset{OCH_3}{C_6H_3}-\overset{\oplus}{N}\equiv N\overset{\ominus}{Cl}$$

$$H_3COCH_2COCHN-\underset{OCH_3}{C_6H_4} + NaOH \longrightarrow H_3C\underset{ONa}{C}=HCOCHN-\underset{OCH_3}{C_6H_4}$$

$$H_3COCH_2COCHN-\underset{Cl}{C_6H_4} + NaOH \longrightarrow H_3C\underset{ONa}{C}=HCOCHN-\underset{Cl}{C_6H_4}$$

$$CH_3COOH + H_3C\underset{ONa}{C}=HCOCHN-\underset{OCH_3}{C_6H_4} \longrightarrow H_3COCH_2COCHN-\underset{OCH_3}{C_6H_3}-OCH_3 + CH_3COONa$$

$$CH_3COOH + H_3C\underset{ONa}{C}=HCOCHN-\underset{Cl}{C_6H_4} \longrightarrow H_3COCH_2COCHN-\underset{Cl}{C_6H_3}-Cl + CH_3COONa$$

$$O_2N-\underset{OCH_3}{C_6H_3}-\overset{\oplus}{N}\equiv N\overset{\ominus}{Cl} + H_3COCH_2COCHN-\underset{OCH_3}{C_6H_3}-OCH_3 \xrightarrow{NaAc}$$

$$O_2N-\underset{OCH_3}{C_6H_3}-N=N-\underset{COCH_3}{CH}CONH-\underset{OCH_3}{C_6H_3}-OCH_3$$

$$O_2N-\underset{OCH_3}{C_6H_3}-\overset{\oplus}{N}\equiv N\overset{\ominus}{Cl} + H_3C\underset{ONa}{C}=HCOCHN-\underset{Cl}{C_6H_4} \xrightarrow{NaAc}$$

$$O_2N-\underset{OCH_3}{C_6H_3}-N=N-\underset{COCH_3}{CH}CONH-\underset{Cl}{C_6H_4}$$

2. 工艺流程

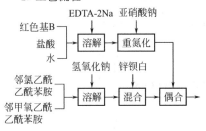

3. 技术配方

对硝基邻甲氧基苯胺(红色基B,100%)	34kg/t
盐酸(30%)	65kg/t
乙二胺四乙酸钠(EDTA-2Na)	2kg/t
亚硝酸钠(100%)	17kg/t
活性炭(工业品)	2kg/t
土耳其红油(工业品)	0.5kg/t
邻氯乙酰乙酰苯胺(98%)	25kg/t
邻甲氧基乙酰乙酰苯胺(98%)	15kg/t
氢氧化钠(30%)	75kg/t
锌钡白(工业品)	1100kg/t
冰醋酸(98%)	35kg/t

4. 生产工艺

在重氮化反应锅中，加入800L水、65kg30%盐酸和2kgEDTA-2Na，溶解后加入红色基B34kg（100%计），溶解后降温至−2℃时，分批加入30%亚硝酸钠溶液（由17kg100%亚硝酸钠配制而成）进行重氮化反应，控制加料时间20～25min，反应温度2～4℃，继续反应1h，重氮化反应结束，加入活性炭和土耳其红油进行脱色，过滤即制得重氮盐。在偶合锅中加入一定量水、25kg邻氯乙酰乙酰苯胺、15kg邻甲氧基乙酰乙酰苯胺和30%氢氧化钠经搅拌溶解后，加入1100kg锌钡白，混合均匀，于5℃下加入冰醋酸酸析，使溶液pH值为6.7左右，温度在10℃左右，即制得偶合液。将上述制备好的重氮盐分批加入偶合液中进行偶合反应，控制加料时间1h，继续反应1h，反应温度10℃左右，反应终点时溶液pH值为4左右，偶合反应结束升温至78℃，保温0.5h，进行过滤、水漂洗，滤饼于75℃左右干燥，最后粉碎，得有机柠檬黄。

【用途】　主要用于油墨和文教用品的着色。

【生产单位】　上海BASF颜料股份有限公司，上海染化一厂，上海嘉定华亭化工厂，山东蓬莱新光颜料化工公司，山东蓬莱化工厂，江苏邗江细化工厂，江苏武进寨桥化工厂，浙江萧山前进颜料厂，浙江萧山颜料化工厂，上海染化十二厂，上海雅联颜料化工有限公司，上海油墨股份有限公司，天津市东鹏工贸有限公司，天津油墨股份有限公司，天津大港振兴化工总公司，天津光明颜料厂，杭州映山花颜料化工有限公司，上虞市东海精细化工厂，杭州新晨颜料有限公司，浙江胜达祥伟化工有限公司，Hangzhou Union pigment Corporation，杭州红妍颜料化工有限公司，浙江百合化工控股集团，浙江瑞安化工二厂，杭州力禾颜料有限公司，浙江瑞安太平洋化工厂，上虞舜联化工有限公司，常州北美化学集团有限公司，无锡新光化工有限公司，江苏南通染化厂，江苏武进寨桥化工厂，石家庄市力友化工有限公司，甘肃甘谷油墨厂，安徽宁国县化工厂，山东龙口太行颜料有限公司等。

Ca040　有机中黄

【英文名】　Organic Middle Yellow

【别名】　1154有机中黄；复合耐晒黄GR

【分子式】　[$C_{18}H_{17}CIN_4O_4 + C_{19}H_2N_4O_5$]·ZnS·BaSO$_4$

【分子量】　1072.1

【结构式】

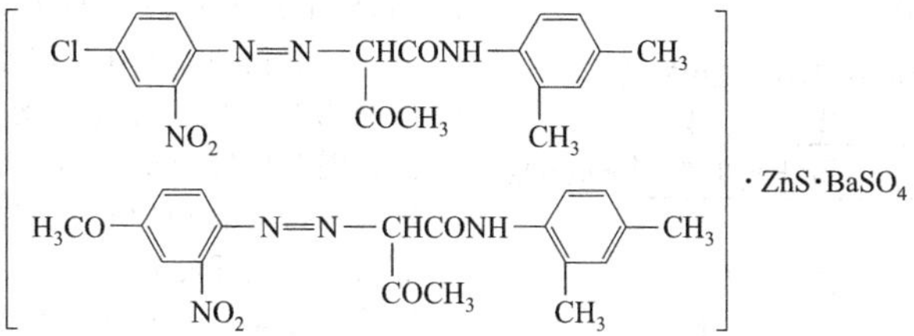

$$\left[\begin{array}{l} Cl-C_6H_3(NO_2)-N=N-CHCONH-C_6H_3(CH_3)_2 \\ \quad\quad\quad\quad\quad\quad\quad | \\ \quad\quad\quad\quad\quad\quad\quad COCH_3 \\ H_3CO-C_6H_3(NO_2)-N=N-CHCONH-C_6H_3(CH_3)_2 \\ \quad\quad\quad\quad\quad\quad\quad | \\ \quad\quad\quad\quad\quad\quad\quad COCH_3 \end{array} \right] \cdot ZnS \cdot BaSO_4$$

【质量标准】

外观	中黄色粉末
色光	与标准品近似
着色力/%	为标准品的 100±5
水分含量/%	≤2.5
水溶物含量/%	≤1.5
吸油量/%	≤20.0
细度(过 80 目筛余量)/%	≤5.0
耐晒性/级	6～7
耐热性/℃	120
耐碱性/级	5
耐酸性/级	5

【性质】 本品为中黄色粉末,色泽接近于中铬黄。色泽鲜艳,着色力强。耐碱性良好,但耐热性和耐溶剂性稍差。

【制法】

1. 生产原理

红色基 3GL 和紫酱色基 GP 经重氮化后与 2,4-二甲基乙酰乙酰苯胺偶合,偶合产物与锌钡白反应制得有机中黄。

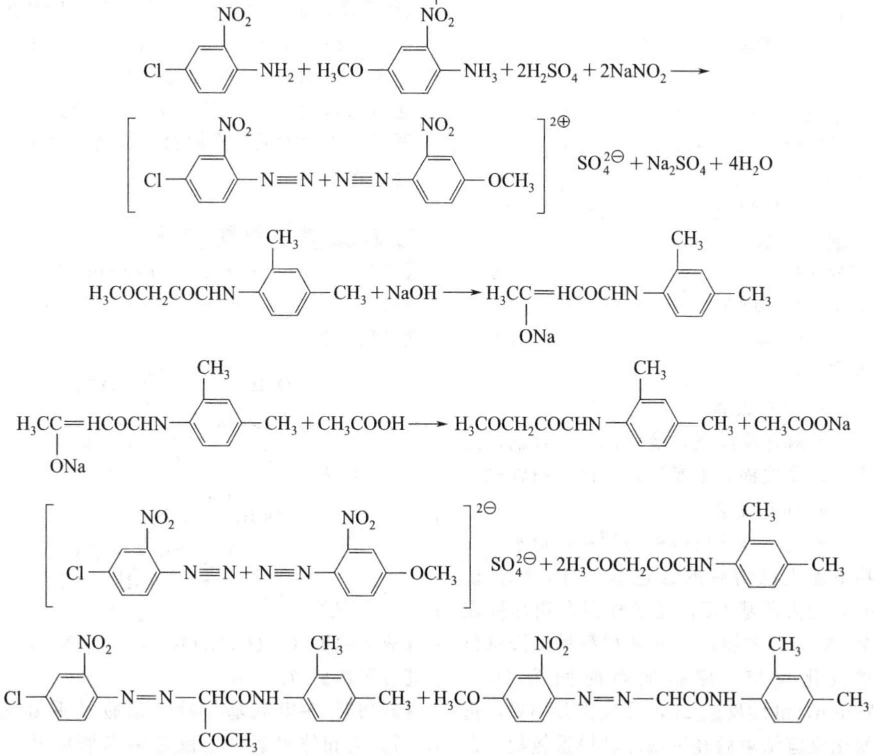

2. 工艺流程

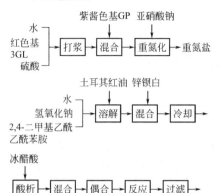

3. 技术配方

红色基 3GL(工业品)	52
紫酱色基 GP(工业品)	12
土耳其红油(工业品)	3
803 锌钡白(工业品)	860
2,4-二甲基乙酰乙酰苯胺(工业品)	82
冰醋酸(98%)	60
硫酸(98%)	110
氢氧化钠(30%)	150
亚硝酸钠(98%)	30
松香(特级)	40

4. 生产设备

重氮化反应锅，溶解锅，偶合锅，过滤器，漂洗锅，干燥箱，贮槽，粉碎机。

5. 生产工艺

先向重氮化反应锅内加一定量水，搅拌下加入已溶解的红色基 3GL，98%硫酸和紫酱色基 GP，经搅拌混合用冰降温至 0℃，分批加入 30%亚硝酸钠溶液进行重氮化反应，控制加料时间为 20～25min，继续反应 2h，反应温度 5℃，重氮化反应结束后经过滤即制得重氮盐。在偶合锅中加入一定量水，在搅拌下加 30%氢氧化钠、土耳其红油和 2,4-二甲基乙酰乙酰苯胺，经搅拌溶解后加入锌钡白，混合均匀于 5℃下徐徐加入冰醋酸酸析，维持溶液 pH 值为 7 左右，于 10℃下加入乙酸钠即配制成偶合液。将上述制备好的重氮盐溶液分批加入偶合锅中进行偶合反应，控制加料时间 1h，偶合反应温度 5℃，继续反应 1h，偶合反应结束，升温至 78℃，加入松香皂溶液和氯化钡溶液，混合均匀后，经过滤、水漂洗，滤饼于 75～85℃下干燥，最后经粉碎得到有机中黄。

【用途】 主要用于涂料、油墨和文教用品的着色。由于本品不含铅，所以可用于制作无毒玩具和铅笔漆，为中铬黄的代用品种。

【生产单位】 上海染化一厂，上海华亭化工厂，山东蓬莱新光颜料化工公司，山东蓬莱颜料化工厂，山东蓬莱化工厂，山东龙口太行颜料厂，江苏邗江精细化工厂，浙江杭州力禾颜料有限公司，浙江萧山前进颜料厂。

Ca041 耐晒艳黄 S3G

【英文名】 Light Fast Brilliant Yellow S3G

【结构式】

【分子式】 $C_{18}H_{18}N_4O_6 + C_{17}H_{15}N_5O_4$
【分子量】 739.70
【制法】 2-甲氧基-4-硝基苯胺经重氮化后，再和邻甲氧基乙酰乙酰苯胺以及 1-

苯基-3-甲基-5-羟基吡唑偶合，经处理即 | 得产品。

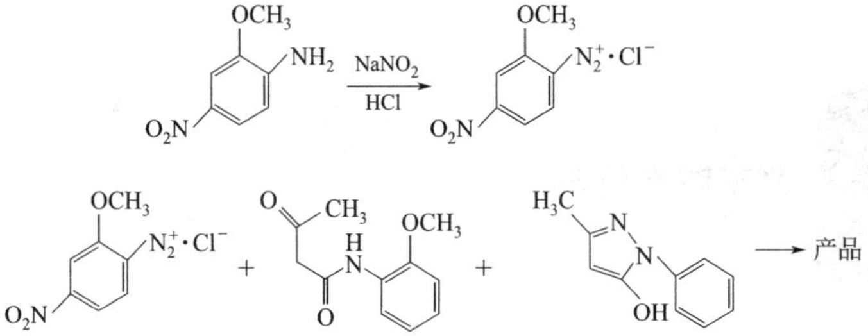

邻甲氧基双乙酰苯胺,
苯基吡唑酮
↓

邻甲氧基对硝基苯胺 → 重氮化 → 偶合 → 过滤 → 干燥 → 粉碎 → 成品

【消耗定额】

原料名称	单耗/(kg/t)
邻甲氧基乙酰乙酰苯胺(100%)	525
邻甲氧基对硝基苯胺(100%)	431
苯基吡唑酮(100%)	8

【安全性】 20kg、30kg 纸板桶或铁桶包装，内衬塑料袋。

【用途】 主要用于油墨着色。从色泽、流动性和印刷性能看，效果较好，可作为代替联苯胺黄的过渡品种，惟透明性稍差。

【生产单位】 上海染化一厂，天津光明颜料厂，天津油墨股份有限公司。

Cb 联苯胺类颜料

【英文名】 Benzidine Yellow G

【登记号】 CAS [6358-85-6]；C. I. 21090

【别名】 C. I. 颜料黄 12；联苯胺黄 G；联苯胺黄 1138；1003 联苯胺黄；Helio Yellow GWN；Irgalite Yellow BO；Irgalite Yellow BST；Segnale Yellow 2GRT

【分子式】 $C_{32}H_{26}Cl_2N_6O_4$

【分子量】 629.50

【结构式】

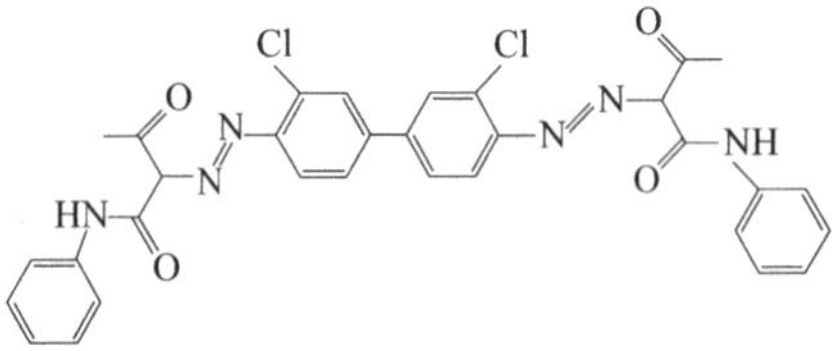

【质量标准】 （GB 6757）

色光	与标准品近似至微
着色力/%	为标准品的 100±5
105℃挥发物含量/%	<2.0

吸油量/%	50±5
细度(过 60 目筛余量)/%	≤5.0
水溶物含量/%	<1.5
流动度/mm	17～23
耐晒性/级	5～6
耐热性/℃	180
耐酸性/级	5
耐碱性/级	5
水渗透性/级	4～5
石蜡渗透性/级	4～5
溶剂(乙醇)渗透性/级	4～5

【性质】 本品为淡黄色粉末。熔点 317℃。不溶于水，微溶于乙醇。在浓硫酸中为红光橙色，稀释后呈棕光黄色沉淀，于浓硝酸中为棕光黄色。着色力强，耐晒性好，有较好的透明度。耐热 180℃。

【制法】

1. 生产原理

3,3'-二氯联苯胺与亚硝酸双重氮化后，与乙酰乙酰苯胺偶合，经过处理后得颜料黄 12。

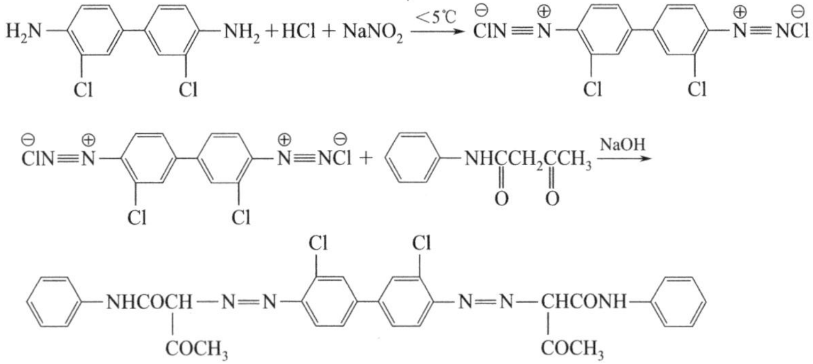

2. 工艺流程

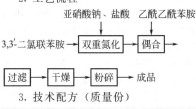

3. 技术配方（质量份）

3,3′-二氯联苯胺(100％)	412
乙酰乙酰苯胺(100％)	588
亚硝酸钠(工业品)	234
氢氧化钠(30％)	720
盐酸(30％)	933
冰醋酸(工业品)	615
土耳其红油(工业品)	57
活性炭(工业品)	12

4. 生产工艺

（1）透明型产品工艺　将 350kg 3,3′-二氯联苯胺、2000L 水，以及 410L 1.17g/cm³ 的盐酸搅拌打浆，加水及冰调至体积为 7000L，温度为 0～2℃，快速加入 200kg 亚硝酸钠，搅拌 2h 进行重氮化，再加入活性炭，过滤，得重氮盐溶液。

将 565kg 乙酰乙酰苯胺加入 20000L 水中，加入超分散剂以及磷酸氢二钠 80kg 再加乙酸调 pH 值为 7.2，加入 400kg 甲酸钠，调整温度为 35℃，得偶合组分。尽快将偶合组分于 3min 内加入上述重氮液，并在 5min 内完成偶合反应，添加松香皂溶液，搅拌 15min，过滤，在 60℃下干燥，得透明型颜料黄 12。

（2）非透明型产品工艺　在重氮化反应锅中加入 1500L 水、206kg（100％计）3,3′-二氯联苯胺，搅拌下加入 30％盐酸 206kg 及氨基三乙酸 3.6kg，在 90～96℃下搅拌溶解，冷却至 38～41℃，加入 30％盐酸 206kg，然后在 −1～0℃下加入 30％亚硝酸钠溶液 382.2kg，进行重氮化反应，控制反应温度为 0～5℃，反应时间 45min，反应结束加入活性炭 6kg、土耳其红油 6kg，经脱色、过滤，得到重氮盐溶液。偶合锅中加入水 2050L，搅拌下加入 30％氢氧化钠 360kg、乙酰乙酰苯胺（100％计）294kg，经溶解后，在 4℃下加入 16.5％冰醋酸 860kg 进行酸析，物料 pH 值为 7，然后加入 60％乙酸钠 475kg，经混合均匀后，将上述制备好的重氮盐溶液分批加入进行偶合反应，控制重氮盐加料时间 1.7h，偶合反应温度 5～8℃，反应时间 1h，物料 pH 值为 4，反应结束，制得的偶合反应液经过滤、水洗，滤饼干燥后粉碎，得 500kg 非透明型颜料黄 12。

【用途】　主要用于油墨、涂料、橡胶、塑料等着色，也用于涂料印花、文教用品着色。

【生产单位】　天津市东鹏工贸有限公司，天津光明颜料厂，天津东洋油墨股份有限公司，瑞基化有限公司，杭州红妍颜料化工有限公司，杭州新展颜料有限公司，杭州映山花颜料化工有限公司，浙江胜达祥伟化工有限公司，杭州力禾颜料有限公司，浙江萧山颜料厂，上虞舜联化工有限公司，常州北美化学集团有限公司，南通新盈化工有限公司，昆山市中星染料化工有限公司，无锡新光化工有限公司，石家庄市力友化工有限公司，上海雅联颜料化工有限公司，上海 BASF 颜料股份有限公司，甘肃甘谷油墨厂，山东龙口太行颜料有限公司，山东蓬莱新光颜料化工公司。

Cb002　C.I. 颜料黄 13

【英文名】　C.I. Pigment Yellow 13

【登记号】　CAS [5102-83-0]；C.I.21100

【别名】　1140 永固黄 GR；联苯胺黄 GR；1126 联苯胺黄 GR-L；1126 联苯胺黄 GR；Butanamide, 2,2′-［（3,3′-Dichloro［1,1′-biphenyl］-4,4′-diyl）bis（2,1-diazenediyl）］bis［N-（2,4-dimethylphenyl）-3-oxo］-；Aquadisperse Yellow GR-FG 80458（KVK）；Benzidine Yellow

20544；Benzidine Yellow GE；Benzidine Yellow GR；Benzidine Yellow Lemon 12221；Cromophtal Yellow HG；Dainichi Benzidine Yellow 2GR；Diarylide Yellow；Diarylide Yellow BX-75（CGY）；Disazo Yellow；Discoall K 6820；Elkon Fast Yellow GR；Graphtol Yellow RGS（Clariant）；Helio Fast Yellow GRF；Helio Fast Yellow GRN；Hostafine Yellow GR；Hostaperm Yellow GR；Irgalite Yellow B 3L；Irgalite Yellow BAW；Irgalite Yellow BAWX；Irgalite Yellow BAW，BAWO，BAWP，BKW，LBIW（CGY）；Irgalite Yellow BGW；Irgalite Yellow LBG；Irgalite Yellow LBIW；Irgaplast Yellow IRS；Isol Benzidene Yellow GRX 2548；Isol Benzidine Fast Yellow GRX；Isol Benzidine Fast Yellow GRX spec；Isol Diaryl Yellow GRF；KET Yellow 405；Keystone Jet Print Micro Yellow；Kromon Yellow GXR；Latexol Fast Yellow JR；Light Yellow JBR；Lionol Yellow 1380，FG-1310（TOYO）；Lionol Yellow SGR；Lithol Yellow FK1356，FK1480（BASF）；Lutetia Yellow JR，（BASF）；Microlith Yellow BAW-WA；Monolite Fast Yellow GLV；Monolite Yellow GL（BASF）；Monolite Yellow GLA；NSC 5336；Oppasin Yellow 1351（BASF）；Permanent Yellow GR，GR01，GR04，GR80（Dystar）；Pigment Yellow 13；Pigment Yellow ECY 210；Pigment Yellow MH；Polymo Yellow GR；Recolite Fast Yellow BLF；Recolite Fast Yellow BLT；Rubber Fast Yellow GRA；Sanyo Light Fast Benzidine Yellow R；Sanyo Light Fast Pigment Yellow R（SCW）；Saranac Yellow X 2838；Segnale Light Yellow GRX；Seikafast Yellow 2600；Shangdament Fast Yellow GR（SHD）；Sico Fast Yellow D1351，D1355DD，D1357DD，K1351，（BASF）；Sico Fast Yellow D 1355；Sunbrite Yellow 13；Sunbrite Yellow 13-275-0049；Symuler Fast Yellow 4200，4193G，GRF，GRTF（DIC）；Symuler Fast Yellow 4306；Tertropigment Fast Yellow VGR；Tertropigment PGR；Unisperse Yellow BAW-PI；Unisperse Yellow B-PI，MX-P（CGY） Vibracolor Yellow PYE 13L；Vulcan Fast Yellow GR；Vulcan Fast Yellow GRA；Vulcan Fast Yellow GRN；Vynamon Yellow GRE；Vynamon Yellow GRES；Yellow BAW；Yellow ECY 210；Yellow Toner YB 5

【结构式】

【分子式】 $C_{36}H_{34}N_6O_4Cl_2$

【分子量】 685.61

【性质】 红光黄色粉末。密度 1.30～1.45g/cm³，色光鲜艳，熔点 344℃。在橡胶中加热至 150℃ 保持极好稳定性。各项性能良好。

【制法】 0.01mol 3,3′-二氯联苯胺、0.05mol 盐酸和 0.66mol 水加于 200mL 烧杯中搅拌，冰浴冷却至 0～5℃，将 0.202mol 的亚硝酸钠配成 30% 的溶液加入其中，进行重氮化反应，并保证溶液呈强酸性，温度低于 5℃，亚硝酸钠微过量。加毕继续反应 0.5h，加入活性炭脱色 10min，过滤得浅棕色重氮液，备偶合用。

0.0206mol 的乙酰乙酰苯胺或其衍生物加入 800mL 烧杯中，并加入 0.024mol 氢氧化钠及 0.66mol 水搅拌至澄清，在温度 10～15℃逐渐加入 0.026mol 冰醋酸，

搅拌得悬浮液，调 pH 值为 6.5～7，备偶合用。

在温度 10～15℃加入 3,3′-二氯联苯胺重氮盐溶液滴加到乙酰乙酰苯胺或其衍生物的悬浮液中，加料时间约 0.5h，然后续搅 1h，渗圈控制反应终点，最后加热到 90～95℃，并保温 1h，冷却，过滤水洗至中性，于 60℃以下烘干。

【质量标准】

外观	红光黄色粉末
色光	与标准品近似
着色力/%	为标准品的 100±5
吸油量/%	50±5
水分含量/%	≤2.5
水溶物含量/%	≤1.5
细度（通过 80 目筛后残余物含量）/%	≤5
耐晒性/级	5
耐热性/级	4
耐酸性/级	5
耐碱性/级	5
乙醇渗性/级	5
水渗性/级	5

【安全性】 20kg 胶合板桶、纸板桶或铁桶包装，内衬塑料袋。

【用途】 主要用于油墨、涂料、塑料和橡胶的着色。

【生产单位】 上海 BASF 颜料股份有限公司，上海油墨股份有限公司，上海雅联颜料化工有限公司，天津市东鹏工贸有限公司，天津东洋油墨股份有限公司，瑞基化工有限公司，杭州映山花颜料化工有限公

司，杭州红妍颜料化工有限公司，浙江胜达祥伟化工有限公司，杭州新晨颜料有限公司，杭州力禾颜料有限公司，上虞舜联化工有限公司，常州北美化学集团有限公司，南通新盈化工有限公司，无锡新光化工有限公司，昆山市中星染料化工有限公司，石家庄市力友化工有限公司，山东龙口太行颜料有限公司，山东蓬莱新光颜料化工公司。

Cb003 C. I. 颜料黄 14

【英文名】 C.I. Pigment Yellow 14
【登记号】 CAS [5468-75-7]；C.I.21095
【别名】 永固黄 G；1114 永固黄 2GS；永固黄 GS；Butanamide, 2,2′-［（3,3′-Dichloro［1,1′-biphenyl]-4,4′-diyl）bis（2,1-diazenediyl）］bis［N-（2-methylphenyl）-3-oxo]-；AAOT Yellow；Acnalin Yellow 2GR（BASF）；Atul Vulcan Fast Pigment Oil Yellow T；Benzidine Yellow AAOT；Benzidine Yellow ABZ 249；Benzidine Yellow G；Benzidine Yellow GGT；Benzidine Yellow L；Benzidine Yellow OTYA 8055；Calcotone

Yellow GP；Diarylide Yellow AAOT；Diarylide Yellow BT-49，BTK-52（CGY）；Graphtol Yellow GXS（Clariant）；Hostaperm Yellow GT；Hostaperm Yellow GTT；Irgalite Yellow BR；Irgalite Yellow BRE；Irgalite Yellow BRBO，BRM，BRMO（CGY）；Isol Benzidine Yellow GO；Isol Diaryl Yellow GOP 172，GO S2126（KVK）；KET Yellow 404；Lake Yellow GA；Light Yellow JBV；Light Yellow JBVT；Lionol Yellow 1420，1401-G（TOYO）；Lionol Yellow GGR；Lionol Yellow GGTN；Lutetia Yellow 3JR（BASF）；NSC 15087；No. 55 Conc. Pale Yellow SF；Permagen Yellow；Permagen Yellow GA；Permanent Yellow G（Dystar）；Permanent Yellow Light；Pigmatex Yellow 2G；Pigment Fast Yellow 2GP；Pigment Fast Yellow GP；Pigment Yellow 14；Pigment Yellow 2G；Pigment Yellow GGP；Pigment Yellow GPP；Plastol Yellow GG；Plastol Yellow GP；Pollux Yellow PM-L 5G；Pollux Yellow PP 5G；Radiant Yellow；Recolite Fast Yellow B 2T；Resamine Fast Yellow GGP；Resamine Yellow GP；Rubber Fast Yellow GA；Sacandaga Yellow X 2476；Sanyo Benzidine Yellow；Sanyo Pigment Yellow B-1218（SCW）；Segnale Yellow 2GR；Seikafast Yellow 2200；Shangdament Fast Yollow G，2GS 1114（SHD）；Silogomma Fast Yellow 2G；Silotermo Yellow G；Spectra Pac C Yellow 14；Sumatra Yellow X 1940；Sumikaprint Yellow GFN；Sun Diaryl Yellow AAOT 14；Sunbrite Yellow 14；Sunbrite Yellow 274-2168；Sunfast Yellow 14；Symuler Fast Yellow 4090G，5GF，5GF163，5GF165，5GF160S（DIC）；Symuler Fast Yellow 4400；Termosolido Yellow 2GR（BASF）；Tertropigment Fast Yellow VG；Tertropigment Yellow BG；Unisperse Yellow BRM-PI（CGY）；Versal Fast Yellow PG；Vulcafor Fast Yellow 2G；Vulcan Fast Yellow G；Vynamon Yellow 2G；Vynamon Yellow 2GE，2GE-FW（BASF）；YE 1400DC

【结构式】

【分子式】 $C_{34}H_{30}N_6O_4Cl_2$
【分子量】 657.56
【性质】 红光黄色粉末。色光鲜艳，着色力强，透明度好。熔点 336℃，密度 1.35～1.64g/cm³。耐晒性、耐热性、耐迁移性、耐水性、耐溶剂性、耐酸性和耐碱性较好。
【制法】 0.01mol 3,3′-二氯联苯胺、0.05mol 盐酸和 0.66mol 水加于 200mL 烧杯中搅拌，冰浴冷却至 0～5℃，将 0.202mol 的亚硝酸钠配成 30% 的溶液加入其中，进行重氮化反应，并保证溶液呈强酸性，温度低于 5℃，亚硝酸钠微过量。加毕继续反应 0.5h，加入活性炭脱色 10min，过滤得浅棕色重氮液，备偶合用。

　　0.0206mol 的乙酰乙酰苯胺或其衍生物加入 800mL 烧杯中，并加入 0.024mol 氢氧化钠及 0.66mol 水搅拌至澄清，在温度 10～15℃逐渐加入 0.026mol 冰醋酸，搅拌得悬浮液，调 pH 值为 6.5～7，备偶合用。

　　在温度 10～15℃加入 3,3'-二氯联苯胺重氮盐溶液滴加到乙酰乙酰苯胺或其衍生物的悬浮液中，加料时间约 0.5h，然后续搅 1h，渗圈控制反应终点，最后加热到 90～95℃，并保温 1h，冷却，过滤水洗至中性，于 60℃以下烘干。

【质量标准】

外观	黄色粉末
色光	与标准品近似至微
着色力/%	为标准品的 100±5
吸油量/%	≤55
水分含量/%	≤2.5
水溶物含量/%	≤2.5
细度(通过 80 目筛后残余物含量)/%	≤5
耐晒性/级	6
耐热性/℃	200
耐酸性/级	5
耐碱性/级	5
乙醇渗性/级	5
石蜡渗性/级	5

【消耗定额】

原料名称	单耗/(kg/t)
3,3'-二氯联苯胺(100%)	395.3
邻甲基乙酰乙酰苯胺(100%)	603.1

【安全性】　25kg 纸板桶、纤维板桶或铁桶包装，内衬塑料袋。

【用途】　主要用于塑料和橡胶制品的着色，也适用于聚氨酯合成革、高档油墨和涂料的着色。

【生产单位】　杭州映山花颜料化工有限公司，杭州新晨颜料有限公司，浙江胜达祥伟化工有限公司，上虞市东海精细化工厂，杭州力禾颜料有限公司，浙江萧山江南颜料化工厂，浙江上虞舜联化工公司，天津市东鹏工贸有限公司，天津油墨厂，天津光明颜料厂，瑞基化工有限公司，大连丰瑞化学制品有限公司。

Cb004　颜料黄 15

【英文名】　Pigment Yellow 15

【登记号】　CAS [6528-34-4]；C. I. 21220

【别名】　C. I. 颜料黄 15；硫化坚牢黄 5G（Vulcan Fast Yellow 5G）

【分子式】　$C_{38}H_{36}Cl_2N_6O_6$

【分子量】　745.66

【结构式】

【质量标准】

外观	黄色均匀粉末
色光	与标准品近似
着色力/%	为标准品的 100±5
水分含量/%	≤2

吸油量/%	45±5
水溶物含量/%	≤1.5
细度(过 80 目筛余量)/%	≤5
耐热性/℃	180
耐酸性/级	1
耐碱性/级	1
油渗透性/级	1～2

【性质】 本品为黄色均匀粉末。黄色纯正，着色力强，在溶剂中无渗色现象，在橡胶中无色迁移现象，并且能较好地耐受硫化温度，但耐旋光性能差。

【制法】
1. 生产原理

2,2′-二氯-5,5′-二甲氧基联苯胺重氮化后，与 2,4-二甲基乙酰乙酰苯胺偶合，经后处理得颜料黄 15。

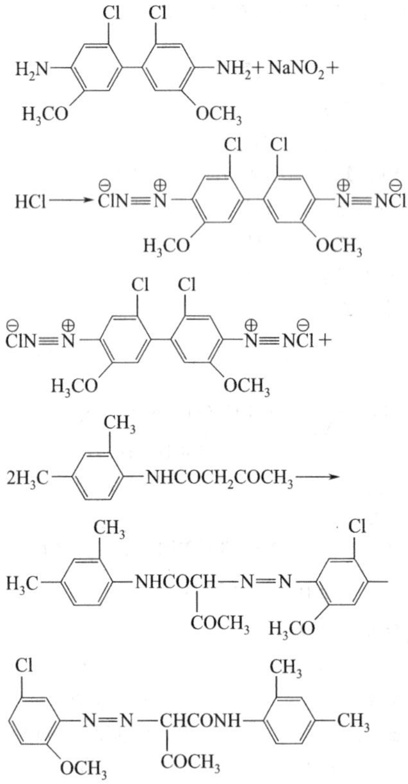

2. 工艺流程

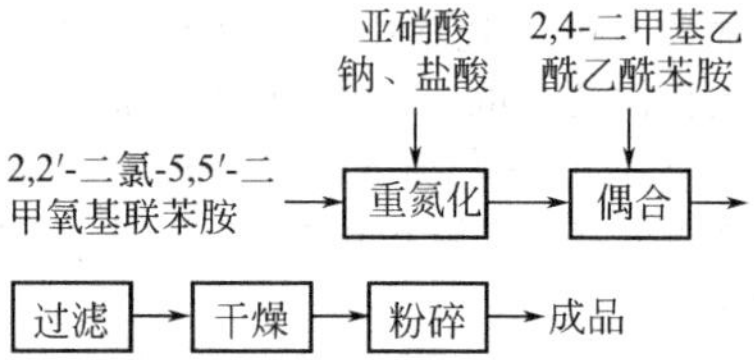

3. 技术配方

2,2′-二氯-5,5′-二甲氧基联苯胺(100%计)	94
亚硝酸钠(98%)	43
盐酸(31%)	202
2,4-二甲基乙酰乙酰苯胺(100%计)	124

4. 生产工艺

（1）重氮化 在重氮化反应锅中，将 47kg 2,2′-二氯-5,5′-二甲氧基联苯胺加至 281L 5mol/L 盐酸及 1000L 水中，温度 15℃，搅拌 2h，冰冷至 0℃，快速从液面下加入 39.51L 40％亚硝酸钠溶液，温度必须始终保持在 0℃，稀释至体积为 1500L，过滤，得到重氮盐溶液。

（2）偶合 在溶解锅中，将 62kg2,4-二甲基乙酰乙酰苯胺溶于 54L33％氢氧化钠溶液及 1200L 水中，温度 25℃，溶解后经过筛网转至偶合锅中，然后加入由 36kg 冰醋酸稀释成的 250L 稀乙酸，使其沉淀的悬浮物对石蕊试纸显酸性，再加入 60kg 轻质碳酸钙，稀释至体积为 1500L，待降温至 30℃，得偶合组分。

将重氮液在 1h 内从液面下加入，反应温度 25～30℃，偶合完毕加入 100L5mol/L 盐酸使反应液显弱酸性，搅拌 0.5h，加热至 100℃，保持 1h 后，过滤、洗涤，得含固量 15％的膏状物，经干燥、粉碎，得颜料黄 15 成品 105kg。

【用途】 用于油漆、油墨着色，尤其适用于制造透明油墨。

【生产单位】 杭州映山花颜料化工有限公司，杭州力禾颜料有限公司，浙江萧山江南颜料化工厂，浙江上虞舜联化工公司，天津市东鹏工贸有限公司，天津油墨厂，天津光明颜料厂，瑞基化工有限公司，大连丰瑞化学制品有限公司，常州北美化学集团有限公司，南通新盈化工有限公司，昆山市中星染料化工有限公司，江苏扬州邗江精细化工厂，江苏武进寨桥化工厂，江苏无锡新光化工公司，无锡新光化工有限公司，石家庄市力友化工有限公司，上海雅联颜料化工有限公司，上海染化一厂，上海染化十二厂，上海油墨股份有限公司，甘肃甘谷油墨厂，山东蓬莱新光颜料化工公司，山东龙口太行颜料有限公司，山东龙口化工颜料厂。

Cb005　永固黄7G

【英文名】　Permanent Yellow 7G

【登记号】　CAS [5979-28-2]；C. I. 20040

【别名】　C. I. 颜料黄 16；耐晒黄 7G；1116 永固黄；6204 永固黄；Irgalite Yellow CG；Sanyo Pigment Yellow B205；Vulcanosol Yellow 1260

【分子式】　$C_{34}H_{30}Cl_2N_6O_4$

【分子量】　657.55

【结构式】

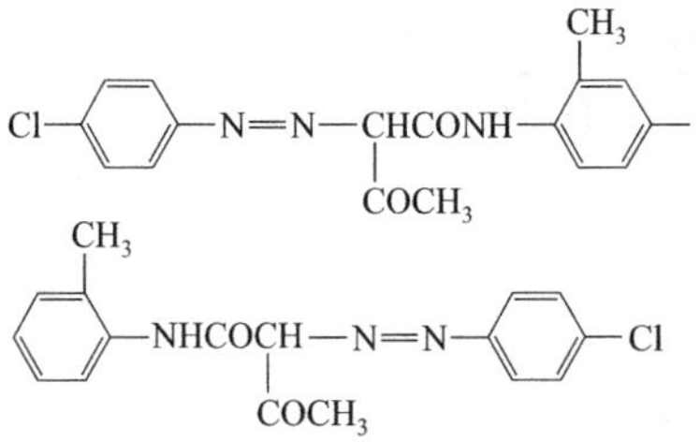

【性质】　本品为黄色粉末。不溶于水，耐晒性、耐热性和耐碱性均好，耐热性可达 140℃。

【制法】

1. 生产原理

对氯苯胺重氮化后与色酚 AS-G 偶合，经后处理得到永固黄 7G。

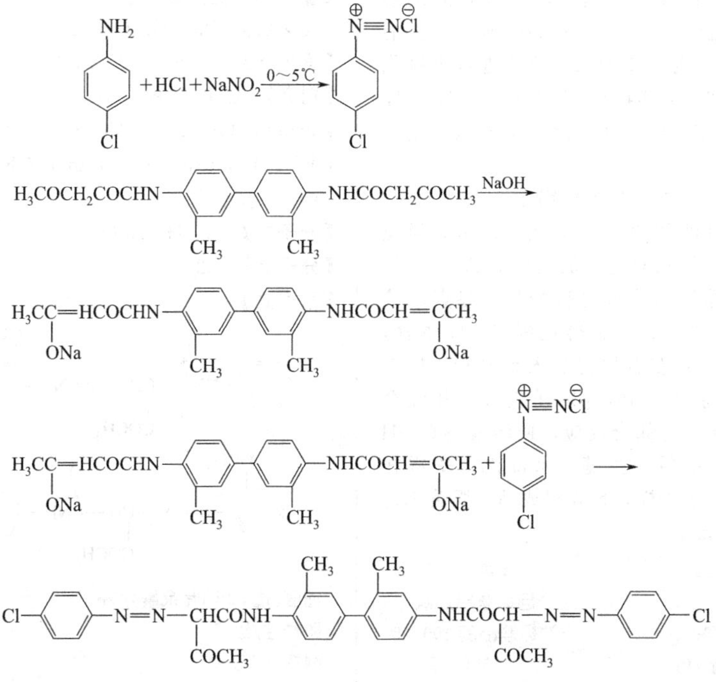

2. 工艺流程

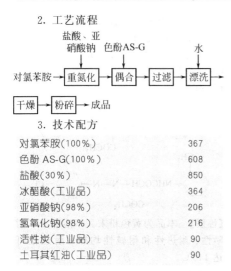

3. 技术配方

对氯苯胺(100%)	367
色酚 AS-G(100%)	608
盐酸(30%)	850
冰醋酸(工业品)	364
亚硝酸钠(98%)	206
氢氧化钠(98%)	216
活性炭(工业品)	90
土耳其红油(工业品)	90

4. 生产工艺

（1）重氮化 将水、30%盐酸加入重氮化反应锅内，再加入对氯苯胺，经搅拌溶解后，再加入氨基三乙酸的碳酸钠溶液，降温到0℃左右，将30%亚硝酸钠溶液在0.5h内逐步加入，使其进行重氮化反应，加料完毕再在4℃左右继续反应1h左右，反应液经活性炭脱色，过滤即制得重氮盐。

（2）偶合 在溶解锅中，先加入水、土耳其红油和30%氢氧化钠溶液，经搅拌混合，在15℃左右加入色酚AS-G，然后用冰醋酸水溶液进行酸析，终点溶液pH值为9～10，制得色酚AS-G钠盐，升温到30℃左右均匀加入重氮盐，控制加料时间约0.5h，pH值为7，升温至45℃继续进行偶合反应，使溶液终点pH值为4。最后经过滤、水漂洗，滤饼在70～80℃下干燥，粉碎得成品永固黄7G。

【质量标准】

外观	黄色粉末
色光	与标准品近似
着色力/%	为标准品的100±5
水分含量/%	≤2

吸油量/%	45±5
细度(过80目筛余量)/%	≤5
耐晒性/级	6
耐热性/℃	140
耐酸性/级	1
水渗透性/级	1
油渗透性/级	2
耐碱性/级	1

【用途】 主要用于涂料、油墨、水彩和油彩颜料以及塑料和乳液等的着色。

【生产单位】 杭州映山花颜料化工有限公司，杭州力禾颜料有限公司，上虞舜联化工有限公司，天津市东鹏工贸有限公司，天津光明颜料厂，南通新盈化工有限公司，上海雅联颜料化工有限公司，石家庄市力友化工有限公司，山东龙口佳源颜料有限公司。

Cb006 颜料橙16

【英文名】 Pigment Orange 16

【登记号】 CAS [6505-28-8]；C. I. 21160

【别名】 C. I. 颜料橙16；联苯胺橙（Dianisidine Orange）；Vulcan Fast Orange GRN；Dainichi Fast Orange GR；Sanyo Fast Orange R

【分子式】 $C_{34}H_{32}N_6O_6$

【分子量】 620.65

【结构式】

细度(过80目筛余量)/%	≤5
耐晒性/级	4.5
耐热性/℃	150

【性质】 本品为深橙色粉末。不溶于水和乙醇。属乙酰乙酰芳胺-联苯胺类双偶氮颜料。

【制法】

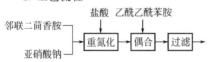

1. 生产原理

邻联二茴香胺与亚硝酸发生双重氮化后，与两分子乙酰乙酸苯胺偶合，经过滤、干燥、粉碎得联苯胺橙。

2. 工艺流程

邻联二茴香胺 ─┐　　　　盐酸　乙酰乙酰苯胺
　　　　　　　├→ [重氮化] → [偶合] → [过滤]
亚硝酸钠 ───┘

[干燥] → [粉碎] → 成品

3. 技术配方

邻联二茴香胺盐酸盐(100%计)	122
亚硝酸钠(98%)	70
盐酸(30%)	243
活性炭	10
土耳其红油	5
乙酰乙酰苯胺(100%计)	176
乙酸钠	286

4. 生产工艺

（1）**重氮化** 在重氮化反应锅中，将122kg邻联二茴香胺盐酸盐加入1000L水中搅拌2h，再加入30%盐酸243kg，搅拌0.5h后加冰和水，调整体积为3000L，温度为0℃。将70kg亚硝酸钠用200L水溶解后，较快地加入进行重氮化反应，搅拌40～50min，反应完毕，亚硝酸仍稍微过量。加活性炭10kg，搅拌10min后加土耳其红油5kg，过滤，得重氮盐溶液。

（2）**偶合** 在1000L水中加入176kg乙酰乙酰苯胺搅拌1h，通过筛网放入盛水2000L的偶合锅内，再将乙酸钠（285.6kg溶于600L水）加入偶合锅内，得偶合组分。

在偶合锅中，将重氮盐在1～1.5h内从偶合组分液面下加入进行偶合，到达反应终点时乙酰乙酰苯胺微过量，搅拌1h后用蒸汽加热到95℃并保持0.5h，过滤，水洗，在60℃干燥，得产品联苯胺橙300kg。

【质量标准】

外观	深橙色粉末
色光	与标准品近似
着色力/%	为标准品的100±5
水分含量/%	≤2.5

【用途】 用于油漆、油墨和塑料制品的着色，也可用于维纶的原浆着色，还可用于橡胶及涂料印花。

【生产单位】 上虞舜联化工有限公司，天津市东鹏工贸有限公司，杭州映山花颜料化工有限公司，杭州力禾颜料有限公司，南通新盈化工有限公司，上海雅联颜料化工有限公司，石家庄市力友化工有限公司，山东龙口佳源颜料有限公司，天津光明颜料厂。

Cb007　C. I. 颜料黄16

【英文名】　C. I. Pigment Yellow 16

【登记号】　CAS[5979-28-2]；C. I. 20040

【别名】　永固黄 GR；6203 永固黄；耐晒黄 GR；1137 永固黄；Butanamide, N, N'-(3,3'-Dimethyl[1,1'-biphenyl]-4,4'-diyl)bis[2-[2-(2,4-dichlorophenyl)diazenyl]-3-oxo]-；Chromatex Yellow JN；Encelac Yellow 1260(BASF)；Helio Fast Yellow FPV；Hostaperm Yellow NCG；Irgalite Fast Yellow GC；Light Yellow JN；NSC 521238；PV-Yellow G；Permanent Yellow GR；Permanent Yellow NCG(Dystar)；Permanent Yellow NCG 70；Pigment Fast Yellow 3GL；Pigment Yellow 16；Pigment Yellow 3GL；Plastol Yellow 3GL；Resamine Fast Yellow 3GL；Sanyo Pigment Yellow 1601(SCW)；Segnale Light Yellow NCG；Siloton Yellow NCG；Termosolido Yellow GL Supra；Vulcanosol Yellow 1260(BASF)

【结构式】

【分子式】　$C_{34}H_{28}N_6O_4Cl_4$

【分子量】　726.45

【性质】　绿光黄色粉末。熔点 325℃。160℃以下热稳定性较好。不溶于水。对稀酸，稀碱不变色。耐晒性和耐热性良好。

【制法】　322kg 2,4-二氯苯胺（大红色基 GG）加入到 1000L 水中，加入 1700L 5mol/L 盐酸，加热到 80℃，并搅拌过夜，次日加冰降温至 0℃，从液面下加入 162L 40%亚硝酸钠溶液重氮化，并调整体积 7000L，加入 110kg 活性炭，过滤备用。

取 400kg 色酚 AS-G 加入 5000L 水中，并加入 340L33%氢氧化钠溶液，调整体积至 18.000L，温度 7℃，加入 355L33%的氢氧化钠溶液，迅速加入 58L 冰醋酸，使色酚 AS-G 沉淀析出，溶液呈酸性，温度 10~11℃，在 2h 内于液面下加入重氮液，加完后于 1h 内升温至 40℃，保证反应完全，过滤水洗，于 55℃干燥，得 800kg 产品。

【质量标准】

外观	黄色粉末
色光	与标准品近似
着色力/%	为标准品的 100±5
吸油量/%	45±5
水分含量/%	≤2
水溶物含量/%	≤1.5

细度（通过 80 目筛后残余物含量）/%	≤5
耐晒性/级	6～7
耐热性/℃	200
耐酸性/级	1
耐碱性/级	1
乙醇渗性/级	1
石蜡渗性/级	2
油渗性/级	1
水渗性/级	2
水浸反应/%	6.5～7.5

【消耗定额】

原料名称	单耗/(kg/t)
大红色基 GG(100%)	403
色酚 AS-G(100%)	800

【安全性】 20kg 纸板桶或铁桶包装，内衬塑料袋。

【用途】 主要用于油墨、印铁油墨、塑料制品、橡胶制品和文教用品的着色。

【生产单位】 杭州亚美精细化工有限公司，浙江萧山江南颜料化工厂，上虞市东海精细化工厂，上海染料化工十二厂，上海泗联颜料厂，上海 BASF 颜料股份有限公司，上海染料化工一厂，安平县沪安化工有限公司，天津市吉帝化工厂，天津津东颜料厂，天津大港振兴化工总公司，天津市中天化工工贸有限公司，龙口太行颜料有限公司，龙口市化工颜料厂，南通市争妍颜料化工有限公司，南通市海门颜料化工厂，江苏五彩精细化工股份有限公司，扬中市鸿运颜料有限公司，常州北美化学集团有限公司，张家港市紫晶化工有限公司，江苏武进众桥化工厂，广东潮州南春颜料厂。

Cb008　C. I. 颜料黄 17

【英文名】 C. I. Pigment Yellow 17

【登记号】 CAS [4531-49-1]；C. I. 21105

【别名】 永固黄 GG；1134 永固黄 GG；1124 永固黄 2G；Butanamide，2,2′-[(3,3′-Dichloro[1,1′-biphenyl]-4,4′-diyl)bis(2,1-diazenediyl)]bis[N-(2-methoxyphenyl)-3-oxo]-；Aquarine Yellow 3G；Benzidine Yellow 27964；Benzidine Yellow GG；Benzidine Yellow T 45-2460；Diarylide Yellow BAS-25，BASK-30，BASR-10（CGY）；Diarylide Yellow X 2600；Disazo Yellow 8G；EB Yellow 2GN conc 7580；ECY 201；ECY 215；Eljon Fast Yellow 2G；Flexiverse Yellow 17；Graphtol Yellow C1-4GN（Clariant）；Graphtol Yellow GG；Helio Fast Yellow GGF；Helio Fast Yellow GGN；Irgalite Yellow 2GBO，2GO，2GP，2GP-MC（CGY）；Isol Benzidine Fast Yellow GG；Isol Benzidine Fast Yellow GGF；KET Yellow 403；Lemon Metallic Yellow；Lightfast Benzidine Yellow Lemon 12220；Lionol Yellow FG-1700（TOYO）；Lionol Yellow FGN；Majestic Yellow LO-X 2882；Majestic Yellow X 2600；Micranyl Yellow 2GP-AG，2GP-AQ，2GP-G，2GP-Q，2GT（CGY）；Microlith Yellow 2G-T；Monolite Yellow 2GL；Monolite Yellow 2GLA；PV-Yellow GG；Permanent Yellow GG；Permanent Yellow GG02（Dystar）；Permanent Yellow GG Extra；Pigment Transparent Yellow K；Pigment Yellow 17；Recolite Fast Yellow B 2A；Predisol Yellow GG-V1311（KVK）；PV Yellow GG01（Dystar）；Sanyo Pigment Yellow 1705（SCW）；Segnale Light Yellow 2G；Seikafast Yellow 19；Seikafast Yellow 2400；Seikafast Yellow 2400B；Shangdament Fast Yellow GG1124（SHD）；Sumikacoat Fast Yellow GBFN（NSK）；Sumikaprint Fast Yellow GBFN（NSK）；Sunbrite Yellow 17；Sunsperse Yellow YHD 9439；Symuler Fast

Yellow 8GF，8GTF（DIC）；Symuler Fast Yellow 8GR；YFD 4249；Yellow 3G；Yellow Clear K

【结构式】

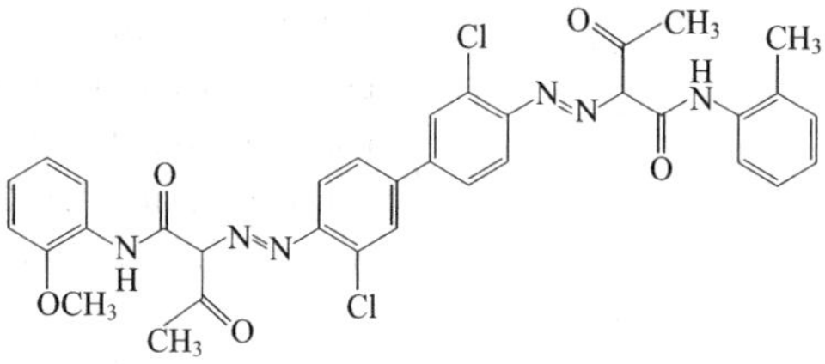

【分子式】 $C_{34}H_{30}N_6O_6Cl_2$

【分子量】 689.55

【性质】 稍绿光黄色粉末。密度 $1.30\sim1.66g/cm^3$。色泽鲜艳，在塑料中有荧光。不溶于水和亚麻仁油，能溶于丁醇和二甲苯等有机溶剂中。耐晒性和耐热性较好，但耐迁移性较差，耐热温度可达 $180℃$。

【制法】 在重氮化反应釜中加入 1000L 水、130.8kg 3,3'-二氯联苯胺，降温至 $40℃$，加 330kg 30%盐酸，继续降温至 $-2℃$，加入 72kg 亚硝酸钠进行重氮化反应 1h。

在偶合应釜中，加入 2000L 水和 216kg 30%液碱，加入 221.4kg 邻甲氧基乙酰乙酰苯胺，使其溶解。降温至 $5℃$，用冰醋酸稀释至 pH 值为 $6.5\sim7$，再加入 325kg 58%～60% 的醋酸钠，搅拌 15min。在良好搅拌下，于 $1.5\sim2h$ 内均匀加入重氮液，控制反应温度为 $8℃$，偶合终点 pH 值为 4，继续搅拌 1h，升温至 $80\sim90℃$并继续搅拌 $0.5\sim1h$，过滤，干燥得产品。

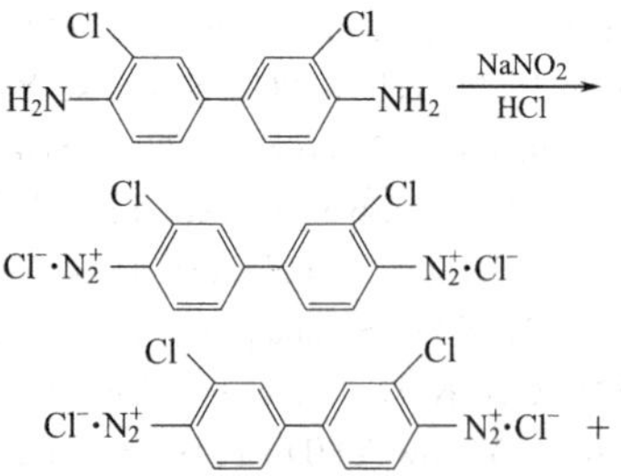

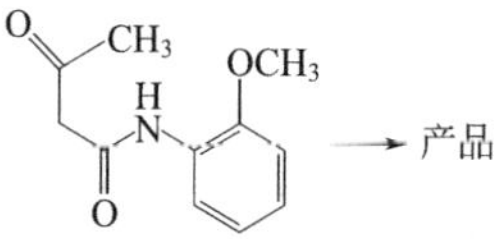

【质量标准】 参考标准

外观	黄色粉末
色光	与标准品近似至微
着色力/%	为标准品的 100±5
吸油量/%	50±5
水分含量/%	≤2.5
水溶物含量/%	≤1.5
细度（通过 80 目筛后残余物含量)/%	≤5
耐晒性/级	6～7
耐热性/℃	180
耐酸性/级	5
耐碱性/级	5
油渗性/级	4
水渗性/级	4～5

【消耗定额】

原料名称	单耗/(kg/t)
邻甲氧基乙酰乙酰苯胺(100%)	538
3,3'-二氯联苯胺(100%)	318
氨基三乙酸(100%)	13

【安全性】 20kg、30kg 纸板桶、纤维板桶或铁桶包装，内衬塑料袋。

【用途】 主要用于高级透明油墨、玻璃纤维和塑料制品的着色。

【生产单位】 天津市东鹏工贸有限公司，天津油墨股份有限公司，杭州映山花颜料化工有限公司，杭州新晨颜料有限公司，杭州红妍颜料化工有限公司，杭州力禾颜料有限公司，上虞舜联化工有限公司，常州北美化学集团有限公司，南通新盈化工有限公司，无锡新光化工有限公司，昆山市中星染料化工有限公司，石家庄市力友化工有限公司，上海油墨股份有限公司，甘肃甘谷油墨厂，山东龙口佳源颜料有限公司，山东龙口太行颜料有限公司，山东蓬莱新光颜料化工公司。

Cb009　C. I. 颜料黄55

【英文名】 C. I. Pigment Yellow 55

【登记号】 CAS[6358-37-8]；C. I. 21096

【别名】 颜料黄2RN；1126 颜料黄2RN；红光黄2RN；Butanamide,2,2'-[(3,3'-Di-chloro[1,1'-biphenyl]-4,4'-diyl) bis (2,1-diazenediyl)] bis [N-(4-methylphenyl)-3-oxo]-；C. I. Pigment Yellow 57；C. I. Pigment Yellow 76；Irgalite Yellow BAF (CGY)；Lionol Yellow 7100 (TOYO)；Oralith Fast Yellow RN；Pigment Yellow 55；Pigment Yellow 2RN；Pyratex Yellow M-YB 361；Recolite Fast Yellow B 2R；Sanyo Fast Yellow H315 (SCW)；Suimei Yellow DR (KKK)；Sumikacoat Yellow 2RN(NSK)；Symuler Fast Yellow 4059G(DIC)；Symuler Fast Yellow RF

【结构式】

【分子式】 $C_{34}H_{30}N_6O_4Cl_2$

【分子量】 657.56

【性质】 黄色粉末。本品日晒牢度较好。具有较好的耐乙醇、硝化纤维素的牢度。

【制法】 12.66份 3,3'-二氯-4,4'-联苯二胺和100份水混合，加入58份29.3%的盐酸，用冰冷却至5℃。加入8份亚硝酸钠，在10℃搅拌2h。加入氨磺酸以破坏过量的亚硝酸，得到重氮液。

在25℃，将19.12份对甲基乙酰基乙酰苯胺溶于含4.5份氢氧化钠的250份水。在15℃，用水稀释至总量为1500份。加入27份醋酸钠，用10.6份70%醋酸调反应液对石蕊试纸显酸性。在30min内，加入重氮液。用氢氧化钠调pH值为7.5。加热至沸，保持15min。冷却，过滤，洗涤，在204℃干燥20h，粉碎，得产品。

【质量标准】 参考标准

外观	黄色粉末
色光	与标准品近似
着色力/%	为标准品的 100±5
细度(通过80目筛后残余物含量)/%	≤5
耐热性/℃	150

【用途】 主要用作涂料印花浆，特别是后蜡染处理汽蒸固色印花浆。

【生产单位】 杭州映山花颜料化工有限公司，杭州亚美精细化工有限公司，上虞舜联化工有限公司，常州北美化学集团有限公司，南通新盈化工有限公司。

Cb010 C. I. 颜料黄63

【英文名】 C. I. Pigment Yellow 63

【登记号】 CAS［14569-54-1］

【别名】 橡胶塑料黄；Butanamide，2,2'-［(3,3'-Dichloro［1,1'-biphenyl］-4,4'-diyl) bis (2,1-diazenediyl)］bis［N-(2-chlorophenyl)-3-oxo］-；C. I. Pigment Yellow 121；Pigment Yellow 63；Rubber Plastic Yellow

【结构式】

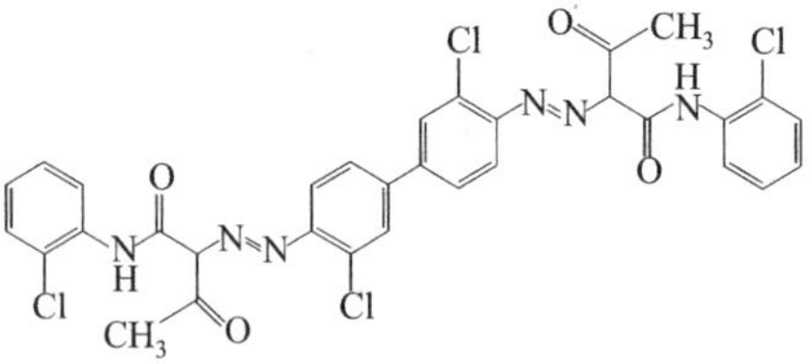

【分子式】 $C_{32}H_{24}N_6O_4Cl_4$

【分子量】 698.39

【性质】 绿光黄色粉末。性能类似于 C.I.颜料黄12。

【制法】 76kg 4,4'-二氨基-3,3'-二氯联苯溶于 675L 2mol/L 盐酸，用冰冷至 0℃。在 0℃加入 105L 40％亚硝酸钠水溶液进行重氮液。用氨磺酸破坏过量的亚硝酸。在 15～20℃和搅拌下，加入由 130kg 2-氯乙酰基乙酰苯胺和醋酸盐组成的悬浮液，并控制 pH 值为 4～5。再在搅拌下加热至

80～90℃，过滤，洗涤，干燥，得产品。

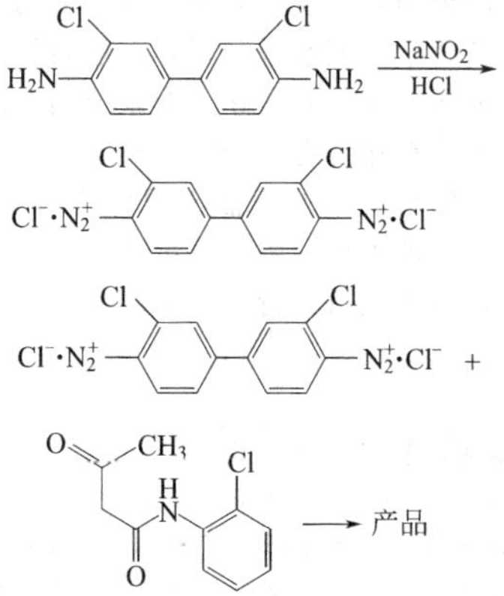

【质量标准】 参考 C.I.颜料黄12。

【安全性】 20kg、30kg 纸板桶、纤维板桶或铁桶包装，内衬塑料袋。

【用途】 用于橡胶和塑料制品的着色，也可用于油墨、油漆及涂料印花等。

【生产单位】 天津染料化工六厂，天津光明颜料厂。

Cb011 C. I. 颜料黄77

【英文名】 C. I. Pigment Yellow 77

【登记号】 CAS［5905-17-9］；C.I.20045

【别名】 坚固金黄 GR；坚牢金黄 GR；Butanamide，N,N'-(3,3'-Dimethyl［1,1'-biphenyl］-4,4'-diyl) bis［2-［(5-chloro-2-methylphenyl) azo］-3-oxo］-；Helio Fast Brilliant Yellow GR；Fast Golden Yellow GR；Permanent Gold Yellow；Permanent Gold Yellow G；Pigment Yellow 77

【结构式】

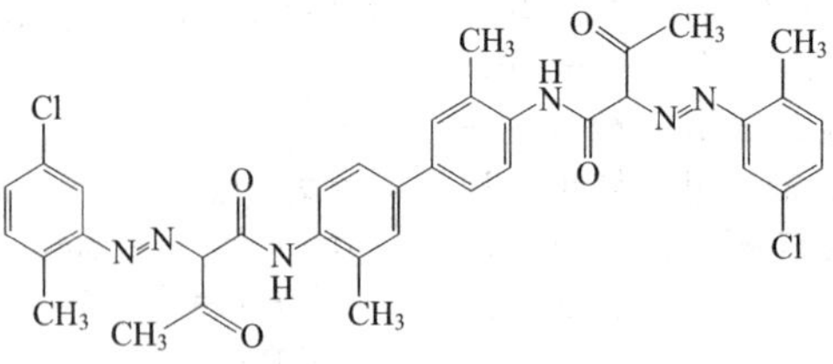

【分子式】 $C_{36}H_{34}N_6O_4Cl_2$

【分子量】 685.61

【性质】 金黄色粉末。耐晒性良好。

【制法】 281kg 2-甲基-5-氯苯胺加到1000L 水中，加入 1700L 5mol/L 盐酸，加热到 80℃，并搅拌过夜，次日加冰降温至 0℃，从液面下加入 162L 40% 亚硝酸钠溶液重氮化，并调整体积 7000L，加入 110kg 活性炭，过滤备用。

取 400kg 色酚 AS-G 加入 5000L 水中，并加入 340L 33% 氢氧化钠溶液，调整体积至 18.000L，温度 7℃，加入 355L 33% 的氢氧化钠溶液，迅速加入 58L 冰醋酸，使色酚 AS-G 沉淀析出，溶液呈酸性，温度 10～11℃，在 2h 内于液面下加入重氮液，加完后于 1h 内升温至 40℃，保证反应完全，过滤水洗，于 55℃ 干燥，得 800kg 产品。

【质量标准】

外观	金黄色粉末
色光	与标准品近似

指标名称	指标
着色力/%	为标准品的 100±5
吸油量/%	60±5
水分含量/%	≤1
细度（通过 80 目筛后残余物含量）/%	≤5
耐晒性/级	6
耐热性/℃	140
耐酸性/级	1
耐碱性/级	1
油渗性/级	2
水渗性/级	1

【消耗定额】

原料名称	单耗/(kg/t)
红色基 KB(100%)	416
色酚 AS-G(100%)	605

【安全性】 20kg、30kg 木桶、纤维板桶或铁桶包装，内衬塑料袋。

【用途】 主要用于油墨、涂料印花浆和文教用品的着色，尤适于透明漆的着色。

【生产单位】 天津光明颜料厂。

Cb012 永固黄 H10G

【英文名】 Benzidine Yellow 10G

【登记号】 CAS [22094-93-5]；C. I. 21127

【别名】 C. I. 颜料黄 81；联苯胺黄 10G；联苯胺黄 H10G；Lithol Fast Yellow0991R；Lithol Fast Yellow 0990（BASF）；PV-Yellow H10G（FH）；Permanent Yellow H10G（FH）

【分子式】 $C_{36}H_{32}Cl_4N_6O_4$

【分子量】 754.49

【结构式】

【质量标准】（参考指标）

外观	柠檬黄色粉末
吸油量/%	50 ± 5
水分含量/%	$\leqslant2.5$
耐热性/℃	$170\sim180$
耐晒性/级	$6\sim7$
耐碱性/级	5
色光	与标准品近似
着色力/%	为标准品的100 ± 5

【性质】　本品为柠檬黄色粉末。着力强、耐晒牢度好，耐热性为180℃，不超过0.5h，是一种理化性能优良的绿光黄色颜料。

【制法】

1. 生产原理

2,2',5,5'-四氯联苯胺（TCB 色基）双重氮化后，与2,4-二甲基乙酰乙酰苯胺偶合，过滤、干燥、粉碎得永固黄 H10G。

$$H_2N-\text{（四氯联苯胺）}-NH_2+4HCl+2NaNO_2 \longrightarrow \overset{\ominus}{Cl}N\equiv\overset{\oplus}{N}-\text{（四氯联苯）}-\overset{\oplus}{N}\equiv\overset{\ominus}{N}Cl+2NaCl$$

$$\overset{\ominus}{Cl}N\equiv\overset{\oplus}{N}-\text{（四氯联苯）}-\overset{\oplus}{N}\equiv\overset{\ominus}{N}Cl+2H_3C-\text{（苯环）}-NHCOCH_2COCH_3 \longrightarrow$$

$$H_3C-\text{（苯环）}-NHOCHC(\!-\!N\!=\!N\!-\!)\text{（四氯联苯）}(\!-\!N\!=\!N\!-\!)CHCONH-\text{（苯环）}-CH_3$$

2. 工艺流程

```
TCB色基 ─┐                    2,4-二甲基乙酰乙酰苯胺
盐酸    ─┼→ 重氮化 → 抽滤 → 偶合 → 压滤 → 干燥 → 粉碎 → 成品
亚硝酸钠 ─┘                         │
                                 氢氧化钠
```

3. 技术配方

原料名称	100%用量/kg	工业纯度/%	实际用量/kg	物质的量比
TCB 色基	64.4	97	664	1
盐酸	44.603	30	149	6.11
乙二胺四乙酸(EDTA)	1.005	化学纯	1.02	0.0137
亚硝酸钠	27.6	99	27.9	2
活性炭			5	
土耳其红油			3	
2,4-二甲基乙酰乙酰苯胺	84.48	99	85.3	2.0605
氢氧化钠	21.104	96	22	2.638
冰醋酸	68.88	97	71	5.74
乙酸钠	44.94	58.6	76.7	2.74
乳化剂 FM		工业品	3.2	

4. 生产设备

溶解锅，重氮化反应锅，偶合锅，压滤机，高位槽，液体流量计，干燥箱，粉碎机。

5. 生产工艺

（1）重氮化　将 66.4kg 2,2′,5,5′-四氯联苯胺（以下简称 TCB）用 250L 水打浆，无块后用水稀释至 500L，搅拌下慢慢加入 149kg3000 盐酸，生成稠厚的盐酸盐后继续搅拌 1h，再向浆状物中加入 1.02kgEDTA 溶于 25L 水中的溶液。此时稠浆变稀，再搅拌 3h，过夜。次日开动搅拌，加冰降温至 −2℃，体积约 900L，加入浓度约 25% 亚硝酸钠溶液（由 27.9kg 100% 亚硝酸钠配制），于 1～2min 内快速加入进行重氮化，测试 pH 值应为 1，温度（0±1）℃，淀粉碘化钾试纸蓝色不得消失。继续搅拌反应约 5h 可达终点。终点时淀粉碘化钾试纸应呈微蓝色，整个重氮化过程保持温度 0～2℃，加入 5kg 活性炭，搅拌 15min，再慢慢加入 3kg 土耳其红油溶液（浓度约 20%），继续搅拌 15min，静置 15min 后抽滤，得淡黄色透明重氮盐溶液。

（2）偶合　在溶解锅内加入 22kg 氢氧化钠和 500L 水，升温至 40℃，搅拌下加入 85.3kg99% 2,4-二甲基乙酰乙酰苯胺，溶解透明，抽滤，放入偶合锅中，调整体积为 1000L，温度 5℃。

将 71kg 冰醋酸稀释至体积为 250L，降温至 5℃，在良好搅拌下，在 0.5h 内加入偶合锅中，将 2,4-二甲基乙酰乙酰苯胺进行酸析，终点 pH 值应为 6，继续搅拌 20min，再加入已用 15L 水稀释的 3.2kg 乳化剂 FM，搅拌 20min，偶合液配制完毕。

先将偶合液用冰水调整至体积为 1500L，温度 8℃，pH 值为 6～7。然后在良好搅拌下将重氮盐液在 2.5h 内缓缓加入偶合液中偶合，偶合终了 pH 值为 2.5～3，温度 15℃，反应过程中不断用 H 酸检验，重氮盐不得过量。加完重氮盐后继续搅拌 0.5h，快速升温到 98～100℃，95℃以上保温 2h，加水稀释。

（3）后处理　色浆压滤，冲洗至洗液 pH 值与自来水相同。冲洗完毕，卸料，70℃左右干燥，检验合格后拼混粉碎为成品。

【用途】　主要用于高级透明油墨、玻璃纤维和塑料制品的着色。

【生产单位】　杭州映山花颜料化工有限公司，杭州新晨颜料有限公司，南通新盈化工有限公司，杭州红妍颜料化工有限公司，杭州力禾颜料有限公司，浙江瑞安化工二厂，上虞舜联化工有限公司，无锡新光化工有限公司，上海油墨股份有限公司，山东龙口太行颜料有限公司，山东蓬莱新光颜料化工公司，天津东洋油墨股份有限公司，天津市东鹏工贸有限公司。

Cb013　永固黄 HR

【英文名】　Permanent Yellow HR
【登记号】　CAS [5567-15-7]；C. I. 21108
【别名】　C. I. 永固黄 83；联苯胺黄 HR；Aquadisperse Yellow HR-EP；Eupolen Yellow 17-8101；Irgalite Yellow B3R；Irgalite Yellow B3RS；Lionol Yellow 1805-C；Lionol Yellow NRB；Lionol Yellow 1803-V；PV Fast Yellow HR；Sico Fast Yellow D1760；D1780；K1780；NBD1760
【分子式】　$C_{36}H_{32}O_8Cl_4N_6$
【分子量】　818.48
【结构式】

【性质】 本品为红光黄色粉末。相对密度 1.37。耐热性优良（200℃），无迁移性，其耐晒性、耐溶剂性、耐酸性、耐碱性均优异。

【制法】

1. 生产原理

（1）还原及缩合重排　邻氯硝基苯在碱性介质中用锌粉还原，再在酸性介质中重排制得 3,3′-二氯联苯胺。

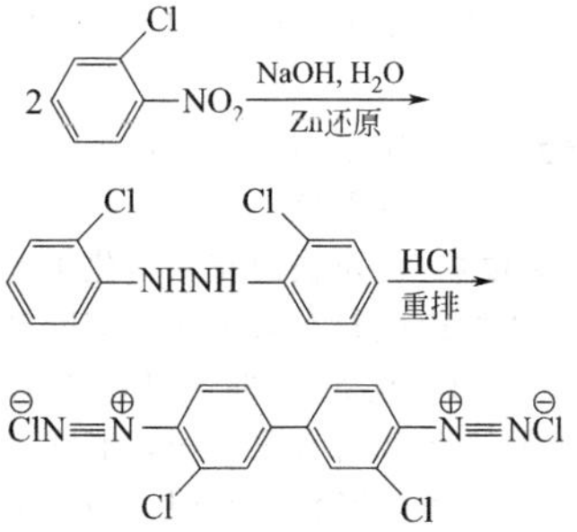

（2）重氮化　将 3,3′-二氯联苯胺和亚硝酸钠作用进行重氮化。

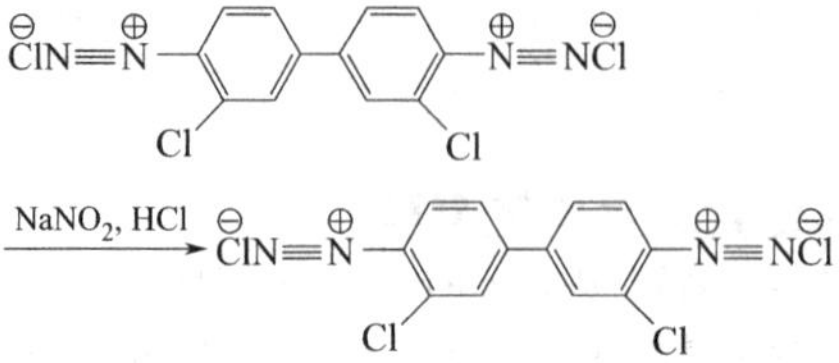

（3）偶合　将上述所得重氮盐在碱性条件下与色酚 AS-IRG（4-氯-2,5-二甲氧基乙酰乙酰苯胺）偶合。

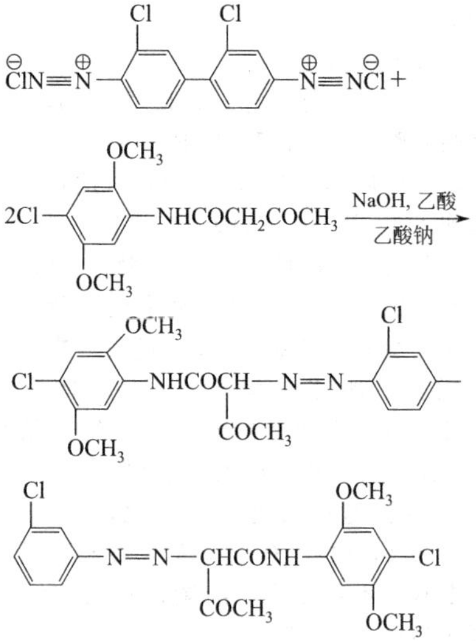

2. 工艺流程

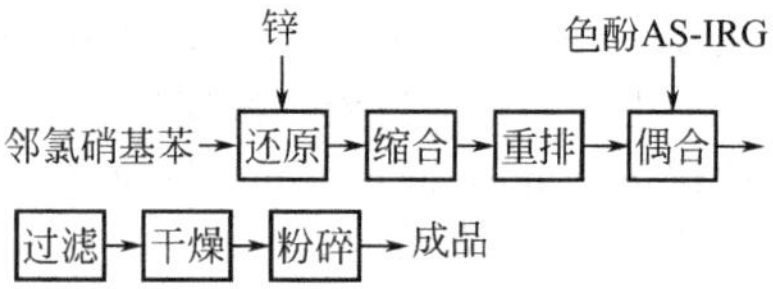

3. 技术配方

工序	物料名称	投料量(100%计)/kg	备注
还原	邻氯硝基苯	240	
	锌粉	184+100	
	亚硫酸氢钠	5.4	50%约107.2L
	氢氧化钠	53.6	40%约725L
	硫酸	378	
重排	2,2′-二氯氢化偶氮苯	一批（还原反应物料）	
	盐酸	300	投料时30%
	硅藻土	30	
	活性炭	5～10	
盐析	重排反应液	一批	
	精盐	900	
	3,3′-二氯联苯胺盐酸盐	146.7	
重氮化	盐酸	98.7	

续表

工序	物料名称	投料量(100%计)/kg	备注
	亚硝酸钠	63.5	
	活性炭	10	
	土耳其红油	2	用30%浓度
	色酚 AS-IRG	256.5	投料时30%
	氢氧化钠	59	
偶合	重氮液	一批	
	色酚 AS-IRG	256.5	
	氢氧化钠	59	
	重氮盐溶液	一批	

4. 生产原料规格

(1) 邻氯硝基苯

【结构式】

【分子式】 $C_6H_4ClNO_2$

【相对分子质量】 157.56。

本品为黄色至浅棕色的结晶或块状物，在熔融状态时为浅棕色油状液体。密度 $1.305g/cm^3$。熔点 $32 \sim 33℃$。沸点 $245 \sim 246℃$。不溶于水，溶于乙醇、乙醚、苯。能进一步硝化生成2,4-二硝基氯苯和2,6-二硝基氯苯。剧毒，能损害人体的造血系统、神经系统，通过呼吸系统和皮肤引起中毒。操作人员应戴好防护用品。

【质量要求】

外观	黄色至浅棕色的结晶或块状物，在熔融状态时为黄色油状液体
干品凝固点/℃	≥31.5
水分含量/%	≤0.10
灰分含量/%	≤10

(2) 色酚 AS-IRG

【结构式】

【分子式】 $C_{12}H_{14}NO_4Cl$

【相对分子质量】 271.45。

本品为灰白色均匀粉末。由2,5-二甲氧基乙酰苯胺氯化后与乙酰乙酸乙酯缩合而制得。

【质量要求】

外观	灰白色均匀粉末
含量/%	≥95

5. 生产工艺

(1) 在反应锅中加邻氯硝基苯240kg，加热熔融，在75℃搅拌下加入浓度约为50%的氢氧化钠2L。升温至84～90℃时，分批交替地加入50%氢氧化钠溶液15.2L及锌粉184kg。加完后在95～97℃保温1.5h，再加160L水，在80～85℃分批加入100kg锌粉及90L 50%氢氧化钠，加毕保温1h。再加水400L，降温至40℃时，加入亚硫酸氢钠5.4kg，然后降温至0℃，在0～5℃下于3.5～4.0h内，经喷雾装置先快后慢地加入40%硫酸725L，中和至pH值为5.5～5.8。过滤，滤饼洗至中性即为2,2'-二氯氢化偶氮苯，滤液加工回收锌盐。

(2) 在重排反应锅中，加入工业盐酸1000kg，降温至10℃，搅拌下加入上述2,2'-二氯氢化偶氮苯，控制加料时体系温度10～25℃。加料完毕，于15～25℃下搅拌反应20h，然后加水稀释至物料体积为5250L，2h内升温至95℃，60℃时加入30kg硅藻土、5～10kg活性炭。95℃保温1h，静置11h，于90～95℃过滤，弃去残渣，滤液进入盐析锅。

(3) 向盛有上述滤液的盐析锅内，于

63～67℃，15min 内加入精盐 900kg 进行盐析。降温至 37℃过滤。滤饼用约 600L 相对密度为 1.15 的食盐水洗涤，抽干，得到 3,3′-二氯联苯胺盐酸盐。

（4）在重氮化反应锅中，加水 1000L，然后加入 3,3′-二氯联苯胺盐酸盐 146.7kg（100％计）和 329kg30％盐酸，搅拌打浆 3h 后，取出部分浆料备用。加冰降温到 0℃以下，将 63.5kg 亚硝酸钠配制成的 30％溶液在 1～2min 内迅速加入。立即检查亚硝酸钠过量情况，应保持亚硝酸钠适量，即淀粉碘化钾试纸应呈蓝色（以显深蓝色为正常），若淀粉碘化钾试纸不呈蓝色，应立即补加亚硝酸钠溶液。温度控制在 0℃。继续搅拌 0.5h 后，淀粉碘化钾试纸颜色仍为深蓝色时，加入前面取出的部分浆料调整到淀粉碘化钾试纸呈微蓝色。加入活性炭 10kg，搅拌均匀，继续检查试纸颜色，应呈微蓝色。加入用水稀释的 2kg 土耳其红油，搅拌 5min，总体积为 2800～3000L，温度仍为 0℃，抽滤，滤液应透明澄清，该液即是重氮化溶液。

（5）在溶解锅中加 59kg 氢氧化钠和 200L 水，然后加入色酚 AS-IRG256.5kg，搅拌溶解（若溶解不完全，可适当补加 30％氢氧化钠），然后降温至 5℃，加入冰醋酸和 58％乙酸钠溶液组成的缓冲溶液。将上述制得的（已抽滤）重氮化溶液均匀地加入其中，控制温度 0～5℃，搅拌 1～1.5h。偶合过程中，不断用渗圈试验检查反应情况，加入盐酸调整 pH 值为 3～5。过滤得到原染料。

（6）将原染料滤饼干燥后粉碎，根据检验结果，按混合通知单加入元明粉进行标准化混合 2～3h。合格品装入内衬塑料袋的铁桶内。

说明：①在邻氯硝基苯的碱性还原中，始终保持反应体系的碱性，应注意锌粉和碱液交替添加。之后用硫酸喷雾中和时应注意 pH 值控制在 5.5～5.8 范围内。②重排之后，加入硅藻土和活性炭是为了脱去杂色，脱色反应后在 90～95℃过滤，以防有产品析出而降低收率。③重氮化前，取出一部分 3,3′-二氯联苯胺浆料，留下供反应结束前不足时补加，以防止过量。④重氮化反应过程中，保持强酸性、温度 0℃和亚硝酸钠过量。反应终点亚硝酸钠微过量，淀粉碘化钾试纸显浅蓝色。⑤偶合前先将色酚 AS-IRG 用 30％氢氧化钠打浆溶解，以保证偶合完全。

【质量标准】

外观	红光黄色粉末
色光	与标准品近似
着色力/%	为标准品的 100±5
吸油量/%	45～55
耐晒性/级	7～8
耐热性/℃	200
耐碱性/级	5
耐酸性/级	5
乙醇渗透性/级	5
水渗透性/级	5

【用途】 为油墨用优良有机颜料，透明性好，特别适于套印。也用于涂料、塑料、纸张和化妆品的着色。还可用于油着色。

【生产单位】 杭州映山花颜料化工有限公司，上虞市东海精细化工厂，杭州新晨颜料有限公司，浙江胜达祥伟化工有限公司，杭州红妍颜料化工有限公司，浙江百合化工控股集团，杭州力禾颜料有限公司，浙江上虞舜联化工公司，天津市东鹏工贸有限公司，天津光明颜料厂，瑞基化工有限公司，常州北美化学集团有限公司，南通新盈化工有限公司，昆山市中星染料化工有限公司，江苏海门颜料化工厂，江苏武进寨桥化工厂，无锡新光化工有限公司，镇江市金阳颜料化工有限公司，上海雅联颜料化工有限公司，石家庄市力友化工有限公司，山东龙口佳源颜料有限公司，上海染化一厂，上海油墨股份有限公司，山东龙口太行颜料有限公司，山东蓬莱新光颜料化工公司。

Cb014　C. I. 颜料黄87

【英文名】　C. I. Pigment Yellow 87

【登记号】　CAS〔15110-84-6〕；C.I.21107：1；C.I.21108：1

【别名】　透明金黄FG；Butanamide，2,2′-〔（3,3′-Dichloro〔1,1′-biphenyl〕-4,4′-diyl）bis（2,1-diazenediyl）〕bis〔N-（2,5-dimethoxyphenyl）-3-oxo〕-；C.I.Pigment Yellow 83：1；Lionol Yellow FG-1500（TOYO）；Sunset Gold HC 1285（EHC）；Pigment Yellow 83：1；Pigment Yellow 8

【结构式】

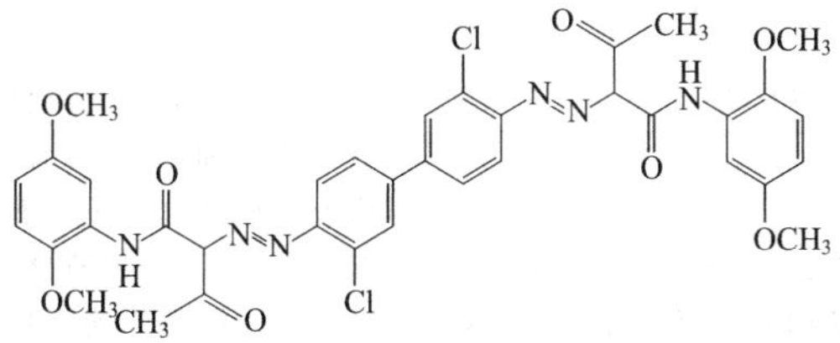

【分子式】　$C_{36}H_{34}N_6O_8Cl_2$

【分子量】　749.61

【性质】　黄色粉末，日晒牢度很好。耐溶纤素、乙醇和二甲苯。

【制法】　405份10mol/L盐酸和3250份水混合，加入253份3,3′-二氯联苯二胺，搅拌数小时。用冰浴冷却，加入1500份冰，冷却至0℃，一次性加入160份亚硝酸钠在800份水的溶液。加毕，在0～5℃搅拌1h，加入活性炭，过滤，得重氮液。

292份10mol/L氢氧化钠和500份水混合，加入478份2,5-二甲氧基乙酰基乙酰苯胺，搅拌至全溶。加入4000份水和1000份冰，慢慢加入255份10mol/L盐酸和1250份水的混合液，使偶合组分沉淀出来。加入555份无水醋酸钠，剧烈搅拌，调整反应液的pH值，使之对石蕊试纸微显酸性。在0～5℃、1h内，慢慢加入重氮液。加毕，再搅拌2h，使偶合完全。过滤，水洗至无酸，干燥，得产品。

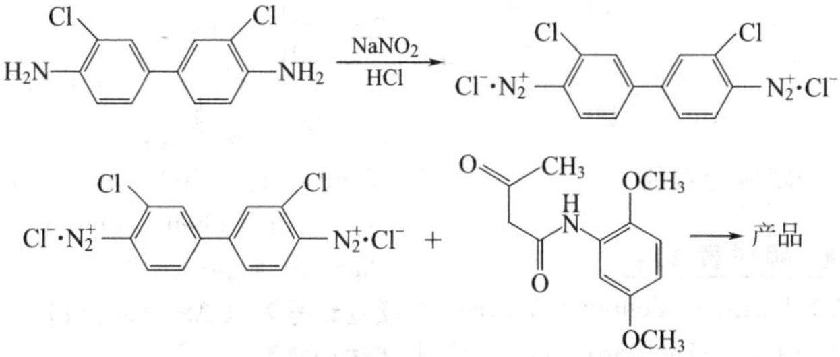

【质量标准】　参考标准

指标名称	指标
外观	黄色粉末
色光	与标准品近似
着色力/%	为标准品的100±5
细度（通过80目筛后残余物含量）/%	≤5

【用途】　用于印刷油墨、乳状涂层，纺织品涂料印花色浆，橡胶和聚氨酯树脂着色。

Cb015　C. I. 颜料黄113

【英文名】　C. I. Pigment Yellow 113；Butanamide，2,2′-[（2,2′,5,5′-Tetrachloro〔1,1′-biphenyl]-4,4′-diyl）bis（2,1-diazenediyl）bis〔N-

（4-chloro-2-methylphenyl）-3-oxo］-；Pigment Yellow 113；Permanent Yellow H 10GL

【登记号】 CAS［14359-20-7］
【结构式】

【分子式】 $C_{34}H_{26}N_6O_4Cl_6$
【分子量】 795.34
【性质】 黄色粉末。
【制法】 32.2 份 2,2′,5,5′-四氯-4,4′-联苯二胺、85 份（体积）水和 85 份（体积）30％盐酸混合，搅拌 8h。在 0～10℃，滴加 28 份（体积）40％亚硝酸钠水溶液。反应完全后，用水稀释至 400 份（体积），加入硅胶，过滤。用氨磺酸破坏过量的亚硝酸，得重氮液。

47 份 2-甲基-4-氯乙酰基乙酰苯胺和 400 份（体积）水混合，加入 20 份（体积）33％氢氧化钠溶液，使其溶解。冷却至 10℃，加入 1 份仲烷基磺酸盐（仲烷基由 60％ C_{13}～C_{15} 和 40％ C_{16}～C_{17} 组成），过滤。在搅拌下加入 14 份（体积）冰醋酸（溶有 1 份二甲基二烯丙基氯化铵和 3 份甲基丙烯酸 2-羟乙基酯）。在15～20℃、2h 内，加入重氮液。当反应液的 pH 值从开始的 5.5 降到 pH 值为 3.5～4，加入 6％氢氧化钠水溶液，使 pH 值保持在 3.5～4。偶合完毕后，加热至 95℃，搅拌 1h。过滤，水洗至无盐，得产品。

【用途】 可用于塑料的着色。

Cb016 C. I. 颜料黄 114

【英文名】 C. I. Pigment Yellow 114；Butanamide, 2,2′-［（3,3′-Dichloro［1,1′-bi-phenyl］-4,4′-diyl）bis（azo）］bis 3-oxo-,N,N′-Bis（phenyl and p-tolyl）derives；Pigment Yellow 114

【登记号】 CAS［68610-87-7］；C. I. 21092
【结构式】

【分子式】 $C_{33}H_{28}N_6O_4Cl_2$

【分子量】 643.53

【性质】 黄色粉末。

【制法】 在搅拌下,将 21.7 份 3,3'-二氯联苯二胺加到由 39.8 份 20°Bé 的盐酸和 140 份冰水混合液中,形成悬浮液。在 0～5℃、1h 内和搅拌下,加入 32.6 份 38%亚硝酸钠溶液。反应完毕后,加入 0.5 份氨磺酸以破坏过量的亚硝酸,得重氮液。

将 15.8 份乙酰基乙酰苯胺和 17.0 份对甲基乙酰基乙酰苯胺加到由 400 份水和 33.6 份 50%氢氧化钠水溶液的混合液中,搅拌至全溶。加冰使温度降至 0～5℃,慢慢加入 38.5 份 70%醋酸。在 1h 内,加入重氮液。加毕,搅拌至无重氮组分,然后加热至 90～95℃,搅拌 15min。过滤,水洗,60℃下干燥,得 64.5 份产品。

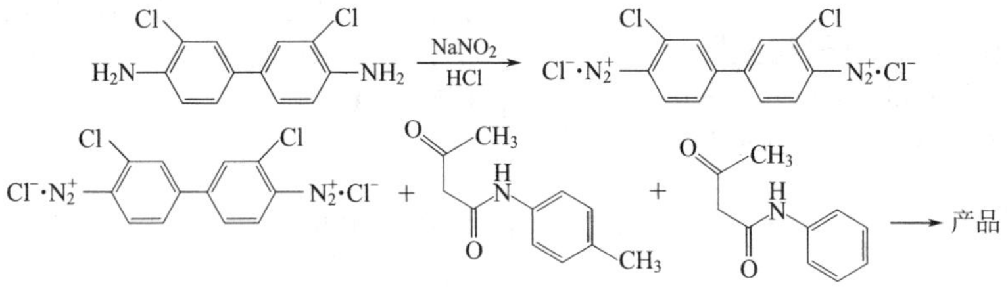

【用途】 用于涂料、油墨和墨水。

Cb017 C. I. 颜料黄 124

【英文名】 C. I. Pigment Yellow 124;Butanamide,2,2'-[(3,3'-Dichloro[1,1'-biphenyl]-4,4'-diyl)bis(2,1-diazenediyl)]bis[N-(2,4-dimethoxyphenyl)-3-oxo]-

【登记号】 CAS[67828-22-2];C. I. 21107

【结构式】

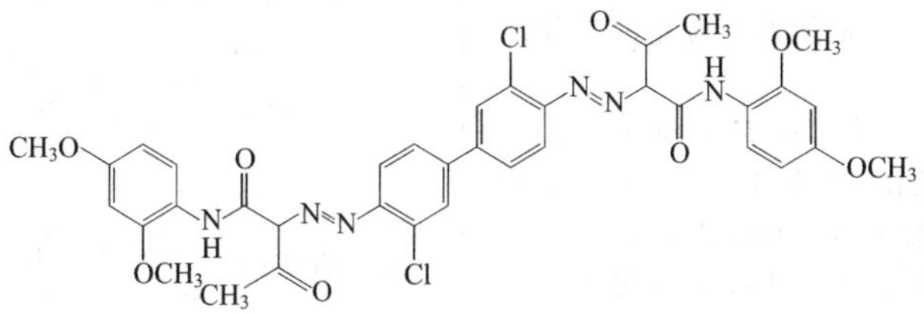

【分子式】 $C_{36}H_{34}N_6O_8Cl_2$

【分子量】 749.61

【性质】 绿光黄色粉末。

【制法】 405 份 10mol/L 盐酸和 3250 份水混合,加入 253 份 3,3'-二氯联苯二胺,搅拌数小时。用冰浴冷却,加入 1500 份冰,冷却至 0℃,一次性加入 160 份亚硝酸钠在 800 份水的溶液。加毕,在 0～5℃搅拌 1h,加入活性炭,过滤,得重氮液。

292 份 10mol/L 氢氧化钠和 500 份水混合,加入 478 份 2,4-二甲氧基乙酰基乙酰苯胺,搅拌至全溶。加入 4000 份水和 1000 份冰,慢慢加入 255 份 10mol/L 盐酸和 1250 份水的混合液,使偶合组分沉淀出来。加入 555 份无水醋酸钠,剧烈搅拌,调整反应液的 pH 值,使之对石蕊试纸微显酸性。在 0～5℃、1h 内,慢慢加入重氮液。加毕,再搅拌 2h,使偶合完全。过滤,水洗至无酸,干燥,得产品。

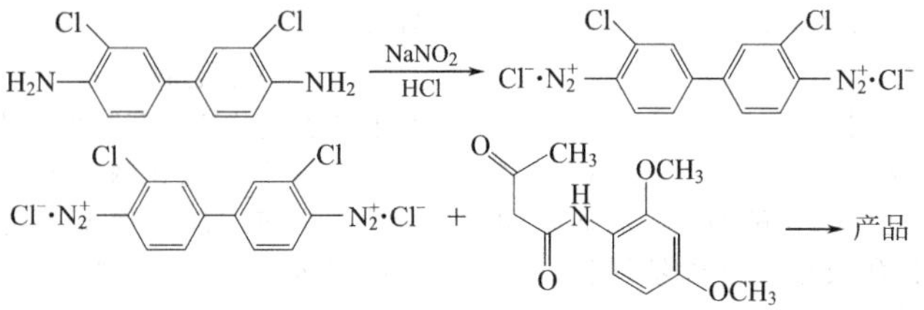

【用途】 用于印刷油墨、乳状涂层，纺织品涂料印花色浆，橡胶和聚氨酯树脂着色。

Cb018 C. I. 颜料黄126

【英文名】 C. I. Pigment Yellow 126；Butanamide，2,2'-[（3,3'-Dichloro [1,1'-bi-phenyl]-4,4'-diyl）bis（azo）] bis 3-oxo-，N，N'-Bis（p-anisylandPh）derives

【登记号】 CAS [90267-23-8]；C. I. 21101

【别名】 1126 永固黄 3G；Permanent Yellow DGR；Pigment Yellow 126

【结构式】

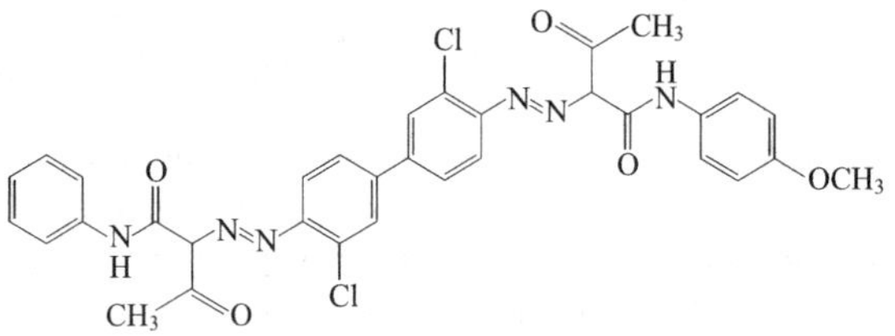

【分子式】 $C_{33}H_{28}N_6O_5Cl_2$

【分子量】 659.53

【性质】 该产品高色力，高光泽，分散性好。

【制法】 在搅拌下，将 21.7 份 3,3'-二氯联苯二胺加到由 39.8 份 20°Bé 的盐酸和 140 份冰水混合液中，形成悬浮液。在 0～5℃、1h 内和搅拌下，加入 32.6 份 38% 亚硝酸钠溶液。反应完毕后，加入 0.5 份氨磺酸以破坏过量的亚硝酸，得重氮液。

将 15.8 份乙酰基乙酰苯胺和 18.4 份对甲氧基乙酰基乙酰苯胺加到由 400 份水和 33.6 份 50% 氢氧化钠水溶液的混合液中，搅拌至全溶。加冰使温度降至 0～5℃，慢慢加入 38.5 份 70% 醋酸。在 1h 内，加入重氮液。加毕，搅拌至无重氮组分，然后加热至 90～95℃，搅拌 15min。过滤，水洗，60℃ 下干燥，得 66.1 份产品。

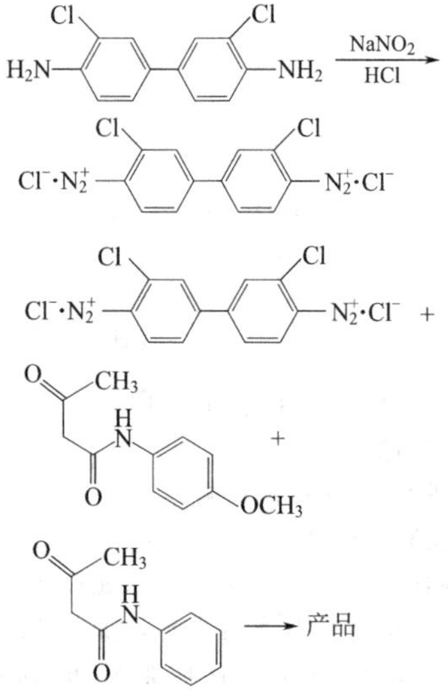

【用途】 适用于纺织印花色浆，水性油墨，文教用品等的着色。推荐用于涂料、纺织印花色浆及水性油墨。

【生产单位】 杭州映山花颜料化工有限公司，杭州亚美精细化工有限公司，南通新盈化工有限公司，无锡新光化工有限公司，上海雅联颜料化工有限公司。

Cb019 C. I. 颜料黄 127

【英文名】 C. I. Pigment Yellow 127；Butanamide，2,2′-[（3,3′-Dichloro［1,1′-biphenyl］-4,4′-diyl）bis（azo）］bis 3-oxo-，$N,N′$-Bis(o-anisyl and 2,4-xylyl)derives

【登记号】 CAS［68610-86-6］；C. I. 21102

【别名】 联苯胺黄 127；1126 永固黄 2G；Benzidine Yellow 127；Permanent Yellow GRL；Permanent Yellow GRL 01（Dystar）；Parmanent Yellow GRL 02，GRL 03 (Dystar)；Permanent Yellow GRL 80；Pigment Yellow 127

【结构式】

【分子式】 $C_{35}H_{32}N_6O_5Cl_2$

【分子量】 687.58

【性质】 黄色粉末，不溶于水，耐晒性能好。

【制法】 25.3 份 4,4′-二氨基-3,3′-二氯联苯在稀盐酸中，用亚硝酸钠重氮化，得重氮液。

8.55 份邻甲氧基乙酰基乙酰苯胺、32.8 份 2,4-二甲基乙酰基乙酰苯胺、40.8 份 33％氢氧化钠和 292 份水混合，用 10.8 份 80％醋酸进行沉淀。加入 25.5 份 31％盐酸和 0.65 份改性树脂，pH 值为 5.6。在 20～25℃，pH 值 4.5～5.6，1h 内，和重氮液进行偶合。用氢氧化钠溶液调 pH 值为 11，和由 75 份水、18.8 份树脂和 9.5 份 33％氢氧化钠的溶液混合，升温至 95℃，保持 2h。用冰冷至 65℃，用 10 份 $Al_2(SO_4)_3 \cdot 18H_2O$ 调 pH 值至 8。30min 后，用盐酸调 pH 值至 5。过滤，洗至无盐，在 63℃ 干燥，粉碎，得 84.2 份产品。

【质量标准】

指标名称	指标
外观	深黄色均匀粉末
色光	与标准品近似
着色力/％	为标准品的 100±5
水分含量/％	≤2
细度（通过 80 目筛后残余物含量）/％	≤5

【安全性】 10kg、20kg 铁桶或纸板桶，纤维板桶包装，内衬塑料袋。

【用途】 主要用于油漆、油墨、塑料制品的着色，还可用于合纤的原浆着色。

【生产单位】 杭州映山花颜料化工有限公司，杭州亚美精细化工有限公司，南通新盈化工有限公司，无锡新光化工有限公司，上海雅联颜料化工有限公司。

C. I. 颜料黄 134

【英文名】 C. I. Pigment Yellow 134；Butanamide，2,2'-[（3,3'-Dichloro [1,1'-biphenyl]-4,4'-diyl)bis(2,1-diazenediyl)]bis[N-(4-ethoxyphenyl)-3-oxo]-；C. I. Pigment Yellow 152；Pigment Yellow 134；Pigment Yellow 152

【登记号】 CAS [31775-20-9]；C. I. 21111

【结构式】

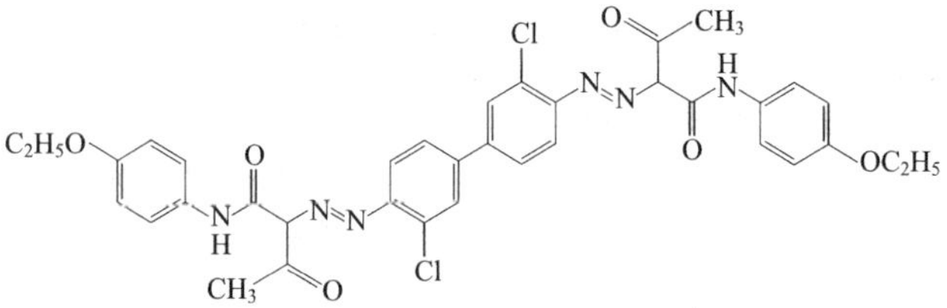

【分子式】 $C_{36}H_{34}N_6O_6Cl_2$

【分子量】 717.61

【性质】 黄色粉末。

【制法】 101 份 10mol/L 盐酸和 809 份水混合，加入 63 份 3,3'-二氯联苯二胺，搅拌数小时。用冰浴冷却，加入 374 份冰，冷却到 0℃，一次性加入 40 份亚硝酸钠在 200 份水的溶液。加毕，在 0～5℃搅拌 1h，加入活性炭，过滤，得重氮液。

往 2500 份水中加入 112 份对乙氧基

乙酰基乙酰苯胺和 40 份氢氧化钠，加入 13 份硬脂酸的碱性溶液，搅拌 30min，再缓慢加入 90 份 90% 醋酸。在 2h 内，加入重氮液。当偶合完全后，加入含 22 份硬脂酰丙二胺的稀醋酸溶液，在室温搅拌 2h。加入 150 份 25％氢氧化钠溶液，调反应液的 pH 值为 9。再加入含 18 份改性的马来酸树脂（平均分子量为 50000，酸值 160），搅拌 1h 后升温至 80℃。过滤，水洗，在 80℃ 干燥，粉碎，得产品。

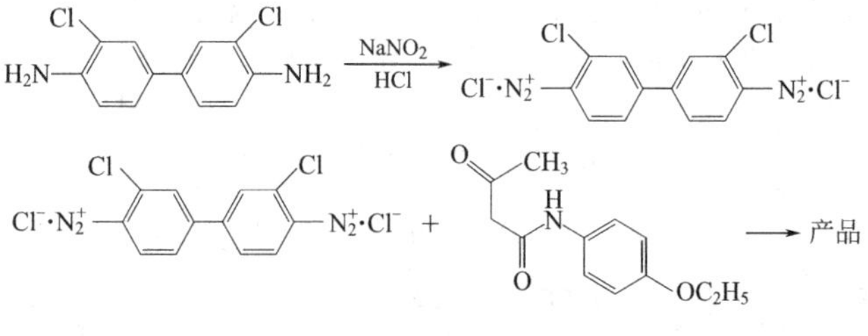

【用途】 用于油漆、油墨、塑料制品等的着色。

【生产单位】 天津市东鹏工贸有限公司，无锡凯福化工有限公司。

C. I. 颜料黄 170

【英文名】 C. I. Pigment Yellow 170；Butanamide，2,2'-[（3,3'-Dichloro [1,1'-bi-phenyl]-4,4'-diyl)bis(2,1-diazenediyl)]bis[N-(4-methoxyphenyl)-3-oxo]-

【登记号】 CAS [31775-16-3]

【别名】 颜料黄 FRN；Finess Yellow FR-20(TOYO)；Pigment Yellow FRN；Sumikacoat Fast Yellow 3 RN(NSK)

【结构式】

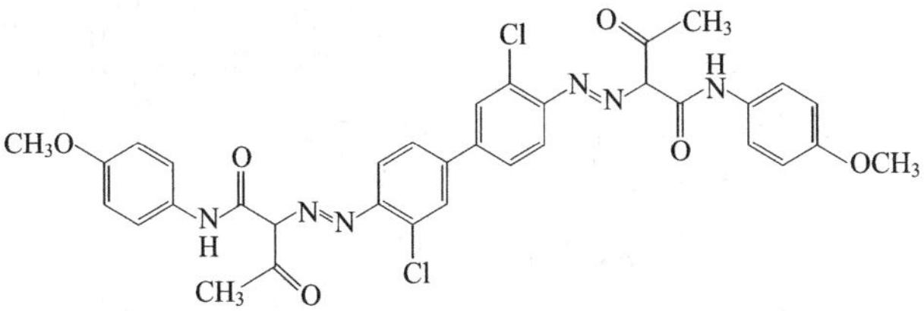

【分子式】　$C_{34}H_{30}N_6O_6Cl_2$

【分子量】　689.55

【性质】　黄色粉末。不溶于水，耐晒性良好。pH＝7，密度 1.6g/cm³。

【制法】　101 份 10mol/L 盐酸和 809 份水混合，加入 63 份 3,3'-二氯联苯二胺，搅拌数小时。用冰浴冷却，加入 374 份冰，冷却至 0℃，一次性加入 40 份亚硝酸钠在 200 份水的溶液。加毕，在 0～5℃搅拌 1h，加入活性炭，过滤，得重氮液。

往 2500 份水中加入 105 份对甲氧基乙酰基乙酰苯胺和 40 份氢氧化钠，加入 13 份硬脂酸的碱性溶液，搅拌 30min，再缓慢加入 90 份 90%醋酸。在 2h 内，加入重氮液。当偶合完全后，加入含 22 份硬脂酰丙二胺的稀醋酸溶液，在室温搅拌 2h。加入 150 份 25%氢氧化钠溶液，调反应液的 pH 值为 9。再加入含 18 份改性的马来酸树脂（平均分子量为 50000，酸值 160），搅拌 1h 后升温至 80℃。过滤，水洗，在 80℃干燥，粉碎，得产品。

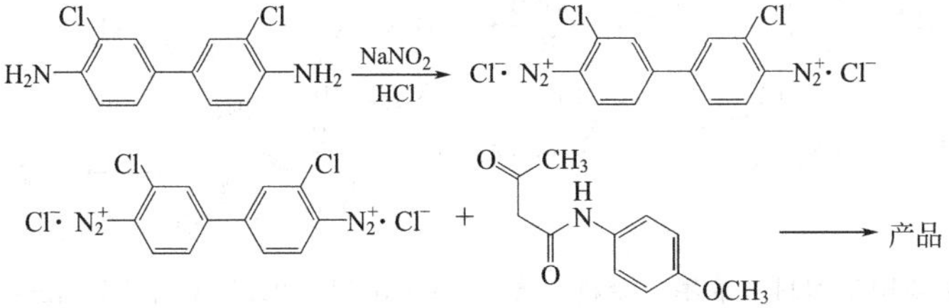

【质量标准】　参考标准

外观	黄色粉末
色光	与标准品近似至微
着色力/%	为标准品的 100±5
耐晒性/级	7
耐热性/℃	150
耐迁移性/级	4
耐酸性/级	5
耐碱性/级	4
油渗性/级	4
水渗性/级	5

【安全性】　25kg 用木桶或铁桶包装，内衬塑料袋。

【用途】　主要用于塑料、油墨、涂料、橡胶的着色。

【生产单位】　杭州映山花颜料化工有限公司，杭州亚美精细化工有限公司，上海染化九厂。

Cb022　C.I. 颜料黄 171

【英文名】　C. I. Pigment Yellow 171；Butanamide, 2,2'-[(3,3'-Dichloro [1,1'-biphenyl]-4,4'-diyl)bis(2,1-diazenediyl)]bis[N-(4-chloro-2-methylphenyl)-3-oxo-]

【登记号】　CAS [53815-04-6]

【结构式】

【分子式】 $C_{34}H_{28}N_6O_4Cl_4$
【分子量】 726.45
【性质】 黄色粉末。
【制法】 101 份 10mol/L 盐酸和 809 份水混合，加入 63 份 3,3′-二氯联苯二胺，搅拌数小时。用冰浴冷却，加入 374 份冰，冷却至 0℃，一次性加入 40 份亚硝酸钠在 200 份水的溶液。加毕，在 0～5℃搅拌 1h，加入活性炭，过滤，得重氮液。

往 2500 份水中加入 114 份邻甲基对氯乙酰基乙酰苯胺和 40 份氢氧化钠，加入 13 份硬脂酸的碱性溶液，搅拌 30min，再缓慢加入 90 份 90% 醋酸。在 2h 内，加入重氮液。当偶合完全后，加入含 22 份硬脂酰丙二胺的稀醋酸溶液，在室温搅拌 2h。加入 150 份 25% 氢氧化钠溶液，调反应液的 pH 值为 9。再加入含 18 份改性的马来酸树脂（平均分子量为 50000，酸值 160），搅拌 1h 后升温至 80℃。过滤，水洗，在 80℃干燥，粉碎，得产品。

【用途】 主要用于塑料、油墨、涂料、橡胶的着色。
【生产单位】 杭州亚美精细化工有限公司。

Cb023　C.I. 颜料黄 172

【英文名】 C.I. Pigment Yellow 172；Butanamide, 2,2′-[(3,3′-Dichloro[1,1′-biphenyl]-4,4′-diyl)bis(azo)]bis[N-(5-chloro-2-methoxyphenyl)-3-oxo-]；Lionol Yellow NBK
【登记号】 CAS[76233-80-2]
【结构式】

【分子式】 $C_{34}H_{28}N_6O_6Cl_4$ 　|　**【分子量】** 758.44

【性质】 黄色粉末。

【制法】 101 份 10mol/L 盐酸和 809 份水混合，加入 63 份 3,3′-二氯联苯二胺，搅拌数小时。用冰浴冷却，加入 374 份冰，冷却至 0℃，一次性加入 40 份亚硝酸钠在 200 份水的溶液。加毕，在 0～5℃搅拌 1h，加入活性炭，过滤，得重氮液。

往 2500 份水中加入 122 份邻甲氧基对氯乙酰基乙酰苯胺和 40 份氢氧化钠，加入 13 份硬脂酸的碱性溶液，搅拌 30min，再缓慢加入 90 份 90%醋酸。在 2h 内，加入重氮液。当偶合完全后，加入含 22 份硬脂酰丙二胺的稀醋酸溶液，在室温搅拌 2h。加入 150 份 25%氢氧化钠溶液，调反应液的 pH 值为 9。再加入含 18 份改性的马来酸树脂（平均分子量为 50000，酸值 160），搅拌 1h 后升温至 80℃。过滤，水洗，在 80℃干燥，粉碎，得产品。

【用途】 主要用于塑料、油墨、涂料、橡胶的着色。

Cb024 C. I. 颜料黄 174

【英文名】 C. I. Pigment Yellow 174

【登记号】 CAS [78952-72-4]；C. I. 21098

【别名】 永固黄 HSF；新联苯胺黄 SD-LBE；新联苯胺黄 SD-LBS；Butanamide, 2-［2-［3,3′-Dichloro-4′-［2-［1-［［(2,4-dimethylphenyl) amino］carbonyl］-2-oxo-propyl］diazenyl］［1,1′-biphenyl-4-yldiazenyl］-N-（2-methylphenyl）-3-oxo-；Irgalite Yellow LBS；Irgalite Yellow LBT；Permanent Yellow GRY；Permanent Yellow GRY 80；Pigment Yellow 174

【结构式】

【分子式】 $C_{35}H_{32}N_6O_4Cl_2$

【分子量】 671.58

【性质】 亮黄色粉末。色泽鲜艳，着色力强，耐热性高，耐热性能优良，耐酸、耐碱性，无迁移性。pH 值 6.0～7.0，相对密度 1.6，吸油量 35～45mL/100g，耐光性 6 级，耐热性 180℃，耐水性 4 级，耐油性 5 级，耐酸性 5 级，耐碱性 5 级。

【制法】 25.3 份 4,4′-二氨基-3,3′-二氯联苯在稀盐酸中，用亚硝酸钠重氮化，得重氮液。

11.6 份（30mol%）邻甲基乙酰基乙酰苯胺、28.8 份（70mol%）2,4-二甲基乙酰基乙酰苯胺、27.2 份 33%氢氧化钠和 500 份水混合，用 80%醋酸进行沉淀。加入 0.7 份改性树脂，pH 值为 5.6。在

20～25℃，pH 值 5.3～5.7，1h 内，和重氮液进行偶合。用氢氧化钠溶液调 pH 值为 7.5，和由 87.5 份水、19 份树脂和 12.2 份 33% 氢氧化钠的溶液混合，升温至 95℃，保持 3h。用冰冷至 65℃，用 8

份 $Al_2(SO_4)_3 \cdot 18H_2O$ 调 pH 值至 8。30min 后，用盐酸调 pH 值至 5。过滤，洗至无盐，在 63℃ 干燥，粉碎，得 86.1 份产品。

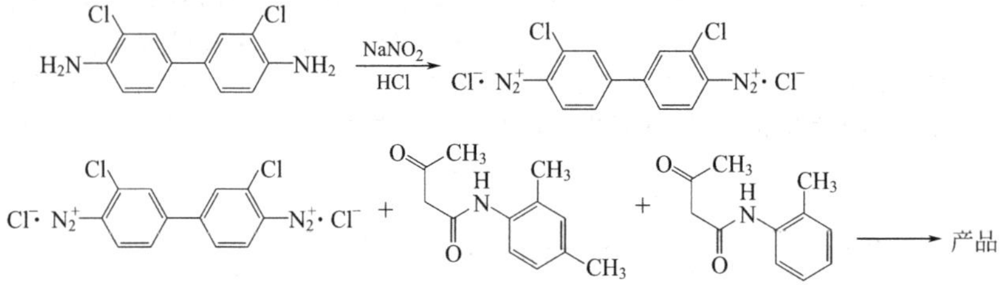

【质量标准】

外观	黄色粉末
色光	与标准品近似
着色力/%	为标准品的 100±5
水溶物含量/%	≤1.0
耐晒性/级	≥6
耐热性/℃	≥200

【安全性】　1kg，5kg，25kg 包装。

【用途】　主要用于塑料和涂料，油漆的着色，也用于合成纤维的原液着色。

【生产单位】　杭州亚美精细化工有限公司，杭州红妍颜料化工有限公司，Wellton Chemical Co. Ltd，石家庄市力友化工有限公司，常州北美化学集团有限公司，高邮市助剂厂，山东龙口佳源颜料有限公司。

Cb025　C. I. 颜料黄 176

【英文名】　C. I. Pigment Yellow 176；Butanamide，2,2'-[(3,3'-Dichloro [1,1'-biphenyl]-4,4'-diyl) bis (azo)] bis [3-oxo-，N,N'-Bis (4-chloro-2,5-dimethoxyphenyl and 2,4-xylyl)]derives

【登记号】　CAS [90268-24-9]；C. I. 21103

【别名】　新联苯胺黄 SD-GRX；颜料黄 GRX；Permanent Yellow GRX 82；Pigment Yellow 176

【结构式】

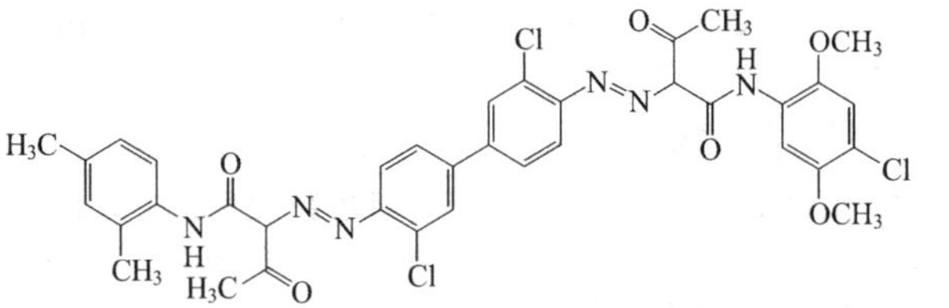

【分子式】　$C_{36}H_{33}N_6O_6Cl_3$

【分子量】　752.05

【性质】　着色力和透明度均良好。在研磨介质中处理时不改变透明度，也不降低基着色力。

【制法】　25.3 份 4,4'-二氨基-3,3'-二氯联苯在稀盐酸中，用亚硝酸钠重氮化，得重氮液。

3.9 份 2,5-二甲氧基-4-氯乙酰基乙酰苯胺、38.9 份 2,4-二甲基乙酰基乙酰苯胺、36 份 33％氢氧化钠和 500 份水混合，用 9.6 份 80％醋酸进行沉淀。加入 22.3 份 31％盐酸和 0.86 份改性树脂，pH 值为 5.6。在 20～25℃，pH 值 4.5～5.6，1h 内，和重氮液进行偶合。用氢氧化钠溶液调 pH 值为 7.5，和由 150 份水、

37.5 份树脂和 22.4 份 33％氢氧化钠的溶液混合，升温至 95℃，保持 3h。用冰冷至 65℃，用 15 份 $Al_2(SO_4)_3 \cdot 18H_2O$ 调 pH 值至 8。30min 后，用盐酸调 pH 值至 5。过滤，洗至无盐，在 63℃ 干燥，粉碎，得 107 份产品。

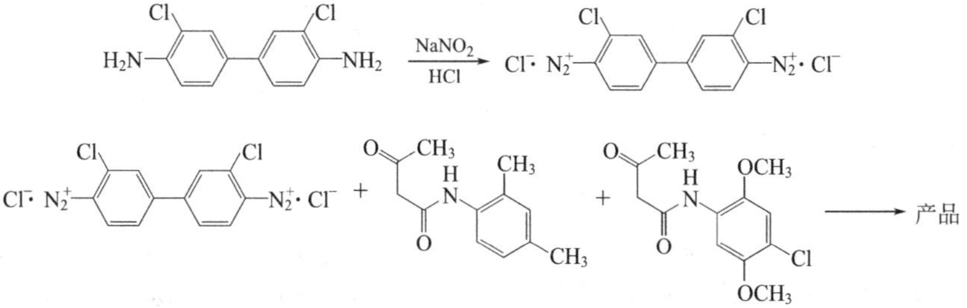

【用途】 用于油墨、油漆、塑料、印花色浆等。是 C. I. Pigment Yellow 13 的改进品种。

【生产单位】 杭州亚美精细化工有限公司，Hangzhou Union Pigment Corporation，浙江胜达祥伟化工有限公司，杭州力禾颜料有限公司。

Cb026 C. I. 颜料黄 188

【英文名】 C. I. Pigment Yellow 188；2-[[3,3'-Dichloro-4'-[[1-[[(2,4-dimethyl-phenyl) amino]carbonyl]-2-oxopropyl]azo][1,1'-biphenyl]-4-yl] azo]-3-oxo-N-phenyl butanamide

【登记号】 CAS [23792-68-9]；C.I. 21094

【别名】 新联苯胺黄 SD-LBF；Irgalite Yellow LBF；Pigment Yellow 188

【结构式】

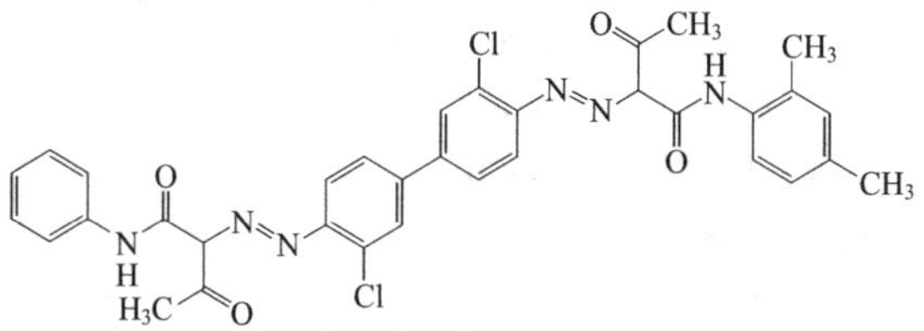

【分子式】 $C_{34}H_{30}N_6O_4Cl_2$

【分子量】 657.56

【性质】 红光黄色。高透明，高光泽，低黏度。pH 值 6～8，相对密度 1.6。吸油量≤40％。耐光性 4 级，耐热性 180℃，耐水性 5 级，耐油性 5 级，耐酸性 5 级，耐碱性 5 级，耐醇性 4 级。

【制法】 25.3 份 4,4'-二氨基-3,3'-二氯

联苯在稀盐酸中，用亚硝酸钠重氮化，得重氮液。

7.2 份乙酰基乙酰苯胺、33.1 份 2,4-二甲基乙酰基乙酰苯胺、27.2 份 33％氢氧化钠和 500 份水混合，用 80％醋酸进行沉淀。加入 0.7 份改性树脂，pH 值为 5.6。在 20～25℃，pH 值 5.5，1h 内，和重氮液进行偶合。用氢氧化钠溶液调

pH 值为 11，和由 188 份水、32.5 份树脂和 20.0 份 33%氢氧化钠的溶液混合，升温至 95℃，保持 0.5h。用冰冷至 65℃，用 13 份 $Al_2(SO_4)_3 \cdot 18H_2O$ 调 pH 值至

9。30min 后，用盐酸调 pH 值至 5。过滤，洗至无盐，在 60℃ 干燥，粉碎，得 99 份产品。

【用途】　主要用于胶印墨水。
【生产单位】　杭州亚美精细化工有限公司，浙江胜达祥伟化工有限公司。

Cb027　C. I. 颜料蓝 25

【英 文 名】　C. I. Pigment Blue 25；2-Naphthalenecarboxamide，4,4′-[(3,3′-Dimethoxy［1,1′-biphenyl］-4,4′-diyl）bis (2,1-diazenediyl)］bis［3-hydroxy-N-phenyl-］；Congo Blue B 81；Diane Blue；Diane Blue B 34；Fenalac Blue W Toner；Lake Navy Blue B B；Pigment Blue 25；Pigment Navy B；Symuler Fast Blue 4135
【登记号】　CAS［10127-03-4］；C. I. 21180
【结构式】

【分子式】　$C_{48}H_{36}N_6O_6$
【分子量】　792.85
【性质】　蓝色粉末。
【制法】　将 50 份 2,2′-二甲氧基氢化偶氮苯加到 400 份 30%盐酸中，在室温搅拌 18h，再在 50℃ 搅拌 5h，重排得到 3,3′-二甲氧基联苯二胺。加入 1000 份冰，使反应液冷却，再加入 25.8 份亚硝酸钠进行重氮化。加入 2 份活性炭，过滤，得到

澄清的重氮液。

　　将 96.8 份 N-(2-羟基-3-萘甲酰基)苯胺（色酚 AS）溶于 1000 份水和 76 份氢氧化钠的混合液中，加入 3 份活性炭，使反应液澄清。将该澄清液加到 400 份水、120 份醋酸和足够多的冰的混合液中，控制反应液的温度在 0～5℃，pH 值为 5～6，必要时可加入醋酸钠水溶液进行调节。在 2h 内加入重氮液，维持 pH

值为 4.5～5.5。偶合完全后再搅拌 1h，
过滤，水洗至中性，在低于 70℃ 干燥，

得到 146 份产品，收率 89.5％。

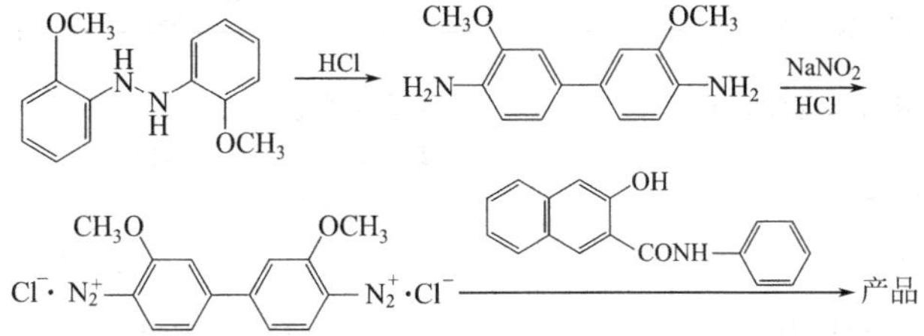

【用途】 主要用于塑料的着色。

Cb028 C. I. 颜料蓝 26

【英文名】 C. I. Pigment Blue 26；2-
Naphthalenecarboxamide, 4,4′-[(3,3′-Di-
methoxy [1,1′-biphenyl]-4,4′-diyl) bis

(2,1-diazenediyl)] bis [3-hydroxy-N-(2-
methoxyphenyl)]-；Chromophyl Blue B-
70；Dianisidineblue；NSC 16094

【登记号】 CAS [5437-88-7]；C. I. 21185

【结构式】

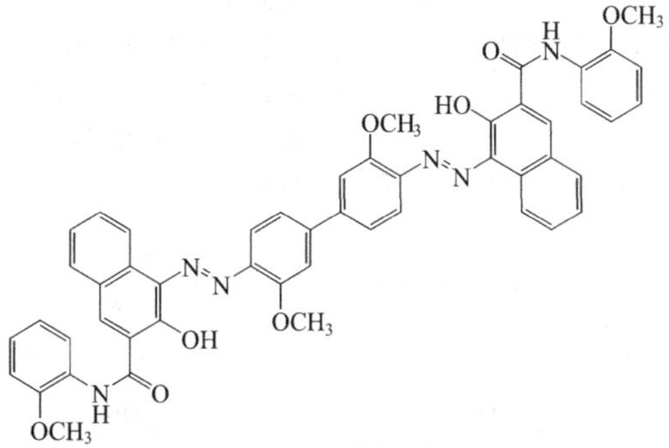

【分子式】 $C_{50}H_{40}N_6O_8$

【分子量】 852.90

【性质】 蓝色粉末。

【制法】 将 50 份 2,2′-二甲氧基氢化偶氮苯
加到 400 份 30％盐酸中，在室温搅拌 18h，
再在 50℃搅拌 5h，重排得到 3,3′-二甲氧基
联苯二胺。加入 1000 份冰，使反应液冷却，
再加入 25.8 份亚硝酸钠进行重氮化。加入 2
份活性炭，过滤，得到澄清的重氮液。

将 107.8 份 N-(2-羟基-3-萘甲酰基)

苯胺溶于 1000 份水和 76 份氢氧化钠的混
合液中，加入 3 份活性炭，使反应液澄
清。将该澄清液加到 400 份水、120 份醋
酸和足够多的冰的混合液中，控制反应液
的温度在 0～5℃，pH 值为 5～6，必要时
可加入醋酸钠水溶液进行调节。在 2h 内
加入重氮液，维持 pH 值为 4.5～5.5。偶
合完全后再搅拌 1h，过滤，水洗至中性，
在低于 70℃ 干燥，得到 158 份产品，收
率 87％。

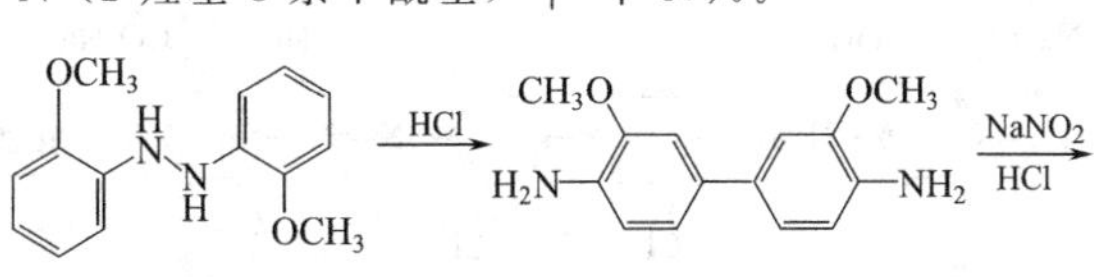

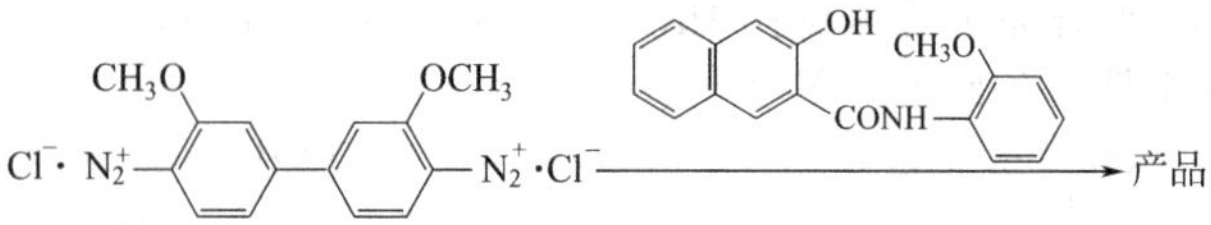

【用途】 主要用于塑料的着色。

【英文名】 Plastic Brow

【别名】 7125 塑料棕

【结构式】

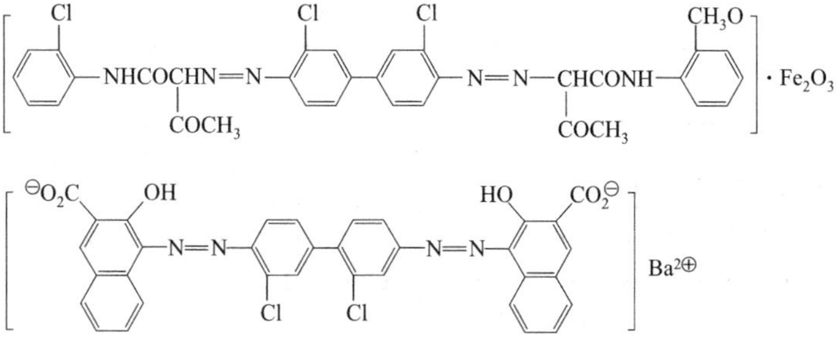

Cb029 塑料棕

【性质】 本品为黄棕色粉末。颜色鲜艳，分散性好。耐热性高，无迁移性。

【制法】

1. 生产原理

3,3′-二氯联苯胺在盐酸介质中与亚硝酸钠重氮化后，与邻甲氧基乙酰乙酰苯胺、2,3-酸钠盐进行偶合，同时与氧化铁红作用，然后偶合物中的羧基与氯化钡成盐，经过滤、干燥、粉碎得塑料棕。

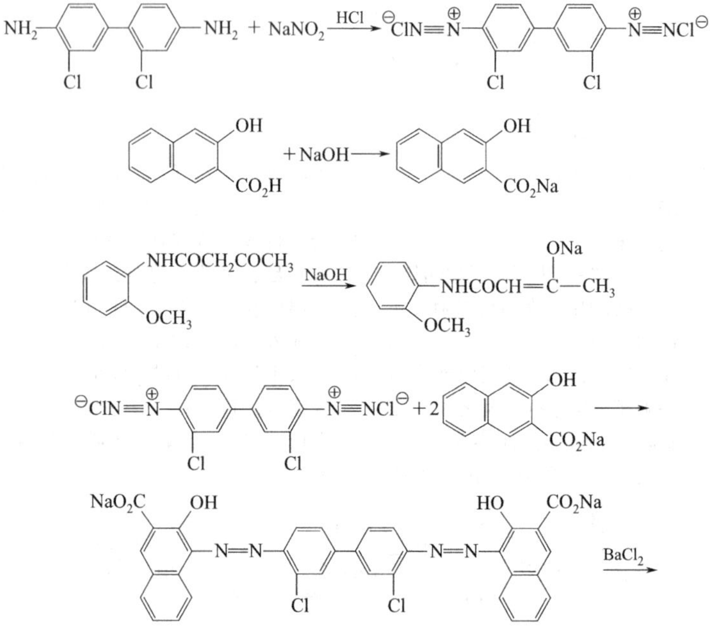

2. 工艺流程

```
          拉开粉  亚硝酸钠  活性炭
3,3'-二氯联苯胺   ↓    ↓      ↓
         水  →[溶解]→[重氮化]→[脱色]
        盐酸
```

```
[抽滤]←重氮盐溶液
```

```
                  水  氧化铁红重氮盐
邻甲氧基乙酰乙酰苯胺    ↓    ↓
          氢氧化钠 →[溶解]→[混合]→[偶合]
         2,3-酸钠
```

```
氯化钡        水
  ↓          ↓
[成盐]→[过滤]→[漂洗]→[干燥]→[粉碎]→成品
```

3. 技术配方

邻甲氧基乙酰乙酰苯胺（98％）	73kg/t
3,3'-二氯联苯胺（98％）	42kg/t
2,3-酸（98％）	4kg/t
氯化钡（工业品）	14kg/t
氧化铁红（工业品）	840kg/t
亚硝酸钠（98％）	24kg/t

4. 生产设备

溶解锅，重氮化反应锅，压滤机，偶合锅，成盐锅，过滤器，贮槽，干燥箱，粉碎机。

5. 生产工艺

在重氮化反应锅中加入 500L 水，搅拌下加入 42kg 3,3'-二氯联苯胺，30％盐酸、拉开粉，加热使之完全溶解后，加冰降温到 0℃，迅速加入 30％亚硝酸钠溶液（由 24kg 98％亚硝酸钠配制）进行重氮化反应，控制加料时间 15min 左右，过滤制得重氮盐。

在溶解锅内加入一定量的水、30％碳酸钠、40％土耳其红油、73kg 邻甲氧基乙酰乙酰苯胺、4kg 2,3-酸及 840kg 氧化铁红粉，经搅拌混合均匀制得偶合液转入偶合锅。将上述制备好的重氮盐分批加入偶合锅中，控制加料时间 50min，继续反应 1h，终点时溶液 pH 值为 8.8 左右。反应结束后加入 30％氢氧化钠、松香皂和 14kg 氯化钡配成的 20％水溶液，加热使之搅拌溶解，在 95℃下过滤、水漂洗，滤饼于 75～85℃下干燥，最后经粉碎、过筛得塑料棕约 1000kg。

【质量标准】

外观	黄棕色粉末
水分含量/%	≤1.5
吸油量/%	20±5
水溶物含量/%	≤3.5
细度（过 80 目筛余量）/%	≤5.0
着色力/%	为标准品的 100±5
色光	与标准品近似
耐晒性/级	4～5

耐热性 180℃	于 30min 不变色
水渗透性/级	4
油渗透性/级	3
耐迁移性	140℃加压不迁移

【用途】 用于塑料和橡胶制品的着色。

【生产单位】 杭州映山花颜料化工有限公司，杭州力禾颜料有限公司，上虞舜联化工有限公司，天津市东鹏工贸有限公司，天津光明颜料厂，南通新盈化工有限公司，上海雅联颜料化工有限公司，石家庄市力友化工有限公司，山东龙口佳源颜料有限公司。

Cc　2-萘酚类颜料

Cc001　C. I. 颜料橙 2

【英文名】　C. I. Pigment Orange 2；2-Naphthalenol，1-[2-(2-Nitrophenyl) diazenyl]-；Federal Orange 1002；Kromon Azo Orange；NSC 65821；Orthonitraniline Orange；Orthotone Orange Toner RA 5630；Ozark Orange X 1481；Permanent Orange；Permanent Orange O Toner；Pigment Orange 2

【登记号】　CAS [6410-09-9]；C. I. 12060

【结构式】

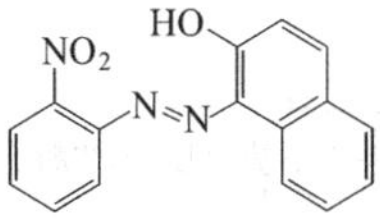

【分子式】　$C_{16}H_{11}N_3O_3$

【分子量】　293. 28

【性质】　橙色粉末。

【制法】　2-硝基苯胺经重氮化后，和 2-萘酚偶合即得产品。

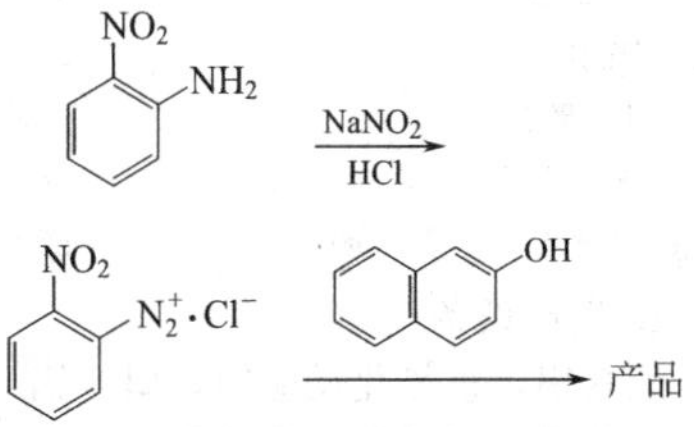

【用途】　用于油墨、橡胶、涂料和文教用品的着色。

Cc002　C. I. 颜料橙 3

【英文名】　C. I. Pigment Orange 3；2-Naphthalenol，1-[(2-Methyl-5-nitrophenyl)azo]-

【登记号】　CAS [6410-15-7]；C. I. 12105

【别名】　油橘黄；Lacal Orange E；Oil Clean Yellow；Pigment Orange 3

【结构式】

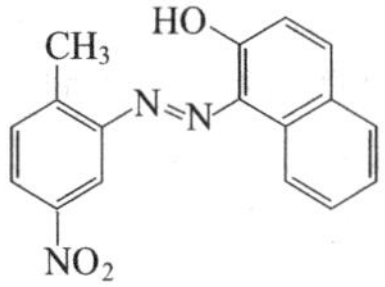

【分子式】　$C_{17}H_{13}N_3O_3$

【分子量】　307. 31

【性质】　红光橙色粉末。熔点为 206℃。溶于热乙醇中呈黄光橙色，遇浓硫酸为樱桃红色，稀释后呈橙色沉淀，其乙醇溶液遇盐酸为红光，遇氢氧化钠不变。

【制法】　2-甲基-5-硝基苯胺经重氮化后，和 2-萘酚偶合即得产品。

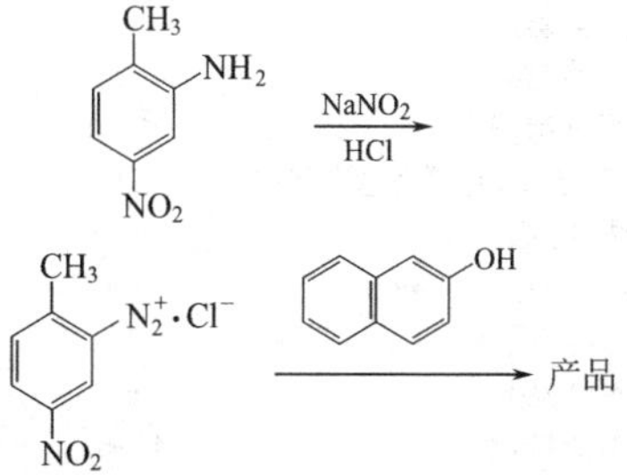

【质量标准】　参考标准

外观	橙色粉末
色光	与标准品近似
着色力/%	为标准品的 100±5
耐晒性	良好
耐热性	一般
耐酸性(5%盐酸)	不褪色
耐碱性(5%碳酸钠)	不褪色

【安全性】 20～30kg 纸板桶或铁桶包装，内衬塑料袋。

【用途】 用于油墨、橡胶、涂料和文教用品的着色。

【生产单位】 杭州亚美精细化工有限公司，南通新盈化工有限公司，天津光明颜料厂。

Cc003　永固橙 RN

【英文名】 Pennanent Orange RN

【登记号】 CAS〔3468-63-1〕；C. I. 12075

【别名】 C. I 颜料橙 5；永固汉沙橙 RN

【分子式】 $C_{16}H_{10}N_4O_5$

【分子量】 338.27

【结构式】

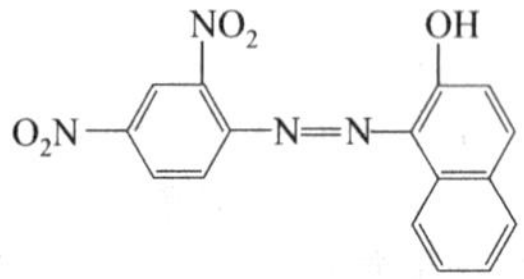

【质量标准】（HG 15-1121）

外观	橙色粉末
着色力/%	为标准品的 100±5
色光	与标准品近似
水分含量/%	≤1.5
吸油量/%	35±5
水溶物含量/	≤1
细度(过 80 目筛余量)/%	≤5
耐晒性/级	6～7
耐热性/℃	150
耐酸性/级	5
耐碱性/级	5
水渗透性/级	4～5
油渗透性/级	4
石蜡渗透性/级	5

【性质】 本品为橙色粉末。在冰醋酸中测得熔点 302℃。在浓硫酸中为紫红色，稀释后呈橙色沉淀，于硝酸氢氧化钠中色泽无变化。耐晒、耐热、耐酸和耐碱等性能良好。

【制法】

1. 生产原理

2,4-二硝基苯胺经硫酸、亚硝酸钠重氮化后，与 2-萘酚偶合，经过滤、洗涤、干燥得产品。

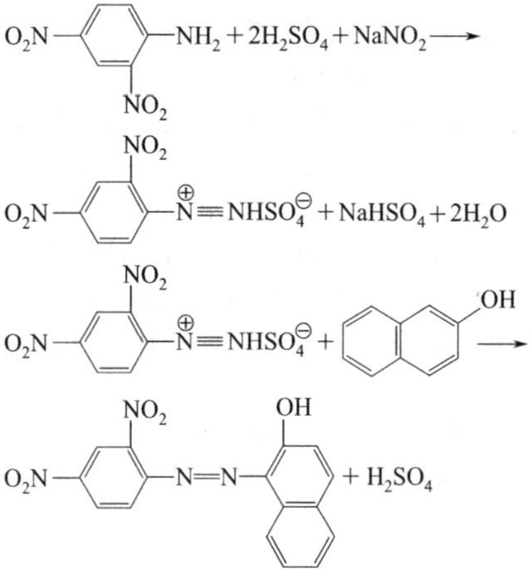

2. 工艺流程

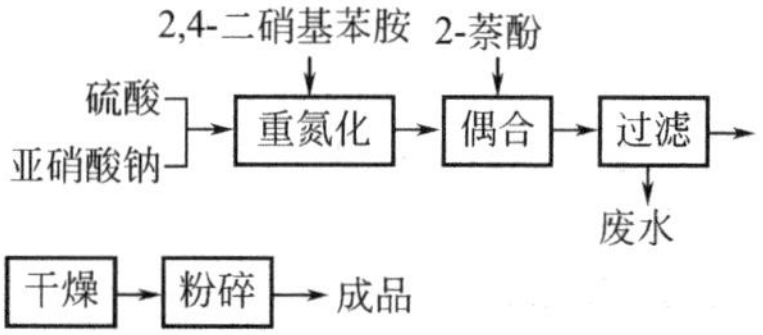

3. 技术配方

2,4-二硝基苯胺(100%)	670
2-萘酚(工业品)	480
亚硝酸钠(工业品)	211
硫酸(100%)	3400
氢氧化钠(100%)	147
盐酸(30%)	500

4. 生产设备

配料锅，重氮化反应锅，偶合锅，过滤器，贮槽，干燥箱，粉碎机。

5. 生产工艺

在配料锅中，加入 400kg 浓硫酸，于

15℃加入亚硝酸钠 30.2kg，搅拌 0.5h，升温至 75℃，待亚硝酸钠溶解后制得亚硝酰硫酸。重氮化反应锅内加入亚硝酰硫酸，搅拌下加入 28.7kg 2,4-二硝基苯胺进行重氮化反应，控制反应温度 0～3℃，反应终点无亚硝酰硫酸存在。反应结束，过滤得黄色透明的重氮盐溶液，在偶合锅中加入 6000kg 水，搅拌下加入 30％氢氧化钠溶液 65kg，在 77℃ 下加入 2-萘酚 62kg，经搅拌溶解后加冰降温到 10℃，然后在 0.5h 内加入稀盐酸进行酸化，使物料的 pH 值为 1.7，在 11～12℃ 下分批加入上述制备的重氮盐溶液进行偶合反应，控制偶合反应温度为 10～15℃，反应时间 0.5h，反应结束，将物料过滤，得到滤饼，经水洗，于 55℃ 干燥，得到约 118kg 颜料永固橙 RN。

说明：

① 亚硝酸的检验。取重氮化合物样品约 5g，加入冰水中稀释，慢慢加入已经酸化的 β-悬浮体进行偶合（不能太过量），然后用淀粉碘化钾试纸检查，如有亚硝酸存在，试纸呈蓝色。

② 重氮液检测。取上述重氮盐浓硫酸溶液 2～3 滴，放入盛有水的试管中，如溶液中含有未重氮化的 2,4-二硝基苯胺，则立即析出沉淀。当重氮盐浓硫酸溶液溶于水中呈轻度浑浊，即可认为重氮化反应已经完成。

注意：重氮盐用冰稀释时，体积不能太大，当稀释后浓度太低时，重氮化合物重氮基邻位的硝基容易被羟基取代。

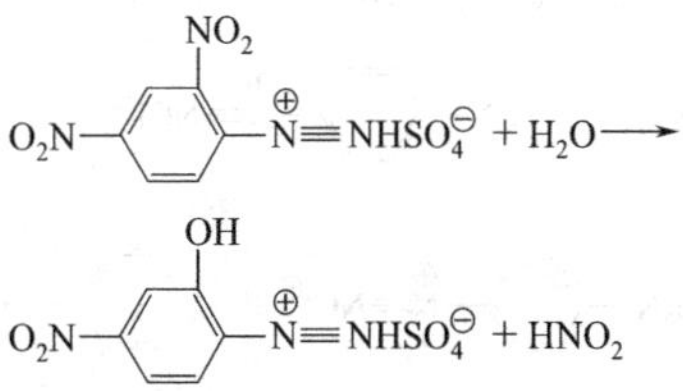

【用途】 用于制造油漆、油墨、涂料印花浆、水彩和油彩颜料及铅笔。用于橡胶和塑料的着色；还用于包装纸的着色。

【生产单位】 杭州映山花颜料化工有限公司，浙江瑞安太平洋化工厂，浙江萧山江南颜料厂，浙江瑞安化工二厂，浙江百合化工控股集团，杭州力禾颜料有限公司，浙江胜达祥伟化工有限公司，天津市东鹏工贸有限公司，石家庄市力友化工有限公司，上海染化十二厂，常州北美化学集团有限公司，无锡新光化工有限公司，江苏武进寨桥化工厂。

Cc004 C. I. 颜料橙 7

【英文名】 C. I. Pigment Orange 7；Benzenesulfonic Acid, 4,5-Dichloro-2-[（2-hydroxy-1-naphthalenyl）azo]-, Monosodium Salt；C. I. Pigment Orange 7, Monosodium Salt(8CI)；Lutetia Red 3J；Pigment Orange 7

【登记号】 CAS [5850-81-7]；C.I.15530

【结构式】

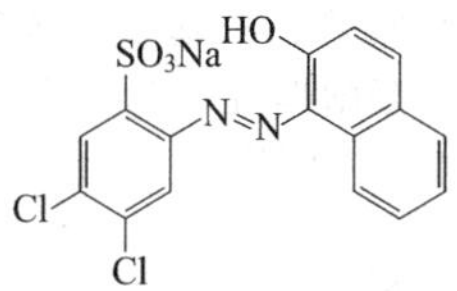

【分子式】 $C_{16}H_9N_2O_4Cl_2SNa$

【分子量】 419.21

【性质】 橙色粉末。

【制法】 2-氨基-4,5-二氯苯磺酸重氮化后，和 2-萘酚偶合，再经颜料化处理，干燥，粉碎，得产品。

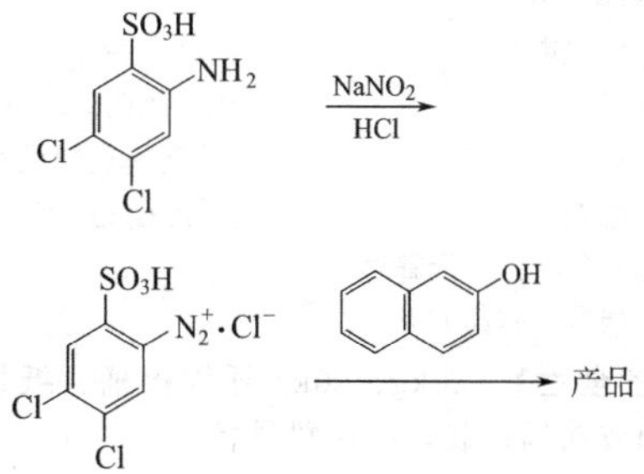

【用途】 用于涂料、涂料印花色浆等。

Cc005 C. I. 颜料橙 46

【英文名】 C. I. Pigment Orange 46；Benzenesulfonic Acid，5-Chloro-4-ethyl-2-[2-(2-hydroxy-1-naphthalenyl) diazenyl]-，Sodium Salt(1：1)

【登记号】 CAS [63467-26-5]；C.I.15602

【别名】 颜料橙 46；Clarion Red(SNA)；Clarion Red Orange 46；Irgalite Red CYO (CGY)；Lake Orange B；Pigment Orange 46；Sunbrite 46(SNA)

【结构式】

【分子式】 $C_{18} H_{14} N_2 O_4 ClNa$

【分子量】 412.82

【性质】 橘红色粉末。

【制法】 2-氨基-4-乙基-5-氯苯磺酸重氮化后，和 2-萘酚偶合，再经颜料化处理，干燥，粉碎，得产品。

【质量标准】 参考标准

指标名称	指标
外观	橘红色均匀粉末
色光	与标准品近似至微
着色力/%	为标准品的 100±5
细度(通过 80 目筛后残余物含量)/%	≤5

【安全性】 20kg、30kg 纤维板桶、纸板桶或铁桶包装，内衬塑料袋。

【用途】 用于涂料、涂料印花色浆等。

【生产单位】 浙江杭州力禾颜料有限公司。

Cc006 颜料红 1

【英文名】 Pigment Red 1

【登记号】 CAS [6410-10-2]；C. I. 12070

【别名】 C. I. 颜料红 1；(Para Red)；Paranitraniline Red

【分子式】 $C_{16} H_{11} N_3 O_3$

【分子量】 293.28

【结构式】

【质量标准】

外观	深红色粉末
色光	与标准品近似
着色力/%	为标准品的 100±5
吸油量/%	45±5
水分含量/%	≤2.5
细度(过 80 目筛余量)/%	≤5

【性质】 本品为深红色粉末。熔点 256℃，相对密度 1.47～1.50。

【制法】

1. 生产原理

对硝基苯胺重氮化后与 2-萘酚偶合得颜料红 1。重氮化时，如果酸或亚硝酸钠的用量不足，生成的重氮盐很容易和未反应的芳胺偶联生成黄色的重氮氨基化合物，这不仅会使产物收率降低，而且混入产物后，会使颜料性质变差。因此，必须严格控制反应各物料的投料比。

2. 工艺流程

3. 技术配方

对硝基苯胺(100%计)	138
亚硝酸钠(98%)	70
2-萘酚	142
土耳其红油	60
盐酸(30%)	310
轻质碳酸钙	7.5

4. 生产工艺

（1）重氮化　在重氮化反应锅中，将276kg对硝基苯胺与2000L水混合，搅拌过夜。次日加入1320L 5mol/L盐酸，冷却至0℃，在液面下尽可能快地加入263L 40%亚硝酸钠溶液，稀释至总体积为5000L，过滤，得重氮盐溶液。

（2）偶合　在溶解锅中，将284kg 2-萘酚与21kg 2-萘酚-7-磺酸（F酸）在20℃下，溶于400L 3.3%氢氧化钠与5000L水中，然后加入12kg环烷酮（溶于50L水中），再加入120kg土耳其红油，稀释至总体积为7500L，温度20℃下，得偶合组分。

偶合液在1h内从液面下加入重氮盐中，然后加入15kg轻质碳酸钙，搅拌3h，加热至70℃，趁热过滤，但不必水洗，在65～70℃下干燥，得颜料红1产品650kg。

【用途】　用于油漆、油墨、油彩颜料等着色。

【生产单位】　上海染化十二厂，天津市东鹏工贸有限公司。

Cc007　C. I. 颜料红3

【英文名】　C. I. Pigment Red 3

【登记号】　CAS［2425-85-6］；C. I. 12120

【别名】　甲苯胺红、吐鲁定红（Toluidine Red）；571甲苯胺红；1207甲苯胺红

【分子式】　$C_{17}H_{13}N_3O_3$

【分子量】　307.3

【结构式】

【质量标准】（GB 3678）

外观	红色粉末
色光	与标准品近似
着色力/%	为标准品的100±5
水分含量/%	≤1
水溶物含量/%	≤1
吸油量/%	45±5
细度(过80目筛余量)/%	≤5
耐热性/℃	180
耐晒性/级	7
耐酸性/级	3
耐碱性/级	3
水渗透性/级	2
乙醇渗透性/级	2
石蜡渗透性/级	1～2
油渗透性/级	1～2

【性质】　本品为鲜艳的红色粉末，熔点258℃。相对密度1.34～1.52。不溶于水，微溶于乙醇、丙酮和苯，于浓硫酸中为深红紫色，稀释后生成橙色沉淀，于浓硝酸中为暗朱红色，于稀氢氧化钠中不变色。

【制法】

1. 生产原理

将红色基GL与亚硝酸重氮化后，与2-萘酚偶合，过滤、干燥、粉碎得。

2. 工艺流程

3. 技术配方

红色基GL(100%)	520
2-萘酚(100%)	500
亚硝酸钠	237
拉开粉	14
碳酸钠(98%)	200
氢氧化钠(100%)	174
盐酸(31%)	1314
活性炭	22
碳酸氢钠	458
土耳其红油	30

4. 生产工艺

（1）工艺一 于 0℃下，将 456kg 红色基 GL 加至 1700L 5mol/L 盐酸溶液及 396L 40%亚硝酸钠溶液中重氮化，使总液量达 10000L，将重氮化的溶液过滤，使其成为透明溶液备用。

将 480kg 2-萘酚溶于 300L 33% NaOH 溶液及 10000L 水中，然后加入 700L 5mol/L 盐酸溶液，2-萘酚即被悬浮于溶液中，加入粉末状碳酸钙 350kg，溶液总体积为 20000L，温度为 36℃。然后

从溶液底部加入重氮盐溶液，控制 3h 左右加完。偶合结束，加 300L 5mol/L 盐酸以中和碳酸钙，在 56℃加热 1h，再加入少量碳酸钙中和过量盐酸。过滤，水洗，滤饼在 50～55℃干燥。

注意：商品入漆朱有许多牌号，它们可以形成多种色光。色光变动于黄光猩红到蓝光红之间。这种差异并非由多晶现象所致。实验表明，它们的晶型是相同的，不同之处仅在于粒子的大小和聚集状态不同。粒子越细，黄光越强。粒子大小与偶合条件有关。为了获得性能和质量稳定的产品，必须严格控制工艺条件（反应浓度、温度、pH 值、偶合速率等）。

（2）工艺二 将 450L 水和 740L 5mol/L 盐酸加入反应锅，再加入 228kg 红色基 GL，搅拌过夜。次日加冰降温至 0℃，然后用 196L40%亚硝酸钠溶液重氮化，稀释至总体积为 3000L，加 4kg 活性炭，过滤，得重氮盐溶液。

将 225kg 2-萘酚溶于 137L 33%氢氧化钠和 4000L 水中，总体积为 4500L。25℃温度下，加入 4.5kg 土耳其红油，然后加入 360L5mol/L 盐酸沉淀 2-萘酚悬浮体使其对刚果红试纸显酸性，加入 37kg 石灰与 1500L 10%氢氧化钠溶液（171kg 氢氧化钠溶于 1500L 水中），得到偶合组分溶液。

将重氮液加入 2-萘酚悬浮体中，同时加入氢氧化钠溶液，使反应液显碱性。偶合反应时间为 1h，开始时显强碱性，后期显弱碱性。偶合后再搅拌 1h，然后加入约 100L 5mol/L 盐酸，使其对刚果红试纸显弱酸性，加热至 95℃，保温 0.5h，过滤，水洗，在 45℃下干燥，得 440kg 入漆朱。

【用途】 本颜料用途十分广泛。用于造漆、制造印泥、印油、铅笔、蜡笔、水彩和油彩颜料及橡胶制品的着色，还可用于漆布、塑料和天然生漆的着色，也用于涂

刷纱管、工艺美术制品和化妆品的着色。

【生产单位】 石家庄市力友化工有限公司，天津光明颜料厂，南通新盈化工有限公司，无锡新光化工有限公司，江苏吴江精细化工厂，武汉恒辉化工颜料有限公司，杭州力禾颜料有限公司。

Cc008 永固银朱 R

【英文名】 Vermilion R

【登记号】 CAS [2814-77-9]；C. I. 12085

【别名】 C. I. 颜料红 4；银朱 R；3106 颜料银朱 R；3001 颜料银朱 R；Chlorinated Para Red；Hansa Red R；Permanent Red R；Lsod Para Red PR；Lionol Red R Toner；Monolite Red G；Monolite Red GF；Predisol Red PR-C；Shangdament Fast Red R 3160；Sico Red L3250

【分子式】 $C_{16}H_{10}ClN_3O_3$

【分子量】 327.72

【结构式】

【质量标准】 （HG 15-1126）

外观	红色粉末
水分含量/%	<1.5
吸油量/%	30±5
水溶物含量/%	≤1
细度(过 80 目筛余量)/%	≤5
着色力/%	为标准品的 100±5
色光	与标准品近似
耐晒性/级	6~7
耐热性/℃	100
耐酸性/级	5
耐碱性/级	5
水渗透性/级	5
油渗透性/级	4
石蜡渗透性/级	5
乙醇渗透性/级	4

【性质】 本品为红色粉末。熔点 275℃。

相对密度 1.45～1.6。吸油量 34～70g/100g。微溶于乙醇、丙酮和苯。流动性好，遮盖力佳，耐热性较差。于浓硫酸中呈蓝光品红色，稀释后呈黄光红色沉淀，于浓硝酸中呈艳朱红色，于稀氢氧化钠中不变色，于乙醇-氢氧化钾中呈紫色溶液。

【制法】

1. 生产原理

邻氯对硝基苯胺重氮化后，与 2-萘酚偶合，经过滤及后处理得永固银朱 R。

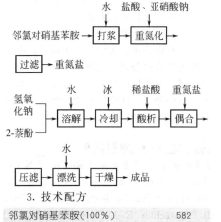

2. 工艺流程

3. 技术配方

邻氯对硝基苯胺(100%)	582
2-萘酚(100%)	485
亚硝酸钠(98%)	241

盐酸(30%)	2330
氢氧化钠(30%)	1530
尿素(工业品)	30

4. 生产工艺

（1）重氮化　将 1500L 水加入重氮化反应锅内，再加入 690kg 邻氯对硝基苯胺和 4000L 5mol/L 30%盐酸，经搅拌打浆后，用冰降温到 −3℃，快速加入由 280kg 亚硝酸钠配制的亚硝酸钠溶液进行重氮化反应，控制反应时间为 1.5h，反应温度 4～5℃，反应结束，溶液中多余的亚硝酸钠加入 35kg 尿素进行分解，反应液经过滤制得重氮盐溶液。

（2）偶合　将 572kg 2-萘酚与 200L 33%氢氧化钠溶液、1000L 水加入偶合锅中，在 25℃ 下搅拌 0.5h，再加入 500L 5mol/L 盐酸，析出 2-萘酚沉淀并对刚果红试纸显酸性，稀释至总体积为 2500L，温度为 44℃，得偶合液。

在 3.5h 内从偶合液液面下加入重氮盐溶液，反应终点料液 30℃。过滤、洗涤，在 60.65℃ 下干燥，得 1185kg 永固银朱 R。

【用途】　主要用于油墨、水彩或油彩颜料及印泥的着色，也可用于橡胶、天然生漆、涂料和化妆品的着色。

【生产单位】　上海染化十二厂，天津市东鹏工贸有限公司，天津光明颜料厂，南通新盈化工有限公司，无锡新光化工有限公司，江苏吴江精细化工厂，石家庄市力友化工有限公司，武汉恒辉化工颜料有限公司，杭州力禾颜料有限公司。

Cc009　C. I. 颜料红 6

【英文名】　C. I. Pigment Red 6；2-Naph-thalenol, 1-[2-(4-Chloro-2-nitrophenyl) di-azenyl]-；Parachlor Red；Eljon Red PG；Isol Parachlor Red；Monolite Fast Red PG；Monolite Fast Red PGA；Monolite Red PG；Oneida Red X 2066；Parachlor Fast Red；Parachlor Red RPC 1410；Per-machlor Red 10382；Pigment Red 6；Rec-olite Fast Red 2YS；Recolite Fast Red YS；Sanyo Fire Red；Segnale Light Red GA

【登记号】　CAS [6410-13-5]；C.I.12090

【结构式】

【分子式】　$C_{16}H_{10}N_3O_3Cl$

【分子量】　327.73

【性质】　熔点 258℃（分解）。

【制法】　将 0.02mol 2-硝基-5-氯苯胺加到 8mL 浓盐酸中，加入 8g 冰，在 −10～0℃ 和剧烈搅拌下加入 0.05mL 亚硝酸钠，搅拌约 5min 后，过滤。将滤液倾入 50mL 50% 冷的乙醇水溶液（含 0.02mol 2-萘酚）中，过滤收集固体，用 50% 乙醇水溶液洗，真空干燥，用二甲基甲酰胺重结晶，得产品，收率 68%。

【用途】　用于油墨、橡胶、涂料和文教用品的着色。

【生产单位】　杭州亚美精细化工有限公司。

Cc010　油紫

【英文名】　Oil Violet

【登记号】　CAS [6410-13-5]；C. I. 12170

【别名】　C. I. 颜料红 40；Dainichi Naph-thlamine Bordeaux 5B；Authol Red RLP

【分子式】 $C_{20}H_{14}N_2O$

【分子量】 298.34

【结构式】

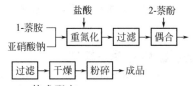

【质量标准】

外观	艳蓝光红色粉末
色光	与标准品近似
着色力/%	为标准品的 100 ± 5
细度(过80目筛余量)/%	$\leqslant5$
耐晒性	一般
耐热性/℃	稳定到120
耐酸性(5%HCl)	不褪色
耐碱性(5%Na_2CO_3)	不褪色

【性质】 本品为艳蓝光红色粉末。熔点224℃。溶于热乙醇和苯中为红色；遇浓硫酸为红光蓝色，稀释后呈红光紫色溶液，然后转变成红棕色沉淀；其乙醇溶液遇浓硫酸为暗红色；遇浓氢氧化钠为亮红棕色。

【制法】

1. 生产原理

重氮化后，与2-萘酚偶合，经后处理得油紫。

—NH$_2$ + NaNO$_2$ + HCl ⟶

—N⁺≡N Cl⁻

—N⁺≡N Cl⁻ + HO— ⟶

HO— N=N—

2. 工艺流程

1-萘胺
亚硝酸钠 → 重氮化 → 过滤 → 偶合
（盐酸）（2-萘酚）

→ 过滤 → 干燥 → 粉碎 → 成品

3. 技术配方

1-萘胺(100%)	143
亚硝酸钠(98%)	70
2-萘酚	145
盐酸(30%)	300
氯化钠	400
硅藻土	6.7
土耳其红油	66.5

4. 生产工艺

（1）重氮化 在重氮化反应锅中，将215kg 1-萘胺与405L5mol/L盐酸在2000L水中搅拌过夜，次日加热至90℃使全溶。冷却至75～70℃，加入495L5mol/L盐酸、300kg冰与300kg氯化钠，再加入600kg冰与300kg氯化钠，冷却至0℃。加入197L40%亚硝酸钠溶液快速重氮化，反应完毕稀释至体积为9000L，加入10kg硅藻土，过滤，得重氮盐溶液。

（2）偶合 在溶解锅中，将218kg 2-萘酚在25℃溶于348L 33%氢氧化钠溶液与5000L水中，全溶后于25℃下加入100kg土耳其红油，得偶合组分。

在3～4h内将偶合组分加入上述重氮液，温度为20℃。反应完毕对酚酞呈碱性，搅拌0.5h，过滤，水洗，在60～65℃下干燥，粉碎得产品约为455kg。

【用途】 用于油脂和蜡类制品着色，也可用作溶剂染料。

【生产单位】 上海染化十二厂，南通新盈化工有限公司，无锡新光化工有限公司，昆山市中星染料化工有限公司，江苏无锡红旗染化厂，江苏吴江精细化工厂，江苏宜兴茗岭精细化工厂，江苏武进寨桥化工厂，江苏句容染化厂，江苏句容有机化工厂，江苏常熟树脂化工厂。

Cc011 C. I. 颜料红 69

【英文名】 C.I.Pigment Red 69；Benzene-sulfonic Acid，4-Chloro-2-[（2-hydroxy-1-naphthalenyl）azo]-5-methyl-，Monosodium Salt；C. I. Pigment Red 69，Monosodium Salt(8CI)；Lithol Red GGS；Monaco Red；Pigment Red 69

【登记号】 CAS［5850-90-8］；C.I.15595

【结构式】

【分子式】 $C_{17}H_{12}N_2O_4ClSNa$

【分子量】 398.80

【性质】 红色粉末。

【制法】 2-氨基-4-甲基-5-氯苯磺酸重氮化后，和 2-萘酚偶合，再经颜料化处理，干燥，粉碎，得产品。

【用途】 用于涂料、涂料印花色浆等。

Cc012 C. I. 颜料红 70

【英文名】 C.I.Pigment Red 70；Benzene-Sulfonic Acid，2-[（2-Hydroxy-1-naphtha-lenyl）azo]-5-methyl-，Monosodium Salt

【登记号】 CAS［5850-89-5］；C.I.15590

【别名】 C. I. Pigment Red 70，Monosodium Salt（8CI）；Brilliant Lake Scarlet

YBL；Brilliant Lake Scarlet YL；Dainichi Brilliant Red G；Pigment Red 70

【结构式】

【分子式】 $C_{17}H_{13}N_2O_4SNa$

【分子量】 364.35

【性质】 红色粉末。

【制法】 2-氨基-4-甲基苯磺酸重氮化后，和 2-萘酚偶合，再经颜料化处理，干燥，粉碎，得产品。

【用途】 用于涂料、涂料印花色浆等。

Cc013 C. I. 颜料红 93

【英文名】 C.I.Pigment Red 93；2-Naph-thalenol，1-[（5-Chloro-2-methoxyphenyl）azo]-

【登记号】 CAS［6548-36-3］；C.I.12152

【结构式】

【分子式】 $C_{17}H_{13}N_2O_2Cl$

【分子量】 312.76

【性质】 红色粉末。

【制法】 2-甲氧基-5-氯苯胺重氮化后，和 2-萘酚偶合，经颜料化处理，干燥，粉碎，得产品。

【用途】 用于涂料、油墨、油漆、塑料等的着色。

Cd　2-萘酚类色淀颜料

Cd001　立索尔大红

【英文名】　Lithol Scarlet

【登记号】　CAS [1103-38-4]；C. I. 15630：1

【别名】　C. I. 颜料红 49：1；105 立索尔大红；1301 立索尔大红；3144 立索尔大红；色淀大红 R

【分子式】　$C_{40}H_{26}BaN_4O_8S_2$

【分子量】　892.12

【结构式】

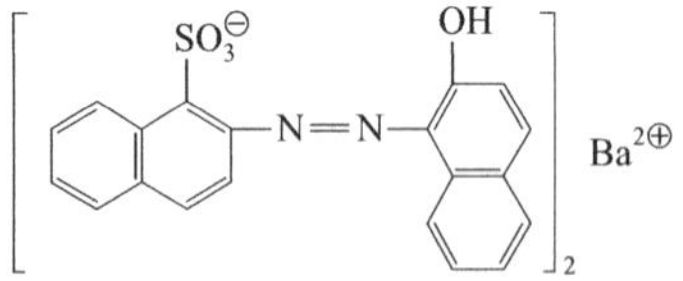

【质量标准】　（HG 15-1110）

色光	与标准品近似
着色力/%	为标准品的 100±5
水分含量/%	≤4.5
吸油量/%	≤50±5
水溶物含量/%	≤3.5
耐热性/℃	130
耐酸性/级	3
耐碱性/级	3
耐晒性/级	4
水渗透性/级	2
油渗透性/级	2
细度(过 80 目筛余量)/%	≤5

【性质】　本品为红色粉末，微溶于热水、乙醇和丙酮。在浓硫酸中为红光紫色，稀释时呈微红紫色，随后为红棕色沉淀。遇浓硝酸为棕红色溶液。醇溶液遇盐酸呈棕光紫色，遇氢氧化钠不变色。该颜料着色力强，耐晒性、耐酸性、耐热性一般，无油渗透性，微有水渗透性，遮盖力差。

【制法】

1. 生产原理

2-萘胺-1-磺酸（吐氏酸）与亚硝酸重氮化，然后与 2-萘酚偶合，经松香、氢氧化钠处理后，与钡盐发生色淀化，再经后处理得到产品。

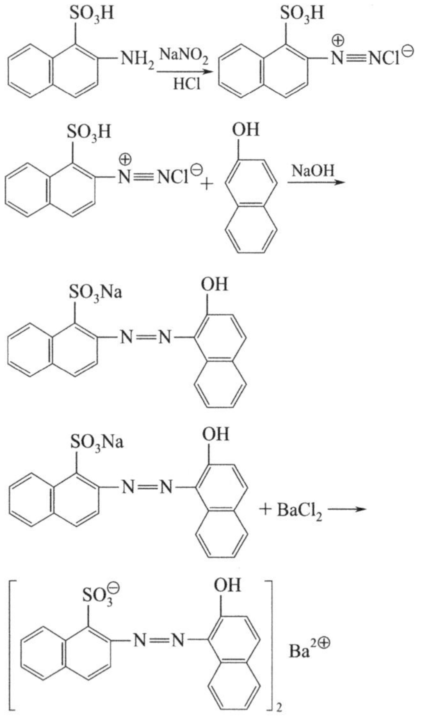

2. 工艺流程

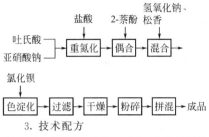

3. 技术配方

吐氏酸(≥98%)	388kg/t
2-萘酚(≥98%，熔点≥120℃)	235kg/t
亚硝酸钠(98%)	120kg/t
盐酸(31%)	440kg/t
氢氧化钠(100%)	145kg/t
松香(特级)	130kg/t
氯化钡	478kg/t

4. 生产设备

重氮化反应锅，偶合锅，打浆锅，溶解锅，色淀化锅，压滤机，干燥箱，拼混机，贮槽。

5. 生产工艺

在重氮化反应锅中，先加入水，在搅拌下加入 19.4kg 98%吐氏酸，加入氢氧化钠溶液至 pH 值 7.8～8.0，使之完全溶解透明。加冰降温至 0℃，然后加 22kg 31%盐酸酸化至强酸性，再加入 40%亚硝酸钠溶液（由 6kg 98%亚硝酸钠/与水配制得到），维持 5℃ 以下进行重氮化。反应完全后过滤，滤饼打入打浆锅中，与水搅合为均匀的悬浮液，备用。

在偶合锅中，加入水和氢氧化钠溶液，升温至 60℃，加入 11.8kg 2-萘酚，搅拌溶解至透明，加冰降温至 10℃，在有效搅拌下，将重氮化的悬浮液加入其中进行偶合。偶合温度控制在 10℃ 以下，pH 值为 10～10.5。偶合完毕，泵入压滤机压滤。滤饼放入色淀化锅中，搅拌均匀，加入松香皂溶液（作分散剂，由 6.5kg 松香与氢氧化钠溶液制得），于 pH 值 9～9.5 条件下，搅拌 1h。然后从溶解

锅中将 23.9kg 氯化钡配成的溶液徐徐加入色淀化锅中，pH 值为 8.5，搅拌至反应完全，色料由黄变红。

将上述得到的色淀用泵打入压滤机压滤，滤饼用清水洗涤至洗液无氯离子。然后于 85℃ 以下干燥，再经粉碎拼混得成品立索尔大红。

【用途】 主要用作油墨、油彩、水彩、蜡笔的着色，也可用于涂料的着色。

【生产单位】 天津市东鹏工贸有限公司，天津光明颜料厂，天津东湖化工厂，上海染化一厂，上海油墨股份有限公司，上海嘉定华亭化工厂，常州北美化学集团有限公司，南通新盈化工有限公司，昆山市中星染料化工有限公司，无锡新光化工有限公司，江苏句容染化厂，江苏常熟颜化厂，江苏吴江精化厂，江苏无锡红旗染化厂，江苏宜兴茗岭精化厂，江苏武进寨桥化工厂，江苏句容着色剂厂，江苏句容有机化工厂，江苏句容染化厂，江苏邗江精化厂，江苏吴江通顺化工厂，江苏常熟市树脂厂，石家庄市力友化工有限公司，杭州映山花颜料化工有限公司，Hangzhou Union pigment Corporation，杭州红妍颜料化工有限公司，浙江百合化工控股集团，杭州力禾颜料有限公司，浙江杭州力禾颜料有限公司，浙江萧山江南颜料厂，浙江萧山颜料化工厂，浙江萧山前进颜料厂，浙江上虞舜联化工公司，武汉恒辉化工颜料有限公司，甘肃甘谷油墨厂，山东龙口大行颜化公司，山东龙口太行颜料有限公司，河北深州化工厂，山东蓬莱新光颜料化工公司，山东蓬莱化工厂，山东蓬莱颜料厂，山东济宁第一化工厂，河北衡水津深联营颜料厂，河北玉田霞港化工有限公司。

【英文名】 Lithol Deep Red

【登记号】 CAS [1103-39-5]；C. I. 15630：2

【别名】 C. I. 颜料红 49：2；3114 立索尔深红：206 立索尔深红：Lithol Dark Red；Lionol Red LFG3650；Shangdament Red RB 3156；Sicomet Red BTC

【分子式】 $(C_{20}H_{13}N_2O_4S)_2Ca$

【分子量】 794.86

【结构式】

$$\left[\text{结构式} \right]_2 Ca^{2\oplus}$$

【质量标准】 （HG 15-1110）

外观	红色粉状
水分含量/%	≤4.5
吸油量/%	55.0
水溶物含量/%	≤3.5
细度（过 80 目筛余量）/%	≤5.0
着色力/%	为标准品的100±5
色光	与标准品近似
耐晒性/级	4
耐热性/℃	130
耐酸性/级	4
耐碱性/级	4
水渗透性/级	4
油渗透性/级	4
石蜡渗透性/级	5

【性质】 相对密度 1.38～1.96，吸油量 44～61g/100g。本品为红色粉末。色泽比立索尔大红较深，耐渗透性较好。

【制法】

1. 生产原理

吐氏酸重氮化后与 2-萘酚偶合，然后与氯化钙色淀化得到立索尔深红。

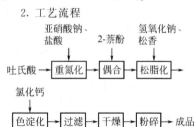

2. 工艺流程

亚硝酸钠、盐酸 → 2-萘酚 → 氢氧化钠、松香

吐氏酸 → 重氮化 → 偶合 → 松脂化

氯化钙 → 色淀化 → 过滤 → 干燥 → 粉碎 → 成品

3. 技术配方

1-萘胺-1-磺酸(100%)	427
氢氧化钠(30%)	600
盐酸(30%)	480
亚硝酸钠(100%)	148
2-萘酚(100%)	280
松香皂(工业品)	230
氯化钙(工业品)	280

4. 生产工艺

（1）重氮化　在重氮化反应锅中，先将1000L 1.08kg/m³的盐酸与1500L水混合，再于10min内加入446kg吐氏酸钠盐，搅拌15min，然后加入2800~3000kg水，用138kg 100%亚硝酸钠配成6000L 23%亚硝酸钠溶液进行重氮化，强烈搅拌3h，将重氮盐悬浮物过夜，次日过滤，然后与6000L水搅拌混合，得重氮盐悬浮液。

（2）偶合　在溶解锅中，加入180L 1.53kg/m³氢氧化钠及3000L水，再加入300kg2-萘酚，强烈搅拌下慢慢地加入8000L水，得到偶合组分。

在1h内将重氮盐在液面下加至偶合组分中，温度15~20℃，搅拌4h。然后加入300kg氯化钙，加热至沸腾，保持0.5h，过滤，滤饼2000~2500kg。经过8~10h干燥得808kg粉状立索尔深红。

【用途】　主要用于涂料、油墨、印铁油墨、水彩和油彩颜料以及皮革、文教用品等着色。

【生产单位】　上海染化一厂，天津市东鹏工贸有限公司，杭州映山花颜料化工有限公司，杭州红妍颜料化工有限公司，上虞舜联化工有限公司，浙江百合化工控股集团，浙江百合化工控股集团，杭州力禾颜料有限公司，浙江萧山舜联化工公司，常州北美化学集团有限公司，南通新盈化工有限公司，江苏武进寨桥化工厂，石家庄市力友化工有限公司，武汉恒辉化工颜料有限公司，山东龙口太行颜料有限公司。

Cd003　C. I. 颜料红51

【英文名】　C.I.Pigment Red 51；Benzenesulfonic Acid，4-[2-(2-Hydroxy-1-naphthalenyl)diazenyl]-2-methyl-，Barium Salt(2∶1)

【登记号】　CAS［5850-87-3］；C.I.15580；C.I.15580∶1

【别名】　C. I. Pigment Red 51，Barium Salt(2∶1)(8CI)；C.I.Pigment Red 51∶1；Conc. Bright Scarlet RMT；Fenalac Red RMT；Graphtol Red RMT；Irgalite Red PMT；Kromon Red T；Lithol Red RMT Extra；Lutetia Brilliant Scarlet J；Monolite Red RMT；Oralith Red PMT；Orion Red CP-1300；Pigment Red 51；Pigment Red 51∶1；Pigment Red RM；Plastol Red RM；Resamine Red RM；Segnale Red GK；Vulcafor Red DK；Vulcanosine Red DK；Vulcol Red GK

【结构式】

【分子式】　$C_{17}H_{13}N_2O_4S \cdot 1/2Ba$

【分子量】　410.03

【性质】　红色粉末。

【制法】　2-甲基-4-氨基苯磺酸重氮化后和2-萘酚偶合，再经氯化钡处理后，干燥，粉碎，得产品。

【用途】　用于油墨、塑料的着色。

Cd004　金光红 C

【英文名】　Golden Ligh Red C

【登记号】　CAS［5160-02-1］；C.I.15585∶1

【别名】　C. I. 颜料红53∶1；色淀红C；

油墨大红；1306 金光红 c；色淀淡红 C；
3110 金光红 C；橡胶大红 LC

【分子式】 $C_{34}H_{24}O_8S_2Cl_2N_4Ba$

【分子量】 888.96

【结构式】

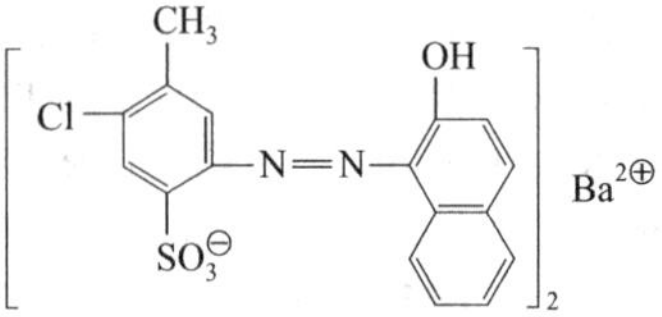

【性质】 本品为黄光红色粉末。颜色鲜艳，显示强烈彩色金光，且金光较为耐久牢固，制成的油墨流动性好，耐晒性和耐热性较好。遇浓硫酸呈樱桃红色，稀释后生成棕红色沉淀，微溶于 10% 热氢氧化钠（为黄色）、水和乙醇，不溶于丙酮和苯。

【制法】

1. 生产原理

CLT 酸（2-氨基-4-甲基-5-氯苯磺酸）重氮化后，与 2-萘酚偶合，偶合染料再与氯化钡发生色沉化，然后压滤、干燥、粉碎得色淀红 C。

（1）CLT 酸提纯

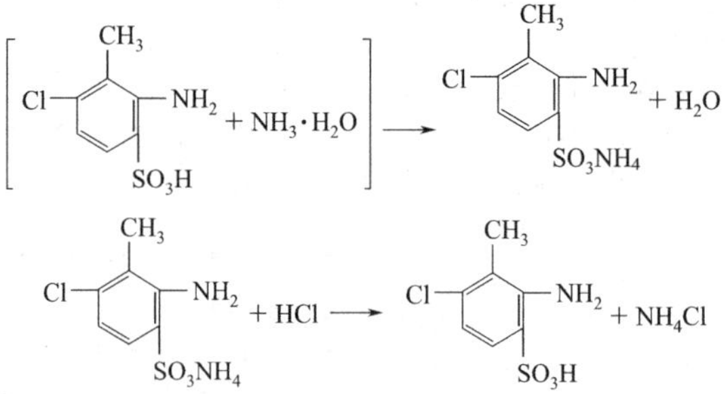

（2）重氮化

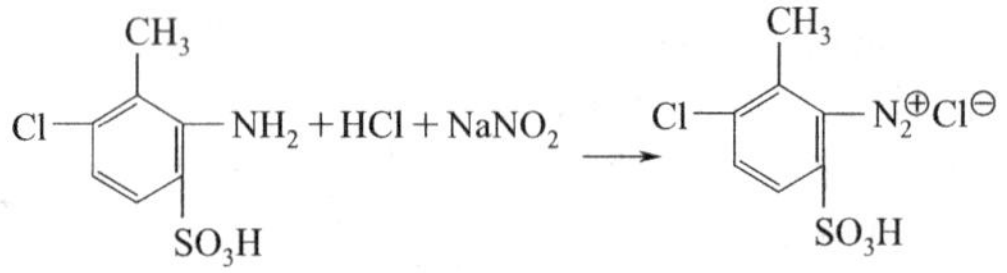

（3）偶合

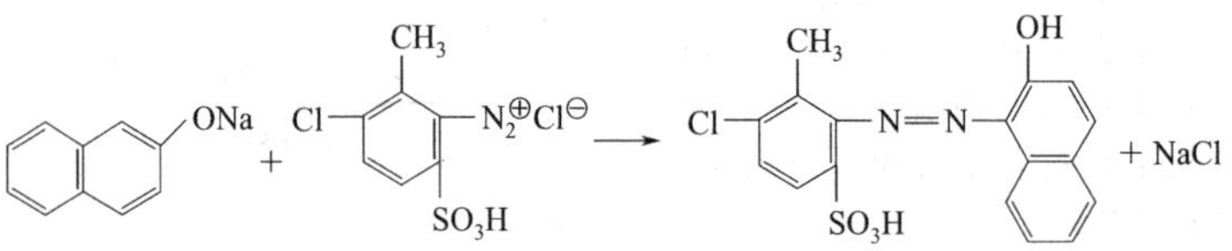

（4）色淀化

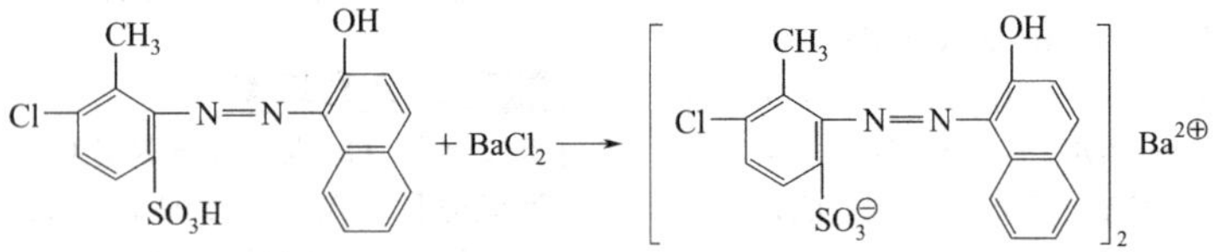

2. 工艺流程

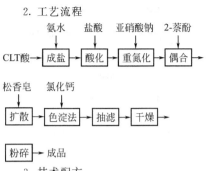

氨水　盐酸　亚硝酸钠　2-萘酚

CLT酸→｜成盐｜→｜酸化｜→｜重氮化｜→｜偶合｜

松香皂　氯化钙

｜扩散｜→｜色淀法｜→｜抽滤｜→｜干燥｜

｜粉碎｜→成品

3. 技术配方

(1) 消耗定额

CLT酸(100%)	520kg/t
2-萘酚	320kg/t
亚硝酸钠	155kg/t
氨水(20%)	190kg/t
氢氧化钠(100%)	230kg/t
氯化钡	460kg/t
乳化剂 FM	21kg/t
松香(特级)	54kg/t
土耳其红油	228kg/t
盐酸(30%)	580kg/t

(2) 生产配方

原料名称	相对分子质量	物质的量/kmol	物质的量比	工业纯度/%	实际用量/kg
CLT酸	221.2	0.76	1	99	169.8
氨水	35			25	64
盐酸	36.5	1.8	2.73	30	219
亚硝酸钠	69	0.76	1	96	54.72
2-萘酚	144.1	0.76	1	98	111.75
氢氧化钠	40	1.02	1.34	96	42.5
乳化剂 FM					4
松香	302.4	0.04	0.05	特级	12.1
氢氧化钠	40	0.042	0.055	96	1.75
氯化钡	244	0.52	0.684	98	129.4

4. 生产设备

重氮化反应锅,偶合锅,打浆锅,色淀化锅,压滤机,干燥箱,粉碎机,贮槽。

5. 生产工艺

(1) 工艺一

① 重氮化　在重氮化反应锅内先放入 1700L 水,加 170kg CLT 酸,搅匀,加氨水 64kg,溶解到完全透明,pH 值为 7.8。加盐酸酸析,温度 8℃,以冰水调整体积为 2500L。控制 15～20min,加入亚硝酸钠(54.7kg 96% 的亚硝酸钠配成 30% 的水溶液),以淀粉碘化钾试纸测试,试纸稍蓝为终点。继续搅拌 0.5h。试纸仍应稍显蓝色,以亚硝酸钠稍过量为准。

② 偶合　在偶合锅中放水 1200L,加入氢氧化钠,升温至 65℃ 在搅拌下加入 111.8kg 2-萘酚,溶解到透明。放入偶合锅中,调整体积 1800L,加入 4kg 乳化剂 FM,温度 50℃。

在打浆锅中,放入水 1200L,加入氢氧化钠,升温到 100℃,加入 12.1kg 松香,煮沸到完全溶解透明,待用。在配料罐中放入冷水 400L,升温到 50℃,加入 129.4kg 氯化钡搅拌到全溶。

在搅拌下,将重氮盐溶液很快加入偶合液中,时间约 10min,偶合完成后 pH 值为 7,温度 34℃,用渗圈试验测定:2-萘酚微过量。待 pH 值达 7 并稳定后,继续搅拌 0.5h。升温到 85℃,继续搅拌 15min,加入溶好的松香皂溶液,加完后搅拌 15min。加入氯化钡溶液,检查 pH 值为 7。再升温到 85℃,保温到颜色转化变深,继续搅拌 0.5h。

③ 后处理　经泵将色浆打入压滤机，以自来水冲洗 4h，净度以硝酸银溶液检验，洗液与自来水近似为终点。滤饼装盘置干燥箱于 75℃ 下干燥，拼色达标准后，粉碎得成品。

（2）工艺二　将 3000L 水和 114kg 30% 盐酸加入重氮化反应锅中，再加入 487.3kg CLT 酸，搅拌过夜，次日加冰至 15℃，稀释至体积为 10000L，从液面下加入 288.6L 52.6% 亚硝酸钠溶液，反应 3h，温度为 15～18℃，最终体积为 1200L，得重氮盐溶液。

将 156.4kg 氢氧化钠加至 4000L 水中，温度 20℃。然后加入 326kg 2-萘酚使其溶解，稀释至总体积为 9000L，温度 20℃ 下，得偶合组分溶液。在 1～5min 内将重氮悬浮体从液面下迅速加到 2-萘酚偶合组分中，搅拌 1h 后，加入 300L 含有 50～55kg 乙酸的稀溶液，搅拌至反应物不含有过量的重氮盐，再搅拌 2h，过滤，得含量为 22% 的膏状物产品 4000～4200kg，相当于 800kg 干品颜料。

将 400kg 上述染料与 4000L 水搅拌过夜，次日稀释至 7000L，并用 200L 水稀释的 50kg 乙酸酸化直到对石蕊试纸呈酸性。物料悬浮体通过细筛投入含有 200kg 氯化钡的沸腾溶液中，温度为 100℃ 下，继续煮沸 2h，色淀化完毕，搅拌 2h，过滤，在 60～65℃ 干燥，研磨，得 490kg 金光红 C。

（3）工艺三（混合偶合工艺）　将 465.3kg CLT 酸和 22kg 吐氏酸通过常规工艺制得染料，取其 440kg 与水搅拌，将悬浮体过筛，在 95℃ 下将由 10kg 松香及 1.92kg 碳酸钠配成的 5% 澄清溶液加入，同时加入 205kg 氯化钡配制的溶液，温度 100℃。色淀化在 100℃ 下迅速完成，经过水洗、干燥、粉碎，得 530kg 金光红 C。其组成如下：

(96%)

(4%)

【质量标准】　（IIG 15-1106）

指标名称	油墨大红	橡胶大红 LC
色光		与标准品近似
着色力/%		为标准品的 100±5
吸油量/%	55±5	—
水分含量/%	≤1.5	≤1.5
水溶物含量/%	≤1.5	
挥发物含量/%	≤1.5	
耐晒性/级	4	
耐热性/℃	130	140(1h 不变)
耐酸碱性/级	4～5	
水渗透性/级	4	
油渗透性/级	4	
石蜡渗透性/级	5	
迁移性	—	不污染
细度(过 80 目筛余量)/%	≤5	≤5

【用途】　用于制造金光红色油墨、橡胶制品，还用于水彩颜料、蜡笔、铅笔等文教用品及塑料制品的着色，适用于聚氯乙烯、聚丙烯酸树脂、酚醛树脂、氨基树脂等塑料。

【生产单位】　上海染化一厂，上海染化十二厂，上海雅联颜料化工有限公司，上海油墨股份有限公司，天津市东鹏工贸有限公司，天津油墨厂，天津光明颜料厂，天津长虹颜料厂，杭州映山花颜料化工有限公司，上虞舜联化工有限公司，上虞市东海精细化工厂，杭州红妍颜料化工有限公司，杭州力禾颜料有限公司，浙江瑞安化工二厂，浙江杭州力禾颜料有限公司，浙江萧山江南颜料厂，常州北美化学集团有限公司，南通新盈化工有限公司，无锡新光化工有限公司，江苏常熟颜化厂，江苏句容着色剂厂，江苏句容染化厂，江苏句容有机化工厂，江苏吴江精细化工厂，江苏武进寨桥化工厂，江苏无锡红旗染化厂，江苏吴江平望长浜化工厂，江苏常熟树脂化工厂，石家庄市力友化工有限公司，昆山市中星染料化工有限公司，武汉恒辉化工颜料有限公司，甘肃甘谷油墨厂，山东龙口太行颜料有限公司，山东龙口化工颜料厂，山东蓬莱新光颜料化工公司，山东蓬莱颜料厂，山东蓬莱化工厂，河北衡水津深联营颜料厂，河北深州化工厂。

Cd005 C. I. 颜料红 53：2

【英文名】 C.I.Pigment Red 53：2；Benzenesulfonic Acid, 5-Chloro-2-[2-(2-hydroxy-1-naphthalenyl)diazenyl]-4-methyl-, Calcium Salt(2：1)

【登记号】 CAS［67990-35-6］；C.I. 15585：2

【结构式】

【分子式】 $C_{17}H_{12}ClN_2O_4S \cdot 1/2 Ca$

【分子量】 395.85

【性质】 为鲜艳的橙色。

【制法】 (1) δ 型颜料的制备 在室温，将 226 份 2-氨基-4-甲基-5-氯苯磺酸、2500 份水和 150 份 31% 盐酸混合，搅拌。在 20～25℃、30min 内加入 173 份 40% 亚硝酸钠溶液，加毕，在室温搅拌 1h，得重氮液。

150 份 2-萘酚溶于 1100 份 4% 氢氧化钠溶液，在室温和 60min 内将其加到重氮液中。用氢氧化钠调 pH 值为 8.0，加入 480 份氯苯和 76 份氯化钙。在常压用水蒸气蒸出氯苯，趁热过滤，滤饼用冷水洗，在 60℃ 干燥，得 400 份颜料产品，为 δ 型。

(2) γ 和 δ 型颜料的制备 在室温，将 226 份 2-氨基-4-甲基-5-氯苯磺酸、2500 份水和 150 份 31% 盐酸混合，搅拌。在 20～25℃、30min 内加入 173 份 40% 亚硝酸钠溶液，加毕，在室温搅拌 1h，得重氮液。

150 份 2-萘酚溶于 1100 份 4% 氢氧化钠溶液中，在室温和 60min 内将其加到重氮液中。用氢氧化钠调 pH 值为 8.0，加入 61 份氯化钙和 572 份由 84% 异丁醇和 16% 水组成的混合液。将该混合液加热至回流，蒸出异丁醇。加入水，趁热过滤，滤饼用水洗，在 60℃ 干燥，得 396 份颜料产品，为等量的 γ 和 δ 型的混合物。

(3) γ 型颜料的制备 在室温，将 226 份 2-氨基-4-甲基-5-氯苯磺酸、2500 份水和 150 份 31% 盐酸混合，搅拌。在 20～25℃、30min 内加入 173 份 40% 亚硝酸钠溶液，加毕，在室温搅拌 1h，得重氮液。

150 份 2-萘酚溶于 1100 份 4% 氢氧化钠溶液中，在室温和 60min 内将其加到重氮液中。用氢氧化钠调 pH 值为 8.0，加入 61 份氯化钙和在 500 份水中的溶液。将该混合液加热至回流，在 95℃ 搅拌 15min，然后冷却过夜。加入 2400 份异丁醇，回流加热（90℃）15min，最后蒸出异丁醇。在 60～80℃ 过滤，滤饼用冷水洗，在 60℃ 干燥，得 400 份颜料产品，为 γ 型。

（4）γ 型，并含有少量 α 型颜料的制备　在室温，将 226 份 2-氨基-4-甲基-5-氯苯磺酸、2500 份水和 150 份 31% 盐酸混合，搅拌。在 20～25℃、30min 内加入 173 份 40% 亚硝酸钠溶液，加毕，在室温搅拌 1h，得重氮液。

150 份 2-萘酚溶于 1100 份 4% 氢氧化钠溶液，在室温和 60min 内将其加到重氮液中。用氢氧化钠调 pH 值为 8.0，加入 61 份氯化钙和在 500 份水中的溶液。将该混合液加热至回流，在 95℃ 搅拌 15min。趁热过滤，滤饼用水洗至无氯，得 630 份滤饼，该滤饼为 α 型的颜料产品。将该滤饼和 2130 份水混合，搅拌，加入 1200 份异丁醇，回流加热（90℃）15min。蒸出异丁醇，在 60～80℃ 过滤。滤饼用水洗，在 60℃ 干燥，得 188 份颜料产品，为 γ 型，并含有少量 α 型。

【用途】　作为电子照相的显色剂、涂料、塑料等的着色剂。

Cd006　颜料红 68

【英文名】　Pigment Red 68
【登记号】　CAS［5850-80-6］；C. I. 15525
【别名】　C. I. 颜料红 68；PV Red NCR；Permanent Red Toner NCR
【分子式】　$C_{17}H_9ClN_2O_6SCa$
【分子量】　444
【结构式】

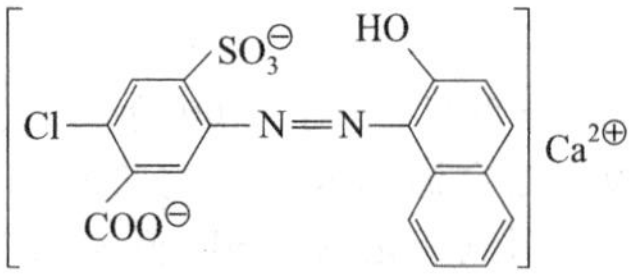

【质量标准】

外观	深红色粉末
色光	与标准品近似
着色力/%	为标准品的 100±5
水分含量/%	≤2.5
细度(过 80 目筛余量)/%	≤5

【性质】　本品为深红色粉末。属 2-萘酚类单偶氮颜料。耐热性优良，耐旋光性良好，耐迁移性好。

【制法】　1. 生产原理

2-氯-5-氨基-4-磺酸基苯甲酸（CA 酸）重氮化后与 2-萘酚偶合，再与氯化钙发生色淀化得颜料红 68。

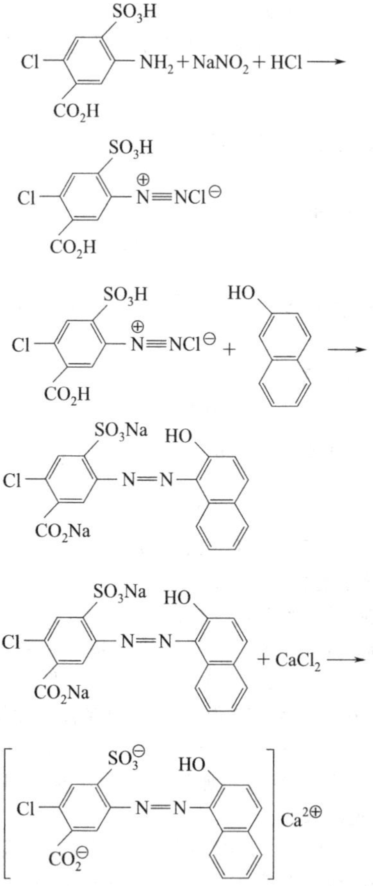

2. 工艺流程

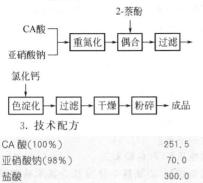

3. 技术配方

CA 酸(100％)	251.5
亚硝酸钠(98％)	70.0
盐酸	300.0
2-萘酚(100％)	144.0
氯化钠	1143.0
硅藻土	10.0
无水氯化钙	170

4. 生产工艺

(1) 重氮化　在重氮化反应锅中，往 800L 水中加入 115L 33％氢氧化钠溶液，再加入 252kg CA 酸含水的膏状物，溶液 pH 值为 7.0，加入 131L 40％亚硝酸钠溶液及 10kg 硅藻土混合物，过滤，将滤液加至 500L 水和 600L 5mol/L 盐酸及 300kg 冰的溶液中，温度 7~10℃，反应 45min，重氮悬浮液用 350L 水稀释，温度 10℃下，得重氮盐溶液。

(2) 偶合　在 25℃下向含有 950L 33％氢氧化钠的 3000L 水中加入 150kg 2-萘酚，搅拌 0.5h 直至全溶，稀释至体积为 5200L，得偶合组分。

在 45min 内从偶合液液面下加入重氮盐的悬浮体，生成的染料几乎完全转入溶液，搅拌 15min，并在 2h 内加入含有 413kg 氯化钠的 1300L 水溶液，盐析，搅拌过夜，过滤，制得膏状物 1200~1300kg。

(3) 色淀化　在色淀化反应锅中，将上述膏状物加至 1800L 水中，加热至 60℃搅拌溶解。温度为 54℃时加入 10kg 硅藻土，过滤，体积为 2500L，温度

44℃，加冰至 29℃。

在另一容器中加水 1500L，170kg 无水氯化钙及 700kg 氯化钠，体积为 2700L，在 18℃下澄清过滤，然后加入 3.5kg 冰醋酸，在 40min 内加入上述染料溶液，温度为 24℃。加热至 70℃，保持 15min，过滤，在 55~60℃下干燥，得产品颜料红 68 200kg。

【用途】　用于油漆、油墨、油彩颜料的着色。

【生产单位】　江苏泰州化工厂，江苏南京东善化工厂，天津油漆厂，上海染料化工十二厂，安徽芜湖市染料化工厂，福建仙游县红星化工厂，江西进贤里渡镇化工厂，山东济南市油墨厂，广东广州染料化工厂，甘肃甘谷县油墨厂，重庆江南化工有限公司，石家庄市红卫颜料厂。

Cd007　C. I. 颜料红 99

【英文名】　C. I. Pigment Red 99；Benzenesulfonic Acid，3-[(2-Hydroxy-1-naphthalenyl)azo]-2-methyl-，Barium Salt(1∶1)；C. I. Pigment Red 99，Barium Salt(2∶1)(8CI)；Ext D and C Red No.12；Orange R；Pigment Red 99；Royal Scarlet

【登记号】　CAS [5850-85-1]；C. I. 15570

【结构式】

$$\left[\begin{array}{c} ^-O_3S \end{array} \underset{CH_3}{\underset{}{}} \underset{N=N}{} \underset{}{\overset{HO}{}} \right] 1/2Ba^{2+}$$

【分子式】　$C_{17}H_{13}N_2O_4S \cdot 1/2Ba$

【分子量】　410.03

【性质】　红色粉末。

【制法】　2-甲基-3-氨基苯磺酸重氮化后，和 2-萘酚偶合，再经氯化钡处理后，干燥，粉碎，得产品。

$$HO_3S \underset{CH_3}{\underset{}{}} NH_2 \xrightarrow[HCl]{NaNO_2}$$

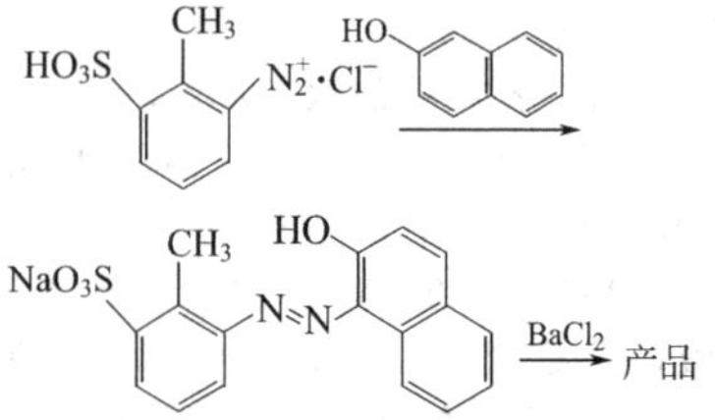

【用途】 用于油墨、塑料的着色。

Cd008 C. I. 颜料红117

【英文名】 C. I. Pigment Red 117；Benzenesulfonic Acid，5-Chloro-2-[（2-hydroxy-1-naphthalenyl）azo]-4-（1-methylethyl）-，Barium Salt（2∶1）；C. I. Pigment Red 117，Barium Salt（2∶1）（8CI）；Pigment Red 117；Vista Red；Xenia Red

【登记号】 CAS［10142-77-5］；C. I. 15603

【结构式】

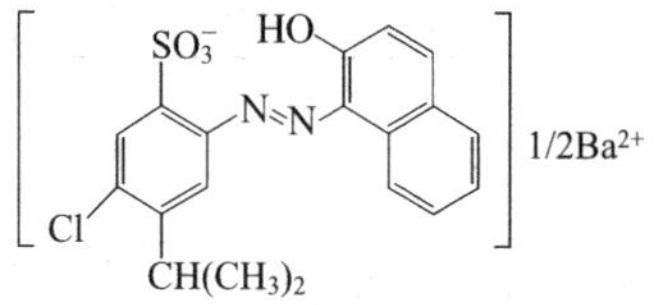

【分子式】 $C_{19}H_{16}N_2O_4ClS \cdot 1/2Ba$

【分子量】 472.53

【性质】 红色粉末。

【制法】 2-氨基-4-异丙基-5-氯苯磺酸重氮化后，和2-萘酚偶合，再经氯化钡处理后，干燥，粉碎，得产品。

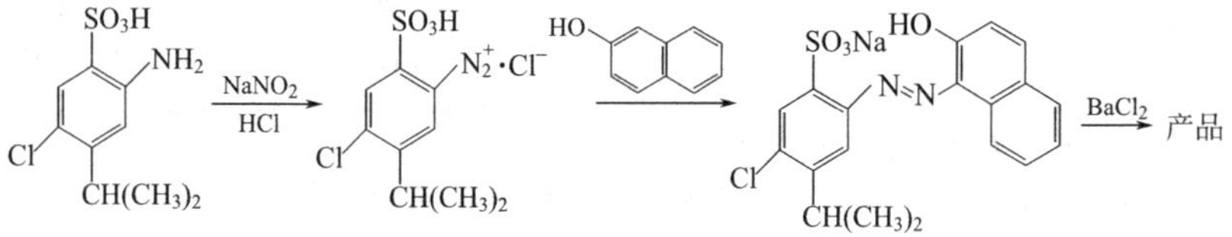

【用途】 用于油墨、塑料的着色。

Cd009 颜料黄光艳红 BL

【英文名】 Pigment Yellowish Brilliant Red BL

【别名】 5915 大红

【结构式】

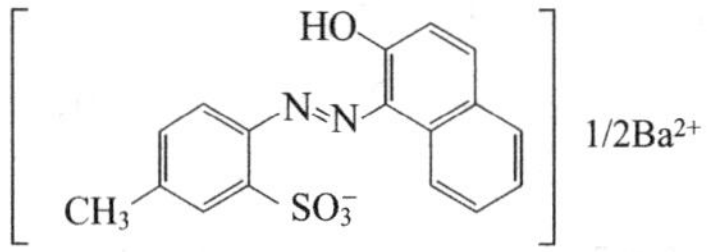

【分子式】 $C_{17}H_{13}N_2O_4S \cdot 1/2Ba$

【分子量】 410.03

【性质】 艳黄光红色粉末。不溶于乙醇。耐晒性、耐热性、耐酸性、耐碱性和水渗性良好。

【制法】 4-甲基苯胺-2-磺酸重氮化，与2-萘酚在弱碱性介质中偶合，再加入氯化钡溶液转化为钡盐色淀。

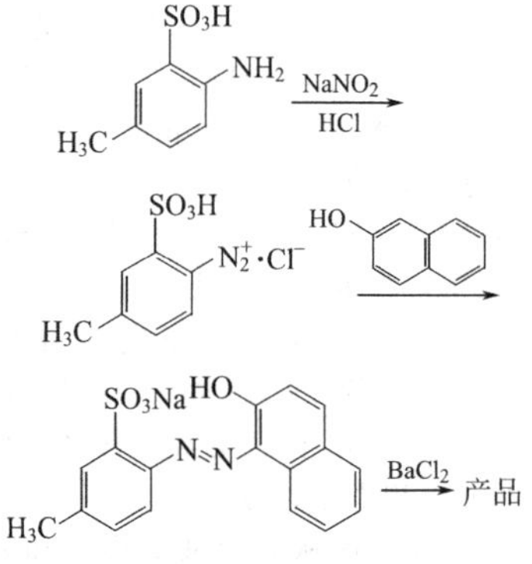

【质量标准】

指标名称	指标
外观	艳黄光红色
色光	与标准品近似
着色力/%	为标准品的 100 ± 5
耐晒性	良好
耐热性	良好
耐酸性（5% HCl）	良好
耐碱性（5% Na_2CO_3）	良好

【消耗定额】

原料名称	单耗/(kg/t)
4B 酸	390
2-萘酚	307

【安全性】　20kg 木桶或铁桶包装，内衬塑料袋。

【用途】　主要用于涂料和油墨的着色。

【生产单位】　上海染化一厂。

色酚 AS 类颜料

Ce

Ce001 黄光大红粉

【英文名】 Yellowish Scarlet Powder

【登记号】 CAS［6041-94-7］；C. I. 12310

【别名】 C. I. 颜料红 2；永固红 FRR (Permanent Red FRR)；永固大红 F2R；Confast Red 2R (SCC)；Irgalite Paper Red G (CGY)；Monolite Fast Red 2RV (ICI)；Permanent Red FEN (GAF)；Permanent Red FRR (FH)；Segnale Light Red F2R (Acna)；Sango Red GGS；Sicofil Red 3752；Unisperse Red FBN-PI；Unisperse Red FB-P

【分子式】 $C_{23}H_{15}Cl_2N_3O_2$

【分子量】 436.29

【结构式】

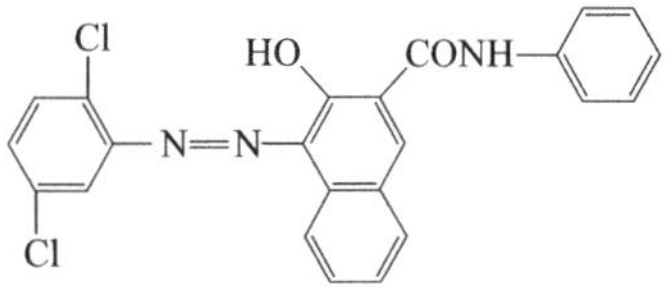

【质量标准】

外观	黄光红色粉末
色光	与标准品相似
着色力/%	为标准品的 100±5
吸油量/%	45±5
水分含量/%	≤1
细度(过 80 目筛余量)/%	≤5
耐晒性/级	7
耐热性/℃	180
水渗透性/级	5
油渗透性/级	5

【性质】 本品为黄光红色粉末。在浓硫酸中为红光紫色，稀释后为橙红色。遇浓硝酸为蓝光大红色，遇氢氧化钠不变色。熔点 310～311℃。耐热稳定到 180℃。

【制法】

1. 生产原理

2,5-二氯苯胺重氮化后，与色酚 AS 偶合得到黄光大红粉。

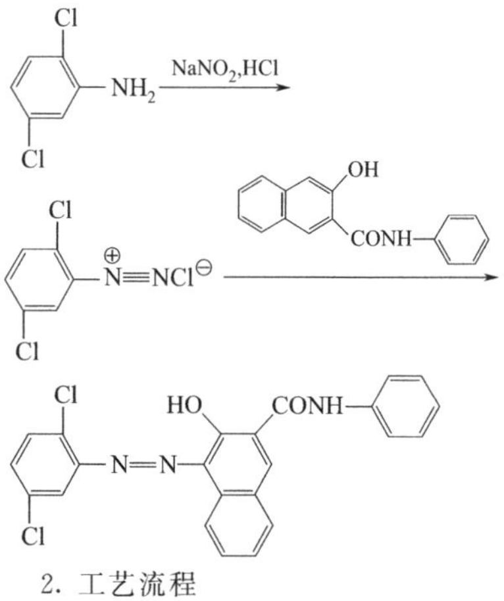

2. 工艺流程

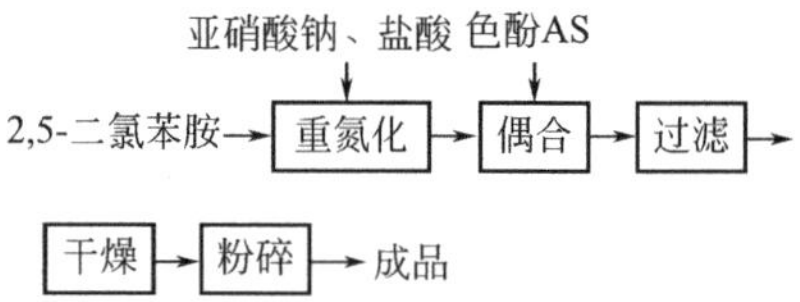

3. 技术配方

2,5-二氯苯胺	405
盐酸（30%）	1000
亚硝酸钠（98%）	175
色酚 AS	655

4. 生产工艺

（1）工艺一　将 324kg 2,5-二氯苯胺加至 1600L 5mol/L 盐酸中，搅拌过夜。调整体积至 7000L，冷却至 −2℃。加入 262L 亚硝酸钠溶液（大部分迅速加入，最后几升缓慢加入），应使亚硝酸钠溶液稍微过量，以保证 2,5-二氯苯胺完全重氮化。使温度降至 0℃，体积为 10700L。加入 15kg 硅藻土，过滤。

在溶解锅中加入 5000L 水及 440L 33%氢氧化钠溶液，加热至 95℃。加入 600kg 色酚 AS，待其完全溶解后，加入 4000L 水和适量的冰，使之冷却到 20℃，调整体积为 16000L。加入 120L 33%氢氧化钠，并在 2～2.5h 内加入 40kg 乙酸钠，搅拌 1h，加乙酸溶液至呈酸性，加热至 90℃，保持 15min，过滤，得 880kg 黄光大红粉。

（2）工艺二　将 162kg 2,5-二氯苯胺于 40℃下加入 187L 乙酸使其溶解，然后加到 800L 5mol/L 盐酸和 2500L 水的温度为 20℃的混合液中，再加 1750kg 水使温度降到 −2℃，将亚硝酸钠 69kg 配成 56.5%的溶液，在 1min 内快速加入，进行重氮化，稀释至总体积为 5000L，加入 5kg 硅藻土，在 0℃下搅拌至呈透明溶液，过滤，得重氮盐溶液。

向 5000L 水中加入 80.9kg 氢氧化钠，搅拌溶解后快速加入 278kg 色酚 AS，再加入 8700L 80℃水和 789kg 碳酸钙，加入后升温至 85℃，稀释至总体积为 15000L，得偶合组分。

搅拌下将重氮液在 85℃下，1.5h 内加入偶合组分中，继续搅拌 0.5h，用 117kg 30%盐酸配成 5mol/L 的溶液，慢慢加入偶合液中，直用刚果红试纸测定

呈弱酸性，过滤，水洗，在 55℃下干燥，得 432kg 黄光大红粉。

【用途】　主要用于油漆、油墨、醇酸树脂漆、硝基漆和乳化漆的着色，也用于纸张、漆布、塑料、橡胶的着色，还用于黏胶纤维的原浆着色。

【生产单位】　天津市东鹏工贸有限公司，天津光明颜料厂，杭州映山花颜料化工有限公司，杭州新晨颜料有限公司，浙江胜达祥伟化工有限公司，杭州红妍颜料化工有限公司，杭州力禾颜料有限公司，上虞舜联化工有限公司，常州北美化学集团有限公司，南通新盈化工有限公司，无锡新光化工有限公司，山东龙口太行颜料有限公司，武汉恒辉化工颜料有限公司。

Ce002　坚固洋红 FB

【英文名】　Fast carmine FB；Irgalile Carmine FB

【登记号】　CAS [6410-41-9]；C. I. 12490

【别名】　C. I. 颜料红 5；永固桃红 FB；3107 永固桃红 FB（Permament Carmine FB，Segnalc Light Red FB）

【分子式】　$C_{30}H_{37}ClN_4O_7S$

【分子量】　627.11

【结构式】

【质量标准】

外观	艳红色粉末
色光	与标准品近似
着色力/%	为标准品的 100±5
水分含量/%	≤2.0
水溶物含量/%	≤1.5
吸油量/%	40～50
细度（过 60 目筛余量）/%	≤5.0
耐热性/℃	130～140

耐晒性/级	6～7
耐酸性/级	5
耐碱性/级	4～5
水渗透性/级	5
乙醇渗透性/级	4
石蜡渗透性/级	5
油渗透性/级	4

【性质】 本品为艳红色粉末。色光鲜艳，耐晒性和耐热性良好。熔点306℃。相对密度1.40～1.44，吸油量45～71g/100g。不溶于水，微溶于丙酮，易溶于乙醇。

【制法】

1. 生产原理

由3-氨基-4-甲氧基-N,N-二乙基苯磺酰胺（红色基ITR）经重氮化后，与N-(2-羟基-3-萘甲酰基)2,4-二甲氧基-5-氯苯胺（色酚AS-ITR）偶合而制得。

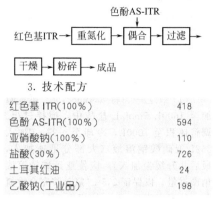

2. 工艺流程

色酚AS-ITR

红色基ITR → 重氮化 → 偶合 → 过滤

干燥 → 粉碎 → 成品

3. 技术配方

红色基 ITR(100%)	418
色酚 AS-ITR(100%)	594
亚硝酸钠(100%)	110
盐酸(30%)	726
土耳其红油	24
乙酸钠(工业品)	198

4. 生产工艺

（1）工艺一 将250kg水、33kg30%盐酸加入带有搅拌、加热和冷却装置的重氮化反应锅中，加热升温至65～70℃，加入19.35kg100%红色基ITR，搅拌使色基全部溶解。加水冷却，使物料降温至5℃，调整物料总体积至490L。然后由液面下加入30%亚硝酸钠溶液（由5.175kg100%亚硝酸钠配成），重氮化反应2h，维持温度10～12℃。待刚果红试纸呈深蓝色，淀粉碘化钾试纸呈微蓝色时为反应终点。重氮化反应完成后，向反应液中加入乙酸钠（将8.6kg工业品乙酸钠溶于40kg水中），调整物料总体积至600L，维持温度4～7℃，静置1～2h，将温度8℃，pH值为1.5～2的上清液送入偶合反应锅中。

在贮槽中加水及20.10kg 30%氢氧化钠溶液、1.35kg 40%土耳其红油，物料总体积为400L。加热升温至100℃，加入26.81kg 100%色酚AS-ITR，搅拌，使色酚AS-ITR全部溶解。然后加入400kg 50℃温水，将物料稀释降温至80℃，过滤，调整滤液总体积为900L，温度33℃，将配制好的色酚AS-ITR溶液放入偶合锅中，流入时间为20min左右，使其与重氮液进行偶合反应。偶合反应终点检验H酸呈红色。反应液pH值为4.8～5.1，温度22～23℃，搅拌

1h，加热至 80℃，加入匀染剂 O（0.75kg 匀染剂 O 溶于 20kg 热水中），保温 76～80℃，搅拌 1.5h，pH 值为 4.5 加冷水降温至 60℃。将反应物料进行压滤，漂洗滤饼，将产品置于 60～65℃ 干燥箱中干燥，粉碎后包装即得成品。

（2）工艺二 将 1200L 水、120kg 30% 盐酸加入重氮化反应锅中，再加入 368.5kg 70% 红色基 ITR，使红色基 ITR 溶解，冷却至 10℃。在 10～12℃ 下用 69kg 亚硝酸钠配成 40% 的溶液进行重氮化，1h 后过滤，稀释至总体积为 1500L，在偶合前加入 310kg 乙酸钠，反应物对刚果红试纸显弱酸性，加 6kg 乳化剂 FM（油溶性），得重氮盐溶液。

将 374kg 色酚 AS-ITR 加至 175kg 37.5% 氢氧化钠溶液与 6000L 水中，并与 5kg 乳化剂 FM 一起搅拌，加热至沸腾，加 2500L 水，总体积为 10000L，得偶合组分溶液。

将色酚 AS-ITR 溶液快速地从重氮液液面下加入，然后搅拌 1h，并尽可能快地加热至沸腾，保持 0.5h，过滤，水洗，在 60～65℃ 下干燥，得 625kg 坚固洋红 FB。

【用途】 用于油漆、油墨、涂料、喷漆、涂料印花、塑料、橡胶、乳胶和纸张的着色。

【生产单位】 天津市东鹏工贸有限公司，天津光明颜料厂，杭州亚美精细化工有限

公司，浙江上虞舜联化工公司，南通新盈化工有限公司，上海染化十二厂。

Ce003 永固红 F4RH

【英文名】 Permanent Rubine F4RH

【登记号】 CAS [6471-51-8]；C. I. 12420

【别名】 C. I. 颜料红 7；Naphthol Red F4RH

【分子式】 $C_{25}H_{19}Cl_2N_3O_2$

【分子量】 464

【结构式】

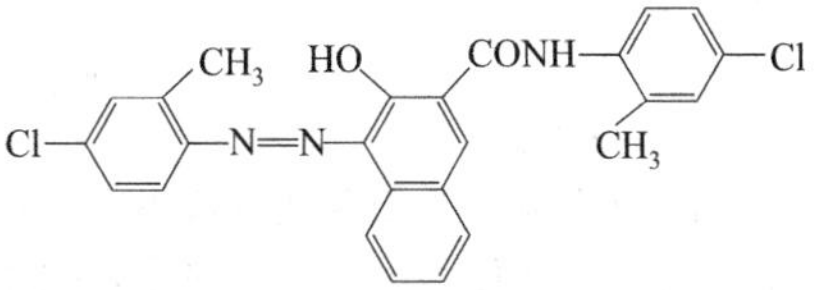

【质量标准】

外观	红色粉末
色光	与标准品近似
着色力/%	为标准品的 100±5
水分含量/%	≤2.5
细度（过 80 目筛余量）/%	≤5

【性质】 本品为红色粉末，色泽较鲜艳。熔点 281～285℃，相对密度 1.46～1.49，吸油量 45～92g/100g。

【制法】

1. 生产原理

5-氯-2-氨基甲苯重氮化后，与色酚 AS-TR 偶合，经后处理得永固红 F4RH。

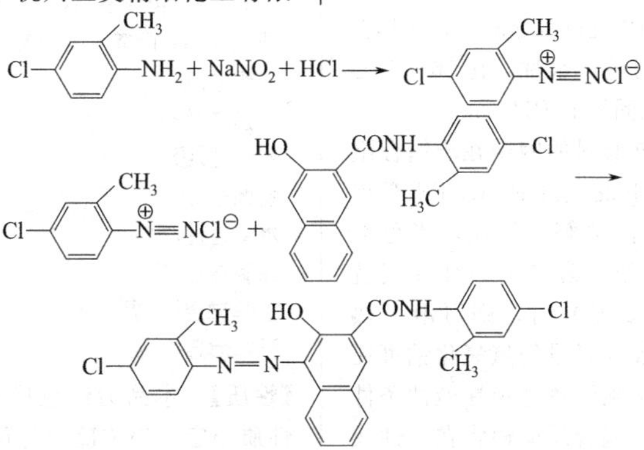

2. 工艺流程

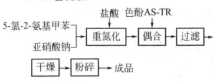

3. 技术配方

5-氯-2-氨基甲苯(100%计)	141.5
亚硝酸钠(98%)	70.0
色酚 AS-TR	311.5
盐酸(30%)	200.0
氢氧化钠(98%)	53.0
冰醋酸	94.0

4. 生产工艺

（1）重氮化　在重氮化反应锅中，将169.8kg 5-氯-2-氨基甲苯与水混合，搅拌过夜。次日与240kg 30%盐酸混合，用冰水稀释降温至 0℃，用206kg 40%亚硝酸钠溶液在 15min 内从液面下加入，进行重氮化，终点到达后过滤，得重氮盐溶液。

（2）偶合　在溶解锅中，将396kg 色酚 AS-TR 在 90℃溶于 63.2kg 氢氧化钠配成的 33%碱溶液中，用水稀释，加冰冷却至 20℃，再以 113kg 冰醋酸酸化，析出沉淀，悬浮液为偶合组分。

在20℃下将重氮液自液面下加入色酚 AS-TR 悬浮体中，反应温度为 20℃偶合完毕，反应物为碱性，并且无重氮盐被检出，用盐酸酸化至对刚果红试纸显酸性，加热至95℃，保温 2h，过滤，水洗，在 50～55℃下干燥，得产品永固红 F4RH565kg。

说明：制备该颜料的困难在于偶合组分的溶解。一般来说，色酚 AS-TR 必须用乙醇-水的混合液溶解。然而，当色酚 AS-TR 形成二钠盐（第二个酸性基团就是烯醇形式的酰氨基）时，则可溶于热水。因此，一般加入过量的氢氧化钠可使其溶于热水，但必须注意避免在碱性条件下酰氨基的水解。偶合反应通常在中性或弱酸性条件下进行。

【用途】　用于油漆、油墨及油彩颜料的着色。

【生产单位】　南通新盈化工有限公司，天津市东鹏工贸有限公司，天津光明颜料厂，杭州亚美精细化工有限公司，浙江上虞舜联化工公司，上海染化十二厂。

Ce004　永固红 F4R

【英文名】　Permanent Red F4R

【登记号】　CAS［6410-30-6］；C. I. 12335

【别名】　C. I. 颜料红 8；3005 颜料永固红 F4R；Irgalite Rednent Red F4R（FH）；Monolite Red 4R（ICI）

【分子式】　$C_{24}H_{17}N_4O_4Cl$

【分子量】　460.87

【结构式】

【质量标准】（HG 15-1128）

色光	与标准品近似
着色力/%	为标准品的 100±5
吸油量/%	50±5
水分含量/%	≤1.5
水溶物含量/%	≤1.5
105℃挥发物含量/%	≤2.0
细度(过 80 目筛余量)/%	≤5
耐热性/℃	90
耐晒性/级	5
耐酸性/级	5
耐碱性/级	1
水渗透性/级	4.5
油渗透性/级	1～2
乙醇渗透性/级	5
石蜡渗透性/级	5

【性质】　本品为红色粉末。色泽较鲜艳，性质稳定。遇浓硫酸为黄光大红色，稀释

后大红色沉淀，遇浓硝酸为蓝光大红色，遇氢氧化钠不变色。耐晒性一般，耐碱性较好。

【制法】

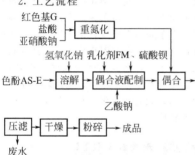

2. 工艺流程

红色基G
盐酸 → 重氮化
亚硝酸钠

氢氧化钠　乳化剂FM、硫酸钡

色酚AS-E → 溶解 → 偶合液配制 → 偶合

乙酸钠

压滤 → 干燥 → 粉碎 → 成品

废水

3. 技术配方

原料名称	相对分子质量	工业纯度/%	用量/kg
红色基 G	152	90	51
盐酸	36.5	30	154
亚硝酸钠	69	96	21.6
色酚 AS-E	297.5	98.8	94.83
氢氧化钠	40	96	39.1
乙酸	60	98	18.4
碳酸钠	106	96	18.2
氯化钡	244.4	98	12.5
硫酸钠	142	96	7.4
乳化剂 FM	—	10	6
盐酸	36.5	30	58.4

1. 生产原理

红色基 G（间硝基邻甲苯胺）和亚硝酸重氮化后与色酚 AS-E 偶合，过滤，干燥，粉碎后得永固红 F4R。

4. 生产设备

重氮化反应锅，溶解锅，偶合锅，压滤机，干燥箱，粉碎机。

5. 生产工艺

（1）工艺一

① 重氮化　向重氮化反应锅中加入 300L 水，加盐酸，调整水量至 540L，加温至 70℃，加入 51kg 90％红色基 G，搅拌至全部溶解。

加冰水调整体积到 2700L，温度 0℃，搅拌下将 21.6kg 亚硝酸钠配成的 35％溶液在 3～5min 内加入红色基 G 溶液中，快加完时减慢加料速度，用淀粉碘化钾试纸测试终点，应呈微蓝色，温度应在 3℃以下，pH 值为 1。

② 偶合　在溶解锅内加入 39.1kg 氢氧化钠和水 90L，加热到 90～95℃，加入 94.83kg 色酚 AS-E，搅拌到全溶透明，继续搅拌 15min，放入偶合锅内，调整总体积 3300L，温度 40℃。将 18.4kg 冰醋酸加 5 倍水稀释，搅拌后加入以 8 倍水溶解的 18.2kg 碳酸钠的水溶液中，控制终点 pH 值稳定为 8，加入偶合液中。

以 7 倍水溶解 12.5kg 氯化钡，40℃搅拌下加入 12.5kg 硫酸钠溶液（10 倍水，40℃溶解），生成白色硫酸钡沉淀。加完后继续搅拌 5min 后，升温到 80℃，澄清，吸弃母液水后，将沉淀物加入偶合组分中。

将 10％乳化剂 FM 溶液 60kg，加入偶合液中，调整偶合液总体积为 3900L，40℃。搅拌下将重氮液在 3～5min 内加到偶合液液面下，继续搅拌 15min，pH 值 7～8，并做渗圈试验检查偶合情况及 pH 值，H 酸测试不应显红色，即重氮组分不应过量。若重氮组分过量，应酌情补加色酚 AS-E，若 pH 值超过规定范围，用稀酸或稀碱调整 pH 值 7～8，稳定后，加入稀盐酸调整 pH 值为 2，并升温 95℃，保温 1h，放水稀释，偶合过程结束。

③ 后处理　将偶合物料用泵或压缩空气打入压滤机，除去母液水后，用自来水冲洗，以硝酸银检查终点与自来水近似为冲洗完毕。滤饼装盘于 75℃下干燥。根据检验颜色色光，确定干燥时间。干粉经检验后，拼混粉碎成成品。

（2）工艺二　将 182kg 红色基 G 与 480kg 30％盐酸搅拌过夜，用水稀释至 4000L；用冰冷却至 0℃，在 20min 内用 208kg 40％亚硝酸钠溶于液面下进行重氮化，反应终点到达后，过滤，得重氮盐溶液。

将 375kg 色酚 AS-E 在 95℃下溶于 798kg 33％热的氢氧化钠溶液中，过滤投入偶合锅中，以冰水混合物冷却至 40℃，然后加入 151kg 冰醋酸，对酚酰呈弱碱性，得偶合组分溶液。

在 40℃下进行偶合反应，然后用 500kg 30％盐酸酸化至对刚果红试纸显微蓝色，加热至 95℃，过滤、洗涤，在 65℃下进行干燥，研磨，得 540kg 永固红 F4R。

【用途】　主要用于油墨、纸张、漆布、化妆品、油彩、铅笔、粉笔、火漆等着色，也用于人造革及塑料着色。

【生产单位】　上海染化十二厂，上海油墨股份有限公司，天津市东鹏工贸有限公司，天津油墨厂，天津光明颜料厂，瑞基化工有限公司，杭州映山花颜料化工有限公司，浙江瑞安化工二厂，浙江杭州力禾颜料有限公司，浙江萧山江南颜料厂，浙江萧山前进颜料厂，浙江瑞安化工厂，浙江瑞安太平洋化工厂，Hangzhou Union pigment Corporation，杭州红妍颜料化工有限公司，上虞舜联化工有限公司，石家庄市力友化工有限公司，武汉恒辉化工颜料有限公司，杭州力禾颜料有限公司，甘肃甘谷油墨厂，河北深县化工厂，常州北美化学集团有限公司，江苏宜兴茗岭精细化工厂，江苏句容染化厂，山东蓬莱新光颜料化工公司，山东龙口太行颜料有限公司，山东龙口太行颜料化工厂，江苏武进寨桥化工厂，河北深州化工厂，江苏邗江精细化工厂，河北深州津深联营颜料厂，江苏无锡新光化工公司，南通新盈化工有限公司，无锡新光化工有限公司，安徽黄山颜料厂。

Ce005　永固红 FRLL

【英文名】　Permanent Red FRLL
【登记号】　CAS [6410-38-4]；C. I. 12460
【别名】　C. I. 颜料红 9；Naphthol Red FR-LL；Irgalite Scarlet GRL；Monolite Red LF；Monolite Red LFHD；Segnale Light Red F2F
【分子式】　$C_{24}H_{17}Cl_2N_3O_3$
【分子量】　466.320
【结构式】

【质量标准】

外观	黄光红色粉末
色光	与标准品近似
着色力/%	为标准品的 100±5
水分含量/%	≤2.5
细度(过 80 目筛余量)/%	≤5
耐晒性/级	6~7
耐热性/℃	140
耐酸性(5% HCl)/级	4~5
耐碱性(5%,Na_2CO_3)/级	4~5

【性质】 本品为黄光红色粉末。耐晒性能较好,耐热性能一般,耐溶剂性能较差。熔点 276~280℃。相对密度 1.43~1.46。吸油量 45~70g/100g。

【制法】

1. 生产原理

2,5-二氯苯胺重氮化后与色酚 AS-OL 偶合,经后处理得永固红 FRLL。

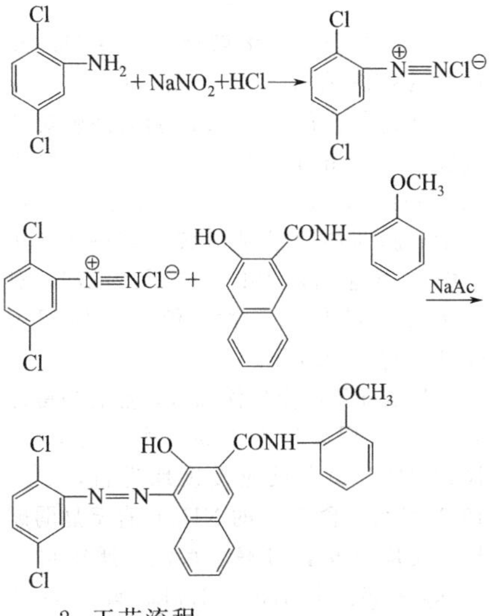

2. 工艺流程

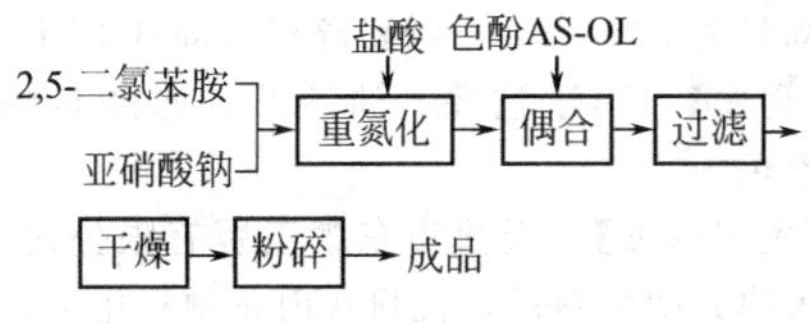

3. 技术配方

2,5-二氯苯胺(100%)	162
盐酸(30%)	398
亚硝酸钠(98%)	70
色酚 AS-OL	315
氢氧化钠	80
冰醋酸	120

4. 生产工艺

(1)重氮化 在重氮化反应锅中,将 196kg 2,5-二氯苯胺与 960L 5mol/L 盐酸和冰一起搅拌过夜,次日再加冰,并从液面下快速(数分钟内)加入 157L 40%亚硝酸钠溶液进行重氮化,反应温度不高于 5℃,游离的亚硝酸微量存在,加入少量轻质碳酸钙,稀释至总体积为 4000L,过滤,得重氮盐溶液。

(2)偶合 在溶解锅中,将 378kg 色酚 AS-OL 在 40℃下溶解于 96kg 氢氧化钠、36kg 环烷酮及 5400L 水中,降温至 37℃,并保温 2h,然后加冰至 5℃,加入 144kg 冰醋酸用 300L 水稀释的乙酸溶液,搅拌 20min,然后在 40min 内加热至 30℃,得偶合组分。

在 2h 内将重氮液加入偶合组分中,偶合温度保持在 30℃,搅拌 0.5h,过滤、洗涤,在 40℃下干燥 50h,得永固红 FRLL 540kg。

【用途】 用于油墨和油漆着色。

【生产单位】 杭州映山花颜料化工有限公司,天津光明颜料厂。

Ce006 **永固红 FRL**

【英文名】 Permanent Red FRL

【登记号】 CAS [6410-35-1];C. I. 12440

【别名】 C. I. 颜料红 10;Naphthol Red FRL

【分子式】 $C_{24}H_{17}Cl_2N_3O_2$

【分子量】 450.32

【结构式】

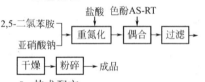

【质量标准】

外观	红色粉末
色光	与标准品近似
着色力/%	为标准品的 100±5

水分含量/%	≤2
吸油量/%	45±5
细度(过 80 目筛余量)/%	≤5

【性质】 本品为红色粉末。熔点 295～231℃。相对密度 1.40～1.45。吸油量 45～70g/100g。

【制法】

1. 生产原理

2,5-二氯苯胺重氮化后与色酚 AS-RT 偶合，经后处理得永固红 FRL。

2. 工艺流程

3. 技术配方

2,5-二氯苯胺(100%)	162
盐酸(30%)	498
亚硝酸钠(98%)	70
色酚 AS-RT	292
氢氧化钠(98%)	75

4. 生产工艺

（1）重氮化 在重氮化反应锅中，将 32.4kg 2,5-二氯苯胺与 60L 水及 98kg 30%盐酸搅拌过夜。次日加冰，将 13.8kg 亚硝酸钠溶于 20L 水中的溶液快速加入进行重氮化，反应温度为－5～5℃，反应完毕不应有过量的亚硝酸存在，加入 132L 30%乙酸钠溶液，稀释至体积为 800L，加入 1kg 活性炭，过滤，得重氮盐溶液。

（2）偶合 在溶解锅中，将 58.4kg 色酚 AS-RT 在 80～90℃下溶于 45.5kg 33%氢氧化钠溶液、1.2kg 脂肪酸磺烷基酰胺（Igapon T）及 400L 水中，加入 2kg 活性炭，过滤，滤液冷却至 3℃，加入 4kg 脂肪酸磺烷基酰胺（溶解于 50L 水中），快速加入 45L 盐酸析出沉淀，对刚果红试纸显弱酸性，稀释至体积为 900L，得偶合组分。

从液面下将重氮液加入，然后慢慢加入 25kg 苯甲酸钠溶于 50L 水中的溶液，搅拌 24h，偶合反应慢慢地进行，加入 100L 氨水（含 24%的 NH_3）直至显弱碱性，反应完毕，过滤、水洗。滤饼再与 2.3kg 扩散剂 NNO、1.9kg 碳酸钠及 2.1kg 冰混合，得膏状产品 401kg，其含固量为 20%。经干燥粉碎得永固红 FRL。

【用途】 用于油漆、油墨及油彩颜料的着色。

【生产单位】 天津市东鹏工贸有限公司，天津光明颜料厂、杭州映山花颜料化工有限公司，上虞市东海精细化工厂，浙江萧山江南颜料厂，上海染化一厂，甘肃甘谷油墨厂，山东龙口太行颜料化工公司，常州北美化学集团有限公司，南通新盈化工有限公司，河北安平化工集团公司，河北深州化工厂。

Ce007 C.I. 颜料红 11

【英文名】 C.I.Pigment Red 11；2-Naphthalenecarboxamide，N-(5-Chloro-2-methylphenyl)-4-[2-(5-chloro-2-methyl-phenyl)diazenyl]-3-hydroxy-

【登记号】 CAS [6535-48-4]；C.I.12430

【别名】 Irgalite Rubine FBS；Irgalite Rubine FBX；Monolite Fast Rubine FBH；Monolite Fast Rubine FBHV；Permanent Rubine FBH；Silosol Rubine FBHN；Siloton Rubine FBH；Syton Fast Rubine FBH

【结构式】

【分子式】 $C_{25}H_{19}N_3O_2Cl_2$

【分子量】 464.35

【性质】 红色粉末。

【制法】 2-甲基-5-氯苯胺重氮化后，和色酚 AS-KB 偶合，经颜料化处理，干燥，粉碎，得产品。

用于涂料、油墨、塑料等的着色。

【用途】 用于涂料、油墨、塑料等的着色。

Ce008 永固枣红 FRR

【英文名】 Permanent Bordeaux FRR

【登记号】 CAS [6410-32-8]；C. I. 12385

【别名】 C. I. 颜料红 12；色酚枣红 FRR (Naphthol Bordeaux)；紫红 F2R，591 紫红；Irgalite Bordeaux F2R；Monolite Rubine 2R

【分子式】 $C_{25}H_{20}N_4O_4$

【分子量】 440.45

【结构式】

【质量标准】

外观	蓝光红色粉末
色光	与标准品近似±5
水分含量/%	≤2
细度(过 80 目筛余量)/%	≤5
耐晒性/级	7～8
耐热性/℃	140

【性质】 本品为蓝光红色粉末。熔点 292℃。遇浓硝酸为大红色溶液；遇浓硫酸为红紫色，稀释后呈红色沉淀；遇氢氧化钠不变色。

【制法】

1. 生产原理

红色基 RL（间硝基邻氨基甲苯）重氮化后，与色酚 AS-D 偶合，经后处理得永固枣红 FRR。

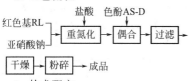

2. 工艺流程

红色基RL ─┐
                ├→ [重氮化] → [偶合] → [过滤]
亚硝酸钠 ─┘
　　　　盐酸　　色酚AS-D

[干燥] → [粉碎] → 成品

3. 技术配方

红色基 RL（100％计）	411
色酚 AS-D	757
亚硝酸钠（98％）	189
盐酸	1330
氢氧化钠（98％）	158

4. 生产工艺

（1）重氮化　在重氮化反应锅中，将182.5kg 红色基 RL 加至 1800L 水中搅拌过夜，次日加入 960L 5mol/L 盐酸，加冰冷却至 0℃。在 2.5h 内加入 167L 40％亚硝酸钠溶液重氮化，稀释至总体积为5000L，然后加入 10kg 活性炭，过滤，得重氮盐溶液。

（2）偶合　在溶解锅中，将 4500L水及 163L 33％氢氧化钠溶液加热至95℃，然后快速地加入 350kg 色酚 AS-D，并保温 10min，将其经过细孔筛转至1000L 水与 1500kg 冰中，降温至 20℃，再在 20～25min 内加入由 360L 5mol/L 盐酸用水稀释至 1000L 的盐酸溶液，然后加入 180kg 石灰，加热至 75℃，稀释至总体积为 14000L，得偶合液。

从偶合液液面下在 3～3.5h 内加入重氮液，然后加入 220L 5mol/L 盐酸，对刚果红试纸显弱酸性，加热至 95℃，保温1h，向其中注入冷水，温度 50～60℃，过滤，水洗，干燥，得永固红 FRR529kg。

【用途】　主要用于涂料和油墨着色。

【生产单位】　天津市东鹏工贸有限公司，天津光明颜料厂，杭州映山花颜料化工有限公司，上虞市东海精细化工厂，浙江萧山江南颜料厂，上海染化一厂，甘肃甘谷油墨厂，山东龙口太行颜料化工公司，常州北美化学集团有限公司，南通新盈化工有限公司，河北安平化工集团公司，河北深州化工厂。

Ce009　C. I. 颜料红 13

【英文名】　C. I. Pigment Red 13；2-Naphthalenecarboxamide, 3-Hydroxy-4-[2-(4-methyl-2-nitrophenyl) diazenyl]-N-(2-methylphenyl)-

【登记号】　CAS [6535-47-3]；C. I. 12395

【别名】　甲苯胺紫红；572 甲苯胺紫红；1302 甲苯胺紫红；入漆紫；紫红粉；3172 甲苯胺紫红；C. P. Toluidine Maroon MT-2；Pigment Red 13；Shangdament Fast Maroon 3172（SHD）Tioga Maroon X-1997；Toluidine Maroon；Toluidine Maroon Light

【结构式】

$$\text{结构式}$$

【分子式】　$C_{25}H_{20}N_4O_4$

【分子量】　440.46

【性质】　紫红色粉末。质轻松软细腻，具有高的着色力和遮盖力，优良的耐晒性和耐热性，在大气中和一般溶剂中稳定性好。

【制法】

$$\text{（2-硝基-4-甲基苯胺）} \xrightarrow[\text{HCl}]{\text{NaNO}_2} \text{（重氮盐）}$$

$$\longrightarrow \text{产品}$$

【质量标准】　HG 15-1113—82

外观	紫红色粉末
色光	与标准品近似
着色力/%	为标准品的 100±5
吸油量/%	45±5
水分含量/%	≤1
细度（通过 80 目筛后 　残余物含量）/%	≤5
耐晒性/级	7
耐热性/℃	140
耐酸性/级	5
耐碱性/级	4
乙醇渗性/级	4
石蜡渗性/级	5
油渗性/级	4
水渗性/级	4

【消耗定额】

原料名称	单耗/(kg/t)
红色基 GL(100%)	305
色酚 AS-D(100%)	563

【安全性】　20kg 纸板桶或铁桶包装，内衬塑料袋。

【用途】　主要用于造漆、皮革涂饰剂、油墨、水彩或油彩颜料的着色，也可用于漆布、天然生漆的着色，涂刷纱管和工艺美术制品等的着色。

【生产单位】　杭州映山花颜料化工有限公司，浙江瑞安太平洋化工厂，河北深州化工厂，浙江瑞安化工二厂，浙江瑞安化工厂，浙江杭州力禾颜料有限公司，浙江萧山前进颜料厂，浙江萧山江南颜料厂，浙江杭州力禾颜料有限公司，杭州红妍颜料化工有限公司，杭州力禾颜料有限公司，武汉恒辉化工颜料有限公司，上海染化一厂，天津光明颜料厂，天津东湖化工厂，河北深州津深联营颜料厂，河北恒安化工公司，南通新盈化工有限公司，江苏句容染化厂，江苏扬中颜料化工厂，山东蓬莱颜料厂，江苏邗江精细化工厂，江苏镇江前进化工厂，陕西西安解放化工厂，江苏宜兴茗岭精细化工厂，江苏无锡红旗染化厂。

Ce010　C. I. 颜料红 14

【英文名】　C. I. Pigment Red 14；2-Naphthalenecarboxamide，4-[2-(4-Chloro-2-nitrophenyl) diazenyl]-3-hydroxy-N-(2-methylphenyl)-

【登记号】　CAS [6471-50-7]；C. I. 12380

【别名】　Helio Fast Bordeaux BR；Naphthol Bordeaux FGR；Permanent Bordeaux FGR；Pigment Red 14；Tonga Red Light MT 6537

【结构式】

【分子式】　$C_{24}H_{17}N_4O_4Cl$

【分子量】　460.88

【性质】　红色粉末。

【制法】　在 30℃，将 34.7 份 2-硝基-4-氯苯胺溶于 200 份水和 60 份 30% 盐酸的混合液中。冷却至 0℃，快速加入 27 份 40% 亚硝酸钠水溶液。再在 10℃ 搅拌 1h，用氨磺酸破坏过量的亚硝酸，得重氮液。

60 份 2-羟基-3-N-(2-甲苯基) 萘甲

酰胺（色酚 AS-D）悬浮于 417 份水，加入 27.5 份 33％氢氧化钠溶液，加热至 80～90℃使之溶解。冷却至 10℃，加入 1.0 份动物脂 N-亚丙基二胺-N′-丙胺，加入 29.2 份（体积）冰醋酸，调 pH 值为 4.5～5.5。加入重氮液，加入的速度保持使重氮组分在反应液中，占相对偶合组分和偶合物总量的0.01％～0.02％，加入过程需 3h。过滤，水洗至无盐，干燥，得产品。

【用途】　主要用于涂料印花、涂料、油墨和塑料制品等着色。

Ce011　C. I. 颜料红 15

【英文名】　C. I. Pigment Red 15；2-Naphthalenecarboxamide，4-[2-(4-Chloro-2-nitrophenyl) diazenyl]-3-hydroxy-N-(2-methoxyphenyl)-

【登记号】　CAS ［6410-39-5］；C. I. 12465

【别名】　Fiesta Maroon New MT-121；Romanesta Red MT-2544；Sanyo Permanent Maroon Medium

【结构式】

【分子式】　$C_{24}H_{17}N_4O_5Cl$

【分子量】　476.88

【性质】　红色粉末。

【制法】　2-硝基-5-氯苯胺重氮化后，和色酚 AS-OL 偶合，再经颜料化处理，干燥，粉碎，得产品。

【用途】　用于涂料、油墨、塑料等的着色。

Ce012　C. I. 颜料红 16

【英文名】　C. I. Pigment Red 16；2-Naphthalenecarboxamide，3-Hydroxy-4-[(2-methoxy-4-nitrophenyl)azo]-N-1-naphthalenyl-

【登记号】　CAS ［6407-71-2］；C. I. 12500

【别名】　永固红 F3R；永固枣红 F3R；Irgalite Bordeaux F3R；Permanent Bordeaux F3R；Permanent Red F3R；Pigment Red 16；Silosol Bordeaux 3RN；Siloton Bordeaux F3R；Suimei Fast Bordeaux F3R(KKK)；Versal Bordeaux F3R

【结构式】

【分子式】　$C_{28}H_{20}N_4O_5$

【分子量】　492.49

【性质】　蓝光红色粉末。熔点 315℃。耐晒性、耐热性和耐酸性良好，耐碱性差。遇浓硫酸为红色（带蓝光荧光），稀释后为红色沉淀。

【制法】　67.2kg 红色基 B 加入到 500L 水

中搅拌，加入 240L 5mol/L 盐酸搅拌 30min 后用冰冷却至 0℃，在 30min 内加入 40% 亚硝酸钠溶液 52.6L，并保持重氮化温度低于 2℃，破坏过量亚硝酸调整体积 2000L，温度 0℃，过滤备用。

33% 氢氧化钠溶液加入到 1000L 水中并加热至 95℃，然后迅速加入 132kg 色酚 AS-BO，全溶后，冷却至 40℃ 加冰及水调整体积 2000L 备用。在液面下加入重氮盐溶液，加料时间 1h 温度 40℃，偶合完后，悬浮液调整 pH 值至弱酸性，并加热至 40℃ 保温 1h，过滤，水洗，40～45℃ 干燥，得 180kg 产品。

【质量标准】

外观	蓝光红色粉末
色光	与标准品近似
着色力/%	为标准品的 100±5
细度（通过 60 目筛后残余物含量）/%	≤5
耐晒性/级	6～7
耐热性/℃	140
耐酸性/级	5
耐碱性/级	1

【消耗定额】

原料名称	单耗/(kg/t)
红色基 B	373
色酚 AS-BO	733

【安全性】 20kg 木桶、纤维板桶、硬纸

板桶或铁桶包装，内衬塑料袋，成品贮存期为 5 年。

【用途】 主要用于油墨、涂料和涂料印花浆的着色。

【生产单位】 上海染化一厂。

Ce013 C. I. 颜料红 17

【英文名】 C. I. Pigment Red 17；3-Hydroxy-4-[2-(2-methyl-5-nitrophenyl)diazenyl]-N-(2-methylphenyl)-2-Naphthalene-carboxamide

【登记号】 CAS [6655-84-1]；C. I. 12390

【别名】 永固红 RA；永固红 RT；Dainichi Fast Poppy Red G；Dainichi Fast Poppy Red R；Fast Scarlet R-WA；Isol Aryl Red 4R；Lionol Red 1701(TOYO)；Naphthol Red 17；Naphthol Red M；Naphthol Red M 20-7515；Naphthol Red Medium 10455；Naphthol Red T Toner；Permanent Red RA；Pigment Red 17；Sanyo Pigment Red 2R(SCW)；Seikafast Poppy Red G(DNS)；Soft Process Toluidine Scarlet RT 54；Suimei Fast Red F3R (KKK)；Sumbrite Red 17 (SNA)；Sunbrite Medium Red 17；Toluidine Scarlet Toner RT 53

【结构式】

【分子式】 $C_{25}H_{20}N_4O_4$

【分子量】 440.46

【性质】 艳红色粉末。耐晒性、耐热性、耐酸性良好。

【制法】 取 182kg 2-甲基-5-硝基苯胺加到 1800L 水中，搅拌过夜，次日加入 960L

5mol/L 盐酸，加冰降温至 0℃，在 15min 内加入 167L 40％亚硝酸钠溶液，并调整体积至 5000L，加 10kg 活性炭充分搅拌，过滤备用。

反应釜中加 4500L 冰，加入氢氧化钠溶解，并加热迅速加入 350kg 色酚 AS-D，过筛导入冰水中，使温度降至 20℃，加入 5mol/L 盐酸备用。在 3～3.5h 内于液面下缓缓加入重氮液，并加入 220L 5mol/L 盐酸保证反应液呈弱酸性。后加热至 90℃ 搅拌一段时间，降温过滤，水洗，干燥，得 529kg 产品。

【质量标准】

外观	艳红色粉末
色光	与标准品近似至微
着色力/％	为标准品的 100±5
吸油量/％	50
挥发物含量/％	≤2.5
水溶物含量/％	≤2.5
细度(通过 80 目筛后残余物含量)/％	≤5
耐晒性/级	6～7
耐热性/℃	140
耐酸性/级	5
耐碱性/级	3
油渗性/级	4～5
水渗性/级	4～5

【消耗定额】

原料名称	单耗/(kg/t)
2-甲基-5-硝基苯胺	344
色酚 AS-D	662

【安全性】 20kg、30kg 纤维板桶或铁桶包装，内衬塑料袋。

【用途】 主要用于油墨和涂料印花浆的着色。

【生产单位】 天津市东鹏工贸有限公司，杭州亚美精细化工有限公司，上海染化一厂，上海油墨股份有限公司，山东龙口太行颜料有限公司。

Ce014 颜料褐红

【英文名】 Sanyo Toluidine Maroon Medium

【登记号】 CAS〔3564-22-5〕；C. I. 12350

【别名】 C. I. 颜料红 18；Monolite RubineM；Toluidine Maroon

【分子式】 $C_{24}H_{17}N_5O_6$

【分子量】 471.42

【结构式】

【质量标准】

外观	红褐色粉末
色光	与标准品近似
着色力/％	为标准品的 100±5
水分含量/％	≤2.5
细度(过 80 目筛余量)/％	≤5
耐晒性/级	6～7
耐热性/℃	140～150

【性质】 本品为蓝光红色到暗红色粉末。不溶于水，微溶于乙醇。

【制法】

1. 生产原理

红色基 GL 重氮化后与色酚 AS-BS 偶合，经后处理得颜料褐红。

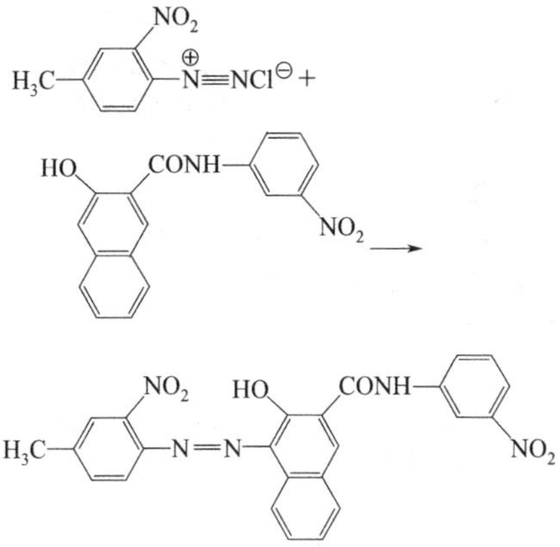

2. 工艺流程

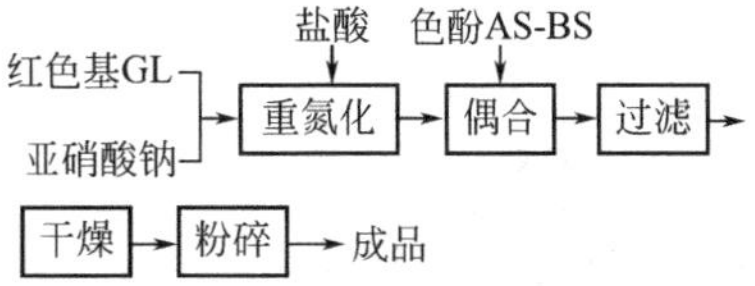

3. 技术配方

红色基 GL(100%)	152
亚硝酸钠(98%)	70
盐酸(30%)	555
色酚 AS-BS	308

4. 生产工艺

在重氮化反应锅中，将 152kg 红色基 GL 加入 493L 5mol/L 盐酸及 300L 水中，搅拌过夜。次日加冰降温至 0℃，然后，加入 70kg 亚硝酸钠配成的 30% 溶液进行重氮化，稀释至总体积为 2000L，加活性炭脱色，过滤，得重氮盐溶液。

将 308kg 色酚 AS-BS 溶于 91L3300 氢氧化钠和 2600L 水中，冷却至 40℃，然后用冰醋酸酸化，对酚酞呈弱碱性，得偶合组分。

于 30℃ 下，将重氮盐加入偶合组分中，偶合完毕，过滤，洗涤，干燥后研磨得颜料褐红。

【用途】　用于油墨的着色，也可用于油漆、涂料印花、橡胶、塑料、化妆品的着色。

【生产单位】　天津光明颜料厂，天津市东鹏工贸有限公司，上海染化十二厂，南通新盈化工有限公司，无锡新光化工有限公司，江苏无锡红旗染化厂，江苏吴江精化厂，山东龙口化工颜料厂，河北深州化工厂，山东蓬莱新光颜料化工公司。

Ce015　C. I. 颜料红 19

【英文名】　C. I. Pigment Red 19；2-Naphthalenecarboxamide，3-Hydroxy-4-［2-(2-methoxy-4-nitrophenyl) diazenyl]-N-(2-methylphenyl)-；Amber Red MT-200；Amberine Red MT-202

【登记号】　CAS［6410-33-9］；C. I. 12400

【结构式】

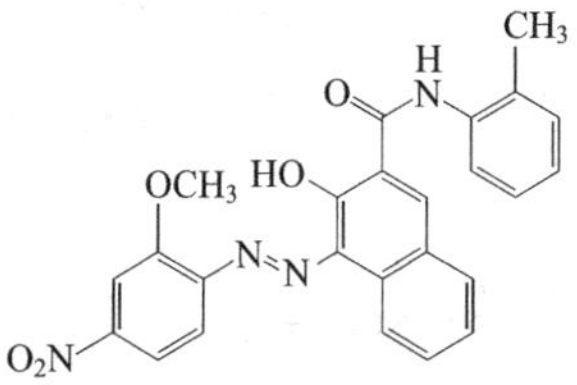

【分子式】　$C_{25}H_{20}N_4O_5$

【分子量】　456.46

【性质】　红色粉末。

【制法】　邻甲氧基对硝基苯胺重氮化后，再和色酚 AS-D 偶合，经颜料化处理，干燥，粉碎得产品。

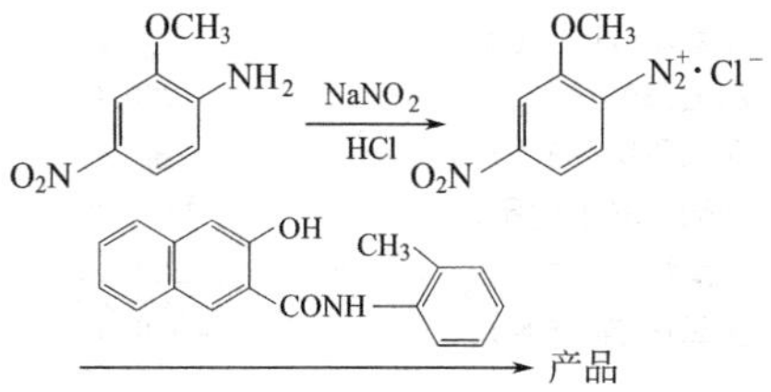

【用途】　主要用于涂料、油墨和塑料制品等着色。

【生产单位】　杭州亚美精细化工有限公司。

Ce016　颜料红 FR

【英文名】　Permanent Red FR

【登记号】　CAS［6410-26-0］；C. I. 12300

【别名】　C. I. 颜料红 21；永固红 FR

【分子式】　$C_{23}H_{16}ClN_3O_2$

【分子量】　401.85

【结构式】

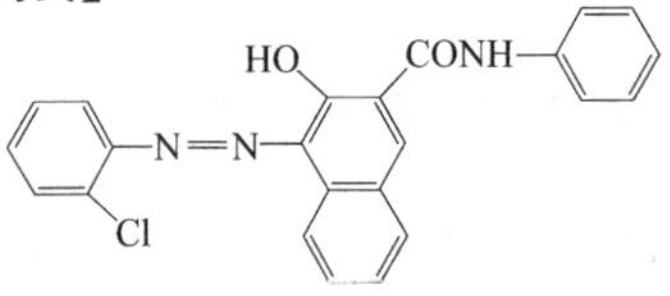

【质量标准】（参考指标）

外观	红色粉末
色光	与标准品近似
着色力/%	为标准品的 100 ± 5
吸油量/%	45 ± 5
水分含量/%	$\leqslant1$
细度(过 80 目筛余量)/%	$\leqslant5$

【性质】　本品为红色粉末。

【制法】

1. 生产原理

邻氯苯胺重氮化后与色酚 AS 偶合，经后处理得颜料红 FR。

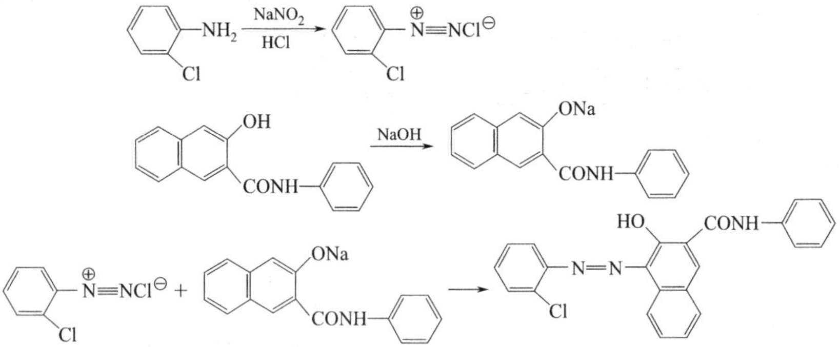

2. 工艺流程

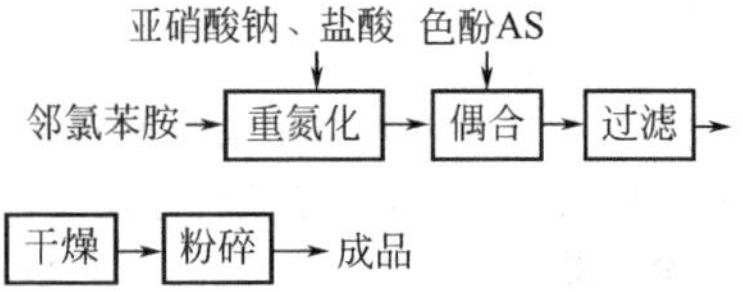

3. 技术配方

邻氯苯胺(工业品)	476.0
盐酸(30％)	1260.0
亚硝酸钠(98％)	282.4
色酚 AS(工业品)	1120.0
冰醋酸	250.0
氢氧化钠(98％)	310.0

4. 生产工艺

将 500L 水加入重氮化反应锅中，再加入 47.6kg 邻氯苯胺及 126kg30％盐酸，混合使其解，降温至 $-2\sim0℃$，用 69.2kg40％亚硝酸钠溶液重氮化，搅拌 1h 后用尿素除去过量的亚硝酸，得重氮盐溶液。

将 112kg 色酚 AS 于 95℃下用适量的水及 92kg33％氢氧化钠溶解，在偶合之前用 25kg 冰醋酸及 52.5kg 石灰析出沉淀，通过细筛转至偶合锅中备用。

重氮液加入偶合液中，偶合反应立即发生，短时间内继续搅拌，然后加入 140kg30％盐酸使之显酸性，在 60℃下干燥，得 159kg 颜料红 FR。

【用途】　主要用于油墨、涂料及文教用品的着色。

【生产单位】　山东蓬莱新光颜料化工公司，天津市东鹏工贸有限公司，瑞基化工有限公司，常州北美化学集团有限公司，南通新盈化工有限公司，昆山市中星染料化工有限公司，无锡新光化工有限公司，浙江胜达祥伟化工有限公司，Hangzhou Union pigment Corporation，杭州红妍颜料化工有限公司，石家庄市力友化工有限公司，武汉恒辉化工颜料有限公司，上海染化一厂。

Ce017　美术红

【英文名】　Accosperse Naphthol Scarlet

【登记号】　CAS［6448-95-9］；C. I. 12315

【别名】　C. I. 颜料红 22；坚固大红 G；色酚红（Naphthol Red）；油红；油大红；500 号朱红；Permanent Red FG；Daimchi Fast Scarlet G；Scarlet Y；Alkali Resistant Red Medium

【分子式】　$C_{24}H_{18}N_4O_4$

【分子量】　426.42

【结构式】

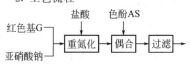

【性质】　本品为红色粉末。不溶于水，微溶于乙醇。相对密度 1.30～1.47。吸油量 34～68g/100g。

【制法】

　　1. 生产原理

　　红色基 G 重氮化后与色酚 AS 偶合，经后处理得美术红。

　　2. 工艺流程

　　3. 技术配方

红色基 G	92
亚硝酸钠	47
色酚 AS	142
盐酸	248
氢氧化钠	148
土耳其红油	23.7

　　4. 生产工艺

　　（1）重氮化　在重氮化反应锅中，向 400L 80℃水中加入红色基 G38.8kg，在搅拌下加入 91.2kg 30%盐酸，使红色基 G 全部溶解后加冰降温至 0～2℃，体积为 1300L。17.8kg 亚硝酸钠溶解后配成 30%的溶液，在液面下快速加入进行重氮化反应，搅拌 40min 成透明溶液，得重氮盐溶液。

　　（2）偶合　在溶解锅中，向 700L 90℃水中加入 66kg 30%氢氧化钠溶液、10kg 表面活性剂及 10kg 土耳其红油，再加入 68.5kg 色酚 AS，搅拌使溶解后，及时加入盛有 1000L 水的偶合锅中，调整体积为 2500L，温度 35℃下，将 33kg 乙酸用水稀释到 100L，慢慢加入使析出悬浮体，pH 值为 6.8～7，得偶合液。

将重氮液在 1.5～2h 慢慢加入偶合组分中进行偶合，偶合完毕用蒸汽加热到 100℃，保温 15min 后，过滤，水洗，60～70℃下干燥，得美术红 107kg。

【质量标准】

外观	红色粉末
色光	与标准品近似
着色力/%	为标准品的 100±5
水分含量/%	≤2.5
细度（过 80 目筛余量）/%	≤5
耐晒性/级	6
油渗透性/级	2
耐热性/℃	120～130
耐酸性/级	1
耐碱性/级	1
乙醇渗透性/级	2
石蜡渗透性/级	1

【用途】 用于油漆、油墨、文教用品以及涂料印花的着色，也可用于塑料、橡胶的着色。

【生产单位】 上海染化十二厂，上海油墨股份有限公司，杭州映山花颜料化工有限公司，杭州力禾颜料有限公司，Hangzhou Unionpigment Corporation，杭州红妍颜料化工有限公司，浙江上虞舜联化工公司，浙江瑞安化工二厂，浙江杭州颜化厂，浙江瑞安太平洋化工厂，浙江萧山颜料化工厂，天津市东鹏工贸有限公司，天津光明颜料厂，天津大港新颖有机颜料厂，天津东湖化工厂，天津万新化工厂，瑞基化工有限公司，常州北美化学集团有限公司，南通新盈化工有限公司，无锡新光化工有限公司，江苏无锡新光化工公司，江苏东台颜料厂，江苏武进寨桥化工厂，江苏宜兴茗岭精细化工厂，石家庄市力友化工有限公司，武汉恒辉化工颜料有限公司，山东蓬莱新光颜料化工公司，山东龙口太行颜料有限公司，山东龙口太行颜料化工公司，河北四通化工有限公司。

Ce018 **C. I. 颜料红 23**

【英文名】 C. I. Pigment Red 23；3-Hydroxy-4-[2-(2-methoxy-5-nitrophenyl)diazenyl]-N-(3-nitrophenyl)-2-naphthalenecarboxamide

【登记号】 CAS [6471-49-4]；C.I.12355

【别名】 坚固玫瑰红；坚固玫瑰红 VR；3139 坚固玫瑰红；坚固玫瑰红 6；C.I.Pigment Red 157；1523 Naphthol Red；3040 Red；Alkali Resistant Red Dark；Calcotone Red 3B；Carnation Red Toner B；Congo Red R 138；Fast Rose Red；Fenalac Red FKB Extra；Irgafin Dark Red T；Irgalite Red RBS（CGY）；Lionol Red 5601（TOYO）；Malta Red X 2284；Microlith Red RBS-WA（CGY）；Naphthol Red B；Naphthol Red B 20-7575；Naphthol Red D Toner 35-6001；Naphthol Red Deep 10459；Pigment Red 157；Pigment Red 23；Pigment Red BH；Rubescence Red MT 21；Sanyo Fast Red 10B；Sanyo Pigment Red F826（SCW）；Sanyo Pigment Red RS（SCW）；Sapona Red Lake RL 6280；Segnale Light Rubine RG；Sunbrite Red 23（SNA）；Symuler Fast Red 4015（DIC）；Textile Red WD 263；Unisperse Red RBS-PI（CGY）

【结构式】

【分子式】 $C_{24}H_{17}N_5O_7$

【分子量】 487.43

【性质】　蓝光红色粉末。不溶于水，微溶于乙醇，耐热性和耐碱性良好。

【制法】　大红色基 RC 经重氮化后，和色酚 AS-BS 偶合，再经颜料化处理，干燥，粉碎，得产品。

【质量标准】

外观	蓝光红黄色粉末
色光	与标准品近似
着色力/%	为标准品的 100±5
耐晒性/级	6
耐热性/℃	120～130
耐碱性/级	4

【消耗定额】

原料名称	单耗/(kg/t)
大红色基 RC(100%)	435
色酚 AS-BS(100%)	560

【安全性】　30kg 纸板桶或铁桶包装，内衬塑料袋。

【用途】　主要用于涂料印花，也可用于涂料、油墨、橡胶和塑料的着色。

【生产单位】　杭州映山花颜料化工有限公司，杭州力禾颜料有限公司，上虞舜联化工有限公司，天津市东鹏工贸有限公司，天津光明颜料厂，瑞基化工有限公司，常州北美化学集团有限公司，南通新盈化工有限公司，无锡新光化工有限公司，石家庄市力友化工有限公司，武汉恒辉化工颜料有限公司，山东龙口太行颜料有限公司，山东龙口太行颜料化工公司，上海油墨股份有限公司，安徽黄山颜料厂。

Ce019　C. I. 颜料红 30

【英文名】　C. I. Pigment Red 30；N-(4-Chlorophenyl)-4-[[5-[[(2,4-dimethylphenyl)amino]carbonyl]-2-methylphenyl]azo]-3-hydroxy-2-naphthalenecarboxamide

【登记号】　CAS [6471-48-3]；C.I.12330

【别名】　Polymo Red R；Vulcan Fast Pink G；Vulcanecht Rosa G，GF

【结构式】

【分子式】　$C_{33}H_{27}N_4O_3Cl$

【分子量】　563.06

【性质】　红色粉末。

【制法】　在 90℃ 下，将 50.8kg N-(3-氨基-4-甲基苯甲酰基)-2,4-二甲基苯胺溶于 80L 5mol/L 盐酸和 600L 水中，然后加入 1200kg 冰、80L 5mol/L 盐酸，在 10min 内加入 26.235L 40%(质量分数)亚硝酸钠溶液，相当于 100% 的亚硝酸钠 13.8kg，反应 1h 以上。通过添加色基浆状物直至不再显示亚硝酸盐存在，温度不超过 10℃，体积为 2400L，过滤得重氮液。

68.24kg 色酚 AS-E 加入 6kg 三乙醇胺和 44.41L 33% 氢氧化钠溶液，在 80℃ 溶解，并加热至 100℃ 使之全溶，体积为 800L。在 3～4h 内，将该溶液加到 600kg 由 400L 水、140L 5mol/L 盐酸和 6kg 乳化剂 O(平平加)配成的溶液中，温度 15℃，对刚果红呈酸性。

在 1h 内，将重氮液加到上述溶液中，同时连续加入 163.2kg 醋酸钠在 500L 水的溶液，温度保持 15℃，全部加入后总体积为 6000L。搅拌过滤，水洗至中性，搅拌过快易生成泡沫，加入土耳其红油有利于色光鲜艳，得 637.2kg 20％ 的膏状 ｜ 物，相当于 127.44kg 产品。

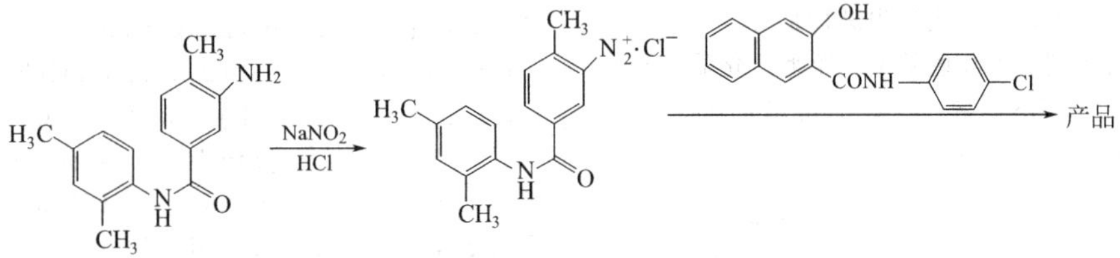

【用途】　主要用于涂料印花、涂料、油墨和塑料制品等着色。

Ce020　橡胶枣红 BF

【英文名】　LD Rubber Bordeaux BS

【登记号】　CAS ［6448-96-0］；C. I. 12360

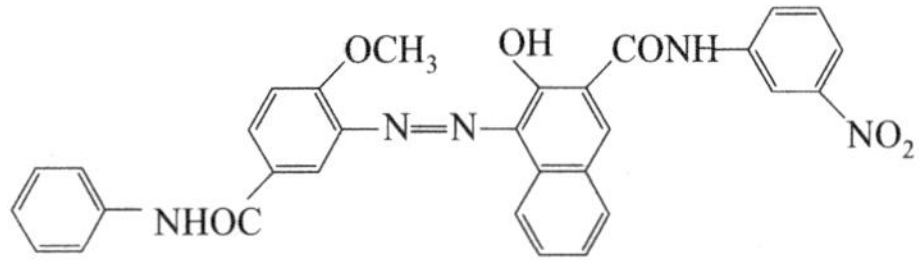

【质量标准】

外观	紫红色粉末
色光	与标准品近似
着色力/%	为标准品的 100±5
水分含量/%	≤2.5
细度(过 80 目筛余量)/%	≤5
耐晒性/级	5～6
耐热性/℃	150

【别名】　C. I. 颜料红 31；橡胶颜料枣红 BF；Vulcan Fast Bordeaux BF；Polymo Rose FBL；Rome Pigment Violet RB

【分子式】　$C_{31}H_{23}N_5O_6$

【分子量】　561.54

【结构式】

【性质】　本品为紫红色粉末。不溶于水，溶于乙醇。耐晒牢度良好。颜色鲜艳，耐高温、耐硫化、耐迁移性好。

【制法】

1. 生产原理

红色基 KD（3-氨基-4-甲氧苯甲酰苯胺）重氮化后，与色酚 AS-BS 偶合，经后处理得橡胶枣红 BF。

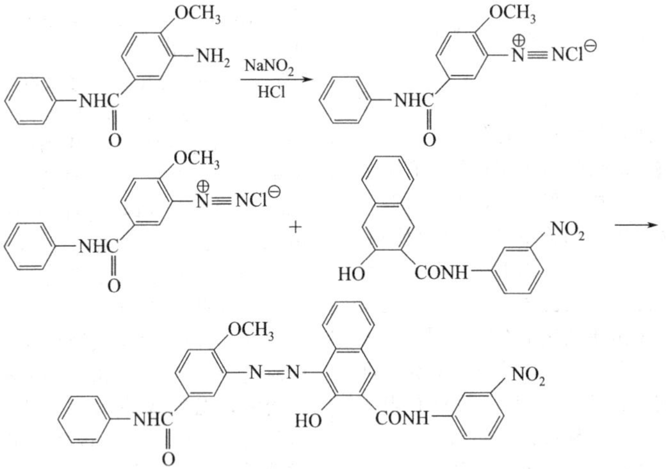

2. 工艺流程

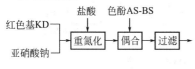

3. 技术配方

红色基 KD(100%计)	380
亚硝酸钠(98%)	110
盐酸	950
色酚 AS-BS	560
土耳其红油	31.5
环烷酮	63.0
乙酸钠	1280

4. 生产工艺

（1）重氮化　在重氮化反应锅中，将48.5kg 红色基 KD 溶解于 140L 5mol/L 盐酸及 200L 水中，加入 600kg 冰降温至 −5℃，在 15min 内自液面下加入 26.2L 40%亚硝酸钠溶液进行重氮化，稀释至体积为 1500L，过滤，得重氮盐溶液。

（2）偶合　将 70.8kg 色酚 AS-BS 加到 39L 33%氢氧化钠溶液，4kg 土耳其红油、8kg 环烷酮及 200L 水中，温度 80℃。加热至 10℃，体积为 500L，使其全溶解，将其倒入 500L 水及 500kg 冰中，并稀释至 2000L，温度 10℃，在 0.5h 内加入

89L5mol/L 盐酸，析出色酚 AS-BS 沉淀，该悬浮液为偶合组分。

自液面下在 1h 内加入重氮液，同时加入用 164kg 乙酸钠溶于 250L 水中的乙酸钠溶液，稀释至总体积为 6000L，保温 15℃，搅拌 2h 反应完成，压滤，洗涤，滤饼含固量为 15%，干燥得橡胶枣红 BF122kg。

【用途】 用于橡胶制品的着色，也可用于油墨和油漆的着色。

【生产单位】 杭州映山花颜料化工有限公司，杭州力禾颜料有限公司，上虞舜联化工有限公司，天津市东鹏工贸有限公司，天津光明颜料厂，瑞基化工有限公司，常州北美化学集团有限公司，南通新盈化工有限公司，无锡新光化工有限公司，石家庄市力友化工有限公司，武汉恒辉化工颜料有限公司，山东龙口太行颜料有限公司，山东龙口太行颜料化工公司，上海油墨股份有限公司，安徽黄山颜料厂。

Ce021　橡胶颜料红玉 BF

【英文名】 Vulean Fast Rubine BF

【登记号】 CAS [6410-29-3]；C. I. 12320

【别名】 C. I. 颜料红 32；Polymo Red FR

【分子式】 $C_{31}H_{24}N_4O_4$

【分子量】 516.55

【结构式】

$$\text{HNOC}-\underset{\text{OCH}_3}{\boxed{}}-N=N-\underset{\text{OH}}{\boxed{}}-\text{CONH}-$$

【性质】 本品为蓝光红色粉末。颜色鲜艳。有很好的耐晒性，耐热稳定性、耐硫化性、耐迁移性良好，但耐乙醇、二甲苯性能差。

【制法】

1. 生产原理

红色基 KD 重氮化后与色酚 AS 偶合，经后处理得橡胶颜料红玉 BF。

【质量标准】

外观	蓝光红色粉末
色光	与标准品近似
着色力/%	为标准品的 100±5
水分含量/%	≤2.0
细度(过 80 目筛余量)/%	≤5
耐晒性/级	5~6
耐热性/℃	150

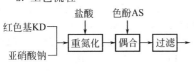

2. 工艺流程

红色基KD ─┐
　　　　　盐酸　　色酚AS
　　　　　　↓　　　↓
亚硝酸钠 ─┴→ [重氮化] → [偶合] → [过滤] →

[干燥] ← [粉碎] → 成品

3. 技术配方

红色基 KD	47.6
色酚 AS	59.8
亚硝酸钠	34.2
环烷酮	11.7
乙酸钠	161.5
氢氧化钠	17.5

4. 生产工艺

(1) 重氮化 在重氮化反应锅中，将47.6kg重氮组分与水、盐酸于20℃下搅拌，所得红色基 KD 溶液用冰冷却至0℃，用34.2kg40%亚硝酸钠溶液重氮化，过滤澄清，得重氮化溶液。

(2) 偶合 将59.8kg色酚 AS 溶解于含有 52.6kg33%氢氧化钠溶液及含有11.7kg 环烷酮的水溶液中，温度为30℃。加热至92℃全部溶解，加至冰水混合物中，加入盐酸酸析，悬浮液即为偶合组分。

澄清的重氮液加至色酚 AS 悬浮物中，温度15℃下，加入161.5kg 乙酸钠，

继续搅拌 1h，过滤，水洗至中性，得含量 42%的膏状物产品 260kg。干燥后粉碎得橡胶颜料红玉 BF。

【用途】 用于橡胶制品的着色，也可用于油墨、油漆的着色。

【生产单位】 杭州新晨颜料有限公司，南通新盈化工有限公司，上海染化十二厂，天津染化八厂，天津武清东升染化厂。

Ce022 C. I. 颜料红 95

【英文名】 C.I.Pigment Red 95；Benzene-sulfonic Acid, 3-[2-[2-Hydroxy-3-[[(2-methylphenyl）amino] carbonyl]-1-naph-thalenyl] diazenyl]-4-methoxy-, 4-Nitrophenyl Ester

【登记号】 CAS [72639-39-5]；C. I. 15897

【别名】 Levanyl Carmine GZ；Permanent Carmine G；Pigment Red 95

【结构式】

【分子式】　$C_{31}H_{24}N_4O_8S$

【分子量】　612.61

【性质】　红色粉末。

【制法】　2-甲氧基-5-(4-硝基苯氧基磺酰基)苯胺重氮化后，和色酚 AS-D 偶合，再经颜料化处理，干燥，粉碎，得产品。

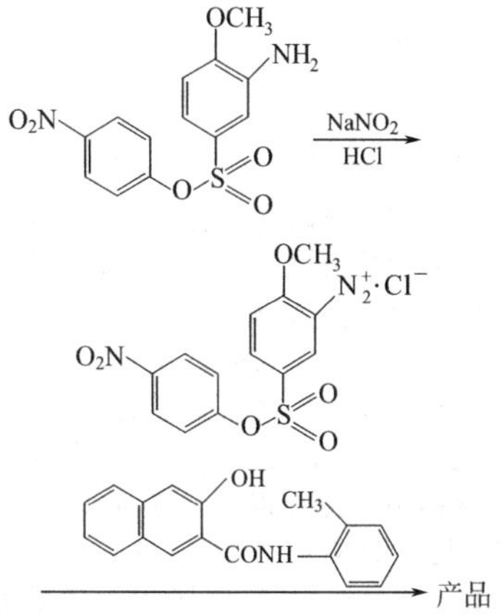

【用途】　用于涂料、油墨和塑料制品等着色。

Ce023　永固红 FGR

【英文名】　Permanent Red FGR

【登记号】　CAS [6535-46-2]；C. I. 12370

【别名】　C. I. 颜料红 112；颜料永固红 FGR；Permanent Red FGR (CFH)；Irgalite Paper Red 3RS (CGY)；Basoflex Red 381 (BASF)；Graphtol Red (IL3CS)；Helio FastRed BB；Hello Fast Red BBN (BAY)；Sumitone Red GS (NSK)；Symuler Fast Red 4071 (DIC)；Luconyl Red 3855；Luconyl Red FK382；Monolite Red BR；MonoliteRed BRE

【分子式】　$C_{24}H_{16}Cl_3N_3O_2$

【分子量】　484.76

【结构式】

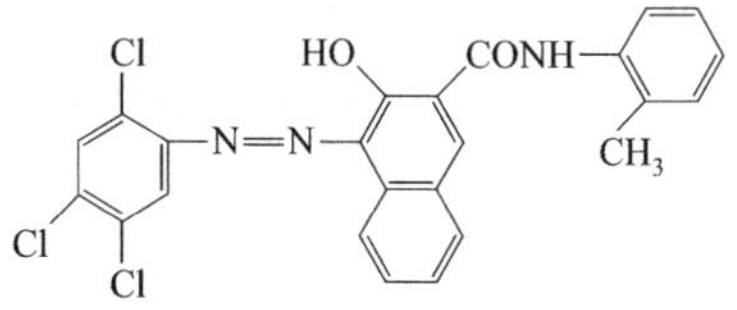

【质量标准】

外观	艳红色粉末
色光	与标准品近似
着色力/%	为标准品的 100±5
水分含量/%	≤1.5
水溶物含量/%	≤2.0
细度(过 80 目筛余量)/%	≤5.0
耐晒性/级	7～8
耐热性/℃	180
耐酸性/级	5
耐碱性/级	5
水渗透性/级	5
乙醇渗透性/级	5
石蜡渗透性/级	5
油渗透性/级	3～4

【性质】　本品为艳红色粉末。遇浓硫酸呈红紫色，稀释呈蓝光桃红色。具有良好的耐晒性和耐热性。

【制法】

1. 生产原理

2,4,5-三氯苯胺重氮化后与色酚 AS-D 偶合制得。

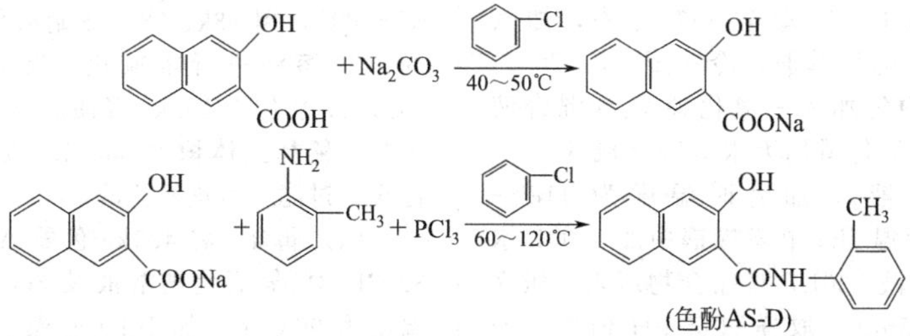

(色酚 AS-D)

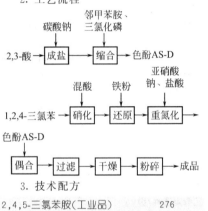

2. 工艺流程

碳酸钠 →
邻甲苯胺、三氯化磷

2,3-酸 → 成盐 → 缩合 → 色酚AS-D

混酸　铁粉　亚硝酸钠、盐酸

1,2,4-三氯苯 → 硝化 → 还原 → 重氮化 →

色酚AS-D

偶合 → 过滤 → 干燥 → 粉碎 → 成品

3. 技术配方

2,4,5-三氯苯胺(工业品)	276
亚硝酸钠(98%)	98
色酚 AS-D(工业品)	420

4. 生产工艺

（1）色酚 AS-D 的制备　在脱水锅中加入氯苯 4300L，100% 2,3-酸 630kg、碳酸钠 280kg，加热至 45℃左右，待二氧化碳逸出后加热升温脱水，温度升高至 134～135℃，待蒸出的氯苯透明无水时停止加热，体积控制在 2900L。将脱水物压至缩合锅中，冷却至 90℃左右，加入 430kg98%邻甲苯胺，冷却至 65～70℃，在 2h 内均匀加入三氯化磷-氯苯混合液（230kg 三氯化磷用无水氯苯配成 55%～60%混合液），加完时温度为 118～120℃，保温 2h。在蒸馏锅中加 1000L 水和 30%碱液 330L，将缩合物压入。压完后搅拌 15min。取样测定 pH 值在 8～

8.5，如 pH 值低于 8 则加碱调整。用直接蒸汽蒸馏至蒸出物澄清无氯苯为止。加 90℃以上的热水至 5000L，过滤。滤饼用 90℃以上热水洗涤至滤液澄清，抽干，干燥，得 885kg 色酚 AS-D。

（2）2,4,5-三氯苯胺的制备　加 95%硫酸 1500kg 及 1,2,4-三氯苯 3000kg 至硝化锅中，搅拌混合。于 40～50℃加入混酸（HNO$_3$ 35%，H$_2$SO$_4$ 65%）3000kg，于 48～50℃搅拌 2h，然后加水 150kg 稀释成 75%硫酸，分离出上层油状物，水洗，得粗品 3650kg。加水 125L，铁粉 125kg，苯 150kg、纯三氯硝基苯 150kg 和甲酸 1kg 至还原锅，注意反应自始至终加热保证沸腾。如果锅内物料振荡追加铁粉 125kg，如无振荡继续通蒸汽煮沸 3h 后，虹吸出苯并蒸馏出苯，然后真空蒸馏出 2,4,5-三氯苯胺。

（3）重氮化　将 500L 冰醋酸加入重氮化反应锅中，加热至 60℃，在其中溶解 276kg 三氯苯胺。将此溶液转至 3500L 水中，加入 1120L 5mol/L 盐酸，加冰冷却至 0℃，用 98kg 98%亚硝酸钠配制成的 40%溶液进行重氮化，反应温度为 0℃。2h 后加入 107kg 轻质碳酸钙悬浮在水中，稀释至体积为 8500L，加 15kg 活性炭，过滤，得重氮盐液。

（4）偶合　将 420kg 色酚 AS-D 溶于 32.2L 33%氢氧化钠溶液及 3000L 水中。温度为 90℃下，加 10kg 硅藻土，过滤，稀释至体积为 14000L。用冰冷却至 3℃，快速加入 235L 冰醋酸，酸化析出沉淀，然后加热至 38℃，得偶合组分。从偶合组分液面下在 3h 内加入重氮液偶合，温度为 38℃。过滤，水洗，在 50～55℃ 下干燥，得 700kg 永固红 FGR。

【用途】 主要用于油墨、涂料印花和文教用具的着色。

【生产单位】 杭州映山花颜料化工有限公司，杭州力禾颜料有限公司，上虞舜联化工有限公司，天津市东鹏工贸有限公司，天津光明颜料厂，瑞基化工有限公司，常州北美化学集团有限公司，南通新盈化工有限公司，无锡新光化工有限公司，石家庄市力友化工有限公司，武汉恒辉化工颜料有限公司，山东龙口太行颜料有限公司，山东龙口太行颜料化工公司。

Ce024 C. I. 颜料红 114

【英文名】 C. I. Pigment Red 114；2-Naphthalenecarboxamide，3-Hydroxy-4-[2-(2-methyl-5-nitrophenyl) diazenyl]-N-(3-nitrophenyl)-；Brilliant Carmine BS；Symuler Fast Carmine BS

【登记号】 CAS [6358-47-0]；C.I.12351

【结构式】

【分子式】 $C_{24} H_{17} N_5 O_6$

【分子量】 471.43

【性质】 红色粉末。

【制法】 2-甲基-5-硝基苯胺重氮化后，和色酚 AS-BS 偶合，再经颜料化处理，干燥，粉碎，得产品。

【用途】 用于涂料、油墨、塑料等的着色。

Ce025 C. I. 颜料红 119

【英文名】 C.I.Pigment Red 119；Benzoic Acid，4-[[[3-[2-[2-Hydroxy-3-[[(2-methoxyphenyl) amino] carbonyl]-1-naphthalenyl] diazenyl]-4-methylphenyl] sulfonyl] oxy]-，Methyl Ester；Pigment Red 119

【登记号】 CAS [72066-77-4]；C. I. 12469

【结构式】

【分子式】 $C_{33} H_{27} N_3 O_8 S$

【分子量】 625.65

【性质】 黄光红色粉末。不溶于醇、油、苯。耐光性好。

【制法】 在 70～80℃，将 300g N-(2-甲氧基苯基)-2-羟基-3-萘甲酰胺溶于 2.5L 水和 420mL 15% 氢氧化钠的混合液中。过滤，往滤液中加入 14g 烷基（C_{16}～C_{18}）磺酸钠，加入冰使反应液冷却至 0～3℃。快速加入 220ml 30% 盐酸，使偶合组分沉淀，反应液对刚果红显酸性。

在 5～10℃ 和搅拌下，将 321g 1-氨基-2-甲基苯-5-磺酸 4-甲氧羰基苯酯和 1400mL 水及 480mL 30% 盐酸混合，快速加入 73g 亚硝酸钠在 250mL 水的溶液。

搅拌 1h 后反应完全，加入少量活性炭，并用氨磺酸破坏过量的亚硝酸，过滤，得重氮液。

在搅拌下将重氮液和偶合组分的悬浮液混合，缓慢加热至 40℃，搅拌 3～4h，使偶合完全。过滤，水洗至无酸，干燥，得产品。

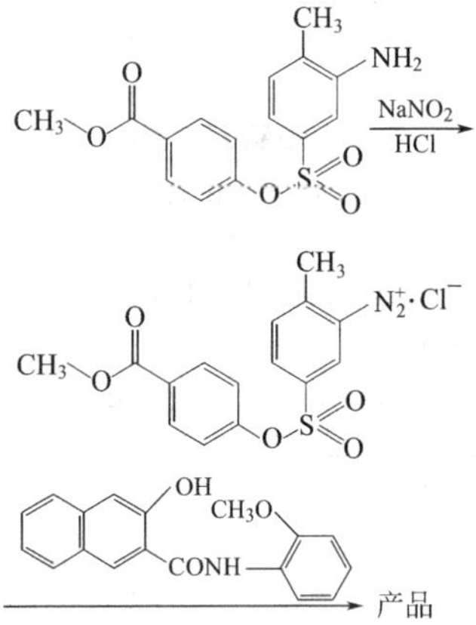

【用途】　用于油墨。

Ce026　C. I. 颜料红 133

【英文名】　C. I. Pigment Red 133；1，4-Benzenedisulfonic Acid，2-[[3-[[(5-Chloro-2，4-dimethoxyphenyl）amino]carbonyl]-2-hydroxy-1-naphthalenyl] azo]-，Barium Salt(1∶1)；Pigment Red 133

【登记号】　CAS［5280-67-1］；C.I.15920

【结构式】

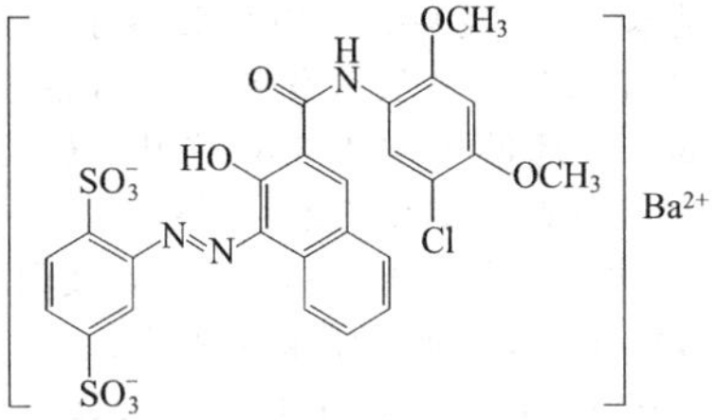

【分子式】　$C_{25}H_{18}N_3O_{10}ClS_2 \cdot Ba$

【分子量】　757.34

【性质】　红色粉末。

【制法】　2-氨基苯-1,4-二磺酸重氮化后，和色酚 AS-ITR 偶合，再经氯化钡颜料化处理，干燥，粉碎，得产品。

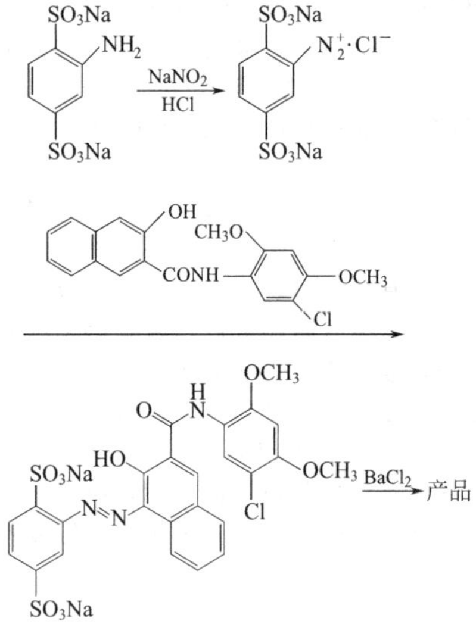

【用途】　可用于聚氯乙烯、聚苯乙烯及橡胶的着色。

Ce027　C. I. 颜料红 146

【英文名】　C. I. Pigment Red 146；N-(4-Chloro-2，5-dimethoxyphenyl）-3-hydroxy-4-[2-[2-methoxy-5-[（phenylamino）carbonyl] phenyl]diazenyl]-2-naphthalenecarboxamide

【登记号】　CAS［5280-68-2］；C.I.12485

【别名】　永固桃红 FBB；永固洋红 FBB；永固深红 FBB；永固紫酱 FBB；3123 永固桃红 FBB；永固桃红 HR-100；Aquadisperse Carmine BB-EP 04/84（KVK）；Helio Fast Carmine BB；Hydrocolor Red；Karmine FBB 02；Lionol Red 5620；Microlith Red 3R-A (CGY)；Monaprin Red C-2BE(BASF)；Permanent Carmine FBB；Permanent Carmine FBB 02；Permanent Carmine FBB Extra；Permanent Pink FBB；Pigment Red 146；

Predisol Carmine BB-C548，BB-V1341 (KVK)；Renol Carmine FBB-H；Sanyo Permanent Pink 4605，4607 FBL（SCW）；Seikafast Carmine 3870；Shangdament Carmine FBB（SHD）；Sicofil Carmine 4430（BASF）；Symuler Fast Red 4195 （DIC）；Symuler Fast Red 4580；Vulcan Fast Carmine FBB

【结构式】

【分子式】　C₃₃H₂₇N₄O₆Cl

【分子量】　611.05

【性质】　洋红色粉末。色泽鲜艳，不溶于水，能溶于乙醇和二甲苯中。耐热性、耐酸性和耐碱性良好，耐晒性一般。熔点318～322℃。

【制法】　8g 红色基 KD、200mL 水和 33mL 10%盐酸混合，搅拌加热至 70℃ 溶解。冷却至 5～10℃，在 15min 内滴加 8mL 25% 的亚硝酸钠溶液，加毕搅拌 45min。加入活性炭脱色，过滤，得重氮液。

　14.5g 色酚 AS-LC、60mL 水和 3g 氢氧化钠混合，搅拌加热至溶解，过滤除去少量不溶物。在搅拌下，将该溶液滴加到 600mL 水、10mL 醋酸和少量非离子表面活性剂中，析出微细粒子。在 1～1.5h 内，加入重氮液，保持 pH 值为 5～6。偶合毕加热至 80℃，保持 30min，过滤，水洗，60℃ 下干燥，得产品。

【英文名】　C.I.Pigment Red 147；2-Naph-

【质量标准】　参考标准

指标名称	指标
外观	洋红色粉末
色光	与标准品近似
着色力/%	为标准品的100±5
细度（通过 80 目筛后 残余物含量）/%	≤5
耐光性/级	7
耐热性/℃	180
耐酸性/级	5
耐碱性/级	4～5
油渗性/级	5
水渗性/级	5

【安全性】　10kg、20kg 硬纸板桶或铁桶包装，内衬塑料袋。

【用途】　主要用于塑料、涂料、油墨、橡胶和涂料印花的着色。

【生产单位】　杭州映山花颜料化工有限公司，杭州新晨颜料有限公司，浙江百合化工控股集团，杭州力禾颜料有限公司，Hangzhou Union Pigment Corporation，杭州红妍颜料化工有限公司，上虞舜联化工有限公司，天津市东鹏工贸有限公司，瑞基化工有限公司，常州北美化学集团有限公司，南通新盈化工有限公司，无锡新光化工有限公司，石家庄市力友化工有限公司，昆山市中星染料化工有限公司，武汉恒辉化工颜料有限公司，镇江市金阳颜料化工有限公司，上海染化一厂，天津染化八厂，山东龙口太行颜料化工公司，山东蓬莱新光颜料化工公司，安徽休宁县黄山颜料厂，江苏无锡新光化工公司。

Ce028　C.I. 颜料红 147

thalenecarboxamide，*N*-（5-Chloro-2-meth-ylphenyl）-3-hydroxy-4-[2-[2-methoxy-5-[（ phenylamino ） carbonyl] phenyl] diazenyl]-；Permanent Pink F 3B；Permanent Rose F 3B；Pigment Red 147

【登记号】 CAS［68227-78-1］；C. I. 12433

【结构式】

【分子式】 $C_{32}H_{25}N_4O_4Cl$

【分子量】 565.03

【性质】 红色粉末。

【制法】 在 10℃，将 17.3 份 3-氨基-4-甲氧基苯甲酰苯胺溶于 28.3 份 31％盐酸和 200 份水中。在 3～5min 中，在液面下加入 12.1 份 40％亚硝酸钠水溶液。加毕，在 10～15℃ 再搅拌 30min。用氨磺酸破坏过量的亚硝酸。加入 3.65 份醋酸，加热至 40℃。过滤，往滤液中加入 1.58 份 APG® 225 配糖体 70％的在 10 份水中的水溶液，得重氮液。

将 25.25 份 *N*-(5-氯-2-甲基苯基)-2-羟基-3-萘甲酰胺和 3.70 份树脂加到 6.25 份氢氧化钠和 350 份水的混合液中，搅拌 2h 使之溶解。再加热到 90℃，搅拌 15min。冷却，从液面下加入重氮液。偶合完全后，过滤，洗涤，在 110℃ 干燥，粉碎，得 45 份产品。

【用途】 用于油墨。

【生产单位】 杭州亚美精细化工有限公司。

Ce029 C. I. 颜料红 148

【英文名】 C. I. Pigment Red 148；2-Naph-thalenecarboxamide,4-[（2,4-Dichlorophenyl）azo]-3-hydroxy-*N*-（2-methylphenyl）-；Pigment Red 148

【登记号】 CAS［94276-08-1］；C.I.12369

【结构式】

【分子式】 $C_{24}H_{17}N_3O_2Cl_2$

【分子量】 450.32

【性质】 红色粉末。

【制法】 在 30℃，将 32.6 份 2,4-二氯苯胺溶于 200 份水和 60 份 30％盐酸的混合液中。冷却至 0℃，快速加入 27 份 40％亚硝酸钠水溶液。再在 10℃ 搅拌 1h，用氨磺酸破坏过量的亚硝酸，得重氮液。

60 份 2-羟基-3-*N*-(2-甲基苯基) 萘甲酰胺（色酚 AS-D）悬浮于 417 份水，加入 27.5 份 33％氢氧化钠溶液，加热至 80～90℃ 使之溶解。冷却至 10℃，加入 1.0 份动物脂 *N*-亚丙基二胺-*N*'-丙胺，加入 29.2 份（体积）冰醋酸，调 pH 值为 4.5～5.5。加入重氮液，加入的速度保持使重氮组分在反应液中，占相对偶合组分和偶合物总量的 0.01％～0.02％，加入过程需 3h。过滤，水洗至无盐，干燥，得产品。

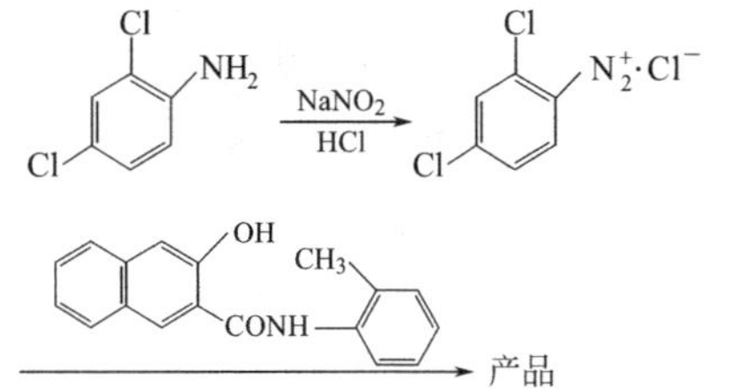

【用途】 主要用于涂料印花、涂料、油墨和塑料制品等着色。

【生产单位】 杭州亚美精细化工有限公司，无锡新光化工有限公司。

Ce030 C. I. 颜料红 150

【英文名】 C.I.Pigment Red 150；2-Naphthalenecarboxamide，3-Hydroxy-4-[2-[2-methoxy-5-[（phenylamino）carbonyl]phenyl]diazenyl]-；C.I.Pigment Red 213；Naphthol Carmine 150；Pigment Red 150；

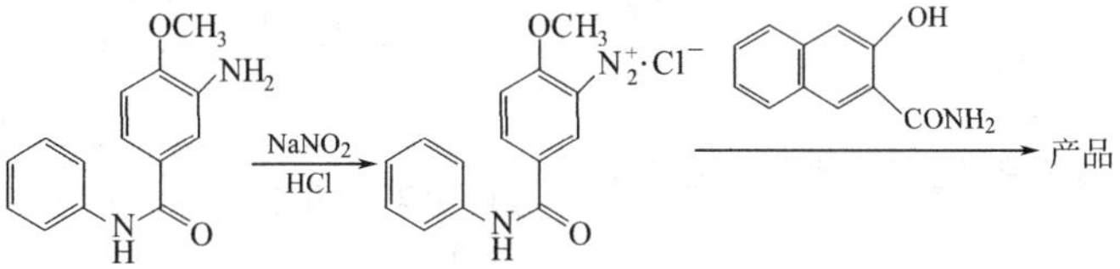

【用途】 用于油墨、油漆、涂料和塑料等的着色。

Ce031 C. I. 颜料红 151

【英文名】 C.I.Pigment Red 151；Benzenesulfonic Acid，2-[2-[2-Hydroxy-3-[[（4-sulfophenyl）amino]carbonyl]-1-naphthalenyl]diazenyl]-，Barium Salt（1∶1）；PV-Red H 4BO1；Pigment Red 151

【登记号】 CAS [61013-97-6]；C.I.15892

【结构式】

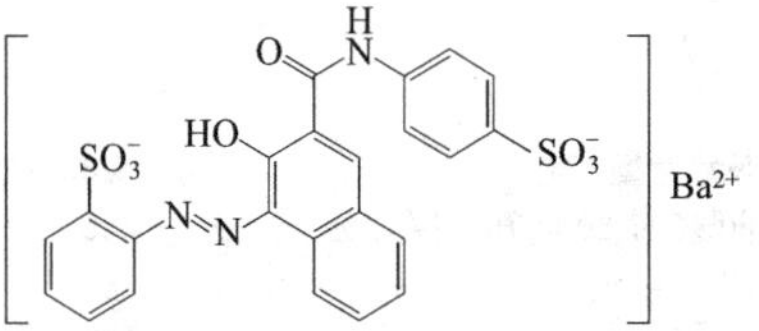

Pigment Red 213；Symuler Fast Red 4134A；Symuler Fast Red 4134S；Symuler Red 4134A

【登记号】 CAS [56396-10-2]；C.I.12290

【结构式】

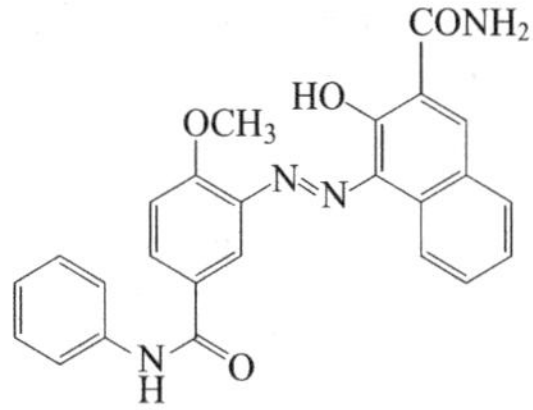

【分子式】 $C_{25}H_{20}N_4O_4$

【分子量】 440.46

【性质】 红色粉末。

【制法】 N-苯基-3-氨基-4-甲氧基苯甲酰胺经重氮化后，和 2-羟基-3-萘甲酰胺偶合，经颜料化处理，干燥，粉碎，得产品。

【分子式】 $C_{23}H_{15}N_3O_8S_2 \cdot Ba$

【分子量】 662.84

【性质】 红棕色粉末。有良好的耐溶剂、耐光性能。

【制法】 将 17.3 份 2-氨基苯磺酸溶于 50份（体积）2mol/L 氢氧化钠和 500 份（体积）水的混合液中，在搅拌下，加入50 份（体积）2mol/L 盐酸，使产生沉淀。再加入 33 份（体积）5mol/L 盐酸，在 10℃滴加 20 份 5mol/L 亚硝酸钠水溶液，得重氮液。

将 36 份 4-(2-羟基-3-萘甲酰氨基）苯磺酸溶于 100 份（体积）2mol/L 氢氧化钠和 2000 份（体积）水的混合液中。过滤，加入 110 份（体积）2mol/L 醋酸使产生沉淀。加入 100 份（体积）2mol/L

醋酸钠溶液。加入重氮液，在 40～45℃ 搅拌 2h 使反应完全。用碳酸钠调至微碱性，过滤。在 80℃，将滤饼溶于 2000 份（体积）水，再加入 1 份乳化剂。在 70℃、1h 内，加入 48 份氯化钡在 400 份（体积）水的溶液。搅拌至温度降到 50℃，过滤，水洗，在 40～60℃ 干燥，得 62 份产品。

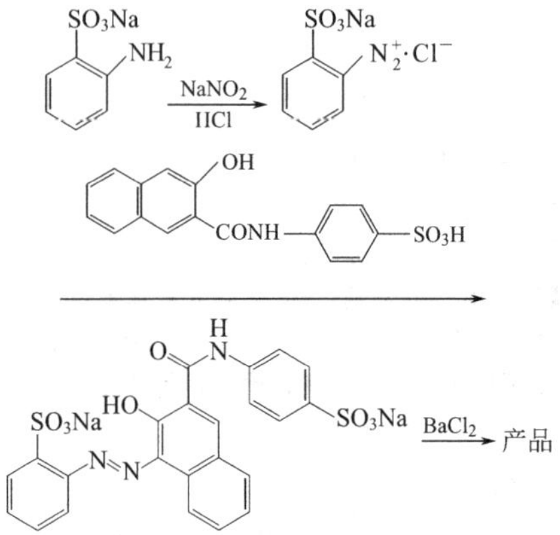

【用途】 可用于聚氯乙烯、聚苯乙烯及橡胶的着色。

Ce032 C. I. 颜料红 162

【英文名】 C.I.Pigment Red 162；2-Naphthalenecarboxamide，N-(5-Chloro-2-methylphenyl)-3-hydroxy-4-[(2-methyl-5-nitrophenyl) azo]-；Lutetia Fast Scarlet 4BR

【登记号】 CAS [6358-59-4]；C. I. 12431

【结构式】

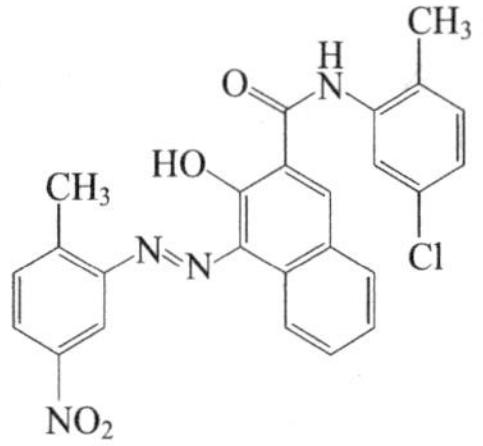

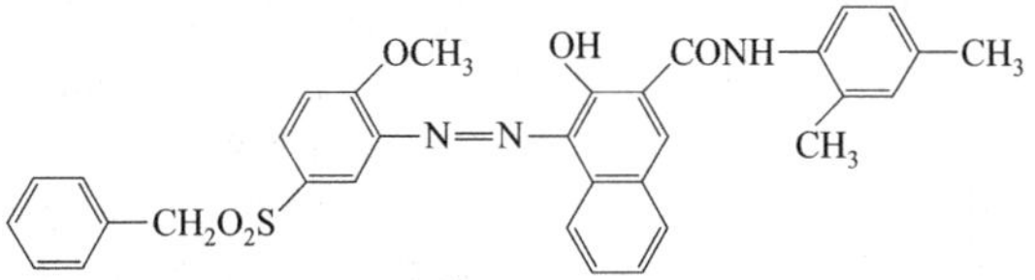

【质量标准】

外观	红色粉末
色光	与标准品近似
着色力/% 为标准品的	100±5

【分子式】 $C_{25}H_{19}N_4O_4Cl$

【分子量】 474.90

【性质】 红色粉末。

【制法】 2-甲基-5-硝基苯胺重氮化后，和色酚 AS-KB 偶合，经颜料化处理，干燥，粉碎，得产品。

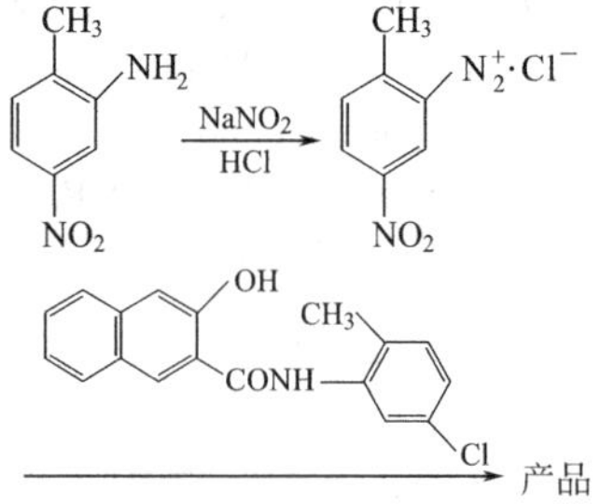

【用途】 用于涂料、油墨、塑料等的着色。

Ce033 耐光红 R

【英文名】 Lithol Fast Red Toner R

【登记号】 CAS [6410-37-3]；C. I. 12455

【别名】 C. I. 颜料红 163

【分子式】 $C_{33}H_{29}N_3O_5S$

【分子量】 579.67

【结构式】

水分含量/%	≤3
细度(过 80 目筛余量)/%	≤5
耐晒性/级	6
耐热性/℃	150

【性质】 本品为红色粉末。具有优良的耐光性和耐热性。

【制法】 1. 生产原理

4-甲氧基-3-氨基-苯基苄基砜重氮化后，与2-羟基萘甲酰间二甲苯胺发生偶合，得耐光红 R。

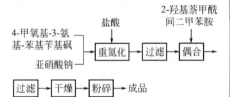

2. 工艺流程

```
                        盐酸    2-羟基萘甲酰间二甲苯胺
4-甲氧基-3-氨                  ↓
基-苯基苄基砜  →  ┌──────┐  ┌────┐  ┌────┐
亚硝酸钠      →  │重氮化│→│过滤│→│偶合│
                  └──────┘  └────┘  └────┘
                                        ↓
        ┌────┐  ┌────┐  ┌────┐
        │过滤│→│干燥│→│粉碎│→成品
        └────┘  └────┘  └────┘
```

3. 技术配方

4-甲氧基-3-氨基-苯基苄基砜(100%)	227
亚硝酸钠	70
盐酸	754
2-羟基萘甲酰间二甲苯胺	320
乙酸钠	666

4. 生产工艺

(1) 重氮化 在重氮化反应锅中，将83kg 4-甲氧基-3-氨基-苯基苄基砜加至202L 5mol/L盐酸及800L水中，温度为75℃。用冰冷却至0℃，快速加入39.5L 40%亚硝酸钠溶液进行重氮化，反应完毕稀释至总体积为2400L，加入6kg活性炭，过滤，得重氮盐溶液。

(2) 偶合 将96kg 2-羟基萘甲酰间二甲苯胺溶于105L 33%氢氧化钠溶液中，在85℃下保温10min。然后加入6kg硅藻土，过滤，稀释至总体为2000L，然后加入18kg脂肪酸磺烷基酰胺（乳化剂）于2000L水中，加冰冷降温至2℃，快速加入250L 5mol/L盐酸使其析出沉淀。反应物对刚果红试纸显酸性，加入200kg乙酸钠，同时加热至42℃，得偶合组分。

在2～2.5h内从偶合液面下加入重氮液，偶合温度为42℃。再搅拌15min，过滤，水洗，在40～45℃下干燥，得产品170kg。

【用途】 用于油漆、油墨及橡胶的着色。

【生产单位】 上海染化十二厂，上海谊昌颜料化工合作公司，天津光明颜料厂，天津油墨股份有限公司，山东济南油墨厂和甘肃甘谷油墨厂，安平县冠达颜料工业有限公司，杭州萧山前进化工有限公司，上虞舜联化工有限公司，临海市百色得精细颜料化工有限公司，上虞市东海精细化工厂，山东济宁阳光颜料助剂公司。

Ce034 C. I. 颜料红 164

【英文名】 C.I. Pigment Red 164；2-Naph-thalenecarboxamide，4,4′-[1,2-Ethanediylbis[iminosulfonyl(6-methoxy-3,1-phenylene)-2,1-diazenediyl]]bis[N-(4-ethoxyphenyl)-3-hydroxy]-；Helio Fast Red GG；Pigment Red 164

【登记号】 CAS[72659-69-9]；C.I.212855

【结构式】

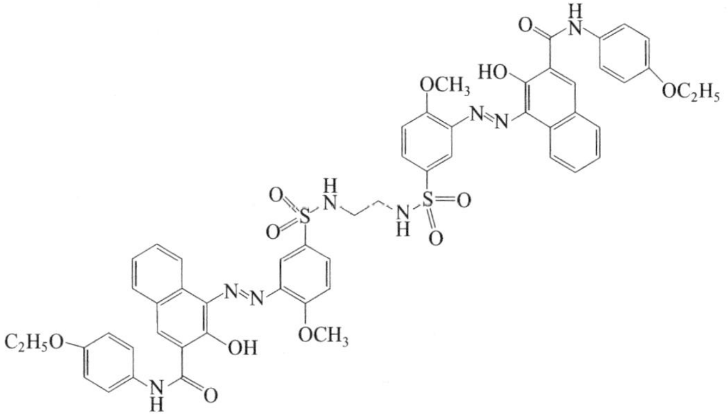

【分子式】 $C_{54}H_{50}N_8O_{12}S_2$

【分子量】 1067.16

【物化性质】 胭脂红，有光泽。

【制法】 43.0 份（质量）1,2-二（3-氨基-4-甲氧基苯磺酰胺）乙烷溶于 1000 份（体积）水和 55 份（体积）19.5°Bé 盐酸中，在 0～5℃用 46 份 30%亚硝酸钠溶液重氮化。反应完毕后，加入 42 份冰醋酸。再加入 62 份（质量）1-(2-羟基-3-萘甲酰氨基)-4-乙氧基苯（色酚 AS-VL）的钠盐的水溶液。过滤收集固体，水洗，在 50℃干燥，得产品。

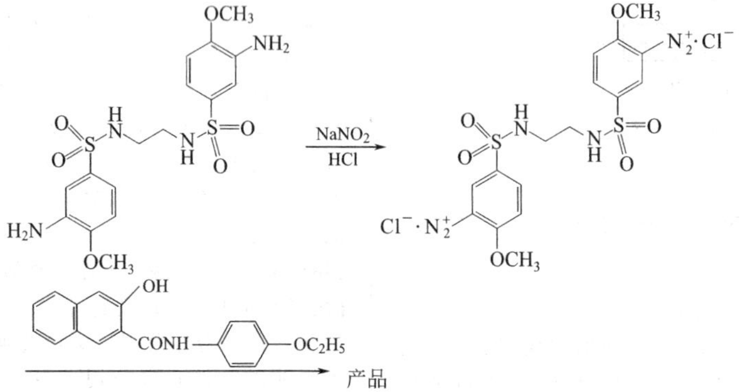

【用途】 用于塑料、纤维的着色。

Ce035 C. I. 颜料红 170

【英文名】 C.I. Pigment Red 170；2-Naph-thalenecarboxamide，4-[2-[4-(Aminocar-bonyl)phenyl]diazenyl]-N-(2-ethoxyphe-nyl)-3-hydroxy-

【登记号】 CAS[2786-76-7]；C.I.12475

【别名】 颜料红 GL；水稳定立索尔宝红；3128 永固红 F5RK；3128 永固红 F3RK；永固红 BH-F2RK；永固红 BH-F3RK；永固红 BH-F3RK；Fuji Fast Red 2200；

Graphtol Red NFB；L 1/8 Red F 3RK70；Lionol Red 5901（TOYO）；Lysopac Red 7030C；Naphthol AS Red；Naphtol Red B 7032C；Novoperm Red F 2RK70；Novoperm Red F5RK，F2RK70，F3RK70（Dystar）；Novoperm Red F 2RK70N；Novoperm Red F 3RK；Novoperm Red F 3RK70；Novoperm Red F 5RK；Novoperm Red F 6RK；Permanent Red F 3RK；Permanent Red F 3RK70；Permanent Red F 5RK；Pigment Red 170；Pigment Red GL；Predisol Red FRC-PC 3440（KVK）；PV Red F5RK，F5RK70（Dystar）；Red EMD-056，-060（SKC）；Red F 5RK；Red PEC-056，-060（SKC）；Sanyo Brilliant Carmine 7005，7007（SCW）；Sanyo Brilliant Carmine 7009；Seikafast Red 3820，3891（DNS）；Sico Fast Scarlet L 4252（BASF）；Suimei Fast Red ER（KKK）；Sumitone Fast Red BRS（NSK）；Sunbrite Red 170

【结构式】

【分子式】 $C_{26}H_{22}N_4O_4$

【分子量】 454.49

【性质】 蓝光红色粉末。不溶于水，耐酸、碱。在一般有机溶剂中不溶解。具有优良的牢度。该结构具有两种晶型。色相蓝光红。pH＝7，密度 1.5g/cm³。

【制法】 将 13.6 份（质量）1-氨基-4-苯甲酰胺加到 60 份（体积）5mol/L 盐酸中，搅拌少许后，加入水稀释。在 10℃，用 20 份（体积）5mol/L 亚硝酸钠溶液进行重氮化，得重氮液。

32 份（质量）N-(2-乙氧基苯基)-2-羟基-3-萘甲酰胺和 1000 份（体积）吡啶混合。在 25～30℃，30～45min 内加入重氮液。加毕，再搅拌 1h。过滤，通往水蒸气至无吡啶，水洗，干燥，得产品。

【质量标准】

指标名称	指标
外观	蓝光红色粉末
着色力/%	为标准品的 100±5
细度（通过 80 目筛后残余物含量)/%	≤5
耐晒性/级	7～8
耐热性/℃	＞250
耐酸性/级	5
耐碱性/级	5
油渗性/级	5
水渗性/级	5

【用途】 应用性能优良，而价格又属中档，因此很有实用性。具有两种晶型，均适于高级涂料使用。特别是不透明型颜料由于具有高的遮盖力、鲜艳的色泽、优异的耐晒和耐候牢度。主要用于农具、汽车涂层和一些设备制造用涂料。在室外使用时不褪色，但色泽变暗。它与 NB349 系颜料和喹吖啶酮颜料比较，其价格较低，但牢度不如后者。其不透明型颜料可同氧化铁进行拼混以改进遮盖力、牢度和降低成本。这种颜料特别适于作为无铅的红色颜料使用。本品的蓝光透明型因其着色强度高而广泛用于油墨中。它的色泽类似 C.I.颜料红 5(坚牢洋红 FB)，因其着色强

度较高，在同样的色深度下需要较少量的颜料。这种颜料适于聚氯乙烯印刷油墨和包装印刷油墨使用。国产颜料红 GL 耐晒牢度达 7～8 级，耐热高于 250℃，油漆成膜性能很好，可用于油性漆和水性漆。国内用户进行了 9203 汽车专用聚氨酯磁漆和 A04-8535 氨基醇酸烘漆使用，证明其漆膜光泽性良好，经一年实地汽车暴晒，耐候牢度优良。可供国产轿车漆使用。本品还可用于聚丙烯、黏胶、醋酸纤维等的原浆着色。

【生产单位】 山东蓬莱新光颜料化工公司，杭州映山花颜料化工有限公司，天津市东鹏工贸有限公司，杭州新晨颜料有限公司，南通新盈化工有限公司，无锡新光化工有限公司，浙江胜达祥伟化工有限公司，杭州红妍颜料化工有限公司，上虞舜联化工有限公司，石家庄市力友化工有限公司，昆山市中星染料化工有限公司，武汉恒辉化工颜料有限公司，杭州力禾颜料有限公司，镇江市金阳颜料化工有限公司，辽宁营口老边颜料厂，江苏海门颜料厂，浙江上虞舜联化工公司。

Ce036　C. I. 颜料红 170：1

【英文名】 C. I. Pigment Red 170：1；2-Naphthalenecarboxamide，4-[2-[4-(Aminocarbonyl)phenyl]diazenyl]-3-hydroxy-N-(2-methoxyphenyl)-

【登记号】 CAS［36968-27-1］；C.I.12474

【别名】 颜料红 170：1；永固红 BH-7RK；耐晒红 P-F7RK；C. I. Pigment Red 266；Pigment Red 170：1；Pigment Red 266；Naphthol Red；Medium Shade (MCC)

【结构式】

【分子式】 $C_{25}H_{20}N_4O_4$

【分子量】 440.46

【性质】 深红色粉末。不溶于水和一般有机溶剂。耐酸、碱。牢度优良，耐热、耐晒、耐有机溶剂。吸油量（mL/100g）45～78，pH 值 6.5～7.5。耐光性 7 级，耐热性 180℃，耐水性 5 级，耐油性 4 级，耐酸性 5 级，耐碱性 5 级。

【制法】 对氨基苯甲酰胺重氮化后，和 N-(3-羟基-2-萘甲酰基) 邻甲氧基苯胺（色酚 AS-OL）偶合，再经颜料化处理，干燥，粉碎，得产品。

【用途】 用于高级涂料、油墨、塑料及原浆着色等。

【生产单位】 杭州亚美精细化工有限公司，浙江胜达祥伟化工有限公司，石家庄市力友化工有限公司，武汉恒辉化工颜料有限公司，浙江百合化工控股集团，杭州力禾颜料有限公司。

Ce037　C. I. 颜料红 184

【英文名】 C. I. Pigment Red 184；Flexonyl Rubine A-F 6B；Hostafine Rubine F 6B；Microlith Magenta 2BA；Permanent Rubine F 6B；Permanent Rubine F 6B13-1731；Pigment Red 184

【登记号】 CAS〔99402-80-9〕；C.I.12487

【结构式】

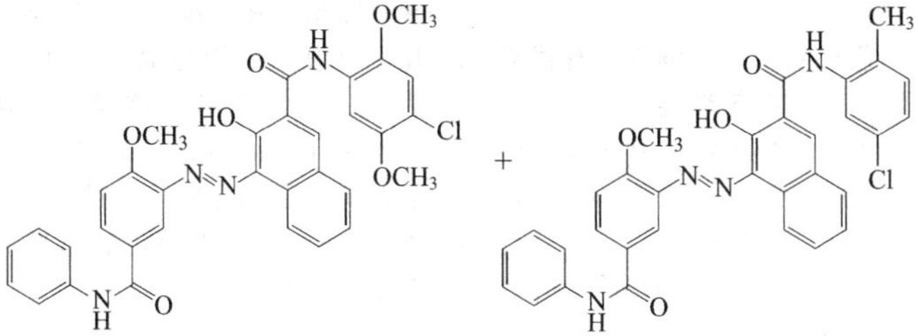

【分子式】 $C_{33}H_{27}N_4O_6Cl + C_{32}H_{25}N_4O_4Cl$

【分子量】 1176.08

【性质】 蓝光红色粉末。pH=7，吸油时≤50，耐热性160℃。

【制法】 红色基 KD 重氮化后，和色酚 AS-LC、色酚 AS-KB 偶合，经颜料化处理，干燥，粉碎，得产品。

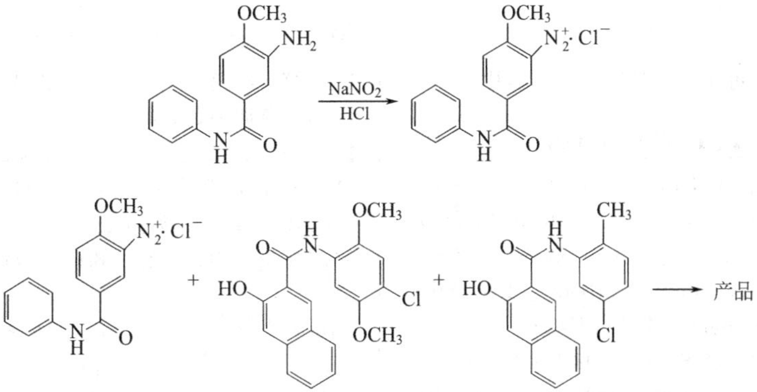

【用途】 用于油墨、油漆、涂料和水溶性墨水等。

【生产单位】 天津市东鹏工贸有限公司，南通新盈化工有限公司，上虞舜联化工有限公司，石家庄市力友化工有限公司，昆山市中星染料化工有限公司。

Ce038 C. I. 颜料红 187

【英文名】 C.I.Pigment Red 187；2-Naphthalenecarboxamide,4-[2-[5-[[[4-(Aminocarbonyl)phenyl]amino]carbonyl]-2-methoxyphenyl]diazenyl]-N-(5-chloro-2,4-dimethoxyphenyl)-3-hydroxy-；Novoperm Red HF 4B

【登记号】 CAS〔59487-23-9〕；C.I.12486

【结构式】

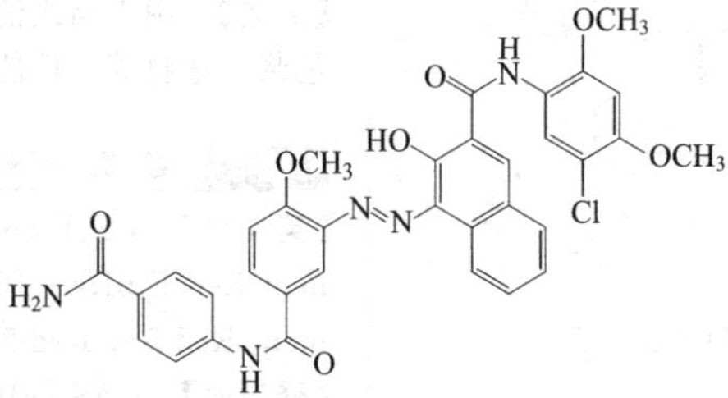

【分子式】　$C_{34}H_{28}N_5O_7Cl$

【分子量】　654.08

【性质】　洋红色粉末，色泽鲜艳。有优异的耐光耐热性能及耐溶剂性能。

【制法】　28.5 份 4-(3-氨基-4-甲氧基苯甲酰胺基) 苯甲酰胺和 600 份水及 60 份 5mol/L 盐酸混合，加热至 70℃。冷却到 15℃，加入 20 份 5mol/L 亚硝酸钠溶液进行重氮化，得重氮液。

37 份 N-(2,4-二甲氧基-5-氯苯基)-2-

羟基-3-萘甲酰胺溶于热的稀氢氧化钠溶液。冷却，在室温和 1～2h 内，将该溶液和重氮液一起均匀地加到 400 份（体积）水和 22 份（体积）冰醋酸的含 20mol 环氧乙烷和 1mol 油醇的反应产物的混合液中，搅拌至偶合完全。过滤，水洗。湿滤饼和 1000 份（体积）氯苯搅拌，共沸脱出水分，再回流 1h。过滤，甲醇洗，干燥，得产品。

【用途】　可用于高档喷漆、塑料中。

Ce039　C. I. 颜料红 188

【英文名】　C.I.Pigment Red 188；Benzoic Acid, 4-[[(2,5-Dichlorophenyl) amino] carbonyl]-2-[2-[2-hydroxy-3-[[(2-methoxyphenyl) amino] carbonyl]-1-naphthalenyl]diazenyl]-, Methyl Ester

【登记号】　CAS [61847-48-1]；C.I.12467

【别名】　永固红 HP3S；Kenalake Red 2BF (HAYS)；Novoperm Red HF3S (Dystar)；Novoperm Red HF 3S 70(Dystar)；Permanent Red HF 3S；Permanent Red HP3S；Pigment Red 188

【结构式】

【分子式】　$C_{33}H_{24}N_4O_6Cl_2$

【分子量】　643.48

【性质】　红色粉末。不溶于水和一般有机溶剂。色调为黄光红。

【制法】　2-氨基-4-(2,5-二氯苯氨基甲酰基) 苯甲酸甲酯重氮化后，和 N-(3-羟基-2-萘甲酰基) 邻甲氧基苯胺偶合，再经颜料化处理，干燥，粉碎，得产品。

【用途】　用于高级油墨、油漆、涂料印花色浆、塑料等，性能优良。

Ce040　C. I. 颜料红 210

【英文名】　C.I.Pigment Red 210；Permanent Red F 6RK；Pigment Red 210；Pigment Red 5S；Red 5S；Sunbrite Red 210

【登记号】　CAS [61932-63-6]；C.I.12477

【结构式】

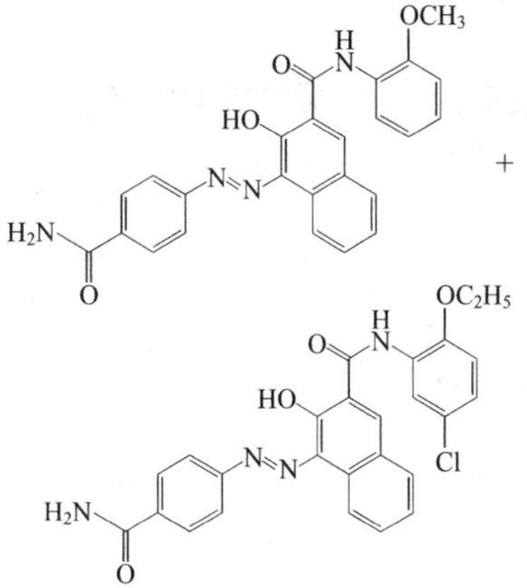

+

【分子式】　$C_{25}H_{20}N_4O_4 + C_{26}H_{22}N_4O_4$

【分子量】　894.94

【性质】　耐热性 200℃，耐光性 7 级，耐水性 4 级，耐油性 4 级，耐酸性 5 级，耐碱性 5 级，吸油量≤45%。

【制法】　对氨基苯甲酰胺重氮化后，和色酚 AS-OL、色酚 AS-PH 偶合，再经颜料化处理，干燥，粉碎，得产品。

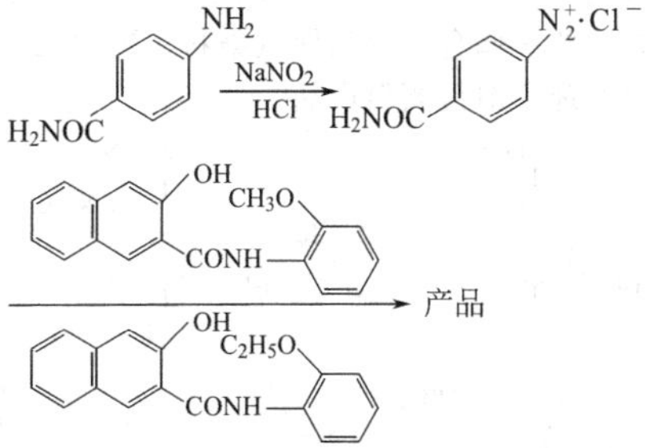

【用途】　用于墨水、织物、涂料等。

【生产单位】　杭州 Xcolor 进出口公司。

Ce041　C. I. 颜料红 223

【英文名】　C. I. Pigment Red 223；2-Naphthalenecarboxamide, 4-[2-[2-Chloro-5-[[(2, 4, 5-trichlorophenyl) amino]carbonyl]phenyl] diazenyl]-3-hydroxy-N-1-naphthalenyl-

【登记号】　CAS [26789-26-4]

【结构式】

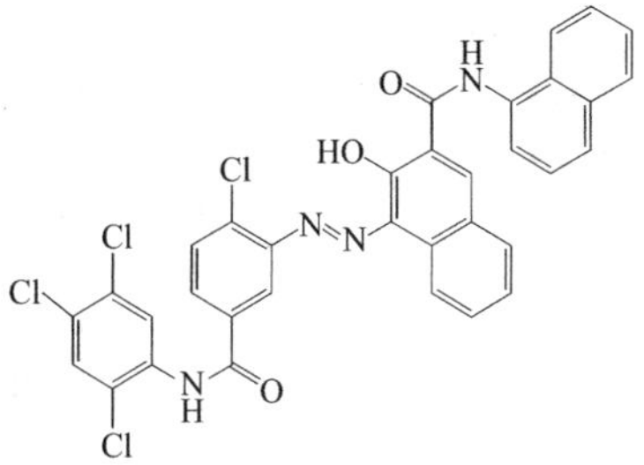

【分子式】　$C_{34}H_{20}N_4O_3Cl_4$

【分子量】　674.37

【性质】　红色粉末。有好的着色力。有好的耐迁移性。

【制法】　将 17.7g 4-氯-3-氨基苯甲酰-2′,4′,5′-三氯苯胺和 15,8g 2-羟基萘-3-甲酰-1′-萘胺加到 600mL 1,1,1-三氯乙烷中，加入 1.22g 三氯醋酸，加热回流 30min。冷却到 25～30℃，在 15min 内加入 3.5g 新蒸馏的亚硝酸甲酯，保持温度为 25～30℃。15min 后，当检测不到亚硝酸存在时，继续加入亚硝酸甲酯。直到亚硝酸的检测为阳性时，加热到 40℃，再剧烈搅拌 1h。再加热到 70～80℃，蒸出 50mL 溶剂。稍冷却后马上过滤收集红色的沉淀物，用 200mL 温的 1,1,1-三氯乙烷洗，在 90～100℃真空干燥，得 32.4g 产品，收率 96%。

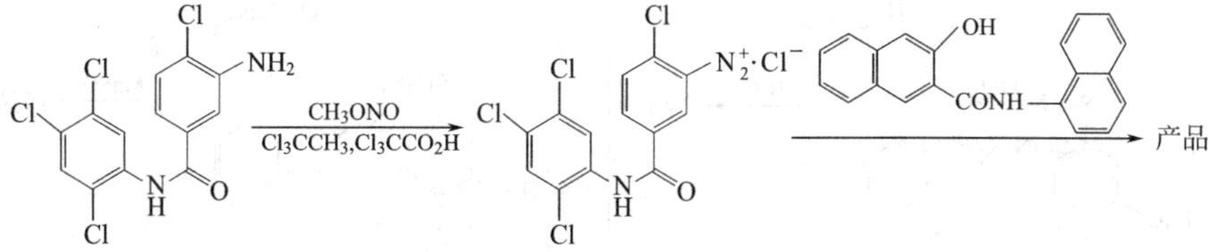

【用途】 用于塑料的着色。

Ce042 C. I. 颜料红 243

【英文名】 C. I. Pigment Red 243；Benzene-sulfonic Acid，4-Chloro-2-[2-[2-hydroxy-3-[[(2-methoxyphenyl) amino] carbonyl]-1-naphthalenyl] diazenyl]-5-methyl-，Barium Salt（2：1）；Pigment Red 243；Lionol Red 498(TOYO)

【登记号】 CAS [50326-33-5]；C.I.15910

【结构式】

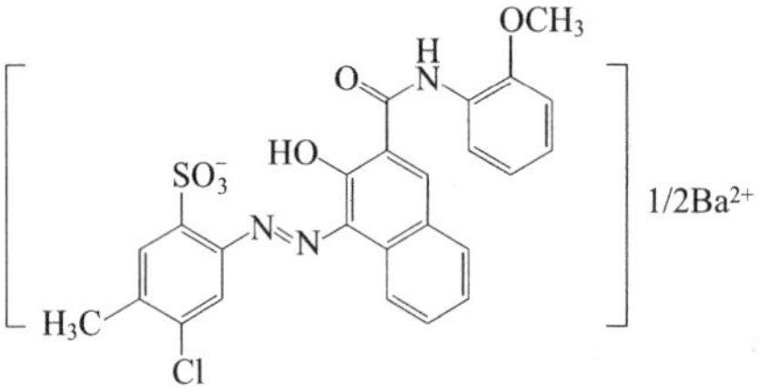

【分子式】 $C_{25}H_{19}ClN_3O_6S \cdot 1/2Ba$

【分子量】 593.63

【性质】 红色粉末。

【制法】 2-氨基-4-氯-5-甲基苯磺酸钠重氮化，再和 N-(2-羟基-3-萘甲酰基)-2-甲氧基苯胺偶合，得到偶氮染料，再用氯化钡处理，即得颜料产品。

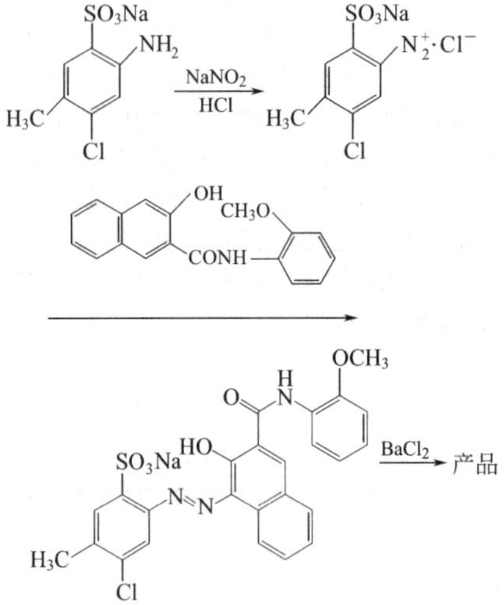

【用途】 可用于聚氯乙烯、聚苯乙烯及橡胶的着色。

Ce043 C. I. 颜料红 243：1

【英文名】 C. I. Pigment Red 243：1；Benzenesulfonic Acid，4-Chloro-2-[[2-hydroxy-3-[[(2-methoxyphenyl) amino] carbonyl]-1-naphthalenyl] azo]-5-methyl-，Manganese Complex；Pigment Red 243：1

【登记号】 CAS [431991-58-1]；C.I.15910：1

【结构式】

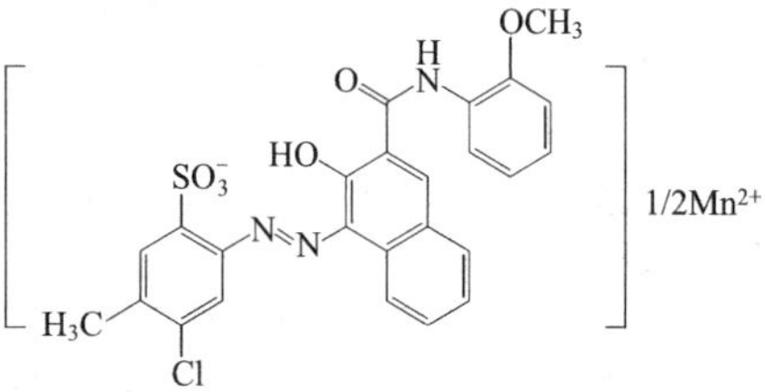

【分子式】 $C_{25}H_{19}ClN_3O_6S \cdot 1/2Mn$

【分子量】 552.43

【性质】 红色粉末。

【制法】 2-氨基-4-氯-5-甲基苯磺酸钠重氮化，再和 N-(2-羟基-3-萘甲酰基)-2-甲氧基苯胺偶合，得到偶氮染料，再用硫酸锰处理，即得颜料产品。

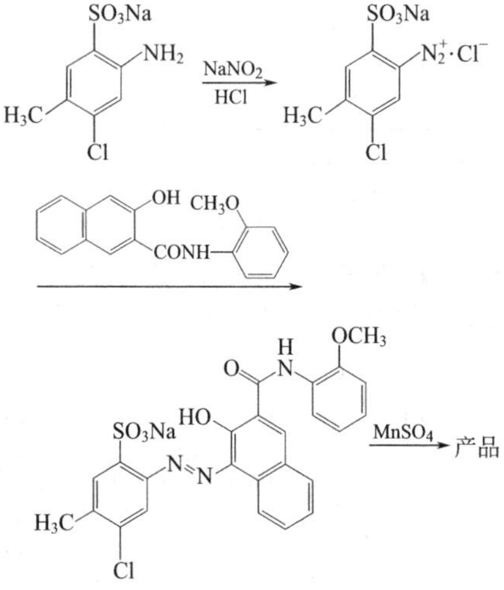

【用途】 可用于聚氯乙烯、聚苯乙烯及橡胶的着色。

Ce044 C. I. 颜料红 245

【英文名】 C.I.Pigment Red 245；2-Naphthalenecarboxamide，4-[2-[5-(Aminocarbonyl)-2-methoxyphenyl]diazenyl]-3-hydroxy-N-phenyl-

【登记号】 CAS［68016-05-7］；C.I.12317

【别名】 坚固桃红；3106坚固桃红；Lionol Pink No. 3（TOYO）；Naphthol Red Strong Medium Shade（MCC）；Permanent Pink；Seikafast Rubine RK-1（DNS）；Suimei Fast Pink B(KKK)

【结构式】

【分子式】 $C_{25}H_{20}N_4O_4$

【分子量】 440.46

【性质】 红色粉末，不溶于水和一般有机溶剂。色调为蓝光桃红色。有良好的耐有机溶剂、耐酸、耐碱性。有好的耐光性。pH=7，相对密度1.5。

【制法】 3-氨基-4-甲氧基苯甲酰胺经重氮化后，和色酚AS偶合，再经颜料化处理，干燥，粉碎，得产品。

【质量标准】

外观	红色粉末
色光	与标准品近似至微
着色力/%	为标准品的100±5
吸油量/%	40±5
耐光性/级	7
耐热性/℃	200
耐酸性/级	5
耐碱性/级	5
油渗性/级	5
水渗性/级	5

【安全性】 10kg、20kg纸板桶或铁桶装，内衬塑料袋。

【用途】 主要用于油漆、油墨、涂料印花色浆及塑料制品着色。

【生产单位】 杭州映山花颜料化工有限公司，杭州亚美精细化工有限公司，Hangzhou Union Pigment Corporation，浙江瑞安太平洋化工厂，南通新盈化工有限公司，石家庄市力友化工有限公司，武汉恒辉化工颜料有限公司，上海油墨股份有限公司。

Ce045 C.I.颜料红 247

【英文名】 C.I.Pigment Red 247；Benzenesulfonic Acid，4-[[3-[2-[2-Hydroxy-3-[[(4-methoxyphenyl)amino]carbonyl]-1-naphthalenyl]diazenyl]-4-methylbenzoyl]amino]-，Calcium Salt（2：1）；C. I. Pigment Red 247：1；PV Fast Red HB；PV Red HBTH；PV Red HG；Pigment Red 247；Pigment Red 247：1

【登记号】 CAS［43035-18-3］；C.I.15915

【结构式】

1/2Ca²⁺

【分子式】 $C_{32}H_{25}N_4O_7S \cdot 1/2Ca$

【分子量】 629.67

【性质】 黄光红色粉末，色泽鲜艳。

【制法】 在搅拌下，将 196.8 份 4-(3-氨基-4-甲基苯甲酰氨基) 苯磺酸钠、3 份烷基聚乙二醇醚和 1000 份水混合，加入 257.8 份 31% 盐酸。在搅拌、20～25℃、30min 内，加入 110 份 38% 亚硝酸钠水溶液。加毕，在室温再搅拌 1.5h。用氨磺酸破坏过量的亚硝酸，加入 37.3 份 29% 烷基三甲基氯化铵（90% 的烷基为 C_{16}）水溶液，得重氮液。

将 181.1 份 N-(4-甲氧基苯基)-2-羟基-3-萘甲酰胺、800 份水、63.6 份氢氧化钾和 146.7 份 33% 氢氧化钠水溶液混合，加热至溶解。在搅拌下、0～20℃、45min 内，加入重氮液。偶合完全后，用 31% 盐酸调 pH 值至 5，搅拌 10min。用稀氢氧化钠溶液调 pH 值至 7，加入 6.12 份由油酰氯和 2-甲胺基醋酸生成的产物。通往水蒸气，使温度升至 85℃，加入 24 份脂肪酸三甘油酯。加热至 90℃ 后，加入 168 份 80% 氯化钙水溶液。在 90℃ 保持 15min。在搅拌下于 45min 内加热至 155℃，保持 3h。冷却，在 70℃ 过滤，洗涤，干燥，得产品。

【用途】 可用于聚氯乙烯、聚苯乙烯及橡胶的着色。

Ce046 C.I.颜料红 253

【英文名】 C.I.Pigment Red 253；2-Naphthalenecarboxamide，4-[[2，5-Dichloro-4-[(methylamino) sulfonyl] phenyl] azo]-3-hydroxy-N-(2-methylphenyl)-；Novoperm Red GLF；Pigment Red 253

【登记号】 CAS［85776-13-2］；C.I.12375

【结构式】

【分子式】 $C_{25}H_{20}N_4O_4SCl_2$

【分子量】 543.42

【性质】 红色粉末。

【制法】 在搅拌下，将 12.75g N-甲基-1-氨基-2,5-二氯苯磺酰胺加到 50mL 冰醋酸和 20mL 30% 盐酸的混合液中，冷却到 0℃。在搅拌下慢慢加入 6.3mL 8mol/L 亚硝酸钠溶液。加毕，在 0～5℃ 再搅拌 1h。加入少量氨磺酸以破坏过量的亚硝酸，过滤，得重氮液。

将 13.85g N-(2-甲基苯基)-2-羟基-3-萘甲酰胺（色酚 AS-D）溶于 62mL 水和 10mL 30% 氢氧化钠的混合液中。加入 2.5mL 液体的阴离子表面活性剂，冷却到 0℃。在搅拌下，将此溶液非常缓慢地加到重氮液中。加毕，在 0℃ 搅拌 1h，再在 20℃ 搅拌 4h，90℃ 搅拌 1h。过滤，水洗至无酸，干燥，得产品。

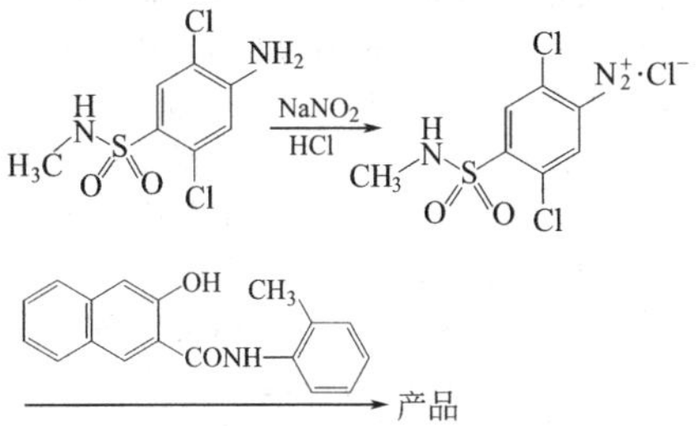

【用途】　主要用于涂料、塑料和印刷油墨的着色。也可用于织物、纸张的着色。

Ce047　C.I.颜料红 256

【英文名】　C.I.Pigment Red 256；2-Naph-thalenecarboxamide，4-[[2，5-Dichloro-4-[(dimethylamino)sulfonyl]phenyl]azo]-3-hydroxy-N-(2-methoxyphenyl)-；Pigment Red 256

【登记号】　CAS [79102-65-1]；C.I.124635

【结构式】

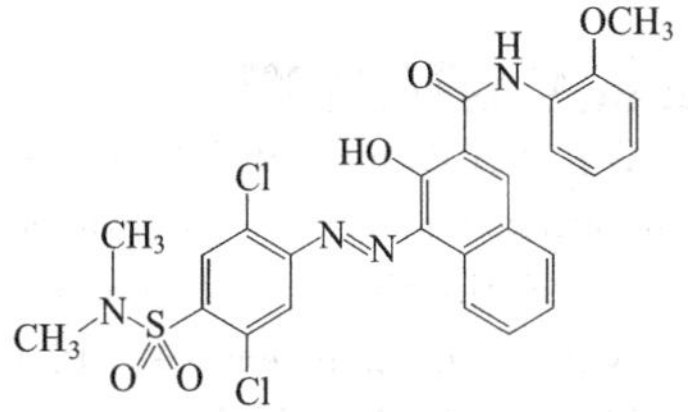

【分子式】　$C_{26}H_{22}N_4O_5SCl_2$

【分子量】　573.45

【性质】　洋红色粉末。

【制法】　N，N-二甲基-1-氨基-2，5-二氯苯磺酰胺经重氮化，和色酚 AS-OL 偶合，所得产物在 DMF 中煮沸 2h，进行颜料化处理，干燥，粉碎，得产品。

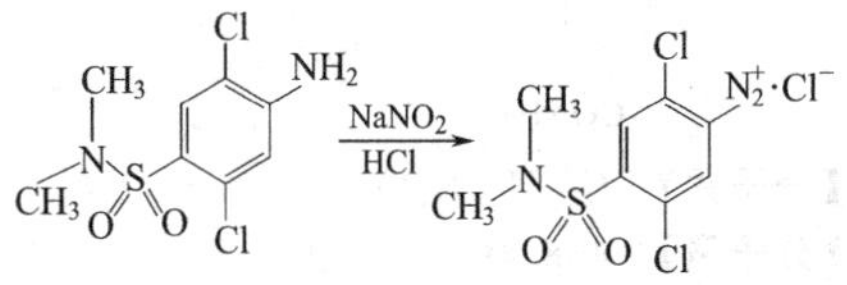

【用途】　主要用于涂料、塑料和印刷油墨的着色。也可用于织物、纸张的着色。

Ce048　C.I.颜料红 258

【英文名】　C.I.Pigment Red 258；2-Naph-thalenecarboxamide，3-Hydroxy-4-[2-[2-methoxy-5-[(phenylmethyl)　sulfonyl] phenyl] diazenyl]-N-phenyl-；Pigment Red 258

【登记号】　CAS [57301-22-1]；C.I.12318

【结构式】

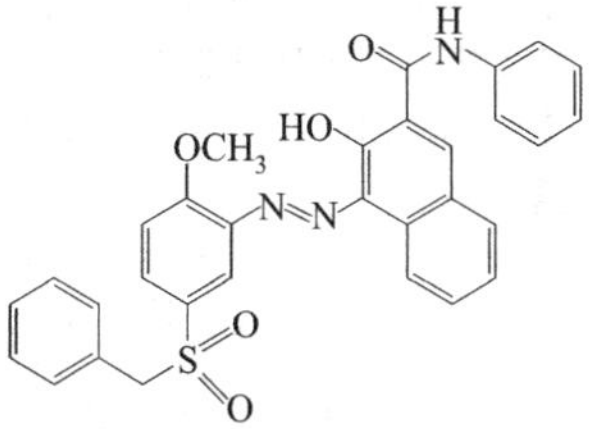

【分子式】　$C_{31}H_{25}N_3O_5S$

【分子量】　551.62

【性质】　红色粉末。

【制法】　称取 83kg 重氮组分加入 800L 水中，加入 202L 5mol/L 盐酸，加热至 75℃，并加冰冷却至 0℃，迅速加入 40% 亚硝酸钠溶液 39.3L，反应完全后加入水调整体积至 2400L，加活性炭并过滤。

　　称取相应物质的量的色酚 AS，加入 1000L 水中并加入 105L33% 氢氧化钠溶液，加热至 85℃，保持 10min 溶解，过滤，调整体积至 2000L，然后加入活性剂及 2000L 水加冰降温至 2℃后，迅速加入 5mol/L 盐酸 250L 使之析出，并加入 200kg 结晶乙酸钠加热至 42℃，把重氮液于 42℃ 导入偶合组分中，搅拌 15min，过滤水洗干燥，得产品 170kg。

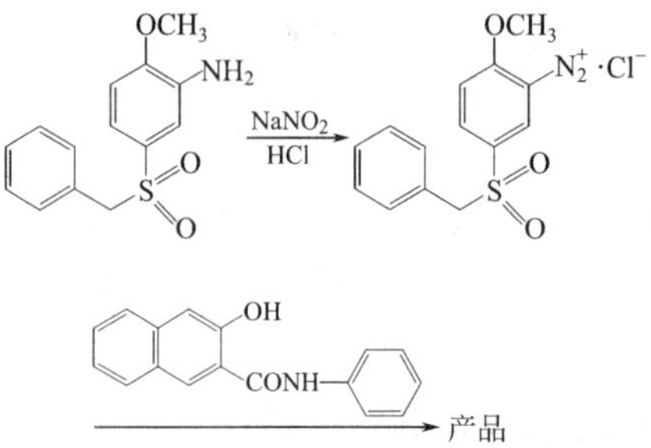

【用途】 主要用于涂料、油墨和文教用品的着色。

Ce049 C.I.颜料红 261

【英文名】 C.I.Pigment Red 261；2-Naph-thalenecarboxamide，3-Hydroxy-*N*-(2-methoxyphenyl)-4-[2-[2-methoxy-5-[(phenylamino) carbonyl] phenyl] diazenyl]-；Pigment Red 261

【登记号】 CAS [16195-23-6]；C.I.12468

【结构式】

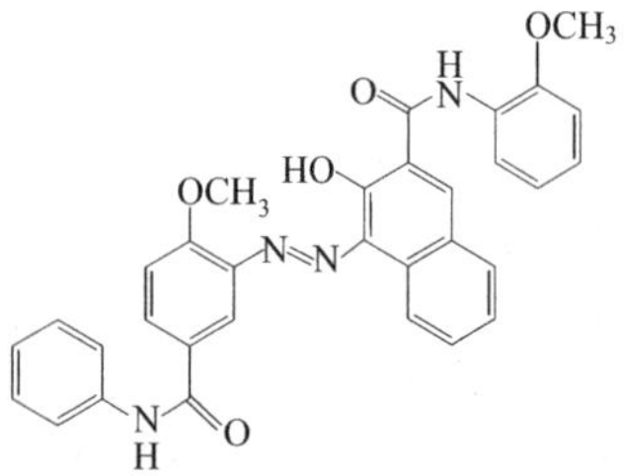

【分子式】 $C_{32}H_{26}N_4O_5$

【分子量】 546.58

【性质】 鲜艳的红色粉末。在 305～310℃熔化并分解（每分钟 10℃ 升温）。不溶于水、稀氢氧化钠溶液，极难溶于过氯乙烯，微溶于沸腾的二甲基甲酰胺。

【制法】 在室温，将 24.2 份 3-氨基-4-甲氧基苯甲酰苯胺加到 150 份水中，在搅拌下加入 43.5 份 20°Bé 的盐酸。当全部固体溶解后，加入冰使温度降到 0℃。加入 7.0 份 20% 亚硝酸钠溶液进行重氮化，加毕，在 0℃再搅拌 1h。加入氨磺酸水溶液，以破坏过量的亚硝酸。用 20.0 份醋

酸钠将反应液调至对刚果红微显碱性，得重氮液。

将 31.0 份 *N*-(2-甲氧基苯基)-2 羟基-3-萘甲酰胺加到 40.0 份甲醇、300.0 份水和 8.5 份氢氧化钠的混合液中，加热至 70℃使固体全溶。在 25℃加入 700.0 份水（含 0.45 份 80% 的丁二酸二己酯磺酸钠作为润湿剂）。在 6min 内快速加入 0℃的重氮液。加毕，在 18℃搅拌 1h，再加热至 95℃，搅拌 1.5h。用足够多的冷水稀释，使反应液的温度降到 60℃。过滤，水洗至无氯离子，干燥，得 62 份产品。

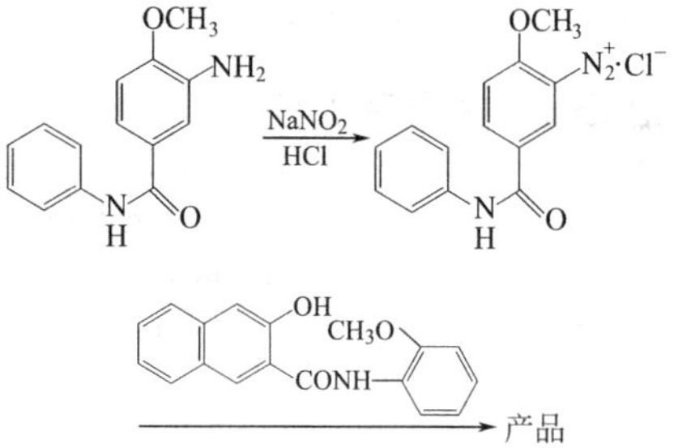

【用途】 用于塑料、织物的着色。

Ce050 C.I.颜料红 267

【英文名】 C.I.Pigment Red 267；2-Naph-thalenecarboxamide，4-[2-[5-(Aminocar-bonyl)-2-methylphenyl] diazenyl]-3-hydroxy-*N*-(2-methylphenyl)-；Pigment Red 267；Symuler Fast Red 4127

【登记号】 CAS [68016-06-8]；C.I.12396

【结构式】

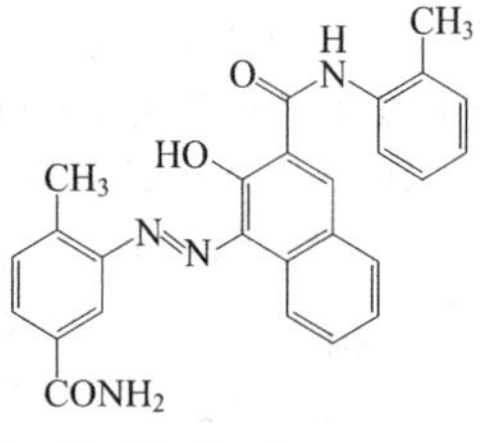

【分子式】 $C_{26}H_{22}N_4O_3$

【分子量】 438.49

【性质】 红色粉末。

【制法】 3-氨基-4-甲基苯甲酰胺重氮化后，和色酚 AS-D 偶合，再经颜料化处理，干燥，粉碎，得产品。

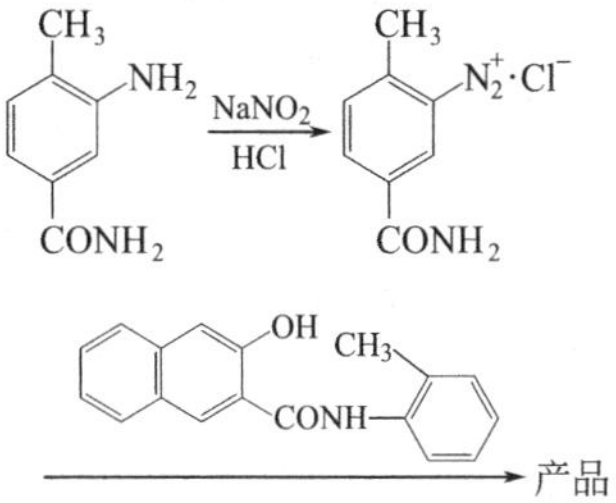

【用途】 用于涂料、油墨和塑料制品等着色。

Ce051 C.I.颜料红 268

【英文名】 C. I. Pigment Red 268；2-Naphthalenecarboxamide, 4-[2-[5-(Aminocarbonyl)-2-methylphenyl] diazenyl]-3-hydroxy-N-phenyl-; Pigment Red 268

【登记号】 CAS〔16403-84-2〕；C.I.12316

【结构式】

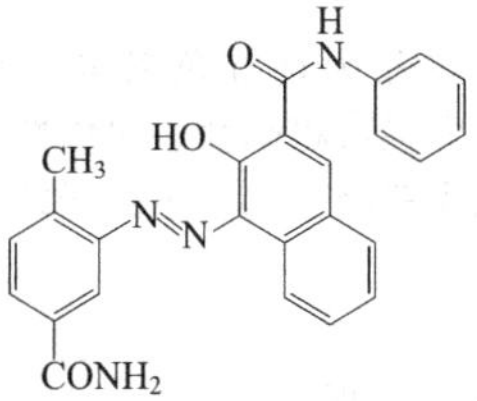

【分子式】 $C_{25}H_{20}N_4O_3$

【分子量】 424.46

【性质】 鲜艳的红色。耐热性 180℃，耐光性 7 级，耐油 5 级，耐酸 5 级，耐碱 4 级，吸油量≤45%。

【制法】 将 150 份 3-氨基-4-甲基苯甲酰胺悬浮于 1500 份水中，用 265 份浓盐酸和 72 份亚硝酸钠按常规进行重氮化。加入 161 份醋酸和 65 份醋酸钠。在良好的搅拌下，往该冷的缓冲的重氮液中加入由 298 份 N-(2-羟基-3-萘甲酰基) 苯胺，

1500 份热水和 127 份氢氧化钠制得的溶液，搅拌少许后再加热至 70～95℃。过滤，干燥，得产品。

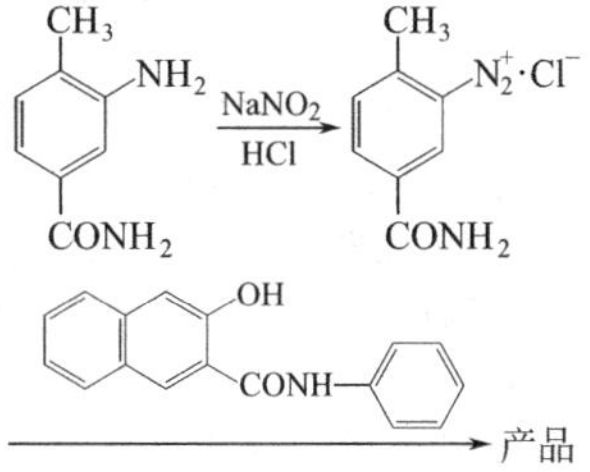

【用途】 可用于墨水、织物、涂料、塑料等的着色。

【生产单位】 杭州 Xcolor 进出口公司。

Ce052 C.I.颜料红 269

【英文名】 C.I.Pigment Red 269；2-Naphthalenecarboxamide, N-(5-Chloro-2-methoxyphenyl)-3-hydroxy-4-[2-[2-methoxy-5-[(phenylamino) carbonyl] phenyl] diazenyl]-; Permanent Carmine 3810; Pigment Red 269; Sunbrite Red 435-4438; Toshiki Red 1022

【登记号】 CAS〔67990-05-0〕；C.I.12466

【结构式】

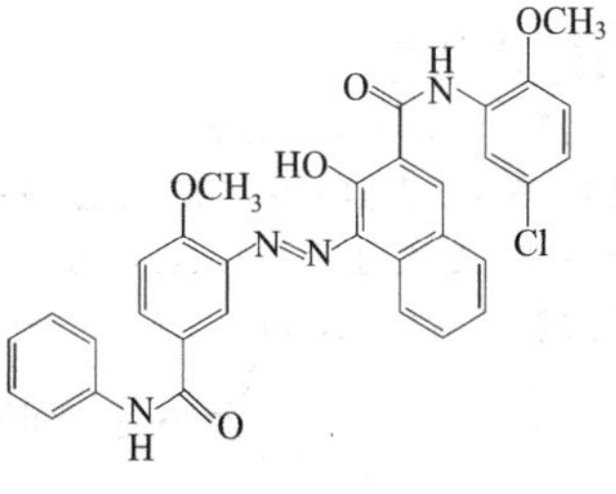

【分子式】 $C_{32}H_{25}N_4O_5Cl$

【分子量】 581.03

【性质】 耐热性 180℃，耐光性 7 级，耐水性 5 级，耐油性 5 级，耐酸性 5 级，耐碱性 4 级，吸油量≤45%。

【制法】 在室温，将 242g 3-氨基-4-甲氧基苯甲酰苯胺和 2532g 水混合，搅拌下加

入盐酸使固体完全溶解。加入 1.5kg 冰水混合液，使温度降到 10℃。加入 138mL 40％亚硝酸钠溶液。加入助滤剂进行过滤，用氨磺酸破坏过量的亚硝酸，得重氮液。

在 80℃，将 328g N-(5-氯-2-甲氧基苯基)-2-羟基-3-萘甲酰胺加到 2720g 水中，加入碱使之溶解。加入 2720g 水/冰混合液，使温度降到室温，过滤。加入重氮液，控制 pH 值为 4.8～5.0，温度20～35℃。偶合完全后，过滤，洗涤，干燥，得产品。

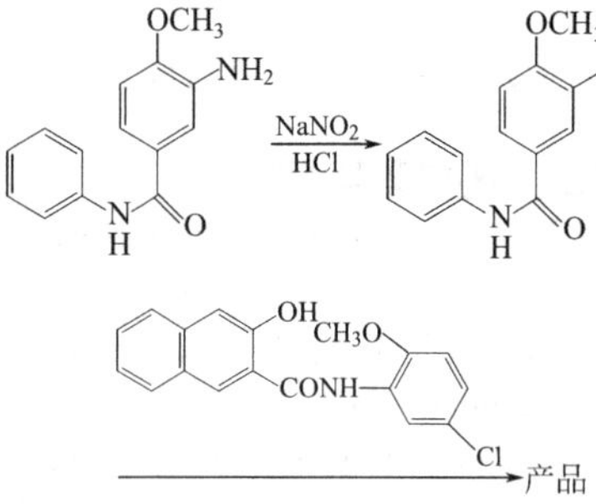

【用途】　用于墨水、织物、涂料、油漆、塑料等。

【生产单位】　杭州 Xcolor 进出口公司。

Ce053　大红粉

【英文名】　Scarlet powder

【别名】　5203 大红粉；808 大红粉；222 大红粉；3132 大红粉；222K 红粉

【分子式】　$C_{23}H_{17}N_3O_2$

【分子量】　367.41

【结构式】

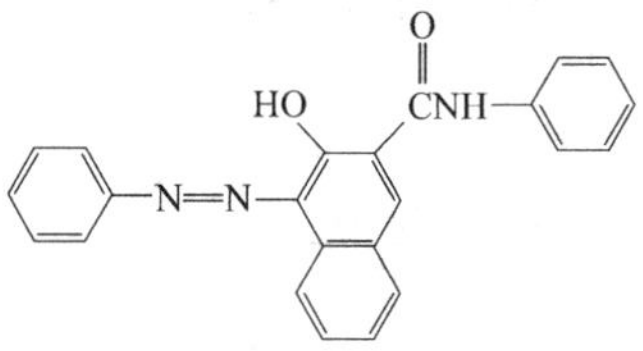

【质量标准】（GB 3675）

外观	大红色粉末
色光	与标准品近似
着色力/%	为标准品的 100 ± 5
水分含量/%	≤1.5
水溶物含量/%	≤1.5
吸油量/%	40 ± 5
细度(过 80 目筛余量)/%	≤5.0
105℃挥发物含量/%	≤1.0
耐晒性/级	6～7
耐热性/℃	130
耐酸性/级	5
耐碱性/级	5
水渗透性/级	4
石蜡渗透性/级	5
油渗透性/级	3

【性质】　本品为艳红色粉末。着色力极佳，遮盖力强，耐晒性、耐酸性、耐碱性优良，色光鲜艳。其发色分子结构与金光红相同。

【制法】

1. 生产原理

苯胺重氮化后与色酚 AS 偶合，经后处理得大红粉。

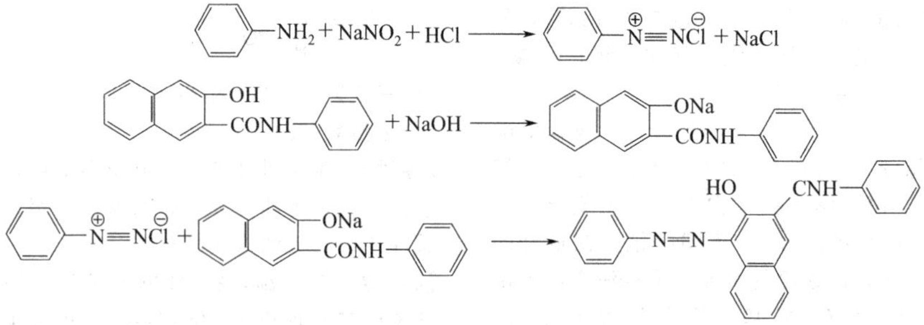

2. 工艺流程

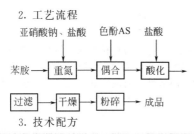

3. 技术配方

苯胺(工业品)	226
亚硝酸钠(98%)	180
色酚 AS(100%)	659
盐酸(30%)	470
氢氧化钠(30%)	600
拉开粉(工业品)	60

4. 生产工艺

将 1200L 水和 343kg 1.16kg/m³ 的盐酸加入重氮化反应锅中，再慢慢加入 116kg 苯胺，加冰调整体积为 2500L，温度为 0~5℃，用 85.4kg 亚硝酸钠配成的 30%溶液在 10min 内加入进行重氮化，到终点时对淀粉碘化钾试纸显微蓝色。

在 1500L 水中加入 254kg 1.36kg/m³ 的氢氧化钠溶液及 51kg 土耳其红油，加热至 90℃，加入 338kg 色酚 AS，搅拌至全溶解，将溶解好的色酚 AS 置于偶合锅中，加水至体积为 5000L，得偶合组分溶液。

在搅拌下将上述重氮液加入偶合液中，反应温度为 35~40℃，偶合后 pH 值为 8~8.5，色酚 AS 微过量，搅拌 0.5h，酸化至 pH 值为 2~4，再升温至 100℃，保温 0.5h，过滤，水洗，干燥，得产品大红粉。

【用途】 本品大量用作各种红色磁漆和油墨的着色剂；文教工业用于制造水彩和油彩颜料、印泥、印油等；日化工业用于制漆布和化妆品；塑料工业用作乳胶制品的着色剂；皮革工业用于皮革着色；也是涂料工业的重要红色颜料之一。

【生产单位】 上海染化一厂，上海染化十二厂，上海华亭化工厂，天津光明颜料厂，天津河西务颜料厂，天津染化八厂，四川重庆新华化工厂，山东蓬莱颜料厂，山东蓬莱化工厂，浙江萧山颜化二厂，吉林油漆厂，湖南长沙颜料厂，天津大港协力化工厂，甘肃甘谷油墨厂，河南巩义第三化工厂，河北廊坊有机化工总厂，北京通州染化厂，湖北武汉长江颜料厂，陕西西安解放化工厂，河南巩义小关化工厂，杭州映山花颜料化工有限公司，杭州力禾颜料有限公司，上虞舜联化工有限公司，浙江龙游有机化工厂，浙江杭州力禾颜料有限公司，浙江萧山颜料厂，浙江萧山江南颜料厂，浙江萧山前进颜料厂，山西交城化工染料厂，广东潮州化工二厂，广东广州磁性材料化工厂，黑龙江哈尔滨长虹颜料厂，山东龙口化工颜料厂，云南昆明油漆厂分厂，江苏武进797桥化工厂，江苏邗江精细化工厂，江苏宜兴茗岭精细化工厂，江苏无锡红旗染化厂，江苏海门颜料厂，江苏吴江精细化工厂，江苏常熟树脂化工厂，江苏常熟颜料厂，江苏金坛庙桥乡合成化工厂，江苏镇江前进化工厂，江苏太仓新盾化工厂，江苏句容有机化工厂，江苏东台颜料化工厂，江苏吴江平望长滨化工厂。

Ce054 金光红

【英文名】 Golden Light Red

【别名】 统一金光红；3006 金光红；301 金光红；101 金光红；3104 颜料金光红；3104 统一金光红；Bronze Red

【分子式】 $C_{23}H_{17}N_3O_2$

【分子量】 367.41

【结构式】

【质量标准】（HG 15-1124）

外观	黄光红色粉末
色光	与标准品近似
着色力/%	为标准品的 100±5
水分含量/%	≤2.5
吸油量/%	50±5
水溶物含量/%	≤1.5
细度(过 80 目筛余量)/%	≤5
耐晒性/级	3～4
耐热性/℃	100
耐酸性/级	5
耐碱性/级	5
水渗透性/级	3～4
乙醇渗透性/级	3
石蜡渗透性/级	3～4

【性质】 本品为粉粒细腻、质轻疏松的黄光红色粉末。着色力较强，有一定透明度、耐酸性、耐碱性好，耐晒性一般，有耐油渗透性。色光显示带有金光的艳红色。本品结构与大红粉结构相同，但生产过程操作条件不同，所得产品的色光和性能也不完全相同。

【制法】

1. 生产原理

苯胺重氮化后与色酚 AS 偶合，再经后处理后得金光红。

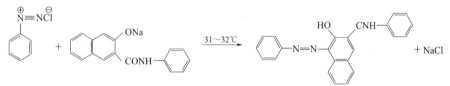

2. 工艺流程

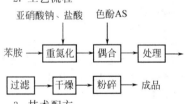

3. 技术配方

苯胺(工业品)	260kg/t
色酚 AS(100%)	690kg/t
亚硝酸钠(工业品)	220kg/t
盐酸(30%)	880kg/t
氢氧化钠(30%)	1020kg/t

4. 生产设备

重氮化反应锅，偶合锅，过滤器，干燥箱，贮槽，粉碎机。

5. 生产工艺

在重氮化反应锅内加入一定量水、88.6kg 30%盐酸和 29.3kg 苯胺，经搅拌溶解后，加冰冷却到 4℃，加入由 21.4kg 98%亚硝酸钠配成的 30%亚硝酸钠溶液进行重氮化反应，控制加料时间 20～25min，继续反应 0.5h，反应终点溶液温度 5～10℃，制得重氮盐。在偶合锅中加入 800L 水、30%氢氧化钠、拉开粉和 80.4kg 色酚 AS，在 70～80℃下搅拌溶解即制备偶合液。降温至 40～45℃，将上述重氮盐加入偶合锅中进行偶合反应，控制加料时间 7～9min，继续反应 3h，反应结束时料液温度 32℃ 左右，呈强碱性，经过滤、漂洗，滤饼经粉碎得到金光红。

【用途】　用于制造金光红色油墨；文教工业用于制造水彩颜料和蜡笔的着色，也用于涂料工业。

【生产单位】　广东广州磁性材料化工厂，黑龙江哈尔滨长虹颜料厂，山东龙口化工颜料厂，云南昆明油漆厂分厂，江苏武进寨桥化工厂，江苏邗江精化厂，江苏宜兴茗岭精细化工厂，江苏无锡红旗染化厂，江苏海门颜料厂，江苏吴江精细化工厂，江苏常熟树脂化工厂，江苏常熟颜料厂，天津大港协力化工厂，甘肃甘谷油墨厂，河南巩义第三化工厂，河北廊坊有机化工总厂，北京通州染化厂，湖北武汉长江颜料厂，陕西西安解放化工厂，河南巩义小关化工厂，杭州映山花颜料化工有限公司，杭州力禾颜料有限公司，上虞舜联化工有限公司，浙江龙游有机化工厂，浙江杭州力禾颜料有限公司，浙江萧山颜化厂，浙江萧山江南颜料厂，浙江萧山前进颜料厂，山西交城化工染料厂，广东潮州化工二厂，江苏金坛庙桥乡合成化工厂，江苏镇江前进化工厂，江苏太仓新盾化工厂，江苏句容有机化工厂，江苏东台颜料化工厂，江苏吴江平望长滨化工厂，上海染化一厂，上海染化十二厂，上海华亭化工厂，天津光明颜料厂，天津河西务颜料厂，天津染化八厂，四川重庆新华化工厂，山东蓬莱颜料厂，山东蓬莱化工厂，浙江萧山颜化二厂，吉林油漆厂，湖南长沙颜料厂。

Ce055　颜料大红 GR

【英文名】　Pigment Scarlet GR

【结构式】

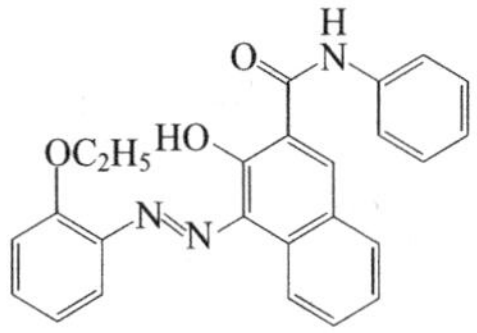

【分子式】　$C_{25}H_{21}N_3O_3$

【分子量】　411.46

【性质】　红色粉末。不溶于水和乙醇。具有良好的耐晒性和耐热性。

【制法】　邻乙氧基苯胺重氮化与 2,3-酸偶合，再与氯化亚砜作用将—COOH 基转变为—COCl 基，最后与对苯二胺缩合而制得。

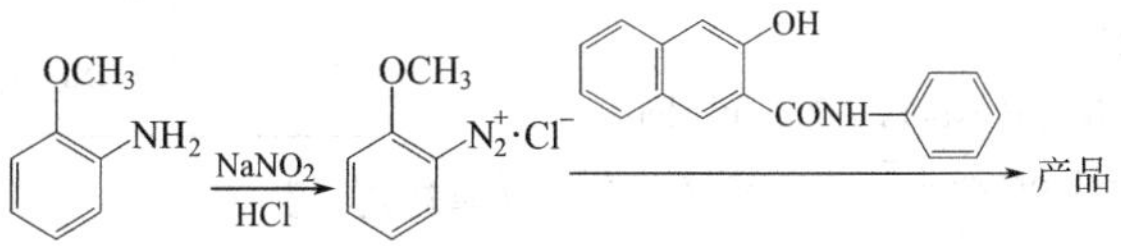

【质量标准】

指标名称	指标
外观	红色粉末
色光	与标准品近似
着色力/%	为标准品的 100±5
吸油量/%	47～49
耐晒性/级	7～8
耐热性/℃	180

【安全性】　纸板桶或铁桶包装，内衬塑料袋。

【用途】　主要用于塑料和油墨的着色，也用于聚氯乙烯、聚乙烯和黏胶的原液着色。

【生产单位】　上海染化十二厂。

Ce056　501 特大红

【英文名】　501 Especial Scarlet

【结构式】

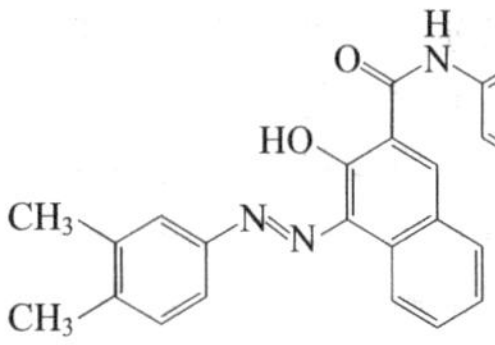

【分子式】　$C_{25}H_{21}N_3O_2$

【分子量】　395.46

【制法】　3,4-二甲基苯胺重氮化后，和色酚 AS 偶合，经颜料化处理，干燥，粉碎，得产品。

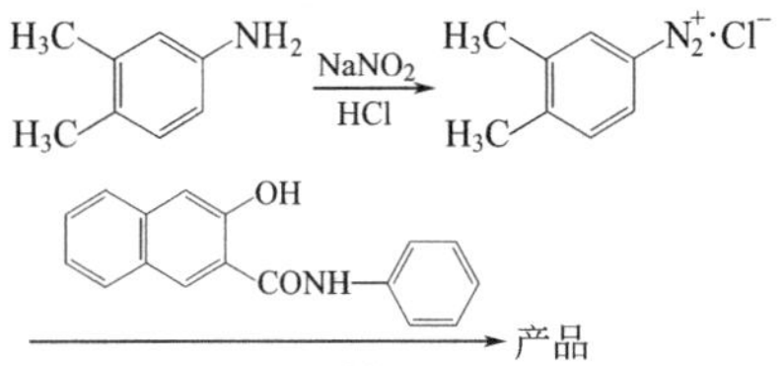

【消耗定额】

原料名称	单耗/(kg/t)
3,4-二甲基苯胺	270
色酚 AS	560

【安全性】　胶合板桶或铁桶包装，内衬塑料袋。

【用途】　主要用于油墨和文教用品的着色。

Ce057　深红粉

【英文名】　Dark Red Powder；2-Naphthalenecarboxamide，3-Hydroxy-4-[(2-methoxy-5-nitrophenyl)azo]-N-phenyl

【登记号】　CAS［4289-06-9］

【别名】　坚固深红 ITR

【结构式】

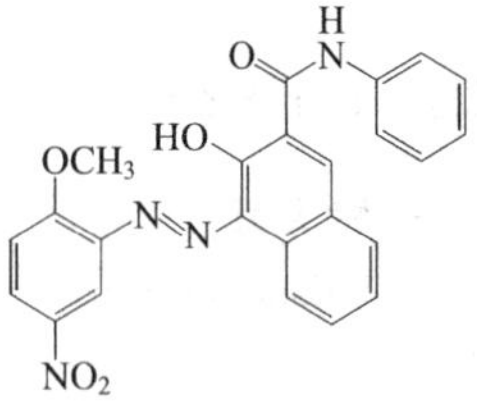

【分子式】　$C_{24}H_{18}N_4O_5$

【分子量】　442.43

【制法】　往 400L 80℃水中加入 42.9kg 2-甲氧基-5-硝基苯胺（大红色基 RC），在搅拌下加入 91.2kg 30％盐酸，使色基完全溶解后加冰降温至 0～2℃，体积为 1300L。从液面下快速加入 17.8kg 亚硝酸钠配成的 30％的溶液，搅拌 40min 成透明溶液，得重氮液。

往 700mL 90℃ 的水中加入 66kg 30％氢氧化钠溶液、10kg 表面活性剂和 10kg 土耳其红油，再加入 68.5kg 色酚 AS，搅拌使溶解后，加到 1000L 水中，用水调体积为 2500L，温度 35℃ 以下。将 33kg 醋酸用水稀释到 100L，慢慢加入使析出悬浮体，pH 值为 6.8～7，得偶合液。

在 1.5～2h 内，将重氮液慢慢加入偶合液中。偶合完毕后用蒸汽加热到 100℃，保温 15min。过滤，水洗，60～70℃干燥，得 107kg 产品。

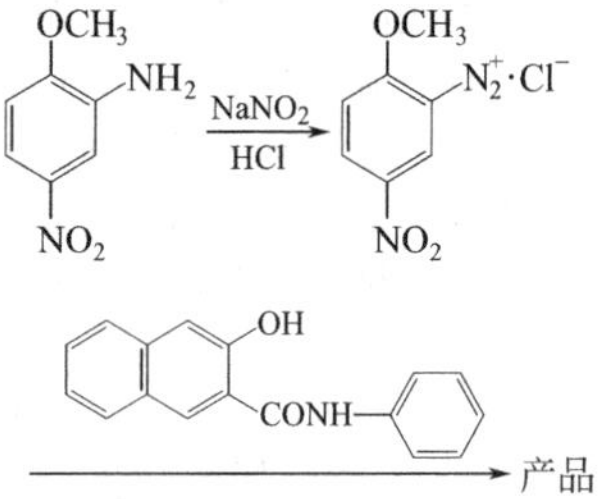

【消耗定额】

原料名称	单耗/(kg/t)
大红色基 RC	400
色酚 AS	580

【安全性】　胶合板桶或铁桶包装，内衬塑料袋。

【用途】　主要用于涂料、油墨和文教用品的着色。

Ce058　深红

【英文名】　Dark Red

【结构式】

【分子式】　$C_{25}H_{20}N_4O_5$

【分子量】　456.46

【制法】　2-乙氧基-5-硝基苯胺经重氮化后，和色酚 AS 偶合，再经颜料化处理，干燥，粉碎，得产品。

【消耗定额】

原料名称	单耗/(kg/t)
2-乙氧基-5-硝基苯胺	460
色酚 AS	580

【包装】　胶合板桶或铁桶包装，内衬塑料袋。

【用途】　主要用于油墨和文教用品的着色。

Ce059　595 深红

【英文名】　595 Dark Red；2-Naphthalene-carboxamide, 3-Hydroxy-4-[(2-methoxy-5-nitrophenyl)azo]-N-(2-methylphenyl)-

【登记号】　CAS [38494-10-9]

【结构式】

【分子式】　$C_{25}H_{20}N_4O_5$

【分子量】　456.46

【制法】　大红色基 RC 重氮化后，和色酚 AS-D 偶合，再经颜料化处理，干燥，粉碎，得产品。

【消耗定额】

原料名称	单耗/(kg/t)
大红色基 RC	490
色酚 AS-D	640

【安全性】　胶合板桶或铁桶包装，内衬塑料袋。

【用途】　主要用于油墨和文教用品的着色。

【生产单位】　上海染化一厂。

Ce060　永固紫酱 FBB

【英文名】　Permanent Maroon FBB

【别名】　C. I. Pigment Red 146（参照）；永固紫酱 F8B；塑料胭脂红 FBB；Acramin Red FRC（MLS）；Aquadisperse Carmine BB-EP04/84（KVK）；Microlith Red 3R-A（CGY）；Monaprin Red C-2BE（BASF）；Permanent Carmine FBB02（Dystar）；Predisol Carmine BB-C548，BB-V1341（KVK）；Sanyo Permanent Pink 4605，4607，FBL（SCW）；Shangdament Carmine FBB（SHD）；Sicofil Carmine 4430（BASF）；Suimei Fast Pink DB（KKK）；Symuler Fast Red 4195（DIC）

【结构式】

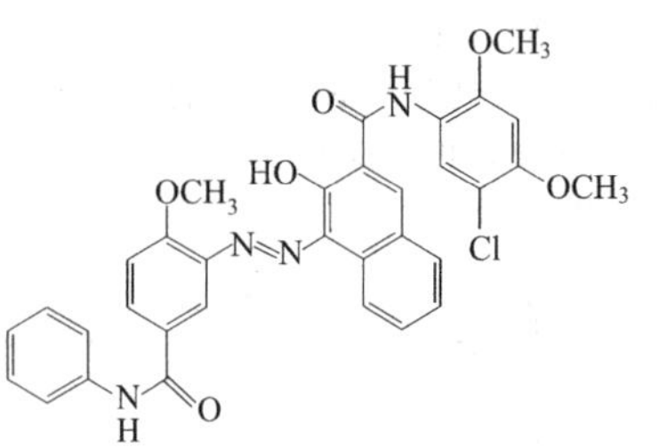

【分子式】 $C_{33}H_{27}N_4O_6Cl$

【分子量】 611.05

【性质】 红光橙色粉末。色光鲜艳，不溶于水，能溶于乙醇和二甲苯中。耐晒性一般，耐热性良好。

【制法】 红色基 KD 经重氮化后，和色酚 AS-ITR 偶合，再经颜料化处理，干燥，粉碎，得产品。

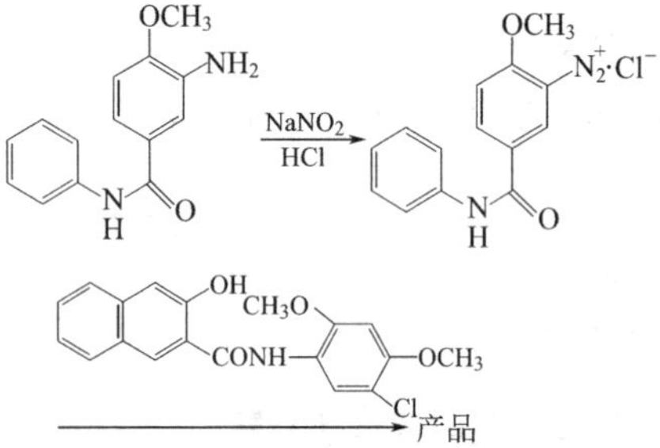

【质量标准】

外观	红光橙色均匀粉末
色光	与标准品近似
着色力/%	为标准品的 100±5
耐热性/℃	180

【安全性】 10kg、20kg 纸板桶或铁桶装，内衬塑料袋。

【用途】 主要用于涂料和油墨的着色，也可用于塑料制品着色。

【生产单位】 上海染化一厂，浙江上虞舜联化工公司。

Ce061 坚固深红

【英文名】 Fast Dark Red

【结构式】

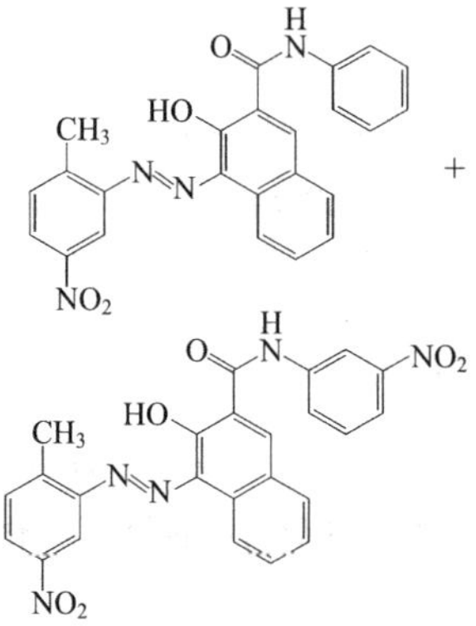

【制法】 大红色基 G 重氮化后，和色酚 AS 及色酚 AS-BS 偶合，再经颜料化处理，干燥，粉碎，得产品。

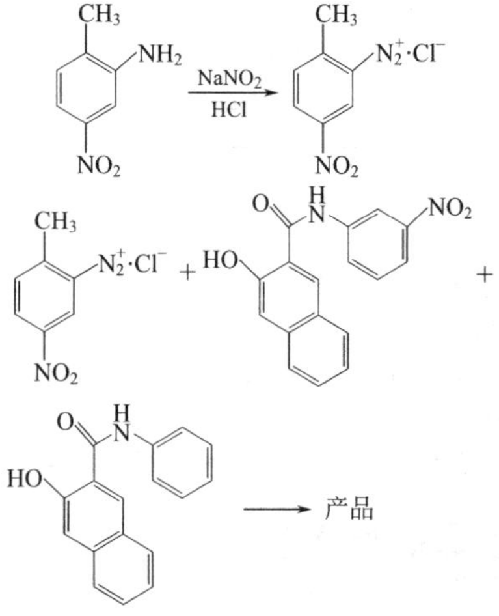

【质量标准】

色光	与标准品近似
着色力/%	为标准品的 100±5
耐晒性/级	6
耐热性/℃	120～130

【消耗定额】

原料名称	单耗/(kg/t)
大红色基 G	350
色酚 AS	310
色酚 AS-BS	350

【安全性】　胶合板桶或铁桶包装，内衬塑料袋。

【用途】　主要用于涂料印花。

【生产单位】　天津染化六厂。

Ce062　C.I.颜料紫25

【英文名】　C. I. Pigment Violet 25；2-Naphthalenecarboxamide，4-[[4-(Benzoylamino)-2，5-dimethoxyphenyl]azo]-3-hydroxy-N-phenyl-；Imperon Violet KB

【登记号】　CAS [6358-46-9]；C.I.12321

【结构式】

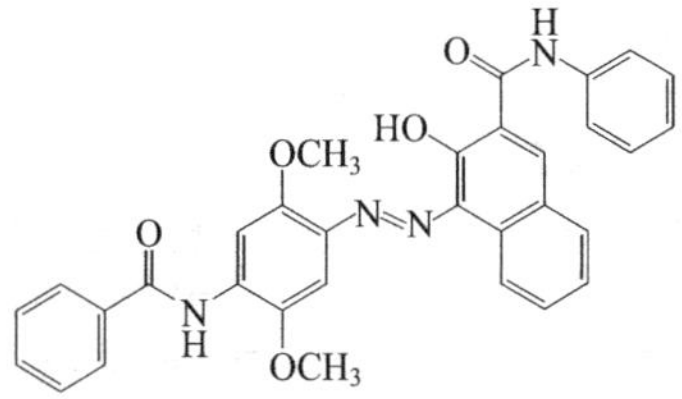

【分子式】　$C_{32}H_{26}N_4O_5$

【分子量】　546.58

【性质】　紫色粉末。

【制法】　2,5-二甲氧基-4-苯甲酰氨基苯胺经重氮化后，和色酚 AS 偶合，再经颜料化处理，干燥，粉碎，得产品。

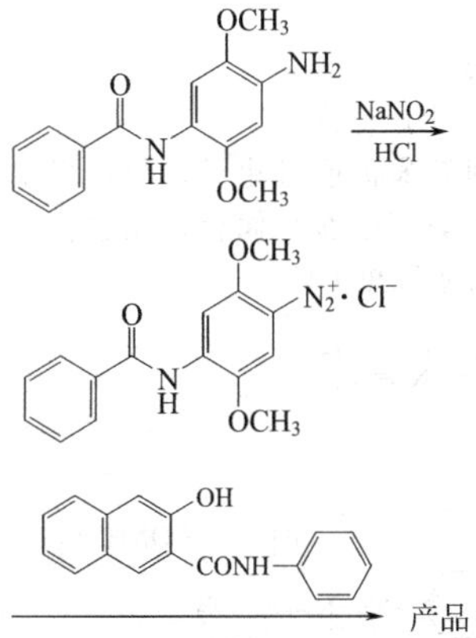

【用途】　主要用于涂料、油墨和文教用品的着色。

Ce063　C.I.颜料紫43

【英文名】　C. I. Pigment Violet 43；2-Naphthalenecarboxamide，4-[[4-(Benzoylamino)-2-methoxy-5-methylphenyl]azo]-N-(4-chlorophenyl)-3-hydroxy-

【登记号】　CAS [79665-29-5]；C.I.12340

【结构式】

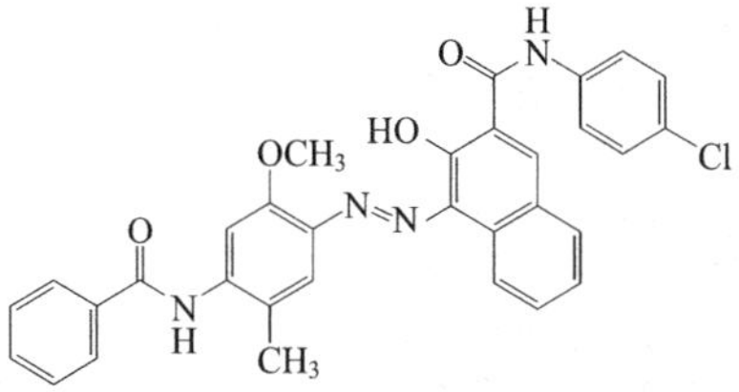

【分子式】　$C_{32}H_{25}N_4O_4Cl$

【分子量】　565.03

【性质】　紫色粉末。

【制法】　2-甲氧基-4-苯甲酰氨基-5-甲基苯胺经重氮化后，和色酚 AS-E 偶合，经颜料化处理后，干燥，粉碎，得产品。

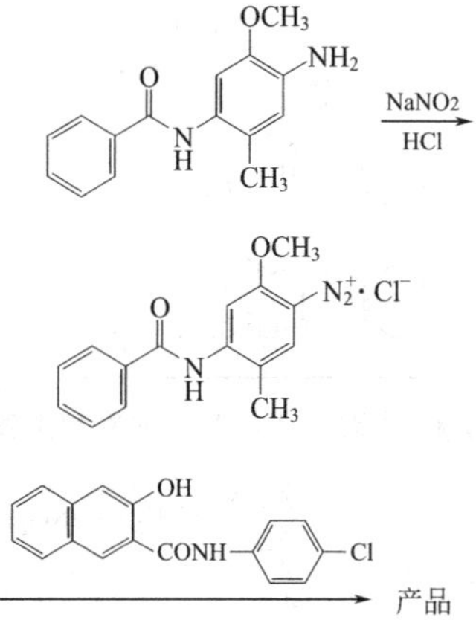

【用途】　主要用于涂料印花、涂料、油墨和塑料制品等着色。

Ce064　C.I.颜料紫50

【英文名】　C.I.Pigment Violet 50；2-Naphthalenecarboxamide，4-[2-[4-(Benzoylamino)-2-methoxy-5-methylphenyl]diazenyl]-3-hydroxy-N-phenyl-

【登记号】　CAS［76233-81-3］

【结构式】

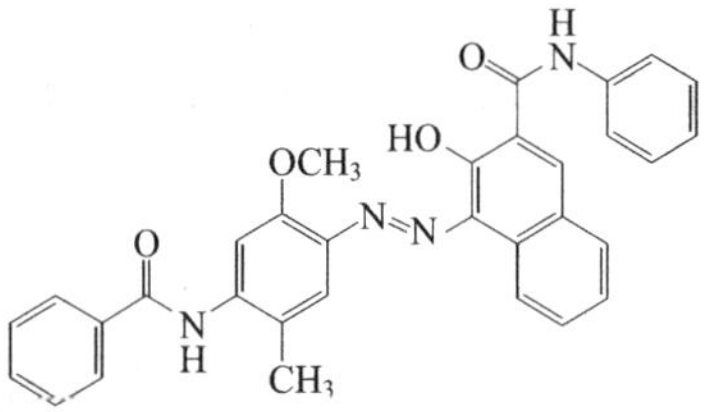

【分子式】　$C_{32}H_{26}N_4O_4$

【分子量】　530.58

【性质】　紫色粉末。

【制法】　2-二甲氧基-4-苯甲酰氨基-5-甲基苯胺经重氮化后，和色酚 AS 偶合，再经颜料化处理，干燥，粉碎，得产品。

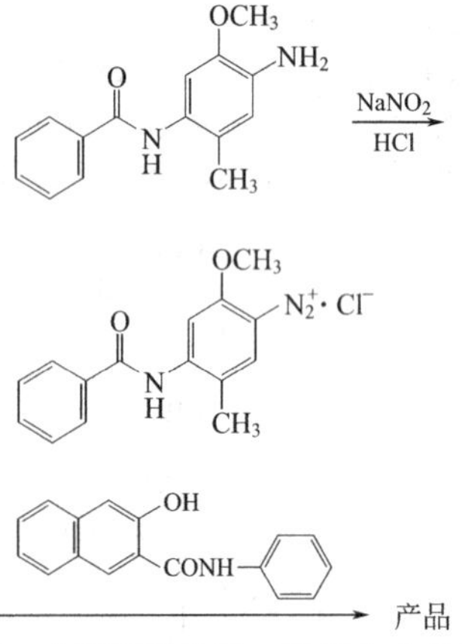

【用途】　主要用于涂料、油墨和文教用品

的着色。

【英文名】　Sanyo Fast Orange GC

【登记号】　CAS［6410-27-1］；C. I. 12305

【别名】　C. I. 颜料橙 24；Permanent Orange GTR；Sanyo Fast Orange CR

【分子式】　$C_{23}H_{16}N_3O_2Cl$

【分子量】　401.85

【结构式】

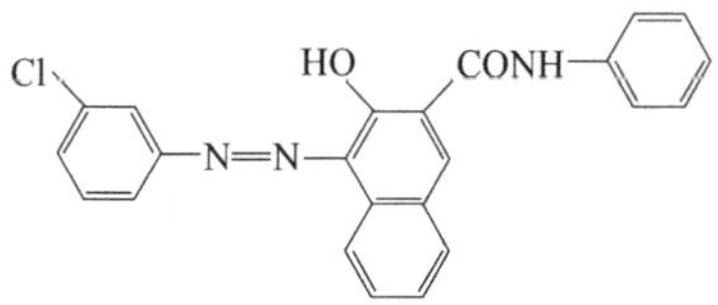

【质量标准】

外观	橙红色粉末
色光	与标准品近似
着色力/%	为标准品的 100±5
细度(过 80 目筛余量)/%	≤5
水分含量/%	≤2.5
耐晒性/级	6
耐热性/℃	150
耐酸性/级	1
耐碱性/级	1

【性质】　本品为橙红色粉末。熔点256～258℃。

【制法】

1. 生产原理

间氯苯胺重氮化后，与色酚 AS（2-羟基-3-萘甲酰胺）偶合，经过滤、干燥、粉碎得永固橙 GC。

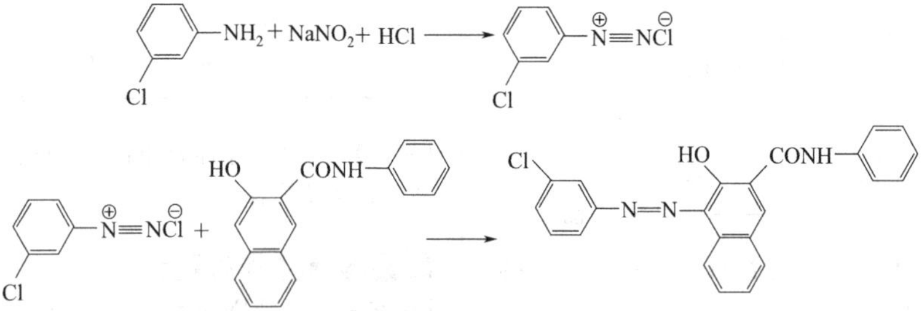

2. 工艺流程

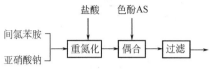

3. 技术配方

间氯苯胺盐酸盐(100%计)	127.5
亚硝酸钠(98%)	70.0
色酚 AS(100%计)	263

4. 生产工艺

(1) 重氮化 在重氮化反应锅中，将 76.5kg 间氯苯胺盐酸盐在 70℃ 550L 水中搅拌 0.5h，再加 120kg 30%盐酸搅拌溶解，然后加冰和水降温至 0℃，稀释至体积为 1800L，将 41.6kg 亚硝酸钠溶于 200L 水中加入锅中，进行重氮化反应，搅拌约 0.5h，反应完毕，亚硝酸应微过量，加活性炭 4kg，过滤，得重氮盐溶液。

(2) 偶合 在 90℃ 1300L 水中加入 138kg 30%氢氧化钠和 20kg 表面活性剂，再加入 169kg 色酚 AS，搅拌溶解后即加水降温到 70℃ 以下，放入盛有 1000L 水的偶合锅内，调整体积至 4500L，温度 25℃，将 63.6kg 乙酸用 300L 水稀释，加入乙酸使析出色酚 AS 悬浮体，pH 值为 6.8～7，得偶合组分。

将重氮液从液面下在 2～2.5h 内加入偶合组分中，搅拌 1～1.5h 使重氮液消失，再用蒸汽加热到 95℃，保持 0.5h，过滤，水洗，干燥，得永固橙 GC 产品 246kg。

【用途】 主要用于涂料工业、油墨及涂料印花的着色。

【生产单位】 上虞市东海精细化工厂，上海染化十二厂，上海谊昌颜料化工合作公司天津光明颜料厂，天津油墨股份有限公司，山东济南油墨厂和甘肃甘谷油墨厂，安平县冠达颜料工业有限公司，杭州萧山前进化工有限公司，上虞舜联化工有限公司，临海市百色得精细颜料化工有限公司，杭州萧山前进化工有限公司，上虞市东海精细化工厂，山东济宁阳光颜料助剂公司。

Ce066 C.I.颜料棕1

【英文名】 C.I.Pigment Brown 1；2-Naphthalenecarboxamide, 4-[2-(2,5-Dichlorophenyl) diazenyl]-N-(2,5-dimethoxyphenyl)-3-hydroxy-；Fenalac Brown BA Paste；Irgalite Brown FGX；Monolite Fast Brown 3GV；Monolite Fast Brown 3GVSA；Novofil Brown GR；Permagen Brown BA Paste 75-4017；Permanent Brown FG；Pigment Brown 1；Siloton Brown FG

【登记号】 CAS [6410-40-8]；C.I.12480

【结构式】

【分子式】 $C_{25}H_{19}N_3O_4Cl_2$

【分子量】 496.35

【性质】 对 140℃ 稳定。耐光牢度优秀。耐有机溶剂性能较差，不溶于水，对稀酸、稀碱不变色。

【制法】 在 30℃，将 16.3 份 2,4-二氯苯胺溶于 100 份水和 30 份 30%盐酸的混合液中。冷却至 0℃，快速加入 13.5 份 40%亚硝酸钠水溶液。再在 10℃ 搅拌 1h，用氨磺酸破坏过量的亚硝酸，得重氮液。

将 33.5 份 2-羟基-3-N-(2,5-二甲

氧基苯基）萘甲酰胺加到 200 份水、0.5 份烷基磺酸盐和 18 份 33％氢氧化钠的混合液中，加热至 70℃。冷却至 10℃，在剧烈搅拌下，快速加入 14 份（体积）冰醋酸（含 2 份二甲基二烯丙基氯化铵）。在 30～40℃、2h 内加入重氮液，必要时通过加入白垩粉，控制 pH 值为 4～4.5。在加入快要完成时，反应液中的重氮组分占产物和未反应的偶合组分的总量的 0.01％～0.02％。加毕，再搅拌 1h。过滤，水洗至无盐，干燥，得产品。

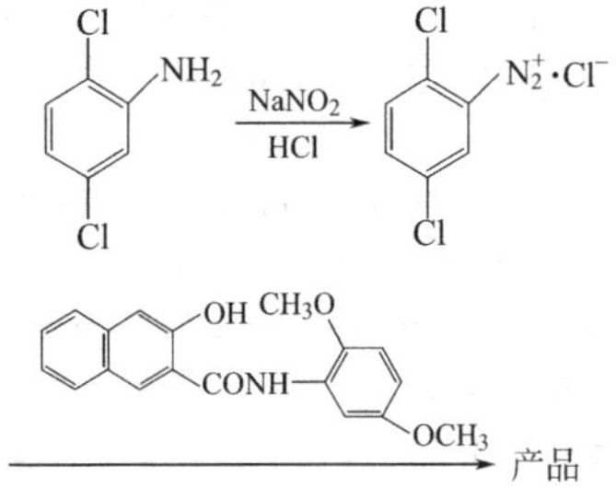

【用途】　主要用于印刷油墨。

Ce067　C.I.颜料橙 4

【英文名】　C. I. Pigment Orange 4；2-Naphthalenecarboxamide，4-[2-(3-Chlorophenyl) diazenyl]-3-hydroxy-N-(2-methoxyphenyl)-

【登记号】　CAS［21889-27-0］；C.I.12459

【结构式】

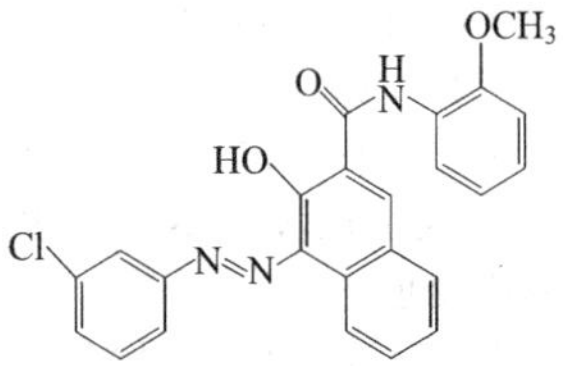

【分子式】　$C_{24}H_{18}N_3O_3Cl$

【分子量】　431.88

【性质】　橙色粉末。

【制法】　间氯苯胺重氮化后，和色酚 AS-OL 偶合，再经颜料化处理，干燥，粉碎，得产品。

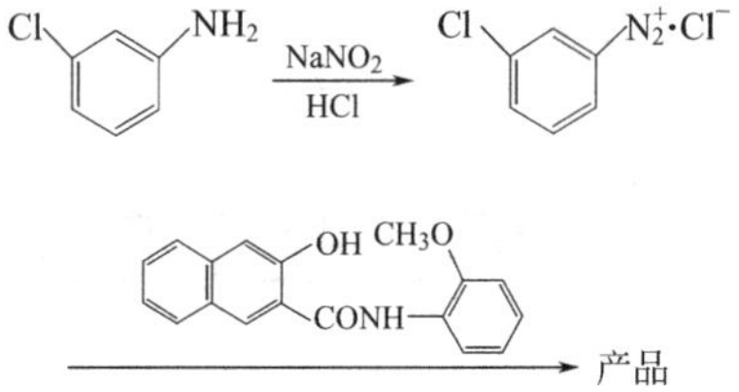

【用途】　用于涂料、油墨、塑料等的着色。

Ce068　C.I.颜料橙 22

【英文名】　C. I. Pigment Orange 22；2-Naphthalenecarboxamide，4-[(2,5-Dichlorophenyl) azo]-N-(2-ethoxyphenyl)-3-hydroxy-；Microsol Orange GR；Pigment Orange 22；Versal Orange GR

【登记号】　CAS［6358-48-1］；C.I.12470

【结构式】

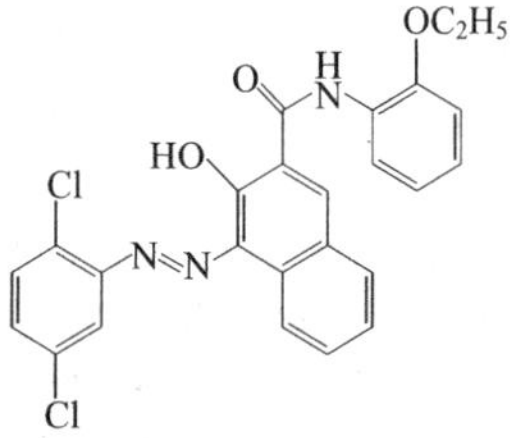

【分子式】　$C_{25}H_{19}N_3O_3Cl_2$

【分子量】　480.35

【性质】　橙色粉末。

【制法】　在 30℃，将 16.3 份 2,4-二氯苯胺溶于 100 份水和 30 份 30％盐酸的混合液中。冷却至 0℃，快速加入 13.5 份 40％亚硝酸钠水溶液。再在 10℃搅拌 1h，用氨磺酸破坏过量的亚硝酸，得重氮液。

31.8 份 2-羟基-3-N-(2-乙氧基苯基)萘甲酰胺（色酚 AS-PH）溶于 60℃的 200 份水、18 份 33％氢氧化钠的混合液中，加入水使反应液的体积增加 1 倍。冷却至 5～10℃，加入 2 份烷基磺酸钠。在剧烈搅拌下，加入 14 份（体积）冰醋酸，再加入 4 份碳酸钙。在 30℃、2h 内加入重氮液，控制 pH 值为 3.6～5.5。在加入快要完成时，在 pH 值少于 4 时，反应液中的重氮组分占所用的偶合组分的量的 0.01%～0.02%。加毕，在 30℃ 再搅拌 1h。过滤，水洗至无盐，干燥，得产品。

【用途】 主要用于油墨和涂料的着色。

Ce069 C.I.颜料橙24

【英文名】 C. I. Pigment Orange 24；2-Naphthalenecarboxamide, 4-[2-(3-Chlorophenyl)diazenyl]-3-hydroxy-*N*-phenyl-

【登记号】 CAS [6410-27-1]；C.I.12305

【别名】 永固橙 GC；永固橙 GTR；坚固橙 G；Permanent Orange GC；Sanyo Fast Orange CR；Suimei Fast orange MC (KKK)；Symuler Fast Orange 44

【结构式】

【分子式】 $C_{23}H_{16}N_3O_2Cl$

【分子量】 401.85

【性质】 橙色粉末。熔点 256～258℃。

【制法】 47.5kg 间氯苯胺加入 600L 水中，并加入 135kg 30% 盐酸，冷却至 -2～0℃，然后用 69.2kg 的 40% 亚硝酸钠溶液重氮化，重氮化后破坏过量亚硝酸备用。

112kg 色酚 AS 用 1000L 水打浆并于 75℃ 溶于 90kg 33% 的氢氧化钠溶液中，偶合前加入 24kg 冰醋酸，使成悬浮状。加入重氮液，进行偶合反应，结束后用 140kg 30% 盐酸调整反应液 pH 值为中性，过滤，水洗，得产品。

【质量标准】

外观	橙色粉末
色光	与标准品近似
着色力/%	为标准品的 100±5
细度（通过 80 目筛后残余物含量）/%	≤5
耐晒性/级	6
耐热性/℃	140
耐酸性/级	5
耐碱性/级	1
耐迁移性/级	5

【消耗定额】

原料名称	单耗/(kg/t)
橙色基 GC	474
色酚 AS	620

【安全性】 20kg 纸桶、纤维板桶、木桶或铁桶包装，内衬塑料袋。

【用途】 主要用于涂料、油墨和涂料印花等着色。

【生产单位】 上海染化一厂，天津光明颜料厂，济宁市阳光颜料助剂有限责任公司。

Ce070 C.I.颜料橙38

【英文名】 C. I. Pigment Orange 38；2-Naphthalenecarboxamide, *N*-[4-(Acetylamino）phenyl]-4-[2-[5-（aminocarbonyl）-2-chlorophenyl]diazenyl]-3-hydroxy-

【登记号】 CAS［12236-64-5］；C.I.12367

【别名】 颜料橙 HFG；Novoperm Orange HFG（Dystar）；Novoperm Red HFG；PV-Red HFG（Dystar）；Permanent Red HFG；Pigment Orange HFG

【结构式】

【分子式】 $C_{26}H_{20}N_5O_4Cl$

【分子量】 501.93

【性质】 橙色粉末。在不同介质中耐晒性能有所差异。耐酯类、乙醇和苯的牢度为 4 级，耐水性能 5 级。

【制法】 将 17.1 份（质量）1-氨基-2-氯苯-5-甲酰胺和 50 份（体积）5mol/L 盐酸及 175 份（体积）水混合，加热溶解。加入冰使温度降到 5℃，用 20 份（体积）5mol/L 亚硝酸钠溶液进行重氮化。过滤，得澄清的重氮液。

33.5 份（质量）N-（4-乙酰氨基苯基）-2-羟基-3-萘甲酰胺溶于稀氢氧化钠溶液，用冰醋酸使偶合组分析出。在 45℃，加入重氮液。当偶合完全后，过滤，洗涤，干燥，得产品。

【质量标准】 参考标准

指标名称	指标
外观	橙色粉末
色光	与标准品近似
着色力/%	为标准品的 100±5
细度（通过 80 目筛后残余物含量）/%	≤5
耐热性/℃	200

【用途】 用于涂料、印刷油墨和塑料的着色。是颜料橙 50 的代用品。

Ce071 坚固橙 G

【英文名】 Fast Orange G；2-Naphthalene-carboxamide, 4-[2-(3-Chlorophenyl)diazenyl]-3-hydroxy-N-(2-methylphenyl)-；C.I.Pigment Orange 24（参照）；Suimei Fast Orange MC（KKK）（参照）

【登记号】 CAS［21889-25-8］

【结构式】

【分子式】 $C_{24}H_{18}N_3O_2Cl$

【分子量】 415.88

【性质】 橙色粉末。熔点 256～258℃。

【制法】 间氯苯胺（橙色基 GC）重氮化后，和色酚 AS-D 偶合，再经颜料化处理，干燥，粉碎，得产品。

【质量标准】 参考标准

外观	橙色粉末
色光	与标准品近似
着色力/%	为标准品的 100±5
细度（通过 80 目筛后残余物含量）/%	≤5

【消耗定额】

原料名称	单耗/（kg/t）
橙色基 GC(100%)	290

原料名称	单耗/（kg/t）
色酚 AS-D（100%）	669

【安全性】 20kg、30kg 纸板桶或铁桶包装，内衬塑料袋。

【用途】 主要用于涂料印花、涂料、油墨和塑料制品等着色。

【生产单位】 天津光明颜料厂。

Cf 2,3-酸类及其色淀颜料

Cf001 永固红 F5R

【英文名】 Permanent Red FSR

【登记号】 CAS［7023-61-2］；C. I. 15865：2

【别名】 C. I. 颜料红 48：2；耐晒艳红 BBC；3120 耐晒艳红 BBC；3134 永固红 2BC；永久红 F5R；Lithol Scarlt 4440（BASF）；Segnale Red RS（Acna）；Irgalite Red 2BF；Irgalite Red C2B；Irgalite Red RC；Irgalite Red L2B（CGY）

【分子式】 $C_{18}H_{11}N_2O_6SClCa$

【分子量】 458.89

【结构式】

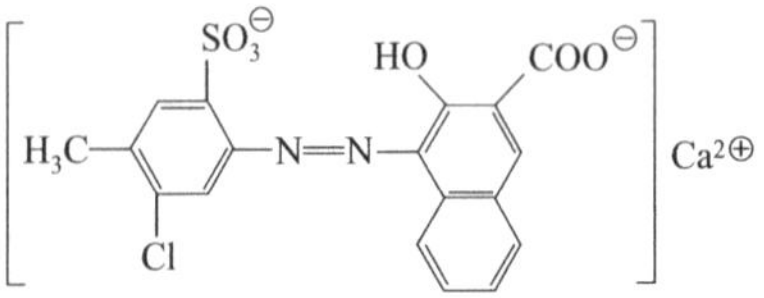

【质量标准】

外观	紫红色粉末
色光	与标准品近似
着色力/%	为标准品的 100 ± 5
水分含量/%	$\leqslant 4.5$
吸油量/%	55 ± 5
耐热性/℃	180
耐晒性/级	6.7
耐酸性/级	2～3
耐碱性/级	2～3
水渗透性/级	4～5
石蜡渗透性/级	5
水溶物含量/%	$\leqslant 3.5$
细度(过 80 目筛余量)/%	$\leqslant 5$

【性质】 本品为紫红色粉末。不溶于水和乙醇。遇浓硫酸为紫红色，稀释后生成蓝光红色沉淀，遇浓硝酸呈棕红色，遇氢氧化钠溶液呈红色。耐晒性和耐热性良好，具有较高的坚牢度和鲜艳的色光。

【制法】

1. 生产原理

将 2B 酸重氮化后与 2,3-酸（2-羟基-3-萘甲酸）偶合，过滤、干燥、粉碎得到永固红 F5R。

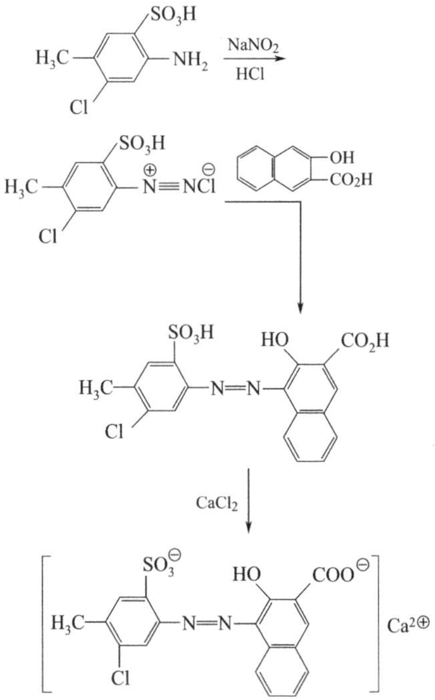

2. 工艺流程

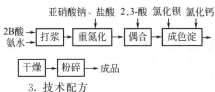

3. 技术配方

(1) 消耗定额

2B酸(工业品)	469kg/t
亚硝酸钠	148kg/t
盐酸(31%)	658kg/t
2,3-酸	420kg/t
氯化钡	164kg/t
氯化钙	419kg/t

(2) 投料比

原料名称	规格	投料量/kg
2B酸	98%	28.5
氨水	25%	9
盐酸	31%	40
亚硝酸钠	98%	9
氯化钙	90%	25.5
2,3-酸	96%	26
氢氧化钠(一)	29.5%	21(用于制2,3-酸)
松香	特级	2
氢氧化钠(二)	29.5%	1.4(制松香皂)
氢氧化钠(三)	29.5%	23
氯化钡	98%	10
硫酸钠	98%	6.5

4. 生产设备

重氮化反应锅,溶解锅,偶合锅,沉淀锅,压滤机,干燥箱。

5. 生产工艺

(1) 工艺一

① 重氮化 在重氮化反应锅中将28.5kg 98% 2B酸用300L水打浆并升温至50℃时,加9kg氨水继续升温使2B酸溶解成透明清液,pH值为8,温度为80℃,加100L冷水温度降为60℃,即用盐酸酸析生成乳白色晶体,pH值为1,搅拌15min后加冰降温至5℃,用35%亚硝酸钠进行重氮化,约1h达终点后(此时淀粉碘化钾试纸呈微蓝色),将氯化钙溶液倒入,无水氯化钙预溶于60L水中并降温至5℃,搅拌10min(此时淀粉碘化钾试纸呈微蓝色)即制备完毕。

② 偶合 先将26kg 96% 2,3-酸用60~70℃的热水400L溶解成透明清液,放入偶合锅中,调整体积1500L,温度31℃。将制备好的松香皂溶液200L,注入2,3-酸溶液中搅拌10min,控制温度30℃。再40L制备好的氯化钡溶液,倒入上述溶液中搅拌10min,温度30℃。最后将40L制备好的硫酸钠溶液加入溶液中,搅拌10min得到偶合液。

首先于良好的搅拌下将29.5%氢氧化钠(三)23kg加入偶合液中搅拌2min,立即将重氮盐于20min内放入进行偶合,生成红色沉淀,此时pH值为7~8,温度22~24℃,H酸渗圈检验无色,则继续搅拌1h快速升温为95℃,保温0.5h(泡沫消失)立即压滤。滤饼用水漂洗6h,于60~70℃干燥,粉碎得到约55kg永固红FSR。

(2) 工艺二 将1800L水加入重氮化反应锅中,再加入66.6kg 2B酸钠盐,在70℃溶解,过滤,冷却过夜,冷却至20℃以下与20.7kg亚硝酸钠配成的溶液相混合,然后加至含有170kg 1.09kg/m³盐酸的500L水中进行重氮化,反应时间0.5h,反应温度5~6℃,稀释至体积为3600L,再搅拌2h,得重氮化溶液。

将60kg 2,3-酸在80℃下溶于含有20kg碳酸钠的1200L溶液中,用冰冷却2~3℃,并且加入75kg碳酸钠配成的10%溶液稀释至体积约为3400L,得偶合组分。

在1.5h内将重氮液自液面下加入,温度为2~3℃,偶合最终体积约为7400L,搅拌过夜。次日加热到80℃,然后冷却到45℃,过滤,得360kg膏状物,在50~60℃下干燥得140kg粉状物。

将 100kg 上述产物悬浮于 1800L 水中，与含有 28kg 1.16kg/m³ 盐酸的 350L 溶液混合，pH 值为 4.4～4.7。加入 1100L 水升温至 95℃，搅拌 15min，再用冰降温到 75℃，然后加入碱性松香皂溶液（30kg 10% 松香皂的溶液与 14kg 10% 碳酸钠溶液混合），加热至沸腾，得 pH 值为 9～10 的澄清混合液。加入松香皂后立刻倒入 500L 含有 50.8kg 氯化钙的 70℃ 溶液中，再经过 10min 升温至沸腾，搅拌 1h 后热过滤，最后色淀的 pH 值为 6.5～7.0，得到的滤饼在 50～60℃ 干燥得到约 110kg 粉状物。产品外观初期色光为强的黄光红，在干燥过程中得蓝光红色产品。

【用途】 用于油墨、塑料、橡胶、涂料和文教用品的着色。

【生产单位】 上海雅联颜料化工有限公司，上海染化一厂，上海油墨股份有限公司，天津市东鹏工贸有限公司，天津武清东升染化厂，天津光明颜料厂，天津油墨厂，杭州映山花颜料化工有限公司，杭州新晨颜料有限公司，浙江胜达祥伟化工有限公司，杭州力禾颜料有限公司，Hangzhou Union Pigment Corporation，杭州红妍颜料化工有限公司，浙江萧山江南颜料厂，浙江萧山颜料厂，上虞舜联化工有限公司，常州北美化学集团有限公司，南通新盈化工有限公司，无锡新光化工有限公司，江苏吴江精细化工厂，江苏宜兴茗岭精细化工厂，江苏无锡前洲第二化工厂，江苏吴江通顺化工厂，江苏吴江平望长滨化工厂，江苏句容有机化工厂，昆山市中星染料化工有限公司，江苏武进寨桥化工厂，江苏盐城东台颜料厂，石家庄市力友化工有限公司，武汉恒辉化工颜料有限公司，山东龙口太行颜料有限公司，山东蓬莱新光颜料化工公司，山东蓬莱化工厂，河北玉田霞港化工有限公司，甘肃甘谷油墨厂，河北深州津深联营颜料厂，安徽休

宁县黄山颜料厂，河北安平化工公司，河北深州化工厂。

【英文名】 Lithol Red 2G

【登记号】 CAS[17852-99-2]；C. I. 15860：1

【别名】 C. I. 颜料红 52：1；塑料大红（Plastic Scarlet）；新宝红 S6B（New Rubine S6B）；Irgalite Rubine 5B0；Lithol Red 5B 4090-G；Macatawa RedFR 4551；Macatawa Red NBD4550；Macatawa Red NBD4555；Predisol Rubine 5B-C；Predisol Rubine 5B-CAP；Predisol Rubine 5B-N；Predisol Rubine 5BN-C；Shangdament Rubine S6B 3161；Sgmuler Red 3058

【分子式】 $C_{18}H_{11}CaClN_2O_6S$

【分子量】 458.81

【结构式】

【质量标准】

外观	艳红色粉末
色光	与标准品近似
着色力/%	为标准品的 100±5
吸油性/%	47～53
耐热性/℃	180
耐旋光性/级	5
耐迁移性/级	5
耐碱性/级	3
耐酸性/级	3
细度(过 80 目筛余量)/%	≤5

【性质】 本品为艳红色粉末。相对密度 1.50～1.70。溶于水呈黄光红色，不溶于乙醇。在盐酸水溶液中生成深红色沉淀。着色力强，耐热性和耐溶剂性良好。

【制法】

1. 生产原理

甲苯与浓硫酸磺化后与氯气发生一氯代，然后用硝酸硝化，再用铁粉还原硝基，将还原物重氮化后与2,3-酸偶合，最后用氯化钙沉淀。过滤、干燥、粉碎得到颜料。

2. 工艺流程

3. 技术配方

2-氨基-4-甲基-5-氯苯磺酸(95%)	233
亚硝酸钠(98%)	70
2,3-酸	188

4. 生产设备

磺化锅，氯化锅，还原锅，重氮化反应锅，偶合锅，压滤机，干燥箱，粉碎机。

5. 生产工艺

将甲苯加至磺化反应锅中，加热至90℃左右，加入浓硫酸，搅拌下加热至116～118℃进行磺化反应，在该温度下反应6～8h。

将磺化产物置于氯化锅中，以三氯化铁为催化剂，然后在50～55℃通入氯气。过量的氯和氯化氢，用吹入干空气的方法除去。

将氯化产物转化硝化反应锅中，控制温度不超过30℃的条件下，加入硝酸进行硝化，搅拌硝化反应3h，将硝化物料加至盛有饱和食盐水（先预热至100℃）的盐析锅中。冷却至42℃，然后真空抽滤，洗至中性。

将上述滤饼的1/2溶于水中，加入铁粉和乙酸，在沸腾下进行还原。然后将还原物料加到33%盐酸中，使滤液呈酸性。析晶，过滤洗涤得到鲜艳的结晶。

将还原产物用亚硝酸钠和盐酸于5℃下进行重氮化，然后在碱性条件下与2,3-酸钠盐偶合，将偶合得到的钠盐溶液与氯化钙作用，生成颜料钙盐沉淀，过滤后，水洗，干燥，粉碎得到立索尔红2G。

【用途】 本品用于油墨，具有色泽鲜艳、着色力强、耐晒牢度好、耐渗透性能好、易于分散、耐热性好、价格低廉等特点，还可用于塑料、橡胶、搪瓷和清漆的着色及其他方面的着色。

【生产单位】 山东蓬莱新光颜料化工公司，天津市东鹏工贸有限公司，天津染化八厂，常州北美化学集团有限公司，南通新盈化工有限公司，浙江百合化工控股集团，浙江杭州颜化厂。

Cf003　C. I. 颜料红 48 : 1

【英文名】　C. I. Pigment Red 48 : 1 ; 2-Naphthalenecarboxylic Acid, 4-[2-(5-Chloro-4-methyl-2-sulfophenyl) diazenyl]-3-hydroxy-, Barium Salt(1 : 1)

【登记号】　CAS [7585-41-3]；C. I. 15865 : 1

【别名】　耐晒大红 BBN；3118 耐晒大红 BBN；3133 永固红 2BN；耐晒大红 BBN-P；耐晒大红 2B；3118 耐晒大红 BBN；耐晒大红 BHNP；C. I. Pigment Red 48, Barium Salt(1 : 1) (8CI)；C. I. Pigment Red 48, Barium Salt(7CI)；Aquadisperse Red 2BB-FG 80420 (KVK)；BON Red Yellow Shade；Bright Red G Toner；Eljon Rubine BS；Enceprint Scarlet 3700(BASF)；Euthylen Scarlet 370005 (BASF)；Fast Red 2B(CNC)；Graphtol Red WGS (Clariant)；Irgalite Red 2BBO, NBO, NBSP PSLC-BR (CGY)；Irgalite Red NBSPTC；Irgaphor Red NBS, RNBBO (CGY)；Isol Bona Red N 5R Barium Salt；Isol Bona Red NR7522 (KVK)；Isol Bona Red NR Barium Salt；Light Fast Scarlet BBN；Lionol Red 2B-FG3300 (TOYO)；Lithol Scarlet D 3700 (BASF)；Lithol Scarlet K 3700 (BASF)；Lithol Scarlet FK3701, S3700(BASF)；Oppasin Scarlet 3700(BASF)；Permanent Red 48B-8 (CGY)；Permanent Red BB；Permanent Red Bba；Pigment Red 48 : 1；Predisol Red 2BB-C9552 (KVK)；Resino Red K；Rubine Toner B；Rubine Toner BA；Rubine Toner BT；Sanyo Fast Red 2B；Sanyo Fast Red 2BE；Segnale Red GS；Seikafast Red 8040；Shangdament Fast Red 2B 3133, Scarlet BBN 3118, Scarlet BBN-P (SHD)；Sumikaprint Red KF(NSK)；Symuler Neothol Red 2BY(DIC)；Symuler Red 3023 (DIC)；Symuler Red NRY；Vulcol Fast Red GS(BASF)；Watchung Red Y

【结构式】

【分子式】　$C_{18}H_{11}N_2O_6SCl \cdot Ba$

【分子量】　556.14

【性质】　黄光红色粉末。不溶于水和乙醇，遇浓硫酸为紫红色，稀释后呈蓝光红色沉淀，遇浓硝酸为棕光红色。着色力强，耐晒性和耐热性良好，耐碱性较差。

【制法】　2B 酸的重氮化，重氮桶放水 2000L，然后加入液碱并加入 2B 酸 119kg，在搅拌下缓缓加入 30% HCl 157kg，使 2B 酸呈细状析出，加完后搅拌 20min，再加入亚硝酸钠 367kg 控制重氮终点备偶合。

偶合及成盐过程参考 C. I. 颜料红 58 : 1 补充偶合。

【质量标准】　参考标准

外观	黄光红色粉末
色光	与标准品近似

着色力/%	为标准品的 100±5
吸油量/%	50±5
水分含量/%	≤4.5
水溶物含量/%	≤3.5
细度(通过 80 目筛后残余物含量)/%	≤5
耐晒性/级	5
耐热性/℃	180
耐酸性/级	5
耐碱性/级	3
耐迁移性/级	5
油渗性/级	4～5
水渗性/级	4

【消耗定额】

原料名称	单耗/(kg/t)
2B 酸	443
2,3-酸	457

【安全性】 20kg 胶合板桶、纸板桶或铁桶包装，内衬塑料袋。

【用途】 主要用于油墨、塑料、橡胶、涂料和文教用品的着色，也可用于喷墨墨水、静电照相、滤光片等领域。

【生产单位】 天津市东鹏工贸有限公司，天津油墨股份有限公司，天津东湖化工厂，天津光明颜料厂，天津武清东升染化厂，上海雅联颜料化工有限公司，上海染化十二厂，杭州映山花颜料化工有限公司，杭州力禾颜料有限公司，浙江萧山江南颜料厂，上虞市东海精细化工厂，浙江胜达祥伟化工有限公司，浙江萧山颜料化工厂，Hangzhou Union Pigment Corporation，杭州红妍颜料化工有限公司，上虞舜联化工有限公司，常州北美化学集团有限公司，南通新盈化工有限公司，无锡新光化工有限公司，昆山市中星染料化工有限公司，江苏宜兴茗岭精细化工厂，江苏吴江通顺化工厂，江苏吴江精细化工厂，江苏武进寨桥化工厂，江苏无锡前洲第二化工厂，石家庄市力友化工有限公司，武汉恒辉化工颜料有限公司，甘肃甘谷油墨公司，河北安平化工公司，山东蓬莱新光颜料化工公司，山东蓬莱颜料厂，山东龙口化工颜料厂，山东龙口太行颜料有限公司。

Cf004 C. I. 颜料红 48：3

【英文名】 C. I. Pigment Red 48：3；2-Naphthalenecarboxylic Acid，4-[2-(5-Chloro-4-methyl-2-sulfophenyl)diazenyl]-3-hydroxy-,Strontium Salt(1：1)

【登记号】 CAS [15782-05-5]；C. I. 15865：3

【别名】 耐晒红 BBS；3119 耐晒红 BBS；3115 永固红 2BS；耐晒大红 GS；耐晒大红 WI-03；耐晒大红 2BSP；C. I. Pigment Red 48，Strontium Salt（1：1）（8CI）；Acnalin Red BSR（BASF）；Adirondack Red X-3566(CGY)；Eupolen Red 41-6001(BASF)；Euthylen Red 41-6005(BASF)；Fuji Red ST；Graphtol Fire Red 3RL(Clariant)；Irgalite Red 2BSP；Irgalite Red 2BY(CGY)；KET Red 305；Lightfast Red BBS；Lionol Red 2B3503，2BFG-3501，CPA（TOYO）；Lithol Scarlet K4160，K4165(BASF)；Permanent Red 48S-25（CGY）；Pigment Red 48：3；Rakusol Red 41-6007（BASF）；Resino Red BH 1；Rubine Toner BO；Sanyo Pigment Red 8301，8360(SCW)；Sanyo Pigment Scarlet TR；Sanyo Pigment Scarlet TR Pure(SCW)；Segnale Red BSR；Shangdament Fast Red BBS，2BS3135（SHD）；Sicolen Red 41-6005，P Red 41-6005（BASF）；Sicopurol Red 41-6007（BASF）；Sicostyren Red 41-6005(BASF)；Strontium Red 2B；Sumikaprint Red BF（NSK）；Symuler Red 3020，3070，3088(DIC)；Symuler Red 3075(DIC)；Symuler Red 3084（DIC）；Symuler Red 3090（DIC）；Symuler Red 3108

【结构式】

【分子式】 $C_{18}H_{11}N_2O_6SCl \cdot Sr$

【分子量】 506.43

【性质】 蓝光红色粉末。具有良好的耐热性、耐碱性和耐渗化性。

【制法】 由 2B 酸重氮化并和 2,3-酸偶合合成母体染料再和氯化锶生成色淀而制备。

反应方程式和操作方法可参考 C. I. 颜料红 48:1。

【质量标准】

外观	红色粉末
色光	与标准品近似
着色力/%	为标准品的 100 ± 5
吸油量/%	50
水分含量/%	≤4.5
水溶物含量/%	≤3.5
细度(通过 80 目筛后残余物含量)/%	≤5

耐晒性/级	6
耐热性/℃	200
耐酸性/级	5
耐碱性/级	5
耐迁移性/级	5
石蜡渗性/级	5
油渗性/级	5
水渗性/级	3

【消耗定额】

原料名称	单耗/(kg/t)
2B 酸	457
2,3-酸	435

【安全性】 20kg 胶合板桶、纸板桶或铁桶包装，内衬塑料袋。

【用途】 主要用于塑料、涂料、油墨、橡胶和文教用品的着色，也可用于喷墨墨水、静电照相、滤光片等领域。

【生产单位】 杭州映山花颜料化工有限公司，浙江萧山颜料厂，浙江萧山江南颜料厂，浙江胜达祥伟化工有限公司，Hangzhou Union Pigment Corporation，杭州力禾颜料有限公司，杭州红妍颜料化工有限公司，上虞舜联化工有限公司，天津市东鹏工贸有限公司，常州北美化学集团有限公司，南通新盈化工有限公司，上海雅联颜料化工有限公司，山东龙口太行颜料有限公司，山东蓬莱新光颜料化工公司，石家庄市力友化工有限公司，昆山市中星染料化工有限公司，武汉恒辉化工颜料有限公司，江苏吴江精细化工厂，江苏吴江长滨化工厂。

Cf005 C. I. 颜料红 48:4

【英文名】 C.I.Pigment Red 48:4；Manganate(1-)，[4-[2-[5-Chloro-4-methyl-2-(sulfo-κO)phenyl]diazenyl-$\kappa N1$]-3-(hydroxy-κO)-2-naphthalenecarboxylato(3-)]-，Hydrogen(1:1)

【登记号】 CAS [5280-66-0]；C. I. 15865:4

【别名】 永固红 2BL；耐晒深红 BBM；3126 耐晒深红 BBM；3136 永固红 2BM；永固红 2BRS；耐晒大红 2BM；C. I. Pigment Red 48，Manganese（2＋）Salt(8CI)；Delaware Red X-3297（CGY）；Encelac Scarlet 4300（BASF）；Enceprint Scarlet 4300，（BASF）；Euthylen Scarlet 43-0005（BASF）；Euvinyl C Scarlet 43-0002（BASF）；Euviprint Scarlet 4260（BASF）；Fuji Fast Red 5R7807；Graphtol Red B-BL、BL、BLS、2BLS、5BLS(Clariant)；Irgalite Paper Red FBL，Red FBL，FBLO（CGY）；Irgalite Red FBL；Irgaplast Red BL；Lionol Red 430，2B 3553，2B 3555 Red 2BNF（TOYO）；Lithol Fast Scarlet 4290，D4300，K4260，K4300，L4260，L4300，L4301，L4665（BASF）；Lithol Fast Scarlet L 4300；Lithol Red 2BM；Lithol Red BN；Lithol Scarlet BBMS；Manganese Red 2B；Novoperm Red H2BM（Dystar）；Permanent Red 2BL；Permanent Red 48M-40（CGY）；Permanent Red BB Extra；Pigment Red 48：4；PV Red 2BM（Dystar）；Rubine Toner 2BR；Rubine Toner 5BM，6BM（BASF）；Sanyo Tinting Red 262（SCW）；Sanyo Tinting Red GS，GSR，NK(SCW)；Sanyo Tinting Red YP；Segnale Light Red DM；Shangdament Fast Red BBM 3126(SHD)；Sicomet Carmine ZSD/R（BASF）；Symuler Red 3030，3037，3045，3065，3049S（DIC）；Symuler Red 3030 Mn Salt；Symuler Red 3037 Mn Salt

【结构式】

【分子式】 $C_{18}H_{11}N_2O_6SCl \cdot Mn$

【分子量】 473.75

【性质】 蓝光红色粉末。耐晒性和耐热性优良，耐酸性和耐碱性较差。

【制法】 通过 2B 酸重氮化和 2,3-酸偶合生成母体染料，然后再和氯化锰反应生成色淀颜料。具体过程可参考 C. I. 颜料红 48：1。

【质量标准】 参考标准

外观	红色粉末
色光	与标准品近似
着色力/%	为标准品的 100±5
吸油量/%	55
水分含量/%	≤4.5
水溶物含量/%	≤3.5
细度（通过 80 目筛后残余物含量)/%	≤5
耐晒性/级	6～7
耐热性/℃	200
耐酸性/级	2
耐碱性/级	3
石蜡渗性/级	5
油渗性/级	5
水渗性/级	4

【消耗定额】

原料名称	单耗/(kg/t)
2B 酸(100%)	424
2,3-酸(100%)	374

【安全性】 20kg 胶合板桶、纸板桶或铁

桶包装，内衬塑料袋。

【用途】 主要用于油墨、塑料、涂料、文教用品和涂料印花的着色，也可用于喷墨墨水、静电照相、滤光片等领域。

【生产单位】 天津油墨股份有限公司，天津市东鹏工贸有限公司，上海雅联颜料化工有限公司，上海染化一厂，杭州映山花颜料化工有限公司，浙江胜达祥伟化工有限公司，Hangzhou Union Pigment Corporation，杭州红妍颜料化工有限公司，杭州力禾颜料有限公司，上虞舜联化工有限公司，石家庄市力友化工有限公司，常州北美化学集团有限公司，南通新盈化工有限公司，无锡新光化工有限公司，昆山市中星染料化工有限公司，武汉恒辉化工颜料有限公司，江苏武进寨桥化工厂，安徽休宁县黄山颜料厂，江苏吴江通顺化工厂。

Cf006 C. I. 颜料红 48∶5

【英文名】 C. I. Pigment Red 48∶5；2-Naphthalenecarboxylic Acid，4-[2-(5-Chloro-4-methyl-2-sulfophenyl) diazenyl]-3-hydroxy-，Magnesium Salt(1∶1)

【登记号】 CAS [71832-83-2]；C. I. 15865∶5

【别名】 耐晒红 MGP；颜料红 MG；C. I. Pigment Red 48∶5；C. I. Pigment Red 83∶1；Irgalite Red MGP；Light Fast Red MGP；Pigment Red 48∶5；Pigment Red 83∶1

【结构式】

【分子式】 $C_{18}H_{11}N_2O_6SCl \cdot Mg$

【分子量】 443.12

【性质】 微黄光红色粉末。不溶于水。耐晒耐热性好，耐碱性极差。

【制法】 具体过程可参考 C. I. 颜料红 48∶1。

【质量标准】 HG 15-1109—82

外观	红色粉末
色光	与标准品近似至微
着色力/%	为标准品的 100±5
吸油量/%	50
水分含量/%	≤4.5
水溶物含量/%	≤2.5
挥发物含量/%	≤5
细度(通过 80 目筛后残余物含量)/%	≤5
耐晒性/级	5
耐热性/℃	180
耐酸性/级	5
耐碱性/级	1
耐迁移性/级	5
油渗性/级	5
水渗性/级	4

【安全性】 20kg、30kg 纤维板桶或铁桶包装，内衬塑料袋。

【用途】 主要用于塑料、油墨、橡胶、涂料和文教用品的着色，也可用于喷墨墨水、静电照相、滤光片等领域。

【生产单位】 上海染化一厂。

Cf007 C. I. 颜料红 52：2

【英文名】 C.I.Pigment Red 52：2；Manganate（1-），［4-［2-［4-Chloro-5-methyl-2-（sulfo-κO）phenyl］diazenyl-κN1］-3-（hydroxy-κO）-2-naphthalenecarboxylato（3-）］-，Hydrogen（1：1）

【登记号】 CAS［12238-31-2］；C. I. 15860：2

【别名】 立索尔红 302；Irgalite Bordeaux CM；Pigment Red 52：2；Segnale Light Red 5BM

【结构式】

【分子式】 $C_{18}H_{11}N_2O_6SCl \cdot Mn$

【分子量】 473.75

【性质】 枣红色。有光泽。有很好的流动性。无迁移性。吸油量（mL/100g）42～65，pH 值 6.5～7.5。耐光性 7 级，耐热性 150℃，耐水性 3 级，耐油性 3 级，耐酸性 2 级，耐碱性 4 级。

【制法】 148 份 4.7% 非离子型表面活性剂（HLB 为 18）和 100 份甲基丙烯酸 2-（二甲基氨基）乙基酯在 80℃反应 2h，再加入 100 份 1% $K_2S_2O_8$ 水溶液，反应 1h，得到 30.4% 的乳化液。

将从 17.6 份 2-氯-4-氨基甲苯-5-磺酸和 12.4 份 2-羟基-3-萘甲酸偶合得到的产物的钠盐和 5.2 上述得到的乳化液在 50℃反应，再加入含 14 份硫酸锰的水溶液，在 95℃反应 30min。过滤，水洗，干燥，得产品，含 8.3% 丙烯酸树脂。

【用途】 主要用于烘漆，自干油漆，硝基油漆和乳胶漆也可使用，也用于涂料、墨水。

【生产单位】 杭州亚美精细化工有限公司，浙江百合化工控股集团，天津市东鹏工贸有限公司。

Cf008 C. I. 颜料红 55

【英文名】 C.I.Pigment Red 55；Manganate（1-），［4-［［2-（Carboxy-κO）-5-chlorophenyl］azo-κN1］-3-（hydroxy-κO）-2-naphthalenecarboxylato(3-)］-，Hydrogen；Pigment Red 55

【登记号】 CAS［141052-43-9］；C. I. 15820

【结构式】

【分子式】 $C_{18}H_9N_2O_5Cl \cdot Mn$

【分子量】 423.67

【性质】 红色粉末。

【制法】 在 50～60℃，将 17.2 份 4-氯-2-氨基苯甲酸溶于 250 份水（含有 4.2 氢氧化钠）。冷却到 0℃，加入 7 份亚硝酸钠在 25 份冷水中的溶液。加毕，再加入 10 份浓盐酸，得重氮液。

在 60℃，将 20 份 2-羟基-3-萘甲酸溶于 150 份水（含有 8 份氢氧化钠），加入 16 份碳酸钠溶于 75 份温水的溶液，用冰

（相当于 600 份水的量）调温度至 10℃。在 30min 内加入重氮液，反应完全后，过滤，用 5% 盐水洗至无碱。将收集的偶氮染料的钠盐加到 2500 份水中，依次加入分散在 20 份水的 3.6 份 Para Soap、溶于 25 份水的 7.5 份醋酸钠和溶于 165 份温水的 25 份硫酸锰（100%），再加入 1.8 份氢氧化钠（100%），加热至沸，并沸腾 2min。过滤，水洗，干燥，得颜料产品。

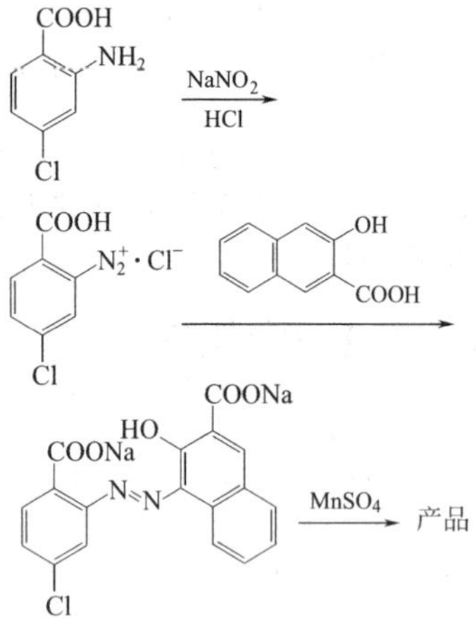

【用途】 用于油漆、油墨、涂料、塑料等的着色。

Cf009 C. I. 颜料红 56

【英文名】 C.I.Pigment Red 56；2-Naphthalenecarboxylic Acid，3-Hydroxy-4-[（2-methoxy-5-methyl-4-sulfophenyl）azo]-

【登记号】 CAS［25310-96-7］

【结构式】

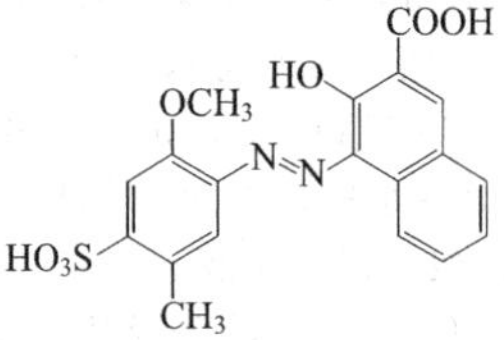

【分子式】 $C_{19}H_{16}N_2O_7S$

【分子量】 416.41

【性质】 亮蓝光红色。耐热性、耐光性及耐溶剂性均较好。

【制法】 取 96kg 重氮组分加入 1760L 水中，加入 27kg 碳酸钠溶解，并加入 30.5kg 亚硝酸钠配成的溶液，在 45min 内加入到含有 230L 盐酸的 1540L 溶液中重氮化，同时加冰保持 5℃，重氮完毕体积 3650L。

取 92.5kg 2，3-酸，加到 1100L 水中，加入 26.5kg 苏打粉溶解，温度 80℃，溶液呈中性，用 2200L 冷水稀释，并加入 80kg 苏打粉（加 650L 水溶解），温度 10℃ 备偶合用。体积 3250L。在 20min 内加入重氮液，最终体积 7500L，次日加热至 50℃，缓慢加入 1200～1500kg 氯化钠，搅拌 1h，压滤，得滤饼 440～480kg。

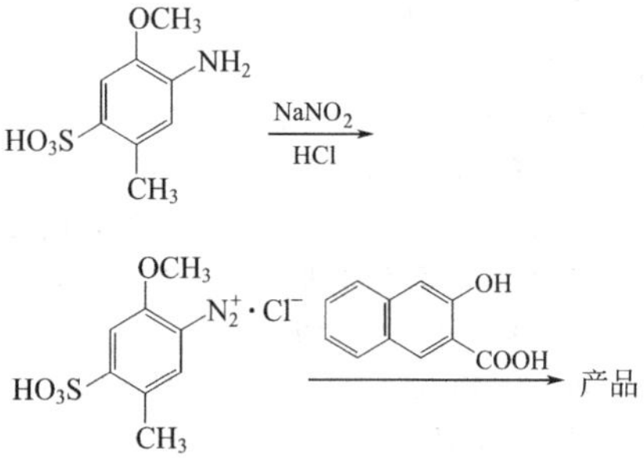

【用途】 主要用于油漆、油墨的着色。

Cf010 立索尔宝红 BK

【英文名】 Lithol Rubine BK

【登记号】 CAS［5281-04-9］；C. I. 15850：1

【别名】 C. I. 颜料红 57：1；立索尔宝红 7B；宝红 6B 3160；3122 立索尔宝红 F 7B；680 罗滨红；Irgalite Rubine 4BC0；Irgalite Rubine4BDO；Irgalite Rubine 4BNO；Irgalite Rubine 4BP；Irgalite Rubine 4BYO；Irgalite Rubine L4BD；Irgalite Rubine L4BJ；Irgalite Rubine PBC；

Irgalite Rubine PBO；Irgalite Rubine PR14；Irgalite Rubine PR15，C. Rubine 4565；Enceprint Rubine 4565；Lithographic Rubine 19577；Lithographic Rubine 34369；Lithographic Rubine LUC 50；Lithol Rubine D1560；Lithol Rubine D1565；Lithol Rubine D4575；Lithol Rubine D4581；Lithol Rubine FK4541，Lithol RubineFK4580；Lithol Rubine K4566

【分子式】 $C_{18}H_{12}N_2O_6SCa$

【分子量】 424.4

【结构式】

$$\left[H_3C - \underset{SO_3^{\ominus}}{\bigcirc} - N=N - \underset{HO}{\bigcirc}{\bigcirc}^{CO_2^{\ominus}} \right] Ca^{2\oplus}$$

【质量标准】（HG 15-1131）

外观	蓝光红色粉末
色光	与标准品近似
着色力/%	为标准品的 100 ± 5
水分含量/%	$\leqslant 4.5$
吸油量/%	$45 \sim 55$
水溶物含量/%	$\leqslant 3.5$
细度(过 80 目筛余量)/%	$\leqslant 5$
挥发物/%	$\leqslant 4.5$
耐热性/℃	150
耐晒性/级	5
耐酸性/级	4
耐碱性/级	5
水渗透性/级	$4 \sim 5$
乙醇渗透性/级	5
石蜡渗透性/级	5

【性质】 本品为蓝光深红色粉末。不溶于乙醇，溶于热水中为黄光红色。遇浓硫酸为品红色，稀释后呈品红色沉淀。水溶液遇盐酸为棕红色沉淀，遇氢氧化钠为棕色。色泽鲜艳，着色力强。

【制法】

1. 生产原理

4B酸（4-氨基甲苯-3-磺酸）与亚硝酸重氮化后，与2,3-酸偶合，然后与氯化钙色淀化再经后处理得到立索尔宝红 BK。

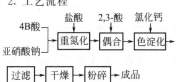

2. 工艺流程

$$
\begin{array}{c}
\text{4B酸} \\
\text{亚硝酸钠}
\end{array}
\rightarrow
\boxed{\underset{\text{盐酸}}{\text{重氮化}}}
\rightarrow
\boxed{\underset{\text{2,3-酸}}{\text{偶合}}}
\rightarrow
\boxed{\underset{\text{氯化钙}}{\text{色淀化}}}
$$

$$\boxed{过滤} \rightarrow \boxed{干燥} \rightarrow \boxed{粉碎} \rightarrow 成品$$

3. 技术配方

4B酸(100%)	330kg/t
2,3-酸(100%)	330kg/t
盐酸(31%)	820kg/t
亚硝酸钠(98%)	145kg/t
碳酸钠(98%)	255kg/t
氯化铵	85kg/t
松香(特级)	205kg/t
无水氯化钙	460

4. 生产设备

重氮化反应锅，偶合锅，溶解锅，压滤机，干燥箱，粉碎机。

5. 生产工艺

（1）工艺一　在重氮化反应锅中，加入由 110kg 4B 酸（100％）配成的 8％溶液，加冰冷却至 0℃，物料总量 2700L。加入 30％盐酸 176kg，然后加入 48.3kg 亚硝酸钠配成的 30％溶液进行重氮化，控制 7℃以下。重氮化完毕，加入无水氯化钙 85kg 及氯化铵 28.5kg，搅拌 15min，温度 7～8℃下待偶合。

在溶解锅中加入 1500kg 水、93kg 30％氢氧化钠溶液、85kg 98％碳酸钠。升温至 60℃，搅拌加入 2,3-酸（100％）110kg，使之完全溶解至透明。在松香溶解锅中加入 180kg 水、30kg 30％氢氧化钠溶液，升温并搅拌加入 68kg 松香，沸腾至完全透明，然后将 2,3-酸钠溶液及松香皂液一起放入偶合锅中，调整至总量 3000kg，在良好搅拌下，将重氮盐溶液于 15min 内加入偶合锅中进行偶合。同时加入稀碱控制 pH 值 9.5，于 20℃下偶合 1h，同时发生色淀化，然后升温至 65℃，立即压滤，用自来水漂洗氯离子至合格，滤饼于 85℃进行干燥，粉碎后得成品。

（2）工艺二　将 1200L 水加入重氮化反应锅中，再加入 112.2kg4B 酸加热至沸腾并保持沸腾 1h，以除去剩余的对甲苯胺。向此溶液中加入 10kg 石灰，过滤，澄清溶液冷却至 15℃，再与 180L 用 41.4kg 98％亚硝酸钠配制的 23％溶液混合，然后在 3h 内将混合物加至 300L 1.08kg/m³ 盐酸和 1000～1300kg 冰的混合溶液中进行重氮化，温度为 5℃，搅拌 2h，重氮化完毕重氮液对淀粉碘化钾试纸显微蓝色。

将 123kg 2,3-酸（95％～96％）溶于 4400L 水和 140kg 碳酸钠中，冷却，在偶合前最好再加入 40kg 碳酸钠，得偶合组分。

在 1h 内将重氮液加至 2,3-酸的偶合组分中，偶合温度为 10℃，搅拌过夜，用蒸汽加热至 50℃过滤，得染料滤饼。

取上述滤饼约 155kg，溶于 16000L 水中，于 95℃下得透明溶液，搅拌使温度为 70℃，然后加入 18kg 硫酸钡粉，5min 后加入用 50kg 松香制备的 10％松香溶液，再搅拌 5min 加入 60kg 10％氯化钙溶液，在 70℃下搅拌 2h，然后通蒸汽在 30min 内升温至 80℃，保温 0.5h，过滤，滤饼含固量为 20％，在 60～70℃下干燥，得立索尔宝红 BK。

【用途】　主要用于油墨工业制造胶印油墨，也可用作塑料和橡胶制品的着色。

【生产单位】　上海染化一厂，上海雅联颜料化工有限公司，上海油墨股份有限公司，天津市东鹏工贸有限公司，天津油墨厂，常州北美化学集团有限公司，南通新盈化工有限公司，无锡新光化工有限公司，昆山市中星染料化工有限公司，江苏无锡红旗染化厂，江苏吴江精细化工厂，江苏宜兴茗岭精细化工厂，江苏武进寨桥化工厂，江苏句容染化厂，江苏句容有机化工厂，江苏常熟树脂化工厂。

Cf011　橡胶大红 LG

【英文名】　Rubber Scarlet LG

【登记号】　CAS [76613-71-3]；C. I. 15825：1

【别名】　C. I. 颜料红 58：1；3105 橡胶大红 LG；5008 橡胶大红；Shangdament Fast Red LG 3147

【分子式】　$C_{17}H_9N_2O_6ClSBa_{0.5}$

【分子量】　473.44

【结构式】

【质量标准】（HG 15-1125）

外观	黄光红色粉末
水分含量/%	≤6.0

吸油量/%	40±5
水溶物含量/%	≤2.0
细度(过80目筛余量)/%	≤5.0
着色力/%	为标准品的100±5
色光	与标准品近似
耐晒性/级	5
耐热性/℃	140
耐酸性/级	3.4
耐碱性/级	1
油渗透性/级	3
石蜡渗透性/级	5
水渗透性/级	3
乙醇渗透性/级	5

【性质】 本品为黄光红色粉末。色泽鲜艳，耐热性和耐硫化性优良。无迁移性。

【制法】

1. 生产原理

2-氯-5-氨基苯磺酸重氮化后与2,3-酸偶合，得到的偶氮染料与氯化钡发生色淀化，得到橡胶大红LG。

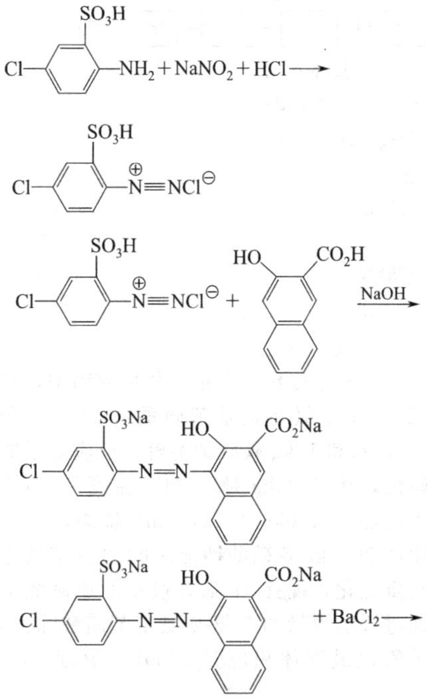

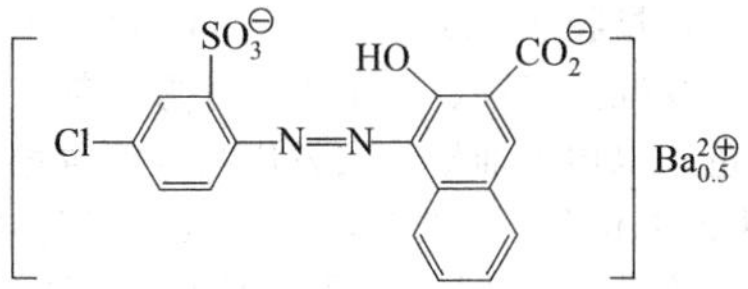

2. 工艺流程

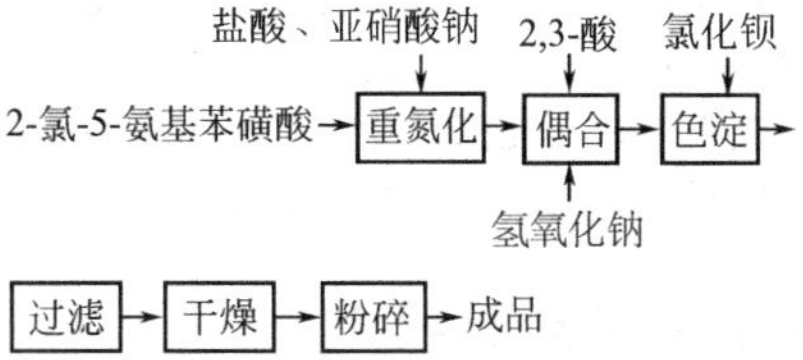

3. 技术配方

2-氯-5-氨基苯磺酸(工业品)	329
亚硝酸钠(98%)	121
盐酸(30%)	332
2,3-酸(工业品)	299
氢氧化钠(30%)	485

4. 生产工艺

将水加入重氮化反应锅中，再加入2-氯-5-氨基苯磺酸，用冰将温度调为0℃，在搅拌下加入30%盐酸经混合均匀后，分批加入30%亚硝酸钠溶液进行重氮化反应，控制加料时间20～25min，反应温度低于7℃，反应结束，得到重氮盐溶液。

在溶解锅内加入一定量水、30%氢氧化钠，搅拌下于60℃加入2,3-酸使之溶解，然后加入松香皂液，混合均匀即制得偶合液。将上述制备好的重氮盐分批加入偶合锅中进行偶合反应，同时加入氢氧化钠溶液，控制重氮盐加料时间为15min，氢氧化钠溶液比重氮盐提早3～5min加完，反应温度20℃，加料完毕继续反应1h，反应液pH值9.0左右，反应结束，升温至60℃进行过滤，水漂洗，滤饼于80～90℃下干燥，得偶合染料滤饼。

将染料滤饼加水打浆，加入氯化钡进行色淀化。压滤，用水漂洗，干燥，粉碎得橡胶大红LG。

【用途】 塑料工业用于聚氯乙烯等塑料的

着色，橡胶工业用于自行车内胎、热水袋、胶鞋、气球、卫生用品等橡胶制品的着色；也用于油墨、文教用品等的着色。

【生产单位】 天津市东鹏工贸有限公司，上海染化十二厂，南通新盈化工有限公司，无锡新光化工有限公司，江苏无锡红旗染化厂，江苏吴江精化厂，山东龙口化工颜料厂，河北深州化工厂，山东蓬莱新光颜料化工公司，山东蓬莱化工厂。

Cf012 立索尔红 GK

【英文名】 Lithol Rubine GK
【登记号】 CAS [7538-59-2]；C. I. 15825：2
【别名】 C. I. 颜料红 58：2；Hansa Rubine G
【分子式】 $C_{17} H_9 ClN_2 O_6 SCa$
【分子量】 444.86
【结构式】

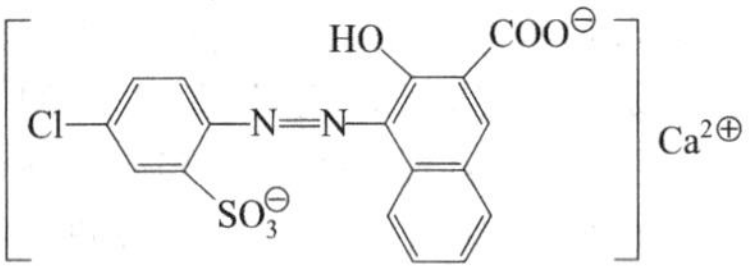

【质量标准】

外观	深红色粉末
色光	与标准品近似
着色力/%	为标准品的 100 ± 5
吸油量/%	40 ± 5
细度（过 80 目筛余量）/%	$\leqslant 5$
耐晒性/级	5
耐热性/℃	140

【性质】 本品为深红色粉末。色光鲜艳。不溶于乙醇。
【制法】
　　1. 生产原理
　　5-氯-2-氨基苯磺酸重氮化后，与 2,3-酸偶合，然后与氯化钙发生色淀化，经后处理得到立索尔红 GK。

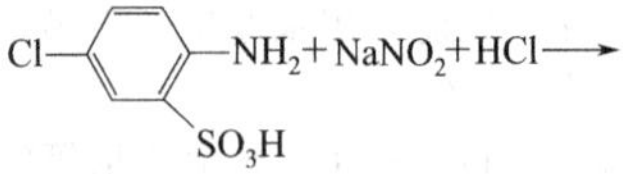

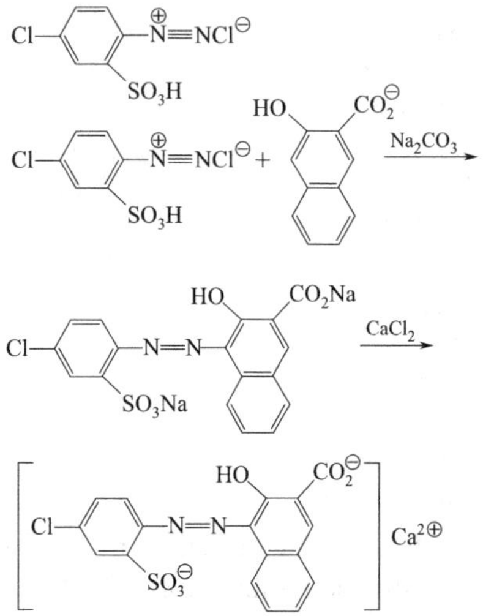

　　2. 工艺流程

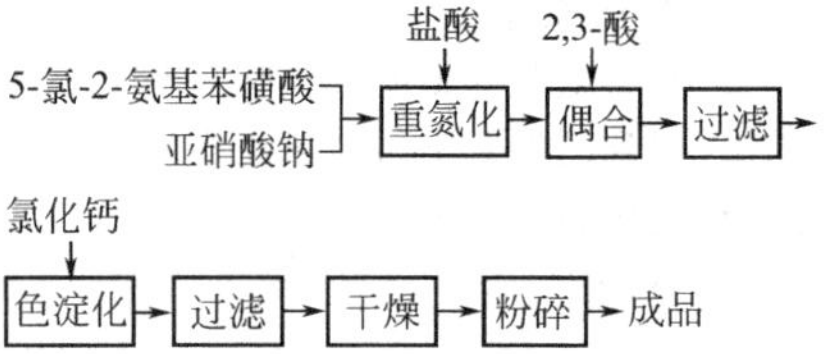

　　3. 技术配方

5-氯-2-氨基苯磺酸	351
亚硝酸钠	117
盐酸	312
2,3-酸	296
碳酸钠	778
硫酸钡	22.6
氯化钙	113

　　4. 生产工艺
　　（1）重氮化　在重氮化反应锅中，将62.25kg 5-氯-2-氨基苯磺酸在 30℃ 下用300L 水和 18kg 碳酸钠溶解，反应物呈弱碱性，用 2100kg 冰冷却，温度 5～7℃下，加入 150kg 1.15kg/m³ 盐酸，立即用由 20.7kg 亚硝酸钠配制的 23% 溶液进行重氮化，搅拌 1h 后，过量的亚硝酸钠通过添加少量的 5-氯-2-氨基苯磺酸除去，重氮化最终体积应是 2600L，温度 5℃，得重氮盐溶液。

（2）偶合　在溶解锅中，将52.5kg 2,3-酸溶于含有138kg碳酸钠的2000L水中，温度70℃，体积调至6500L，用冰和水调节温度至5℃，得偶合组分。

在1h内将重氮组分加至偶合组分中，偶合最终体积应是10000～12000L，搅拌过夜，次日加热至85℃，并在此温度下保温3h，在30℃下过滤，得偶合物。

（3）色淀化　在色淀化反应锅中，将53kg上述滤饼溶于3000L水中，温度95℃下，加入4kg硫酸钡及10kg 10%松香皂水溶液，在95℃下用20kg 10%氯化钙溶液进行色淀化，并保温0.5h，冷却至70℃，过滤，洗涤，在50～60℃下干燥，制得颜料立索尔红GK。

【用途】　用于橡胶、油墨及文教用品的着色。

【生产单位】　上海染化十二厂，杭州亚美精细化工有限公司。

Cf013　立索尔紫红2R

【英文名】　Lithol Bordeuax 2R

【登记号】　CAS [6417-83-0]；C.I. 15880:1

【别名】　C.I. 颜料红63:1；576立索尔紫红2R；575立索尔紫红；紫红BON；Borduax Toner R

【分子式】　$C_{21}H_{12}N_2O_6SCa$

【分子量】　460.4

【结构式】

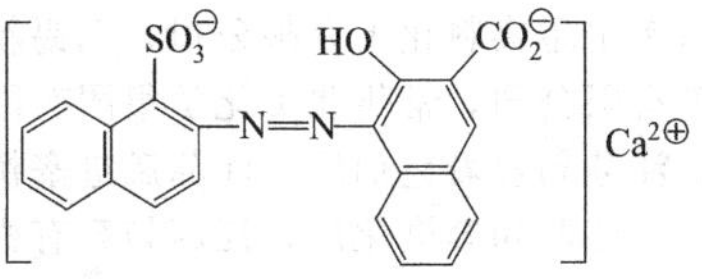

【质量标准】（HG 15-1112）

外观	红酱色粉末
色光	与标准品近似
着色力/%	为标准品的100±5
水分含量/%	≤4.5
吸油量/%	40～50

水溶物含量/%	≤3.5
耐热性/℃	140
耐旋光性/级	6
耐酸性/级	5
耐碱性/级	5
水渗透性/级	4
石蜡渗透性/级	5
油渗透性/级	5
细度（过80目筛余量）/%	≤5

【性质】　本品为红酱色粉末。相对密度1.42，吸油量45～67g/100g。不溶于水，微溶于乙醇。遇浓硫酸呈蓝光紫红色，稀释后生成棕光紫红色沉淀；遇浓硝酸为暗紫红色；遇氢氧化钠为棕色溶液。该颜料耐晒性、耐热性和耐渗性良好。

【制法】

1. 生产原理

吐氏酸重氮化后与2,3-酸偶合，然后松脂化，再与钙盐色淀化，经后处理，得到立索尔紫红2R。

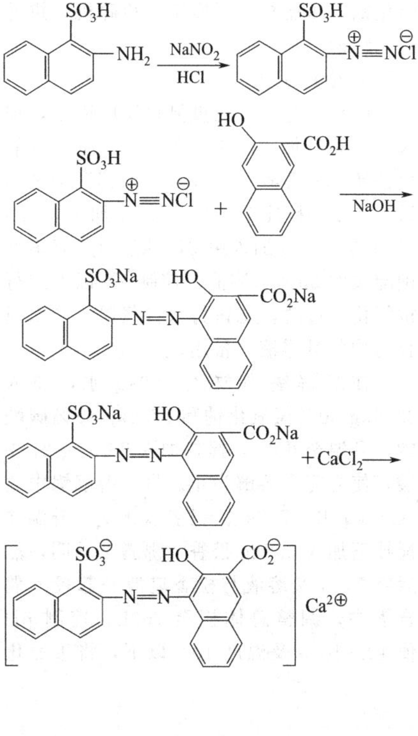

2. 工艺流程

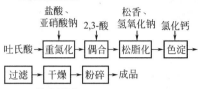

```
           盐酸、              松香、
           亚硝酸钠  2,3-酸   氢氧化钠  氯化钙
             ↓        ↓         ↓        ↓
吐氏酸 → 重氮化 → 偶合 → 松脂化 → 色淀 →
```

```
过滤 → 干燥 → 粉碎 → 成品
```

3. 技术配方

吐氏酸(98%)	300
亚硝酸钠(98%)	94
盐酸(31%)	360
氢氧化钠(30%)	447
2,3-酸(95%)	281
碳酸钠(98%)	115
无水氯化钙	316
松香(特级)	57
元明粉	143
土耳其红油	96
氯化铵	29

4. 生产设备

重氮化反应锅，溶解锅，偶合锅，色淀化锅，压滤机，干燥箱，粉碎机，拼混机，贮槽。

5. 生产工艺

(1) 工艺一 在重氮化反应锅中，加入水，然后加入 30kg 吐氏酸，加入氢氧化钠使 pH 值至 7.8～8.0。溶解完全透明后，加冰降温至 0℃，然后加入 36kg 3100 盐酸，再加入由 31.5kg 98% 亚硝酸钠配成的 30% 水溶液，控制 5℃ 以下进行重氮化。过滤，滤饼打入打浆锅，与水搅合为均匀悬浮液，备用。

在溶解锅内放入 400kg 水，加入 23.6kg 30% 氢氧化钠和 17.4kg 98% 碳酸钠，升温至 60℃，搅拌加入 26.7kg 2,3-酸，使之完全溶解为止。另一溶解锅中放入 46kg 水、7.6kg 30% 氢氧化钠，升温并搅拌下加入 5.7kg 松香，沸腾至透明，然后将 2,3-酸溶液与松香皂液一起投入偶合锅中，调整总体积至 760L。控制 pH 值 10～10.5 及温度 10℃ 以下，将重氮化的悬浮液加入偶合锅中进行偶合。偶合完毕，于 pH 值 8.5 条件下，加入 31.6kg 无水氯化钙和 3kg 氯化铵，搅拌反应至完全。压滤后用水洗至无氯离子。然后于 85℃ 以下干燥，粉碎后加入元明粉等进行拼混得到立索尔紫红 IR。

(2) 工艺二 (混合偶合工艺) 将 700L 水和 860L 1.08kg/m³ 盐酸加入重氮化反应锅中，再加入 240kg 吐氏酸与 60kg 达耳酸 (2-萘胺-5-磺酸)，加 600kg 冰降温至 10℃，然后用 91kg 98% 亚硝酸钠配制的 23% 溶液进行重氮化，搅拌 0.5h，添加吐氏酸除去过量的亚硝酸钠，得重氮液。

将 294kg 2,3-酸溶于含有 504kg 1.38kg/m³ 氢氧化钠溶液和 1000L 水中，将该溶液于 0.5h 内，20℃ 下加入重氮液，搅拌 2h，过滤得染料 Lake Bordeuaux BN。

将 45kg 染料 Lake Bordeuaux BN 加至 4500L 水中，冷却搅拌过夜，次日用水冷却至 25℃，然后加入 9kg 硫酸钡、4.5kg 土耳其红油、51kg 25% 松香皂溶液及 35kg 氯化钙，然后加热至沸腾，过滤用 1000L 水洗涤，在 50～60℃ 干燥，得 92kg 立索尔紫红 2R。

【用途】 主要用于涂料、油墨、皮革涂饰剂、漆布漆纸、人造革、塑料和橡胶制品的着色。

【生产单位】 天津市东鹏工贸有限公司，上海染化一厂，南通新盈化工有限公司，昆山市中星染料化工有限公司，无锡新光化工有限公司，常州北美化学集团有限公司，江苏句容着色剂厂，江苏武进寨桥化工厂，江苏句容染化厂，江苏句容有机化工厂，江苏宜兴茗岭精化厂，江苏吴江精化厂，杭州映山花颜料化工有限公司，浙江胜达祥伟化工有限公司，Hangzhou Union Pigment Corporation，杭州红妍颜料化工有限公司，浙江萧山颜料化工厂，浙江杭州力禾颜料有限公司，浙江萧山前进颜料厂，浙江萧山江南颜料厂，石家庄市力友化工有限公司，武汉恒辉化工颜料有限公司，山东蓬莱新光颜料化工公司，山东蓬莱化工厂，山东龙口化工颜料厂，山东龙口太行颜料有限公司，山东蓬莱颜料厂。

Cf014　C. I. 颜料红 57：2

【英文名】　C. I. Pigment Red 57：2；2-Naphthalenecarboxylic Acid，3-Hydroxy-4-[2-(4-methyl-2-sulfophenyl) diazenyl]-，Barium Salt(1：1)；C. I. Pigment Red 57，Barium Salt(1：1)(8CI)；Ariabel Ruby 300503；D And C Red No.6 Barium Lake；D and C Red 6 Barium Lake；D and C Red No. 6 Barium Salt；D&C Red 6 Barium Lake；Light Rubine Lake；Lithol Rubine BBA；Pigment Red 57：2；Red 6 Barium Lake

【登记号】　CAS [17852-98-1]；C. I. 15850：2

【结构式】

【分子式】　$C_{18}H_{12}N_2O_6S \cdot Ba$

【分子量】　521.69

【性质】　红色粉末。

【制法】　12g 6-氨基对甲苯磺酸溶于200mL 水（含 2.8g 氢氧化钠），加入 15g 35％盐酸以形成沉淀。滴加 4.4g 亚硝酸钠在 20mL 水的溶液，并维持温度为 0℃，加毕搅拌 1h，得重氮液。

12.2g 2-羟基-3-萘甲酸溶于 150mL 水（含 7.3g 氢氧化钠），冷却至 0℃。缓慢加入重氮液，加毕搅拌 2h 使偶合完全。加入 70mL 水，用 10％醋酸调反应液的 pH 值为 8.0～8.5。在 18℃ 下加入 9.1g

氯化钡在 40mL 水的溶液，加毕加热至 90℃，搅拌 30min。过滤收集固体，水洗，干燥，得产品。

【用途】　主要用于涂料、油墨以及油彩和水彩颜料的着色，也可用于橡胶、塑料、电线、电缆和日用化学制品的着色。

Cf015　C. I. 颜料红 58：1

【英文名】　C. I. Pigment Red 58：1；2-Naphthalenecarboxylic Acid，4-[(4-Chloro-3-sulfophenyl) azo]-3-hydroxy-，Barium Salt (1：1)

【登记号】　CAS [76613-71-3]；C. I. 15825：1

【别名】　橡胶大红 LG；3105 橡胶大红 LG；5008 橡胶大红 LG；Permanent Red B(New)；Pigment Red 58：1；Rubber Scarlet LG；Shangdament Fast Red LG 3147(SHD)

【结构式】

【分子式】　$C_{17}H_9N_2O_6SCl \cdot Ba$

【分子量】　524.11

【性质】　黄光红色粉末。色泽鲜艳，着色力强。耐热性和耐硫化性良好，无迁移性。

【制法】 重氮化桶中加 1000L 水和 54.41kg 对氯苯胺间磺酸，并加盐酸当调整体积 1450L，加入 18.1kg 100% $NaNO_2$ 进行重氮化反应并控制反应终点，终点温度 15℃，体积 1500L。

铁锅中放水，加入液碱，并加热至 60℃，加入 77kg 2,3-酸，全溶后调整温度至 15℃，把重氮液加入其中进行偶合反应。偶合反应完全后，加入 15kg 土耳其红油，加入 75kg 氯化钡使之沉淀，然后加热升温至 90℃，保温 1h，过滤。65～70℃烘干，得 145kg 产品。

【质量标准】 HG 15-1125—82

外观	黄光红色粉末
色光	与标准品近似
着色力/%	为标准品的 100 ± 5
吸油量/%	40 ± 5
水分含量/%	$\leqslant 6$
水溶物含量/%	$\leqslant 2$
挥发物含量/%	$\leqslant 6$
细度（通过 80 目筛后 残余物含量)/%	$\leqslant 5$
耐晒性/级	5
耐热性/℃	140
耐酸性/级	3～4
耐碱性/级	1
乙醇渗性/级	5
石蜡渗性/级	5
油渗性/级	3
水渗性/级	3

【消耗定额】

原料名称	单耗/(kg/t)
对氯苯胺间磺酸	375
氯化钡	529
2,3-酸	531

【安全性】 30kg 木桶、硬纸板桶、纤维板桶或铁桶包装，内衬塑料袋。

【用途】 主要用于自行车内胎、热水袋、胶鞋、气球、卫生用品等橡胶制品的着色，也用于油墨、塑料制品和文教用品的着色。

【生产单位】 天津市东鹏工贸有限公司，上海染化十二厂，南通新盈化工有限公司，无锡新光化工有限公司，江苏无锡红旗染化厂，江苏吴江精化厂，山东龙口化工颜料厂，河北深州化工厂，山东蓬莱新光颜料化工公司，山东蓬莱化工厂。

Cf016 C. I. 颜料红 58：2

【英文名】 C.I.Pigment Red 58：2；2-Naphthalenecarboxylic Acid, 4-[2-(4-Chloro-3-sulfophenyl) diazenyl]-3-hydroxy-, Calcium Salt(1：1)

【登记号】 CAS [7538-59-2]；C. I. 15825：2

【别名】 立索尔宝红 GK；C. I. Pigment Red 58，Calcium Salt（1：1）（8CI）；C. I. Pigment Red 58，Calcium Salt(7CI)；Lithol Rubine GK；Pigment Red 58：2；Plastol Rubine GC；Resamine Rubine GC

【结构式】

【分子式】 $C_{17}H_9N_2O_6SCl \cdot Ca$

【分子量】 444.86

【性质】 红色粉末。色泽鲜艳，着色力强。

【制法】 重氮化桶中加 1000L 水和 54.41kg 对氯苯胺间磺酸，并加盐酸当调整体积为 1450L，加入 18.1kg 100% $NaNO_2$ 进行重氮化反应，并控制反应终点，终点温度 15℃，体积 1500L。

铁锅中放水，加入液碱，并加热至 60℃，加入 77kg 2,3-酸，全溶后，调整温度为 15℃，把重氮液加入其中进行偶合反应。偶合反应完全后，加入 15kg 土耳其红油，加入 60kg 氯化钙使之沉淀，然后加热升温至 90℃，保温 1h 过滤。65～70℃烘干，得 145kg 产品。

【质量标准】 参考标准

外观	红色粉末
色光	与标准品近似
着色力/%	为标准品的 100±5
水分含量/%	≤6
水溶物含量/%	≤2
细度(通过 80 目筛后 残余物含量)/%	≤5

【消耗定额】

原料名称	单耗/(kg/t)
对氯苯胺间磺酸	375
氯化钙	475
2,3-酸	531

【安全性】 30kg 硬纸板桶、纤维板桶或铁桶包装，内衬塑料袋。

【用途】 主要用于油墨和文教用品的着色。

【生产单位】 杭州亚美精细化工有限公司，上海染化十二厂。

Cf017 **C.I. 颜料红 58:4**

【英文名】 C.I.Pigment Red 58：4；Manganese, [4-[2-(4-Chloro-3-sulfophenyl)diazenyl-κN1]-3-(hydroxy-κO)-2-naphthalenecarboxylato(2-)]-

【登记号】 CAS [64552-28-9]；C. I. 15825；C. I. 15825 （ Mn Lake ）；C. I. 15825, Mn Salt；C. I. 15825：4

【别名】 酒红色原；Bon Red BR-1730；Claret Toner； Cortone Crimson BM-B；Irgalite Red RGS(CGY)；Lionol Maroon 2L；Pigment Red 58 ：4；Recolite Fast Crimson B；Sanyo Bon Maroon Light F (SCW)；Suimei Maroon L (KKK)；Symuler Bon Maroon H；Symuler Bon Maroon HS(DIC)

【结构式】

【分子式】 $C_{17}H_9N_2O_6SCl \cdot Mn$

【分子量】 459.72

【性质】 紫光红色粉末。着色力强，耐晒性 4～5 级，耐热性较好。

【制法】 重氮化桶中加 1000L 水和 54.41kg 对氯苯胺间磺酸，并加盐酸当调整体积为 1450L，加入 18.1kg 100% $NaNO_2$ 进行重氮化反应，并控制反应终点，终点温度 15℃，体积 1500L。

铁锅中放水，加入液碱，并加热至 60℃，加入 77kg 2,3-酸，全溶后调整温度 15℃，把重氮液加入其中进行偶合反应。偶合反应完全后，加入 15kg 土耳其红油，加入 60kg 氯化锰使之沉淀，然后加热升温至 90℃，保温 1h 过滤。65～70℃烘干，得 145kg 产品。

【质量标准】

外观	紫光红色粉末
色光	与标准品近似
着色力/%	为标准品的 100±5
水分含量/%	≤6
水溶物含量/%	≤2
细度(通过 80 目筛后	
残余物含量)/%	≤5
耐晒性/级	4～5

【消耗定额】

原料名称	单耗/(kg/t)
对氯苯胺间磺酸	375
2,3-酸	531
氯化锰	475

【安全性】　30kg 木桶、硬纸板桶、纤维板桶或铁桶包装，内衬塑料袋。

【用途】　主要用于涂料、醋酸纤维、油墨和文教用品的着色。

【生产单位】　上海染化十二厂，浙江杭州力禾颜料有限公司。

Cf018　C.I.颜料红 63：2

【英文名】　C. I. Pigment Red 63：2；Manganate（1-），[3-（Hydroxy-κO）-4-[2-[1-（sulfo-κO）-2-naphthalenyl] diazenyl]-2-naphthalenecarboxylato（3-）]-，Hydrogen（1：1）；BON Maroon Medium；Pigment Red 63：2

【登记号】　CAS ［35355-77-2］；C.I.

15880：2

【结构式】

【分子式】　$C_{21}H_{12}N_2O_6S \cdot Mn$

【分子量】　475.34

【性质】　红色粉末。耐乙醇 3 级，耐二甲苯 4 级，耐乙酸乙酯 2 级，耐水 5 级，耐酸 4 级，耐碱 1 级。

【制法】

【用途】　用于塑料、涂料、墨水的着色。

Cf019　C.I.颜料红 64：1

【英文名】　C. I. Pigment Red 64 ： 1；2-Naphthalenecarboxylic Acid，3-Hydroxy-4-(2-phenyldiazenyl)-，Calcium Salt(2：1)

【登记号】　CAS ［6371-76-2］；C.I.15800 Ca Salt；C.I.15800：1

【别名】　C.I.Pigment Red 64，Calcium Salt（2：1）（8CI）；11067 Red；2-Hydroxy-1-phenylazo-3-naphthoic Acid Calcium Salt；Brilliant Lake M；Brilliant Red Toner RA；Brilliant Scarlet G；D and C Red No. 31；D&C Red No. 31；D&C Red No. 31 Calcium Lake；Dainichi Brilliant Scarlet G；Dainichi Brilliant Scarlet RG；Japan Red 219；Japan Red No. 219；Pigment Red 64 ：1；Pigment Scarlet Toner RB；R 219；

Red No. 219；Symuler Brilliant Scarlet G；Topaz Toner R 5

【结构式】

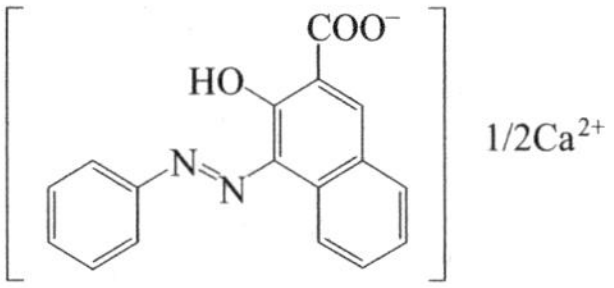

【分子式】　$C_{17}H_{11}N_2O_3 \cdot 1/2Ca$

【分子量】　311.33

【性质】　红色粉末。

【制法】　苯胺重氮化后，和 2,3-酸偶合，所得色原经氯化钡处理，干燥，粉碎，得产品。

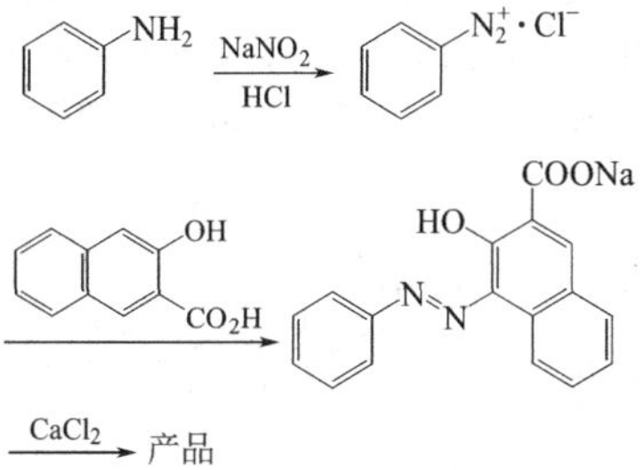

【用途】　用于油墨、油漆、塑料、化妆品等的着色。

Cf020　C.I.颜料红 77

【英文名】　C.I.Pigment Red 77；Manganese，［4-［(2,3-Dichloro-5-sulfophenyl) azo］-3-(hydroxy-κO)-2-naphthalenecarboxylato(2-)-κO］-；Permachrom Red Medium CP 1083

【登记号】　CAS［6358-39-0］；C.I.15826

【结构式】

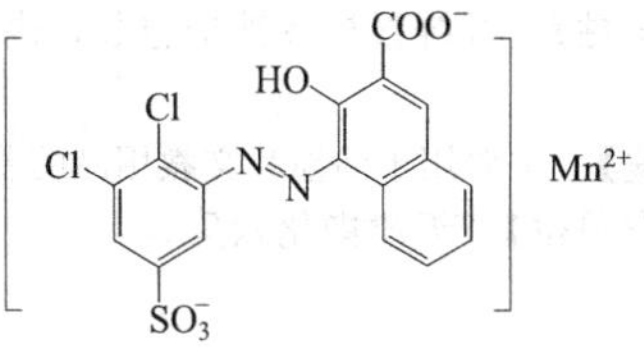

【分子式】　$C_{17}H_8N_2O_6Cl_2S \cdot Mn$

【分子量】　494.17

【性质】　红色粉末。

【制法】　3-氨基-4,5-二氯苯磺酸经重氮化后，和 2,3-偶合，所得色原经硫酸锰处理，干燥，粉碎，得产品。

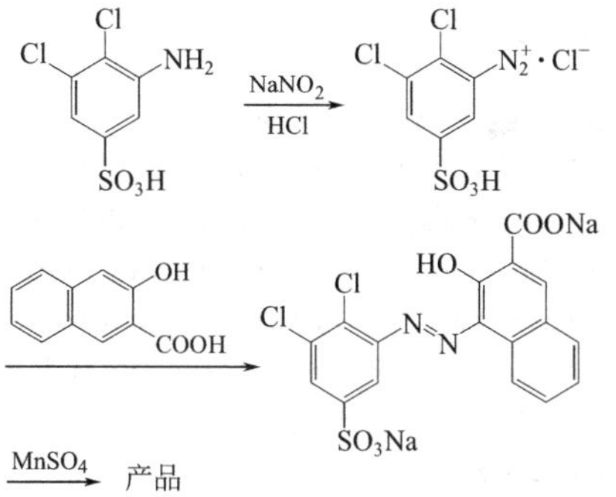

【用途】　用于油墨、油漆、涂料、塑料等的着色。

Cf021　C.I.颜料红 115

【英文名】　C.I.Pigment Red 115；Manganese，［3-(Hydroxy-κO)-4-［2-(4-methyl-3-sulfophenyl)diazenyl］-2-naphthalenecarboxylato(2-)-κO］-；Symuler Bon Maroon L

【登记号】　CAS［6358-40-3］；C.I.15851

【结构式】

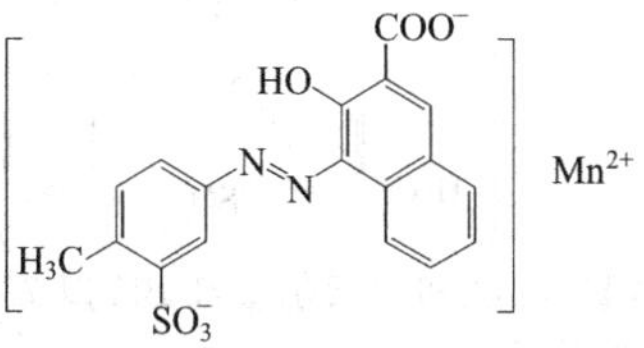

【分子式】　$C_{18}H_{12}N_2O_6S \cdot Mn$

【分子量】　439.30

【性质】　红色粉末。

【制法】　2-甲基-5-氨基苯磺酸经重氮化后，和 2,3-酸偶合，所得色原经硫酸锰色淀化处理，干燥，粉碎，得产品。

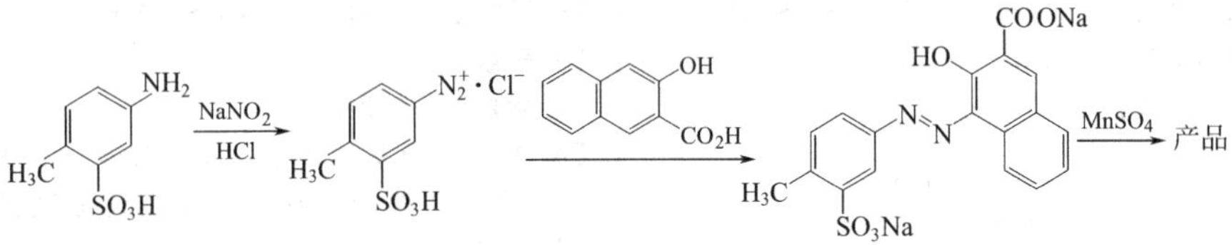

【用途】　用于涂料、油漆、油墨、塑料等的着色。

Cf022　C.I.颜料红200

【英文名】　C.I.Pigment Red 200；2-Naphthalenecarboxylic Acid，4-[2-(4-Chloro-5-ethyl-2-sulfophenyl)diazenyl]-3-hydroxy-，Calcium Salt(1∶1)；C.I.Pigment Red 200 Calcium Salt；Calcium Bonadur Red；Pigment Red 200

【登记号】　CAS〔58067-05-3〕；C.I.15867

【结构式】

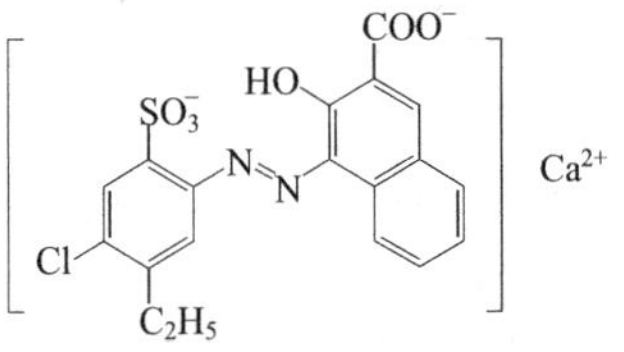

【分子式】　$C_{19}H_{13}N_2O_6SCl \cdot Ca$

【分子量】　472.92

【性质】　红色粉末。

【制法】　2-氨基-4-乙基-5-氯苯磺酸经重氮化后，和2,3-酸偶合，所得色原经氯化钡色淀化处理，干燥，粉碎，得产品。

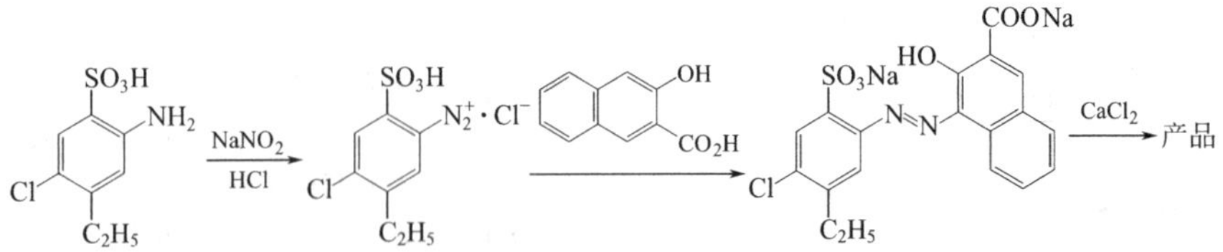

【用途】　用于油墨、涂料、塑料等的着色。

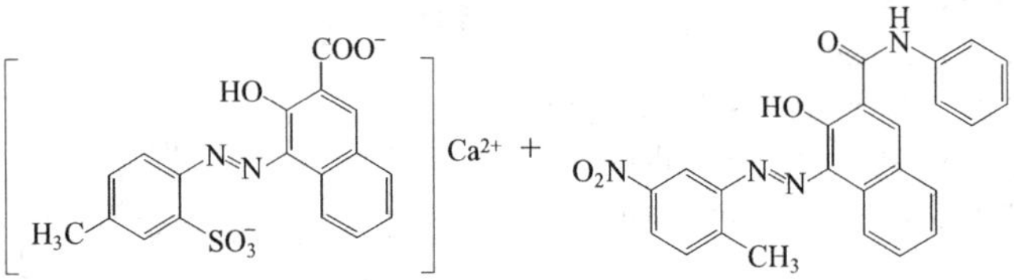

【制法】　油红和立索尔宝红BK以75∶25进行拼混而得。

【消耗定额】

原料名称	单耗/(kg/t)
大红色基G	280
对甲苯胺邻磺酸	70
色酚AS	475

Cf023　601油深红

【英文名】　601 Oil Dark Red

【结构式】

原料名称	单耗/(kg/t)
2,3-酸	70

【安全性】　纤维板桶或铁桶包装，内衬塑料袋。

【用途】　主要用于油墨和文教用品的着色。

【生产单位】　天津染化六厂。

Cg 吡唑啉酮类颜料

Cg001 永固橙 G

【英文名】 Permanent Orange G

【登记号】 CAS [3520-72-7]；C. I. 21110

【别名】 C. I. 颜料橙 13；永固橘红 G；颜料永固橘黄 G；3101 颜料永固橘黄 G；坚牢橙 G；橡胶塑料橙 G

【分子式】 $C_{32}H_{24}Cl_2N_8O_2$

【分子量】 623.49

【结构式】

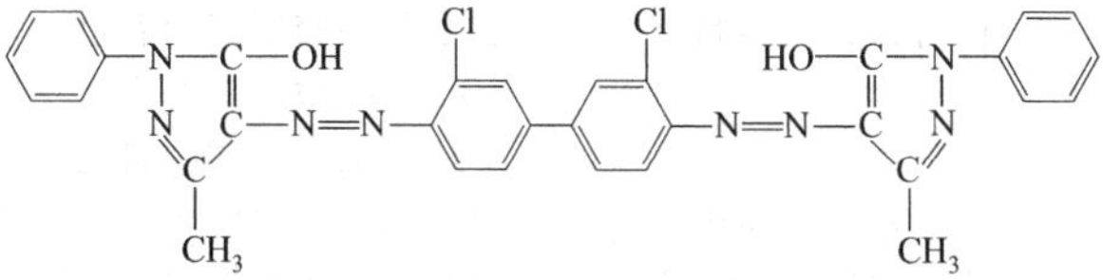

【质量标准】 （HG 15-1120）

外观	黄橙色粉末
色光	与标准品近似
着色力/%	为标准品的 100±5
吸油量/%	50±5
水分含量/%	≤3.0
水溶物含量/%	≤2
细度(过 80 目筛余量)/%	≤5
油渗透性/级	3~4
耐晒性/级	5
耐热性/℃	40
水渗透性/级	4
耐酸性/级	5
耐碱性/级	3
乙醇渗透性/级	4
石蜡渗透性/级	5

【性质】 本品为黄色粉末，不溶于水，体质轻软细腻，着色力高，坚牢度好。在浓硫酸中为蓝光大红色，稀释后呈橙色沉淀；遇浓硝酸为棕光大红色。

【制法】

1. 生产原理

将 3,3'-二氯联苯胺用亚硝酸重氮化后与 1-苯基-3-甲基-5-吡唑酮进行偶合得到。

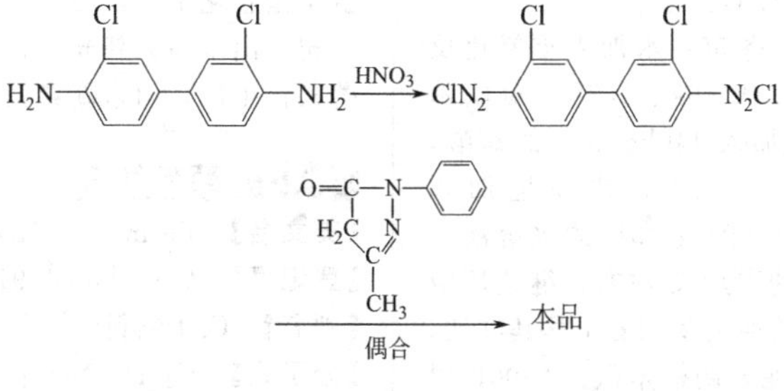

2. 工艺流程

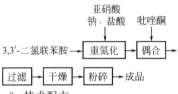

3. 技术配方

3,3′-二氯联苯胺(100%计)	439
1-苯基-3-甲基-5-吡唑酮(100%计)	647
氢氧化钠(100%计)	170
亚硝酸钠(98%)	271
盐酸(31%)	1593
轻质碳酸钙(工业品)	414

4. 生产设备

重氮化反应锅，偶合锅，压滤机，干燥箱，贮槽，粉碎机。

5. 生产工艺

（1）工艺一 在重氮化反应锅中，将303.6kg 3,3′-二氯联苯胺盐酸盐溶于1430L 5mol/L盐酸中，加入1800kg冰和3000L水，在低温下加入313L 40%亚硝酸钠溶液，保持温度不超过1℃，搅拌0.5h后，将溶液稀至1000L，加40kg硅藻土，过滤，得重氮盐备用。

将438kg吡唑酮衍生物溶于230L 23%氢氧化钠溶液与4000L水中，加入330kg碳酸钙，稀释至10000L，在25℃下将上述的重氮液缓缓地加入其中。重氮液全部加完后，加450～550L 5mol/L盐酸使碳酸钙分解。放置12h，再煮沸加热1h，过滤、水洗，滤饼于55～70℃时干燥，粉碎得永固橙G。

（2）工艺二 将50L水加入重氮化反应锅中，再加49.6kg 3,3′-二氯联苯胺，搅拌打浆，加入140kg 30%的盐酸，搅拌下冷却至0～5℃，快速地加入27.2kg亚硝酸钠（配成30%的水溶液），进行重氮化，温度为0℃左右，继续反应1h，加入12kg活性炭及8kg土耳其红油，搅拌10min，抽滤，调整体积为2400L得

重氮盐溶液。

将800L水加入偶合锅中，再加42L 30%氢氧化钠溶液，加热至80℃，加入60kg 1-苯基-3-甲基-5-吡唑酮，搅拌至溶解，再加水和冰调整体积为2400L，温度为15℃，pH值为9.5～10，得偶合组分。

将偶合组分溶液0.5～1h内自液面下加入上述重氮盐溶液中，并加入24kg碳酸钙（用40L水打浆），搅拌1h至反应终点，升温至100℃，保持1h，过滤，热水洗涤滤饼，在70℃下干燥，得产品85kg。

【用途】 主要用于油漆、油墨工业，并用于涂料印花彩色颜料、橡胶、乳胶、天然生漆及聚氯乙烯等制品的着色，还可用于皮革及黏胶原浆的着色。

【生产单位】 上海染化一厂，上海染化十二厂，上海雅联颜料化工有限公司，上海油墨股份有限公司，天津市东鹏工贸有限公司，天津油墨股份有限公司，天津大港振兴化工总公司，天津光明颜料厂，杭州映山花颜料化工有限公司，上虞市东海精细化工厂，杭州新晨颜料有限公司，浙江胜达祥伟化工有限公司，Hangzhou Union pigment Corporation，杭州红妍颜料化工有限公司，浙江百合化工控股集团，浙江瑞安化工二厂，杭州力禾颜料有限公司，浙江瑞安太平洋化工厂，上虞舜联化工有限公司，常州北美化学集团有限公司，无锡新光化工有限公司，江苏南通染化厂，江苏武进寨桥化工厂，石家庄市力友化工有限公司，甘肃甘谷油墨厂，安徽宁国县化工厂，山东龙口太行颜料有限公司，山东蓬莱新光颜料化工公司，山东蓬莱化工厂，山东新泰染化厂。

Cg002　颜料红 G

【英文名】 Permanent Red G

【登记号】 CAS［6883-91-6］；C.I. 21205

【别名】 C.I.颜料红 37

【分子式】 $C_{36}H_{34}N_8O_4$

【分子量】 642.71

【结构式】

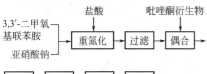

【质量分数】

外观	红色粉末
色光	与标准品近似
着色力/%	为标准品的 100±5
细度(过 80 目筛余量)/%	≤5

【性质】 本品为红色粉末。有较好的耐溶剂性，耐光坚牢度较好。

【制法】

1. 生产原理

3,3'-二甲氧基联苯胺重氮化后与两分子的 1-(4-甲基苯基)-3-甲基-5-吡唑酮偶合，得到颜料红 G。

2. 工艺流程

```
                    盐酸        吡唑酮衍生物
3,3'-二甲氧           ↓             ↓
基联苯胺    →  [重氮化] → [过滤] → [偶合]
亚硝酸钠    ↗

[过滤] → [洗涤] → [干燥] → [粉碎] → 成品
```

3. 技术配方

3,3'-二甲氧基联苯胺(100%)	244
亚硝酸钠(98%)	140
1-(4-甲基苯基)-3-甲基-5-吡唑酮	375
盐酸(30%)	1820
硅藻土	14
轻质碳酸钙	563

4. 生产工艺

(1) 重氮化 在重氮化反应锅中，将 52kg 3,3'-二甲氧基联苯胺加到 100L 5mol/L 盐酸及 1500L 水中，温度 50℃下使其溶解，再加入 10kg 活性炭，在 50℃下保持 0.5h，过滤，滤液中加入 100L 5mol/L 盐酸及 1000kg 冰，温度 0℃下，快速地加入 52.6L 44% 亚硝酸钠溶液进行重氮化，稀释至体积为 3000L，加入 3kg 硅藻土，过滤，得重氮盐溶液。

(2) 偶合 将 80kg 1-(4-甲基苯基)-3-甲基-5-吡唑酮用 39.1L 40% 氢氧化钠溶液和 3000L 水溶解，温度 20℃。全溶后加入 10kg 硅藻土，过滤，在 0.5h 内向滤液中慢慢加入 150L 5mol/L 盐酸，析出吡唑酮衍生物，反应物对刚果红试纸呈弱酸性，加入 120kg 轻质碳酸钙，稀释至体积为 4000L，温度为 10℃，得偶合组分。

在 2h 内自偶合液面下加入重氮液，再搅拌 1h，用 420～430L 5mol/L 盐酸酸化，通过添加轻质碳酸钙除去过量的酸，加热至沸腾，保持 1h 后立即过滤，热水洗涤，滤饼含固量为 20％，经干燥粉碎得干粉颜料红 127kg。

【用途】 用于油漆、油墨及塑料、橡胶的着色。

【生产单位】 杭州映山花颜料化工有限公司，上虞市东海精细化工厂，杭州新晨颜料有限公司，浙江胜达祥伟化工有限公司，Hangzhou Union Pigment Corporation，杭州红妍颜料化工有限公司，浙江百合化工控股集团，浙江瑞安化工二厂，杭州力

禾颜料有限公司，浙江瑞安太平洋化工厂，上虞舜联化工有限公司，常州北美化学集团有限公司，无锡新光化工有限公司，江苏南通染化厂，江苏武进寨桥化工厂，石家庄市力友化工有限公司。

Cg003 颜料红 38

【英文名】 Pyrazolone Red 38

【登记号】 CAS [6358-87-8]；C. I. 21120

【别名】 C. I. 颜料红 38；Pyrazolone Red；Vulcan Fast Red B

【分子式】 $C_{36}H_{28}Cl_2N_8O_6$

【分子量】 739.56

【结构式】

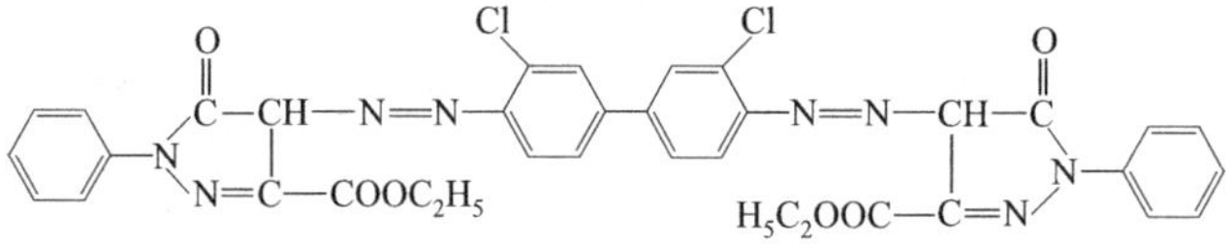

【性质】 本品为红色粉末，属吡唑啉酮-联苯胺类双偶氮颜料。熔点 287℃，相对密度 1.35～1.58，吸油量 40～63g/100g。

【制法】

1. 生产原理

3,3′-二氯联苯胺盐酸盐重氮化后，与 1-苯基-3-羧乙酯基-5-吡唑酮偶合，经后处理，得颜料红 38。

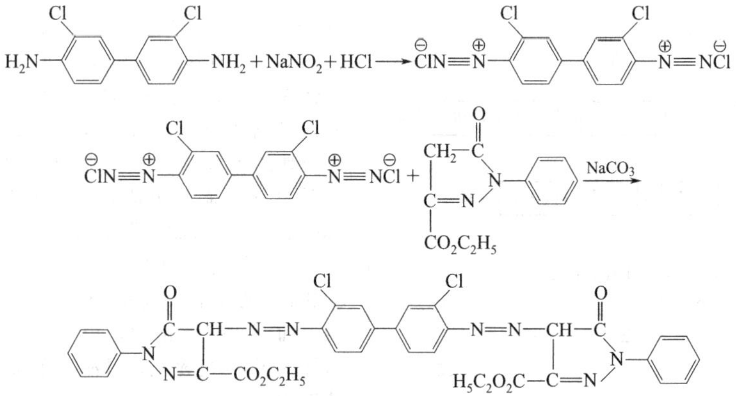

2. 工艺流程

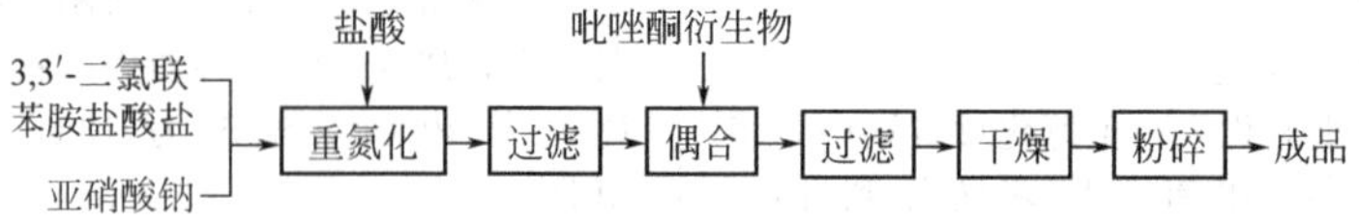

3. 技术配方

3,3′-二氯联苯胺盐酸盐(100%)	253.0
亚硝酸钠(98%)	140.0
1-苯基-3-羧乙酯基-5-吡唑酮	481.0
硅藻	±40.5
盐酸(30%)	1400.0
碳酸钠(98%)	280.0
轻质碳酸钙	415.0
活性炭	33

4. 生产工艺

(1) 重氮化　在重氮化反应锅中，将 152.5kg 3,3′-二氯联苯胺盐酸盐与水搅拌过夜，然后加入盐酸、冰冷却至 0℃，用 206kg 40%亚硝酸钠溶液快速重氮化，1h 以后仍有微量的亚硝酸存在，加入 12.3kg 硅藻土搅拌，过滤，得重氮盐溶液。

(2) 偶合　在溶解锅中，将 290kg 1-苯基-3-羧乙酯基-5-吡唑酮与水搅拌过夜，在 25℃下加入 169kg 碳酸钠使其溶解，再加入 12.3kg 硅藻土及 20kg 活性炭，过滤，用水稀释，加热至 50℃与 250kg 轻质碳酸钙混合，得偶合组分。

将澄清的重氮液加至吡唑酮中，约需 5h，在偶合过程中应保持吡唑酮过量，0.5h 后，过滤，用热水洗涤，滤饼与水制成膏状物，用盐酸酸化，煮沸 1h，再过滤，用热水洗涤，得含固量为 28.6% 的膏状产品，经干燥、粉碎得颜料红 38。

【质量标准】

外观	红色粉末
色光	与标准品近似
着色力/%	为标准品的 100±5
吸油量/%	40±5
水分含量/%	≤2.5
细度(过 80 目筛余量)/%	≤5

【用途】　用于油漆、油墨、油彩颜料、橡胶和塑料的着色。

【生产单位】　杭州亚美精细化工有限公司，天津市东鹏工贸有限公司，高邮市助剂厂，江苏武进寨桥化工厂，江苏无锡红旗染化厂，江苏吴江平望长浜化工厂，江苏常熟树脂化工厂，石家庄市力友化工有限公司，昆山市中星染料化工有限公司，武汉恒辉化工颜料有限公司。

Cg004　C.I.颜料橙 6

【英文名】　C. I. Pigment Orange 6；3H-Pyrazol-3-one, 2,4-Dihydro-5-methyl-4-[(4-methyl-2-nitrophenyl)azo]-2-phenyl-

【登记号】　CAS [6407-77-8]；C.I.12730

【别名】　颜料橙 4G；耐晒橙 4G；Fast Yellow 5R；Lutetia Fast Yellow 5R；Lutetia Fast Yellow 5RP；Pigment Fast Orange 4G (New)；Pigment Orange 6；Pigment Orange 4G；Tertropigment Yellow 5R

【结构式】

【分子式】　$C_{17}H_{15}N_5O_3$

【分子量】　337.34

【性质】　深红光橙色粉末。不溶于水，日晒牢度很好，耐乙醇性较差。

【制法】　2-硝基-4-甲基苯胺重氮化后，和 1-苯基-3-甲基-5-吡唑啉酮偶合，再经颜料化处理，干燥，粉碎，得产品。

【质量标准】　参考标准

指标名称	指标
外观	深红光橙色粉末
色光	与标准品近似
着色力/%	为标准品的 100±5
细度(通过 80 目筛后残余物含量)/%	≤5
耐热性/℃	150

【用途】 用于对耐热性、耐溶剂性牢度要求较高的塑料或热固性树脂的着色。

Cg005 C.I.颜料橙34

【英文名】 C. I. Pigment Orange 34；3H-Pyrazol-3-one,4,4′-[(3,3′-Dichloro[1,1′-biphenyl]-4,4′-diyl) bis (2,1-diazenediyl)] bis [2,4-dihydro-5-methyl-2-(4-methylphenyl)]-

【登记号】 CAS [15793-73-4]；C.I.21115

【别名】 永固橙 RL；坚固橙 F2G；1156 永固橙 RL；永固橙 TR-139；永固橙 OP-213；永固橙 GG；C. I. Pigment Orange 35；C. I. Pigment Orange 37；Benzidine Orange T；Fast Orange F2G；Fastona

Orange 34；Diarylide Orange BO-55 (CGY)；Helio Fast Orange GR；Horna Orange PO-530，RC-530(CGY)；Irgalite Orange F2G，F2G C-20(CGY)；Irgaphor Orange R2G (CGY)；Isol Benzidine Orange GX；Micranyl Orange F2G-Q (CGY)；Monaprin Orange 2RDE (BASF)；Permanent Orange RL；Permanent Orange RL01，RL70 (Dystar)；Pigment Orange 34；PV Orange RL (Dystar)；Pyrazolone Orange；Roma Orange B 112700；Sanyo Pigment Orange FL (SCW)；Sico Fast Orange K2850，NB D2850 (BASF)；Suimei Pyrazolone Orange GR(KKK)；Sunbrite Orange 34 (SNA)；Unisperse Orange F 2G-PI；Viscofil Orange S-RL；Vynamon Orange RE-FW(BASF)

【结构式】

【分子式】 $C_{34}H_{28}N_8O_2Cl_2$

【分子量】 651.55

【性质】 橙色粉末。不溶于水，熔点为 350℃，耐晒性能 6~7 级（醇酸树脂）；耐乙醇和煤油牢度很好，耐二甲苯性能差。耐酸、碱性能较好。pH=6.5，相对密度 1.4。

【制法】 在 0~5℃、4h 内，将 50.6 份 2,2′-二氯氢化偶氮苯加到 506 份 30%盐酸中，再在室温搅拌过夜。在 5h 内升至 50℃，再搅拌 30min，重排得到 3,3′-二氯联苯二胺。加入 2530 份冰，使冷却至 0~5℃，加入 25.9 份亚硝酸钠进行重氮化。加入 5 份活性炭，过滤，得到澄清的

重氮液。

将 72.7 份 1-(对甲苯基)-3-甲基-5-吡唑啉酮溶解于 300 份水和 20 份氢氧化钠的溶液中，加入 5 份活性炭，使溶液澄清。加入 32 份冰醋酸。在 5~10℃，加入重氮液。在偶合结束后，反应液须对刚果红显酸性。再沸腾 1h，过滤，水洗至中性，在低于 70℃ 干燥，得 114.5 份产品，收率 88%。

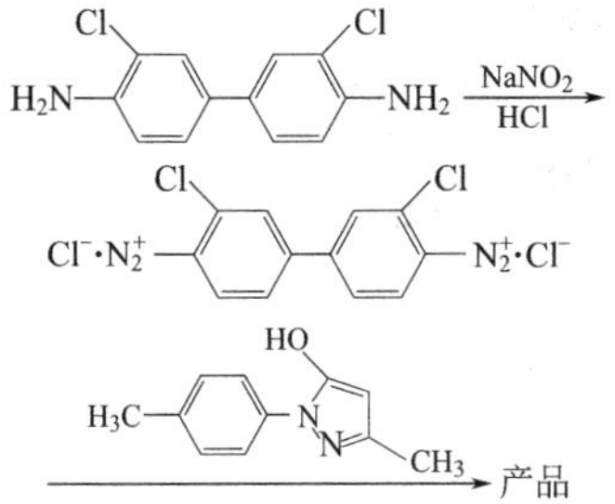

【质量标准】 参考标准

外观	橙色粉末
色光	与标准品近似
着色力/%	为标准品的 100±3
细度(通过 80 目筛后残余物含量)/%	≤5
耐热性/℃	180
耐晒性/级	6
耐酸性/级	5
耐碱性/级	5
油渗性/级	4
水渗性/级	5

【用途】 印刷油墨、涂层（尤其是高强度或耐烘烤涂层）以及塑料、橡胶的着色。也用于墙壁纸着色和纺织品涂料印花色浆，尤其是闪光涂料印花。为橙色有机颜料中耐热牢度较好的品种。

【生产单位】 杭州映山花颜料化工有限公司，杭州新晨颜料有限公司，Hangzhou Union Pigment Corporation，杭州红妍颜料化工有限公司，浙江百合化工控股集团，杭州力禾颜料有限公司，浙江胜达祥伟化工有限公司，天津市东鹏工贸有限公司，上虞舜联化工有限公司，常州北美化学集团有限公司，南通新盈化工有限公司，无锡新光化工有限公司，石家庄市力友化工有限公司，上海雅联颜料化工有限公司，山东蓬莱新光颜料化工公司，山东龙口太行颜料有限公司，山东龙口佳源颜料有限公司。

Cg006 C.I.颜料橙 50

【英文名】 C.I.Pigment Orange 50; 3*H*-Pyrazol-3-one, 4,4′-[[1,1′-Biphenyl]-4,4′-diylbis(azo)]bis[2,4-dihydro-5-methyl-2-phenyl]-

【登记号】 CAS [76780-89-7]; C.I.21070

【结构式】

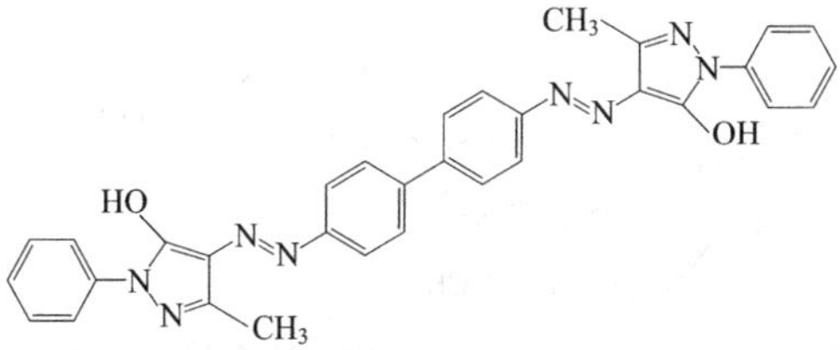

【分子式】 $C_{32}H_{26}N_8O_2$

【分子量】 554.61

【性质】 橙色粉末。

【制法】 联苯胺经重氮化后，和 1-苯基-3-甲基-5-吡唑啉酮偶合，经颜料化处理后，干燥，粉碎，得产品。

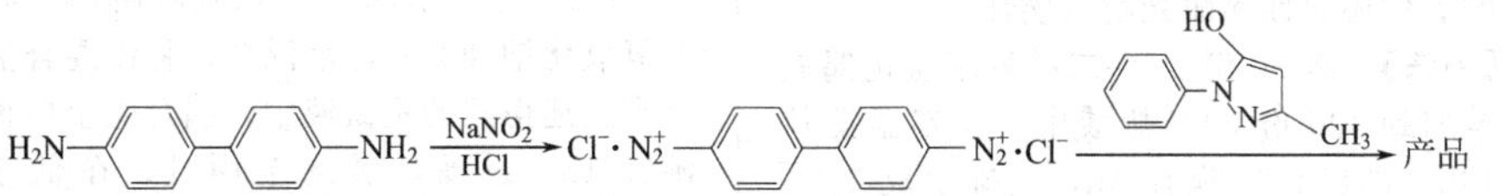

【用途】 用于涂料、油墨、塑料、橡胶等的着色。

Cg007 C.I.颜料红 39

【英文名】 C. I. Pigment Red 39; 1*H*-Pyrazole-3-carboxylic Acid, 4,4′-[[1,1′-Biphenyl]-4,4′-diylbis(azo)]bis[4,5-dihydro-5-oxo-1-phenyl]-,Diethyl Ester

【登记号】 CAS [6492-54-2]; C.I.21080

【别名】 Pyrazolone 枣红; Benzalone Red

R 2083；Pyrazolone Bordeaux

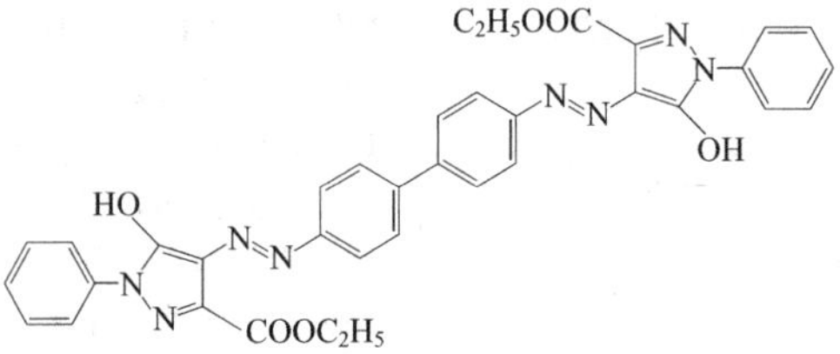

【分子式】 $C_{36}H_{30}N_8O_6$

【分子量】 670.68

【性质】 红色粉末。

【制法】 联苯胺重氮化后，和 1-苯基-5-吡唑啉酮-3-羧酸乙酯偶合，再经颜料化处理后，干燥，粉碎，得产品。

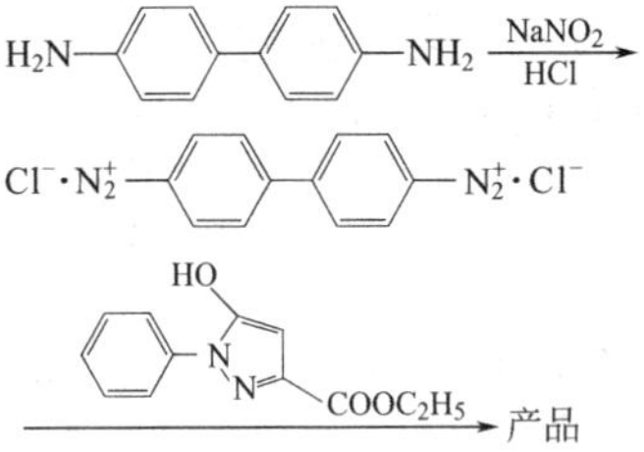

【用途】 用于涂料、塑料、油墨、橡胶等

的着色。

Cg008　C.I.颜料红 41

【英文名】 C. I. Pigment Red 41；3H-Pyrazol-3-one， 4，4'-[（ 3，3'-Dimethoxy[1，1'-biphenyl]-4,4'-diyl ）bis（ 2,1-diazenediyl ）] bis [2,4-dihydro-5-methyl-2-phenyl]-；Dianisidine Red；Electra Red；Electra Red（Yellowish）R-128；Oianisidine Red RD；Pigment Red 41；Pigment Red BB；Resamine Fast Red BB；Rubber Fast Red BBE；Vulcan Fast Red BBE

【登记号】 CAS ［6505-29-9］；C.I.21200

【结构式】

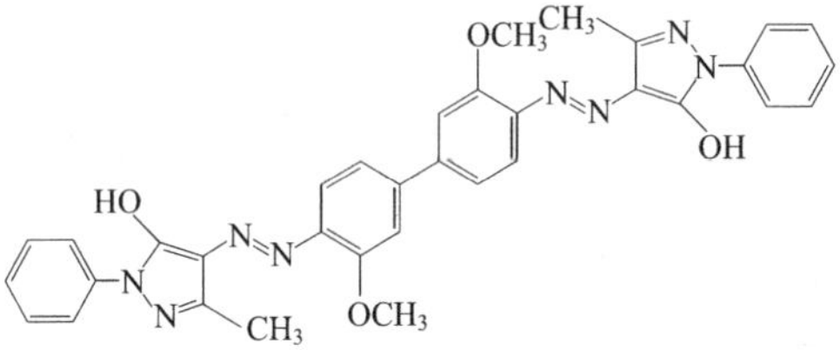

【分子式】 $C_{34}H_{30}N_8O_4$

【分子量】 614.66

【性质】 有良好的耐油性，耐酸耐碱性，耐氧化还原性和耐光耐气候性。

【制法】 将 50 份 2,2'-二甲氧基氢化偶氮苯加到 400 份 30% 盐酸中，在室温搅拌 18h，再在 50℃搅拌 5h，重排生成 3,3'-二甲氧基联苯二胺。加入 1000 份冰，使

反应液冷却，再加入 25.8 份亚硝酸钠进行重氮化。加入 2 份活性炭，过滤，得澄清的重氮液。

69.0 份 1-苯基-3-甲基吡唑啉酮、48 份氢氧化钠和 250 份水混合。将该混合液加到上述得到的重氮液中，偶合完全后再沸腾 1h。过滤，水洗至中性，在低于 70℃干燥，得 109.5 份产品，收率 87%。

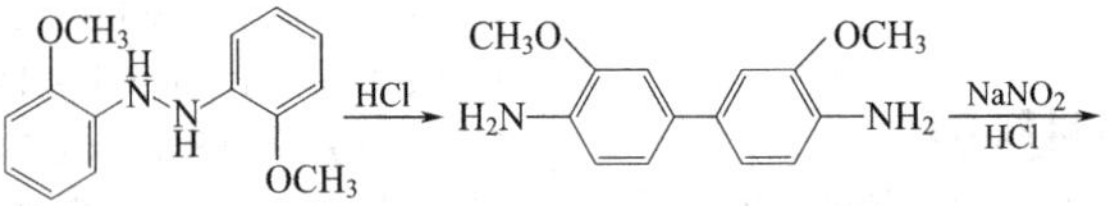

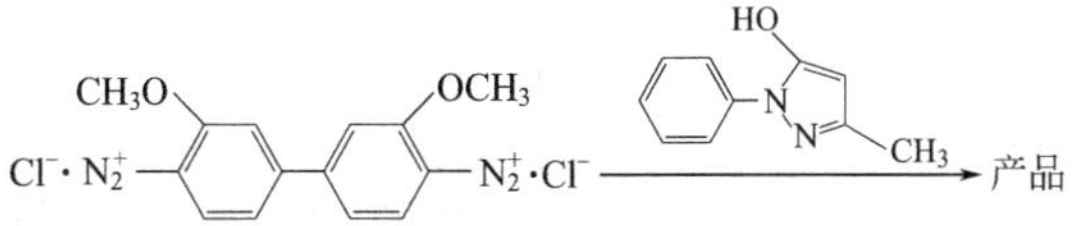

【用途】　主要用于塑料、橡胶和涂料，油漆的着色。

Cg009　**C.I.颜料红42**

【英文名】　C. I. Pigment Red 42；1H-Pyrazole-3-carboxylic Acid，4,4′-[（3,3′-Dimethoxy［1,1′-biphenyl］-4,4′-diyl）bis（azo）］bis（4,5-dihydro-5-oxo-1-phenyl）-，Diethyl Ester

【登记号】　CAS［6358-90-3］；C.I.21210

【别名】　Rubber 坚牢紫 42；Kittereen Maroon R-2085；Plasticone Maroon 10458；Rubber Fast Violet 42

【结构式】

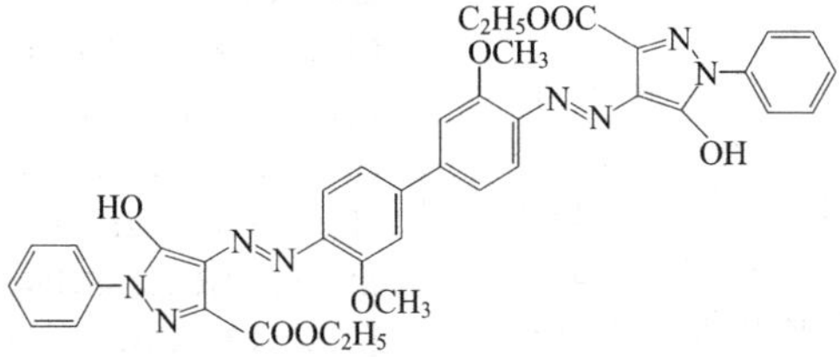

【分子式】　$C_{38}H_{34}N_8O_8$

【分子量】　730.74

【性质】　红色粉末。

【制法】　将 50 份 2,2′-二甲氧基氢化偶氮苯加到 400 份 30%盐酸中，在室温搅拌 18h，再在 50℃搅拌 5h，重排生成 3,3′-二甲氧基联苯二胺。加入 1000 份冰，使反应液冷却，再加入 25.8 份亚硝酸钠进行重氮化。加入 2 份活性炭，过滤，得澄清的重氮液。

92.0 份 1-苯基-3-乙氧羰基吡唑啉酮、48 份氢氧化钠和 250 份水混合。将该混合液加到上述得到的重氮液中，偶合完全后再沸腾 1h。过滤，水洗至中性，在低于 70℃干燥，得 146.0 份产品，收率 87%。

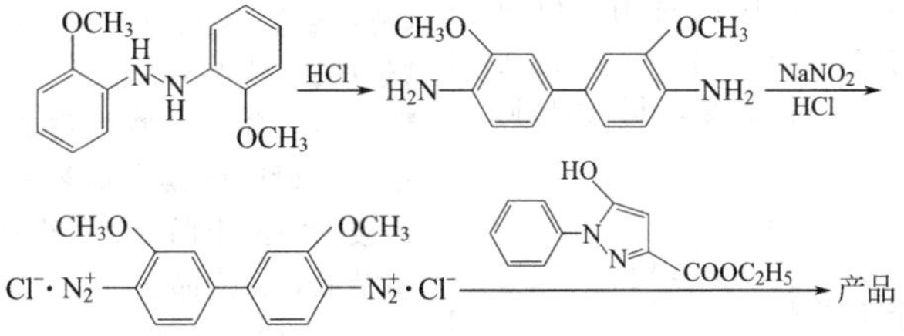

【用途】　主要用于塑料、橡胶和涂料，油漆的着色。

Cg010　**C.I.颜料黄10**

【英文名】　C. I. Pigment Yellow 10；3H-Pyrazol-3-one，4-［2-（2,5-Dichlorophenyl）diazenyl］-2,4-dihydro-5-methyl-2-phenyl-

【登记号】　CAS［6407-75-6］；C.I.12710

【别名】　颜料黄 R；Fast Yellow R；Hansa Yellow R；Helio Fast Yellow RN；Permansa Yellow Medium R 12185；Pigment Yellow 10；Pigment Yellow R；Pigment Yellow X；Sanyo Fast Yellow R（SCW）；Segnale Light Yellow TR；

Versal Yellow R

【结构式】

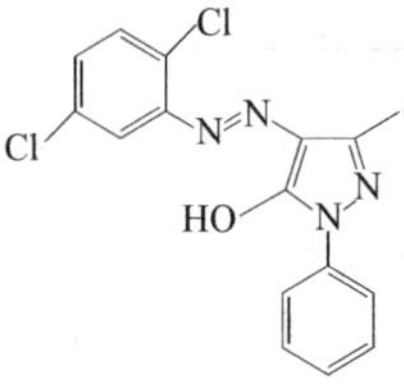

【分子式】 $C_{16}H_{12}N_4OCl_2$

【分子量】 347.20

【性质】 黄色粉末，熔点228℃，不溶于水，本品耐晒牢度很好，对乙醇、油酸、亚油酸的牢度很好。

【制法】 将486kg 2,5-二氯苯胺加到2400L（5mol/L）的盐酸中，搅拌过夜。次日加入2000kg冰和4500L水。控制在0℃，从液面下加入393L（40％）亚硝酸钠。加毕，稀释至总体积为10000L，过滤，得到重氮液，备用。

在45℃，将532kg 1-苯基-3-甲基-5-吡唑酮（PMP）溶于294L（33％）氢氧化钠和6000L水中。全溶后，稀释至体积为28000L。在28℃加入300kg白垩和450kg醋酸钠，得到偶合液。在26～28℃下，于4h内，自偶合液液面下加入重氮液。加毕，再加入700L（5mol/L）盐酸，使反应液对刚果红试纸显酸性，搅拌30min。过滤，水洗至中性，在50～55℃下干燥，得1012kg产物。

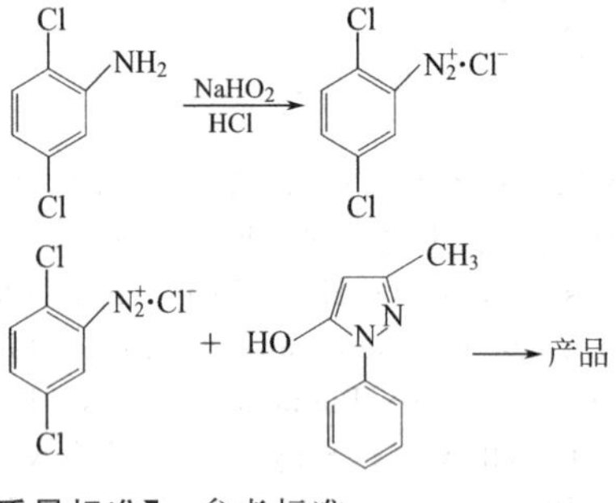

【质量标准】 参考标准

指标名称	指标
外观	黄色粉末
色光	与标准品近似
着色力/%	为标准品的100±5
细度（通过80目筛后残余物含量）/%	≤5
耐热性/℃	120

【用途】 用于各种类型的印刷油墨、乳化涂层、水性涂层、纸张涂层以及尿醛树脂和聚苯乙烯树脂的着色。可作为颜料黄114的代用品。

Cg011 **C.I.颜料黄60**

【英文名】 C. I. Pigment Yellow 60；3H-Pyrazol-3-one, 4-[2-(2-Chlorophenyl)diazenyl]-2,4-dihydro-5-methyl-2-phenyl-；Hansa Yellow 4R 3D1750；Permansa Yellow Medium 4R 12188；Pigment Yellow 60

【登记号】 CAS［6407-74-5］；C.I.12705

【结构式】

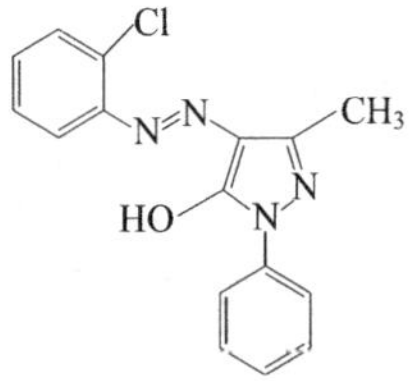

【分子式】 $C_{16}H_{13}N_4OCl$

【分子量】 312.76

【性质】 熔点195℃。

【制法】 邻氯苯胺的重氮盐和1-苯基-3-甲基-5-吡唑啉酮在稀氢氧化钠和醋酸钠的缓冲溶液中偶合，所得产物用二氧六环重结晶，得产品。

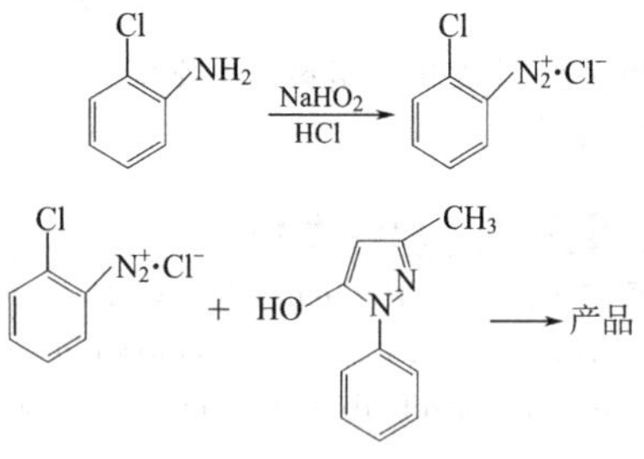

【用途】 用作粉末涂料、塑料等的着色。

Cg012　C.I.颜料黄 100

【英文名】 C.I.Pigment Yellow 100；1*H*-Pyrazole-3-carboxylic Acid，4，5-Dihydro-5-oxo-1-(4-sulfophenyl)-4-[(4-sulfophenyl)azo]-，Aluminum Complex；C. I. Food Yellow 4 Aluminum Lake；C.I.Food Yellow 4∶1；11671 Yellow；Aluminum Indigo Carmine；C 69-4537；Certolake Tartrazine；Certolake Tartrazol Yellow；FD and C Yellow No. 5 Aluminum Lake；FD&C Yellow ♯5 Aluminum Lake；FD&C Yellow 5 Lake；Food Yellow No. 4 Aluminum Lake；Japan Food Yellow No. 4 Aluminum Lake；Japan Yellow 4 Aluminum Lake；Lakolene B 3014；Pigment Yellow 100；Tartrazine Aluminum Lake；Yellow 5 Lake；Yellow Lake T

【登记号】 CAS[12225-21-7]；C. I. 19140 Aluminum Lake；C.I.19140∶1

【结构式】

【分子式】 C₁₆H₉N₄O₉S₂·Al

【分子量】 492.37

【性质】 黄色至略带绿黄色的粉末。不溶于水，水中溶解度<1mg/mL(21℃)。熔点>300℃。

【制法】 300份乙醇、150份水、34份对氨基苯磺酸和54份1-(4-磺基苯基)-3-羧基-5-吡唑啉酮混合，在20℃下加入90份2.5mol/L亚硝酸钠溶液，进行重氮化。再加热至60℃进行偶合。偶合完毕后，加入三氯化铝，进行颜料化处理，得到产品。

【用途】 优良透明的黄色颜料，用作室内家具的着色剂、涂料、艺术颜料和硝化纤维色片等。

Cg013　C.I.颜料黄 183

【英文名】 C. I. Pigment Yellow 183；Benzenesulfonic Acid，4，5-Dichloro-2-[[4，5-dihydro-3-methyl-5-oxo-1-(3-sulfophenyl)-1*H*-pyrazol-4-yl]azo]-，Calcium Salt(1∶1)

【登记号】 CAS[65212-77-3]；C.I. 18792

【别名】 颜料黄 183；永固黄 SD-3RP；颜料黄 K-2270；Paliotol Yellow K 2270(BASF)；Pigment Yellow 183

【结构式】

【分子式】 C₁₆H₁₀N₄O₇Cl₂S₂·Ca

【分子量】 545.38

【性质】　黄色粉末。不溶于水。易分散，耐热性好。密度 1.8g/cm³，耐热性 300℃，耐光性 8 级，耐迁移性 4～5 级。色泽鲜艳，着色力强，耐热性高，耐热性能优良，耐酸，耐碱性，无迁移性。

【制法】　4.8g 1-氨基-4,5-二氯苯磺酸、50mL 去离子水和盐酸混合，用冰浴冷却，加入足够的 48%氢氧化钠以形成溶液。冷却至 0～5℃，加入 5.1mL 盐酸。一次性加入 1.56g 亚硝酸钠在 5mL 去离子水的溶液，在 0～5℃搅拌 30min。加入少量 10%氨磺酸溶液，以破坏过量的亚硝酸，得到重氮液。

　　将 5.4g 3-甲基-1-(3-磺基苯基) 吡唑-5-酮加到 50mL 去离子水中，用 48%氢氧化钠调 pH 值为 6.5。在 0～5℃和搅拌下，于 10min 内加入重氮液，并用 48%氢氧化钠维持 pH 值为 6.5。在室温搅拌过夜，再加热到 90℃，一次性加入 32g 氯化钙在 40mL 水的溶液。加毕，再在 90℃搅拌 3h。乘热过滤，用 1L 去离子水洗至无氯离子，在 40℃干燥，得 9.8g 产品，收率 90%。

【质量标准】　参考标准

指标名称	指标
外观	黄色粉末
色光	与标准品近似
着色力/%	为标准品的 100±5
水溶物含量/%	≤1.0
耐晒性/级	≥6
耐热性/℃	≥300

【安全性】　1kg，5kg，25kg 包装。

【用途】　主要用于塑料和涂料，油漆的着色，也用于合成纤维的原液着色。

【生产单位】　杭州亚美精细化工有限公司，浙江胜达祥伟化工有限公司，高邮市助剂厂，杭州力禾颜料有限公司。

Cg014　C.I.颜料黄 190

【英文名】　C. I. Pigment Yellow 190；Benzenesulfonic Acid, 2,5-Dichloro-4-[4-[(4,5-dichloro-2-sulfophenyl) azo]-4,5-dihydro-3-methyl-5-oxo-1H-pyrazol-1-yl]-, Calcium Salt（1∶1）；Pigment Yellow 190

【登记号】　CAS〔94612-75-6〕；C.I. 189785

【结构式】

【分子式】　$C_{16}H_8N_4O_7Cl_4S_2 \cdot Ca$

【分子量】　614.27

【性质】　黄色粉末。色彩鲜艳。

【制法】　将 24.2 份 1-氨基-3,4-二氯苯-6-磺酸加到 200 份水和 8 份 50%氢氧化钠溶液中，加入 35 份（体积）浓盐酸，用冰冷却到 0～5℃，加入 31 份 23%亚硝酸钠溶液进行重氮化，得重氮液。

　　将 32.3 份 3-甲基-1-(2,5-二氯-4-磺

基苯基）吡唑-5-酮加到 200 份和 7 份 50%氢氧化钠溶液中，在 20～25℃加入重氮液。再加入 12 份 50%的氢氧化钠溶液，调 pH 值至 5。偶合结束后，加热至 80℃，加入 40 份氯化钙，再在此温度搅拌 1h。过滤，水洗，在 80℃干燥，得 60g 产品。

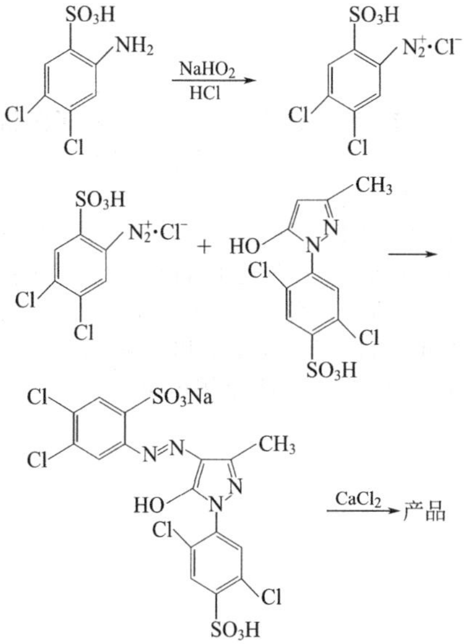

【用途】 用于塑料、纸张、墨水、涂料的着色。

Cg015　C.I.颜料黄 191

【英文名】 C. I. Pigment Yellow 191; Benzenesulfonic Acid, 4-Chloro-2-[[4,5-dihydro-3-methyl-5-oxo-1-(3-sulfophenyl)-1H-pyrazol-4-yl]azo]-5-methyl-, Calcium Salt(1∶1)

【登记号】 CAS [129423-54-7]；C. I. 18795

【别名】 1191 颜料黄 HGR；颜料黄 HGR；PV Fast Yellow HGR；Pigment Yellow 191；Yellow HGR

【结构式】

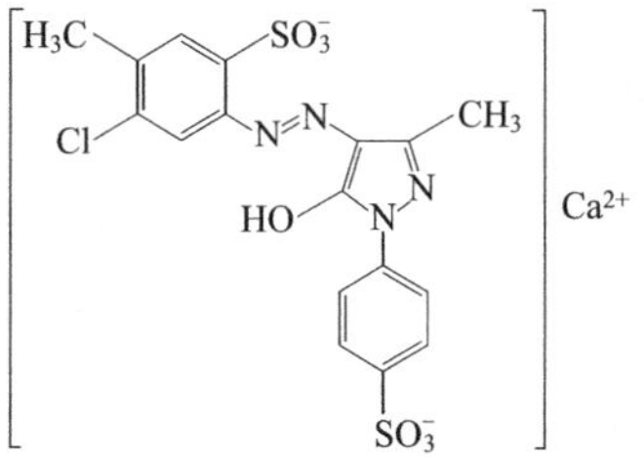

【分子式】 $C_{17}H_{13}N_4O_7ClS_2 \cdot Ca$
【分子量】 524.97
【性质】 黄色粉末。有好的耐酸、耐碱和耐热性。pH＝7，密度 1.6g/cm³。
【制法】 将 22.2 份 2-氨基-4-氯-5-甲基苯磺酸（2B-酸）溶于含有 4 份氢氧化钠的 390 份水中，然后用 26 份［20 波美度（°Bé）］盐酸重新沉淀，加冰冷至 0℃呈浆状物析出。加入 7 份亚硝酸钠于 14 份水中的溶液，在 0～5℃搅拌 60min，得重氮液。

将 25.6 份 1-(3′-磺酸苯基)-3-甲基-5-吡唑酮溶于 400 份水、4 份氢氧化钠、1 份丁二酸磺酸酯所成的溶液，调温度至 10℃、pH 值至 6.5。慢慢加入重氮液，并用氢氧化钠溶液保持 pH 值为 6～7。搅拌 20min 至偶合反应完全，加入含有 8.3 份氯化钙的 35 份水的溶液，调 pH 值为 5，加热至沸，保持 60min。冷至 45℃，过滤，水洗，在 70℃干燥，研磨得产品。

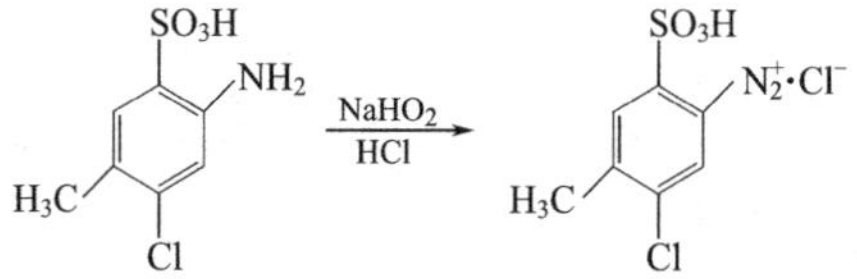

【质量标准】

指标名称	指标
外观	黄色粉末
色光	与标准品近似
着色力/%	为标准品的 100±5
吸油量/%	40±5
耐晒性/级	5
耐热性/℃	300
耐酸性/级	5
耐碱性/级	5

指标名称	指标
油渗性/级	5
水渗性/级	5

【用途】 用于塑料着色，也用在电子照相中作为有机调色剂、显色剂，用作粉末涂料、喷墨油墨等。

【生产单位】 杭州映山花颜料化工有限公司，杭州亚美精细化工有限公司，南通新盈化工有限公司，浙江胜达祥伟化工有限公司，Hangzhou Union Pigment Corporation，杭州力禾颜料有限公司。

Ch　苯并唑啉酮类颜料

Ch001　永固橙 HSL

【英文名】　Permanent Orange HSL

【登记号】　CAS ［12236-62-3］；C. I. 11780

【别名】　C. I. 颜料橙 36；PV Orange HL；Permanent Orange HL

【分子式】　$C_{17}H_{13}ClN_6O_5$

【分子量】　416.78

【结构式】

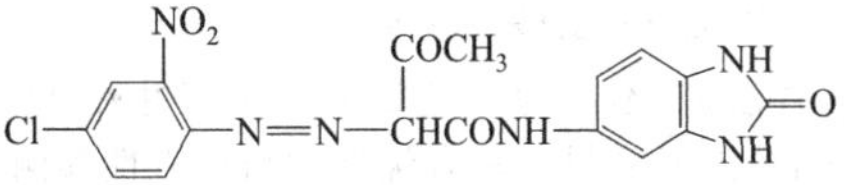

【质量标准】

外观	橙色粉末
色光	与标准品近似
着色力/%	为标准品的 100 ± 5

水分含量/%	≤2.5
吸油量/%	45 ± 5
水溶物含量/%	≤2.5
细度(过 80 目筛余量)/%	≤5
耐酸性/级	5
耐碱性/级	5
水渗透性/级	5
油渗透性/级	5

【性质】　本品为橙色粉末，属苯并咪唑酮系橙色颜料。耐热性、耐晒性和耐迁移性较好。色泽鲜艳。

【制法】

1. 生产原理

红色基 3GL 重氮化后，与 5-乙酰乙酰氨基苯并咪唑酮偶合，经后处理得永固橙 HSL。

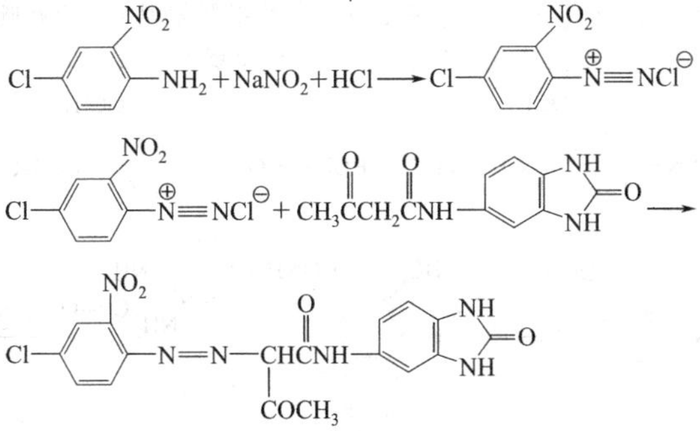

2. 工艺流程

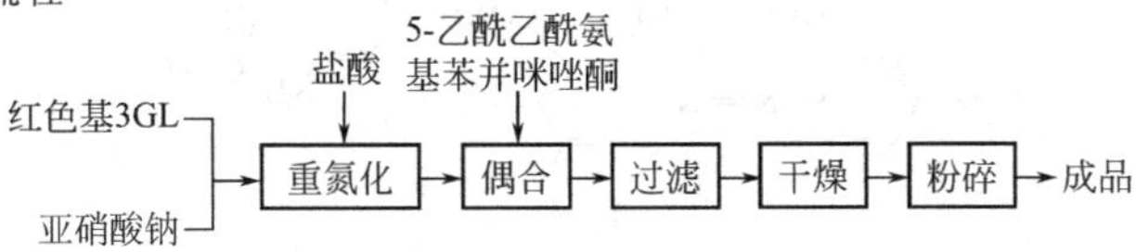

3. 技术配方

红色基 3GL(100%计)	172.5
亚硝酸钠(98%)	70
5-乙酰乙酰氨基苯并咪唑酮	233
盐酸(30%)	500

4. 生产工艺

将 172.5kg 红色基 3GL 与 1000L 5mol/L 盐酸及 400L 水混合,搅拌过夜。次日加冰降温至 −3～0℃,从液面下在 15min 加入 70kg 亚硝酸钠配制成的 30% 水溶液,反应完毕,微过量的亚硝酸可通过添加少量尿素除去,再稀释至总体积为 3500L,过滤,得重氮盐溶液。

偶合反应与传统的单偶氮颜料合成工艺基本相似,一般在弱酸介质中进行偶合,温度 5～10℃。将 5-乙酰乙酰氨基苯并咪唑酮溶于碱性水溶液中。然后将重氮盐溶液于搅拌下加入偶合组分中,偶合完毕,过滤,漂洗,干燥后粉碎得永固橙 HSL。

【用途】 用于油墨、油漆、塑料和橡胶的着色,也用于合成纤维的原浆着色。

【生产单位】 上虞舜联化工有限公司,南通新盈化工有限公司,Hangzhou Union Pigment Corporation,石家庄市力友化工有限公司,山东省胶州精细化工有限公司,杭州力禾颜料有限公司,上海染化一厂。

Ch002 颜料红 171

【英文名】 Permanent Red 171

【登记号】 CAS [6985-95-1];C. I. 12512

【别名】 C.I. 颜料红171;Benzimidazolone Maroon HFM;Novoperm Maroon HFM01

【分子式】 $C_{25}H_{18}N_6O_6$

【分子量】 498.45

【结构式】

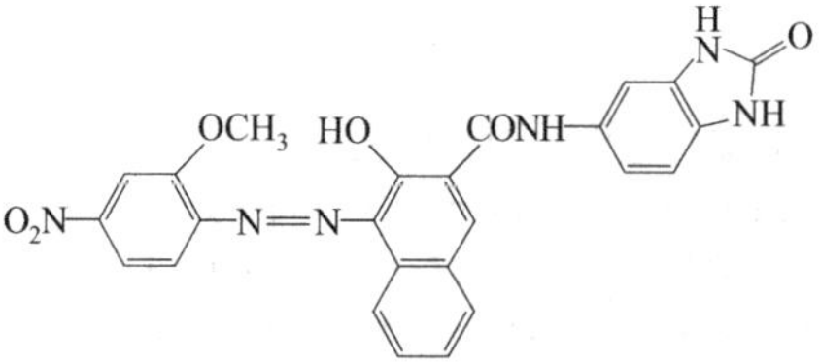

【质量标准】

外观	红色粉末
色光	与标准品近似
着色力/%	为标准品的 100±5
细度(过 80 目筛余量)/%	≤5

【性质】 本品为红色粉末,属苯并咪 41-酮系偶氮颜料。具有优良的耐旋光性和耐热性,且耐候性、耐迁移性好。

【制法】

1. 生产原理

红色基 B 重氮化后,与 5-($2'$-羟基-$3'$-萘甲酰氨基)-2-苯并咪唑酮偶合,经后处理得颜料红 171。

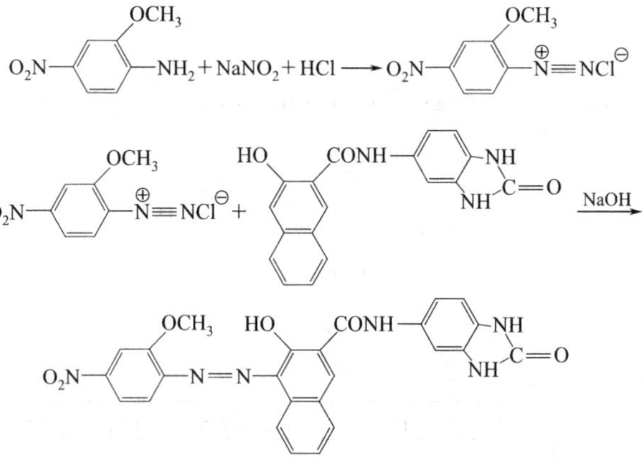

2. 工艺流程

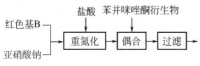

红色基B、亚硝酸钠、盐酸、苯并咪唑酮衍生物 → 重氮化 → 偶合 → 过滤 → 干燥 → 粉碎 → 成品

3. 技术配方

红色基 B(100%计)	168
亚硝酸钠(98%)	70
5-(2′-羟基-3′-萘甲氨基)-2-苯并咪唑酮	309

4. 生产工艺

(1) 重氮化　在重氮化反应锅中，将 8.7g 97.4%红色基 B 加至 100mL 2mol/L 盐酸中，加热至溶解，再加入 100mL 水，红色基 B 以细小颗粒析出。冷却至 5℃，搅拌下在 10min 内滴加 25mL 2mol/L 亚硝酸钠溶液进行重氮化，搅拌 1h，过滤，加入 75mL 2mol/L 乙酸钠，pH 值为 5.4，得重氮盐溶液。

(2) 偶合　在溶解锅中将 19g 84% 5-(2′-羟基-3′-萘甲氨基)-2-苯并咪唑酮 和 75mL 2mol/L 氢氧化钠溶液、900mL 水搅拌加热至 60～65℃，过滤除去不溶物，得偶合组分。

将偶合组分冷却至 10℃，在 2h 内滴加至上述重氮液中，pH 值为 5～6，偶合完毕继续搅拌 1h，加热至沸腾，热过滤，水洗至中性，干燥得 26g 粗品颜料。

将 26g 粗品颜料与 260mL DMF 在充分搅拌下加热至 140℃，保温 2h 后，冷却至 100℃，过滤、水洗、干燥、粉碎得颜料红 171。

说明：颜料红 171 生产时重氮化、偶合反应与传统的单偶氮颜料合成工艺相似。一般在弱酸介质（pH 值为 5～6）中进行偶合，反应温度 5～10℃。由于苯并咪唑酮偶合组分只能溶解于强碱性水溶液中，在酸性介质中极易析出，因此，通常采用倒偶合（将偶合组分加入重氮盐溶液中）或并流偶合法。偶合时为了稳定 pH 值，可加入乙酸钠作为缓冲剂。偶合时要控制加料速度，不宜过快，否则会造成偶合组分过快析出，偶合不完全，影响颜料制品的质量。颜料粗制品晶型为 α-型，体质坚硬、色光暗、着色力低、耐光、耐迁移性差，不能直接作为颜料成品使用。必须经过颜料化处理。可供颜料化处理选择的溶剂有醇类、羧酸、甲苯、二甲苯、一氯苯、邻二氯苯、N,N-二甲基甲酰胺、二甲基亚砜、吡啶、N-甲基吡咯烷酮等。其中以 N,N-二甲基甲酰胺、N-甲基吡咯烷酮、吡啶效果较好。

【用途】　适用于硬软聚氯乙烯、聚乙烯、聚丙烯、有机玻璃、丁酸纤维等塑料的着色和聚氨基甲酸酯的涂层着色，也用于橡胶、油墨、涂料的着色。

【生产单位】　南通新盈化工有限公司，Hangzhou Union pigment Corporation，上虞舜联化工有限公司，昆山市中星染料化工有限公司，武汉恒辉化工颜料有限公司。

Ch003　永固红 HST

【英文名】　Permanent Rubine HST

【登记号】　CAS [6985-92-8]；C. I. 12513

【别名】　C. I. 颜料红 175；Benzimidazolone Red HFF

【分子式】　$C_{26}H_{19}N_5O_5$

【分子量】　481.46

【结构式】

【性质】　本品为红色粉末。具有优良的耐热性、耐旋光性和耐候性，耐迁移性好。熔点 340℃，相对密度 1.40～1.52。吸油量 65～70g/100g。

【制法】

1. 生产原理

邻氨基苯甲酸甲酯重氮化后与 5-(2′-羟基-3′-萘甲酰氨基)-2-苯并咪唑酮偶合，偶合物经颜料化处理后得到永固红 HST。

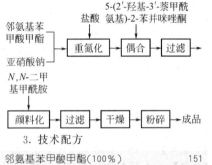

2. 工艺流程

邻氨基苯甲酸甲酯 → 重氮化 → 偶合 → 过滤
亚硝酸钠 →
5-(2′-羟基-3′-萘甲酰氨基)-2-苯并咪唑酮 →
盐酸 →

N,N-二甲基甲酰胺 → 颜料化 → 过滤 → 干燥 → 粉碎 → 成品

3. 技术配方

邻氨基苯甲酸甲酯(100%)	151
亚硝酸钠(98%)	70
5-(2′-羟基-3′-萘甲酰氨基)-2-苯并咪唑酮	318
氢氧化钠	119

4. 生产工艺

（1）重氮化　在重氮化反应锅中，将 7.6g 邻氨基苯甲酸甲酯，100mL 2mol/L 盐酸和 100mL 水搅拌至溶解，冷却至 6℃，快速加入 25mL 5mol/L 亚硝酸钠溶液，搅拌 1h，除去过量的亚硝酸，加入 60mL 2mol/L 乙酸钠，pH 值为 6，得偶氮盐溶液。

（2）偶合　将 16g 0.05mol/L 5-(2′-羟基-3′-萘甲酰氨基)-2-苯并咪唑酮与 75mL 2mol/L 氢氧化钠溶液、300mL 水搅拌加热至溶解，得偶合组分。

将偶合组分冷却至 10℃，在 2h 内滴加上述重氮液，pH 值为 5～6，偶合完毕加热至 85℃，过滤，水洗，得 23g 红色颜料（α-型）。

（3）颜料化　将 23g 研细的上述红色颜料加到 230mL N,N-二甲基甲酰胺中，搅拌加热至 140℃，保持 2h，冷却至 90℃，过滤，水洗，得 22g 永固红 HST。

说明：颜料粗品晶型为 α-型，体质硬、色光暗、着色力低，耐光、耐迁移性差，不能直接作为颜料成品，必须经过颜料化处理。可供颜料化处理的溶剂有甲苯、二甲苯、醇类、羧酸、吡啶、N,N-二甲基甲酰胺、二甲亚砜、N-甲基吡咯烷酮。效果较好的有 N,N-二甲基甲酰胺和 N-甲基吡咯烷酮。

【质量标准】

外观	红色粉末
色光	与标准品近似
着色力/%	为标准品的 100±5
水分含量/%	±2
细度(过 80 目筛余量)/%	≤5

吸油量/%	60±5
耐晒性/级	6
耐热性/℃	150

【用途】 用于硬软聚氯乙烯、聚乙烯、聚丙烯、聚苯乙烯、有机玻璃、丁酸纤维等塑料的着色，还用于橡胶、涂料、油墨的着色。

【生产单位】 上海雅联颜料化工有限公司，南通新盈化工有限公司，石家庄市力友化工有限公司，昆山市中星染料化工有限公司，武汉恒辉化工颜料有限公司，浙江百合化工控股集团，山东省胶州精细化

工有限公司，Hangzhou Union pigment Corporation，上虞舜联化工有限公司，杭州力禾颜料有限公司。

Ch004 颜料红 176

【英文名】 Pigment Red 176

【登记号】 CAS [12225-06-8]；C. I. 12515

【别名】 C. I. 颜料红 176；颜料红 PV；Carmine HF3C；Benzimidazole Carmine HF3C

【分子式】 $C_{32}H_{24}N_6O_5$

【分子量】 572.57

【结构式】

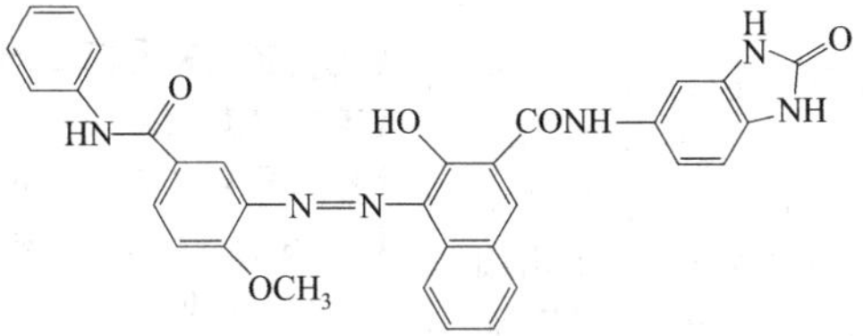

【质量标准】

外观	红色粉末
色光	与标准品近似
着色力/%	为标准品的 100±5
水分含量/%	≤2
细度(过80目筛余量)/%	≤5

【性质】 本品为红色粉末，属苯并咪唑酮系偶氮颜料。熔点 345～355℃。相对密

度 1.35～1.40。吸油量 70～88g/100g。具有优良的耐晒性、耐热性和耐候性。

【制法】

1. 生产原理

红色基 KD 重氮化后，与 5-(2′-羟基-3′-萘甲酰氨基)-2-苯并咪唑酮偶合，偶合物粗颜料经颜料化处理得颜料红176。

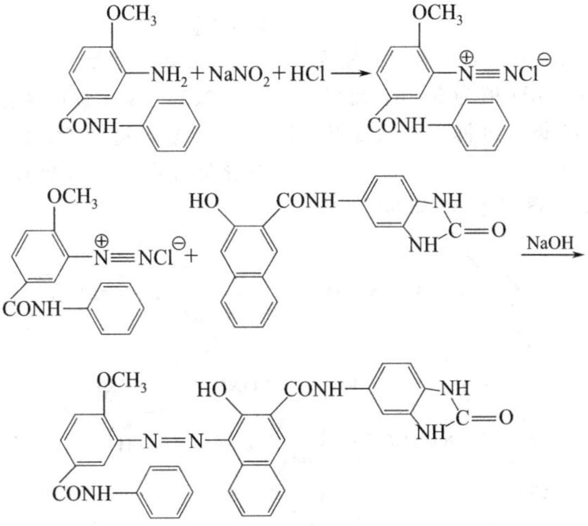

2. 工艺流程

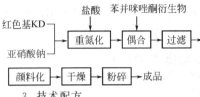

3. 技术配方

红色基 KD(100%)	242
亚硝酸钠(98%)	70
盐酸(30%)	488
氢氧化钠(98%)	122
5-(2-羟基-3′-萘甲酰氨基)-2-苯并咪唑酮	380

4. 生产工艺

（1）重氮化　在重氮化反应锅中，将 12.1g 99.2% 红色基 KD 加至 100mL 2mol/L 盐酸及 150mL 水中，搅拌加热至 65℃ 使之全部溶解，冷却至 5℃，析出细微颗粒，在 0.5h 内滴加 25mL 2mol/L 亚硝酸钠溶液，搅拌 1h 进行重氮化，过滤，加入 60mL 2mol/L 乙酸钠溶液，pH 值为 5.4，得重氮盐溶液。

（2）偶合　在溶解锅中，将 19g 84% 5-(2′-羟基-3′-萘甲酰氨基)-2-苯并咪唑酮 与 75mL 2mol/L 氢氧化钠溶液及 300mL 水搅拌加热至 65℃，过滤，除去不溶物，得偶合组分。

将偶合组分冷却至 10℃，在 2h 内滴加到上述重氮液中，pH 值为 5～6，继续搅拌 1h，加热至沸腾，过滤，水洗至中性，得 259 粗品颜料。

（3）颜料化　将 25g 粗品颜料与 250mL N,N-二甲基甲酰胺在充分搅拌下加热至 140℃，保温 2h，冷却至 100℃，过滤，水洗，制得颜料红 176。

【用途】　用于塑料、油墨及涂料的着色。

【生产单位】　浙江百合化工控股集团，山东省胶州精细化工有限公司，Hangzhou Union pigment Corporation，上虞舜联化工有限公司，上海雅联颜料化工有限公司，南通新盈化工有限公司，石家庄市力友化工有限公司，昆山市中星染料化工有限公司，武汉恒辉化工颜料有限公司，杭州力禾颜料有限公司。

Ch005　永固棕 HSR

【英文名】　Hostaperm Brown HSR
【登记号】　CAS〔6992-11-6〕；C. I. 12510
【别名】　C. I. 颜料棕 25；Hostaperm Brown HFR；Benzimidazole Brown HFR
【分子式】　$C_{24}H_{15}Cl_2N_5O_3$
【分子量】　492.31
【结构式】

【制法】

1. 生产原理

2,5-二氯苯胺重氮化后与 5-(2′-羟基-3′-萘甲酰氨基)-2-苯并咪唑酮偶合，经颜料化处理得永固棕 HSR。

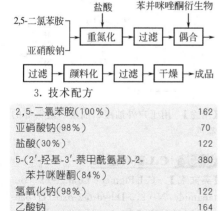

其中偶合组分 5-(2′-羟基-3′-萘甲酰 │ 氨基)-2-苯并咪唑酮由邻苯二胺制得：

2. 工艺流程

2,5-二氯苯胺 ── →
盐酸 ↓　苯并咪唑酮衍生物 ↓
亚硝酸钠 ── →
[重氮化] → [过滤] → [偶合]

[过滤] → [颜料化] → [过滤] → [干燥] → 成品

3. 技术配方

2,5-二氯苯胺(100%)	162
亚硝酸钠(98%)	70
盐酸(30%)	122
5-(2′-羟基-3′-萘甲酰氨基)-2-苯并咪唑酮(84%)	380
氢氧化钠(98%)	122
乙酸钠	164

4. 生产工艺

(1) 重氮化　在重氮化反应锅中，将

8.1g 9.8% 2,5-二氯苯胺与 25mL 2mol/L 盐酸和 140mL 水搅拌加热至 90℃，使之完全溶解，冷却至 4℃析出细微粒子，在搅拌下一次加入 25mL 2mol/L 亚硝酸钠溶液进行重氮化，悬浮液逐渐变为澄清液，搅拌 1h 后，过滤，加水稀释至 500mL，得重氮盐溶液。

(2) 偶合　在溶解锅中，将 19g 84% 5-(2′-羟基-3′-萘甲酰氨基)-2-苯并咪唑酮与 75mL 2mol/L 氢氧化钠溶液及 300mL 水搅拌加热至 65℃，过滤除去不溶物，冷却至 10℃，加水稀释至总体积为 500mL，得偶合组分。

将 25mL 2mol/L 乙酸、50mL 2mol/L 乙酸钠与 50mL 水混合，pH 值为 5.4，温度为 15℃，将上述重氮液及制得的偶合组分在 2h 内同时等速地滴加至此缓冲溶液中，然后继续搅拌 1h，升温至沸腾，过滤，用热水洗至中性，得 24g 粗品颜料。

（3）颜料化　将 24g 粗品颜料与 240mL N,N-二基甲酰胺在充分搅拌下加热至 140℃，保持 2h，冷却至 100℃，过滤，水洗，得 22g 永固棕 HSR。

【质量标准】（参考指标）

外观	深棕色粉末
色光	与标准品近似
着色力/%	为标准品的 100±5
水分含量/%	≤2
细度(过 80 目筛余量)/%	≤5

【性质】　本品为棕色粉末。相对密度 1.45～1.50。吸油量 80～85g/100g。具有优异的耐热性、耐晒性和耐迁移性。

【用途】　用于塑料、橡胶、油墨及涂料的着色。

【生产单位】　上海雅联颜料化工有限公司，南通新盈化工有限公司，石家庄市力友化工有限公司，昆山市中星染料化工有限公司。

Ch006　C.I.颜料橙 60

【英文名】　C.I.Pigment Orange 60；Butanamide，2-[2-[2-Chloro-5-(trifluoromethyl) phenyl]diazenyl]-N-(2,3-dihydro-2-oxo-1H-benzimidazol-5-yl)-3-oxo-

【登记号】　CAS [68399-99-5]；C.I.11782

【结构式】

【分子式】　$C_{18}H_{13}N_5O_3F_3Cl$

【分子量】　439.78

【性质】　红光橙色。有很好的耐光性，耐热性达 180℃。

【制法】　21.06g(0.1mol)2-甲氧苯胺、

25mL 37% 盐酸（约 0.3mol HCl）和 150mL 水混合，搅拌 30min。用冰浴冷却至 5℃，控制 5～10℃，滴加 7.1g (0.103mol) 亚硝酸钠在 30mL 水的溶液。加毕，搅拌 30min。加入 1g 氨磺酸，以破坏过量的亚硝酸。将该重氮液保存在冰浴中。

23.3g(0.1mol)5-乙酰基乙酰氨基苯并咪唑酮、130ml 1mol/L 氢氧化钠溶液和 0.5ml Aromox® C/12（为双 2-羟乙基椰油烷基氧化胺的混合物）混合，在搅拌下缓慢加热至全溶。加入 300g 冰，加入 6mL（0.1mol）冰醋酸，使偶合组分形成细微的悬浮。加入 25g 无水醋酸钠，以形成缓冲溶液。在剧烈搅拌、10～15℃下，滴加重氮液，并用 1mol/L 氢氧化钠溶液维持 pH 值为 4.5～5.5。偶合完全后，再搅拌 1h，直至检测不到重氮盐的存在。再在 80～90℃搅拌 30min，冷却到 70℃，过滤，水洗，干燥，得产品。

【用途】　用于户外油漆、油墨、塑料等的着色。

Ch007　C.I.颜料橙 62

【英文名】　C. I. Pigment Orange 62；Butanamide，N-(2,3-Dihydro-2-oxo-1H-benzimidazol-5-yl)-2-[2-(4-nitrophenyl)diazenyl]-3-oxo-；Novoperm Orange H 5G70；Pigment Orange 62

【登记号】 CAS［52846-56-7］；C.I.11775

【结构式】

【分子式】 $C_{17}H_{14}N_6O_5$

【分子量】 382.34

【性质】 橙红色粉末。色彩鲜艳，遮盖力高。有优异的耐光、耐气候牢度性能。

【制法】 将 13.8g（0.1mol）对硝基苯胺和 80mL 5mol/L 盐酸搅拌混合，用冰冷至 0～5℃。自反应液的液面下加入 20mL 5mol/L 的亚硝酸钠溶液进行重氮化。加入硅藻土，搅拌 10min，过滤，得重氮液。

70g 5-乙酰基乙酰氨基苯并咪唑酮（33％含量）溶于 200mL 水和 25mL 33％氢氧化钠溶液中，加入活性炭脱色，过滤，得偶合液。

500mL 水、25g 磷酸、30mL 33％氢氧化钠和 10mL 10％的硬脂醇聚氧乙烯醚（具有 20 个环氧乙烷基）混合，制成一个缓冲溶液。在 20℃下将重氮液和偶合液同时连续地加到此缓冲溶液中，然后加热至 95℃，搅拌 1h。过滤，水洗，得粗品。150g 湿滤饼和 140g 异丁醇、200mL 水混合，在 125℃保持 30～60min。然后通入蒸汽将异丁醇赶出，残余物过滤，水洗，得产品。

【用途】 用于装饰漆，如烘烤瓷漆，也用于塑料、高档印墨、涂料、合成纤维原浆的着色。

【生产单位】 山东省胶州精细化工有限公司。

Ch008　C.I.颜料橙 64

【英文名】 C.I.Pigment Orange 64；2,4,6（1H,3H,5H）-Pyrimidinetrione，5-[2-（2,3-Dihydro-6-methyl-2-oxo-1H-benzimidazol-5-yl）diazenyl]-；Cromophtal Orange GL；Cromophtal Orange GP；Pigment Orange 64

【登记号】 CAS ［72102-84-2］； C.I.12760

【结构式】

【分子式】 $C_{12}H_{10}N_6O_4$

【分子量】 302.25

【性质】 红光橙色。不透明。色彩鲜艳，着色力强。有好的耐热和耐光性。

【用途】 用于墨水、塑料、涂料的着色。主要应用于要求光和热牢度较高的工业用油漆，在塑料中的应用主要是 PVC 和聚烯烃的着色。

Ch009　C.I.颜料红 175

【英文名】 C.I.Pigment Red 175；Benzoic Acid,2-[2-[3-[[（2,3-Dihydro-2-oxo-1H-benzimidazol-5-yl）amino]carbonyl]-2-hydroxy-1-naphthalenyl]diazenyl]-,Methyl Ester

【登记号】 CAS［6985-92-8］；C.I.12513

【别名】 PV 坚牢红 HFT；颜料红 HFT；永固红 HFT；Novoperm Red HFT；PV Fast Red HFT；Permanent Red HFT

【结构式】

【分子式】　$C_{26}H_{19}N_5O_5$

【分子量】　481.47

【性质】　红到蓝光红色。耐光性能很好。耐热性达 200℃。耐气候牢度优异、耐迁移和耐热性能。耐乙醇 4～5 级、耐乙基乙二醇 4 级、耐甲乙酮 5 级、耐邻苯二甲酸二丁酯 5 级。

【制法】　将 7.6 份（纯度 99%）邻氨基苯甲酸甲酯、100 份 2mol/L 盐酸和 100 份水搅拌溶解，冷却至 6℃。于快速搅拌下一次加入 25 份 2mol/L 亚硝酸钠溶液，反应物变为透明。搅拌 1h 过滤，滤液用氨磺酸溶液破坏过量亚硝酸，加入 60 份 2mol/L 醋酸钠，溶液 pH＝5。

把 19 份（84%）5-(2′-羟基-3′-苯甲酰氨基）苯并咪唑-2-酮、75 份 2mol/L 氢氧化钠溶液和 300 份水搅拌加热至 50～60℃，热过滤除去不溶物，滤液冷却至室温。将该溶液在 10℃ 以下于 2h 内滴至上述重氮液中，控制 pH 值为 5～6.2，偶合完毕再搅拌 1h，加热至沸，热过滤热水洗至中性，干燥得粗颜料 23 份。

将研细的上述颜料加至 230 份二甲甲酰胺中，良好搅拌加热至 140～145℃，保持 2h，冷至 100℃ 过滤，水洗得红色颜料 21.5 份。

【用途】　可用于油漆、聚乙烯及聚苯乙烯的着色。聚氯乙烯。

【生产单位】　上虞舜联化工有限公司，杭州力禾颜料有限公司，Hangzhou Union Pigment Corporation，石家庄市力友化工有限公司，武汉恒辉化工颜料有限公司，山东省胶州精细化工有限公司，南通新盈化工有限公司。

Ch010　C.I.颜料红 183

【英文名】　C.I.Pigment Red 183；2-Naph-thalenecarboxamide，4-[（4-Chloro-2-me-thoxyphenyl）azo]-N-（2,3-dihydro-2-oxo-1H-benzimidazol-5-yl）-3-hydroxy-；　PV Fast Bordeaux HFR

【登记号】　CAS [51920-11-7]；C.I.12511

【结构式】

【分子式】　$C_{25}H_{18}N_5O_4Cl$

【分子量】　487.90

【性质】　耐气候牢度优异。并有良好的耐溶剂、耐迁移、耐热性能和化学惰性。

【制法】　8.35g 4-氯邻甲氧基苯胺、0.12g 3-氨基-4-甲氧基苯甲酰苯胺（两组分比例为 70：1）加到 240mL 去离子水中、搅拌 30min，加入 10% 聚氧乙烯醚衍生物溶液 3.8mL、30% 盐酸 20mL，在冰盐浴中冷却到 0℃ 以下，慢慢加入 18.5mL 20% 亚硝酸钠溶液，终点亚硝酸钠微过量，搅拌 10min。加入活性炭，搅拌吸附 10min，过滤，得重氮液。

　　15g 5-(2′-羟基-3′-萘甲酰）氨基苯并咪唑酮加到 190mL 去离子水中，加入 15mL 30％氢氧化钠、3.8mL 10％蓖麻油磺酸钠液体，搅拌至全部溶解，加入少量活性炭，过滤，用 10％冰醋酸溶液酸析出细小颗粒。用 40～70min 将该溶液加到重氮液中，终点偶合组分微过量，搅拌 20min，加热至 100℃，保温搅拌 120min，过滤，用去离子水洗至中性，得 115g 湿滤饼。将该湿滤饼加到高压釜中，加入 400mL 去离子水，打浆搅拌 30min，升温到 160℃，搅拌直到晶型转化完全，过滤。将湿滤饼加到水中，打浆均匀，升温到 80℃，加入 4g 溶解好的 S-松香溶液，保温 1h，过滤，加入溶解好的氯化钙溶液，干燥，得产品。

【用途】　不仅适用于塑料、树脂的着色，还适用于高级印刷油墨、工业漆及溶剂型的木材的着色。

Ch011　C.I.颜料红 185

【英文名】　C.I.Pigment Red 185；2-Naph-thalenecarboxamide，*N*-(2,3-Dihydro-2-oxo-1*H*-benzimidazol-5-yl)-3-hydroxy-4-[2-[2-methoxy-5-methyl-4-[（ methylamino ） sulfonyl]phenyl]diazenyl]-

【登记号】　CAS［51920-12-8］；C. I. 12516

【别名】　颜料红 HF4C；永固洋红 HF4C；Graphtol Carmine HF 4C；Microlith Red 4C-K；Novoperm Carmine HF 4C；Novoperm Carmine HF 4C-NVP502；Novoperm Red HF 4C；PV Carmine HF 4C；Permanent Carmine HF 4C；Pigment Red 185；Red 4C-K；Symuler Fast Red BR 6000

【结构式】

【分子式】　$C_{27}H_{24}N_6O_6S$

【分子量】　560.58

【性质】　蓝光红色粉末。色泽鲜艳，着色力强。耐气候牢度优异。耐热性高，耐热性能优良，耐酸，耐碱性，无迁移性。并有良好的耐溶剂。熔点 335～345℃。

【制法】　将 4.7g 98％的 2-甲氧基-4-甲氨基磺酰基-5-甲基苯胺和 150mL 水、20mL 10％盐酸混合，搅拌溶解，降温至 0～5℃，在 15min 内滴加 1.6g 亚硝酸钠在 15mL 水的溶液，继续搅拌 45min，用氨磺酸除去过量的亚硝酸，用醋酸钠调 pH 值为 5～6，得重氮液。

　　将 6.5g 色酚 AS-BI 溶于 180mL 水和 2g 氢氧化钠中，搅拌加热至 70℃溶解，过滤，得透明溶液。在 45min 内，将该溶液滴加到重氮液中。加毕，继续搅拌 30min，升温至 90℃，搅拌 30min。降温过滤，水洗，干燥得粗品。将粗品在二甲基甲酰胺中颜料化得到产品。

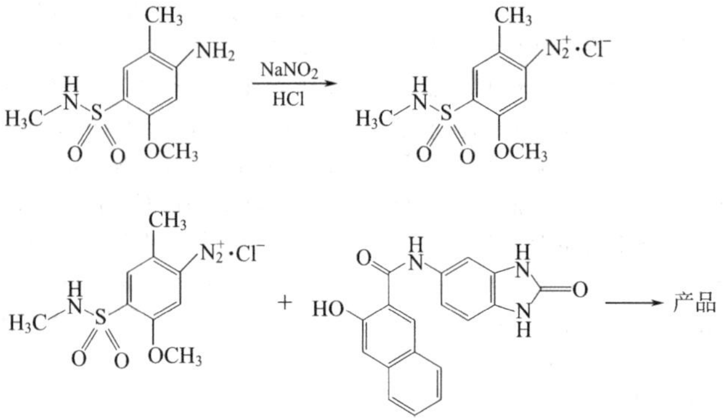

【质量标准】

外观	红色粉末
色光	与标准品近似
着色力/%	为标准品的 100±5
水溶物含量/%	≤1.0
耐晒性/级	≥6
耐热性/℃	≥250

【安全性】 1kg、5kg、25kg 包装。

【用途】 主要用于塑料和涂料，油漆的着色，也用于合成纤维的原液着色。

【生产单位】 上虞舜联化工有限公司，南通新盈化工有限公司，上海雅联颜料化工有限公司，Hangzhou Union Pigment Corporation，石家庄市力友化工有限公司，武汉恒辉化工颜料有限公司，高邮市助剂厂，山东省胶州精细化工有限公司，杭州力禾颜料有限公司。

Ch012 C.I.颜料红 208

【英文名】 C.I.Pigment Red 208；Benzoic Acid, 2-[2-[3-[[(2,3-Dihydro-2-oxo-1*H*-benzimidazol-5-yl) amino] carbonyl]-2-hydroxy-1-naphthalenyl]diazenyl]-, Butyl Ester

【登记号】 CAS [31778-10-6]；C.I.12514

【别名】 颜料红 HF2B；永固红 HF2B；Graphtol Red HF 2B；HF 2B01；Novoperm Red HF 2B；Novoperm Red HF 2B01；PV Red HF 2B；Pigment

Red 208

【结构式】

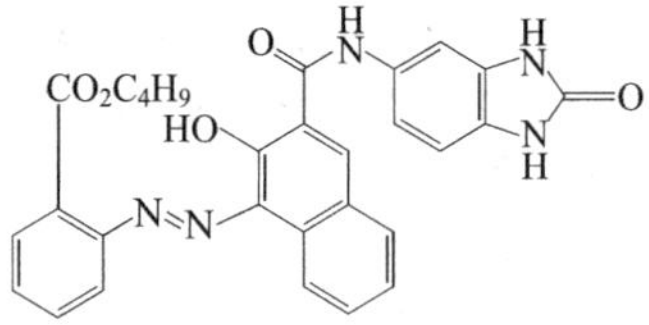

【分子式】 $C_{29}H_{25}N_5O_5$

【分子量】 523.55

【性质】 亮红色粉末。耐光性能 6~7 级。耐有机溶剂性能达 4~5 级，耐酸、碱性优异，无迁移现象。

【制法】 将 9.7 份邻氨基苯甲酸丁酯，100 份 2mol/L 盐酸和 100 份水搅拌溶解，冷却至 6℃于快速搅拌下一次加入 25 份 2mol/L 亚硝酸钠溶液，搅拌，过滤，调整 pH=5 备偶合用。

将 19 份（84%）5-(2'-羟基-3'-苯甲酰氨基）苯并咪唑-2-酮和 75 份 2mol/L 氢氧化钠溶液，300 份水搅拌加热至 60~65℃热过滤除去不溶物，冷却至 10℃以下后滴至上述重氮液中，控制 pH 值为 5~6.2，偶合完毕再搅拌 1h，加热至沸，热过滤，水洗，干燥的粗颜料 20 份。

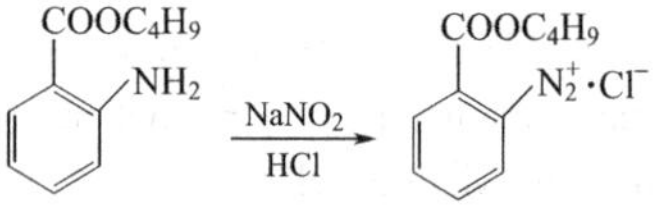

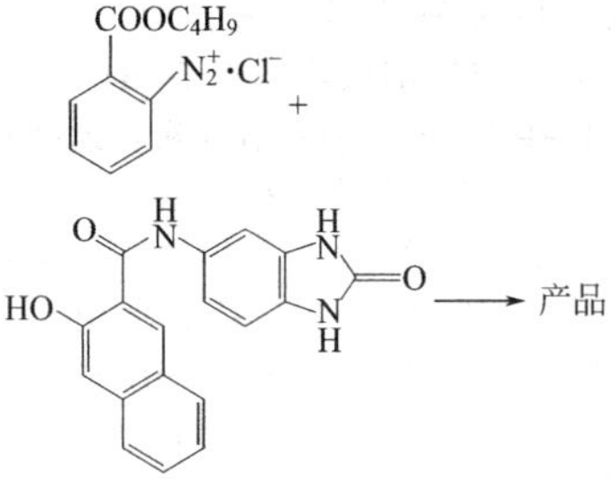

【用途】 适用于油墨、塑料、树脂、油漆、印花原浆的着色。

【生产单位】 上虞舜联化工有限公司，南通新盈化工有限公司，Hangzhou Union Pigment Corporation，武汉恒辉化工颜料有限公司，杭州力禾颜料有限公司。

Ch013 C.I.颜料红 281

【英文名】 C.I.Pigment Red 281

【结构式】

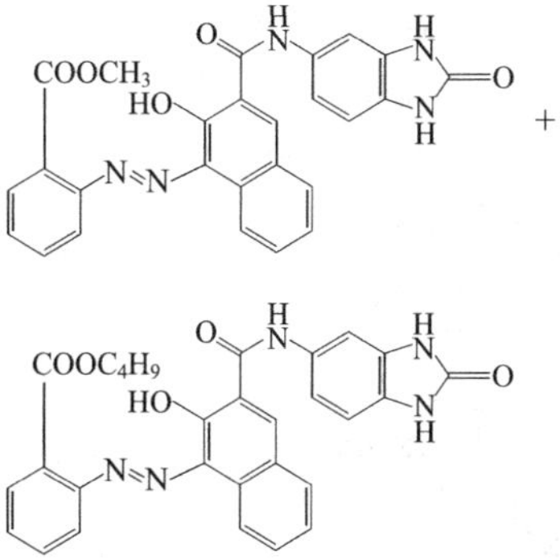

【性质】 各项牢度良好。

【制法】 80.0g 邻氨基苯甲酸甲酯、0.16g 邻氨基苯甲酸丁酯（两组分比例为 500：1）加到 2400mL 去离子水中，搅拌 30min，加入 38mL 10% 聚氧乙烯醚衍生物溶液、230mL 30% 盐酸，在冰盐浴中冷却到 0℃ 以下，慢慢加入 185mL 20% 亚硝酸钠溶液，终点亚硝酸钠微过量，搅拌 10min，加入活性炭，搅拌吸附

10min，过滤，得重氮液。

150g 5-(2′-羟基-3′-萘甲酰）氨基苯并咪唑酮加到 1900mL 去离子水中，加入 150mL 30% 氢氧化钠和 20mL 10% 蓖麻油磺酸钠液体，搅拌至全部溶解，加入少量活性炭过滤，滤液加去离子冰水至体积为 5500mL。用 40～70min 将该溶液滴加到重氮液中，终点偶合组分微过量，搅拌 20min，用盐酸调 pH 值为 2，加热至 100℃，保温搅拌 180min，过滤，用去离子水洗至中性，得 118g 湿滤饼。将该湿滤饼加到高压釜中，加入 400mL 去离子水和 20mL 吡啶，打浆搅拌均匀，升温到 160℃，搅拌直到晶型转化完全，过滤，去离子水洗至无吡啶。将湿滤饼加到水中，升温到 80℃，加入 40g 溶解好的氢化松香，保温 2h，加入 20g 溶解好的氢化松香溶液，过滤，干燥，得到产品。

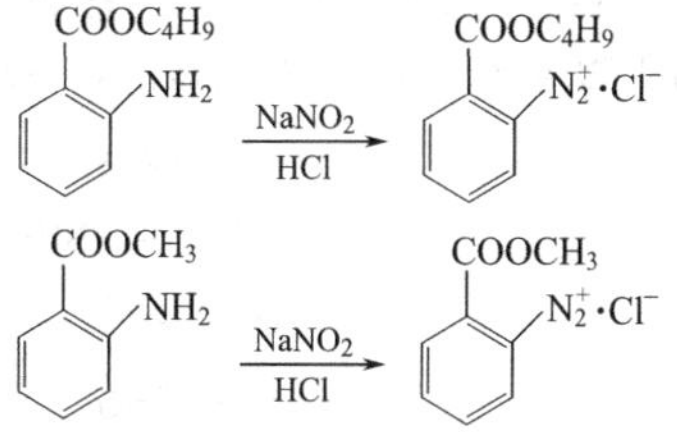

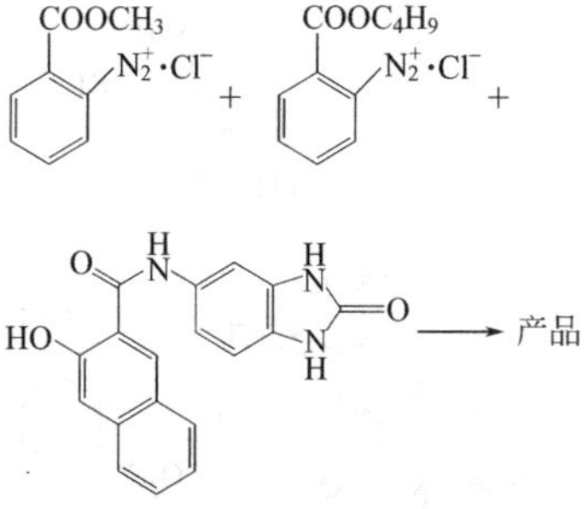

【用途】 主要用于油漆和油墨行业。

Ch014 C.I.颜料红 283

【英文名】 C.I.Pigment Red 283

【结构式】

+

【性质】　蓝光红色。易分散，各项坚牢度良好。

【制法】　4.75g 3-氨基-4-甲氧基苯甲酰苯胺、4.75g 4-硝基邻甲氧基苯胺（两组分比例为1∶1）加到240mL去离子水中，搅拌30min。加入3.8mL 10%聚氧乙烯醚衍生物溶液、20mL 30%盐酸，在冰盐浴中冷却到0℃以下，慢慢加入18.5mL 20%亚硝酸钠溶液，终点亚硝酸钠微过量，搅拌10min，加入活性炭，搅拌吸附10min，过滤，得重氮液。

15g 5-(2′-羟基-3′-萘甲酰）氨基苯并咪唑酮加到190mL去离子水中，加入15mL 30%氢氧化钠和3.8mL 10%蓖麻油磺酸钠液体，搅拌至全部溶解，加入少量活性炭过滤。用20～50min将重氮液滴加到该溶液中，终点偶合组分微过量，搅拌20min，加热至100℃，保温搅拌240min，过滤，用去离子水洗至中性，得130g湿滤饼。将该湿滤饼加到高压釜中，加入400mL去离子水和40mL二甲基甲酰胺，打浆搅拌60min，升温到160℃，搅拌直到晶型转化完全，过滤，去离子水洗至无二甲基甲酰胺。将湿滤饼加到水中，打浆均匀，升温到80℃，加入4g溶解好的特级松香溶液，保温2h，加入2g溶解好的氯化钙溶液，过滤，干燥，得到产品。

【用途】　主要用于油漆、油墨行业和塑料产品的着色。

Ch015　C.I.颜料黄120

【英文名】　C.I.Pigment Yellow 120；1,3-

Benzenedicarboxylic Acid，5-［2-［1-［［（2,3-Dihydro-2-oxo-1H-benzimidazol-5-yl）amino］carbonyl］-2-oxopropyl］diazenyl］-,1,3-Dimethyl Ester

【登记号】 CAS［29920-31-8］；C.I.11783
【别名】 永固黄 HS2G；耐晒黄 H2G；Hostaperm Yellow H 2G；Novoperm Yellow H 2G（Dystar）；PV Fast Yellow H 2G（Dystar）；Shangdament Fast Yellow H2G（SHD）；Permanent Yellow H 2G；Permanent Yellow HS2G；Pigment Yellow 120

【结构式】

【分子式】 C$_{21}$H$_{19}$N$_5$O$_7$
【分子量】 453.41
【性质】 黄色粉末。本品具有优异的耐晒性、耐热性、耐溶剂性、耐酸性、耐碱性和加工应用性能。熔点 330℃。吸油量 59g/100g。
【制法】 取 20.9 份 5-氨基-1,3-苯二甲酸甲酯，在 10℃下用 80 份 5mol/L 盐酸和 20 份 5mol/L 亚硝酸钠溶液进行重氮化，以硅藻土脱色，过滤，破坏过量的亚硝酸，得重氮液。

取 25 份 5-乙酰基乙酰氨基苯并咪唑酮，于室温下加入 200 份水和 60 份 5mol/L 氢氧化钠使之溶解，活性炭脱色。将该溶液滴加到 300 份水、41 份冰醋酸和 80 份 5mol/L 氢氧化钠所成的溶液中，得偶合液。在 20℃和良好搅拌下，加入重氮液。待偶合反应完全后，加热至沸，过滤，水洗，于 60℃下干燥，得产品。

【质量标准】

指标名称	指标
外观	黄色粉末
色光	与标准品近似至微
着色力/%	为标准品的 100±5
吸油量/%	≤50
水分含量/%	≤2.5
水溶物含量/%	≤2.5
细度（通过 80 目筛后残余物含量）/%	≤5
耐晒性/级	7～8
耐热性/℃	200
耐酸性/级	5
耐碱性/级	5
油渗性/级	5
水渗性/级	4～5

【安全性】 25kg 纸板桶、纤维板桶或铁桶包装，内衬塑料袋。
【用途】 主要用于油墨、塑料、橡胶的着色以及合纤的原液着色。
【生产单位】 上海染化一厂，天津光明颜料厂。

Ch016　C.I.颜料黄 151

【英文名】 C.I.Pigment Yellow 151；Benzoic Acid, 2-［2-［1-［［（2,3-Dihydro-2-oxo-1H-benzimidazol-5-yl）amino］carbonyl］-2-oxopropyl］diazenyl］-

【登记号】 CAS [31837-42-0]；C.I.13980

【别名】 永固黄 BH4G；汉沙黄 H4G；永固黄 H4G；Chromofine Yellow 307；Hostaperm Yellow H 4G；Hostaperm Yellow H 4G-N；Ket Yellow 416；Pigment Yellow 151；Symuler Fast Yellow 4GO

【结构式】

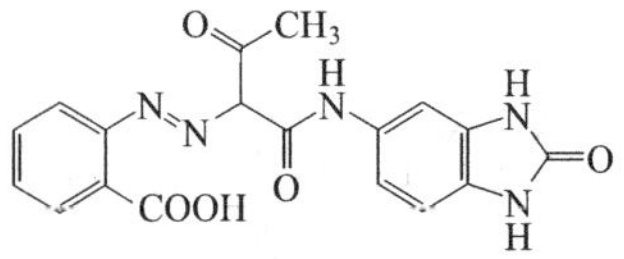

【分子式】 $C_{18}H_{15}N_5O_5$

【分子量】 381.35

【性质】 黄色粉末。熔点 330℃。耐光性 8 级，耐热 200℃。相对密度 1.5。吸油量 52g/100g。耐热和耐气候稳定性优良。但分散性能不佳。耐光性 7 级，耐热性 230℃，耐水性 5 级，耐油性 5 级，耐酸性 5 级，耐碱性 5 级。

【制法】 250mL 水和 2.8g 邻氨基苯甲酸（纯度 98%）混合，加入 4.5mL 35%盐酸，搅拌使之全溶。降温至 0～5℃，于 30min 内滴加 1.5g 亚硝酸钠配成的水溶液，加毕，再搅拌 30min。反应完全后，加入少许氨磺酸溶液破坏过量的亚硝酸，再加入少许活性炭搅拌 15min，又加入少量土耳其红油再搅拌 10min，过滤得到重氮液。

2.2g 氢氧化钠溶于 200mL 水，加入 4.8g 5-乙酰基乙酰氨基苯并咪唑酮（纯度 98%），使之溶解（如果不溶可温热）。再加入 2.5mL 2%脂肪醇与环氧乙烷的加成物（15mol）的溶液，在搅拌下于 30min 内滴加由 4mL 冰醋酸配成的稀醋酸溶液进行酸析，pH 值为 6～7，调整温度为 20℃，得偶合液。在 20℃下于 2h 内，滴入重氮液，用醋酸钠溶液控制 pH 值为 6，加毕再反应 1h。升温至 90℃，在 90～95℃保温 1h。加冷水至 70℃，过滤，水洗，70℃下干燥得粗品颜料。将粗品颜料的湿滤饼（相当于粉颜料 6g），加入 100～120mL 二甲基甲酰胺中，回流 1h，冷至 80℃过滤，洗涤，70℃下干燥得产品。

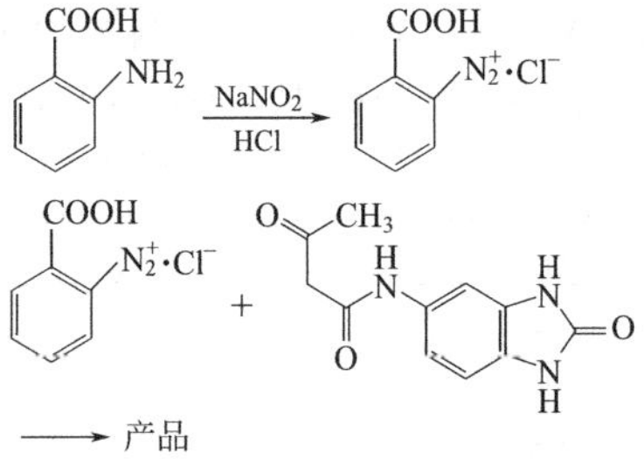

【用途】 是塑料、橡胶、涂料、墨水、油漆、织物等着色用的高档颜料。

【生产单位】 上虞舜联化工有限公司，南通新盈化工有限公司，上海雅联颜料化工有限公司，Hangzhou Union Pigment Corporation，石家庄市力友化工有限公司，浙江百合化工控股集团，山东省胶州精细化工有限公司，杭州力禾颜料有限公司。

Ch017 C.I.颜料黄 154

【英文名】 C.I.Pigment Yellow 154；Butanamide，*N*-(2,3-Dihydro-2-oxo-1*H*-benzimidazol-5-yl)-3-oxo-2-[2-[2-(trifluoromethyl)phenyl]diazenyl]-

【登记号】 CAS [68134-22-5]；C.I.11781

【别名】 永固黄 H3G；Hostaperm Yellow H 3G；KET Yellow 402；Lionogen Yellow 3G；Lionol Yellow 3G；Pigment Yellow 154；Sanyo Pigment Yellow 2080；Symuler Fast Yellow 4192

【结构式】

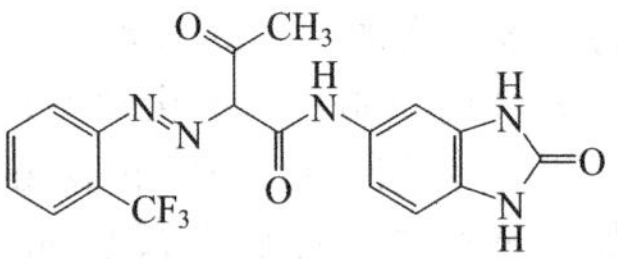

【分子式】 $C_{18}H_{14}N_5O_3F_3$

【分子量】 405.34

【性质】 黄色粉末。耐气候坚牢度7～8级，耐光性8级，耐热180℃。

【制法】 16.11g（0.1mol）2-三氟甲基苯胺、25mL 37%盐酸（约0.3mol HCl）和150mL水混合，搅拌30min。用冰浴冷却至5℃，控制5～10℃，滴加7.1g（0.103mol）亚硝酸钠在30mL水的溶液。加毕，搅拌30min。加入1g氨磺酸，以破坏过量的亚硝酸。将该重氮液保存在冰浴中。

23.3g（0.1mol）5-乙酰基乙酰氨基苯并咪唑酮、130mL 1mol/L氢氧化钠溶液和0.5mL Aromox® C/12（为双2-羟乙基椰油烷基氧化胺的混合物）混合，在搅拌下缓慢加热至全溶。加入300g冰，加入6mL（0.1mol）冰醋酸，使偶合组分形成细微的悬浮。加入25g无水醋酸钠，以形成缓冲溶液。在剧烈搅拌、10～15℃下，滴加重氮液，并用1mol/L氢氧化钠溶液维持pH值为4.5～5.5。偶合完全后，再搅拌1h，直至检测不到重氮盐的存在。再在80～90℃搅拌30min，冷却到70℃，过滤，水洗，干燥，得产品。

【用途】 适用于汽车用的涂料及塑料着色，并用于高档印墨之中。

【生产单位】 南通新盈化工有限公司，鞍山惠丰化工股份有限公司，Hangzhou Union Pigment Corporation，山东省胶州精细化工有限公司，杭州力禾颜料有限公司，上虞舜联化工有限公司。

Ch018　C.I.颜料黄156

【英文名】 C.I. Pigment Yellow 156；Butanamide, 2-[2-(2,5-Dichlorophenyl) diazenyl]-N-(2,3-dihydro-2-oxo-1H-benzimidazol-5-yl)-3-oxo-

【登记号】 CAS［56046-83-4］

【别名】 永固黄 HLR；Permanent Yellow HLR；Benzimidazolone Yellow HLR

【结构式】

【分子式】 $C_{17}H_{13}N_5O_3Cl_2$

【分子量】 406.23

【性质】 艳黄色粉末。耐晒性、耐热性、耐酸性和耐碱性均极优异。相对密度1.6。吸油量71g/100g。

【制法】 3.3g 2,5-二氯苯胺（98%）和5mL冰醋酸混合，温热至40℃使之溶解。将得到的溶液慢慢滴加到7mL 35%盐酸和80mL水配成的溶液中，得悬浮液。降温至0℃以下，从液面下快速加入1.5g亚硝酸钠配成的水溶液，搅拌呈透明溶液后再搅拌30min。破坏过量的亚硝酸，加入活性炭，搅拌，过滤，得重氮液。

2.2g氢氧化钠溶于200mL水，加入4.8g 5-乙酰基乙酰氨基苯并咪唑酮（纯度98%）使之溶解，再加入2.5mL 2%的脂肪醇与环氧乙烷加成物（15mol）的溶液。在搅拌下于30min内滴入由4mL冰醋酸配成的稀醋酸溶液进行酸析，pH值为6～7，调整温度为20℃，得偶合液。

在20℃下于2h内将重氮液滴加到偶合液中，并用醋酸钠溶液控制pH值为6。加毕再反应1h，升温至90℃，在90～95℃保温反应1h。冷至70℃，过滤，水洗，70℃下干燥得颜料粗品。将粗品的湿滤饼（相当于干品颜料 6g）加入 100～120mL 二甲基甲酰胺，回流 1h。冷却，过滤，洗涤，干燥得产品。

【质量标准】

外观	艳黄色粉末
色光	与标准品近似至微
着色力/%	为标准品的 100±5
吸油量/%	50
水分含量/%	≤2.5
水溶物含量/%	≤2.5
细度（通过 80 目筛后残余 物含量）/%	≤5
耐晒性/级	7～8
耐热性/℃	200
耐酸性/级	5
耐碱性/级	4～5
耐迁移性/级	4

【安全性】　25kg 硬纸板桶、纤维板桶或铁桶包装，内衬塑料袋。

【用途】　主要用于塑料、橡胶、油墨、涂料印花浆、涂料和纸张的着色，也用于化学纤维的原液着色。

【生产单位】　上海染化一厂。

Ch019　C.I.颜料黄 175

【英文名】　C.I.Pigment Yellow 175；1,4-Benzenedicarboxylic Acid, 2-[2-[1-[[(2,3-Dihydro-2-oxo-1H-benzimidazol-5-yl) amino] carbonyl]-2-oxopropyl] diazenyl]-, 1,4-Dimethyl Ester；Hostaperm Yellow H 6G；Pigment Yellow 175

【登记号】　CAS [35636-63-6]；C.I.11784

【结构式】

【分子式】　$C_{21}H_{19}N_5O_7$

【分子量】　453.41

【性质】　绿光黄色。耐光性为 7～8 级，耐热为 180℃。

【制法】　在搅拌下，10.45 份（质量）2-氨基对苯二甲酸二甲酯溶于 16.6 份（体积）37%盐酸和 124 份（体积）水中。在 5～10℃，用 10.05 份 5mol/L 亚硝酸钠溶液进行重氮化。加毕再搅拌 0.5h。加入 1000 份（体积）水，用氨磺酸破坏过量的亚硝酸，得重氮液。

将 11.8 份（质量）5-乙酰基乙酰氨基苯并咪唑酮溶于 125 份（体积）水和 11.2 份（体积）33%氢氧化钠溶液中，加入 0.25 份（质量）活性炭，使溶液澄清。在良好搅拌下，加入 15 份（质量）醋酸在 150 份（体积）水的溶液。在15～20℃加入重氮液，并用滴加稀氢氧化钠溶液来维持 pH 值约为 4.4。加毕，加热至 90℃，加入冷水使温度至 70℃。过滤，得 111.4 份（质量）湿产品（约 18%含量），在良好搅拌和加热下，将其溶于 637 份（体积）乙醇和 53.1 份（体积）醋酸中。再回流加热 30min，过滤，水洗，干燥，得粉末状的产品。

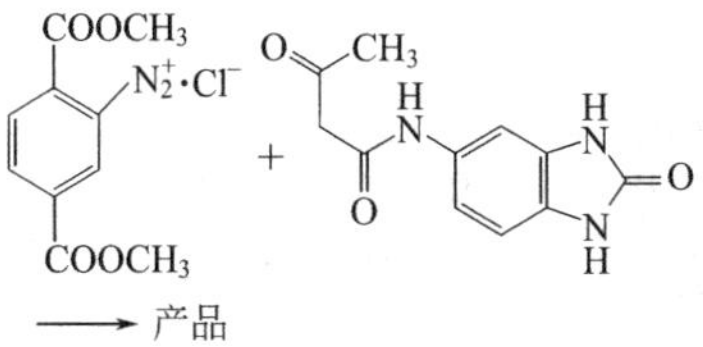

——→ 产品

【用途】 用于塑料、高品质油漆、高档印墨、合成纤维原浆的着色。

【生产单位】 南通新盈化工有限公司，山东省胶州精细化工有限公司。

Ch020　C.I.颜料黄180

【英文名】 C. I. Pigment Yellow 180；Butanamide，2,2'-［1,2-Ethanediylbis（oxy-2,1-phenylene-2,1-diazenediyl）］bis［N-（2,3-dihydro-2-oxo-1H-benzimidazol-5-yl）-3-oxo-］；Diaplast Fast Yellow HG；Fast Yellow HG；Hansa Brilliant Yellow 5GYC4；Hostaperm Yellow HG；Liojet Yellow；Novoperm P-HG；Novoperm Yellow P-HG；Novoperm Yellow P-HGVP 2066；PV Fast Yellow HG；Pigment Yellow 180；Toner Y HG；Toner Yellow HG；Toner Yellow HG-VP 2155；Yellow HG-AF；Yellow HG-AF LP 901；Yellow HG-AF-LP 901

【登记号】 CAS［77804-81-0］；C.I.21290

【结构式】

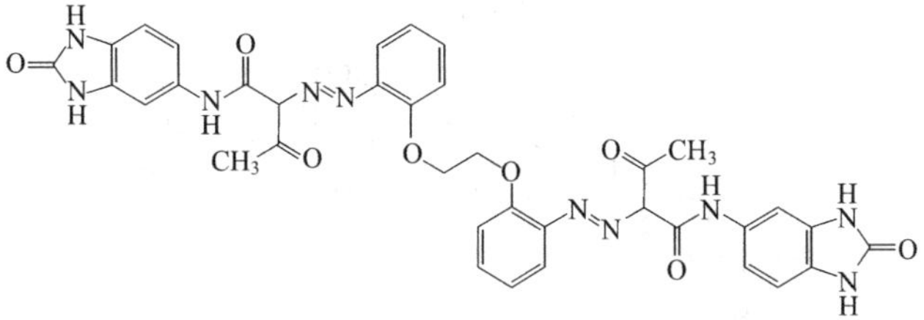

【分子式】 $C_{36}H_{32}N_{10}O_8$

【分子量】 732.71

【性质】 绿光黄色。耐光性为 6～7 级，耐热达 290℃（5min）。

【制法】 在室温下将 24.4g 1,2-双（2-氨基苯氧基）乙烷和 100mL 5mol/L 盐酸混合，搅拌数小时。冷却，加入 41mL 5mol/L 的亚硝酸钠水溶液进行重氮化。活性炭脱色，用氨磺酸破坏过量的亚硝酸，得重氮液。

46.6g 5-乙酰基乙酰氨基苯并咪唑酮、800mL 水、54mL 33％氢氧化钠混合，于室温下搅拌 30min，使之溶解。加入活性炭与硅藻土脱色，过滤，用水调体积为 100mL。加入 250g 冰和 0.5g 偶合反应助剂，加入 35mL 醋酸，得有细微粒子沉淀物的偶合液，温度 5～7℃，pH 值为 6。

在 18～20℃下将重氮液加入偶合液中，反应 2～3h，同时用 2mol/L 氢氧化钠溶液保持 pH 值为 6。反应完毕后升温至 90℃，加热 30min。再于 90～95℃加入 30mL 水冷至 70℃，过滤，水洗除去盐，得粗品颜料。经颜料化处理得产品。

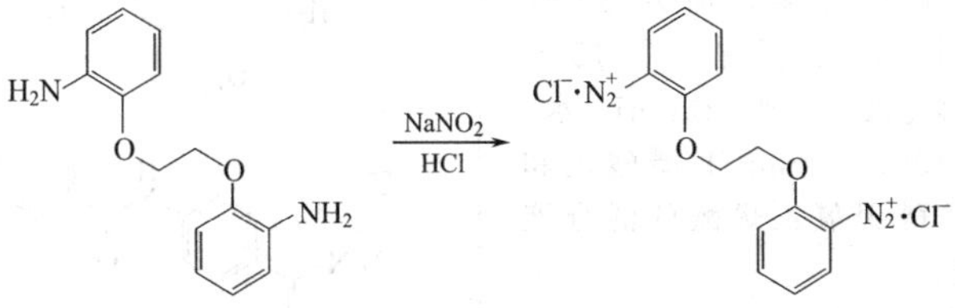

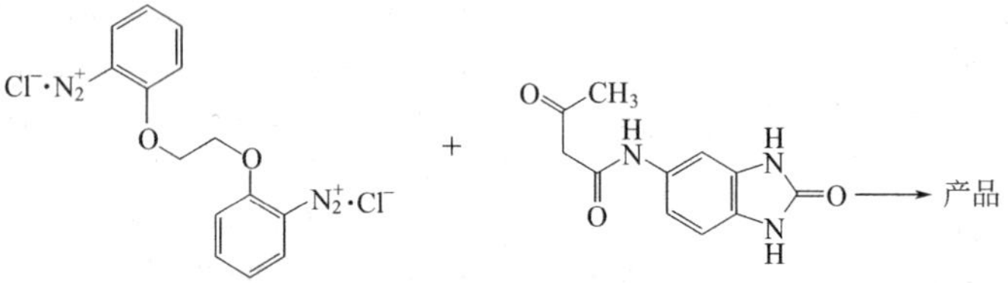

【用途】 用于 PVC、聚烯烃塑料的着色。

【生产单位】 高邮华贝化工有限公司，鞍山惠丰化工股份有限公司，上海雅联颜料化工有限公司，Hangzhou Union Pigment Corporation，山东龙口佳源颜料有限公司。

Ch021　C.I.颜料黄181

【英文名】 C. I. Pigment Yellow 181；Benzamide, N-［4-（Aminocarbonyl）phenyl］-4-［2-［1-［［（2,3-dihydro-2-oxo-1H-benzimidazol-5-yl）amino］carbonyl］-2-oxopropyl］diazenyl］-；PV Fast Yellow H 3R；Pigment Yellow 181

【登记号】 CAS［74441-05-7］；C.I.11777

【结构式】

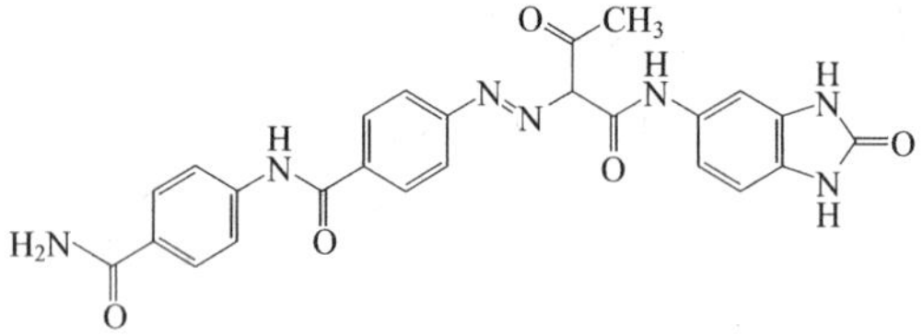

【分子式】 $C_{25}H_{21}N_7O_5$

【分子量】 499.49

【性质】 红光黄色粉末。耐光性为 8 级，耐热性达 290℃（5min）。

【制法】 38.5g 4-（4′-氨基苯甲酰氨基）苯甲酰胺、300mL 水、60mL 31% 盐酸混合，在 20℃ 搅拌 12h。冷到 5℃，用 20mL 40% 亚硝酸钠溶液进行重氮化 45min。反应完毕，用氨磺酸除去过量的亚硝酸，得重氮液。

将 36g 5-乙酰基乙酰氨基苯并咪唑酮在 300mL 水中打浆，加入 30mL 33% 氢氧化钠使之溶解。在 15～20℃，将该溶液加到 250mL 水、25mL 醋酸、300mL 4mol/L 醋酸钠和 5mL 10% 脂肪醇聚氧乙烯醚的混合液中，得偶合液。

将重氮液加到偶合液中，在室温下搅拌 1h。升温至 90℃，保持 1h。过滤，水洗除去盐，65℃ 下干燥得粗品颜料。将粗品在二甲基甲酰胺中，于 125℃ 下加热，过滤，水洗，干燥，得产品。

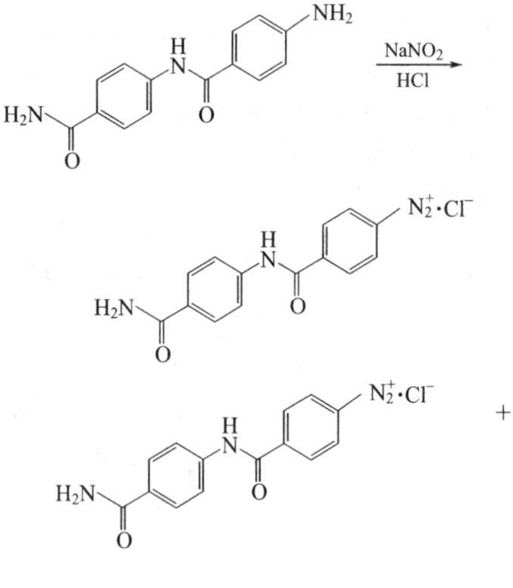

【用途】 用于 PVC、聚烯烃塑料的着色。

Ch022 C.I.颜料黄 192

【英文名】 C. I. Pigment Yellow 192；7H,11H-Benz[de]imidazo[4′,5′：5,6]benzimidazo [2,1-a] isoquinoline-7,11-dione,10,12-Dihydro-；Pigment Yellow 192

【登记号】 CAS [56279-27-7]；C. I. 507300

【结构式】

【分子式】 $C_{19}H_{10}N_4O_2$

【分子量】 326.31

【性质】 红光黄色。非常鲜艳。有好的耐光性和耐迁移性。在应用浓度很低的条件下具有卓越的光和热稳定性。

【制法】 44.8 份 5,6-二硝基-2(3H)-苯并咪唑酮溶于 1500 份 N-甲基吡咯烷酮，加入 20 份 Raney 镍，在 50～55℃和常压下氢化，约 18h 后氢化完全，过滤除去 Raney 镍。在室温加入 39.6 份萘-1,8-二甲酸酐，回流 2h。在 150℃过滤收集固体，用冷的 N-甲基吡咯烷酮洗，再用乙醇洗，干燥，得产品。

【用途】 用于塑料的着色。主要应用于对着色剂要求较苛刻的尼龙的着色。

Ch023 C.I.颜料黄 194

【英文名】 C. I. Pigment Yellow 194；Butanamide, N-(2,3-Dihydro-2-oxo-1H-benzimidazol-5-yl)-2-[2-(2-methoxyphenyl)diazenyl]-3-oxo-；Novoperm Yellow F 2G；Pigment Yellow 194

【登记号】 CAS [82199-12-0]；C.I.11785

【结构式】

【分子式】 $C_{18}H_{17}N_5O_4$

【分子量】 367.36

【性质】 黄色。耐光性 6～8 级，耐热性好。

【制法】 15.38g(0.1mol)2-甲氧基苯胺、25mL 37% 盐酸（约 0.3mol HCl）和 150mL 水混合，搅拌 30min。用冰浴冷却至 5℃，控制 5～10℃，滴加 7.1g(0.103mol) 亚硝酸钠在 30mL 水的溶液。加毕，搅拌 30min。加入 1g 氨磺酸，以破坏过量的亚硝酸。将该重氮液保存在冰浴中。

23.3g(0.1mol)5-乙酰基乙酰氨基苯并咪唑酮、130mL 1mol/L 氢氧化钠溶液和 0.5mL Aromox® C/12（为双 2-羟乙基椰油烷基氧化胺的混合物）混合，在搅拌下缓慢加热至全溶。加入 300g 冰，加入 6mL(0.1mol) 冰醋酸，使偶合组分形成细微的悬浮。加入 25g 无水醋酸钠，以形成缓冲溶液。在剧烈搅拌、10～15℃下，滴加重氮液，并用 1mol/L 氢氧化钠溶液维持 pH 值为 4.5～5.5。偶合完全后，再搅拌 1h，直至检测不到重氮盐的存在。再在 80～90℃搅拌 30min，冷却到 70℃，过滤，水洗，干燥，得产品。

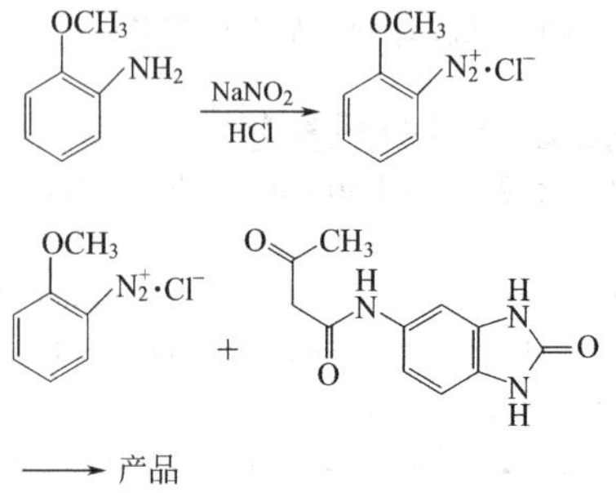

【用途】 用于油漆、乳化漆、塑料、高档印墨，也适用于涂料、合成纤维原浆的着色。

【生产单位】 山东省胶州精细化工有限公司。

Ch024　C.I.颜料紫32

【英文名】 C.I.Pigment Violet 32；2-Naphthalenecarboxamide，N-（2,3-Dihydro-2-oxo-1H-benzimidazol-5-yl）-4-[2-[2,5-dimethoxy-4-[（methylamino）sulfonyl] phenyl] diazenyl]-3-hydroxy-；Bordeaux HF 3R13-3390；Graphtol Bordeaux HF 3R；HF 3R；Novoperm Bordeaux HF 3R；PV Bordeaux HF 3R；Permanent Bordeaux HF3R

【登记号】 CAS [12225-08-0]；C.I.12517

【结构式】

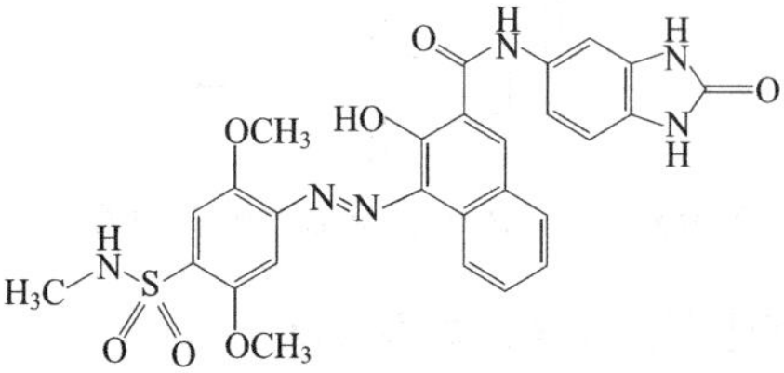

【分子式】 $C_{27}H_{24}N_6O_7S$

【分子量】 576.58

【性质】 红光紫色。耐气候牢度优异。并有良好的耐溶剂、耐迁移和耐热性能。

【制法】 将 5.0g 98％的 2,5-二甲氧基-4-甲氨基磺酰基苯胺和 150mL 水、20mL 10％盐酸混合，搅拌溶解，降温至 0～5℃，在 15min 内滴加 1.6g 亚硝酸钠在 15mL 水的溶液，继续搅拌 45min，用氨磺酸除去过量的亚硝酸，用醋酸钠调 pH 值为 5～6，得重氮液。

将 6.5g 色酚 AS-BI 溶于 180mL 水和 2g 氢氧化钠中，搅拌加热至 70℃溶解，过滤，得透明溶液。在 45min 内，将该溶液滴加到重氮液中。加毕，继续搅拌 30min，升温至 90℃，搅拌 30min。降温过滤，水洗，干燥得粗品。将粗品在二甲基甲酰胺中颜料化得到产品。

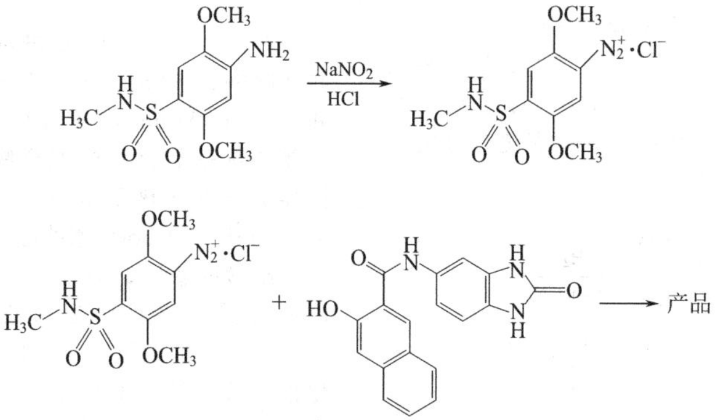

【用途】 适用于油墨、塑料、树脂的着色。

Ci 萘酚磺酸类颜料

Ci001 永固橙 GR

【英文名】 Vulcan Fast Orange GR

【登记号】 CAS [1325-14-0]；C. I. 15970

【别名】 C. I. 颜料橙 18

【分子式】 $C_{16}H_{11}O_4N_2SCa_{0.5}$

【分子量】 347

【结构式】

$$\left[\text{苯环—N=N—萘环(HO)(SO}_3^{\ominus}\text{)} \right]_2 Ca^{2\oplus}$$

【质量标准】

外观	橙红色粉末
色光	与标准品近似
着色力/%	为标准品的 100±5
水分含量/%	≤2.5
细度(过 80 目筛余量)/%	≤5

【性质】 本品为橙红色粉末。

【制法】

1. 生产原理

苯胺重氮化后与 2-萘酚-6 磺酸偶合，再与氯化钙发生色淀化，经后处理得永固橙 GR。

$$\text{苯胺—NH}_2 + NaNO_2 + HCl \longrightarrow \text{苯环—}N\overset{\oplus}{\equiv}N\,\overset{\ominus}{Cl}$$

$$\text{苯环—}N\overset{\oplus}{\equiv}N\,\overset{\ominus}{Cl} + \text{萘环(HO)(SO}_3H) \xrightarrow{Na_2CO_3} \text{苯环—N=N—萘环(HO)(SO}_3Na)$$

$$2\,\text{苯环—N=N—萘环(HO)(SO}_3Na) + CaCl_2 \longrightarrow \left[\text{苯环—N=N—萘环(HO)(SO}_3^{\ominus})\right]_2 Ca^{2\oplus} + 2CaCl$$

2. 工艺流程

苯胺 / 亚硝酸钠 → 重氮化 →(盐酸)偶合 ←2-萘酚-6-磺酸 → 色淀化 ←氯化钙 → 过滤 → 干燥 → 粉碎 → 成品

3. 技术配方

苯胺(98%)	93
盐酸(30%)	286
2-萘酚-6-磺酸	235
亚硝酸钠(98%)	70
碳酸钠(98%)	122
氯化钙	329

4. 生产工艺

（1）重氮化　在重氮化反应锅中，加入 140L 水和 28.6kg 30%盐酸，在搅拌下加入苯胺 9.3kg，苯胺溶解后，再加冰降温到 0℃。将 7kg 亚硝酸钠溶于 30L 水中，在 5min 内加入进行重氮化反应，搅拌 0.5h，亚硝酸微过量，得重氮盐溶液。

（2）偶合　50℃ 下 400L 水中加入 23.5kg 2-萘酚-6-磺酸，再加入碳酸钠调 pH 值为 8，搅拌至全溶，再加入 12.2kg 碳酸钠溶于 100L 水的溶液，加冰及水调整体积至 800L，温度 30℃，得偶合组分。

将重氮液从液面下在 10～15min 加入偶合液，进行偶合，搅拌 1h 使重氮液消失，得透明染料色溶液。

（3）色淀化　在色淀化锅内备 75℃ 水 200L，加入氯化钙 32.9kg，搅拌下将偶合的染料液在 1～1.5h 慢慢加入，加毕，搅拌 1h，过滤，水洗，色淀于 50～60℃ 下干燥，粉碎得永固橙 GR 33.5kg。

【用途】　用于油漆、油墨及塑料制品的着色。

【生产单位】　山东省胶州精细化工有限公司，杭州力禾颜料有限公司，上海染化一厂，上虞舜联化工有限公司，常州北美化学集团有限公司，无锡新光化工有限公司，江苏南通染化厂，江苏武进寨桥化工厂。

Ci002　永固橙 TD

【英文名】　Helio Orange TD

【登记号】　CAS [5858-88-8]；C. I. 15990

【别名】　C. I. 颜料橙 19

【分子式】　$C_{16}H_{10}O_4N_2SClBa_{0.5}$

【分子量】　430.2

【结构式】

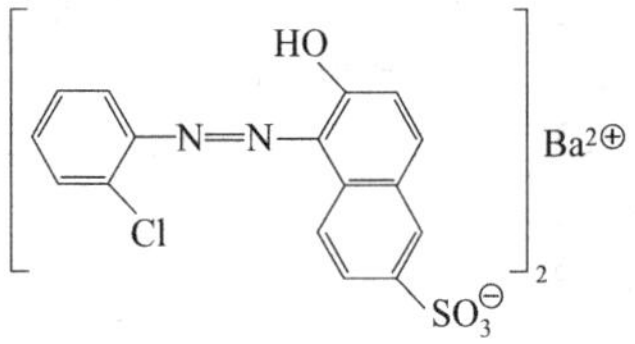

【质量标准】

外观	橙红色粉末
色光	与标准品近似
着色力/%	为标准品的 100 ± 5
水分含量/%	$\leqslant 2.5$
细度(过 80 目筛余量)/%	$\leqslant 5$

【性质】　本品为橙红色粉末。不溶于水和乙醇。

【制法】

1. 生产原理

邻氯苯胺重氮化后与 2-萘酚-6-磺酸偶合，然后与氯化钡发生色淀化，再经后处理得永固橙 TD。

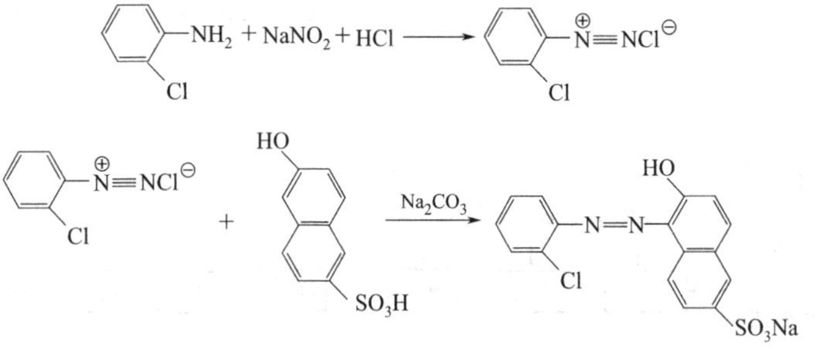

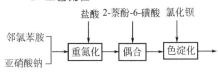

2. 工艺流程

邻氯苯胺
亚硝酸钠
盐酸 2-萘酚-6-磺酸 氯化钡

重氮化 → 偶合 → 色淀化

过滤 → 干燥 → 粉碎 → 成品

3. 技术配方

邻氯苯胺(100%计)	127.5
盐酸(30%)	286.0
亚硝酸钠(98%)	70.0
2-萘酚-6-磺酸	230.0
碳酸钠(98%)	185.0
氯化钡	175.0

4. 生产工艺

(1) 重氮化 在重氮化反应锅中，将邻氯苯胺 127.5kg 在 1000L 水和 500L 5mol/L 盐酸中溶解后，加冰 700kg 冷却至 0～2℃，在搅拌下加入 69kg 亚硝酸钠配成的 40%溶液进行重氮化，反应完毕，总体积稀释至 3000L，得重氮盐溶液。

(2) 偶合 将 230kg 2-萘酚-6-磺酸加入 8500L 水中，再加入 25kg 碳酸钠在 40℃下溶解，然后加入 160kg 碳酸钠，溶解后稀释至体积为 10 500L，再将上述重氮液在 1h 内加入，溶液呈碱性，2-萘酚-6-磺酸必须稍微过剩，偶合后过滤，无需水洗。

(3) 色淀化 在色淀化反应锅中，将滤饼在 3000L 水中搅拌，加热至 50℃，总体积稀释至 7000L。175kg 氯化钡溶解于 500L 水中，在数分钟内快速加入，颜料很快成浓厚泥状沉淀，在 100℃加热 1h 后过滤，滤液中保持氯化钡过剩，60～

70℃下干燥，得永固橙 TD 450kg。

【用途】 用于油漆、油墨、涂料印花及水彩颜料的着色。

【生产单位】 山东省胶州精细化工有限公司、杭州力禾颜料有限公司，上海染化一厂，上虞舜联化工有限公司，南通新盈化工有限公司，Hangzhou Union Pigment Corporation，石家庄市力友化工有限公司。

Ci003 颜料紫红 BLC

【英文名】 Pigment Red BLC

【登记号】 CAS [6373-10-0]；C. I. 14830：1

【别名】 C. I. 颜料红 54；颜料紫酱 BLC；3179 颜料紫酱 BLC；永固紫红 BLC；色淀紫酱 BLC；3004 颜料紫红

【分子式】 $C_{20}H_{13}O_4N_2SCa_{0.5}$

【分子量】 397.44

【结构式】

【性质】 本品为深红色粉末。微溶于水呈橙红色。在浓硝酸中为橙棕色溶液；在浓硫酸中呈蓝色，稀释后生成红色沉淀。颜色鲜艳，粉质轻松细腻，分散性好，着色力较高。

【制法】

1. 生产原理

1-萘胺重氮化后，与 1-萘酚-5-磺酸加成，然后在 pH 值为 7.4 下偶合，偶合产物与氯化钙进行色淀化，得到产品。

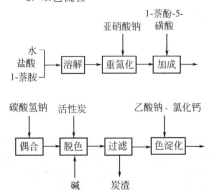

$$\text{1-萘胺} + NaNO_2 + HCl \longrightarrow \text{重氮盐}$$

$$\text{1-萘酚-5-磺酸} + \text{重氮盐} \longrightarrow \text{偶氮化合物} + HCl$$

$$\text{(上式产物)} + NaHCO_3 \longrightarrow \text{偶氮产物} + H_2O + CO_2\uparrow$$

$$\text{(上式产物)} + \begin{matrix}CH_3COO\\CH_3COO\end{matrix}Ca \longrightarrow \left[\text{色淀}\right]_2 Ca^{2+} + 2CH_3COONa$$

2. 工艺流程

水、盐酸、1-萘胺 → 溶解 → 重氮化（亚硝酸钠）→ 加成（1-萘酚-5-磺酸）

碳酸氢钠 → 偶合（活性炭）→ 脱色（碱）→ 过滤（炭渣）→ 色淀化（乙酸钠、氯化钙）

过滤 → 干燥 → 粉碎 → 成品

3. 技术配方

原料	用量
盐酸（31%）	2142
1-萘胺（100%）	424
亚硝酸钠（100%）	240
1-萘酚-5-磺酸（100%）	607
碳酸氢钠（工业品）	1267
氢氧化钠（100%）	238
活性炭（工业品）	120
乙酸钠（工业品）	906
无水氯化钙（工业品）	332
土耳其红油（工业品）	71

4. 生产设备

溶解锅，配料锅，重氮化反应锅，偶合锅，过滤器，脱色锅，色淀化锅，压滤机，干燥箱，粉碎机。

5. 生产工艺

在重氮化反应锅中，加入水，于 95℃加入 31%盐酸和 84.8kg 1-萘胺，待溶解后加入冰降温到 0℃，加入 30%亚硝酸钠溶液（由 48kg 100%亚硝酸钠配成）进行重氮化反应 1h，再加入 121.4kg 1-萘酚-5-磺酸用水配成 12%溶液，加热到 95～100℃，加入适量盐酸，并加热煮沸后冷却到 35℃，分批加入上述制备的重氮盐中，控制加料时间为 4min，反应温度为 12℃。加料完毕，维持 12℃，继续反应 2h，反应结束后反应液经过滤，滤饼用水打浆。将 253.4kg 碳酸氢钠配制成的溶液分批加入上述制备好的打浆液中进行偶合反应，控制加料时间 1.5h，反应物料 pH 值 7.4，加毕继续反应 1.5h，反应结束后过滤，滤饼在脱色锅中用水和氢氧化钠于 80℃溶解，加入 24kg 活性炭煮沸脱色，趁热过滤得到滤液，冷却到 5℃制得染料溶液。将 181.2kg 乙酸钠和 66.4kg 无水氯化钙用水溶解后加 30% 盐酸调 pH 值为 2.3 左右，将此溶液加入染料溶液中混合（此时 pH 值为 6.3 左右），在 14℃搅拌 1.5h 进行色淀化反应，最后在 80℃下加入 14.2kg 土耳其红油混合，经过滤、水漂洗，60～70℃下干燥，最后粉碎得产品。

【质量标准】 （HG 15-1131）

外观	深红色粉末
水分含量/%	≤2.0
吸油量/%	55±5.0
水溶物含量/%	±1.0
细度（过 80 目筛余量）/%	≤5.0
着色力/%	为标准品的 100±5
色光	与标准品近似
耐晒性/级	5～6
耐热性/℃	180
耐酸性/级	5
耐碱性/级	3
耐水渗透性/级	4
耐油渗透性/级	4
耐乙醇渗透性/级	3～4
耐石蜡渗透性/级	5

【用途】 用于制造油墨、油漆和喷漆；橡胶工业用于橡胶制品的着色；也用于塑料、人造革、文教用品的着色。

【生产单位】 上海染化十二厂。

Ci004　艳洋红 3B

【英文名】 Brilliant Carmine 3B

【登记号】 CAS [1325-16-2]；C. I. 16105：1

【别名】 C. I. 颜料红 60；颜料大红 3B

【分子式】 $C_{17} H_9 Ba_{1.5} N_2 O_9 S_2$

【分子量】 655.41

【结构式】

【质量标准】

外观	白色或微黄色结晶粉末
熔点/℃	146～148
邻氨基苯甲酸含量/%	≥99.0
灼烧残渣/%	≤0.1
重金属含量（以铅计）/%	≤0.002
铁含量/%	≤0.002
硫酸盐含量/%	≤0.03
氯化物含量/%	≤0.02

【性质】 本品为蓝光红色粉末。不溶于水。溶于亚麻子油、二甲苯、油酸、脂肪烃和其他有机溶剂，微溶于乙醇、丙酮和溶纤素。遇浓硫酸是黄光红色，稀释后产生橙色沉淀。遇浓硝酸为橙色溶液，遇 10%氢氧化钠溶液呈橙色，遇 10%硫酸变微黄。

【制法】

1. 生产原理

（1）重氮化　邻氨基苯甲酸在低温下与亚硝酸钠作用，发生重氮化反应。

（2）偶合　由上述反应所得重氮盐与 2-萘酚-3，6-二磺酸钠盐（R 盐）进行偶合。

（3）颜料化　将偶合产物加至分散有氢氧化铝的分散液中，与氯化钡作用制得颜料艳洋红 3B。

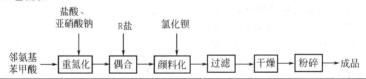

2. 工艺流程

邻氨基苯甲酸 → [重氮化] ← 盐酸、亚硝酸钠 → [偶合] ← R盐 → [颜料化] ← 氯化钡 → [过滤] → [干燥] → [粉碎] → 成品

工序	物料名称	相对分子质量	投料量(100%计)/kg	物质的量/kmol	备注
重氮化	亚硝酸钠	69	70	101	
	邻氨基苯甲酸	137.13	137	1.0	
	盐酸	36.5	50.2	1.38	投 5mol/L，275L
偶合	R盐	348.3	350	1.005	
	碳酸钠	106	168	1.58	
	重氮液		一批		
盐析	氯化钠	36.5	偶合液体积的 13%		
颜料化	碳酸钠	106	307.7	2.90	
	硫酸铝	342.14	615	1.80	
	C.I. 媒介红 9		一批		
	氯化钡(冰合)	244.3	633.8	2.59	
	氧化锌(浆状)		约 140		

3. 技术配方

邻氨基苯甲酸	137
亚硝酸钠(98%)	70
盐酸(30%)	168
R盐	350
碳酸钠	476
硫酸铝	615
氯化钡(二水合物)	634

4. 生产原料规格

（1）邻氨基苯甲酸

【结构式】：

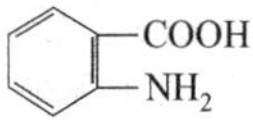

；分子式：

$C_7H_7NO_2$；相对分子质量：137.30。

本品为白色至微黄色结晶粉末。有甜味。熔点 144～146℃。易溶于醇、醚、热氯仿、热水，微溶于苯，难溶于冷水。可升华。在甘油溶液中呈紫英石荧光。蒸馏时分解为二氧化碳和苯胺。可燃。有毒，对皮肤及黏膜有刺激性。

（2）R 盐

【结构式】：

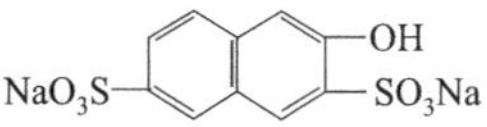

；分子式：$C_{10}H_6O_7S_2Na_2$；相对分子质量：348.3。

本品为无色有光泽的细丝针状晶体，工业品为灰白色膏状物。易潮解。溶于水、乙醇、乙醚，有毒。贮存于阴凉、通风、干燥处，防火、防潮。运输时防日晒雨淋。

5. 生产工艺

（1）工艺一　将137kg邻氨基苯甲酸与1500L水、275L 5mol/L盐酸、冰一起搅拌过夜，次日再加冰，并用 132.2L 40%亚硝酸钠溶液重氮化，然后稀释至体积为3500L，得重氮盐溶液。

将320kg R盐溶解于168kg碳酸钠及2000L水中，冷却至5℃得偶合组分。

在0.5h内从偶合液面下加入重氮液，经3～4h偶合完毕，再将反应液加热至65℃，过滤，解释，用冰冷却至10℃，过滤析出的沉淀在80℃下干燥得染料产品。

将所得产品再经色淀化制得产品艳洋红3B。

（2）工艺二

① 在重氮化反应锅中加入1500L水，然后加入275L 5mol/L盐酸、137kg邻氨基苯甲酸，搅拌过夜。次日，在此溶液中加冰降温至0℃，并保持其处于0℃左右，然后加入70kg 98%亚硝酸钠配成的40%溶液，使总体积为3500L，停止搅拌测终点。终点亚硝酸钠微过量：淀粉碘化钾试纸呈微蓝色。控制温度<5℃以防生成的重氮盐分解。

② 在偶合锅中加入2000L水，然后加入168kg碳酸钠和350kgR盐，搅拌溶解完全。将R盐溶液压滤，滤液用冰冷却至5℃。于0.5h内，将用冰冷却至0℃的重氮液加入R盐中，进行偶合，控制温度在0℃以下。反应终点R盐微过量：用渗圈试验测定。到达终点后，再保持40min。

③ 向偶合液中加入物料体积的13%精盐进行盐析，搅拌过夜，次日过滤得偶合染料，即得C.I.媒介红9。

④ 将314kg 98%碳酸钠投入1200L水中，溶解后加入硫酸铝615kg，反应生成氢氧化铝沉淀。过滤后用水洗至不含离子。然后用水分散。将上述制得的 C.I. 媒介红9加至氢氧化铝分散液中，用氯化铝调节pH值至7～8。加入由633.8kg氯化钡配成的水溶液和约140kg浆状氧化锌（作为润湿剂，并可增强颜料的透明度）。搅拌0.5h后，以滤纸作渗圈试验，直到反应液用氯化钡作渗圈无色为止，继续搅拌1h。

⑤ 用泵将上述色浆打入压滤机，压滤漂洗后即可卸料于色盘上，在60℃干燥箱内干燥，研磨拼混即得产品。合格品装入内衬塑料袋的铁桶。

说明：

① 重氮化温度不能高于5℃，应用冰维持，整个反应过程中为强酸性，刚果红试纸呈深蓝色，为了防止亚硝酸钠的不足，可在反应前将邻氨基苯甲酸溶液取出5～10kg，待反应接近终点时补加，整个过程亚硝酸钠过量。终点亚硝酸钠微过量（用淀粉碘化钾试纸显微黄色）。

② 偶合反应应控制在10℃以下，反应终点用渗圈试验测定：R盐微过量。

③ 颜料化反应中添加的氧化锌，不仅作为润湿剂，还可提高颜料质量，加入量可以视生产情况增减。

④ 颜料化反应使用的氢氧化铝，应洗至无硫酸根离子，否则硫酸根离子和钡离子反应生成硫酸钡沉淀。

$$Ba^{2+} + SO_4^{2-} \longrightarrow BaSO_4 \downarrow$$

检验硫酸根是否存在，也是基于这一反应使用氯化钡溶液滴入洗液，应无白色沉淀出现。

6. 产品标准（参考指标）

外观	蓝光红色粉末
色光	与标准品近似
着色力/%	为标准品的 100 ± 5
吸油量/%	$\geqslant 39$
耐晒性/级	$5 \sim 6$
耐热性/℃	150
细度(过 80 目筛余量)/%	$\leqslant 5$

【用途】 主要用于印刷油墨、漆类、醇酸树脂漆和油漆的着色；还可用于印制墙壁纸、包装板和罐头盒的着色；也用于橡胶、聚氯乙烯、脲醛树脂和酚醛树脂的着色，纸张的着色，乳化油漆的着色以及纺织品的印花。

【生产单位】 天津市东鹏工贸有限公司，天津油墨厂，天津光明颜料厂，天津长虹颜料厂，杭州映山花颜料化工有限公司，上虞舜联化工有限公司，上虞市东海精细化工厂，杭州红妍颜料化工有限公司，杭州力禾颜料有限公司，浙江瑞安化工二厂，浙江杭州力禾颜料有限公司，浙江萧山江南颜料厂，常州北美化学集团有限公司，南通新盈化工有限公司，无锡新光化工有限公司，江苏常熟颜化厂，江苏句容着色剂厂，江苏句容染化厂，江苏句容有机化工厂，江苏吴江精细化工厂，江苏武进寨桥化工厂，江苏无锡红旗染化厂，江苏吴江平望长浜化工厂，江苏常熟树脂化工厂。

Cj 吡唑并喹唑啉酮类颜料

Cj001 C.I.颜料橙 67

【英文名】 C. I. Pigment Orange 67；Pyrazolo[5,1-b]quinazolin-9(1H)-one,3-[2-(4-Chloro-2-nitrophenyl)diazenyl]-2-methyl-；Paliotol Orange L 2930HD；Pigment Orange 67

【登记号】 CAS〔74336-59-7〕；C. I. 12915 PO 67

【结构式】

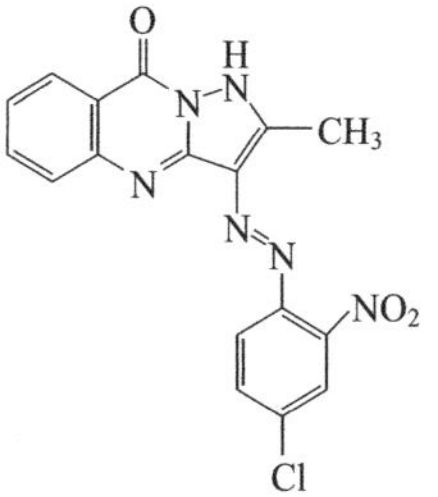

【分子式】 $C_{17}H_{11}N_6O_3Cl$

【分子量】 382.77

【性质】 橙色粉末。耐晒、耐气候牢度优良。

【制法】 8.6 份 2-硝基-4-氯苯胺溶于 10 份二甲基甲酰胺中，加入 20 份浓盐酸、50 份水和 50 份冰。在 0～5℃，滴加 3.5 份亚硝酸钠在 10 份水中的溶液进行重氮化。加毕，再搅拌 1h。用氨磺酸破坏过量的亚硝酸，过滤。加入醋酸钠，使 pH 值为 5，得重氮液。

将 10 份 2-甲基吡唑并[5,1-b]喹唑啉酮、100 份异丁醇和 8 份 50%氢氧化钠水溶液混合。在 0～5℃和 1h 内，将其滴

加到重氮液中。加毕，在 0～5℃搅拌 1h，再在 50℃搅拌 1h。过滤，用热水洗，再用甲醇洗，干燥。和 80 份二甲基甲酰胺一起，在 80℃搅拌 2h，热过滤，用甲醇洗，干燥，粉碎，得 15 份产品。

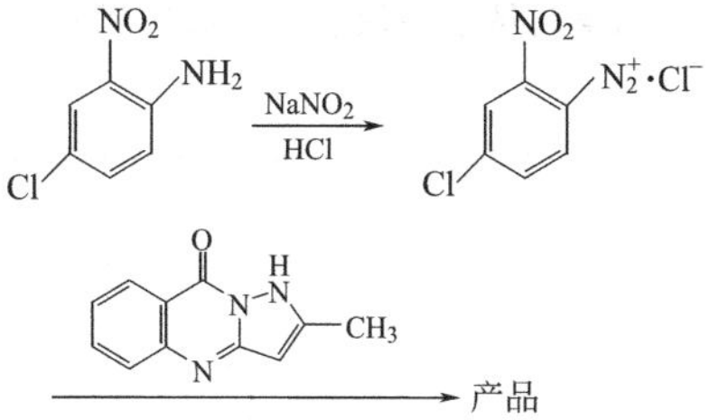

【用途】 适用于油墨、汽车用涂料。

Cj002 C.I.颜料红 251

【英文名】 C. I. Pigment Red 251；9,10-Anthracenedione,1-[2-(5,7-Dichloro-1,9-dihydro-2-methyl-9-oxopyrazolo[5,1-b]quinazolin-3-yl)diazenyl]-；Paliotol Red L 3550HD；Pigment Red 251

【登记号】 CAS〔74336-60-0〕；C. I.12925

【结构式】

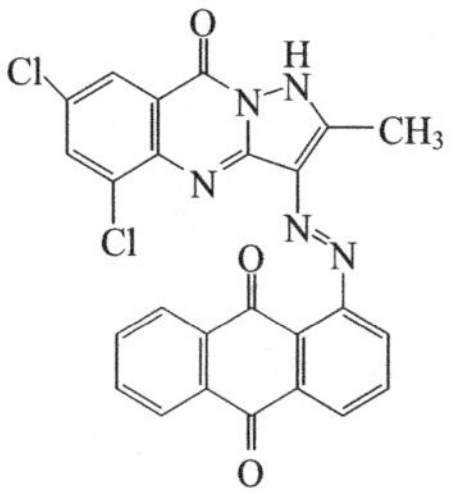

【分子式】 $C_{25}H_{13}N_5O_3Cl_2$

【分子量】 502.32

【性质】 红色粉末。耐晒、耐气候牢度优良。

【制法】 将 22.4 份 1-氨基蒽醌加到 46 份 96％硫酸和 34 份 40％硫酸亚硝酸酯的混合液中，加入过程使温度不超过 40℃，加毕，在 40℃搅拌 2h。加入 300 份冰水混合液，搅拌，过滤收集重氮盐结晶，用冰水洗。加入 400 份水，用醋酸钠调 pH 值至 4～5，再加入 10 份醋酸，得重氮液。

将 27 份 5,7-二氯-2-甲基吡唑并 [5,1-b] 喹唑啉酮、300 份异丁醇和 10 份 50％氢氧化钠水溶液混合，加热到 90℃。

在 40℃下，将其滴加到重氮液中。加毕，在 95℃搅拌 2h。热过滤，用水洗，再用甲醇洗，干燥，粉碎，得产品。

【用途】 适用于油墨、汽车用涂料。

Ck 其他偶氮颜料

Ck001 C.I.颜料黄7

【英文名】 C. I. Pigment Yellow 7；2（1*H*）-Quinolinone，4-Hydroxy-3-[（2-nitrophenyl）azo]-；Lithol Fast Yellow NCR

【登记号】 CAS［6407-81-4］；C.I.12780

【结构式】

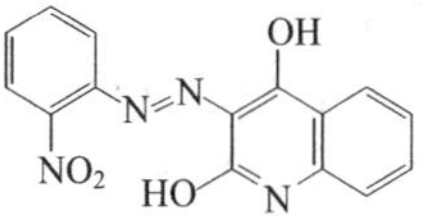

【分子式】 C$_{15}$H$_{10}$N$_4$O$_4$

【分子量】 310.27

【性质】 耐光牢度优秀。对150℃稳定。不溶于水，微溶于乙醇、二甲苯。耐溶剂和耐酸、碱性能较好。最大吸收 λ_{max}（nm）：585.8。

【制法】 称取84kg邻硝基苯胺加入到800L水及330L盐酸溶液中，搅拌过夜，次日加冰（300kg）冷却至0℃，并迅速加入181L 23%的亚硝酸钠溶液进行重氮化，搅拌2h，保证重氮化完全，过滤，备用。

称取120kg二羟基喹啉，溶于300L 50～60℃的水中，搅拌，过夜，次日加入2000L冷水，并加入72kg苏打粉（首先制成800L水溶液）及2400L饱和盐水，加入2000kg冰使冷却至0℃。在1h内于0～3℃，加入重氮液进行偶合反应。搅拌过夜，调整体积至2500L，过滤，滤饼重1300～1350kg，在45～50℃干燥得产品213kg，该产品一般经过重结晶精制以后使用。

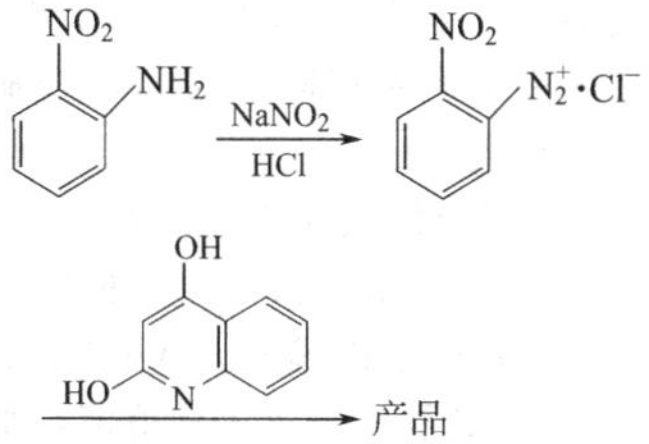

【消耗定额】

原料名称	单耗/(kg/t)
邻硝基苯胺	395
二羟基喹啉	563

【用途】 用于油漆，油墨、纸张及涂料的着色。

Ck002 C.I.颜料黄182

【英文名】 C. I. Pigment Yellow 182；1,4-Benzenedicarboxylic Acid, 2-[2-[2-[（2-Methoxyphenyl）amino]-2-oxo-1-（3,4,5,6-tetrahydro-4,6-dioxo-1,3,5-triazin-2-yl）ethyl]diazenyl]-, 1,4-Dimethyl Ester；Pigment Yellow 182；Sandorin Yellow G

【登记号】 CAS［67906-31-4］；C.I.128300

【结构式】

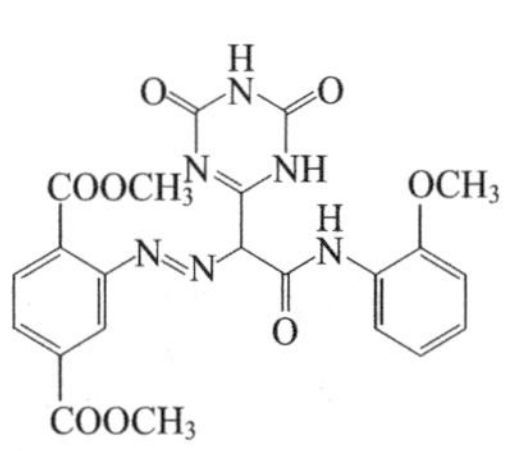

【分子式】　$C_{22}H_{20}N_6O_8$

【分子量】　496.44

【性质】　黄色。具有极其鲜艳的颜色，其强度几乎是其他单偶氮颜料的2倍，相当于双偶氮颜料或双偶氮缩合颜料。熔点大于300℃。

【制法】　在100℃下将41.8份2-氨基对苯二甲酸二甲酯溶于100份冰醋酸。将所得溶液加到400份水和65份35％盐酸的混合液中，冷却至0℃，搅拌下加入14份亚硝酸钠，继续搅拌反应。反应完毕后，加入少量尿素以除去过量的亚硝酸，过滤，得重氮液。

396份三聚氯氰和1000份冰水混合，在0～5℃于40min内，慢慢加入由242份邻甲氧基乙酰乙酰苯胺（AAOA）、920份水和80份氢氧化钠所成的溶液，加毕，搅拌30min。过滤，用冰水洗涤沉淀。将该沉淀加到5000份乙醇中，回流20h。冷至20℃，过滤，热水洗涤沉淀，真空下于100℃干燥。取55份该干燥品，溶于300份二甲基甲酰胺，加入300份无水醋酸钠在300份水中的溶液，冷至0℃，得偶合液。在搅拌下于10min内，加入重氮液，在0～5℃搅拌1h，再于室温下搅拌12h。过滤，水洗至中性，干燥得粗品。该粗品在150℃下用二甲基甲酰胺处理1h，得产品。

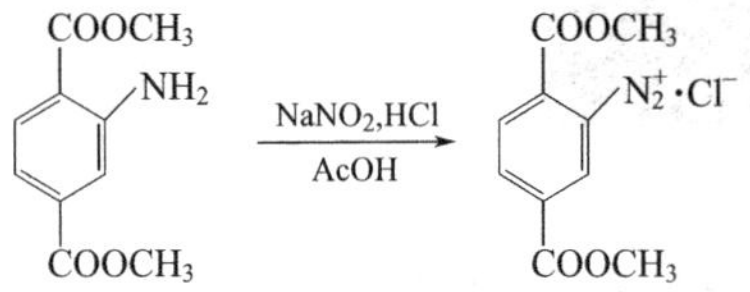

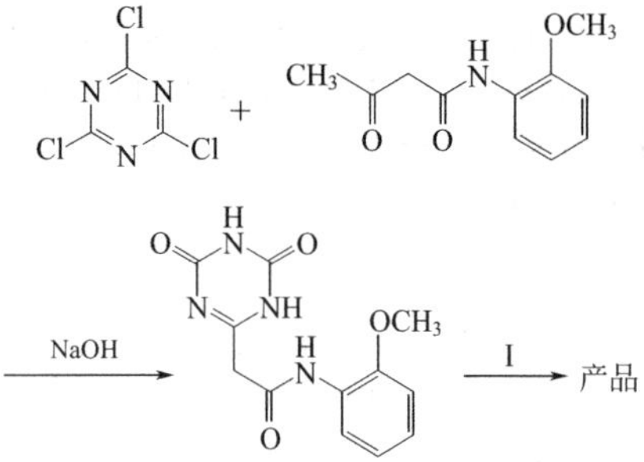

【用途】　适用于PVC的着色。

D

酞菁颜料

　　酞菁系颜料主要有酞菁蓝和酞菁绿两种，酞菁蓝以其优异的耐热、耐气候牢度，颜色鲜艳而广泛应用于油墨、涂料、塑料、橡胶、皮革与文具的着色；近年来又在催化、半导体、电子照相及光能转换等领域发挥着特殊作用。1907 年，Braun 等人在乙醇中加热 o-cyanobenzamide。得到的一定数量的蓝色沉淀，后来证实这就是酞菁颜料。在 20 世纪 30 年代早期，Linstead 及其合作者合成了许多酞菁颜料。自 1933 年确定酞菁颜料的化学结构以来，已有 40 种以上金属酞菁和数千种酞菁化合物被合成。工业生产上占重要地位的是酞菁铜，其次为酞菁钴和酞菁镍。1935 年，伦敦皇家学院的 J. Monteath Robertson 用升华法得到了可供 X 射线衍射研究的单晶，从而使酞菁颜料成为第一个以 X 射线衍射方法被证实其分子结构特征的有机化合物。酞菁颜料环组成二维共轭 π-电子体系，在此体系中，18 个 π-电子分别于内环 C—N 位，在红光区，酞菁颜料具有强烈的吸收；其固态颜色依据中心原子、晶型、颗粒大小不同，可在深蓝色到金属铜和绿色之间变化。

　　由于酞菁颜料是由 van der waals 构成的分子，存在各种各样的堆积方式，Iwatsu 认为酞菁颜料分子堆积是柱状平面结构，在一个酞菁颜料柱内，其作用力主要来自第一临近位。由于酞菁颜料化合物的热稳定性（在空气中加热到 400～500℃不发生明显分解），加上酞菁颜料化合物种类的多样性和其表现出的优异性能，使得酞菁颜料的基础和应用研究得以广泛进行。酞菁颜料具有优良的性能、制造方便、价格低廉等特点。因此，在颜料工业上的比例迅速上升，目前已占有机颜料总量的 25%。

1　酞菁颜料的结构及性能

（1）酞菁颜料的化学结构　　1927 年，Diesbach 等以邻二溴苯、氰化亚铜和吡啶加热反应得到蓝色物质，1933 年 Linstead 及同事确定了该类化合物的化学结构，并定名为酞菁（Phthalocyanine）。酞菁的化学结构是含有四个吡咯而具有四氮杂结构的化合物，与天然的叶绿素 A 和血红素的结构具有类似之处。酞菁的基本结构为：

无金属酞菁　　　　　　　金属酞菁

金属酞菁（MPc）有多种合成方法，主要有苯酐-尿素法、邻苯二腈法、1,3-二亚氨基异吲哚法和金属酞菁置换法。

式中，M 为金属；MPc 为金属酞菁。

$$Li_2Pc + MX_2 \xrightarrow{\text{溶剂}} MPc + 2LiX \text{（金属酞菁置换法）}$$

（2）酞菁的主要性能　　酞菁可以离子键方式与活泼金属如钠、钾、钙、钡等结合，这类金属酞菁几乎不溶于一般有机溶剂。酞菁还可以配位键方式与铜、镍、钴、锌、铁、铂、铝、钒等结合，这些金属酞菁能在 400～500℃真空（或惰性气体）中升华而不发生变化。由于酞菁铜稳定且易制备，所以大量用于有机颜料和染料工业。

酞菁一般不溶于水，但能溶于浓硫酸、磷酸、氯磺酸中形成酸式盐。所有酞菁都能被强氧化剂（如 $KMnO_4$、HNO_3）氧化而破坏。

2 酞菁蓝

酞菁蓝是典型的酞菁类颜料。酞菁蓝主要组成是细结晶的铜酞菁，由于其多晶型性形成多种品种，主要品种有亚稳 α 型酞菁蓝（国产的酞菁蓝B、酞菁蓝 BX）、抗结晶 α 型酞菁蓝（国产的酞菁 BS）、β 型酞菁蓝（国产的酞菁蓝 BGS、酞菁蓝 4GN）、抗结晶抗絮凝 β 型酞菁蓝和 ε 型酞菁蓝。

酞菁蓝为红光深蓝色粉末，具有鲜明的蓝色，且具有优良的耐光、耐热、耐酸、耐碱和耐化学品性能。着色力强，为铁蓝的 2 倍、群青的 20 倍。极易扩散和加工研磨。不溶于水、乙醇和烃，溶于 98% 浓硫酸。遇浓硫酸为橄榄色溶液，稀释后生成蓝色沉淀。酞菁蓝广泛用于油墨、印铁油墨、绘画水彩、涂料、涂料印花及橡胶、塑料制品等着色。酞菁蓝在工业上通常采用苯酐-尿素法或邻苯二腈法。类似的方法和工艺条件也可用于其他酞菁颜料的生产。

(1) 苯酐-尿素法

① 烘焙法　将苯酐、尿素、氯化亚铜、钼酸铵按一定比例混合均匀，在反应锅中加热熔化（130～140℃），然后装入金属盘内，放入密闭的烘箱内加热，在 240～260℃保温数小时，冷却后出料得酞菁蓝粗品。例如，将邻苯二甲酸酐 35kg，氯化亚铜 6.9kg、尿素 60kg 和钼酸铵 1kg 放入反应锅中，加热至 140℃，使其熔化，搅拌均匀。然后分装在金属盘内，送入电热烘箱，升温至 240～260℃，保温 4～5h，冷却后出料，得含量 60% 左右的产品 44～46kg。然后经酸洗和碱洗得到 90%～92% 的产品，收率 75%～80%。

烘焙法的产品的色光不及溶剂法，但烘焙法工艺简单，能耗低。

② 溶剂法　溶剂法是当前国内外普遍采用的生产粗酞菁的方法，收率一般可达 90%～92%。常用的溶剂有硝基苯、邻硝基甲苯、三氯化苯、煤油、烷基苯等。使用较多的有硝基苯和三氯化苯。常用的铜盐有氯化亚铜、氯化铜、硫酸铜等。催化剂的品种对收率影响较大。在同等条件下，不同催化剂的收率（%）为：

钼酸铵	96	钒酸钾	40
磷钼酸	92	三氯化铁	60
氧化钼	78	氯化铵	51.2
氧化锑	75	一氧化铅	65
氧化锌	51	硼酸	26.3

粗酞菁蓝的溶剂法生产一般在常压下进行，反应温度 190～210℃，反应时间 16～24h，反应为无水操作。例如，取 500 份邻苯二甲酸酐、1050 份尿素、100 份氯化亚铜和 1500 份三氯化苯，搅拌加热至 130℃，分小量加入无水三氯化铁 50 份和无水三氯化铝 125 份的混合物，然后升温至 180～200℃，保温反应 7h。回收溶剂，得到粗酞菁蓝，收率 98%。

(2) 邻苯二腈法

① 烘焙法　将邻苯二腈和氯化亚铜混匀，装入铁盘内，送入用蒸汽加热的密闭烘箱，加热驱除部分空气。待升温至 140℃时，发生放热反应，生产粗酞菁蓝。反应时产生的升华物和烟雾，经排气口排出，用水喷淋除去。冷却过夜，出料得粗酞菁蓝，收率 90%～93%。

② 溶剂法　邻苯二腈和铜盐（氯化亚铜或氯化铜）、催化剂（钼或钛、铁化合物）在氨气饱和的溶剂（硝基苯或三氯苯）中一起加热到 170～220℃，在 10～20min 内生成酞菁蓝，过滤，用溶剂洗涤，水洗，干燥得粗酞菁蓝。例如，将 14.8 份氯化亚铜分散于 200 份硝基苯中，通氨气至饱和，升温至 20～40℃，加入邻苯二腈 80 份和钼酸 0.25 份，搅拌升温至 140℃。反应物由绿色变为黄色，逐渐变成红褐色，当温度达 145～150℃时，开始放热并生成粗酞菁蓝。升温至沸，搅拌 10～20min，趁热过滤，滤饼用 200 份 100℃硝基苯洗涤，再用 260 份甲醇及 15 倍热水洗粗品，得到粗酞菁蓝，收率 97.2%。

(3) 酞菁蓝的颜料化加工　粗酞菁蓝进行颜料化加工是为了改变晶型、提高纯度和着色力。工业上常用酸处理法和盐磨法对酞菁蓝进行颜料化加工。

① 酸处理法　将粗酞菁蓝溶于 98% 以上的浓硫酸中，然后用水稀释，使酞菁蓝析出。此法称为酸溶法。如果使用 70% 硫酸，粗酞菁蓝不能溶解，只生成细结晶的铜酞菁硫酸盐悬浮液，然后用水稀释，使酞菁蓝析出，该法称为酸胀法（Acid Slurry Process）。两种酸处理法都生成 α 型酞菁蓝，晶体大小一般为 0.01～0.02μm。

例如，将 100kg 粗酞菁蓝溶解于 700～1000kg 98% 硫酸中，搅拌，于 30～40℃酸溶 4～10h，加入二甲苯 20～30kg，升温至 70℃，使二甲苯磺化，冷却至 15～20℃，放至 2000～4000L 水中，析出沉淀，过滤，漂洗，干燥得亚稳 α 型酞菁蓝（酞菁蓝 BX）90kg 左右。

② 盐磨法　盐磨法是将粗酞菁蓝与无机盐一起研磨，使晶体减小到 0.01～0.02μm，用水溶解无机盐，便得到酞菁蓝。研磨时加入有机溶剂便得到 β 型酞菁蓝（酞菁蓝 FGX）。研磨时不加有机溶剂或加入极性物质（如乙酸、甲酸）则生成 α 型酞菁蓝。

作为助磨剂的无机盐有食盐、无水硫酸钠、无水氯化钙等。常用的有机溶剂有甲乙酮、甲苯、二甲苯、邻二氯苯、N,N'-二甲基苯胺、四氯乙烯、乙二醇、二聚乙二醇等。

盐磨法又分为球磨法和捏合法。

球磨法：将粗酞菁蓝（60% 左右）10kg，加入无水氯化钙 12～20kg，二甲苯 0.8～1.2kg，钢珠 70～90kg，在立式搅拌球磨机中研磨 3～4h 后取出，用 3% 盐酸热处理，过滤，漂洗，再用 3% 碱液热处理，过滤，漂洗，干燥后得 6kgβ 型酞菁蓝。

捏合法：将粗酞菁蓝（92% 左右）400kg、干燥食盐细粉（250～300 目）1600～2000kg、二聚乙二醇 300～400kg，捏合 6～8h。捏合时要求物料黏结成坚硬的块状，否则捏合效率会大大降低。取出物料，用水溶解，过滤，漂洗，滤液用真空浓缩回收食盐和二聚乙二醇，循环套用，回收率 95% 以上。滤饼用 3% 盐酸热处理，经过滤，漂洗，干燥，得 360kgβ 型酞菁蓝（酞菁蓝 FGX）。

3　酞菁绿

酞菁绿是多卤代铜酞菁，其中的卤原子主要为氯和溴，多溴代铜酞菁比多氯代铜酞菁色光偏黄相。酞菁绿与酞菁蓝一样具有优良的性能，是重要的绿色颜料。常见的商品有酞菁绿 G（含氯原子 14～15 个）、酞菁绿 3G（含溴原子 4～5 个、氯原子 8～9 个）、酞菁绿 6G（含溴原子 9～10 个、氯原子 2～3 个）。

酞菁绿 G 为深绿色粉末。颜色鲜艳，着色力强。不溶于水和一般溶剂。在浓硫酸中为橄榄绿色，稀释后为绿色沉淀。耐晒和耐热性能好。用于涂料、油墨、塑料、橡胶、文具用品的着色。

工业上，粗酞菁绿由粗酞菁氯代（或溴代）制成。其氯代反应一般在无水三氯化铝、氯化钠的低熔物中，以铜盐为催化剂，在 180～220℃时通氯进行氯化。氯代也可在惰性溶剂如三氯苯、硝基苯、四氯化碳中进行。酞菁蓝在氯代反应的起始阶段，反应较快，因此通氯流量可稍快。当取代的氯原子达 8 个以后，氯代反应速率减慢，通氯流量也要相应减小。氯代反应的终点是检查反应生成物的颜色，参照通氯总量来判断。氯化锅一般采用搪玻璃锅，装有热载体的加热和冷却系统。氯气在进入氯化锅以前要经过浓硫酸干燥，防止水分带入。反应生成的尾气用水吸收，制成副产物盐酸。氯代反应完成后，将物料放入水中，加盐酸，加热煮沸，过滤，漂洗，得粗酞菁绿滤饼。

操作：将 120kg 约 90% 的粗酞菁蓝投入氯化锅中，加入 400kg 无水三氯化铝、100kg 氯化钠、10～12kg 氯化铜，加热至 180℃，使之熔化，搅拌，将经硫酸干燥的氯气通入氯化锅中，控制反应温度 180～220℃，氯气流量先快后慢，通氯总量 300～360kg。氯代终点由取样检查生成物的色光而定。氯代反应结束后，将物料放入 2500～3000L 水中，加盐酸 80～100kg，加热煮沸，过滤，漂洗，即得粗酞菁绿滤饼。

将粗酞菁绿滤饼加水 2000L 打浆，加入二氯苯 150～200kg，搅拌吸附，使物料成粒状。通入蒸汽，蒸出二氯苯，过滤，洗涤，干燥得颜料化的酞菁绿 G 约 215kg。

D001　酞菁蓝 B

【英文名】 Phthalocyanine Blue B；C. I. 74160

【登记号】 CAS [147-14-8]

【别名】 C. I. 颜料蓝 15；酞菁蓝；精制酞菁蓝；酞菁蓝 PHBN；4352、4402 酞菁蓝；C. I. 45170：2；Cyamine Blue BB；Cyamine Blue BF；Cyamine Blue GC；Cyamine Blue HB；Cyamine Blue LB；Helio Fast Blue B；Helio Fast Blue BB；Helio Fast Blue BF；HelioFast Blue BBN；Hello Fast Blue BT；Helio Fast Blue GO；Helio Fast Blue GOT；Helio Fast Blue HB

【分子式】 $C_{32}H_{16}CuN_8$

【分子量】 576.08

【结构式】

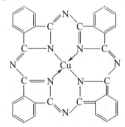

【性质】 本品为红光深蓝色粉末，属于不稳定的 α-型铜酞菁颜料。相对密度 1.50～1.79，吸油量 30～80g/100g。不溶于乙醇、水和烃类。色泽鲜艳，着色力高，为群青的 20～40 倍，具有优良的耐热和耐晒性能，颗粒细，极易扩散，具研磨性能。溶于浓硫酸呈橄榄色溶液，稀释后生成蓝色沉淀。

【质量标准】（GB 3674）

外观	红光深蓝色均匀粉末
色光	与标准品近似
着色力/%	为标准品的 100 ± 5
挥发物含量/%	≤1.5
水分含量/%	≤2.0
水溶盐含量/%	≤1.5
吸油量/%	40 ± 5
细度(过80目筛余量)/%	≤5.0
耐晒性/级	7～8
水渗透性/级	5
油渗透性/级	5
耐酸性/级	5
耐碱性/级	5
石蜡渗透性/级	5
耐热性/℃	200

【制法】 1. 生产原理

以三氯苯为溶剂，邻苯二甲酸酐与尿素在氯化亚铜、钼酸铵存在下于 $160 \sim 205℃$ 经氨化缩合成环得粗酞菁蓝，再经精制、颜料化后得到产品。

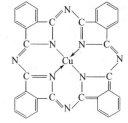

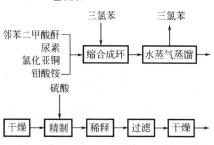

2. 工艺流程

```
            三氯苯        三氯苯
邻苯二甲酸酐   ↓           ↓
尿素     →  ┌──────┐   ┌──────────┐
氯化亚铜     │缩合成环│ → │水蒸气蒸馏│
钼酸铵       └──────┘   └──────────┘
  ↓
硫酸

┌────┐  ┌────┐  ┌────┐  ┌────┐  ┌────┐
│干燥│←│精制│←│稀释│←│过滤│←│干燥│←
└────┘  └────┘  └────┘  └────┘  └────┘

┌────┐
│粉碎│ → 成品
└────┘
```

3. 技术配方

邻苯二甲酸酐(工业品)	993kg/t
硫酸(98%)	790kg/t
尿素(工业品)	1460kg/t
二甲苯(工业品)	146kg/t
氢氧化钠(30%)	2406kg/t
氯化亚铜(工业品)	186kg/t
钼酸铵(工业品)	12kg/t
拉开粉(工业品)	33kg/t
邻苯二甲酸二丁酯(工业品)	18kg/t
发烟硫酸(含 SO_3 20%)	68kg/t
三氯苯(工业品)	360kg/t

4. 生产设备

缩合锅，水蒸气蒸馏锅，薄膜干燥器，酸溶锅，稀释锅，干燥箱，研磨机。

5. 生产工艺

（1）溶剂法 在缩合锅中加入 2500kg 三氯苯、1051kg 邻苯二甲酸酐和 863kg 尿素，加料完毕，升温到160℃保温 2h 后再次加入 1540kg 三氯苯、762kg 尿素和 207kg 氯化亚铜，然后升温至 170℃保温 3h，第三次加入 780kg 三氯苯和 12kg 钼酸铵，在 5～6h 内升温到 205℃，保温 5～6h，物料进入蒸馏锅，加入 540kg 30%氢氧化钠，用直接蒸汽蒸出三氯苯，用水漂洗 5～6 次，直至 pH 值为 7.5，物料经干燥得到粗酞菁蓝约 1125kg。在酸溶锅内加入 1000kg 98%硫酸，在搅拌下，加入 159kg 粗酞菁蓝，在 40℃保温 4h，再加入 20kg 二甲苯，加热到 60～70℃，保温 20min，然后在 1h 内冷却到 24℃，用含有 2.4kg 拉开粉的 4700L 冷水稀释，搅拌 0.5h，经静止分层后吸去上层废酸。重复上述三次后用 30%氢氧化钠中和到 pH 值为 8～9，加入 2.4kg 拉开粉、2.4kg 邻苯二甲酸二丁酯，经搅拌均匀后，用直接蒸汽煮沸 0.5h，经过滤、水洗，最后经干燥、粉碎、拼混得酞菁蓝 B（α型酞菁蓝）。

（2）固相熔烧法　将 90kg 尿素（纯度为 98.6%）加至反应锅中，再将 50kg99%邻苯二甲酸酐加入，搅拌下用直接火加热至 120～130℃使之完全熔化，加入 1.3kg 细粉状钼酸铵和 8.5kg 氯化亚铜，物料稍带蓝绿色，在 130～140℃有大量气泡生成，物料逐渐变яй。将物料移出置于搪瓷盘中，物料厚度 5～6cm，待固化后盖好，移到预热至 100℃的焙烧炉中，各料盘相距 2cm，关闭焙烧炉，用直接火以每小时升温 20℃的速度加热，大约 5h 后，升到内温为 230℃，在 220～230℃保温 8h，降温冷却到 50℃，出料，粉碎，得粗品酞菁蓝。产品精制与溶剂法相同。

（3）固相法　将 225kg 邻苯二甲酸酐、360kg 尿素、40kg 氯化亚铜及 7.2kg 钼酸铵依次加入固相反应炉中，炉内放置直径 10cm 的铜球 70 个。然后盖紧炉口，装好出气管路和疏通出气口导管，防止升华物堵塞。加热升温至 110℃，保温 4h，再以每小时 10℃的速度升温至 170℃，再升温至 190℃，反应 6～8h。反应完毕冷却 1～3h，停机放料得粗产物。

在酸溶锅中加入 850kg 98%浓硫酸，搅拌下加入 135kg 粗品酞菁蓝，在 40℃下保温搅拌 4h。加入 17kg 二甲苯，升温至 70℃，保温 15min，慢慢冷却至 24℃，稀释于含有 2kg 拉开粉的 4000L 水中，温度 20℃，搅拌 0.5h，静置，吸出上层废酸，反复进行三次，再以 30%氢氧化钠溶液中和至 pH 值为 8～9，加入 2kg 拉开粉和 2kg 邻苯二甲酸二丁酯，搅拌 2h，以直接蒸汽煮沸 0.5h，过滤，水洗至不含硫酸根离子，干燥得 118kgα 型酞菁蓝（酞菁蓝 B）。

【用途】　广泛用于油墨、印铁油墨、涂料、绘画水彩、油彩颜料、涂料印花以及橡胶塑料制品的着色；还用于文教用品及合成纤维原浆的着色，可单独使用，也可拼色。一般用量为 0.02%。

【生产单位】　北京染料厂，天津市东鹏工贸有限公司，天津油墨厂，天津油漆厂颜料分厂，天津大沽颜料厂，上海雅联颜料化工有限公司，上海捷虹颜料化工集团有限公司，上海染化厂，上海金山染化厂，上海染化十二厂，上海油墨股份有限公司，杭州映山花颜料化工有限公司，上虞市东海精细化工厂，无锡新光化工有限公司，杭州红妍颜料化工有限公司，浙江萧山颜料厂，上虞舜联化工有限公司，石家庄市力友化工有限公司，常州北美化学集团有限公司，昆山市中星染料化工有限公司，江苏镇江颜料厂，江苏通州有机化工厂，江苏如东振兴化工厂，江苏扬州双乐颜料化工公司，江苏宜兴新兴化工公司，江苏盐城颜料厂，江苏东台颜料厂，江苏常州东方化工厂，甘肃甘谷油墨厂，辽宁沈阳有机颜料联合化工厂，安徽池州烧碱厂，山东蓬莱新光颜料化工公司，山东蓬莱颜料厂，安徽休宁县黄山颜料厂，河北黄骅中捷染化厂，河北南宫化工三厂，河北深州化工厂，河北美利达颜料工业有限公司，山东新泰染化厂，山东德川凯达实业公司，四川重庆染料厂。

酞菁蓝 BX

【英文名】 Phthalocyanine Blue BX

【登记号】 CAS [147-14-8]

【别名】 C. I. 颜料蓝 15；6001 酞菁蓝 BX；4322 酞菁蓝 BX；颜料酞菁蓝 BX；C. I. 45170：2；C. I. 74160；Cyanine Blue GC；Cyanine Blue LB；Hello Fast Blue BF；Hello Fast Blue BT；Monastral Blue B；Monastral Blue BX；Vynamon Blue BX

【分子式】 $C_{32}H_{16}CuN_8$

【分子量】 576.08

【结构式】

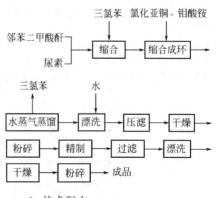

（α型）

【质量标准】（HG 15-1136）

外观	红光蓝色粉末
色光	与标准品近似
着色力/%	为标准品的 100±5
水分含量/%	≤1.5
水溶物含量/%	≤1.5
吸油量/%	35.0～45.0
细度（过 80 目筛余量）/%	≤5.0
水渗透性/级	5
油渗透性/级	5
耐酸性/级	5
耐碱性/级	5
石蜡渗透性/级	5
耐晒性/级	8
耐热性/℃	200

【性质】 本品为红光深蓝色的鲜艳粉末，属不稳定 α 型铜酞菁。结构与酞菁蓝 B 相同，但生产工艺、色、光、着色力和使用性能不同。色光鲜艳，着色力强，具有优良的耐酸性、耐碱性、耐热和耐晒性。不褪色，抗化学性强，颗粒细，易扩散，易加工研磨。不溶于水、乙醇和其他有机溶剂，可溶于浓硫酸。

【制法】

1. 生产原理

邻苯二甲酸酐与尿素在氯化亚铜、钼酸铵存在下缩合成环得粗酞菁铜 BX，经精制等后处理得成品。

2. 工艺流程

3. 技术配方

邻苯二甲酸酐(工业品)	1132kg/t
尿素(工业品)	1700kg/t
硫酸(98%)	8440kg/t
氢氧化钠(30%)	4500kg/t
邻苯二甲酸二丁酯(工业品)	13kg/t
二甲苯(工业品)	370kg/t
三氯苯(工业品)	230kg/t
钼酸铵(工业品)	15kg/t
氯化亚铜(工业品)	220kg/t

4. 生产设备

缩合锅，水蒸气蒸馏锅，稀释锅，漂洗锅，过滤器，粉碎机，酸溶锅，漂洗锅，打浆锅，压滤机，干燥箱，研磨机。

5. 生产工艺

在缩合锅中加入 2000kg 三氯苯、413kg 邻苯二甲酸酐和 308kg 尿素，加热至 180℃ 搅拌溶解，再加入 308kg 尿素、81.3kg 氯化亚铜，经溶解后加入 5.3kg 钼酸铵逐步升温到 200～210℃，保温 5～6h，制得缩合物转入水蒸气蒸馏锅内，加入 67kg 30% 氢氧化钠，通入水蒸气蒸出三氯化苯（三氯化苯回收循环使用），加入热水漂洗，移去上层废液后再加入 200kg 30% 氢氧化钠，再次用水蒸气直接蒸馏，用热水第二次漂洗，直至溶液 pH 值为 7.5 左右即为终点（此时物料呈颗粒状），最后移去上层废液，水蒸气蒸馏至物料中无三氯苯为止，经过滤，滤饼干燥，粉碎得粗酞菁蓝 400kg。酸溶锅内加入 2800kg 98% 硫酸、400kg 粗酞菁蓝，开始搅拌，酸溶 9～10h，再加入 100kg 二甲苯升温到 65～75℃，混合 20min，再冷却到 15℃，将物料放入溶解有 5kg 拉开粉 BX 的 1000L 水中，经混合 0.5h 进行过滤、水漂洗，得到的滤饼与 200kg 15% 氨水、5kg 拉开粉 BX 和 5kg 邻苯二甲酸二丁酯于 90～100℃ 下混合 1.5～2h 后，经过滤、水漂洗，滤饼干燥，最后经粉碎得酞菁蓝 BX。

【用途】 用于油墨、塑料、橡胶、乳化漆、漆布、漆纸、人造革、涂料、印花、文教用品和合成纤维原浆的着色。

【生产单位】 江苏常州东方化工厂，江苏扬州双乐颜料公司，河北深州化工厂，常州北美化学集团有限公司，无锡市泽辉化工有限公司，江苏双乐化工颜料有限公司，江苏双乐化工颜料有限公司，开封市中和化工有限责任公司，南通新盈化工有限公司，无锡新光化工有限公司，杭州红妍颜料化工有限公司，浙江萧山颜化厂，上虞舜联化工有限公司，石家庄市力友化工有限公司，昆山市中星染料化工有限公司，北京染料厂，上海染化十二厂，江苏镇江颜料厂，河北美利达颜料工业有限公司，无锡新光化工有限公司。

D003　酞菁蓝 BS

【英文名】 Phthalocyanine Blue BS

【登记号】 CAS [112239-87-1]；C. I. 74160，α 型

【别名】 C. I. 颜料蓝 15：1；4303 稳定型酞菁蓝 BS；6003 稳定型酞菁蓝 BS；4353 稳定型酞菁蓝；Microlith Blue GS-T；Fastogen Blue 5050；Euvingl Blue 69-0202

【分子式】 $C_{32}H_{15}ClCuN_8$

【分子量】 610.52

【结构式】

【质量标准】

外观	艳蓝色粉末
色光	与标准品近似
着色力/%	为标准品的 100±5
水分含量/%	≤1.5
水溶物含量/%	≤1.5
吸油量/%	35±5
细度(过80目筛余量)/%	≤5.0
耐晒性/级	7~8
耐热性/℃	200
水渗透性/级	5
油渗透性/级	5
耐酸性/级	5
耐碱性/级	5
石蜡渗透性/级	5

【性质】 本品为艳蓝色粉末。熔点480℃，相对密度1.42~1.80。不溶于水和乙醇，几乎不溶于有机溶剂。色光鲜艳，着色力强，耐热性优良。对酸碱具有良好的稳定性。

【制法】

1. 生产原理

首先，邻苯二甲酸酐与尿素缩合得苯二腈，再与氯化亚铜进一步缩合得粗酞菁。精制后在硫酸介质中以碘为催化剂与氯发生低度氯化得 α-氯化铜酞菁，再与酞菁蓝 BX 拼混。

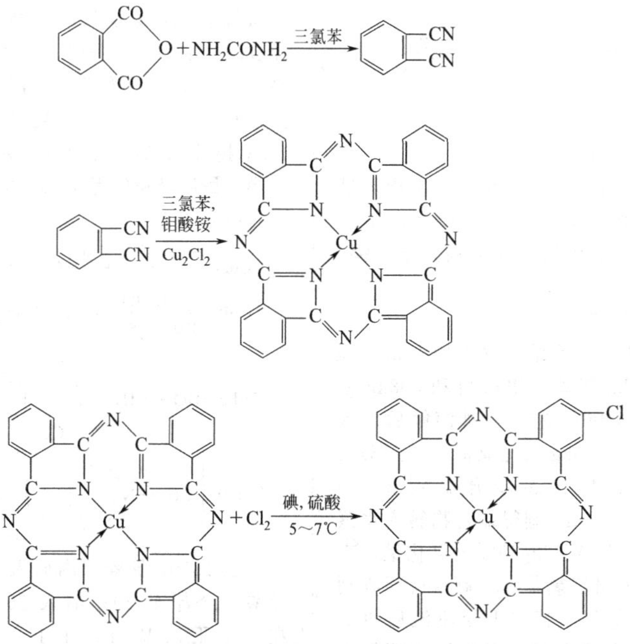

2. 工艺流程

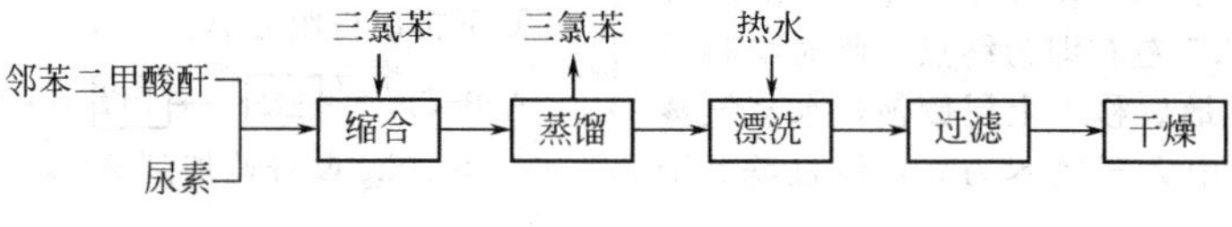

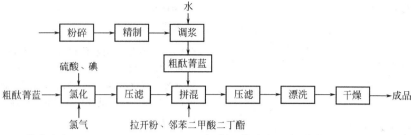

3. 技术配方

邻苯二甲酸酐(工业品)	1132
硫酸(98%)	9590
氢氧化钠(30%)	3080
邻苯二甲酸二丁酯(工业品)	13
二甲苯(工业品)	372
尿素(工业品)	1690
氯化亚铜(工业品)	220
钼酸铵(工业品)	15
三氯苯(工业品)	230
发烟硫酸(20% SO_3)	3000
拉开粉(工业品)	20

4. 生产设备

缩合锅,水蒸气蒸馏锅,漂洗锅,过滤器,粉碎机,酸溶锅,稀释锅,压滤机,调浆锅,氯化锅,打浆锅,漂洗锅,干燥箱。

5. 生产工艺

(1)工艺一 在缩合锅中加入2000kg三氯苯、413kg邻苯二甲酸酐和308kg尿素,经加热到180℃左右搅拌溶解后加入308kg尿素和81.3kg氯化亚铜,经溶解后加入5.3kg钼酸铵逐步升温到200~210℃,保温5~6h,制得缩合物转入水蒸气蒸馏锅内,加入67kg30%氢氧化钠,直接通入蒸汽煮出三氯苯(三氯苯可回收利用),加热水漂洗,移去上层废液后再加入200kg30%氢氧化钠,再次用水蒸气直接蒸馏,用热水第二次漂洗,直至溶液pH值为7.5左右即为终点(此时物料呈颗粒状)。最后移去上层废液,水蒸气蒸馏至物料中无三氯苯为止,经过滤、干

燥、粉碎得到粗酞菁蓝400kg。在酸溶锅中加入2800kg98%硫酸和400kg粗酞菁蓝,在35~40℃下搅拌溶解9~10h,加入100kg二甲苯在70℃混合15.20min,然后将物料放入溶有5kg拉开粉的水中,经过滤、水漂后溶于15%氨水调成浆状物A。在氯化锅中,加入粗品酞菁蓝、硫酸,在35~40℃搅拌2h,加入碘粉,于5~7℃通入氯气氯化,除氯后,将物料放入水中,经过滤、水漂,滤饼用15%氨水调成浆状物B。将A,B两种浆状物混合,加入5kg拉开粉、5kg邻苯二甲酸二丁酯于90~100℃搅拌2h后,经过滤、水漂洗,滤饼干燥,最后经粉碎430kg酞菁蓝BS。

(2)工艺二

$$CuPc \xrightarrow[\text{99\% } H_2SO_4]{H_2O} \text{酸溶酞菁蓝(A)}$$

$$CuPc \xrightarrow[\text{100\% } H_2SO_4]{HCHO} \text{酞菁蓝甲醛缩合物(B)}$$

CuPc+HO—CH₂—N⟨CO⟩⟨CO⟩苯 $\xrightarrow{H_2SO_4}$

(CuPc)—[CH₂—N⟨CO⟩⟨CO⟩苯]ₙ , n=0.2~2(C)

在1500L搪瓷锅内放入1200kg100%硫酸,冷却至20℃加入200kg酞菁蓝,在45℃下保温4h,在1~1.5h内加入67kg二甲苯,升温至75℃,保温1h,在25℃下析出得组分A。

(A+B+C) ---混合→ 过滤 ---→ 干燥 ---→ 酞菁蓝BS

将20kg酞菁蓝加到200kg100%硫酸

中，温度低于 30℃将 5.4 比 37%甲醛溶液滴入，加完后搅拌 0.5h，在 1.5h 内将温度升至 90～95℃，保温 3h 后生成酞菁蓝甲醛缩合物（B）。

在 20kg 酞菁蓝中加至 280kg100%硫酸中，保持温度低于 30℃。在 1.5h 内升温至 55℃，保温 1.5h 后，加入 N-羟甲基苯二甲酰亚胺，并在 1.5h 内升温至 85℃，保温 2.5h 后，再于 2h 内加入 40kg 二甲苯，保温反应 1h，生成 N-羟甲基苯二甲酰亚氨基酞菁蓝（C）。

拼混：在析出锅中放入规定量的水，在低于 40℃的条件下先后将 N-羟甲基苯二甲酰亚胺酞菁蓝（C）、酸溶酞菁蓝（A）及酞菁蓝甲醛缩合物（B）析出，搅拌混合 2h，温度升到 70℃，压滤，水洗，打浆，进行喷雾干燥，制得稳定 α-型铜酞菁，即酞菁蓝 BS。

【用途】 广泛用于塑料制品、树脂、油漆、油墨、漆布、橡胶制品以及含有机溶剂产品的着色。可单独使用，也可拼色。塑料制品着色用量一般为 0.02%。

【生产单位】 山东蓬莱新光颜料化工公司，天津市东鹏工贸有限公司，常州北美化学集团有限公司，无锡市泽辉化工有限公司，江苏双乐化工颜料有限公司，江苏双乐化工颜料有限公司，开封市中和化工有限责任公司，南通新盈化工有限公司，无锡新光化工有限公司，杭州红妍颜料化工有限公司，浙江萧山颜料厂，上虞舜联化工有限公司，石家庄市力友化工有限公司，昆山市中星染料化工有限公司，北京染料厂，上海染化十二厂，江苏镇江颜料厂，江苏常州东方化工厂，江苏扬州双乐颜料公司，河北深州化工厂，河北美利达颜料工业有限公司。

D004 酞菁蓝 FGX

【英文名】 Phthalocyanine Blue FGX

【登记号】 CAS [147-14-8]；C.I. 74160，

β 型

【别名】 C.I. 染料蓝 15：3；β 型酞菁蓝；稳定型酞菁蓝；4354 酞菁蓝 BG；4302 酞菁蓝 FBG；4382 酞菁蓝 BGS；Aquadisperse Blue GB-EP；Aquadisperse Blue GB-FG；Fastogen Blue 5320；Fastogen Blue 5375；Fastogen Blue 5381；Fastogen Blue 5380E；Fastogen Blue 5380R；Fastogen Blue 5380-SD；Fastogen Blue TGR；Filofin Blue 4G；Heliogen Blue D7030；Heliogen Blue D7032DD；Heliogen Blue D7035；Heliogen Blue D7070DD；Heliogen Blue D7072D；Heliogen Blue D7089TD；Sandorin Blue 2GIS；Sicofil Blue 7030；Sicoversal Blue 70-8005；Vynaman Blue GFW；Vynaman Blue 4GFW

【分子式】 $C_{32}H_{16}CuN_8$

【分子量】 576.08

【结构式】

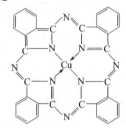

【质量标准】（参考指标）

外观	深蓝色粉末
色光	与标准品近似
着色力/%	为标准品的 100±5
水分含量/%	≤1.0
吸油量/%	50±5
水溶物含量/%	≤1.5
遮盖力（以干颜料计）/（g/m²）	≤20
细度（过 80 目筛余量）/%	≤5
耐晒性/级	7～8
耐热性/℃	200
耐酸性/级	5
耐碱性/级	5
水渗透性/级	5
乙醇渗透性/级	5
二甲苯渗透性/级	5

【性质】 本品为深蓝色粉末。熔点 480℃。相对密度 1.40～1.70。吸油量 30～94g/100g。具有优异的耐晒性、耐热性、耐化学品性和耐渗性。色泽鲜艳，着色力强。

【制法】

1. 生产原理

由邻苯二甲酸酐、尿素、氯化亚铜、钼酸铵缩合得到粗品酞菁蓝。再与氯化钙、精盐和二甲苯研磨，然后经酸碱处理、漂洗、过滤、干燥、粉碎得酞菁 FGX。

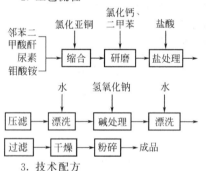

2. 工艺流程

邻苯二甲酸酐、尿素、钼酸铵 → 缩合 ← 氯化亚铜

缩合 → 研磨 ← 氯化钙、二甲苯

研磨 → 盐处理 ← 盐酸

盐处理 → 压滤

压滤 → 漂洗 ← 水

漂洗 → 碱处理 ← 氢氧化钠

碱处理 → 漂洗 ← 水

漂洗 → 过滤

过滤 → 干燥 → 粉碎 → 成品

3. 技术配方

邻苯二甲酸酐	1130
尿素	1690
氯化亚铜	215
钼酸铵	15

4. 生产工艺

在反应锅中加入 1500kg 三氯苯，搅拌下依次加入 310kg 邻苯二甲酸酐、231kg 尿素，在 4h 内升温至 170℃，保温 2h，再加入 231kg 尿素和 61kg 氯化亚铜，在 2h 内升温至 170℃，保温 2h，加入 4kg 钼酸铵，升温至 200℃，保温 6h。反应完毕，物料放至蒸馏锅中，加入 50kg 30%氢氧化钠溶液，用直接蒸汽蒸出三氯苯，呈黏稠状时加入热水漂洗 2h，抽走

上层废液，再加入 150kg 30%氢氧化钠溶液，继续蒸馏直到物料呈颗粒状，加热水漂洗至 pH 值为 7～8，过滤，干燥得粗品酞菁蓝 300kg（纯度约为 90%）。

将 10kg 粗品酞菁蓝与 18kg 无水氯化钙（含量 90%以上）及 1.2L 二甲苯加至立式球磨机中，内置 70～90kg 直径为 4～6mm 的钢球，研磨 2～3h，将物料抽至置有清水的贮槽内，球磨料集中用酸碱进行热煮处理，得粗品酞菁蓝。

将球磨的 210kg 粗品酞菁蓝加入 490kg 30%盐酸中，再加水至总体积为 3600L，加热至 90～95℃，煮沸 9h，过滤，冲洗至碱煮锅中。加水打浆，加入 76kg 氢氧化钠，加水至 3600L，在 90～95℃煮沸 3h，过滤，水洗，干燥得酞菁蓝 FGX 120kg。

【用途】 用于油墨、涂料、塑料制品、文教用品、橡胶制品、漆布、涂料印花等着色。

【生产单位】 天津市东鹏工贸有限公司，天津东湖化工厂，天津光明颜料厂，天津油墨厂，天津海河化工厂，瑞基化工有限公司，杭州映山花颜料化工有限公司，杭州红妍颜料化工有限公司，浙江萧山颜料厂，浙江临海染料厂，上虞舜联化工有限公司，石家庄市力友化工有限公司，中国江苏国际集团，常州北美化学集团有限公司，南通新盈化工有限公司，昆山市中星染料化工有限公司，江苏镇江颜料厂，江苏盐城颜料厂，江苏南京晨光颜料厂，江苏海门黄海化工厂，江苏吴县太平化工厂，江苏昆山光华颜料厂，江苏无锡康乐化工厂，江苏海门颜料化工厂，江苏扬州双乐颜料化工公司，甘肃甘谷油墨厂，北京房山县京津化工厂，安徽休宁万佳颜料厂，江苏常州东方化工厂，上海油墨股份有限公司，上海雅联颜料化工有限公司，上海染化十二厂，山东龙口太行颜料公司，山东德州染料厂，山东蓬莱新光颜料化工公司，山东蓬莱化工厂，江苏东台颜料厂，河北青县光明酞菁蓝厂，沈阳化肥厂，沈阳联合有机厂，河北元氏县化工总厂，河北沧州官厅化工厂，河北深州化工厂，河北深州颜料九厂，河北衡水曙光化工厂，河北黄骅中捷染化工业公司，河北霸州津保化工厂，安徽池州烧碱厂，广东高要县新程精细化工厂，甘肃兰州长河化工厂，河南辉县化工总厂，河北霸州长虹颜料厂，河北南宫第三化工厂，河北美利达颜料工业有限公司，河南濮阳第三化工厂，河南濮阳红光化工厂。

D005　ε型酞菁蓝

【英文名】　ε-phthalocyanine Blue

【登记号】　CAS [147-14-8]；C. I. 74160，ε型

【别名】　Phthalocyanine NCNF；ε-铜酞菁

【染料索引号】　C. I. 颜料蓝 15：6（74160）

【结构式】

X=—(SO₂NHR)₀~₂ → $X=-(SO_2NHR)_{0\sim 2}$

ε型

【质量标准】

外观	深蓝色粉末
色光	与标准品近似
着色力/%	为标准品的 100±5
吸油量/%	35±5
水分含量/%	≤2
水溶物含量/%	≤1.5
遮盖力/(g/m²)	≤20
细度(过 80 目筛余量)/%	≤5
挥发物/%	≤5
耐晒性/级	7~8
耐热性/℃	190
耐酸性/级	5
水渗透性/级	5
石蜡渗透性/级	5
油渗透性/级	5

【性质】　本品为深蓝色粉末，属于磺酰氨代铜酞菁不褪色颜料。色光鲜艳，着色力强。不溶于水、乙醇和有机溶剂。各项牢度性能优异。

【制法】

1. 生产原理

铜酞菁与氯磺酸发生磺酰氯化，然后与有机胺缩合，经后处理得 ε 型酞菁蓝。

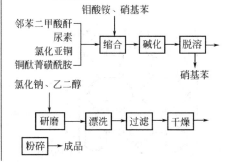

$$X=-(SO_2NHR)_{0\sim 2}$$
$$或 X=-(SO_2NHAr)_{0\sim 2}$$

2. 工艺流程

邻苯二甲酸酐
尿素
氯化亚铜
铜酞菁磺酰胺

钼酸铵、硝基苯

缩合 → 碱化 → 脱溶

硝基苯

氯化钠、乙二醇

研磨 → 漂洗 → 过滤 → 干燥 →

粉碎 → 成品

3. 生产工艺

将18g邻苯二甲酸酐、33g尿素、4.3g氯化亚铜、0.1g钼酸铵以及生成铜酞菁颜料质量7%～10%的铜酞菁磺酰胺衍生物 $[(CuPc)(SO_2NHi\text{-}Pr,SO_3H)_{3\sim4}]$ 加入40mL硝基苯中，搅拌升温至170℃，保温反应15h。反应完毕加入130mL（10%）氢氧化钠溶液，水蒸气蒸馏蒸出硝基苯，过滤水洗至中性，制得粗品 ε 型铜酞菁。

将50g粗品 ε 型铜酞菁，500g氯化钠、少量表面活性剂及乙二醇加到捏合机中，于 90～100℃下捏合 5～6h，水洗，过滤，干燥得 ε 型铜酞菁。

【用途】 用于油墨、涂料、塑料、橡胶及文教用品的着色。

【生产单位】 上海雅联颜料化工有限公司。

D006　油漆湖蓝色淀

【英文名】 Light Resistant Lacquer Sky Blue Lake

【登记号】 CAS［717990-04-7］；C. I. 74180：1

【别名】 C. I. 颜料蓝17；耐晒油漆湖蓝色淀；耐晒湖蓝色淀；4231耐晒油漆湖蓝色淀；2331油漆湖蓝色淀；Sanyo Sky Blue；Shangdament Fast Sky Blue Lake 4230

【分子式】 $C_{32}H_{16}BaCuN_8O_6S_2$

【分子量】 873.53

【结构式】

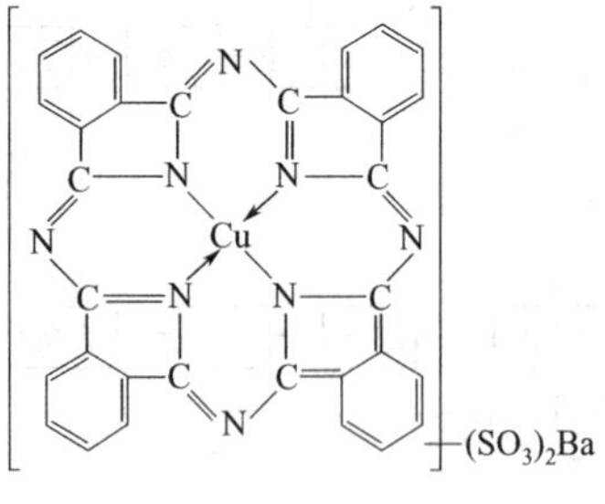

【质量标准】

外观	天蓝色粉末
水分含量/%	≤4.0
吸油量/%	20.0～30.0
细度(过60目筛余量)/%	≤6.0
着色力/%	为标准品的100±5
色光	与标准品近似
耐晒性/级	6
耐热性/℃	≥80
耐酸性/级	3
耐碱性/级	3
水渗透性/级	2
油渗透性/级	4
石蜡渗透性/级	5

【性质】 本品为天蓝色粉末，色光较鲜艳。不溶于水。具有良好的耐热性和耐晒性。遇浓硫酸呈黄光绿色，稀释后呈绿光蓝色（带有蓝光绿色沉淀）。

【制法】

1. 生产原理

首先由氯化钡与硫酸钠制得硫酸钡。直接耐晒翠蓝 GL 与固色剂 Y、乳化剂 A-105、氯化钡反应后，沉淀于硫酸钡载体上。

$$BaCl_2 + Na_2SO_4 \longrightarrow BaSO_4\downarrow + 2NaCl$$

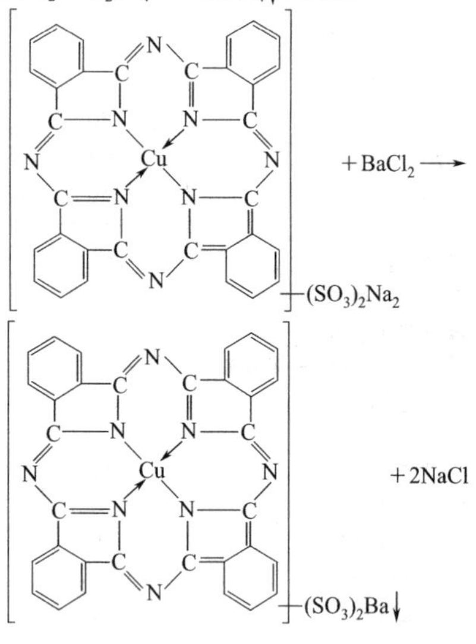

2. 工艺流程

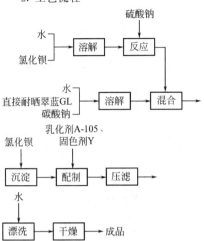

硫酸钠

水
氯化钡 → 溶解 → 反应

水
直接耐晒翠蓝GL → 溶解 → 混合
碳酸钠

乳化剂A-105、
固色剂Y

氯化钡

沉淀 → 配制 → 压滤

水

漂洗 → 干燥 → 成品

3. 技术配方

直接耐晒翠蓝 GL(100%)	15kg/t
乳化剂 A-105(工业品)	25kg/t
碳酸钠(98%)	53kg/t
固色剂 Y(工业品)	57kg/t
氯化钡(98%)	1015kg/t
硫酸钠(96%)	498kg/t

4. 生产设备

溶解锅，反应锅，压滤机，漂洗锅，贮槽，干燥箱。

5. 生产工艺

将 370kg96% 无水硫酸钠溶解于 45℃ 热水中，制得硫酸钠溶液后将其加入由 480kg 氯化钡配制好的氯化钡溶液中进行反应，制得硫酸钡悬浮液。将 30kg 98% 碳酸钠和 120kg 100% 直接耐晒翠蓝 GL 溶解于 2500L 85～90℃ 热水中，并将其加入上述硫酸钡悬浮液中制得混合液。将 320kg 980o 氯化钡溶解于 1800L 85℃ 热水中分批加入上述混合液中，依次加入用水已稀释好的 19kg 乳化剂 A-105 和用水稀释好的 60kg 固色剂 Y。搅拌混合 2～3h 后，经过滤、水漂洗，滤饼于 60～70℃ 下干燥，最后经粉碎得到 848kg 油漆湖蓝色淀。

【用途】 主要用于涂料、橡胶和文教用品的着色。

【生产单位】 上虞舜联化工有限公司，南通新盈化工有限公司，Hangzhou Union pigment Corporation，石家庄市力友化工有限公司，山东省胶州精细化工有限公司，杭州力禾颜料有限公司，上海染化一厂。

D007 耐晒孔雀蓝色淀

【英文名】 Light Resistant Malachite Blue Lake

【登记号】 CAS [717990-04-7]；C. I. 74180：1

【别名】 G. I 颜料蓝 17：1；4230 耐晒孔雀蓝色淀；2360 耐晒孔雀蓝色淀；260 耐晒孔雀绿蓝色淀；2330 耐晒孔雀蓝色淀；4322 耐晒孔雀蓝色淀；Lake Blue 2G；Shangdament Fast Sky Blue Lake 4230

【分子式】 $C_{32}H_{16}N_{18}Cu(SO_3)_2Ba \cdot x Al(OH)_3 \cdot y BaSO_4 \cdot h H_2O$

【结构式】

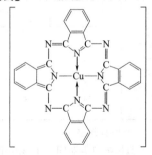

$(SO_3)_2Ba \cdot xAl(OH)_3 \cdot yBaSO_4 \cdot hH_2O$

【质量标准】 (HG 15-1133)

外观	天蓝色粉末
色光	与标准品近似
着色力/%	为标准品的 100±5
吸油量/%	45±5
水分含量/%	≤6

细度(过 80 目筛余量)/%	≤5
耐晒性/级	4~5
耐热性/℃	70
耐酸性/级	4~5
耐碱性/级	1
水渗透性/级	3
油渗透性/级	3
乙醇渗透性/级	5
石蜡渗透性/级	5

【性质】 本品为天蓝色粉末，为酞菁系颜料。不溶于水。透明度较好，色泽鲜艳。质地柔软，具有良好的耐晒性。

【制法】

1. 生产原理

首先硫酸铝与氯化钡在碱性中生成铝钡白，然后铝钡白与直接耐晒翠蓝 GL 发生色淀化，经压滤、漂洗、干燥、粉碎得成品颜料。

$$[CuPc{\cdot}(SO_3Na)_2] + BaCl_2 \longrightarrow$$
$$[CuPc{\cdot}(SO_3)_2]Ba \downarrow + 2NaCl$$
$$BaCl_2 + SO_4^{2-} \longrightarrow BaSO_4 \downarrow + 2Cl^-$$
$$K_2Al_2(SO_4)_4 + 3Na_2CO_3 + 3H_2O \longrightarrow$$
$$2Al(OH)_3 \downarrow + 3Na_2SO_4 + K_2SO_4 +$$
$$3CO_2 \uparrow$$

2. 工艺流程

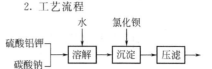

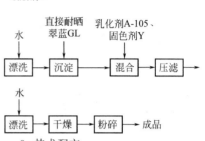

3. 技术配方

（1）消耗定额

直接耐晒翠蓝 GL	33kg/t
氯化钡	850kg/t
精制硫酸铝	950kg/t
碳酸钠(98%)	560kg/t
乳化剂 A-105	50kg/t
固色剂 Y	70kg/t

（2）投料比

原料名称	相对分子质量	物质的量/kmol	投料量		实际用量/kg	物质的量比
			100%用量	工业纯度/%		
明矾	948.8	0.337	320	100	320	1
碳酸钠	106	1.02	108	96	112.5	3.06
芒硝	142	0.282	40	100	40	0.836
直接耐晒翠蓝 GL	779	—	62.4	150	41.6	—
氯化钡	244.3	0.653	160	98	163	0.94
土耳其红油					5	

4. 生产原料规格

（1）直接耐晒翠蓝 GL　直接耐晒翠蓝 GL 又称锡利翠蓝 GL、磺化酞菁、直接耐晒宝石蓝。染料索引号 C.I. 直接蓝 86(74180)。为蓝色粉末。遇浓硫酸呈红光绿色。

强度(分)为标准品的	100±3
水分含量/%	≤4
不溶水杂质含量/%	≤0.5
细度(过 80 目筛余量)/%	≤2

（2）氯化钡　分子式 $BaCl_2 \cdot 2H_2O$，相对分子质量 244.3，相对密度 3.097。为无色有光泽的单斜晶体。溶于水。有毒。

一等品规格：

$BaCl_2 \cdot 2H_2O$ 含量/%	≥98
钙含量/%	≤0.09
水不溶物含量/%	≤0.1
硫化物含量/%	≤0.008

5. 生产设备

反应锅（制 $BaSO_4$），色沉化锅，压滤机（2台），干燥箱，笼式粉碎机。

6. 生产工艺

（1）配料　将明矾以3倍热水溶化，澄清后，清液稀释为2600L，温度46℃。碳酸钠以860L水溶化后，温度40℃。在40~45min 内将碳酸钠均匀加入明矾溶液中，加后搅拌 0.5h，pH 值为 7.8。余碱量滴定在 4.6~5mL，测定方法是以母液 10mL，用 0.1mol/L 盐酸滴定，以甲基橙作指示剂，因酸碱性对色光影响较大。使母液中含有 40kg 硫酸钠，即可备用。

颜料溶液是将颜料以 1000L 温水溶解来制备的，温度 40℃，搅拌到全部溶化，溶液滴于滤纸上没有固体粒子。

氯化钡溶液是将氯化钡以 4 倍水溶化制得的，温度 40℃。

（2）色淀化　将备好的填料放入沉淀锅中，温度 35℃。染料溶液搅拌下加入填料中，加完后，搅拌 15min。再加入氯化钡溶液，时间 0.5h 左右，在加入 2/3 量时，以滤纸做渗圈试验，直到氯化钡的加入量使渗圈试验无色为止，加完氯化钡溶液后，继续搅拌 1h，再加土耳其红油溶液，搅拌 40min，即可压滤。

（3）后处理　经泵将色浆打入压滤机，漂洗后即可卸料于色盘上，在 60℃的干燥箱内干燥磨粉即得产品。

【用途】　用于油墨，尤其适用于三色胶版油墨的制造；也用于水彩、油彩颜料、蜡笔等文教用品及涂料着色。

【生产单位】　上虞舜联化工有限公司，常州北美化学集团有限公司，江苏双乐化工颜料有限公司，安徽三信化工有限公司，大连丰瑞化学制品有限公司，瑞基化工有限公司，南通新盈化工有限公司，无锡新光化工有限公司，石家庄市力友化工有限公司，昆山市中星染料化工有限公司，山东德州染料厂，江苏镇江颜料厂，安徽池州烧碱厂，河北黄骅渤海化工厂，河北黄骅中捷染化工业公司，江苏宜兴邮堂颜化厂，四川重庆染料厂，江苏无锡锡昌颜料公司，河北深州津深联营颜料厂，江苏东台颜料厂，江苏宜兴康乐化工厂，河北深州塘深化工厂，安徽合肥合雅精化公司，安徽休宁县黄山颜料厂，河北衡水曙光化工厂，江苏张家港试剂厂，江苏泰兴环球化工厂，河北南宫第三化工厂，河北安平县化工六厂，河南濮阳红光化工厂，河北文安第三化工厂，沈阳天赋化工厂，江苏常熟树脂化工厂，江苏扬州双乐颜料化工公司，河北深州向阳化工厂。

D008　酞菁绿 G

【英文名】　Phthalocyanine Green G

【登记号】　CAS [1328-53-6]；C. I. 74260

【别名】　C. I. 颜料绿 7；5319 酞菁绿 G；多氯代铜酞菁

【染料索引号】　C. I. 颜料绿 7（74260）

【分子式】　$C_{32}H_{12}Cl_{14~15}CuN_8$

【分子量】　1085.31~1092.75

【结构式】

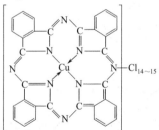

【质量标准】

外观	深绿色粉末
色光	与标准品近似
着色力/%	为标准品的 100±5
水分含量/%	≤2.0
水溶物含量/%	≤1.5
吸油量/%	40±5
细度（过 80 目筛余量）/%	≤5.0
耐晒性/级	7

耐热性/℃	180～200
水渗透性/级	5
油渗透性/级	5
耐酸性/级	5
耐碱性/级	5
石蜡渗透性/级	5

【性质】 本品为深绿色粉末。熔点 480℃。相对密度 1.80～2.47。吸油量 22～62g/100g。不溶于水和一般有机溶剂。在浓硫酸中为橄榄绿色，稀释后生成绿色沉淀。颜色鲜艳，着色力强，耐晒性和耐热性优良，属不褪色颜料，耐酸碱性和耐溶剂性亦佳。

【制法】

1. 生产原理

粗酞菁蓝与三氯化铝、氯化亚铜、氯化钠共熔，于 180～230℃ 通氯气氯化，经稀释、水煮后，用邻二氯苯吸附，脱溶、过滤、干燥、粉碎得酞菁绿。

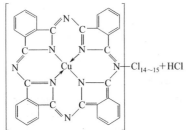

2. 工艺流程

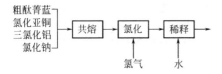

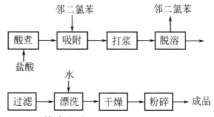

3. 技术配方

邻苯二甲酸酐(工业品)	550kg/t
三氯化苯(工业品)	200kg/t
三氯化铝(工业品)	235kg/t
乳化剂 EL(工业品)	4kg/t
氢氧化钠(30%)	1810kg/t
氯化钠(精制品)	495kg/t
氯化铜(工业品)	82kg/t
松香(特级)	32kg/t
尿素(工业品)	820kg/t
邻二氯苯(工业品)	180kg/t
氯化亚铜(工业品)	185kg/t
液氯(工业品)	190kg/t
钼酸铵(工业品)	7kg/t
盐酸(30%)	615kg/t

4. 生产设备

氯化锅，稀释锅，酸煮锅，吸附锅，蒸馏锅，贮槽，过滤机，干燥箱，粉碎机。

5. 生产工艺

（1）工艺一　粗酞菁蓝的制备见酞菁蓝 B 操作工艺。在氯化锅中，加入三氯化铝、氯化钠、粗酞菁蓝、氯化亚铜，在搅拌下加热到 190～200℃ 共熔，然后通入干燥氯气氯化，氯化温度 220℃，到达反应终点停止通氯，将物料降温到 180℃ 出料。料液放入盛有水的稀释锅内，经搅拌后沉淀分层，移去上层水分，在搅拌下再次加水，沉淀分层吸去上层水后，将物料转入酸煮锅内。在搅拌下加入 30% 盐酸、乳化剂 EL，加热至沸保温 1h，再降温到 65℃ 转入吸附锅中，加入邻二氯苯进行溶剂吸附，此时物料呈粒状。将物料中水分吸除后转入蒸馏锅内，加入 30% 氢氧化钠进行搅拌打浆，加入已溶解好的特级松香、水、30%氢氧化钠和扩散剂NNO，然后通入水蒸气，进行水蒸气蒸馏，直至无邻二氯苯流出为止。将蒸馏好的物料加入一定量水，静止分层移去上层水分后，物料经过滤，水漂洗，滤饼干燥，最后经粉碎得到酞菁绿G。

（2）工艺二　将880kg三氯化铝、220kg氯化钠、220kg粗酞菁蓝及24kg氯化亚铜以交替方式加至预热的氯化锅中，搅拌0.5h，待温度达到190℃时，通入干燥的氯气，通气流量为40kg/h。当通入量为500kg时，降低通气速度至30kg/h，通气量约为650kg时认为到达终点。温度在200～230℃时取样测定终点（试样中滴加1%氢氧化钠溶液，色相为黄光绿），停止通氯，降温至180℃，在0.5h内放料至5000L水中，再补加1000L，搅拌0.5h后静置，虹吸上层废水，再加水9000L，重复虹吸上层水。

在经过两次虹吸水的物料中加入220kg盐酸、11kg乳化剂EL，搅拌升温至沸腾保持2h。加水至总体积为4000L。在65℃下喷入350kg雾状的邻二氯苯，将物料吸附成粒状。停止搅拌，加水至总体积为6500L，静置。虹吸水层后，放入蒸馏锅中，加入500kg30%氢氧化钠溶液，搅拌下加入11kg松香、80L水、5kg30%氢氧化钠溶液及2kg扩散剂NNO的透明热溶液。然后用直接水蒸气蒸馏2～3h至无邻二氯苯流出为止。加水至总体积为6500L，静置6h，虹吸上层水，过滤，水洗至中性，干燥得410kg酞菁绿产物。

【用途】　用于涂料、油墨、树脂、涂料印花、漆布、文教用品、塑料制品和橡胶制品的着色。可单独使用，也可拼色。一般用量为0.05%。

【生产单位】　山东蓬莱新光颜料化工公司，北京染料厂，上海捷虹颜料化工集团有限公司，上海雅联颜料化工有限公司，上海金山染化厂，上海染化一厂，上海油墨股份有限公司，天津市东鹏工贸有限公司，天津染化八厂，天津大沽颜料厂，天津光明颜料厂，杭州映山花颜料化工有限公司，浙江海宁郭店化工厂，杭州新晨颜料有限公司，Hangzhou Union Pigment Corporation，杭州红妍颜料化工有限公司，上虞舜联化工有限公司，常州北美化学集团有限公司，江苏双乐化工颜料有限公司，安徽三信化工有限公司，大连丰瑞化学制品有限公司，瑞基化工有限公司，南通新盈化工有限公司，无锡新光化工有限公司，石家庄市力友化工有限公司，昆山市中星染料化工有限公司，山东德州染料厂，江苏镇江颜料厂，安徽池州烧碱厂，河北黄骅渤海化工厂，河北黄骅中捷染化工业公司，江苏宜兴邮堂颜化厂，四川重庆染料厂，江苏无锡锡昌颜料公司，河北深州津深联营颜料厂，江苏东台颜料厂，江苏宜兴康乐化工厂，河北深州塘深化工厂，安徽合肥合雅精化公司，安徽休宁县黄山颜料厂，河北衡水曙光化工厂，江苏张家港试剂厂，江苏泰兴环球化工厂，河北南宫第三化工厂，河北深州向阳化工厂，河北安平县化工六厂，河南濮阳红光化工厂，河北文安第三化工厂，沈阳天赋化工厂，江苏常熟树脂化工厂，江苏扬州双乐颜料化工公司。

D009 **黄光酞菁绿**

【英文名】　Phthalocyanine Green

【登记号】　CAS［14302-13-7］；C. I. 74256

【别名】　C. I. 颜料绿36

【分子式】　$C_{32}Br_6Cl_{10}CuN_8$

【分子量】　1394

【结构式】

【质量标准】

外观	黄光深绿色粉末
色光	与标准品近似
着色力/%	为标准品的100±5
吸油量/%	40±5
水分含量/%	≤2
细度(过100目筛余量)/%	≤5
水溶物含量/%	≤1.5
耐晒性/级	7～8
耐热性/℃	200

【性质】 本品为黄光深绿色粉末。颜色鲜艳，着色力强。不溶于水和一般溶剂。属于氯溴代不褪色颜料。熔点480℃，相对密度2.31～3.19。吸油量40～46g/100g。

【制法】

1. 生产原理

粗制铜酞菁在无水三氯化铝存在下，与氯气、氯化钠、溴化钠反应生成氯溴代铜酞菁，经颜料化处理，得到黄光酞菁绿。

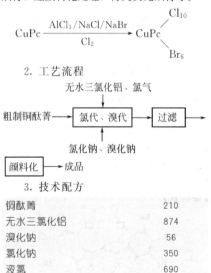

2. 工艺流程

无水三氯化铝、氯气

粗制铜酞菁 → 氯代、溴代 → 过滤 →

氯化钠、溴化钠

颜料化 → 成品

3. 技术配方

铜酞菁	210
无水三氯化铝	874
溴化钠	56
氯化钠	350
液氯	690

4. 生产工艺

(1) 卤代 在卤代锅中，将105kg铜酞菁加至由437kg无水三氯化铝、175kg氯化钠及28kg溴化钠加热到150℃的混合物中，搅拌下通入氯气至恒重，在3h内逐渐升温至190℃，保温搅拌反应19h，再通入248L氯气。反应完毕，将此熔融反应物倒入110L盐酸与4500L冷水中，过滤、水洗至不含游离酸，在100℃下干燥，制得214kg氯溴代铜酞菁。

(2) 颜料化 将上述制得的10kg固体产物加至120L 96%硫酸中，在0～5℃下搅拌16h，然后在70～75℃搅拌下倒入1000L水中，过滤，干燥，制得低溴化的氯溴代铜酞菁（分子中含1.2个溴原子及14个氯原子）。增加反应物溴化钠的物质的量比，可提高产物分子中溴原子的含量，如含5.9个溴原子及9.8个氯原子的黄光酞菁绿产品。

【用途】 用于涂料、油墨、塑料、橡胶、涂料印花浆、漆布等着色。

【生产单位】 上海捷虹颜料化工集团有限公司，上海雅联颜料化工有限公司，镇江市金阳颜料化工有限公司，上海染化一厂。

D010　C. I. 颜料蓝 15：2

【英文名】 C. I. Pigment Blue 15：2

【登记号】 CAS [147-14-8]；C.I.74160

【别名】 α-型抗絮凝抗结晶酞菁蓝；酞菁蓝 NCF；酞菁蓝 NCNFA1；酞菁蓝 NC-NFA2；Fastagen Blue GP, GP-100, GP-100A, KA-2R, KA-3R, KA-4R, 5030L, 5030-S（DIC）；Heliogen Blue D 6871DD, D6875T, FK6853F, FK6880F, FK6890LF, FK6903, FK6982LF, FK6990F, L 6875F, L 6901F, L 6975F, L6980F（BASF）；Hostaperm Blue AFL（Dystar）；Irgalite Blue BCFO, BCFR（CGY）；Lionol Blue BF-42501, PRPL, 7250-PS（TOYO）；Lutetia Cyanine BS（BASF）；Monarch Blue CFR X-2372, CFR X-2658, CFR X-3367, CFR X-3453, CFR X-3527, CFR X-3638, FR X-2810（CGY）；Monastral Blue FBN（BASF）；α-Non-flocculation Non-crystallization Phthalocyanine Blue；Phthalocyanine Blue NCNFA1；Phthalocyanine Blue NCNFA2；Predisol Blue FB-CAB-628，FB-LVCAB 2663，FB-PC3365（KVK）；Sandorin Blue BNF(Clariant)；Sanyo Cyanine Blue 2001，2505，G105，G337，GA309（SCW）；Shangdament Blue BN 4342，NCF（SHD）；Sumitone Cyanine Blue RH（NSK）；Sunfast Blue 15∶2（SNA）

【结构式】　NCNFα-CuPc

[CuPc]-甲醛缩合物(A)+

【性质】　红光蓝色粉末。色光不及β-型酞菁颜料鲜艳。耐晒性能优异，符合造漆各项性能，在有机溶剂中不产生结晶增大、不絮凝，贮藏稳定性好，适于大量生产。

【制法】　该产品实际上是一混合物，在分别制备了化合物（A）、（B）、（C）的基础上按1∶1∶10的比例进行拼混即得产品。

【质量标准】　参考标准

指标名称	指标
外观	红光蓝色
色光	与标准品近似
着色力/%	为标准品的100±5
吸油量/%	30～80
耐晒性/级	8
耐酸性/级	5
耐碱性/级	5
乙醇渗性/级	5
水渗性/级	5

【安全性】　20～50kg 纸板桶或铁桶包装，内衬塑料袋。

【用途】　主要用于油墨、涂料、橡胶制品、各种塑料、金属制品的着色。

【生产单位】　天津市东鹏工贸有限公司，石家庄市力友化工有限公司，常州北美化学集团有限公司，昆山市中星染料化工有限公司，北京染料厂，上海染化十二厂，河北美利达颜料工业有限公司。

D011　C. I. 颜料蓝 15∶4

【英文名】　C. I. Pigment Blue 15∶4

【登记号】　CAS〔147-14-8〕；C. I. 74160β 型

【别名】　β-型抗结晶抗絮凝酞菁蓝 NCF；4392 酞菁蓝 BGNCF；Chromofine Blue 4940，4942，4950，4966，4973，4983，4985，4976EP，4930P，S-32，S-2010，S2100(DNS)；Fastogen Blue 5415，5480，5481，5485，5486，5488；FGS，5410G，5412G，GNPM-K，GNPS，GNPW；NK，5412-SD；TGR-F（DIC）；Heliogenin Blue D7060T，D7105T，D7160TD，D7161T（BASF）；Hostaperm Blue BFL（Dystar）；Irgalite Blue BGO（CGY）；Isol Phthalo Blue GB 2P372（KVK）；Lionol Blue 700-10FG(TOYO)；Monarch Blue GFR X-3374（CGY）；β-Non-flocculation Non-crystallization Phthalocyanine Blue NOF；Predichip Blue GB 1660（KVK）；Predisol Blue GBP-C585，GFH-CAB2660，GP-C 9559(KVK)；Sanyo Cyanine Blue 3008，J620，KRG（SCW）；Segnale Light Turquoise PAG（BASF）；Sunfast Blue 15∶4(SNA)

【结构式】　NCNF β-CuPc；〔CuPc〕β-型＋〔CuPc〕的磺化衍生物。

【性质】　绿光蓝色粉末。色光鲜艳，耐晒性能优异。

【制法】　〔CuPc〕稳定型与〔CuPc〕的磺化衍生物以一定的比例进行湿拼混制得。

【质量标准】　参考标准

外观	绿光蓝色粉末
色光	与标准品近似
着色力/%	为标准品的 100 ± 5
吸油量/%	$35\sim45$
筛余物(200μm)/%	50
耐热性/℃	250
耐光性/级	8
耐酸性/级	5
耐碱性/级	5
耐二甲苯/%	$\geqslant95.0$
油渗性/级	5
水渗性/级	5

【安全性】 25kg 铁桶装，内衬塑料袋。

【用途】 主要用于溶剂性油墨、油漆和各种塑料着色。本品符合造漆、油墨各项性能，在有机溶剂中不产生结晶增大，不絮凝，贮藏稳定性好，特别适用于溶剂油墨。

【生产单位】 山东蓬莱新光颜料化工公司，杭州映山花颜料化工有限公司，天津市东鹏工贸有限公司，上海雅联颜料化工有限公司，杭州红妍颜料化工有限公司，石家庄市力友化工有限公司，昆山市中星染料化工有限公司，河北美利达颜料工业有限公司。

D012 C. I. 颜料蓝 79

【英文名】 C. I. Pigment Blue 79；Aluminum，Chloro［$29H$，$31H$-phthalocyaninato(2-)-$\kappa N29$，$\kappa N30$，$\kappa N31$，$\kappa N32$]-，（SP-5-12)-

【登记号】 CAS ［14154-42-8］；C. I. 741300

【别名】 铝酞菁；Aluminum Phthalocyanine Chloride；Chloro（phthalocyaninato）aluminum；Chloro ［phthalocyaninato（2-)］aluminum；Chlorophthalocyaninealuminum；Monochloroaluminum Phthalocyanine；Pigment Blue 79

【结构式】

【分子式】 $C_{32}H_{16}N_8AlCl$

【分子量】 574.97

【性质】 蓝色粉末。

【制法】 在 500ml 特制金属容器中加入 20g 苯酐、50g 尿素、3.9g 无水三氯化铝、0.5g 钼酸铵，搅拌下加热至尿素完全溶解，再加入氯化铵和无水碳酸钠，恒温 0.5h 后升温至 280℃，在此温度下保温 4~5h，得到的固体再用稀盐酸浸泡 12h，过滤，将滤饼用热水洗涤 10 次，干燥后将粗品溶于 98% 浓硫酸中，用玻璃砂心漏斗过滤，滤液用冰水稀释，析出铝酞菁，水洗至中性，再依次用二甲基甲酰胺、乙醇和丙酮洗涤，干燥得产品，收率 86.95%。

【用途】 用于油墨、涂料、橡胶、印花色浆及其他制品的着色，还可用作导电整流材料、非线性光学材料、光记录材料、激光光盘材料及电致变色和光致电子转移材料等。

【生产单位】 河北美利达颜料工业有限公司。

D013 C. I. 颜料蓝 75

【英文名】 C. I. Pigment Blue 75；Cobalt，［$29H$，$31H$-Phthalocyaninato(2-)-$\kappa N29$，$\kappa N30$，$\kappa N31$，$\kappa N32$]-，(SP-4-1)-

【登记号】 CAS ［3317-67-7］；C.I.74160：2

【别名】　钴酞菁；Cobalt，［Phthalocyaninato(2－)]- (8CI)；Phthalocyanine，Cobalt Deriv. (6CI)；$29H$，$31H$-Phthalocyanine，Cobalt Complex；$29H$，$31H$-Phthalocyanine，Cobalt Deriv.；Chromofine Blue 5000P；Cobalt Phthalocyanin；Cobalt Phthalocyanine；Cobalt(2＋) Phthalocyanine；Cobalt(Ⅱ) Phthalocyanine；Cobaltous Phthalocyanine；KJB 001；NSC 187643；O 270；Phthalocyaninatocobalt(Ⅱ)；Phthalocyanine Cobalt；Phthalocyanine Cobalt Complex；Pigment Blue 75；Sanyo O 270；［Phthalocyaninato(2－)] Cobalt

【结构式】

【分子式】　$C_{32}H_{16}N_8Co$

【分子量】　571.47

【性质】　蓝色粉末。

【制法】　在 500ml 特制金属容器中加入 20g 苯酐、50g 尿素、3.8g 氯化钴、0.5g 钼酸铵，搅拌下加热至尿素完全溶解，再加入氯化铵和无水碳酸钠，恒温 0.5h 后升温至 280℃，在此温度下保温 4～5h，得到的固体再用稀盐酸浸泡 12h，过滤，将滤饼用热水洗涤 10 次，干燥后将粗品溶于 98% 浓硫酸中，用玻璃砂心漏斗过滤，滤液用冰水稀释，析出铝酞菁，水洗至中性，再依次用二甲基甲酰胺、乙醇和丙酮洗涤，干燥得产品，收率 86.95%。

【用途】　用于油墨、涂料、橡胶、印花色浆及其他制品的着色，还可用作导电整流材料、非线性光学材料、光记录材料、激光光盘材料及电致变色和光致电子转移材料等。

D014　C. I. 颜料蓝 17：1

【英文名】　C.I.Pigment Blue 17：1

【登记号】　CAS［71799-04-7］；C.I. 74180：1

【别名】　耐晒油漆湖蓝色淀；2321、4231 耐晒油漆湖蓝色淀；Lake Blue 2G (BASF)；Light Fast Lacquer Sky Blue Lake；Pigment Sky Blue B (CNC)；Shangdament Fast Sky Blue Lake 4230 (SHD)

【结构式】

$$[CuPc]—(SO_3^-\cdot 1/2\ Ba^{2+})_{2\sim 3}$$

【性质】　天蓝色粉末。色泽鲜艳。不溶于水，系酞菁蓝沉淀于铝钡白上的有机不褪色颜料。遇浓硫酸是黄光绿色，稀释后呈绿光蓝色（带有蓝光绿色沉淀）。

【制法】　取 480kg 氯化钡溶于 3000L 40℃ 的水中，并把 370kg 无水硫酸钠溶于 40℃ 的水中，然后将 95% 的用量选行加入氯化钡溶液中形成沉淀。余有近 100L 硫酸钠溶液备用。

取纯碱 30kg 及翠蓝 GL 120kg 溶于 2500L 85～90℃ 的水中，并放入上述制备的硫酸钡悬浮液中，并将 320kg 氯化钡制成溶液在 15～20min 内加入上述混合液中，并加入用水稀释的乳化剂 A-105 19kg，搅拌 2～3h 后，加入第一步留下的 100L 硫酸钠，再加入用水稀释的固色剂 Y60kg，控制反应终点，压滤、漂洗、干燥即得成品。

【质量标准】　HG 15-1134—88

外观	天蓝色粉末
色光	与标准品近似
着色力/%	为标准品的 100±5

吸油量/%	25±5
水分含量/%	≤4
挥发物含量/%	≤4
细度（通过 80 目筛后 残余物含量)/%	≤6
耐晒性/级	6

指标名称	指标
耐热性/℃	80
耐酸性/级	4～5
耐碱性/级	1
乙醇渗性/级	5
石蜡渗性/级	5
油渗性/级	3
水渗性/级	2

【消耗定额】

原料名称	单耗/(kg/t)
直接耐晒翠蓝 GL(100%)	160
乳化剂 A-105	25

【性质】　天蓝色粉末。色泽鲜艳，质地柔软。不溶于水，具有良好的耐晒性和耐酸性，耐热性较差。

【制法】　在 80℃ 3000L 水中溶解 350kg 硫酸铝，加水调整体积为 5000L，然后加入以 159kg 纯碱制备的溶液，搅拌 10min 后终点 pH 值控制在 6.4～6.7。

称取氯化钡 925kg 溶于 500L 40℃ 的水中，放入上述氢氧化铝悬浮液，终点 pH 值为 6.4 左右，并压滤，滤饼以水打浆备用。

称取直接耐晒翠蓝 120kg 及纯碱 40kg 溶于 4000L 85～90℃ 水中并加入铝钡白浆液，搅拌均匀，再将 187kg 氯化钡制成溶液于 15～20min 放入上述混合液

【安全性】　40kg 硬纸板桶或铁桶包装，内衬塑料袋。

【用途】　主要用于涂料、橡胶和文教用品的着色。

【生产单位】　南通新盈化工有限公司，石家庄市力友化工有限公司，上海染化十二厂，上海嘉定华亭化工厂，杭州新晨颜料有限公司，浙江萧山颜化厂，浙江杭州颜化厂，浙江萧山前进颜化厂。

D015　耐晒孔雀蓝色淀

【英文名】　Light Fast Malachite Blue Lake

【别名】　C.I. Pigment Blue 17：1(参照)；4230 耐晒孔雀蓝色淀；2360 耐晒孔雀蓝色淀；Lake Blue 2G（BASF）；Pigment Sky Blue B（CNC）；Shangdament Fast Sky Blue Lake 4230(SHD)

【结构式】

$$\text{[Cu phthalocyanine]} - Ba(SO_3)_2 + Al(OH)_3 + BaSO_4$$

中，然后加入乳化剂 A 1053kg，搅拌 2～3h，加入固色剂 Y40kg，终点 pH 值 5.4，并且 Ba^{2+} 过量，压滤，漂洗，干燥，粉碎，即得产品。

【质量标准】　HG 15-1133—88

外观	天蓝色粉末
色光	与标准品近似
着色力/%	为标准品的 100±5
吸油量/%	45±5
水分含量/%	≤6
挥发物含量/%	≤6
细度（通过 80 目筛后 残余物含量)/%	≤5
耐晒性/级	4～5

耐热性/℃	70
耐酸性/级	4～5
耐碱性/级	1
乙醇渗性/级	5
石蜡渗性/级	5
油渗性/级	3
水渗性/级	3

【消耗定额】

原料名称	单耗/(kg/t)
直接耐晒翠蓝(100%)	309
硫酸铝	920
氯化钡	847

【安全性】　30kg 硬纸板桶或铁桶包装，内衬塑料袋。

【用途】　主要用于油墨、水彩和油彩颜料、蜡笔、铅笔的着色。

【生产单位】　杭州映山花颜料化工有限公司，天津市东鹏工贸有限公司，杭州力禾颜料有限公司，上海染化十二厂，上海嘉定华亭化工厂，河北廊坊有机化工总厂。

D016　4232 耐晒孔雀蓝色淀

【英文名】　4232 Light Fast Malachite Blue Lake

【别名】　C. I. Pigment Blue 17（参照）；2360 耐晒孔雀蓝色淀；油漆孔雀蓝色淀；Daihan Sky Blue（DS）；Seikalight Blue A612(DNS)；Shangdament Fast Sky Blue Lake 4232，4236(SHD)

【结构式】

$$[CuPu] + [CuPu] \cdot (SO_3)_2Ba + Al(OH)_3 + BaSO_4$$

【性质】　天蓝色粉末。色泽鲜艳，质地柔软。不溶于水，具有良好的耐酸性、耐碱性和耐渗化性。

【制法】　直接耐晒翠蓝 GL 和酞菁蓝 BX 经铝钡白沉淀，即得产品。

【质量标准】　HG 15-1135—88

外观	天蓝色粉末
色光	与标准品近似
着色力/%	为标准品的100±5
吸油量/%	50±5
水分含量/%	≤6
挥发物含量/%	≤6
细度(通过 80 目筛后残余物含量)/%	≤5
耐晒性/级	4～5
耐热性/℃	70
耐酸性/级	4～5
耐碱性/级	5
乙醇渗性/级	5
石蜡渗性/级	5
油渗性/级	3
水渗性/级	2～3

【消耗定额】

原料名称	单耗/(kg/t)
直接耐晒翠蓝 GL(100%)	177
酞菁蓝 BX	29

【安全性】　30kg 硬纸板桶或铁桶包装，内衬塑料袋。

【用途】　主要用于油墨、油漆和文教用品的着色。

【生产单位】　上海染化十二厂，天津东湖化工厂，浙江杭州颜化厂，浙江萧山前进颜料厂。

D017　C. I. 颜料绿7

【英文名】　C. I. Pigment Green 7

【登记号】　CAS[1328-53-6]；C.I.74260

【别名】　酞菁绿 G；5319 酞菁绿 G；多氯代酞菁酮；Acnalin Supra Green FG (BASF)；Aquadisperse Green GN-EP07/81，GN-FG 80470 (KVK)；Basoflex Green 8730 (BASF)；Colanyl Green GG (Dystar)；Cromophtal Green GFN，GFN-MC，GFN-P (CGY)；Disperse Green 87-3007 (BASF)；Encelac Green 8680 (BASF)；Enceprint Green 8730

（BASF）；Eupolen Green 87-3001
（BASF）；Euthylen Green 87-3005
（BASF）；Euvinyl C Green 87-3002
（BASF）；Euviprint Green 8730（BASF）；
Fastogen Green 5710，BN，S，SF，
SFK，SMF-1，SO，SP（DIC）；Filofin
Green GF（CGY）；Heliogen Green D8605
DD，D8730，FK8601，FK8722，
FK8731，K8730，L8690，L8730
（BASF）；Hostaperm Green GG01，
GG02，GN（Dystar）；Irgafin Green T
（CGY）；Irgalite Green 2BLN，4BLN，
6BLN，4BLNP，6BLNP，2G，GFN
New，GLN，GLNP，GLPO，GLYO
（CGY）；Irgaphor Green R-GO（CGY）；
Lionol Green，8110，8111，B-201，Y-
102，YS-07（TOYO）；Luconyl Green
8730，FK872（BASF）；Lufilen Green 87-
3005（BASF）；Luprofil Green 87-3005 C3
（BASF）；Micracet Green G（CGY）；Mi-
crolith Green G-A，G-K，G-N，G-T
（CGY）；Monaprin Green GNE（BASF）；
Phthalocyanine Green G；Predisol Green
GN-C9544，GW-CAB2685（KVK）；PV
Fast Green GG01（Dystar）；Sandorin
Green GLS；3GLS（Clariant）；Sicoflush
A Green 8730，D Green 8730，F Green
8730，H Green 8730，L Green 8730，P
Green 8730（BASF）；Sicopol Green
868007（BASF）；Sicopurol Green 87-3007
（BASF）；Sicoversal Green 87-3005
（BASF）；Sicovinyl C Green 87-3003
（BASF）；Sunfast Green 7（SNA）

【结构式】 CuPcCl$_n$ $n=13\sim15$

【性质】 深绿色粉末。色泽鲜艳，着色力
强。密度 1.94～2.05g/cm³。不溶于水和
一般溶剂。在浓硫酸中为橄榄绿色，稀释
后呈绿色沉淀。各项牢度性能优异，属于
氯代铜酞菁不褪色颜料。

【制法】 一般通过粗制铜酞菁直接氯化制
备，一般控制引入原子的个数为14～15个。

氯化锅加热，并加入三氯化铝
880kg，氯化钠 220kg，粗酞菁蓝 220kg，
氯化亚铜 24kg。搅拌，待温度升到 200℃
左右时通入氯气，当通入量为 500kg 时，
控制通氯量每 15min 7～8kg，并至终点，
通氯温度控制在 200～230℃，温度超过
230℃应停止通氯。氯化终点到后，停止
通氯，温度降至 180℃，放料。放料桶中
加水 5000L，搅拌放入氯化物并续搅
30min，沉淀 4h 后将上层水吸去。再在
搅拌下加水 9500L，沉淀 5h，再吸水，物
料放于吸附桶中。将物料加入盐酸
220kg，搅拌，加入乳化剂 EL 11kg，升
温至沸，酸煮 1h，再保温 1h，加水至
4000L，待温度升至 65℃时，以喷雾状加
入邻二氯苯 350kg。进行溶剂吸附，将物
料吸附成粒状。待吸附好后，停止搅拌，
加水至 6500L，吸水。并将物料放于蒸馏
锅中，同时加入液碱 500kg，打浆并将溶
好的 11kg 松香及 2.2kg 扩散剂 NNO 加
入其中，然后进行水蒸气蒸馏，蒸馏至无
二氯苯流出为止，蒸馏好的物料加水至
6500L，静止沉淀 6h，吸去上层水后，压
滤，水洗至中性，即可烘干磨粉，拼混为
成品，得量 410kg。

$$CuPc \xrightarrow[\text{AlCl}_3]{\text{Cl}_2,\text{CuCl}_2,\text{NaCl}} 产品$$

【质量标准】 GB/T 3673—1995

指标名称	指标
颜色（与标准样比）	近似至微
相对着色力（与标准样比）/%	≥100
105℃挥发物（质量分数）/%	≤2.5

水溶物(质量分数)/%	≤1.5
吸油量/(g/100g)	32～42
筛余物180μm筛孔(质量分数)/%	5.0
耐水性/级	5
耐油性/级	5
耐酸性/级	5
耐碱性/级	≥4～5
耐石蜡性/级	5
耐光性/级	≥7
耐热性/℃	≥180

【消耗定额】

原料名称	单耗/(kg/t)
铜酞菁(100%)	558
三氯化铝(100%)	2350
氯苯	180
液氯	1843
松香(特级)	30

【安全性】 25kg纸板桶或铁桶包装，内衬塑料袋。

【用途】 主要用于涂料、油墨、塑料、橡胶、漆布和文教用品的着色，也用于涂料印花。

【生产单位】 山东蓬莱新光颜料化工公司，北京染料厂，上海捷虹颜料化工集团有限公司，上海雅联颜料化工有限公司，上海金山染化厂，上海染化一厂，上海油墨股份有限公司，天津市东鹏工贸有限公司，天津染化八厂，天津大沽颜料厂，天津光明颜料厂，杭州映山花颜料化工有限公司，浙江海宁郭店化工厂，杭州新晨颜料有限公司，Hangzhou Union Pigment Corporation，杭州红妍颜料化工有限公司，上虞舜联化工有限公司，常州北美化学集团有限公司，江苏双乐化工颜料有限公司，安徽三信化工有限公司，大连丰瑞化学制品有限公司，瑞基化工有限公司，南通新盈化工有限公司，无锡新光化工有限公司，石家庄市力友化工有限公司，昆山市中星染料化工有限公司，山东德州染料厂，江苏镇江颜料厂，安徽池州烧碱厂，河北黄骅渤海化工厂，河北黄骅中捷染化工业公司，江苏宜兴邮堂颜料化工厂，四川重庆染料厂，江苏无锡锡昌颜料公司，河北深州津深联营颜料厂，江苏东台颜料厂，江苏宜兴康乐化工厂，河北深州塘深化工厂，安徽合肥合雅精化公司，安徽休宁县黄山颜料厂，河北衡水曙光化工厂，江苏张家港试剂厂，江苏泰兴环球化工厂，河北南宫第三化工厂，河北深州向阳化工厂，河北安平县化工六厂，河南濮阳红光化工厂，河北文安第三化工厂，沈阳天赋化工厂，江苏常熟树脂化工厂，江苏扬州双乐颜料化工公司。

D018   C.I.颜料绿36

【英文名】 C.I.Pigment Green 36

【登记号】 CAS[14302-13-7]；C.I.74265

【别名】 黄光酞菁绿3G；Yellowish Phthalocyanine Green 3G；黄光酞菁绿6G；Yellowish Phthalocyanine Green 6G；酞菁绿2YG；酞菁绿6YG；C.I.Pigment Green 38；C.I.Pigment Green 41；Chromofine Green 5370；Chromofine Green 6410PK；Fastogen Green 2YP(DIC)；Fastogen Green 2YK(DIC)；Fastogen Green 2YK-CF(DIC)；Fastogen Green MY(DIC)；Fastogen Green Y(DIC)；Filofin Green MF-415(CGY)；GT 2；Helio Fast Green GT；Heliogen Green 6G；Heliogen Green 6GA；Heliogen Green 8GA；Heliogen Green 9360；Heliogen Green D 9360(BASF)；Heliogen Green K 9360；Heliogen Green L 9140；Heliogen Green L 9361(BASF)；Heliogen Green FK9155，FK9362(BASF)；Hostaperm Green 8G(Dystar)；Irgalite Green 6G(CGY)；Irgalite Green 6G-MC，2YLN，4YLN，4YLNP

（CGY）；Lionol Green 2Y301（TOYO）；Lionol Green 2YS；Lionol Green 6Y501（TOYO）；Lionol Green 6YK；Lionol Green 6YKP；Lionol Green 6YKP-N；Luconyl Green 9360，FK915（BASF）；MHI Violet 7040M；Monastral Fast Green 3Y；Monastral Fast Green 3YA；Monastral Fast Green 6Y；Monaprin Green 6YE（BASF）；Monastral Fast Green 6Y（BASF）；Monastral Fast Green 6YA；Monastral Green 6Y；Monastral Green 6Y-C；Monastral Green 6Y-CL；Monastral Green 3Y（BASF）；Monastral Green Y-GT 805D；Phthalocyanine Green 6G；Pigment Green 36；Pigment Green 38；Pigment Green 41；Sandorin Green 8GLS（Clariant）；Sanyo Phthalocyanine Green 6YS（SCW）；Sunfast Emerald；Sunfast Green 36（SNA）；Sunfast Green 36-464-0036；Vista Green（SNA）；Vynamon Green 6Y；Vynamon Green 6Y-FW（BASF）

【结构式】 $CuPcCl_xBr_y$ 　$x+y=12\sim15$

可分为两种类型：①低溴型，即 3Y，在每个分子含 8 个溴和 7 个氯，化学式为 $C_{32}HN_8Br_8Cl_7Cu$；②高溴型，即 6Y，在每个分子含 12.5 个溴和 2.5 个氯，化学式为 $C_{32}HN_8Br_{12.5}Cl_{2.5}Cu$。随着溴原子数目的增加，黄光逐渐增强。

【性质】 黄光绿色粉末。颜色鲜艳，着色力高。不溶于水和有机溶剂。可溶于 15 倍重量的浓硫酸，呈黄棕色。稀释后呈绿色沉淀。耐晒和耐热性能优良。

【制法】 该产品油粗品铜酞菁经液溴溴化和液氯氯化制得。将 500 份铜酞菁加到 40℃以下的氯磺酸中，在冷却的同时加入 500 份 S_2Cl_2，再加入液体溴。其混合物冷却到室温，再加入 400 份氯，将温度提高至 96～98℃，并在此温度下保持 2h，得到纯正黄光绿色氯溴混合酞菁绿，含

10.7％氯和 51.3％溴。将该酞菁绿和氯苯在表面活性剂存在下，进行颜料化处理，用蒸汽蒸馏除去溶剂，过滤，洗涤，干燥，得产品。

$$CuPc \xrightarrow[ClSO_3H,S_2Cl_2]{Br_2,Cl_2} 产品$$

【质量标准】

外观	黄光绿色粉末
吸油量/%	30
鲜艳度	优
耐晒性	优
耐热性	优
耐酸性（2％HCl）/级	5
耐碱性（1％NaOH）/级	5
乙醇渗性/级	5
二甲苯渗性/级	5
蓖麻油渗性/级	5
水渗性/级	5

【消耗定额】

原料名称	单耗/(kg/t)
铜酞菁	450
三氯化铝	2700
食盐	450
溴	60
液氯	150

【安全性】 1kg、5kg、10kg 铁盒或铁桶装，内衬塑料袋。

【用途】 多用高溴型黄光酞菁绿。本品着色为黄光绿色，接近大自然的绿色调，而且各项牢度优异。因此是目前绿色有机颜料中最高档的品种。它因含溴量不同而带黄光不同，可得一系列品种。一般含溴量越高其色调就越黄。用于高品位的制品着色，如高级化妆品包装盒、高级饮料瓶（罐）的着色（雪碧、七喜、健力宝等饮料包装罐）、塑料圣诞树等。此外，高档油漆、油墨、涂料印花色浆、高档橡胶制品及高档塑料制品中都有应用。用黄光酞菁绿还有一个优点，它本身可满足天然绿、黄光绿的色调要求，避免了用酞菁绿

G需拼联苯胺黄，而联苯胺黄既存在结构有禁用中间体问题，同时耐光牢度差使着色制品色光时间长而发生变化的不足。可满足食品行业要求而备受欢迎。如果生产所用的铜酞菁中不含多氯联苯，本品则可用于饮料的包装瓶。

【生产单位】 上海捷虹颜料化工集团有限公司，上海雅联颜料化工有限公司，镇江市金阳颜料化工有限公司，上海染化一厂。

D019 耐晒翠绿色淀

【英文名】 Light Fast Jade Green Lake

【别名】 1600 耐晒锡利绿；2600 翠绿色淀；5211 耐晒翠绿色淀

【结构式】

$$Al(OH)_3 + BaSO_4$$

【性质】 翠绿色粉末。耐晒性和耐热性良好。

【制法】 该产品由直接耐晒翠蓝 GL 和酸性嫩黄 G 为原料，给钡盐沉淀拼色制备。

取工业结晶硫酸铝 253kg 溶于水中，加入纯碱 110kg 制备氢氧化铝悬浮液，然后将 195kg 氯化钡溶液加入其中反应，后压滤，漂洗，打浆备用。

取 100% 酸性嫩黄 74kg 溶解，加入到氢氧化铝及硫酸钡的浆液中，并加入

132kg 氯化钡配制溶液，再称取 100% 直接耐晒翠蓝 GL 140kg 溶解加入其中，并加入 199kg 氯化钡配制的溶液进行分步沉淀。反应后加入乳化剂 A-105 30kg，搅拌 3h，然后加入纯碱 120kg，搅拌 10min 后加入固色剂，终点 Ba^{2+} 应过量，压滤，漂洗 1～2h，然后烘干，粉碎得产品。

【质量标准】

外观	翠绿色粉末
色光	与标准品近似
着色力/%	为标准品的 100±5
吸油量/%	45±5
水分含量/%	≤5
挥发物含量/%	≤5
细度（通过 80 目筛后残余物含量）/%	≤6
耐晒性/级	5
耐热性/℃	100
耐酸性/级	3～4
耐碱性/级	3
乙醇渗性/级	4
石蜡渗性/级	5
油渗性/级	3
水渗性/级	3

【消耗定额】

原料名称	单耗/(kg/t)
直接耐晒翠蓝 GL	270
酸性嫩黄 G	140

【安全性】 30kg 硬纸板桶或铁桶包装，内衬塑料袋。

【用途】 主要用于橡胶、油墨和文教用品的着色。

【生产单位】 上海染化十二厂，上海嘉定华亭化工厂，浙江萧山颜料化工厂，浙江萧山前进颜料化工厂，杭州力禾颜料有限公司。

D020 4403 耐晒孔雀绿

【英文名】 4403 Light Fast Malachite

Green

【结构式】

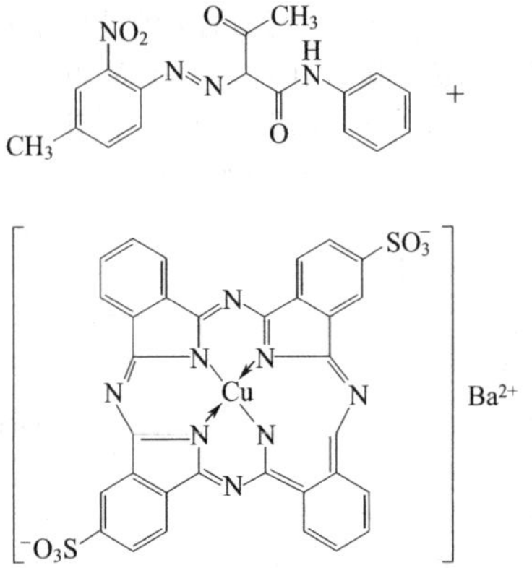

+

【性质】　天蓝色粉末。

【制法】　10%耐晒黄 G 和90%直接耐晒翠蓝 GL 混合后，经铝钡白沉淀处理，即得产品。

【质量标准】

外观	天蓝色粉末
色光	与标准品近似
着色力/%	为标准品的100 ± 5
吸油量/%	55 ± 5
水分含量/%	$\leqslant12$
细度(通过 80 目筛后残 　余物含量)/%	$\leqslant30$

【消耗定额】

原料名称	单耗/(kg/t)
直接耐晒翠蓝 GL(100％)	240
乙酰乙酰苯胺	54
红色基 GL(100％)	45

【安全性】　20kg、30kg 纸板桶或铁桶包装，内衬塑料袋。

【用途】　主要用于油墨和文教用品的着色。

【生产单位】　天津染化八厂。

E

杂环与稠环酮类颜料

HANDBOOK OF
CHEMICAL PRODUCTS

杂环与稠环酮类颜料可分为喹吖啶酮类颜料、二噁嗪类颜料、1,4-二酮吡咯并吡咯类颜料、蒽酮类颜料、靛族与硫靛类颜料、苝系与芘系颜料、喹酞酮类颜料、氯代异吲哚啉酮及异吲哚啉类颜料等。

喹吖啶酮类颜料——喹吖啶酮类颜料是一类高档颜料，具有优异坚牢度，色光鲜艳，着色力高，良好的耐气候、耐热、耐迁移等性能，广泛应用于汽车涂料、塑料、金属印墨、建筑材料等的着色。其色谱有红色、紫色和橙色。

二噁嗪类颜料——该类颜料中含有三苯二噁嗪的母体结构，其色谱多为紫色，一般具有对称型结构。

1,4-二酮吡咯并吡咯类颜料——新型有机颜料，具有 1,4-二酮吡咯并吡咯结构。通常为橙色或红色。该类颜料的分子量虽小，但颜色鲜艳，有优异的耐热性能，熔点大于 360℃，适用于汽车涂料及高档塑料着色。

蒽酮类颜料——具有蒽醌基本结构的某些还原染料，通过适当颜料化处理后，可用颜料使用。

靛族与硫靛类颜料——靛蓝、硫靛是广泛应用于棉纤维染色的重要还原染料，其中某些衍生物经过颜料化处理后，可作为颜料使用。

苝系与芘系颜料——苝类颜料系由苝四甲酸酐合成的红色、紫酱色颜料，有优异的耐热、耐迁移、耐气候牢度。

喹酞酮类颜料——为 20 世纪 70 年代才开发的新型颜料，通常由苯酐衍生物和 2-甲基喹唑衍生物缩合得到。

氯代异吲哚啉酮及异吲哚啉类颜料——高档有机颜料。氯代异吲哚啉酮类颜料为两个四氯代异吲哚啉酮和芳二胺缩合的产物，由于分子中含有环状的—CONH—键以及相当数目的氯原子，因而具有非常优良的耐晒、耐溶剂、耐化学试剂及耐热等性能，广泛应用于涂料、塑料、合成纤维的原浆的着色等方面，特别是高档金属表面涂料的着色。其色谱范围从绿光黄色、黄色、橙色、红色到棕色。异吲哚啉类颜料是异吲哚啉环的 1-位和 3-位以—C═C—双键或—C═N—双键和其他片断相连形成的颜料，分为对称型和非对称型两种，作为颜料使用的主要是对称型的衍生物。

Ea 喹吖啶酮类颜料

【英文名】 Quinacridone Violet

【登记号】 CAS [1047-16-1]；C. I. 73900

【别名】 酞菁紫；C. I. 颜料紫 19；Cinquasia Violet RRT-201-D；Cinquasia Violet RRT-791-D；Cinquasia Violet RRT-795-D；Cinquasia VioletRRT-887-D；Cinquasia Violet RRT-891-D；Cinquasia Violet RRT-899-D；Cinquasia Violet RRW-767-P；Hostaperm Red Violet ER；Monastral Violet RRT-201-D；Monastral Violet RRT-791-D；Monastral Violet RRT-795-D；Monastral Violet RRT-887-D；Monastral Violet RRT-891-D；Monastral Violet RRW-767-D；Paliogen Violet L 5100；Sandorin Violet 4RL

【分子式】 $C_{20}H_{12}N_2O_2$

【分子量】 312.32

【结构式】

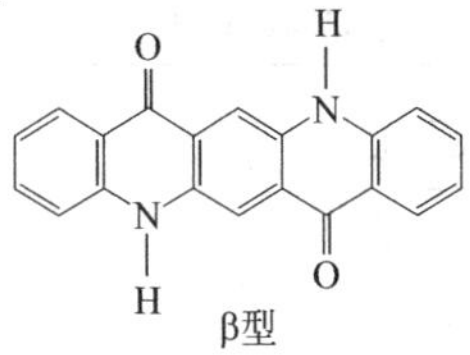

β型

【质量标准】

外观	艳紫色粉末
色光	与标准品近似
着色力/%	为标准品的 100±5
吸油量/%	45±5
耐热性/℃	165

【性质】 本品为艳紫色粉末。色光鲜艳。耐热稳定到 165℃。不溶于水和乙醇。

【制法】

1. 生产原理

丁二酸二乙酯自身缩合后，再与苯胺缩合，经闭环、精制、氧化成 β 型喹吖啶酮，即喹吖啶酮紫。

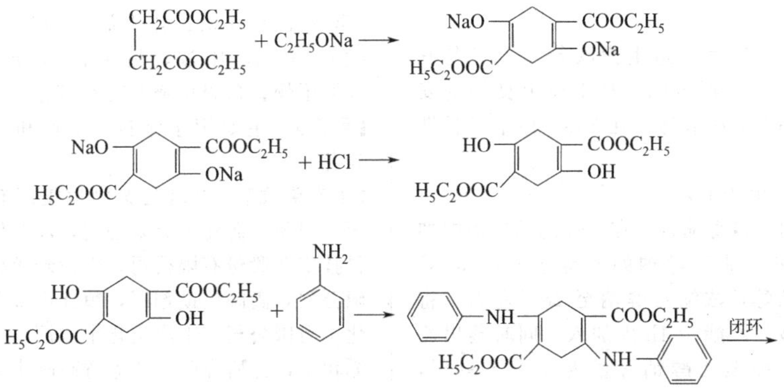

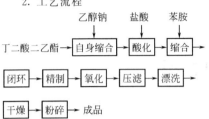

2. 工艺流程

丁二酸二乙酯 →[乙醇钠]自身缩合 →[盐酸]酸化 →[苯胺]缩合

闭环 ← 精制 ← 氧化 ← 压滤 ← 漂洗

干燥 → 粉碎 → 成品

3. 技术配方

苯胺(工业品)	846
丁二酸二乙酯(工业品)	2900
道生(工业品)	870
乙醇钠(工业品)	7800

4. 生产原料规格

（1）苯胺　苯胺为无色油状易燃液体。有强烈气味，暴露于空气中或日光下易分解变成棕色，纯度≥99.2%。有毒。

（2）乙醇钠　乙醇钠为白色或微黄色吸湿性粉末，在空气中易分解。在乙醇中则不被分解。外观淡黄色或棕色液体。乙醇钠含量16.5%～18%。

（3）丁二酸二乙酯　丁二酸二乙酯为无色液体，能与醇醚混合，熔点-21℃，沸点217.7℃，相对密度1.420，纯度≥98%。

（4）道生　道生为联苯23.5%与联苯醚76.5%混合物，是工业上良好的安全的高温有机载体。在350℃以下可长期使用。

5. 生产工艺

（1）自身缩合　在干燥的反应锅中加入17%工业乙醇钠的乙醇溶液，加热，蒸出乙醇，浓缩乙醇钠至28%左右。将丁二酸二乙酯于1h内加入，同时蒸出乙醇，浓缩至乙醇钠含量为38%～40%，

冷却至室温加入30%盐酸至pH值为2～3，搅拌1h，过滤，水洗，抽干，80℃干燥得缩合中间体。

（2）缩合　在缩合锅内加98%苯胺、93%乙醇、浓盐酸，搅拌，加入干燥好的上述缩合物。通氮气沸腾回流5h，冷至室温静置12h，抽滤，稀盐酸洗，然后漂洗至中性，抽干、70℃干燥。

（3）环化　在溶解锅中加入道生和上述缩合物，通氮气加热至120℃保持溶解锅中压力0.05MPa。于另一反应锅中加入道生，升温至256～260℃即将上述溶解液于2h加入，保持锅内256～260℃，保持反应1h，同时蒸出乙醇，冷却至220℃左右，过滤，洗涤，将滤饼取出精制。在精制锅中加入工业乙醇、水、30%氢氧化钠，搅拌下加入粗制品，加热回流2h，冷却至室温，搅拌1h，压滤，漂洗得1,3-二氢喹吖啶酮中间产物。

（4）氧化　在氧化锅中加入93%工业乙醇、水和98%氢氧化钠。搅拌下加入1,3-二氢基喹吖啶酮粗品滤饼，搅拌0.5h，加入固体92%间硝基苯磺酸钠，升温回流4h，冷却至室温，放入冷水（事先溶入0.5kg乳化剂A-105）稀释，搅拌0.5h，压滤，热水漂洗至中性，70℃干燥，粉碎得喹吖啶酮紫。

【用途】　主要用于涂料、塑料和油墨的着色。

【生产单位】　常州北美化学集团有限公司，温州金源化工有限公司，江苏傲伦达科技实业股份有限公司，南通新盈化工有限公司，高邮市助剂厂，镇江市金阳颜料化工有限公司，上海染化十二厂，湖南湘潭化工设计研究院，江苏省高邮市助剂厂

西南销售公司。

Ea002　喹吖啶酮红

【英文名】 Quinacridone Red

【登记号】 CAS [1326-03-0]

【别名】 C. I. 颜料紫 19；酞菁红（Phthalocyanine Red）；3501 大分子红 Q3B；C. I. 73900；Cinquasia Red B RT-742-D；Cinquasia Red B RT-790-D；Cinquasia Red B RT-796-D；Cinquasia Red B RW-768-P；Cinquasia Red YRT-759-D；Cinquasia Red Y RT-859-D；Cinquasia Red Y-RT-959-D；Cinquasia Violet R RT-201-D；Cinquasia Violet R RW-769-D；Paliogen Violet L 5100；PV Fast Red E5B；Sandorin Violet 4RL；Shangdament Red Q3B 3501；Hostaperm Red Violet ER

染料索引号 C. I. 颜料紫 19（73900）

【分子式】 $C_{20}H_{12}N_2O_2$

【分子量】 312.32

【结构式】

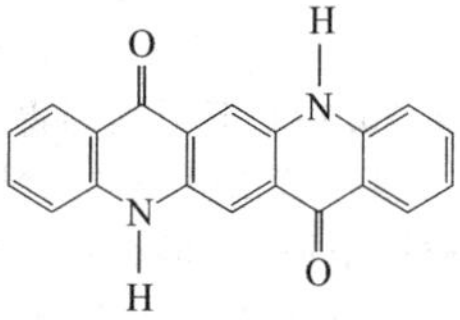

γ型

【性质】 本品为色泽鲜艳的红色粉末。具有优良的耐有机溶剂，耐晒性、耐热性均优良，尤其是耐晒性，即使在高度冲淡下仍不降低日晒牢度。在各种塑料中无迁移性。与聚四氟乙烯混合，经 430℃ 高温挤压不变色。

【制法】

1. 生产原理

在乙醇钠作用下，丁二酸二乙酯自身缩合成环，经酸化后与两分子苯胺缩合，进一步在 250～260℃ 下缩合环化，最后

经精制得到 γ 型酞菁红即喹吖啶酮红。

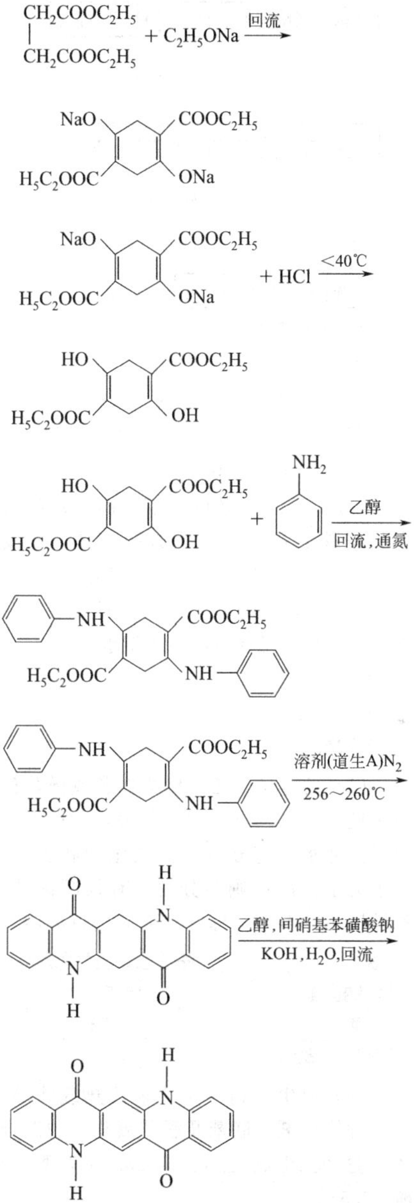

2. 工艺流程

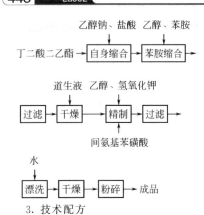

3. 技术配方

丁二酸二乙酯(工业品)	2720
道生液(联苯23.5%,联苯醚76.5%)	1560
乙醇钠	7335

4. 生产原料规格

（1）丁二酸二乙酯　丁二酸二乙酯又称琥珀酸二乙酯。无色透明液体。密度1.0402g/cm³，凝固点－21℃，沸点217～218℃，折射率1.4201，闪点110℃。能与乙醇及乙醚混溶，不溶于水。

丁二酸二乙酯含量/%	≥98
酸度/%	≤0.20
水分含量/%	≤0.05

（2）乙醇钠　乙酸钠为白色或微黄色吸湿性粉末，在空气中易分解，贮存中会变黑。遇水迅速分解成氢氧化钠和乙醇，置于无水乙醇中则不分解。有强腐蚀性。乙醇钠乙醇溶液为棕红色或淡黄色液体。

外观	棕红色或淡黄色液体
乙醇钠含量/%	16.5～18
苯含量/%	≤3
游离碱含量/%	≤0.1

（3）道生　道生又称道氏热载体A，是一种换热剂，联苯及联苯氧化物的混合体，这里组成是联苯23.5%，联苯醚76.5%。

（4）间硝基苯磺酸钠　间硝基苯磺酸钠为结晶体，熔点70℃，溶于水和乙醇。有毒，其毒性比硝基苯略小。

外观	黄色均匀粉末
间硝基苯磺酸钠含量/%	≥90
溶解度/(g/L)	25

5. 生产设备

缩合锅，打浆锅，抽滤机，过滤器，贮槽，溶解锅，闭环反应锅，氮气源，精制锅，压滤机，干燥箱，氧化锅。

6. 生产工艺

在干燥的反应锅中加入165kg17%乙醇钠，加热蒸至含量达28%。然后在1h内加入59.8kg100%丁二酸二乙酯进行缩合反应，反应结束冷却到60℃，加入80kg无水乙醇打浆，冷却到室温，然后加入54kg30%盐酸在40℃以下进行酸化，使溶液pH值为2.5，搅拌1h后，抽滤，水洗涤至中性，滤饼在80℃下干燥，制得丁二酰丁二酸二乙酯约31kg。在搪瓷反应锅中加入30kg苯胺、150kg乙醇和3.2kg30%盐酸，混合均匀后，加入33.3kg干燥的丁二酰丁二酸二乙酯，在氮气保护下加热至沸腾，停止通氮气后再回流5h，冷却结晶，过滤（回收乙醇），滤饼用0.3%盐酸洗涤和冷水漂洗至中性，滤饼于70.78℃下干燥即得2,5-双苯氨基-3,6-二氢对苯二甲酸二乙酯约50kg。

在溶解锅中加入66kg道生液和30kg干燥的2,5-双苯氨基-3,6-二氢对苯二甲酸二乙酯，在搅拌下通入氮气鼓泡，并加热到120℃使其溶解，并使锅内压力维持在0.5×10⁵Pa，制得2,5-双苯氨基-3,6-二氢对苯二甲酸二乙酯溶液。再在闭环反应锅中加入道生液60kg加热到258℃，将上述制得的2,5-双苯氨基-3,6-二氢对苯二甲酸二乙酯溶液加入反应锅，控制锅内温度为258℃，加料完毕后在258℃下沸腾1h，蒸出乙醇后冷却到220℃，经过滤回收道生液，滤饼冷却到50℃加入乙醇，加热洗涤后再过滤回收乙醇，如此反复5次，得到滤饼即为6,13-二氢喹吖啶酮。在反应锅内加入 200kg 乙醇、80L 水和 40.3kg 30%氢氧化钠，搅拌均匀后，加入上述制备的 6,13-二氢喹吖啶酮，加热回流 2h，冷却到室温再搅拌 1h，经压滤（回收乙醇），滤饼用冷水漂洗到中性，得到精制 6,13-二氢喹吖啶酮。在氧化锅中加入 180kg 93%乙醇、60L 水和 9kg 50%氢氧化钾，搅拌均匀后，加入上述精制的 6,13-二氢喹吖啶酮，经打浆 0.5h，再加热到 55℃搅拌 1h，然后加入 27.4kg 92%间硝基苯磺酸钠盐的水溶液，加热回流 5h 后趁热压滤，滤饼用 85℃热水漂洗到中性，在 70℃下干燥，经粉碎后得到喹吖啶酮红（γ型酞菁红）约 16kg。

【质量标准】

外观	红色粉末
色光	与标准品近似
着色力/%	为标准品的 100±5
水分含量/%	≤1.5
吸油量/%	50±5
水溶物含量/%	≤1.5
耐晒性/级	7～8
耐热性/℃	400
耐酸性/级	5
耐碱性/级	4～5
耐水渗透性/级	5
耐乙醇渗透性/级	5
耐油渗透性/级	5
增塑性(DOP)渗透性/级	5

【用途】 广泛用于塑料、油漆、涂料印花、橡胶、树脂、有机玻璃、油墨、合成纤维原浆的着色，可配制成红、橙、酱、紫、栗等色调。

【生产单位】 高邮市助剂厂，常州北美化学集团有限公司，南通新盈化工有限公司，温州金源化工有限公司，上海染化十二厂，昆山市中星染料化工有限公司，高邮市助剂厂，湖南湘潭化工设计研究院、江苏昆山蓬朗化工厂，江苏海门染化厂，山东龙口太行颜料有限公司，山东淄博有

机颜料厂。

Ea003 **C. I. 颜料红 122**

【英文名】 C. I. Pigment Red 122；Quino〔2,3-b〕acridine-7,14-dione，5,12-Dihydro-2,9-dimethyl-

【登记号】 CAS〔980-26-7〕；C.I.73915

【别名】 颜料红 122；喹吖啶酮红 1171；喹吖啶酮红 1102；3122 喹吖啶酮红 E；3122 喹吖啶酮红 E；Acramin Scarlet LDCN；Aquatone Red 122；Bayscript Magenta VP-SP 25012；CFR 321；Cab-O-Jet 266；Chromofine Magenta 6887；Chromofine Magenta RG；Colortex Red UG 276；Colortex Red UG 515；Cromophtal Jet Magenta DMQ；Cromophtal Pink PT；ECR 184；ECR 185；ECR 187；ECR 187（pigment）；EP 1000；EP 1000（pigment）；Eupolen Red 47-9001；Fastogen Magenta R；Fastogen Magenta RTS；Fastogen Magenta RY；Fastogen Super Magenta R；Fastogen Super Magenta RE 01；Fastogen Super Magenta RE 03；Fastogen Super Magenta RG；Fastogen Super Magenta RH；Fastogen Super Magenta RS；Fastogen Super Magenta RTS；Fastogen Super Magenta RY；HiFast N Conc Fuchsia；Hostaperm E 01；Hostaperm Pink E；Hostaperm Pink E 02；Hostaperm Pink E-WD；Hostaperm Pink EB；Hostaperm Pink EB Transparent；Hostaperm Red E-WD；Hostaperm Rose E；Irgaphor Magenta DMQ；KET Red 309；KET Red 310；KF Red 1；Keystone Jet Print Micro Magenta；Liogen Magenta RR 122；Lionogen Magenta 5750；Lionogen Magenta 5790；Lionogen Magenta 5793；Lionogen Magenta FG 5793；Lionogen Magenta R；Magenta E 02VP2621；Magenta QWD 0108；Magenta RG；Magenta RT 150DL；Monolite Rubine 3B；PR 122；

PV Fast Pink E；PV Fast Pink EB；PV Fast Pink EB trans；Paliogen Red 4790；Paliogen Red L 4790；Permanent Pink E；Pigmatex Fuchsia BW；Pigment Red 122；Pink E 02；QFD 1146；QJD 3122；QWD 0108 Magenta；Quinacridone Magenta；Quinacridone Red F；Quindo Magenta RV 6704；Quindo Magenta RV 6803；Quindo Magenta RV 6828；Quindo Magenta RV 6831；Quindo Magenta RV 6832；RV 6828；Sun Quinacridone Magenta 122PE；Sunfast Magenta；Sunfast Magenta 122；Sunfast Magenta 228-0013；Sunfast Magenta Presscake 122；Super Magenta RG；Toner Magenta E 02；Toner Magenta EB；W 92930

【结构式】

【分子式】 $C_{22}H_{16}N_2O_2$

【分子量】 340.38

【性质】 亮蓝光红色粉末。色泽鲜艳，着色力强。密度 $1.40\sim1.45g/cm^3$。耐光性好。热稳定性达 $150℃$。吸油量 $50kg/100kg$。耐二甲苯 5 级，耐全氯乙烯 5 级，耐乙醇 5 级，耐 5% 盐酸 5 级，耐光 8 级（浓）、$7\sim8$ 级（淡）。耐晒性能优良，耐溶剂性；无迁移性。

【制法】 和 C.I.Pigment Violet 19 相似，用对甲苯胺代替苯胺即可。

【质量标准】

外观	蓝光红色粉末
色光	与标准品近似
着色力/%	为标准品的 100 ± 5
耐酸性（5%盐酸）/级	5
耐碱性（浓/稀）/级	$8/7\sim8$
耐热性/℃	$\geqslant400$
耐候性/级	$7\sim8$

吸油量/%	50 ± 5
水溶物含量/%	$\leqslant1.0$

【安全性】 5kg，10kg 包装。

【用途】 主要用于塑料、树脂、橡胶、油漆、油墨以及涂料印花等。

【生产单位】 上虞舜联化工有限公司，温州金源化工有限公司，南通新盈化工有限公司，鞍山惠丰化工股份有限公司，上海雅联颜料化工有限公司，石家庄市力友化工有限公司，常州北美化学集团有限公司，昆山市中星染料化工有限公司，武汉恒辉化工颜料有限公司，高邮市助剂厂，浙江百合化工控股集团，杭州力禾颜料有限公司，镇江市金阳颜料化工有限公司，上海文华化工颜料有限公司。

Ea004 C.I. 颜料红 192

【英文名】 C.I.Pigment Red 192；Pigment Red 192；Sandorin Brilliant Red 5BL

【登记号】 CAS［61968-81-8］；C.I.739155

【结构式】

【分子式】 $C_{21}H_{14}N_2O_2$

【分子量】 326.35

【性质】 红色粉末。

【制法】 在压力釜中加入 367.6 份多聚磷酸（含 85.0% 五氧化二磷），在搅拌和 $80\sim90℃$ 下，加入 63.8 份 2-苯胺基-5-(4-甲基苯氨基) 对苯二酸。加毕，在 $125℃$ 搅拌 1h。加入 2250 份 30% 磷酸和 100 份二甲苯，在 $140℃$ 搅拌，最后升至 $155℃$。再在 $155℃$ 搅拌 30min。冷却至 $90℃$，在 $100℃$ 真空蒸出二甲苯。过滤，水洗至中性，在 $80℃$ 干燥，得产品。

$$\xrightarrow{PPA} 产品$$

【用途】 用于汽车涂料、塑料、金属印墨、建筑材料等的着色。

Ea005 C. I. 颜料红 202

【英文名】 C. I. Pigment Red 202；Quino [2,3-*b*] acridine-7,14-dione，2,9-Dichloro-5,12-dihydro-

【登记号】 CAS [3089-17-6]；C.I.73907

【别名】 颜料红 202；Cinquasia Magenta B-RT 343D；Cinquasia Magenta L-RT 265D；Cinquasia Magenta RT 235D；Cinquasia Magenta RT 265D；Cinquasia Magenta RT 343D；Cinquasia Magenta TR 235-6；Cinquasia Red RT 343D；Cromophtal Red RT 355；Fastogen Super Magenta HS 01；Magenta R 6713；Magenta RT 235D；Microlith Magenta 5B-K；Monastral Magenta B；Monastral Magenta RT 243D；Monastral Magenta RT 343D；Monastral RT 891；Pigment Red 202；Quinacridone Magenta B；Quindo Magenta RV 6843；RT 343D；Sunfast 228-6275；Sunfast Magenta 202；Sunfast Magenta Presscake 202

【结构式】

【分子式】 $C_{20}H_{10}N_2O_2Cl_2$

【分子量】 381.22

【性质】 蓝光红色粉末。色泽鲜艳，着色力强。耐晒性能优良，耐溶剂性；无迁移性。

【制法】 将配好的聚磷酸 PPA 100 份加入反应釜中，升温至 70℃，在搅拌下，缓慢加入 15 份 2,5-二对氯苯氨基对苯二甲酸 (DCTA)，升温至 120～140℃，恒温 2～4h。然后加入助剂，将产物倒入正在搅拌的 150 份甲醇中，升温回流 2～6h。冷却、过滤、水洗，滤饼放回 120 份水中打浆，加碱调 pH 值至 5～10，过滤，水洗，烘干，粉碎，得 12.5 份产品，收率 91.2%。

$$\xrightarrow{PPA} 产品$$

【质量标准】

外观	蓝光红色粉末
色光	与标准品近似
着色力/%	为标准品的 100±5
水溶物含量/%	≤1.0
耐晒性/级	7～8
耐热性/℃	≥300
吸油量/%	50±5

【安全性】 5kg，10kg 包装。

【用途】 可用于油墨，油漆，高档塑料树脂，涂料印花，软质塑胶制品的着色。

【生产单位】 高邮市助剂厂，中外合资湘潭大华颜料化学有限公司，山东省胶州精细化工有限公司。

Ea006 C. I. 颜料红 209

【英文名】 C. I. Pigment Red 209；Quino [2,3-*b*] acridine-7,14-dione， 3,10-Dichloro-5,12-dihydro-；Fastogen Super Red 2Y；Hostaperm Red EG；Hostaperm Red EG trans；PV Fast Red EG；Pigment Red 209；Quinacridone Red Y 209

【登记号】 CAS [3573-01-1]；C.I.73905

【结构式】

【分子式】 $C_{20}H_{10}N_2O_2Cl_2$

【分子量】 381.22

【性质】 黄光红色。

【制法】 在压力釜中加入 367.6 份多聚磷酸（含 85.0% 五氧化二磷），在搅拌和 80～90℃下，加入 73.5 份 2,5-二（3-氯苯氨基）对苯二甲酸。加毕，在 125℃搅拌 1h。加入 2250 份 30% 磷酸和 100 份二甲苯，在 140℃搅拌，最后升至 155℃。再在 155℃搅拌 30min。冷却至 90℃，在 100℃真空蒸出二甲苯。过滤，水洗至中性，在 80℃干燥，得 67.2 份产品。

$$\xrightarrow{\text{PPA}} \text{产品}$$

【用途】 用于汽车涂料、塑料、金属印墨、建筑材料等的着色。

Eb 二噁嗪类颜料

Eb001 永固紫 RL

【英文名】 Permanent Violet RL

【登记号】 CAS [6041-94-7]；欧共体登记号：227-930-1

【别名】 C. I. 颜料紫 23；6520 永固紫 RL；Helie Fast Violet EB；Fastogen Super Violet BBL，RBL，RN，RN-F；Monolite Violet R；Acramin Violet FFR；Aquadispers Violet RL-EP，RL-FG，Colanyl，Violet RL，Lionogen Violet RL；Microlith Violet RL-WA；Paliogen Violet L5890；Predisol Violet BL-CAB-1；Paliogen Violet RL-C；Paliogen Violet RL-V；Sandorin Violet BL；Sanyo Fast Violet BLD；Shang-dament Violet RL 6520；Sumitone Fast Violet RLS；Sumitone Fast Violet RSBRW

【分子式】 $C_{34}H_{22}Cl_2N_4O_2$

【分子量】 589.47

【结构式】

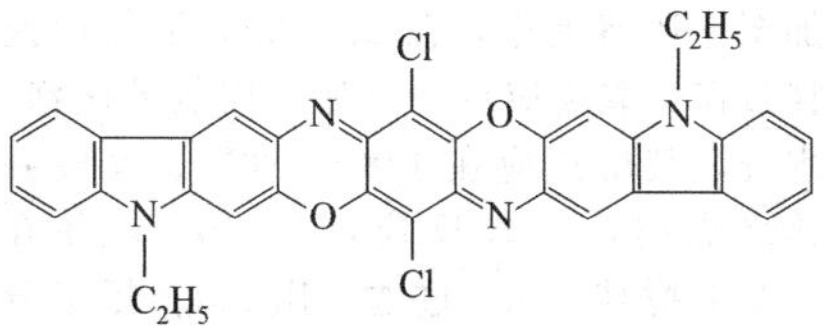

【质量标准】

外观	蓝光紫色粉末
色光	与标准品近似
着色力/%	为标准品的 100±5
水分含量/%	≤3
吸油量/%	38
耐热性/℃	200
耐晒性/级	7～8
乙醇渗透性/级	4
油渗透性/级	5
水渗透性/级	5
耐酸性(5%HCl)/级	5
耐碱性(5%Na₂CO₃)/级	5
细度(过 80 目筛余量)/%	≤5

【性质】 本品为蓝光紫色粉末。色泽鲜艳，着色强度高，耐晒牢度好，耐热性及耐渗性优异，熔点 430～450℃，相对密度 1.40～1.60。吸油量 35～78g/100g。

【制法】

1. 生产原理

将 N-乙基咔唑用混酸在氯苯中硝化，硝化产物用硫化钠还原，还原产物与四氯苯醌缩合，缩合物在对甲苯磺酰氯中闭环、氧化、再经过滤、干燥、粉碎得到永固紫 RL。

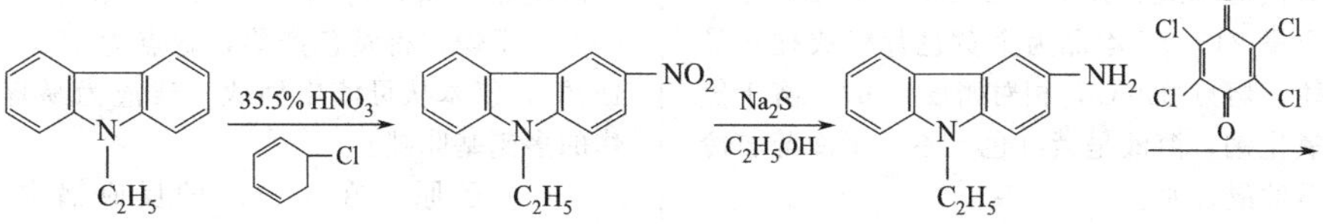

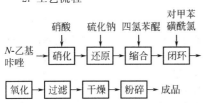

2. 工艺流程

N-乙基咔唑 → 硝化（硝酸） → 还原（硫化钠） → 缩合（四氯苯醌） → 闭环（对甲苯磺酰氯）

氧化 → 过滤 → 干燥 → 粉碎 → 成品

3. 技术配方

N-乙基咔唑	1100kg/t
四氯苯醌	865kg/t
对甲苯磺酰氯	590kg/t
硝酸(硝化用 35.5%)	1678kg/t
硫化钠(100%)	275kg/t

4. 生产原料规格

（1）N-乙基咔唑　N-乙基咔唑又称9-乙基咔唑、乙基氮芴。分子式 $C_{14}H_{13}N$，相对分子质量195.26。本品为白色叶状晶体，熔点69~70℃。溶于热乙醇和乙醚，不溶于水。

试剂级规格：

N-乙基咔唑含量/%	≥98
熔点/℃	68.5~70.5
灼烧残渣含量/%	0.1

（2）四氯苯醌　四氯苯醌（Tetra-chloroquinone）又称四氯代醌、氯醌、四氯代对苯醌。分子式 $C_6Cl_4O_2$，相对分子质量245.9。本品为金黄色片状或柱状晶体。熔点290℃，相对密度1.67。溶于氢氧化钠，溶液呈紫红色。不溶于冷醇、冷石油醚、水。

化学纯规格：

四氯苯醌含量/%	≥98
灼烧残渣含量/%	≤0.1
游离酸含量(HCl 计)/%	≤0.05

5. 生产设备

硝化锅，还原锅，缩合锅，环化锅，压滤机，水蒸气蒸馏锅，贮槽，干燥箱，粉碎机。

6. 生产工艺

（1）乙基化　将 12.8kg 95%咔唑、60L 苯、400L50%氢氧化钠溶液及适量相转移催化剂加入反应器中，于30℃在 1h 内滴加82L 溴乙烷，反应 3h 后进行水蒸气蒸馏，加入热水搅拌打浆，过滤水洗，收率为 95%，重结晶后得黄色针状晶体 N-乙基咔唑。熔点为 68.69℃。

（2）硝化　200kg N-乙基咔唑（熔点 64.5~65℃）在常温下加入 180kg 氯苯中，搅拌 1h 使其溶解并呈透明，在 20~25℃下将 300kg35.5%硝酸于 4~6h 加至上述溶液中，在 25~30℃下反应搅拌过夜。取反应试样过滤，用氯苯洗涤、水洗，其熔点应在 128~130℃。反应到达终点时，冷却反应液至 10℃，并在 10℃下搅拌 10h，过滤，用 30kg 氯苯分三次洗涤滤饼，再用 50L 水洗，在 50~60℃下干燥，得黄色产物，熔点为 128~129℃，氯苯从母液中回收，残渣为易爆炸的多硝基咔唑。

（3）还原　在 4.5m³ 的反应锅中，

将 200kg 2-硝基 N-乙基咪唑加入由 1622kg 95％乙醇和 400kg 硫化钠组成的乙醇溶液中，加热至 70℃关闭反应锅，在 80～85℃下还原反应 24h，冷却至 40℃，停止搅拌，分出硫化碱层，进一步冷却至 2℃，在 12h 内结晶出还原氨基物。过滤后用乙醇水（1∶1）洗，再用 3000L 水打浆，过滤水洗至中性，在 50～60℃干燥，收率为 94％～96％。纯度为 96％～99％，熔点为 127℃。

（4）缩合与闭环　在 2000L 搪瓷反应锅中加入 1940kg 邻二氯苯，在 50℃下加入 100kg 氨基乙基咪唑，42.5kg 无水乙酸钠及 87.5kg 四氯苯醌，上述物料在使用前需干燥，物料在 60～65℃搅拌 2h，在真空下逐渐加热至 115℃直到在馏出物中不含乙酸，然后常压下再加热至 150℃，并在此温度下加入 40～50kg 苯甲酰氯，加热至 176～180℃，搅拌 4～8h，冷却后用 500kg 邻二氯苯稀释，压滤并用 200L 邻二氯苯洗涤直到反应物煮沸滤液不显示蓝色，反应物呈红色荧光。水蒸气蒸馏除去滤饼中的邻二氯苯，产物过滤，水洗，100℃下干燥，得永固紫 RL。

（5）成品颜料化　采用球磨工艺或酸溶工艺均可，这里介绍酸溶法。将 40kg 浓硫酸搅拌下加入 8kg 甲苯，升温至 40℃反应 1h，再加入 4L 水冷却至 30℃，加入永固紫 RL 粗品 4kg，搅拌 3～4h，然后于水中稀释，搅拌过滤。再加入 400L 水并以 5％氢氧化钠溶液调 pH 值为 9～10，在 90℃下搅拌 1h，热过滤，水洗至中性，干燥得暗紫色产物。

【用途】　适用于油漆、油墨及橡胶、塑料制品的着色，也可用于合成纤维原浆的着色。

【生产单位】　上海雅联颜料化工有限公司，上海油墨股份有限公司，上海美满化工厂，上海无机化工研究所，上海精细化工研究所，天津市东鹏工贸有限公司，天津染化八厂，杭州映山花颜料化工有限公司，杭州新晨颜料有限公司，Hangzhou Union Pigment Corporation，杭州红妍颜料化工有限公司，浙江黄岩兴华化工厂，杭州力禾颜料有限公司，常州北美化学集团有限公司，南通新盈化工有限公司，无锡新光化工有限公司，石家庄市力友化工有限公司，镇江市金阳颜料化工有限公司，江苏昆山蓬朗化工厂，江苏海门染化厂，山东龙口太行颜料有限公司，山东淄博有机颜料厂，江苏海门化工原料厂，江苏常熟莫城溶剂厂，江苏扬州宏城化工总厂，江苏海门颜料化工厂。

Eb002　颜料蓝 80

【英文名】　C.I.Pigment Blue 80；Hostaperm Blue R 5R；Hostaperm Blue R 5R-VP2548；Pigment Blue 80

【登记号】　CAS［391663-82-4］

【结构式】

【分子式】　$C_{20}H_8N_6O_4Cl_2$

【分子量】　467.23

【性质】　红光蓝色。色光介于颜料紫 23 和颜料蓝 60 之间。有很好的光、热和化学稳定性。有良好的耐热、耐日晒性能。着色力比颜料紫 23 还要高，耐气候牢度与颜料蓝 60 相当。

【制法】　将 25 份 6-甲氧基-5-氨基-2-苯并咪唑酮、15 份 2,3,5,6-四氯苯醌和 10 份无水醋酸钠加到 250 份乙醇中，在搅拌下加热至沸。冷却，过滤，用乙醇洗，然后用水洗，干燥。

取 26 该干燥的产物，加到 150 份浓硫酸中，在室温搅拌 12h。加入冰，过滤，用水洗至无酸，真空干燥，得颜料产品。在后处理中，也可将其和 300 份 80％硫酸混合，过滤；再和 150 份 50％

硫酸混合，过滤，用 2000 份水洗至无酸。湿滤饼悬浮于 250 份二甲基乙酰胺中，在 100 ~ 150℃ 蒸出所含的水。冷却到 120℃，过滤，用 200 份冷二甲基乙酰胺洗，然后用 100 份异丙醇洗，真空干燥，得颜料产品。

【用途】 用于汽车原装漆和修补漆、卷钢涂料、建筑漆等。

Eb003 C. I. 颜料紫 23

【英文名】 C.I.Pigment Violet 23；Diindolo[2,3-c：2′,3′-n]triphenodioxazine，9,19-Dichloro-5,15-diethyl-5,15-dihydro-

【登记号】 CAS〔215247-95-3〕；C.I.51319

【别名】 永固紫 RL；6520 永固紫 RL；PV 坚固紫 RL；6520 永固紫 RL-R-B；蓝光永固紫 RL；Bluish Permanent Violet RL；红光永固紫 RL；CFP-FF 802V；Aquadisperse Violet RL-EP 05180，RL-EG 80480（KVK）；Carbazole Dioxazine Violet；Carbazole Violet；Carbazole Violet 23；Chromofine Violet 6510PK；Chromofine Violet RE；Colanyl Violet RL（Dystar）；Cosmenyl Violet RL；Creanova 877-8895；Cromophtal Violet 3BL（CGY）；Cromophtal Violet GT；Cyanadur Violet；Dioxazine Violet；Dioxazine Purple；EB Violet 4B7906；EMC Violet RL 10；Fastogen Super Violet RN（DIC）；Fastogen Super Violet RN-S（DIC）；Fastogen Super Violet RTS；Fastogen Super Violet RVS（DIC）；Fastogen Super Violet RXS（DIC）；Fastogen Super Violet RN-F，RVG，RVW（DIC）；Heliofast Red Violet EE；Heliofast Violet BN；Heliogen Violet；Heliogen Violet R Toner；Hostaperm Violet BL；Hostaperm Violet P-RL；Hostaperm Violet RL(Dystar)；Hostaperm Violet RL Special；Hostaperm Violet RL Special 14-4007；Hostaperm Violet RL-NF；Hostaperm Violet RL-SPL；Hostaperm Violet RL-Sp；Lake Fast Violet RL；Lake Fast Violet RLB；Lionogen Violet HR；Lionogen Violet R 6100（TOYO）；Lionogen Violet R6191G（TOYO）；Lionogen Violet R 6200；Lionogen Violet RL；Lionol Violet HR；Luconyl Violet 5894，58-9005（BASF）；Monolite Fast Violet R；Microlith Violet RL-WA（CGY）；Microsol Violet B（CGY）；Monaprin Violet RE(BASF)；Monolite Violet R HD，RN(BASF)；PV Fast Violet BL；PV Fast Violet RL-SPE；Palamid Violet 58-9005（BASF）；Paliogen Violet 5890；Paliogen Violet L 5890（BASF）；Permanent Violet；Permanent Violet R；Permanent Violet RL；Pigment Violet 23；Reddish Permanent Violet RL；Predisol Violet BL-CAB-2680，RL-C 540，RL-V1380（KVK）；PV-Fast Violet BL (Dystar)；PV Fast Violet RL(Dystar)；Sandorin Violet BL(Clariant)；Sanyo Fast Violet BLD(SCW)；Sanyo Permanent Violet BL-D 422；Sicoflush P Violet 5890(BASF)；Sumikacoat Fast Violet RSB；Sumitomo Fast

Violet RL Base；Sumitone Fast Violet RL；Sumitone Fast Violet RL 4R；Sumitone Fast Violet RL 4R Base；Sumitone Fast Violet RLS（NSK）；Sumitone Fast Violet RSB，RW（NSK）；Sunfast Carbazole Violet 23（SNA）；Sun Violet VHD 6003；Sunfast Violet 23；Symuler Fast Violet BBL；Symuler Fast Violet BBLN；Unisperse Violet B-E；Unisperse Violet B-S；VHD 6003；Violet P-RL；Viscofil Violet BLN；Vynamon Violet 2B

【结构式】

【分子式】 $C_{34}H_{22}N_4O_2Cl_2$

【分子量】 589.48

【性质】 蓝光紫色粉末，色泽鲜艳。具有高的着色力、优异的耐热性、耐渗化性和耐晒性。

【制法】 3-氨基-9-乙基咔唑、邻二氯苯、水、醋酸钠、苄基三甲基氯化铵与四氯苯醌的混合物在 40～60℃ 加热 1h。然后再升温至 150～160℃，蒸出反应物中的水。用苯磺酰氯处理并加热至 165～170℃，在此温度维持 6h，产品收率可达 84%。

【质量标准】

外观	蓝光紫色粉末
色光	与标准品近似
着色力/%	为标准品的 100±5
吸油量/%	38
水分含量/%	≤3

细度（通过 80 目筛后残余物含量）/%	≤5
耐晒性/级	7～8
耐热性/℃	200
耐酸性/级	5
耐碱性/级	5
乙醇渗性/级	5
油渗性/级	5
水渗性/级	5

【消耗定额】

原料名称	单耗/(kg/t)
N-乙基咔唑	1100
四氯苯醌	865
对甲苯磺酰氯	590

【安全性】 10kg 纸板桶或铁桶包装，内衬塑料袋。

【用途】 主要用于涂料、油墨、橡胶和塑料的着色，也用于合成纤维的原液着色。

【生产单位】 上海雅联颜料化工有限公司，上海油墨股份有限公司，上海美满化工厂，上海无机化工研究所，上海精细化工研究所，天津市东鹏工贸有限公司，天津染化八厂，杭州映山花颜料化工有限公司，杭州新晨颜料有限公司，Hangzhou Union Pigment Corporation，杭州红妍颜料化工有限公司，浙江黄岩兴华化工厂，杭州力禾颜料有限公司，常州北美化学集团有限公司，南通新盈化工有限公司，无锡新光化工有限公司，石家庄市力友化工有限公司，镇江市金阳颜料化工有限公司，江苏昆山蓬朗化工厂，江苏海门染化厂，山东龙口太行颜料有限公司，山东淄博有机颜料厂，江苏海门化工原料厂，江苏常熟莫城溶剂厂，江苏扬州宏城化工总厂，江苏海门颜料化工厂。

Eb004 C.I.颜料紫 37

【英文名】 C. I. Pigment Violet 37；Benzamide，N,N'-[6,13-Bis（acetylamino）-2,9-diethoxy-3,10-triphenodioxazinediyl] bis-；

Cromophtal Violet B；Microlith Violet B-K；
Pigment Violet 37；Violet B-K

【登记号】 CAS［17741-63-8］；C.I.51345

【结构式】

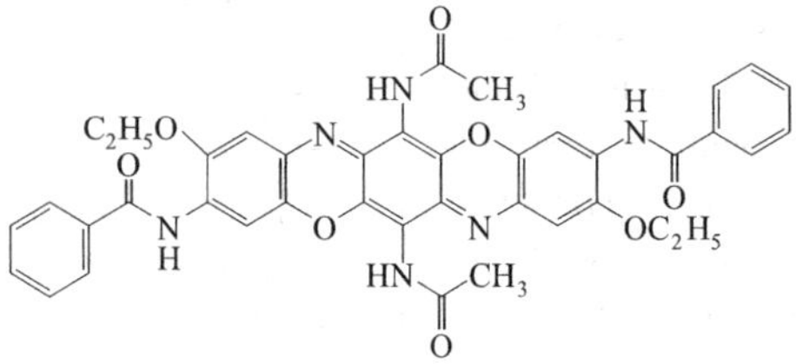

【分子式】 $C_{40}H_{34}N_6O_8$

【分子量】 726.75

【性质】 红光紫色。有良好的耐光性、耐迁移性。

【制法】 在475份异丙醇中，在55℃下，加入180份1-氨基-4-苯甲酰氨基-2,5-二乙氧基苯、49.5份无水醋酸钠和87.5份2,5-二乙酰氨基-3,6-二氯-1,4-苯醌，在微沸下搅拌3h。冷却至室温，过滤。滤饼用冷异丙醇洗，得540份湿滤饼，含245份2,5-二乙酰氨基-3,6-二（2,5-二乙氧基-4-苯甲酰氨基苯氨基）-1,4-苯醌和295份水。干燥，可得干燥产物。

取82份该产物加到600份硝基苯、55份水和1份2,5-二乙酰氨基-3,6-二氯-1,4-苯醌的混合液中，在良好的搅拌下，于180～185℃加热6h，并同时蒸出水和生成的乙醇。再在此温度搅拌4h，冷却到120℃，过滤。所得滤饼用120℃的硝基苯洗，再用甲醇和水洗，在100℃真空干燥，得β形态的产品。

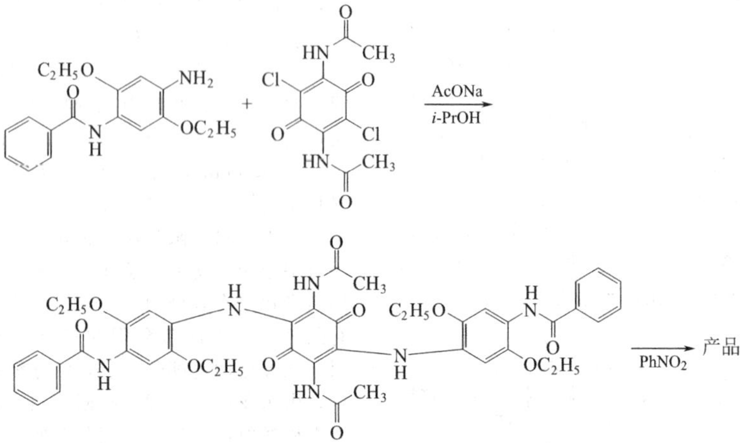

【用途】 用于塑料、纸张、显色剂、墨水、化妆品等的着色。

Ec 1,4-二酮吡咯并吡咯类颜料

Ec001 颜料红 254

【英文名】 Pigment Red 254

【登记号】 CAS [84632-65-5]；C. I. 56110

【别名】 C. I. 颜料红 254；Irgazine Red DPP BO

【分子式】 $C_{18}H_{10}N_2O_2Cl_2$

【分子量】 357.19

【结构式】

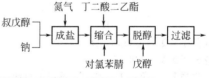

【质量标准】 （参考指标）

外观	红色粉末
色光	与标准品近似
着色力/%	为标准品的 100±5
细度(过 80 目筛余量)/%	≤500

【性质】 本品为红色粉末。

【制法】

1. 生产原理

在醇钠存在下，对氯苯腈与丁二酸二乙酯缩合环化，缩合环化物进一步与对氯苯腈缩合，得到颜料红 254。

2. 工艺流程

氮气 丁二酸二乙酯

叔戊醇 钠 → 成盐 → 缩合 → 脱醇 → 过滤 →
对氯苯腈 戊醇

干燥 → 碱处理 → 过滤 → 干燥 → 成品

3. 技术配方

对氯苯腈	206
丁二酸二乙酯	110

4. 生产工艺

在反应瓶中加入叔戊醇、金属钠及渗透剂 OT，通入氮气，升温到 100～105℃，搅拌 2～3h 至金属钠全部溶解，制得叔戊醇钠。在 80～90℃ 下加入对氯苯腈，再在 110℃，3h 内加入丁二酸二乙酯，搅拌反应 2h，用水蒸气蒸馏除去叔戊醇，过滤，水洗，干燥得二对氯苯基吡咯酮并吡咯酮粗产物，收率为 70%～80%。

将粗产物加到 5% 氢氧化钠溶液中，在 70～80℃ 下搅拌数小时，过滤，水洗至中性得颜料红 254。

【用途】 用于油墨、涂料及油彩颜料的着色。

【生产单位】 杭州锐朗化工有限公司，石家庄市力友化工有限公司，高邮市助剂厂。

Ec002 **C. I. 颜料橙 71**

【英文名】 C. I. Pigment Orange 71；Benzonitrile, 3,3′-(2,3,5,6-Tetrahydro-3,6-dioxopyrrolo[3,4-c]pyrrole-1,4-diyl)bis-；Cromophtal DPP Orange TR；Cromophtal DPP Orange TRP；DPP Orange TRP；Pigment Orange 71

【登记号】 CAS [84632-50-8]；C.I.561200

【结构式】

【分子式】 $C_{20}H_{10}N_4O_2$

【分子量】 338.33

【性质】 橙色粉末。纯的、透明的色泽。

【制法】 在氮气保护下，往反应器中加入 1150mL 叔戊醇，再加入 38.4g 金属钠，所成溶液在 95～102℃ 加热搅拌，再在 100～105℃ 剧烈搅拌过夜。冷却到 85℃，加入 145.6g 3-氰基苯甲腈，再用 30mL 叔戊醇冲洗。在 80～85℃ 下，2h 内滴加 127.8g 丁二酸二异丙酯。加毕，再在该温度下搅拌 4h。加入 462mL 水、1738mL 甲醇和 190.3g 浓盐酸的混合液，在

130℃ 搅拌 6h(pH<7)。冷却，过滤，用甲醇/水洗，再用水洗，在 80℃ 真空干燥，得 168.5g 颜料产品。

【用途】 主要作于涂料和塑料，油漆的着色，也用于合成纤维的原液着色。

Ec003 **C. I. 颜料橙 73**

【英文名】 C. I. Pigment Orange 73；Pyrrolo[3,4-c]pyrrole-1,4-dione, 3,6-Bis[4-(1,1-dimethylethyl)phenyl]-2,5-dihydro-；DPP Orange RA；Irgazin DPP Orange RA；Permanent Orange 3RTN-P；Pigment Orange 16A；Pigment Orange 73

【登记号】 CAS [84632-59-7]；C.I.561170

【结构式】

【分子式】 $C_{26}H_{28}N_2O_2$

【分子量】 400.52

【性质】 橙色粉末。色泽鲜艳，着色力强。耐晒性能优良，耐酸、耐碱，无迁移性。

【制法】 往 1L 四口烧瓶中，加入 31.8g (0.20mol) 4-叔丁基苯甲腈、130mL 叔戊醇、0.8g(0.0017mol) 2-邻苯二甲酰亚氨基甲基喹吖啶酮和 36.9g(0.33mol) 叔丁醇钾，在轻微搅拌下加热至 90℃。在 0.5h 内，滴加 20.2g(0.1mol) 丁二酸二异丙酯在 20mL 叔戊醇的溶液。加毕，加热至回流，搅拌 2h。冷却到 50℃，加入 100mL 甲醇和 100mL 水，搅拌 0.25h。过滤，用 50% 醇水溶液洗，再用水洗，在 80℃ 干燥，得产品。

$$t\text{-}C_4H_9\!\!-\!\!\overset{}{\underset{}{\bigcirc}}\!\!-\!\!CN + i\text{-}C_3H_7O\!-\!\!\overset{O}{\overset{\parallel}{C}}\!\!-\!\!CH_2CH_2\!-\!\!\overset{O}{\overset{\parallel}{C}}\!\!-\!\!O\text{-}i\text{-}C_3H_7 \xrightarrow{t\text{-}C_4H_9OK} 产品$$

【用途】 主要作于涂料和塑料，油漆的着色，也用于合成纤维的原液着色。

Ec004 C. I. 颜料红225

【英文名】 C. I. Pigment Red 255；Pyrrolo〔3,4-c〕pyrrole-1,4-dione，2,5-Dihydro-3,6-diphenyl-；Cromophtal Coral Red C；Irgazin DPP Red 5G；Irgazin DPP Scarlet EK；Irgazin Scarlet EK；Pigment Red 255

【登记号】 CAS〔54660-00-3〕；C.I.561050

【结构式】

【分子式】 $C_{18}H_{12}N_2O_2$

【分子量】 288.31

【性质】 黄光红色粉末。熔点372℃。色光鲜艳，着色力高，分散性良好。耐晒性能优良，耐酸，耐碱，无迁移性。有优异的耐光、耐热、耐溶剂性能。耐热温度高于500℃。

【制法】 将5.5g金属钠加到70mL叔戊醇中，通入氮气，升温至100℃，回流3~5h至金属钠全部溶解，制得叔戊醇钠溶液。降温至80℃，加入6.7mL苯腈，再升温至110℃，在4~5h内滴加6.8mL丁二酸二乙酯。在105~110℃搅拌3h。用水蒸气蒸馏除去叔戊醇，过滤，水洗，干燥，得5.5g红色的二苯基吡咯并吡咯粗产物，收率为62%。将14g粗产物、15g 30%氢氧化钠溶液和180mL甲醇混合，在20~50℃下球磨数小时，水洗，干燥得产品。

$$\xrightarrow{RONa} 产品$$

【质量标准】

外观	红色粉末
色光	与标准品近似
着色力/%	为标准品的100±5
水溶物含量/%	≤1.0
耐晒性/级	8
耐热性/℃	≥300

【安全性】 5kg，10kg包装。

【用途】 主要作于涂料和塑料，油漆的着色，也用于合成纤维的原液着色。

【生产单位】 武汉恒辉化工颜料有限公司，高邮市助剂厂。

Ec005 C. I. 颜料红264

【英文名】 C. I. Pigment Red 264；Pyrrolo〔3,4-c〕pyrrole-1,4-dione，3,6-Bis(〔1,1'-biphenyl〕-4-yl)-2,5-dihydro-；DPP Rubine TR；Irgazin DPP Rubine TR；Irgazin Ruby Opaque；Pigment Red 264；Rubine TR

【登记号】 CAS〔88949-33-1〕；C.I.561300

【结构式】

【分子式】 $C_{30}H_{20}N_2O_2$

【分子量】 440.50

【性质】 蓝光红色粉末。有优异的耐光、耐热和耐溶剂性能。耐光性8级。热稳定性可达300℃。

【制法】 往1L四口烧瓶中，加入35.4g（0.20mol）4-苯基苯甲腈、130mL叔戊醇、0.8g(0.0017mol)2-邻苯二甲酰亚氨基甲喹吖啶酮和36.9g(0.33mol)叔丁醇钾，在轻微搅拌下加热至90℃。在

0.5h 内，滴加 20.2g（0.1mol）丁二酸二异丙酯在 20mL 叔戊醇的溶液。加毕，加热至回流，搅拌 2h。冷却到 50℃，加入

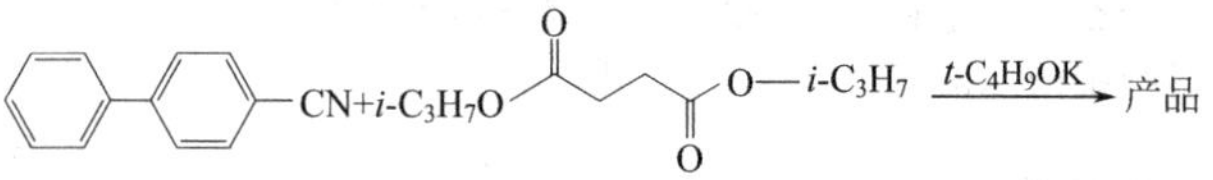

【用途】 用于高档涂料、汽车漆、粉末涂料、油墨、油漆和塑料的着色，如 PVC、PP、PS、PET 及 PA 等。

Ec006 C.I. 颜料红 272

【英文名】 C.I.Pigment Red 272；Pyrrolo［3,4-c］pyrrole-1,4-dione，2,5-Dihydro-3,6-di（4-methylphenyl）-；Cromophtal DPP Flame Red FP；Pigment Red 272

【登记号】 CAS［350249-32-0］；C.I.561150

【结构式】

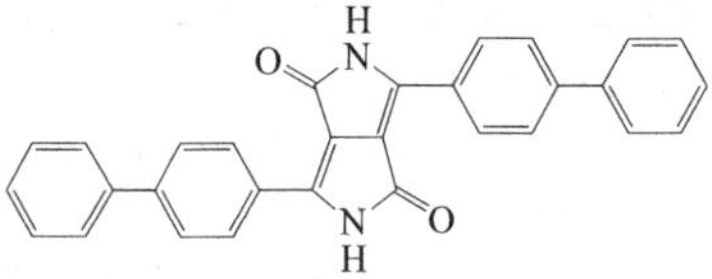

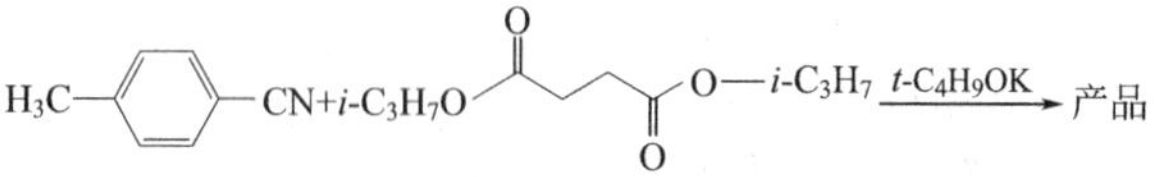

【质量标准】

指标名称	指标
外观	红色粉末
色光	与标准品近似
着色力/%	为标准品的 100±5
水溶物含量/%	≤1.0
耐晒性/级	8
耐热性/℃	≥300

100mL 甲醇和 100mL 水，搅拌 0.25h。过滤，用 50% 醇水溶液洗，再用水洗，在 80℃ 干燥，得 30.8g 产品，收率 70%。

【分子式】 $C_{20}H_{16}N_2O_2$

【分子量】 316.36

【性质】 红色粉末。色泽鲜艳，着色力强，耐晒性能优良，耐酸、耐碱，无迁移性。

【制法】 往 1L 四口烧瓶中，加入 23.4g（0.20mol）4-甲基苯甲腈、130mL 叔戊醇、0.8g（0.0017mol）2-邻苯二甲酰亚氨基甲基喹吖啶酮和 36.9g（0.33mol）叔丁醇钾，在轻微搅拌下加热至 90℃。在 0.5h 内，滴加 20.2g（0.1mol）丁二酸二异丙酯在 20mL 叔戊醇的溶液。加毕，加热至回流，搅拌 2h。冷却到 50℃，加入 100mL 甲醇和 100mL 水，搅拌 0.25h。过滤，用 50% 醇水溶液洗，再用水洗，在 80℃ 干燥，得产品。

【安全性】 5kg，10kg 包装。

【用途】 主要作于涂料和塑料，油漆的着色，也用于合成纤维的原液着色。

【生产单位】 武汉恒辉化工颜料有限公司，高邮市助剂厂。

Ed 蒽酮类颜料

Ed001 联蒽醌红

【英文名】 Anthraquinoid Red

【登记号】 CAS [131-92-0]

【别名】 Cromophtal Red 3B；颜料红 177；永固红 A3B；颜料红 3BL；C. I. 颜料红 177（65300）

【分子式】 $C_{28}H_{16}N_2O_4$

【分子量】 444.44

【结构式】

【性质】 本品为蓝光红色粉末，属蒽醌类颜料。具有极好的坚牢度，耐热性和耐迁移性优。熔点 350℃，吸油量 55～62g/100g，相对密度 1.45～1.53。

【制法】

1. 生产原理

1-氨基-4-溴蒽醌-2-磺酸钠（溴氨酸钠）在铜粉存在下发生缩合，生成 4,4′-二氨基-1,1′-二蒽醌-3,3′-二磺酸。然后在稀硫酸中脱去磺酸基，得到联蒽醌红。

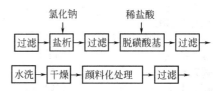

2. 工艺流程

1-氨基-4-溴蒽醌-2-磺酸钠
铜粉 → 缩合 → 过滤 → 脱色（活性炭）

氯化钠　　　　稀盐酸

过滤 → 盐析 → 过滤 → 脱磺酸基 → 过滤

水洗 → 干燥 → 颜料化处理 → 过滤

干燥 → 成品

3. 技术配方

1-氨基-4-溴蒽醌-2-磺酸钠	64
铜粉	30.4

4. 生产工艺

（1）缩合　在反应瓶中加入 4g 1-氨基-4-蒽醌-2-磺酸钠、1.9g 铜粉及 0.7～

1.2g 50％硫酸，在 90℃下搅拌反应1.5h，趁热用碳酸钠溶液中和至呈碱性，过滤，将滤液加热至 80～100℃，用氯化钠盐析，在 60～80℃下过滤，用 2％氯化钠溶液洗涤，得到缩合反应粗产物 4,4'-二氨基-1,1'-二蒽醌-3,3'-二磺酸钠。

将 4g 粗产物加到 100mL 热水中，在90～98℃下加入 0.5g 活性炭。过滤，滤液用氯化钠盐析。再过滤，用 2％氯化钠溶液洗涤，得精制棕红色的缩合产物。

（2）脱磺酸基 在反应瓶中加入精制的缩合产物（4,4'-二氨基-1,1'-二蒽醌-3,3'-二磺酸钠）3.3g，再加入由 24g 硫酸配成 80％的水溶液，在 135～140℃下搅拌反应 3.5h，以薄层色谱检测反应终点。反应完毕，冷却至 60℃，将其倒入冰水混合物中，过滤，用较稀的氢氧化钠溶液洗涤，水洗，干燥，得深红色脱磺产物 4,4'-二氨基-1,1'-蒽醌粗颜料。

（3）颜料化处理 将脱磺产物湿滤饼按干品重 2g 加入 0.1g 表面活性剂及10mL5％松香，在 85～95℃下搅拌 1h，然后酸化使其 pH 值为 5～6，过滤，水洗，干燥，制得产物联蒽醌红。

【质量标准】

外观	蓝光红色粉末
色光	与标准品近似
着色力/%	为标准品的 100±5
水分含量/%	≤2
细度(过 80 目筛余量)/%	≤5
吸油量/%	50±5
耐旋光性/级	6
耐热性/℃	160

【用途】 用于聚氯乙烯、聚乙烯、聚氨酯等塑料的着色，也用于油墨、涂料的着色。

【生产单位】 天津市东鹏工贸有限公司，南通新盈化工有限公司，石家庄市力友化工有限公司，浙江百合化工控股集团，辽宁辽阳染化厂，辽宁辽阳尼龙化工厂，江苏海门颜料化工厂。

Ed002 **紫色淀**

【英文名】 Violet Lake

【登记号】 CAS [1328-04-7]；C. I. 58055：1

【别名】 C. I. 颜料紫 5：1；Alizarine Maroon MV-7013 （HAR）；Irgalite Maroon BN （CGY）；Lake Violet 15515UCD；Maroon Toning Lake （DUP）；Polymo Red Violet FR （KKKHIK）；Vynamon Violet RUCl

【分子式】 $C_{14}H_7O_7SAl_{1/3}$

【分子量】 328.27

【结构式】

【质量标准】

外观	红光紫色粉末
色光	与标准品近似
着色力/%	为标准品的 100±5
水分含量/%	≤2
细度(过 80 目筛余量)/%	≤5
耐晒性/级	5
耐酸性/级	1
溶剂渗透性/级	4～5
水渗透性/级	4～5

【性质】 本品为红光紫色粉末。不溶于水。具有很好的耐晒性。吸油量 40～71g/100g。

【制法】

1. 生产原理

1,4-二羟蒽醌与亚硫酸氢钠、硼酸和二氧化锰发生磺化得到 1,4-二羟基蒽醌-2-磺酸，然后与氢氧化铝发生色淀化得紫色淀。

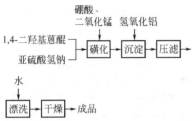

2. 工艺流程

硼酸、
二氧化锰　氢氧化铝

1,4-二羟基蒽醌
亚硫酸氢钠 → 磺化 → 沉淀 → 压滤

水

漂洗 → 干燥 → 成品

3. 生产工艺

（1）磺化　在磺化反应锅中加入5000L 水，加热至 50℃，向水中加入200kg 1,4-二羟基蒽醌、420kg 亚硫酸氢钠、105kg 硼酸及 126kg 二氧化锰，在 2h 内升温至 98℃，并反应 4～5h，将反应物加至 600L 盐酸中，冷却至 45℃，过滤，用稀盐酸（20L 盐酸用 1000L 水稀释）洗涤，干燥，得 1,4-二羟基蒽醌-2-磺酸。

（2）沉淀　将工业用的硫酸铝溶于80℃水中，冷却至 40℃；将 95% 碳酸钠溶于 40℃水中，然后在 1h 内将其分批加至硫酸铝溶液中，pH 值为 6～7，生成氢氧化铝沉淀，过滤水洗得浆状物，将 1,4-二羟基蒽醌-2-磺酸在 60℃下溶于水中，加入制得的氢氧化铝浆状物，于 45℃下搅拌使其反应，pH 值为 5.5～6.0，过滤，水洗，于 60～70℃下干燥，得紫色沉淀。

【用途】　主要用于油漆、醇酸树脂、印刷油墨、墙纸及皮革的着色，也用于橡胶及涂料印花的着色。

【生产单位】　南通新盈化工有限公司，上海雅联颜料化工有限公司，上海染料化工十厂，江苏海门颜料化工厂。杭州新晨颜料有限公司，Hangzhou Union Pigment Corporation，杭州红妍颜料化工有限公司，浙江黄岩兴华化工厂，杭州力禾颜料有限公司。

Ed003　靛蒽酮

【英文名】　6，15-Dihydroanthrazine-5，9，14，18-tetrone

【登记号】　CAS [81-77-6]；C. I. 69800

【别名】　C. I. 颜料蓝 60；Ndanthren Blue；Anthraquinoid Blue

【分子式】　$C_{28}H_{14}N_2O_4$

【分子量】　442.42

【结构式】

【质量标准】

外观	深蓝色粉末
色光	与标准品近似
着色力/%	为标准品的 100±5
细度（过 80 目筛余量）/%	≤5

【性质】　本品为深蓝色粉末。熔点300℃，相对密度 1.45～1.54，吸油量27～80g/100g。属蒽酮类颜料，有较好的耐光、耐候和耐溶剂性能。

【制法】

1. 生产原理

2-氨基蒽醌碱熔缩合，经精制、氧化及颜料化处理得靛蒽酮。

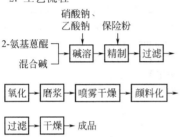

$$\xrightarrow{\text{颜料化}} \text{靛蒽酮}$$

也可用还原蓝 RSN 经颜料化处理得到靛蒽酮。

2. 工艺流程

2-氨基蒽醌 混合碱 → 硝酸钠、乙酸钠 → 碱溶 → 保险粉 精制 → 过滤

氧化 → 磨浆 → 喷雾干燥 → 颜料化

过滤 → 干燥 → 成品

3. 技术配方

2-氨基蒽醌(100%)	832
氢氧化钾(100%)	125
氢氧化钠(100%)	550
硝酸钠(98%)	80
无水乙酸钠	428
保险粉	362
扩散剂 NNO(100%)	600

4. 生产工艺

（1）工艺一 在反应锅中加入混合碱 595kg（含氢氧化钾 68%），加热搅拌，加入 131kg 无水乙酸钠和 1.5kg 油酸，充氮气，在 190℃下，0.5h 内加入 263kg 2-氨基蒽醌，在 220～230℃下，2h 内再加入 25kg 硝酸钠进行缩合反应。将反应物稀释于 8000L 水中，搅拌降温至 50℃，加入 85% 保险粉 110kg，过滤得隐色体钠，投入氧化-砂磨锅中，在 60℃下吹入空气，氧化使物料呈天蓝色针状晶体，继续砂磨 8h，加入 50～100kg 扩散剂 NNO，得到还原蓝 RSN 细浆，喷雾干燥得 138kg 产物。

将还原蓝 RSN 用有机溶剂（氯苯、二氯苯）在回流温度下搅拌处理 1h，冷却至 40℃，过滤，水洗，干燥得到稳定的 α-型产品靛蒽酮。

（2）工艺二 在反应锅中，将 60℃水 400L 中加入 20kg 30%氢氧化钠溶液，再加入 10kg 还原蓝 RSN，搅拌均匀后保持 60℃，加入 18kg 保险粉，搅拌得深蓝色溶液。10～15min 后加冷水或冰降温到 40℃，使还原蓝 RSN 析出成深蓝色悬浮体，过滤去掉母液，并用水洗涤，将滤饼加入 400L 水及 1kg 土耳其红油的溶液中，搅拌 0.5h 成颜料悬浮体，加入 15kg30%氢氧化钠溶液、1kg 硝酸钠，降温到 10～15℃，吹入空气氧化 18～20h，检验颜料颗粒成均匀的微细粒子即为氧化终点。然后加入 6kg 冰醋酸用 30L 水稀释的溶液，使 pH 值为 7～8，微细颜料粒子凝集成较大的晶体，即可过滤水洗，70～80℃下干燥，得靛蒽酮产品。

【用途】 用于油漆、油墨及文化用品的着色。

【生产单位】 南通新盈化工有限公司，上海雅联颜料化工有限公司，上海染料化工十厂，江苏海门颜料化工厂。

Ed004 **颜料棕 28**

【英文名】 Pigment Brown 28

【登记号】 CAS [131-92-0]；C. I. 69015

【别名】 Pigment Fast Brown R

【分子式】 $C_{42}H_{23}N_3O_6$

【分子量】 665.65

【结构式】

【质量标准】

外观	深棕色粉末
色光	与标准品近似
着色力	为标准品的 100 ± 5
细度(过 80 目筛余量)/%	≤5

【性质】 本品为深棕色粉末。

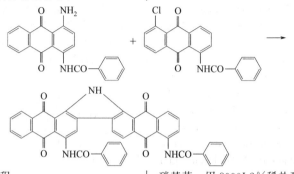

2. 工艺流程

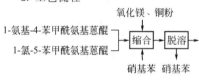

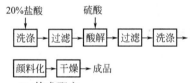

3. 技术配方

1-氨基-4-苯甲酰氨基蒽醌	228
1-氯-5-苯甲酰氨基蒽醌	240
氧化镁	60
乙酸钠	174
铜粉	4.56
浓硫酸	1733
发烟硫酸(20%)	578

4. 生产工艺

将 190kg 1-氨基-4-苯甲酰氨基蒽醌、200kg 1-氯-5-苯甲酰氨基蒽醌,145kg 乙酸钠及 50kg 氧化镁加至 2000L 硝基苯中,在 5h 内搅拌加热至 210℃,然后冷却至 180℃,加入 3.8kg 铜粉,3h 后蒸出

硝基苯。用 8000L 2%稀盐酸萃取反应物,过滤,得还原棕色基 361kg。

将 675kg 上述色基溶于 2700kg 浓硫酸及 900kg 20%发烟硫酸中,溶解温度不高于 30℃。然后在 1~2h 内将其稀释到水中,加入 45kg 氯化钠,加热至 90℃,反应 4h。反应完毕,降温至 50℃,过滤、水洗,经过颜料化处理,得到颜料棕 280。

【制法】

1. 生产原理

在铜粉存在下,1-氯-5-苯甲酰氨基蒽醌和 1-氨基-4-苯甲酰氨基蒽醌缩合,经酸化、颜料化处理得颜料棕 28。

【用途】 用于涂料、塑料及文化用品的着色。

【生产单位】 杭州新晨颜料有限公司,Hangzhou Union Pigment Corporation,杭州红妍颜料化工有限公司、浙江黄岩兴华化工厂、杭州力禾颜料有限公司,常州北美化学集团有限公司,温州金源化工有限公司,江苏傲伦达科技实业股份有限公司,南通新盈化工有限公司,高邮市助剂厂。

Ed005 颜料蓝22

【英文名】 C.I.Pigment Blue 22;5,9,14,18-Anthrazinetetrone,Chloro-6,15-dihydro-

【登记号】 CAS [1324-27-2];C.I.69810

【别名】 还原蓝 GCDN；还原天蓝 GCDN；还原艳蓝 5RLC；C. I. Vat Blue 14；Ahcovat Printing Blue GCD；Alizanthrene Blue GCP；Benzadone Blue GCD；Calcoloid Blue GCD；Caledon Blue GCP；Caledon Printing Blue GCP；Carbansol Blue BCRS；Carbanthrene Blue GCD；Carbanthrene Blue GCD-R；Carbanthrene Blue GCD-RN；Carbanthrene Printing Blue GCD；Chloroindanthrone；Cibanone Blue FGCDN；Cibanone Blue GCD；Cibanone Blue GCDN；Fenanthren Blue GCD；Helanthrene Blue GCD；Indanthren Blue GCD；Indanthren Blue GCDN；Indanthrene Blue GC；Indanthrene Blue GCD；Indanthrene Paper Blue GP；Indanthrone Blue；Leucosol Blue G；Lithosol Blue GL；Lithosol Fast Blue GLRP；Mikethrene Blue GCD；Monochloroindanthrone；Navinon Blue GCDN；Nihonthrene Blue GCD；Nyanthrene Blue GCD；Ostanthren Blue GCD；Ostanthren Blue GCG；Paradone Blue GCP；Pernithrene Blue GCD；Pigment Blue 22；Ponsol Blue GD；Ponsol Blue GDD；Ponsol Blue GDR；Romantrene Blue FGD；Rubber Blue GD；Sandothrene Blue NCD；Sandothrene Blue NGCD；Sandothrene Blue NGCDN；Solanthrene Blue JI；Solanthrene Blue JIN；Tinon Blue GCD；Tinon Blue GCDN；Tyrian Blue I-GCD

【结构式】

【分子式】 $C_{28}H_{13}ClN_2O_4$

【分子量】 476.88

【性质】 深蓝色粉末。不溶于水、丙酮、甲苯、乙醇，微溶于氯仿、吡啶，溶于邻氯苯酚。于浓硫酸中呈黄光棕色，稀释后呈蓝色。于保险粉碱性溶液中呈蓝色，于酸性液中呈红光蓝色

【制法】 以还原蓝 RSN 为原料，将其在硫酸与二氧化锰中溶解，然后通氯气氯化，经结晶，酸洗，还原，离析，过滤，干燥，粉碎得成品。

【质量标准】 吉 Q/JH 5—82

指标名称	指标
外观	深蓝色均匀粉末
色光	与标准品近似
着色力/%	为标准品的 100±3
在棉织物上的染色坚牢度/级	符合标准品
扩散性/级	≥3

【用途】 用于油漆、油墨和塑料等的着色。

【英文名】 C.I.Pigment Blue 60；5,9,14,18-Anthrazinetetrone,6,15-Dihydro-

【登记号】 CAS〔81-77-6〕；C.I.69800

【别名】 颜料蓝 GR；还原蓝 RS；还原蓝 RSN；还原艳蓝 5RL；蓝蒽酮；阴丹

士；林蓝 RS；C.I.Vat Blue 4；C.I.Food
Blue 4；Vat Blue RSN；Blue EPCF-531，
HPA-531，KP-531（SKC）；Cromophtal
Blue A3R，A3R P，A3R-PVQ（CGY）；
Fastogen Super Blue 6075，6070S（DIC）；
Filester Blue 518-MB（CGY）；Irgazin Blue
A3RN（CGY）；Lionogen Blue R
（TOYO）；Lufilen Blue 64-7005，64-7005
C3（BASF）；Micracet Blue R，A3R-K
（CGY）；Monolite Blue 3R，3RD
（BASF）；Pasin Blue 6470（BASF）；Pal-
iogen Blue D6470，K6470，L6385，
L6470，L6480（BASF）；Pigment Blue
GR；Predisol Blue RH-CAB 683（KVK）；
Sandorin Blue RL（Clariant）；Sicolen Blue
64-7005（BASF）；Sumikacoat Fast Blue
BS（NSK）；Sumitone Fast Blue BS
（NSK）；Vynamon Blue 3R-FW（BASF）

【结构式】

【分子式】 $C_{28}H_{14}N_2O_4$
【分子量】 442.43
【性质】 深蓝色粉末。带有鲜艳的红光。
有良好的耐热、耐罩漆性能，优异的耐久
性能。熔点300℃。不溶于水、乙酸、乙
醇、吡啶、二甲苯、甲苯，微溶于氯仿
（热）、邻氯苯酚、喹啉。于浓硫酸中呈棕
色，稀释后产生蓝色沉淀。于保险粉碱性
溶液中呈蓝色，于酸性液中呈红光蓝色。
pH=7，密度 1.4 g/cm^3。
【制法】
1. 熔融法
在加热和搅拌下，往595kg混合碱
（含钾68%）中加入131kg无水醋酸钠和

1.5kg油酸，充氮气。在190℃、30min
内，加入263kg 2-氨基蒽醌。再在215～
220℃、2h内加入25kg硝酸钠。反应完
全后，将反应物稀释于8000L水中，搅
拌降温至50℃，加入110kg 85%保险粉，
过滤得隐色体钠。投入氧化-砂磨釜中，
在60℃下吹入空气，氧化使物料呈天蓝
色针状晶体，继续砂磨8h。加入50～
100kg扩散剂NNO，得到还原蓝RSN细
浆，喷雾干燥得138kg产物。
将还原蓝RSN用有机溶剂（氯苯、
二氯苯）在回流温度下搅拌处理1h，冷
却至40℃，过滤，水洗，得到稳定的α-
型产品。

2. 溶剂法
在缩合锅中加入15L二甲亚砜、
6.802kg 2-氨基蒽醌，于1h左右升温至
132℃，待2-氨基蒽醌基本溶解，继续升
温至130～150℃维持30min，使其完全溶
解。此时停止加热，通入空气，温度约下
降至128℃，于10min内加入4.4L氢氧
化钾溶液（39.8%）。并继续通入空气，
于125℃±2℃保温反应4h。然后加水
20L，物料温度降至80℃左右过滤，用
50～60℃的水40L洗缩合锅，并用其洗
滤饼，抽干。
在精制锅中加入380L水，上述滤饼
打浆1h，加碱27kg（43%氢氧化钠），升
温至56～57℃，加入5.44kg保险粉
（85%），保持温度20min，再于40min内
降温至52℃，结晶析出，过滤，滤饼用
50℃左右洗涤水[410L水、5.8kg氢氧
化钠（43%）、0.82kg保险粉（85%）配
制]洗涤，再用清水洗涤抽干。
在酸化锅中加水100L，加入精制滤

饼，打浆 2h，加水调体积至 200L，加硫酸调 pH 值为 2～3（约用 12.34％的硫酸 10kg）。搅拌 20min 过滤，用水洗至中性，吹干。进行砂磨即得成品

【质量标准】

外观	深蓝色粉末
色光	与标准品近似
着色力/%	为标准品的 100±5
吸油量/%	45±5
耐光性/级	8
耐热性/℃	250
耐酸性/级	5
耐碱性/级	5
油渗性/级	5
水渗性/级	5

【用途】 红相较强的蓝色高级有机颜料，国产品相当于国外 Cromophtal Blue A3B，可代替酞菁蓝与永固紫 RL 配制红光蓝色油漆，克服了前者因与永固紫 RL 气候牢度的差异，而使轿车长期使用时，车体颜色发生变化的缺点。其各项性能优异，属高级有机颜料。该品另一特点是分子内不含重金属，用于一些无毒器具着色很受欢迎，鉴于目前国外对有毒着色剂严格限制的前景，预计其用途有较大发展。用于油漆、油墨和塑料，也可用于红光蓝装饰漆的生产、印墨工业、印钞业、塑料的着色等。

【生产单位】 南通新盈化工有限公司，鞍山惠丰化工股份有限公司，上海雅联颜料化工有限公司，上海染料化工十厂，江苏海门颜料化工厂。

Ed007　颜料蓝 64

【英文名】 C.I.Pigment Blue 64；5，9，14，18-Anthrazinetetrone，7，16-Dichloro-6，15-Dihydro-；C. I. Vat Blue 6；Ahcovat Blue BCF；Alizanthrene Blue RC；Amanthrene Blue BCL；Atic Vat Blue BC；Benzadone Blue RC；Blue K；Calcoloid Blue BLC；Calcoloid Blue BLD；Calcoloid Blue BLFD；Calcoloid Blue BLR；Caledon Blue XRC；Carbanthrene Blue BCF；Carbanthrene Blue BCS；Carbanthrene Blue RBCF；Carbanthrene Blue RCS；Cibanone Blue FG；Cibanone Blue FGF；Cibanone Blue FGL；Cibanone Blue GF；D and C Blue No. 9；Dichloroindanthrone；Fenan Blue BCS；Fenanthren Blue BC；Fenanthren Blue BD；Harmone B 79；Helanthrene Blue BC；Indanthren Blue BC；Indanthren Blue BCA；Indanthren Blue BCS；Indanthrene Blue BC；Indanthrene Blue BCF；Indo Blue B-I；Indo Blue WD 279；Indotoner Blue B 79；Intravat Blue GF；Japan Blue 204；Mikethrene Blue BC；Mikethrene Blue BCS；Monolite Fast Blue 2RV；Monolite Fast Blue 2RVSA；NSC 74700；Navinon Blue BC；Navinon Brilliant Blue RCL；Nihonthrene Blue BC；Nihonthrene Brilliant Blue RCL；Novatic Blue BC；Nyanthrene Blue BFP；Ostanthren Blue BCL；Ostanthren Blue BCS；Palanthrene Blue BC；Palanthrene Blue BCA；Paradone Blue RC；Pernithrene Blue BC；Pigment Blue 64；Ponsol Blue BCS；Ponsol Blue BF；Ponsol Blue BFD；Ponsol Blue BFDP；Ponsol Blue BFN；Ponsol Blue BFND；Ponsol Blue BFP；Resinated Indo Blue B 85；Romantrene Blue FBC；Sandothrene Blue NG；Sandothrene Blue NGR；Sandothrene Blue NGW；Solanthrene Blue B；Solanthrene Blue F-SBA；Solanthrene Blue SB；Sumitone Fast Blue 3RS；Tinon Blue GF；Tinon Blue GL；Vat Blue 6；Vat Blue BC；Vat Blue KD；Vat Fast Blue BCS；Vat Green B；Vat Sky Blue K；Vat Sky Blue KD；Vat Sky Blue KP 2F

【登记号】 CAS [130-20-1]；C.I.69825

【结构式】

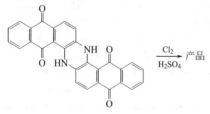

【分子式】　$C_{28}H_{12}N_2O_4Cl_2$

【分子量】　511.32

【性质】　蓝绿色粉末。不溶于水、丙酮、乙醇、甲苯，微溶于氯仿（热）、邻氯苯酚、吡啶（热）。于浓硫酸中呈棕色，稀释后呈蓝色。于保险粉碱性溶液中呈绿光蓝色，于酸性液中呈红光蓝色。

【制法】　取 130g 颜料蓝 60，溶于 1365g 91.5％硫酸，加入 6.5g 二氧化镁。在 12h 中，通入 100g 氯进行氧化。加入 167g 75％硫酸，在 55℃ 以下加入 145g 水。放置，自然冷却到 25℃。过滤，水洗，将滤饼溶于 370g 96％硫酸和 520g 24 发烟硫酸中，在 50℃ 加入 3.0g 铝粉。搅拌后加入水，然后过滤，水洗，干燥，得 120g 产品，含氯量为 13.7％。

$$\text{（结构式）} \xrightarrow[\text{H}_2\text{SO}_4]{\text{Cl}_2} \text{产品}$$

【质量标准】　吉 Q/JH 4-82

指标名称	指标
外观	蓝绿色均匀粉末
色光	与标准品近似至微
着色力/%	为标准品的 100±3
在棉织物上的染色坚牢度/级	符合标准品
扩散性	不低于标准品
颗粒细度（通过 180μm 筛残余物含量)/%	≤5

【用途】　用于油漆、油墨和塑料等的着色。

颜料蓝 65

【英文名】　C.I.Pigment Blue 65；Anthra[9，1，2-*cde*]benzo[*rst*]pentaphene-5，10-dione；C.I.Vat Blue 20；Ahcovat Dark Blue BO；Amanthrene Dark Blue BO；Amanthrene Supra Dark Blue BO；Anthravat Dark Blue BO；Belanthrene Dark Blue BO；Benzadone Dark Blue BOA；Benzadone Dark Blue BOR；Benzadone Dark Blue BORI；Benzadone Navy Blue R；Bianthrone A；Calcoloid Dark Blue B 2R；Calcoloid Dark Blue BO；Calcoloid Dark Blue BOD；Caledon Dark Blue BM；Caledon Navy BM；Caledon Printing Dark Blue BM；Carbanthrene Dark Blue DR；Carbanthrene Printing Dark Blue DR；Cibanone Dark Blue BO；Cibanone Dark Blue BOA；Cibanone Dark Blue FBOA；Cibanone Dark Blue FMBA；Cibanone Dark Blue MBA；Dibenzanthrone；Endurol Dark Blue BOR；Farbanthren Dark Blue BOA；Fenanthren Dark Blue BO；Hydroform Deep Blue BOA；Indanthren Dark Blue BOA；Indanthren Dark Blue DB；Indanthrene Dark Blue BO；Indanthrene Dark Blue DB；Irgalite Blue 2R；Leucosol Dark Blue BR；Mikethrene Dark Blue B；Mikethrene Dark Blue BO；Mikethrene Dark Blue BOA；NSC 2212；Navinon Blue BO；Navinon Dark Blue BO；Nihonthrene Dark Blue BO；Nihonthrene Dark Blue BOA；Nyanthrene Navy Blue BR；Ostanthren Dark Blue BOA；Palanthrene Dark Blue BOA；Paradone Dark Blue；Paradone Dark Blue 58321；Pernithrene Dark Blue BOA；Pigment Blue 65；Ponsol Dark Blue BR；Ponsol Dark Blue BRD；Romantrene

Dark Blue FBO；Sandothrene Dark Blue BOA；Sandothrene Dark Blue NBM；Sandothrene Dark Blue NBO；Sandothrene Dark Blue NBOA；Sandothrene Dark Blue NMBA；Solanthrene Dark Blue B；Solanthrene Dark Blue BA；Solanthrene Dark Blue BOA；Solanthrene Dark Blue F-BA；Tinon Dark Blue BO；Tinon Dark Blue BOA；Tinon Dark Blue BOR；Tinon Dark Blue MB；Tinon Dark Blue MBA；Tyrian Dark Blue I-BOA；Vat Blue 20；Vat Blue BO；Vat Dark Blue O；Violanthrene N；Violanthrone A

【登记号】 CAS［116-71-2］；C.I.59800

【结构式】

【分子式】 $C_{34}H_{16}O_2$

【分子量】 456.50

【性质】 蓝黑色粉末。不溶于水、乙醇，微溶于丙酮、氯仿、邻氯苯酚、吡啶、甲苯，溶于四氢萘、二甲苯（呈红色带红色荧光溶液）。于浓硫酸中呈紫黑色，稀释后产生紫黑色沉淀。于保险粉碱性溶液中呈暗紫色，于酸性液中呈暗红色。

【制法】 以苯绕蒽酮（Benzanthrone）为原料，在精萘介质中用氢氧化钾和乙酸钠碱熔缩合，经回收精萘后，进行精制处理得成品。

【用途】 用于涂料、油墨、塑料等的着色。

Ed009 C.I.颜料绿 47

【英文名】 C.I.Pigment Green 47；Anthra［9,1,2-cde］benzo［rst］pentaphene-5,10-dione，16,17-Dimethoxy-；C.I. Vat Green 1；Caledon Jade Green XN（6CI）；Violanthrone，16,17-Dimethoxy-（8CI）；16,17-Dimethoxyviolanthrone；Ahcovat Jade Green B；Ahcovat Jade Green BDA；Ahcovat Printing Jade Green B；Ahcovat Printing Jade Green BDA；Amanthrene Brilliant Green J；Amanthrene Brilliant Green JP；Amanthrene Green JF；Amanthrene Supra Green JF；Atic Vat Jade Green XBN；Atic Vat Printing Jade Green XBN；Belanthrene Jade Green；Benzadone Jade Green B；Benzadone Jade Green X；Benzadone Jade Green XBN；Benzadone Jade Green XN；Brilliant Green Anthraquinone S；Brilliant Green S；Calcoloid Jade Green N；Calcoloid Jade Green NC；Calcoloid Jade Green NP；Caledon Jade Green；Caledon Jade Green XBN；Caledon Printing Jade Green XBN；Caledon Printing Jade Green XN；Carbanthrene Brilliant Green；Carbanthrene Brilliant Green G；Cibanone Brilliant Green 2BF；Cibanone Brilliant Green FBF；Cibanone Green BF；Dimethoxyviolanthrone；Fenanthren Brilliant Green B；Helanthrene Green B；Indanthren Brilliant Green B；Indanthren Brilliant Green FB；Indanthren Brilliant Green FFB；Indanthren Brilliant Green FFB extra pure；Indanthren Green FFB；Indanthrene Brilliant Green B；Indanthrene Brilliant Green BN；Indanthrene Brilliant Green FFB；Indanthrene Green FFB；Jade Green XBN；Jade Green base；Mayvat Jade Green；Mikethrene Brilliant

Green B; Mikethrene Brilliant Green FFB; Mikethrene Brilliant Green FFB Superfine; Mikethrene Green FFB; Navinon Green FFB; Navinon Jade Green B; Navinon Jade Green FFB; Nihonthrene Brilliant Green B; Nihonthrene Brilliant Green FFB; Novatic Jade Green XBN; Nyanthrene Brilliant Green B; Ostanthren Brilliant Green FFB; Ostanthren Green FFB; Palanthrene Brilliant Green FFB; Palanthrene Jade Green; Palanthrene Jade Green Supra; Paradone Jade Green B; Paradone Jade Green B New; Paradone Jade Green BX; Paradone Jade Green XS; Pernithrene Brilliant Green FFB; Pernithrene Brilliant Green GG; Pigment Green 47; Ponsol Jade Green; Reduced Green FFB; Romantrene Brilliant Green FB; Romantrene Brilliant Green FFB; Sandothrene Brilliant Green NBF; Solanthrene Brilliant Green B; Solanthrene Brilliant Green BN; Solanthrene Brilliant Green FF; Solanthrene Green XBN; Tinon Brilliant Green 2BF; Tinon Brilliant Green B2F-F; Tinon Brilliant Green BF; Tinon Brilliant Green BFP; Tyrian Brilliant Green I-B; Tyrian Brilliant Green I-FFB; Vat Brilliant Green FFB; Vat Brilliant Green S; Vat Brilliant Green S4; Vat Brilliant Green SD; Vat Brilliant Green SP; Vat Green 1

【登记号】 CAS [128-58-5]；C.I.59825

【结构式】

【分子式】 $C_{36}H_{20}O_4$

【分子量】 516.55

【性质】 深绿色粉末。不溶于水、乙醇、氯仿、甲苯，微溶于丙酮、邻氯苯酚、硝基苯、吡啶（热），溶于四氢萘（温热）。于浓硫酸中呈红光紫色，稀释后产生绿色沉淀。于保险粉碱性溶液中呈蓝色，于酸性液中呈艳红色。

【制法】 在脱水锅中加入250kg丁醇（相对密度0.810）、120kg苯绕蒽酮，加热蒸水（水与丁醇形成共沸物蒸出），至锅内温度为119～120℃，蒸馏塔顶95～98℃为止，降温至60～70℃，备用。

在缩合锅中加入250kg丁醇（相对密度0.810）、240kg混合碱（氢氧化钾67%，氢氧化钠33%）、36kg无水乙酸钠，闭锅升温至125～130℃，溶碱2h，自然降温至100℃，加入15kg亚硝酸钠，搅拌15min。加入上述脱水苯绕蒽酮，在102～107℃保温反应4h，降温至95℃，在1～1.5h内加入600L水，搅拌30min。

在蒸馏锅中加入1000L水，升温至94℃，加入上述缩合物料，蒸去丁醇后，冷却，过滤，水洗至中性，得缩合物湿料。

在氧化锅中加入1300kg硫酸（98%），于34℃以下缓慢加入缩合物60kg，于30～35℃保温6h，然后降温至15℃。于4h内缓慢加入85kg二氧化锰，于15～35℃间逐步提高温度，保温6h，过滤得氧化粗品。

在还原锅中加入500L水、上述氧化粗品（一批料）和40kg亚硫酸钠，升温至60～70℃，保温1h，过滤，水洗至中性，得还原粗品。

在甲基化锅中加入1500kg三氯苯、82kg碳酸钾、60kg还原粗品，升温至45℃，保温4h，继续缓慢升温至100℃（在2～2.5h之内），保温30min；再升温至115℃保温1h，加入25kg苯酚，升温至170～180℃（在5～6h内）保温2h，再升温至212～216℃，保温1h，直至脱水完全。降温至 203～205℃，缓慢加入 190kg 苯磺酸甲酯（于 3～3.5h 内加完），升温至 212～216℃反应 1.5h。随时检测终点，可视情况补加苯磺酸甲酯，直至反

应终点。降温至 175～180℃，趁热过滤，滤饼用 180℃三氯苯洗涤，然后用水蒸气蒸去三氯苯，过滤。滤饼加入扩散剂，研磨，过滤，干燥得成品。

【用途】 用于涂料、油墨、塑料等的着色。

Ed010　C.I.颜料橙40

【英文名】 C. I. Pigment Orange 40；8，16-Pyranthrenedione； C. I. Pigment Orange 41；C. I. Vat Orange 9；Ahcovat Golden Orange G；Amanthrene Golden Orange G；Benzadone Gold Orange G；Calcoloid Golden Orange GD；Calcoloid Golden Orange GFD；Caledon Gold Orange G；Caledon Gold Orange GN；Caledon Golden Orange G；Caledon Paper Gold Orange G；Caledon Printing Orange G；Carbanthrene Golden Orange G；Carbanthrene Golden Orange GD；Carbanthrene Golden Orange GP；Carbanthrene Printing Golden Orange G；Cibanone Golden Orange FG；Cibanone Golden Orange G；Endurol Golden Orange G；Fenanthren Golden Orange G；Indanthren Gold Orange G；Indanthren Golden Orange G；Indanthren Golden Orange GLP；Indanthrene Gold Orange G；Indanthrene Golden Orange G；Indanthrene Golden Orange GA；Mikethren Gold Orange G；Mikethrene Gold Orange G；Monolite

Fast Gold Orange GV；NSC 5267；NSC 667752；Nihonthrene Golden Orange G；Nyanthrene Golden Orange G；Palanthrene Gold Orange G；Paradone Golden Orange G；Ponsol Golden Orange G；Ponsol Golden Orange GD；Pyranthron；Pyranthrone；Romantrene Golden Orange FG；Sandothrene Golden Orange NG；Solanthrene Orange F-J；Solanthrene Orange J；Tinon Golden Orange G；Tinon Golden Orange GN；Tyrian Golden Orange I-G；Vat Orange G

【登记号】 CAS [128-70-1]；C.I.59700

【结构式】

【分子式】 $C_{30}H_{14}O_2$

【分子量】 406.44

【性质】 鲜艳的橙色。有荧光。

【制法】 将 3.2 份四丁基溴化铵溶于 150mL 邻二氯苯中，加入 30mL 30％氢氧化钠水溶液。在良好搅拌下，加入

44.2 份 2,2′-二甲基-1,1′-联蒽醌,所成溶液在 120℃搅拌 2h。过滤,滤饼用 200mL 邻二氯苯分批洗涤,真空干燥,得 37.8 份产品,收率 93%。

【用途】 用于纤维的着色。

Ed011 C.I.颜料橙 43

【英文名】 C.I. Pigment Orange 43;Bis-benzimidazo[2,1-b:2′,1′-i]benzo[lmn][3,8]phenanthroline-8,17-dione

【登记号】 CAS [4424-06-0];C.I.71105

【别名】 颜料橙 PV-GRL;C. I. Vat Orange 7;Anthragen Brilliant Orange GR Lake 29-3002;Anthragen Brilliant Orange GR Toner 29-3001;Bordeaux RRN;Brilliant Orange GR;Cibanone Brilliant Orange GR;Colanyl Orange GR(Dystar);Fastogen Super Orange 6200;Fenanthren Brilliant Orange GR;Helio Brilliant Orange GR Presscake 29-3003;Helio Brilliant Orange GRA Supra Paste 29-3016;Hostaperm Orange GR(Dystar);Hostaperm Vat Orange GR;Hostavat Brilliant Orange GR;Indanthren Brilliant Orange GR;Indanthrene Brilliant Orange GR;Indanthrene Brilliant Orange GRP;Indofast Orange OV 5983;Lionogen Orange GR(TOYO);Mikethren Brilliant Orange GR;Mikethrene Orange GR;Ostanthren Orange GR;Ostanthrene Orange GR;PV Fast Orange GRL;Palanthrene Brilliant Orange GR;Paradone Brilliant Orange GR;Paradone Brilliant Orange GR New;Perinone Orange;Pigment Brilliant Orange Anthraquinone;Pigment Orange 43;Pigment Orange PV-GRL;Sanyo Permanent Orange D 213;PV Fast Orange GRL(Dystar);Sanyo Permanent Orange D 616;Solanthrene Brilliant Orange FJRA;Solanthrene Brilliant Orange JR;Symuler Fast Orange GRD;Threne Brilliant Orange GR;Tinon Brilliant Orange GR;Vat Brilliant Orange;Vat Orange 7;Vat Scarlet 2Zh;Vat Scarlet 2ZhD;trans-Perinone

【结构式】

【分子式】 $C_{26}H_{12}N_4O_2$

【分子量】 412.41

【性质】 橙红色粉末。不溶于丙酮、乙醇、氯仿、甲苯,微溶于吡啶、邻氯苯酚。于浓硫酸中呈暗红光黄色,在碱性保险粉还原液中呈橄榄色(带红色荧光),在酸性液中呈红光棕色。耐酯类、乙醇、煤油、二甲苯等溶剂性能均为 4～5 级,耐水、耐亚油酸牢度为 5 级。

【制法】 将 1,4,5,8-萘四甲酸酐和邻苯二胺在醋酸、水中于 60℃缩合反应 1h,再在 110℃加热 4h。过滤,150～160℃干燥 6h,得产物,收率 98%。含 63% 反式,37%顺式。提纯后可得产品。

【质量标准】 参考标准

指标名称	指标
外观	橙色粉末
色光	与标准品近似

指标名称	指标
着色力/%	为标准品的 100±5
细度（通过 80 目筛后残 　余物含量）/%	≤5
耐热性/℃	200

【用途】　主要用于涂料、印刷油墨和聚烯烃塑料的着色。

【生产单位】　江苏扬州宏城化工总厂。

Ed012　C.I.颜料橙51

【英文名】　C.I.Pigment Orange 51；Paliogen Orange 2640；Paliogen Orange L 2640；Pigment Orange 51

【登记号】　CAS [61512-61-6]；C.I.59705

【结构式】

【分子式】　$C_{30}H_{12}O_2Br_2$

【分子量】　564.23

【性质】　橙色粉末。

【制法】　将 3.2 份四丁基溴化铵溶于 150mL 邻二氯苯中，加入 30mL 30%氢氧化钠水溶液。在良好搅拌下，加入 57 份溴化的 2,2′-二甲基-1,1′-联蒽醌（含溴量约为 25%），所成溶液在 120℃ 搅拌 2h。过滤，滤饼用 200mL 邻二氯苯分批洗涤，真空干燥，得 47 份产品，收率 89%。

【用途】　用于纤维的着色。

Ed013　C.I.颜料橙77

【英文名】　C.I.Pigment Orange 77；Dibenzo[b,def]chrysene-7,14-dione, Dibromo-；C.I. Vat Orange 1 (6CI,8CI)；C.I.Vat Orange 23；Ahcovat Golden Yellow RK；Benzadone Gold Yellow RK；Carbanthrene Golden Yellow RK；Cibanone Golden Yellow FRK；Cibanone Golden Yellow RK；Helanthrene Yellow RK；Hostavat Golden Yellow RK；Indanthren Golden Yellow RK；Indanthrene Golden Orange BBG；Indanthrene Golden Yellow RK；Mikethren Gold Yellow RK；Nihonthrene Golden Yellow RK；Nyanthrene Golden Yellow RK；Palanthrene Golden Yellow RK；Paradone Golden Yellow RK；Pigment Orange 77；Ponsol Golden Orange 2BG；Romantrene Golden Yellow FRK；Sandothrene Golden Yellow NRK；Solanthrene Brilliant Yellow R；Symuler Fast Red NRK；Threne Gold Yellow RK；Tinon Golden Yellow RK；Vat Golden Yellow KKh；Vat Golden Yellow KKh 10；Vat Golden Yellow KKhP；Vat Orange 1

【登记号】　CAS [1324-11-4]；C.I.59105

【结构式】

【分子式】　$C_{24}H_{10}O_2Br_2$

【分子量】　490.15

【性质】　橙色粉末。

【制法】　往反应器中加入 600 份无水三氯化铝、107 份干燥的氯化钠和 6 份无水三氯化铁，加热至 165～175℃。搅拌转速为 300r/min，每小时通入 15000 份（体积）氧气，在 20min 中通入 100 份 1,5-二苯甲酰基萘（熔点 187℃）。加毕，在通入氧气速度为每小时 30000 份（体积）下，于 175℃ 继续搅拌，直至检测不到 1,5-二苯甲酰基萘，需约 4h。冷却到 125～135℃，在搅拌下于 6h 内，从液面下通入 107 份溴。通毕，在 130℃ 继续搅拌 1h。在搅拌下，将反应液加到 3000 份水和 1000 份 31% 盐酸的混合液中，再搅拌 1h。过滤收集沉淀，水洗至中性。将该湿滤饼加到 1500 份水中，调至 pH 值为 9。在 85℃，加入 200 份（体积）次氯酸钠溶液（含 13% 活性氯），再在 85～90℃ 搅拌，至碘化钾-淀粉试纸显阴性。过滤，水洗至无盐，干燥，得 146 份产品，含溴量为 31%～32%。

$$\xrightarrow[\text{AlCl}_3,\text{FeCl}_3]{\text{O}_2}$$

$$\xrightarrow{\text{Br}_2} \text{产品}$$

【用途】　用于纤维的着色。

Ed014　C.I.颜料红 83

【英文名】　C.I.Pigment Red 83；Benzamide，N，N'-（9，10-Dihydro-4-hydroxy-9，10-dioxo-1，5-anthracenediyl）bis-；Alizarine Crimson Dark；Calcium Alizarinate（1：1）；Pigment Red 83；Sanyo Carmine L 2B；X 686

【登记号】　CAS［104074-25-1］；C.I. 58000：1

【结构式】

・Ca金属络合物

【分子式】　$C_{14}H_8O_4 \cdot Ca$

【分子量】　280.30

【性质】　亮红色。耐光牢度为 4 级左右，对乙醇、肥皂、有机溶剂、油脂有较高的牢度。

【制法】　采用硫酸铝、碳酸钠制成氢氧化铝，加热漂洗，将醋酸钙-土耳其红油乳液及浆状 1,2-二羟基蒽醌悬浮体在搅拌下加入到氢氧化铝中，搅拌 2h，再加热煮沸，使其全部生成钙-铝色淀。过滤，水洗，60℃ 干燥，得产品。

【用途】　茜素色淀颜料。主要用于黄油、肥皂包装纸的印墨或美术颜料。

Ed015　C.I.颜料红 85

【英文名】　C.I.Pigment Red 85；Benzamide，N，N'-（9，10-Dihydro-4-hydroxy-9，10-dioxo-1,5-anthracenediyl）bis-；Algol Red FF；Algol Brilliant Red 2B；Algol Brilliant Red BB；Algol Pink BBK；Algol Red BK；Indo Red MV 6640；NSC 75910；Pigment Red 85

【登记号】　CAS［6370-96-3］；C.I.63350

【结构式】

【分子式】　$C_{28}H_{18}N_2O_5$

【分子量】　462.46

【性质】　红色粉末。

【制法】　4-羟基-1,5-二氨基蒽醌和苯甲酰氯在 140℃ 反应 2h，即得产品。

【用途】　用于纤维的着色。

Ed016 C.I.颜料红 89

【英文名】 C. I. Pigment Red 89；Benzamide，N-（9，10-Dihydro-4-hydroxy-9,10-dioxo-1-anthracenyl)-；Algol Pink R（6CI）；Benzamide，N-（4-Hydroxy-1-anthraquinonyl）- （8CI）；1-Benzamido-4-hydroxyanthraquinone；Anthragen Pink RLA；Fenalac Pink RL Conc；Helio Fast Pink R

【登记号】 CAS［6409-74-1］；C.I.60745

【结构式】

【分子式】 $C_{21}H_{13}NO_4$

【分子量】 343.34

【性质】 熔点 253.5～254.0℃。有好的耐光性和耐洗性。

【制法】 1mol 4-羟基-1-氨基蒽醌和 2mol 苯甲酰氯在 140℃反应 2h，即得产品。收率为 90%～99%。

【用途】 用于织物的着色。

Ed017 C. I.颜料红 168

【英文名】 C. I. Pigment Red 168；Dibenzo［def，mno］chrysene-6,12-dione，4，10-Dibromo-；C.I.Vat Orange 3；Ahcovat Printing Brilliant Orange RK；Amanthrene Brilliant Orange RK；Bright Orange Anthraquinone；Brilliant Orange KKh；Brilliant Orange RK；Calcoloid Brilliant Orange RK；Caledon Brilliant Orange 6R；Caledon Orange 6R；Caledon Printing Orange 6R；Carbanthrene Brilliant Orange RK；Cibanone Brilliant Orange FRK；Cibanone Brilliant Orange RK；Cromophtal Scarlet A 2G；Fenanthren Brilliant Orange RK Lake；Graphthol Vat Orange RKB 3942-O；Graphthol Vat Orange RKY 3979-O；Helanthrene Brilliant Orange RK；Helanthrene Orange RK；Helio Brilliant Orange RK；Helio Brilliant Orange RK 29-5001；Helio Brilliant Orange RK Lake 29-5002；Helio Fast Scarlet EB；Helio Fast Scarlet EGL；Hostaperm Scarlet GO；Hostaperm Scarlet GO-T；Hostaperm Scarlex GO Transparent；Indanthren Brilliant Orange RK；Indanthren Brilliant Orange RKN；Indanthren Brilliant Orange RKP；Indanthren Brilliant Orange RKS；Indanthrene Brilliant Orange RK；Indazin Scarlet GL；Indofast Orange Lake OV 6014；Indofast Orange Toner OV 5964；Lake Fast Red G；Lionogen Red GD；Mayvat Brilliant Orange RK；Monolite Fast Red YS；Monolite Red 2Y；Monolite Red Y；Nihonthrene Brilliant Orange RK；Nyanthrene Brilliant Orange RK；Palanthrene Brilliant Orange RK；Paradone Brilliant Orange RK；Pigment Brilliant Orange Anthraquinone K；Pigment Red 168；Ponsol Brilliant Orange RK；Sandothrene Brilliant Orange NRK；Solanthrene Brilliant Orange R；Sumitone Fast Red G；Tinon Brilliant Orange RK；Tyrian Brilliant Orange I-RK；Vat Brilliant Orange KKh；Vat Brilliant Orange KKhD；Vat Orange 3

【登记号】 CAS［4378-61-4］；C.I.59300

【结构式】

【分子式】 $C_{22}H_8O_2Br_2$

【分子量】 464.11

【性质】 鲜艳的红色。耐光性 7～8 级，耐酸 5 级，耐碱 5 级。溶于浓硫酸呈绿色。

【制法】 1 份蒽酮溶于 35 份 66 °Bé 的硫酸中，加入 0.07 份碘和 2.7 份溴，在 100℃ 搅拌 3h。冷却，再加入 2.7 份溴，再在 100℃ 搅拌 3h。冷却，加入水，过滤，水洗，干燥，得产品。

【用途】 用于塑料、纤维的着色。主要用于汽车产品 OEM 和汽车修补漆、线圈涂料，偶尔用于调色系统中。

【生产单位】 杭州联合颜料厂。

Ed018 C.I.颜料红 177

【英文名】 C.I.Pigment Red 177；[1,1′-Bianthracene]-9,9′,10,10′-tetrone, 4,4′-Diamino-

【登记号】 CAS [4051-63-2]；C.I.65300

【别名】 永固红 A3B；颜料红 A3B；颜料红 3BL；坚固红 A3B；Cromophtal Red A 2B（CGY）；Cromophtal Red A 3B（CGY）；Cromophtal Red A3B-MC, A3B-PVQ, 3B, 3BRF（CGY）；Irgazin Red A2BN（CGY）；Dianthraquinonyl Red；Fastogen Super Red ATY；Fastogen Super Red ATY01；Fastogen Super Red ATY-TR；Irgazin Red A 2BN；Irgazin Red A 2BX；MG Red K-VC；Oracet Red BG；Permanent Red A3B；Pigment Red 177；Predisol Red A3B-CAB 2651(KVK)；Red A 3B；Red ATY-TR；Red EMD-116，FEC-116（SKC）；Versal Red A 3B(Chem)

【结构式】

【分子式】 $C_{28}H_{16}N_2O_4$

【分子量】 444.45

【性质】 暗红色粉末。280℃ 高温 5min 不变色。熔点 350℃。耐晒牢度可达到 7～8 级，耐热可达到 260℃。

【制法】 4g(0.01mol)1-氨基-4-溴蒽醌-2-磺酸钠（溴氨酸钠）、1.9g(0.03mol)铜粉和 0.7～1.2g 50% 硫酸混合，在 90℃ 下搅拌反应 1.5h。趁热用碳酸钠水溶液中和至呈碱性，过滤。将滤液加热至 80～100℃，用氯化钠盐析，在 60～80℃ 下过滤，用 2% 氯化钠溶液洗涤。取 4g 该滤饼，加到 100mL 热水中，在 90～98℃ 下加入 0.5g 活性炭。过滤，滤液用氯化钠盐析。再过滤，用 2% 氯化钠溶液洗涤，得棕红色的 4,4′-二氨基-1,1′-二蒽醌-3,3′-二磺酸钠，收率 90%。

取 3.3g 上述产物，加入 24g 硫酸（配成 80% 的水溶液），在 135～140℃ 下搅拌 3.5h，以薄层色谱检测反应终点。反应完毕后，冷却至 60℃，将其倒入冰水混合液中，过滤，用较稀的氢氧化钠溶液洗涤，水洗，干燥，得深红色的 4,4′-二氨基-1,1′-二蒽醌，收率 92%。

取 2g 上述产物，加入 0.1g 表面活性剂和 10mL 5% 松香，在 85～95℃ 下搅拌 1h，然后酸化至 pH 值为 5～6，过滤，水洗，干燥，得产品。

【质量标准】 以 Cromophtal Red A3B 为标样

外观	紫红色粉末
色光	与标准品近似至微蓝
着色力/%	为标准品的 100
透明度	与标准品相似
吸油量/%	57
耐热性/℃	200(30min)
DMF 渗性/级	4
二甲苯渗性/级	4～5
DOP 渗性/级	5

【安全性】 10kg、20kg 硬纸板桶或铁桶，内衬塑料袋。

【用途】 高级红色有机颜料品种之一。具有色光鲜艳、各项牢度性能优异等特点。色相呈蓝光红色，属于还原染料型的有机颜料。广泛用于高级油漆、油墨、塑料、合成纤维等方面的着色。它的透明性很好，可用于金属闪光漆。经过专门加工表面处理还可以用于塑料和涤纶纺丝等方面着色。

【生产单位】 天津市东鹏工贸有限公司，南通新盈化工有限公司，石家庄市力友化工有限公司，浙江百合化工控股集团，辽宁辽阳染化厂，辽宁辽阳尼龙化工厂，江苏海门颜料化工厂。

Ed019 C.I.颜料红 194

【英文名】 C.I.Pigment Red 194；Bisben-zimidazo[2,1-b∶1′,2′-j]benzo[lmn][3,8]phenanthroline-6,9-dione

【登记号】 CAS [4216-02-8]；C.I.71100

【别名】 颜料红 AR；C.I.Vat Red 15；Algol Bordeaux RR；Algol Bordeaux RRP；Fenalac Bordeaux VRR Powder；Fenanthren Bordeaux RR；Helio Fast Bordeaux RR Toner 39-6001；Hostavat Bordeaux RR；Indanthren Bordeaux HRR；Indanthren Bordeaux RR；Indanthrene Bordeaux RR；Mikethren Bordeaux RR；Novoperm Red TG02(Dystar)；Novoperm Red TGO 2HF4B；Paradone Bordeaux RR；Perinone Red；Permanent Red TG01；Pigment Bordeaux Anthraquinone；Pigment Red 194；Pigment Red AR；Vat Dye 15；Vat Scarlet IIZh；cis-Perinone

【结构式】

【分子式】 $C_{26}H_{12}N_4O_2$

【分子量】 412.41

【性质】 紫红色粉末。能溶于邻氯苯酚，微溶于氯仿、吡啶和甲苯，不溶于丙酮和乙醇。耐晒性和耐热性能优良。于浓硫酸中呈红光橙色，于碱性保险粉溶液中呈棕色（带绿色荧光），于酸性液中呈橙色。

【制法】 将1,4,5,8-萘四甲酸酐和邻苯二胺在醋酸、水中于 60℃缩合反应 1h，再在 110℃加热 4h。过滤，150～160℃干燥 6h，得产物，收率 98%。含 63%反式，37%顺式。提纯后可得产品。

【安全性】 10kg、20kg 纸板桶或铁桶装，内衬塑料袋。

【用途】　主要用于油漆、油墨的着色，以及塑料制品和涤纶原浆着色。

【生产单位】　江苏扬州宏城化工总厂。

C.I.颜料红195

【英文名】　C.I.Pigment Red 195；[3,3'-Bianthra[1,9-*cd*]pyrazole]-6,6'(1*H*,1'*H*)-dione,1,1'-Diethyl-；Ahcovat Rubine R；C.I.Pigment Red 195；C.I.Vat Red 13；Carbanthrene Red G 2B；Carbanthrene Red G 2BP；Cibanone Red 6B；Cibanone Red 6BMD；Cibanone Red F6B；DTNW 2；Fenanthren Rubine R；Indanthren Rubine R；Indanthren Rubine RS；Indanthrene Rubine R；Indo Maroon Lake RV 6666；Navinon Red 6B；Nihonthrene Red BB；Nyanthrene Red G 2B；Palanthrene Red G 2B；Pigment Red 195；Ponsol Red 2B；Ponsol Red 2BD；Sandothrene Red N 6B；Tinon Red 6B；Vat Red 13

【登记号】　CAS[4203-77-4]；C.I.70320

【结构式】

【分子式】　$C_{32}H_{22}N_4O_2$

【分子量】　494.55

【性质】　红色颜料。熔点145℃。

【制法】　275.5g氢氧化钾和76.6g乙醇混合，加热至130℃。在30min内分批加入74.9g 1,9-吡唑并蒽醌，所成溶液在140～145℃搅拌2.5h。冷却到125℃，滴加200mL水。蒸出乙醇和水，所得悬浮水溶液在80℃通入空气进行氧化3h。冷却至室温，得2,2'-吡唑并蒽醌的钾盐悬浮液。直接加入5g聚乙二醇400和87.6g溴乙烷，在25℃搅拌1h后，再在

33%搅拌15h直至反应完全。悬浮液过滤，滤饼用2L水洗，在80℃真空干燥，得62.7g产品，收率80%。

【用途】　用于纤维的着色。

C.I.颜料红196

【英文名】　C.I.Pigment Red 196；Anthra[2,3-*d*]oxazole-5,10-dione,2-(1-Amino-9,10-dihydro-9,10-dioxo-2-anthracenyl)-；C.I.Vat Red 10；Ahcovat Red FBB；Amanthrene Red FBB；Amanthrene Supra Red FBB；Anthragen Red FB；Anthraquinone Red Lake R 6888；Benzadone Red FBB；Caledon Brilliant Red 3B；Caledon Printing Red 3B；Caledon Red 3B；Carbanthrene Printing FBB；Cibanone Red 2B；Cibanone Red FBB；Fenanthren Red F 2B；Indanthren Red FBB；Indanthrene Red FBB；Indanthrene Red FBBA；Indanthrene Red FBB-WP；Mikethrene Red FBB；NSC 521239；Nihonthrene Red FBB；Novatic Brilliant Red 3B；Nyanthrene Red FBB；Palanthrene Red FBB；Paradone Brilliant Red 3BS；Paradone Brilliant Red FBB；Pernithrene Red FBB；Sandothrene Red NF 2B；Supradone Brilliant Red FBB；Tinon Red F 2B；Tyrian Red I-FBB；Vat Red 10

【登记号】 CAS〔2379-79-5〕；C.I.67000

【结构式】

【分子式】 $C_{29}H_{14}N_2O_5$

【分子量】 470.44

【性质】 红色粉末。

【制法】 在氮气保护下，在室温往 350 份苯甲酸甲酯中加入 48.4 份 1-氨基蒽醌-2-羧酸、56 份 2-氨基-3-溴蒽醌和 5 份喹啉，再加入 26 份氯化亚砜。在 1h 内加热至 95℃，再在 95℃搅拌 1h。在 1h 内加热至 105℃，保持 1h。再在 1h 内加热至 145℃，保持 3h。冷却到 110℃，在此温度过滤。滤饼依次用苯甲酸甲酯、甲醇、水洗，得到。得 91 份产品，含量 98.0%，收率 89.3%。

【用途】 用于纤维等的着色。

Ed022　C.I.颜料紫 5：1

【英文名】 C.I.Pigment Violet 5：1；2-Anthracenesulfonic Acid，9，10-Dihydro-1，4-dihyroxy-9，10-dioxo-，Aluminium Complex；Alizarine Maroon Lake 10352；C. I. 58055 Aluminum Lake；C.I.Pigment Violet 5 Aluminum Lake；Eljon Maroon YS；Irgalite Maroon BN；Lacquer Maroon；Maroon Lake；Maroon Toning Lake；Pigment Violet 5：1；Sedan Maroon；Syton Fast Purple 4B；Vynamon Violet R

【登记号】 CAS〔1328-04-7〕；C.I.58055：1

【结构式】

【分子式】 $C_{14}H_7O_7S \cdot 1/3Al$

【分子量】 328.26

【性质】 紫色粉末。

【制法】 将 5000L 水加热至 50℃，加入 200kg 1,4-二羟基蒽醌、420kg 亚硫酸氢钠、105kg 硼酸和 126kg 二氧化锰，在 2h 内升温至 98℃，并反应 4～5h。将反应液加到 600L 盐酸中，冷却至 45℃，过滤，用稀盐酸洗涤，干燥，得 1,4-二羟基蒽醌磺酸。

将工业用的硫酸铝溶于 80℃水中，冷却至 40℃。将 95%的碳酸钠溶于 40℃水中，然后在 1h 内将其分批加至硫酸铝溶液中，pH 值为 6.4～6.7，生成氢氧化铝沉淀，过滤水洗得浆状物。在 60℃下，将 1,4-二羟基蒽醌磺酸溶于水中，加入制得的氢氧化铝浆状物，在 45℃下搅拌使其反应，pH 值为 5.5～5.8，过滤，水洗，在 60～70℃下干燥，得产品。

【用途】 用于纤维等的着色。

Ed023　C.I.颜料紫 31

【英文名】 C.I.Pigment Violet 31；Benzo[*rst*]phenanthro[10，1，2-*cde*]pentaphene-

9,18-dione，Dichloro-；C. I. Vat Violet 1 (7CI，8CI)；Ahcovat Brilliant Violet 2R；Ahcovat Brilliant Violet 4R；Ahcovat Printing Brilliant Violet 4R；Amanthrene Brilliant Violet RR；Arlanthrene Violet 4R；Atic Vat Brilliant Purple 4R；Benzadone Brilliant Purple 2R；Benzadone Brilliant Purple 4R；Brilliant Violet K；Calcoloid Violet 4RD；Calcoloid Violet 4RP；Caledon Brilliant Purple 4R；Caledon Brilliant Purple 4RP；Caledon Printing Purple 4R；Carbanthrene Brilliant Violet 4R；Carbanthrene Violet 2R；Carbanthrene Violet 2RP；Cibanone Violet 2R；Cibanone Violet 4R；Cibanone Violet F 2RB；Cibanone Violet F 4R；Dichloroisoviolanthrone；Fenanthren Brilliant Violet 2R；Fenanthren Brilliant Violet 4R；Indanthren Brilliant Violet 4R；Indanthren Brilliant Violet RR；Indanthren Printing Violet F 4R；Indanthrene Brilliant Violet 4R；Indanthrene Brilliant Violet RR；Indofast Violet Lake；Navinon Brilliant Violet RR；Nihonthrene Brilliant Violet 4R；Nihonthrene Brilliant Violet RR；Novatic Brilliant Purple 4R；Nyanthrene Brilliant Violet 4R；Ponolith Fast Violet 4RN；Sandothrene Violet 4R；Sandothrene Violet N 2RB；Sandothrene Violet N 4R；Solanthrene Brilliant Violet F 2R；Symuler Fast Violet R；Tinon Violet 2RB；Tinon Violet 4R；Tinon Violet B 4RP；Vat Bright Violet K；Vat Brilliant Violet K；Vat Brilliant Violet KD；Vat Brilliant Violet KP；Vat Brilliant Violet RR；Vat Violet 1

【登记号】　CAS [1324-55-6]；C.I.60010

【结构式】

【分子式】　$C_{34}H_{14}Cl_2O_2$

【分子量】　525.38

【性质】　紫褐色（或蓝黑色）粉末。不溶于水、乙醇、丙酮，溶于苯，微溶于甲苯、二甲苯、氯仿、硝基苯、邻氯苯酚、吡啶、四氢萘。于保险粉碱性溶液中呈蓝色，于酸性液中呈红光紫色。

【制法】　以苯绕蒽酮为原料，经溴化、硫化，成环缩合得异紫蒽酮（Isoviolanthrone，C.I.60000），再经氯化即得产物。经过滤、粉碎、干燥得成品。

【用途】　用于涂料、油墨、塑料等的着色。

Ed024 **C.I.颜料紫33**

【英文名】　C.I.Pigment Violet 33；Benzo[rst]phenanthro[10,1,2-cde]pentaphene-9,18-dione，Bromo-；C. I. Vat Violet 9 (8CI)；Isoviolanthrone，Bromo- (7CI)；Ahcovat Brilliant Violet 3B；Benzadone Brilliant Violet 3B；Caledon Brilliant Violet 3B；Caledon Printing Violet 3B；Carbanthrene Brilliant Violet 3B；Carbanthrene Brilliant Violet 4B；Cibanone Violet 6B；Cibanone Violet F 6B；Fenanthren Brilliant Violet 3B；Helanthrene Violet 3B；Indanthren Brilliant Violet 3B；Indanthren Printing Violet F 3B；Indanthrene Brilliant Violet 3B；Lumatex Brilliant Violet R；Mikethrene Brilliant Violet 3B；Monobromoisodibenzanthrone；Nihonthrene Brilliant Violet 3B；Palanthrene Brilliant Violet 3B；Palanthrene Printing Violet F 3B；Paradone Brilliant Violet 3B；Pernithrene Brilliant Violet 3B；Ponsol Brilliant Violet 3B；Romantrene Brilliant Violet F 3B；Sandothrene Violet N 3B；Solanthrene Brilliant Violet 3B；Tinon Violet 6B；Tyrian Brilliant Violet I 3B

【登记号】 CAS ［1324-17-0］；C.I.60005

【结构式】

【分子式】 $C_{34}H_{15}O_2Br$

【分子量】 535.40

【性质】 紫色粉末。

【制法】 取 100g 异紫蒽酮，和 220g 苯甲酸一起加热至 138℃，在此温度和良好搅拌下，往液面下滴加 21g 溴。加毕，再搅拌 3h。加入 130g 50％氢氧化钠溶液和 3L 水，在 70～80℃搅拌 2h。过滤，水洗，得 103g 产品，含溴量为 12.8％（理论含溴量为 14.9％）。

【用途】 用于涂料、油墨、塑料等的着色。

Ed025 **C.I.颜料黄 23**

【英文名】 C. I. Pigment Yellow 23；

Benzamide，N-(9,10-Dihydro-9,10-dioxo-1-anthracenyl)-2-hydroxy-； Helio Fast Yellow 6GL；Helio Fast Yellow 3GL；Vat Yellow 6GL；N-1-Anthraquinonylsalicylamide；1-(Salicyloylamino)anthraquinone

【登记号】 CAS ［4981-43-5］；C.I.60520

【结构式】

【分子式】 $C_{21}H_{13}NO_4$

【分子量】 343.34

【性质】 黄色粉末。

【制法】 邻羟基苯甲酸苯酯和 1-氨基蒽醌溶于 1,2,4-三氯苯，加热至 202℃，得到产品，收率 79％。

【用途】 可用于油漆、油墨、塑料、合成纤维、涂料等方面的着色。

Ed026 **C.I.颜料黄 24**

【英文名】 C. I. Pigment Yellow 24；Benzo [h]benz[5,6]acridino[2,1,9,8-klmna]acridine-8,16-dione

【登记号】 CAS ［475-71-8］；C.I.70600

【别名】 黄烷士酮；还原黄 G；Flavanthrone；C. I. Pigment Yellow 112；C. I. Vat Yellow 1；Caledon Paper Yellow GN；Caledon Printing Yellow GN；Caledon

Yellow GN；Carbanthrene Printing Yellow G；Carbanthrene Yellow G；Cibanone Yellow FGN；Cromophtal Yellow A 2R（HOE）；Flavanthrene；Flavanthrone Yellow(SNA)；Indanthren Yellow G；Indanthren Yellow GLP；Indanthrene Yellow G；Indo Yellow Y 35；Indofast Yellow（HAR）；Indofast Yellow Toner；Mikethrene Yellow G；Monolite Fast Yellow FR；Monolite Fast Yellow FRS；Monolite Yellow FR（ICI）；NSC 16091；NSC 39910；Palanthrene Yellow G；Paliogen Yellow 1870（BASF）；Paliogen Yellow L 1870；Paradone Yellow G New；Pigment Yellow 24；Ponsol Yellow G；Ponsol Yellow GD；Romantrene Yellow FG；Sandothrene NGN；Sandothrene Yellow GN；Sandothrene Yellow NG；Solanthrene Yellow J；Tinon Yellow GN；Tyrian Yellow I-G；Vat Yellow 1；Vat Yellow G

【结构式】

【分子式】 $C_{28}H_{12}N_2O_2$

【分子量】 408.42

【性质】 有鲜艳的红光黄色。着色力优良、耐光、耐热性能、耐迁移性也较好。密度（g/cm³）：1.55～1.65。pH 值为 7。吸油量 39～49g/100g。在淡色应用时，是已有的最耐久的有机黄色颜料；但在浓色中较暗。

【制法】 将 1kg 干燥的硝基苯和 250g 五氯化锑混合，加热至 70℃，在搅拌下于 30min 内分批加入 100g 2-氨基蒽醌。加

毕，加热至 200℃，保温反应 1.5h。冷却至室温，析出紫色结晶，过滤，用 1L 硝基苯洗涤，再用甲醇洗涤。产物用 10% 盐酸煮沸 30min，得 60g 粗品。将该粗品和浓硫酸（质量比 1:8）一起加热搅拌至溶解，再加入 1.5L 水析出，过滤，水洗除去游离酸。最后用 1.5L 10% 氢氧化钠溶液加热煮沸 30min，过滤，水洗，干燥得还原黄 G 产物。

颜料化处理如下。

（1）酸溶法 往 400mL 浓硫酸中加入 80g 二甲苯，搅拌加热至 65～70℃，保持 1.5h。加入 40g 粗产品，搅拌 2.5h。冷却至室温，用 2000mL 水浸泡，加入冰使温度降至 0～5℃，再搅拌 0.5h。所得悬浮物升温至 93～97℃，加热 3h。过滤，水洗除去游离酸。膏状物加入水和 240mL 次氯酸钠溶液中，在 95～98℃下加热 1h。过滤，水洗，干燥得 38g 红光黄色颜料。

（2）球磨-溶剂处理法 将粗产品在球磨机中添加助磨剂，研磨 7h，研磨基料粒子粒径≤0.1μm。将 20g 研磨物和 200g 氯代正丁烷于压热釜中 180℃下处理 6h，然后蒸出溶剂，冷却，制得细分散的产品颜料。

【质量标准】 参考标准

指标名称	指标
外观	黄色粉末
色光	与标准品近似
着色力/%	为标准品的100±5
耐晒性/级	8
耐酸性/级	5
耐碱性/级	5
耐油性/级	5
耐水性/级	5

【用途】 主要用于汽车金属漆，常和其他还原颜料和稠环颜料配合使用，以获得带金光、铜光的黄色。还可用于线圈涂料、粉末涂料、热塑性树脂和合成纤维的着色。是最牢固的有机黄色颜料之一。在应用过程中，没有生成致癌物的危险。

【生产单位】 杭州联合颜料公司。

Ed027 C.I.颜料黄 123

【英文名】 C.I.Pigment Yellow 123；1,2-Benzenedicarboxamide，N1,N2-Bis(9,10-dihydro-9,10-dioxo-1-anthracenyl)-；Acylamide Yellow；N,N'-Di-1-anthraquinonylphthalamide；Pigment Yellow 123

【登记号】 CAS [4028-94-8]；C.I.65049

【结构式】

【分子式】 $C_{36}H_{20}N_2O_6$

【分子量】 576.56

【性质】 橙光黄色粉末。有良好的耐光性。

【制法】 将168份硝基苯加热到210℃，以赶走水汽，在30℃和搅拌下，依次加入11.2份（0.05mol）1-氨基蒽醌、6份（0.04mol）邻苯二甲酸酐、0.1份尿素、1份氧化钙和6份（0.039mol）氧氯化磷。在1.5h内，均匀加热到110℃，再保持2h。冷却到60℃，加入40份甲醇，过滤。滤饼用甲醇洗至洗液无色，再用1%热盐酸处理，以除去无机盐。再水洗至无酸，在90～100℃干燥，得12.4份产品，收率86%。

【用途】 用于油漆、油墨、塑料、合成纤维等方面的着色。

Ed028 C.I.颜料黄 147

【英文名】 C.I.Pigment Yellow 147；9,10-Anthracenedione，1,1'-[(6-Phenyl-1,3,5-triazine-2,4-diyl)diimino]bis-

【登记号】 CAS [4118-16-5]；C.I.60645

【别名】 塑料黄 AGR；Cromophtal Yellow AGR（CGY）；Filester RN，RNB（CGY）；Filester Yellow 2648A；Filester Yellow RN；Kayaset Yellow E-AR（KYK）；Plastic Yellow AGR；Versal Yellow AGR（Chem）；Pigment Yellow 147；Yellow EMD-356，EPCF-356，HPA-356(SKC)

【结构式】

【分子式】 $C_{37}H_{21}N_5O_4$

【分子量】 599.60

【性质】 深黄色粉末，不溶于水，有较好的耐晒和耐热性能。耐酸和耐碱性能优异，耐迁移性好。

【制法】 将 11.25 份 2-苯基-4,6-二氨基-1,3,5-三嗪、30.6 份 1-氯蒽醌、15.9 份碳酸钠加到 200 份硝基苯中，再加入 1.65 份碘化亚铜在 9 份吡啶所成的溶液，于 150～155℃搅拌反应 12h。在 100℃下过滤，并用 100℃的硝基苯洗涤至滤液仅显轻微的颜色，再用乙醇洗涤，最后用热水洗涤除去游离碱，干燥后得 34.7 份产品，收率 96.7%。

【质量标准】

指标名称	指标
外观	黄色均匀粉末
色光	与标准品近似至微
着色力/%	为标准品的 100±5
水分含量/%	≤2
细度（通过 80 目筛后残余物含量)/%	≤5

【安全性】 10kg、20kg 纸板桶或铁桶包装，内衬塑料袋。

【用途】 主要用于塑料、橡胶、树脂、油墨、涂料的着色，也可用于电子射线加工系统、刻读光盘和医疗卫生用品等领域。可作为颜料黄 12 的代用品。

【生产单位】 海宁市现代化工有限公司，浙江瑞安太平洋化工厂。

Ed029 C.I.颜料黄193

【英文名】 C.I. Pigment Yellow 193；1,4-Benzenedicarboxamide, N, N'-Bis(9,10-dihydro-9,10-dioxo-1-anthracenyl)-; Pigment Yellow 193；Indanthrene Yellow 5 GK

【登记号】 CAS [70321-14-1]；C.I.65412

【结构式】

【分子式】 $C_{36}H_{20}N_2O_6$

【分子量】 576.56

【性质】 红光黄色粉末。

【制法】 将 22.3g 1-氨基蒽醌悬浮在 150mL 邻二氯苯中，加热到 60℃。加入 16.8g 氯化亚砜，在 70℃加热 1h。加入 4.0g 吡啶和 8.5g 对苯二甲酸，在 100℃加热 4～5h，直至检测不到胺的存在。真空蒸出溶剂，约 30g 剩余物在 95℃用 60～100mL 10%次氯酸钠溶液进行氧化。过滤，干燥，得 27.5g 产品。

【用途】 用于油漆、油墨、塑料、合成纤维等方面的着色。

Ed030 C.I.颜料黄199

【英文名】 C.I. Pigment Yellow 199；Dodecanamide, N, N'-(9,9',10,10'-Tetrahydro-9,9',10,10'-tetraoxo[1,1'-bianthracene]-4,4'-diyl)bis-; Cromophtal Yellow GT-AD；Dymic MBR 421；Pigment Yellow 199；Yellow GT-AD

【登记号】 CAS [136897-58-0]；C.I.653200

【结构式】

【分子式】 $C_{52}H_{60}N_2O_6$

【分子量】 809.06

【性质】 黄色粉末。

【制法】 将 7.1g 1,1'-二氨基-4,4'-二蒽醌悬浮于 150mL 氯苯中，滴加 10.5g 月桂酰氯。所成溶液加热到 125℃，并在此温度搅拌 18h。冷却，过滤，用甲醇洗。湿滤饼在甲醇中加热 2h，过滤，用甲醇洗，真空干燥，得 12.4g 产品。

【用途】 可用于油漆、油墨、塑料、合成纤维、涂料等方面的着色。

Ed031 C.I.颜料黄202

【英文名】 C. I. Pigment Yellow 202；1,3-Benzenedicarboxamide，*N*，*N*′-Bis（9，10-dihydro-9，10-dioxo-1-anthracenyl）-；C. I. Disperse Yellow 127；C. I. Vat Yellow 26；Benzadone Yellow 5GK；Caledon Printing Yellow 5GKN；Caledon Yellow 5GK；Cibanone Yellow 5GK；Cibanone Yellow F5GK；Disperse Yellow 127；Endurol Yellow 5GK；Helanthrene Yellow 5GK；Indanthren Printing Yellow 5GK；Indanthren Yellow 5GK；Indanthrene Yellow 5GK；Ostanthren Yellow 5GK；Paradone Yellow 5GK；Pigment Yellow 202；Romantrene Yellow F 5GK；Sandothrene Yellow N 5GK；Solanthrene Brilliant Yellow 5J；Tinon Yellow 5GK；Tyrian Yellow I 5GK；Vat Yellow 26

【登记号】 CAS［3627-47-2］；C.I.65410

【结构式】

【分子式】 $C_{36}H_{20}N_2O_6$

【分子量】 576.56

【性质】 黄色粉末。着色力强。有良好的耐光性，耐久性，过度喷涂的牢固性。

【制法】 600g 苯甲酸甲酯和 125g 1-氨基蒽醌混合，加热至 145℃。在 30min 内加入由 58g 间苯二甲酰氯在 50g 苯甲酸甲酯中的溶液。加毕，在 145℃搅拌 1h，冷却到 25～30℃，过滤。滤包用每次 50g 苯甲酸甲酯洗 2 次。滤液和洗液合并，用水蒸气蒸馏除去溶剂，过滤，水洗，干燥，得 148g 产品。

【用途】 用于高级油漆、油墨、塑料、合成纤维等的着色。

Ed032 永固黄AR

【英文名】 Permanent YellowAR；9，10-Anthracenedione，1，1′，1″-（1，3，5-

Triazine-2,4,6-Triyltriimino)tris-

【登记号】 CAS [4988-89-0]

【结构式】

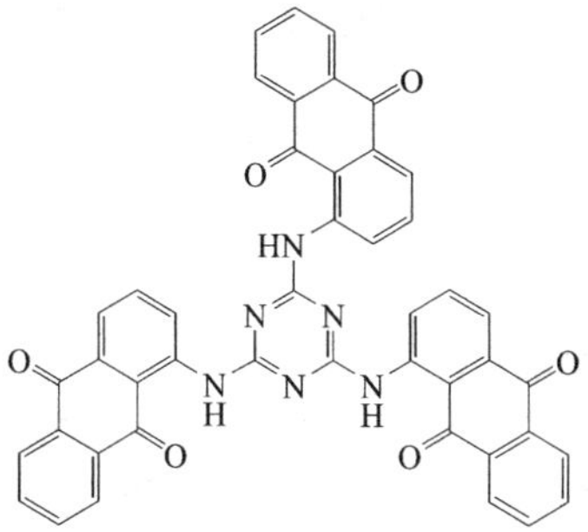

【分子式】 $C_{45}H_{24}N_6O_6$

【分子量】 744.72

【制法】 在 25L 的反应器中，加入 5L 苯，在 50～60℃加入 1.85kg 氯化氰，再加入 6.5kg 1-氨基蒽醌（98％纯度）。在 1h 内均匀加热至 140～145℃，在此温度保持至检测不到胺的存在，约需 2h。在 80℃时就有氯化氢产生，在 110℃时达到最大量，然后随温度升高逐渐减少，到反应结束不再有氯化氢产生。减压蒸出苯，得到 7.4kg 固体产品，含氯量为 0.3％。

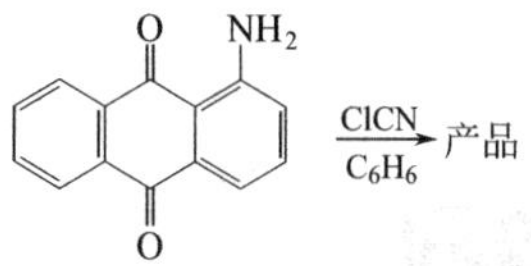

【质量标准】 参考标准

指标名称	指标
外观	深黄色粉末
色光	与标准品近似
着色力/%	为标准品的 100±5
水分含量/%	≤2
细度（通过 80 目筛后残余物含量)/%	≤5

【消耗定额】

原料名称	单耗/(kg/t)
1-氨基蒽醌	1100
三聚氰氰	270

【安全性】 20kg、30kg 纸板桶或铁桶包装，内衬塑料袋。

【用途】 主要用于油墨和合纤的原液着色，也可作为还原染料用于棉布印染。

【生产单位】 上海染化一厂，天津光明颜料厂。

Ee 苝系与苉系颜料

Ee001 塑料红 B

【英文名】 Plastic Red B

【登记号】 CAS [4948-15-6]

【别名】 C. I. 颜料红 149；苝朱红；C. I. 颜料红 123（71145）；Graphtol Red CI-RL；PV Fast Red B；Permanent Red BL

【结构式】

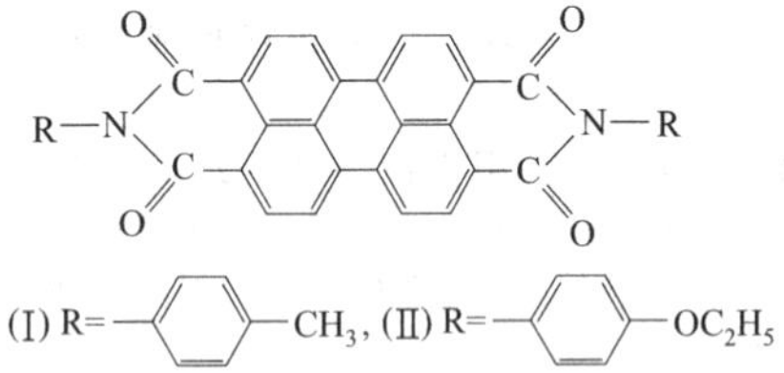

(I) R=— —CH₃, (II) R=— —OC₂H₅

【质量标准】

外观	黄光红色粉末
色光	与标准品近似
着色力/%	为标准品的 100±5
水分含量/%	≤2
细度(过 80 目筛余量)/%	≤5
耐晒性/级	7～8
耐热性/℃	200

【性质】 本品为黄光红色粉末。耐晒性能优异，耐热性能好。在聚氯乙烯中不迁移。

【制法】

1. 生产原理

苝四甲酸酐与对乙氧基苯胺（或对甲苯胺）缩合，过滤，经后处理得塑料红 B。

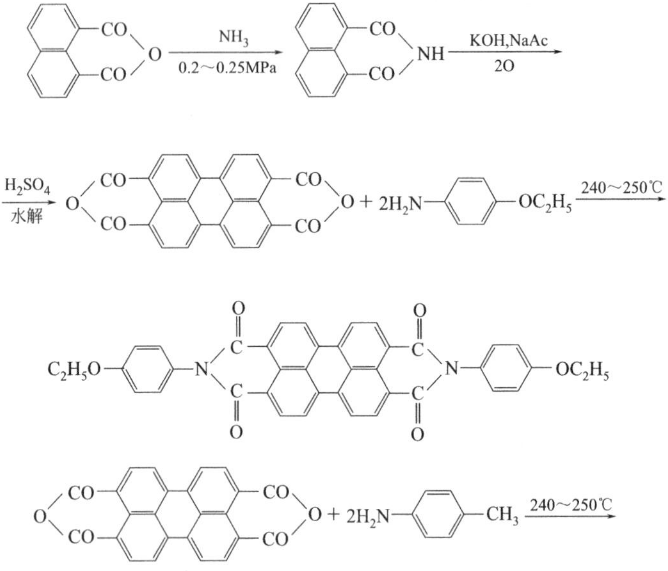

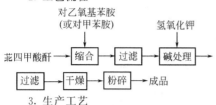

2. 工艺流程

对乙氧基苯胺
(或对甲苯胺)
氢氧化钾

苊四甲酸酐 → 缩合 → 过滤 → 碱处理

过滤 → 干燥 → 粉碎 → 成品

3. 生产工艺

在碱熔缩合反应锅中，将1,8-萘二甲酰亚胺在210℃下、3h内加到90%氢氧化钾及乙酸钠混合物（混合物质量比为10：1）中，并在200～225℃下保温3h。为容易出料，加入密度为1.38kg/m³的氢氧化钠。将反应物料放至水中，搅拌下压入空气，在16～20h内进行氧化反应。过滤，水洗得苊四羧酰亚胺。

将150kg苊四羧酰亚胺在200℃下，1h内加到1500kg 96%硫酸中，在216℃下保温1h进行水解成酐，放料冷至30℃，过滤用硫酸洗涤。将粗品加到80℃水中，再加入65kg 90%氢氧化钠及300L水，在100℃加热至溶解。加入250kg氯化钾，保温2h，过滤，用0.5%氯化钾溶液洗涤，80℃下干燥得产物苊四甲酸酐。

将50kg苊四甲酸酐及272kg对甲苯胺（或348kg对乙氧基苯胺，或136kg对甲苯胺和174kg对乙氧基苯胺的混合物）在5h内加热至200℃，继续保温5h直至苊四甲酸酐消失，冷却至100℃，加入乙醇，过滤，并用乙醇及水洗涤。滤饼用氢氧化钾溶液在95℃下处理1h，过滤，水洗，得粗产品。再将粗产品加入900L水、50kg氢氧化钠组成的溶液中，搅拌成膏状物，加30kg保险粉，在40℃下处理，放入6000L冷水中，搅拌进行氧化反应，过滤，水洗，干燥得塑料红B。

【用途】 用于塑料、涂料的着色以及合成纤维的原浆着色。

【生产单位】 石家庄市力友化工有限公司，高邮市助剂厂，南通新盈化工有限公司，上海雅联颜料化工有限公司，上海染料化工十厂，江苏海门颜料化工厂。

Ee002　永固红 BL

【英文名】 Permanent Red BL

【登记号】 CAS [4948-15-6]；C. I. 71137

【别名】 C. I. 颜料红149；Graphtol Red CIRL；PV-Fast Red B；PVC Red K381

【分子式】 $C_{40}H_{26}N_2O_4$

【分子量】 598.63

【结构式】

【质量标准】

外观	黄光红色粉末
色光	与标准品近似
着色力/%	为标准品的 100±5
水分含量/%	<2

吸油量/%	45±5
耐晒性/级	6～7
耐热性/℃	200
细度(过80目筛余量)/%	≤5

【性质】 本品为黄光红色粉末。相对密度

为 1.38。不溶于烷烃类和乙醇。在二甲苯中稳定。溶于浓硫酸。对光、热和还原剂均稳定。耐晒性极佳。

【制法】

1. 生产原理

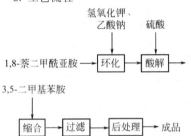

2. 工艺流程

1,8-萘二甲酰亚胺 → [环化] ← 氢氧化钾、乙酸钠 → [酸解] ← 硫酸 →

3,5-二甲基苯胺 →

[缩合] → [过滤] → [后处理] → 成品

3. 生产工艺

将 200kg 1,8-萘二甲酰亚胺在 210℃下、3h 内加到 600kg 90% 氢氧化钾及 60kg 乙酸钠混合物中，并在 200～225℃ 保温 3h，为更易出料应加入 60kg 1.38kg/m³ 氢氧化钠。放料至 7000L 水中，搅拌下压入 0.3MPa 的空气，每隔 1h 换 1 次空气，在 16～20h 内进行氧化反应，过滤，水洗，得苝四羧酰亚胺。

将 150kg 苝四羧酰亚胺在 200℃下、1h 内加到 1500kg 96% 硫酸中，在 216℃下保温 1h，放料冷却至 30℃，过滤用 1500kg 96% 硫酸洗涤。将粗品加到 180℃ 水中，再加入 65kg 90% 氢氧化钠及 300L 水，在 100℃ 加热至溶解。加入 250kg 氯化钾，保温 2h，过滤，用 0.5% 氯化钾溶

液洗涤，80℃下干燥得产物苝四酸酐。

将 50kg 苝四酸酐及 310kg 3,5-二甲基苯胺在 5h 内加热至 200℃，继续保温 5h 直到苝四酸酐消失，冷却至 100℃，加入乙醇，过滤，并用乙醇及水洗涤。滤饼用氢氧化钾溶液在 95℃下处理 1h，过滤，水洗，得 63kg 产物。再以 900L 水、50kg 50% 氢氧化钾搅拌成膏状物，加 30kg 保险粉在 40℃下处理，放入 6000kg 冷水，进行搅拌氧化，过滤，水洗、干燥，制得产物。

1,8-萘二甲酰亚胺在氢氧化钾、乙酸钠存在下，于高温下缩合成环，得到苝四甲酰亚胺，酸解得到苝四甲酸酐，然后与 3,5-二甲基苯胺缩合，得到永固红 BL。

【用途】 主要用于聚乙烯、PVC 等类塑料着色，是一种性能优越的高级有机颜料，也用于合成纤维原浆着色和纺织品的涂料印花着色。其本身也是一种优良的还原染料。

【生产单位】 南通新盈化工有限公司，昆山市中星染料化工有限公司，武汉恒辉化工颜料有限公司，高邮市助剂厂，上海染化一厂，天津染化八厂，江苏海门颜化厂，辽宁辽阳染化厂。

Ee003　苝红

【英文名】 Perylene Red

【登记号】 CAS [6424-77-7]；C. I. 71140

【别名】 C.I. 颜料红 190
【分子式】 C_{38} H_{22} N_2 O_6

【分子量】 602.59
【结构式】

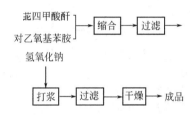

【质量标准】 （参考指标）

外观	红色粉末
色光	与标准品近似
着色力/%	为标准品的 100±5
水分含量/%	≤2.5
细度（过 80 目筛余量）/%	≤5

【性质】 本品为红色粉末。具有优异的化学稳定性、耐渗性、耐光牢度和耐迁移牢度。吸油量 42～48g/100g，相对密度 1.43～1.54。

【制法】

1. 生产原理

将苝四甲酸酐与两分子对乙氧基苯胺缩合，经后处理得苝红。

2. 工艺流程

苝四甲酸酐 ┐
对乙氧基苯胺 ┘→ 缩合 → 过滤 →

氢氧化钠

→ 打浆 → 过滤 → 干燥 → 成品

3. 技术配方

苝四甲酸酐	120
对乙氧基苯胺	600
盐酸(30%)	54
氢氧化钠(98%)	62

4. 生产工艺

将 500kg 对乙氧基苯胺加热至 80℃使其熔化，搅拌下加入苝四甲酸酐 100kg，加热至 100 ℃蒸出水分。升温至 200℃，保温 4h，当试样的碱性溶液不显示苝四甲酸酐的荧光即为反应终点。冷却至 70～90℃，加入 450kg 30%盐酸，加 1000L 水，冷却至 50℃，过滤，水洗，滤饼用 1000L 水打浆，加入 170kg 30%氢氧化钠溶液，加热至 90℃，保温 2h。冷却至 50℃，过滤，水洗，滤饼再用 2000L 水打浆，加入 20kg 次氯酸钠溶液，加热至 70℃，搅拌 2h，过滤，水洗，干燥，得 400kg 苝红。

【用途】 用于聚乙烯、聚丙烯、乙烯基聚合物以及纤维素塑料的着色，也用于油墨和涂料的着色。

【生产单位】 南通新盈化工有限公司，山东蓬莱化工厂，河北深州津深联营颜化厂，山东蓬莱新光颜料化工公司，天津市东鹏工贸有限公司，瑞基化工有限公司，常州北美化学集团有限公司，南通新盈化工有限公司，昆山市中星染料化工有限公司，无锡新光化工有限公司，浙江胜达祥伟化工有限公司，Hangzhou Union Pigment Corporation，杭州红妍颜料化工有限公司，石家庄市力友化工有限公司，武汉恒辉化工颜料有限公司，上海染化一厂。

Ee004　C.I.颜料黑 31

【英文名】　C.I.Pigment Black 31；Anthra [2,1,9-*def*：6,5,10-*d′e′f′*] diisoquinoline-1,3,8,10（2*H*，9*H*）-tetrone, 2,9-Bis（2-phenylethyl）-；Paliogen Black L0084（BASF）；Black S0084；PPEI；Paliogen Black L0084；Paliogen Black S0084；Pigment Black 31

【登记号】　CAS［67075-37-0］；C.I.71132

【结构式】

【分子式】　$C_{40}H_{26}N_2O_4$

【分子量】　598.66

【性质】　黑色粉末。不溶于水和一般有机溶剂。耐酸、耐碱、耐热性均好，密度 $1.43g/cm^3$，吸油量37g/100g，比表面积 $27m^2/g$。

【制法】　在1200g 10％氢氧化钾中加入120g（0.3mol）3,4,9,10-苝四甲酸二酐，加热使其完全溶解，冷却至室温再加入89g（0.75mol）苯乙胺，搅拌均匀后，再加入160g醋酸，混合均匀后将物料转移到压力釜中，密闭，升温到130～135℃（约5个大气压力），保温搅拌5h，取样检测，若反应物中苝四甲酸二酐基本已耗尽，则反应结束，冷却到室温，过滤，水洗到中性，干燥后得到180g黑色固体，即为粗品，收率接近100％。取其中60g粗品，放入球磨机中，加入450g钢珠，240g氯化钙和硫酸钠的混合物（1∶1），2g柠檬酸和8mL二甲苯和乙酸丁酯（1∶1），1.2g N,N′-二苯乙基苝四甲酸二酰亚胺二磺酸，球磨5～6h。球磨结束后，将物料转移到2L 2％盐酸中（含1％聚氧化乙烯脂肪醇醚和聚氧化乙烯油酸酯），煮沸1～2h。趁热过

滤，水洗到中性，干燥后粉碎即得 58g 黑色的产品。

【用途】　苝系黑色有机颜料。各项牢度性能优异。用于高级油漆、油墨及特殊用途，也适用于塑料制品的着色。

Ee005　C.I.颜料黑 32

【英文名】　C.I.Pigment Black 32；Anthra [2,1,9-*def*：6,5,10-*d′e′f′*] diisoquinoline-1,3,8,10（2*H*，9*H*）-tetrone，2,9-Bis［（4-methoxyphenyl）methyl］-；Paliogen Black L0086；Pigment Black 32

【登记号】　CAS［83524-75-8］；C.I.71133

【结构式】

【分子式】　$C_{40}H_{26}N_2O_6$

【分子量】　630.66

【性质】　熔点187～188℃。

【制法】　在不锈钢反应釜中，加入1500g丙二醇，搅拌下加入120g（0.3mol）3,4,9,10-苝四甲酸二酐和102g（0.75mol）4-甲氧基苄胺，升温到170～175℃，保温搅拌1h。取样检测，若反应物中苝四甲酸二酐已基本耗尽，则反应结束。冷却到50℃，用800g甲醇稀释，40℃过滤，用甲醇洗涤，然后水洗，干燥后得174g黑色晶体，即粗品，收率97％。取其中60g粗品，加入球磨机中，加入450g钢珠，240g氯化钠和硫酸钠的混合物（1∶1），2g硬脂酸钙和1.2g N,N′-二苯乙基苝四

甲酸二酰亚胺二磺酸，球磨 5～6h。球磨结束后，用真空将物料吸出转移到 3L 2%盐酸中（含 1% PVC 与聚氧化乙烯油酸酯），煮沸 1～2h，趁热过滤，水洗到中性，干燥，粉碎，得 58g 黑色产品。

【用途】 用于调制各种工业漆且在其中具有很好的流动性，也适用于塑料制品的着色，在其中有很好的分散性。

Ee006　C.I.颜料红 123

【英文名】 C.I.Pigment Red 123；Anthra

[2,1,9-*def*：6,5,10-*d′e′f′*]diisoquinoline-1,3,8,10（2*H*,9*H*）-tetrone, 2,9-Bis（4-ethoxyphenyl）-

【登记号】 CAS［24108-89-2］；C.I.71145

【别名】 颜料大红 R；Acramin Scarlet LDCN（MLS）；Indo Brilliant Scarlet；Indo Brilliant Scarlet Toner；Indofast Brilliant Scarlet R 6300（MLS）；Indofast Brilliant Scarlet R 6335（MLS）；Indofast Brilliant Scarlet Presscake R-6303（MLS）；Luconyl Red 3870（BASF）；Paliogen Red 3870；Paliogen Red K 3871；Paliogen Red L 3870；Paliogen Red L 3870HD（BASF）；Perylene Red Toner；Pigment Red 123；Pigment Scarlet R；Sumitone Fast Brilliant Red 2B

【结构式】

【分子式】 $C_{40}H_{26}N_2O_6$

【分子量】 630.66

【性质】 红色粉末。不溶于水及一般有机溶剂。耐热、耐稀酸、碱。密度 1.48g/cm^3，吸油量 49g/100g，比表面积 27m^2/g。有较高的耐气候牢度和耐有机溶剂的性能。色光鲜艳纯净，着色力强。在浅色时耐晒牢度中等。

【制法】 将 19.6g（0.05mol）苝四甲酸酐、19g 氢氧化钾和 350g 冰水在 0～2℃搅拌 45min，调整 pH 值为 5.5～5.8，加入 15.1g（0.11mol）对氨基苯乙醚和 2.75g 聚乙二醇 400，在 0～2℃搅拌保温 2h。用 60min 缓慢升温至 70～75℃，保温 30min。再用 30min 升温至 140～142℃，0.4～0.5MPa 下保温搅拌 6h。保温毕，降温至 90℃以下，过滤，水洗至中性。将滤饼加到 1000g 水中打浆，再加入约 62.5g 32%盐酸，调 pH 值至 1.5～2.0，加热至沸腾，保持 30min。降温至 60℃，过滤，水洗至无酸。再将滤饼加到 1000g 水中打浆，加入 50g 50%氢氧化钠，加热至沸腾，保持 15min，降温至 60℃，过滤，水洗至无碱。在 80℃干燥，得 30.71g 产品，收率 97.5%。

【消耗定额】

原料名称	单耗/(kg/t)
苝四甲酸酐	800
对氨基苯乙醚	300

【用途】　菲系结构高级有机颜料，亦是高级还原染料。由于其分子量较大，化学结构对称，化学稳定性好。用于优质外部工业涂料和建筑油漆，也用于塑料、绘画颜料和凹版印刷油墨。

【生产单位】　南通新盈化工有限公司，无锡新光化工有限公司，鞍山惠丰化工股份有限公司，昆山市中星染料化工有限公司，辽宁辽阳染化厂，上海染化一厂，江苏海门颜化厂。

Ee007　C.I.颜料红 178

【英文名】　C.I.Pigment Red 178；Anthra[2,1,9-*def*：6,5,10-*d'e'f'*]diisoquinoline-1,3,8,10(2*H*,9*H*)-tetrone,2,9-Bis[4-(2-phenyldiazenyl)phenyl]-

【登记号】　CAS〔3049-71-6〕；C.I.71155

【分子式】　$C_{48}H_{26}N_6O_4$

【分子量】　750.77

【性质】　外观为红色粉末，略黄具略暗。不溶于水和一般有机溶剂。密度 $1.47g/cm^3$，吸油量 $33\sim38g/100g$，比表面积 $31m^2/g$。

【制法】　将 19.6g(0.05mol) 菲四甲酸酐、16g 氢氧化钾和 300g 冰水在 $0\sim2℃$ 搅拌 20min，调整 pH 值为 $5.5\sim5.8$，加入 25g (0.12mol) 对氨基偶氮苯和 3.2g 聚乙二醇 400，在 $0\sim2℃$ 搅拌保温 2h。用 60min 缓慢升温至 82℃，保温 30min。再用 30min 升温至 $143\sim145℃$，$0.4\sim0.5MPa$ 下保温搅拌 9h。保温毕，降温至 90℃ 以下，过滤，水洗至中性。将滤饼加到 1000g 水中打浆，再加入约 65g 32%盐酸，调 pH 值至 $1.5\sim2.0$，加热至沸腾，保持 30min。降温至 60℃，过滤，水洗至无酸。再将滤饼加到 1000g 水中打浆，加入 60g 50%氢氧化钠，加热至沸腾，保持 15min，降温

【别名】　颜料红 HD；Euvinyl C Red 36-8002(BASF)；Euvinyl Red 368；Graphtol Red HF 4C；Kayaset Red E-GG；Lufilen Red 36-8005（BASF）；PV-Fast Red GG；Paliogen Red 3911；Paliogen Red 3911K；Paliogen Red GG；Paliogen Red K 3911HD(BASF)；Paliogen Red L 3880；Paliogen Red L 3880HD（BASF）；Paliogen Red L 3910；Paliogen Red L 3910HD(BASF)；Pigment Red 178；Pigment Red HD；Red L 3880HD；Predisol Red PR-PC 3340（KVK）；Rakusol Red 39-1107(BASF)；Red EMD-102，EPCF-102，HPA-102，PEC-102(SKC)；Sicolen Red 39-1105（BASF）；Sicoversal Red 39-1107(BASF)

【结构式】

至 60℃，过滤，水洗至无碱。在 80℃ 干燥，得 37.5g 产品，收率 96%。

【用途】　菲系有机颜料。性能好，唯耐晒牢度不够理想。用于空气干燥或烤瓷漆、硝基纤维素漆、环氧树脂漆、聚氨酯和聚酯漆等。特别是各种类型的汽车面漆。

【生产单位】　天津理工产业股份有限公司，高邮市助剂厂。

Ee008　C.I.颜料红 179

【英文名】　C.I.Pigment Red 179；Anthra

[2,1,9-*def* : 6,5,10-*d'e'f'*]diisoquinoline-1,3,8,10(2*H*,9*H*)-tetrone,2,9-Dimethyl-

【登记号】 CAS [5521-31-3]；C.I.71130

【别名】 颜料红179；C. I. Vat Red 23；Caledon Red 2G；Caledon Red 2GN；Encelac Maroon 4020（BASF）；Euviuyl C Maroon 40-2002（BASF）；Fastogen Super Maroon PSK；Hostafine Red P 2GL；Hostaperm Red P 2GL（Dystar）；Hostaperm Red P 2GL-WD；Indanthren Red FGL；Indanthren Red GG；Indanthrene Red；Irgazin Maroon 3379；Irgazin Red 2273；Maroon R 6436；Me-PTCDI；Palamid Bordeaux 39-2005（BASF）；Palanthrene Red GG；Paliogen Maroon 3920；Paliogen Maroon L 3820；Paliogen Maroon L 3920（BASF）；Paliogen Maroon L 3980（BASF）；Paliogen Maroon L 4020（BASF）；Paliogen Red 4120；Poliogen Red K4180（BASF）；Paliogen Red L 3875；Paliogen Red L 3885（BASF）；Paliogen Red L 4120（BASF）；Perrindo Maroon 6424；Perrindo Maroon R 6424；Perrindo Maroon R 6436；Perylene 3,4,9,10-tetracarboxylic acid bis（methylimide）；Perylene Bordeaux；Perylene Maroon R 6436；Perylene maroon；Pigment Bordeaux Perylene；Pigment Perylene Bordeaux；Pigment Red 179；Poliagen Maroon 3920；Ponsol Red YF；Predisol Maroon 3B-CAB 627，3BH-CAB 2650(KVK)；Sicocab Maroon 3920（BASF）；Sicoflush A Red 4120，F Red 3120，P Red 4120（BASF）；Sunfast Perylene Red 179（SNA）；Sunfast Red 179-229-2179；Variogen Maroon 3920；Variogen Maroon L 4020

【结构式】

【分子式】 C$_{26}$H$_{14}$N$_2$O$_4$

【分子量】 418.41

【性质】 红色或暗红色粉末。色泽鲜艳，着色力强。不溶于水和一般有机溶剂。密度 1.49～1.55g/cm^3，吸油量 35～48g/100g，比表面积 34～52m^2/g。耐热性高，耐热性能优良，耐酸、耐碱性，无迁移性。

【制法】 将 39.2g(0.1mol) 苝四甲酸酐、22.5g氢氧化钾和450g 冰水在 0～2℃搅拌30min，调整 pH 值为 5.5～5.8，加入 38.75g(0.5mol) 40%一甲胺水溶液，1.6g聚乙二醇200，在 0～2℃搅拌保温30h。用 60min 缓慢升温至80～82℃，保温2h。再用 30min 升温至 140～142℃，0.4～0.5MPa 下保温搅拌 1h。保温毕，降温至 90℃以下，过滤，水洗至中性。将滤饼加到1000g 水中打浆，再加入约 62.5g 32%盐酸，调 pH 值至 1.5～2.0，加热至沸腾，保持45min。降温至60℃，过滤，水洗至无酸。再将滤饼加到1000g 水中搅浆，加入56g 50%氢氧化钠，加热至沸腾，保持 15min，降温至60℃，过滤，水洗至无碱。在80℃干燥，得 41.2g 产品，收率98.5%。

【质量标准】

外观	紫红色粉末
色光	与标准品近似
着色力/%	为标准品的 100±5
水溶物含量/%	≤1.0
耐晒性/级	≥6
耐热性/℃	≥300

【安全性】 1kg、5kg、25kg 纸板桶或铁桶包装，内衬塑料袋。

【用途】 用于高档油漆。是轿车红漆的主要着色剂。其色相性能相当于巴斯夫的 Paliogen Maroon 4020 牌号。还可用于塑料，绘画颜料着色。但其光泽度差，在含水的碱性涂料中稳定性差。亦是优良的还原染料。

【生产单位】　天津市东鹏工贸有限公司，南通新盈化工有限公司，鞍山惠丰化工股份有限公司，昆山市中星染料化工有限公司，武汉恒辉化工颜料有限公司，高邮市助剂厂，辽宁鞍山染化厂，江苏海门化工原料厂。

Ee009　C.I.颜料红189

【英文名】　C. I. Pigment Red 189；Anthra[2,1,9-*def*：6,5,10-*d′e′f′*]diisoquinoline-1,3,8,10(2*H*,9*H*)-tetrone, 2,9-Bis(4-chlorophenyl)-；C. I. Vat Red 32；Algol Scarlet B；Fenanthren Scarlet RB；Indanthren Brilliant Red FFB；Indanthren Brilliant Red LGG；Indanthrene Scarlet RBA；Pigment Red 189；Ponsol Scarlet RX；Vat Red 32

【登记号】　CAS[2379-77-3]；C.I.71135

【结构式】

【分子式】　$C_{36}H_{16}N_2O_4Cl_2$
【分子量】　611.44
【性质】　红色粉末。密度1.631 g/cm³。
【制法】　将19.6g(0.05mol)苝四甲酸酐、22.5g氢氧化钾和400g冰水在0～2℃搅拌30min，调整pH值为5.5～5.8，加入15.3g(0.12mol)对氯苯胺和2g聚乙二醇400，在0～2℃搅拌保温2h。用60min缓慢升温至70～75℃，保温30min。再用30min升温至140～142℃，0.4～0.5MPa下保温搅拌6h。保温毕，

降温至90℃以下，过滤，水洗至中性。将滤饼加到1000g水中打浆，再加入约70g 32%盐酸，调pH值至1.5～2.0，加热至沸腾，保持30min。降温至60℃，过滤，水洗至无酸。再将滤饼加到1000g水中打浆，加入75g 50%氢氧化钠，加热至沸腾，保持15min，降温至60℃，过滤，水洗至无碱。在80℃干燥，得产品。

【用途】　用作高级外部工业涂料和建筑油漆，是轿车用颜料品种之一。也可用于塑料、绘画颜料和凹版印刷油墨。也是高级红色还原染料。

Ee010　C.I.颜料红190

【英文名】　C. I. Pigment Red 190；Anthra[2,1,9-*def*：6,5,10-*d′e′f′*]diisoquinoline-1,3,8,10(2*H*,9*H*)-tetrone, 2,9-Bis(4-methoxyphenyl)-；C.I.Vat Red 29；Carbanthrene Scarlet R；Fast Red H 888-0787；Fenanthren Scarlet R；Indanthren Scarlet R；Indanthrene Scarlet RA；Indofast Brilliant Scarlet R 6500(MLS)；Perylene Red；Perylene Scarlet；Perylenetetracarboxylic Acid Di-panisidide；Pigment Red 190；Reduced Scarlet R；Sumitone Fast Red 3BR；Vat Red 29；Vat Scarlet R

【登记号】　CAS[6424-77-7]；C.I.71140
【结构式】

【分子式】　$C_{38}H_{22}N_2O_6$

【分子量】　602.60

【性质】　红色粉末。不溶于水和一般有机溶剂。着色为红色调。密度 $1.5g/cm^3$，吸油量 $46g/100g$，比表面积 $47m^2/g$。

【制法】　将 19.6g(0.05mol) 苝四甲酸酐，22.5g 氢氧化钾和 400g 冰水在 0～2℃搅拌 30min，调整 pH 值为 5.5～5.8，加入 14.8g (0.12mol) 对氨基苯甲醚和 2g 聚乙二醇 400，在 0～2℃搅拌保温 2h。用 60min 缓慢升温至 70～75℃，保温 30min。再用 30min 升温至 140～142℃，0.4～0.5MPa 下保温搅拌 6h。保温毕，降温至 90℃以下，过滤，水洗至中性。将滤饼加到 1000g 水中打浆，再加入约 70g 32%盐酸，调 pH 值至 1.5～2.0，加热至沸腾，保持 30min。降温至 60℃，过滤，水洗至无酸。再将滤饼加到 1000g 水中打浆，加入 75g 50%氢氧化钠，加热至沸腾，保持 15min，降温至 60℃，过滤，水洗至无碱。在 80℃干燥，得 29.2g 产品，收率 97.5%。

【用途】　苝系高级有机颜料之一。用作高级外部工业涂料和建筑油漆，是轿车用颜料品种之一。也可用于塑料、绘画颜料和凹版印刷油墨。本品也是高级红色还原染料。

【生产单位】　南通新盈化工有限公司。

Ee011　C.I.颜料红224

【英文名】　C.I. Pigment Red 224；Perylo [3,4-*cd*：9,10-*c′d′*]dipyran-1,3,8,10-tetrone；Cromophtal Red 3927A（CGY）；Irgazin Red BPT（CGY）；Irgazin Red BPTN（CGY）；Lufilen Red 36-7005（BASF）；NSC 79895；PTCDA；Paliotol Red L 3670（BASF）；Perrindo Red R-6418（MLS）；Perrindo Red R 6420（MLS）；Pigment Red 224；Sicoflush A Red 3670，F Red 3670（BASF）

【登记号】　CAS [128-69-8]；C.I.71127

【结构式】

【分子式】　$C_{24}H_8O_6$

【分子量】　392.32

【性质】　红色粉末。不溶于水和一般有机溶剂。密度 $1.66g/cm^3$，吸油量 $50g/100g$，比表面积 $27m^2/g$。耐酸，不耐碱。

【制法】　600kg 90%氢氧化钾和 60kg 醋酸钠混合，在 210℃下于 3h 内加入 200kg 1,8-萘二甲酰胺。加毕，在 200～225℃保温 3h，为更易出料应加入 60kg 密度为 1.38kg/m³ 的氢氧化钠。放料至 7L 水中，搅拌下压入空气，在 16～20h 内进行氧化反应。过滤，水洗，得苝四羧酰亚胺，收率 97%。

在 200℃下于 1h 内，将 150kg 苝四羧酰亚胺加到 1500kg 96%硫酸中，加毕在 216℃保温 1h。放料冷却至 30℃，过滤，用硫酸淋洗。将滤饼加到 3.7L 80℃的水中，再加入 65kg 90%的氢氧化钠和 300L 水，在 100℃加热至溶解。加入 250kg 氧化钾，保温 2h，过滤，用 0.5%氯化钾水溶液洗涤，80℃下干燥，得苝四甲酸酐，进一步进行颜料化处理得产品。

【用途】 高级苝系红色有机颜料，是轿车漆用有机颜料品种之一。用于空气干燥和烤瓷漆、聚氨酯和聚酯漆等，钞票印刷油墨、塑料和汽车漆。缺点是色调暗，在碱性含水涂料中稍微起反应。

【生产单位】 南通新盈化工有限公司，江苏海门化工原料厂，辽宁鞍山染化厂。

Ee012 C.I.颜料紫29

【英文名】 C.I.Pigment Violet 29；Anthra[2,1,9-*def*：6,5,10-*d′e′f′*]diisoquinoline-1,3,8,10(2*H*,9*H*)-tetrone；C.I.Pigment Brown 26；Euvinyl Maroon 478；NSC 16842；PTCDI；PV-Fast Bordeaux B；Paliogen Red Violet FM；Perrindo Violet V 4050；Perylimid；Pigment Violet 29

【登记号】 CAS〔81-33-4〕；C.I.71129

【结构式】

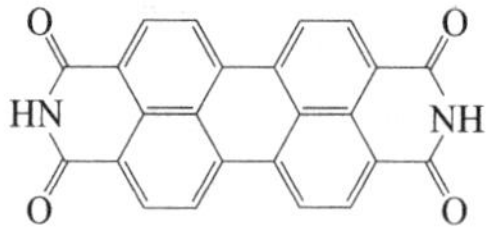

【分子式】 $C_{24}H_{10}N_2O_4$

【分子量】 390.35

【性质】 呈暗深褐色，接近于黑色。色光不艳丽。有良好的稳定性，对光、热、气候稳定。比其他苝类颜料的耐气候牢度和热稳定性要好。耐290℃高温可达5～6h。

【制法】 600kg 90%氢氧化钾和60kg醋酸钠混合，在210℃下于3h内加入200kg 1,8-萘二甲酰亚胺。加毕，在200～225℃保温3h，为更易出料应加入60kg密度为1.38kg/m³的氢氧化钠。放料至7L水中，搅拌下压入空气，在16～20h内进行氧化反应。过滤，水洗，得苝四羧酰亚胺，收率97%。

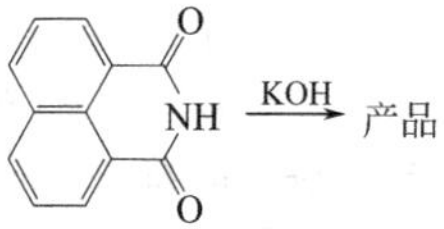

$$\xrightarrow{\text{KOH}} \text{产品}$$

【用途】 用于塑料、纤维的着色，特别是需在高温加工的塑料的着色，还适用于涤纶纤维原液的着色，制成的纺织品具有很高的耐干、湿摩擦牢度。

【生产单位】 南通新盈化工有限公司。

F

其他类颜料

其他颜料包括氧蒽类色淀颜料、三芳甲烷类及其色淀颜料、硝基及亚硝基颜料、甲亚胺类及其金属络合颜料、荧光颜料等。

氧蒽类色淀颜料——由具有氧蒽结构的碱性染料制成的色淀颜料，其沉淀剂多用磷钨钼酸（PTMA）。

三芳甲烷类及其色淀颜料——碱性三芳甲烷染料和沉淀剂进行作用，制成色淀，得到的色淀颜料。该类颜料分为三类：非耐光型碱性色淀颜料、坚牢型碱性色淀颜料和碱性蓝（射光蓝）颜料。非耐光型碱性色淀颜料是在活性填充剂（氢氧化铝）及硫酸钡存在下，用单宁或单宁酸钠盐等作为沉淀剂得到的，此类颜料牢度较差，但价格便宜。坚牢型碱性色淀颜料是用磷钨酸（PTA）、磷钼酸（PMA）或磷钨钼酸（PTMA）作为沉淀剂制得的色淀，这类颜料的性能比较优异，但成本相对较高。碱性蓝（射光蓝）颜料是在三芳甲烷母体结构中引入磺酸基，从而在分子内形成难溶性的分子内盐，而得到的颜料。

硝基及亚硝基颜料——该类颜料在分子中含有—NO_2、—NO 基作为发色基团，主要为黄色，个别为红色、棕色及绿色。由于多数品种耐溶剂性较差，着色力、耐光牢度一般，所以目前大部分被其他偶氮类颜料所代替。

甲亚胺类及其金属络合颜料——分子中含有 CH—N —片段，作为桥基将两个或两个以上的芳环连接起来的颜料，并可进一步与金属络合生成金属络合颜料。其色谱通常为黄色、橙色。该类颜料有较好的耐热、耐光及耐气候牢度，可用于金属表面、涂料、油墨及塑料等的着色。

荧光颜料——本身可选择性吸收一部分可见光，还吸收一部分紫外光线，并将它转变为一定波长的可见光释放出来，而又不溶于使用介质的有色物质，称为有机荧光颜料。有机荧光颜料分两类：荧光树脂颜料和荧光色素颜料。荧光树脂颜料是目前应用较多的荧光颜料，是荧光染料和树脂的共熔物，也称日光荧光颜料，该类颜料一般是混合物，由着色剂、载体和助剂等组成。着色剂最多的是荧光染料，也可以是荧光增白剂之类的发光体；载体一般是各种树脂，也可以是无机载体。荧光色素颜料，是一种有机荧光颜料，和一般有机颜料一样，是色素的集合体粒子。荧光色素颜料虽然着色力较高，但耐日光牢度较低，荧光强度及鲜明性均不及荧光树脂颜料。

Fa 氧蒽类色淀颜料

Fa001 颜料紫 1

【英文名】 Pigment Violet 1

【登记号】 CAS [1326-03-0]；C. I. 45170

$$[H_3P(W_2O_7)_x \cdot (Mo_2O_7)_{6-x}]^{4\ominus} \cdot Al(OH)_3 \cdot BaSO_4$$

：2；欧盟登记号：215-413-3

【别名】 C. I. 颜料紫 1；Rhodamine B；Resiton Pink VCG

【结构式】

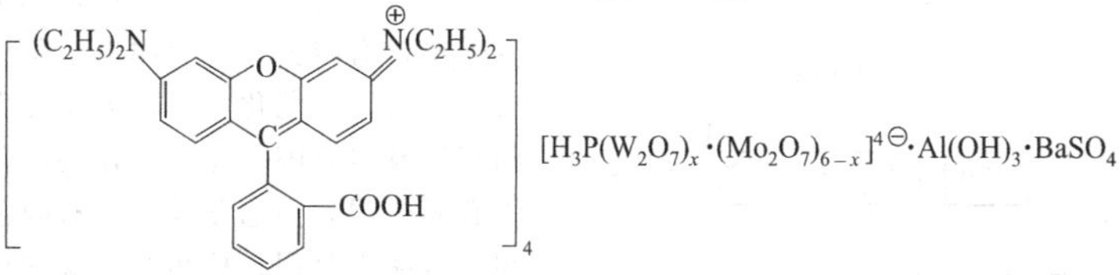

【质量标准】

外观	艳红光紫色粉末
色光	与标准品近似
着色力/%	为标准品的 100±5
水分含量/%	≤5
细度(过 80 目筛余量)/%	≤5
耐晒性/级	6,7
耐热性/℃	120
耐酸性(5 % HCl)/级	4～5
耐碱性(5% Na$_2$CO$_3$)/级	2

【性质】 本品为艳红光紫色粉末。溶于水和乙醇，易溶于溶纤素。相对密度2.25～2.46。吸油量39～68g/100g。

【用途】 用于油墨、油彩颜料及室内涂料的着色。

【制法】

1. 生产原理

间羟基二乙基苯胺与邻苯二甲酸酐缩合，经碱溶、酸溶得碱性玫瑰精。碱性玫瑰精与磷钨钼酸及铝钡白发生色淀化，得颜料紫 1。

$$Al_2(SO_4)_3 + 3Na_2CO_3 + 3H_2O \longrightarrow 2Al(OH)_3\downarrow + 3CO_2\uparrow + 3Na_2SO_4$$

$$BaCl_2 + Na_2SO_4 \longrightarrow BaSO_4\downarrow + 2NaCl$$

$$2x\,Na_2WO_4 + 2(6-x)Na_2MoO_4 + Na_2HPO_4 + 26HCl \longrightarrow$$

$$H_7P(W_2O_7)_x \cdot (Mo_2O_7)_{6-x} + 26NaCl + 10H_2O\,(0 < x < 6)$$

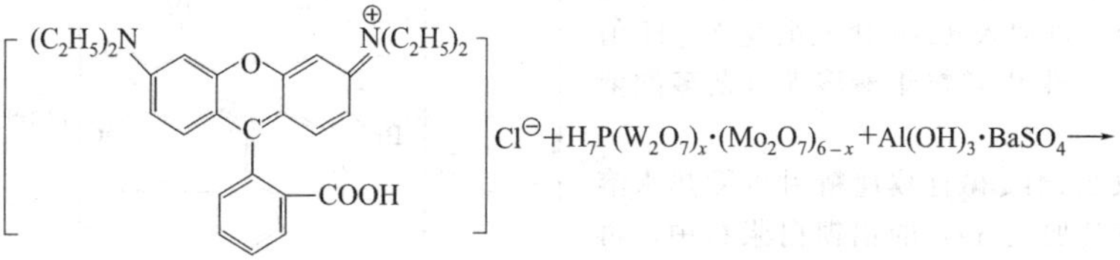

$$Cl^{\ominus} + H_7P(W_2O_7)_x \cdot (Mo_2O_7)_{6-x} + Al(OH)_3 \cdot BaSO_4 \longrightarrow$$

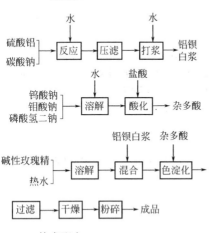

$$[H_3P(W_2O_7)_x \cdot (Mo_2O_7)_{6-x}]^{4\ominus} \cdot Al(OH)_3 \cdot BaSO_4$$

2. 工艺流程

硫酸铝、碳酸钠 → 反应 → 压滤 → 打浆 → 铝钡白浆（加水于反应、压滤加水于打浆）

钨酸钠、钼酸钠、磷酸氢二钠 → 溶解（加水）→ 酸化（加盐酸）→ 杂多酸

碱性玫瑰精、热水 → 溶解 → 混合（加铝钡白浆）→ 色淀化（加杂多酸）

过滤 → 干燥 → 粉碎 → 成品

3. 技术配方

硫酸铝	216.0
碳酸钠	97.5
氯化钡	72.0
钨酸钠	51.0
钼酸钠	17.4
磷酸氢二钠	7.8
碱性玫瑰精	39.6

4. 生产工艺

将 144kg 硫酸铝、65kg 碳酸钠及 48kg 氯化钡在 40℃的水中溶解，合成铝钡白，过滤，水洗，并用水打浆，得铝钡白浆。

将 34kg 钨酸钠、11.6kg 钼酸钠及 5.2kg 磷酸氢二钠依次用 60℃水溶解，搅拌混合，再加入 12kg 盐酸酸化至 pH 值为 1～2，生成磷钨钼酸溶液（杂多酸溶液）。

取 26.4kg 碱性玫瑰精用 90℃热水溶解，将其加至 60℃的铝钡白浆料中，再加入磷钨钼酸溶液，生成色淀，升温至 95℃，过滤，水洗，干燥，得产品。

【用途】 主要用于油墨着色，也用于铅笔、蜡笔及色带着色。

【生产单位】 上海诚凛生物科技有限公司，武汉丰竹林化学科技有限公司，科邦特化学有限公司，上海纪宁实业有限公司，上海基免实业有限公司，佛山市卡明克进出口有限公司，天津市东鹏工贸有限公司，天津东湖化工厂，天津油墨厂，杭州新晨颜料有限公司，杭州映山花颜料化工有限公司，南通新盈化工有限公司，杭州联合颜料公司，杭州红妍颜料化工有限公司，昆山市中星染料化工有限公司，上海染化十二厂，上海嘉定县华亭化工厂，浙江萧山颜料化工厂，浙江杭州力禾颜料有限公司。

Fa002 曙红色淀

【英文名】 Phloxine Red Lake

【登记号】 CAS［51863-24-7］；C.I. 45380：1

【别名】 C.I. 颜料红 90；Eosine（Lead Salt）；Bronze Red；Eosine Lake；Federal Bronze Red

【分子式】 $C_{20}H_6Br_4O_5Pb$

【分子量】 853.10

【结构式】

$$\left[\text{结构式} \right] Pb^{2\oplus}$$

【质量标准】

外观	艳红色粉末
色光	与标准品近似
着色力/%	为标准品的 100±5
水分含量/%	≤5
细度(过80目筛余量)/%	≤5
耐热性/℃	110
耐晒性/级	2～3
耐水渗透性/级	5

【性质】
本品为艳红色粉末。相对密度 2.49。耐热稳定性到110℃，耐水性好。

【制法】

1. 生产原理

荧光黄溴化后，用氯酸钠氧化，氧化物与硝酸铅作用生成色淀。

$$\text{(荧光黄)} \xrightarrow[\text{(2) NaClO}_3,\text{NaOH}]{\text{(1) Br}_2} $$

$$+ \text{Pb(NO}_3)_2 \longrightarrow$$

2. 工艺流程

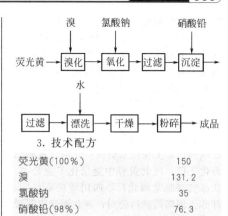

3. 技术配方

荧光黄(100%)	150
溴	131.2
氯酸钠	35
硝酸铅(98%)	76.3

4. 生产工艺

在溴化反应锅中，加入 400kg 85% 乙醇，再加入 150kg 荧光黄和 25% 1.16kg/m³ 盐酸，搅拌下在 1h 内加入 131kg 溴素，温度低于 45℃。在 1.5h 内加入用 35kg 氯酸钠与 70L 水配制的氯酸钠溶液，冷却至 30℃，过滤，先用 20kg 乙醇洗涤，再用 200L 水洗两次，得到弱酸性红 A。

加氢氧化钠溶液至弱酸性红 A 母体染料中，使其溶解，然后加入稍微过量的硝酸铅，生成沉淀。颜料的性质取决于工艺条件：温度，搅拌速度，单溴化物、二溴化物、三溴化物的含量，pH 值。这些工艺条件影响铅盐沉淀的着色特性、物理性能及色光。将沉淀用水漂洗、干燥、粉碎，得到曙红色淀。

【用途】
主要用于油墨着色，也用于铅笔、蜡笔及色带着色。

【生产单位】
上海沪震实业有限公司，成都格雷西亚化学技术有限公司，南通新盈化工有限公司，杭州联合颜料公司，杭州红妍颜料化工有限公司，昆山市中星染料化工有限公司，上海染化十二厂，天津染化八厂，天津大沽颜料厂，天津光明颜料厂，杭州映山花颜料化工有限公司，浙江海宁郭店化工厂，杭州新晨颜料有限公司，Hangzhou Union Pigment Corporation,

杭州红妍颜料化工有限公司，上虞舜联化工有限公司，常州北美化学集团有限公司，江苏双乐化工颜料有限公司，安徽三信化工有限公司，大连丰瑞化学制品有限公司，瑞基化工有限公司，南通新盈化工有限公司，无锡新光化工有限公司，石家庄市力友化工有限公司，昆山市中星染料化工有限公司，山东德州染料厂，江苏镇江颜料厂，安徽池州烧碱厂，河北黄骅渤海化工厂，河北黄骅中捷染化工业公司，江苏宜兴邮堂颜化厂，四川重庆染料厂，江苏无锡锡昌颜料公司，河北深州津深联营颜料厂，江苏东台颜料厂，江苏宜兴康乐化工厂，河北深州塘深化工厂，安徽合肥合雅精化公司，安徽休宁县黄山颜料厂，河北衡水曙光化工厂，江苏张家港试剂厂，江苏泰兴环球化工厂，河北南宫第三化工厂。

Fa003 **C.I.颜料橙 39**

【英文名】 C.I.Pigment Orange 39；Spiro[isobenzofuran-1(3H),9'-[9H]xanthen]-3-one, 4',5'-Dibromo-3',6'-dihydroxy-, Aluminum Salt（3：2）；1901 Orange Pink；Pigment Orange 39

【登记号】 CAS [15876-57-0]；C.I.45370：2

【结构式】

$$2/3\text{Al}^{3+}$$

【分子式】 $C_{20}H_8O_5Br_2 \cdot 2/3Al$

【分子量】 506.08

【性质】 橙色粉末。

【制法】 将 140 份氢氧化钠加到 1500 份水中，在搅拌下加入 1000 份冰，搅拌 10min，使反应液的温度降到 0℃，通过不断地加入冰，以维持 0℃。在不断搅拌下加入 220 份溴，得到反应液 A，备用。

将 180 份荧光黄加到 100 份乙醇中，在搅拌下加入 5000 份水，再加入 100 份 50％氢氧化钠溶液，继续搅拌。pH 值从 9.5 升至 10.5，温度为 25℃。在搅拌下和 30min 内，加入反应液 A。加毕，继续搅拌 15min。加入 500 份磷酸，搅拌 5min，pH 值为 2.4 至 2.8。过滤，洗涤，干燥，得 4,5-二溴荧光黄，纯度 96％～99％。将得到的 4,5-二溴荧光黄溶于氢氧化钠水溶液中，加入氢氧化铝，沉淀得到产品。

【用途】 可用于化妆品中。

Fa004 **C.I.颜料红 80**

【英文名】 C.I.Pigment Red 80；Xanthylium,9-[2-(Ethoxycarbonyl)phenyl]-3,6-bis(ethylamino)-2,7-dimethyl-, Molybdatetungstatephosphate

【登记号】 CAS [12224-98-5]；C.I.45160 Lake

【别名】 耐晒桃红色原；3262 耐晒桃红色原；3262 耐晒桃红色原 6G；耐晒桃红色原 2R；3528 耐晒桃红色淀；Brillfast Rose Red；C. I. Pigment Red 81；Cerise Toner；Conc. Pink B；Consol Rose；Dainichi Fast Pink G Toner；Dainichi Fast Pink GX；Fanal Pink；Fanal Pink B Supra；Fanal Pink G Supra；Fanatone Rose G；Fast Pink Lake 6G；Fast Rose 40；Fast Rose 44；Fast Rose Lake；Fastel Pink B Supra；Federal Fast Red

7002；Halopont Pink 2BM；Irgalite Brilliant Red TCR；Irgalite Paper Pink TCB（CGY）；Irgalite Pink MB，TJ（CGY）；Kromal Pink B；Lake Basic Pink；Light Fast Pink Toner；Magenta Lake Y；Max Mark 31354；No. 38 Forthbrite Rose Pink；No. 65 Forthbrite Pink；Nyco Super Red G；Permanent Cerise Lake；Permanent Cerise Toner；Permanent Rose T Toner；Permanent Rose Toner Y；Pigment Red 80；Pigment Red 81；Pink 6G；Poster Cerise；Pyramid Geranium Toner；Recolite Pink BDS；Recolite Pink BTS；Rhodamine 5GDN Lake；Rhodamine 6B；Rhodamine Blue Shade；Rhodamine Lake Y；Rhodamine Y；Seika Light Rose R 40；Shangdament Fast Pink G Lake PTMA 3288，Fast Pink Lake 6G PTMA 3285（SHD）；Siegle Pink Extract D 443；Solar Pink BM 37-5012；Symuler Rhodamine Y Toner F；Symulex Rhodamine Y；Symulex Rhodamine Y Toner F（DIC）；Syton Pink B；Tintofen Pink B；Toyo Ultra Rose R；Tropical Geranium Toner Y；Tungstate Rose RT 384；Ultra Rose R

【结构式】

$\cdot [H_3P(W_2O_7)_x \cdot (Mo_2O_7)_{6-x}]^{4-}$

【性质】 桃红色粉末，色泽鲜艳，着色力强。

【制法】 将 114kg 钨酸钠、30kg 钼酸钠和 18kg 磷酸氢二钠加到 300L 水中。加热至 40～50℃溶解，加水和盐酸至 pH 值为 1～2，并稀释至体积为 2000L，温度为 20℃，得磷钨钼酸溶液。

将 75kg 碱性桃红 6GDN 加到 6000L 水和 5～6kg 醋酸中，加热至 80℃使之溶解。将上述的磷钨钼酸溶液慢慢加入直到渗圈不显红色为止，并检测保证杂元酸过量（即取反应液过滤得透明滤液，加入碱性槐黄溶液应有沉淀析出）。升温至 85℃，加入约 1kg 乳化剂 FM，加冷水冷却至低于 60℃，过滤，可用 pH＝6 的稀醋酸和微量杂元酸的水溶液洗涤以防产品溶解损失。洗涤至 pH 值为 6～7，在 70℃干燥，粉碎，得产品。

$\xrightarrow{\text{PTMA}}$ 产品

【质量标准】 HG 15-1146—86

外观	桃红色粉末
色光	与标准品近似
着色力/%	为标准品的 100±5
吸油量/%	50±5
水溶物含量/%	≤2
挥发物含量/%	≤2.5
细度（通过 80 目筛后残余物含量）/%	≤5
耐晒性/级	4
耐热性/℃	120
耐酸性/级	3～4
耐碱性/级	2
乙醇渗性/级	1
石蜡渗性/级	5
油渗性/级	3
水渗性/级	1

【消耗定额】

原料名称	单耗/(kg/t)
碱性红 6GDN	564
钼酸钠	923
钨酸钠	127
磷酸氢二钠	174

【安全性】 30kg 硬纸板桶或铁桶包装，

内衬塑料袋。

【用途】 主要用于油墨、文教用品和室内涂料等的着色。

【生产单位】 杭州映山花颜料化工有限公司，杭州联合颜料公司，杭州红妍颜料化工有限公司，浙江萧山颜化厂，浙江杭州颜化厂，天津市东鹏工贸有限公司，天津油墨厂，常州北美化学集团有限公司，南通新盈化工有限公司，无锡新光化工有限公司，上海雅联颜料化工有限公司，上海油墨股份有限公司，上海染化十二厂，上海华亭化工厂，石家庄市力友化工有限公司，昆山市中星染料化工有限公司，武汉恒辉化工颜料有限公司，甘肃甘谷油墨厂。

Fa005　C.I.颜料红 90:1

【英文名】 C.I.Pigment Red 90：1；Spiro[isobenzofuran-1(3H),9′-[9H]xanthen]-3-one, 2′,4′,5′,7′-Tetrabromo-3′,6′-dihydroxy-, Aluminum Salt（3：2）；C.I. Pigment Red 90 Aluminum Salt；12299 Pink；2′,4′,5′,7′-Tetrabromofluorescein Aluminum Salt；Ariabel Geranium 300506；D&C Red No. 21 Aluminum Lake；Japan Red 230 Aluminum Lake；Pigment Red 90：1

【登记号】 CAS［15876-39-8］；C.I.45380：3

【结构式】

$$\left[\text{结构式} \right] \cdot 2/3\,Al^{3+}$$

【分子式】 $C_{20}H_6O_5Br_4 \cdot 2/3Al$

【分子量】 665.87

【性质】 红色粉末。

【制法】 将 150kg 荧光黄溶于 400kg 85% 乙醇中，再加入 25kg 密度为 1.16kg/m³ 的盐酸，在温度低于 45℃ 和搅拌下，于 1h 内加入 131kg 溴素。再在 1.5h 内加入

35kg 氯酸钠在 70L 水的溶液，冷却至 30℃，过滤，水洗。向生成的母体染料（弱酸性红 A）中加入氢氧化钠至全溶解，加入微过量的氢氧化铝，搅拌反应至沉淀完全，过滤，水洗得产品。

【用途】 可用于化妆品中。

Fa006　C.I.颜料红 169

【英文名】 C.I.Pigment Red 169；Benzoic Acid, 2-[6-(Ethylamino)-3-(ethylimino)-2,7-dimethyl-3H-xanthen-9-yl]-, Ethyl Ester, Copper-iron Complex

【登记号】 CAS［12237-63-7］；C.I.45160：2

【别名】 颜料红 W；Basoflex Pink 4810；Fanal Pink 4810；Fanal Pink BKF；Irgalite Pink FB；Pigment Red 169

【结构式】

Cl⁻·亚铁氰化铜化合物

【性质】 艳蓝光红色。pH 值 7.0～8.0，相对密度 1.6，吸油量（mL/100g）45～55，耐光性 4 级，耐热性 120℃，耐水性 3 级，耐油性 3 级，耐酸性 3 级，耐碱性 3 级。

【用途】 主要用于水性墨，也可用于胶印墨，也可用于纸张的着色。

【生产单位】 杭州红妍颜料化工有限公

司，石家庄市力友化工有限公司。

Fa007　C.I.颜料红 172

【英文名】　C.I. Pigment Red 172；Spiro [isobenzofuran-1(3H)，9′-[9H]xanthen]-3-one，3′，6′-Dihydroxy-2′，4′，5′，7′-tetraiodo-，Aluminum Salt (3∶2)；C.I. Acid Red 51∶1；C.I. Food Red 14∶1；11150 Dispersed Pink；Acid Red 51∶1；Ariabel Rose 300504；Certolake Erythrosine；Food Red 14∶1；Food Red No. 3 Aluminum Lake；Japan Food Red No. 3 Aluminum Lake；Japan Red 3 Aluminum Lake；Pigment Red 172

【登记号】　CAS [12227-78-0]；C.I.45430∶1

【结构式】

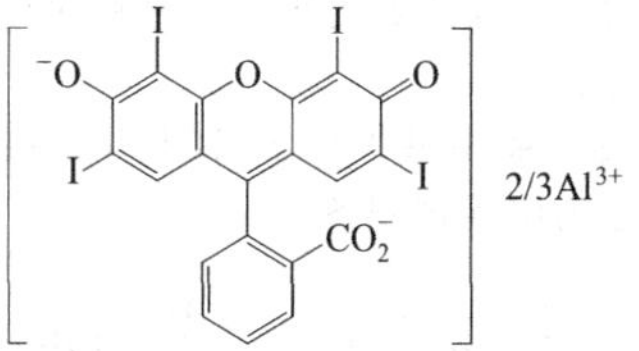

【分子式】　$C_{20}H_6O_5I_4 \cdot 2/3Al$

【分子量】　853.87

【性质】　红色粉末。

【制法】　将荧光黄悬浮于水，用碘碘化得到四碘荧光黄，再用氢氧化铝沉淀得到。

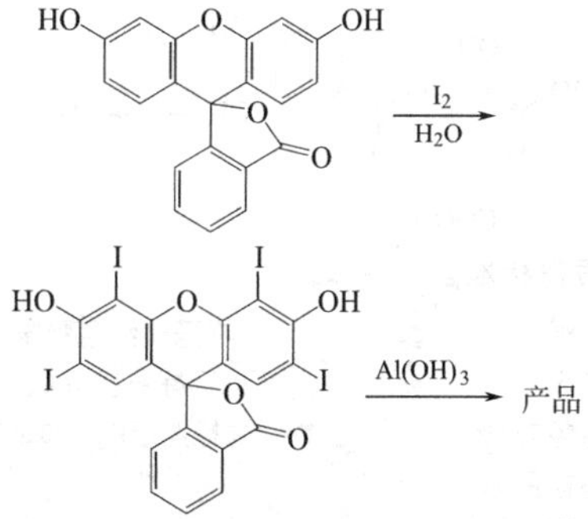

【用途】　可用于化妆品中。

Fa008　C.I.颜料红 174

【英文名】　C.I. Pigment Red 174；Spiro [isobenzofuran-1(3H)，9′-[9H]xanthen]-3-one，2′，4′，5′，7′-tetrabromo-4，5，6，7-tetrachloro-3′，6′-dihydroxy-，Aluminum Salt (3∶2)；D and C Red 27 Aluminum Lake；D and C Red 28 Aluminum Lake；D&C Red 27 Al Lake；D&C Red No. 27 Aluminum Lake；D&C Red No. 28 Aluminum Lake；Japan Red 104 Aluminum Lake；Pigment Red 174

【登记号】　CAS [15876-58-1]；C.I.45410∶2

【结构式】

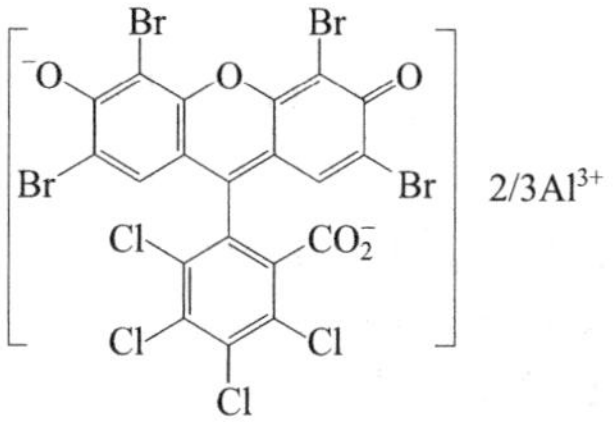

【分子式】　$C_{20}H_2O_5Cl_4Br_4 \cdot 2/3Al$

【分子量】　803.65

【性质】　红色粉末。

【制法】　四氯邻苯二甲酸酐和间苯二酚缩合，得到四氯荧光黄，再用溴进行溴化，氢氧化铝沉淀得到产品。

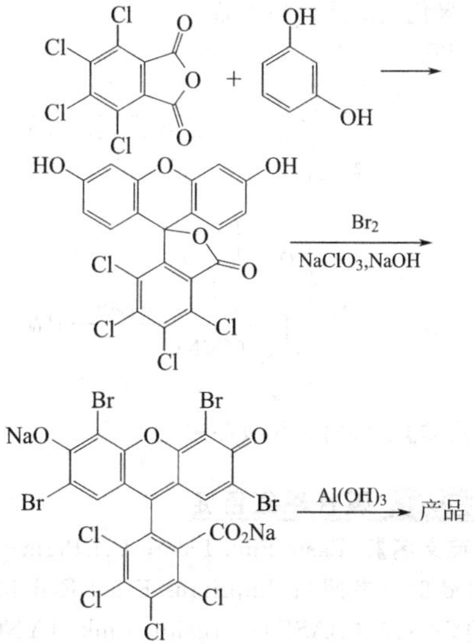

【用途】　可用于化妆品中。

Fa009　C.I.颜料红191

【英文名】　C. I. Pigment Red 191；Spiro［isobenzofuran-1(3H),9'-[9H]xanthen]-3-one, 3',6'-Dihydroxy-4',5'-diiodo-, Aluminum Salt(3：2)；Pigment Red 191

【登记号】　CAS［85068-75-3］；C.I.45425：2

【结构式】

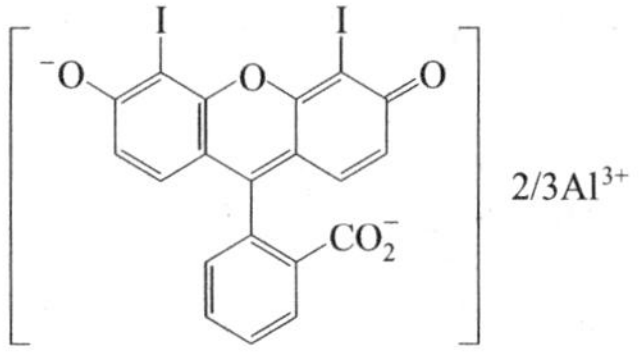

$$2/3Al^{3+}$$

【分子式】　$C_{20}H_8O_5I_2 \cdot 2/3Al$

【分子量】　602.08

【性质】　红色粉末。

【制法】　将 33.2g 荧光黄加到 100mL 95％乙醇中，加入 25.4g 碘，加热回流至荧光黄全溶。冷却，加入 4.5g 氯酸钾、4.5g 硫酸铜在 15mL 水中的溶液，再加热回流 2h。加入 2L 水，过滤，得 4,5-二碘荧光黄。将其溶于氢氧化钠水溶液，用氢氧化铝沉淀得到产品。

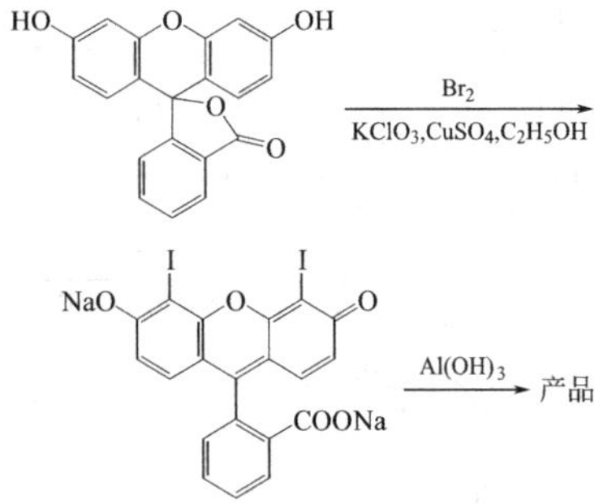

【用途】　可用于化妆品中。

Fa010　碱性桃红色淀

【英文名】　Basic Pink Lake；C.I.Pigment Red 81（参照）；Imprimus Fanal Red 46-QV-2346（BASF）；Irgalite Pink TYNC

（CGY）

【结构式】

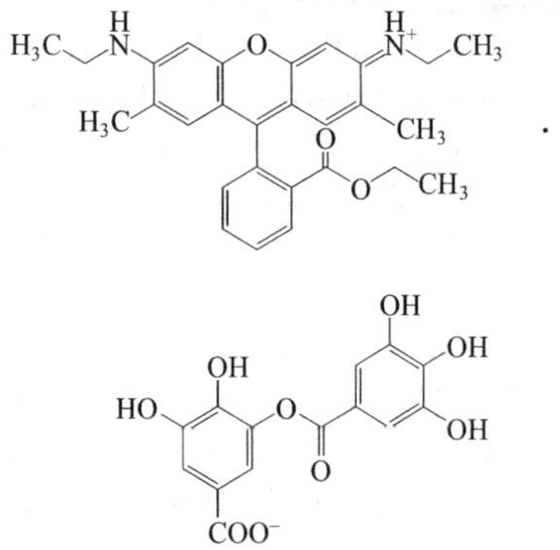

【分子式】　$C_{28}H_{31}N_2O_3 + C_{14}H_9O_9$

【分子量】　764.79

【性质】　艳蓝光红色粉末，耐晒性和耐热性较好。

【制法】　采用碱性红 6GDN 为原料，以单宁酸为沉淀剂制备。

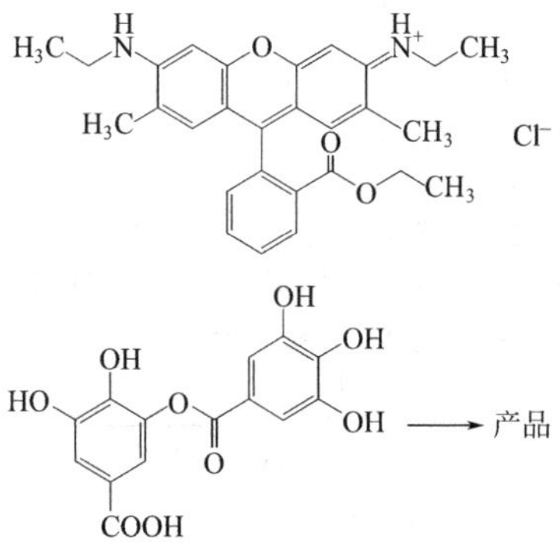

【质量标准】

外观	艳蓝光红色粉末
色光	与标准品近似
着色力/%	为标准品的 100±5
指标名称	指标
耐晒性/级	5
耐热性/℃	120
耐酸性/级	2～3
耐碱性/级	5

【消耗定额】

原料名称	单耗/(kg/t)
碱性红 6GDN	57
单宁酸	370

【安全性】　30kg 硬纸板桶或铁桶包装，内衬塑料袋。

【用途】　主要用于油墨和文教用品的着色。

【生产单位】　杭州红妍颜料化工有限公司，上海染化十二厂。

Fa011　**耐晒淡红色淀**

【英文名】　Light Fast Pink Lake

【别名】　C. I. Pigment Red 81（参照）；2501 耐晒淡红色淀；2501 淡红色淀；3528 耐晒淡红色淀；1004 桃红色原；耐晒纯桃红；Shangdament Fast Pink Lake 6G 3285（SHD）

【结构式】

$$\left[\begin{array}{c}\text{H}_3\text{C}\end{array}\right]_4$$

· $[\text{H}_3\text{P}(\text{W}_2\text{O}_7)_x \cdot (\text{Mo}_2\text{O}_7)_{6-x}]^{4-} + \text{Al(OH)}_3 + \text{BaSO}_4$

【性质】　红色粉末。色泽鲜艳，着色力强。能溶于水（呈绿光荧光大红色）和乙醇（为黄光荧光红色），遇浓硫酸为黄色，稀释后呈红色。其水溶液遇氢氧化钠为红色沉淀。耐晒牢度好，耐热性中等。

【制法】　称取硫酸铝 274kg 溶于水中，制成 3600L 的溶液，并在其中加入 115kg 纯碱配成的溶液并搅拌，终点 pH 值为6.4～6.7。将 53kg 氯化钡首先溶于 40℃1000L 水中，然后加入上述氢氧化铝悬浮液中，终点 pH 值为 6.4 左右，过滤，滤饼以水调浆备用。

在 3500L 的 90℃ 水中加入醋酸 95kg并称 100% 碱性桃红 6GND76.3kg 溶入，

放入氢氧化铝与硫酸钡的浆液中，温度70℃，先加入 80% 的杂多元酸，然后控制升温到 90℃，保持 5～10min，降温至70℃补加余下的杂多元酸。至终点后降温至 65℃ 下压滤漂洗，烘干。

$$\xrightarrow[\text{Al(OH)}_3,\text{BaSO}_4]{\text{PTMA}} \text{产品}$$

【质量标准】　HG 15-1122—88

外观	红色粉末
色光	与标准品近似
着色力/%	为标准品的 100±5
吸油量/%	53±5
水分含量/%	≤5.5
挥发物含量/%	≤5.5
细度（通过 80 目筛后残余物含量）/%	≤5
耐晒性/级	5
耐热性/℃	100
耐酸性/级	5
耐碱性/级	3
乙醇渗性/级	2
石蜡渗性/级	5
油渗性/级	4
水渗性/级	3

【消耗定额】

原料名称	单耗/(kg/t)
碱性红（6GDN）	240
氯化钡	173
硫酸铝	900
钙酸钠	362
钼酸钠	96.4

【安全性】　30kg 硬纸板桶、纤维板桶或铁桶包装，内衬塑料袋。

【用途】　主要用于油墨、文教用品、油画颜料和室内涂料等的着色。

【生产单位】　杭州红妍颜料化工有限公司，浙江杭州颜化厂，浙江萧山颜化厂，浙江萧山前进颜化厂，上海染化十二厂，上海华亭化工厂，山东龙口太行颜化有限公司，天津油墨厂。

Fa012　耐晒桃红色淀

【英文名】　Light Fast Pink Lake

【别名】　2503 耐晒桃红色淀；2503 桃红色淀；3288 耐晒桃红色淀

【结构式】

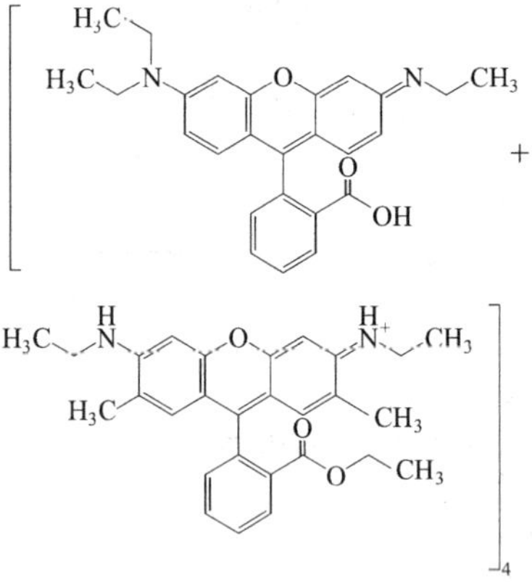

$$\cdot [H_3P(W_2O_7)_x \cdot (Mo_2O_7)_{6-x}]^{4-} + Al(OH)_3 + BaSO_4$$

【性质】　红色粉末。色光鲜艳，着色力强。溶于水呈绿色荧光大红色，溶于乙醇呈绿光荧光红色。遇浓硫酸为黄色，稀释后呈红色，其水溶液遇氢氧化钠为红色沉淀。

【制法】　以碱性桃红 6GDN 和碱性玫瑰精为原料，经杂多元酸沉淀于铝钡白制备，它与耐晒玫瑰红色淀不同之处在于两基础染料比例不同。

将 274kg 工业结晶硫酸铝溶解于 80℃水中，并调整体积至 3600L，配制 120.5kg 纯碱溶液，并于 1h 左右加入上述溶液中搅拌 10min，制备 59kg 氯化钡溶液 1000L，加入上述氢氧化铝悬浮液中，反应后压滤，滤饼用水调浆备用。

分别称取结晶钨酸钠、结晶钼酸钠、结晶磷酸氢钠 112kg、31kg 及 16kg，并配成溶液制备杂多酸。

在 3500L 水中加入醋酸 23.6kg，100% 的碱性桃红 6GDN 63.2kg 以及 100% 碱性玫瑰精 12.4kg 溶解，并放入铝钡白的浆液中，温度控制 65～75℃，加入杂多元酸，然后升温至 90℃，保持 5～10min。之后降温，降温至 65℃以下，压滤，漂洗于 60～70℃干燥，粉碎即得成品。

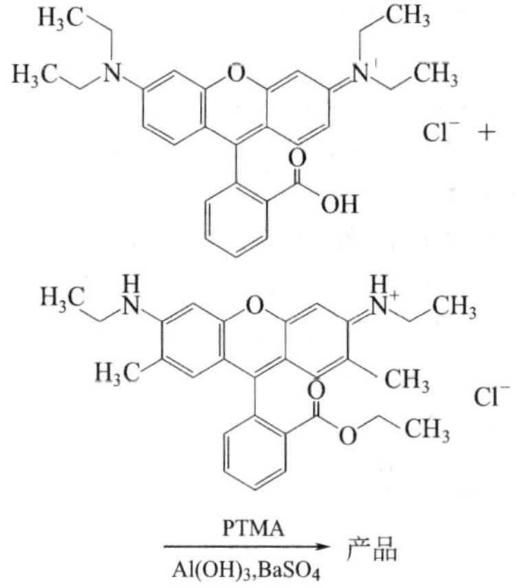

【质量标准】　HG 15-1123—88

外观	桃红色粉末
色光	与标准品近似
着色力/%	为标准品的 100±5
吸油量/%	55±5
水分含量/%	≤5.5
指标名称	指标
挥发物含量/%	≤5
细度（通过 80 目筛后残余物含量）/%	≤5
耐晒性/级	5
耐热性/℃	100
耐酸性/级	4～5
耐碱性/级	3
乙醇渗性/级	2～3
石蜡渗性/级	5
油渗性/级	3～4
水渗性/级	3～4

【消耗定额】

原料名称	单耗/(kg/t)
碱性红 6GDN(100%)	213
碱性玫瑰精(100%)	42

【安全性】　30kg 硬纸板桶、纤维板桶或铁桶包装，内衬塑料袋。

【用途】　主要用于油墨、文教用品、油画和水彩颜料、室内涂料等的着色。

【生产单位】　上海染化十二厂，上海华亭化工厂，天津油墨股份有限公司，浙江萧山颜化厂，浙江杭州颜化厂，浙江萧山前进颜料化工厂。

Fa013　耐晒玫瑰红色淀

【英文名】　Light Fast Rose Red Lake

【别名】　玫瑰色淀；2502 或 3307 耐晒玫瑰红色淀；2502 玫瑰红色淀；1500 耐晒玫瑰红色淀；1502 耐晒玫瑰色淀；1003 玫瑰色原；3293 耐晒玫瑰色淀

【结构式】

· $[H_3P(W_2O_7)_x \cdot (Mo_2O_7)_{6-x}]^{4-} + Al(OH)_3 + BaSO_4$

【性质】　紫红色粉末。色泽鲜艳，耐晒性和耐热性较好。

【制法】　以碱性桃红 6GDN 和碱性玫瑰精为原料，经杂多元酸沉淀于铝钡白制备。

称取工业结晶硫酸铝 424kg，溶解于水制成 3600L 溶液。将 95% 的纯碱 189kg

溶解于水中，并于 1h 左右加入上述溶液中，加完搅拌 10min。

采用前述方法制备磷钨钼酸备用。

在反应釜中放入 4000L 水，并加热至 90℃，加入醋酸 28kg、桃红 6GDN 17.7kg、碱性玫瑰精 64.4kg 溶解，并放入铝钡白浆液中，此时温度 70℃，先加入 80% 杂多元酸，然后升温至 90℃，保温后降温至 70℃，再补加余下的 80% 之杂多元酸，并控制反应终点。降温至 65℃，压滤，漂洗 60~70℃干燥。

【质量标准】

外观	紫红色粉末
色光	与标准品近似
着色力/%	为标准品的 100±5
吸油量/%	50±5
水分含量/%	≤5
细度(通过 80 目筛后残余物含量)/%	≤5
耐晒性/级	5~6
耐热性/℃	120
耐酸性/级	1
耐碱性/级	3
乙醇渗性/级	4
石蜡渗性/级	1
油渗性/级	4~5
水渗性/级	3~4

【消耗定额】

原料名称	单耗/(kg/t)
碱性桃红 6GDN(100%)	56
95%纯碱	460
碱性玫瑰精(100%)	160
98%氯化钡	220

【安全性】 纤维板桶或铁桶包装，内衬塑料袋。

【用途】 主要用于涂料、油墨、水彩和油彩颜料、彩色粉笔等。

【生产单位】 上海染化十二厂，上海华亭化工厂，天津光明颜料厂，天津东湖化工厂，浙江萧山颜化厂，浙江杭州颜化厂。

Fa014　C.I.颜料紫 2

【英文名】 C.I.Pigment Violet 2；Xanthylium, 3, 6-Bis（diethylamino）-9-[2-（ethoxycarbonyl）phenyl]-, Molybdatetungstatephosphate；Brillfast Vivid Magenta 6B；Conc. Red 6B；Fanal Red 6B Supra；Fanal Violet D 5460；Fastel Red 6B Supra；Irgalite Magenta MBB；Irgalite Magenta TCB；Lake Basic Red 4S；Recolite Magenta 6BTS；Syton Red 6B

【登记号】 CAS〔1326-04-1〕；C.I.45175 Lake；C.I.45175∶1

【结构式】

$\cdot [H_3P(W_2O_7)_x\cdot(Mo_2O_7)_{6-x}]^{4-}$

【性质】 艳红光紫色。易分散，透明的。pH值 7.0～8.0，相对密度 1.6，吸油量（mL/100g）45～55，耐光性 4 级，耐热性120℃，耐水性 3 级，耐油性 3 级，耐酸性 3 级，耐碱性 3 级。

【制法】 以 Rhodamine 3B 为原料，用磷钨钼酸（PTMA）沉淀得到。

【用途】 用于水性墨水和涂料。

【生产单位】 杭州联合颜料公司，杭州红妍颜料化工有限公司。

Fa015　3262 耐晒玫瑰红色原

【英文名】 3262 Light Fast Rose Toner；C.I.Pigment Violet 1（参照）；Basic Rhodamine BG Lake（CNC）；Fanal Violet D 5480（BASF）；Shangdament Fast Rose Lake PTMA 3293（SHD）；Shangdament Fast Rose Toner PTMA 3263（SHD）；Symulex Rhodamine B Toner F（DIC）

【结构式】

$\cdot [H_3P(W_2O_7)_x\cdot(Mo_2O_7)_{6-x}]^{4-}$

【性质】 紫红色粉末。色泽鲜艳，耐热性较好，耐碱性差。

【制法】 以碱性红 6GDN 和碱性玫瑰精为原料，用磷钨钼酸沉淀得到。

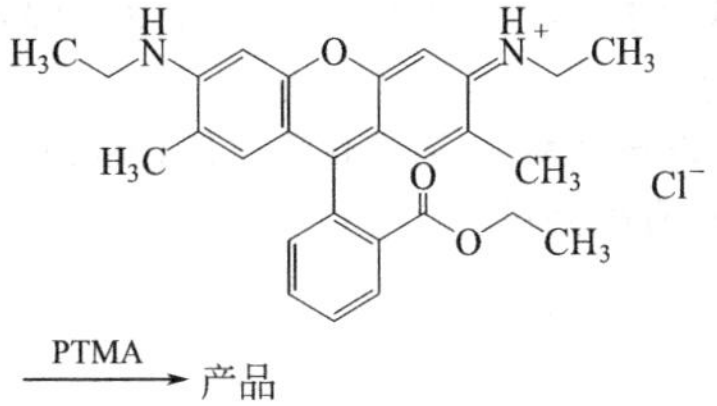

$$\xrightarrow{\text{PTMA}} 产品$$

【质量标准】 HG 15-1145—86

外观	紫红色粉末
色光	与标准品近似
着色力/%	为标准品的 100±5
吸油量/%	50±5
挥发物含量/%	≤2.5
水溶物含量/%	≤2
细度(通过 80 目筛后残余物含量)/%	≤5
耐晒性/级	4
耐热性/℃	120
耐酸性/级	4
耐碱性/级	1
乙醇渗性/级	1
石蜡渗性/级	5
油渗性/级	1
水渗性/级	2

【消耗定额】

原料名称	单耗/(kg/t)
碱性红 6GDN(100%)	99
碱性玫瑰精(100%)	380

【安全性】 25kg 硬纸板桶、纤维板桶或铁桶包装，内衬塑料袋。

【用途】 主要用于油墨和文教用品的着色。

【生产单位】 石家庄市力友化工有限公司，上海染化十二厂，浙江萧山颜料化工厂，原上海油墨股份有限公司，上海嘉定华亭化工厂，天津染化八厂，天津油墨厂，浙江杭州力禾颜料有限公司，甘肃甘谷油墨厂。

Fa016 502 碱性玫瑰色淀

【英文名】 502 Basic Rose Lake; C. I.

Pigment Violet 1 (参照)；Symulex Rhodamine B Toner F(DIC)

【结构式】

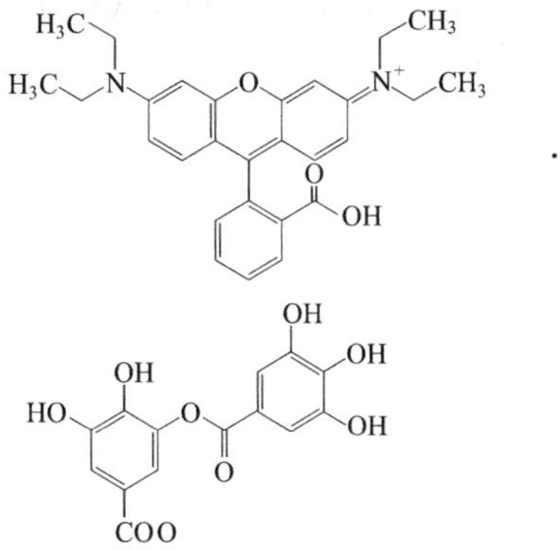

【性质】 艳红光紫色粉末。耐晒性、耐热性和耐酸性较好。

【制法】 采用碱性玫瑰精为原料，以单宁酸为沉淀剂制备。

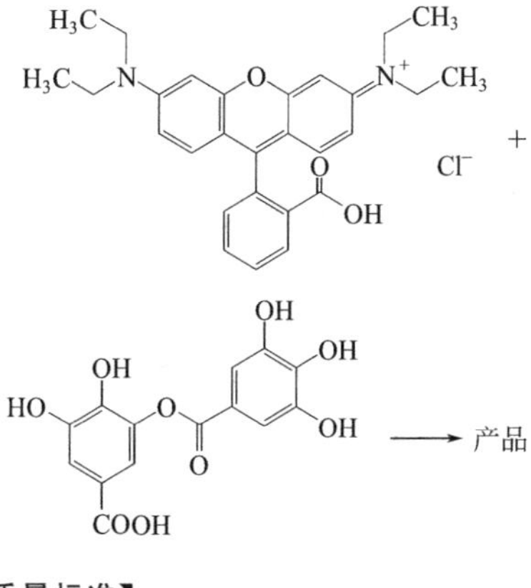

【质量标准】

外观	艳红光紫色
色光	与标准品近似
着色力/%	为标准品的 100±5
耐晒性/级	6～7
耐热性/℃	120
耐酸性/级	4～5
耐碱性/级	2

【消耗定额】

原料名称	单耗/(kg/t)
碱性玫瑰精	165kg/t

【安全性】 20kg 纤维板桶或铁桶包装，内衬塑料袋。

【用途】 主要用于油墨和文教用品的着色。

【生产单位】 上海染化十二厂，杭州力禾颜料有限公司。

Fb　三芳甲烷类及其色淀颜料

Fb001　耐晒射光青莲色淀

【英文名】　Light Fast Reflex Violet Lake

【登记号】　CAS [1325-82-2]；C. I. 42535：2

【别名】　C. I. 颜料紫 3；耐晒射光青莲；耐晒碱性射光青莲；6250 耐晒青莲色原 R；3501 射光青莲色淀；Iigalite Paper Violet M；Iigalite Paper Violet MNC；Shangdament Fast Violet Toner R3250

【分子量】　6850～7819

【结构式】

$$\left[(H_3C)_2N-C_6H_4-\overset{\oplus}{C}=C_6H_4=\overset{\oplus}{N}(CH_3)_2 \ \big| \ NHCH_3 \right]_4 \quad [H_3P(W_2O_7)_x \cdot (Mo_2O_7)_{6-x}]^{4\ominus} \cdot Al(OH)_3 / BaSO_4$$

【质量标准】　（HG 15-1132）

外观	深紫色粉末
色光	与标准品近似
着色力/%	为标准品的 100±5
水分含量/%	≤3
吸油量/%	50±5
水溶物含量/%	≤1.5
耐热性(微红)/℃	120
耐酸性/级	5
耐碱性/级	4
水渗透性/级	4
石蜡渗透性/级	5
油渗透性/级	4
细度(过 80 目筛残余量)/%	≤5

【性质】　本品为深紫色粉末。颜色鲜艳，着色力高，刮涂于纸上，闪射铜光，持久不褪色，加于黑油墨中可提高其黑度，无水渗性和油渗性。相对密度 2.15～2.30。吸油量 41～77g/100g。

【制法】

1. 生产原理

碱性紫 5BN 与杂多酸作用形成色淀。

$$2x Na_2WO_4 + 2(6-x) Na_2 MoO_4 + Na_2 HPO_4 + 26HCl \longrightarrow$$
$$H_7 P(W_2 O_7)_x \cdot (Mo_2 O_7)_{6-x} + 26NaCl + 10H_2 O(0 < x < 6)$$

$$(H_3C)_2N-C_6H_4 \ \big| \ NHCH_3-C_6H_4 \ \big| \ C \ \big| \ C_6H_4=\overset{\oplus}{N}(CH_3)_2 Cl^{\ominus} \quad + \ H_7 P(W_2 O_7)_x \cdot (Mo_2 O_7)_{6-x} \longrightarrow$$

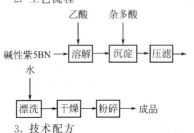

2. 工艺流程

乙酸　　杂多酸

碱性紫5BN → 溶解 → 沉淀 → 压滤

水

漂洗 → 干燥 → 粉碎 → 成品

3. 技术配方

碱性紫 5BN(100％)	571
冰醋酸	130
钨酸钠(工业品)	125
钼酸钠(工业品)	925
磷酸氢二钠(工业品)	170
盐酸(31％)	645

4. 生产工艺

（1）工艺一　将 100％钨酸钠（$Na_2WO_4 \cdot 2H_2O$）、100％钼酸钠（$Na_2MoO_4 \cdot 2H_2O$）、100％磷酸氢二钠（$Na_2HPO_4 \cdot 12H_2O$）在 70℃热水中溶解，加入 30％盐酸调至 pH 值 2～2.5，继续搅拌 15min。

将 100％碱性紫 5BN 染料溶于 90℃水中，加冷水调整温度 70℃，将杂多酸用量的 90％加入染料溶液中，时间 10～15min，然后升温至 90℃，5min 后加冷水立即降温至 70℃，加余下的沉淀剂搅拌 10min，终点检验以碱性嫩黄 O 染料溶液检验滤液有黄色沉淀出现，表示杂多酸已过量，如不足应补加杂多酸，加冷水降温至 60℃以下，防止色光转蓝和着色力下降，压滤，漂洗，漂洗终点以 1％硝酸银溶液检验。于 60～70℃干燥，粉碎得耐晒射光青莲色淀。

（2）工艺二　将 50kg 碳酸钠、108kg

氯化钡、102kg 硫酸铝以 40℃水溶解，合成铝钡白，过滤，水洗。

将 9kg 磷酸氢二钠、72.4kg 钨酸钠、7kg 钼酸钠以 60℃热水溶解，然后加入 52.3kg 盐酸，pH 值为 2～2.5，制备成杂多酸。

将 38kg 碱性紫 5BN 用 90℃水溶解，降温至 60℃，加至上述制得的铝钡白中，搅拌下再加入制备好的杂多酸，生成色淀，升温至 95℃，过滤，水洗，70℃下干燥，粉碎得耐晒射光青莲色淀。

（3）工艺三　将 5500L 水及 10 kg 冰醋酸加入反应锅中，加入 55kg 碱性紫 5BN，于 95℃下溶解，将 900L 水升温至 90℃，依次加入 87kg 钨酸钠、1.6kg 钼酸钠、8.8kg 磷酸氢二钠，搅拌溶解，用 75kg 30％盐酸进行酸化，使 pH 值为 1，制备出杂多酸 PTMA。

在充分搅拌下将杂多酸加至上述染料溶液中，搅拌形成色淀。过滤，水洗，于 60～65℃下干燥，得 50kg 耐晒射光青莲色淀。

【用途】　主要用于油墨和文教用品的着色。

【生产单位】　杭州萧山前进化工有限公司，上海捷虹颜料化工集团有限公司，上海雅联颜料化工有限公司，镇江市金阳颜料化工有限公司，上海染化一厂。

Fb002　耐晒青莲色淀

【英文名】　Light Rsistant Violet Lake

【登记号】　CAS [1325-82-2]；C. I. 42535∶2

【别名】　6240 耐晒青莲色淀；2308 耐晒青莲色淀（Light Fast Violet Lake, Irgalite Paper Violet m）

【结构式】

$$\left[\begin{array}{c}\text{H}_2\text{N}-\underset{\overset{}{\text{CH}_3}}{\bigcirc}-\text{C}=\bigcirc-\text{NH}_2^+(\text{H}_3\text{C})_2\text{N}-\underset{\overset{}{\text{CH}_3}}{\bigcirc}-\text{C}=\bigcirc-\text{NHCH}_3\\ \underset{\text{NH}_2}{\bigcirc}\qquad\underset{\text{N}^{\oplus}(\text{CH}_3)_2}{\bigcirc}\end{array}\right]_2[\text{H}_3\text{P}(\text{W}_2\text{O}_7)_x\cdot(\text{Mo}_2\text{O}_7)_{6-x}]^{4\ominus}$$

【性质】 本品为深紫色粉末。不溶于水。耐晒、耐热性能良好。

【制法】

1. 生产原理

$$\text{H}_2\text{N}-\underset{\overset{}{\text{CH}_3}}{\bigcirc}-\text{C}=\bigcirc-\text{NH}_2 + (\text{H}_3\text{C})_2\text{N}-\underset{\overset{}{\text{CH}_3}}{\bigcirc}-\text{C}=\bigcirc-\text{NHCH}_3$$

$$\underset{\overset{\oplus}{\text{NH}_2}\text{Cl}^{\ominus}}{\qquad}\qquad\underset{\overset{\oplus}{\text{N}}(\text{CH}_3)_2\text{Cl}^{\ominus}}{\qquad}$$

$$+ \ \text{H}_7\text{P}(\text{W}_2\text{O}_7)_x\cdot(\text{Mo}_2\text{O}_7)_{6-x}\longrightarrow$$

$$\left[\begin{array}{c}\text{H}_2\text{N}-\underset{\overset{}{\text{CH}_3}}{\bigcirc}-\text{C}=\bigcirc-\text{NH}_2^+(\text{H}_3\text{C})_2\text{N}-\underset{\overset{}{\text{CH}_3}}{\bigcirc}-\text{C}=\bigcirc-\text{NHCH}_3\\ \underset{\overset{\oplus}{\text{NH}_2}}{\bigcirc}\qquad\underset{\text{N}^{\oplus}(\text{CH}_3)_2}{\bigcirc}\end{array}\right]_2[\text{H}_3\text{P}(\text{W}_2\text{O}_7)_x\cdot(\text{Mo}_2\text{O}_7)_{6-x}]^{4\ominus}$$

碱性品红、碱性紫 5BN 在氢氧化铝和硫酸钡浆液中与杂多酸反应,得到耐晒青莲色淀。

2. 工艺流程

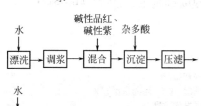

3. 技术配方

硫酸铝(精制品)	680kg/t
碳酸钠(98%)	296kg/t
氯化钡(工业品)	548kg/t
磷酸氢二钠(工业品)	32kg/t
盐酸(30%)	200kg/t
碱性品红(100%)	9kg/t
碱性紫 5BN(100%)	142kg/t
钨酸钠(工业品)	278kg/t
钼酸钠(工业品)	27kg/t

4. 生产设备

溶解锅,混合锅,压滤机,漂洗锅,沉淀锅,干燥箱。

5. 生产工艺

在溶解锅中加入一定量的水，然后加入硫酸铝，使其在 85℃ 溶解，制得硫酸铝溶液。将碳酸钠加入一定量的水，在 45℃ 使其溶解，将此溶液加入硫酸铝溶液中，经搅拌混合均匀。溶液 pH 值为 6.5 左右，得氢氧化铝。将工业氯化钡加入适量的水，于 45℃ 使其溶解，将此溶液加入氢氧化铝溶液中，溶液 pH 值为 6.5 左右，料液经过滤、漂洗，滤饼用水调成浆液即制得氢氧化铝和硫酸钡浆液，备用。将钨酸钠、钼酸钠、磷酸氢二钠加入已盛有水的溶解锅中，于 75℃ 溶解，加入 30% 盐酸后使溶液 pH 值为 2.0 左右，制得杂多酸溶液。然后在沉淀锅中加入一定量的水，在搅拌下加入碱性品红染料、碱性紫 5BN 染料，在 90℃ 下溶解，将此溶液加入氢氧化铝和硫酸钡浆液中，经混合均匀后再加入杂多酸溶液总量的 90%，于 90℃ 左右混合均匀后，降温至 65℃ 加完余下的杂多酸，混合均匀，料液经压滤、漂洗，滤饼于 65℃ 下干燥，最后经粉碎得到耐晒青莲色淀。

【质量标准】 （沪 Q1HG 14-209）

外观	深紫色粉末
水分含量/%	≤3
吸油量/%	30.0～40.0
细度(过 60 目筛余量)/%	≤5.0
着色力/%	为标准品的 100±5

$$[(C_2H_5)_2N-C_6H_4-C(=C_6H_4=N^{\oplus}(C_2H_5)_2)-C_{10}H_6-NHC_2H_5]_4$$

【分子量】 7570～8538

【质量标准】 （HG 15-157）

外观	蓝色粉末
水分含量/%	≤4

色光	与标准品近似
耐晒性/级	6
耐热性/℃	120
耐酸性/级	5
耐碱性/级	3～4
水渗透性/级	5
油渗透性/级	4
石蜡渗透性/级	5

【用途】 用于制造胶印油墨、凹印油墨、印铁油墨和室内涂料着色也用于水彩、油彩颜料和各种文教用品着色。

【生产单位】 天津市东鹏工贸有限公司，天津东湖化工厂，天津染化六厂，上海染化十二厂，上海华亭化工厂，杭州红妍颜料化工有限公司，杭州颜化厂，浙江萧山前进颜料厂。

Fb003 碱性品蓝色淀

【英文名】 Basic Royal Blue Lake

【登记号】 CAS [1325-87-7]；欧共体登记号：215-410-7；C. I. 42595：2

【别名】 C. I. 颜料蓝 1；4234、3402 耐晒品蓝色淀；3402 品蓝色淀；2398 碱性品蓝色淀；Enceprint Blue 6390；Enceprint C Blue 6390；Fanal Blue D 6340；Fanal Blue D 6390；Irgalite Blue TNC；Shangdament Blue PTMA

【结构式】

$$[H_3P(W_2O_7)_x \cdot (Mo_2O_7)_{6-x}]^{4\ominus} \cdot Al(OH)_3 \cdot BaSO_4$$

吸油量/%	40～50
细度(过 80 目筛余量)/%	≤5
挥发物含量/%	≤4
耐晒性/级	3

耐热性/℃	140
耐酸性/级	3
耐碱性/级	4
耐水渗透性/级	4～5
耐石蜡渗透性/级	5
耐油渗透性/级	3

【性质】 本品为纯蓝色粉末。微溶于冷水，能溶于水呈蓝色，易溶于乙醇为蓝色，不溶于石蜡。在浓硫酸中呈棕光黄

色，在稀硫酸中为红光黄色。其水溶液遇氢氧化钠为红棕色。色泽鲜艳，着色力强。

【制法】

1. 生产原理

碱性紫 5BN 和碱性艳蓝 BO 与铝钡白混合，然后与杂多酸发生色淀化，经后处理得碱性品蓝色淀。

$$Al_2(SO_4)_3 + Na_2CO_3 + H_2O \longrightarrow Al(OH)_3 \downarrow + CO_2 \uparrow + Na_2SO_4$$

$$BaCl_2 + Na_2SO_4 \longrightarrow BaSO_4 \downarrow + NaCl$$

$$2xNa_2WO_4 + 2(6-x)Na_2MoO_4 + Na_2HPO_4 + 26HCl \longrightarrow$$

$$H_7P(W_2O_7)_x \cdot (Mo_2O_7)_{6-x} + 26NaCl + 10H_2O(6>x>0)$$

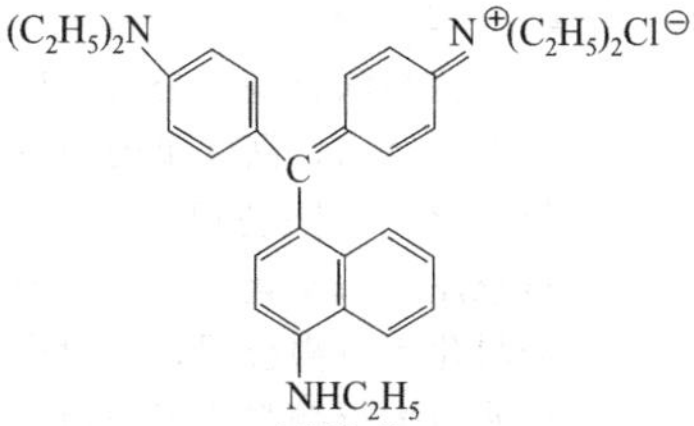

碱性艳蓝BO

$$+ \ H_7P(W_2O_7)_x \cdot (Mo_2O_7)_{6-x} \longrightarrow$$

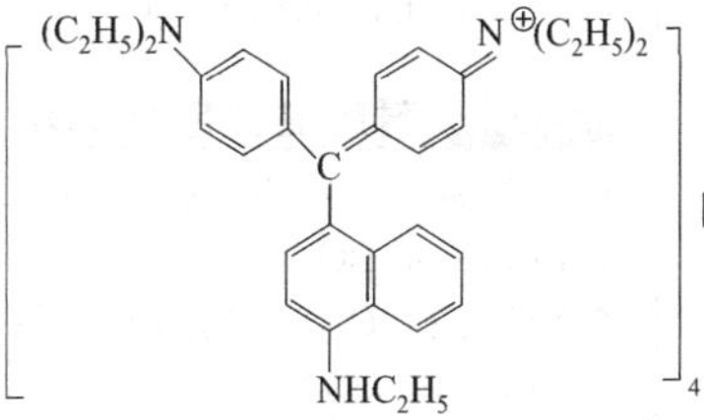

$$[H_3P(W_2O_7)_x \cdot (Mo_2O_7)_{6-x}]^{4\ominus}$$

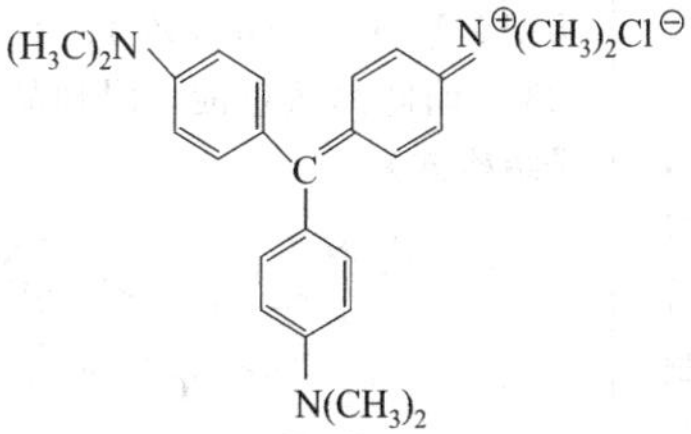

碱性紫5BN

$$+ \ H_7P(W_2O_7)_x \cdot (Mo_2O_7)_{6-x} \longrightarrow$$

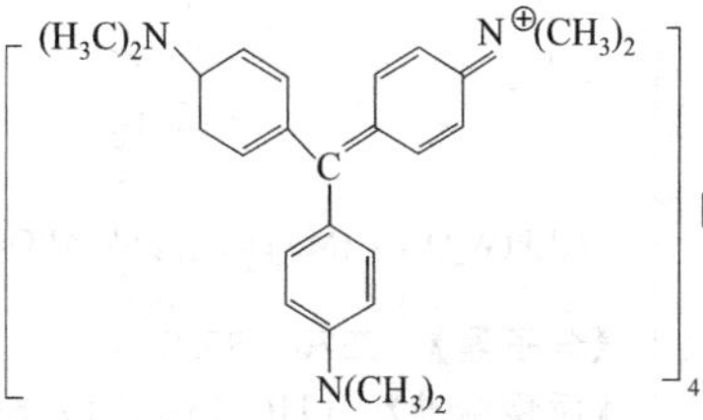

$$[H_3P(W_2O_7)_x \cdot (Mo_2O_7)_{6-x}]^{4\ominus}$$

2. 工艺流程

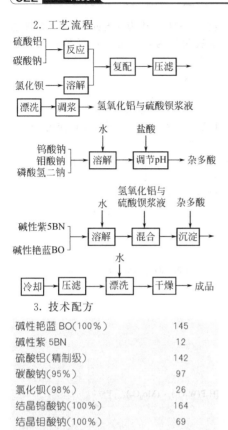

3. 技术配方

碱性艳蓝 BO(100%)	145
碱性紫 5BN	12
硫酸铝(精制级)	142
碳酸钠(95%)	97
氯化钡(98%)	26
结晶钨酸钠(100%)	164
结晶钼酸钠(100%)	69
结晶磷酸氢二钠(100%)	72
盐酸(30%)	675

4. 生产工艺

在溶解锅中,加入水,加热至 85 ℃,加入工业硫酸铝,溶解,制得硫酸铝溶液。将 95%碳酸钠于 45℃热水中溶解后分批加入上述制备好的硫酸铝溶液中,制得氢氧化铝悬浮液,此时溶液 pH 值为 6.6 左右。将 98%氯化钡溶于 45℃热水中,加入上述制备好的氢氧化铝悬浮液,使溶液 pH 值为 6.6 左右,料液经压滤,水漂洗,滤饼用水调成浆,制得氢氧化铝与硫酸钡浆液。将结晶钨酸钠、结晶钼酸钠及结晶磷酸氢二钠溶于 75℃热水中,加入 30%盐酸使溶液 pH 值为 3 左右,制

得杂多酸。

在色淀化反应锅中加入水,加热至 95℃,将碱性艳蓝 BO 和碱性紫 5BN 加入 95℃热水中,搅拌溶解后,加入上述制备好的氢氧化铝与硫酸钡浆液中,在 98℃下将上述制备好的杂多酸溶液分批加入进行沉淀反应,控制加料时间为 15min 左右,加料完毕,搅拌混合 15min 后,于 65℃下将料液过滤,水漂洗,滤饼于 65℃下干燥,得碱性品蓝色淀。

【用途】 主要用于油墨、文教用品、美术颜料和室内涂料的着色。

【生产单位】 杭州映山花颜料化工有限公司,杭州联合颜料公司,杭州红妍颜料化工有限公司,浙江萧山前进颜料厂,南通新盈化工有限公司,江苏宜兴化工公司,石家庄市力友化工有限公司,昆山市中星染料化工有限公司,天津东湖化工厂,山东龙口太行颜料化工公司,上海嘉定华亭化工厂,上海染化十二厂。

Fb004　耐晒品蓝色淀 BO

【英文名】 Light Resistant Royal Blue Chromogen BO

【登记号】 CAS [1325-87-7];欧共体登记号:215-410-7

【别名】 C.I. 颜料蓝 1;3402 品蓝色淀;2398 耐晒品蓝色淀;耐晒品蓝色淀 BOC

【结构式】

$$\left[\begin{array}{c} (C_2H_5)_2N \text{—} \bigcirc \text{—} C \text{=} \bigcirc \text{=} N^{\oplus}(C_2H_5)_2 \\ \\ NHC_2H_5 \end{array} \right]_4$$

$$[H_3P(W_2O_7)_x \cdot (Mo_2O_7)_{6-x}]^{4\ominus} \cdot Al(OH)_3 \cdot BaSO_4$$

【分子量】 7570～8538

【质量标准】 (HG 15-1151)

外观	纯蓝色粉末	色光	与标准品近似
水分含量/%	≤5.0	着色力/%	为标准品的100±5

吸油量/%	40±5.0
细度(过80目筛余量)/%	≤5.0
耐晒性/级	3
耐热性/℃	≥140
耐酸性/级	1
耐碱性/级	4~5
水渗透性/级	5
油渗透性/级	1
石蜡渗透性/级	5

【性质】 本品为纯蓝色粉末。吸油量57～69g/100g。微溶于冰水，溶于热水呈蓝色，易溶于乙醇呈蓝色，不溶于石蜡。在浓硫酸中呈棕光黄色，在稀硫酸中呈红光黄色。其水溶液遇氢氧化钠为红棕色。耐热性优良。

【制法】

1. 生产原理

碱性艳蓝 BO 与铝钡白混合，再与杂多酸沉淀得到耐晒品蓝色淀 BO。

$$Al_2(SO_4)_3 + 3Na_2CO_3 + H_2O \longrightarrow 2Al(OH)_3 \downarrow + 3CO_2 \uparrow + 3Na_2SO_4$$

$$BaCl_2 + Na_2SO_4 \longrightarrow BaSO_4 \downarrow + 2NaCl$$

$$2xNa_2WO_4 + 2(6-x)Na_2MoO_4 + Na_2HPO_4 + 26HCl \longrightarrow$$

$$H_7P(W_2O_7)_x \cdot (Mo_2O_7)_{6-x} + 26NaCl + 10H_2O(6>x>0)$$

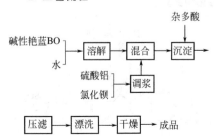

2. 工艺流程

3. 技术配方

碱性艳蓝 BO(100%计)	146
氯化钡	611
硫酸铝(精制)	580
冰醋酸(98%)	33
钼酸钠	160
磷酸氢二钠	29
钨酸钠	109
碳酸钠	282
盐酸	211

4. 生产设备

溶解锅，反应锅，混合锅，沉淀反应锅，压滤机，贮槽，调浆锅，干燥箱。

5. 生产工艺

（1）工艺一　将精制硫酸铝于85℃热水中溶解，制得硫酸铝溶液备用。将95％碳酸钠于45℃热水中溶解后分批加入上述制备好的硫酸铝溶液中，制得氢氧化铝悬浮液备用，此时溶液pH值为6.5左右。将98％氯化钡溶于45℃热水中，加入上述制备好的氢氧化铝悬浮液，使溶液pH值为6.5左右，料液经压滤、水漂洗，滤饼用水调成浆，制得氢氧化铝与硫酸钡浆液备用，将钨酸钠、钼酸钠及磷酸氢二钠溶于75℃热水中，加入30％盐酸使溶液pH值为3左右，制得杂多酸备用。在95℃热水中加入碱性艳蓝BO染料，经搅拌溶解后加入上述制备好的氢氧化铝与硫酸钡浆液中，在98℃下将上述制备好的杂多酸溶液分批加入进行沉淀反应，控制加料时间为15min左右，加料完毕，搅拌混合15min后于65℃下将料液过滤，水漂洗，滤饼于65℃干燥，得产品。

（2）工艺二　将40～50℃热水加入溶解锅，再加入89kg硫酸铝、43kg碳酸钠及93.6kg氯化钡溶解，并制备铝钡白浆料。

将4.7kg磷酸氢二钠、17.5kg钼酸钠及25.7kg钨酸钠用60℃热水溶解，搅拌下加入28.4kg 30％盐酸，pH值为2～2.5，生成杂多酸。

再将23.3kg碱性艳蓝BO用1200L 90℃热水溶解，搅拌下加到制得的上述铝钡白浆料中，再将合成的磷钨钼酸溶液加入，生成色淀，过滤，水洗，在60～70℃下干燥，制得耐晒品蓝色淀BO产品。

（3）工艺三　将53.7kg结晶的钨酸钠、36.5kg结晶的钼酸钠及10kg磷酸氢二钠溶于1400L 75℃热水中，加入30％盐酸调整pH值为2～3，生成杂多酸。

在5000L 100℃热水中，将26kg碱性艳蓝BO及26.8kg碱性艳蓝R加入，搅拌全溶，加至制得的铝钡白浆料中，升温至100℃，再将制备的杂多酸溶液在15min内逐渐地加到上述混合物中进行色淀化反应，反应结束后，冷却至60℃，过滤，水洗，在60～70℃下干燥，得385kg耐晒品蓝色淀BO（该产品为两种蓝色碱性染料的混合色淀）。

【用途】　主要用于油墨和文教用品的着色。

【生产单位】　杭州力禾颜料有限公司，上海染化十二厂，河南开封染化厂，天津胜利化工厂，天津染化二厂，山东蓬莱新光颜料化工公司，山东潍坊庆云尚堂染化厂，苏东台颜料厂，江苏宜兴康乐化工厂，河北深州塘深化工厂，安徽合肥合雅精化公司，安徽休宁县黄山颜料厂，河北衡水曙光化工厂，江苏张家港试剂厂，江苏泰兴环球化工厂，河北南宫第三化工厂。

Fb005　射光蓝浆 AG

【英文名】　Light Emitted Blue Paste AG

【登记号】　CAS［1324-76-1］；C. I. 42765：1

【别名】　C. I. 颜料蓝61；射光蓝7001；4991射光蓝浆 AG；射光蓝浆 AGR；Mordorant blue R；Shangdament Flushed Reflex Blue AG 4991A；Reflex Blue Paste AG；Reflex Blue AG

【分子式】　$C_{37}H_{29}N_3O_3S$

【分子量】　595.71

【结构式】

【质量标准】

外观	深蓝色浆状物
色光	与标准品近似
着色力/%	为标准品的 100±5
水分含量/%	≤2.5
耐晒性/级	3~4
耐热性/℃	180
水渗透性/级	5
油渗透性/级	4~5
耐酸性/级	5
耐碱性/级	3

【性质】 本品为蓝色浆状物。颜色鲜艳，刮涂于纸上能闪射明显的金属光泽。不溶于冷水，溶于热水（蓝色）、乙醇（绿光蓝色）。遇浓硫酸呈红棕色，稀释后生成蓝色沉淀。有很高的着色力和良好的耐热性。能使黑色油墨增加艳度。熔点280℃，相对密度 1.23~1.28。

【制法】

1. 生产原理

苯胺蓝经磺化、中和、碱溶、酸化及轧浆加工后得成品。

2. 工艺流程

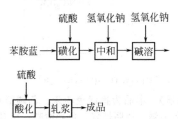

3. 技术配方

苯胺蓝(86%)	450kg/t
硫酸(98%)	1190kg/t
氢氧化钠(98%)	160kg/t
调墨油(工业品)	21kg/t

4. 生产设备

磺化锅，过滤器，贮槽，中和锅，打浆锅，三辊机。

5. 生产工艺

（1）工艺一 在磺化锅中，加入

360kg 98％硫酸、20kg 冰，冷却至 20℃，于 3h 内加入 225kg86％苯胺蓝，搅拌 2h 左右，直至物料中只有极微小颗粒或无颗粒存在，升温到 40～42℃，保温制得磺化物备用。在中和锅中放入清水，加入上述制备的磺化物，经静置沉淀 5h，进行第一次虹吸除去废酸，这样共经 3 次加水稀释、沉淀、虹吸后，加入 30％氢氧化钠中和至 pH 值为 7 左右，制得中和物，升温到 55℃加入第二批 30％氢氧化钠，并在 100℃保温 30～40min，此时物料呈酱油色，快速加入约 350kg 65％硫酸使物料 pH 值下降到 1.7 左右，于 100℃保温 5min 后降温，经过滤、水漂洗，制得含固量 16％的滤饼，加入上批留存的捏合脱水块状物和调墨油进行捏合，流出水澄清时，移去水分，继续捏合 5h，物料呈块状时，取出部分块状物进入轧浆工序（其余作下批捏合时循环之用）。把捏合后的物料在三辊机上轧浆，轧至第三道、第四道轧浆时检验光彩，适当控制和调节油量，共轧五道得到浆状产品。

（2）工艺二 将 460kg 对位品红、2400kg 苯胺、8.5kg 苯甲酸在铸铁锅中混合，加热至 180～185℃，保持 60～80min，然后将熔融物快速冷却至 140℃，再在蒸馏锅中蒸出苯胺，直到物料很黏稠，倒出，冷却，打碎研磨，得蓝色产品，产品含有约 5％的苯胺，产量 845kg。

将 180kg 蓝色基加至 900kg 95.5％硫酸中，温度 20～25℃，搅拌 2h，加热到 43℃，然后迅速放到 4000L 冷水中，再压滤，洗出游离酸。所得滤饼依据对产品的要求可用下述两种方法进行处理。

① 回收碱性蓝。把滤饼重新溶解于含有足够的氢氧化钠的冷水中，得到澄清的暗蓝色溶液，将该溶液蒸发至含有 45％的固体时，在 100～110℃下干燥，得 184kg 碱性蓝。

② 将滤饼溶解于含有 90kg 33％氢氧化钠的溶液中，温度 80℃。再加热至沸腾，将 46kg 96％硫酸快速加入，并保持沸腾数分钟，然后用水稀释，降温至 80℃，过滤，水洗除去游离酸，得含固量 30％的产品。将 300kg 含固量 30％的膏状物与 2kg 二苯基喹尼啶（Diphenylquinidine）混合，加入 135kg 亚麻子油，再加入 118kg 乳化剂 FM 及 0.75kg 碳酸镁，并通过三辊机处理，直至全部水分被分离出来，制得 245kg 射光蓝浆 AG。

【用途】 主要用于黑色印刷油墨，加入可消除黑色油墨的标色底，使黑色加深；也用于制造印铁油墨。

【生产单位】 上海染化十二厂，河南开封染化厂，开封市中和化工有限责任公司，石家庄市力友化工有限公司，杭州联合颜料公司，杭州力禾颜料有限公司，上海染化十二厂，河南开封染化厂，天津胜利化工厂，天津染化二厂，山东蓬莱新光颜料化工公司，山东潍坊庆云尚堂染化厂。

Fb006 耐晒绿 PTM 色淀

【英文名】 Fanal Green PTM

【登记号】 CAS［1325 75-3］；欧盟 登记号：215-410-7；C.I. 42040∶1

【别名】 C.I. 颜料绿 1；Fastel Green G；Bronze Green；Fanal Green PTM 8340；IrgaliteGreen BNC；Helmerco Green BGM；Solar Green BMN

【结构式】

$$\left[\left(\begin{array}{c}\text{structure}\end{array}\right) C = \begin{array}{c}N(C_2H_5)_2 \\ N^{\oplus}(C_2H_5)_2\end{array}\right]_4$$

$$[H_3P(W_2O_7)_x \cdot (Mo_2O_7)_{6-x}]^{4\ominus}$$

【性质】 本品为艳绿色粉末。色调鲜艳，着色力强，透明性好，色光清晰。相对密度 1.95～2.71。吸油量 50～55g/100g。

铝钡白中，再加入杂多酸，生成色淀。抽滤，水洗，干燥得耐晒绿 PTM 色淀。

【用途】 用于油墨、油漆、醇酸树脂漆和乳化油漆着色，也用于包装纸板、罐头盒、墙纸、包书纸的印色以及纺织物的印花，还用于塑料、橡胶及文具的着色。

【制法】

1. 生产原理

N,N-二乙基苯胺与苯甲醛缩合得到隐色体，在盐酸介质中用二氧化铅氧化，再用硫酸钠脱铅得到染料（碱性绿）。染料与铝钡白混合后再与磷钨钼酸发生色淀化反应，经压滤、漂洗、干燥得颜料成品。

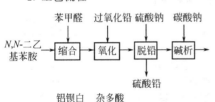

2. 工艺流程

苯甲醛　过氧化铅　硫酸钠　碳酸钠

N,N-二乙基苯胺 → 缩合 → 氧化 → 脱铅 → 碱析

硫酸铅

铝钡白　杂多酸

过滤 → 混合 → 沉淀 → 压滤 → 漂洗

干燥 → 成品

3. 技术配方

N,N-二乙基苯胺	284
苯甲醛	90
硫酸(98%)	53.5
硫酸钠(98%)	1010
盐酸(31%)	550

过氧化铅(PbO$_2$,100%计)	792
元明粉(硫酸钠)	101
硫酸铝	1910
氯化钡	1870
钨酸钠	840
钼酸钠	260
磷酸氢二钠	130

4. 生产设备

缩合锅，氧化锅，过滤器，脱铅锅，配料锅，贮槽，混合锅，沉淀锅，压滤机，干燥箱，粉碎机。

5. 生产工艺

在缩合锅中，加入 53.5kg 98% 硫酸、40L 水、284kg N,N-二乙基苯胺、90kg 苯甲醛，搅拌回流反应 12h，加入 110kg 50% 碳酸钠中和，水蒸气蒸馏，静置分层弃去水层，油层水洗分水后，加 186L 水和 297kg 盐酸，使其溶解后进入氧化工序。

取上述缩合反应溶液的 1/2，加入冰水，调整体积至 3700L，温度为 5℃ 左右。在搅拌下加入 660kg 60% 过氧化铅悬浮液，保持 0～10℃ 搅拌 2h，加入食盐 446kg，再保持 0～10℃ 2h，析出复盐。过滤。滤饼加水 300L，升温至 50℃，加入 50.5kg 元明粉，搅拌 0.5h 过滤。滤饼加水 446L，加热至 50℃，搅拌 0.5h，静置 1h，过滤。如此反复洗涤四次，滤饼为硫酸铅。将滤液和洗涤液合并，于 38～40℃ 加入碳酸钠 48kg 进行碱析，过夜，压滤，水洗至酚酞不呈红色，得碱性绿染料约 170kg。

将 382kg 硫酸铝、172kg 碳酸钠和 374kg 氯化钡于 0℃ 水溶解反应，制得铝钡白，洗涤后过滤，滤饼用水打浆制得 3000kg 铝钡白浆液。

将 164kg 钨酸钠、52kg 铝酸钠和 26kg 结晶磷酸氢二钠溶于 2000L 60℃ 热水中，加盐酸调 pH 值至 1.5～2.0。

将上述染料 68kg 溶于 2600L 90℃ 热水中，加已盛有铝钡白浆液的沉淀反应锅中，然后加入杂多酸溶液，生成色淀，升温至 90℃，压滤，水洗，滤饼于 60～70℃ 下干燥得耐晒绿 PTM 色淀。

【质量标准】

外观	艳绿色粉末
色光	与标准品近似
着色力/%	为标准品的 100±5
水分含量/%	≤1
耐晒性/级	4
耐热性/℃	150
水渗透性/级	4～5
耐碱性(5%，Na_2CO_3)/级	5
耐酸性(5% HCl)/级	5
耐增塑剂/级	5
吸油量/%	45±5
细度(过 80 目筛余量)/%	≤5

【用途】　用于油墨、油漆、树脂漆和乳化

油漆着色，也可用于包装纸板、罐头盒、墙纸、包书纸的印色以及纺织物的印花、还用于塑料、橡胶及文具的着色。

【生产单位】　开封市中和化工有限责任公司，石家庄市力友化工有限公司，杭州联合颜料公司，杭州力禾颜料有限公司，上海染化十二厂，河南开封染化厂，天津胜利化工厂，天津染化二厂，山东蓬莱新光颜料化工公司，山东潍坊庆云尚堂染化厂。

Fb007　耐晒碱性纯品绿

【英文名】　Malachte Green

【登记号】　CAS［61725-50-6］；C.I.42000

【别名】　C.I.颜料绿 4；艳绿色淀；3605 耐晒碱性纯品绿；Dainichi Fast Green B；Permanent Green BM Toner；Tungstate Green Toner GT-1160

【结构式】

$$\left[(H_3C)_2N-\!\!\!\!\bigcirc\!\!\!\!-C-\!\!\!\!\bigcirc\!\!\!\!=\overset{\oplus}{N}(CH_3)_2 \right]_4$$

$$[H_3P(W_2O_7)_x(Mo_2O_7)_{6-x}]^{4\ominus}$$

【质量标准】

外观	深绿色粉末
色光	与标准品近似
着色力/%	为标准品的 100±5
水分含量/%	≤1
吸油量/%	65±5
水溶物含量/%	≤3
细度(过 80 目筛余量)/%	≤5
耐晒性/级	4～5
耐热性	良好

【性质】　本品为深绿色粉末。耐晒性较好，耐热性良好。溶于冷水和热水呈蓝绿色，易溶于乙醇呈蓝绿色。遇浓硫酸呈黄色，稀释后呈暗橙色，其水溶液遇氢氧化钠成绿光白色沉淀。

【制法】　碱性艳绿（C.I.碱性绿 1）与碱性嫩黄 O（C.I.碱性黄 2）按一定比例混

合的水溶液与磷钨钼酸作用生成沉淀，经过滤，漂洗而制得。

1. 生产原理

碱性绿与杂多酸发生色淀化，经后处理得耐晒碱性纯品绿。

2. 工艺流程

杂多酸

碱性绿 → 色淀化 → 过滤 → 干燥 → 粉碎 → 成品

3. 技术配方

碱性绿	52
钨酸钠	168
钼酸钠	52
磷酸氢二钠	26
碱性槐黄	17

4. 生产工艺

将 84kg 钨酸钠、26kg 钼酸钠、13kg 磷酸氢二钠溶于 1000L 水中，加入盐酸

$$\left[\begin{array}{c} \text{结构式} \end{array} \right] Ba^{2+}$$

（苯环-N=N-吡唑环-CH₃, HO, SO₃⁻结构）

【质量标准】 （沪 Q/HG 14-214）

外观	翠绿色粉末
水分含量/%	≤5
吸油量/%	40±5
细度（过 80 目筛余量)/%	≤6
着色力/%	为标准品的 100±5
色光	与标准品近似
耐晒性/级	5
耐热性/℃	100
耐酸性/级	3～4
耐碱性/级	3
水渗透性/级	3
石蜡渗透性/级	5
油渗透性/级	3

调 pH 值为 2 生成杂多酸溶液。

将 26kg 碱性绿溶于 90℃ 1300L 热水中，将 8.5kg 碱性槐黄溶于 50℃ 500L 的热水中，再将制备的杂多酸溶液立即加入，温度 45℃ 下生成沉淀，到达终点时升温至 90℃，过滤，水洗，60～70℃ 下干燥，制得耐晒碱性纯品绿。

【用途】 用于油墨、文教用品的着色。

【生产单位】 上海染化十二厂，上海华亭化工厂，天津染化八厂，浙江萧山前进颜料厂。

Fb008 耐晒翠绿色淀

【英文名】 Light Fast Jade Green Lake

【登记号】 CAS [1325-82-2]

【别名】 2600 翠绿色淀；5211 耐晒翠绿色淀；1600 耐晒锡利绿

【结构式】

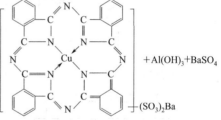

$+Al(OH)_3+BaSO_4$

$(SO_3)_2Ba$

【性质】 本品为翠绿色粉末。耐晒性、耐热性良好。

【制法】

1. 生产原理

直接耐晒翠蓝 GL、耐晒嫩黄 G 与铝钡白发生沉淀反应，经后处理得到耐晒翠绿色淀。

（铜酞菁磺酸结构式）

$(SO_3Na)_2$

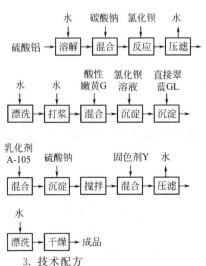

直接耐晒翠蓝 GL(工业品)	270
氯化钡(工业品)	1050
酸性嫩黄 G(工业品)	140
乳化剂 A-105(工业品)	64
硫酸铝(精制品)	560
固色剂 Y(工业品)	90
碳酸钠(98%)	251
硫酸钠(98%)	22

4. 生产设备

溶解锅, 打浆锅, 压滤机, 沉淀反应锅, 漂洗锅, 干燥箱, 粉碎机。

5. 生产工艺

在溶解锅中, 加入适量水, 70℃下加入结晶硫酸铝, 搅拌溶解, 溶液温度维持在 58℃左右, 备用。将 98% 碳酸钠溶解于 45℃ 热水中, 在 1h 内逐渐加到硫酸铝溶液中, 加料完毕, 搅拌 7~10min, 溶液 pH 值为 6.5 左右, 制得氢氧化铝悬浮液。将 98% 氯化钡溶解于 45℃ 水中, 加入氢氧化铝悬浮液, 使溶液 pH 值为 6.5 左右, 经压滤, 水漂洗, 滤饼用水打浆, 制得氢氧化铝与硫酸钡浆液。100% 酸性嫩黄 G 用 70~80℃ 热水溶解, 98% 氯化钡用 35℃ 热水溶解, 然后将酸性嫩黄 G 染料溶液加入氢氧化铝与硫酸钡浆液中, 再加入氯化钡溶液和直接翠蓝 GL 染料溶液进行分步沉淀, 得到混合液。将乳化剂 A-105 加水稀释后也加入上述混合液中, 经搅拌 2.5~3.5h 后加入 98% 硫酸钠溶液, 搅拌 15min 后加入用水稀释的固色剂 Y, 经过滤、水漂洗后脱水, 滤饼于 65℃ 下干燥, 最后经粉碎得到耐晒翠绿色淀。

【用途】 用于橡胶、油墨和文教用品的着色。

【生产单位】 上海染化十二厂, 上海华亭化工厂, 天津染化八厂, 浙江萧山前进颜料厂。

2. 工艺流程

3. 技术配方

Fb009 耐晒品绿色淀

【英文名】 Light Besistant Malachite Green

Lake

【登记号】　CAS [1326-03-0]；C. I. 175211

【别名】　2630 耐晒品绿色淀；3606 耐晒

品绿色淀；5210 耐晒品绿色淀；5102 耐晒品绿色淀

【结构式】

$$\left[(H_3C)_2N{-}{-}\overset{\underset{\displaystyle \overset{NH_2}{\underset{\oplus}{}}}{}}{C}{-}{-}N(CH_3)_2 \ + \ {-}C{=}{-}N(CH_3)_2 \right.$$
$$\left. \overset{}{\underset{N^{\oplus}(CH_3)_2}{}} \right]_2$$

$$[H_3P(W_2O_7)_x \cdot (Mo_2O_7)_{6-x}]^{4\ominus}$$

【质量标准】

外观	绿色粉末
水分含量/%	≤3.5
吸油量/%	50±5
细度(过 80 目筛余量)/%	≤5
着色力/% 为标准品的	100±5
色光	与标准品近似
耐晒性/级	6
耐热性/℃	180
耐酸性/级	2
耐碱性/级	3
水渗透性/级	4
油渗透性/级	3
石蜡渗透性/级	5

【性质】　本品为绿色粉末。颜色鲜艳，耐热性较好，耐晒性一般。不溶于水、亚麻仁油和石蜡。

【制法】

1. 生产原理

由硫酸铝、碳酸钠和氯化钡制得的氢氧化铝、硫酸钡浆料（铝钡白）与碱性嫩黄 O，碱性绿混合，再与磷钼钨酸发生沉淀反应，经压滤、漂洗、干燥、粉碎得耐晒品绿色淀。

$$Al_2(SO_4)_3 + 3Na_2CO_3 + 3H_2O \longrightarrow 2Al(OH)_3 \downarrow + 3CO_2 \uparrow + 3Na_2SO_4$$

$$BaCl_2 + Na_2SO_4 \longrightarrow BaSO_4 \downarrow + 2NaCl$$

$$2xNa_2WO_4 + 2(6-x)Na_2MoO_4 + Na_2HPO_4 + 26HCl \longrightarrow H_7P(W_2O_7)_x \text{-}$$
$$(Mo_2O_7)_{6-x} + 26NaCl + 10H_2O(6 > x > 0)$$

$$\overset{}{\underset{N^{\oplus}(CH_3)_2Cl^{\ominus}}{}}{-}C{-}{-}N(CH_3)_2 + H_7P(W_2O_7)_x(Mo_2O_7)_{6-x} \longrightarrow$$

$$\left[{-}C{-}{-}N(CH_3)_2 \right.$$
$$\left. \overset{}{\underset{N^{\oplus}(CH_3)_2}{}} \right]_4 [H_3P(W_2O_7)_x \cdot (Mo_2O_7)_{6-x}]^{4\ominus} \downarrow$$

$$(H_3C_2)N{-}{-}\overset{}{\underset{N^{\oplus}H_2Cl^{\ominus}}{}}{C}{-}{-} + H_7P(W_2O_7)_x(Mo_2O_7)_{6-x} \longrightarrow$$

$$\left[(H_3C)_2N-\!\!\!\bigcirc\!\!\!-\overset{\displaystyle C}{\underset{\displaystyle \overset{|}{N}^{\oplus}H_2}{}}-\!\!\!\bigcirc\!\!\!-N(CH_3)_2 \right]_4 + [H_3P(W_2O_7)_x\cdot(Mo_2O_7)_{6-x}]^{4\ominus}\downarrow$$

2. 工艺流程

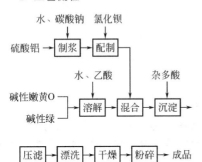

3. 技术配方

碱性嫩黄 O(工业品)	22kg/t
钼酸钠(工业品)	15kg/t
碱性绿(工业品)	54kg/t
磷酸氢二钠(工业品)	20kg/t
硫酸铝(精制品)	785kg/t
氯化钡(98%)	625kg/t
碳酸钠(95%)	320kg/t
盐酸(工业品)	130kg/t
钨酸钠(工业品)	158kg/t
冰醋酸(工业品)	14kg/t

4. 生产设备

溶解锅, 配制槽, 混合锅, 沉淀锅, 贮槽, 压滤机, 干燥箱, 粉碎机。

5. 生产工艺

将 380kg 工业硫酸铝溶于 3000L 85℃ 热水中, 制得硫酸铝溶液备用。160kg 95% 碳酸钠于 3000L 45℃ 热水中溶解后分批加入上述制备好的硫酸铝溶液中, 经混合均匀, 使溶液 pH 值为 6.5 左右制得氢氧化铝悬浮液备用。将 313kg 氯化钡溶于 2000L 40℃ 热水中, 溶解后加入上述制备的氢氧化铝悬浮液中, 使溶液 pH 值为 6.0~6.5, 将料液过滤、水漂洗, 滤饼用水打浆制得 3000kg 氢氧化铝

与硫酸钡浆液备用。将 81.9kg 100% 结晶钨酸钠、7.1kg 100% 结晶钼酸钠和 9.2 比 100% 结晶磷酸氢二钠溶于 2000L 热水中, 在搅拌下加入 57kg 30% 盐酸使溶液 pH 值为 1.5~2.0 制得杂多酸备用。在 4000L 60℃ 热水中加入 7kg 98% 乙酸、26.7kg 100% 碱性绿染料及 10.7kg 100% 碱性嫩黄 O 染料, 经搅拌溶解后制得染料溶液加入上述制备好的氢氧化铝与硫酸钡的浆料中。当染料溶液加到一半量时, 立即加入上述制备好的杂多酸溶液, 边加料边搅拌, 直至反应结束, 终点物料 pH 值为 5 左右, 温度为 42~44℃。料液经过滤、水漂洗, 滤饼于 60~70℃ 下干燥, 最后经粉碎而得成品。

【用途】 用于油墨、文教用品、油画、水彩颜料和室内涂料、橡胶的着色。

【生产单位】 上海染化十二厂, 杭州映山花颜料化工有限公司, 杭州联合颜料公司, 杭州红妍颜料化工有限公司, 浙江杭州力禾颜料有限公司, 常州北美化学集团有限公司, 江苏国际集团, 南通新盈化工有限公司, 无锡新光化工有限公司, 上海雅联颜料化工有限公司, 上海染化十二厂, 镇江市金阳颜料化工有限公司, 天津东湖化工厂, 山东龙口太行颜料有限公司, 上海华亭化工厂, 天津染化八厂, 浙江萧山前进颜料厂。

Fb010　碱性品绿色淀

【英文名】 Basic Malachite Green Lake
【登记号】 CAS [14426-28-9]
【别名】 603 碱性品绿色淀; 盐基品绿色淀; 902 碱性品绿色淀; 901 翠绿光碱性艳绿色淀; 901 翠绿粉; 5229 碱性品绿色淀; Basic Royal Green Lake

【结构式】

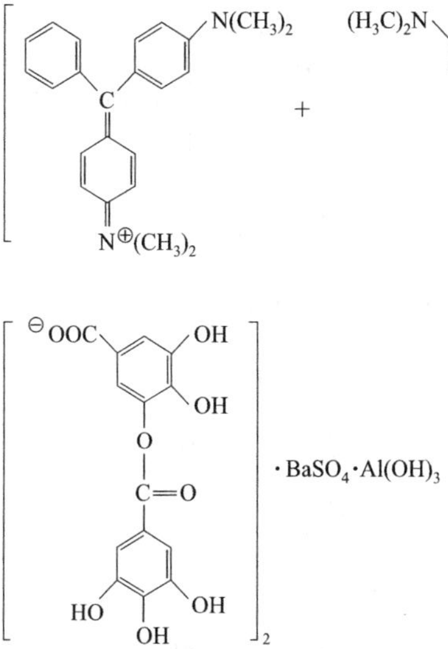

【分子量】　329.46

【质量标准】　（HG 15-1139）

外观	翠绿色粉末
水分含量/%	≤5.5
吸油量/%	45±5
细度(过 80 目筛余量)%	≤6.6
着色力/%	为标准品的 100±5
色光	与标准品近似
耐晒性/级	1
耐热性/℃	70
耐酸性/级	3
耐碱性/级	3

水渗透性/级	4
油渗透性/级	4
石蜡渗透性/级	5
挥发物含量/%	≤5.5

【性质】　本品为翠绿色粉末，色光鲜艳，质地柔软，具有耐硫化特性，但耐旋光性差。

【制法】

1. 生产原理

以单宁酸为沉淀剂，将碱性嫩黄 O、碱性品绿混合染料固着在铝钡白载体上而制得。

$$Al_2(SO_4)_3 + 3Na_2CO_3 + 3H_2O \longrightarrow 2Al(OH)_3 \downarrow + 3CO_2 \uparrow + 3Na_2SO_4$$

$$BaCl_2 + Na_2SO_4 \longrightarrow BaSO_4 \downarrow + 2NaCl$$

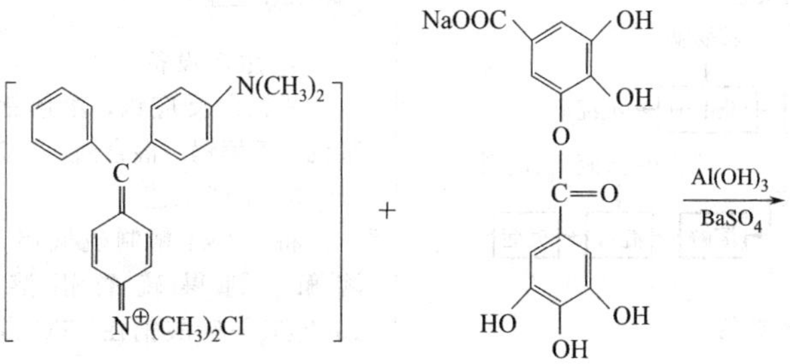

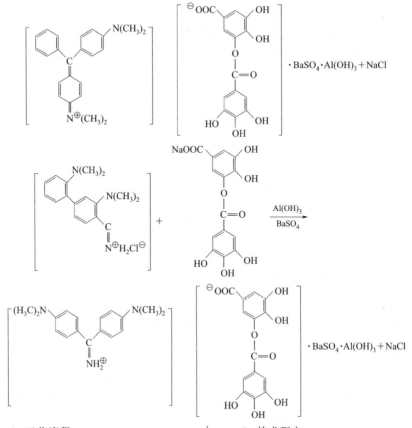

2. 工艺流程

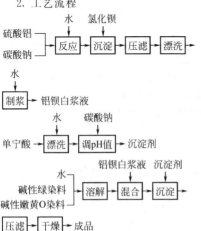

3. 技术配方

碱性绿(100%)	40kg/t
碱性嫩黄 O(100%)	5kg/t
精制硫酸铝	680kg/t
碳酸钠(98%)	312kg/t
单宁酸(80%)	280kg/t
氯化钡(工业品)	555kg/t

4. 生产设备

铝钡白反应锅,溶解锅,压滤机,制浆机,溶解锅,混合锅,沉淀锅,干燥箱。

5. 生产工艺

将 340kg 精制硫酸铝于 85℃ 热水中溶解,制得硫酸铝溶液备用。将 156kg98%碳酸钠在 45℃ 热水中溶解后将其加入硫酸铝溶液中，经混合均匀，使溶液 pH 值为 6.5 左右，温度为 45～48℃，制得氢氧化铝悬浮液。将 277.5kg98％氯化钡于 45℃热水中溶解后加入上述氢氧化铝悬浮液中，使溶液 pH 值为 6.5 左右，料液经过滤、水漂洗、滤饼用水调浆，制得氢氧化铝与硫酸钡浆液。将 140kg 80％单宁酸溶解于 85℃热水中，加入 98％碳酸钠使溶液温度为 48～52℃，pH 值为 6.0 左右，制得单宁酸沉淀剂，将 20kg 100％碱性绿染料和 2.5kg 100％碱性嫩黄 O 染料溶解于 60～65℃热水中，加入上述制备的氢氧化铝和硫酸钡浆料，经混合均匀后立即加入上述制得的单宁酸沉淀剂进行沉淀反应，使料液温度为 45℃ pH 值为 5.5～6.0，反应结束料液经过滤、水漂洗、滤饼于 65℃下干燥最后经粉碎得碱性品绿色淀。

【用途】　主要用于橡胶、油墨和文教用品的着色。

【生产单位】　杭州映山花颜料化工有限公司，杭州联合颜料公司，杭州红妍颜料化工有限公司，浙江杭州力禾颜料有限公司，常州北美化学集团有限公司，江苏国际集团，南通新盈化工有限公司，无锡新光化工有限公司，上海雅联颜料化工有限公司，上海染化十二厂，镇江市金阳颜料化工有限公司，天津东湖化工厂，山东龙口太行颜料有限公司。

Fb011　C. I. 颜料蓝 2

【英文名】　C. I. Pigment Blue 2；Methanaminium, N-[4-[[4-(Dimethylamino) phenyl][4-(phenylamino)-1-naphthalenyl]methylene]-2, 5-cyclohexadien-1-ylidene]-N-methyl-, Molybdatetungstatephosphate；Consol Victoria Blue；Dainichi Fast Blue BO Toner；Dainichi Fast Blue BOX；Federal Fast Blue 7005；Federal Fast Blue 7006；No. 2805 Forthbrite Blue B；Permanent Blue；Permanent Blue Toner；Pigment Blue 2；Solar Blue GMN 56-6612；Solar Blue GTN 58-6612；Symulex Blue BOF；Tintofen Blue GM；Victoria Blue；Victoria Blue Lake

【登记号】　CAS [1325-94-6]；C.I.44045：2

【结构式】

$$\left[\text{结构式}\right]_4 \cdot [H_3P(W_2O_7)_x \cdot (Mo_2O_7)_{6-x}]^{4-}$$

【性质】　蓝色粉末。

【制法】　84kg 钨酸钠（Na_2WO_4）、26kg 钼酸钠（Na_2MoO_4）和 13kg 磷酸氢二钠以 60℃水溶解，加盐酸调 pH 值为 2，即得磷钨钼酸 $H_7P(W_2O_7)_x \cdot (Mo_2O_7)_{6-x}$（简称 PTMA）。

72kg 98％ 硫酸、48L 水、382kg N,N-二乙基苯胺和 282kg 4-苯氨基-1-萘甲醛混合，回流 12h。加入 144kg 50％氢氧化钠溶液，水蒸气蒸馏至无油物，分层，水洗上层，加入 250L 水和 400kg 盐酸溶解。取四分之一该溶液，加入冰水混合物至总体积为 2500L，在 5℃，搅拌下加入 444kg 60％的过氧化铅悬浮液，并于 0～10℃下反应 2h。加入 300kg 氯化钠盐析，过滤，加水 200kg。升温至 50℃，加入 34kg 硫酸钠，搅拌，过滤，反复 4 次，分出硫酸铅滤饼。合并各次所得滤液，洗涤滤液，在 40℃下加入 32kg 碳酸钠碱析，过滤，水洗。取 34kg 该产物，溶于 1300L 90℃的热水中，加到铝钡白（由 191kg 硫酸铝、86kg 碳酸钠和 187kg 氯化钡混合，以 40℃水溶解制得）中。在搅拌下加入 PTMA，生成色淀。升温至 90℃，过滤，水洗，在 70℃ 干燥，得产品。

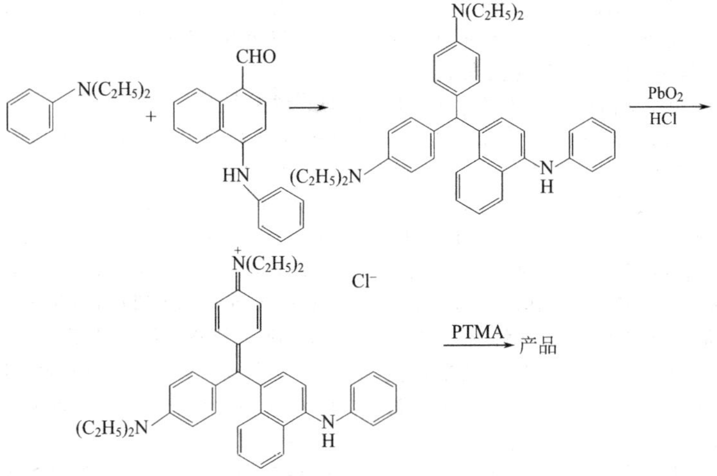

【用途】 主要用于印刷墨水、溶剂型墨水、水性墨水和油漆中。

Fb012 颜料蓝 10

【英文名】 C.I.Pigment Blue 10

【登记号】 CAS［1325-93-5］；C.I.44040 Lake；C.I.44040：2

【别名】 耐晒品蓝色原 R；4238 耐晒品蓝色淀 R；4233 或 1399 耐晒品蓝色淀；4260 耐晒品蓝色原 2R；艳蓝色原 2R；No. 2802 Forthbrite Blue R；No. 87 Forthbrite Blue R；Light Fast Royal Blue Toner R；Pigment Blue 10；Shangdament Fast Blue Toner R 4250（SDH）；Victoria Blue（SDH）

【结构式】

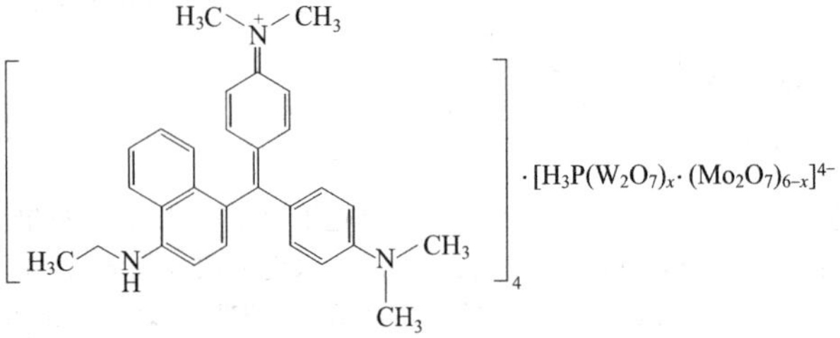

【性质】 深蓝色粉末。微溶于冷水，能溶于热水呈蓝色，很易溶于乙醇为蓝色。在浓硫酸中为棕黄色，在稀硫酸中呈浅绿到蓝色。其水溶液遇氢氧化钠呈棕色絮状沉淀。

【制法】 以碱性艳蓝 R 为基础原料，经磷钨钼酸（PTMA）为沉淀剂制备。

在 640L95℃水中加入 30.5kg 100% 的结晶钨酸钠、15kg 结晶钼酸钠 100% 和 4.02kg 100%结晶磷酸氢二钠，搅拌溶解后加入 31.5kg 30% 盐酸，调整 pH 值至 1.8。

在 4000L、100℃ 水中，加入 5.42kg 98%醋酸，缓缓加入 24kg 240% 碱性艳蓝 R，加完后保持 100℃，搅拌 15min，用 100℃ 水调整体积至 6000L，再将醋酸溶液 30min 左右加入染料液中，加完后继续保持 100℃ 搅拌 30min，终点调整 pH 值为 4.0，体积 7000L，加入冷水降温至 70℃，压滤，漂洗，并于 60～70℃ 干燥，粉碎即得产品。

【质量标准】 HG 15-1148—88

外观	深蓝色粉末
色光	与标准品近似
着色力/%	为标准品的 100±5
吸油量/%	50±5
水分含量/%	≤2.5
水溶物含量/%	≤2
挥发物含量/%	≤2
细度(通过 80 目筛后残余物含量)/%	≤5
耐晒性/级	5～6
耐热性/℃	180
耐酸性/级	2
耐碱性/级	4～5
乙醇渗性/级	1
石蜡渗性/级	5
油渗性/级	2
水渗性/级	5

【消耗定额】

原料名称	单耗/(kg/t)
碱性艳蓝 R	492
钼酸钠(100%)	290
钨酸钠(100%)	592
磷酸氢二钠	80

【安全性】 20kg、30kg 硬纸板桶或铁桶包装，内衬塑料袋。

【用途】 主要用于油墨和文教用品的着色。

【生产单位】 天津市东鹏工贸有限公司，南通新盈化工有限公司，杭州联合颜料公司，浙江萧山前进颜料厂，石家庄市力友化工有限公司，上海染化十二厂。

Fb013 C. I. 颜料蓝 14

【英文名】 C. I. Pigment Blue 14；Ethana-minium, N-[4-[Bis[4-(diethylamino) phenyl] methylene]-2, 5-cyclohexadien-1-ylidene]-N-ethyl-, Molybdatetungstatephosphate；Halopont Blue RNM；Halopont Brilliant Blue 2RN；Helmerco Blue 14；Nyco Liquid Blue 2RBF；Nyco Liquid Blue RHI；Nyco Super Blue 2RB；Nyco Super Blue 2RXL；Nyco Super Blue RMX；Solar Blue RMN 57-2612；Solar Blue RTN 58-2612；Solar Blue TMN 57-5692；Solar Coating Blue RMN 57-2692；Solar T Blue 07L；Solar T Blue 07L 150%；Tintofen Blue RM

【登记号】 CAS [1325-88-8]；C. I. 42600 Lake；C. I. 42600：1

【结构式】

$$[H_3P(W_2O_7)_x \cdot (Mo_2O_7)_{6-x}]^{4-}$$

【性质】 着色力强。

【制法】 84kg 钨酸钠（Na_2WO_4）、26kg 钼酸钠（Na_2MoO_4）和 13kg 磷酸氢二钠以 60℃ 水溶解，加盐酸调 pH 值为 2，即得磷钨钼酸 $H_7P(W_2O_7)_x \cdot (Mo_2O_7)_{6-x}$（简称 PTMA）。

72kg 98% 硫酸、48L 水、382kg

N,N-二乙基苯胺和 202kg 对二乙氨基苯甲醛混合，回流 12h。加入 144kg 50％氢氧化钠溶液，水蒸气蒸馏至无油物，分层，水洗上层，加入 250L 水和 400kg 盐酸溶解。取四分之一该溶液，加入冰水混合物至总体积为 2500L，在 5℃、搅拌下加入 444kg 60％的过氧化铅悬浮液，并于 0～10℃下反应 2h。加入 300kg 氯化钠盐析，过滤，加水 200kg。升温至 50℃，加入 34kg 硫酸钠，搅拌，过滤，反复 4 次，分出硫酸铅滤饼。合并各次所得滤液，洗涤滤液，在 40℃下加入 32kg 碳酸钠碱析，过滤，水洗。取 34kg 该产物，溶于 1300L 90℃的热水中，加到铝钡白（由 191kg 硫酸铝、86kg 碳酸钠和 187kg 氯化钡混合，以 40℃ 水溶解制得）中。在搅拌下加入 PTMA，生成色淀，升温至 90℃，过滤，水洗，在 70℃ 干燥，得产品。

【用途】 用于各种墨水。

【生产单位】 杭州联合颜料公司。

【英文名】 C.I.Pigment Blue 56；Benzenesulfonic Acid, 2-Methyl-4-[[4-[[4-[（3-methyl-phenyl）amino]phenyl][4-[（3-methylphenyl）imino]-2,5-cyclohexadien-1-ylidene]methyl]phenyl]amino]-；Reflex Blue 2G；Reflex Blue GG

【登记号】 CAS［6417-46-5］；C.I.42800

【结构式】

【分子式】 $C_{40}H_{35}N_3O_3S$

【分子量】 637.80

【性质】 为深蓝色浆状体。色泽鲜艳。不溶于冷水，溶于热水呈蓝色，溶于乙醇呈绿光蓝色。遇浓硫酸为红棕色，稀释后呈蓝色沉淀。涂于纸上能闪射明显的金属光泽，射光强烈经久不褪，并有很高的着色力和良好的耐热性。

【用途】 主要用于黑色印墨，加入后可消除黑油墨的棕色底，使黑色加深。

【英文名】 C.I.Pigment Blue 57；Benzene-Sulfonic Acid, 3-Methyl-4-[[4-[[4-[（2-methylphenyl）amino]phenyl][4-[（2-methylphenyl）imino]-2,5-cyclohexadien-1-ylidene]methyl]phenyl]amino]-；Reflex Blue RB

【登记号】 CAS［5905-38-4］；C.I.42795

【结构式】

【分子式】 $C_{40}H_{35}N_3O_3S$

【分子量】 637.80

【性质】 深蓝色浆状体。色泽鲜艳。不溶于冷水，溶于热水呈蓝色，溶于乙醇呈绿光蓝色。遇浓硫酸为红棕色，稀释后呈蓝色沉淀。涂于纸上能闪射明显的金属光泽，射光强烈经久不褪，并有很高的着色力和良好的耐热性。

【用途】 主要用于黑色印墨，加入后可消除黑油墨的棕色底，使黑色加深。

Fb016 酸性湖蓝色淀

【英文名】 Acid Sky Blue Lake

【结构式】

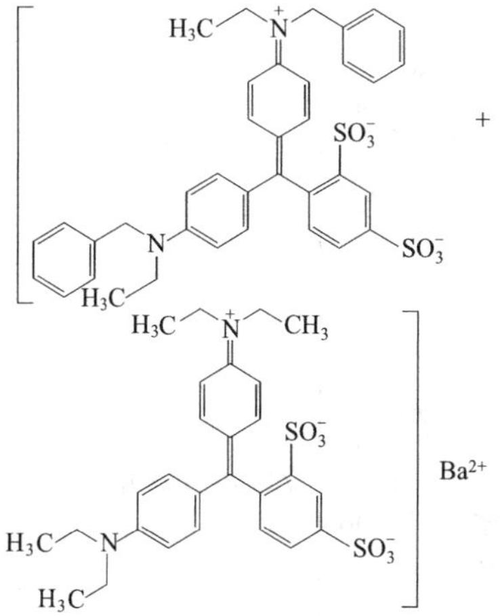

【制法】 以酸性湖蓝 A 和酸性湖蓝 V 为原料，经氯化钡处理得到。

【消耗定额】

原料名称	单耗/(kg/t)
酸性湖蓝 A	170
酸性湖蓝 V	40

【安全性】 30kg 硬纸板桶、纤维板桶或铁桶包装，内衬塑料袋。

【用途】 主要用于油墨和文教用品的着色。

【生产单位】 上海染化十二厂。

Fb017 橡胶绿2B

【英文名】 Rubber Green 2B

【别名】 C.I. Pigment Green 4 （参照）；5001 橡胶绿 2B；Malachite Green Lake（KON）；Shangdament Fast Green Lake PTMA 5210 （SHD）

【结构式】

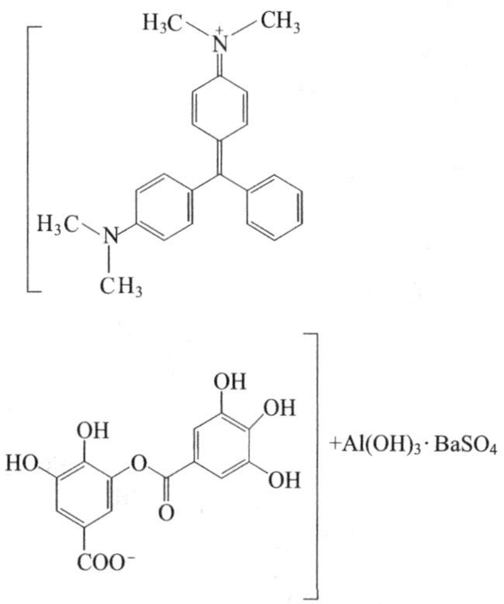

$+Al(OH)_3 \cdot BaSO_4$

【性质】 蓝光绿色粉末。色泽鲜艳，质地松软。耐热性中等，耐油性经 24h（10～20℃）渗圈无色，无迁移性。

【制法】 以碱性绿为原料，经单宁酸处理得到。

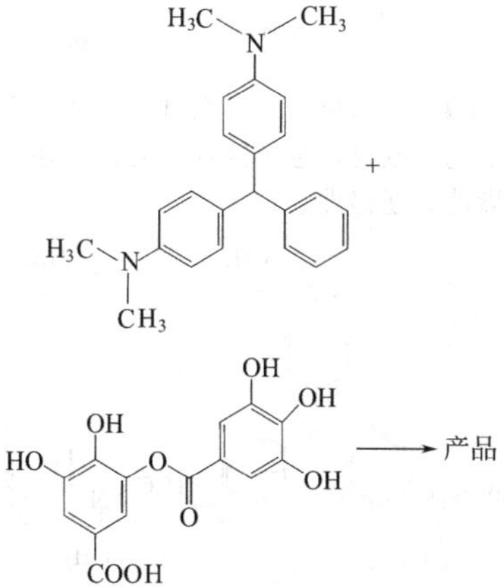

→ 产品

【质量标准】

指标名称	指标
外观	蓝光绿色粉末
色光	与标准品近似
着色力/%	为标准品的 100±5
水分含量/%	≤5
细度(通过 80 目筛后残余物含量)/%	≤5
耐热性/(℃/2h)	142～145,近似至稍深
油渗性(24h 渗圈)	无色

【消耗定额】

原料名称	单耗/(kg/t)
碱性绿	45
单宁酸	270

【安全性】　20kg、50kg 硬纸板桶、胶合板桶或铁桶包装,内衬塑料袋。

【用途】　主要用于橡胶和橡胶制品的着色。

【生产单位】　天津染化八厂。

Fb018　945 油翠绿色淀

【英文名】　945 Oil Jade Green Lake

【别名】　945 油翠绿;碱性艳绿色淀

【结构式】

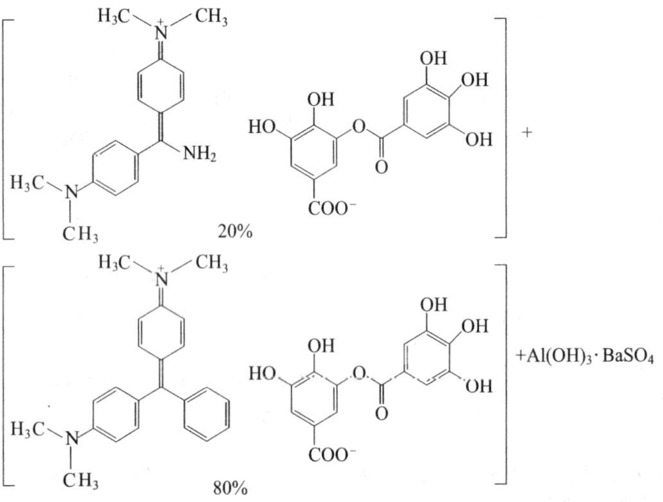

【性质】　艳绿色粉末。系碱性染料制成的单宁色淀颜料,色泽鲜艳,着色力强,无油渗性和迁移性。

【制法】　将碱性绿(20%)和碱性嫩黄 O(80%)混合,以单宁酸处理得到。

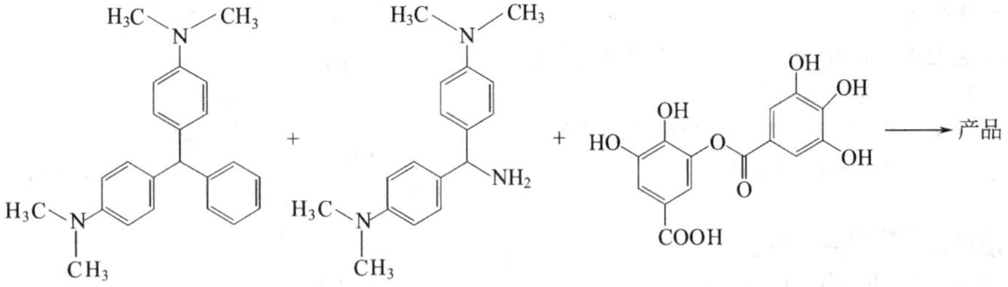

【质量标准】

外观	艳绿色粉末
色光	与标准品近似
着色力/%	为标准品的 100±5
吸油量/%	55～65
水分含量/%	≤6
水溶物含量/%	≤3
细度（通过 80 目筛后残余物含量）/%	≤5
耐晒性/级	1
耐热性/℃	90
耐酸性/级	3～4
耐碱性/级	5
油渗性/级	3
水渗性/级	1

【消耗定额】

原料名称	单耗/(kg/t)
碱性绿(100%)	80
碱性嫩黄 O(100%)	320
单宁酸	330

【安全性】　20kg、50kg 纸板桶或铁桶包装，内衬塑料袋。

【用途】　主要用于油墨、橡胶、文教用品以及漆布和漆纸等的着色。

【生产单位】　天津染化八厂，浙江萧山颜化厂。

Fb019　耐晒碱性纯绿

【英文名】　Light Fast Basic Green

【别名】　3602 耐晒碱性纯艳绿；1005 艳绿色原

【结构式】

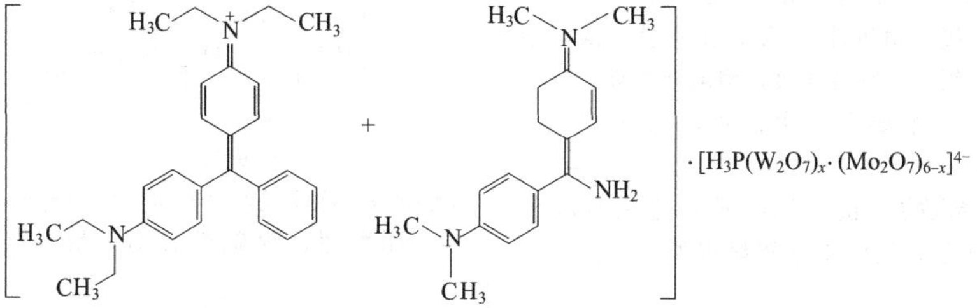

【制法】　以碱性艳绿和碱性嫩黄 O 的混合物为原料，以磷钨钼酸（PTMA）为沉淀剂处理得到。

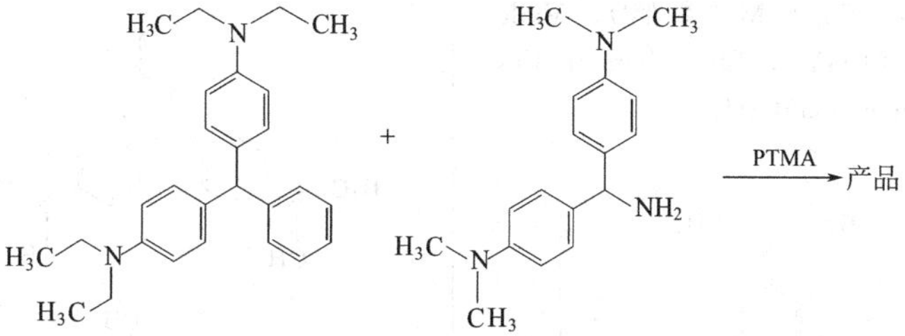

【消耗定额】

原料名称	单耗/(kg/t)
碱性艳绿	355
碱性嫩黄 O	25

【安全性】　30kg 硬纸板桶或铁桶包装，内衬塑料袋。

【用途】　主要用于油墨、涂料、橡胶和文教用品的着色。

【生产单位】　天津染化八厂。

Fb020　C.I.颜料紫 27

【英文名】　C.I.Pigment Violet 27；Ferrate (4-)，Hexakis（cyano-C)-，Methylated 4-［(4-aminophenyl)(4-imino-2,5-cyclohexadien-1-ylidene) methyl］benzenamine Copper(2＋) Salts

【登记号】　CAS［12237-62-6］；C.I.42535：3

【别名】　永固紫 W；Fanal Violet BKF；Fastusol P Violet 48L；Irgalite Violet FM；Pigment Violet 27

【结构式】

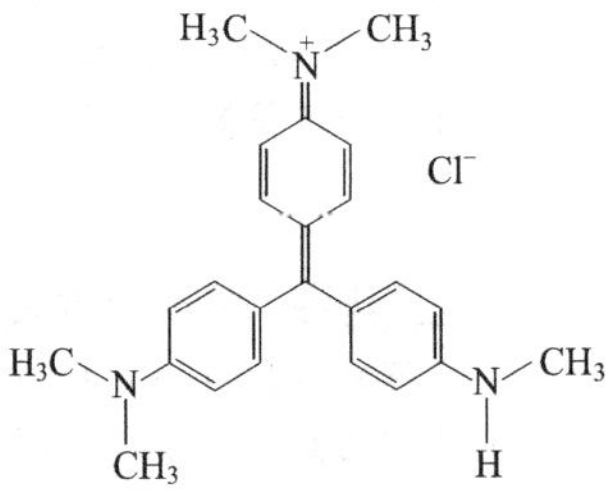

·亚铁氰化铜化合物

【性质】　蓝光紫色。pH 值 7.0～8.0，相对密度 1.6，吸油量（mL/100g）40～50，耐光性 4 级，耐热性 120℃，耐水性 4 级，耐油性 4 级，耐酸性 4 级，耐碱性 4 级。

【用途】　主要用于水性墨，也可用于胶印墨。

【生产单位】　杭州红妍颜料化工有限公司，江苏省吴江山湖颜料有限公司。

Fb021　射光青莲

【英文名】　Bronze Violet

【别名】　C.I.Pigment Violet 3（参照）；Irgalite Paper Violet M（参照），Violet MNC，MR（CGY）；Shangdament Fast Violet Toner R 6250(SHD)

【结构式】

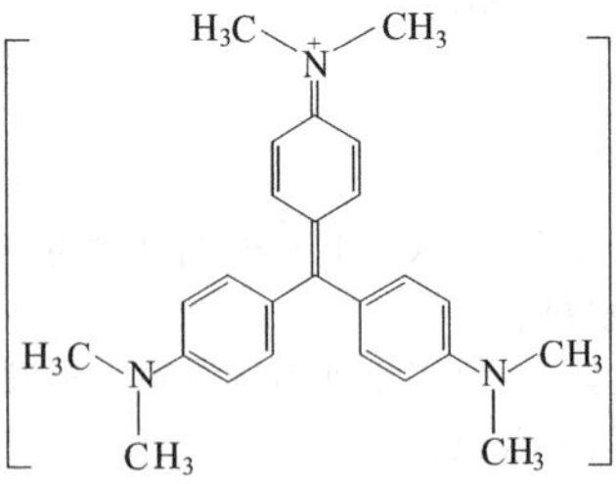

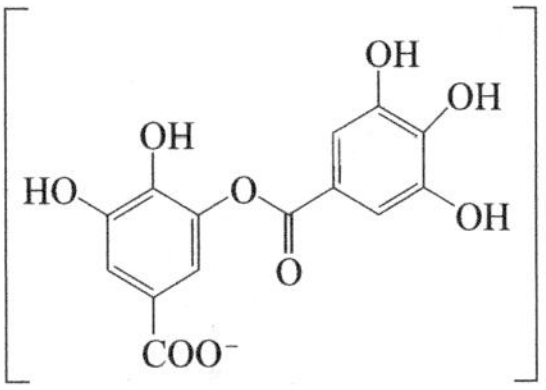

【性质】　艳蓝光紫色粉末，色泽鲜艳。耐晒性、耐酸性、耐碱性良好，耐热性稳定于 150℃。

【制法】　采用碱性紫 5BN 为原料，以单宁酸为沉淀剂制备。

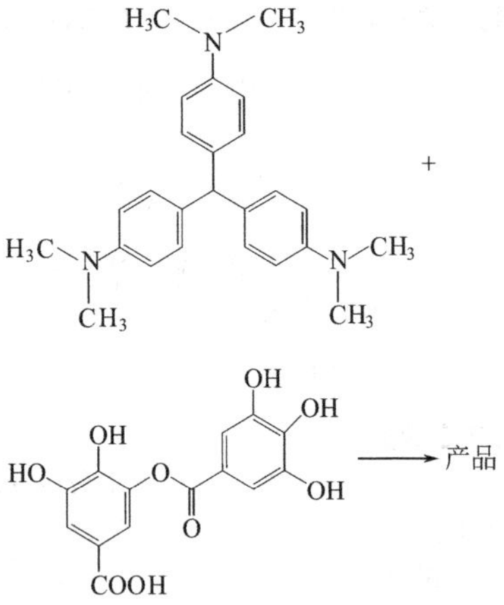

【质量标准】

指标名称	指标
外观	艳蓝光紫色粉末
色光	与标准品近似
着色力/%	为标准品的 100±5
耐晒性/级	5
耐热性/℃	120
耐酸性/级	4
耐碱性/级	4

【消耗定额】

原料名称	单耗/(kg/t)
碱性紫 5BN	680

【安全性】 硬纸板桶或铁桶包装，内衬塑料袋，每桶净重 30kg。

【用途】 主要用于油墨、彩色颜料和文教用品的着色。

【生产单位】 石家庄市力友化工有限公司，上海染化十二厂，天津东湖化工厂，杭州力禾颜料有限公司。

Fb022 701 碱性青莲色淀

【英文名】 701 Basic Violet Lake

【别名】 C. I. Pigment Violet（参照）3; Irgalite Paper Violet M（参照）; Violet MNC, MR（CGY）; Shangdament Fast Violet Lake PTMA 6240(SHD)

【结构式】

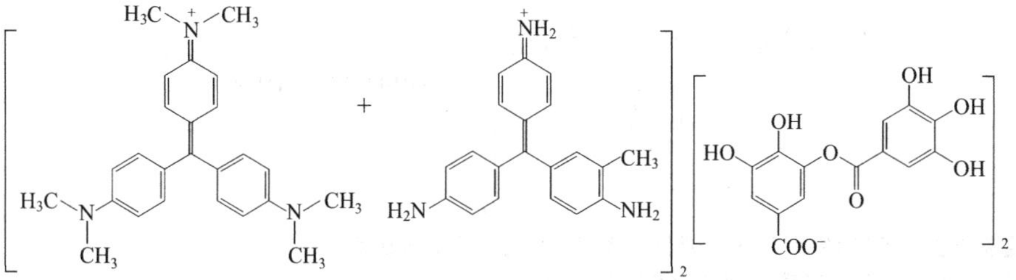

【性质】 艳蓝光紫色粉末，色泽鲜艳。耐晒性、耐酸性和耐碱性较好，耐热性稳定在 150℃。

【制法】 将碱性紫 5BN 及碱性品红按 14∶1比例混合，以单宁酸为沉淀剂制备。

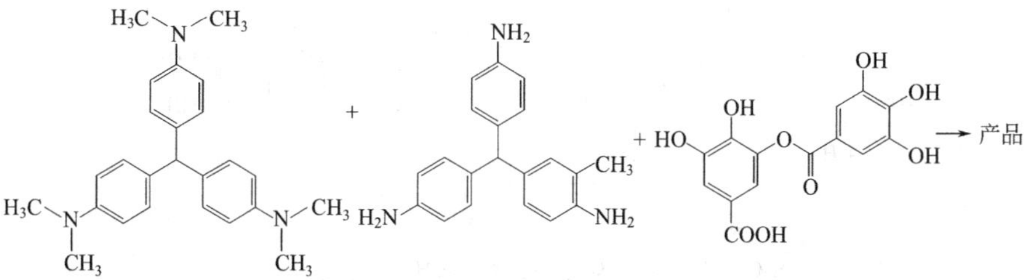

【质量标准】

外观	艳蓝光紫色粉末
色光	与标准品近似
着色力/%	为标准品的 100±5
耐晒性/级	5
耐热性/℃	120
耐酸性(5%HCl)/级	4
耐碱性(5%Na_2CO_3)/级	4

【消耗定额】

原料名称	单耗/(kg/t)
碱性紫 5BN	110
碱性品红	5

【安全性】 30kg 纤维板桶或铁桶包装，内衬塑料袋。

【用途】 主要用于油墨、彩色颜料和文教用品的着色。

【生产单位】 上海染化十二厂，上海嘉定县华亭化工厂，天津东湖化工厂，杭州力禾颜料有限公司，山东龙口太行颜化有限公司。

Fb023 3502 耐晒青莲色淀

【英文名】 3502 Light Fast Violet Lake

【别名】 3502 青莲色淀

【结构式】

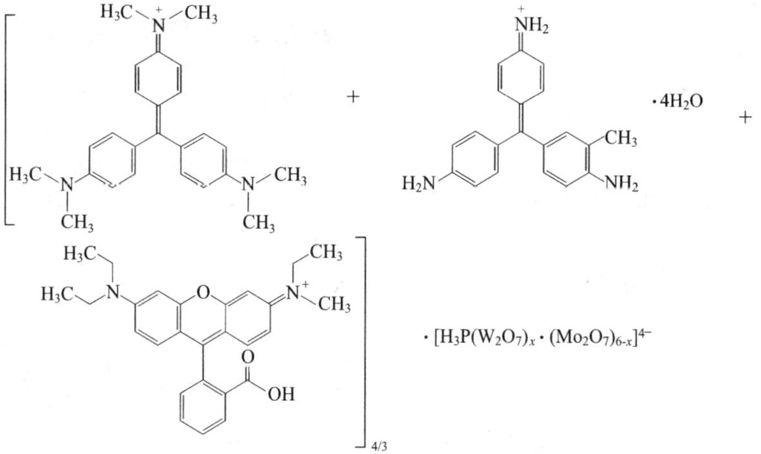

【制法】 将碱性紫 5BN、碱性品红和碱性玫瑰精混合，以磷钨钼酸（PTMA）为沉淀剂制备。

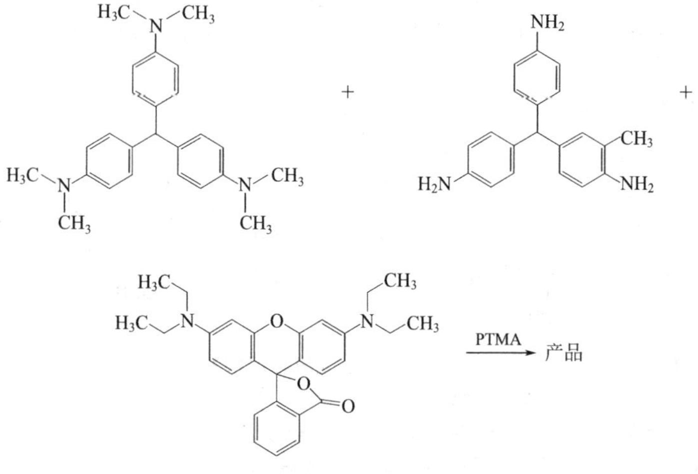

【质量标准】

外观	紫红色粉末
色光	与标准品近似
着色力/%	为标准品的 100±5
耐晒性/级	4～5
耐热性/℃	120
耐酸性/级	2
耐碱性/级	1

油渗性/级	1～2
水渗性/级	2～3

【消耗定额】

原料名称	单耗/(kg/t)
碱性紫 5BN(100%)	140
碱性玫瑰精(100%)	18
碱性品红(100%)	6

【安全性】　20kg、30kg 纸板桶或铁桶包装，内衬塑料袋。

【用途】　主要用于文教用品和油墨的着色。

【生产单位】　天津染化六厂。

Fc 硝基及亚硝基颜料

Fc001 颜料绿 B

【英文名】 Pigment Green B

【登记号】 CAS［16143-80-9］；C. I. 10006

【别名】 C. I. 颜料绿 8；颜料绿；1601 颜料绿；952 颜料绿 B；Pamichi Pigment Green B；Graphtol Green B；Monolite Green B；Monilite Green BP；Monilite Green BPL；Pigment Green 9780；Euvinyl Green 97-8102

【分子式】 $C_{30}H_{18}FeN_6O_6Na$

【分子量】 595.33

【结构式】

【性质】 本品为深绿色粉末。不溶于水和一般有机溶剂。着色力好，遮盖力强，耐晒性、耐热性、耐油性优良，无迁移性。

【制法】

1. 生产原理

2-萘酚用碱溶生成萘酚钠，在盐酸介质中用亚硝酸钠进行亚硝化生成 1-亚硝基-2-萘酚，然后与亚硫酸氢钠生成加成产物，再与硫酸亚铁生成铁的化合物，得到颜料绿 B。

2. 工艺流程

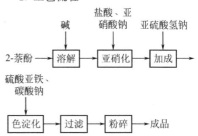

3. 技术配方

2-萘酚(98.5%)	566kg/t
氢氧化钠(98%)	210kg/t
盐酸(31%)	1040kg/t
亚硝酸钠(98%)	274kg/t
亚硫酸氢钠(98%)	517kg/t
土耳其红油	20kg/t
硫酸亚铁(FeSO$_4$·7H$_2$O)	347kg/t
碳酸钠(98%)	830kg/t
硫酸铝(含 Al$_2$O$_3$ 15.7%)	780kg/t

4. 生产原料规格

(1) 2-萘酚　2-萘酚为无色或黄色的菱形结晶或粉末。可燃，有毒。能溶于苯、乙醇、乙醚、氯仿及碱液，不溶于水。相对密度 1.224，熔点 96℃，沸点278℃。遇光变黑，应避光保存。

2-萘酚含量/%	≥97
熔点/℃	≥91.5

(2) 三氯化铁　三氯化铁又称氯化铁。六水物为黄色晶体，熔点 37℃；无水物背光观察为绿色，熔点 301℃。

这里使用的是六水三氯化铁。

5. 生产设备

溶解锅，碱计量槽，酸计量槽，过滤器，亚硝化锅，色淀化锅，压滤机，干燥箱，粉碎机，拼混机。

6. 生产工艺

(1) 工艺一　在溶解锅内放1400L 30℃水，加入 47kg 氢氧化钠和 145.2kg 2-萘酚，搅拌约 0.5h 使其全部溶解。在亚硝化反应锅内先放水 1500L，将溶解后的 2-萘酚溶液通过 40 目网筛过滤放入反应锅内，使温度在 10℃以下，在盐酸稀释锅内放水 1000L，放入 267kg 盐酸使其稀释后，开动亚硝化锅搅拌，将稀盐酸慢慢放入约 50%，析出 2-萘酚悬浮体，pH 值为 6.5~7。再将 70kg 亚硝酸钠加入，并加冰降温到 0℃。在有效的搅拌下将余下的 50% 稀盐酸慢慢从液面下

注入 2-萘酚悬浮体中，保持温度在 0~2℃，并不断用淀粉碘化钾试纸测试应显稍蓝，如蓝色较深应控制稀盐酸流量。加完酸后，用刚果红试纸测试应显蓝色。淀粉碘化钾试纸呈蓝色，继续搅拌 1h 以上，充分反应后，再用淀粉碘化钾试纸测试显微蓝或稍蓝，即为亚硝化反应已达终点。在稀释锅内放水 150L，加入 6.6kg 98% 氢氧化钠，溶解后，慢慢加入反应锅内，将亚硝化物中和到 pH 值为 7~7.5，再用蒸汽加热到 22~23℃。在溶解锅内放水700L，用蒸汽加热到 30℃，在搅拌下加入 130kg 亚硫酸氢钠，使之溶解。放入亚硝化物内，搅拌 1~1.5h，使亚硝化物全部溶解。pH 值为 6.5，即成 1-亚硝基-2-萘酚的亚硫酸钠加成物。将 5kg 土耳其红油溶于水 30L，加入加成物溶液内，搅拌10min，停止搅拌静置 2h 后，凝聚物沉淀后即可进行过滤，将滤液放入色淀化锅内，滤渣弃之。

将加成物溶液调整温度 25℃，开动搅拌，将 90kg 硫酸亚铁溶于 800L 水中，溶解后加入加成物溶液中并搅拌 15min后，即进行中控试验。取加完硫酸亚铁的溶液两滴，置于白瓷板上，再加入 10%碳酸钠液 4 滴，用玻璃棒搅匀，取过滤纸条，一端浸入试样中，使水向上渗出，取出将蘸色部分去掉，再将纸条有水印部分浸入硫酸亚铁溶液内片刻即取出，再将纸条在 10% 稀乙酸内洗涤片刻，取出观察纸条的水印部分有无显出绿色，如有绿色为硫酸亚铁不足，必须补加硫酸亚铁至测试时呈微绿色。

中控原理：加硫酸亚铁的物料，加碳酸钠中和后，脱去亚硫酸盐形成不溶性的色素。如铁盐不足，在母液内有过剩的加成物随母液渗在滤纸条上，经硫酸亚铁液中浸入片刻，使过剩的加成物在纸条上形成铁化合物的绿色色素。但由于母液是碱性的，渗在纸条上的碱性母液遇硫酸亚铁

又生成棕色的碱性铁盐，因此，必须在稀乙酸中洗去碱性铁盐，使纸条上显出绿色色素，测试结果是纸条上绿色越深，证明母液中加成物过量越多，即硫酸亚铁量不足越多。加完硫酸亚铁后搅拌 15min，再在溶解锅内放水 1200L，温度 30℃，加入碳酸钠 213kg 搅拌溶解后，慢慢放入色淀化锅内的物料，加毕搅拌 0.5h 即生成绿色色素。再在溶解锅内放水 1200L，升温到 50℃，加入 200kg 硫酸铝搅拌溶解后，慢慢加入色淀化锅内的物料内，生成氢氧化铝体质颜料。加毕搅拌 15min 后，用蒸汽加热到 70℃，即可将物料打入板框过滤机内过滤，并用水洗涤至水溶盐合格为止。可用 100 氯化钡溶液或用电导仪测试洗涤液与洗涤用水近似为止。滤饼在 70～80℃ 干燥，粉碎，得颜料绿 B 约 260kg。

（2）工艺二　在亚硝化锅中，将 150kg 2-萘酚溶于 85kg 50％ 氢氧化钠溶液和 800L 水中，温度 45℃，体积稀释到 2000L，用冰冷却到 0℃，在充分搅拌下向溶液中加入稀硫酸刚好使 2-萘酚析出，对亮黄试纸显弱碱性，温度 0℃（如果悬浮体呈弱酸性，可用碳酸钠中和）。

稀硫酸的溶液制备：185kg 1.53kg/m³ 硫酸用冰水稀释至体积为 1200L，温度 0℃ 备用。

在已中和的 2-萘酚中快速地加入 315L 23％ 亚硝酸钠溶液，余下的稀硫酸从液面下 3～4h 内加入，加冰使温度始终保持在 0℃，加完酸后，反应物对刚果红试纸显强酸性。搅拌过夜，亚硝基萘酚为纯黄色，次日，用约 15kg 50％ 氢氧化钠溶液中和至 pH 值为 6，然后加入 1.83kg/m³ 亚硫酸氢钠，加热到 20℃，搅拌使亚硝基萘酚全部溶解，稀释到 9000L。加热到 22℃，再加入用 96kg 硫酸亚铁（$FeSO_4 \cdot 7H_2O$）和 300L 水配成的溶液，用过量的碳酸钠溶液检验硫酸亚铁是否足够。然后连续地加入溶液 A 和

溶液 B。

溶液 A：250kg 无水碳酸钠与 2000L 水，温度 30℃ 下，加入 2.5kg 土耳其红油。

溶液 B：10kg 硫酸铝在 1000L 20℃ 水中搅拌过夜使之溶解。硫酸铝溶液的加入过程需要 20min，再搅拌 0.5h，过滤，得滤饼质量为 800kg，经后处理得颜料绿 B。

（3）工艺三　在亚硝化锅中，先将 219kg 2-萘酚用 300L 水、210kg 氢氧化钠溶液及土耳其红油搅拌溶解，加冰降温，将 200kg 1.16kg/m³ 盐酸加入进行酸析，使 pH 值为 7～8。再将 101kg 亚硫酸钠加至上述的 2-萘酚悬浮体中，把稀释的 200kg 盐酸在 3.5h 内自液面下加入，温度为 0℃，搅拌 1h 进行亚硝化反应。

将 30kg 1.36kg/m³ 氢氧化钠溶液加至上述亚硝化产物中，加热至 22℃，再将 200kg 亚硫酸氢钠加至反应物中，使亚硝化产物溶解，并过滤生成的加成产物（媒染绿）。

调整反应物温度为 25℃，再加入 137kg 硫酸亚铁搅拌溶解，pH 值为 4.5～5。将 320kg 碳酸钠溶于 1500L 水中，并缓慢加至上述反应物中，搅拌，反应生成绿色色淀。将 200kg 硫酸铝及 22kg 1.84kg/m³ 硫酸用 1200L 水溶解，慢慢加至色淀中，搅拌加热至 70℃，与碳酸钠生成氢氧化铝，并与色淀均匀吸附，最后过滤，在 70～80℃ 下干燥，制得颜料绿 B。

【质量标准】（津 QIHG 2-1715）

外观	深绿色粉末
色光	与标准品近似
着色力/%	为标准品的 100±5
水分含量/%	≤5
吸油量/%	40±5
水溶物含量/头	≤8
细度（过 80 目筛余量）/%	≤5
耐晒性/级	7

耐热性/℃	140
耐酸性/级	3
耐碱性/级	4
水渗透性/级	3～4
石蜡渗透性/级	5
油渗透性/级	4～5

【用途】 用于橡胶杂品、人造大理石、瓷砖、水磨石、塑料制品、油墨及涂料的着色。

【生产单位】 石家庄市力友化工有限公司，上海染化十二厂，天津染化八厂，南通新盈化工有限公司，江苏常州染料厂，山东蓬莱新光颜料化工公司，山东蓬莱颜料厂，山东蓬莱化工厂，河北深州津深联营颜化厂。

Fc002 C. I. 颜料黑 11

【英文名】 C. I. Pigment Yellow 11；Methanediamine，N，N'-Bis（4-chloro-2-nitrophenyl)-；Lithol Fast Yellow GG

【登记号】 CAS [2955-16-0]；C.I. 10325

【结构式】

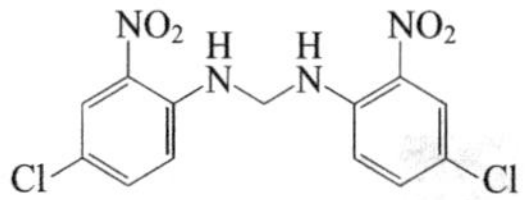

【分子式】 $C_{13}H_{10}N_4O_4Cl_2$

【分子量】 357.15

【性质】 深绿色粉末。熔点 266～268℃（DMF）；熔点 253～256℃。有较好的着色力和遮盖力，耐热、耐溶剂性能较好，尤其对碱、石灰及橡胶加工处理具有较高的稳定性，耐碱 5 级。

【制法】 2-硝基-4-氯苯胺溶于 30mL 乙醇中，加入 30mL 40% HCHO，得到的沉淀再用乙醚重结晶，即得产品，熔点 253～256℃。

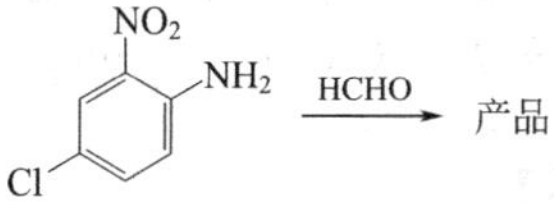

【用途】 可用于水泥着色，也可用于人造大理石、瓷砖、水磨石等建筑材料的着色。

Fd 甲亚胺类及其金属络合颜料

C. I. 颜料橙65

【英 义 名】 C. I. Pigment Orange 65；Nickel，［［1，1′-［1，2-Phenylenebis［(nitrilo-κN) methylidyne]] bis [2-naph-thalenolato-κO]]（2-)]-，（SP-4-2)-；Irgazin Orange 5R；Pigment Orange 65

【登 记 号】 CAS ［20437-10-9］；C. I. 48053；C.I. 48528

【结构式】

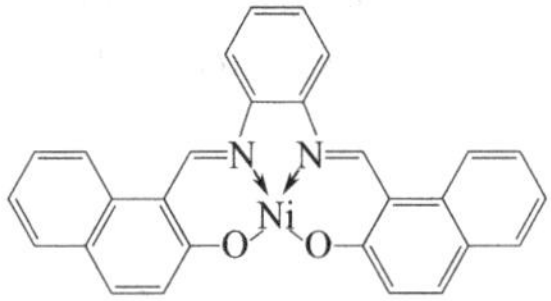

【分子式】 $C_{28}H_{18}N_2O_2Ni$

【分子量】 473.15

【性质】 橙红色粉末。色泽鲜艳，具有耐酸、耐晒、耐热等特点。低于360℃不熔化。

【制法】 17.2份2-羟基-1-萘甲醛悬浮于300mL水和0.1份非离子表面活性剂（壬基酚和环氧乙烷缩合物），于室温下高速搅拌15min。将得到的溶液加到16份 Ni(NO₃)₂ · 6H₂O溶于50份水中的溶液，搅拌30min。加入5.4份邻苯二胺，搅拌45min，得到浅黄色悬浮液，加热至95℃成为红棕色。加入16份醋酸钠三水合物溶于50份水的溶液，使pH值从7～8至4，并在97～99℃保持1h，得到深红色悬浮液。过

滤，热水洗，干燥得23份产品，收率97.5%。

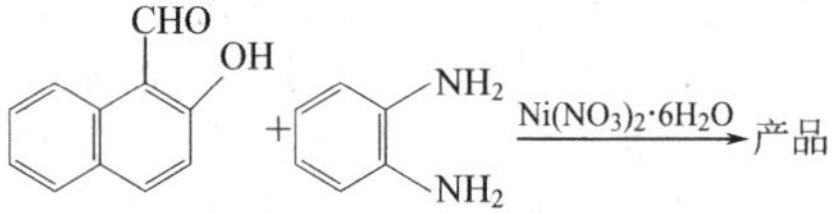

【用途】 可用于PVC、塑料、油漆、油墨等的着色，也用于制备高档涂料（可在铝板上着色）。

C.I.颜料橙68

【英文名】 C.I. Pigment Orange 68；Nickel，［1，3-Dihydro-5，6-bis［［［2-(hydroxy-κO)-1-naphthalenyl]methylene]amino-κN]-2H-ben-zimidazol-2-onato(2-)]-，(SP-4-2)-；PV Fast Orange 6RL；Pigment Orange 68；Sandorin Orange 6RL

【登 记 号】 CAS［42844-93-9］；C.I. 486150

【结构式】

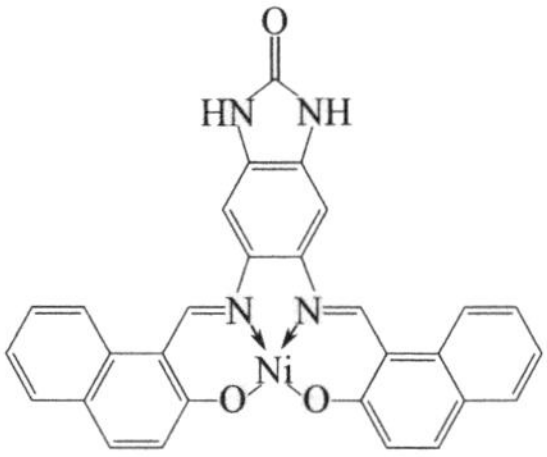

【分子式】 $C_{29}H_{18}N_4O_3Ni$

【分子量】 529.18

【性质】 红光橙色。有较高的热稳定性，在淡色着色时仍具有优异的耐气候牢度。

【制法】 将47.4份5,6-二氨基-2-(3H)-

苯并咪唑酮二盐酸盐加到 400 份水中，在室温和搅拌下，于 30min 内逐渐加入 68.8 份 2-羟基-1-萘甲醛在 1000 份乙二醇单甲醚中的溶液。加毕，在室温继续搅拌 1h，再在 60～70℃ 搅拌 1h。过滤析出的橙色结晶，用水和甲醇洗，干燥。取 47.2 份该橙色结晶，悬浮于 1500 份二甲基甲酰胺中，在搅拌下加入 12 份氯化镍在 1500 份二甲基甲酰胺中的溶液。加毕，在 125℃ 搅拌 2h。冷却至室温，过滤收集橙-红色结晶，用二甲基甲酰胺洗，再用水洗，干燥，得颜料产品。

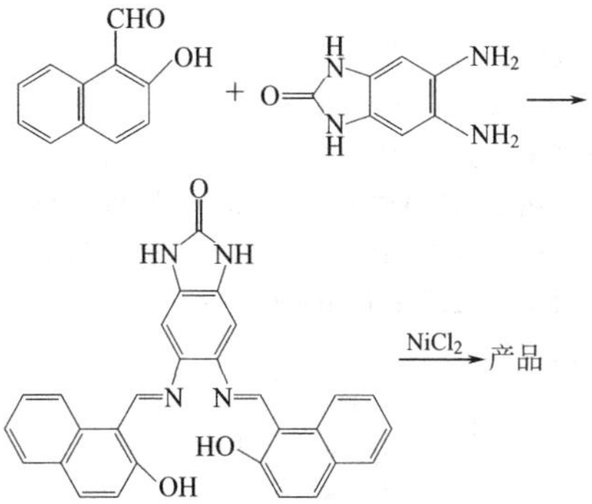

【用途】 可用于涂料、油墨、工程塑料、金属表面涂层的着色。

Fd003 C.I.颜料黄 117

【英文名】 C. I. Pigment Yellow 117; Copper，〔3-[[[2-(Hydroxy-κO) phenyl] methylene] amino-κN]〔1，1′-biphenyl]-4-olato（2-)-κO]-；Paliogen Yellow 1070；Palitol Yellow L 1070；Pigment Yellow 117

【登记号】 CAS〔21405-81-2〕；C.I. 48043

【结构式】

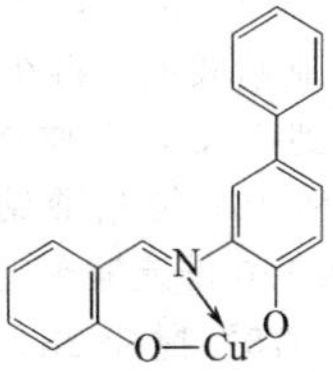

【分子式】 $C_{19}H_{13}NO_2Cu$

【分子量】 350.86

【性质】 绿光黄色粉末。有很好的耐光性、耐热性。

【制法】 将 96 份水杨醛和 145 份 4-苯基-2-氨基苯酚加到 1700 份醋酸中，在 100℃ 加热 20min。然后加入 157 份醋酸铜，加热至回流，维持 2h，然后冷却。过滤析出的固体，用醋酸和水洗，在 60℃ 真空干燥。得 250 份绿光黄色的颜料。

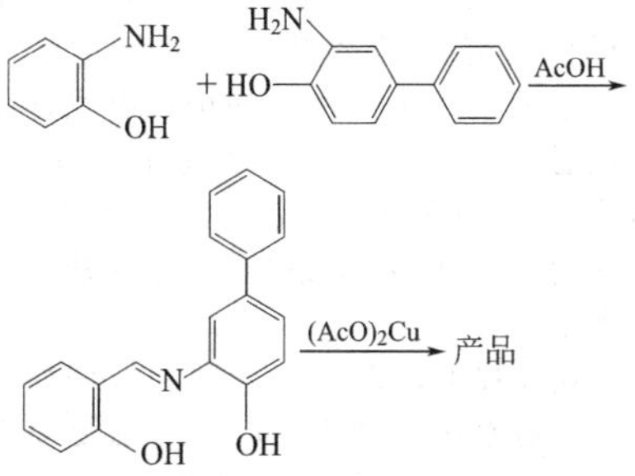

【用途】 可用于涂料、油墨和塑料的着色。

Fd004 C.I.颜料黄 129

【英文名】 C. I. Pigment Yellow 129；Copper，〔1-[[[2-(Hydroxy-κO) phenyl] imino-κN]methyl]-2-naphthalenolato（2-)-κO]-；Copper Azo Methine Yellow；Irgazin Yellow 5GLT；Irgazin Yellow 5GT；Pigment Yellow 129

【登记号】 CAS〔15680-42-9〕；C.I. 48042

【结构式】

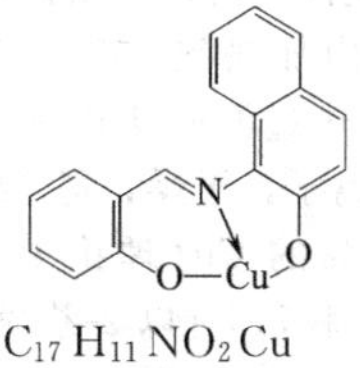

【分子式】 $C_{17}H_{11}NO_2Cu$

【分子量】 324.83

【性质】 黄色粉末。有较好的耐久性、耐

热性等。

【制法】 在搅拌下，将 144 份 2-萘酚加到 78.7 份甲乙醚中，在 8min 中加入 280 份氢氧化钠在 600 份冰水中的溶液。得到的银白色的悬浮液，在 12min 内在蒸汽浴上加热到 80℃，得到淡棕色的乳化液，在 80～85℃继续搅拌 30min。滴加 177.6 份氯仿，开始几滴会产生蓝色，不继续加入氯仿时，该蓝色会变为绿色。氯仿的加入速度，以溶液维持绿色为佳，并保持温度为 80～85℃。当五分之一氯仿加入后，从溶液会析出有光泽的片状物，继续加入氯仿，溶液会逐渐变稠。加毕，有光泽的绿色悬浮液在 80～85℃维持 15min，会转化为青铜色悬浮液。冷却到 20℃，过滤得到 2-羟基-1-萘甲醛的钠盐，用盐水洗。

在搅拌下，将上面得到的湿滤饼加到 500 份水中，加入 79.57 份邻氨基苯酚，再加 40 份氢氧化钠在 200 份水中的溶液，搅拌 5min。加入 200 份亚硫酸氢钠，使液体变稠，并从红色变为黄色。加入 800 份水，使液体稀释到能搅拌的程度。搅拌 16h 后，在 20min 中加热到 90℃，再在此温度搅拌 15min。趁热过滤收集生成的甲亚胺，用 3000 份水洗，干燥，得 723 份糊状物，含 26.2% 固体。

将其中的 716.5 份糊状物，加到 750 份水中，加入 2 份分散剂，再加入 205.71 份一水硫酸铜溶于 1200 份水和 404 份氢氧化铵的溶液。所成的绿色悬浮液在 35min 内加热到 95℃，并在此温度维持 1h。趁热过滤收集固体，用热水洗至无硫酸根离子，干燥，得 229 份绿色粉末，含 19.1% 的 Cu（理论上含 Cu 量为 19.5%），收率 71%（以 2-萘酚计）。

【用途】 可用于涂料、油墨和塑料的着色。

Fd005 C.I.颜料黄 153

【英文名】 C. I. Pigment Yellow 153；Nickel，Bis［2,3-bis（hydroxyimino-κN）-N-phenylbutanamidato］-

【登记号】 CAS［29204-84-0］；C.I. 48545

【别名】 颜料黄 153；Monolite Yellow 4RE-HD；PY 153；Paliotol Yellow 1770；Paliotol Yellow L 1770；Pigment Yellow 153

【结构式】

【性质】 红光黄色粉末。有良好的耐光和耐溶剂性能。不耐酸但耐碱、耐矿物油和醇类溶剂，但不十分耐芳烃类和酯类溶剂。

【制法】 将 177 份乙酰乙酰苯胺加到 200 份冰醋酸和 200 份 95%～100% 甲酸的混合液中，加入 4200 份水，在 10～20℃分批加入 70 份亚硝酸钠，再在 20～30℃搅拌 1h。加热到 70℃，在搅拌下加入 120 份硫酸羟胺和 160 份醋酸钠，再在 5～10min 后加入 120 份硫酸镍七水合物，所成溶液在 65～75℃搅拌 2h。趁热过滤收集析出的颜料，用 2000 份热水洗 5 次，在 60℃干燥，得 180 份颜料产品，收率 72.2%。

【用途】 多用于汽车金属制品涂料，还可用于调制中、浅色的工业漆以及各种金属漆。

Fe　荧光颜料

【英文名】　Fluorescent Pigment

【登记号】　CAS［2387-03-3-80-9］；C. I. 48052

【别名】　C. I. 颜料黄

【结构特征】

①分子内含有发射荧光的基团，如羰基、氮氮双键、碳氮双键等。

②分子内含有助色基团。助色基团使光谱红移并增大荧光效率，如伯氨基、仲氨基、羟基、醚键、酰氨基等。

③分子内含有刚性平面结构的共轭 π 键。分子内共轭体系愈大平面性愈强其荧光强度愈高。一些能提高共轭度的因素能提高荧光效率，并使荧光波长向长波方向移动。

【性质】　荧光颜料又称有机荧光颜料。为了提高其着色力、耐旋光性、荧光度，往往把它们制成粉末型制品。一般甲苯磺酰胺和三聚氰胺类塑料粉末型荧光颜料具有柔和、明亮、鲜艳的色调。与普通颜料相比，明亮度大约要高 1 倍。但日晒牢度较差，一般为 2 级左右。

【主要性能指标】

①遮盖力　指当一物体涂以某种涂料时，涂料中颜料能遮盖被涂物体表面的底色，使这底色不能再透过涂料而显露出来的能力。

遮盖力＝颜料质量(g)/被涂物体表面积（cm²）

②耐热性　指在一定加工温度下，颜料不发生明显的色光和着色力的变化。即指颜料对加工温度而起着色力变化的抵抗力。

③耐光性　指颜料在光的照射下色泽的变化。耐光评定以八级最好，一级最劣。

④耐候性　指颜料对各种形式的气候条件，包括可见光和紫外线、水分和温度、制品色泽的变化。有机颜料受光照射后，会引起颜料分子构型变化等原因而影响饱和度下降，甚至会褪色变成灰色或白色。颜料的耐候性评定为 5 级，5 级最好。

⑤耐迁移性　指颜料从塑料内部迁移到制品表面或迁移到时相邻塑料制品和溶剂中。评定中 5 级表示无迁移，1 级表示迁移严重。

⑥吸油量　指颜料样品在规定条件下所吸收的精制亚麻仁油量，可用体积/质量或质量/质量表示。吸油量的大小对涂料的流平、光泽有一定的影响。

⑦耐溶剂性　颜料和溶剂接触后，由于某些颜料溶于溶剂，会造成溶剂的沾色。颜料的耐溶剂性是指颜料对抗溶剂的溶解而造成溶剂沾色的性能。

⑧软化点　热塑性树脂由固态变为粘连态的温度叫软化点。软化点过低，产品易结块；软化点过高，注塑温度就要提高，否则颜料难以熔融，分散不开。

⑨分解点　树脂在高温下被破坏、

分解的温度叫分解点。分解点可以反映树脂的热稳定性。

⑩ 粒径　粒径是反映荧光颜料粒子大小的重要指标，单位为 μm。粒径越细，产品越容易分散、熔融于下游产品中。

【制法】

1. 生产原理

将树脂用荧光颜料进行着色、干燥、熟化，经粉碎后，可制得具有荧光特性的树脂（塑料）型颜料。

2. 技术配方

颜料品种	颜料名称	用量比/份
红紫	碱性玫瑰精 B	2.5
	碱性品蓝 OB	0.45
	荧光增白剂 VBL	0.5
大红	碱性玫瑰精 6GDN	2.5
	分散荧光黄 8GFF	2.5
	乙酸(98%)	1.0
黄	分散荧光黄 8GFF	6.0
	碱性玫瑰精 6GDN	0.006
乙酸(98%)		1.5
柠檬黄	分散荧光黄 8GFF	6.0
乙酸(98%)		1.6(着色)
绿荧光涂料黄适量		
酞菁蓝 B 适量		
蓝	暂溶性艳蓝 C	1.0
酞菁蓝 B		3.0
荧光增白剂 DT		0.5

3. 生产工艺

（1）B 型树脂的制备　在缩合反应器中加入对甲苯磺酰胺 51.3 份，pH 值为 7.5～8 的甲醛溶液（100% 计为 9 份）。搅拌，升温至 60℃，保温 1h，再于 80℃ 下保温 0.5h，加入三聚氰胺 13.86 份，在 83～85℃ 下保温 0.5h。再加入甲醛溶液（100% 计为 9.9 份），于 80℃ 保温 1h；继续升温至 85℃，保温 0.5h，再升温至 90℃，保温 1h，即得到 B 型树脂。

（2）树脂的着色　先用水将着色剂（见前面配方）调成糊状，在 90℃ 下加入上述 B 型树脂。搅拌 0.5h 后，加入适量乙酸，搅拌 10min 后，用 85℃ 软水洗至洗涤液清澈为止。静置 0.5h，将下层已着色的 B 型树脂取出，进行烘干熟化。

（3）熟化和粉碎　将已着色的树脂，在烘干室内熟化到软化点 135℃ 时，即达到熟化要求。将熟化的上色树脂粉碎至 100 目，即得塑料粉末型荧光颜料。

【质量标准】

密度	3g/cm³
耐化学性	耐水、稀酸、碱、有机溶剂
耐热性	800℃无变化、颜料不自燃
电性能	不导电
磁性能	不导磁
耐光性	极好
毒性	通过政府权威机构检查证明无毒
吸油量	(90±20)g/100g

【用途】　用于塑料和涂料印花浆的着色，着色后的产品鲜艳夺目，富有立体感；也可用于制取荧光塑料制品。

【生产单位】　山东蓬莱化工厂，河北深州津深联营颜化厂。上海染化十二厂，天津染化八厂，南通新盈化工有限公司，江苏常州染料厂，山东蓬莱新光颜料化工公司，山东蓬莱颜料厂。

Fe002 C.I.颜料黄101

【英文名】 C.I. Pigment Yellow 101；1-Naphthalenecarboxaldehyde，2-Hydroxy-，2-[（2-hydroxy-1-naphthalenyl）methylene]hydrazone；Fluorescent Yellow L；Hydroxynaphthaldazine；Liumogen；Lumogen LT；Lumogen LT Bright Yellow；Lumogen Yellow D 0790；Lumogen Yellow S 0790；NSC 78485；Pigment Yellow 101；Resoform Fluorescent Yellow

【登记号】 CAS[2387-03-3]；C.I. 48052

【结构式】

【分子式】 $C_{22}H_{16}N_2O_2$

【分子量】 340.38

【性质】 熔点239℃；熔点296℃。

【制法】 17.2份2-羟基-3-萘甲醛和7.15份硫酸肼混合，在25℃、搅拌下，于1h内将该混合液加到225份78%（质量）硫酸中，马上产生红色的缩合产物。搅拌3h后，反应液变稠，取固体在显微镜下显红色针状。在60℃，将反应液慢慢加到2400份水中，产物以橙色针状结晶析出。在60℃均匀搅拌下，加入2份1-羟乙基-2-戊基十二基 glyoxalidine，约10min，该橙色的针状结晶快速转变为亮黄色，继续在60℃搅拌，黄色会更多鲜艳。搅拌4h后，颜色不再有变化，过滤，用60℃的水洗，在85℃干燥，粉碎，得颜料产品，收率几乎定量。

【用途】 适用于油墨、涂料、塑料、纸张、织物等的着色。可作为颜料黄176的代用品。可作为荧光颜料。

Fe003 C.I.颜料黄108

【英文名】 C.I. Pigment Yellow 108；7H-Benzo[e]perimidine-4-carboxamide，N-(9，10-Dihydro-9，10-dioxo-1-anthracenyl)-7-oxo-；Anthrapyrimidine Yellow；C.I. Vat Yellow 20；Indanthren Yellow 4GF；Mikethrene Yellow 4GF；Nihonthrene Yellow 4GFF；Palanthrene Yellow 4GF；Paliogen Yellow 1560；Paliogen Yellow L 1560；Paliotol Lumogen L 1560；Paradone Yellow 4GF；Paradone Yellow 8GF；Pigment Yellow 108；Pyrimidoanthrone Yellow；Romantrene Yellow F 4G；Symuler Fast Yellow T 4GK；Threne Yellow 4GF；Vat Yellow 20

【登记号】 CAS[4216-01-7]；C.I. 68420；NSC 299137

【结构式】

【分子式】 $C_{30}H_{15}N_3O_4$

【分子量】 481.47

【性质】 黄色粉末。

【制法】 126份1,9-蒽并嘧啶-4-羧酸和101份1-氨基蒽醌溶于3432份苯甲酸甲酯中，在1h内加热至130℃，再在130℃搅拌1h。冷却至30℃，加入126份氯化亚砜。在1h内加热至110℃，再在110℃搅拌2h。在30min内冷却到80℃，过滤，用苯甲酸甲酯、甲醇、水洗，干燥，得216份产品。

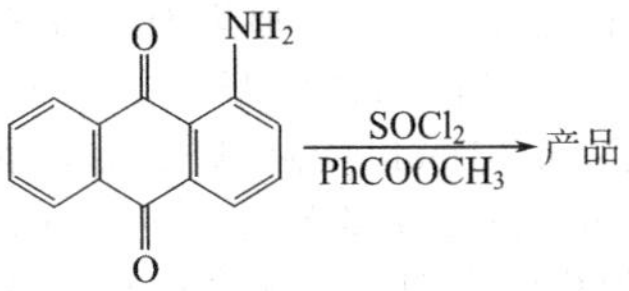

【用途】 用于油漆、油墨、塑料、合成纤维等方面的着色。可作为荧光颜料。

Fe004 Lumogen L 黄

【英文名】 9,10-Anthracenediamine，N9，N10-Diphenyl-；Lumogen L Yellow；Lumogen Light Yellow；Smoke Yellow

【登记号】 CAS〔2233-88-7〕；C.I. 61900

【结构式】

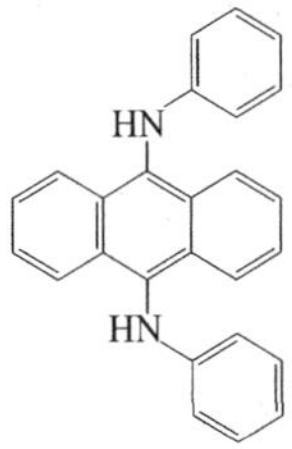

【分子式】 $C_{26}H_{20}N_2$

【分子量】 360.46

【性质】 黄色粉末，带荧光。熔点315～317℃。

【制法】 蒽醌和苯胺在三氯化铝和锌粉中，在125℃下还原缩合得到。

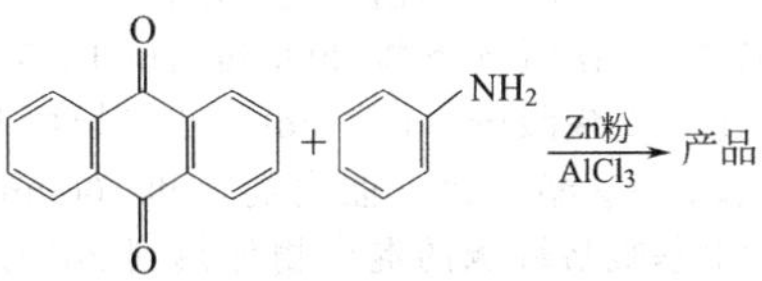

【用途】 用于印染和涂料的着色。

Fe005 Lumogen L 红橙

【英文名】 Lumogen Red Orange；Benzamide，2，5-Dichloro-N-〔7-oxo-4-(phenylamino)-7H-benzo〔e〕perimidin-6-yl〕-；C.I. Solvent Red 114；Fluorescent Red Orange 62365；Lumogen Red Orange

【登记号】 CAS〔6871-91-6〕；C.I. 68415

【结构式】

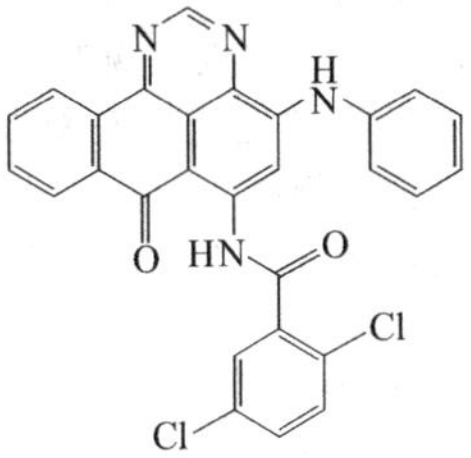

【分子式】 $C_{28}H_{16}N_4O_2Cl_2$

【分子量】 511.37

【性质】 橙色粉末，带荧光。

【制法】 2-苯氨基-4-氨基-1,9-蒽素嘧啶和2,5-二氯苯甲酰氯在邻二氯苯中，加回流反应，得到产品。

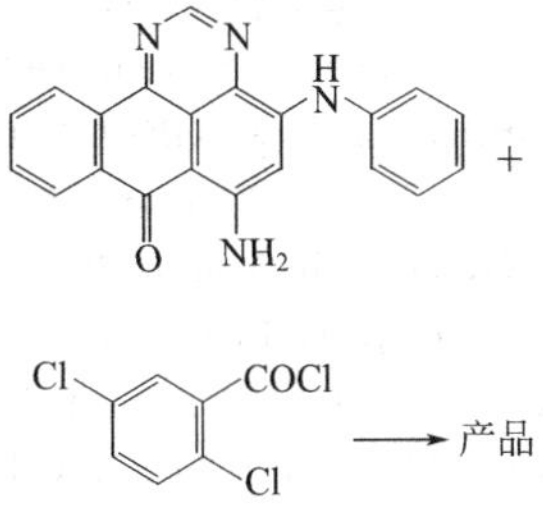

【用途】 用作荧光颜料。

Fe006 Lumogen 亮绿

【英文名】 Lumogen Brilliant Green；2-Propenoic Acid，3,3'-(1,4-Phenylene)bis(2-cyano)-，Diethyl Ester

【登记号】 CAS〔47375-13-3〕；NSC 121231

【结构式】

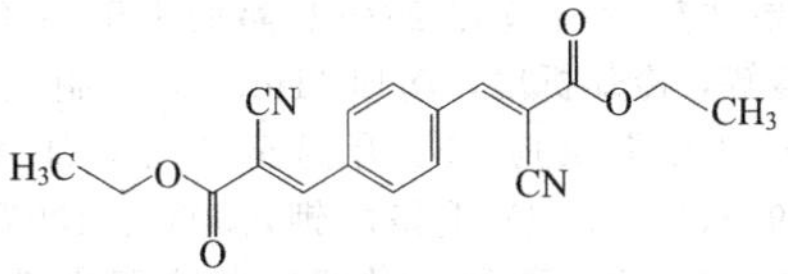

【分子式】 $C_{18}H_{16}N_2O_4$

【分子量】 324.34

【性质】 黄光绿色针状结晶。溶于热苯和丙酮，不溶于乙醇。

【制法】 定量的氰乙酸乙酯和对苯二甲醛溶于无水乙醇中，加入几滴哌啶，在室温搅拌。随着反应的进行，慢慢形成结晶，溶液慢慢澄清。搅拌 10h 后停止，过滤收集沉淀，用甲醇洗，干燥，得产品，收率几乎定量。

【用途】 用作荧光颜料。

Fe007　荧光黄 Y

【英文名】 Fluorescent Yellow Y；1*H*-Benz[*de*]isoquinoline-1,3(2*H*)-dione, 6-Amino-2-(2,4-dimethylphenyl)-；C.I. Disperse Yellow 11；C.I. Solvent Yellow 44；Azosol Brilliant Yellow 6GF；Celliton Brilliant Yellow FFA-CF；Diaresin Brilliant Yellow 6G；Diaresin Yellow 6G；Disperse Yellow 11；Kayaset Flavine FN；Nacelan Brilliant Yellow 6GF；Solvent Yellow 44

【登记号】 CAS [2478-20-8]；C.I. 56200

【结构式】

【分子式】 $C_{20}H_{16}N_2O_2$

【分子量】 316.36

【性质】 绿光黄色。有优良的荧光特性，色光鲜艳。

【制法】 23g 苊在 297mL 醋酸中于 70℃溶解，冷却析出，滴加 11mL 60% 硝酸，于 20℃下反应 1h。升温至 60℃，加入 190g(0.64mol) 重铬酸钾，90℃、100℃各反应 4h；稀释、过滤、水洗至中性。滤饼在 240mL 5% 碳酸钠溶液中煮沸、热过滤、洗涤、收集滤液及洗液，酸化至

pH＝1，滤饼在 120℃加热 4h，得淡黄色粉末，为 4-硝基-1,8-萘酐。

将 0.01mol 4-硝基-1,8-萘酐和 0.03mol 2,4-二甲苯胺加到 48mL 醋酸中，加热回流 1h，得缩合产物。将该缩合产物溶于乙醇，加入氯化亚锡的盐酸溶液，回流反应，静置过夜，过滤得产品。

【用途】 为分散染料和溶剂染料，也可用作荧光颜料。用于树脂、塑料、涂料及印刷油墨的着色。

Fe008　Lumogen F 橙 240

【英文名】 Lumogen Orange 240；Anthra[2,1,9-*def*：6,5,10-*d′e′f′*]diisoquinoline-1,3,8,10(2*H*,9*H*)-tetrone, 2,9-Bis[2,6-Bis(1-methylethyl)phenyl]-；Lumogen Orange F 240

【登记号】 CAS [82953-57-9]；KF 241

【结构式】

【分子式】 $C_{48}H_{42}N_2O_4$

【分子量】 710.87

【性质】 红橙色粉末。色彩鲜明。热、化学、光化学稳定性能高。荧光性高。

【制法】 在氮气下将 208.6g(1mol)95% 萘-1,8-二羧酸酐、1.0mol 2,6-二异丙基苯胺、80g 醋酸锌(催化剂)和 1000mL N-甲基吡咯烷酮的混合物加热到 202℃，保持 8h。冷却到室温后，在抽吸条件下将沉淀的反应产物滤出，用甲醇清洗到在流出的滤出物中不再能够检测到游离胺，并在减压下于 100℃干燥，萘酰亚胺衍生物，收率 82%。

在氮气下在搅拌条件下将 35.7g(0.1mol) 萘酰亚胺衍生物加到 400mL 萘烷中，加热到 180℃。慢慢加入 23.5g 叔

丁醇钾在 150mL 叔丁醇中的溶液，加入的速度使反应温度的降低不超过 5℃，根据情况可将低沸点的叔丁醇连续蒸出。加毕，在该温度下搅拌 0.5h。冷却到 60℃，在保护气体下滤出黑紫色沉淀物，用 200mL 萘烷以及 200mL 石油醚依次清洗，然后在搅拌条件下用 750mL 热水萃取。通过分批加入冰醋酸或半浓缩的硫酸而将得到的溶液调节到 pH 值为 3～4。加入 35mL 30%（质量分数）的过氧化氢溶液，然后将批料加热到 50℃，保持 3h，随后在冷却到室温后再搅拌 1～2h。过滤，先用水清洗，然后用甲醇洗至排出的液体呈中性，在减压下于 100℃干燥，得

产品。

【用途】 可作为荧光颜料。还用于复印操作、电子摄影、荧光太阳能收集器、光电领域等。

Ff 其他颜料

【英义名】 Oil Violet

【登记号】 CAS [467-63-0]

【别名】 C. I. 溶剂紫 9；6901 油溶青莲；油溶紫 5BN（Oil Soluble Violet 5BN）；6901 Oil Violet；Aizen Crystal Violet Base；Base Violet 618

【分子式】 $C_{25}H_{31}N_3O$

【分子量】 389.53

【结构式】

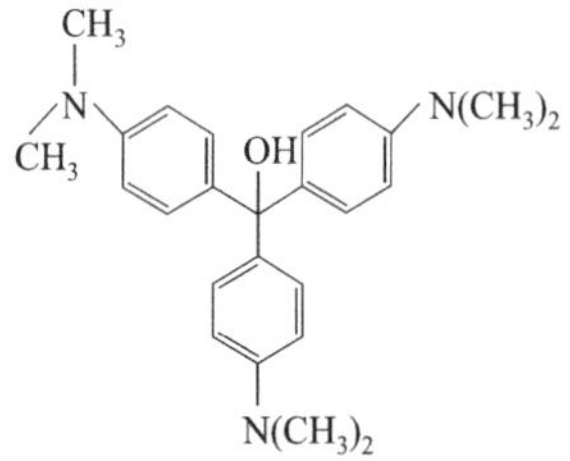

【质量标准】

外观	灰紫色粉末
色光	与标准品近似
着色力/%	为标准品的 100±5
水分含量/%	≤4
耐热性/℃	≥100
水渗透性/级	3～4
熔点/℃	≥100

【性质】 本品为灰紫色粉末。耐水渗透性 3～4 级，溶于油酸，溶于乙醇呈紫色，溶于冷水和热水呈紫色。遇浓硫酸呈红黄色，稀释后呈暗绿老黄色，并变成蓝色和紫色。其水溶液遇氢氧化钠生成紫色沉淀。

【制法】

1. 生产原理

碱性紫 5BN 用碱沉淀后，压滤、漂洗、干燥即得产品。

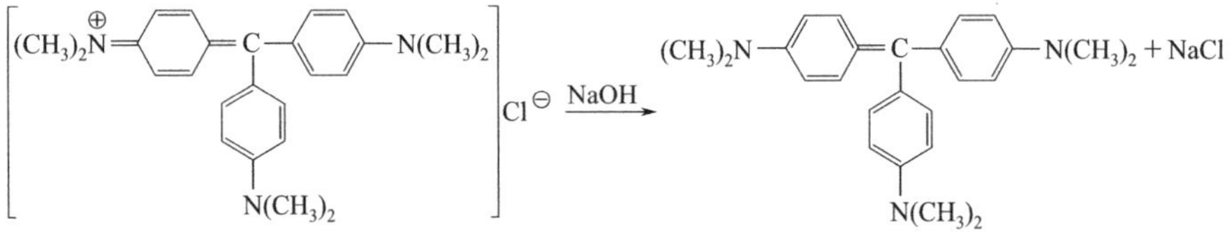

2. 工艺流程

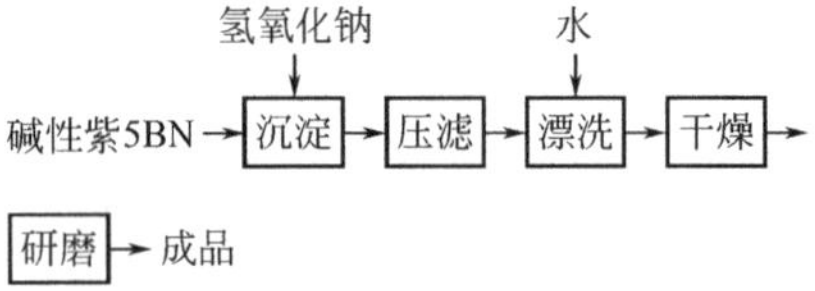

3. 技术配方

碱性紫 5BN	361kg/t
氢氧化钠(30%)	1360kg/t

4. 生产设备

反应锅，压滤机，干燥箱，研磨机。

5. 生产工艺

在反应锅中投入 361kg 125% 碱性紫 5NB，然后加入 1360kg 30% 氢氧化钠，沉淀反应完成后，压滤，滤饼漂洗后脱水，干燥后研磨得到油溶青莲。

【用途】 主要用于复写纸、圆珠笔笔油的着色及油溶染料。

【生产单位】 浙江神光材料科技有限公司，上海染化十二厂，上海华亭化工厂，天津染化八厂，浙江萧山前进颜料厂。

Ff002 耐晒品蓝色原 R

【英文名】 Light Resistant Royal Blue Chromogen R

【登记号】 CAS [1325-93-5]

【别名】 C. I. 颜料蓝 10；4238 耐晒品蓝色淀 R；4233 耐晒品蓝色淀（Light Fast Royal Blue Toner R，Shangdament Fast Blue Toner R 4250）

【结构式】

$$\left[(H_3C)_2N-\!\!\!\left\langle\right\rangle\!\!\!-C\!\!=\!\!\left\langle\right\rangle\!\!\!=N^{\oplus}(CH_3)_2\right]_4 \quad [H_3P(W_2O_7)_x \cdot (Mo_2O_7)_{6-x}]^{4-}$$

（下部连萘环，取代基 NHC_2H_5）

【质量标准】 （HG15-1148）

外观	深蓝色粉末
色光	与标准品近似
着色力/%	为标准品的 100 ± 5
水分含量/%	$\leqslant2.5$
吸油量/%	50 ± 5
水溶物含量/%	$\leqslant2.0$
细度(过 80 目筛余量)/%	5.0
耐晒性/级	$5\sim6$
耐热性/℃	180
耐酸性/级	2
耐碱性/级	$4\sim5$
水渗透性/级	5
油渗透性/级	2
石蜡渗透性/级	5

【性质】 本品为深蓝色粉末。色泽鲜艳，着色力强。微溶于冷水，溶于热水和乙醇中呈蓝色。其水溶液遇氢氧化钠生成棕色絮状沉淀。在浓硫酸中呈棕黄色，在稀硫酸中呈浅绿到蓝色。

【制法】

1. 生产原理

碱性艳蓝 R 与杂多酸反应得到耐晒品蓝色原 R。

$$2x\,Na_2WO_4 + 2(6-x)Na_2MoO_4 + Na_2HPO_4 + 26HCl \longrightarrow$$
$$H_7P(W_2O_7)_x \cdot (Mo_2O_7)_{6-x} + 26NaCl + 10H_2O\,(6>x>0)$$

$$[(H_3C)_2N-\!\!\left\langle\right\rangle\!\!-C\!\!=\!\!\left\langle\right\rangle\!\!=N^{\oplus}(CH_3)_2Cl^{\ominus}]\;(NHC_2H_5) + H_7P(W_2O_7)_x \cdot (Mo_2O_7)_{6-x} \longrightarrow$$

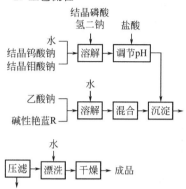

$$\cdot [H_3P(W_2O_7)_x \cdot (Mo_2O_7)_{6-x}]^{4\ominus} \downarrow$$

2. 工艺流程

```
                结晶磷酸
                氢二钠      盐酸
          水      │          │
结晶钨酸钠 ──┐  ┌────┐   ┌─────┐
结晶钼酸钠 ──┴─→│溶解│──→│调节pH│
                └────┘   └─────┘
                        水
                        │
乙酸钠 ─────┐  ┌────┐  ┌────┐  ┌────┐
            ├─→│溶解│─→│混合│─→│沉淀│
碱性艳蓝R ──┘  └────┘  └────┘  └────┘

        水
        │
    ┌────┐  ┌────┐  ┌────┐
    │压滤│─→│漂洗│─→│干燥│──→ 成品
    └────┘  └────┘  └────┘
    │
    水
```

3. 技术配方

碱性艳蓝R(工业品)	492kg/t
盐酸(30%)	60kg/t
钨酸钠(工业品)	592kg/t
磷酸氢二钠(工业品)	80kg/t
钼酸钠(工业品)	290kg/t

4. 生产设备

溶解锅，沉淀锅，压滤机，漂洗锅，干燥箱，粉碎机。

5. 生产工艺

在溶解锅中，加入水，加热至 90～95℃，加入结晶钨酸钠、结晶钼酸钠和磷酸氢二钠，经搅拌溶解加入 30% 盐酸，使溶液 pH 值为 1.5～2.0 即制得杂多酸溶液备用。在反应锅中加入一定量水，在 98℃下加入 98% 乙酸钠，分批加入碱性艳蓝 R，然后保温搅拌 25min，制得染料溶液，将上述制备的杂多酸溶液分批加入，加料完毕于 98℃下保温搅拌 0.5h，反应结束溶液 pH 值为 4.0 左右，物料在 70℃下经过滤、水漂洗，滤饼于 65℃下干燥，最后经粉碎得到耐晒品蓝色原 R。

【用途】 主要用于油墨和文教用品的着色。

【生产单位】 扬州市高邮欣洋化工有限公司，杭州力禾颜料化工有限责任公司，上海染化十二厂，上海华亭化工厂，天津染化八厂，浙江萧山前进颜料厂。

Ff003 耐超高温环保复合颜料

【英文名】 High Temperature Resistant Composite Pigment

【别名】 高温复合颜料；新型复合颜料

【性质】 ①油墨：适用于平版、表印 NC/PA、裹印 CL-PP、印铁、耐蒸煮、透明、牢度好；②涂料：适用于烤漆、自干、汽车 OEM、汽车修补、玩具漆、工业漆、粉末涂料、卷钢、建筑涂料，高透明，浓度高，易分散；③塑胶：适用于 PVC、LDPE、PPHDPE、PU、ABS、PP、尼龙 66、橡胶等；④印染：涂料印花色浆的特点是色泽鲜艳、着色力强、耐晒性能优良、耐酸、耐碱、无迁移。

【质量标准】 国家标准 GB/T 1727—92 要求，符合欧标 EU 2002-61-EC。

高温热稳定性颜料根据标准要求主要用于皮油漆、高档塑料、涂料印花、软质塑胶制品合成纤维的着色。耐热温度 300～450℃，耐光为 8 级，耐迁移性为 5 级，要求色泽纯正饱满、着色力强、色牢度好，具有优异的耐溶剂性、出色的热稳定性，分散性好。一般易于调制，使用方便，作为拼色颜料可调制出多种色调，安全环保。

【制法】 首先在 30～50℃ 之间熔化颜料中的材料，分散搅拌后制成一般适用于如 PVC、LDPE、PPHDPE、PU、ABS、PP、尼龙 66、橡胶等材料中的复合颜料。然后高温熔烧成耐超高温环保复合颜料再包装。

【用途】 主要用于耐高温涂料、户外涂料如氟碳和粉末涂料、耐高温的工程塑料着色、卷材涂料、汽车涂料、伪装涂料、陶瓷、搪瓷、玻璃着色以及作为美术颜料。

【生产单位】 浙江神光材料科技有限公司，山东蓬莱新光颜料化工公司，山东蓬莱颜料厂，山东蓬莱化工厂。

Ff004 耐高温聚合型环保颜料

【英文名】 High Temperature Resistant Polymer Environmental Pigment

【别名】 聚合环保颜料；高温聚合颜料

【性质】 高分子耐高温聚合型环保颜料具有着色力强、色彩鲜艳、使用方便的特点，极少色迁移或析出，不含重金属，属于绿色环保产品，可适应于溶剂型和水性体系。具有非常好的光泽度和透明度，可以和金属颜料、珠光颜料配合使用，不会削弱颜料的光泽。并具备极好的通透感和立体效果。

【用途】 主要用于耐高温涂料、户外涂料如氟碳和粉末涂料、耐高温的工程塑料着色、卷材涂料、汽车涂料、伪装涂料、陶瓷、搪瓷、玻璃着色以及作为美术颜料。

【质量标准】

品　种	高分子聚合型无毒染料	普通金属络合型染料	普通分散色浆
物理状态	流动的均相液体	液体或粉末	浆状或膏状
外观	均相	含有少量盐类粒	固体的分散体
发光强度	15～25 色度	—	5～10 色度
黏度(25℃)/mPa·s	＜5000	—	3000～10000
羟基值/(mg KOH/g)	50～300	无	无
有效成分/%	100	液体≤30	＜70
溶解性	溶于冷水	不溶于水	不溶于水
分散性	溶于水和大部分有机溶剂	对溶剂有选择性	短时悬浮于液体
重金属含量	无	随品种而变化	随颜色、品种变化
挥发性溶剂及分散助剂	无	有(液体)	有
贮存稳定性	无限稳定	液体有限制	有限制

【质量标准】 国家标准 GB/T 1727—92 要求，符合欧标 EU 2002-61-EC。

高分子聚合型无毒颜料和普通金属络合型颜料的质量标准：

高分子聚合型无毒染料	普通金属络合型染料
100％均相,色强度高,可生产出更鲜艳、更明亮的颜色	液体约为 30％ 的色浓度
在合理使用情况下极少色迁移或色析出,耐溶剂性高	有色迁移或色析出,耐溶剂性低
不含重金属	含重金属
配色方便、色相稳定	色相不稳定
可应用于溶剂体系和水性体系	仅用于溶剂体系
耐热性优异,最高可达 280℃	不建议应用于 180℃ 以上的烘烤体系

【制法】 一般适用于如 PVC、LDPE、PPHDPE、PU、ABS、PP、尼龙 66、橡胶等材料中的复合颜料。然后高温焙烧成耐高温聚合型环保颜料再包装。

一般在 40～60℃之间熔化颜料中的材料，分散搅拌后易于制成可参加反应的高分子着色剂，它通过化学反应接入聚氨酯结构中。应用于聚氨酯海绵、弹性体、胶黏剂、涂料、合成皮革、保龄球等对颜色质量需求较高的。这种特殊的染料并非预分散或磨碎的颜料（色膏）或普通的金属络合染料。制成的产品耐光、耐热性能优越，耐温可达到 280℃。

【安全性】 ①安全无毒，不含重金属和其他有害的溶剂或助剂；②极容易清洗，聚合型无毒染料是水溶性的产品，可以用清水来清洗。环保性：该着色剂是环保性着色剂，无毒，不含重金属，溶于水，易清洗，是代替金属络合染料的最佳产品。

【用途】 ①聚氨酯树脂、丙烯酸树脂、环氧树脂、氨基树脂烘烤体系；②耐温要求特别高的工业应用着色剂；③聚氨酯海绵，PU 弹性体，胶黏剂，PU 涂料，合成皮革，保龄球，人造大理石等。

体系兼容性强：可溶于大多数溶剂及水性体系，广泛地用于溶剂型和水性体系的涂料系统中。低迁移性：极好的降低颜色从漆膜其他的表面的色迁移的可能性。具有极好的耐溶性。

【应用优势】 ①无需搅拌，不会影响产品批次色泽稳定性；②低黏度、高流动性，在室温下极易使用泵来传送；③没有颗粒状物质，无需过滤，不会阻塞管道，不会磨损刮刀和其他设备；④更低的库存量，使用 6 种基本色，可以调配出几乎所有的色彩；⑤适用面广，适用于溶剂型和水性体系。

【生产单位】 广州市齐晖贸有限公司，上海染化十二厂，上海嘉定华亭化工厂，天津染化八厂，湖南邵东阳桥化工厂，山东蓬莱新光颜料化工公司，山东蓬莱颜料厂，山东蓬莱化工厂，河北深州津深联营颜化厂。

Ff005 C.I.颜料黄 148

【英文名】 C. I. Pigment Yellow 148；2-Naphthalenol，1,1′-[6-(2-Pyrenyl)-1,3,5-triazine-2,4-diyl]bis-；Filamid Yellow 4G；Pigment Yellow 148

【登记号】 CAS〔20572-37-6〕；C. I. 50600；C.I. 59020

【结构式】

【分子式】 $C_{39}H_{23}N_3O_2$
【分子量】 565.63
【性质】 黄色粉末。
【制法】 将 18.5 份氯化氰、20.2 份芘和 15 份三氯化铝加到 200 份（体积）四氯乙烷中，在 20～25℃搅拌 17h。加入 30 份 2-萘酚和 27 份三氯化铝在 100 份（体积）四氯乙烷的溶液，在 140℃搅拌 4h。冷却，倾入冰中，通过水蒸气蒸馏除去四氯乙烷，将剩余物调成碱性，过滤收集固体，水洗至中性，得产品。

【用途】 可用于塑料、涂料。可作为颜料黄 63 的代用品。

Ff006　C.I.颜料黄150

【英文名】　C.I. Pigment Yellow 150

【登记号】　CAS ［872613-79-1］；C. I. 12764

【别名】 耐晒黄 E4GN 5686；Bayplast Yellow 5GN；Bayplast Yellow 5GN01；Cromophtal Yellow LA；E 4GN-GT；E 4GN-GTCH20015；Fanchon Fast Yellow Y 5688；PY 150；Pigment Yellow 150；Yellow E 4GN；Yellow E 4GN-GT；Yellow Pigment E 4GN；Yellow Pigment E 4GN-GT

【结构式】

【分子式】 $C_8H_4N_6O_6Ni$

【分子量】 338.85

【性质】 绿光黄色，半透明。有高的着色强度。因形成分子内镍络合物，耐具有优异的耐热稳定性。有极佳的耐气候牢度，良好的流动性能。

【制法】 将 136g 氨基脲碳酸氢盐加到 810g 水中，用 280g 30% 的盐酸溶解，加入 780g 冰，冷却到 −10℃。然后与 232g 37% 的亚硝酸钠水溶液在 15℃ 下混合，再搅拌 15min，加入 2g 氨磺酸。再加入 269g 巴比妥酸，于 55℃ 搅拌 2h。用氢氧化钾水溶液调 pH 值为 2.5，再搅拌 30min。加热到 80℃，在 pH=4.8 下搅拌 3h。过滤，水洗除去电解质（可直接用于下步反应），40℃ 下干燥，得 334g 红光橙色粉末。将上述水洗后的 425g 水性滤饼（相当于 170g 干品，含固量为 40%），均匀分散在 5000mL 水中，搅拌

加热至 95℃，加入 126g 三聚氰胺，再加入 1060g 6.5% 的氯化镍水溶液，于 95℃ 搅拌 1.5h。用氢氧化钾溶液调 pH 值为 5.5，过滤，水洗，在 80℃ 下真空干燥，得 288g 绿光黄色颜料粉末（混有三聚氰胺）。

【用途】 用于油墨、油漆、印花色浆、高档工业涂料的着色，如醇酸-三聚氰胺涂料的着色。

【生产单位】 杭州亚美精细化工有限公司，杭州力禾颜料有限公司。

Ff007　C.I.颜料绿10

【英文名】　C.I. Pigment Green 10；2 (1H)-Quinolinone, 3-［(4-Chlorophenyl) azo］-4-hydroxy-, Nickel Complex；Green Gold, Ni Complex；Fanchon Fast Yellow Y 5694；Green Gold；Green Gold (Pigment)；Lithol Fast Yellow 8030；Pigment Green 10

【登记号】　CAS ［61725-51-7］；C. I. 12775

【结构式】

【分子式】 $C_{30}H_{18}N_6O_4NiCl_2$

【分子量】 656.11

【性质】 黄光绿色。耐晒牢度和耐气候牢

度较好。耐溶剂性较差。

【制法】 对氯苯胺经重氮化后，再和 2,4-

二羟基喹啉偶合，偶合产物再和镍离子络合，得到颜料产品。

【用途】 主要应用于涂料方面。近年随着苯并咪唑酮及异吲哚啉类颜料的发展及使用，颜料绿 10 的使用已逐渐减少。

参考文献

[1] 朱骥良，吴中年主编. 颜料工艺学 [M]. 北京：化学工业出版社，2002.

[2] 周学良主编. 精细化工产品手册——功能高分子材料 [M]. 北京：化学工业出版社，2003.

[3] 王大全. 精细化工生产：流程图解（一部）[M]. 北京：化学工业出版社，2000.

[4] 韩长日，宋小平主编. 颜料制造与色料应用技术 [M]. 北京：科学技术文献出版社，2001.

[5] 韩长日，宋小平主编. 新编化工产品配方工艺手册 [M]. 长春：吉林科技出版社，1996.

[6] 韩长日，宋小平主编. 颜料生产技术 [M]. 北京：科学出版社，2014.

[7] 周春隆，穆振义主编. 有机颜料化学及工艺学 [M]. 北京：中国石化出版社，2002.

[8] 项斌，高建荣主编. 化工产品手册颜料 [M]. 北京：化学工业出版社，2008.

[9] 朱良天主编. 精细化学品大全 [M]. 杭州：浙江科学技术出版社，2000.

[10] 朱良天主编. 精细化工产品手册 [M]. 北京：化学工业出版社，2004.

[11] 童忠良主编. 化工产品手册——树脂与塑料分册 [M]. 第5版. 北京：化学工业出版社，2008.

[12] 童忠良主编. 纳米化工产品生产技术 [M]. 北京：化学工业出版社，2006.

[13] 童忠良主编. 精细化学品绿色合成技术与实例 [M]. 北京：化学工业出版社，2010.

[14] 童忠良主编. 新型功能复合材料制备新技术 [M]. 北京：化学工业出版社，2011.

[15] 冯胜主编. 精细化工手册 [M]. 广州：广东科技出版社，1993.

[16] 沈晓辉. 实用印刷配方大全 [M]. 北京：印刷工业出版社，2002.

[17] 吕仕铭. 涂料用颜料与填料 [M]. 北京：化学工业出版社，2012.

[18] 张益都. 硫酸法钛白粉生产技术创新 [M]. 北京：化学工业出版社，2010.

[19] 罗文斌. 油墨制造工艺 [M]. 北京：中国轻工业出版社，1993.

[20] 莫述诚，陈洪，施印华. 有机颜料 [M]. 北京：化学工业出版社，1988.

[21] 沈永嘉. 有机颜料——品种与应用 [M]. 第2版. 北京：化学工业出版社，2007.

[22] 宋小平. 化工小商品生产法第十五集 [M]. 长沙：湖南科技出版社，1993.

[23] 孙再清，刘属兴. 陶瓷色料生产及应用 [M]. 北京：化学工业出版社，2007.

[24] 王擢，吴立峰，乔辉. 着色剂选用手册 [M]. 北京：化学厂业出版社，2009.

[25] 徐扬群. 珠光颜料的制造加工与应用 [M]. 北京：化学工业出版社，2005.

[26] 章思规. 精细有机化学品技术手册（上、下册）[M]. 北京：科学出版社，1991.

[27] 陈松茂，王一青. 化工产品实用手册（五）[M]. 上海：上海科学技术文献出版

社，1997.

[28] 陈松茂，翁世伟. 化工产品实用手册（一） [M]. 上海：上海交通大学出版社，1988.

[29] 冯才旺. 新编实用化工小商品配方与生产 [M]. 长沙：中南工业大学出版社，1994.

[30] 化工百科全书编辑委员会. 化工百科全书. 第1卷～第18卷. 北京：化学工业出版社，1990～1998.

[31] 廖明隆. 颜料化学 [M]. 台北：台湾文源书局有限公司，1987.

[32] 周春隆，穆振义. 有机颜料品种及应用手册（修订版）[M]. 北京：中国石化出版社，2011.

[33] 张向京，赵飒，张志昆等. 加压碳化法制备碱式碳酸镁新工艺研究 [J]. 无机盐工业，2011，10：39-41.

[34] 祁洪波，杨维强. 轻质透明碱式碳酸镁生产工艺研究 [J]. 无机盐工业，2008，10：36-38.

[35] 涂杰，徐旺生. 白云石加压碳化法制备碱式碳酸镁新工艺 [J]. 非金属矿，2010，01：45-46.

[36] 毛小浩，李军旗，赵平源. 氯化镁制备碱式碳酸镁研究 [J]. 山西冶金，2009，06：1-3.

[37] 薛福连. 废铝制取银粉技术 [J]. 中国物资再生，1999，11：41-42.

[38] 易滨涛，田祖暄，李发勇，等. 塑胶专用条状金属铝颜料概述 [J]. 塑胶工业，2007，02：32.

[39] 竺玉书，魏仁华. 中国铝颜料行业发展现状 [J]. 涂料工业，2012，01：75-79.

[40] 张鹏，刘代俊，毛雪华. 四氯化钛热水解制备钛白粉的研究 [J]. 钢铁钒钛，2013，05：12.

[41] 申朝春，杨金珍. 环境保护视域下的硫酸法铁白清洁生产 [J]. 绿色科技，2011，09：145-146.

[42] 张起，马勇，邓泉，等. 纳米氧化锌制备及应用研究进展 [J]. 中国西部科技，2011，33：19-20.

[43] 杨丽萍，刘锋，韩焕鹏. 氧化锌材料的研究与进展 [J]. 微纳电子技术，2007，02：81-87.

[44] 方佑龄，赵文宽，陈兴凡. 肤色超微粉末氧化锌的制备 [J]. 涂料工业，1991，04：4-7.

[45] 盛裕明. 氨络合法生产氧化锌 [J]. 化学工业与工程技术，1999，02：24.

[46] 许金木. 用废铝箔纸生产铝粉颜料技术 [J]. 河南科技，1996，04：17.

[47] 谭崇洋. 环保型非浮型铝银浆关键技术的改进性研究 [J]. 南昌：南昌大学，2007.

[48] 董传山，李加智，孙中溪. 碳酸铅及碱式碳酸铅的合成与转化 [J]. 济南大学学报：自然科学版，2012，01：73-77.

[49] 曹学增，汪学英. 碱式碳酸铅的生产工艺研究 [J]. 无机盐工业，2005，04：32-33.

[50] 幻金斌. 硫酸法钛白提高产品质量的系统性研究 [J]. 攀枝花科技与信息, 2013, 02: 15-30.

[51] 孙洪涛. 氯化法钛白生产装置三废处理工艺改进 [J]. 钢铁钒钛, 2012, 06: 35-39.

[52] 唐文赛, 张锦宝. 硫酸法钛白清洁生产与三废治理 [J]. 化工设计, 2011, 02: 42-45.

[53] 曹迪华, 郭秀香, 杜建国. 立德粉 B311 的生产工艺研究 [J]. 河北化工, 1996, 01: 23-24.

[54] 彭兵. 提高立德粉白度质量的研究 [J]. 广西质量监督导报, 2010, 08: 30-32.

[55] 熊双喜, 舒阶茂, 陈大元, 等. 立德粉合成新方法的研究 [J]. 湘潭大学自然科学学报, 1995, 02: 78-80.

[56] 张桂文, 李继睿. 含锌废料制备立德粉 [J]. 云南化工, 2010, 02: 84-86.

[57] 袁丽荣, 张惠珍. 偏硼酸钡生产中 BZ 0e 含量的控制 [J]. 天津化工, 2001, 06: 29.

[58] 赵京询, 张忠. 中铬黄生产过程中硝酸钠的回收及水的循环使用 [J]. 中国涂料, 2012, 10: 69-72.

[59] 崔宝秋, 王彦. 含铬废料制备铬酸铅的研究 [J]. 辽宁师专学报: 自然科学版, 2002, 03: 102-103.

[60] 张忠诚, 王信东. 利用铬渣制备铬酸铅的研究 [J]. 山东工业大学学报, 2001, 06: 554-557.

[61] 谢凯成. 单斜晶系铬酸铅颜料 [J]. 涂料工业, 1995, 01: 40.

[62] 王岳. 铬酸铅耐高温颜料的制备 [J]. 有色冶炼, 1989, 04: 54-55.

[63] 王志刚, 周毅, 刘祖愉, 等. 有机荧光颜料的制备方法 [J]. 涂料工业, 1995, 02: 15-18.

[64] 于桂贤, 袁绍报. 发光材料的研制及应用 [J]. 化工新型材料, 2001, 06: 1-5.

[65] 友林格. 2005. 色素化学——有机染料和颜料的合成性能和应用. 吴祖望, 等, 译. 北京: 化学工业出版社.

[66] 宋祖伟, 孙虎元, 李旭云, 等. 低温熔盐法制备纳米钨酸钴 [J]. 工无机盐工业, 2010, 03: 3-25.

[67] 赵彦钊, 程爱菊, 王莉. 熔盐法合成钴蓝颜料及其性能研究 [J]. 中国陶瓷, 2010, 09: 8-10.

[68] 孙立肖等. 钴蓝颜料的制备方法和应用研究进展 [J]. 河北师范大学学报: 自然科学版, 2012, 02: 181-184.

[69] 程爱菊, 赵彦钊, 郭文姬. 改性钴蓝颜料及其研究进展 [J]. 化工进展, 2011, 05: 1078-1081.

[70] 陈吉春, 汤义兰. 硫铁矿烧渣制备铁蓝工艺的研究. 工矿业工程. 2007, 05: 65-68.

[71] 汤义兰. 硫铁矿烧渣制铁蓝的研究 [J]. 武汉: 武汉理工大学, 2007.

[72] 张亨, 张汉宇. 无机晶体光学材料偏硼酸钡合成研究进展 [J]. 上海化工, 2012, 04: 12-15.

[73] 张亨. 硼酸锌的合成研究进展 [J]. 上海塑料, 2012, 04: 6-9.

[74] 朱丽. 硼酸锌的合成及表面改性研究 [J]. 无锡: 江南大学, 2009.

[75] 陈志玲等. 亚微米硼酸锌 (Firebrake 415) 的制备及表征 [J]. 北京石油化工学院学报, 2011, 02: 1-4.

[76] 郭仁庭, 覃忠富, 傅长明, 等. 磷酸锌生产技术现状及发展趋势 [J]. 大众科技, 2011, 06: 89-91.

[77] 丁玲, 王永为, 许绚丽, 等. 不同晶貌磷酸锌化合物的制备与表征 [J]. 大连工业大学学报, 2012, 04: 288-291.

[78] 谢飞. 超细磷酸锌的合成与性能 [J]. 广州: 广东工业大学, 2011.

[79] 陈玉杰, 魏琦峰. 透明氧化铁黄制备工艺现状 [J]. 上海涂料, 2009, 07: 16-19.

[80] 黄坚, 唐吉旺, 陈胜福. 黄钠铁矾渣制备透明氧化铁黄的研究 [J]. 环境工程学报, 2007, 01: 134-138.

[81] 何云清, 钟若梅, 黄小梅, 等. 用硫酸亚铁制纳米氧化铁黄 [J]. 四川文理学院学报, 2007, 05: 40-42.

[82] 李长洁, 孙国瑞, 闵洁, 等. 群青颜料的球磨及改性研究 [J]. 染料与染色, 2011, 01: 7-11.

[83] 黄赋云. 耐酸的群青颜料 [J]. 现代塑料加工应用, 2008, 04: 47.

[84] 易发成, 杨剑, 宋绵新, 等. 利用埃洛石黏土制备群青蓝的研究 [J]. 矿产综合利用, 2000, 04: 8-12.

[85] 胡国荣, 王亲猛, 彭忠东, 等. 高碳铬铁制备氢氧化铬的研究 [J]. 无机盐工业, 2010, 11: 30-32.

[86] 史建新. 增设沉清池提高氢氧化铬回收率 [J]. 铁合金, 1999, 05: 7-9.

[87] 李华. 铬酸盐系列纳米结构的制备及表征 [D]. 青岛: 青岛科技大学, 2007.

[88] 宋剑飞, 李立清, 李丹, 等. 用废铅蓄电池制备黄丹和红丹 [J]. 化工环保, 2004, 01: 52-55.

[89] 朱柒金, 陈庆帮. 利用含铅烟道灰制备一氧化铅的工艺研究 [J]. 环境工程, 2000, 05: 44-46.

[90] 武红, 王海洪, 秦世忠, 等. 镉渣制取镉黄的应用研究 [J]. 山东化工, 2005, 01: 27-28.

[91] 董淑莲. 超细耐热性镉黄的制备 [J]. 北京化工学院学报: 自然科学版, 1994, 02: 91-96.

[92] 蒋昱东. 高能球磨制备铜金粉及其表面改性工艺的研究 [D]. 昆明: 昆明理工大学, 2012.

[93] 裴志明, 蔡晓兰, 王开军. 高能球磨制备铜金粉 [J]. 矿冶, 2011, 04: 77-81.

[94] 裴志明. 高能球磨法制备铜金粉 [D]. 昆明: 昆明理工大学, 2011.

[95] 林之文. 铅铬绿颜料规格和试验方法 [J]. 标准化报道, 1995, 05: 56-57.

[96] 李平, 徐红彬, 张懿, 等. 铬酸钠氢还原烧结法制备氧化铬绿颜料 [J]. 化工学报, 2010, 03: 648-654.

[97] 李雁. 硫铁矿废水制备铁黑颜料的研究 [D]. 杭州: 浙江工业大学, 2010.

[98] 李雁, 徐明仙, 林春绵. 硫铁矿废水制备铁黑颜料的工艺 [J]. 化工进展, 2010,

01：168-172.

[99] 马君贤. 油炉法炭黑生产线清洁生产探讨 [J]. 辽宁城乡环境科技，2007，02：25-27.

[100] 刘春元，段佳，张睿智，等. 生物质气化焦油生成炭黑的实验研究 [J]. 工业加热，2009.

[101] 刘振法. 利用含铅粉尘生产黄丹及红丹的研究 [J]. 环境工程，1991，04：54-55.

[102] 丽琴，樊晓蕾，王展. 铅丹颜料变色因素及机理之探讨 [J]. 西部考古，2008：285-290.

[103] 王天贵，李佐虎. 重铬酸钠溶液分解碳酸钙制取铬酸钙 [J]. 过程工程学报，2005，02：167-169.

[104] 荀育军. 微胶囊化有机颜料耐晒黄 G 的研制. 长沙：中南大学，2003.

[105] 苏力宏. 铬酸钡生产中酸不溶物的去除 [J]. 广州化工，1995，04：29-31.

[106] 蔡李鹏，祁晓婷，曹峰，等. 有机颜料黄的合成研究现状 [J]. 化学与生物工程，2013，07：10-12.

[107] 王春霞，梅广波，付少海，等. 超细颜料黄 14 水性分散体的制备及性能 [J]. 印染，2008，16：1-3.

[108] 李纯清，杨嘉俊，王旗. 颜料黄 13 的合成及颜料化研究 [J]. 染料工业，1996，06：22-24.

[109] 刘东志，任绳武. 有机颜料晶体形态和颜色性能的关系——汉沙黄系有机颜料的研究. 染料工业，1992，01：4-8.

[110] 于艳. 改性汉沙黄及 4,4′-二氨基苯磺酰苯胺衍生的黄色偶氮颜料的研究 [J]. 染料工业，1996，06：17-21.

[111] 王琦. 有机颜料黄系列的合成与改性研究 [D]. 杭州：浙江大学，2006.

[112] 田广茹. 微乳液法合成铬酸钡微晶 [J]. 济宁学院学报，2010，03：29-32.

[113] 黄鉴明. 铬酸锌的工业生产 [J]. 化学世界，1960，07：338-339.

[114] 刘茜. 氧化铬绿的生产工艺及研究进展 [J]. 化工文摘，2006，02：57-58.

[115] 李德方，王永华. 耐晒钼铬红 S-5766 的研制. 涂料工业，1998，03：13-15.

[116] 荀育军，等. 原位聚合法制备颜料耐晒黄——G 微胶囊的研究 [J]. 涂料工业，2003，07：15-18.

[117] 熊联明，舒万良，荀育军，等. 微胶囊耐晒黄 G 的制备及其应用性能评价 [J]. 染料与染色，2003，06：316-318.

[118] 陈启凡. 联苯胺黄 G 的表面处理工艺进展 [J]. 丹东纺专学报，2002，03：14-16.

[119] 许立和. 消除联苯胺黄 G 生产中废水污染的工艺探讨 [J]. 染料工业，2000，04：37,8.

[120] 孙继友. 2,5-二甲氧基-4-N,N-乙酰基乙酰苯胺及其颜料的合成研究 [J]. 精细化工，1997，04：39-420.

[121] 吴育全. 氧化铬绿性状特征及生产工艺改进研究 [D]. 重庆：重庆大学，2002.

[122] 朱井安. 氧化铁黑生产工艺的优化 [J]. 广东化工，2012，13：55-57.

[123] 何卓，郑夏琼，李雁，等. 硫铁矿废水资源化制备纳米铁黑颜料 [J]. 环境科学与技术，2011，10：160-163.

[124] 韦薇，高天荣，张振杰. 用方铅矿的硝酸酸解液合成铅铬黄的工艺探索 [J]. 云南化工，2004，05：46-47.

[125] 刘光华，刘厚凡，彭绍琴，等. 用废铅泥渣生产铅铬黄颜料 [J]. 涂料工业，1994，01：25-26.

[126] 邱炜国，张炜，徐荣显. 橙红色碱式硅铬酸铅的制备及应用 [J]. 涂料工业，1993，05：19-22.

[127] 陈以春. 包核防锈颜料碱式硅铬酸铅的研制 [J]. 涂料工业，1982，06：13-16.

[128] 陈以春. 无机包核防锈颜料碱式硅铬酸铅 [J]. 无机盐工业，1984，05：10-13.

[129] 戚洪亮，韩建民，沈恒冠，等. 化学络合沉淀法制备球形氢氧化钴 [J]. 广州化工，2013，11：143-145.

[130] 龙长江，于金刚. 一种氢氧化钴合成新工艺 [J]. 硅谷，2011，18：28-29.

[131] 邓建成，罗先平，夏殊. 间接沉淀煅烧法制备镉红的研究 [J]. 无机盐工业，2000，03：5-6.

[132] 汪绍裘. 硅溶胶法制备包核镉红颜料. 涂料工业，1990，05：23-24.

[133] 曾术兵. 利用铅锌废渣生产活性氧化锌和钼铬红 [J]. 无机盐工业，1995，06：29-32.

[134] 钱耀敏，蒋定凤，傅敏. 耐光钼铬红颜料的研制 [J]. 涂料工业，1996，06：5-8.

[135] 周煌，俞丹，唐善发，陈水林. 不同类型高分子分散剂对颜料黄 14 分散性能的研究 [J]. 印染助剂，2003，01：11-14.

[136] 林海彬，汪庆祥，柳林增，等. 两种不同粒径氢氧化钴的合成及表征 [J]. 漳州师范学院学报：自然科学版，2011，03：42-44.

[137] [瑞士] 海因利希·左林格. 色素化学（有机染料和颜料的合成、性能和应用）. 北京：化学工业出版社，2005.

[138] Perry R H et al. Chemical Engineer's Handbook. 8th ed. New York：McGraw-Hill，2008.

[139] Patton T. Pigment Handbook. 2nd ed. New York：John Wikly of Sons Inc，1988.

P

Q

Z

A

B

C

D

I

Q

W

X

Y